Fundamentos de engenharia geotécnica

Dados Internacionais de Catalogação na Publicação (CIP)

D229f Das, Braja M.
Fundamentos de engenharia geotécnica / Braja M. Das e Khaled Sobhan ; tradutoras: Livia Koeppl e Priscilla Rodrigues Lopes ; revisora técnica: Roberta Boszczowski. - São Paulo, SP : Cengage, 2019.
712 p. : il. ; 28 cm.

Inclui bibliografia
Tradução de: Principles of geotechnical engineering (9. ed.).

ISBN 978-85-221-2827-3

1. Engenharia geotécnica. 2. Mecânica do solo. I. Sobhan, Khaled. II. Título

CDU 631.431
CDD 624.15136

Índice para catálogo sistemático:
1. Engenharia geotécnica 631.431
(Bibliotecária responsável: Sabrina Leal Araujo - CRB 8/10213)

Fundamentos de engenharia geotécnica

Tradução da 9ª edição norte-americana

BRAJA M. DAS

California State University, Sacramento, EUA

KHALED SOBHAN

Florida Atlantic University, EUA

Tradução:

Livia Koeppl e Priscilla Rodrigues Lopes

Revisão Técnica:

Roberta Bomfim Boszczowski

Docente na Universidade Federal do Paraná.

CENGAGE

Austrália • Brasil • México • Cingapura • Reino Unido • Estados Unidos

CENGAGE

Fundamentos de engenharia geotécnica
Tradução da 9ª edição norte-americana
Braja M. Das e Khaled Sobhan

Gerente editorial: Noelma Brocanelli

Editora de desenvolvimento: Salete Del Guerra

Supervisora de produção gráfica: Fabiana Alencar Albuquerque

Título original: Principles of Geotechnical Engineering 9th edition (ISBN 13: 978-1-305-97095-3; ISBN 10: 1-305-97095-0)

Tradução da 8ª edição: Noveritis do Brasil; tradução de novos textos da 9ª edição: Livia Koeppl e Priscilla Rodrigues Lopes.

Revisão técnica: Roberta Bomfim Boszczowski

Copidesque e revisão: Marileide Gomes, Arlete Teixeira

Diagramação: Triall Editorial

Capa: Buono Disegno/Renata Buono

Imagem de capa: MR.Rawin Tanpin

ISBN-13: 978-85-221-2827-3
ISBN-10: 85-221-2827-8

Cengage Learning
Condomínio E-Business Park
Rua Werner Siemens, 111 – Prédio 11 – Torre A – Conjunto 12
Lapa de Baixo – CEP 05069-900 – São Paulo – SP
Tel.: (11) 3665-9900 – Fax: (11) 3665-9901
SAC: 0800 11 19 39

Para suas soluções de curso e aprendizado, visite
www.cengage.com.br

Impresso no Brasil
Printed in Brazil
Primeira impressão em 2019

A Elizabeth Madison, Armaan e Shaiza.

Prefácio

Fundamentos de engenharia geotécnica pode ser usado em cursos de Engenharia Civil, Engenharia Ambiental, Engenharia de Produção Civil, Geologia e Arquitetura, sendo também um livro de referência para técnicos na área de Geotecnia. O conteúdo foi revisado em 1990, 1994, 1998, 2002, 2006 e 2010. Em 2014, com a publicação da 8ª edição, foi incluído o coautor Khaled Sobhan, da Florida Atlantic University. Assim como nas edições anteriores, esta nova edição oferece um valioso panorama das propriedades e comportamento do solo, além de apresentar uma abordagem sobre as práticas de campo e procedimentos básicos de engenharia. Não é a intenção deste livro adequar-se a normas de projeto, como NBR, ISSO, Eurocode etc. Os autores agradecem a adoção desta obra em vários cursos e estão felizes por ele ter se tornado o principal livro-texto para o tema nos cursos de Engenharia.

Novidades da 9ª edição:

- Com o objetivo de uma melhor compreensão, esta edição inclui novos exemplos de problemas ao longo dos capítulos. Os problemas das edições anteriores foram revisados, totalizando assim mais de 185 exercícios resolvidos. Os autores também atualizaram e acrescentaram exercícios no final de cada capítulo.
- No Capítulo 1, *Engenharia geotécnica: uma perspectiva histórica*, a lista de comitês técnicos (a partir de 2013) da ISSMGE (International Society for Soil Mechanics and Geotechnical Engineering) foi atualizada. Foi acrescentada uma lista atual de publicação de importantes periódicos de engenharia geotécnica.
- O Capítulo 2, *Origem e granulometria dos solos*, oferece uma discussão mais detalhada sobre os tamanhos de peneira. As medidas padrão de peneiras britânicas, além das americanas, também foram consideradas nesta edição.
- O Capítulo 3, *Relações peso-volume*, oferece agora uma discussão mais extensa sobre angulosidade das partículas e os índices de vazio mínimos e máximos de solos granulares.
- Os alunos agora aprendem mais sobre o ensaio do cone utilizado para determinar o limite de liquidez, no Capítulo 4, que abrange *Plasticidade e estrutura dos solos*.
- No Capítulo 6, *Compactação dos solos*, acrescentou-se uma correlação empírica recém-descoberta para massa específica seca máxima e teor de umidade ótimo do solo.
- No Capítulo 7, *Permeabilidade dos solos,* foram incluídas seções sobre ensaios de permeabilidade em campo, condutividade hidráulica de solos argilosos compactados e critérios de teor de umidade para construção de núcleos de argila.
- A solução de Pavlovski para percolação através de barragens de terra foi incluída no Capítulo 8, *Percolação nos solos*. O Capítulo 10, *Tensões na massa de solo*, tem novas seções sobre:
  - tensão vertical causada por carga horizontal distribuída;
  - a solução de Westergaard para tensão vertical causada por carga pontual;
  - distribuição de tensão para material de Westergaard.
- No Capítulo 11, *Compressibilidade do solo*, foi considerada uma melhor relação para cálculo do recalque elástico. Esse capítulo também ganhou uma nova seção sobre correção de tempo de construção (para carregamento de rampa) do recalque por adensamento.
- O Capítulo 12, *Resistência ao cisalhamento do solo*, inclui agora algumas correlações recém-publicadas entre ângulo de atrito drenado e índice de plasticidade de solos argilosos. O capítulo ganhou também um conteúdo adicional sobre a relação entre resistência ao cisalhamento de argilas remodeladas e o índice de liquidez.

- O caso generalizado para a pressão ativa e passiva de Rankine (aterro granuloso) é apresentado agora no Capítulo 13, *Empuxo lateral de terra: em repouso, Rankine e Coulomb*, na seção 13.10. Tabelas adicionais para o coeficiente de empuxo ativo de solo, com base na equação de Mononobe-Okabe, foram incluídas.
- No Capítulo 14, *Empuxo lateral de terra: superfície de ruptura curva*, foi resumido o coeficiente de empuxo passivo de solo, obtido com base na solução de limite inferior do teorema de plasticidade e na solução pelo método das características. Também foi expandida a seção sobre empuxo passivo nos muros com forças sísmicas (seção 14.7).
- No Capítulo 15, *Estabilidade de taludes*, acrescentou-se os parâmetros exigidos para localização de falhas circulares críticas, baseadas na análise de Spencer.
- No Capítulo 16, *Capacidade de carga do solo para fundações rasas*, incluímos uma nova seção sobre fundações contínuas sob cargas excentricamente inclinadas.
- Há um novo capítulo, o 18, intitulado *Introdução aos geossintéticos*, que examina os progressos e desafios atuais dessa sólida área da engenharia civil, que está em constante expansão.
- Textos destacados em quadros intitulados *Solos tropicais*, que contemplam peculiaridades destes solos de larga ocorrência no Brasil.

No final do livro são apresentadas respostas de alguns dos exercícios presentes no final de cada capítulo.

No preparo de um texto de engenharia como este, é tentador incluir os muitos progressos recentes relativos ao comportamento de depósitos de solos naturais encontrados em várias partes do mundo, disponíveis em periódicos, apresentados em conferências, na esperança de que eles se provem úteis aos alunos em sua prática futura. Contudo, com base na experiência adquirida em muitos anos de docência, os autores acreditam que a clareza na explicação dos fundamentos da mecânica de solos é mais importante num curso inicial da área do que um livro repleto de detalhes e alternativas. Muitos dos detalhes podem ser deixados para um curso avançado. A abordagem aqui provavelmente ajudará os estudantes a nutrir interesse e apreço pela área de engenharia geotécnica em geral.

Recursos para aprendizagem

Fundamentos de engenharia geotécnica oferece problemas e cálculos mais elaborados do que qualquer outro livro da área. Único no mercado, esse material oferece aos estudantes uma grande quantidade de exercícios e exemplos, mantendo o aprendizado voltado à aplicação, e os ajuda na preparação para atuar como engenheiros civis.

Além dos tradicionais exercícios presentes no final de cada capítulo, há problemas que estimulam o pensamento crítico. Esses problemas trazem questões que incentivam o aluno a fazer uma análise mais profunda e proporciona que os assuntos abordados em cada capítulo sejam compreendidos de forma ampla.

Cada capítulo começa com uma introdução e termina com um resumo que ajuda os alunos a identificar os pontos principais apresentados. Esses recursos permitem ter uma amostra dos objetivos do capítulo e reforçam o conteúdo para guiar os alunos e auxiliá-los na retenção de conceitos-chave.

Uma discussão completa e abrangente aborda a desagregação das rochas. Os alunos aprendem sobre desagregação e a formação de rochas metamórficas, sedimentares e ígneas nesta meticulosa apresentação.

Uma explicação detalhada enfatiza a variação no índice de vazio máximo e mínimo de solos granulosos. Os alunos examinam variações causadas por tamanho de grão, formato e conteúdo refinado não maleável

Material de apoio on-line

Para acessar o material de apoio, entre no site da Cengage (www.cengage.com.br), acesse a página do livro e clique em material de apoio para professor ou aluno, por meio de cadastro.

Fotos coloridas de pedras e minerais rochosos estão disponíveis no site. Essas imagens capturam as cores singulares que ajudam engenheiros geotécnicos a distinguirem um mineral do outro.

Para o professor, estão disponíveis o Manual de Soluções do Professor, contendo soluções para todos os problemas de fim de capítulo, e apresentações em Power Point® para auxiliá-lo em suas aulas.

Sistema SI

Esta edição de *Fundamentos de engenharia geotécnica* foi adaptada para abarcar o Sistema Internacional de Unidades (ou SI, do francês *Le Système International d'Unités*).

Le Système International d'Unités

O United States Customary System (USC) de unidades utiliza unidades PLS (pés-libras-segundos), também chamadas de unidades britânicas ou imperiais. As unidades SI são principalmente as unidades do sistema MQS (metros-quilômetros--segundos). Contudo, as unidades CGS (centímetros-gramas-segundos) são frequentemente aceitas como unidades SI, especialmente em livros didáticos.

Como este livro utiliza unidades SI

Neste livro, usamos unidades MQS e CGS. As unidades USCS (U.S Costumary Units) ou PLS (pés-libras-segundos) usadas no texto e nos problemas da edição norte-americana foram convertidas para unidades SI. Contudo, os dados originais obtidos de livros didáticos, padrões governamentais e manuais de produtos, não só é extremamente difícil converter todos os valores para SI como também essa ação infringe a propriedade intelectual da fonte. Alguns dados em figuras, tabelas e referências, portanto, permanecem como unidades PLS. Para leitores não familiarizados com a relação entre os sistemas USCS e SI, há uma tabela de conversão no final do livro.

Para resolver problemas que exigem o uso de dados originais, os valores obtidos podem ser convertidos de unidades PLS para unidades SI, antes de serem usados nos cálculos. Para obter quantidades padronizadas e dados do fabricante em unidades SI, deve-se buscar os dados em órgãos governamentais nacionais.

Agradecimentos

Estamos profundamente gratos a Janice Das por sua ajuda na conclusão da revisão. Ela tem sido a força motriz por trás deste livro didático desde o preparo da primeira edição.

Agradeço ao professor Jiliang Li, da Purdue University North Central, por fazer várias observações importantes na revisão da 8ª edição.

Os autores agradecem a todos os revisores e professores que deram *feedbacks* durante esses anos de publicação. Agradecemos também à equipe de Engenharia Global da Cengage Learning e os cumprimentamos pela dedicação a este novo livro: Timothy Anderson, gerente de desenvolvimento de produto; Mona Zeftel, desenvolvedora de conteúdo sênior; Jana Lewis, gerente de projeto de conteúdo; Kristin Stine, gerente de marketing; Elizabeth Brown e Brittany Burden, especialistas em soluções de aprendizado; Ashley Kaupert, desenvolvedora de conteúdo de mídia associada; Teresa Versaggi e Alexander Sham, assistentes de produto; e Rose P. Kernan, da RPK Editorial Services. Eles conduziram com habilidade todos os aspectos de desenvolvimento e produção deste texto até sua bem-sucedida conclusão.

Braja Das e Khaled Sobhan

Sobre os autores

PROFESSOR BRAJA DAS é reitor emérito do College of Engineering and Computer Science na California State University. É mestre em Engenharia Civil pela University of Iowa e PhD na área de Engenharia Geotécnica pela University of Wisconsin. É autor de diversos textos e livros de referência de engenharia geotécnica e foi autor de mais de 300 artigos técnicos na área. Suas principais áreas de pesquisa incluem as fundações rasas, ancoragens e geossintéticos. Ele é sócio e membro vitalício da American Society of Civil Engineers, membro vitalício da American Society for Engineering Education e membro emérito do Stabilization of Geometrical Materials and Recycled Materials Committee of Transportation Research Board, do National Research Council (em Washington, D.C.). Foi membro do conselho editorial do *Journal of Geotechnical Engineering* da ASCE, colaborador do jornal *Lowland Technology International* (Japão), editor associado do *International Journal of Offshore and Polar Engineering* (ISOPE) e coeditor do *Journal of Geotechnical and Geological Engineering* (Springer, Holanda). Atua como editor-chefe do *International Journal of Geotechnical Engineering* (Taylor & Francis, Grã-Gretanha). O dr. Das recebeu diversos prêmios pela excelência de ensino, incluindo o Prêmio da Fundação AMOCO, o prêmio AT&T por Excelência de Ensino da Sociedade Americana de Educação de Engenharia, o prêmio Ralph Teetor da Sociedade de Engenheiros Automotivos e o Distinguished Achievement Award pela Excelência de Ensino da University of Texas em El Paso.

PROFESSOR KHALED SOBHAN é professor de Engenharia Civil, Engenharia Ambiental e Geomática da Florida Atlantic University. É mestre pela Johns Hopkins University e PhD pela Northwestern University, ambos na área de Engenharia Geotécnica. Suas áreas principais de pesquisa incluem o aprimoramento de solo, geotecnologia de solos moles, mecânica dos solos experimental e aspectos geotécnicos de engenharia de pavimentos. Ocupou a Presidência do Comitê de Estabilização Química e Mecânica (AFS90), do Conselho de Pesquisa de Transporte (2005-2011), e foi coautor da Circular TRB intitulada Evaluation of Chemical Stabilizers: State-of-the-Practice Report (E-C086). Atua como editor associado do *Journal of Materials in Civil Engineering*, da ASCE, e faz parte do conselho editorial do *Geotechnical Testing Journal,* da ASTM, *Geotechnical and Geological Engineering* (Springer, Holanda) e do *International Journal of Geotechnical Engineering* ((Taylor & Francis, Grã-Bretanha). Recebeu os prêmios Excellence and Innovation in Undergraduate Teaching (2006) e Excellence in Graduate Mentoring Award (2009), da Florida Atlantic University. É o autor e coautor de mais de cem artigos técnicos e relatórios na área de engenharia geotécnica.

Sobre a revisora técnica

ROBERTA BOMFIM BOSZCZOWSKI é professora adjunta na Universidade Federal do Paraná – UFPR desde 2011, ministrando disciplinas nos cursos de Engenharia Civil e Engenharia Ambiental. Possui graduação em Engenharia Civil pela Universidade Federal do Paraná (1994-1998), Mestrado (1999-2001) e Doutorado pela Pontifícia Universidade Católica do Rio de Janeiro – PUC-Rio (2003-2008). Trabalhou como pesquisadora no Laboratório de Solos no Instituto de Tecnologia para o Desenvolvimento, LACTEC, durante 10 anos. Foi Gerente do Laboratório de Geotecnia da FUGRO: global offshore & onshore geotechnical and survey services nos anos de 2010 e 2011.

Sumário

Prefácio vii

Sobre os autores xi

Sobre a revisora técnica xi

1 Engenharia geotécnica – uma perspectiva histórica 1

1.1 Introdução 1
1.2 A engenharia geotécnica antes do século XVIII 1
1.3 Período pré-clássico da mecânica dos solos (1700-1776) 3
1.4 Mecânica dos solos clássica – Fase I (1776-1856) 4
1.5 Mecânica dos solos clássica – Fase II (1856-1910) 4
1.6 Mecânica dos solos moderna (1910-1927) 4
1.7 Engenharia geotécnica após 1927 5
1.8 Fim de uma Era 9
Referências bibliográficas 9

2 Origem e granulometria do solo 11

2.1 Introdução 11
2.2 O ciclo das rochas e a origem do solo 11
Solos tropicais 18
2.3 Minerais em formato de rocha, rocha e estruturas de rocha 19
2.4 Tamanho das partículas do solo 24
2.5 Argilominerais 25
2.6 Densidade relativa dos grãos (G_s) 31
2.7 Análise granulométrica do solo 33
2.8 Curva de distribuição granulométrica 39
2.9 Forma das partículas 45
2.10 Resumo 46
Problemas 47
Problemas de pensamento crítico 50
Referências bibliográficas 51

3 Relações peso-volume 53

3.1 Introdução 53

3.2 Relações de peso-volume 53
3.3 Relações entre peso específico, índice de vazios, teor de umidade e densidade relativa dos grãos 56
3.4 Relações entre peso específico, porosidade e teor de umidade 59
3.5 Densidade relativa 66
3.6 Comentários sobre $e_{máx}$ e $e_{mín}$ 68
3.7 Correlações entre $e_{máx}$, $e_{mín}$, $e_{máx}$ - $e_{mín}$ e tamanho médio do grão (D_{50}) 70
3.8 Resumo 72
Problemas 73
Problemas de pensamento crítico 76
Referências bibliográficas 77

4 Plasticidade e estrutura dos solos 79

4.1 Introdução 79
4.2 Limite de liquidez (*LL*) 79
4.3 Limite de plasticidade (*LP*) 87
4.4 Índice de plasticidade 89
4.5 Limite de contração (*LC*) 89
4.6 Índice de liquidez e índice de consistência 94
4.7 Atividade 95
4.8 Gráfico de plasticidade 97
4.9 Estrutura dos solos 98
Solos tropicais 101
4.10 Resumo 103
Problemas 104
Problemas de pensamento crítico 105
Referências bibliográficas 106

5 Classificação dos solos 107

5.1 Introdução 107
5.2 Classificação textural 107
5.3 Classificação pelo comportamento geotécnico 109
5.4 Sistema de classificação AASHTO 110
5.5 Sistema unificado de classificação de solo 113
5.6 Comparação entre AASHTO e os sistemas unificados 118
Solos tropicais 124
5.7 Resumo 125
Problemas 125
Problema de pensamento crítico 128
Referências bibliográficas 129

6 Compactação dos solos 131

6.1 Introdução 131
6.2 Compactação – princípios gerais 131

6.3 Ensaio Proctor normal 132
6.4 Fatores que afetam a compactação 135
6.5 Ensaio Proctor modificado 138
6.6 Relações empíricas 138
6.7 Estrutura do solo argiloso compactado 147
6.8 Efeitos da compactação nas propriedades de solos coesivos 149
6.9 Compactação em campo 150
6.10 Especificações para a compactação no campo 154
6.11 Determinação de peso específico compactado de campo 156
6.12 Avaliação de solos como material de compactação 161
6.13 Técnicas especiais de compactação 162
6.14 Resumo 169
Problemas 170
Problema de pensamento crítico 173
Referências bibliográficas 174

7 Permeabilidade dos solos 177

7.1 Introdução 177
7.2 Equação de Bernoulli 177
7.3 Lei de Darcy 179
7.4 Condutividade hidráulica 180
7.5 Determinação laboratorial da condutividade hidráulica 182
7.6 Relações para a condutividade hidráulica – solo granular 187
7.7 Relações para condutividade hidráulica – solos coesivos 192
Solos tropicais 194
7.8 Variação direcional da permeabilidade 197
7.9 Condutividade hidráulica equivalente em solo estratificado 197
7.10 Ensaio de permeabilidade em campo pelo bombeamento a partir de poços 203
7.11 Ensaio de permeabilidade em furos de trados helicoidais 206
7.12 Condutividade hidráulica de solos argilosos compactados 207
7.13 Teor de umidade – critério de peso específico para construção de aterros argilosos 209
7.14 Resumo 210
Problemas 210
Problema de pensamento crítico 214
Referências bibliográficas 215

8 Percolação nos solos 217

8.1 Introdução 217
8.2 Equação da continuidade de Laplace 217
8.3 Redes de fluxo 219
8.4 Cálculo da percolação para uma rede de fluxo 220
8.5 Redes de fluxo em solos anisotrópicos 225
8.6 Solução matemática da percolação 228
8.7 Subpressão sob estruturas hidráulicas 229
8.8 Percolação pela barragem de terra sobre uma base impermeável 230
8.9 Solução de L. Casagrande para percolação pela barragem de terra 232

8.10 Solução de Pavlovski para percolação pela barragem de terra 234
8.11 Dimensionamento de filtros 237
8.12 Resumo 240
Problemas 240
Problema de pensamento crítico 243
Referências bibliográficas 243

9 Tensões *in situ* 245

9.1 Introdução 245
9.2 Tensões em solo saturado sem percolação 245
9.3 Tensões em solos saturados com percolação ascendente 249
9.4 Tensões em solos saturados com percolação descendente 252
9.5 Força da percolação 253
9.6 Levantamento do solo em virtude do fluxo ao redor de cortinas de estacas-pranchas 256
9.7 Utilização de filtros para aumentar o fator de segurança contra levantamento 261
9.8 Tensão efetiva em solos parcialmente saturados 264
9.9 Ascensão capilar em solos 265
9.10 Tensão efetiva na zona de ascensão capilar 267
9.11 Resumo 269
Problemas 270
Problema de pensamento crítico 273
Referências bibliográficas 274

10 Tensões na massa de solo 275

10.1 Introdução 275
10.2 Tensões normais e de cisalhamento em um plano 275
10.3 O método do polo para encontrar as tensões ao longo de um plano 279
10.4 Tensões causadas por uma carga pontual 281
10.5 Tensão vertical causada por uma linha de carga vertical 283
10.6 Tensão vertical causada por uma linha de carga horizontal 285
10.7 Tensão vertical causada por uma faixa de carga vertical (largura finita e comprimento infinito) 287
10.8 Tensão vertical causada por uma faixa de carga horizontal 291
10.9 Faixa de carregamento crescente vertical infinito 294
10.10 Tensão vertical devida ao carregamento de um aterro 297
10.11 Tensão vertical abaixo do centro de uma área circular uniformemente carregada 300
10.12 Tensão vertical em qualquer ponto abaixo de uma área circular uniformemente carregada 302
10.13 Tensão vertical causada por uma área retangular carregada 305
10.14 Gráfico de influência para pressão vertical 311
10.15 Solução de Westergaard para tensão vertical devido a uma carga pontual 313
10.16 Distribuição de tensão para meio de Westergaard 315
10.17 Resumo 318
Problemas 319
Problemas de pensamento crítico 324
Referências bibliográficas 326

11 Compressibilidade do solo 327

11.1 Introdução 327
11.2 Pressão de contato e perfil do recalque 328
11.3 Relações para cálculo de recalque elástico 329
11.4 Relações aprimoradas para o recalque elástico 337
11.5 Fundamentos do adensamento 339
11.6 Ensaio de adensamento unidimensional em laboratório 345
11.7 Gráficos de índice de vazios-pressão 346
11.8 Argilas normalmente adensadas e sobreadensadas 349
Solos tropicais 351
11.9 Efeito do amolgamento na relação índice de vazios/pressão 352
11.10 Cálculo do recalque a partir do adensamento primário unidimensional 353
11.11 Correlações para o índice de compressão (C_c) 355
11.12 Correlações para índice de expansão (C_s) 356
11.13 Recalque de compressão secundária 363
11.14 Taxa temporal de adensamento 365
11.15 Correção do tempo de construção do recalque por adensamento 374
11.16 Determinação do coeficiente de adensamento 377
11.17 Cálculo do recalque por adensamento sob uma fundação 383
11.18 Métodos para acelerar o recalque por adensamento 385
11.19 Resumo 387
Problemas 387
Problema de pensamento crítico 393
Referências bibliográficas 394

12 Resistência ao cisalhamento do solo 395

12.1 Introdução 395
12.2 Critério de Ruptura de Mohr-Coulomb 395
12.3 Inclinação do plano de ruptura causada por cisalhamento 397
12.4 Ensaios de laboratório para a determinação dos parâmetros de resistência ao cisalhamento 398
12.5 Ensaio de cisalhamento direto 398
12.6 Ensaio de cisalhamento direto drenado em areia e argila saturada 402
12.7 Comentários gerais sobre o ensaio de cisalhamento direto 404
12.8 Ensaio geral de cisalhamento triaxial 408
12.9 Ensaio triaxial adensado drenado 410
12.10 Ensaio triaxial adensado não drenado 418
12.11 Ensaio triaxial não adensado e não drenado 424
12.12 Ensaio de compressão não confinada em argila saturada 428
12.13 Relações empíricas entre a coesão não drenada (C_u) e pressão de sobrecarga efetiva (σ'_0) 428
12.14 Sensibilidade e tixotropia da argila 430
12.15 Anisotropia da resistência na argila 431
12.16 Ensaio de cisalhamento de palheta 433
12.17 Outros métodos para a determinação da resistência ao cisalhamento não drenado 440
12.18 Resistência ao cisalhamento de solos coesivos não saturados 440
Solos tropicais 442

12.19 Resumo 442
Problemas 443
Problema de pensamento crítico 446
Referências bibliográficas 447

13 Empuxo lateral de terra: em repouso, Rankine e Coulomb 449

13.1 Introdução 449
13.2 Empuxos em repouso, ativo e passivo 449
13.3 Empuxo de terra em repouso 451
13.4 Empuxo de terra em repouso para solo parcialmente submerso 453
13.5 Empuxo lateral em muros de contenção estáticos, a partir de sobrecargas - com base na Teoria da Elasticidade 456
13.6 Teoria de empuxo ativo de Rankine 461
13.7 Teoria de empuxo passivo de Rankine 463
13.8 Deslocamento de um muro com altura limitada 464
13.9 Empuxo ativo e passivo de Rankine com aterro inclinado 466
13.10 Um caso generalizado para o empuxo ativo e passivo de Rankine - aterro granular 468
13.11 Diagramas para a distribuição de empuxo lateral de terra contra muros de arrimo com apoio vertical 471
13.12 Empuxo ativo de Coulomb 483
13.13 Empuxo passivo de Coulomb 486
13.14 Empuxo ativo sobre muros de arrimo com forças sísmicas 490
13.15 Tipos comuns de muros de arrimo no campo 498
13.16 Resumo 504
Problemas 505
Problema de pensamento crítico 508
Referências bibliográficas 508

14 Empuxo lateral de terra: superfície de ruptura curva 509

14.1 Introdução 509
14.2 Muros de arrimo com atrito 509
14.3 Propriedades de uma espiral logarítmica 511
14.4 Procedimento para a determinação do empuxo passivo de terra (P_p) – aterro não coesivo 512
14.5 Coeficiente de empuxo passivo de terra (K_p) 514
14.6 Solução de Caquot e Kerisel para empuxo passivo de terra (aterro granular) 517
14.7 Empuxo passivo nos muros com forças sísmicas 522
14.8 Cortes escorados – geral 525
14.9 Determinação do empuxo ativo aplicado sobre sistemas de escoramentos em cortes a céu aberto – solo granular 526
14.10 Determinação do empuxo ativo sobre sistemas de escoramentos em cortes – solo granular 528
14.11 Variação do empuxo para projetos de pranchas, escoras e longarinas 529
14.12 Resumo 532
Problemas 532
Referências bibliográficas 534

15 Estabilidade de taludes 537

15.1 Introdução 537
15.2 Fatores de segurança 538
15.3 Estabilidade dos taludes infinitos 539
15.4 Talude infinito com percolação constante 541
15.5 Talude finito – geral 545
15.6 Análise de taludes finitos com superfícies de ruptura planas (Método de Culmann) 545
15.7 Análise de taludes finitos com superfícies de ruptura circulares – conceitos gerais 548
15.8 Procedimento de massa – taludes em solos homogêneos de argila com $\phi = 0$ 549
15.9 Taludes em solo argiloso, com $\phi = 0$ e c_u aumentando com a profundidade 556
15.10 Procedimento em massa – talude em solo $c' - \phi'$ homogêneo 559
15.11 Método comum de fatias 564
15.12 Método das fatias de Bishop simplificado 571
15.13 Análise de estabilidade pelo método das fatias para percolação constante 573
15.14 Soluções para percolação constante 576
15.15 Variação do fator de segurança dos taludes em aterro de argila saturada 589
15.16 Resumo 590
Problemas 592
Referências bibliográficas 596

16 Capacidade de carga do solo para fundações rasas 597

16.1 Introdução 597
16.2 Capacidade de carga última do solo para fundações rasas 598
16.3 Equação de Terzaghi para a capacidade de carga última 599
16.4 Efeito do nível do lençol freático 603
16.5 Fator de segurança 603
16.6 Equação geral da capacidade de carga 607
16.7 Carga última para fundações rasas sob cargas excêntricas 612
16.8 Fundação contínua sob carga excentricamente inclinada 617
16.9 Capacidade de carga da areia com base no recalque 621
16.10 Resumo 623
Problemas 623
Problema de pensamento crítico 626
Referências bibliográficas 627

17 Exploração do subsolo 629

17.1 Introdução 629
17.2 Planejamento da exploração do solo 629
17.3 Métodos de perfuração 631
17.4 Métodos comuns de amostragem 633
17.5 Amolgamento da amostra 636
17.6 Correlações para N_{60} no solo coesivo 637
17.7 Correlações para o número de penetração padrão em solo granular 637
17.8 Outros ensaios *in situ* 643

17.9 Ensaio de cisalhamento de palheta 643
17.10 Ensaio de pressiômetro 643
17.11 Ensaio de penetração de cone 645
17.12 Testemunhagem de rocha 649
17.13 Relatório de exploração do solo 650
17.14 Resumo 652
Problemas 652
Referências bibliográficas 654

18 Introdução aos geossintéticos 657

18.1 Introdução 657
18.2 Geotêxtil 657
18.3 Geogrelha 662
18.4 Geomembrana 668
18.5 Georredes 670
18.6 Geocomposto argiloso (GCL) 672
18.7 Resumo 672
Referências bibliográficas 673

Respostas de problemas selecionados 675
Índice remissivo 685
Tabelas de conversão

CAPÍTULO 1

Engenharia geotécnica – uma perspectiva histórica

1.1 Introdução

Na engenharia, *solo* é definido como um agregado não cimentado de grãos minerais e matéria orgânica decomposta (partículas sólidas), com líquido e gás preenchendo os espaços vazios existentes entre as partículas sólidas. O solo é usado como material de construção em diversos projetos da engenharia civil e suporta fundações estruturais. Dessa forma, os engenheiros civis devem estudar as propriedades do solo, como origem, distribuição do tamanho dos grãos, dinâmica da água do solo, compressibilidade, resistência ao cisalhamento e capacidade de carga. O ramo da ciência que estuda as propriedades físicas e o comportamento de massas do solo submetidas a diversos tipos de tensão é a *mecânica dos solos*. A aplicação dos princípios dessa mecânica a problemas práticos é denominada *engenharia dos solos*. A *engenharia geotécnica* é a subdisciplina da engenharia civil que estuda materiais naturais encontrados próximos à superfície da Terra. Ela engloba desde a aplicação dos princípios da mecânica dos solos e das rochas até o desenvolvimento de fundações, estruturas de contenção e estruturas da Terra.

1.2 A engenharia geotécnica antes do século XVIII

O registro da primeira aplicação do solo como material de construção perdeu-se no tempo. Em termos técnicos oficiais de engenharia, o entendimento da geotécnica como é conhecida hoje data do início do século XVIII (Skempton, 1985). Durante anos, a arte da engenharia geotécnica foi baseada apenas em experiências passadas por meio da sucessão de experimentos, sem qualquer característica científica real. Com base em tais experimentos, muitas estruturas foram construídas: algumas desmoronaram, enquanto outras ainda estão firmes.

A história registrada nos diz que as civilizações antigas cresceram junto às margens de rios como Nilo (Egito), o Tigre e o Eufrates (Mesopotâmia), o Huang Ho (Rio Amarelo, China) e Indo (Índia). Diques que datam de cerca de 2000 a.C. foram construídos na bacia do Indo para proteger a cidade de Mohenjo Dara (que se tornou o Paquistão depois de 1947). Durante a dinastia Chan, na China (1120 a.C. a 249 a.C.), muitos diques foram construídos para irrigação. Não há evidências de que foram tomadas medidas para estabilizar as fundações ou verificar a erosão causada por inundações (Kerisel, 1985). A antiga civilização grega usou sapatas isoladas, sapatas corridas e radiers nas construções. No início de aproximadamente 2700 a.C., diversas pirâmides foram construídas no Egito, a maioria delas como tumbas para os faraós e suas companheiras durante os períodos de Império Antigo e Médio. A Tabela 1.1 lista algumas das principais pirâmides identificadas pelo faraó que ordenou a construção. Até 2008, descobriu-se um total de 138 pirâmides no Egito. A Figura 1.1 mostra uma vista das pirâmides em Gizé. A construção das pirâmides representou grandes desafios com relação à fundação, à estabilidade de encostas e à construção de câmaras subterrâneas. Com a chegada do budismo na China, durante a dinastia Han oriental em 68 d.C., milhares de pagodes foram construídos. Muitas dessas estruturas foram erguidas sobre camadas de silte e argila mole. Em alguns casos, a pressão na fundação excedeu a capacidade de carga do solo, causando, portanto, extensos danos estruturais.

Tabela 1.1 Principais pirâmides no Egito

Pirâmide/faraó	Local	Reinado do faraó
Djoser	Saqqara	2630-2612 a.C.
Sneferu	Dashur (Norte)	2612-2589 a.C.
Sneferu	Dashur (Sul)	2612-2589 a.C.
Sneferu	Meidum	2612-2589 a.C.
Khufu	Gizé	2589-2566 a.C.
Djedefre	Abu Rawash	2566-2558 a.C.
Khafre	Gizé	2558-2532 a.C.
Menkaure	Gizé	2532-2504 a.C.

Figura 1.1 Vista das pirâmides em Gizé. (Cortesia de Janice Das, Henderson, Nevada, EUA.)

Um dos exemplos mais famosos de problemas relacionados à capacidade de carga do solo na construção de estruturas antes do século XVIII é a Torre de Pisa, na Itália (Veja a Figura 1.2). A construção da torre começou em 1173 d.C., quando a República de Pisa era próspera, e continuou em diversos estágios por mais de 200 anos. A estrutura pesa aproximadamente 15.700 toneladas métricas e é suportada por uma base circular de 20 metros de diâmetro. A torre inclinou antes para o leste, o norte, o oeste e, finalmente, para o sul. Pesquisas recentes mostraram que existia uma fraca camada de argila a uma profundidade de cerca de 11 metros abaixo da superfície do terreno, o que causou a inclinação da torre. Com uma altura de 54 metros, ela ficou mais de 5 metros fora do prumo (uma inclinação de cerca de 5,5 graus). A torre foi fechada em 1990, pois se temia que a estrutura pudesse cair ou desmoronar. A torre foi recentemente estabilizada com escavações no solo sob o lado norte. Cerca de 70 toneladas métricas de terra foram removidas em 41 extrações, expandindo a largura da torre. Como o chão se sedimentou gradualmente para preencher o espaço, a inclinação da torre foi amenizada. Agora, a torre inclina-se a 5 graus. A mudança de meio grau não é notável, mas faz com que a estrutura seja consideravelmente mais estável. A Figura 1.3 é um exemplo de um problema semelhante. As torres exibidas nela estão localizadas em Bolonha, Itália, e foram construídas no século XII. A torre à esquerda é geralmente referida como a *Torre Garisenda*. Tem 48 metros de altura e pesa aproximadamente 4.210 toneladas métricas. Ela inclinou-se cerca de 4 graus. A torre à direita é a *Torre Asinelli*, que tem 97 m de altura e pesa 7.300 toneladas métricas. Ela inclinou-se cerca de 1,3 grau.

Figura 1.2 Inclinação de Torre de Pisa, Itália. (Cortesia de Braja M. Das, Henderson, Nevada, EUA.)

Engenheiros e cientistas começaram a se preocupar com as propriedades e o comportamento de solos de forma mais metódica a partir da primeira metade do século XVIII, após encontrarem diversos problemas relacionados à fundação durante a construção em séculos passados.

Com base na ênfase e na natureza do estudo na área da engenharia geotécnica, o espaço de tempo entre 1700 e 1927 pode ser dividido em quatro períodos principais (Skempton, 1985):

1. Pré-clássico (1700 a 1776 d.C.)
2. Mecânica dos solos clássica – Fase I (1776 a 1856 d.C.)
3. Mecânica dos solos clássica – Fase II (1856 a 1910 d.C.)
4. Mecânica dos solos moderna (1910 a 1927 d.C.)

As breves descrições de alguns desenvolvimentos significantes de cada um dos quatro períodos são discutidas a seguir.

1.3 Período pré-clássico da mecânica dos solos (1700-1776)

Esse período foi dedicado a estudos relacionados a encostas naturais, pesos específicos de vários tipos de solo, bem como a teorias semiempíricas de empuxos de terra. Em 1717, um engenheiro real francês, Henri Gautier (1660-1737), estudou os declives naturais de solos quando inclinados em um monte para formular os procedimentos de desenvolvimento dos muros de arrimo. A *inclinação natural* é o que agora chamamos *ângulo de repouso*. De acordo com esse estudo, a inclinação natural de *areia limpa e seca* e a de solo convencional foram 31° e 45°, respectivamente. Além disso, recomendou-se que o peso unitário da areia seca e limpa e o do solo comum fossem 18,1 kN/m^3 e 13,4 kN/m^3, respectivamente. Não foram relatados resultados de ensaio para as argilas. Em 1729, Bernard Forest de Belidor (1671-1761) publicou um compêndio para engenheiros militares e civis na França. No livro, ele propôs uma teoria para o empuxo lateral de terra nos muros de arrimo que era uma continuação do estudo original de Gautier (1717). Ele também especificou um sistema de classificação de solo da maneira indicada na tabela a seguir.

Classificação	**Peso unitário kN/m^3**
Rocha	–
Areia fofa a dura	16,7 a 18,4
Solo convencional (encontrada em locais secos)	13,4
Solo mole (principalmente silte)	16,0
Argila	18,9
Turfa	–

Os primeiros resultados de ensaio de laboratório em um modelo de muro de arrimo com 76 milímetros de altura, construído com areia, foram relatados em 1746, por um engenheiro francês chamado François Gadroy (1705-1759), que observou a existência de planos de escorregamento no solo sob ruptura. O estudo de Gadroy foi resumido por J. J. Mayniel em 1808. Outra contribuição notável durante este período foi a do engenheiro francês Jean Rodolphe Perronet (1708-1794), que, por volta de 1769, estudou a estabilidade de encostas e diferenciou o solo natural dos aterros.

Figura 1.3 Inclinação da Torre Garisenda (esquerda) e Torre Asinelli (direita) em Bolonha, Itália. (Cortesia de Braja M. Das, Henderson, Nevada, EUA.)

1.4 Mecânica dos solos clássica – Fase I (1776-1856)

Nesse período, a maior parte do desenvolvimento na área da engenharia geotécnica veio de engenheiros e cientistas da França. No período pré-clássico, praticamente todas as considerações teóricas usadas para cálculo da pressão lateral de terra em muros de arrimo foram baseadas em uma superfície de ruptura do solo definida arbitrariamente. Em seu famoso trabalho apresentado em 1776, o cientista francês Charles Augustin Coulomb (1736-1806) usou os princípios de cálculo de máximos e mínimos para determinar a posição exata de uma superfície de deslizamento no solo, atrás de um muro de arrimo. Nessa análise, Coulomb usou as leis de atrito e coesão para corpos sólidos. Em 1790, o famoso engenheiro civil francês Gaspard Clair Marie Riche de Prony (1755-1839) incluiu a teoria de Coulomb em seu principal tratado, *Nouvelle Architecture Hydraulique* (Vol. 1). Em 1820, casos especiais do trabalho de Coulomb foram estudados pelo engenheiro francês Jacques Frederic Français (1775-1833) e pelo professor de mecânica aplicada Claude Louis Marie Henri Navier (1785-1836). Esses casos especiais eram relacionados a taludes e aterros com sobrecarga. Em 1840, o engenheiro militar e professor de mecânica Jean Victor Poncelet (1788-1867) ampliou a teoria de Coulomb, concebendo um método gráfico para determinar a magnitude da pressão lateral de terra em muros de arrimo verticais e inclinados, com superfícies poligonais rompidas arbitrariamente. Poncelet também foi o primeiro a usar o símbolo ϕ para representar o ângulo de atrito do solo. Além disso, concebeu a primeira teoria de limite de capacidade de carga para fundações rasas. Em 1846, o engenheiro Alexandre Collin (1808-1890) forneceu detalhes sobre deslizamentos profundos em encostas de argila, cortes e diques. Collin criou a teoria de que, em todos os casos, as rupturas ocorrem quando a coesão mobilizada excede a coesão existente no solo. Ele também observou que as superfícies de rupturas reais poderiam ser similares a arcos de cicloides.

O fim da Fase I do período clássico da mecânica dos solos é geralmente marcado pelo ano de 1857, data da primeira publicação de William John Macquorn Rankine (1820-1872), professor de engenharia civil da Universidade de Glasgow. Esse estudo elucidou uma notável teoria sobre o empuxo e o equilíbrio de massas da Terra. A teoria de Rankine é uma versão simplificada da teoria de Coulomb.

1.5 Mecânica dos solos clássica – Fase II (1856-1910)

Nessa fase, diversos resultados experimentais de ensaios de laboratório sobre areias foram registrados na literatura. Uma das primeiras e mais importantes publicações é a do engenheiro francês Henri Philibert Gaspard Darcy (1803-1858). Em 1856, ele publicou um estudo sobre a permeabilidade de filtros de areia. Com base em tais teorias, Darcy definiu o termo *coeficiente de permeabilidade* (ou condutividade hidráulica) de solo, um parâmetro bastante útil em engenharia geotécnica atualmente.

Sir George Howard Darwin (1845-1912), professor de astronomia, conduziu ensaios de laboratório para determinar o momento de tombamento de uma parede articulada contendo areia nos estados fofo e compacto. Outra importante contribuição, publicada em 1885 por Joseph Valentin Boussinesq (1842-1929), foi o desenvolvimento da teoria da distribuição de tensão sob áreas carregadas em um meio homogêneo, semi-infinito, elástico e isotrópico. Em 1887, Osborne Reynolds (1842-1912) demonstrou o fenômeno de dilatância em areia. Outros estudos notáveis durante esse período foram os de John Clibborn (1847-1938) e John Stuart Beresford (1845-1925), relacionados ao fluxo de água em camada de areia e aumento de empuxo. O estudo de Clibborn foi publicado na *Treatise on Civil Engineering, Vol. 2: Irrigation Work in India* da University of Roorkee, em 1901, e também em *Technical Paper Nº 97*, editado pelo Governo da Índia em 1902. O estudo de Beresford de 1898 sobre o aumento de empuxo na barragem de Narora do Rio Ganges foi registrado no *Technical Paper Nº 97* do Governo da Índia, 1902.

1.6 Mecânica dos solos moderna (1910-1927)

Nesse período, foram publicados resultados de pesquisas conduzidas em argila, onde foram estabelecidas as propriedades e os parâmetros fundamentais desse elemento como conhecemos hoje. As publicações mais notáveis são descritas a seguir.

Por volta de 1908, Albert Mauritz Atterberg (1846-1916), um químico e cientista de solo, definiu *frações de argila* como a porcentagem em massa de partículas menores que dois mícrons. Ele percebeu o papel importante que as partículas de argila representam em um solo e em sua plasticidade. Em 1911, explicou a consistência de solos coesivos definindo os limites de liquidez, de plasticidade e de contração. Também definiu o índice de plasticidade como a diferença entre o limite de liquidez e o limite de plasticidade (consulte Atterberg, 1911).

Em outubro de 1909, uma barragem de terra de 17 metros de altura em Charmes, França, rompeu. Ela tinha sido construída entre 1902 e 1906. Um engenheiro francês, Jean Fontard (1884-1962), conduziu investigações para determinar as causas da ruptura. Naquele contexto, ele conduziu ensaios de cisalhamento duplo não drenado em amostras de argila (0,77 m^2 em área e espessura de 200 mm) com tensão vertical constante para determinar os parâmetros de resistência ao cisalhamento (consulte Frontard, 1914). Os tempos de ruptura dessas amostras ficaram entre 10 e 20 minutos.

Arthur Langley Bell (1874-1956), um engenheiro civil da Inglaterra, trabalhou no projeto e na construção da muralha litorânea de Rosyth Dockyard. Com base em seu trabalho, desenvolveu relações para a pressão lateral e a resistência da argila, assim como a capacidade de carga de fundações rasas em argila (consulte Bell, 1915). Bell também usou ensaios de cisalhamento direto para medir a resistência ao cisalhamento não drenado de amostras inalteradas de argila.

Figura 1.4 Karl Terzaghi (1883-1963) (SSPL/Getty Images)

O engenheiro Wolmar Fellenius (1876-1957), da Suécia, desenvolveu a análise do círculo de deslizamento em taludes de argila saturada (ou seja, condição de $\phi = 0$), considerando que a superfície crítica de escorregamento era o arco de um círculo. Essa análise foi demonstrada em trabalhos publicados em 1918 e em 1926. Porém, apenas o trabalho publicado em 1926 forneceu soluções matemáticas corretas para os *números de estabilidade* de superfícies de deslizamento circulares que passavam pelo pé do talude.

Karl Terzaghi (1883-1963), austríaco (Figura 1.4), desenvolveu a teoria de adensamento para argilas como conhecemos hoje. A teoria foi desenvolvida quando Terzaghi lecionava na American Roberts College, em Istambul, na Turquia. O seu estudo prosseguiu por cinco anos, de 1919 a 1924. Foram utilizadas cinco amostras diferentes de solos argilosos. O limite de liquidez desses solos variava entre 36 e 67, e o índice de plasticidade estava entre 18 e 38. A teoria do adensamento foi publicada no aclamado livro do engenheiro austríaco Terzaghi, intitulado *Erdbaumechanik*, em 1925.

1.7 Engenharia geotécnica após 1927

A publicação de *Erdbaumechanik auf Bodenphysikalischer Grundlage*, por Karl Terzaghi em 1925, deu origem a uma nova era no desenvolvimento da mecânica dos solos. Karl Terzaghi é merecidamente conhecido como o pai da mecânica moderna dos solos. Terzaghi nasceu em 2 de outubro de 1883, em Praga, que foi a capital da província austríaca de Boêmia. Em 1904, formou-se engenheiro mecânico na Technische Hochschule, em Graz, Áustria. Em seguida, serviu um ano no exército do país. Depois do serviço militar, Terzaghi estudou mais um ano, concentrando-se nos assuntos geológicos. Em janeiro de 1912, concluiu o doutorado em Ciências Técnicas, na mesma universidade na qual se formou em Graz. Em 1916, aceitou um cargo acadêmico na Imperial School of Engineers, em Istambul. Após o fim da Primeira Guerra Mundial, ele aceitou lecionar na American Robert College em Istambul (1918-1925). Lá ele começou seu trabalho de pesquisa sobre o comportamento de solos e recalque de argilas e sobre a ruptura de areias em barragens devido à erosão tubular. A publicação *Erdbaumechanik* foi o primeiro resultado de sua pesquisa.

Em 1925, Terzaghi aceitou um cargo de professor convidado no Instituto de Tecnologia de Massachusetts, onde trabalhou até 1929. Nesse período, tornou-se líder da nova área da engenharia civil chamada mecânica dos solos. Em outubro de 1929, retornou à Europa para aceitar um cargo de professor na Universidade Técnica de Viena, que logo se tornou um núcleo para engenheiros civis interessados em mecânica dos solos. Em 1939, retornou aos Estados Unidos para lecionar na Universidade de Harvard.

A primeira conferência da International Society of Soil Mechanics and Foundation Engineering (ISSMFE – Sociedade Internacional de Mecânica dos Solos e Engenharia de Fundações) foi realizada na Universidade de Harvard, em 1936, sob a presidência de Karl Terzaghi. A realização dessa conferência só foi possível graças à convicção e aos esforços do professor Arthur Casagrande, da Universidade de Harvard. Cerca de 200 pessoas representando 21 países participaram desse evento. Foi por meio da inspiração e orientação de Terzaghi, nos 25 anos anteriores, que artigos técnicos puderam ser apresentados na conferência, cobrindo uma abrangente variedade de tópicos, como:

- Tensão efetiva
- Resistência ao cisalhamento
- Ensaio com penetrômetro de cone holandês
- Adensamento
- Ensaio em centrífuga
- Teoria elástica e distribuição de tensão
- Pré-carregamento para controle de recalques
- Argilas expansivas
- Ação de congelamento
- Terremotos e a liquefação do solo
- Vibração de máquinas
- Teoria de arqueamento da pressão da terra

Pelos 25 anos seguintes, Terzaghi foi o papa do desenvolvimento da mecânica dos solos e da engenharia geotécnica por todo o mundo. Foi nesse sentido que Ralph Peck escreveu, em 1985, que "poucas pessoas durante a vida de Terzaghi teriam discordado de que ele era não apenas o papa da mecânica dos solos, mas também o centro de intercâmbio para a pesquisa e aplicação em todo o mundo. Nos anos seguintes, ele se envolveria em projetos em todos os continentes, exceto na Austrália e na Antártida". Peck continuou com: "Portanto, mesmo hoje, é difícil aprimorar suas avaliações contemporâneas do estado de mecânica do solo conforme mencionado em seus trabalhos e discursos presidenciais". Em 1939, Terzaghi apresentou a 45ª Conferência da James Forrest Lecture, na Instituição de Engenheiros Civis, em Londres. Sua palestra foi intitulada "Soil Mechanics – A New Chapter in Engineering Science" (Mecânica dos solos – um novo capítulo na ciência da engenharia). Nessa ocasião, Terzaghi declarou que a maior parte das falhas que ocorreram em fundações não podia mais ser chamada de "vontade divina".

A seguir, estão alguns destaques no desenvolvimento da mecânica dos solos e engenharia geotécnica que evoluíram após a primeira conferência da ISSMFE, em 1936:

- Publicação do livro *Theoretical Soil Mechanics*, escrito por Karl Terzaghi, em 1943 (Wiley, Nova York);
- Publicação do livro *Soil Mechanics in Engineering Practice*, escrito por Karl Terzaghi e Ralph Peck, em 1948 (Wiley, Nova York);
- Publicação do livro *Fundamentals of Soil Mechanics*, escrito por Donald W. Taylor, em 1948 (Wiley, Nova York);
- Início da publicação *Geotechnique*, o periódico internacional da mecânica dos solos, em 1948, na Inglaterra.

Após uma breve interrupção, em razão da Segunda Guerra Mundial, a segunda conferência da ISSMFE foi realizada em Roterdã, Holanda, em 1948. Estiveram presentes cerca de 600 participantes e foram publicados sete volumes de artigos. Nessa conferência, A. W. Skempton apresentou o artigo fundamental sobre o conceito de $\phi = 0$ para argilas. Após Roterdã, as conferências da ISSMFE foram organizadas com um intervalo de cerca de quatro anos, em diferentes países do mundo. O resultado da conferência de Roterdã foi o crescimento das conferências regionais sobre engenharia geotécnica, tais como:

- Conferência Regional Europeia sobre a Estabilidade de Encostas de Terra, Estocolmo (1954)
- Primeira Conferência Austrália-Nova Zelândia sobre Características de Cisalhamento dos Solos (1952)
- Primeira Conferência Pan-americana, Cidade do México (1960)
- Conferência de Pesquisa sobre Resistência de Cisalhamento de Solos Coesivos, Boulder, Colorado (1960)

Duas outras publicações importantes entre 1948 e 1960 são (1) a publicação do trabalho sobre os parâmetros de poropressão A e B de A. W. Skempton, que tornou os cálculos de tensão efetiva mais práticos para diversos trabalhos de engenharia e (2) publicação de livro chamado *The Measurement of Soil Properties in the Triaxial Text* por A. W. Bishop e B. J. Henkel (Arnold, Londres) em 1957.

No início dos anos 1950, foram obtidas soluções, com auxílio da informática, para vários tipos de problemas da engenharia geotécnica utilizando-se de métodos de diferenças finitas e de elementos finitos. Quando os projetos tornam-se mais sofisticados, com condições de limite complexas, não é mais possível requerer soluções de forma fechada. A modelagem numérica que utiliza softwares de análise de elementos finitos (por exemplo, Abaqus, Plaxis) ou de diferenças finitas (por exemplo, Flac) vem se tornando cada vez mais popular na profissão. A dominância da modelagem numérica na engenharia geotécnica persistirá pelas próximas décadas em razão dos novos desafios e avanços nas técnicas de modelagem. Desde o início, a profissão dos engenheiros geotécnicos percorreu um longo caminho, amadureceu e é agora uma área estabelecida da engenharia civil. Milhares de engenheiros civis declaram sua preferência pela área de engenharia geotécnica.

Em 1997, a sigla da ISSMFE mudou para ISSMGE, International Society of Soil Mechanics and Geotechnical Engineering (Sociedade Internacional de Mecânica dos Solos e Engenharia Geotécnica) para refletir seu verdadeiro objetivo. Essas conferências internacionais foram instrumento de intercâmbio de informações relacionadas ao desenvolvimento de pesquisas contínuas da engenharia geotécnica. A Tabela 1.2 fornece a localização e o ano em que aconteceu cada conferência da ISSMFE/ISSMGE.

Tabela 1.2 Detalhes das conferências da ISSMFE (1936 a 1997) e da ISSMGE (1997 até 2017)

Conferência	Local	Ano
I	Universidade de Harvard, Boston, EUA	1936
II	Roterdã, Holanda	1948
III	Zurique, Suíça	1953
IV	Londres, Inglaterra	1957
V	Paris, França	1961
VI	Montreal, Canadá	1965
VII	Cidade do México, México	1969
VIII	Moscou, Rússia	1973
IX	Tóquio, Japão	1977
X	Estocolmo, Suécia	1981
XI	São Francisco, EUA	1985
XII	Rio de Janeiro, Brasil	1989
XIII	Nova Deli, Índia	1994
XIV	Hamburgo, Alemanha	1997
XV	Istambul, Turquia	2001
XVI	Osaka, Japão	2005
XVII	Alexandria, Egito	2009
XVIII	Paris, França	2013
XIX	Seul, Coreia	2017

Em 1960, Bishop, Alpan, Blight e Donald forneceram diretrizes e resultados experimentais de parâmetros de resistência de solos coesivos parcialmente saturados. Desde então, foram feitos avanços no estudo do comportamento de solos não saturados, relacionados à resistência e compressibilidade e a outros fatores que afetam a construção de estruturas suportadas pelo solo e estruturas de contenção.

A ISSMGE tem diversos comitês técnicos, que organizam ou copatrocinam diversas conferências ao redor do mundo. Uma lista destes comitês técnicos (2010-2013) é fornecida na Tabela 1.3. A ISSMGE também conduz Seminários Internacionais (formalmente conhecidos como Touring Lectures) que provaram ser uma atividade importante; esses seminários reúnem profissionais, empreiteiros e acadêmicos tanto no palco quanto na plateia, para benefício de todos, independentemente da região, do tamanho ou da riqueza da sociedade de cada membro, estimulando um senso de pertencimento à Sociedade Internacional de Mecânica dos Solos e Engenharia Geotécnica.

Tabela 1.3 Lista de Comitês Técnicos da ISSMGE (novembro de 2013)

Categoria	Número do comitê técnico	Nome do comitê técnico
Fundamentos	TC 101	Ensaios de Laboratório Tensão-Deformação para Geomateriais
	TC102	Caracterização das Propriedades do Solo a partir de Ensaios *In Situ*
	TC103	Métodos Numéricos em Geomecânica
	TC104	Modelação Física em Geotécnica
	TC105	Geomecânica de Micro para Macro
	TC106	Solos não Saturados
Aplicações	TC201	Aspectos Geotécnicos de Diques e Barragens, Proteção da Margem e Aterramento Marítimo
	TC202	Geotecnia de Transporte
	TC203	Engenharia Geotécnica de Terremoto e Problemas Associados
	TC204	Construção subterrânea em Terreno Brando
	TC205	Segurança e sobrevivência em engenharia geotécnica
	TC206	Projeto Geotécnico Interativo
	TC207	Interação de Solo-Estrutura e Muros de Arrimo
	TC208	Estabilidade de Taludes na prática da engenharia
	TC209	Geotécnica *Offshore*
	TC210	Barragens e Diques
	TC211	Melhoramento de Solos
	TC212	Fundações Profundas
	TC213	Geotécnica de Erosão de Solo
	TC214	Engenharia de Fundação para Condições Difíceis de Solos Moles
	TC215	Geotécnica Ambiental
	TC216	Geotécnica de Geada
Impacto na Sociedade	TC301	Preservação de Locais Históricos
	TC302	Engenharia Geotécnica Forense
	TC303	Mitigação e Reabilitação dos Desastres Costeiros e de Rio
	TC304	Prática de Engenharia de Avaliação e Gestão de Riscos
	TC305	Infraestrutura Geotécnica para Megacidades e Novas Capitais

Solos são materiais heterogêneos que podem exibir uma substancial variação em poucos metros. Os parâmetros de projeto para todos os projetos geotécnicos precisam ter origem em um exercício de investigação local que inclui testes de campo, coleta de amostras de solo em várias locações e profundidades, e a condução de ensaios de laboratório com essas amostras. Os ensaios em campo e laboratório com solos, assim como com outros materiais, são conduzidos de acordo com métodos padronizados especificados pela ASTM International (conhecida como American Society for Testing and Materials antes de 2001). Os padrões da ASTM (http://www.astm.org)[1] incluem uma vasta gama de materiais em mais de 80 volumes. Os métodos de ensaio para solos, rochas e agregados estão reunidos em dois volumes — 04.08 e 04.09.

Engenharia geotécnica é uma disciplina relativamente nova, que tem testemunhado um substancial desenvolvimento nas últimas décadas e que continua crescendo. Esses progressos e grande parte dos resultados de pesquisas de ponta são publicados em periódicos internacionais revisados por especialistas da área antes mesmo de integrarem os livros didáticos. Exemplos de alguns desses periódicos geotécnicos (em ordem alfabética):

- *Canadian Geotechnical Journal* (NRC Research Press, em cooperação com a Canadian Geotechnical Society)
- Geotechnical and Geoenvironmental Engineering (American Society of Civil Engineers)
- Geotechnical and Geological Engineering (Springer, Alemanha)
- *Geotechnical Testing Journal* (ASTM International, EUA)
- Geotechnique (Institute of Civil Engineers, GB)
- *International Journal of Geomechanics* (American Society of Civil Engineers)
- *International Journal of Geotechnical* Engineering (Taylor and Francis, GB)
- Soils and Foundations (Elsevier, em nome da Japanese Geotechnical Society)

[1] No Brasil esses ensaios são preconizados pelas ABNT, através das Normas Brasileiras (NBRs). (N. da R.T.).

Para uma análise completa da literatura sobre um tema de pesquisa, esses periódicos e as atas de conferências internacionais (como, por exemplo, da ICSMGE, na Tabela 1.2) são muito valiosos. As referências citadas em cada capítulo deste livro estão listadas no fim do capítulo.

1.8 Fim de uma Era

Na seção anterior foi apresentada uma breve descrição de contribuições para a mecânica dos solos por pioneiros tais como Karl Terzaghi, Arthur Casagrande, Donald W. Taylor, Alec W. Skempton e Ralph B. Peck. O último dos primeiros gigantes da área, Ralph B. Peck, faleceu em 18 de fevereiro de 2008, aos 95 anos.

O professor Ralph B. Peck (Figura 1.5) nasceu em 23 de junho de 1912, em Winnipeg, Canadá, filho de Orwin K. e Ethel H. Peck, ambos nascidos nos Estados Unidos. Ralph se formou bacharel e doutor em 1934 e 1937, respectivamente, no Rensselaer Polytechnic Institute, em Troy, Nova York. De 1938 a 1939, teve aulas com Arthur Casagrande sobre um novo assunto chamado "mecânica dos solos", na Universidade de Harvard. De 1939 a 1943, o Dr. Peck trabalhou no projeto do metrô de Chicago como assistente de Karl Terzaghi, pai da mecânica dos solos moderna. Em 1943, uniu-se à University of Illinois, em Urbana-Champaign, e foi professor de engenharia de fundação de 1948 até se aposentar, em 1974. Depois da aposentadoria, permaneceu em atividade como consultor, participando dos principais projetos geotécnicos de 44 estados dos Estados Unidos e em outros 28 países, nos cinco continentes. Alguns exemplos de seus maiores projetos de consultoria incluíram:

- Sistemas de trânsito rápido em Chicago, São Francisco e Washington, D.C.
- Sistema de dutos no Alasca
- Projeto da Baía de James em Quebec, Canadá
- Projeto Ferroviário Expresso Heathrow (Reino Unido)
- Diques do mar Morto

Seu último projeto foi a Ponte Rion-Antirio, na Grécia. Em 13 de março de 2008, o jornal *The Times,* do Reino Unido, escreveu: "Ralph B. Peck foi um engenheiro civil norte-americano que inventou uma técnica de construção controversa, que seria utilizada em algumas das maravilhas mundiais da engenharia moderna, incluindo o Eurotúnel. Conhecido como "o padrinho da mecânica dos solos", foi o responsável direto por uma sucessão de famosos túneis e projetos de barragens de terra que elevaram os padrões do que se acreditava ser possível.

O Dr. Peck escreveu mais de 250 publicações técnicas altamente qualificadas. Foi o presidente da ISSMGE, de 1969 a 1973. Em 1974, ele recebeu a Medalha Nacional de Ciência do presidente Gerald R. Ford. Peck foi professor, mentor, amigo e consultor de gerações de engenheiros geotécnicos em todos os países do mundo. A XVI Conferência da ISSMGE em Osaka, Japão (2005), seria a última grande conferência desse tipo da qual participaria. É realmente o fim de uma era.

Figura 1.5 Ralph B. Peck. (Cortesia de Ralph B. Peck)

Referências bibliográficas

ATTERBERG, A. M. Über die physikalische Bodenuntersuchung, und über die Plastizität de Tone, *International Mitteilungen für Bodenkunde, Verlag für Fachliteratur*. G.m.b.H. Berlim, v. 1, p. 10-43, 1911.

BELIDOR, B. F. La Science des Ingenieurs dans la Conduite des Travaux de Fortification et D'Architecture Civil. Jombert, Paris, 1729.

BELL, A. L. The Lateral Pressure and Resistance of Clay, and Supporting Power of Clay Foundations, *Min. Proceeding of Institute of Civil Engineers*, v. 199, p. 233-272, 1915.

BISHOP, A. W., ALPAN, I.; BLIGHT, G. E.; DONALD, I. B. Factors Controlling the Strength of Partially Saturated Cohesive Soils. *Proceedings*. Research Conference on Shear Strength of Cohesive Soils [Conferência de Pesquisa sobre Resistência de Cisalhamento de Solos Coesivos], ASCE, p. 502-532, 1960.

BISHOP, A. W.; HENKEL, B. J. *The Measurement of Soil Properties in the Triaxial Test*, Arnold, Londres, 1957.

BOUSSINESQ, J. V. *Application des Potentiels â L'Etude de L'Équilibre et du Mouvement des Solides Élastiques*, Gauthier-Villars, Paris, 1885.

COLLIN, A. *Recherches Expérimentales sur les Glissements Spontanés des Terrains Argileux Accompagnées de Considérations sur Quelques Principes de la Mécanique Terrestre*, Carilian-Goeury, Paris, 1846.

COULOMB, C. A. Essai sur une Application des Règles de Maximis et Minimis à Quelques Problèmes de Statique Relatifs à L'Architecture, *Mèmoires de la Mathèmatique et de Phisique*, présentés à l'Académie Royale des Sciences, par divers savans, et lûs dans sés Assemblées, De L'Imprimerie Royale, Paris, v. 7, Annee 1793, p. 343-382, 1776.

DARCY, H. P. G. *Les Fontaines Publiques de la Ville de Dijon*, Dalmont, Paris, 1856.

DARWIN, G. H. On the Horizontal Thrust of a Mass of Sand, *Proceedings*, Institute of Civil Engineers, Londres, v. 71, p. 350-378, 1883.

FELLENIUS, W. Kaj-och Jordrasen I Göteborg, *Teknisk Tidskrift*. v. 48, p. 17-19, 1918.

FRANCAIS, J. F. Recherches sur la Poussée de Terres sur la Forme et Dimensions des Revêtments et sur la Talus D'Excavation, *Mémorial de L'Officier du Génie*, Paris, v. IV, p. 157-206, 1820.

FRONTARD, J. Notice sur L'Accident de la Digue de Charmes, *Anns. Ponts et Chaussées 9th Ser.*, v. 23, p. 173-292, 1914.

GADROY, F. *Mémoire sur la Poussée des Terres*, 1746, resumido por Mayniel em 1808.

GAUTIER, H. *Dissertation sur L'Epaisseur des Culées des Ponts . . sur L'Effort et al Pesanteur des Arches ... et sur les Profiles de Maconnerie qui Doivent Supporter des Chaussées, des Terrasses, et des Remparts*. Cailleau, Paris, 1717.

KERISEL, J. The History of Geotechnical Engineering up until 1700, *Proceedings*, XI Conferência Internacional de Mecânica dos solos e Engenharia de Fundação, São Francisco, Golden Jubilee Volume, A. A. Balkema, p. 3-93, 1985.

MAYNIEL, J. J. *Traité Experimentale, Analytique et Pratique de la Poussé des Terres*. Colas, Paris, 1808.

NAVIER, C. L. M. *Leçons sur L'Application de la Mécanique à L'Establissement des Constructions et des Machines*, 2. ed., Paris, 1839.

PECK, R. B. The Last Sixty Years, *Proceedings*, XI Conferência Internacional de Mecânica dos solos e Engenharia de Fundação, São Francisco, Golden Jubilee Volume, A. A. Balkema, p. 123-133, 1985.

PONCELET, J. V. *Mémoire sur la Stabilité des Revêtments et de seurs Fondations*, Bachelier, Paris, 1840.

PRONY, G. C. M. L. R. *Nouvelle Architecture Hydraulique, contenant l'art d'élever l'eau au moyen de différentes machines, de construire dans ce fluide, de le diriger, et généralement de l'appliquer, de diverses manières, aux besoins de la sociétè*, FirminDidot, Paris, 1790.

RANKINE, W. J. M. On the Stability of Loose Earth, *Philosophical Transactions*, Royal Society, v. 147, Londres, 1857.

REYNOLDS, O. Experiments Showing Dilatency, a Property of Granular Material Possibly Connected to Gravitation, *Proceedings*, Royal Society, Londres, v. 11, p. 354-363, 1887.

SKEMPTON, A. W. The $\phi = 0$ Analysis of Stability and Its Theoretical Basis, *Proceedings*, II Conferência Internacional de Mecânica dos solos e Engenharia de Fundação, Roterdã, v. 1, p. 72-78, 1948.

________. A. W. The Pore Pressure Coefficients A and B, *Geotechnique*, v. 4, p. 143-147, 1954.

________. A History of Soil Properties, 1717-1927, *Proceedings*, XI Conferência Internacional de Mecânica dos Solos e Engenharia de Fundação, São Francisco, Golden Jubilee Volume, A. A. Balkema, p. 95-121, 1985.

TAYLOR, D. W. *Fundamentals of Soil Mechanics*, John Wiley, Nova York, 1948.

TERZAGHI, K. *Erdbaumechanik auf Bodenphysikalischer Grundlage*, Deuticke, Viena, 1925.

________. Soil Mechanics – A New Chapter in Engineering Science, *Institute of Civil Engineers Journal*, Londres, v. 12, n. 7, p. 106-142, 1939.

________. *Theoretical Soil Mechanics*, John Wiley, New York, 1943.

TERZAGHI, K.; PECK, R. B. *Soil Mechanics in Engineering Practice*, John Wiley, Nova York, 1948.

CAPÍTULO 2

Origem e granulometria dos solos

2.1 Introdução

Em geral, solos são formados a partir do intemperismo das rochas. As propriedades físicas do solo são determinadas, principalmente, pelos minerais que constituem suas partículas e, portanto, pelas rochas das quais derivam. Neste capítulo discutiremos o seguinte:

- A formação de diversos tipos de rochas, cujas origens são a solidificação do magma fundido no manto terrestre;
- Formação de solos por intemperismos químico e físico de rochas;
- Determinação da distribuição de granulometria em determinada massa de solo;
- Composição de argilominerais, que fornecem as propriedades plásticas de uma massa de solo;
- O tamanho das diversas partículas em uma massa de solo.

2.2 O ciclo das rochas e a origem do solo

Os grãos minerais que formam a fase sólida de um agregado de solo são resultado do intemperismo de rochas. O tamanho de grãos individuais varia amplamente. Muitas das propriedades físicas do solo são determinadas por tamanho, formato e composição química desses grãos. Para compreender melhor esses fatores, é necessário estar familiarizado com os tipos básicos de rocha que formam a crosta terrestre, os minerais que formam as rochas e o processo de intemperismo.

Quanto a sua origem, as rochas podem ser divididas em três tipos básicos: *ígneas*, *sedimentares* e *metamórficas*. A Figura 2.1 exibe um diagrama do ciclo de formação de diferentes tipos de rocha e o processo associado a eles. Isso é chamado *ciclo da rocha*. A seguir, temos uma breve análise de cada elemento do ciclo das rochas.

Rocha ígnea

As rochas ígneas são formadas pela solidificação do magma fundido expelido das profundezas do manto terrestre. Após ser expelido por uma *erupção fissural* ou *erupção vulcânica*, uma quantidade desse magma derretido resfria na superfície da Terra. Às vezes, o magma é resfriado ainda abaixo da superfície, formando rochas ígneas intrusivas chamadas *rochas plutônicas*. A rocha intrusiva formada no passado pode atingir a superfície como resultado de um processo contínuo de erosão dos materiais que a cobriam.

Os tipos de rochas ígneas formadas pelo resfriamento do magma dependem de fatores como a sua composição e a taxa de resfriamento associada a ela. Após conduzir diversos ensaios de laboratório, Bowen (1922) conseguiu explicar a relação da taxa de resfriamento do magma com a formação de diferentes tipos de rocha. Sua explicação – conhecida como *Princípio da reação de Bowen* – descreve a sequência em que novos minerais são formados à medida que o magma resfria. O processo compreende o crescimento dos minerais e a sua sedimentação. Aqueles que permanecem suspensos no

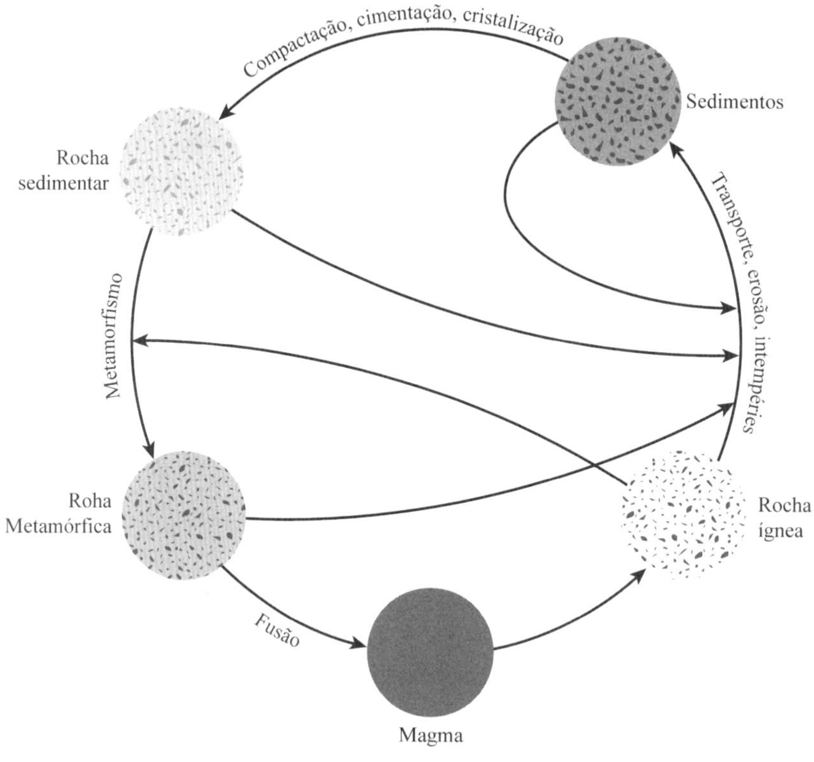

Figura 2.1 Ciclo de rocha.

líquido reagem com o material fundido remanescente para formar um novo mineral, a uma temperatura mais baixa. Esse processo continua até que todo corpo fundido esteja solidificado. Bowen classificou essas reações em dois grupos: (1) série descontínua de reação ferromagnesiana, na qual os minerais formados são diferentes na composição química e na estrutura cristalina e (2) série contínua de reação de plagioclásios, em que os minerais formados têm composições químicas diferentes com estruturas cristalinas semelhantes. A Figura 2.2 mostra as séries de reação de Bowen. As composições químicas dos minerais são informadas na Tabela 2.1. A Figura 2.3 é uma microscopia eletrônica de varredura de uma superfície fraturada de quartzo, mostrando fraturas semelhantes a vidros sem nenhum plano de clivagem. A Figura 2.4 é uma microscopia eletrônica de varredura que mostra a clivagem basal de grãos individuais de mica.

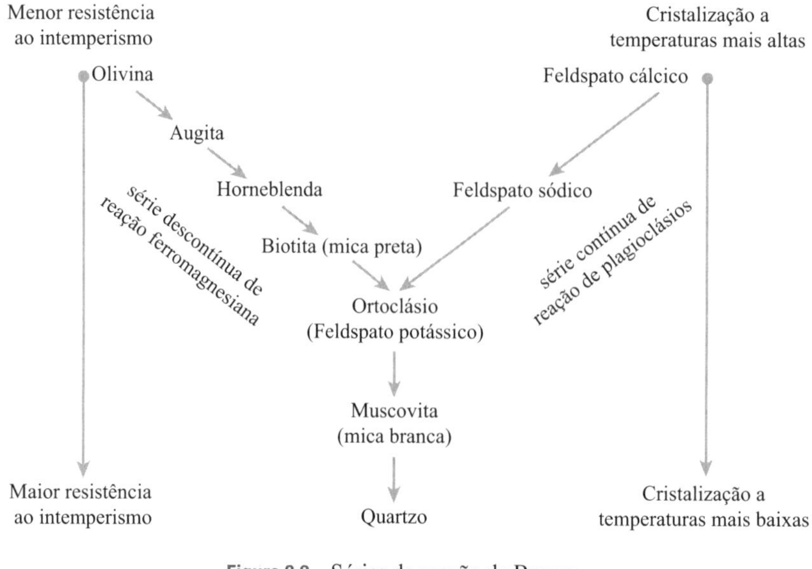

Figura 2.2 Séries de reação de Bowen.

Tabela 2.1 Composição dos minerais presentes nas séries de reação de Bowen

Mineral	Composição
Olivina	$(Mg, Fe)_2SiO_4$
Augita	$Ca, Na(Mg, Fe, Al)(Al, Si_2O_6)$
Horneblenda	Silicato ferromagnesiano complexo de Ca, Na, Mg, Ti e Al
Biotita (mica preta)	$K(Mg, Fe)_3AlSi_3O_{10}(OH)_2$
Plagioclásio { feldspato cálcico	$Ca(Al_2Si_2O_8)$
Plagioclásio { feldspato sódico	$Na(AlSi_3O_8)$
Ortoclásio (feldspato potássico)	$K(AlSi_3O_8)$
Muscovita (mica branca)	$KAl_3Si_3O_{10}(OH)_2$
Quartzo	SiO_2

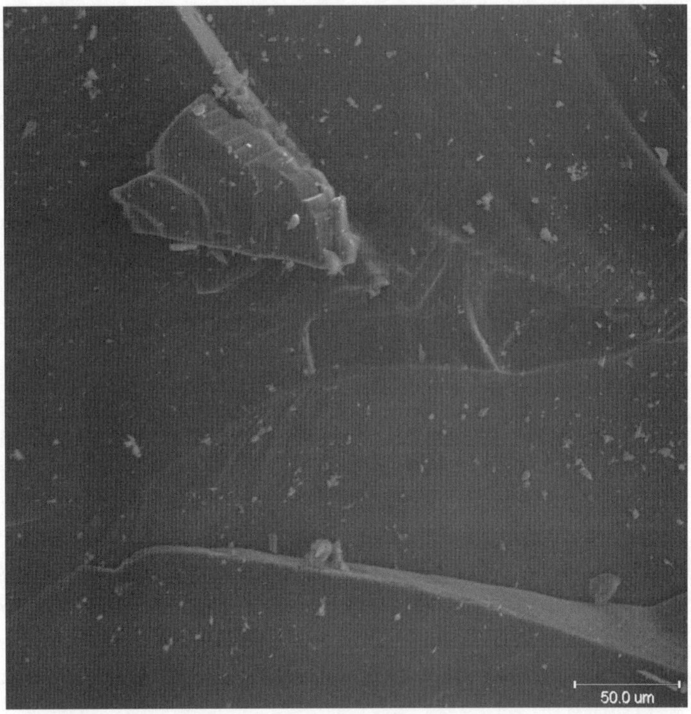

Figura 2.3 Microscopia eletrônica de varredura de uma superfície fraturada de quartzo, exibindo fraturas semelhantes a vidro sem superfície planar discreta. (*Cortesia de David J. White, Iowa State University, Ames, Iowa.*)

Figura 2.4 Microscopia eletrônica de varredura mostrando clivagem basal de grãos individuais de mica. (*Cortesia de David J. White, Iowa State University, Ames, Iowa.*)

Tabela 2.2 Composição de algumas rochas ígneas

Nome da rocha	Modo de ocorrência	Textura	Minerais abundantes	Minerais menos abundantes
Granito	Intrusivo	Grossa	Quartzo, feldspato sódico, feldspato potássico	Biotita, muscovita, horneblenda
Riólito	Extrusivo	Fina		
Gabro	Intrusivo	Grossa	Plagioclásio, piroxênios, olivina	Horneblenda, biotita, magnetita
Basalto	Extrusivo	Fina		
Diorita	Intrusivo	Grossa	Plagioclásio, horneblenda	Biotita, piroxênios (quartzo geralmente ausente)
Andesito	Extrusivo	Fina		
Sienito	Intrusivo	Grossa	Feldspato potássico	Feldspato sódico, biotita, horneblenda
Traquito	Extrusivo	Fina		
Peridotito	Intrusivo	Grossa	Olivina, piroxênios	Óxidos de ferro

Dessa forma, dependendo das proporções dos minerais disponíveis, são formados diferentes tipos de rochas ígneas. Granito, gabro e basalto são alguns dos tipos comuns de rochas ígneas geralmente encontradas em campo. A Tabela 2.2 refere-se à composição geral de algumas rochas ígneas.

Na Tabela 2.2, os modelos de ocorrência de várias rochas são classificados como *intrusivos* ou *extrusivos*. As rochas intrusivas são as formadas pelo resfriamento do magma situado embaixo da superfície. Como o processo de resfriamento é muito lento, as rochas intrusivas possuem cristais bastante grandes (com granulometria grosseira) e podem ser vistas a olho nu. Quando o magma esfria na superfície (rochas extrusivas), o processo é rápido. Os grãos são pequenos; portanto, são difíceis de identificar a olho nu.

Intemperismo

Intemperismo é o processo de desgastar rochas, por meio de *processos físicos* e *químicos*, em pedaços menores. O intemperismo físico pode ser causado pela expansão e pela contração das rochas devido à alternância de temperatura, resultando na desintegração final, por exemplo. Outro agente de intemperização física é a água, que penetra nos poros e nas rachaduras existentes e, com a queda da temperatura, congela e expande. A pressão exercida pelo gelo em função da expansão do volume é forte o suficiente para quebrar as rochas, mesmo as maiores. Outros agentes físicos que ajudam a desintegrar as rochas são as geleiras glaciais, o vento, a água corrente de riachos ou rios e as ondas do mar. É importante saber que, no intemperismo físico, rochas grandes são quebradas em pedaços menores sem qualquer alteração na composição química. A Figura 2.5 mostra diversos exemplos de erosão mecânica resultante do impacto das ondas do mar e do vento em Yehliu, Taiwan.

Figura 2.5
Erosão mecânica em razão de ondas oceânicas e vento em Yehliu, Taiwan. (*Cortesia de Braja M. Das, Henderson, Nevada, EUA.*)

Figura 2.5 (*Continuação.*)

Essa área está localizada em um cabo longo e estreito no lado noroeste de Keelung, a cerca de quinze quilômetros entre a costa norte de Chin Shan e Wanli. A Figura 2.6 mostra outro exemplo de intemperismo físico no afloramento de granito pré-cambriano no Elephant Rocks State Park no sudeste de Missouri. A ação de congelamento e descongelamento de água na superfície fratura a rocha e cria rachaduras grandes e um padrão de drenagem na rocha (Figura 2.6a). Após longos períodos, partes não intemperizadas do maciço são transformadas em grandes blocos (Figura 2.6b). A Figura 2.7 mostra outra fotografia de intemperismo *in situ* de granito.

No intemperismo químico, os minerais originais da rocha são transformados em novos minerais por meio de reações químicas. A água e o dióxido de carbono da atmosfera, principais agentes intempéricos, formam o ácido carbônico, que

(a)

(b)

Figura 2.6 Intemperismo físico de granito: (a) desenvolvimento de rachaduras grandes em razão do frio e do derretimento, seguido por um tipo de drenagem, (b) transformação de rocha sã grandes blocos. (*Cortesia de Janice Das, Henderson, Nevada, EUA.*)

Figura 2.7 Intemperismo físico *in situ* de granito. (*Cortesia de Richard L. Handy, Iowa State University, Ames, Iowa.*)

reage com os minerais existentes nas rochas, formando novos minerais e sais solúveis. Os sais solúveis presentes nos lençóis freáticos e os ácidos orgânicos formados pela decomposição de matéria também contribuem para o intemperismo químico. Um exemplo de intemperismo químico do ortoclásio para formar minerais da argila, sílica e carbonato de potássio solúvel é apresentado a seguir:

$$H_2O + CO_2 \rightarrow \underset{\text{Ácido carbônico}}{H_2CO_3} \rightarrow H^+ + (HCO_3)^-$$

$$\underset{\text{Ortoclásio}}{2K(AlSi_3O_8)} + 2H^+ + H_2O \rightarrow 2K^+ + \underset{\text{Sílica}}{4SiO_2} + \underset{\text{Caulinita (mineral da argila)}}{Al_2Si_2O_5(OH)_4}$$

A maior parte dos íons potássio liberados é transportado em solução, já que o carbonato de potássio é absorvido pelas plantas.

O intemperismo químico do feldspato plagioclásio é semelhante ao do ortoclásio, uma vez que produz argilominerais, sílica e diferentes sais solúveis. Os minerais ferromagnesianos também formam esses produtos químicos. Além disso, o ferro e o magnésio, em minerais desse tipo, resultam em outros produtos como hematita e limonita. O quartzo é altamente resistente ao intemperismo e apenas levemente solúvel em água. A Figura 2.2 mostra a susceptibilidade ao intemperismo dos elementos que formam as rochas. Os minerais formados a altas temperaturas na série de reação de Bowen são menos resistentes ao intemperismo do que aqueles formados a temperaturas mais baixas.

O processo de intemperismo não está limitado a rochas ígneas. Como mostrado no ciclo das rochas (Figura 2.1), rochas sedimentares e metamórficas também sofrem intemperismo de forma semelhante.

Portanto, com base na breve análise anterior, podemos ver como o processo de intemperismo quebra formações rochosas sólidas em fragmentos menores de vários tamanhos, que variam desde grandes blocos até partículas minúsculas de argila. Agregados não cimentados desses pequenos grãos, em várias proporções, formam diferentes tipos de solo. Os argilominerais, que são um produto de intemperismo químico de feldspatos, minerais ferromagnesianos e micas, proporcionam a propriedade plástica aos solos. Há três argilominerais importantes: (1) *caulinita*, (2) *ilita* e (3) *montmorilonita*. (Discutiremos os argilominerais posteriormente neste capítulo.)

Transporte de produtos do intemperismo

Os produtos do intemperismo podem ficar no mesmo lugar ou serem deslocados pelo gelo, pela água, pelo vento e pela gravidade.

Os solos formados pelos intemperismo no local de origem são chamados *solos residuais*. Uma característica importante de solo residual é a distribuição dos tamanhos de partículas. Solos de grãos mais finos são encontrados na superfície, e o tamanho dos grãos aumenta com a profundidade. Em locais mais profundos, também podem ser encontrados fragmentos de rocha angulares.

Os solos transportados podem ser classificados em diversos grupos, dependendo do modo de transporte e sedimentação:

1. *Solos glaciais* – formados pelo transporte e sedimentação de geleiras.
2. *Solos aluviais* – transportados pela água corrente e depositados ao longo dos rios.
3. *Solos lacustres* – formados pela sedimentação em lagos de água parada.
4. *Solos marinhos* – formados pela sedimentação nos oceanos.
5. *Solos eólicos* – transportados e depositados pela ação dos ventos.
6. *Solos coluviais* – formados pelo transporte do solo de seu local original pela gravidade, como em deslizamentos de terra.

Solos tropicais

A mineralogia dos solos formados em ambientes tropicais (solos residuais) apresenta grandes diferenças em relação aos solos mais tradicionais, estudados pela mecânica dos solos. Enquanto os solos sedimentares são formados em ambientes com predominância do intemperismo físico, os solos residuais são originários da composição da rocha matriz e das condições de formação dos solos em ambientes com predominância do intemperismo químico. A composição dos minerais primários e elementos químicos definirão a cor e os argilominerais do solo residual, dependendo ainda das condições climáticas, regime e intensidade de chuvas, relevo, micro-organismos e drenagem.

Rocha sedimentar

Os depósitos de cascalho, areia, silte e argila formados pelo intemperismo podem ser compactados por sobrecarga e cimentados por agentes como o óxido de ferro, a calcita, a dolomita e o quartzo. Os agentes de cimentação são geralmente carregados em forma de solução pelas águas subterrâneas. Eles preenchem os espaços entre as partículas e formam rochas sedimentares. As rochas formadas dessa maneira são chamadas *rochas sedimentares detríticas*.

Todas as rochas detríticas têm uma textura clástica. A seguir, são apresentados exemplos de rochas detríticas com textura clástica.

Tamanho da partícula	Rocha sedimentar
Granular ou maior (tamanho do grão de 2 mm a 4 mm ou maior)	Conglomerado
Areia	Arenito
Silte e argila	Argilito e folhelho

No caso dos conglomerados, se as partículas são mais angulosas, a rocha é chamada *brecha*. Em arenito, os tamanhos da partícula podem variar entre $\frac{1}{16}$ mm e 2 mm. Quando os grãos no arenito são praticamente todos de quartzo, a rocha é chamada de *ortoquartzito*. Nos argilitos e nos folhelhos, o tamanho das partículas é geralmente menor que $\frac{1}{16}$ mm. O argilito tem um aspecto maciço, enquanto no folhelho, o aspecto é de lâminas sobrepostas.

A rocha sedimentar também pode ser formada por processos químicos. As rochas desse tipo são classificadas como *rocha sedimentar química*. Elas podem apresentar uma textura *clástica* ou *não clástica*. A seguir estão alguns exemplos de rochas sedimentares químicas.

Composição	Rocha
Calcita ($CaCO_3$)	Calcário
Halita (NaCl)	Cloreto de sódio
Dolomita [$CaMg(CO_3)$]	Dolomita
Gipsita ($CaSO_4 \cdot 2H_2O$)	Gipsita

O calcário é formado principalmente por carbonato de cálcio, depositado tanto por organismos quanto por processos inorgânicos. A maioria dos calcários tem textura clástica, embora texturas não clásticas também possam ser comumente encontradas. A Figura 2.8 mostra a microscopia eletrônica de varredura de uma superfície fraturada de calcário. Os grãos individuais de calcita indicam clivagem romboédrica. O giz é uma rocha sedimentar constituída, em parte, por calcita de derivação bioquímica, que é um conjunto de fragmentos estruturais de plantas e animais microscópicos. A dolomita é

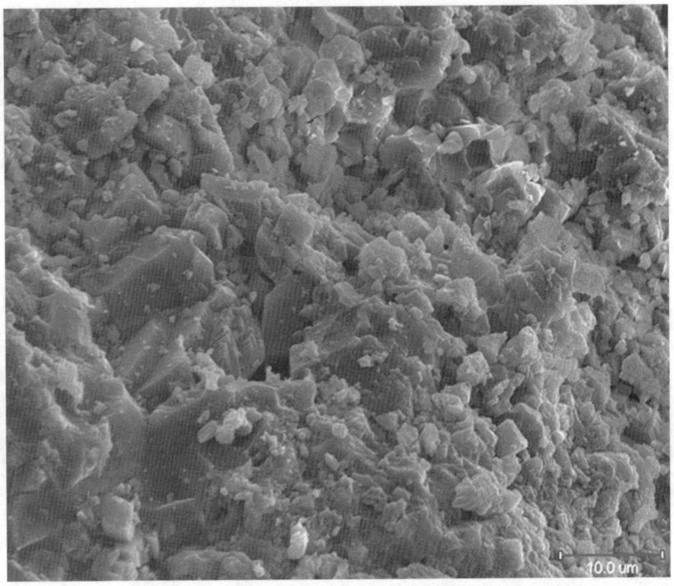

Figura 2.8 Microscopia eletrônica de varredura de uma superfície fraturada de calcário. (*Cortesia de David J. White, Iowa State University, Ames, Iowa.*)

formada tanto pela sedimentação química de carbonatos misturados ou pela reação do magnésio presente na água com o calcário. A gipsita e a anidrita resultam da precipitação de $CaSO_4$, solúvel em razão da evaporação da água do mar. Elas pertencem a uma classe de rochas que são geralmente chamadas de *evaporitos*. O cloreto de sódio (NaCl) é outro exemplo de evaporito que tem origem nos depósitos de sal da água do mar.

A rocha sedimentar pode passar por intemperismo e formar sedimentos ou ser submetida ao processo de *metamorfismo* e transformar-se em rocha metamórfica.

Rocha metamórfica

Metamorfismo é o processo de alteração da composição e textura das rochas (sem fusão) em razão do calor e da pressão. Durante a metamorfose, novos minerais são formados e os grãos minerais são cisalhados, conferindo uma textura laminada à rocha metamórfica. O gnaisse é uma rocha metamórfica derivada de um alto grau de metamorfose regional de rochas ígneas, como granito, gabro e diorito. Um baixo grau de metamorfismo de folhelhos e argilitos forma a ardósia. Os argilominerais no folhelho se tornam clorita e mica pelo calor; portanto, a ardósia é composta principalmente de flocos de mica e clorita. O filito é uma rocha metamórfica derivada da ardósia com metamorfismo adicional sendo sujeito a um calor maior que 250 a 300 °C. O xisto é um tipo de rocha metamórfica derivada de diversas rochas ígneas, sedimentares e metamórficas de baixo grau com textura bem laminada e flocos visíveis de minerais achatados e micáceos. Em geral, a rocha metamórfica também contém grandes quantidades de quartzo e feldspato.

O mármore é formado por calcita e dolomita, por meio de recristalização. Os grãos minerais do mármore são maiores que aqueles presentes na rocha original. O mármore verde é colorido por horneblendas, serpentina ou talco. O mármore preto contém material betuminoso, e o mármore marrom contém óxido de ferro e limonita. O quartzito é uma rocha metamórfica formada de arenito rica em quartzo. A sílica entra nos espaços vazios entre o quartzo e os grãos de areia, atuando como um agente cimentador. O quartzito é uma das rochas mais duras da natureza. Quando submetidas ao calor e pressão extremos, rochas metamórficas fundem-se e formam o magma, reiniciando o ciclo.

2.3 Minerais em formato de rocha, rocha e estruturas de rocha

Na seção anterior, fomos apresentados ao processo de formação de rochas ígneas a partir de minerais constituintes de rocha, intemperismo e formação de rochas sedimentares e metamorfismo e formação de rochas metamórficas. A Figura 2.9 mostra alguns dos minerais constituintes de rocha mais comuns, como o quartzo, ortoclásio, plagioclásio, muscovita, biotita, andradita, granada, calcita, dolomita e clorita.[1] Alguns tipos comuns de rochas que os engenheiros geotécnicos podem encontrar em campo, como granito, basalto, riolito, arenito, calcário, conglomerados, mármore, ardósia e xisto, são indicados na Figura 2.10. Ela mostra um exemplo de *xisto revestido* da James Cook University Rock Garden, do campus

---

[1] Veja as imagens coloridas no material on-line deste livro.

(a) (b) (c) (d) (e) (f)

Figura 2.9 Alguns minerais típicos com formação de rocha: (a) quartzo; (b) ortoclásio; (c) plagioclásio; (d) moscovita; (e) biotita; (f) andranita granada; (g) calcita; (h) dolomita; (i) clorita. (*Cortesia de Dr. Sanjay K. Shukla, Edith Cowan University, Perth, Austrália.*) Veja as imagens coloridas desta figura no site da Cengage (www.cengage.com.br). Faça o login como professor ou aluno e selecione o livro para ter acesso ao material.

(g)

(h) (i)

Figura 2.9 (*Continuação.*)

(a) (b)

Figura 2.10 Algumas rochas típicas: (a) granito; (b) basalto; (c) riólito; (d) arenito; (e) calcário; (f) conglomerado; (g) mármore; (h) ardósia; (i) mica-xisto; (j) xisto revestido. (Figuras (a) a (i) *Cortesia de Dr. Sanjay K. Shukla, Edith Cowan University, Perth, Austrália*; (j) *Cortesia de Dr. Nagaratnam Sivakugan, James Cook University, Townsville, Austrália*) Veja as imagens coloridas desta figura no site da Cengage (www.cengage.com.br). Faça o login como professor ou aluno e selecione o livro para ter acesso ao material.

(c)

(d)

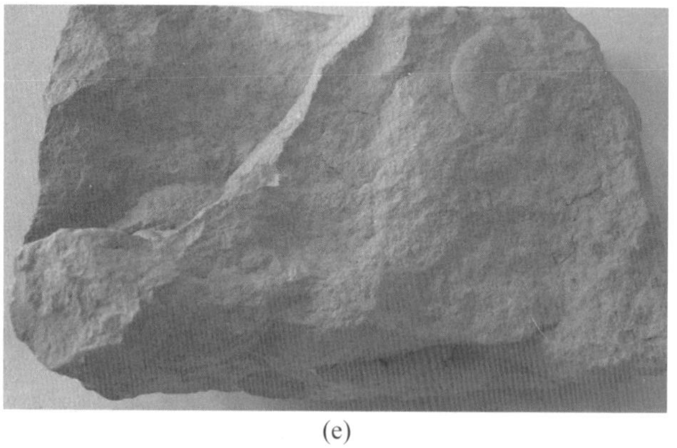

(e)

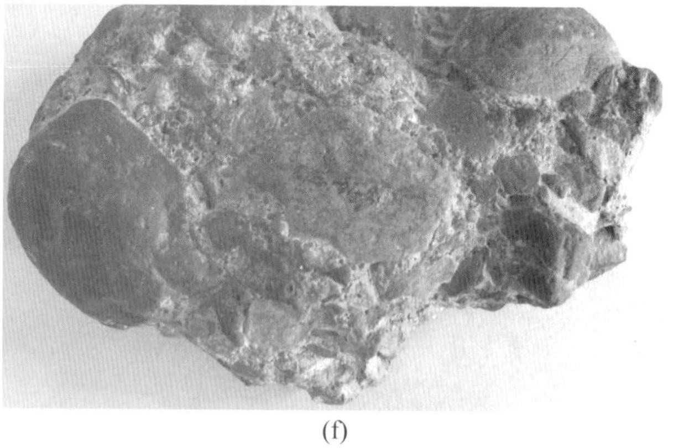

(f)

(g)

(h)

Figura 2.10 (*Continuação.*) Veja as imagens coloridas desta figura no site da Cengage (www.cengage.com.br). Faça o login como professor ou aluno e selecione o livro para ter acesso ao material.

(i)

(j)

Figura 2.10 (*Continuação.*) Veja as imagens coloridas desta figura no site da Cengage (www.cengage.com.br). Faça o login como professor ou aluno e selecione o livro para ter acesso ao material.

em Townsville, Austrália. As tensões de cisalhamento e metamorfose envolvendo alta temperatura e alta pressão fizeram com que as camadas se curvassem e cedessem. A Figura 2.11 mostra algumas estruturas criadas em rochas.

Existem grandes estruturas construídas diversos séculos atrás pelo mundo com/ou nas rochas, que ainda estão intactas e são submetidas a intemperismo parcial. O Partenon (Figura 2.11a), construído na Acrópole em Atenas, Grécia, na segunda metade do século V a.C, é feito de mármore e foi construído em uma colina de calcário, sustentada por filito, uma rocha metamórfica com grãos finos que contém grande quantidade de mica e assemelha-se a ardósia ou ao xisto.

A Figura 2.11b exibe o Canal de Corinto na Grécia. O Canal de Corinto cruza o Istmo de Corinto, uma faixa estreita de terra que conecta o Peloponeso à Grécia continental, ligando, dessa forma, o Golfo Sarônico, no Mar Egeu (parte oriental da Grécia), ao Golfo de Corinto (uma profunda baía do Mar Jônico, na parte ocidental da Grécia). O canal foi

(a)

Figura 2.11 (a) Partenon na Acrópole de Atenas, Grécia.

(b)

Figura 2.11 (b) Canal de Corinto, na Grécia. (Cortesia de Dr. Nagaratnam Sivakugan, James Cook University, Townsville, Austrália.)

finalizado em 1893. Ele consiste em um canal simples com 8 m de profundidade escavado no nível do mar (portanto não precisa de eclusas), medindo 6.346 m de comprimento e 24,6 m de largura na parte superior e 21,3 m de largura no fundo. O talude do canal tem uma inclinação de 3V:1H a 5V:1H. A parte central do canal, onde as encostas escavadas são mais altas, consiste em margas do Plio-Pleistoceno com finas intercamadas de areias margosas e calcários margosos. Nas imagens coloridas disponíveis no site da Cengage, como mencionado antes, observa-se que as margas na parte superior das encostas são amarelas esbranquiçadas para um marrom-claro, enquanto as que estão na parte central e inferior são de tonalidade amarelo-cinza para cinza-azulado conforme pode-se ver no material on-line.

2.4 Tamanho das partículas do solo

Conforme discutido na seção anterior, o tamanho das partículas que compõem o solo varia muito. O solo geralmente recebe a denominação de *pedregulho*, *areia*, *silte* ou *argila*, dependendo do tamanho predominante das partículas presentes. Para descrever os solos pelo tamanho das partículas, diversas organizações desenvolveram classificações granulométricas. A Tabela 2.3 mostra as classificações de tamanho de partícula desenvolvidas pelo Instituto de Tecnologia de Massachusetts (MIT), pelo Departamento de Agricultura dos Estados Unidos (USDA), pela Associação Americana de Rodovias Estaduais e Transportes (AASHTO), pelo Corpo de Engenharia do Exército dos Estados Unidos (U.S. Army Corps of Engineers) e pela U.S. Bureau of Reclamation. Nessa tabela, o sistema MIT é apresentado apenas para fins de ilustração. Esse sistema é importante na história do desenvolvimento dos limites de tamanho de partículas apresentadas nos solos. Porém o Sistema Unificado de Classificação de Solos, agora, é aceito de maneira quase universal e foi adotado pela Sociedade Americana para Testes e Materiais (ASTM).

Pedregulhos são pedaços de rochas com algumas partículas de quartzo, feldspato e outros minerais. As partículas de areia são compostas principalmente de quartzo e feldspato. Por vezes também podem surgir outros grãos de minerais. A Figura 2.12 mostra a microscopia eletrônica de varredura de alguns grãos de areia. Observe que os grãos maiores mostram o arredondamento que pode ocorrer como resultado do desgaste durante o transporte intermitente pelo vento e/ou água. A Figura 2.13 é uma ampliação dos grãos destacados na Figura 2.9 e revela algumas pequenas partículas de argila grudadas a grãos de areia maiores. *Siltes* são frações de solo microscópicas que consistem em grãos de quartzo bem refinados e algumas partículas lamelares, que são fragmentos de minerais micáceos. As *argilas* são formadas principalmente por partículas lamelares microscópicas e submicroscópicas de mica, argilominerais e outros minerais.

Tabela 2.3 Classificações granulométricas

Nome da organização	Tamanho do grão (mm)			
	Pedregulho	**Areia**	**Silte**	**Argila**
Instituto de Tecnologia de Massachusetts (MIT)	> 2	2 a 0,06	0,06 a 0,002	< 0,002
Departamento de Agricultura dos Estados Unidos (USDA)	> 2	2 a 0,05	0,05 a 0,002	< 0,002
Associação Americana de Rodovias Estaduais e Transportes (AASHTO)	76,2 a 2	2 a 0,075	0,075 a 0,002	< 0,002
Sistema Unificado de Classificação de Solos (U.S. Army Corps of Engineers, U.S. Bureau of Reclamation e American Society for Testing and Materials)	76,2 a 4,75	4,75 a 0,075	Grãos finos (por exemplo, siltes e argilas) < 0,075	

Observação: Aberturas de peneiras de 4,75 mm são encontradas em uma peneira no padrão americano número 4; aberturas de 2 mm, em uma peneira no padrão americano número 10; aberturas de 0,075, em uma peneira no padrão americano número 200. Observe a Tabela 2.5.

Conforme indicado na Tabela 2.3, as argilas geralmente são definidas como partículas menores que 0,002 mm. No entanto, em alguns casos, as partículas com tamanho entre 0,002 e 0,005 mm também são chamadas de argila. As partículas classificadas como argila com base no tamanho não contêm necessariamente argilominerais. As argilas foram definidas como partículas que "desenvolvem plasticidade ao serem misturadas a uma quantidade limitada de água" (Grim, 1953). (Plasticidade é a propriedade que as argilas possuem de se tornarem semelhantes a uma massa de modelar quando contêm certa quantidade de água.) Solos não argilosos podem conter partículas de quartzo, feldspato ou mica pequenas o bastante para serem classificadas como argila. Portanto, é apropriado que partículas de solo menores que 2 mícrons (2 μm) ou 5 mícrons (5 μm), conforme definido por diferentes sistemas, sejam chamadas de partículas argilosas, em vez de argila. As partículas argilosas aparecem geralmente na escala de tamanho coloidal (<1 μm), e 2 μm parece ser o limite superior.

2.5 Argilominerais

Argilominerais são silicatos de alumínio complexos compostos por duas unidades básicas: (1) *tetraedro de sílica* e (2) *octaedro de alumina*. Cada unidade de tetraedro consiste em um átomo de silício rodeado por quatro átomos de oxigênio (Figura 2.14a). A combinação de unidades de sílica tetraédricas resulta em uma lâmina de sílica (Figura 2.14b). Os três átomos de oxigênio na base de cada tetraedro são compartilhados pelos tetraedros vizinhos. As unidades octaédricas

Figura 2.12 Microscopia eletrônica de varredura de alguns grãos de areia. (*Cortesia de David J. White, Iowa State University, Ames, Iowa.*)

Figura 2.13 Ampliação dos grãos de areia destacados na Figura 2.12. (*Cortesia de David J. White, Iowa State University, Ames, Iowa.*)

consistem em seis hidroxilas ao redor de um átomo de alumínio (Figura 2.14c) e a combinação de unidades octaédricas de hidróxido de alumínio formam uma *lâmina octaédrica.* (Também chamada *lâmina de gibbsita* – Figura 2.14d.) Por vezes, o magnésio substitui os átomos de alumínio nas unidades octaédricas; nesse caso, a folha octaédrica é chamada *lâmina de brucita.*

Na folha de sílica, cada átomo de silicone com uma carga positiva de quatro é conectada a quatro átomos de oxigênio com uma carga negativa total de oito. Porém, cada átomo de oxigênio na base do tetraedro é conectado a dois átomos de silício. Isso significa que o átomo de oxigênio do topo de cada unidade tetraédrica possui uma carga negativa de um para contrabalancear. Quando a lâmina de sílica é colocada sobre a lâmina octaédrica, conforme indicada na Figura 2.14e, esses átomos de oxigênio substituem as hidroxilas para equilibrar as cargas.

Dos três argilominerais importantes, a *caulinita* consiste em camadas repetidas de elementos de lâmina sílica--gibbsita em uma estrutura 1:1, conforme indicada nas Figuras 2.15 e 2.16a. Cada camada tem aproximadamente 7,2 Å de espessura. As camadas são mantidas unidas por pontes de hidrogênio. A caulinita ocorre como plaquetas, cada uma com uma dimensão lateral de 1.000 a 20.000 Å e com espessura de 100 a 1.000 Å. A área da superfície das partículas de caulinita por massa de unidade tem aproximadamente 15 m^2/g. A área da superfície por massa de unidade é definida como *superfície específica.* A Figura 2.17 mostra uma microscopia eletrônica de varredura de uma amostra de caulinita.

A *ilita* consiste em lâminas de gibbsita ligadas a duas folhas de sílica – uma na parte superior e outra na parte inferior (Figuras 2.18 e 2.16b). É, por vezes, chamada de *argila-mica.* As camadas de ilita são ligadas por íons de potássio. A carga negativa para balancear os íons de potássio vem da substituição de alumínio por silício nas lâminas tetraédricas. A substituição de um elemento por outro sem nenhuma alteração na forma cristalina é conhecida como *substituição isomórfica.* Partículas de ilita geralmente têm dimensões laterais que variam de 1.000 a 5.000 Å e espessuras entre 50 e 500 Å. A superfície específica das partículas é cerca de 80 m^2/g.

A *montmorilonita* tem uma estrutura semelhante à da ilita – ou seja, uma lâmina de gibsita entre duas lâminas de sílica. (Consulte Figuras 2.19 e 2.16c.) Na montmorilonita há substituição isomórfica de magnésio e ferro por alumínio nas lâminas octaédricas. Os íons de potássio não estão presentes como na ilita, e uma grande quantidade de água é atraída para os espaços entre as camadas. Partículas de montmorilonita têm dimensões laterais que variam de 1.000 a 5.000 Å e espessuras entre 10 e 50 Å. A superfície específica das partículas é cerca de 800 m^2/g. A Figura 2.20 é uma microscopia eletrônica de varredura do tecido de montmorilonita.

Além da caulinita, ilita e montmorilonita, outros argilominerais comuns geralmente encontrados são a clorita, a haloisita, a vermiculita e a atapulgita.

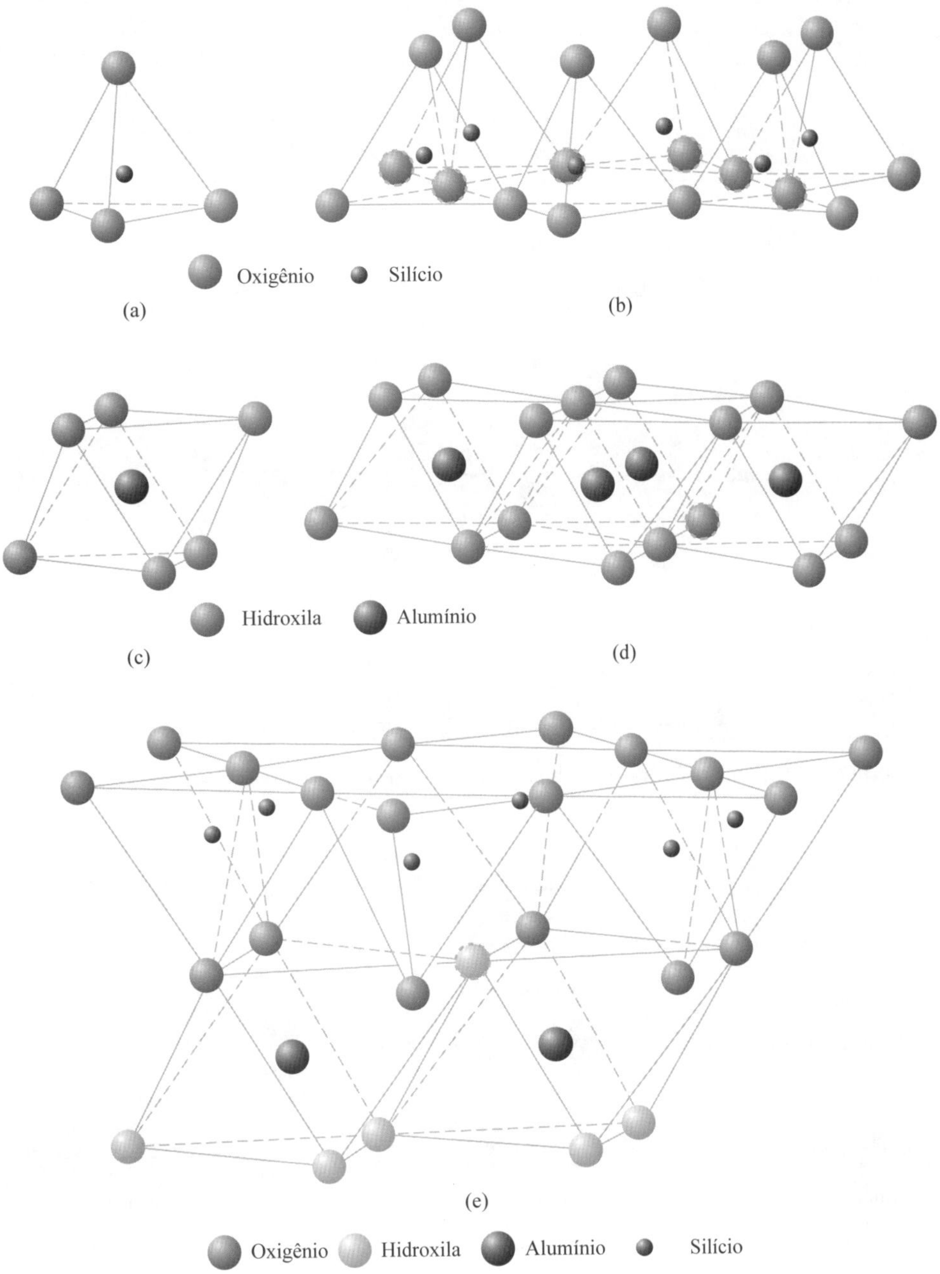

Figura 2.14 (a) Tetraedro de sílica; (b) lâmina de sílica; (c) octaedro de alumina; (d) lâmina octaédrica (gibbsita); (e) lâmina elementar de sílica-gibsita. (Grim,"Physico-Chemical Properties of Soils: Clay Minerals", *Journal of the Soil Mechanics and Foundations Division, ASCE*, v. 85, n. SM2, 1959, p. 1–17. Com permissão da ASCE.)

As partículas de argila carregam uma carga negativa na superfície. Isso é o resultado da substituição de isomorfo e de uma ruptura na continuidade da estrutura nas bordas. As cargas negativas maiores são derivadas de superfícies específicas maiores. Também há alguns locais com carga positiva nas extremidades das partículas. Abaixo segue uma lista de reciprocidade de densidades média de superfície das cargas negativas na superfície de alguns argilominerais (Yong e Warkentin, 1966):

Argilomineral	Reciprocidade de densidade de superfície média de carga (Å²/carga eletrônica)
Caulinita	25
Mica de argila e clorita	50
Montmorilonita	100
Vermiculita	75

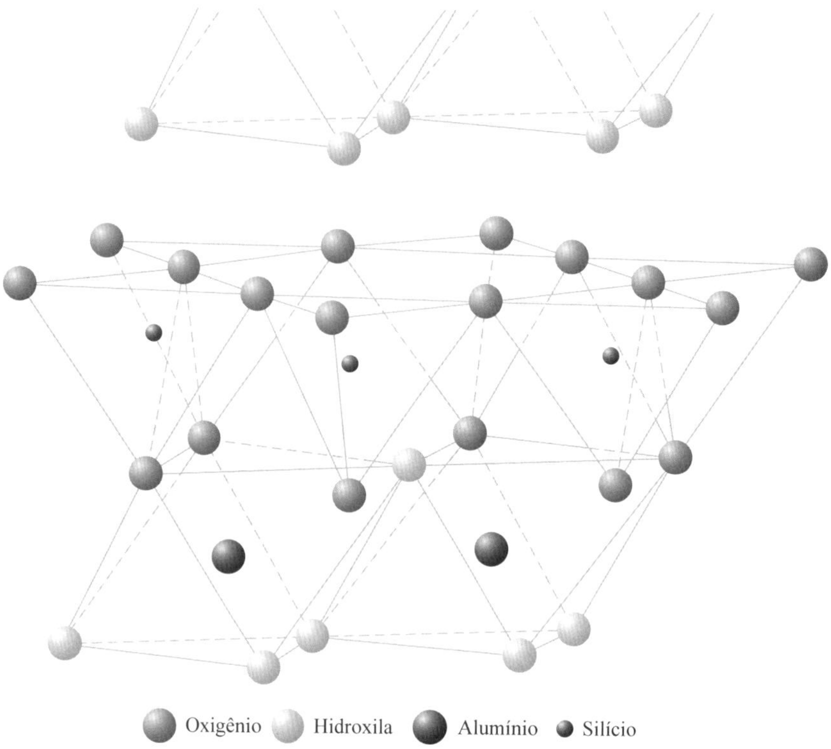

Figura 2.15 Estrutura atômica da caulinita. (*Segundo Grim, 1959. Com permissão da ASCE.*)

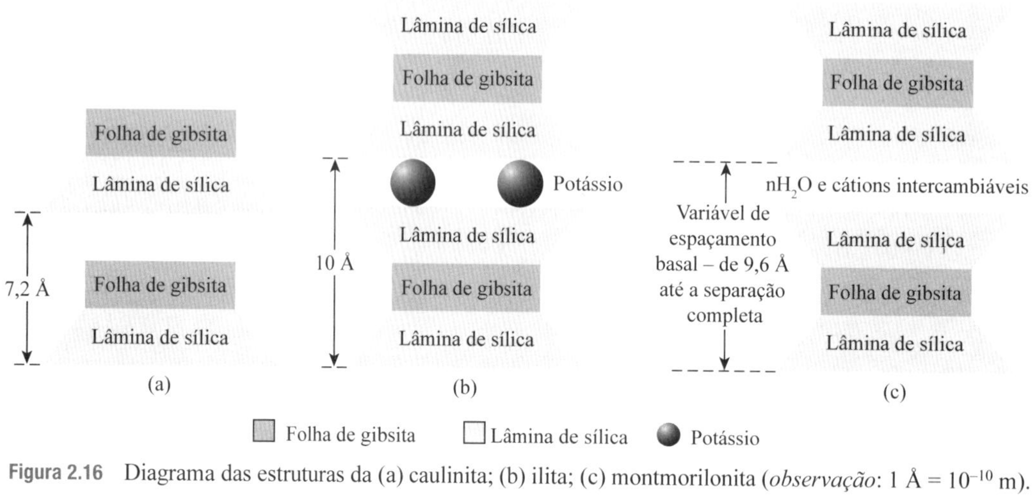

Figura 2.16 Diagrama das estruturas da (a) caulinita; (b) ilita; (c) montmorilonita (*observação*: 1 Å = 10^{-10} m).

Na argila seca, a carga negativa é equilibrada com cátions intercambiáveis, como Ca^{2+}, Mg^{2+}, Na^{+} e K^{+} ao redor de partículas mantidas pela atração eletrostática. Quando se acrescenta água à argila, esses cátions e alguns ânions flutuam em volta das partículas de argila. Essa configuração é chamada de *dupla camada difusa* (Figura 2.21a). A concentração de cátions diminui conforme a distância da superfície da partícula (Figura 2.21b).

As moléculas de água são dipolares. Os átomos de hidrogênio não ficam axissimétricos ao redor do átomo de oxigênio; em vez disso, ocorrem em um ângulo de ligação de 105° (Figura 2.22). Consequentemente, a molécula de água tem uma carga positiva de um lado e uma carga negativa do outro lado. Isso é conhecido como *dipolo*.

A água dipolar é atraída tanto pela superfície negativamente carregada das partículas de argila quanto pelos cátions na camada dupla. Os cátions, por sua vez, são atraídos pelas partículas do solo. Um terceiro mecanismo em que a água é

Figura 2.17 Microscopia eletrônica de varredura de uma amostra de caulinita. (*Cortesia de David J. White, Iowa State University, Ames, Iowa.*)

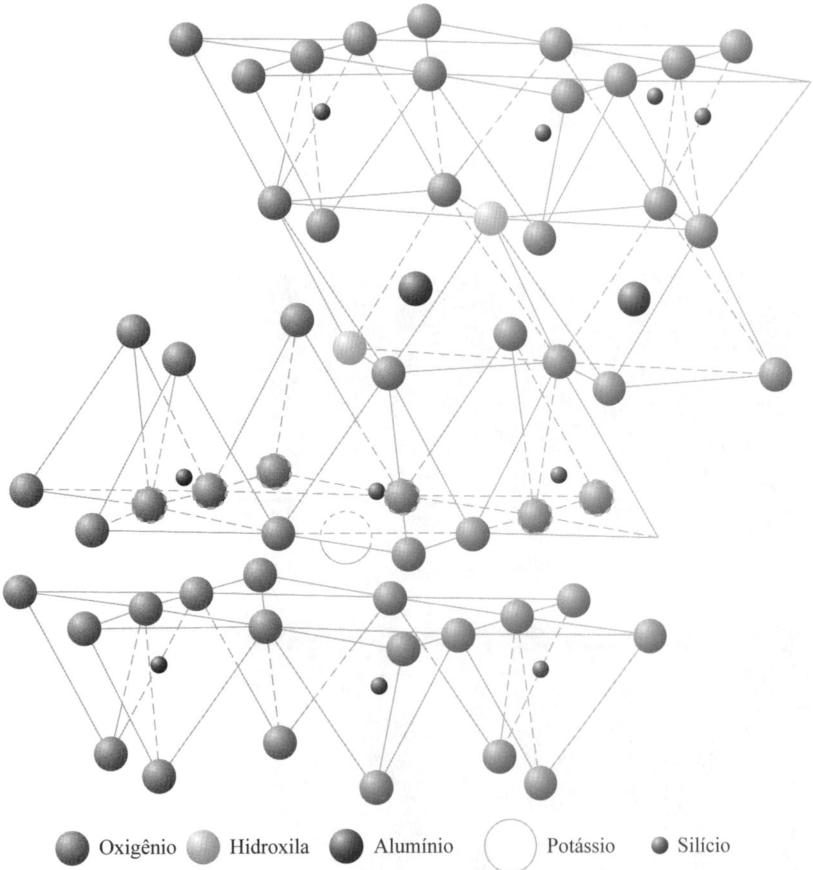

Figura 2.18 Estrutura atômica da ilita. (*Segundo Grim, 1959. Com permissão da ASCE.*)

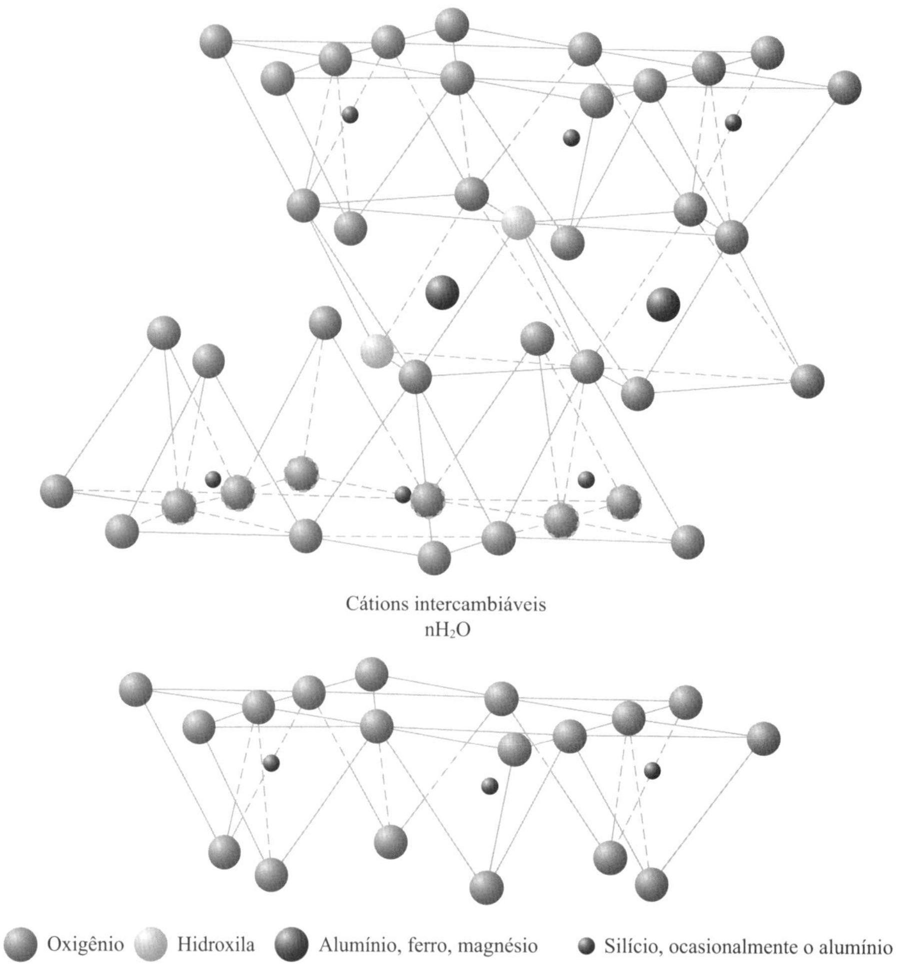

Figura 2.19 Estrutura atômica da montmorilonita. (*Segundo Grim, 1959. Com permissão da ASCE.*)

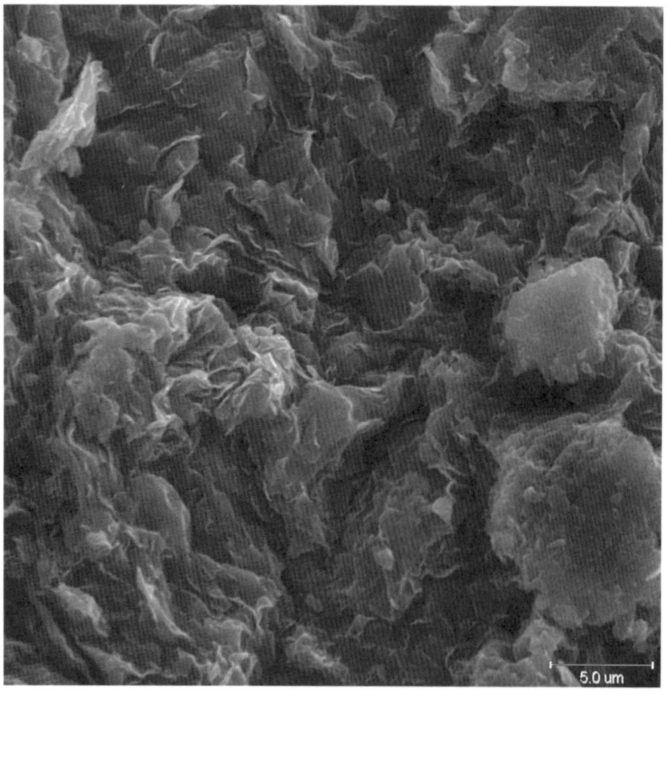

Figura 2.20 Microscopia eletrônica de varredura exibindo a estrutura de montmorilonita. (*Cortesia de David J. White, Iowa State University, Ames, Iowa, EUA.*)

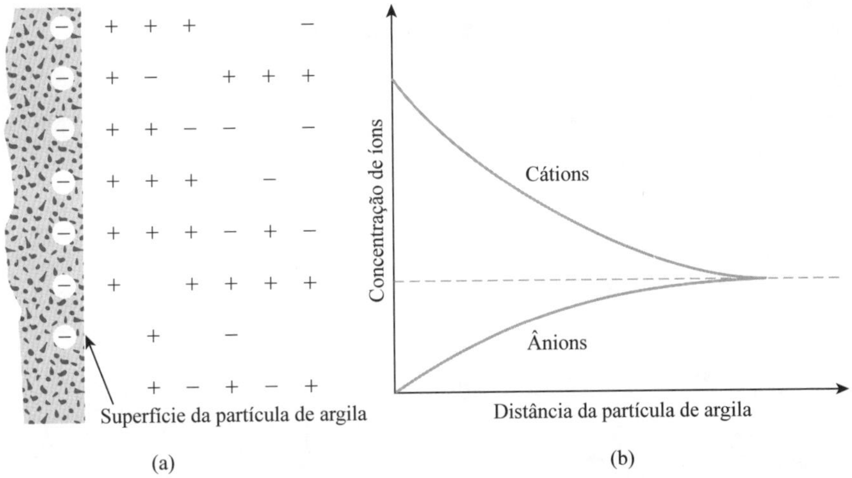

Figura 2.21 Dupla camada difusa.

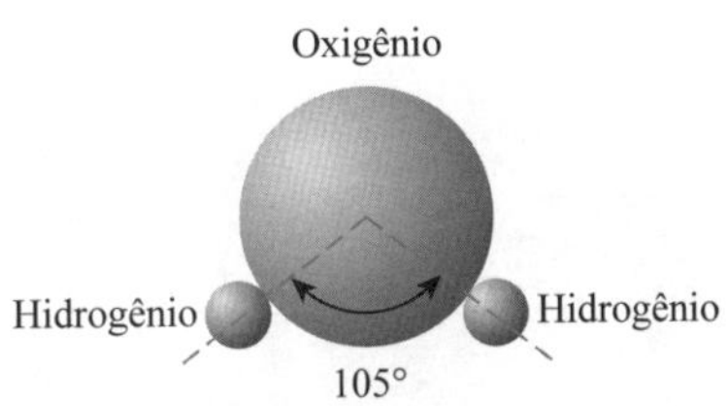

Figura 2.22 Caráter dipolar da água.

atraída para as partículas de argila é a *ponte de hidrogênio*, nos quais os átomos de hidrogênio presentes nas moléculas de água são compartilhados com os átomos de oxigênio na superfície da argila. Alguns cátions parcialmente hidratados na água intersticial também são atraídos para a superfície das partículas de argila. Esses cátions atraem moléculas de água dipolares. Todos esses possíveis mecanismos de atração da água para a argila são apresentados na Figura 2.23. A força de atração entre a água e a argila diminui de acordo com a distância das partículas em relação à superfície. Toda água presa às partículas de argila pela força da atração é conhecida como *água de dupla camada*. A camada mais interna da água com dupla camada, que é mantida fortemente pela argila, é conhecida como água adsorvente. Esta água é mais viscosa do que a água livre.

A Figura 2.24 mostra a água absorvida e a de dupla camada em partículas típicas de montmorilonita e caulinita. Essa orientação da água em volta das partículas de argila dá aos solos argilosos suas propriedades plásticas.

É necessário compreender que a presença de argilominerais em um agregado de solo tem uma grande influência nas propriedades de engenharia do solo como um todo. Quando a umidade está presente, o comportamento de um solo será bastante alterado à medida que a porcentagem do conteúdo de argilomineral aumentar. Para fins práticos, quando o conteúdo argiloso é de pelo menos 50%, as partículas de areia e de silte flutuam em uma matriz de argila, e os argilominerais determinam as propriedades de engenharia do solo.

2.6 Densidade relativa dos gãos (G_s)

A *densidade relativa dos grãos* é definida como a razão do peso específico de determinado material pelo peso específico da água. A densidade dos grãos do solo é frequentemente necessária para diversos cálculos em mecânica de solos. Ela pode ser determinada com precisão em laboratório. A Tabela 2.4 indica a densidade relativa dos grãos de alguns minerais comuns encontrados nos solos. A maioria dos valores está na faixa de 2,6 a 2,9. A densidade relativa dos grãos de uma areia de cor clara, composta principalmente por quartzo, pode ser estimada em 2,65; para solos de argila e silte, esse valor pode variar de 2,6 a 2,9.

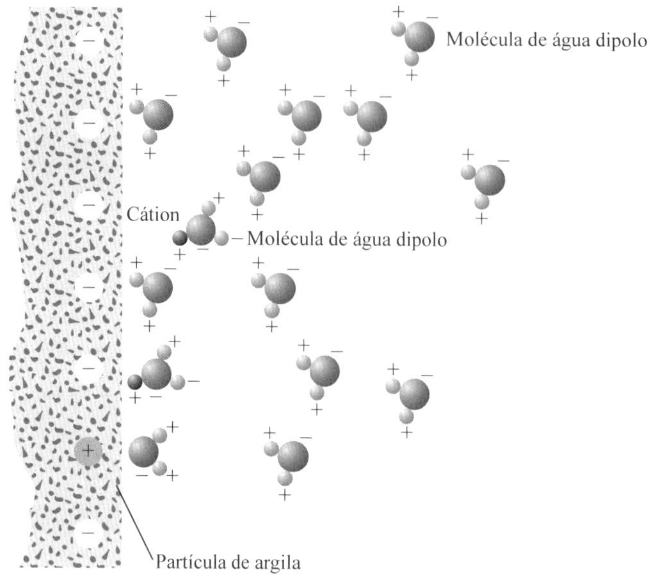

Figura 2.23 Atração de moléculas dipolares em dupla camada difusa.

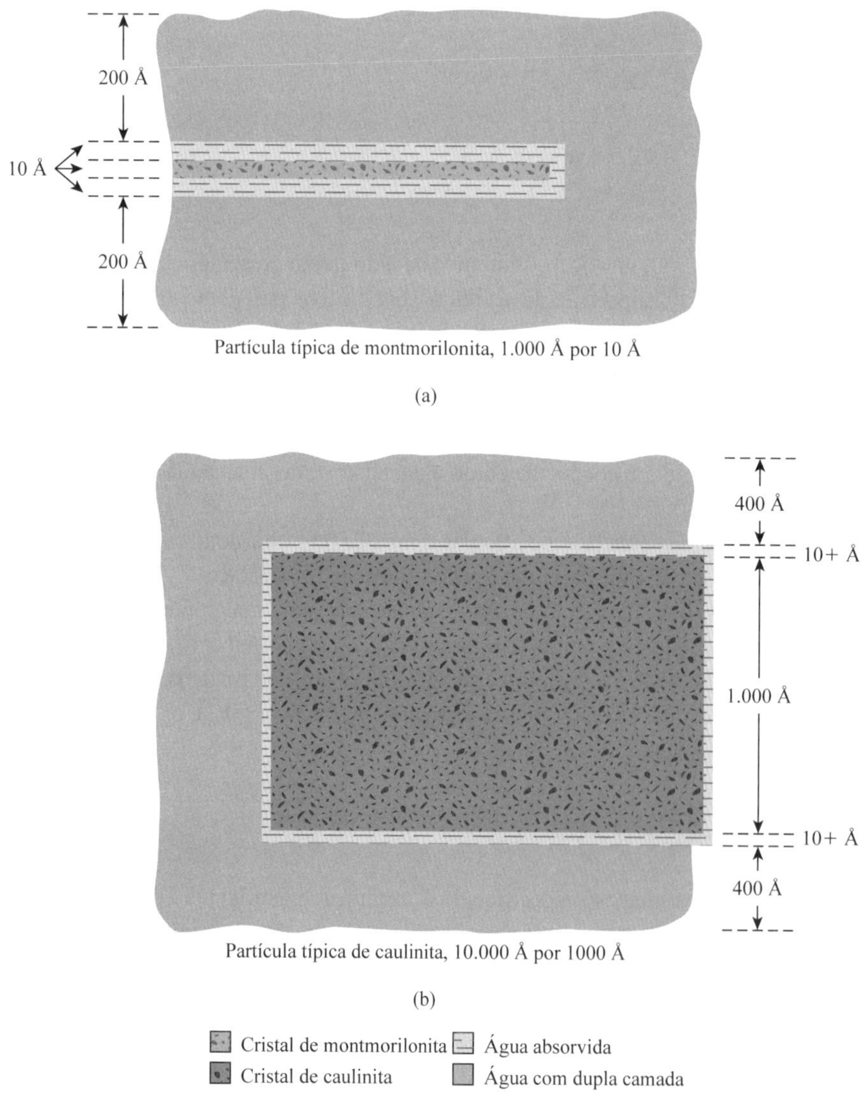

Figura 2.24 Água de argila. (*Redesenhado segundo Lambe, 1958. Com permissão da ASCE.*)

TABELA 2.4 Densidade relativa dos grãos de minerais comuns

Mineral	Densidade relativa dos grãos, G_s
Quartzo	2,65
Caulinita	2,6
Ilita	2,8
Montmorilonita	2,65 – 2,80
Haloisita	2,0 – 2,55
Feldspato potássico	2,57
Feldspato sódico e cálcico	2,62 – 2,76
Clorita	2,6 – 2,9
Biotita	2,8 – 3,2
Muscovita	2,76 – 3,1
Hornblenda	3,0 – 3,47
Limonita	3,6 – 4,0
Olivina	3,27 – 3,7

2.7 Análise granulométrica do solo

A *análise granulométrica* é a determinação do tamanho das partículas presentes em um solo, expressa como uma porcentagem do peso seco total. Geralmente são utilizados dois métodos para encontrar a distribuição granulométrica do solo: (1) *ensaio de peneiramento* – para partículas com diâmetros maiores que 0,075 mm; (2) *ensaio de sedimentação* – para partículas com diâmetros menores que 0,075 mm. Os princípios básicos do ensaio de peneiramento e do ensaio de sedimentação são descritos brevemente nas duas seções seguintes.

Ensaio de peneiramento

O ensaio de peneiramento consiste em agitar uma amostra do solo em um conjunto de peneiras que possuem aberturas progressivamente menores. As atuais medidas das peneiras dos EUA variam de 6.3 mm a 100 mm, e são fornecidas na Tabela 2.5.

Tabela 2.5 Peneiras dos EUA por designação de tamanhos

100,0 mm	25,0 mm
75,0 mm	19,0 mm
63,0 mm	16,0 mm
50,0 mm	12,5 mm
45,0 mm	9,5 mm
37,5 mm	8,0 mm
31,5 mm	6,3 mm

Após a designação de medida de 6,3 mm, utiliza-se uma designação numérica, isto é, do Nº 4 ao 400. Isso é mostrado na Tabela 2.6.

A abertura da peneira *n*, dada na Tabela 2.6, pode ser dada aproximadamente por

$$\text{Abertura da peneira } n = \frac{\text{Abertura da peneira}(i-1)n}{(2)^{0,25}} \tag{2.1}$$

Tabela 2.6 Tamanhos de peneiras conforme padrão americano, com designação de medidas

Nº da peneira	Abertura (mm)	Nº da peneira	Abertura (mm)
4	4,75	45	0,355
5	4,00	50	0,300
6	3,35	60	0,250
7	2,80	70	0,212
8	2,36	80	0,180
10	2,00	100	0,150
12	1,70	120	0,125
14	1,40	140	0,106
16	1,18	170	0,090
18	1,00	200	0,075
20	0,85	230	0,063
25	0,71	270	0,053
30	0,60	325	0,045
35	0,500	400	0,038
40	0,425		

Por exemplo,

$$\text{A abertura da peneira Nº 5} = \frac{\text{Abertura da peneira Nº 4}}{(2)^{0,25}}$$
$$= \frac{4,75 \text{ mm}}{1,1892} = 3,994 \text{ mm} \approx 4,00 \text{ mm}$$

Similarmente,

$$\text{A abertura da peneira Nº 50} = \frac{\text{Abertura da peneira Nº 45}}{(2)^{0,25}}$$
$$= \frac{0,335 \text{ mm}}{1,1892} = 0,2985 \text{ mm} \approx 0,300 \text{ mm}$$

Vários outros países possuem suas próprias medidas de peneira, comumente chamadas de tamanho de abertura. Como exemplo, as medidas de peneiras do padrão britânico e australiano que possuem designação de tamanho são dadas nas tabelas 2.7 e 2.8, respectivamente.

Tabela 2.7 Medidas de peneiras no padrão britânico

75 mm	3,35 mm
63 mm	2 mm
50 mm	1,18 mm
37,5 mm	0,600 mm
28 mm	0,425 mm
20 mm	0,300 mm
14 mm	0,212 mm
10 mm	0,15 mm
6,3 mm	0,063 mm
5,0 mm	

Tabela 2.8 Medidas de peneiras no padrão australiano

75,0 mm	2,36 mm
63,0 mm	2 mm
37,5 mm	1,18 mm
26,5 mm	0,600 mm
19,0 mm	0,425 mm
13,2 mm	0,300 mm
9,50 mm	0,212 mm
6,70 mm	0,15 mm
4,75 mm	0,063 mm

Nos Estados Unidos, geralmente são usados os números de peneiras 4, 10, 20, 30, 40, 60, 140 e 200 para solos arenosos e granulares.

As peneiras utilizadas para o ensaio de peneiramento geralmente têm 203 mm de diâmetro. Para realizar o ensaio de peneiramento, deve-se primeiro secar o solo na estufa e destorroá-lo em partículas pequenas. A amostra é, então, peneirada através da sequência de peneiras com aberturas de malha de tamanho decrescente, do topo para o final (é colocado um recipiente chamado fundo embaixo da pilha). A Figura 2.25 mostra um conjunto de peneiras em um agitador usado para realizar o ensaio em laboratório. A peneira com a menor abertura que deve ser usada para esse tipo de ensaio é a peneira número 200. Após o solo ser peneirado, a massa retida em cada peneira é determinada. Quando solos coesivos são analisados, pode ser difícil destorroar o material em partículas individuais. Nesse caso, o material deve ser misturado com água para formar uma mistura e, então, ser despejado nas peneiras. As porções retidas em cada peneira são coletadas separadamente e secas em uma estufa antes que a massa retida em cada peneira seja medida.

1. Determine a massa de solo retido em cada peneira (ou seja, M_1, M_2, $\cdots$ M_n) e no recipiente (ou seja, M_p).
2. Determine a massa total do solo: $M_1 + M_2 + \cdots + M_i + \cdots + M_n + M_p = \Sigma M$.
3. Determine a massa acumulada de solo retida acima de cada peneira. Para a peneira n, é $M_1 + M_2 + \cdots + M_i$.
4. A massa de solo passando pela peneira n é $\Sigma M - (M_1 + M_2 + \cdots + M_i)$.
5. A porcentagem de solo que passa pela peneira n (ou *porcentagem passante*) é

$$F = \frac{\Sigma\, M - (M_1 + M_2 + \cdots M_i)}{\Sigma\, M} \times 100$$

Uma vez que a porcentagem passante de cada peneira é calculada (etapa 5), os cálculos são organizados em papel milimetrado semilogarítmico (Figura 2.26) com porcentagem passante como ordenada (escala aritmética) e tamanho de abertura de peneira como abscissa (escala logarítmica). Esse registro é chamado *curva de distribuição granulométrica.*

Ensaio de sedimentação

O ensaio de sedimentação tem como base o princípio da sedimentação dos grãos de solo na água. Quando uma amostra de solo é dispersa na água, as partículas sedimentam em velocidades diferentes, dependendo de sua forma, tamanho, peso e da viscosidade da água. Para simplificação, é presumido que todas as partículas de solo sejam redondas e que a velocidade das partículas de solo possam ser expressas pela lei de Stoke de acordo com

$$v = \frac{\rho_s - \rho_w}{18\eta} D^2 \tag{2.2}$$

onde v = velocidade

ρ_s = massa específica das partículas de solo

ρ_w = massa específica da água

η = viscosidade da água

D = diâmetro das partículas do solo

Figura 2.25 Conjunto de peneiras para ensaio em laboratório. (*Cortesia* de Braja M. Das, Henderson, Nevada)

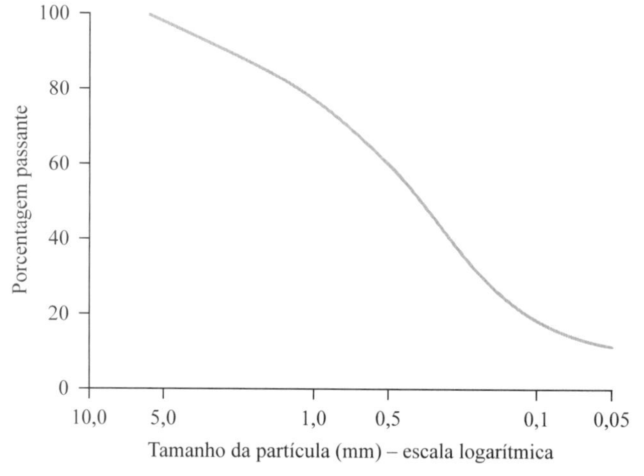

Figura 2.26 Curva de distribuição granulométrica.

Portanto, a partir da Eq. (2.2),

$$D = \sqrt{\frac{18\eta v}{\rho_s - \rho_w}} = \sqrt{\frac{18\eta}{\rho_s - \rho_w}}\sqrt{\frac{L}{t}} \tag{2.3}$$

$$\text{onde } v = \frac{\text{Distância}}{\text{Tempo}} = \frac{L}{t}.$$

Observe que

$$\rho_s = G_s \rho_w \tag{2.4}$$

Portanto, ao combinar as Eqs. (2.2) e (2.3) temos

$$D = \sqrt{\frac{18\eta}{(G_s - 1)\rho_w}}\sqrt{\frac{L}{t}} \tag{2.5}$$

Se as unidades de η forem (g · s)/cm^2, ρ_w está em g/cm^3, L em cm, t em min e D em mm, então

$$\frac{D(\text{mm})}{10} = \sqrt{\frac{18\eta\,[(g \cdot s)/\text{cm}^2]}{(G_s - 1)\rho_w(\text{g/cm}^3)}}\sqrt{\frac{L(\text{cm})}{t(\text{min}) \times 60}}$$

ou

$$D = \sqrt{\frac{30\eta}{(G_s - 1)\rho_w}}\sqrt{\frac{L}{t}}$$

Presuma que ρ_w seja aproximadamente igual a 1 g/cm³, assim

$$D(\text{mm}) = K\sqrt{\frac{L(\text{cm})}{t(\text{min})}} \quad (2.6)$$

onde

$$K = \sqrt{\frac{30\eta}{(G_s - 1)}} \quad (2.7)$$

Observe que o valor de K é uma função de G_s e η, que depende da temperatura do ensaio. A Tabela 2.9 mostra a variação de K com a temperatura de ensaio e densidade relativa dos grãos.

No laboratório, o ensaio de sedimentação é conduzido em uma proveta geralmente com 50 g de amostra seca em estufa. Às vezes, amostras de 100 g também podem ser utilizadas. A proveta tem 457 mm de altura e 63,5 mm de diâmetro. É marcada para um volume de 1.000 mL. O hexametafosfato de sódio geralmente é utilizado como *agente dispersante*. O volume da suspensão dispersa do solo é elevado para 1.000 mL pela adição de água destilada. Um densímetro do tipo ASTM 152H (Figura 2.27) é colocado na proveta de sedimentação (Figura 2.28).

Quando o densímetro é colocado na suspensão de solo por um tempo t, medido a partir do início da sedimentação, ele mede a densidade relativa dos grãos ao redor do bulbo a uma profundidade L (Figura 2.29). A densidade relativa dos grãos é uma função da quantidade de partículas de solo presentes por volume unitário de suspensão àquela profundidade. Além disso, em um tempo t, as partículas de solo em suspensão a uma profundidade L apresentarão um diâmetro menor que D, como calculado na Eq. (2.6). As partículas maiores teriam sedimentado além da zona de medição. Os densímetros são desenvolvidos para determinar a quantidade de solo, em gramas, que ainda está em suspensão. Eles são calibrados para solos que possuem uma densidade relativa dos grãos G_s, de 2,65; para solos com outra densidade, é necessário fazer uma correção.

Tabela 2.9 Valores de K da Eq. (2.7)[a]

Temperatura (°C)	G_s							
	2,45	2,50	2,55	2,60	2,65	2,70	2,75	2,80
16	0,01510	0,01505	0,01481	0,01457	0,01435	0,01414	0,01394	0,01374
17	0,01511	0,01486	0,01462	0,01439	0,01417	0,01396	0,01376	0,01356
18	0,01492	0,01467	0,01443	0,01421	0,01399	0,01378	0,01359	0,01339
19	0,01474	0,01449	0,01425	0,01403	0,01382	0,01361	0,01342	0,01323
20	0,01456	0,01431	0,01408	0,01386	0,01365	0,01344	0,01325	0,01307
21	0,01438	0,01414	0,01391	0,01369	0,01348	0,01328	0,01309	0,01291
22	0,01421	0,01397	0,01374	0,01353	0,01332	0,01312	0,01294	0,01276
23	0,01404	0,01381	0,01358	0,01337	0,01317	0,01297	0,01279	0,01261
24	0,01388	0,01365	0,01342	0,01321	0,01301	0,01282	0,01264	0,01246
25	0,01372	0,01349	0,01327	0,01306	0,01286	0,01267	0,01249	0,01232
26	0,01357	0,01334	0,01312	0,01291	0,01272	0,01253	0,01235	0,01218
27	0,01342	0,01319	0,01297	0,01277	0,01258	0,01239	0,01221	0,01204
28	0,01327	0,01304	0,01283	0,01264	0,01244	0,01225	0,01208	0,01191
29	0,01312	0,01290	0,01269	0,01249	0,01230	0,01212	0,01195	0,01178
30	0,01298	0,01276	0,01256	0,01236	0,01217	0,01199	0,01182	0,01169

[a] *Após ASTM (2004). Direitos autorais ASTM INTERNATIONAL. Reproduzido com permissão.*

Conhecendo a quantidade de solo em suspensão, L e t, podemos calcular melhor a porcentagem de solo por peso menor que um dado diâmetro. Observe que L é a profundidade medida a partir da superfície da água até o centro de gravidade do bulbo de densímetro, no qual a densidade da suspensão é medida. O valor de L mudará com o tempo t. O ensaio de sedimentação é eficaz para separar as frações de solo para um tamanho de aproximadamente 0,5 μm. O valor de L (cm) para o densímetro ASTM 152H pode ser dado pela expressão (consulte a Figura 2.29).

$$L = L_1 + \frac{1}{2}\left(L_2 - \frac{V_B}{A}\right) \tag{2.8}$$

onde L_1 = distância ao longo da haste do densímetro do topo do bulbo até a marca para a leitura do densímetro (cm)
L_2 = comprimento do bulbo de densímetro = 14 cm
V_B = volume do bulbo de densímetro = 67 cm^3
A = área seccional cruzada do cilindro de sedimentação = 27,8 cm^2

O valor de L_1 é 10,5 cm para uma leitura de $R = 0$ e 2,3 cm para uma leitura de $R = 50$. Consequentemente, para qualquer leitura de R,

$$L_1 = 10{,}5 - \frac{(10{,}5 - 2{,}3)}{50}R = 10{,}5 - 0{,}164R \text{ (cm)}$$

Portanto, a partir da Eq. (2.8),

$$L = 10{,}5 - 0{,}164R + \frac{1}{2}\left(14 - \frac{67}{27{,}8}\right) = 16{,}29 - 0{,}164R \tag{2.9}$$

onde R = leitura de densímetro corrigida para o menisco.

Com base na Eq. (2.9), as variações de L com as leituras de densímetro R são dadas na Tabela 2.10.

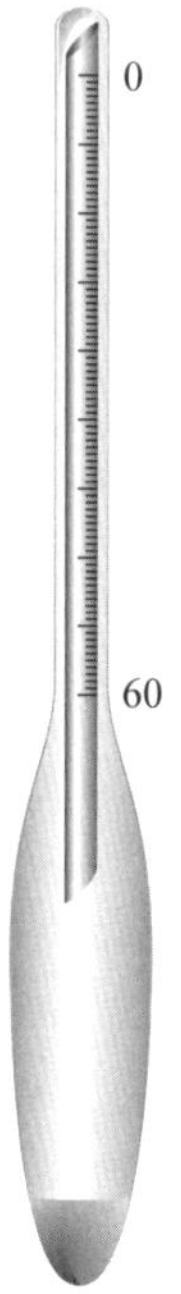

Figura 2.27 Densímetro ASTM 152H. (*Cortesia de ELE International*.)

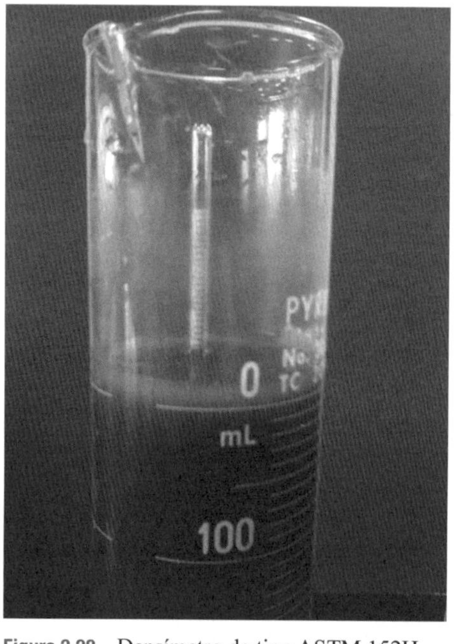

Figura 2.28 Densímetro do tipo ASTM 152H, colocado dentro da proveta. (*Cortesia de Khaled Sobhan, Florida Atlantic University, Boca Raton, Flórida.*)

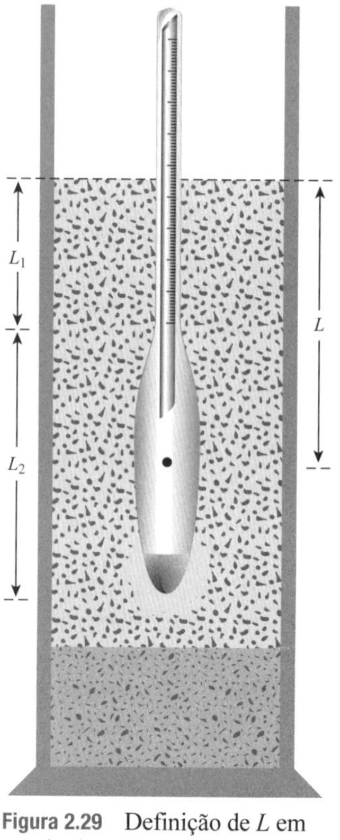

Figura 2.29 Definição de L em ensaio de sedimentação.

Tabela 2.10 Variação de L com a leitura de densímetro – Densímetro ASTM 152H

Leitura de densímetro, *R*	*L* (cm)	Leitura de densímetro, *R*	*L* (cm)
0	16,3	31	11,2
1	16,1	32	11,1
2	16,0	33	10,9
3	15,8	34	10,7
4	15,6	35	10,6
5	15,5	36	10,4
6	15,3	37	10,2
7	15,2	38	10,1
8	15,0	39	9,9
9	14,8	40	9,7
10	14,7	41	9,6
11	14,5	42	9,4
12	14,3	43	9,2
13	14,2	44	9,1
14	14,0	45	8,9
15	13,8	46	8,8
16	13,7	47	8,6
17	13,5	48	8,4
18	13,3	49	8,3
19	13,2	50	8,1
20	13,0	51	7,9
21	12,9	52	7,8
22	12,7	53	7,6
23	12,5	54	7,4
24	12,4	55	7,3
25	12,2	56	7,1
26	12,0	57	7,0
27	11,9	58	6,8
28	11,7	59	6,6
29	11,5	60	6,5
30	11,4		

Em muitos casos, os resultados do ensaio de peneiramento e de sedimentação para frações mais finas de determinado solo são combinados em um gráfico, como o da Figura 2.30.

Quando esses resultados são combinados, geralmente ocorre uma descontinuidade no intervalo no qual se sobrepõem. Essa descontinuidade ocorre porque as partículas de solo possuem formas irregulares. O ensaio de peneiramento proporciona dimensões intermediárias de uma partícula; já a análise por sedimentação fornece o diâmetro de uma esfera equivalente que poderia sedimentar na mesma taxa que uma partícula de solo.

2.8 Curva de distribuição granulométrica

Uma curva de distribuição granulométrica pode ser utilizada para determinar quatro parâmetros de determinado solo (Figura 2.31):

1. *Diâmetro efetivo* (D_{10}): Esse parâmetro é o diâmetro na curva de distribuição granulométrica correspondente a grãos 10% menores. O diâmetro efetivo de um solo granular é uma boa medida para estimar a condutividade hidráulica e drenagem através do solo.
2. *Coeficiente de uniformidade* (C_u). Este parâmetro é definido como

$$C_u = \frac{D_{60}}{D_{10}} \tag{2.10}$$

onde D_{60} = diâmetro correspondente a 60% de grãos menores.

3. *Coeficiente de curvatura* (C_c). Este parâmetro é definido como

$$C_c = \frac{D_{30}^2}{D_{60} \times D_{10}} \tag{2.11}$$

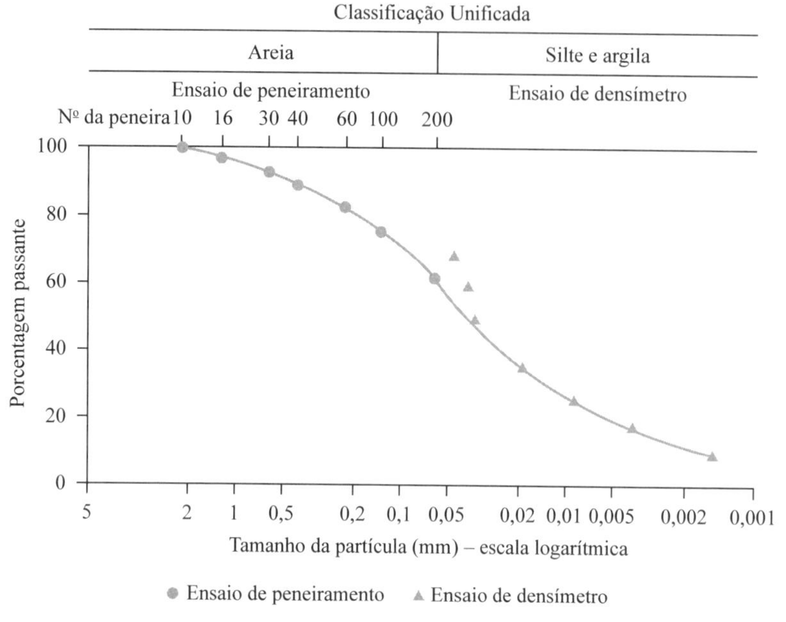

Figura 2.30 Curva de distribuição granulométrica – ensaio de peneiramento e ensaio de densímetro.

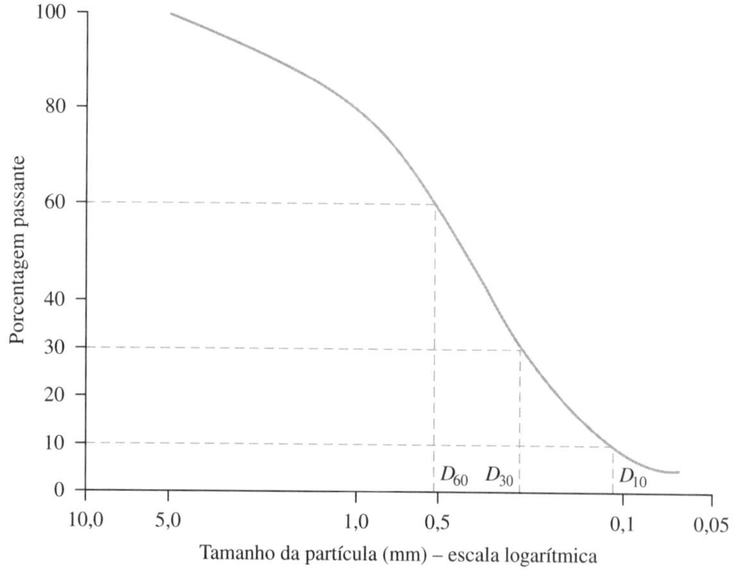

Figura 2.31 Definição de D_{60}, D_{30} e D_{10}.

Os percentuais granulométricos de pedregulho, areia, silte e argila presentes em um solo podem ser obtidos a partir da curva de distribuição granulométrica. Como exemplo, usaremos a curva de distribuição granulométrica mostrada na Figura 2.30 para determinar o tamanho das partículas de pedregulho, silte, areia e argila (de acordo com o Unified Soil Classification System – ver Tabela 2.3), como segue:

Tamanho (mm)	Porcentagem passante	Tipo de solo (%):
76,2	100	
4,75	100	100 – 100 = 0% de cascalho
0,075	62	100 – 62 = 38% de areia
–	0	62 – 0 = 62% de silte e argila

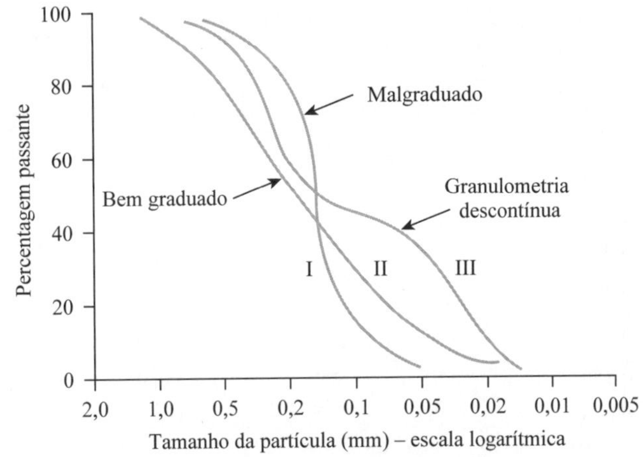

Figura 2.32 Diferentes tipos de curvas de distribuição granulométrica.

A curva de distribuição granulométrica mostra não apenas a variação do tamanho das partículas presentes em um solo como também o tipo de distribuição de partículas, que apresentam vários tamanhos. Esses tipos de distribuição são exibidos na Figura 2.32. A curva I representa um tipo de solo cuja maioria dos grãos possui o mesmo tamanho. Isso é chamado de *solo malgraduado*. A curva II representa um solo cujos tamanhos de partícula são distribuídos em uma ampla faixa, e este solo é chamado de *bem graduado* ou *desuniforme*. Um solo bem graduado possui um coeficiente de uniformidade cerca de 4 vezes maior para pedregulhos e 6 para areias, e um coeficiente de curvatura entre 1 e 3 (para pedregulhos e areias). Um solo pode ter uma combinação de duas ou mais frações com granulação uniforme. A curva III representa tal solo. Esse tipo de solo é o que chamam de *granulometricamente descontínuo*.

Exemplo 2.1

Abaixo estão os resultados de uma análise de peneiramento:

Nº da peneira com padrão americano	Massa de solo retida em cada peneira (g)
4	0
10	21,6
20	49,5
40	102,6
60	89,1
100	95,6
200	60,4
Fundo	31,2

a. Faça os cálculos necessários e trace uma curva de distribuição granulométrica.
b. Determine D_{10}, D_{30} e D_{60} da curva de distribuição granulométrica.
c. Calcule o coeficiente de uniformidade, C_u.
d. Calcule o coeficiente de curvatura, C_c.

Solução

Parte a

Pode-se elaborar então a tabela a seguir, a fim de obter a porcentagem de grãos finos.

Nº da peneira padrão americano (1)	Abertura (mm) (2)	Massa retida em cada peneira (g) (3)	Massa acumulada retida em cada peneira (g) (4)	Porcentagem passante em cada peneira[a] (5)
4	4,75	0	0	100
10	2,00	21,6	21,6	95,2
20	0,850	49,5	71,1	84,2
40	0,425	102,6	173,7	61,4
60	0,250	89,1	262,8	41,6
100	0,150	95,6	358,4	20,4
200	0,075	60,4	418,8	6,9
Fundo	–	31,2	$450 = \Sigma M$	

[a] $\dfrac{\Sigma M - \text{col.4}}{\Sigma M} \times 100 = \dfrac{450 - \text{col.4}}{450} \times 100$

A curva de distribuição granulométrica é mostrada na Figura 2.33.

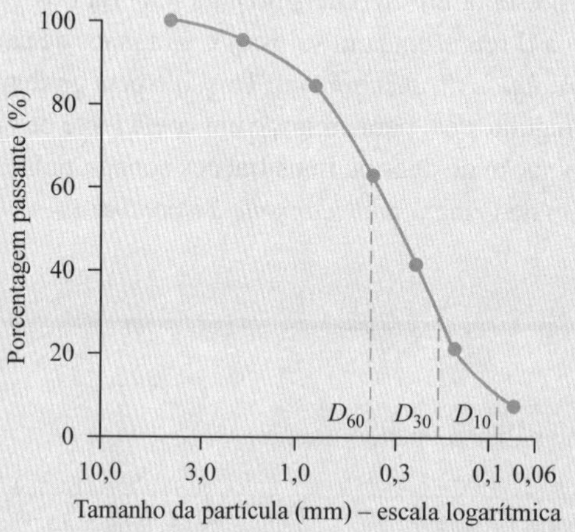

Figura 2.33

Parte b

Da Figura 2.33,

$$D_{60} = \mathbf{0{,}41\ mm}$$
$$D_{30} = \mathbf{0{,}185\ mm}$$
$$D_{10} = \mathbf{0{,}09\ mm}$$

Parte c

Coeficiente de uniformidade,

$$C_u = \frac{D_{60}}{D_{10}} = \frac{0{,}41}{0{,}09} = \mathbf{4{,}56}$$

Parte d

Coeficiente de curvatura,

$$C_c = \frac{D_{30}^2}{D_{60} \times D_{10}} = \frac{(0{,}185)^2}{(0{,}41)(0{,}09)} = \mathbf{0{,}93}$$

■

Exemplo 2.2

Abaixo estão os resultados de um ensaio de peneiramento de dois solos arenosos (A e B). Consideremos, então, 6.000 kg de um solo A, que são cuidadosamente misturados a 4.000 kg de um solo B. Determine o coeficiente de uniformidade (C_u) e o coeficiente de curvatura (C_c) da mistura.

Nº da peneira com padrão americano (1)	Massa retida, solo A, M_A (g) (2)	Massa retida, solo B, M_B (g) (3)
4	36,0	45,0
10	100,2	78,6
20	50,8	120,8
40	66,4	100,7
60	110,4	60,4
100	61,0	39,5
200	43,0	30,0
Fundo	32,2	25,0
	$\sum M_A = 500$ g	$\sum M_B = 500$ g

Solução

A massa total do solo no solo misturado é 10.000 kg.

$$\text{Porcentagem de solo } A \text{ na mistura} = \frac{6.000}{10.000} \cdot 100 = 60\%$$

$$\text{Porcentagem de solo } B \text{ na mistura} = 100 - 60 = 40\%$$

Levando em conta a mistura, se uma análise de peneiramento for conduzida com as peneiras listadas na coluna (1), a massa de solo retida em cada peneira (M_M) pode ser calculada como:

$$M_M(\%) = 0,6\left(\frac{M_A}{\sum M_A}\times 100\right) + 0,4\left(\frac{M_B}{\sum M_B}\times 100\right)$$

$$\sum M_A = 500g \quad \sum M_B = 500g$$

A seguinte tabela pode ser, então, elaborada.

Nº da peneira com padrão americano (1)	Abertura da peneira (mm) (2)	M_M (%) (3)	Porcentagem passante para a mistura (4)
4	4,75	7,92	92,08
10	2,0	18,32	73,76
20	0,850	15,76	58,0
40	0,425	16,02	41,98
60	0,250	18,08	23,90
100	0,150	10,48	13,42
200	0,075	7,56	5,86
Fundo	–	5,86	0

A Figura 2.34 mostra um gráfico da porcentagem passante na mistura de solo *versus* o tamanho da partícula. De acordo com o gráfico, $D_{60} = 1$ mm, $D_{30} = 0,3$ mm e $D_{10} = 0,13$ mm.

$$C_u = \frac{D_{60}}{D_{10}} = \frac{1}{0{,}13} = \mathbf{7{,}69}$$

$$C_c = \frac{(D_{30})^2}{(D_{60})(D_{10})} = \frac{(0{,}3)^2}{(1)(0{,}13)} = \mathbf{0{,}69}$$

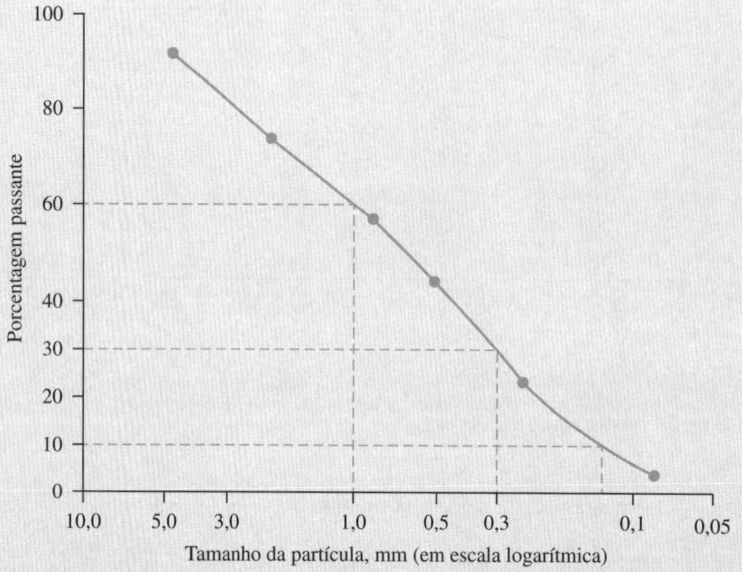

Figura 2.34

■

Exemplo 2.3

Abaixo estão os resultados de um ensaio de peneiramento e de sedimentação em um determinado solo. Faça um gráfico de curva de distribuição granulométrica. Segundo esse gráfico, determine a porcentagem de pedregulho, areia, silte e argila com base no Sistema de Classificação AASHTO (Tabela 2.3).

Ensaio de peneiramento

Nº da peneira com padrão americano	Abertura da peneira (mm)	Porcentagem passante
4	4,75	100
10	2,0	92
20	0,850	80
30	0,600	75
40	0,425	68
60	0,250	62
100	0,106	43
200	0,075	31

Ensaio de sedimentação

Diâmetro do grão (mm)	Porcentagem de grão fino
0,08	38
0,05	31
0,025	21
0,013	16
0,004	11
0,0017	9

Solução

A Figura 2.35 mostra o gráfico de porcentagem passante *versus* o tamanho da partícula: porcentagem passante 2 mm = 92%; porcentagem passante 0,075 mm = 31%; porcentagem passante 0,002 mm = 10%. Logo,

Pedregulho: 100 – 92 = **8%**
Areia: 92 – 31 = **61%**
Silte: 31 – 10 = **21%**
Argila: **10%**

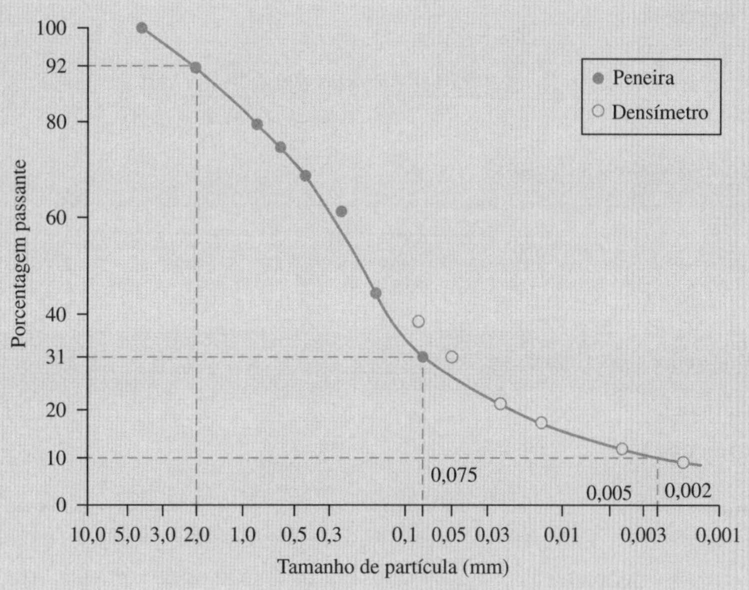

Figura 2.35

■

2.9 Forma das partículas

O formato das partículas presentes em uma massa de solo tem a mesma importância da distribuição granulométrica, porque tem influência significativa sobre as propriedades físicas de determinado solo. No entanto, não é dada muita atenção ao formato da partícula porque é mais difícil de determinar. O formato da partícula geralmente pode ser dividido em três principais categorias:

1. Volumosa
2. Lamelar
3. Fibrilar

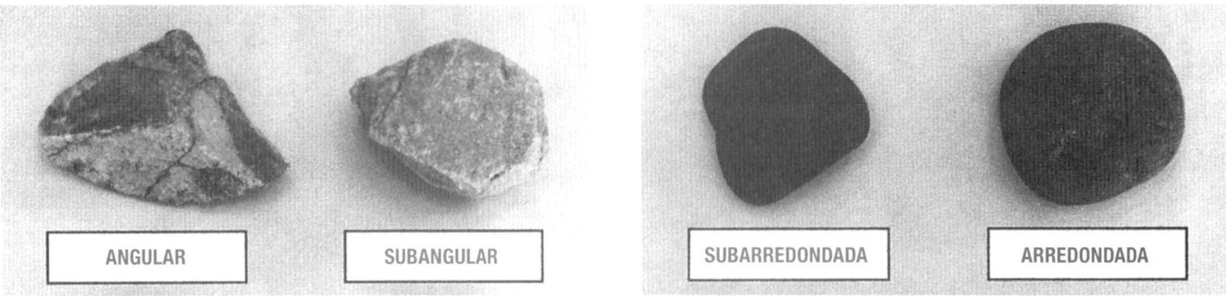

Figura 2.36 Formato de partículas volumosas. (*Cortesia de Janice Das, Henderson, Nevada.*)

As *partículas volumosas* são formadas principalmente pelo intemperismo físico de rochas e minerais. Os geólogos utilizam termos como *angular*, *subangular*, *subarredondado* e *arredondado* para descrever os formatos das partículas volumosas. Esses formatos são indicados qualitativamente na Figura 2.36. Pequenas partículas de areia localizadas próximas de sua origem são geralmente muito angulares. As partículas de areia carregadas pelo vento e pela água, por longas distâncias, podem apresentar formatos que vão desde o subangular ao arredondado. O formato de partículas granulares em uma massa de solo exerce grande influência sobre as propriedades físicas do solo, como no índice de vazios máximo e mínimo, parâmetros de resistência ao cisalhamento, compressibilidade etc.

A *angularidade*, A, é definida como

$$A = \frac{\text{Raio médio dos cantos e bordas}}{\text{Raio da esfera máxima inscrita}} \tag{2.12}$$

A esfericidade das partículas volumosas é definida como

$$S = \frac{D_e}{L_p} \tag{2.13}$$

onde D_e = diâmetro equivalente da partícula $= \sqrt[3]{\frac{6V}{\pi}}$

V = volume da partícula

L_p = comprimento da partícula

As *partículas lamelares* têm esfericidade muito baixa – geralmente 0,01 ou menos. Essas partículas são predominantemente argilominerais.

As *partículas fibrilares* são muito menos comuns que os outros dois tipos de partícula. Alguns depósitos de corais e argilas atapulgitas são exemplos de solo contendo partículas fibrilares.

2.10 Resumo

Neste capítulo, analisamos o ciclo das rochas, a origem do solo pelo intemperismo, a distribuição granulométrica em uma massa de solo, o formato de partículas e os argilominerais. Alguns pontos importantes incluem:

1. As rochas podem ser classificadas em três categorias básicas: (a) ígneas, (b) sedimentares e (c) metamórficas.
2. Os solos são formados por intemperismo químico e mecânico de rochas.
3. Com base no tamanho das partículas, o solo pode ser classificado como pedregulho, areia, silte ou argila. De acordo com o Sistema Unificado de Classificação de Solo, que é, agora, universalmente aceito, os limites granulométricos de cascalhos, areia e grãos finos (silte e argila) são:

Pedregulho	76,2 mm – 4,75 mm
Areia	4,75 mm – 0,075 mm
Grãos finos (silte e argila)	< 0,075 mm

4. As argilas são formadas por partículas lamelares microscópicas e submicroscópicas de mica, argilominerais e outros minerais.
5. Argilominerais são silicatos de alumínio complexos.
6. As partículas de argila carregam uma carga negativa na superfície. Quando a água é adicionada, uma camada de água dupla difusa se desenvolve ao redor das partículas de argila, e essa camada é responsável por fornecer plasticidade aos solos argilosos.
7. A análise granulométrica é um processo de determinação da faixa de tamanho das partículas presentes em uma massa de solo. Ela consiste em duas partes: análise de peneiramento (para partículas $> 0{,}075$ mm) e análise de sedimentação (para partículas $< 0{,}075$ mm).
8. Em uma análise de peneiramento

$$\begin{array}{c}\text{Porcentagem de grãos finos em}\\ \text{relação ao tamanho da peneira}\end{array} = 100 - \left(\frac{\text{Massa de solo passando por determinada peneira}}{\text{Massa total de solo}}\right)(100)$$

9. Na análise de dimensionamento, a porcentagem de grãos finos em relação ao tamanho da partícula (D) pode ser determinada utilizando uma leitura do densímetro (L) e Eq. (2.6) em dado momento.

Problemas

2.1 Para um solo pedregulhoso com $D_{60} = 0{,}48$ mm, $D_{30} = 0{,}25$ mm e $D_{10} = 0{,}11$ mm, calcule o coeficiente de uniformidade e o coeficiente de curvatura. É um solo malgraduado ou bem graduado?

2.2 São dados os seguintes valores para um solo arenoso: $D_{10} = 0{,}3$ mm, $D_{30} = 0{,}41$ mm e $D_{60} = 0{,}77$ mm. Determine C_u e C_c e diga se é um solo bem ou malgraduado.

2.3 As curvas de distribuição granulométrica para três areias diferentes (A, B e C) são mostradas na Figura 2.37.

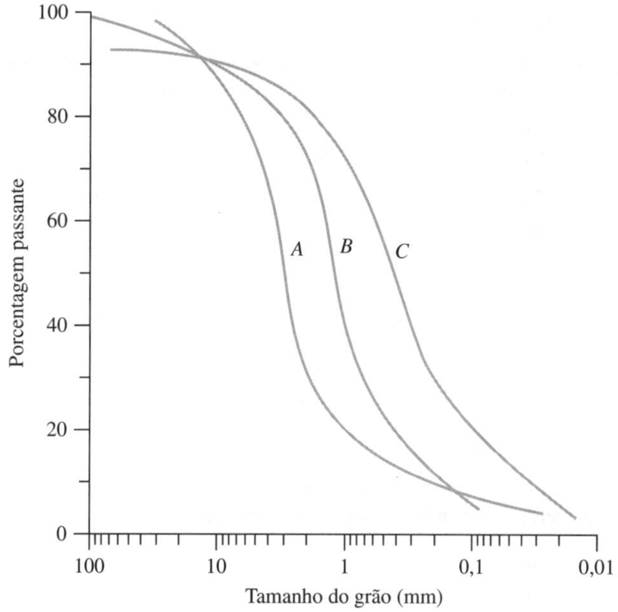

Figura 2.37

a. Determine o coeficiente de uniformidade e o coeficiente de curvatura de cada solo.
b. Identifique se os solos são bem ou malgraduados, com base na parte a.

2.4 Abaixo temos os resultados de um ensaio de peneiramento.

Nº da peneira com padrão americano	Massa de solo retida (g)
4	0
10	18,5
20	53,2
40	90,5
60	81,8
100	92,2
200	58,5
Fundo	26,5

a. Determine a porcentagem passante de cada peneira e trace uma curva de distribuição granulométrica.
b. Determine D_{10}, D_{30} e D_{60} para cada solo.
c. Calcule o coeficiente de uniformidade C_u.
d. Calcule o coeficiente de curvatura C_c.

2.5 Repita o Problema 2.4 com os dados abaixo.

Nº da peneira com padrão americano	Massa de solo retida em cada peneira (g)
4	0
6	30,0
10	48,7
20	127,3
40	96,8
60	76,6
100	55,2
200	43,4
Fundo	22,0

2.6 Repita o Problema 2.4 com os dados abaixo.

Nº da peneira com padrão americano	Massa de solo retida em cada peneira (g)
4	0
10	44
20	56
40	82
60	51
80	106
100	92
200	85
Fundo	35

2.7 Repita o Problema 2.4 com os dados abaixo.

Nº da peneira com padrão americano	Massa de solo retida em cada peneira (g)
4	0
6	0
10	0
20	9,1
40	249,4
60	179,8
100	22,7
200	15,5
Fundo	23,535

2.8 A seguir, vejamos os resultados de um ensaio de peneiramento e sedimentação.

Análise	Número da peneira/ tamanho do grão	Porcentagem de grãos finos em relação a
Peneira	40	100
	80	97
	170	92
	200	90
Sedimentação	0,04 mm	74
	0,15 mm	42
	0,008 mm	27
	0,004 mm	17
	0,002 mm	11

a. Trace a curva de distribuição granulométrica.
b. Determine as porcentagens de pedregulho, areia, silte e argila, de acordo com o sistema MIT.
c. Repita a Parte b utilizando o sistema USDA.
d. Repita a Parte b de acordo com o sistema AASHTO.

2.9 Repita o Problema 2.8 utilizando os dados a seguir.

Análise	Número da peneira/ tamanho do grão	Porcentagem de grãos finos em relação a
Peneira	40	100
	80	96
	170	85
	200	80
Sedimentação	0,04 mm	59
	0,02 mm	39
	0,01 mm	26
	0,005 mm	15
	0,0015 mm	8

2.10 Repita o Problema 2.8 utilizando os dados a seguir.

Análise	Número da peneira/ tamanho do grão	Porcentagem de grãos finos em relação a
Peneira	20	100
	30	96
	40	90
	60	76
	80	65
	200	34
Sedimentação	0,05 mm	27
	0,03 mm	19
	0,015 mm	11
	0,006 mm	7
	0,004 mm	6
	0,0015 mm	5

2.11 As características granulométricas de um solo são apresentadas na tabela a seguir.

Tamanho (mm)	Porcentagem passante
0,425	100
0,1	79
0,04	57
0,02	48
0,01	40
0,002	35
0,001	33

a. Trace a curva de distribuição granulométrica.
b. Determine as porcentagens de pedregulho, areia, silte e argila de acordo com o sistema MIT.
c. Repita a Parte b utilizando o sistema USDA.
d. Repita a Parte b utilizando o sistema AASHTO.

2.12 Repita o Problema 2.11 utilizando os dados abaixo.

Tamanho (mm)	Porcentagem passante
0,425	100,0
0,033	92,1
0,018	81,3
0,01	68,9
0,0062	60,8
0,0035	49,5
0,0018	41,2
0,0005	32,6

2.13 Repita o Problema 2.11 utilizando os dados abaixo.

Tamanho (mm)	Porcentagem passante
0,425	100
0,1	92
0,052	84
0,02	62
0,01	46
0,004	32
0,001	22

2.14 Um ensaio de sedimentação apresentou o seguinte resultado: $G_s = 2{,}65$, temperatura da água = 26 °C e $L = 10{,}4$ cm a 45 minutos após o início do ensaio de sedimentação (veja a Figura 2.28). Qual é o diâmetro D das menores partículas que sedimentaram além da zona de medição naquele momento (ou seja, $t = 45$ min)?

2.15 Repita o Problema 2.14 considerando os seguintes valores: $G_s = 2{,}75$, temperatura da água = 21 °C, $t = 88$ min e $L = 11{,}7$ cm.

Problemas de pensamento crítico

2.C.1 Três grupos de estudantes da sala de Engenharia Geotécnica coletaram amostras de solo agregado para ensaio em laboratório de uma planta de processamento de reciclagem de agregado em Palm Beach County, Flórida. As três amostras marcadas por Solo *A*, Solo *B* e Solo *C* foram coletadas de três locais do estoque de agregado, e os ensaios de peneiramento foram conduzidos (consulte a Figura 2.38).

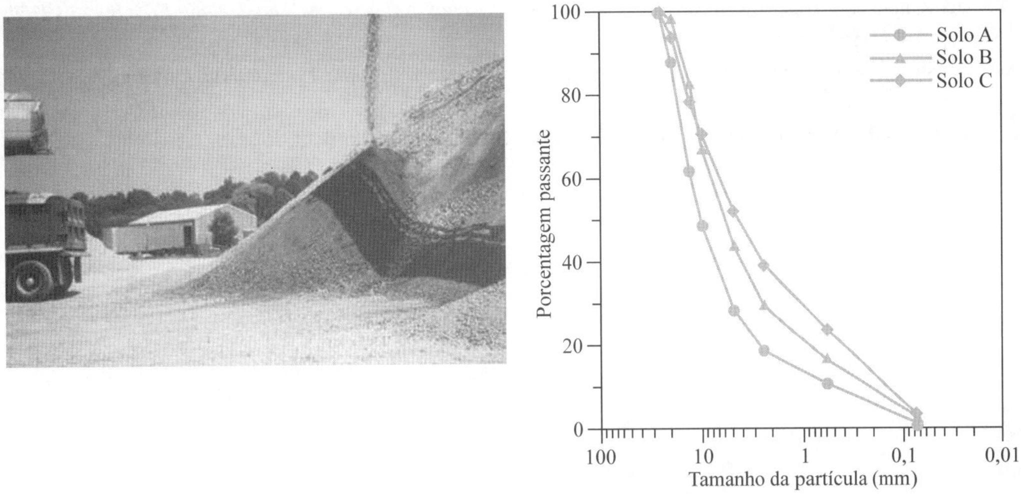

(a) (b)

Figura 2.38 (a) Estoque agregado de solo (b) Ensaio de peneiramento. (*Cortesia de Khaled Sobhan, Florida Atlantic University, Boca Raton, Flórida.*)

a. Determine o coeficiente de uniformidade e o coeficiente de curvatura para Solos *A*, *B* e *C*.

b. Qual é o mais grosso: Solo *A* ou Solo *C*? Justifique.

c. Embora os solos sejam obtidos do mesmo estoque, por que as curvaturas são tão diferentes? (*Dica*: Comente a segregação de partícula e a importância da amostra de campo representativa.)

d. Determine as porcentagens de pedregulho, areia e grãos finos de acordo com o Sistema Unificado de Classificação de Solo.

2.C.2 Considere o Problema 2.C.1. Os resultados do ensaio de peneiramento para solos *A*, *B* e *C* são dados abaixo. A fim de obter uma amostra mais representativa para ensaios geotécnicos futuros, uma mistura ternária é criada ao se misturar uniformemente 8.000 kg de cada solo. Responda às seguintes questões.

Nº da peneira	Massa retida no solo A, m_A (g)	Massa retida no solo B, m_B (g)	Massa retida no solo C, m_C (g)
25,0	0,0	0	0
19,0	60	10	30
12,7	130	75	75
9,5	65	80	45
4,75	100	165	90
2,36	50	25	65
0,6	40	60	75
0,075	50	70	105
Recipiente	5	15	15

a. Se um ensaio de peneiramento é conduzido na mistura utilizando o mesmo conjunto de peneiras, como mostrado acima, calcule a massa retida (como porcentagem) e a porcentagem acumulada passante em cada peneira.

b. Qual seria o coeficiente de uniformidade (C_u) e o coeficiente de curvatura (C_c) da mistura?

Referências bibliográficas

AMERICAN SOCIETY FOR TESTING AND MATERIALS *ASTM Book of Standards*, Sec. 4, v. 04.08, West Conshohocken, Pa, 2014.

BOWEN, N. L. The Reaction Principles in Petrogenesis, *Journal of Geology*, v. 30, p. 177-198, 1922.

GRIM, R. E. *Clay Mineralogy*, Nova York: McGraw-Hill, 1953.

GRIM, R. E. Physico-Chemical Properties of Soils: Clay Minerals, *Journal of the Soil Mechanics and Foundations Division*, ASCE, v. 85, n. SM2, p. 1-17, 1959.

LAMBE, T. W. The Structure of Compacted Clay, *Journal of the Soil Mechanics and Foundations Division*, ASCE, v. 84, n. SM2, p. 1655-1 a 1655-35, 1958.

YONG, R. N.; WARKENTIN, B. P. *Introduction of Soil Behavior*, Nova York: Macmillan, 1966.

CAPÍTULO 3

Relações peso-volume

3.1 Introdução

O Capítulo 2 apresentou os processos geológicos pelos quais o solo é formado, a descrição dos limites de tamanhos de partículas e a análise granulométrica dos solos. Determinado volume de solo em ocorrência natural consiste em partículas sólidas e em espaços vazios entre as partículas. O espaço vazio pode ser preenchido com ar e/ou água; assim, o solo é um sistema trifásico. Se não houver água no espaço vazio, é um solo seco. Se todo o espaço vazio for preenchido com água, é chamado de solo saturado. No entanto, se o espaço for parcialmente preenchido com água, é um solo úmido. Portanto, é importante que, em todos os trabalhos de engenharia geotécnica, estabeleçam-se relações entre peso e volume em determinada massa de solo. Neste capítulo discutiremos o seguinte:

- Definição e desenvolvimento de relações não dimensionais de volume, como índice de vazios, porosidade e grau de saturação.
- Definição e desenvolvimento das relações de peso, como teor de umidade e peso específico (seco, saturado e natural) em combinação com as relações de volume.

3.2 Relações de peso-volume

A Figura 3.1a mostra um elemento de solo com volume V e peso W em estado natural. Para desenvolver as relações peso--volume, é preciso separar as três fases (ou seja, sólidos, água e ar), como mostra a Figura 3.1b. Assim, o volume total de dada amostra de solo pode ser expresso como

$$V = V_s + V_v = V_s + V_w + V_a \tag{3.1}$$

onde V_s = volume de sólidos no solo
V_v = volume de vazios
V_w = volume de água nos vazios
V_a = volume de ar nos vazios

Supondo que o peso do ar seja desprezível, podemos expressar o peso total da amostra como

$$W = W_s + W_w \tag{3.2}$$

onde W_s = volume de sólidos no solo
W_w = massa da água

As *relações de volume* comumente utilizadas para as três fases em um elemento de solo são *índice de vazios*, *porosidade* e *grau de saturação*. O *índice de vazios* (e) é definido como a razão entre o volume de vazios e o volume de sólidos. Assim,

$$e = \frac{V_v}{V_s} \tag{3.3}$$

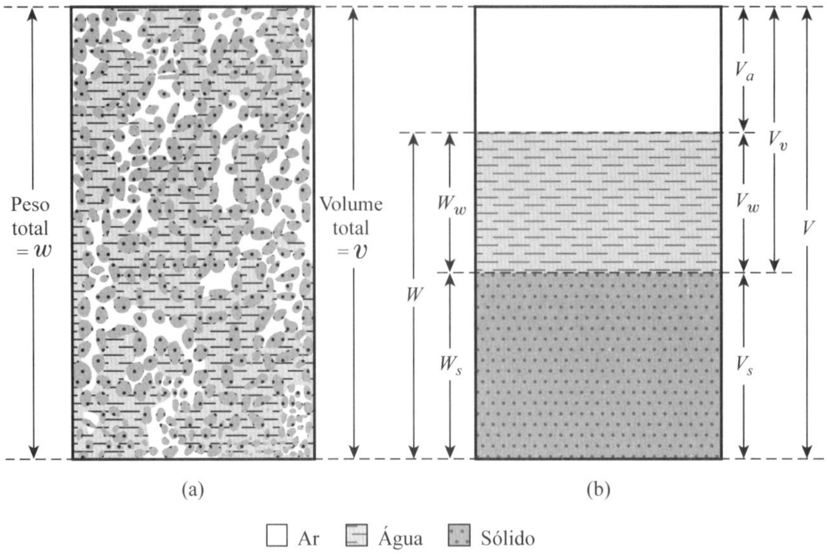

Figura 3.1 (a) Solo em estado natural; (b) três fases do solo.

A *porosidade* (n) é definida como a razão entre o volume de vazios e o volume total, ou

$$n = \frac{V_v}{V} \tag{3.4}$$

O *grau de saturação* (S) é definido com a razão entre volume de água e o volume de vazios, ou

$$S = \frac{V_w}{V_v} \tag{3.5}$$

É geralmente expresso em porcentagem.

A relação entre o índice de vazios e a porosidade pode ser obtida a partir das Eqs. (3.1), (3.3) e (3.4) conforme segue:

$$e = \frac{V_v}{V_s} = \frac{V_v}{V - V_v} = \frac{\left(\frac{V_v}{V}\right)}{1 - \left(\frac{V_v}{V}\right)} = \frac{n}{1-n} \tag{3.6}$$

Também a partir da Eq. (3.6),

$$n = \frac{e}{1+e} \tag{3.7}$$

Os termos comumente utilizados para as *relações de peso* são *teor de umidade* e *peso específico*. O *teor de umidade* (w), também chamado de *teor de água*, é definido como o índice entre o peso da água e o peso de sólidos, em determinado volume de solo:

$$w = \frac{W_w}{W_s} \tag{3.8}$$

Peso específico (γ) é o peso do solo por unidade de volume. Assim,

$$\gamma = \frac{W}{V} \tag{3.9}$$

O peso específico também pode ser expresso em termos do peso dos sólidos do solo, do teor de umidade e do volume total. Das Eqs. (3.2), (3.8) e (3.9),

$$\gamma = \frac{W}{V} = \frac{W_s + W_w}{V} = \frac{W_s\left[1 + \left(\frac{W_w}{W_s}\right)\right]}{V} = \frac{W_s(1 + w)}{V} \tag{3.10}$$

Às vezes, os engenheiros geotécnicos referem-se ao peso específico definido pela Eq. (3.9) como *peso específico natural*.

Em muitas situações, para resolver problemas de terraplanagem, é preciso saber o peso por unidade de volume de solo, excluindo a água. Esse peso é chamado de *peso específico seco*, γ_d. Assim,

$$\gamma_d = \frac{W_s}{V} \tag{3.11}$$

Das Eqs. (3.10) e (3.11), a relação do peso específico, peso específico seco e teor de umidade pode ser proporcionada como

$$\gamma_d = \frac{\gamma}{1 + w} \tag{3.12}$$

O peso específico é expresso em unidades inglesas (um sistema de medida gravitacional), como libras por pés cúbicos (lb/ft^3). No Sistema Internacional (SI), a unidade utilizada é o quilonewtons por metro cúbico (kN/m^3). Como newton é uma unidade derivada, algumas vezes pode ser conveniente trabalhar com massa específica (ρ) do solo. A unidade para massa específica no SI é o quilograma por metro cúbico (kg/m^3). Podemos conceber as equações de massa específica [semelhantes às Eqs. (3.9) e (3.11)] como

$$\rho = \frac{M}{V} \tag{3.13}$$

e

$$\rho_d = \frac{M_s}{V} \tag{3.14}$$

onde ρ = massa específica do solo (kg/m^3)
ρ_d = massa específica seca do solo (kg/m^3)
M = massa total da amostra de solo (kg)
M_s = massa de sólidos do solo na amostra (kg)

A unidade de volume total, V, é o m^3.

O peso específico em kN/m^3 pode ser obtido a partir das massas específicas em kg/m^3, como

$$\gamma(\text{kN/m}^3) = \frac{g\rho(\text{kg/m}^3)}{1.000}$$

e

$$\gamma_d(\text{kN/m}^3) = \frac{g\rho_d(\text{kg/m}^3)}{1.000}$$

onde g = aceleração em razão da gravidade = 9,81 m/s^2.

Observe que o peso específico da água (γ_w) é igual a 9,81 kN/m^3 ou 1.000 kgf/m^3.

Alguns valores típicos de índices de vazios, teor de umidade e peso específico seco em estado natural são dados na Tabela 3.1.

Tabela 3.1 Índice de vazios, teor de umidade e peso específico seco para alguns solos típicos em estado natural

Tipo de solo	Índice de vazios, e	Teor de umidade natural em estado saturado (%)	Peso específico seco, γ_d (kN/m³)
Areia fofa uniforme	0,8	30	14,5
Areia compacta uniforme	0,45	16	18
Areia siltosa fofa com grãos angulares	0,65	25	16
Areia siltosa compactada com grãos angulares	0,4	15	19
Argila dura	0,6	21	17
Argila fofa	0,9-1,4	30-50	11,5-14,5
Loesse	0,9	25	13,5
Argila orgânica macia	2,5-3,2	90-120	6-8
Till glacial	0,3	10	21

3.3 Relações entre peso específico, índice de vazios, teor de umidade e densidade relativa dos grãos

Para obter a relação entre o peso específico (ou massa específica), o índice de vazios e teor de umidade, vamos considerar uma quantidade de solo na qual o volume dos sólidos do solo é 1, como mostra a Figura 3.2. Se o volume dos sólidos do solo é 1, então o volume de vazios é numericamente igual ao índice de vazios, e [da Eq. (3.3)]. O peso dos sólidos do solo e o peso da água podem ser determinados como

$$W_s = G_s\gamma_w$$
$$W_w = wW_s = wG_s\gamma_w$$

onde G_s = densidade relativa dos grãos
w = teor de umidade
γ_w = peso específico da água

A *densidade relativa dos grãos* (G_s) foi definida na Seção 2.6 do Capítulo 2 e pode ser expressa como

$$G_s = \frac{W_s}{V_s\gamma_w} \tag{3.15}$$

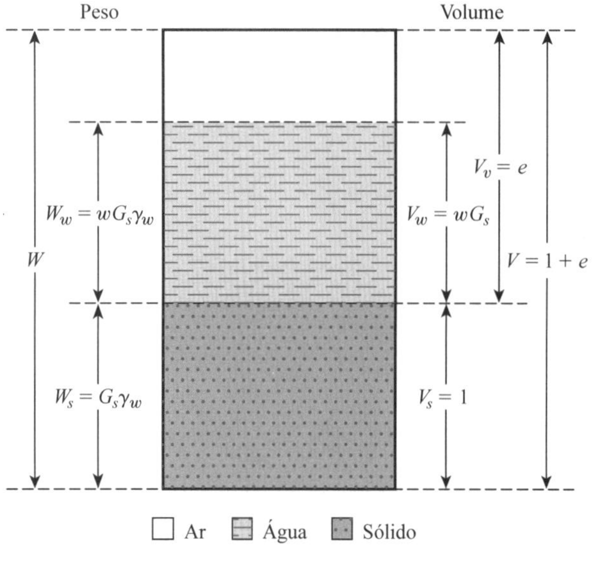

Figura 3.2 Três fases separadas de um elemento de solo, com volume de sólidos do solo igual a 1.

Agora, utilizando as definições de peso específico e peso específico seco [Eqs. (3.9) e (3.11)], podemos escrever

$$\gamma = \frac{W}{V} = \frac{W_s + W_w}{V} = \frac{G_s\gamma_w + wG_s\gamma_w}{1+e} = \frac{(1+w)G_s\gamma_w}{1+e} \tag{3.16}$$

e

$$\gamma_d = \frac{W_s}{V} = \frac{G_s\gamma_w}{1+e} \tag{3.17}$$

ou

$$e = \frac{G_s\gamma_w}{\gamma_d} - 1 \tag{3.18}$$

Como o peso da água para o elemento de solo em consideração é $wG_s\gamma_w$, o volume ocupado pela água é

$$V_w = \frac{W_w}{\gamma_w} = \frac{wG_s\gamma_w}{\gamma_w} = wG_s$$

Portanto, segundo a definição de grau de saturação [Eq. (3.5)],

$$S = \frac{V_w}{V_v} = \frac{wG_s}{e}$$

ou

$$Se = wG_s \tag{3.19}$$

Essa equação é útil para resolver problemas que envolvam relações de três fases.

Se a amostra de solo estiver *saturada* – isto é, com os espaços vazios completamente preenchidos com água (Figura 3.3) –, a relação para o peso específico saturado (γ_{sat}) pode ser obtida de maneira similar:

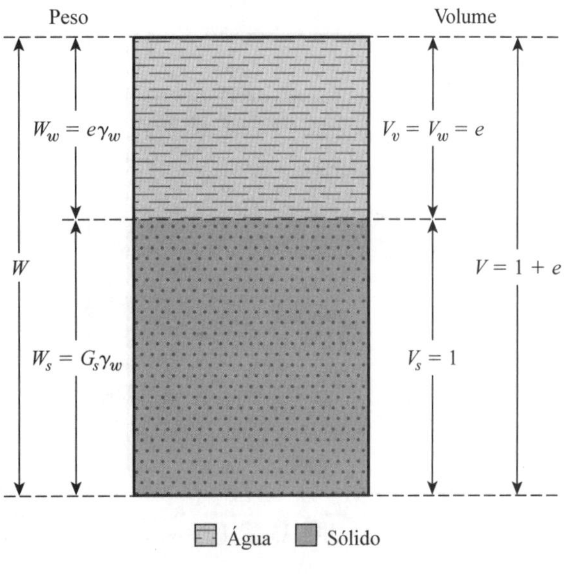

Figura 3.3 Elemento de solo saturado com volume de sólidos do solo igual a 1.

$$\gamma_{sat} = \frac{W}{V} = \frac{W_s + W_w}{V} = \frac{G_s\gamma_w + e\gamma_w}{1+e} = \frac{(G_s + e)\gamma_w}{1+e} \tag{3.20}$$

Também a partir da Eq. (3.19) com $S = 1$,

$$e = wG_s \tag{3.21}$$

Conforme mencionado antes, em razão da conveniência de trabalhar com massa específica no sistema SI, as seguintes equações, semelhantes à relação de unidade-peso dadas nas Eqs. (3.16), (3.17) e (3.20), serão úteis:

$$\text{Massa específica} = \rho = \frac{(1 + w)G_s\rho_w}{1+e} \tag{3.22}$$

$$\text{Massa específica seca} = \rho_d = \frac{G_s\rho_w}{1+e} \tag{3.23}$$

$$\text{Massa específica saturada} = \rho_{sat} = \frac{(G_s + e)\rho_w}{1+e} \tag{3.24}$$

onde ρ_w = massa específica da água = 1.000 kg/m³.

A Eq. (3.22) pode ser deduzida consultando-se o elemento do solo mostrado na Figura 3.4, na qual o volume de sólidos do solo é igual a 1 e o volume de vazios é igual a e. Portanto, a massa de sólidos no solo, M_s, é igual a $G_s\rho_w$. O teor de umidade foi definido na Eq. (3.8) como

$$w = \frac{W_w}{W_s} = \frac{(\text{massa de água}) \cdot g}{(\text{massa de sólido}) \cdot g} = \frac{M_w}{M_s}$$

onde M_w = massa da água.

Como a massa de solo no elemento é igual a $G_s\rho_w$, a massa da água

$$M_w = wM_s = wG_s\rho_w$$

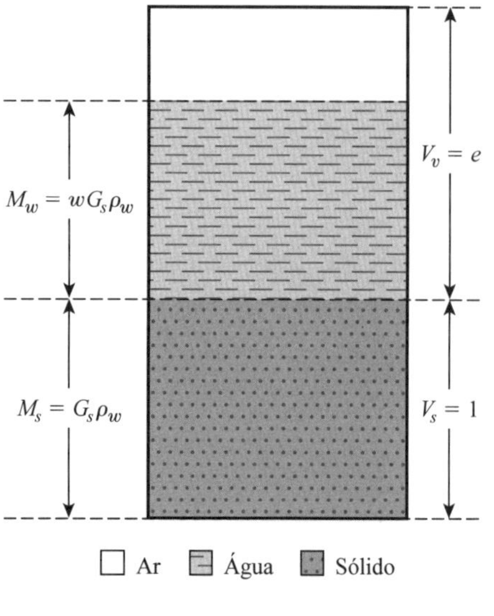

Figura 3.4 Três fases separadas de um elemento de solo mostrando a relação massa-volume.

Da Eq. (3.13), massa específica

$$\rho = \frac{M}{V} = \frac{M_s + M_w}{V_s + V_v} = \frac{G_s\rho_w + wG_s\rho_w}{1+e}$$
$$= \frac{(1+w)G_s\rho_w}{1+e}$$

As Eqs. (3.23) e (3.24) podem ser calculadas de forma similar.

3.4 Relações entre peso específico, porosidade e teor de umidade

A relação entre *peso específico*, *porosidade* e *teor de umidade* pode ser desenvolvida de maneira similar à apresentada na seção anterior. Considere um solo que tenha volume total igual a 1, como mostra a Figura 3.5. Da Eq. (3.4),

$$n = \frac{V_v}{V}$$

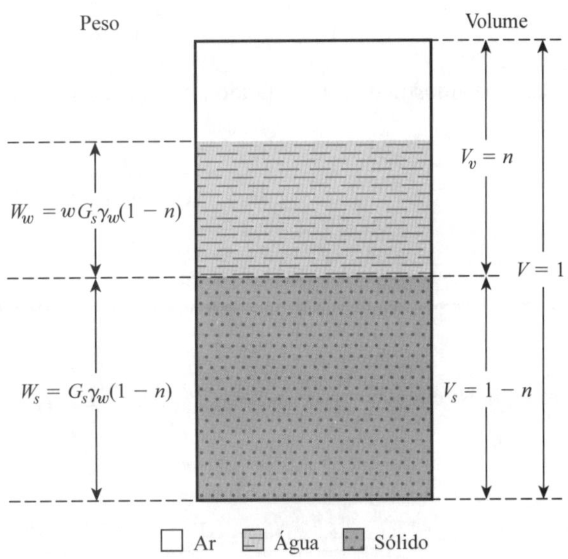

Figura 3.5 Elemento de solo com volume total igual a 1.

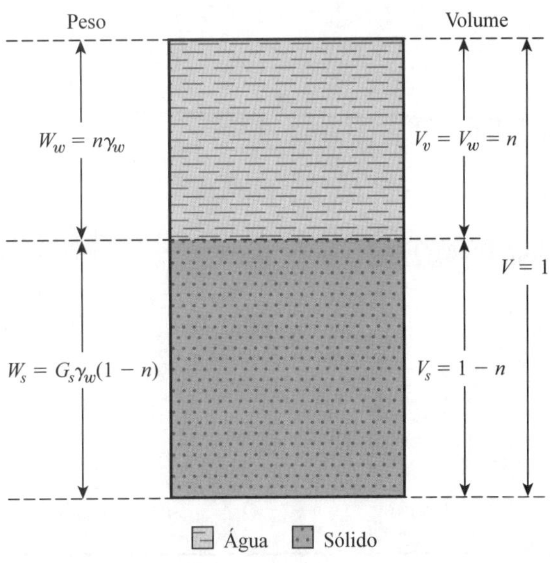

Figura 3.6 Elemento de solo saturado com volume total igual a 1.

Se V for igual a 1, então V_v é igual a n, portanto $V_s = 1 - n$. O peso de sólidos de solo (W_s) e o peso da água (W_w) podem, então, ser expressos da seguinte maneira:

$$W_s = G_s\gamma_w(1 - n) \tag{3.25}$$

$$W_w = wW_s = wG_s\gamma_w(1 - n) \tag{3.26}$$

Assim, o peso específico seco é igual a

$$\gamma_d = \frac{W_s}{V} = \frac{G_s\gamma_w(1 - n)}{1} = G_s\gamma_w(1 - n) \tag{3.27}$$

O peso específico natural é igual a

$$\gamma = \frac{W_s + W_w}{V} = G_s\gamma_w(1 - n)(1 + w) \tag{3.28}$$

A Figura 3.6 apresenta uma amostra de solo saturado em que $V = 1$. De acordo com esta figura,

$$\gamma_{\text{sat}} = \frac{W_s + W_w}{V} = \frac{(1 - n)G_s\gamma_w + n\gamma_w}{1} = [(1 - n)G_s + n]\gamma_w \tag{3.29}$$

O teor de umidade de uma amostra de solo saturado pode ser expresso por

$$w_{\text{sat}} = \frac{W_w}{W_s} = \frac{n\gamma_w}{(1 - n)\gamma_w G_s} = \frac{n}{(1 - n)G_s} \tag{3.30}$$

Exemplo 3.1

Em um solo saturado, mostre que

$$\gamma_{\text{sat}} = \left(\frac{1 + w_{\text{sat}}}{1 + w_{\text{sat}}G_s}\right)G_s\gamma_w$$

Solução

$$\gamma_{\text{sat}} = \frac{W}{V} = \frac{W_w + W_s}{V} = \frac{w_{\text{sat}}W_s + W_s}{V} = (1 + w_{\text{sat}})\frac{W_s}{V} \tag{a}$$

Da Eq. (3.15),

$$W_s = G_s V_s \gamma_w \tag{b}$$

Também a partir da Eq. (3.3),

$$e + 1 = \frac{V_v + V_s}{V_s} = \frac{V}{V_s} \tag{c}$$

Substituindo as Eqs. (b) e (c) na Eq. (a),

$$\gamma_{\text{sat}} = (1 + w_{\text{sat}})\frac{G_s\gamma_w}{1 + e} \tag{d}$$

Da Eq. (3.21),

$$e = w_{\text{sat}}G_s \tag{e}$$

Substituindo (e) e (d) dá

$$\boldsymbol{\gamma_{\text{sat}} = \left(\frac{1 + w_{\text{sat}}}{1 + w_{\text{sat}}G_s}\right)G_s\gamma_w}$$

■

Exemplo 3.2

Para uma amostra de solo úmida, considere o seguinte:
Volume total: $V = 1{,}2\ \text{m}^3$
Massa total: $M = 2350$ kg
Teor de umidade: $w = 8{,}6\%$
Densidade real dos grãos de solo: $G_s = 2{,}71$

Determine o seguinte:

a. Massa específica natural
b. Massa específica seca
c. Índice de vazios
d. Porosidade
e. Grau de saturação
f. Volume de água na amostra de solo

Solução

Parte a

A partir da Eq. (3.13),

$$\rho = \frac{M}{V} = \frac{2350}{1{,}2} = \mathbf{1.958{,}3\ kg/m^3}$$

Parte b

A partir da Eq. (3.14),

$$\rho_d = \frac{M_s}{V} = \frac{M}{(1+w)V} = \frac{2350}{\left(1 + \frac{8{,}6}{100}\right)(1{,}2)} = \mathbf{1803{,}3\ kg/m^3}$$

Parte c

A partir da Eq. (3.23),

$$\rho_d = \frac{G_s\rho_w}{1+e}$$

$$e = \frac{G_s\rho_w}{\rho_d} - 1 = \frac{(2{,}71)(1000)}{1803{,}3} - 1 = \mathbf{0{,}503}$$

Parte d

A partir da Eq. (3.7),

$$n = \frac{e}{1+e} = \frac{0{,}503}{1+0{,}503} = \mathbf{0{,}335}$$

Parte e

A partir da Eq. (3.19),

$$S = \frac{wG_s}{e} = \frac{\left(\frac{8{,}6}{100}\right)(2{,}71)}{0{,}503} = 0{,}463 = \mathbf{46{,}3\%}$$

Parte f

O volume de água é

$$\frac{M_w}{\rho_w} = \frac{M - M_s}{\rho_w} = \frac{M - \dfrac{M}{1+w}}{\rho_w} = \frac{2350 - \left(\dfrac{2350}{1 + \dfrac{8,6}{100}}\right)}{1000} = \mathbf{0,186\ m^3}$$

Solução alternativa

Considere a Figura 3.7.

Parte a

$$\rho = \frac{M}{V} = \frac{2350}{1,2} = \mathbf{1958,3\ kg/m^3}$$

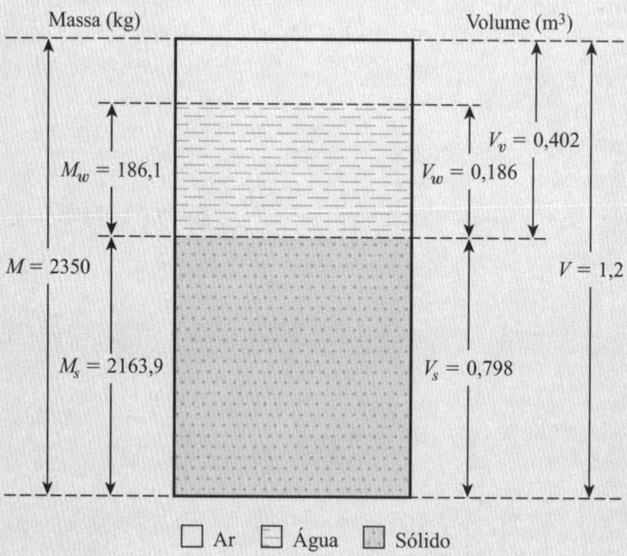

Figura 3.7

Parte b

$$M_s = \frac{M}{1+w} = \frac{2350}{1 + \dfrac{8,6}{100}} = 2163,9\ \text{kg}$$

$$\rho_d = \frac{M_s}{V} = \frac{M}{(1+w)V} = \frac{2350}{\left(1 + \dfrac{8,6}{100}\right)(1,2)} = \mathbf{1803,3\ kg/m^3}$$

Parte c

O volume de sólidos: $\dfrac{M_s}{G_s\rho_w} = \dfrac{2163,9}{(2,71)(1000)} = 0,798\ \text{m}^3$

O volume de vazios: $V_v = V - V_s = 1,2 - 0,798 = 0,402\ \text{m}^3$

Índice de vazios: $e = \dfrac{V_v}{V_s} = \dfrac{0,402}{0,798} = \mathbf{0,503}$

Parte d

$$\text{Porosidade: } n = \frac{V_v}{V} = \frac{0{,}402}{1{,}2} = \mathbf{0{,}335}$$

Parte e

$$S = \frac{V_w}{V_v}$$

$$\text{Volume de água: } V_w = \frac{M_w}{\rho_w} = \frac{186{,}1}{1000} = 0{,}186 \text{ m}^3$$

Portanto,

$$S = \frac{0{,}186}{0.402} = 0{,}463 = \mathbf{46{,}3\%}$$

Parte f

Segundo a Parte e,

$$V_w = \mathbf{0{,}186 \text{ m}^3}$$

■

Exemplo 3.3

Os seguintes dados são determinados para um solo:
Porosidade: $n = 0{,}4$
Densidade real dos grãos de solo: $G_s = 2{,}68$
Teor de umidade: $w = 12\%$
Determine a massa de água a ser acrescentada a 10 m^3 de solo para saturação plena.

Solução

A Eq. (3.28) pode ser reescrita em termos de densidade como

$$\rho = G_s\rho_w (1 - n)(1 + w)$$

De forma similar, a partir da Eq. (3.29),

$$\rho_{sat} = [(1 - n)G_s + n]\rho_w$$

Logo,

$$\rho = (2{,}68)(1000)(1 - 0{,}4)(1 + 0{,}12) = 1800{,}96 \text{ kg/m}^3$$

$$\rho_{sat} = [(1 - 0{,}4)(2{,}68) + 0{,}4](1000) = 2008 \text{ kg/m}^3$$

A massa de água necessária por metros cúbicos é igual a

$$\rho_{sat} - \rho = 2008 - 1800{,}96 = 207{,}04 \text{ kg}$$

Dessa forma, a massa de água que deve ser acrescentada é igual a

$$207{,}04 \times 10 = \mathbf{2070{,}4\ kg}$$

■

Exemplo 3.4

Um solo saturado possui um peso específico seco de 16.19 kN/m³. Seu teor de umidade é 23%. Determine:

a. Peso específico saturado, γ_{sat}.
b. Densidade dos grãos, G_s.
c. Índice de vazios, e.

Solução

Parte a: peso específico saturado

A partir da Eq. (3.12),

$$\gamma_{sat} = \gamma_d(1 + w) = (16{,}19)\left(1 + \frac{23}{100}\right) = \mathbf{19{,}91\ kN/m^3}$$

Parte b: Densidade dos grãos, G_s

A partir da Eq. (3.17),

$$\gamma_d = \frac{G_s\gamma_w}{1 + e}$$

Também a partir da Eq. (3.21), para solos saturados, $e = wG_s$. Portanto,

$$\gamma_d = \frac{G_s\gamma_w}{1 + wG_s}$$

Logo,

$$16{,}19 = \frac{G_s(9{,}81)}{1 + (0{,}23)(G_s)}$$

ou

$$16{,}19 + 3{,}72G_s = 9{,}81G_s$$
$$G_s = \mathbf{2{,}66}$$

Parte c: índice de vazios, e

Para solos saturados,

$$e = wG_s = (0{,}23)(2{,}66) = \mathbf{0{,}61}$$

■

Exemplo 3.5

A massa específica seca de uma areia com uma porosidade de 0,387 é 1600 kg/m^3. Determine o índice de vazios do solo e a densidade real dos grãos do solo.

Solução

Segundo a Eq. (3.6),

$$\text{Índice de vazio, } e = \frac{n}{1-n} = \frac{0{,}387}{1-0{,}387} = \mathbf{0{,}63}$$

Segundo a Eq. (3.23),

$$\text{Massa específica seca: } \rho_d = \frac{G_s \rho_w}{1+e}$$

$$1600 = \frac{(G_s)(1000)}{1+0{,}63};\ G_s = \mathbf{2{,}61}$$

■

Exemplo 3.6

A Figura 3.8 mostra o corte transversal de um aterro que será construído. De acordo com o projeto, o aterro deve apresentar um peso específico seco de 17,29 kN/m^3. O solo para o aterro precisou ser trazido de outra jazida. O solo da jazida apresenta as seguintes características: $e = 0{,}68$, $G_s = 2{,}68$ e $w = 10\%$. Determine o volume de solo da área de empréstimo necessário para construir o aterro de 305 m de comprimento.

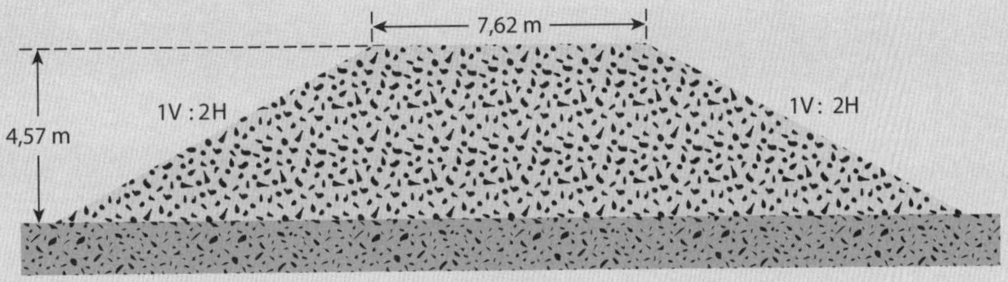

Figura 3.8

Solução

Na jazida

$$\text{Peso específica seco, } \gamma_d = \frac{G_s \gamma_w}{1+e} = \frac{(2{,}68)(9{,}81)}{1+0{,}68} = 15{,}65 \text{ kN/m}^3$$

$$\text{Volume total do aterro} = \left[(7{,}62)(4{,}57) + (2)\left(\frac{1}{2} \times 4{,}57 \times 9{,}14\right)\right](305)$$

$$= 23.360{,}8 \text{ m}^3$$

$$\text{Volume de solo retirado da jazida} = (23.360{,}8)\left(\frac{\gamma_{d\text{-aterro}}}{\gamma_{d\text{ - outro buraco}}}\right)$$

$$= (23.360{,}8)\left(\frac{17{,}29}{15{,}65}\right) \sim \mathbf{25.809 \text{ m}^3}$$

■

3.5 Densidade relativa

O termo *compacidade* ou *densidade relativa* é comumente utilizado para indicar o grau mais compacto ou mais fofo do solo granular *in situ*. A definição é

$$D_r = \frac{e_{máx} - e}{e_{máx} - e_{mín}} \tag{3.31}$$

onde D_r = compacidade relativa, normalmente expressa em porcentagem
e = índice de vazios do solo *in situ*
$e_{máx}$ = índice de vazios do solo no estado mais fofo
$e_{mín}$ = índice de vazios do solo no estado mais compacto

Os valores do D_r podem variar de um mínimo de 0%, para solos muito fofos, até um máximo de 100% para solos muito compactos. Os engenheiros geotécnicos descrevem qualitativamente os depósitos de solo granular de acordo com suas densidades relativas, conforme indicado na Tabela 3.2. Solos locais raramente têm densidade relativa inferior a 20% a 30%. A compactação de um solo granular com uma densidade relativa maior que 85% é difícil.

Tabela 3.2 Descrição qualitativa de depósitos de solo granular

Compacidade relativa (%)	Descrição do depósito de solo
0-15	Muito fofo
15-50	Fofo
50-70	Médio
70-85	Denso
85-100	Muito compacto

A relação para compacidade relativa também é definida em termos de porosidade, ou

$$e_{máx} = \frac{n_{máx}}{1 - n_{máx}} \tag{3.32}$$

$$e_{mín} = \frac{n_{mín}}{1 - n_{mín}} \tag{3.33}$$

$$e = \frac{n}{1 - n} \tag{3.34}$$

onde $n_{máx}$ e $n_{mín}$ = porosidade do solo em condições fofa e compacta, respectivamente. Substituindo as Eqs. (3.32), (3.33) e (3.34) na Eq. (3.31), obtemos

$$D_r = \frac{(1 - n_{mín})(n_{máx} - n)}{(n_{máx} - n_{mín})(1 - n)} \tag{3.35}$$

Utilizando a definição de peso específico seco na Eq. (3.17), podemos expressar a densidade relativa em termos de pesos específicos secos máximos e mínimos possíveis. Assim,

$$D_r = \frac{\left[\frac{1}{\gamma_{d(mín)}}\right] - \left[\frac{1}{\gamma_d}\right]}{\left[\frac{1}{\gamma_{d(mín)}}\right] - \left[\frac{1}{\gamma_{d(máx)}}\right]} = \left[\frac{\gamma_d - \gamma_{d(mín)}}{\gamma_{d(máx)} - \gamma_{d(mín)}}\right]\left[\frac{\gamma_{d(máx)}}{\gamma_d}\right] \tag{3.36}$$

onde $\gamma_{d(\text{mín})}$ = peso específico seco no estado mais fofo (com índice de vazios de $e_{\text{máx}}$)

γ_d = peso específico seco *in situ* (com índice de vazios e)

$\gamma_{d(\text{máx})}$ = peso específico seco no estado mais compacto possível (com um índice de vazios $e_{\text{mín}}$)

Em termos de massa específica, Eq. (3.36) pode ser expressa como

$$D_r = \left[\frac{\rho_d - \rho_{d(\text{mín})}}{\rho_{d(\text{máx})} - \rho_{d(\text{mín})}}\right]\frac{\rho_{d(\text{máx})}}{\rho_d} \tag{3.37}$$

As Designações de Ensaio da ASTM D-4253 e D-4254 (2014) fornecem um procedimento para determinar os pesos específicos secos máximos e mínimos de solos granulares; de maneira que possam ser utilizados na Eq. (3.36) para medir a densidade relativa de compactação no campo. Para areias, esse procedimento envolve utilizar um molde com um volume de 2.830 cm^3. Para determinação do *peso específico seco mínimo*, a areia é despejada aos poucos no molde a partir de um funil com um tubo de 12,7 mm de diâmetro. A altura média da queda de areia no molde é mantida em aproximadamente 25,4 mm. O valor de $\gamma_{d(\text{mín})}$ pode, então, ser calculado utilizando a seguinte equação:

$$\gamma_{d(\text{mín})} = \frac{W_s}{V_m} \tag{3.38}$$

onde W_s = peso necessário de areia para preencher o molde

V_m = volume do molde

O *peso específico seco máximo* é determinado pela vibração da areia no molde por 8 min. Uma sobrecarga de 14 kN/m^2 é adicionada na parte superior da areia no molde. O molde é colocado em uma mesa vibratória a uma frequência de 3.600 ciclos/min e com uma amplitude de vibração de 0,635 mm. O valor de $\gamma_{d(\text{máx})}$ pode ser determinado no fim do período de vibração com conhecimento do peso e volume da areia. A Figura 3.9 mostra o equipamento necessário para conduzir o ensaio que determinará $e_{\text{mín}}$. Diversos fatores controlam a magnitude de $\gamma_{d(\text{máx})}$: a magnitude de aceleração, o peso da sobrecarga e a geometria de aceleração. Assim, é possível obter um valor de $\gamma_{d(\text{máx})}$ maior que o obtido pelos métodos da norma ASTM descrita anteriormente.

Figura 3.9 Equipamentos de laboratório para a determinação do peso específico seco máximo e mínimo de solos granulares. (*Cortesia de K. Reddy, University of Illinois, Chicago.*)

Exemplo 3.7

Para um determinado solo arenoso $e_{máx} = 0{,}75$ e $e_{mín} = 0.4$. Consideremos $G_s = 2{,}68$. No campo, o solo é compactado até atingir um peso específico úmido de 1794,9 kg/m³ a um teor de umidade de 12%. Determine a densidade relativa de compactação.

Solução

A partir da Eq. (3.16),

$$\rho = \frac{(1 + w)G_s\gamma_w}{1 + e}$$

ou

$$e = \frac{G_s\rho_w(1 + w)}{\rho} - 1 = \frac{(2{,}68)(1000)(1 + 0{,}12)}{1794{,}9} - 1 = 0{,}67$$

Segundo a Eq. (3.31),

$$D_r = \frac{e_{max} - e}{e_{max} - e_{min}} = \frac{0{,}75 - 0{,}67}{0{,}75 - 0{,}4} = \mathbf{0{,}229 = 22{,}9\%}$$

■

3.6 Comentários sobre $e_{máx}$ e $e_{mín}$

Os índices de vazios máximo e mínimo dos solos granulares descritos na Seção 3.5 dependem de vários fatores, tais como:

- Tamanho dos grãos
- Formato dos grãos
- Perfil da curva de distribuição granulométrica
- Teor de grãos finos, F_c (isto é, teor de partículas menores que 0,075 mm)

Youd (1973) analisou a variação de $e_{máx}$ e $e_{mín}$ de várias amostras de areia e forneceu relações entre a angulosidade A (ver Seção 2.9) de partículas de areia e o coeficiente de uniformidade ($C_u = D_{60}/D_{10}$; ver Seção 2.8). As descrições qualitativas de partículas de areia com a variação da angulosidade, como fornecido por Youd (1973), são dadas abaixo.

- Muito angulosas – as partículas possuem superfícies fraturadas não gastas e vários cantos e extremidades angulosos. O valor de A varia de 0,12 a 0,17, com um valor médio de 0,14.
- Angulosas – as partículas possuem cantos angulosos com formatos mais ou menos piramidais ou tetraédricos, com $A = 0{,}17–0{,}25$, e um valor médio de 0,21.
- Subangulosas – as partículas possuem beiradas sem pontas e extremidades levemente arredondadas, com $A = 0{,}25–0{,}35$, e um valor médio de cerca de 0,30.
- Subarredondadas – as partículas possuem cantos e extremidades bem arredondadas. A magnitude de A varia de 0,35 a 0,49, com um valor médio de 0,41.
- Arredondadas – as partículas têm formato irregular e arredondado, sem cantos e extremidades distintos, para as quais $A = 0{,}49–0{,}79$, com um valor médio de 0,59.
- Totalmente redondas – as partículas são de formato esférico ou elíptico, com $A = 0{,}7–1{,}0$ e um valor médio de cerca de 0,84.

As variações de $e_{máx}$ e $e_{mín}$, com os critérios descritos acima, são dadas na Figura 3.10. Observe que, para um determinado valor de C_u, os índices de vazios mínimos e máximos aumentam com a diminuição da angulosidade. Note também que, para um determinado valor de A as magnitudes de $e_{máx}$ e $e_{mín}$ diminuem com um aumento em C_u. A quantidade de grãos finos não plásticos presentes em um determinado solo granular tem uma grande influência em $e_{máx}$ e $e_{mín}$.

Lade *et al.* (1998) conduziram vários ensaios misturando areia com grãos finos não plásticos (porcentagem passante de 0,075 mm – peneira nº 200, padrão americano) em proporções diferentes de volume, a fim de determinar $e_{máx}$ e $e_{mín}$ de dois tipos de areia (Nevada 50/80 e Nevada 80/200), juntamente com um tipo de grão não plástico. O tamanho médio dos grãos das amostras de areia ($D_{50\text{-areia}}$) e dos grãos finos ($D_{50\text{-finos}}$) são dados na Tabela 3.3.

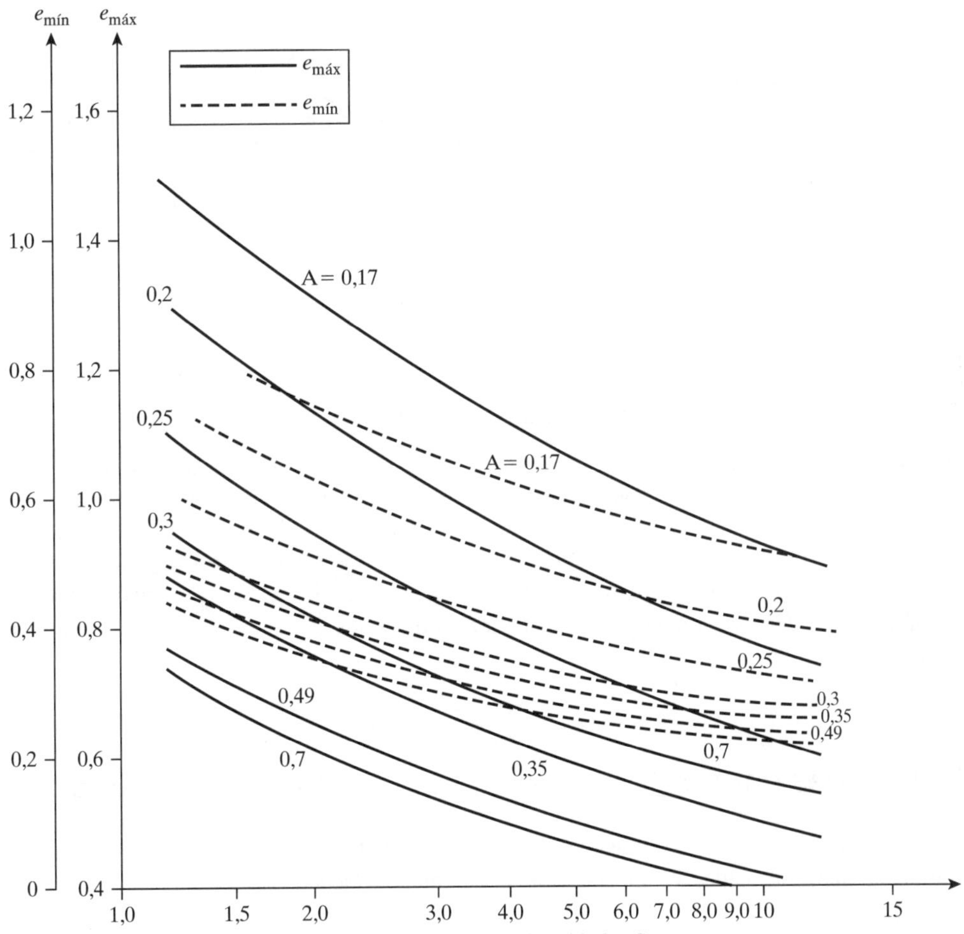

Figura 3.10 Variação de $e_{máx}$ e $e_{mín}$ com A e C_u (*adaptado segundo Youd, 1973*).

A Figura 3.11 mostra a variação de $e_{máx}$ e $e_{mín}$ com a porcentagem de grãos finos por volume para: (a) areia e grãos finos 50/80 de Nevada e (b) areia de grãos finos 80/200 de Nevada. A partir dessa figura, pode-se ver que:

- Para uma determinada mistura de areia e grãos finos, os $e_{máx}$ e $e_{mín}$ diminuem de 0 a cerca de 30% com o aumento no volume de grãos finos. Essa é a *fase preenchimento de vazios*, na qual os grãos finos tendem a preencher os espaços vazios entre as maiores partículas de areia.

Tabela 3.3 $D_{50\text{-areia}}$ e $D_{50\text{-finos}}$ dos solos usados por Lade *et al.* (1998)

Descrição da areia	$D_{50\text{-areia}}$ (mm)	$D_{50\text{-finos}}$ (mm)	$D_{50\text{-areia}}/D_{50\text{-finos}}$
Nevada 50/80	0,211	0,050	4,22
Nevada 80/200	0,120	0,050	2,4

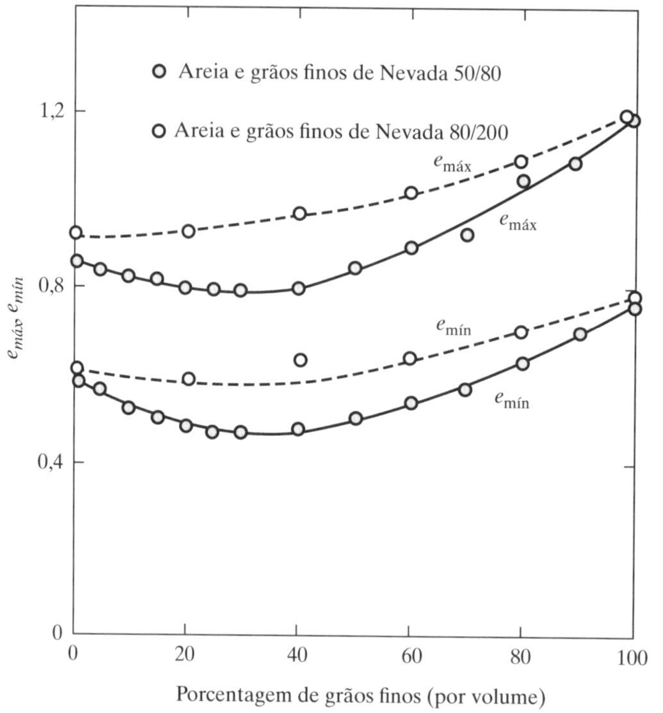

Figura 3.11 Variações de $e_{máx}$ e $e_{mín}$ com porcentagem de grãos finos não plásticos (com base nos resultados do ensaio de Lade *et al.*, 1998). Observação: Para areia e grãos finos 50/80, $D_{50\text{-areia}}/D_{50\text{-finos}} = 4{,}22$ e para areia e grãos finos 80/200, $D_{50\text{-areia}}/D_{50\text{-finos}} = 2{,}4$.

- Há uma *zona de transição*, na qual a porcentagem de grãos finos varia de 30% a 40%.
- Para porcentagens de grãos finos superiores a 40%, as magnitudes de $e_{máx}$ e $e_{mín}$ começam a aumentar. Essa é a *fase substituição de sólidos*, na qual partículas maiores de sólidos são empurradas e gradualmente substituídas por grãos finos.

3.7 Correlações entre $e_{máx}$, $e_{mín}$, $e_{máx} - e_{mín}$ e tamanho médio do grão (D_{50})

Cubrinovski e Ishihara (2002) estudaram a variação do $e_{máx}$ e do $e_{mín}$ em um número muito maior de solos. Com base nas retas de regressão linear mais adequadas, eles forneceram as seguintes relações.

- Areia pura ($F_c = 0$ a 5%)

$$e_{máx} = 0{,}072 + 1{,}53\, e_{mín} \tag{3.39}$$

- Areia com grãos finos ($5 < F_c \leq 15\%$)

$$e_{máx} = 0{,}25 + 1{,}37\, e_{mín} \tag{3.40}$$

- Areia com grãos finos e argila ($15 < F_c \leq 30\%$; $P_c = 5$ para 20%)

$$e_{máx} = 0{,}44 + 1{,}21\, e_{mín} \tag{3.41}$$

- Solos siltosos ($30 < F_c \leq 70\%$; $P_c = 5$ para 20%)

$$e_{máx} = 0{,}44 + 1{,}32\, e_{mín} \tag{3.42}$$

onde F_c = teor de grãos finos menores que 0,075 mm
P_c = fração do tamanho da argila (< 0,005 mm)

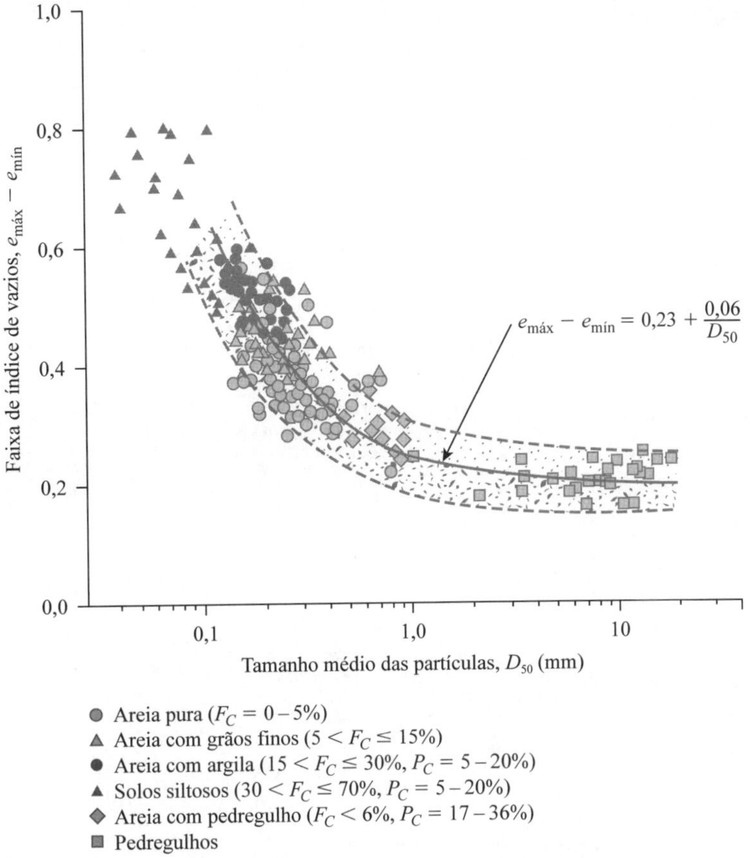

Figura 3.12 Gráfico de $e_{máx} - e_{mín}$ em relação ao tamanho médio das partículas (*Cubrinovski e Ishihara, 2002*).

A Figura 3.12 mostra um gráfico do $e_{máx} - e_{mín}$ em relação ao tamanho médio das partículas (D_{50}) para vários solos (Cubrinovski e Ishihara, 1999 e 2002). A partir desta figura, a curva média para solos arenosos e pedregulhosos pode ser obtida pela relação

$$e_{máx} - e_{mín} = 0,23 + \frac{0,06}{D_{50}(\text{mm})} \quad (3.43)$$

Exemplo 3.8

O tamanho médio de grão (D_{50}) de areia limpa é 0,5 mm. A areia é compactada no campo até atingir um peso específico seco de 15,72 kN/m³. Calcule a densidade relativa de compactação. Considere: O G_s da areia é 2,66.

Solução

Usaremos as correlações fornecidas por Cubrinovski e Ishihara. Segundo a Eq. (3.39)

$$e_{máx} = 0,072 + 1,53e_{mín}$$

ou

$$e_{mín} = \frac{e_{máx} - 0,072}{1,53} \quad (a)$$

De acordo com a Eq. (3.43),

$$e_{máx} - e_{mín} = 0{,}23 + \frac{0{,}06}{D_{50}} \tag{b}$$

Combinando as Eqs. (a) e (b),

$$e_{máx} - \left(\frac{e_{máx} - 0{,}072}{1{,}53}\right) = 0{,}23 + \frac{0{,}06}{0{,}5}$$

$$e_{máx} - 0{,}6536e_{máx} + 0{,}04706 = 0{,}35$$

$$e_{máx} = \frac{0{,}35 - 0{,}04706}{1 - 0{,}6536} = 0{,}875$$

Segundo a Eq. (a),

$$e_{mín} = \frac{0{,}875 - 0{,}072}{1{,}53} = 0{,}525$$

Segundo a Eq. (3.18),

$$e_{campo} = \frac{G_s\gamma_w}{\gamma_d} - 1 = \frac{(2{,}66)(9{,}81)}{15{,}72} - 1 = 0{,}66$$

Portanto, a densidade relativa de compactação no campo é

$$D_r = \frac{e_{máx} - e_{campo}}{e_{máx} - e_{mín}} = \frac{0{,}875 - 0{,}66}{0{,}875 - 0{,}525} = 0{,}614 = \mathbf{61{,}4\%}$$

■

3.8 Resumo

Neste capítulo, discutimos as relações peso-volume de solos. Abaixo segue um resumo do assunto abordado:

- Relações de volume consistem em índice de vazios (e), porosidade (n) e grau de saturação (S), ou

$$\text{Índice de vazios}, e = \frac{\text{Volume de vazios}}{\text{Volume de sólido}}$$

$$\text{Porosidade}, n = \frac{\text{Volume de vazios}}{\text{Volume total}}$$

$$\text{Grau de saturação}, S = \frac{\text{Volume de água nos vazios}}{\text{Volume total de vazios}}$$

- Relações de peso consistem em teor de umidade (w) e peso específico (γ_d, γ, γ_{sat}), ou

$$\text{Teor de umidade}, w = \frac{\text{Peso de água nos vazios}}{\text{Peso dos sólidos}}$$

As relações de pesos específicos seco, natural e saturado são dadas, respectivamente, pelas Eqs. (3.17), (3.16) e (3.20).

- Densidade relativa (D_r) é a medida de compactação do solo granular no campo e é definida pelas Eqs. (3.31) e (3.36).
- Relações empíricas aproximadas entre o índice de vazio máximo ($e_{máx}$) e o índice de vazio mínimo ($e_{mín}$) para solos granulares, com variação do conteúdo de grãos finos e do tamanho da fração de argila, são dadas nas Eqs. (3.39)-(3.42).
- A magnitude de $e_{máx} - e_{mín}$ para solos arenosos e com pedregulhos pode ser correlacionada ao tamanho médio do grão (D_{50}) pela Eq. (3.43).

Problemas

3.1 Para um determinado solo, mostre que,

a. $\gamma_{sat} = \gamma_d + \left(\dfrac{e}{1+e}\right)\gamma_w$

b. $\gamma_d = \dfrac{eS\gamma_w}{(1+e)w}$

c. $e = \dfrac{\gamma_{sat} - \gamma_d}{\gamma_d - \gamma_{sat} + \gamma_w}$

d. $w_{sat} = \dfrac{n\gamma_w}{\gamma_{sat} - n\gamma_w}$

3.2 O peso específico natural de um solo é 17,8 kN/m³ e seu teor de umidade é 14%. Considerando que a densidade real dos grãos do solo é 2,69, calcule o seguinte:

a. Peso específico seco.

b. Índice de vazios.

c. Grau de saturação.

3.3 Considere o Problema 3.2. Para obter a massa específica do solo, determine as várias quantidades do diagrama de fases mostrado na Figura 3.13.

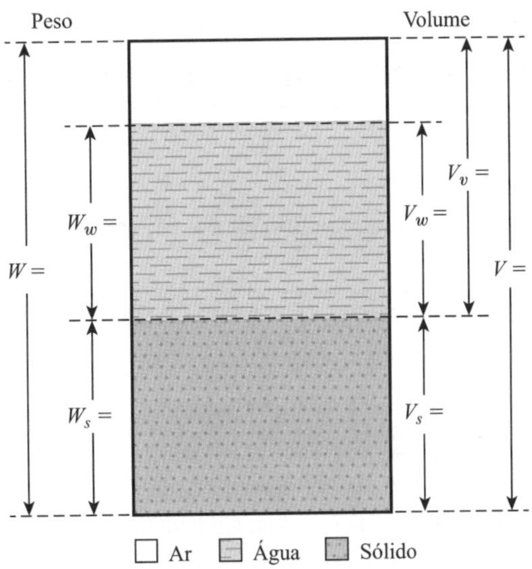

Figura 3.13

3.4 Durante um ensaio de compactação no laboratório geotécnico, os alunos compactaram um solo argiloso em um molde cilíndrico de 101,6 mm de diâmetro e 116,4 mm de altura. O solo compactado no molde tinha uma massa de 1814 gramas e um teor de umidade de 12%. Se $G_s = 2{,}72$, determine o seguinte:

a. Massa específica seca.
b. Índice de vazios.
c. Grau de saturação.
d. Água adicional (em kg) necessária para alcançar 100% de saturação na amostra de solo.

3.5 Duas amostras de solo indeformadas, cada qual com um volume de 2832 cm³, foram coletadas de diferentes profundidades da mesma camada de solo. Para a amostra *A*, localizada acima do lençol freático, a massa = 4990 g, com $w = 9\%$. A amostra *B* está localizada abaixo do lençol freático. Se $G_s = 2{,}68$, determine:

a. Índice de vazios de *A*.
b. Grau de saturação de *A*.
c. Teor de água de *B*.
d. Massa total de *B*.

3.6 Um solo saturado possui um teor de umidade de 40%. Visto que $G_s = 2.73$, determine o seguinte:

a. Porosidade.
b. Peso específico seco.
c. Peso específico saturado.

3.7 A massa úmida de 2832 cm³ do solo é 5670 g. Se o teor de umidade é 14% e a densidade real dos grãos do solo é 2,71, determine o seguinte:

a. Peso específico natural.
b. Peso específico seco.
c. Índice de vazios.
d. Porosidade.
e. Grau de saturação.
f. Volume ocupado pela água.

3.8 O peso específico seco de uma amostra de solo é 14,8 kN/m³. Considerando que $G_s = 2{,}72$ e $w = 17\%$, determine:

a. Índice de vazios.
b. Peso específico natural.
c. Grau de saturação.
d. Peso específico quando a amostra estiver totalmente saturada.

3.9 Considere o Problema 3.8. Determine a massa de água (em kg) a ser adicionada por metros cúbicos (m³) de solo para:

a. 90% grau de saturação.
b. 100% grau de saturação.

3.10 O índice de vazios para uma amostra de solo indeformada é 0,55, com um teor de umidade de 11%. Considerando $G_s = 2{,}68$, determine:

a. Peso específico natural.
b. Peso específico seco.
c. Grau de saturação.
d. Teor de umidade quando a amostra estiver totalmente saturada.

3.11 Durante uma exploração subterrânea, uma amostra de solo indeformada foi coletada em campo através de um amostrador bipartido para avaliação no laboratório (ver Figura 17.6, no Capítulo 17). A amostra possui diâmetro de 34,9 mm, comprimento de 457,2 mm e massa úmida de 840g. Considerando que a massa seca em estufa tem 680 g, com $G_s = 2{,}74$, calcule o seguinte:

a. Peso específico natural.
b. Teor de umidade.
c. Peso específico seco.
d. Índice de vazios.
e. Grau de saturação.

3.12 Considere o Problema 3.11. Um corpo de prova com 76,2 mm de comprimento foi coletado através de um amostrador bipartido para um ensaio de resistência ao cisalhamento do solo. Se para o ensaio é necessário que o corpo de prova esteja 100% saturado, determine:

a. Peso específico saturado.

b. Teor de umidade a 100% de saturação.

c. Quantidade de água (em kg) necessária para atingir a plena saturação.

3.13 Quando o teor de umidade de um solo for 26%, o grau de saturação 72% e o peso específico natural for 16,97 kN/m^3, determine:

a. Densidade real dos grãos do solo.

b. Índice de vazios.

c. Peso específico saturado.

3.14 Para um determinado solo, sabe-se o seguinte: $G_s = 2{,}74$, o peso específico natural, $\gamma = 20{,}6$ kN/m^3 e o teor de umidade, $w = 16{,}6\%$. Determine:

a. Peso específico seco.

b. Índice de vazios.

c. Porosidade.

d. Grau de saturação.

3.15 Considere o Problema 3.14. Determine a massa de água, em kg, a ser adicionada por metro cúbico (m^3) para:

a. 90% de grau de saturação.

b. 100% de grau de saturação.

3.16 A massa específica natural de um solo é 1935 kg/m^3. Considerando que $w = 18\%$ e $G_s = 2{,}7$, determine:

a. Massa específica seca.

b. Porosidade.

c. Grau de saturação.

d. Massa de água, em kg/m^3, a ser adicionada para alcançar plena saturação.

3.17 Para um solo úmido, considere o seguinte: $V = 7080$ cm^3; $M = 13{,}95$ kg; $w = 9{,}8\%$; e $G_s = 2{,}66$. Determine:

a. Peso específico seco.

b. Índice de vazios.

c. Volume ocupado pela água.

3.18 Para um determinado solo, $\rho_d = 1750$ kg/m^3 e $n = 0{,}36$. Determine:

a. Índice de vazios.

b. Densidade real dos grãos do solo.

3.19 O teor de umidade de uma amostra de solo é 22% e seu peso específico seco, 15,65 kN/m^3. Considerando $G_s = 2{,}67$, qual é o grau de saturação?

3.20 Para um determinado solo, $w = 14{,}8\%$, $G_s = 2{,}71$ e $S = 72\%$. Determine:

a. Peso específico natural em kN/m^3.

b. Volume ocupado pela água.

3.21 O grau de saturação de um solo é 55% e o peso específico natural, 16,63 kN/m^3. Quando o peso específico natural aumenta para 17.88 kN/m^3, o grau de saturação aumenta 82,2%. Determine:

a. G_s.

b. Índice de vazios.

3.22 Considere a Figura 3.14. Após a construção de um muro de arrimo de concreto, tomou-se emprestado solo de uma jazida próxima, que foi levado até a escavação atrás do muro e compactado até atingir um índice de vazios final de 0,8. Visto que o solo desta jazida possui um índice de vazios de 1,1, determine o volume do material que foi necessário para construir 1 m^3 de aterro compactado.

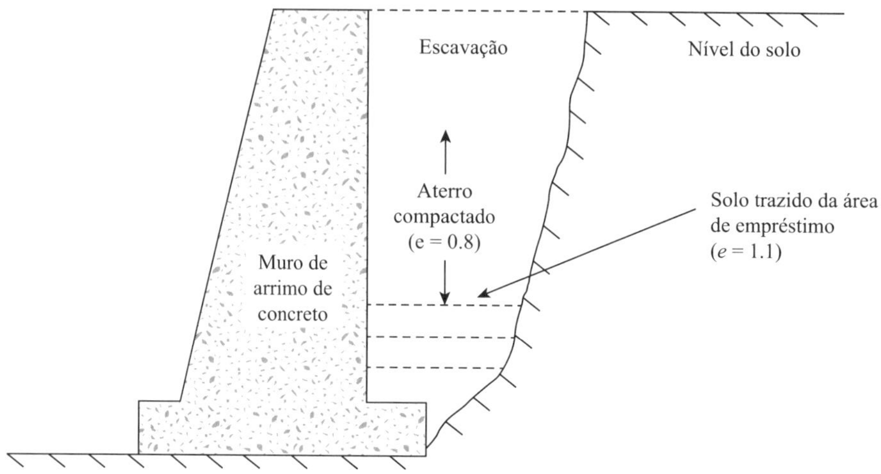

Figura 3.14

3.23 Considere o Problema 3.22. Levando em conta que o solo da área de empréstimo possui um teor de umidade de 11% e $G_s = 2,7$, determine:

a. Peso específico natural da área de empréstimo.

b. Grau de saturação do solo da área de empréstimo.

c. Peso específico úmido do aterro compactado.

3.24 Considere a barragem de 4,57 m de altura mostrada na Figura 3.8. Barragens geralmente são construídas em várias elevações ou camadas, que são compactadas de acordo com especificações geotécnicas. Cada elevação tem espessura de 0,91 m e deve apresentar um peso específico seco de 18,51 kN/m^3. É sabido que o solo da área de empréstimo possui um peso específico natural de 17,41 kN/m^3, com teor de umidade 23% e $G_s = 2,67$. Assim sendo, determine:

a. O peso úmido do solo que é necessário trazer para construir a primeira elevação (camada do fundo) por metro de barragem.

b. No dia da construção, choveu tanto que jazida do qual o solo era retirado atingiu uma condição saturada. Recalcule o peso úmido do solo retirado necessário para construir a primeira camada.

3.25 Para um determinado solo arenoso, $e_{máx} = 0,75$ e $e_{mín} = 0,52$. Se $G_s = 2,67$ e $D_r = 65\%$, determine o índice de vazios e o peso específico seco.

3.26 Para um determinado solo arenoso, o índice de vazios máximo e mínimo é 0,77 e 0,41, respectivamente. Se G_s = 2,66 e $w = 9\%$, qual é o peso específico úmido de compactação (kN/m^3) no campo, se $D_r = 90\%$?

3.27 Em um projeto de construção, o peso específico natural do campo era 17,5 kN/m^3 e o teor de umidade 11%. Se os pesos específicos secos máximo e mínimo determinados no laboratório foram 19,2 kN/m^3 e 14,1 kN/m^3, respectivamente, qual era a densidade relativa do campo?

3.28 No projeto de uma rodovia, a camada de sub-base granular foi compactada até atingir um peso específico úmido de 19,14 kN/m^3 e teor de umidade de 16%. Qual é a densidade relativa da sub-base compactada? Dados: $e_{máx} = 0,85$, $e_{mín} = 0,42$ e $G_s = 2,68$.

3.29 Considere o Problema 3.28. Para melhorar a capacidade de suporte dessa mesma sub-base, os engenheiros de campo decidiram aumentar sua densidade relativa para 88%, por meio de compactação adicional. Qual seria o peso específico seco final da sub-base compactada?

Problemas de pensamento crítico

3.C.1 É sabido que o solo natural no local da construção tem um índice de vazios de 0,92. No fim da compactação, o índice de vazios local era para ser 0,65. Se o teor de umidade permanece intacto, determine:

a. Diminuição percentual no volume total do solo em razão da compactação.

b. Aumento percentual no peso específico seco do campo

c. Mudança percentual no grau de saturação

3.C.2 Um material de aterro arenoso de 3 metros de altura foi colocado imprecisamente a uma densidade relativa de 55%. Estudos laboratoriais indicam que os índices de vazios máximo e mínimo do material de aterro eram 0,94 e 0,66, respectivamente. As especificações de construção exigiram que o aterro fosse compactado a uma densidade relativa de 85%. Sendo $G_s = 2,65$, determine:

a. Peso específico seco do aterro antes e após a compactação

b. Altura final do aterro após a compactação

3.C.3 Em um determinado projeto de recuperação de praia envolvendo mistura e compactação de vários solos arenosos, engenheiros estudaram o papel do tamanho médio do grão, D_{50}, na densidade compactada. Misturas binárias granulares de materiais grossos e finos foram artificialmente preparadas mesclando-se diferentes porcentagens de volume de solos mais finos a solos mais grossos, em três proporções diferentes de tamanho médio de grão; $D_{50\text{-grosso}}/D_{50\text{-fino}} = 1,67$, 3 e 6.

A tabela abaixo mostra todas as misturas utilizadas neste estudo. Para cada mistura binária, o peso específico seco máximo foi determinado pela compactação da mistura no molde Proctor, utilizando a mesma energia de compactação. Determine o seguinte:

a. No mesmo gráfico, trace a variação de peso específico seco com a porcentagem de volume de solo mais fino para cada proporção de tamanho médio de grão.

b. O que você pode concluir sobre o papel das proporções de $D_{50\text{-grosso}}/ D_{50\text{-fino}}$ na densidade de compactação de misturas binárias granulares?

	Peso específico seco, γd (kN/m³)		
Solo fino por volume (%)	$D_{50\text{-grosso}}/D_{50\text{-fino}} = 1,67$	$D_{50\text{-grosso}}/D_{50\text{-fino}} = 3,0$	$D_{50\text{-grosso}}/D_{50\text{-fino}} = 6,0$
10	16,61	16,3	16,78
20	16,1	16,17	17,10
30	16,42	16,52	17,37
40	16,72	16,78	17,59
50	16,6	16,68	17,2
80	16,0	16,4	16,64

Referências bibliográficas

AMERICAN SOCIETY FOR TESTING AND MATERIALS. *Annual Book of ASTM Standards*, Sec. 4, v. 04.08. West Conshohocken, Pa, 2014.

CUBRINOVSKI, M.; ISHIHARA, K. Empirical Correlation Between SPT N-Value and Relative Density for Sandy Soils, *Soils and Foundations*. v. 39, n. 5, p. 61-71, 1999.

______; ______. Maximum and Minimum Void Ratio Characteristics of Sands, *Soils and Foundations*. v. 42, n. 6, p. 65-78, 2002.

LADE, P. V.; LIGGIO, C. D.; YAMAMURO, J. A. Effects of Non-Plastic Fines on Minimum and Maximum Void Ratios of Sand, *Geotechnical Testing Journal*, ASTM. v. 21, n. 4, p. 336-347, 1998.

YOUD, T. L. Factors controlling Maximum and Minimum Densities of Sand, *Evaluation of Relative Density and Its Role in Geotechnical Projects Involving Cohesionless Soils*, STP 523, ASTM, 98–122, 1973.

CAPÍTULO 4

Plasticidade e estrutura dos solos

4.1 Introdução

Quando existe um argilomineral em um solo granular fino, este pode ser remoldado na presença de umidade sem desagregar. Essa natureza coesiva é causada pela água absorvida ao redor das partículas de argila. No início do século XX, um cientista sueco chamado Atterberg desenvolveu um método para descrever a consistência de solos finos com teores de umidade variados. Com teores de umidade muito baixos, o solo se comporta como sólido. Quando o teor de umidade é muito alto, o solo e a água podem fluir como um líquido. Portanto, em uma base arbitrária e dependendo do teor de umidade, o comportamento do solo pode ser dividido em quatro estados básicos: *sólido, semissólido, plástico* e *líquido* –, como mostra a Figura 4.1.

O teor de umidade na qual ocorre a transição do estado sólido para o semissólido é definido como *limite de contração*, e é expresso em termos percentuais. O teor de umidade no ponto de transição do estado semissólido para o estado plástico é o *limite de plasticidade,* e do estado plástico para o líquido é o *limite de liquidez*. Esses parâmetros também são conhecidos como *limites de Atterberg*. Este capítulo descreve os procedimentos para determinar os *limites de Atterberg*. Também serão discutidos a estrutura do solo e os parâmetros geotécnicos, tais como atividade e índice de liquidez, que estão relacionados aos limites de Atterberg.

4.2 Limite de liquidez (*LL*)

Método da concha

O método da concha foi desenvolvido por Casagrande (1932) e é utilizado em todo o mundo. Esse é o único método adotado pela ASTM (Test Designation D-4318) para determinar o limite de liquidez de solos coesivos. Um diagrama esquemático (vista lateral) do aparelho de ensaio do limite de liquidez é apresentado na Figura 4.2a. Esse aparelho é composto por uma concha de latão e uma base de ebonite. A concha de latão pode ser golpeada contra a base pelo comando acionado por uma manivela. Para efetuar o ensaio de limite de liquidez é necessário colocar a pasta de solo na concha. Em seguida, uma ranhura deve ser aberta no centro da amostra de solo com um cinzel padrão (Figuras 4.2b e 4.2c). Observe que existem dois tipos de cinzel. São cinzéis planos (Figura 4.2b) e cinzéis de cunha (Figura 4.2c). Pelo uso do comando operado por manivela, a concha é erguida e cai de uma altura de 10 mm. O teor de umidade, expresso em termos percentuais, necessário para fechar uma distância de 12,5 mm junto à parte inferior da ranhura (consulte as Figuras 4.2d e 4.2e) após 25 golpes é definido como *limite de liquidez*.

É difícil ajustar o teor de umidade no solo para atender ao fechamento de 12,5 mm requerido da ranhura na amostra de solo com 25 golpes. Por isso, pelo menos três ensaios são realizados no mesmo solo com teores de umidade diferentes, com o número de golpes N necessários para obter um fechamento variando entre 15 e 35. A Figura 4.3 mostra a foto de um equipamento de ensaio do limite de liquidez e dos cinzéis. A Figura 4.4 mostra as fotos da amostra de solo no equi-

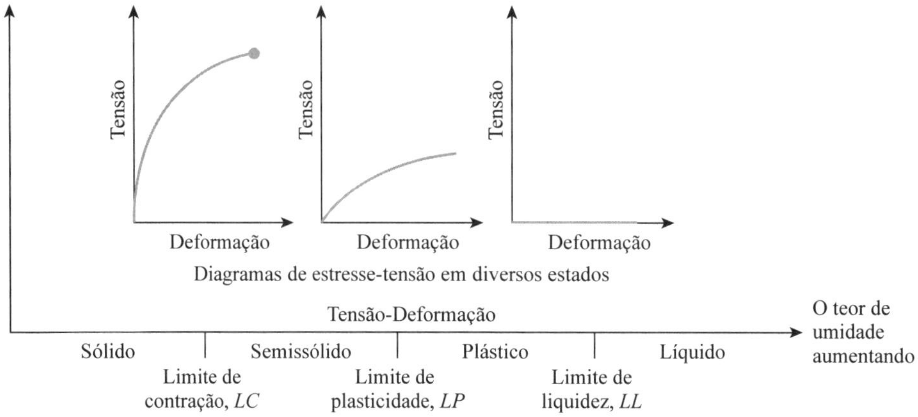

Figura 4.1 Limites de Atterberg.

pamento antes e depois do ensaio de limite de liquidez. O teor de umidade em termos percentuais e o número de golpes correspondentes são plotados em um gráfico semilogarítmico (Figura 4.5). A relação entre o teor de umidade e o log N forma uma linha aproximadamente reta. Essa linha é chamada *curva de fluidez*. O teor de umidade correspondente a $N = 25$, determinado a partir da curva de fluidez, proporciona o limite de liquidez do solo. A inclinação da linha de fluidez é definida como *índice de fluidez*, e pode ser escrita como

$$I_F = \frac{w_1 - w_2}{\log\left(\frac{N_2}{N_1}\right)} \tag{4.1}$$

onde I_F = índice de fluidez

w_1 = teor de umidade do solo, em porcentagem, correspondente ao número de golpes N_1

w_2 = teor de umidade do solo correspondente ao número de golpes N_2

Observe que w_2 e w_1 são invertidos para fornecer um valor positivo, embora a inclinação da curva de fluidez seja negativa. Assim, a equação da linha de fluidez pode ser escrita de forma genérica como

$$w = -I_F \log N + C \tag{4.2}$$

onde C = constante.

Da análise de centenas de ensaios de limite de liquidez, o Corpo de Engenheiros do Exército dos Estados Unidos (1949) na Waterways Experiment Station em Vicksburg, Mississippi, propôs a seguinte relação empírica

$$LL = w_N \left(\frac{N}{25}\right)^{\text{tg}\,\beta} \tag{4.3}$$

onde N = número de golpes no aparelho de ensaio para fechamento de uma ranhura de 12,5 mm

w_N = teor de umidade correspondente

tg β = 0,121 (mas observe que a tg β não é igual a 0,121 para todos os solos)

A Eq. (4.3) geralmente fornece bons resultados para número de golpes entre 20 e 30. Para ensaios rotineiros de laboratório, a equação pode ser usada para determinar o limite de liquidez quando somente um ensaio é realizado para um solo. Esse procedimento geralmente é chamado *método de um ponto* e também foi adotado pela ASTM sob a designação D-4318. A razão pela qual o método de um ponto produz resultados relativamente bons é o fato de que uma pequena escala de teor de umidade é utilizada quando N varia de 20 a 30. A Tabela 4.1 mostra os valores do termo $\left(\frac{N}{25}\right)^{0,121}$ dados na Eq. (4.3) para $N = 20$ a $N = 30$.

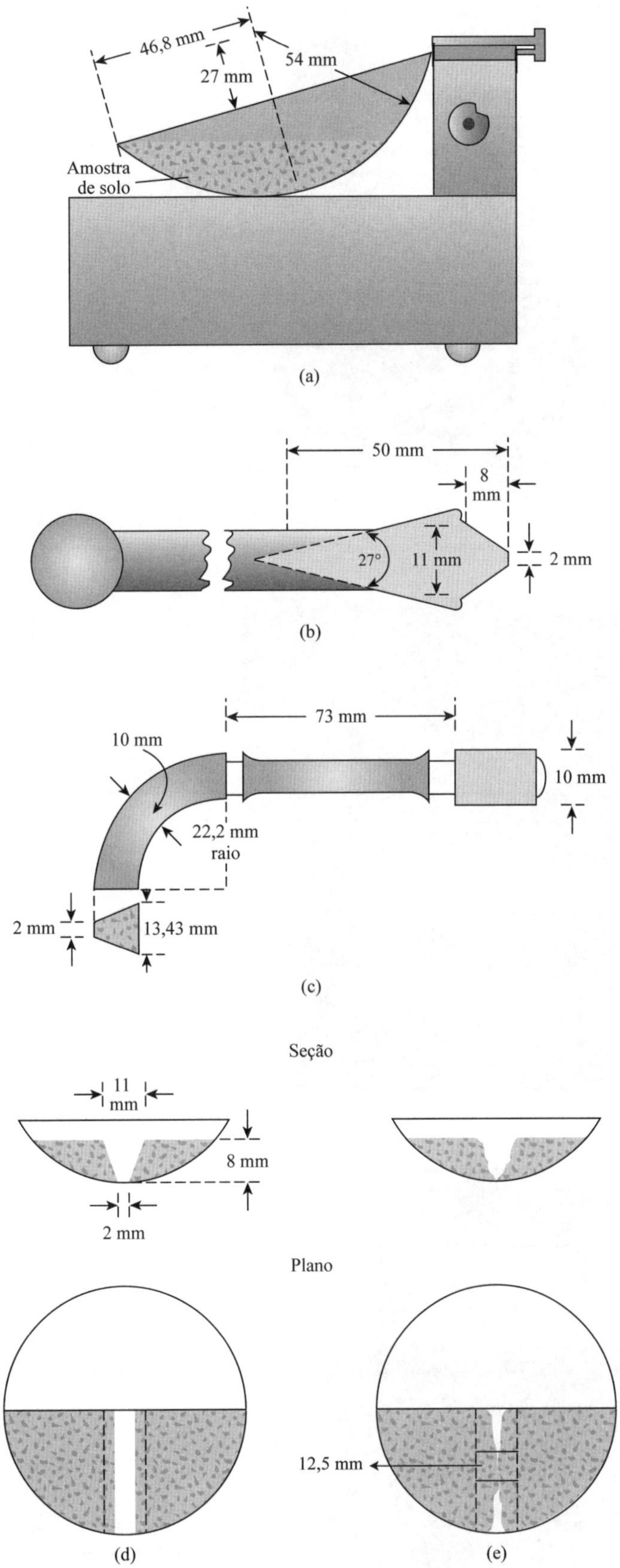

Figura 4.2 Ensaio de limite de liquidez: (a) aparelho de ensaio de limite de liquidez; (b) cinzel plano; (c) cinzel de cunha; (d) amostra de solo antes do ensaio; (e) amostra de solo após o ensaio.

Figura 4.3 Aparelho de ensaio de limite de liquidez e cinzéis. (*Cortesia de N. Sivakugan, James Cook University, Austrália.*)

(a)

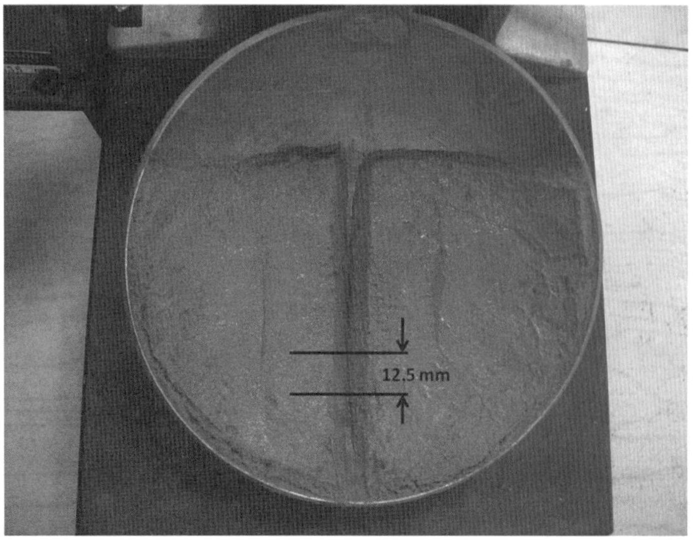

(b)

Figura 4.4 As fotos exibem a amostra de solo no aparelho de ensaio de limite de liquidez: (a) antes do ensaio; (b) após o ensaio. [Observação: O fechamento de ranhura de 12,5 mm em (b) é marcado para esclarecimento.] (*Cortesia de Khaled Sobhan, Florida Atlantic University, Boca Raton, Flórida, EUA.*)

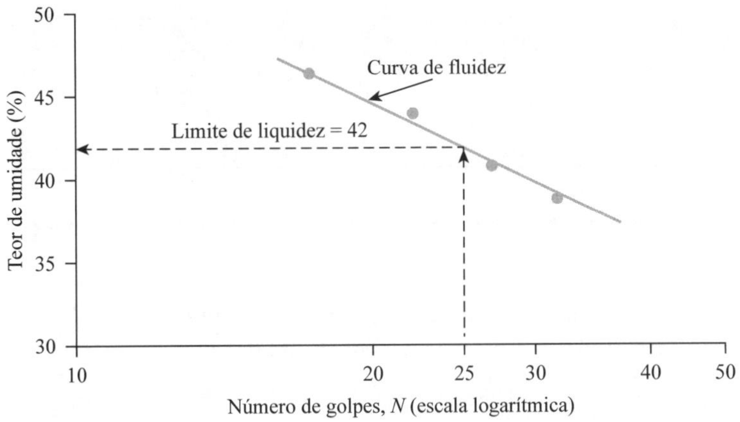

Figura 4.5 Curva de fluidez para determinação do limite de liquidez de um silte argiloso.

Tabela 4.1 Valores de $\left(\frac{N}{25}\right)^{0,121}$

N	$\left(\frac{N}{25}\right)^{0,121}$	N	$\left(\frac{N}{25}\right)^{0,121}$
20	0,973	26	1,005
21	0,979	27	1,009
22	0,985	28	1,014
23	0,990	29	1,018
24	0,995	30	1,022
25	1,000		

Exemplo 4.1

Abaixo estão os resultados de um teste conduzido em laboratório. Determine o limite de liquidez (*LL*) e o índice de fluidez (I_F).

Número de golpes, *N*	Teor de umidade (%)
15	42,0
20	40,8
28	39,3

Solução

O gráfico de *w* contra *N* (escala logarítmica) é mostrado na Figura 4.6. Para $N = 25$, $w =$ **39,5%** $=$ ***LL***.

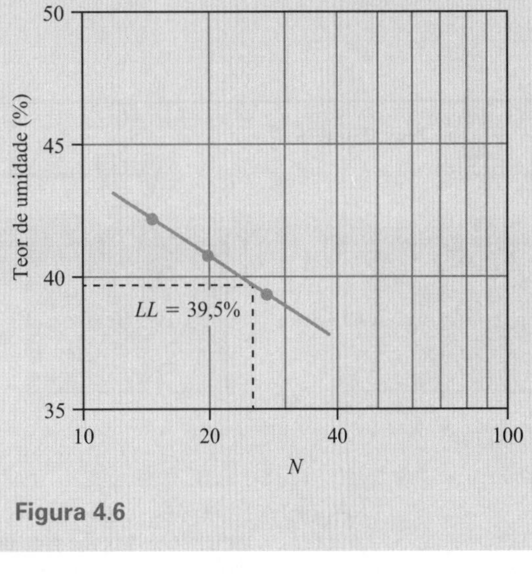

Figura 4.6

Da Eq. (4.1):

$$I_F = \frac{w_1 - w_2}{\log\left(\frac{N_2}{N_1}\right)} = \frac{42 - 39{,}3}{\log\left(\frac{28}{15}\right)} = \mathbf{9{,}96}$$

■

Exemplo 4.2

Para o solo discutido no exemplo 4.1, suponha que apenas um limite de liquidez seja conduzido, por exemplo, $N = 20$ e que o teor de umidade seja = 40,8%. Estime o limite de liquidez do solo pelo método de um ponto.

Solução:

Da Eq. (4.3),

$$LL = w_N\left(\frac{N}{25}\right)^{0{,}121} = (40{,}8)\left(\frac{20}{25}\right)^{0{,}121} = \mathbf{39{,}7}$$

■

Método de penetração do cone

Outro método de determinação de limite de liquidez popular na Europa e na Ásia é o *método de penetração do cone* (British Standard – BS1377). Neste ensaio, o limite de liquidez é definido como o teor de umidade no qual o cone padrão de ângulo de ponta de 30° e peso de 0,78 *N* penetrará uma distância de $d = 20$ mm em 5 segundos quando deixado cair da posição de contato com a superfície de solo (Figura 4.7a). A Figura 4.8 exibe a fotografia de um aparelho de penetração do cone. Em razão da dificuldade em alcançar o limite de liquidez em um ensaio simples, quatro ou mais testes podem ser conduzidos em diversos teores de umidade para determinar a penetração do cone, *d*. Um gráfico semilogarítmico pode, então, ser plotado com o teor de umidade (*w*) *versus* penetração do cone *d* em escala logarítmica. O gráfico resulta em uma linha reta. O teor de umidade correspondente a $d = 20$ mm é o limite de liquidez (Figura 4.7b). Da Figura 4.7b, o *índice de fluidez* pode ser definido como

$$I_{FC} = \frac{w_2(\%) - w_1(\%)}{\log d_2 - \log d_1} \tag{4.4}$$

onde w_1, w_2 = teores de umidade nas penetrações do cone de d_1 e d_2, respectivamente.

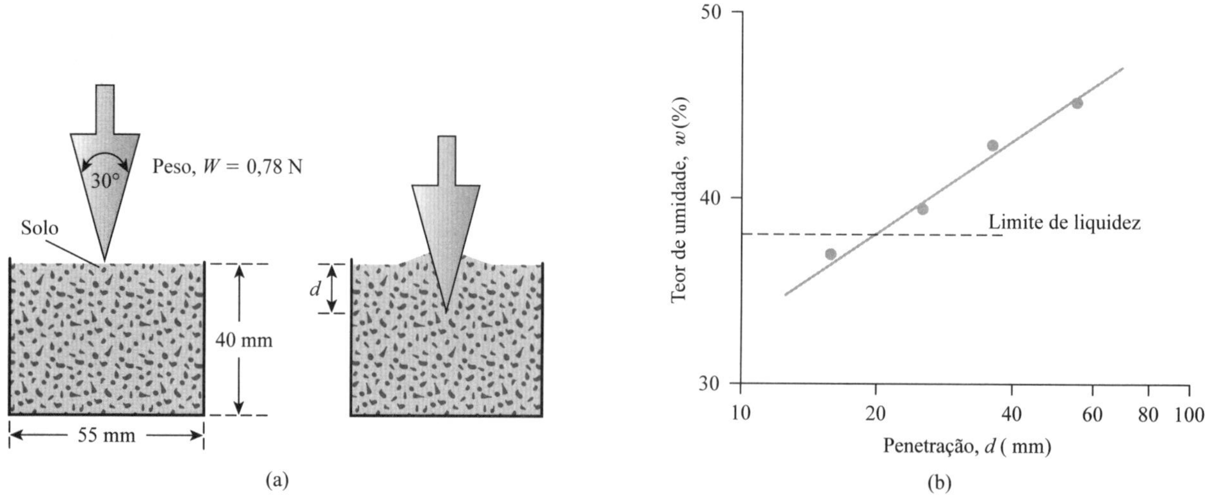

Figura 4.7 (a) Ensaio de penetração do cone; (b) gráfico do teor de umidade *vs.* penetração do cone para determinação do limite de liquidez.

Figura 4.8 Aparelho de penetração do cone. (*Cortesia de N. Sivakugan, James Cook University, Austrália.*)

Como no caso do método da concha (ASTM 4318), foram realizadas tentativas para a determinação do limite de liquidez através de um único ponto. Estas são:

- Nagaraj e Jayadeva (1981)

$$LL = \frac{w}{0{,}77\log d} \tag{4.5}$$

$$LL = \frac{w}{0{,}65 + 0{,}0175d} \tag{4.6}$$

- Feng (2001)

$$LL = w\left(\frac{20}{d}\right)^{0{,}33} \tag{4.7}$$

onde w (%) é o teor de umidade para uma penetração de cone d (mm) de 15 mm a 25 mm.

Exemplo 4.3

A seguir estão os resultados de um ensaio de limite de liquidez feito pelo método do cone em queda livre. Estime o limite de liquidez.

Penetração do cone, *d* (mm)	Teor de umidade (%)
15	29,5
26	35,5
34	38,5
43	41,5

Solução

A Figura 4.9 mostra o teor de umidade versus *d* (mm). Neste gráfico, o teor de umidade pode ser determinado como **32.5**.

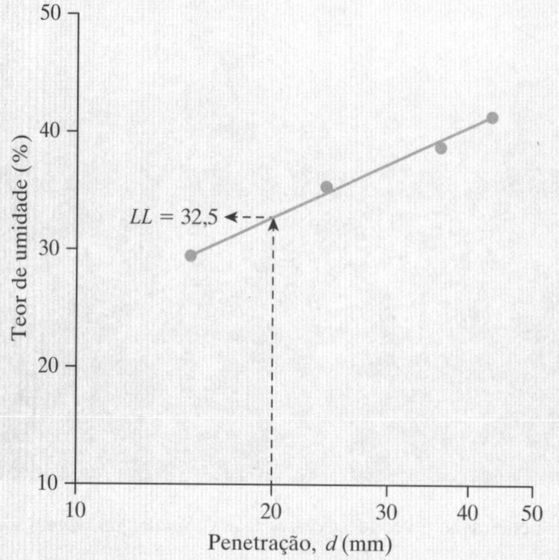

Figura 4.9

■

Exemplo 4.4

Suponhamos que apenas um ensaio de limite de liquidez seja conduzido por meio do ensaio da penetração do cone para o solo reportado no Exemplo 4.3; isto é, que $w = 29{,}5\%$ com $d = 15$ mm. Estime o limite de liquidez usando as Eqs. (4.5), (4.6) e (4.7).

Solução

Da Eq. (4.5),

$$LL = \frac{w}{0{,}77 \log d} = \frac{29{,}5}{(0{,}77)(\log 15)} = \mathbf{32{,}58}$$

Da Eq. (4.6),

$$LL = \frac{w}{0{,}65 + 0{,}0175d} = \frac{29{,}5}{0{,}65 + (0{,}0175)(15)} = \mathbf{32{,}33}$$

Da Eq. (4.7),

$$LL = w\left(\frac{20}{d}\right)^{0{,}33} = (29{,}5)\left(\frac{20}{15}\right)^{0{,}33} = \mathbf{32{,}43}$$

■

Tabela 4.2 Resumo das principais diferenças entre os cones de penetração (resumidas de Budhu, 1985)

País	Detalhes do cone	Penetração para o limite de liquidez (mm)
Rússia	Ângulo do cone = 30º Massa do cone = 76 g	10
Grã-Bretanha, França	Ângulo do cone = 30º Massa do cone = 80 g	20
Índia	Ângulo do cone = 31º Massa do cone = 148 g	20,4
Suécia, Canadá (Quebec)	Ângulo do cone = 60º Massa do cone = 60g	10

Observação: a duração da penetração é de 5 s em todos os casos.

Comentários gerais

As dimensões do ângulo da ponta do cone, do peso do cone e da penetração (mm), pelas quais o limite de liquidez é determinado, variam de país a país. A Tabela 4.2 fornece um resumo de diferentes cones de penetração usados em vários países.

Uma série de importantes estudos mostraram que a tensão de cisalhamento sem drenagem do solo no limite de liquidez varia de 1,7 a 2,3 kN/m^2. Com base em testes conduzidos em uma grande quantidade de amostras de solos, Feng (2001) fez a seguinte correlação entre o limite de liquidez determinado de acordo com a ASTM D4318 e o British Standard BS1377.

$$LL_{(BS)} = 2{,}6 + 0{,}94[LL_{(ASTM)}] \tag{4.8}$$

4.3 Limite de plasticidade (*LP*)

O *limite de plasticidade* é definido como o teor de umidade expresso em porcentagem, em que o solo fissura, quando moldado na forma de um cilindro de 3,2 mm de diâmetro. O limite de plasticidade é o limite inferior do intervalo de plasticidade do solo. O ensaio do limite de plasticidade é simples e realizado moldando-se repetidamente uma massa de solo de formato elipsoidal com as mãos sobre uma placa de vidro (Figura 4.10). Os procedimentos para o ensaio do limite de plasticidade são dados pela norma D-4318 da ASTM.

Como no caso da determinação do limite de liquidez, o método do cone de penetração pode ser usado para obter o limite de plasticidade. Isso pode ser alcançado utilizando um cone de geometria semelhante, mas com um peso de 2,35 N (240 gf). Três ou quatro ensaios com teores de umidade variados são conduzidos, e as penetrações dos cones correspondentes (d) são determinadas. O teor de umidade correspondente à penetração do cone de $d = 20$ mm é o limite de plasticidade. A Figura 4.11 mostra a determinação dos limites de liquidez e de plasticidade da argila Cambridge Gault reportado por Wroth e Wood (1978).

A Tabela 4.3 fornece a variação do limite de liquidez, limite de plasticidade e da atividade (Seção 4.7) de alguns minerais de argila (Mitchell, 1976; Skempton, 1953).

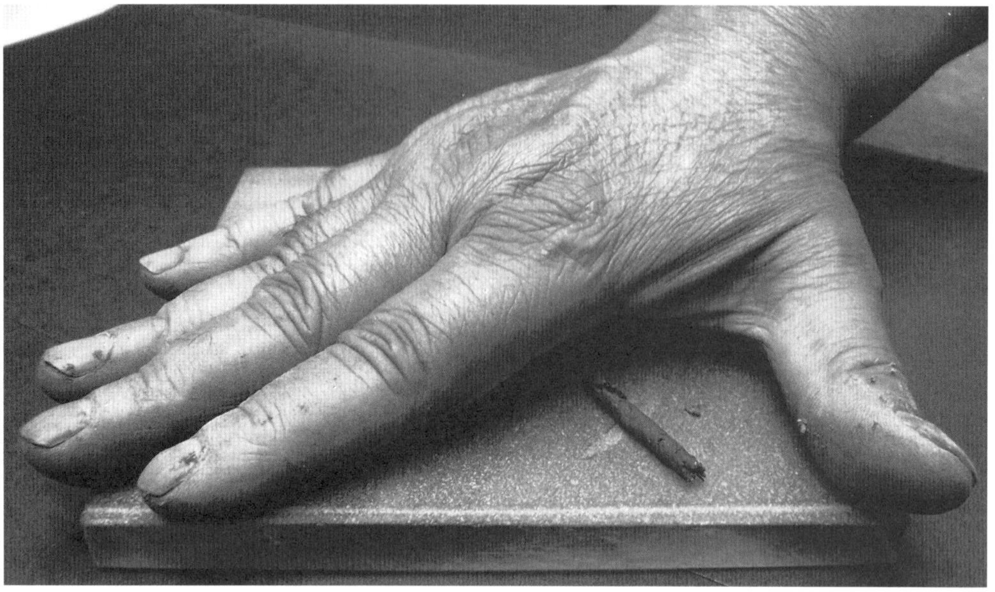

Figura 4.10 Rolagem da massa de solo em uma placa de vidro para determinação do limite de plasticidade. (*Cortesia de Braja M. Das, Henderson, Nevada.*)

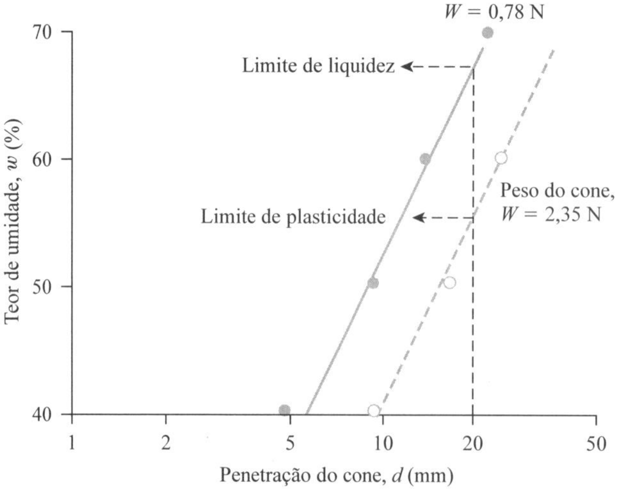

Figura 4.11 Limites de liquidez e plasticidade para argila Cambridge Gault determinados pelo ensaio da penetração do cone.

Tabela 4.3 Valores típicos do limite de liquidez, limite de plasticidade e atividade de alguns argilominerais

Mineral	Limite de liquidez, *LL*	Limite de plasticidade, *LP*	Atividade, *A*
Caulinita	35-100	20-40	0,3-0,5
Ilita	60-120	35-60	0,5-1,2
Montmorilonita	100-900	50-100	1,5-7,0
Haloisita (hidratada)	50-70	40-60	0,1-0,2
Haloisita (desidratada)	40-55	30-45	0,4-0,6
Atapulgita	150-250	100-125	0,4-1,3
Alofano	200-250	120-150	0,4-1,3

4.4 Índice de plasticidade

O *índice de plasticidade* (*IP*) é a diferença entre o limite de liquidez e o limite de plasticidade de um solo, ou:

$$IP = LL - LP \tag{4.9}$$

Burmister (1949) classificou o índice de plasticidade qualitativamente conforme segue:

IP	Descrição
0	Sem plasticidade
1-5	Plasticidade leve
5-10	Plasticidade baixa
10-20	Plasticidade média
20-40	Plasticidade alta
>40	Plasticidade muito alta

O índice de plasticidade é importante na classificação de solos granulares finos. O índice é fundamental para o gráfico de plasticidade de Casagrande (apresentado na Seção 4.8), que é atualmente a base do Sistema Unificado de Classificação do Solo. (Veja o Capítulo 5.)

Sridharan et al. (1999) demonstraram que o índice de plasticidade pode estar correlacionado ao índice de fluidez, obtido a partir dos ensaios de limite de liquidez (veja a Seção 4.2). De acordo com os estudos (Figura 4.12a),

$$IP\,(\%) = 4{,}12 I_F\,(\%) \tag{4.10}$$

e (Figura 4.12 b)

$$IP\,(\%) = 0{,}74 I_{FC}\,(\%) \tag{4.11}$$

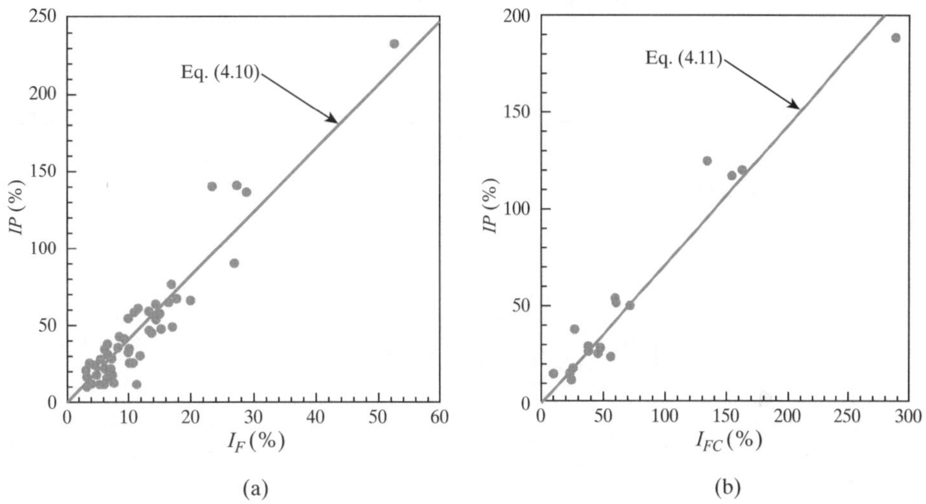

Figura 4.12 Variação de *IP* com (a) I_F; e (b) I_{FC} (*Adaptado segundo Sridharan et al.*, 1999. *Com permissão da ASTM.*)

4.5 Limite de contração (*LC*)

O solo se contrai com a perda gradativa de sua umidade. No entanto, com a continuação da perda de umidade, é alcançado um estado de equilíbrio no qual uma perda ainda maior de umidade não resultará em mais alterações no volume do solo (Figura 4.13). O teor de umidade, em termos percentuais, no qual o volume da massa de solo se mantém constante, é definido como o *limite de contração*.

Os ensaios de limite de contração são realizados em laboratório com uma cápsula de porcelana de aproximadamente 44 mm de diâmetro e cerca de 12,7 mm de altura. A parte interna da cápsula é recoberta com vaselina e, em seguida, preenchida totalmente com solo úmido. O excesso de solo que permanece acima da borda da cápsula é removido com uma régua. A massa de solo úmido dentro da cápsula é registrada. Em seguida, a amostra de solo na cápsula é seca em estufa. O volume de amostra de solo seca em estufa é determinado pelo deslocamento de mercúrio.

Com referência à Figura 4.13, o limite de contração pode ser determinado como

$$LC = w_i(\%) - \Delta w\ (\%) \tag{4.12}$$

onde w_i = teor de umidade inicial quando o solo é inserido na cápsula de limite de contração
Δw = diferença no teor de umidade (isto é, o teor de umidade inicial e o teor de umidade no limite de contração)

Porém,

$$w_i(\%) = \frac{M_1 - M_2}{M_2} \times 100 \tag{4.13}$$

onde M_1 = massa da amostra de solo úmido na cápsula no início do ensaio (g)
M_2 = massa de amostra de solo seco (g) (consulte a Figura 4.14)

A Figura 4.15 mostra fotografias da amostra de solo no prato de limite de contração antes e depois da secagem.

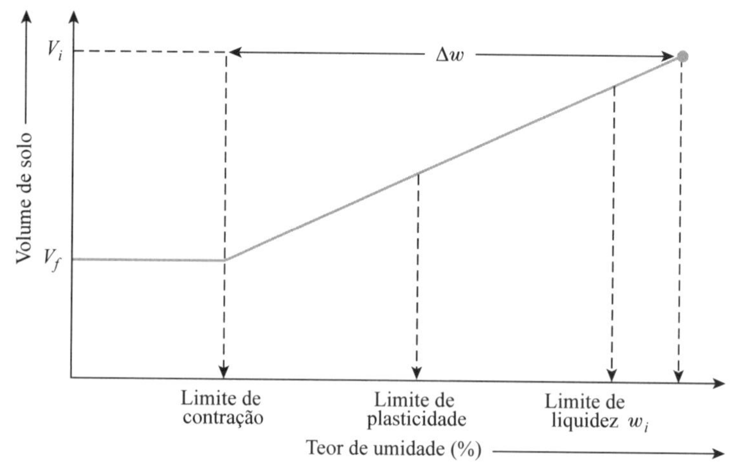

Figura 4.13 Definição do limite de contração.

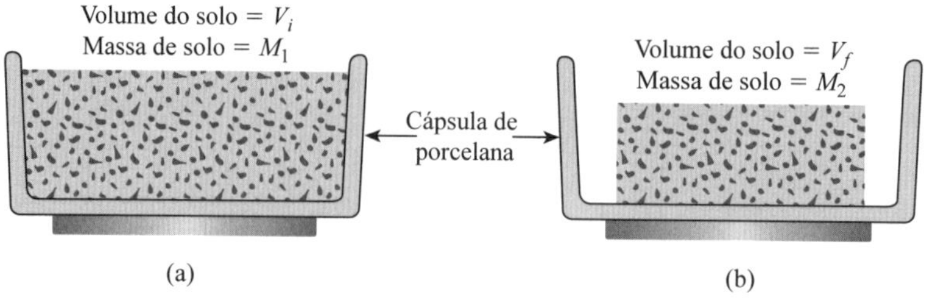

Figura 4.14 Ensaio de limite de contração: (a) amostra de solo antes da secagem; (b) amostra de solo após a secagem.

Também,

$$\Delta w\ (\%) = \frac{(V_i - V_f)\rho_w}{M_2} \times 100 \tag{4.14}$$

onde V_i = volume inicial da amostra de solo úmido (isto é, volume interno da cápsula, cm^3)
V_f = volume da amostra de solo seca em estufa (cm^3)
ρ_w = massa específica da água (g/cm^3)

(a)

(b)

Figura 4.15 Foto da amostra de solo na cápsula de limite de concentração: (a) antes da secagem; (b) após a secagem (*Cortesia de Braja Das, Henderson, Nevada.*)

Finalmente, ao combinar as Eqs. (4.12), (4.13) e (4.14), temos

$$LC = \left(\frac{M_1 - M_2}{M_2}\right)(100) - \left(\frac{V_i - V_f}{M_2}\right)(\rho_w)(100) \tag{4.15}$$

A norma D-4923 da ASTM (2014) descreve um método onde o volume V_i é determinado pelo preenchimento da cápsula de limite de contração com água ou

$$V_i = \frac{\text{Massa de água para preencher a cápsula (g)}}{\rho_w(\text{g/cm}^3)} \tag{4.16}$$

Com a finalidade de determinar V_f, a amostra de solo seca é mergulhada em um pote de cera derretido e resfriado. A massa do solo seco e de cera é determinada no ar e na água submersa. Assim,

$$M_5 = M_3 - M_4 \tag{4.17}$$

onde M_3 = massa de amostra de solo seco e cera ao ar (g)
M_4 = massa de amostra de solo seco e de cera na água (g)
M_5 = massa de água deslocada pela amostra solo seco e cera (g)

O volume de amostra de solo seco e cera pode ser calculado como

$$V_{fwx}(\text{cm}^3) = \frac{M_5\,(\text{g})}{\rho_w(\text{g/cm}^3)} \tag{4.18}$$

A massa de cera (M_6) que cobre a amostra de solo seco é obtida como

$$M_6\,(\text{g}) = M_3\,(\text{g}) - M_2\,(\text{g}) \tag{4.19}$$

Assim, o volume de revestimento de cera (V_{wx}) é

$$V_{wx}(\text{cm}^3) = \frac{M_6\,(\text{g})}{G_{wx}\rho_w(\text{g/cm}^3)} \tag{4.20}$$

onde G_{wx} = densidade relativas dos grãos da cera.

Finalmente, o volume de amostra de solo seco (V_f) pode ser obtido como

$$V_f(\text{cm}^3) = V_{fwx} - V_{wx} \tag{4.21}$$

As Eqs. (4.16) e (4.21) podem ser substituídas na Eq. (4.15) para obter o limite de contração.

Outro parâmetro que pode ser determinado a partir do ensaio do limite de contração é a *razão de contração*, que é a relação entre a diferença de volume do solo, em termos percentuais do volume seco, com a diferença correspondente no teor de umidade, ou

$$RC = \frac{\left(\dfrac{\Delta V}{V_f}\right)}{\left(\dfrac{\Delta M}{M_2}\right)} = \frac{\left(\dfrac{\Delta V}{V_f}\right)}{\left(\dfrac{\Delta V \rho_w}{M_2}\right)} = \frac{M_2}{V_f \rho_w} \tag{4.22}$$

onde ΔV = modificação no volume

ΔM = mudança correspondente na massa de umidade

Também pode ser demonstrado que

$$G_s = \frac{1}{\dfrac{1}{RC} - \left(\dfrac{LC}{100}\right)} \tag{4.23}$$

onde G_s = densidade dos grãos.

Se desejado, a contração volumétrica máxima esperada e a contração linear em determinado teor de umidade (w) podem ser calculadas como

$$VS\,(\%) = RC\,[w(\%) - LC] \tag{4.24}$$

onde VS = contração volumétrica, e

$$LS\,(\%) = 100\left[1 - \left(\frac{100}{VS\,(\%) + 100}\right)^{\frac{1}{3}}\right] \tag{4.25}$$

onde LS = contração linear.

Os valores típicos do limite de contração para alguns argilominerais são os seguintes (Mitchell, 1976):

Mineral	**Limite de contração**
Montmorilonita	8,5-15
Ilita	15-17
Caulinita	25-29

Exemplo 4.5

A seguir, são mostrados os resultados de um ensaio do limite de contração:

- Volume inicial do solo no estado saturado = 24,6 cm^3
- Volume final do solo no estado seco = 15,9 cm^3
- Massa inicial no estado saturado = 44,0 g
- Massa final no estado seco = 30,1 g

Determine o limite de contração do solo.

Solução

Da Eq. (4.15),

$$LC = \left(\frac{M_1 - M_2}{M_2}\right)(100) - \left(\frac{V_i - V_f}{M_2}\right)(\rho_w)(100)$$

$$M_1 = 44{,}0\,\text{g} \qquad V_i = 24{,}6\ \text{cm}^3 \qquad \rho_w = 1\ \text{g/cm}^3$$

$$M_2 = 30{,}1\,\text{g} \qquad V_f = 15{,}9\ \text{cm}^3$$

$$LC = \left(\frac{44{,}0 - 30{,}1}{30{,}1}\right)(100) - \left(\frac{24{,}6 - 15{,}9}{30{,}1}\right)(1)(100)$$

$$= 46{,}18 - 28{,}9 = \mathbf{17{,}28\%}$$

■

Exemplo 4.6

Consulte o Exemplo 4.5. Determine o índice de contração do solo. Também estime a densidade dos grãos.

Solução

Da Eq. (4.22),

$$RC = \frac{M_2}{V_f \rho_w} = \frac{30{,}1\ \text{g}}{(15{,}9\ \text{cm}^3)(1\text{g}/\text{cm}^3)} = \mathbf{1{,}89}$$

Também a partir da Eq. (4.23),

$$G_s = \frac{1}{\dfrac{1}{RC} - \left(\dfrac{LC}{100}\right)} = \frac{1}{\left(\dfrac{1}{1{,}89}\right) - \left(\dfrac{17{,}28}{100}\right)} \approx \mathbf{2{,}81}$$

■

Exemplo 4.7

Consulte o Exemplo 4.5. Se o solo está a um teor de umidade de 28%, estime a contração máxima volumétrica (*VS*) e a contração linear (*LS*).

Solução

Da Eq. (4.24),

$$VS\,(\%) = RC[w\,(\%) - LC]$$

A partir do Exemplo 4.6, $RC = 1{,}89$. Então

$$VS = (1{,}89)(28 - 17{,}28) = \mathbf{20{,}26\%}$$

Novamente, a partir da Eq. (4.25),

$$LS\,(\%) = 100\left[1 - \left(\frac{100}{VS\,(\%) + 100}\right)^{\frac{1}{3}}\right] = 100\left[1 - \left(\frac{100}{20{,}26 + 100}\right)^{\frac{1}{3}}\right] \approx \mathbf{5{,}96\%}$$

■

4.6 Índice de liquidez e índice de consistência

A consistência relativa de um solo coesivo em estado natural pode ser definida pela relação chamada *índice de liquidez*, que é dada por

$$IL = \frac{w - LP}{LL - LP} \tag{4.26}$$

onde w = teor de umidade do solo *in situ*.

O teor de umidade em uma argila sensível *in situ* pode ser maior que o limite de liquidez. Nesse caso (Figura 4.16),

$$IL > 1$$

Esses solos, quando remoldados, podem ser transformados em uma forma viscosa para fluírem como um líquido.

Os depósitos de solo que são altamente sobreadensados podem ter um teor de umidade natural menor que o limite de plasticidade. Nesse caso (Figura 4.16),

$$IL < 0$$

Outro índice normalmente usado para fins de engenharia é o *índice de consistência* (*IC*), que pode ser definido como

$$IC = \frac{LL - w}{LL - LP} \tag{4.27}$$

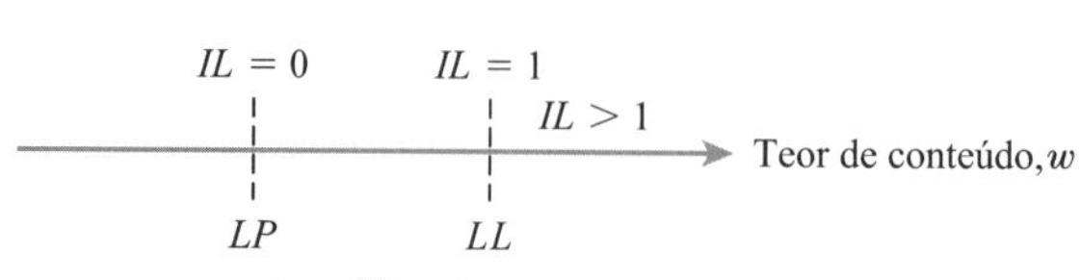

Figura 4.16 Índice de liquidez.

Tabela 4.4 Correlação aproximada entre o *IC* e a resistência à compressão não confinada da argila.

IC	Resistência à compressão não confinada kN/m²
<0,5	<25
0,5–0,75	25–80
0,75–1,0	80–150
1,0–1,5	150–400
>1,5	>400

onde w = teor de umidade *in situ*. Se w é igual ao limite de liquidez, o índice de consistência é zero. Novamente, se $w = LP$, então $IC = 1$. A Tabela 4.4 fornece uma correlação aproximada entre *IC* e a resistência à compressão não confinada da argila (ver Capítulo 12).

4.7 Atividade

Como a plasticidade do solo é causada pela água adsorvida que envolve as partículas de argila, esperamos que o tipo de argilomineral e as quantidades proporcionais em um solo afetem os limites de liquidez e de plasticidade. Skempton (1953) observou que o índice de plasticidade de um solo aumenta linearmente com a porcentagem da fração de argila (% menor ou mais fina que 2 μm por peso) presente (Figura 4.17). As correlações de *IP* com a fração de argila para diferentes argilas formam um gráfico com linhas separadas. Essa diferença deve-se à diversidade das características de plasticidade dos vários tipos de argilominerais. Com base nesses resultados, Skempton definiu um índice chamado *atividade*, que é a inclinação da linha que correlaciona *IP* e a porcentagem mais fina que 2 μm. Essa atividade pode ser expressa como

$$A = \frac{IP}{(\text{\% de fração de argila, por peso})} \quad (4.28)$$

onde A = atividade. A atividade é utilizada como um índice para identificação do potencial de expansão dos argilominerais. Os valores típicos de atividades para diversos argilominerais são apresentados na Tabela 4.3.

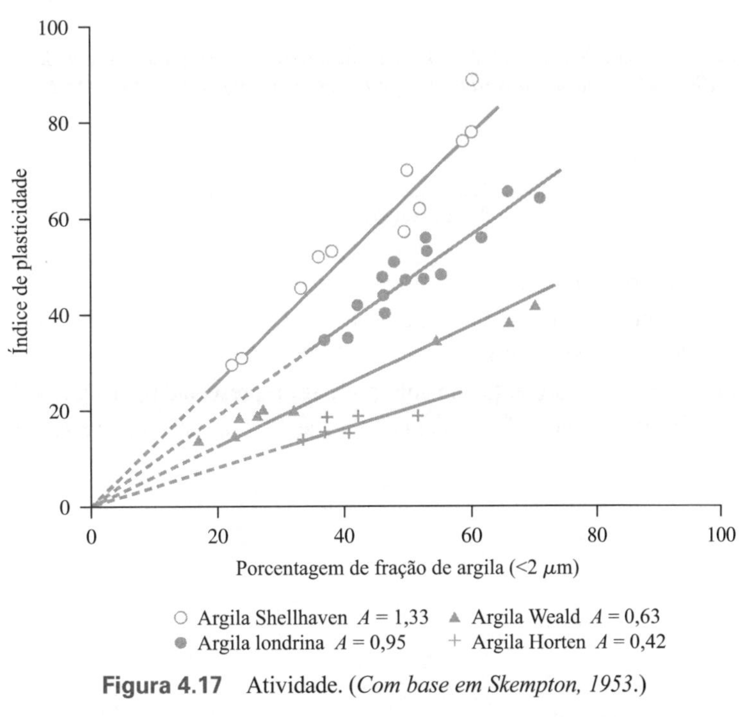

Figura 4.17 Atividade. (*Com base em Skempton, 1953.*)

Seed, Woodward e Lundgren (1964a) estudaram a propriedade plástica de diversas misturas artificialmente preparadas de areia e argila. Eles concluíram que, embora a relação do índice de plasticidade para a porcentagem da fração de argila seja linear (conforme observado por Skempton), nem sempre pode passar pela origem. Isso é indicado nas Figuras 4.18 e 4.19. Assim, a atividade pode ser redefinida como

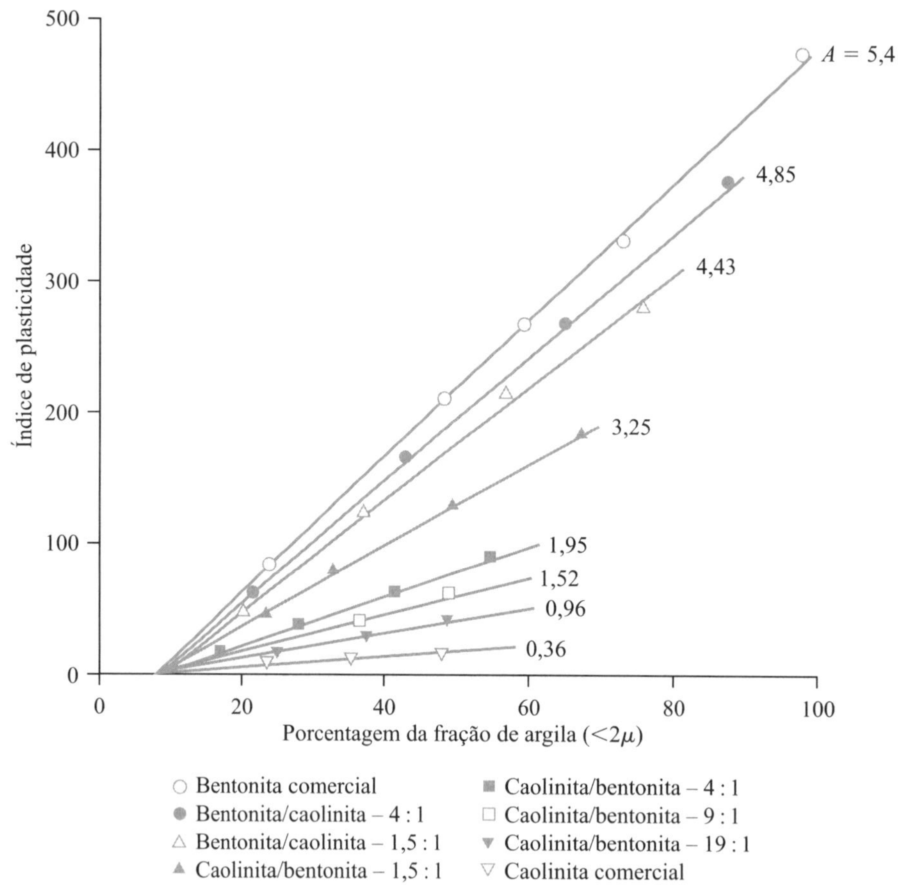

Figura 4.18 Relação entre o índice de plasticidade e a fração de argila por peso para misturas de argila caulinita/bentonita. (*Segundo Seed, Woodward e Lundgren, 1964a. Com permissão da ASCE.*)

$$A = \frac{IP}{\text{\% da fração de argila} - C'} \tag{4.29}$$

onde C' é uma constante para determinado solo.

Para os resultados experimentais mostrados nas Figuras 4.18 e 4.19, $C' = 9$.

Os trabalhos adicionais de Seed, Woodward e Lundgren (1964b) indicaram que a relação do índice de plasticidade para a porcentagem de frações de argila presentes no solo pode ser representada por duas linhas retas. Isso é indicado qualitativamente na Figura 4.20. Para frações de argila maiores que 40%, a linha reta passa pela origem quando é extrapolada para trás.

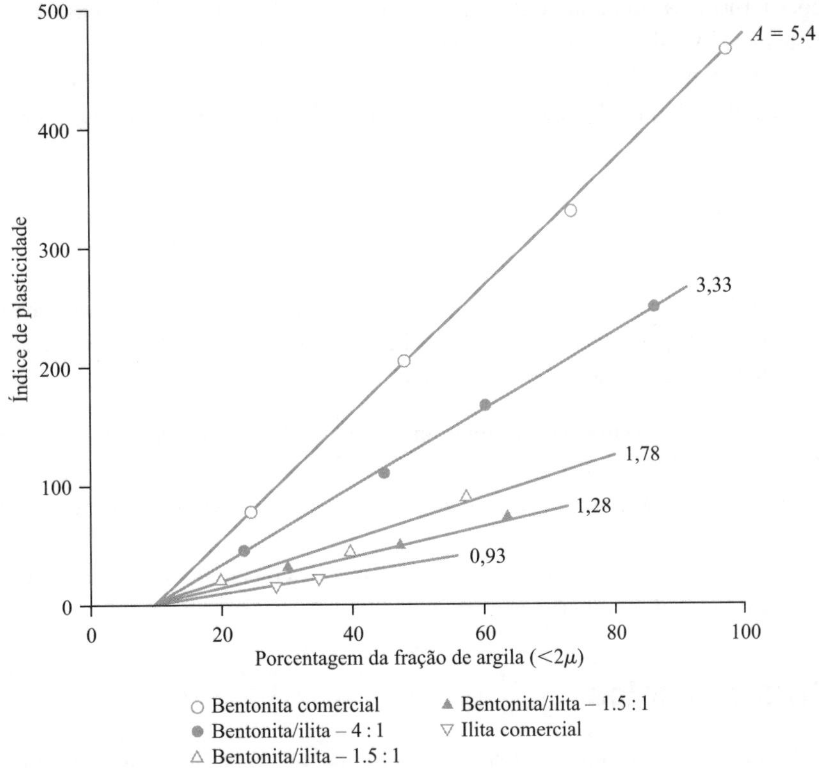

Figura 4.19 Relação entre o índice de plasticidade e a fração de argila por peso para misturas de argila ilita/bentonita (*Segundo Seed, Woodward e Lundgren, 1964a. Com permissão da ASCE.*)

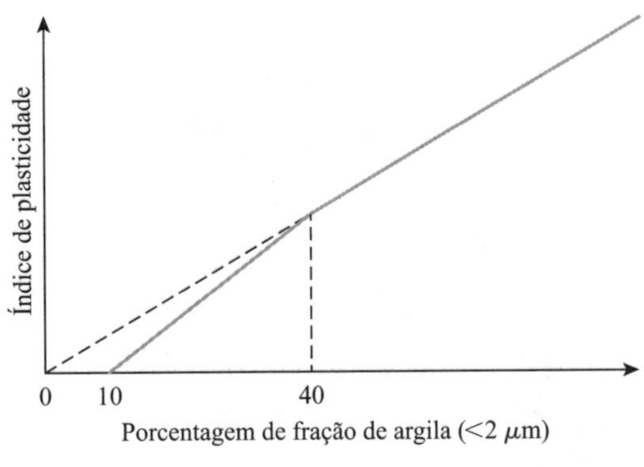

Figura 4.20 Relação simplificada entre índice de plasticidade e porcentagem de fração de argila por peso. (*Segundo Seed, Woodward e Lundgren, 1964b. Com permissão da ASCE.*)

4.8 Gráfico de plasticidade

Os limites de liquidez e de plasticidade são determinados por ensaios de laboratório relativamente simples que fornecem informações sobre a natureza de solos coesivos. Os engenheiros têm usado os ensaios intensivamente para obter as correlações de diversos parâmetros físicos e para identificação de solo.

Casagrande (1932) estudou a relação entre o índice de plasticidade e o limite de liquidez em uma grande variedade de solos naturais. Tendo como base os resultados dos ensaios, ele propôs um gráfico de plasticidade, como mostra a Figura 4.21. A característica importante desse gráfico é a linha *A* empírica proporcionada pela equação $IP = 0{,}73\,(LL - 20)$. A linha *A* separa as argilas inorgânicas dos siltes inorgânicos. Os valores das argilas inorgânicas permanecem acima da linha *A*, e os valores dos siltes inorgânicos ficam abaixo dessa linha. Os siltes orgânicos são plotados na mesma região (abaixo da linha *A* e com *LL* variando de 30 a 50) que os siltes inorgânicos de compressibilidade mediana. As argilas orgânicas se posicionam na mesma região dos siltes inorgânicos de alta compressibilidade (abaixo da linha *A* e *LL* maior que 50). As informações fornecidas pelo gráfico de plasticidade têm grande valor e são a base de classificação de solos granulares finos no Sistema Unificado de Classificação do Solo. (Veja o Capítulo 5.)

Observe que uma linha chamada linha *U* está sobre a linha *A*. A linha *U* é aproximadamente a linha superior de relação do índice de plasticidade ao limite de liquidez para qualquer solo atualmente conhecido. A equação para a linha *U* pode ser dada como

$$IP = 0{,}9(LL - 8) \tag{4.30}$$

Existe outro uso para as linhas *A* e *U*. Casagrande sugeriu que o limite de contração de um solo pode ser determinado, aproximadamente, se seu índice de plasticidade e o limite de liquidez forem conhecidos (consulte Holtz e Kovacs, 1981). Isso pode ser feito da seguinte maneira, com referência à Figura 4.22.

a. Faça o gráfico de índice de plasticidade contra o limite de liquidez de determinado solo, como o ponto *A* na Figura 4.22.
b. Projete a linha *A* e a linha *U* para baixo, até interceptarem o ponto *B*. O ponto *B* terá as coordenadas do $LL = -43{,}5$ e $IP = -46{,}4$.
c. Una os pontos *B* e *A* com uma linha reta. Isso ainda interceptará o eixo do limite de liquidez no ponto *C*. A abscissa do ponto *C* é o limite de contração estimado.

4.9 Estrutura dos solos

A estrutura do solo é definida como o arranjo ou a disposição geométrica das partículas de um solo entre si. Entre os inúmeros fatores que afetam a estrutura estão o formato, o tamanho e a composição mineralógica das partículas do solo e a natureza e composição da água do solo. Em geral, os solos podem ser divididos em dois grupos: não coesivos e coesivos. As estruturas encontradas nos solos em cada grupo estão descritas a seguir.

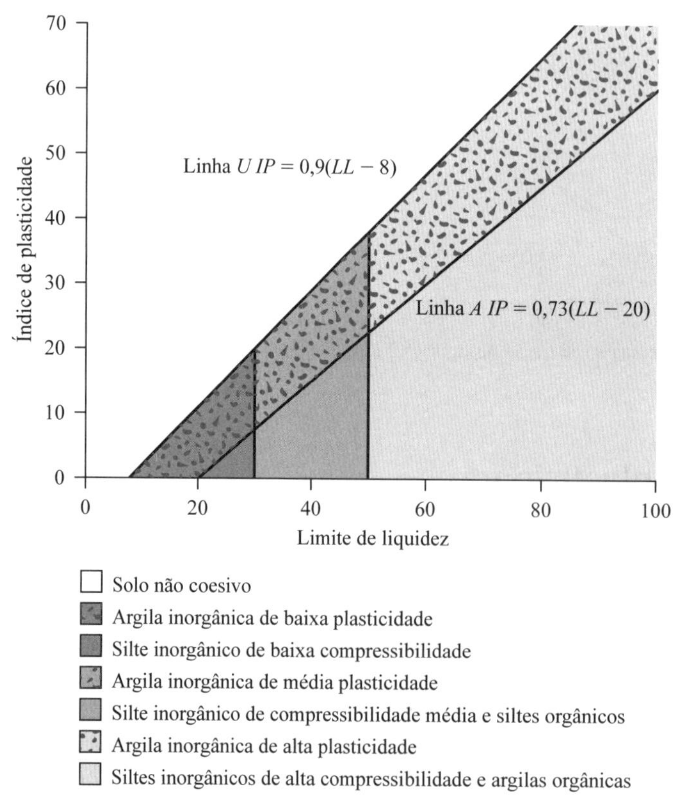

Figura 4.21 Gráfico de plasticidade.

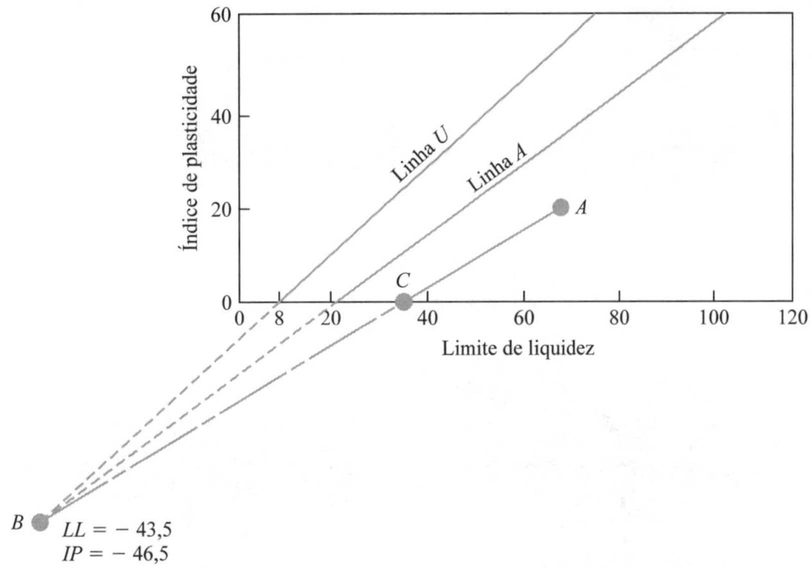

Figura 4.22 Estimativa de contração com base no gráfico de plasticidade. (*Adaptado de Holtz e Kovacs, 1981.*)

Estruturas em solos não coesivos

As estruturas geralmente encontradas em solos não coesivos podem ser divididas em duas categorias principais: *granular simples* (ou *de grãos isolados*) *e em favos* (ou *alveolares*). Nas estruturas granulares simples, as partículas do solo estão em posição estável e em contato com as outras partículas ao redor. A forma e a distribuição do tamanho das partículas de solo e as posições relativas influenciam no adensamento das partículas (Figura 4.23); assim, é possível uma ampla gama de índice de vazios. Para uma ideia da variação do índice de vazios causada pelas posições relativas das partículas, vamos considerar o modo de adensamento com esferas iguais, como mostram as Figuras 4.24 e 4.25.

A Figura 4.24a mostra um caso de estado de adensamento do solo muito fofo. Se isolarmos um cubo no qual cada lado meça *d*, que é igual ao diâmetro de cada esfera, como mostra a ilustração, é possível calcular o índice de vazios como

$$e = \frac{V_v}{V_s} = \frac{V - V_s}{V_s}$$

onde V = volume do cubo = d^3

V_s = volume da esfera (isto é, o sólido) dentro do cubo

Observando que $V = d^3$ e $V_s = \pi d^3/6$, obtemos

$$e = \frac{d^3 - \left(\frac{\pi d^3}{6}\right)}{\left(\frac{\pi d^3}{6}\right)} = 0{,}91$$

O tipo de adensamento indicado na Figura 4.24a é chamado adensamento *cúbico* ou *cúbico simples.*

Da mesma forma, a Figura 4.24b mostra um caso de estado de adensamento do solo muito compacto. A Figura 4.24b também mostra um cubo isolado, na qual a medida de cada lado é $d\sqrt{2}$. Nesse caso pode-se demonstrar que $e = 0{,}35$. Isso é referido como um *adensamento em pirâmide*.

Pode haver outros tipos de adensamento de esferas iguais entre os estados mais fofos e densos, e estes são indicados na Figura 4.25. A Figura 4.25a indica um *adensamento de escalonamento simples*. Nesse padrão, cada esfera toca em seis esferas próximas na própria camada, e as esferas em diferentes camadas são empilhadas diretamente na parte superior de cada uma. O índice de vazios para o padrão de escalonamento simples é 0,65. A Figura 4.25b exibe um *adensamento de escalonamento duplo*. Isso é semelhante ao padrão de escalonamento simples, exceto que cada esfera em uma camada

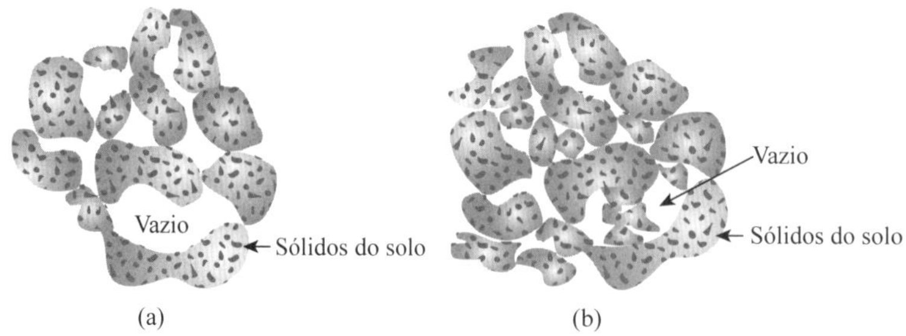

Figura 4.23 Estrutura granular simples: (a) fofo; (b) denso.

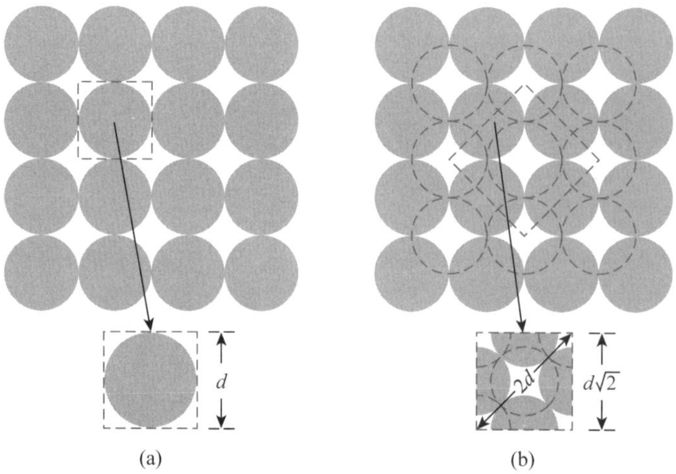

Figura 4.24 Modo de adensamento com esferas iguais (vistas planas): (a) muito fofo ($e = 0{,}91$); (b) muito denso ($e = 0{,}35$).

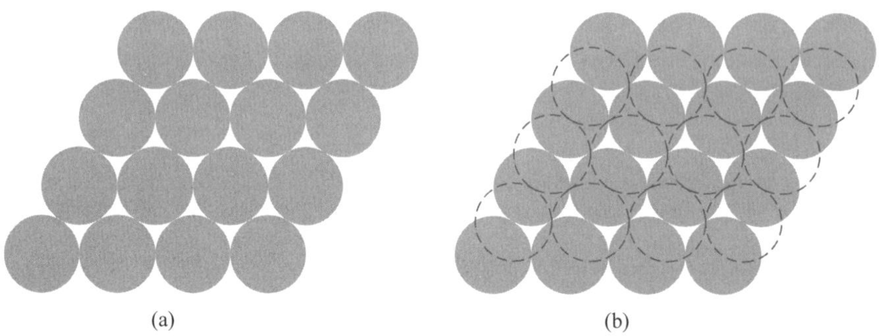

Figura 4.25 Adensamento de esferas iguais: (a) escalonamento simples; (b) escalonamento duplo.

desliza para cima e para baixo para entrar em contato com duas esferas na segunda camada. O índice de vazios para disposição de escalonamento duplo é 0,43.

McGeary (1961) conduziu alguns ensaios (consulte também Lade et al., 1998) colocando esferas de aço de tamanhos iguais em um recipiente para determinar o índice médio de vazios mínimos, que era de 0,6. Em tais ensaios, aproximadamente 20% das esferas foram em arranjo de escalonamento duplo ($e = 0{,}43$) e aproximadamente 80% das esferas foram em arranjo de escalonamento simples ($e = 0{,}65$).

O solo real difere do modelo com esferas idênticas, pois nesse solo as partículas não têm o mesmo tamanho e também não são esféricas. As partículas menores podem ocupar os espaços vazios entre as partículas maiores e, portanto, o índice de vazios do solo é reduzido em comparação ao modelo com esferas idênticas. Por outro lado, a irregularidade nos formatos das partículas geralmente produz um aumento no índice de vazios dos solos. Como resultado desses dois fatores, os índices de vazios encontrados em solos reais têm aproximadamente a mesma faixa obtida em esferas iguais.

Na estrutura alveolar (Figura 4.26), o silte e a areia relativamente finos formam pequenos arcos com correntes de partículas. Os solos que apresentam estrutura alveolar possuem índice de vazios maior e podem suportar uma carga estática moderada. Porém, sob condições de carga mais pesadas ou quando submetidos a cargas de impacto, a estrutura colapsa, o que resulta em um grande recalque do solo.

Solos tropicais

Há uma discussão sobre a validade dos limites de Atterberg (limite de plasticidade e de liquidez) para a caracterização de solos tropicais. Entre as principais questões discutíveis envolvendo esses ensaios, têm-se: os métodos de preparação das amostras, relacionados ao grau de secagem e destorroamento; e a pouca valia dos dados de limites de consistência para solos saprolíticos grossos, para os quais a porcentagem da fração mais fina ensaiada é pequena em relação ao todo.

Estruturas em solos coesivos

Para compreender a estrutura básica de solos coesivos, precisamos conhecer os tipos de forças que atuam entre as partículas de argila suspensas em água. No Capítulo 2, discutimos a carga negativa sobre a superfície das partículas de argila e a camada dupla difusa ao redor de cada partícula. Quando duas partículas de argila em suspensão se aproximam uma da outra, a tendência para interpenetração das camadas duplas difusas gera repulsão entre as partículas. Ao mesmo tempo, existe uma força de atração entre as partículas de argila, causada pelas forças de van der Waals, e esta é independente das características da água. Tanto a força de repulsão quanto a força de atração aumentam com a diminuição da distância entre as partículas, mas em taxas diferentes. Quando o espaçamento entre as partículas é muito pequeno, a força de atração é maior que a força de repulsão. Essas são as forças estudadas pelas teorias coloidais.

O fato de que ocorrem concentrações locais de cargas positivas nas bordas das partículas de argila foi discutido no Capítulo 2. Quando as partículas de argila estiverem muito próximas entre si, as bordas carregadas positivamente podem ser atraídas pelas faces carregadas negativamente das partículas.

Vamos considerar o comportamento da argila na forma de uma suspensão. Quando a argila é inicialmente dispersa na água, as partículas se repelem entre si. Essa repulsão ocorre porque, com o maior espaçamento interpartículas, as forças de repulsão entre elas são maiores que as forças de atração (forças de van der Waals). A força da gravidade sobre cada partícula é desprezível. Assim, cada partícula individual pode se sedimentar muito lentamente ou permanecer em suspensão, submetida a um *movimento Browniano* (um movimento aleatório em zigue-zague de partículas coloidais em suspensão). O sedimento formado pela decantação de partículas individuais apresenta uma estrutura dispersa e uma orientação aproximadamente paralela entre si (Figura 4.27a).

Se as partículas de argila dispersas inicialmente na água se aproximarem umas das outras durante o movimento aleatório em suspensão, elas podem se agregar formando flocos visíveis com contato entre as bordas. Nesse caso, as partículas são mantidas unidas pela atração eletrostática das bordas carregadas positivamente com faces com cargas negativas. Essa agregação é conhecida como *floculação*. Quando ficam maiores, os flocos decantam pela ação da gravidade. O sedimento formado dessa maneira possui uma estrutura floculada (Figura 4.27b).

Quando se adiciona sal a uma suspensão de argila-água que tenha sido inicialmente dispersa, os íons tendem a enfraquecer a camada dupla ao redor das partículas. Essa diminuição reduz a repulsão interpartículas. As partículas de argila são atraídas para formar flocos e a sedimentar. A estrutura floculada formada de sedimentos é exibida na Figura 4.27c. Nas estruturas floculadas sedimentares salinas, a orientação da partícula se aproxima de um alto grau de paralelismo em razão das forças de van der Waals.

As argilas que apresentam estruturas floculares são leves e possuem um alto índice de vazios. Os depósitos de argila formados no mar são altamente floculados. A maioria dos depósitos de sedimentos formados em água doce possui uma estrutura intermediária entre dispersa e floculada.

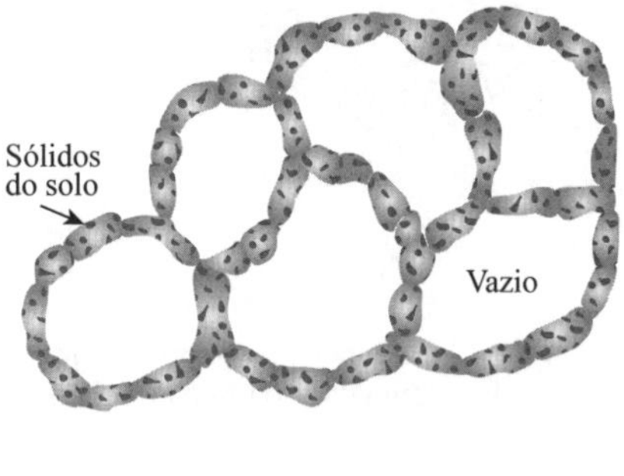

Figura 4.26 Estrutura alveolar.

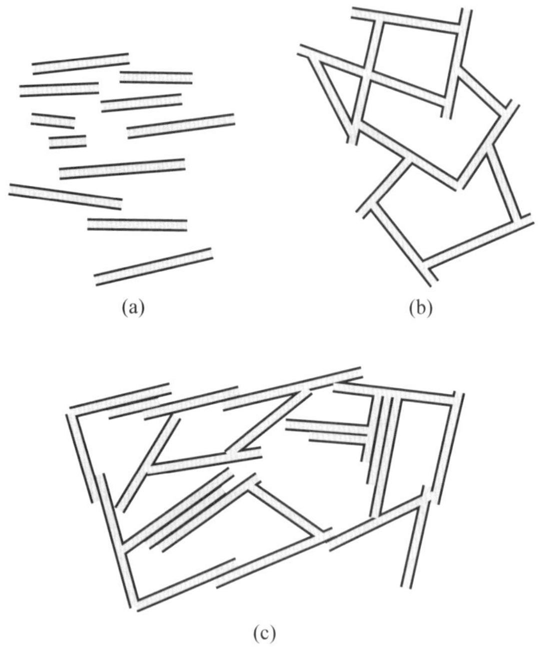

Figura 4.27 Estruturas sedimentares: (a) dispersão; (b) floculação sem sal; (c) floculação com sal. (*Adaptado de Lambe, 1958.*)

Um depósito puro de argilominerais é raro na natureza. Quando um solo tem pelo menos 50% de partículas com tamanhos de no máximo 0,002 mm, geralmente é denominada *argila*. Estudos realizados com microscópio eletrônico de varredura (Collins e McGown, 1974; Pusch, 1978; Yong e Sheeran, 1973) mostraram que as partículas individuais de argila tendem a se agregar ou flocular em unidades submicroscópicas. Essas unidades são chamadas *domínios*. Em seguida, os domínios se agrupam e esses grupos são chamados *aglomerados*. Os aglomerados podem ser observados em um microscópio óptico. Esse agrupamento para formar aglomerados é causado principalmente pelas forças entre partículas. Os aglomerados, por sua vez, se agrupam para formar os *agregados*. Os agregados podem ser observados sem microscópio. Os grupos de agregados são unidades macroestruturais com juntas e fissuras. A Figura 4.28a mostra o arranjo de agregados e os espaços dos macroporos. O arranjo de domínios e aglomerados com partículas do tamanho de silte é exibido na Figura 4.28b.

Com base na discussão anterior, podemos ver que a estrutura dos solos coesivos é altamente complexa. As macroestruturas têm importante influência no comportamento dos solos do ponto de vista da engenharia. A microestrutura é mais importante do ponto de vista fundamental. A Tabela 4.5 apresenta um resumo das macroestruturas de solos de argila.

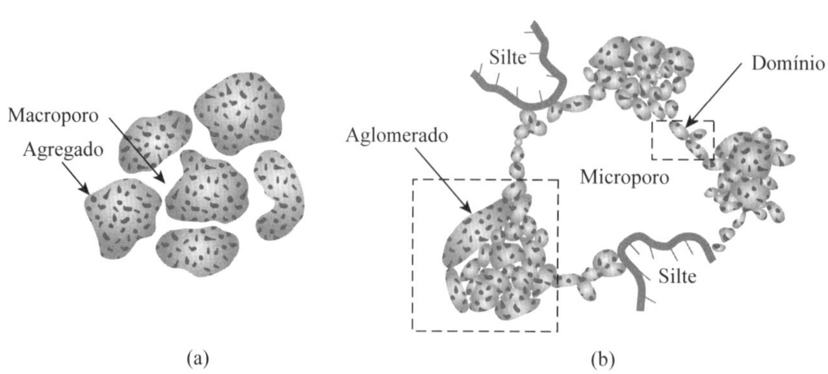

Figura 4.28 Estrutura do solo: (a) arranjo dos agregados e espaços dos macroporos; (b) arranjo dos domínios e aglomerados com partículas de silte.

Tabela 4.5 Estrutura de solos argilosos

Item	Observações
Estruturas dispersas	Formadas pela sedimentação de partículas isoladas de argila; orientação mais ou menos paralela (veja a Figura 4.27a)
Estruturas floculadas	Formadas pela sedimentação de flocos de partículas de argila (veja as Figuras 4.27b e 4.27c)
Domínios	Unidades submicroscópicas agrupadas ou floculadas de partículas de argila
Aglomerados	Os domínios se agrupam para formar os aglomerados; podem ser observados em microscópio óptico
Agregados	Os aglomerados se agrupam para formar os agregados; podem ser vistos sem microscópio

Como fruto das propriedades químicas e mineralógicas, a estrutura dos solos tropicais apresenta características bastante peculiares, diferentes dos solos de origem sedimentar. A estrutura resulta diretamente dos processos físicos e químicos que alteram a rocha matriz no solo residual. As mudanças geoquímicas envolvidas na transformação da rocha em solo residual podem envolver:

1. Enfraquecimento da rocha por alteração e remoção de material, acompanhado por perda de resistência, rigidez e aumento de porosidade;
2. Aumento de volume sob tensão efetiva constante, caso o intemperismo produza minerais argilosos expansivos; ou quando a perda de massa durante o intemperismo não venha equilibrar a expansão destes minerais argilosos;
3. Efeitos não químicos devido a mudanças na tensão efetiva provenientes de ressecamento e inchamento, que podem ser cíclicos.

A interferência da estrutura da rocha mãe no solo depende do grau de intemperização. Nos solos pouco intemperizados (solos saprolíticos), a agregação é pequena, a estrutura é influenciada pela estrutura da rocha mãe e a distribuição de poros é relativamente homogênea (mono-modal). Solos residuais jovens são materiais complexos e heterogêneos especialmente quando desenvolvidos de rochas metamórficas. Suas propriedades de engenharia são influenciadas à medida que o intemperismo evolui até a formação de uma nova microestrutura, dando origem ao solo residual maduro.

4.10 Resumo

Abaixo segue um resumo dos materiais apresentados neste capítulo.

- A consistência e solos granulares finos pode ser descrita em três parâmetros: limite de liquidez, limite de plasticidade e limite de contração. Esses também são conhecidos como limites de Atterberg.
- Os limites de liquidez (*LL*), de plasticidade (*LP*) e de contração (*LC*) são, respectivamente, o teor de umidade (%) no qual há mudança na consistência do solo do estágio líquido para plástico, plástico para semissólido e semissólido para sólido.
- O índice de plasticidade (*IP*) é a diferença entre o limite de liquidez (*LL*) e o limite de plasticidade (*LP*) [Eq. (4.9)].
- O índice de liquidez de solo (*IL*) é a relação da diferença entre o teor de umidade *in situ* (%) e o limite de plasticidade ao índice de plasticidade [Eq. (4.26)], ou

$$IL = \frac{w - LP}{LL - LP}$$

- Atividade, A, é definida como o índice de plasticidade para a porcentagem de fração de argila pelo peso no solo [Eq. (4.28)].
- A estrutura de solos não coesivos pode ser de granular simples a alveolar. Os solos com estrutura alveolar têm índices de vazios grandes que podem se romper sob uma carga pesada e carregamento dinâmico.

- Dispersão, floculação sem sal e com sal de solos com argilas foram discutidas na Seção 4.9. Também foi discutida nesta seção a estrutura de solos granulares finos com relação ao arranjo de agregados e espaços de microporo e o arranjo de domínios e aglomerados com partículas de silte.

Problemas

4.1 Durante testes de Limites de Atterberg no laboratório de mecânica dos solos, os alunos obtiveram os seguintes resultados para um solo argiloso.

Ensaio de limite de liquidez:

Número de golpes, *N*	Teor de umidade (%)
14	38,4
16	36,5
20	33,1
28	27,0

Ensaio de limite de plasticidade: os alunos conduziram dois experimentos e descobriram que $LP = 17{,}2\%$ no primeiro experimento e $LP = 17{,}8\%$ no segundo experimento.

a. Trace a curva de fluidez e obtenha o limite de liquidez.

b. Qual é o índice de plasticidade do solo? Use o valor médio do *LP* para os limites de plasticidade obtidos nos dois experimentos.

4.2 Com relação ao solo do Problema 4.1: um segundo grupo de alunos conduziu apenas um teste e descobriu que o sulco na amostra de solo ficava próximo de 12,5 mm quando $N = 21$ e $w = 30{,}4\%$. Estime o limite de liquidez pelo método de um ponto.

4.3 Com relação ao solo do Problema 4.1:

a. Determine o índice de fluidez.

b. Determine o índice de liquidez do solo, sendo o teor de umidade *in situ* 21%.

4.4 Veja abaixo os resultados do teste de limite de liquidez conduzido em um solo.

Número de golpes, *N*	Teor de umidade (%)
12	35,2
19	29,5
27	25,4
37	21

a. Determine o limite de liquidez do solo.

b. Se é sabido que o $IP = 6{,}5$, qual seria o limite de plasticidade do solo?

c. Determine o índice de liquidez do solo, sendo $w_{in\ situ} = 23{,}8\%$

4.5 Os seguintes dados foram obtidos por meio de testes de limite de liquidez e limite de plasticidade feitos em uma amostra de solo coletada no local.

Teste de limite de plasticidade:

Número de golpes, *N*	Teor de umidade (%)
15	39,5
21	37,9
29	36,4
38	35,1

a. Desenhe a curva de fluxo e determine o limite de liquidez.

b. Usando o gráfico de plasticidade de Casagrande (Figura 4.21), determine o tipo de solo.

4.6 Com relação ao solo do Problema 4.5, usando o gráfico de plasticidade de Casagrande, estime graficamente o limite de contração do solo, como mostra a Figura 4.22.

4.7 Os resultados abaixo foram obtidos de um teste de limite de liquidez que utilizou o cone de penetração. Estime o limite de liquidez do solo e o índice de fluidez.

Penetração do cone, *d* (mm)	Teor de umidade (%)
13	26,3
19	31,9
26	39,3
31	42,6

4.8 Com relação ao mesmo solo do Problema 4.7, conduziu-se um único teste com o cone de penetração e os seguintes resultados foram obtidos: $d = 17$ mm e $w = 28.5\%$. Usando as Eqs. (4.5), (4.6) e (4.7), estime o limite de liquidez pelo método de um ponto.

4.9 Com relação ao limite de liquidez determinado no Problema 4.5, e usando o método da concha (ASTM 4318), estime o limite de liquidez para o mesmo solo, utilizando o método do cone de penetração (BS 1377). Use a Eq. (4.8).

4.10 Durante um teste de limite de contração, uma amostra de argila saturada de 19,3 cm^3, com uma massa de 37g, foi colocada em um prato de porcelana e secada na estufa. A amostra seca em estufa tinha uma massa de 28 g e um volume final de 16 cm^3. Determine o limite de contração e a razão de contração.

4.11 Os dados abaixo foram registrados durante um teste de limite de contração em uma amostra de solo argiloso: $V_i = 20{,}6$ cm^3, $V_f = 13{,}8$ cm^3, $M_1 = 47{,}5$ g e a massa de solo seco, $M_2 = 34{,}6$ g. Determine o limite de contração e a razão de contração.

4.12 Em um teste de limite de contração, uma amostra de argila saturada foi seca em estufa. A massa de solo seca tinha 22,5 g. Como mostra a Figura 4.13, quando o teor de umidade está no limite de contração, o solo alcança um volume constante total, V_f. Se $V_f = 10{,}3$ cm^3, calcule o limite de contração do solo. Dado: $Gs = 2{,}72$.

Problemas de pensamento crítico

4.C.1 As propriedades de sete diferentes tipos de solo de argila são indicados abaixo (Skempton e Northey, 1952). Investigue a relação entre as características de resistência e de plasticidade realizando as seguintes tarefas:

a. Estime o índice de plasticidade para cada solo utilizando a definição de atividade de Skempton [Eq. (4.28)].

b. Estime a composição mineral provável dos solos de argila com base em *IP* e *A* (utilize a Tabela 4.3).

c. Sensibilidade (S_t) refere-se à perda de resistência quando o solo é remoldado ou amolgado. É definido como relação da resistência indeformada ($\tau_{f\,\text{não distribuído}}$) para resistência remoldada ($\tau_{f\,\text{remoldado}}$) no mesmo teor de umidade [Eq. (12.49)]. A partir destes dados, estime $\tau_{f\,\text{remoldado}}$ para os solos com argila.

d. Plote as variações de resistência de cisalhamento indeformado e remoldado com a atividade, *A*, e explique o comportamento observado.

Solo	% fração argila (< 2 μm)	Atividade, *A*	Resistência ao cisalhamento indeformada (kN/m^2)	Sensibilidade, S_t
Beauharnois	79	0,52	18	14
Detroit I	36	0,36	17	2,5
Horten	40	0,42	41	17
Gosport	55	0,89	29	2,2
Cidade do México	90	4,5	46	5,3
Shellhaven	41	1,33	36	7,6
St. Thuribe	36	0,33	38	150

4.C.2 O índice de liquidez, IL, definido pela Eq. (4.26), pode indicar o provável comportamento de engenharia dependendo do estado natural ou atual do teor de umidade. Por exemplo, o comportamento do material pode variar de um semissólido ($IL < 1$) para fluido viscoso ($IL > 1$), com um estado plástico intermediário ($0 < IL < 1$). A partir das características de plasticidade e gamas de teor de umidade listados na seguinte tabela,

a. Determine a faixa de índice de liquidez para cada solo sobre a faixa de teor de água.

b. Comente o provável comportamento de engenharia de cada solo à medida que o teor de umidade muda (consulte a Figura 4.1).

Solo	% fração argila ($< 2\ \mu m$)	Teor de umidade natural, w_n (%)	Limite de liquidez, LL (%)	Limite de plasticidade, LP (%)
1	34	59-67	49	26
2	44	29-36	37	21
3	54	51-56	61	26
4	81	61-70	58	24
5	28	441-600	511	192
6	67	98-111	132	49
7	72	51-65	89	31

Referências bibliográficas

AMERICAN SOCIETY FOR TESTING AND MATERIALS *Annual Book of ASTM Standards*, Sec. 4, v. 04.08, West Conshohocken, Pa, 2010.

BS:1377 *British Standard Methods of Tests for Soil for Engineering Purposes*, Parte 2, BSI, Londres, 1990.

BUDHU, M. The Effect of Clay Content on Liquid Limit from a Fall Cone and the British Cup Device, *Geotechnical Testing Journal*, ASTM, v. 8, n. 2, p. 91-95, 1985.

BURMISTER, D. M. Principles and Techniques of Soil Identification, *Proceedings*, Annual Highway Research Board Meeting, National Research Council, Washington, D.C., v. 29, p. 402-434, 1949.

CASAGRANDE, A. Research of Atterberg Limits of Soils, *Public Roads*, v. 13, n. 8, p. 121-136, 1932.

COLLINS, K.; McGOWN, A. The Form and Function of Microfabric Features in a Variety of Natural Soils, *Geotechnique*, v. 24, n. 2, p. 223-254, 1974.

FENG, T. W. A Linear log *d* - log *w* Model for the Determination of Consistency Limits of Soils, *Canadian Geotechnical Journal*, v. 38, n. 6, p. 1335-1342, 2001.

HOLTZ, R. D.; KOVACS, W. D. *An Introduction to Geotechnical Engineering*, Englewood Cliffs, PrenticeHall, n. J, 1981.

LADE, P. V.; LIGGIO, C. D.; YAMAMURO, J. A. Effects of Non-Plastic Fines on Minimum and Maximum Void Ratios of Sand, *Geotechnical Testing Journal*, ASTM. v. 21, n. 4, p. 336-347, 1998.

LAMBE, T. W. The Structure of Compacted Clay, *Journal of the Soil Mechanics and Foundations Division*, ASCE, v. 85, n. SM2, p. 1654-1 a 1654-35, 1958.

MITCHELL, J. K. *Fundamentals of Soil Behavior*. Nova York: Wiley, 1976.

McGEARY, R. K. Mechanical Packing of Spherical Particles, *Journal of the American Ceramic Society*, v. 44, n. 11, p. 513-522, 1961.

NAGARAJ, T. S.; JAYADEVA, M. S. Re-examination of One-Point Methods of Liquid Limit Determination, *Geotechnique*, v. 31, n. 3, p. 413-425, 1981.

POLIDORI, E. Relationship between Atterberg Limits and Clay Contents, *Soils and Foundations*, v. 47, n. 5, p. 887-896, 2007.

PUSCH, R. General Report on Physico-Chemical Processes Which Affect Soil Structure and Vice Versa, *Proceedings*, International Symposium on Soil Structure, Gothenburg, Sweden, Appendix, 33, 1978.

SEED, H. B.; WOODWARD, R. J.; LUNDGREN, R. Clay Mineralogical Aspects of Atterberg Limits, *Journal of the Soil Mechanics and Foundations Division*, ASCE, v. 90, n. SM4, p. 107-131, 1964a.

SEED, H. B.; WOODWARD, R. J.; LUNDGREN, R. Fundamental Aspects of the Atterberg Limits, *Journal of the Soil Mechanics and Foundations Division*, ASCE, v. 90, n. SM6, p. 75-105, 1964b.

SKEMPTON, A. W. The Colloidal Activity of Clays, *Proceedings*, 3rd International Conference on Soil Mechanics and Foundation Engineering, Londres, v. 1, p. 57-61, 1953.

SKEMPTON, A. W.; NORTHEY, R. D. The Sensitivity of Clays, *Geotechnique*, v. 3, n. 1, p. 30-53, 1952.

SRIDHARAN, A.; NAGARAJ, H. B.; PRAKASH, K. Determination of the Plasticity Index from Flow Index, *Geotechnical Testing Journal*, ASTM, v. 22, n. 2, p. 175-181, 1999.

U.S. ARMY CORPS OF ENGINEERS *Technical Memo 3-286*, U.S. Waterways Experiment Station, Vicksburg, Miss, 1949.

WROTH, C. P.; WOOD, D. M. The Correlation of Index Properties with Some Basic Engineering Properties of Soils, *Canadian Geotechnical Journal*, v. 15, n. 2, p. 137-145, 1978.

YONG, R. N.; SHEERAN, D. E. Fabric Unit Interaction and Soil Behavior, *Proceedings*, International Symposium on Soil Structure, Gothenburg, Sweden, p. 176-184, 1973.

CAPÍTULO 5

Classificação dos solos

5.1 Introdução

Diferentes solos com propriedades semelhantes podem ser classificados em grupos e subgrupos de acordo com seu comportamento geotécnico. Sistemas de classificação fornecem uma linguagem comum para expressar de modo conciso as características gerais de solos, que são infinitamente variadas, sem descrições detalhadas. A maioria dos sistemas de classificação de solo desenvolvidos para a engenharia tem como base propriedades índice simples, como distribuição granulométrica e plasticidade. Embora diversos sistemas de classificação estejam atualmente em uso, nenhum é totalmente definitivo para um solo com todas as aplicações possíveis, devido à ampla diversidade das propriedades de solo.

Geralmente existem duas categorias principais nas quais os sistemas de classificação desenvolvidos anteriormente podem ser agrupados.

1. A classificação textural tem como base a distribuição granulométrica da porcentagem de areia, silte e frações de argila presentes em um determinado solo. Neste capítulo, discutiremos o sistema de classificação textural desenvolvido pelo Departamento de Agricultura dos Estados Unidos.
2. A outra categoria principal tem como base o comportamento de engenharia de solos e considera a distribuição granulométrica e a plasticidade (ou seja, limite de liquidez e índice de plasticidade). Sob essa categoria, existem dois sistemas principais de classificação atualmente em amplo uso:
   a. O sistema de classificação AASHTO e
   b. O sistema de classificação Unificado.

As diretrizes para classificação do solo de acordo com os dois sistemas mencionados serão discutidas com detalhes neste capítulo.

5.2 Classificação textural

No sentido geral, a *textura* do solo refere-se à aparência da superfície. A textura do solo é influenciada pelo tamanho das partículas individuais presentes nele. A Tabela 2.3 dividiu os solos em categorias de pedregulho, areia, silte e argilas com base no tamanho da partícula. Na maioria dos casos, os solos naturais são misturas de partículas de grupos de diversos tamanhos. No sistema de classificação textural, os solos são nomeados após os principais componentes, como argila arenosa, argila siltosa, e assim por diante.

Uma série de sistemas de classificação textural foi desenvolvida no passado por diferentes organizações para atender às suas necessidades, e muitos deles são utilizados hoje. A Figura 5.1 mostra o sistema de classificação textural desenvolvido pelo Departamento de Agricultura dos Estados Unidos (USDA). Esse método de classificação tem como base os limites de partícula conforme descritos no sistema USDA na Tabela 2.3, ou seja,

- *Tamanho da areia*: 2,0 a 0,05 mm de diâmetro
- *Tamanho do silte*: 0,05 a 0,002 mm de diâmetro
- *Tamanho da argila*: menor que 0,002 mm de diâmetro

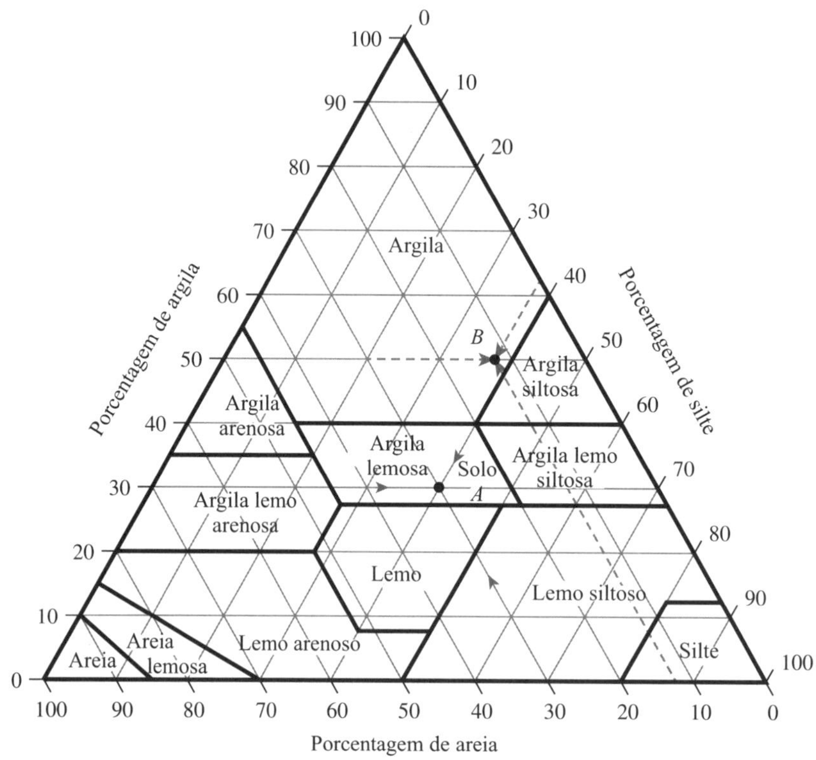

Figura 5.1 Classificação textural do Departamento de Agricultura dos Estados Unidos (USDA).

O uso deste gráfico pode ser melhor demonstrado por um exemplo. Se a distribuição granulométrica do solo A apresentar 30% de areia, 40% de silte e 30% de partículas de argila, a classificação textural pode ser determinada procedendo da maneira indicada pelas setas na Figura 5.1. Este solo cai na zona de *argila lemosa*. Observe que este gráfico tem como base somente a fração de solo que passa pela peneira nº 10. Portanto, se a distribuição granulométrica de um solo é tal que determinada porcentagem de partículas do solo é maior que 2 mm de diâmetro, será necessário uma correção. Por exemplo, se o solo *B* tem uma distribuição granulométrica de 20% de pedregulhos, 10% de areia, 30% de silte e 40% de argila, as composições texturais modificadas são

$$\textit{Tamanho da areia:} \quad \frac{10 \times 100}{100 - 20} = 12{,}5\%$$

$$\textit{Tamanho do silte:} \quad \frac{30 \times 100}{100 - 20} = 37{,}5\%$$

$$\textit{Tamanho da argila:} \quad \frac{40 \times 100}{100 - 20} = 50{,}0\%$$

Com base no procedimento de porcentagens modificadas, a classificação textural USDA é argila. No entanto, por causa da alta porcentagem de pedregulhos, pode ser chamado *argila com pedregulhos*.

Vários outros sistemas de classificação textural também são utilizados, mas não são mais úteis para fins da engenharia civil.

Exemplo 5.1

Classifique os seguintes solos de acordo com o sistema de classificação textural USDA.

Distribuição granulométrica (%)	Solo			
	A	*B*	*C*	*D*
Pedregulho	12	18	0	12
Areia	25	31	15	22
Silte	32	30	30	26
Argila	31	21	55	40

Solução

Etapa 1. Calcule as porcentagens modificadas de areia, pedregulhos e silte, conforme segue:

$$\%\text{ modificada de areia} = \frac{\%\text{ areia}}{100 - \%\text{ pedregulhos}} \times 100$$

$$\%\text{ modificada de silte} = \frac{\%\text{ silte}}{100 - \%\text{ pedregulhos}} \times 100$$

$$\%\text{ modificada de argila} = \frac{\%\text{ argila}}{100 - \%\text{ pedregulhos}} \times 100$$

Assim, temos a seguinte tabela:

Distribuição granulométrica (%)	Solo			
	A	*B*	*C*	*D*
Areia	28,4	37,8	15	25
Silte	36,4	36,6	30	29,5
Argila	35,2	25,6	55	45,5

Etapa 2. Com a composição modificada calculada, consulte a Figura 5.1 para determinar a zona a que cada solo pertence. Os resultados são:

Classificação do solo			
A	*B*	*C*	*D*
Argila lemosa com pedregulho	Lemo com pedregulho	Argila	Argila com pedregulho

Observação: As palavras "*com pedregulhos*" foram adicionadas à classificação de solos *A*, *B* e *D* por causa da alta porcentagem de pedregulhos presentes em cada um.

■

5.3 Classificação pelo comportamento geotécnico

Embora a classificação textural do solo seja relativamente simples, ela é baseada totalmente na distribuição granulométrica. A quantidade e o tipo de argilominerais presentes em solos granulares finos ditam, em grande medida, suas propriedades físicas. Portanto, o engenheiro de solos deve considerar a *plasticidade*, que resulta da presença de argilominerais, para interpretar as características de solo apropriadamente. Como os sistemas de classificação textural não levam em conta a plasticidade e não indicam totalmente muitas propriedades importantes de solo, não são adequados para a maioria das finalidades de engenharia. Atualmente, dois sistemas de classificação mais elaborados são comumente utilizados pelos engenheiros de solo. Ambos os sistemas levam em consideração a distribuição granulométrica e os limites de Atterberg. Eles são o American Association of State Highway and Transportation Officials (AASHTO) e o Sistema Unificado de Classificação de Solo. O sistema de classificação AASHTO é utilizado principalmente pelos departamentos rodoviários estadual e municipal. Os engenheiros geotécnicos geralmente preferem o Sistema Unificado.

5.4 Sistema de classificação AASHTO

O sistema AASHTO de classificação de solo foi desenvolvido em 1929 como o sistema de classificação de Administração de Rodovia Pública. Ele passou por diversas revisões, com a atual versão proposta pelo Comitê na Classificação de Materiais para Estradas Subgraduadas e Tipo Granular do Highway Research Board, em 1945 (norma D-3282 da ASTM; método M145 da AASHTO).

A classificação AASHTO (ver AASHTO, 1982) em uso atualmente é dada na Tabela 5.1. De acordo com esse sistema, o solo é classificado em sete grupos principais: A-1 a A-7. Os solos classificados em grupos A-1, A-2 e A-3 são materiais granulares dos quais no máximo 35% das partículas passam pela peneira nº 200. Os solos dos quais mais de 35% passam pela peneira nº 200 são classificados nos grupos A-4, A-5, A-6 e A-7. Esses solos são formados principalmente por materiais tipo silte e de argila. Esse sistema de classificação tem como base os critérios mostrados na próxima página.

Tabela 5.1 Classificação dos materiais subgraduados de estrada

Classificação geral	Materiais granulares (35% ou menos da amostra total passante pela peneira nº 200)						
	A-1			A-2			
Classificação de grupo	**A-1-a**	**A-1-b**	**A-3**	**A-2-4**	**A-2-5**	**A-2-6**	**A-2-7**
Ensaio de peneiramento (porcentagem passante)							
nº 10	50 no máximo						
nº 40	30 no máximo	50 no máximo	51 no mínimo				
nº 200	15 no máximo	25 no máximo	10 no máximo	35 no máximo	35 no máximo	35 no máximo	35 no máximo
Características da fração passante nº 40							
Limite de liquidez				40 no máximo	41 no mínimo	40 no máximo	41 no mínimo
Índice de plasticidade	6 no máximo		NP	10 no máximo	10 no máximo	11 no mínimo	11 no mínimo
Tipos comuns de materiais constituintes significantes	Fragmentos de pedra, pedregulho e areia		Areia fina	Silte ou pedregulho argiloso e areia			
Avaliação geral como subleito	De excelente a bom						

Classificação geral	Materiais de silte-argila (mais de 35% da amostra total passante pela nº 200)			
Classificação de grupo	**A-4**	**A-5**	**A-6**	**A-7 A-7-5[a] A-7-6[b]**
Ensaio de peneiramento (porcentagem passante)				
nº 10				
nº 40				
nº 200	36 no mínimo	36 no mínimo	36 no mínimo	36 no mínimo
Características da fração passante nº 40				
Limite de liquidez	40 no máximo	41 no mínimo	40 no máximo	41 no mínimo
Índice de plasticidade	10 no máximo	10 no máximo	11 no mínimo	11 no mínimo
Tipos comuns de materiais constituintes significantes	Solos com silte		Solos argilosos	
Avaliação geral como subleito	De fraco a ruim			

[a]Para A-7-5, $IP \leq LL - 30$

[b]Para A-7-6, $IP > LL - 30$

1. *Tamanho dos grãos*
   a. *Pedregulho*: fração que passa pela peneira de 75 mm e fica retida na peneira nº 10 (2 mm) de padrão americano
   b. *Areia*: fração que passa pela peneira nº 10 (2 mm) de padrão americano e fica retida na peneira nº 200 (0,075 mm) de padrão americano
   c. *Silte e argila*: fração que passa pela peneira nº 200 de padrão americano
2. *Plasticidade*: O termo *siltoso* é aplicado quando as frações de grãos finos do solo têm um índice de plasticidade de no máximo 10. O termo *argiloso* é aplicado quando as frações de grãos finos têm um índice de plasticidade de pelo menos 11.
3. Se rochas e *pedregulhos* (de tamanho maior que 75 mm) forem encontrados, serão excluídos da parte de amostra de solo na qual a classificação é feita. No entanto, foi registrada a porcentagem de tal material.

Para classificar um solo de acordo com a Tabela 5.1, devem-se aplicar os dados de ensaio da esquerda para a direita. Por processo de eliminação, a classificação correta é o primeiro grupo da esquerda, que corresponde aos dados do ensaio. A Figura 5.2 exibe um gráfico da variação de limite de liquidez e o índice de plasticidade para solos que estão nos grupos A-2, A-4, A-5, A-6 e A-7.

Para avaliar a qualidade do solo como um material de subleito de estrada, é necessário incorporar um número chamado *índice de grupo* (*IG*) aos grupos e subgrupos do solo. Esse índice é colocado entre parênteses após a designação do grupo ou subgrupo. O índice de grupo é proporcionado pela equação

$$IG = (F_{200} - 35)[0,2 + 0,005(LL - 40)] + 0,01(F_{200} - 15)(IP - 10) \tag{5.1}$$

onde F_{200} = porcentagem passante pela peneira nº 200
LL = limite de liquidez
IP = índice de plasticidade

O primeiro termo da Eq. (5.1) – ou seja, $(F_{200} - 35)[0,2 + 0,005(LL - 40)]$ – é o índice de grupo parcial determinado do limite de liquidez. O segundo termo – ou seja, $0,01(F_{200} - 15)(IP - 10)$ – é o índice de grupo parcial determinado do índice de plasticidade. Abaixo seguem algumas regras para determinação do índice de grupo:

1. Se a Eq. (5.1) fornece um valor negativo para *IG*, ele é tido como 0.
2. O índice de grupo calculado segundo a Eq. (5.1) é arredondado para o número inteiro mais próximo (por exemplo, *IG* = 3,4 é arredondado para 3; *IG* = 3,5 é arredondado para 4).
3. Não existe limite superior para o índice de grupo.
4. O índice de grupo de solos que pertence aos grupos A-1-a, A-1-b, A-2-4, A-2-5 e A-3 é sempre 0.

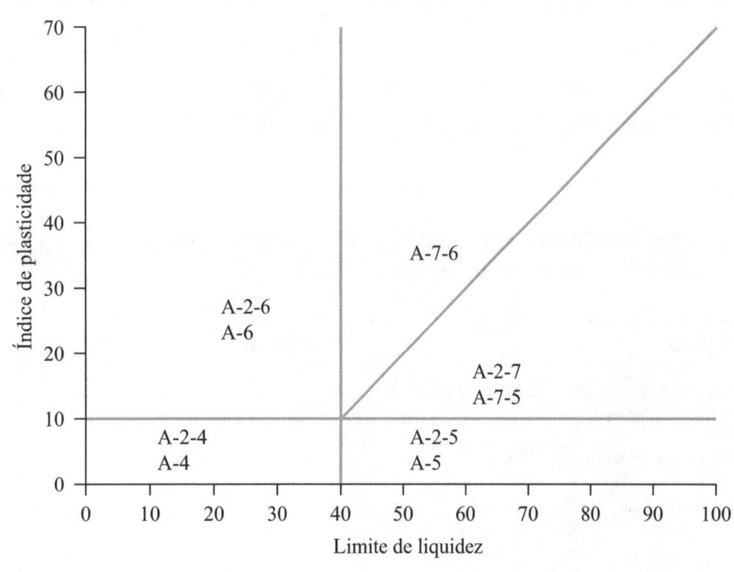

Figura 5.2 Faixa de limite de liquidez e índice de plasticidade para solos em grupos A-2, A-4, A-5, A-6 e A-7.

5. Ao calcular o índice de grupo para solos que pertencem aos grupos A-2-6 e A-2-7, utilize o índice de grupo parcial para *IP*, ou

$$IG = 0,01\,(F_{200} - 15)(IP - 10) \tag{5.2}$$

Geralmente, o grau de desempenho de um solo como um material de subleito é inversamente proporcional ao índice de grupo.

Exemplo 5.2

Os resultados da análise granulométrica de um solo são os seguintes:

- Porcentagem passante pela peneira nº 10 = 42
- Porcentagem passante pela peneira nº 40 = 35
- Porcentagem passante pela peneira nº 200 = 20

O limite de liquidez e o índice de plasticidade menos a fração nº 40 do solo são 25 e 20, respectivamente. Classifique o solo pelo sistema AASHTO.

Solução

Quando 20% (ou seja, menos que 35%) do solo passa pela peneira nº 200, ele é um solo granular. Portanto, pode ser A-1, A-2 ou A-3. Consulte a Tabela 5.1. A partir da esquerda da tabela, o solo se enquadra em A-1-b (ver tabela abaixo).

Parâmetro	Especificações na Tabela 5.1	Parâmetros de determinado solo
Porcentagem passante pela peneira		
nº 10	–	
nº 40	50 no máximo	35
nº 200	25 no máximo	20
Índice de Plasticidade (*IP*)	6 no máximo	$IP = LL - LP = 25 - 20 = 5$

O índice de grupo do solo é 0. Então, o solo é **A-1-b(0)**. ■

Exemplo 5.3

Noventa e cinco por cento do solo passa pela peneira nº 200 e apresenta um limite de liquidez de 60% e um índice de plasticidade de 40%. Classifique o solo pelo sistema AASHTO.

Solução

Noventa e cinco por cento do solo (que é $\geq$ 36%) passa pela peneira nº 200. Então, é um material silto-argiloso. Agora, consulte a Tabela 5.1. Da esquerda da tabela, fica no A-7-6 (consulte a tabela abaixo).

Parâmetro	Especificações na Tabela 5.1	Parâmetros de determinado solo
Porcentagem passante pela peneira nº 200	36 no mínimo	95
Limite de liquidez (*LL*)	41 no mínimo	60
Índice de Plasticidade (*IP*)	11 no mínimo	40
IP	$> LL - 30$	$IP = 40 > LL - 30 = 60 - 30 = 30$

$$IG = (F_{200} - 35)[0{,}2 + 0{,}005(LL - 40)] + 0{,}01(F_{200} - 15)(IP - 10)$$
$$= (95 - 35)[0{,}2 + 0{,}005(60 - 40)] + (0{,}01)(95 - 15)(40 - 10)$$
$$= 42$$

Então, a classificação é **A-7-6(42)**. ■

5.5 Sistema unificado de classificação de solo

O formato original desse sistema foi proposto por Casagrande em 1942 para uso no trabalho de construção de aeródromos executado pelo Corpo de Engenheiros do Exército durante a Segunda Guerra Mundial. Em cooperação com o Escritório de Recuperação de Solos, esse sistema foi revisado em 1952. Agora, é amplamente utilizado pelos engenheiros (Norma D-2487 ASTM). O sistema unificado de classificação é apresentado na Tabela 5.2.

Esse sistema classifica os solos em duas amplas categorias:

1. Solos granulares grossos, que são pedregulhosos e arenosos por natureza, com menos de 50% passante pela peneira nº 200. Os símbolos de grupo começam com um prefixo G ou S. G significa pedregulho ou solo com pedregulhos, enquanto S, areia ou solo arenoso.
2. Solos granulares finos têm pelo menos 50% passante pela peneira nº 200. Os símbolos de grupo começam com o prefixo M, que significa silte inorgânico, C para argila inorgânica ou O para siltes e argilas orgânicos. O símbolo Pt é utilizado para turfa, humo e outros solos altamente orgânicos.

Outros símbolos utilizados para a classificação são:

- W – bem graduado
- P – malgraduado
- L – baixa plasticidade (limite de liquidez menor que 50)
- H – alta plasticidade (limite de liquidez maior que 50)

Para a classificação apropriada de acordo com esse sistema, algumas ou todas as seguintes informações devem ser conhecidas:

1. Porcentagem de pedregulhos – ou seja, a fração que passa pela peneira de 76,2 mm e fica retida na peneira nº 4 (abertura de 4,75 mm)
2. Porcentagem de areia – ou seja, a fração que passa pela peneira nº 4 (abertura de 4,75 mm) e fica retida na peneira nº 200 (abertura de 0,075 mm)
3. Porcentagem de silte e argila – ou seja, a fração mais fina que a peneira nº 200 (abertura de 0,075 mm)
4. Coeficiente de uniformidade (C_u) e coeficiente de curvatura (C_c)
5. Limite de liquidez e índice de plasticidade da fração de solo passante pela peneira nº 40

Os símbolos de grupo para solos com pedregulhos granulares grossos são GW, GP, GM, GC, GC-GM, GW-GM, GW-GC, GP-GM e GP-GC. De forma similar, os símbolos de grupos para solos granulares finos são CL, ML, OL, CH, MH, OH, CL-ML e Pt.

Mais recentemente, a norma D-2487 da ASTM criou um sistema elaborado para atribuir *nomes de grupo* aos solos. Tais nomes são resumidos nas Figuras 5.4, 5.5 e 5.6. Utilizando tais figuras, devemos lembrar que, em determinado solo:

- Fração de grãos finos = porcentagem passante pela peneira nº 200.
- Fração de grãos grossos = porcentagem retida na peneira nº 200.
- Fração de pedregulhos = porcentagem retida na peneira nº 4.
- Fração de areia = (porcentagem retida na peneira nº 200) – (porcentagem retida na peneira nº 4).

Tabela 5.2 Sistema unificado de classificação de solo (com base no material passante pela peneira de 76,2 mm)

Critérios para atribuir símbolos aos grupos				Símbolo de grupo
Solos grossos Mais de 50% de material retido na peneira nº 200	**Pedregulhos** Mais de 50% da fração grossa retida na peneira nº 4	Pedregulhos puros	$C_u \geq 4$ e $1 \leq C_c \leq 3$[c]	GW
		Menos de 5% de finos[a]	$C_u < 4$ e/ou $C_c < 1$ ou $C_c > 3$[c]	GP
		Pedregulhos com finos	$IP < 4$ ou representado abaixo da linha "A" (Figura 5.3)	GM
		Mais de 12% de finos[a,d]	$IP > 7$ e representado acima ou na linha "A" (Figura 5.3)	GC
	Areias 50% ou mais da fração grossa passa pela peneira nº 4	Areias puras	$C_u \geq 6$ e $1 \leq C_c \leq 3$[c]	SW
		Menos de 5% de finos[b]	$C_u < 6$ e/ou $C_c < 1$ ou $C_c > 3$[c]	SP
		Areia com finos	$IP < 4$ ou representado abaixo da linha "A" (Figura 5.3)	SM
		Mais de 12% de finos[b,d]	$IP > 7$ e representado acima ou na linha "A" (Figura 5.3)	SC
Solos finos 50% ou mais do material passa pela peneira nº 200	**Siltes e argilas** Limite de liquidez menor que 50	Inorgânicos	$IP > 7$ e representado acima ou na linha "A" (Figura 5.3)[e]	CL
			$IP < 4$ ou representado abaixo da linha "A" (Figura 5.3)[e]	ML
		Orgânicos	$\dfrac{\text{Limite de liquidez – seco em estufa}}{\text{Limite de liquidez – sem secagem}} < 0{,}75$; veja a Figura 5.3; zona OL	OL
	Siltes e argilas Limite de liquidez de 50 ou mais	Inorgânicos	IP representado acima ou na linha "A" (Figura 5.3)	CH
			IP representado abaixo da linha "A" (Figura 5.3)	MH
		Orgânicos	$\dfrac{\text{Limite de liquidez – seco em estufa}}{\text{Limite de liquidez – sem secagem}} < 0{,}75$; veja a Figura 5.3; zona OH	OH
Solos altamente orgânicos	Matéria essencialmente orgânica, de cor escura e odor orgânico			Pt

[a]Pedregulhos com 5 a 12% de finos exigem classificação com dois símbolos: GW-GM, GW-GC, GP-GM, GP-GC.

[b]Areias com 5 a 12% de finos exigem classificação com dois símbolos: SW-SM, SW-SC, SP-SM, SP-SC.

[c] $C_u = \dfrac{D_{60}}{D_{10}}$; $C_c = \dfrac{(D_{30})^2}{D_{60} \times D_{10}}$

[d]Se $4 \leq IP \leq 7$ e é representado na área hachurada na Figura 5.3, use classificação com dois símbolos GC-GM ou SC-SM.

[e]Se $4 \leq IP \leq 7$ e é representado na área hachurada na Figura 5.3, use classificação com dois símbolos CL-ML.

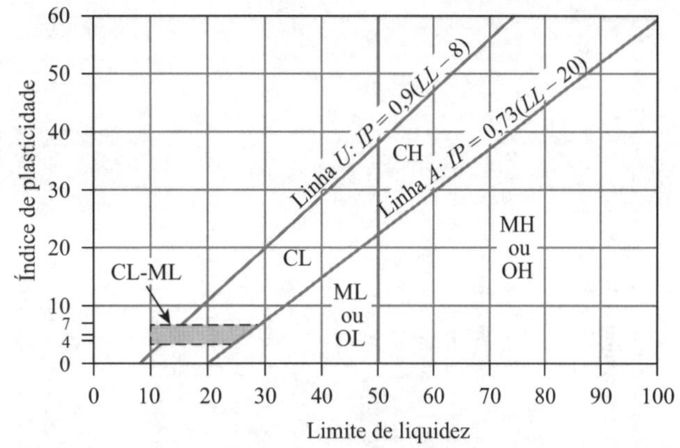

Figura 5.3 Gráfico de plasticidade.

Símbolo de grupo		Nome de grupo
GW	< 15% de areia	Pedregulho bem graduado
	≥ 15% de areia	Pedregulho bem graduado com areia
GP	< 15% de areia	Pedregulho malgraduado
	≥ 15% de areia	Pedregulho malgraduado com areia
GW-GM	< 15% de areia	Pedregulho bem graduado com silte
	≥ 15% de areia	Pedregulho bem graduado com silte e areia
GW-GC	< 15% de areia	Pedregulho bem graduado com argila (ou argila siltosa)
	≥ 15% de areia	Pedregulho bem graduado com argila e areia (ou areia e argila siltosa)
GP-GM	< 15% de areia	Pedregulho malgraduado com silte
	≥ 15% de areia	Pedregulho malgraduado com silte e areia
GP-GC	< 15% de areia	Pedregulho malgraduado com argila (ou argila siltosa)
	≥ 15% de areia	Pedregulho malgraduado com argila e areia (ou argila siltosa e areia)
GM	< 15% de areia	Pedregulho siltoso
	≥ 15% de areia	Pedregulho siltoso com areia
GC	< 15% de areia	Pedregulho argiloso
	≥ 15% de areia	Pedregulho argiloso com areia
GC-GM	< 15% de areia	Pedregulho argilo-siltoso
	≥ 15% de areia	Pedregulho argilo-siltoso com areia
SW	< 15% de pedregulho	Areia bem graduada
	≥ 15% de pedregulho	Areia bem graduada com pedregulho
SP	< 15% de pedregulho	Areia malgraduada
	≥ 15% de pedregulho	Areia malgraduada com pedregulho
SW-SM	< 15% de pedregulho	Areia bem graduada com silte
	≥ 15% de pedregulho	Areia bem graduada com silte e pedregulho
SW-SC	< 15% de pedregulho	Areia bem graduada com argila (ou argila siltosa)
	≥ 15% de pedregulho	Areia bem graduada com argila e pedregulho (ou argila siltosa e pedregulho)
SP-SM	< 15% de pedregulho	Areia malgraduada com silte
	≥ 15% de pedregulho	Areia malgraduada com silte e pedregulho
SP-SC	< 15% de pedregulho	Areia malgraduada com argila (ou argila siltosa)
	≥ 15% de pedregulho	Areia malgraduada com argila e pedregulho (ou argila siltosa e pedregulho)
SM	< 15% de pedregulho	Areia siltosa
	≥ 15% de pedregulho	Areia siltosa com pedregulho
SC	< 15% de pedregulho	Areia argilosa
	≥ 15% de pedregulho	Areia argilosa com pedregulho
SC-SM	< 15% de pedregulho	Areia argilo-siltosa
	≥ 15% de pedregulho	Areia argilo-siltosa com pedregulho

Figura 5.4 Nomes do grupo de fluxograma para solo com pedregulhos e areia (*Fonte*: Annual Book of ASTM Standards, 04.08. Direitos autorais ASTM INTERNATIONAL. Reproduzido com permissão.)

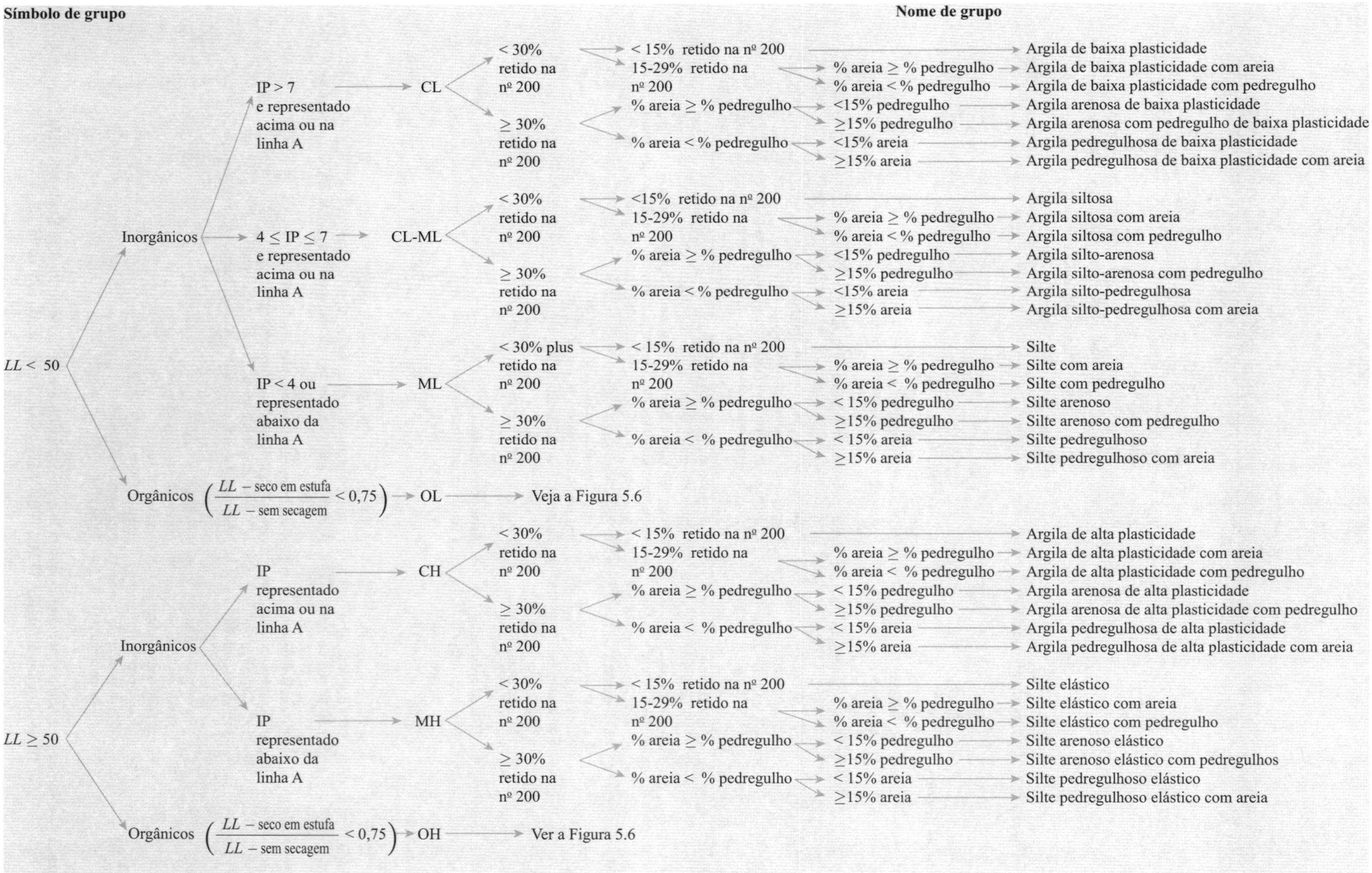

Figura 5.5 Nomes de grupos de fluxogramas para solos inorgânicos siltosos ou argilosos. (*Fonte*: Annual Book of ASTM Standards, 04.08. Direitos autorais ASTM INTERNATIONAL, 2014. Reproduzido com permissão.)

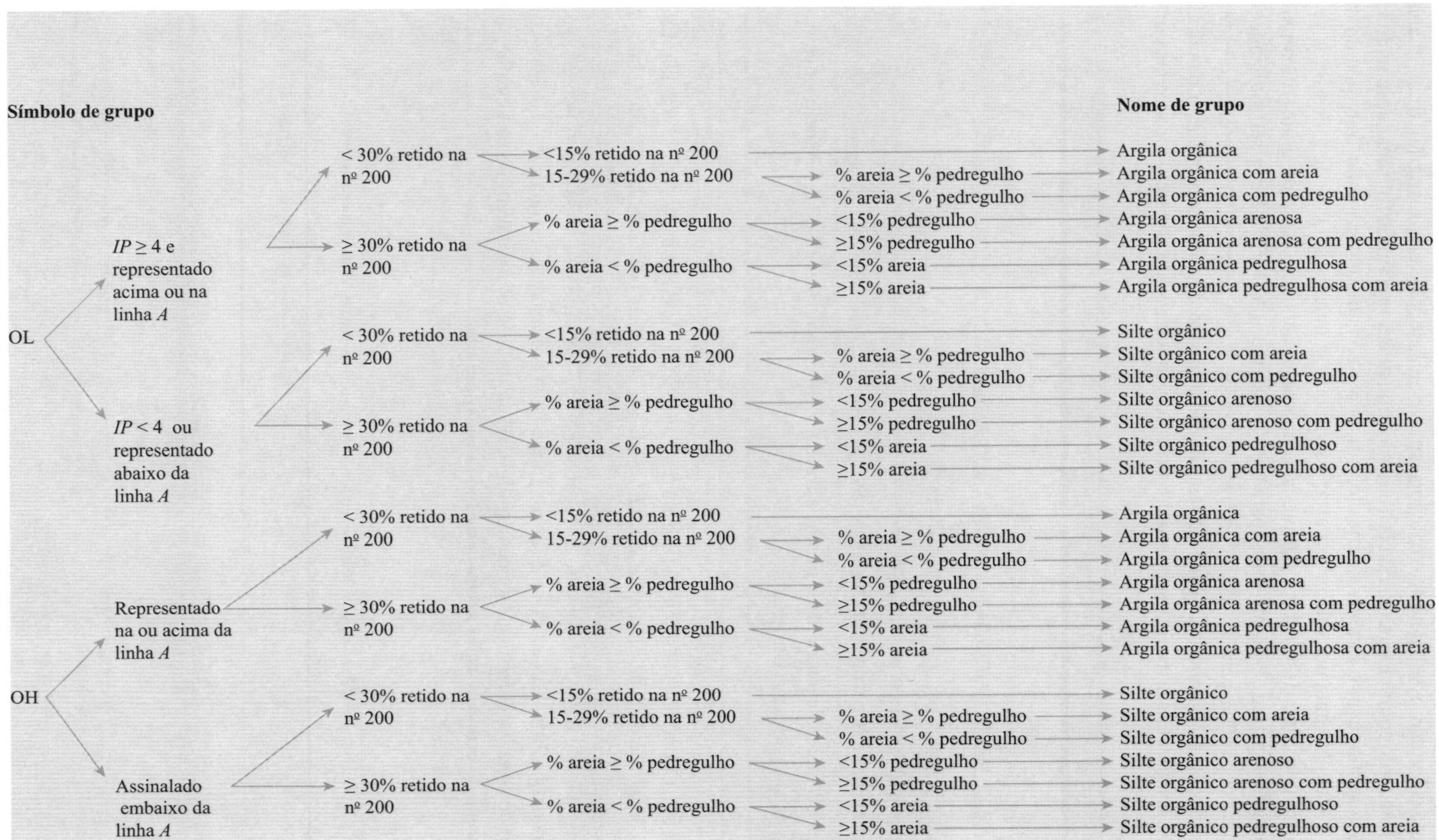

Figura 5.6 Nomes de grupos de fluxograma para silte orgânico e solos argilosos. (*Fonte*: Annual Book of ASTM Standards, 04.08. Direitos autorais ASTM INTERNATIONAL, 2014. Reproduzido com permissão.)

5.6 Comparação entre AASHTO e os sistemas unificados

Os dois sistemas de classificação de solo, AASHTO e Unificado, têm como base a textura e a plasticidade do solo. Além disso, ambos os sistemas dividem os solos em duas categorias principais, de grãos grossos e grãos finos, quando separados pela peneira nº 200. De acordo com o sistema AASHTO, um solo é considerado granular fino quando mais de 35% passa pela peneira nº 200. De acordo com o sistema Unificado, um solo é considerado granular fino quando mais de 50% passa pela peneira nº 200. No entanto, solo granular grosso que possui cerca de 35% de grãos finos se comportará como um material granular fino. Isso ocorre porque há uma quantidade suficiente de grãos finos para preencher os espaços entre os grãos grossos e mantê-los separados. O sistema AASHTO parece ser mais adequado a esse respeito. No sistema AASHTO, a peneira nº 10 é utilizada para separar o pedregulho da areia; no sistema Unificado, é utilizada a peneira nº 4. Do ponto de vista dos limites de tamanho de solos separados, a peneira nº 10 tem o limite superior mais aceitável para areia. Esse limite é utilizado em cursos de concreto e rodovias com tecnologia de base.

Exemplo 5.4

Os resultados da análise granulométrica de um solo são os seguintes:

- Porcentagem passante pela peneira nº 10 = 100
- Porcentagem passante pela peneira nº 40 = 80
- Porcentagem passante pela peneira nº 200 = 58

O limite de liquidez e o índice de plasticidade menos a fração nº 40 do solo são 30 e 10, respectivamente. Classifique o solo pelo sistema de Classificação Unificado.

Solução

Considere a Tabela 5.2. Quando 58% do solo passa pela peneira nº 200, ele é chamado de solo granular fino. Levando em conta o gráfico de plasticidade na Figura 5.3, para $LL = 30$ e $IP = 10$, ele pode ser classificado (símbolo de grupo) como **CL**.

Para determinar o nome do grupo, consulte as Figuras 5.5 e 5.7, obtidas da Figura 5.5. A porcentagem retida na peneira nº 200 é maior que 30%. Porcentagem de pedregulhos = 0; porcentagem de areia = (100 – 58) – (0) = 42. Portanto, porcentagem de areia > porcentagem de pedregulhos. Além disso, a porcentagem de pedregulhos é menor que 15%. Portanto, o nome do grupo é **argila arenosa de baixa plasticidade.**

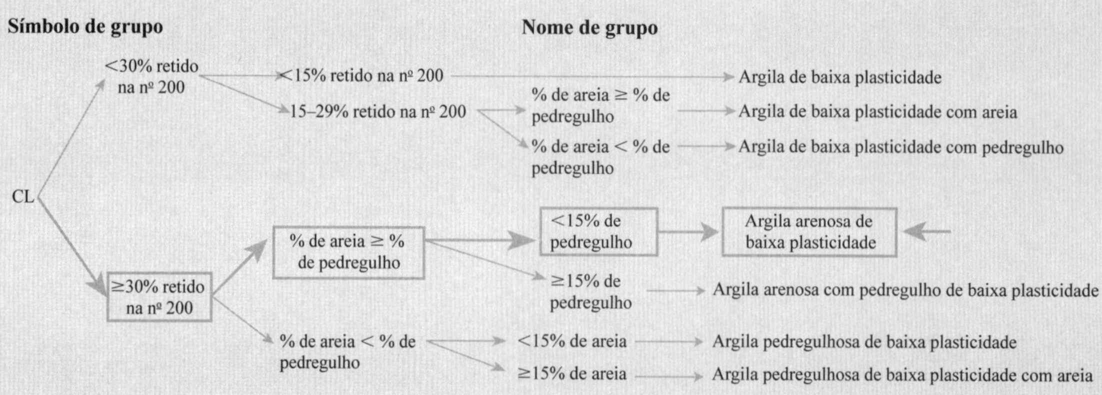

Figura 5.7 Determinação do nome de grupo para o solo no Exemplo 5.4. ■

Exemplo. 5.5

Classifique o solo dado no Exemplo 5.4 de acordo com o sistema de classificação AASHTO.

Solução

Considere a Tabela 5.1. Quando 58% do solo passa pela peneira nº 200, ele é chamado de material silto-argiloso.
Dados:

$$LL = 30$$
$$IP = 10$$

Com relação à Tabela 5.1, o solo é **A-4**.
Segundo a Eq. (5.1),

$$IG = (F_{200} - 35)[0,2 + 0,005\ (LL - 40)] + 0,01(F_{200} - 15)\ (IP - 10)$$

ou

$$IG = (58 - 35)[0,2 + 0,005\ (30 - 40)] + 0,01(58 - 15)\ (10 - 10)$$
$$= 3,45 \approx 4$$

Portanto, o solo é **A-4(4)**.
Observação: compare essa informação com a Tabela 5.4, segundo a qual um solo CL pode ser A-4. ■

Exemplo 5.6

Para determinado solo, são dados os seguintes valores:

- Porcentagem passante pela peneira nº 4 = 70
- Porcentagem passante pela peneira nº 200 = 30
- Limite de liquidez = 33
- Limite de plasticidade = 12

Classifique o solo utilizando o Sistema Unificado de Classificação de Solo. Dê o símbolo de grupo e o nome de grupo.

Solução

Considere a Tabela 5.2. A porcentagem passante pela peneira nº 200 é 30%, que é menor que 50%. Portanto, este é um solo granular grosso. Logo

$$\text{Fração de grãos grossos} = 100 - 30 = 70\%$$
$$\text{Fração de pedregulhos} = \text{porcentagem retida na peneira nº 4} = 100 - 70 = 30\%$$

Portanto, mais de 50% da fração de grãos grossos passa pela peneira nº 4. Logo, trata-se de um solo arenoso. Quando mais de 12% passa pela peneira nº 200, é SM ou SC. Para este solo, $IP = 33 - 12 = 21$ (que é maior que 7). Com $LL = 33$ e $IP = 21$, ele é assinalado acima da linha *A* na Figura 5.3. Logo, o símbolo de grupo é **SC**.
Para obter o nome de grupo, consulte as Figuras 5.4 e 5.8 (obtidas da Figura 5.4). Quando a porcentagem de pedregulhos é maior que 15%, trata-se de **areia argilosa com pedregulho**.

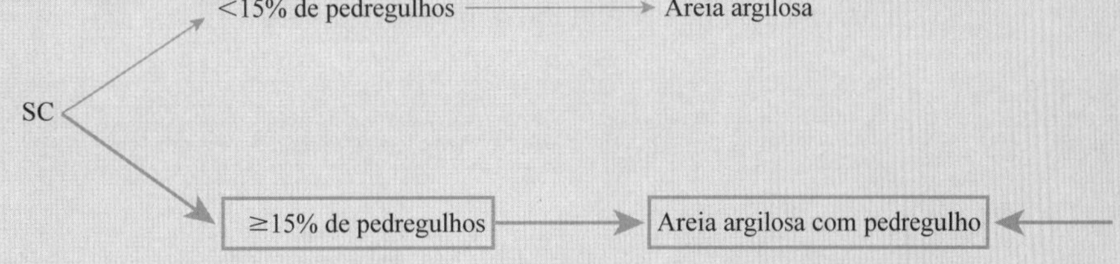

Figura 5.8 Determinação do nome de grupo para o solo no Exemplo 5.6. ■

Exemplo 5.7

A Figura 5.9 fornece a distribuição granulométrica de dois solos. Os limites de liquidez e de plasticidade do material passante na peneira nº 40 são os seguintes:

	Solo *A*	Solo *B*
Limite de liquidez	30	26
Limite de plasticidade	22	20

Determine os símbolos de grupo e nomes de grupo de acordo com o Sistema Unificado de Classificação de Solo.

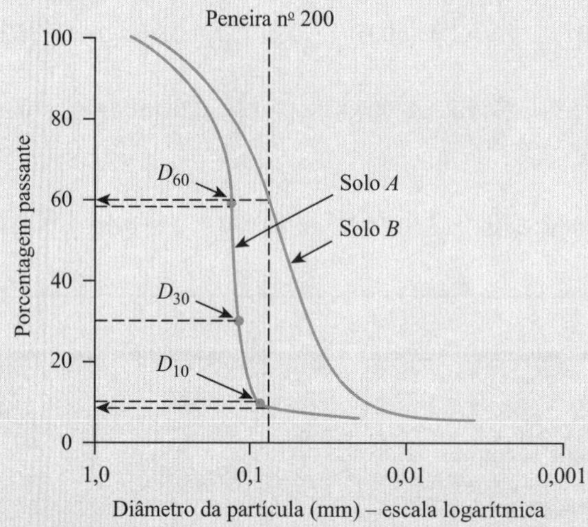

Figura 5.9 Distribuição granulométrica de dois solos.

Solução

Solo *A*

A curva de distribuição granulométrica (Figura 5.9) indica que a porcentagem passante pela peneira nº 200 é 8. De acordo com a Tabela 5.2, é um solo granular grosso. Além disso, a partir da Figura 5.9, a porcentagem retida na peneira nº 4 é zero. Portanto, é um solo arenoso.

A partir da Figura 5.9, $D_{10} = 0{,}085$ mm, $D_{30} = 0{,}12$ m e $D_{60} = 0{,}135$ mm. Assim,

$$C_u = \frac{D_{60}}{D_{10}} = \frac{0{,}135}{0{,}085} = 1{,}59 < 6$$

$$C_c = \frac{D_{30}^2}{D_{60} \times D_{10}} = \frac{(0{,}12)^2}{(0{,}135)(0{,}085)} = 1{,}25 > 1$$

Com $LL = 30$ e $IP = 30 - 22 = 8$ (que é maior que 7), está assinalado acima da linha *A*, na Figura 5.3. Portanto, o símbolo de grupo é **SP-SC**.

Para determinar o nome de grupo, consultamos as Figuras 5.4 e 5.10.

$$\text{Porcentagem de pedregulho} = 0 \text{ (que é} < 15\%)$$

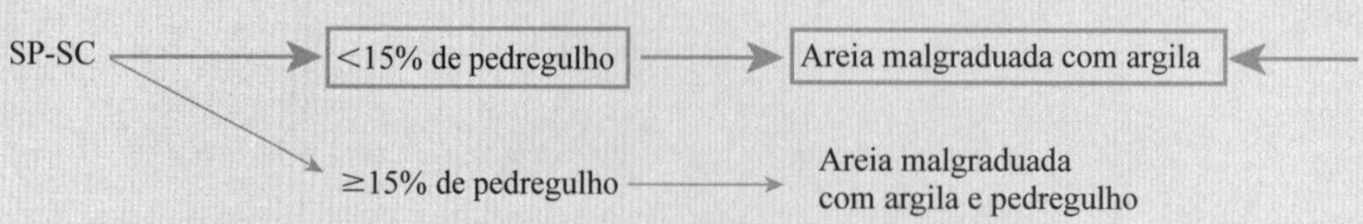

Figura 5.10 Determinação de nome de grupo para solo *A* em Exemplo 5.7.

Portanto, o nome de grupo é **areia argilosa malgraduada**.

Solo *B*

A curva de distribuição granulométrica na Figura 5.9 mostra que a porcentagem passante pela peneira nº 200 é 61 (>50%); portanto, é um solo granular fino. Dados: $LL = 26$ e $IP = 26 - 20 = 6$. Na Figura 5.3, o *IP* é assinalado na área hachurada. Então, segundo a Tabela 5.2, o símbolo de grupo é **CL-ML**.

Para saber o nome de grupo (presumindo que o solo seja inorgânico), devemos consultar a Figura 5.5 e obter a quantidade retida na peneira nº 200 = 100 – 61 = 39 (que é maior que 30).

$$\text{Porcentagem de pedregulho} = 0;\ \text{porcentagem de areia} = 100 - 61 = 39$$

Dessa forma, como a porcentagem de areia é maior que a porcentagem de pedregulhos, o solo é **argila silto-arenosa**, conforme indicado na Figura 5.11.

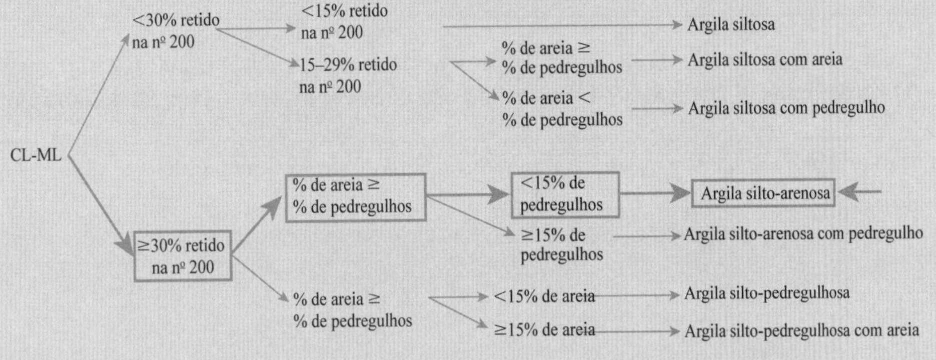

Figura 5.11 Determinação de nome de grupo para solo *B* no Exemplo 5.7

■

Exemplo 5.8

Sabe-se o seguinte de um determinado solo inorgânico:

Porcentagem passante pela peneira nº 4	100
Porcentagem passante pela peneira nº 200	77
Limite de liquidez	63
Índice de plasticidade	25

Classifique o solo utilizando o Sistema Unificado de Classificação de Solos. Informe o símbolo de grupo e o nome de grupo.

Solução

Considere a Tabela 5.2. 77% deste solo passa pela peneira nº 200. Logo, trata-se de um solo granular fino (isto é, CL, ML, MH ou CH). Dados:

$$LL = 63$$
$$IP = 25$$

Com relação à Figura 5.3, é **MH**.

Com relação à Figura 5.5,

- O solo tem menos de 30% (100 – 77 = 23%) retido na peneira nº 200
- % de areia (100 – 77 = 23%) > % de pedregulho (0%)

Logo, o nome de grupo é **silte elástico com areia**. ■

Exemplo 5.9

A análise granulométrica de um solo é dada a seguir:

Peneira nº	% passante
4	94
10	63
20	21
40	10
60	7
100	5
200	3

Visto que o solo é não plástico, classifique-o utilizando o Sistema Unificado de Classificação de Solo.

Solução

Considere a Tabela 5.2. O solo tem 3% de porcentagem passante pela peneira nº 200 (ou seja, menos de 5% de grãos finos) e 94% passante pela peneira nº 4. É um solo não plástico; portanto, trata-se de um solo arenoso (isto é, SW ou SP).

A distribuição granulométrica é mostrada na Figura 5.12. A partir dessa figura, obtemos:

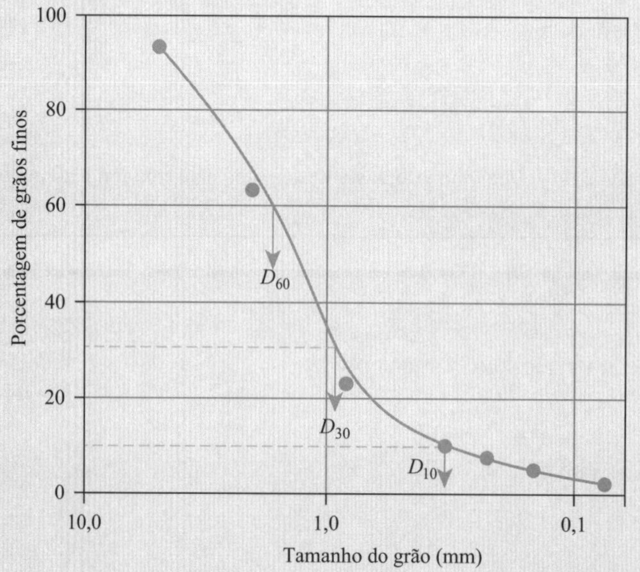

Figura 5.12

$D_{60} = 1,41$ mm $\quad D_{30} = 0,96$ mm $\quad D_{10} = 0,41$ mm

Portanto,

$$C_u = \frac{D_{60}}{D_{10}} = \frac{1,41}{0,41} = 3,44$$

$$C_c = \frac{(D_{30})^2}{D_{60} \times D_{10}} = \frac{0.96^2}{1,41 \times 0,41} = 1,59$$

Segundo a Tabela 5.2, vemos que o símbolo de grupo é **SP**.

Consideremos, agora, a Figura 5.4. Já que a parcela de pedregulho é 100 - 94 = 6% (isto é, menos que 15%), o nome de grupo é **areia malgraduada**. ■

Exemplo 5.10

Fuller e Thompson (1907) desenvolveram a seguinte relação para a obtenção da densidade máxima de um agregado em função da relação entre diâmetros dos grãos que o compõem:

$$p = \sqrt{\frac{D}{D_{\text{máx}}}} \times 100$$

onde:

p = porcentagem passante
D = tamanho do grão
$D_{\text{máx}}$ = tamanho máximo do grão no solo

Se um agregado é preparado segundo a relação acima, com $D_{\text{máx}} = 40$ mm, qual será a classificação baseada no Sistema Unificado de Classificação de Solos?

Solução

$$\text{Para } p = 60 = \sqrt{\frac{D_{60}}{D_{\text{máx}}}} \times 100 = \sqrt{\frac{D_{60}}{40}} \times 100, \text{ ou } D_{60} = 14{,}4 \text{ mm}$$

$$\text{Para } p = 30 = \sqrt{\frac{D_{30}}{D_{\text{máx}}}} \times 100 = \sqrt{\frac{D_{30}}{40}} \times 100, \text{ ou } D_{30} = 3{,}6 \text{ mm}$$

$$\text{Para } p = 10 = \sqrt{\frac{D_{10}}{D_{\text{máx}}}} \times 100 = \sqrt{\frac{D_{10}}{40}} \times 100, \text{ ou } D_{10} = 0{,}4 \text{ mm}$$

Logo

$$C_u = \frac{D_{60}}{D_{10}} = \frac{14{,}4}{0{,}4} = 36;$$

$$C_c = \frac{D_{30}^2}{D_{60} \times D_{10}} = \frac{3{,}6^2}{14{,}4 \times 0{,}4} = 2{,}25$$

Assim, de acordo com a Tabela 5.2, o material é **GW**. ■

No sistema unificado, os solos com pedregulhos e arenosos são claramente separados; já no sistema AASHTO, não. O grupo A-2, em particular, contém uma grande variedade de solos. Símbolos como GW, SM, CH e outros utilizados no Sistema Unificado descrevem mais as propriedades do solo do que os símbolos A utilizados no sistema AASHTO.

A classificação de solos orgânicos, como OL, OH e Pt, é fornecida no Sistema Unificado. De acordo com o sistema AASHTO, não há lugar para solos orgânicos. As turfas geralmente têm alto teor de umidade, baixa densidade relativa dos grãos e baixo peso específico. Liu (1967) comparou os sistemas AASHTO e Unificado. Os resultados do estudo são apresentados nas Tabelas 5.3 e 5.4.

Solos tropicais

Ainda não existe uma classificação satisfatória para os solos residuais. As classificações tradicionais nem sempre conseguem distinguir solos tropicais nitidamente diferentes e também não fornecem informações para a engenharia de solos. A estrutura do solo e a mineralogia influenciam nos resultados de caracterização e podem definir o comportamento dos solos, mas não são consideradas nas metodologias tradicionais de classificação.

Tabela 5.3 Comparação do sistema AASHTO com o Sistema Unificado*

Grupo de solo no sistema ASSHTO	Grupos de solo comparáveis no Sistema Unificado		
	Mais provável	Possível	Possível, mas improvável
A-1-a	GW, GP	SW, SP	GM, SM
A-1-b	SW, SP, GM, SM	GP	–
A-3	SP	–	SW, GP
A-2-4	GM, SM	GC, SC	GW, GP, SW, SP
A-2-5	GM, SM	–	GW, GP, SW, SP
A-2-6	GC, SC	GM, SM	GW, GP, SW, SP
A-2-7	GM, GC, SM, SC	–	GW, GP, SW, SP
A-4	ML, OL	CL, SM, SC	GM, GC
A-5	OH, MH, ML, OL	–	SM, GM
A-6	CL	ML, OL, SC	GC, GM, SM
A-7-5	OH, MH	ML, OL, CH	GM, SM, GC, SC
A-7-6	CH, CL	ML, OL, SC	OH, MH, GC, GM, SM

*A partir de Liu (1967)

Fonte: Extraído de Review of Engineering Soil Classification Systems. In *Highway Research Record n. 156*, Highway Research Board, National Research Council, Washington, D.C., 1967, Tabela 5, p. 16. Reproduzido com permissão da Transportation Research Board.

Tabela 5.4 Comparação do sistema unificado com o sistema AASHTO*

Grupo de solo no sistema unificado	Grupos de solo comparáveis no sistema AASHTO		
	Mais provável	Possível	Possível, mas improvável
GW	A-1-a	–	A-2-4, A-2-5, A-2-6, A-2-7
GP	A-1-a	A-1-b	A-3, A-2-4, A-2-5, A-2-6, A-2-7
GM	A-1-b, A-2-4, A-2-5, A-2-7	A-2-6	A-4, A-5, A-6, A-7-5, A-7-6, A-1-a
GC	A-2-6, A-2-7	A-2-4	A-4, A-6, A-7-6, A-7-5
SW	A-1-b	A-1-a	A-3, A-2-4, A-2-5, A-2-6, A-2-7
SP	A-3, A-1-b	A-1-a	A-2-4, A-2-5, A-2-6, A-2-7
SM	A-1-b, A-2-4, A-2-5, A-2-7	A-2-6, A-4	A-5, A-6, A-7-5, A-7-6, A-1-a
SC	A-2-6, A-2-7	A-2-4, A-6, A-4, A-7-6	A-7-5
ML	A-4, A-5	A-6, A-7-5, A-7-6	–
CL	A-6, A-7-6	A-4	–
OL	A-4, A-5	A-6, A-7-5, A-7-6	–
MH	A-7-5, A-5	–	A-7-6
CH	A-7-6	A-7-5	–
OH	A-7-5, A-5	–	A-7-6
Pt	–	–	–

*A partir de Liu (1967)

Fonte: Extraído de Review of Engineering Soil Classification Systems. In *Highway Research Record n. 156*, Highway Research Board, National Research Council, Washington, D.C., 1967, Tabela 6, p. 17. Reproduzido com permissão da Transportation Research Board.

5.7 Resumo

Neste capítulo discutimos o seguinte:

1. A classificação textural tem como base os nomes dos solos, fundamentados em seus principais componentes, como frações de areia, silte e argila, determinados pela distribuição granulométrica. O sistema de classificação textural USDA é descrito em detalhes na Seção 5.2.
2. O sistema de classificação de solo AASHTO tem como base o ensaio de peneiramento (ou seja, porcentagem retida nas peneiras nº 10, 40 e 200), limite de liquidez e índice de plasticidade (Tabela 5.1).
   Os solos podem ser classificados nas categorias:
   - A-1, A-2 e A-3 (solos granulares)
   - A-4, A-5, A-6 e A-7 (solos argilosos e com silte)

   O *índice de grupo* [Eqs. (5.1) e (5.2)] é adicionado à classificação de solo que avalia a qualidade do solo como material de subleito.
3. A classificação unificada de solo tem como base o ensaio de peneiramento (ou seja, porcentagem retida nas peneiras nº 4 e 200), limite de liquidez e índice de plasticidade (Tabela 5.2 e Figura 5.3) Ela utiliza os símbolos de classificação como
   - GW, GP, GM, GC, GW-GM, GW-GC, GP-GM, GP-GC, GC-GM, SW, SP, SM, SC, SW-SM, SW-SC, SP-SM, SP-SC e SC-SM (para solos granulares grossos)
   - CL, ML, CL-ML, OL, CH, MH e OH (para solos granulares finos)
4. Além dos símbolos de grupo, os nomes de grupos sob o sistema de Classificação Unificado podem ser determinados utilizando as Figuras 5.4, 5.5 e 5.6. O nome de grupo tem principalmente como base a porcentagem retida na peneira nº 200, porcentagem de pedregulhos (ou seja, porcentagem retida na peneira nº 4) e porcentagem de areia (ou seja, porcentagem passante na peneira nº 4, mas retida na peneira nº 200).

Problemas

5.1 Classifique os seguintes solos utilizando o gráfico de classificação textural do Departamento de Agricultura dos EUA.

	Distribuição granulométrica (%)				Distribuição granulométrica (%)		
Solo	Pedregulho	Silte	Argila	Solo	Areia	Silte	Argila
A	20	20	60	F	30	58	12
B	55	5	40	G	40	25	35
C	45	35	20	H	30	25	45
D	50	15	35	I	5	45	50
E	70	15	15	J	45	45	10

5.2 O teor de pedregulho, areia, silte e argila de cinco solos diferentes é dado abaixo. Classifique os solos usando o gráfico de classificação textural do Departamento de Agricultura dos Estados Unidos.

	Distribuição granulométrica (%)			
Solo	Pedregulho	Areia	Silte	Argila
A	18	51	22	9
B	10	20	41	29
C	21	12	35	32
D	0	18	24	58
E	12	22	26	40

5.3 Classifique os seguintes solos pelo sistema de classificação AASHTO. Dê o índice de grupo para cada solo.

Solo	Ensaio de peneiramento – porcentagem de grãos finos: nº 10	nº 40	nº 200	Limite de liquidez	Índice de plasticidade
A	90	74	32	28	9
B	86	56	8	NP	
C	42	28	12	18	13
D	92	68	30	42	18
E	90	48	22	31	5

5.4 A análise de peneiramento de dez solos e os limites de plasticidade e liquidez da fração passante pela peneira nº 40 são dados abaixo. Classifique os solos de acordo com o sistema de classificação AASHTO e dê o índice de grupo para cada solo.

Solo	Ensaio de peneiramento – porcentagem de grãos finos: nº 10	nº 40	nº 200	Limite de liquidez	Índice de plasticidade
1	98	80	50	38	29
2	100	92	80	56	23
3	100	88	65	37	22
4	85	55	45	28	20
5	92	75	62	43	28
6	97	60	30	25	16
7	100	55	8	–	NP
8	94	80	63	40	21
9	83	48	20	20	15
10	100	92	86	70	38

5.5 Determine os símbolos de grupo para os solos granulares finos dados no Problema 5.4 segundo o Sistema de Classificação Unificado de Solos.

5.6 Para um solo inorgânico, é dada a seguinte análise granulométrica.

Nº da peneira de padrão americano	Porcentagem passante
4	100
10	90
20	64
40	38
80	18
200	13

Para este solo, $LL = 23$ e $LP = 19$. Classifique o solo utilizando

a. Sistema de classificação de solo AASHTO. Dê o índice de grupo.

b. Sistema Unificado de classificação de solo. Dê os nomes e os símbolos de grupo.

5.7 Classifique os seguintes solos utilizando o Sistema Unificado de Classificação de Solos. Dê os símbolos e os nomes de grupo.

	Porcentagem passante				
Tamanho da peneira	**A**	**B**	**C**	**D**	**E**
nº 4	94	98	100	100	100
nº 10	63	86	100	100	100
nº 20	21	50	98	100	100
nº 40	10	28	93	99	94
nº 60	7	18	88	95	82
nº 100	5	14	83	90	66
nº 200	3	10	77	86	45
0,01 mm	–	–	65	42	26
0,002 mm	–	–	60	17	21
Limite de liquidez	–	–	63	55	36
Índice de plasticidade	NP	NP	25	28	22

5.8 Classifique os seguintes solos utilizando o Sistema Unificado de Classificação de Solos. Dê os símbolos e nomes de grupo.

	Ensaio de peneiramento – porcentagem de grãos finos			
Solo	**nº 4**	**nº 200**	**Limite de liquidez**	**Índice de plasticidade**
A	92	48	30	8
B	60	40	26	4
C	99	76	60	32
D	90	60	41	12
E	80	35	24	2

5.9 Classifique os seguintes solos utilizando o Sistema Unificado de Classificação de Solos. Dê os símbolos e nomes de grupo.

	Ensaio de peneiramento - porcentagem de grãos finos					
Solo	**nº 4**	**nº 200**	**Limite de liquidez**	**Índice de plasticidade**	C_u	C_c
1	70	30	33	21		
2	48	20	41	22		
3	95	70	52	28		
4	100	82	30	19		
5	100	74	35	21		
6	87	26	38	18		
7	88	78	69	38		
8	99	57	54	26		
9	71	11	32	16	4,8	2,9
10	100	2		NP	7,2	2,2
11	89	65	44	21		
12	90	8	39	31	3,9	2,1

5.10 Nove por cento de um solo fica retido na peneira nº 4 e 11% passa pela peneira nº 200. Também sabe-se que 10%, 30% e 60% do solo são menores que 0,1 mm, 0,8 mm e 1,9 mm, respectivamente. Quando os ensaios de Limite de Atterberg são conduzidos, é descoberto que o limite de liquidez é 32% e o limite de plasticidade é 27%. Classifique esse solo de acordo com o Sistema Unificado de Classificação de Solos e dê o símbolo e o nome de grupo.

Problema de pensamento crítico

5.C.1 As características de superfície para um projeto de reabilitação de pavimentação de estradas no sudeste dos Estados Unidos são indicadas em um "registro de amostra" na Figura 5.13. A estrutura da estrada consiste no pavimento de asfalto que sustenta quatro diferentes camadas de solo a uma profundidade de 6 m, após a perfuração ter sido finalizada. Alguns dados referentes ao tamanho do grão e às características de plasticidade também são fornecidos para cada camada. Execute as seguintes tarefas:

1. Determine a classificação de solo AASHTO e o *índice de grupo* (*IG*) para cada camada.
2. Determine os símbolos de grupo e nomes de grupo "mais prováveis" para as várias camadas, de acordo com o Sistema Unificado de Classificação de Solos. Utilize a Tabela 5.3 e as características de solo dadas no registro de amostra.

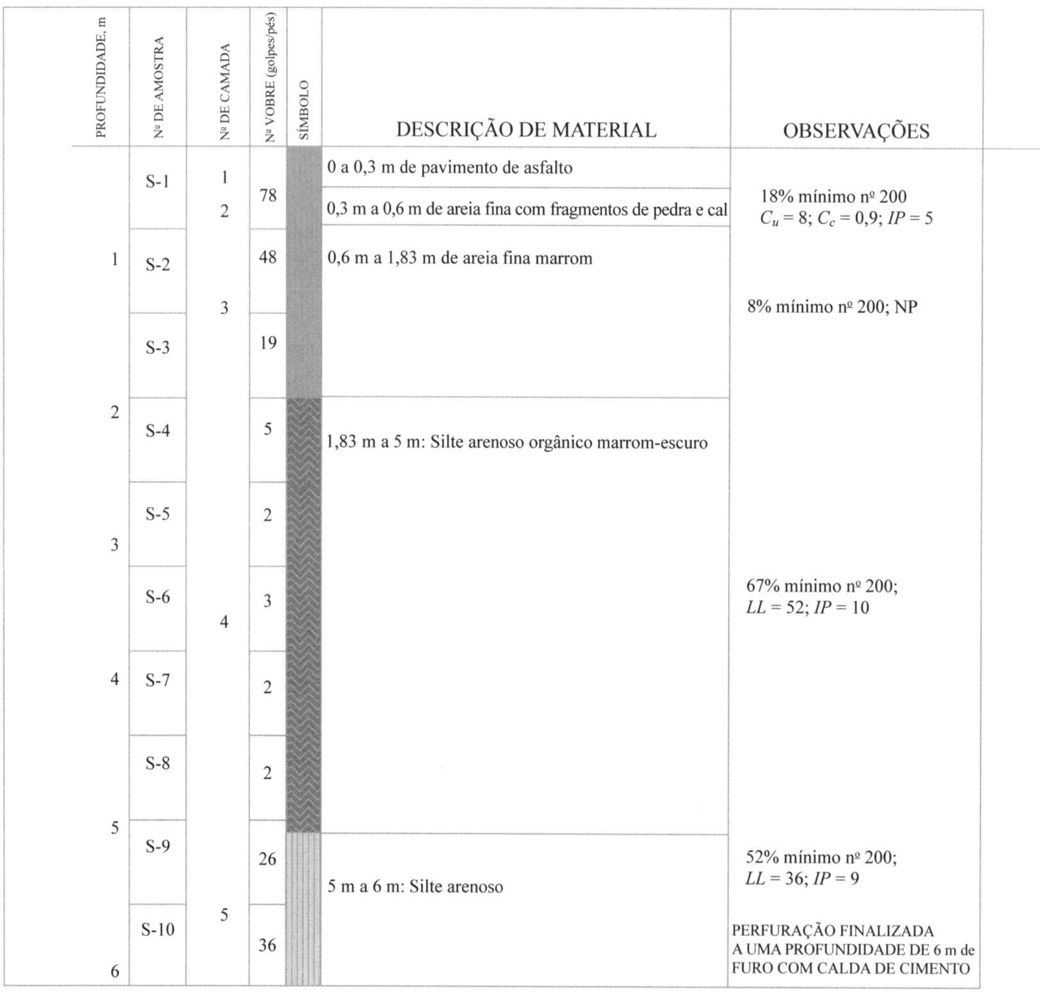

Figura 5.13 Perfil de solo para um projeto de reabilitação de autoestrada.

Referências bibliográficas

AMERICAN ASSOCIATION OF STATE HIGHWAY AND TRANSPORTATION OFFICIALS. *AASHTO Materials, Part I, Specifications*, Washington, D.C., 1982.

AMERICAN SOCIETY FOR TESTING AND MATERIALS. *Annual Book of ASTM Standards*, Sec. 4, v. 04.08, West Conshohoken, Pa, 2010.

CASAGRANDE, A. Classification and Identification of Soils, *Transactions*, ASCE, v. 113, p. 901-930, 1948.

FULLER, W. B.; THOMPSON, S. E. The Law of Proportioning Concrete. *Transactions*, ASCE, v. 59, p. 67-118, 1907.

LIU, T. K.A Review of Engineering Soil Classification Systems, *Highway Research Record n. 156*, National Academy of Sciences, Washington, D.C., p. 1-22, 1967.

CAPÍTULO 6

Compactação dos solos

6.1 Introdução

Na construção de aterros rodoviários, barragens de terra e muitas outras estruturas de engenharia, o solo utilizado deve ser compactado para aumentar seu peso específico. A compactação aumenta a resistência dos solos, o que, por sua vez, aumenta a resistência das fundações construídas sobre eles. A compactação também reduz o recalque indesejado das estruturas e aumenta a estabilidade das encostas de aterros. Rolos compactadores lisos, rolos pé de carneiro, rolos de pneus de borracha e rolos vibratórios geralmente são empregados no campo para compactação do solo. Os rolos compactadores vibratórios são principalmente utilizados para a densificação de solos granulares. Os equipamentos Vibroflot são também utilizados para compactar os depósitos de solo granular a uma profundidade considerável. A compactação do solo dessa maneira é conhecida como *vibroflutuação*. Este capítulo discute com detalhes os princípios de compactação de solo no laboratório e no campo.

Este capítulo inclui a elaboração dos seguintes tópicos:

- Métodos de ensaio de compactação em laboratório
- Fatores que afetam a compactação em geral
- Relações empíricas relacionadas à compactação
- Estrutura e propriedades de solos coesivos compactados
- Compactação no campo
- Ensaios para controle de qualidade de compactação de campo
- Técnicas especiais de compactação no campo

6.2 Compactação – princípios gerais

Em termos gerais, a compactação é a densificação do solo por meio da remoção de ar, o que requer energia mecânica. O grau de compactação de um solo é medido em termos do seu peso específico seco. Quando adicionada ao solo durante a compactação, a água atua como um agente lubrificante entre as partículas. As partículas do solo deslizam umas sobre as outras e se movem promovendo uma maior densificação. Após a compactação, o peso específico seco aumenta, em princípio, à medida que aumenta o teor de umidade. (Veja a Figura 6.1.) Observe que a um teor de umidade $w = 0$, o peso específico úmido (γ) é igual ao peso específico seco (γ_d) ou

$$\gamma = \gamma_{d(w=0)} = \gamma_1$$

Quando o teor de umidade é gradativamente aumentado sob a mesma força de compactação, o peso dos grãos, em uma massa específica, aumenta gradativamente. Por exemplo, com $w = w_1$,

$$\gamma = \gamma_2$$

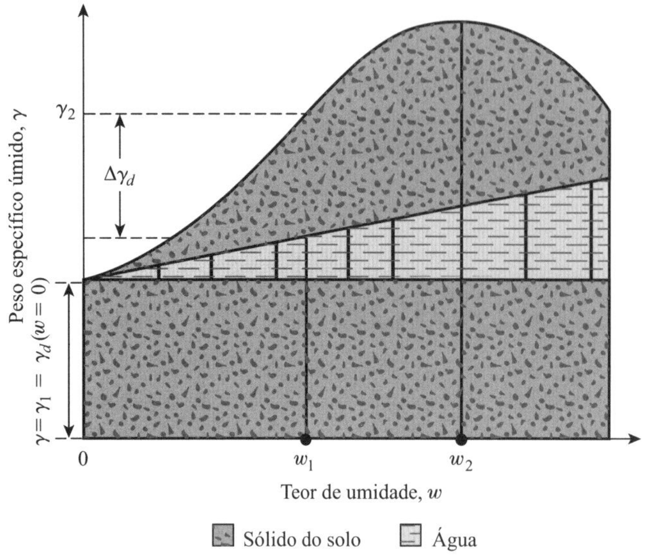

Figura 6.1 Princípios de compactação.

Porém, o peso específico seco neste teor de umidade é dado por

$$\gamma_{d(w=w_1)} = \gamma_{d(w=0)} + \Delta\gamma_d$$

Além de determinado teor de umidade $w = w_2$ (Figura 6.1), qualquer aumento no teor de umidade tende a reduzir o peso específico seco. Esse fenômeno ocorre porque a água ocupa os espaços que eram ocupados pelas partículas sólidas. O teor de umidade no qual o peso específico seco máximo é obtido é geralmente chamado de *teor de umidade* ótimo.

O ensaio de laboratório geralmente usado para determinar o peso específico seco máximo de compactação e o teor de umidade ótimo é chamado de *ensaio de compactação Proctor* (Proctor, 1933). Os procedimentos para realizar esse tipo de ensaio são descritos na próxima seção.

6.3 Ensaio Proctor normal

No ensaio Proctor, o solo é compactado em um molde cilíndrico com volume de 944 cm^3. O diâmetro do molde é 101,6 mm. Durante o ensaio laboratorial, o molde é acoplado a uma placa de suporte na parte inferior e a uma extensão na parte superior (Figura 6.2a). O solo é misturado com água e, depois, compactado em três camadas iguais por um soquete (Figura 6.2b) que golpeia 25 vezes cada camada por queda livre. O soquete tem uma massa de 2,5 kg e uma altura de queda de 304,8 mm. A Figura 6.2c é uma foto do equipamento laboratorial necessário para conduzir um Ensaio Proctor Normal.

Para cada ensaio, o peso específico úmido de compactação, γ, pode ser calculado como

$$\gamma = \frac{W}{V_m} \tag{6.1}$$

onde W = peso do solo compactado no molde
V_m = volume do molde (944 cm^3)

Para cada cilindro compactado, o teor de umidade do solo pode ser determinado. Sabendo o teor de umidade, o peso específico seco pode ser calculado como

$$\gamma_d = \frac{\gamma}{1 + \dfrac{w\,(\%)}{100}} \tag{6.2}$$

onde w (%) = porcentagem do teor de umidade.

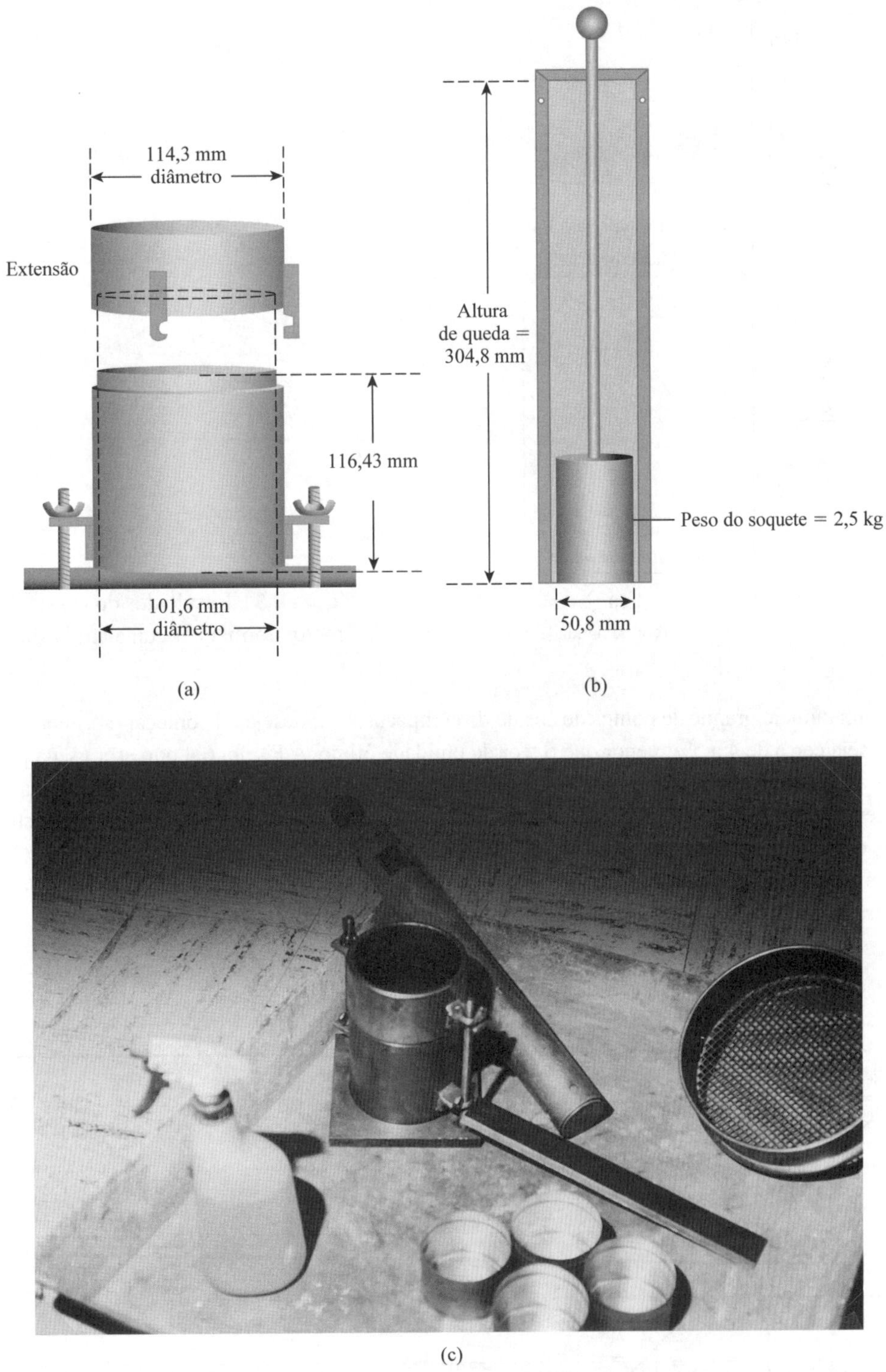

Figura 6.2 Equipamento de ensaio Proctor normal: (a) molde; (b) soquete; (c) foto dos equipamentos de laboratório usados no ensaio. (*Cortesia de Braja M. Das, Henderson, Nevada.*)

Os valores de γ_d determinados a partir da Eq. (6.2) podem ser traçados em um gráfico, em função dos teores de umidade correspondentes, para obter o peso específico seco máximo e o teor de umidade ótimo do solo. A Figura 6.3 mostra tal gráfico de um solo argilo-siltoso.

O procedimento para o ensaio Proctor normal foi elaborado na norma D-698 da ASTM (ASTM, 2014) e na norma T-99 da AASHTO (AASHTO, 1982).

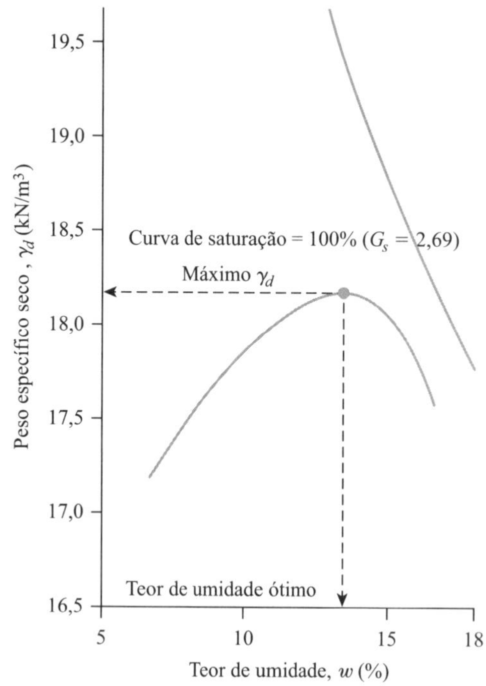

Figura 6.3 Resultados do ensaio de compactação Proctor normal para uma argila siltosa.

Para evitar um número grande de pontos de ensaio de compactação, é desejável começar o primeiro ponto a um teor de umidade que seja cerca de 4 a 5% menor que o teor de umidade ótimo. A Figura 6.4 pode ser usada para estimar esse teor de umidade ótimo aproximado (Johnson e Sallberg, 1962), caso os limites de liquidez e de plasticidade sejam conhecidos. Como exemplo, considerando um determinado solo (com limite de liquidez 50% e limite de plasticidade 20%), o teor de umidade ótimo será aproximadamente 19%.

Para determinado *teor de umidade w* e *grau de saturação S*, o peso específico seco de compactação pode ser calculado como mostrado a seguir. Segundo o Capítulo 3 [Eq. (3.17)], para qualquer solo,

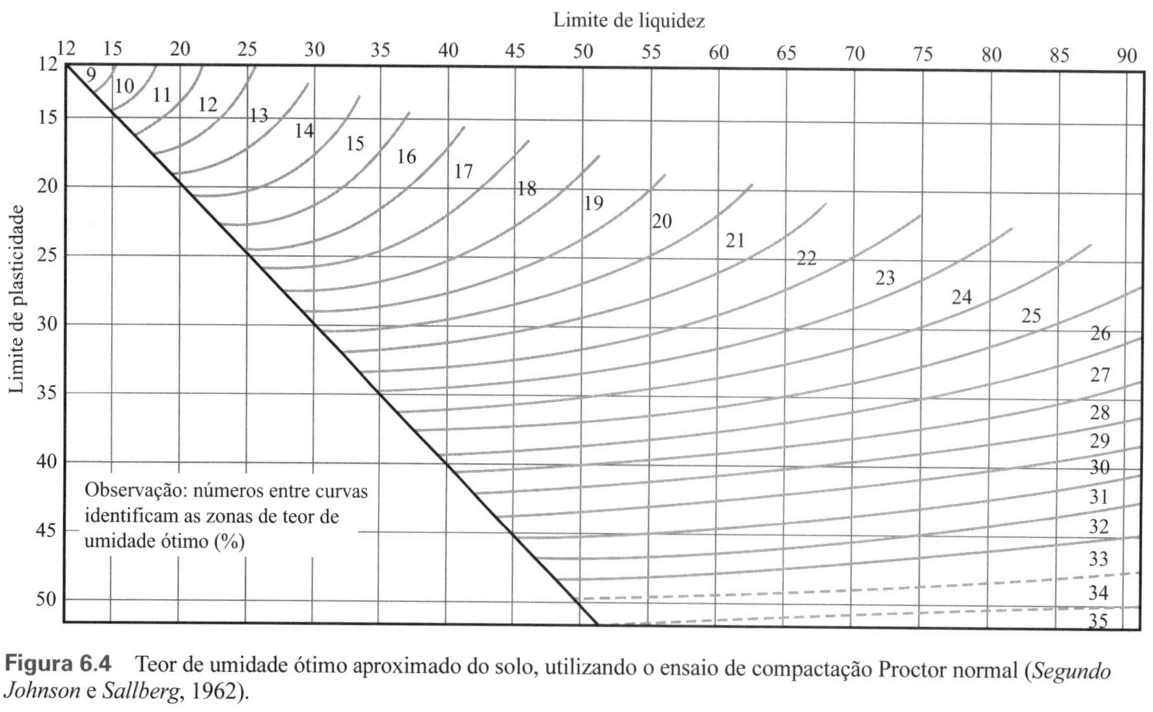

Figura 6.4 Teor de umidade ótimo aproximado do solo, utilizando o ensaio de compactação Proctor normal (*Segundo Johnson* e *Sallberg*, 1962).

$$\gamma_d = \frac{G_s \gamma_w}{1+e}$$

onde G_s = densidade relativa dos grãos
γ_w = peso específico da água
e = índice de vazios
e, segundo a Eq. (3.19),

$$Se = G_s w$$

ou

$$e = \frac{G_s w}{S}$$

Assim,

$$\gamma_d = \frac{G_s \gamma_w}{1 + \frac{G_s w}{S}} \tag{6.3}$$

Para dado teor de umidade, o hipotético peso específico seco máximo teórico é obtido quando não há presença de ar nos espaços vazios – isto é, quando o grau de saturação é igual a 100%. Portanto, o peso específico seco máximo em dado teor de umidade, com vazios de ar igual a zero, pode ser obtido substituindo-se $S = 1$ na Eq. (6.3), ou

$$\gamma_{sat} = \frac{G_s \gamma_w}{1 + wG_s} = \frac{\gamma_w}{w + \frac{1}{G_s}} \tag{6.4}$$

onde γ_{sat} = peso específico saturado

Para obter a variação de γ_{sat} com o teor de umidade, use o seguinte procedimento:

1. Determine a densidade relativa dos grãos
2. Obtenha o peso específico da água (γ_w).
3. Adote vários valores para w, como 5%, 10%, 15% e assim por diante.
4. Use a Eq. (6.4) para calcular o γ_{sat} para diversos valores de w.

A Figura 6.3 também exibe a variação de γ_{sat} com o teor de umidade e respectiva localização em relação à curva de compactação. Sob nenhuma circunstância qualquer parte da curva de compactação deve se posicionar à direita da curva de saturação (com total de ar igual a zero).

6.4 Fatores que afetam a compactação

A seção anterior mostrou que o teor de umidade tem forte influência sobre o grau de compactação alcançado por um determinado solo. Além do teor de umidade, outros fatores importantes que afetam a compactação são o tipo do solo e o esforço de compactação (energia por unidade de volume). A importância de cada um desses dois fatores é descrita mais detalhadamente nas duas próximas seções.

Efeito do tipo de solo

O tipo de solo – isto é, a distribuição granulométrica, o formato das partículas do solo, a densidade relativa dos grãos e a quantidade e os tipos de minerais de argila presentes – exerce grande influência sobre o peso específico seco máximo e o teor de umidade ótimo. A Figura 6.5 mostra curvas de compactação típicas obtidas de quatro solos. Os ensaios de laboratório foram realizados conforme a norma D-698 da ASTM.

Observe também que a curva de compactação em formato de sino mostrada na Figura 6.3 é típica para a maioria dos solos argilosos. A Figura 6.5 mostra que, para a areia, o peso específico seco tem uma tendência geral de primeiro diminuir conforme o teor de umidade aumenta, e depois aumentar até o valor máximo, conforme a umidade continua aumentando. A redução inicial do peso específico seco em função do aumento do teor de umidade pode ser atribuída ao efeito da tensão capilar. Em teores de umidades menores, a tensão capilar na água do poro inibe a tendência que as partículas do solo têm de se movimentar e se organizar de forma mais compacta.

Lee e Suedkamp (1972) estudaram as curvas de compactação para 35 amostras de solo. Eles descobriram quatro tipos de curvas de compactação. Tais curvas são indicadas na Figura 6.6. A tabela a seguir é um resumo dos tipos de curvas de compactação encontrados em vários solos, com referência à Figura 6.6.

Tipo de curva de compactação (Figura 6.6)	Descrição da curva	Limite de liquidez
A	Formato de sino	Entre 30 e 70
B	Um pico e meio	Menor que 30
C	Pico duplo	Menor que 30 e maior que 70
D	Formato assimétrico	Maior que 70

Efeito do esforço de compactação

A energia de compactação por unidade de volume usada no ensaio Proctor normal, descrito na Seção 6.3, pode ser dada por

$$E = \frac{\begin{pmatrix}\text{Quantidade}\\ \text{de golpes}\\ \text{por camada}\end{pmatrix} \times \begin{pmatrix}\text{Quantidade}\\ \text{de}\\ \text{camadas}\end{pmatrix} \times \begin{pmatrix}\text{Peso}\\ \text{do}\\ \text{soquete}\end{pmatrix} \times \begin{pmatrix}\text{Altura de}\\ \text{queda do}\\ \text{soquete}\end{pmatrix}}{\text{Volume do molde}} \tag{6.5}$$

ou, em unidades SI,

$$E = \frac{(25)(3)\left(\frac{2{,}5 \times 9{,}81}{1.000}\,\text{kN}\right)(0{,}305\ \text{m})}{944 \times 10^{-6}\,\text{m}^3} = 594\,\text{kN-m/m}^3 \approx 600\ \text{kN-m/m}^3$$

Se o esforço de compactação por unidade de volume do solo for alterado, a curva umidade-peso específico também será. Esse fato pode ser demonstrado com ajuda da Figura 6.7, que mostra quatro curvas de compactação de uma argila arenosa. O molde Proctor normal e o soquete foram utilizados para obtenção dessas curvas de compactação. O número de camadas de solos usadas para a compactação foi três em todos os casos. Porém, o número de golpes de soquete para cada camada variou de 20 a 50, o que alterou a energia por unidade de volume.

Com base na observação anterior e na Figura 6.7, podemos ver que que:

1. Conforme aumenta o esforço de compactação, aumenta o peso específico seco máximo.
2. Conforme o esforço de compactação aumenta, o teor de umidade ótimo diminui levemente.

As afirmações anteriores são válidas para todos os solos. No entanto, observe que o grau de compactação não é diretamente proporcional ao esforço de compactação.

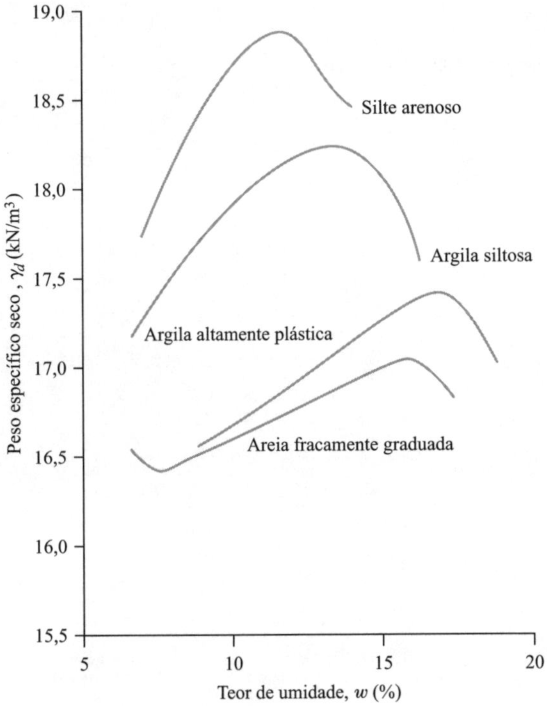

Figura 6.5 Curvas de compactação típicas para quatro solos. (ASTM D-698.)

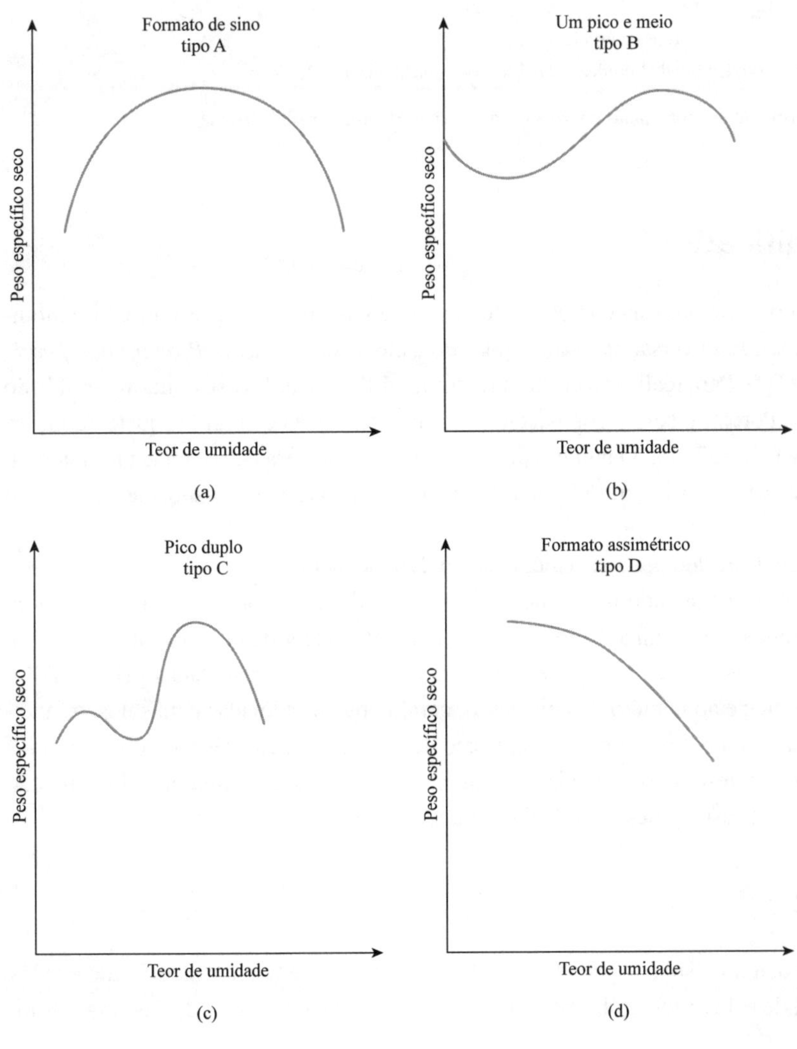

Figura 6.6 Vários tipos de curvas de compactação encontradas nos solos.

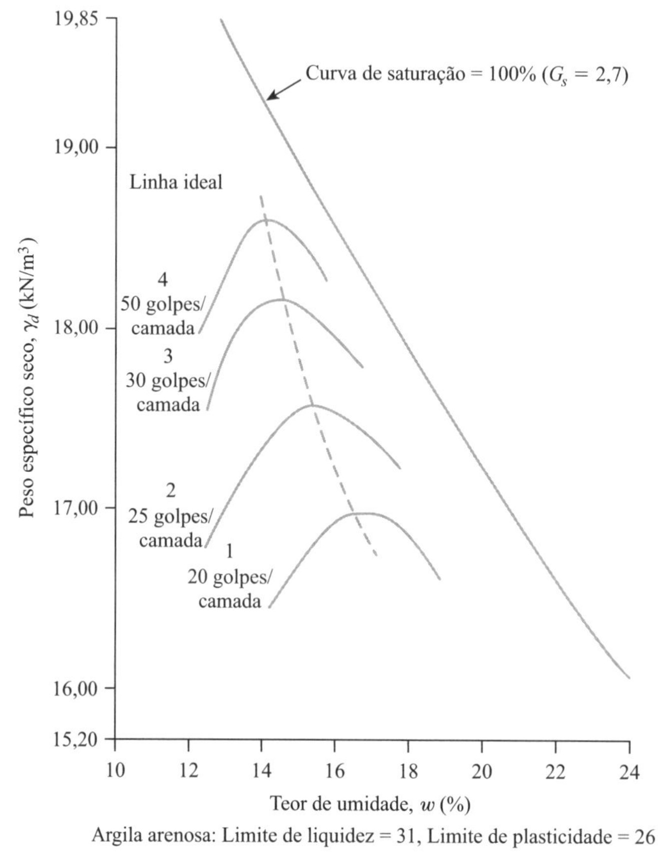

Figura 6.7 Efeito da energia de compactação sobre a compactação de uma argila arenosa.

6.5 Ensaio Proctor modificado

Com o desenvolvimento de rolos compactadores pesados na compactação em campo, o ensaio Proctor normal foi modificado para melhor representar essas condições. Essa versão revisada é por vezes chamada de *ensaio Proctor modificado* (norma D-1557 da ASTM e T-180 da AASHTO). Para realizar o ensaio Proctor modificado, utiliza-se o mesmo molde do ensaio padrão, com um volume de 944 cm^3. Porém, o solo é compactado em cinco camadas com um soquete de massa igual a 4,54 kg. A altura de queda do soquete é de 457 mm. O número de golpes do soquete para cada camada foi mantido em 25, o mesmo número do ensaio Proctor normal. A Figura 6.8 mostra uma comparação entre os soquetes usados no ensaio de Proctor normal e no modificado.

A energia de compactação para esse tipo de ensaio pode ser calculada em 2700 kN-m/m^3.

Como aumenta o esforço de compactação, o resultado do ensaio de Proctor modificado apresenta um aumento no peso específico seco máximo do solo. Tal aumento é acompanhado de um decréscimo no teor de umidade ótimo.

Nas questões abordadas anteriormente, as especificações fornecidas para o ensaio Proctor adotadas pela ASTM e pela AASHTO com relação ao volume do molde e ao número de golpes são, geralmente, as adotadas para solos granulares finos que passam pela peneira americana nº 4. Porém, em cada designação de ensaio, existem três métodos sugeridos que refletem o tamanho do molde, o número de golpes por camada e o tamanho máximo da partícula do solo agregado utilizado para o ensaio. A Tabela 6.1 fornece um resumo desses métodos de ensaio.

6.6 Relações empíricas

Omar *et al.* (2003) recentemente apresentaram resultados dos ensaios de compactação de Proctor modificado em 311 amostras de solo. Dessas amostras, 45 eram de solos pedregulhosos (GP, GP-GM, GW, GW-GM e GM), 264 eram solos

Figura 6.8 Comparação entre o soquete Proctor normal (esquerdo) e o soquete Proctor modificado (direito). (*Cortesia de Braja M. Das, Henderson, Nevada.*)

Tabela 6.1 Resumo dos ensaios de compactação Proctor normal e modificado (normas D-698 e D-1557 da ASTM)

	Descrição	Método A	Método B	Método C
Dados físicos dos ensaios	Material	Passante pela peneira nº 4	Passante pela peneira de 9,5 mm	Passante pela peneira de 19 mm
	Uso	Utilizado se no máximo 20% por peso de material for retido na peneira nº 4 (4,75 mm)	Utilizado se mais de 20% do peso do material for retido na peneira nº 4 (4,75 mm) e no máximo 20% do peso de material for retido na peneira de 9,5 mm	Utilizado se mais de 20% do peso de material for retido na peneira de 9,5 mm e no máximo 30% do peso de material for retido na peneira de 19 mm
	Volume de molde	944 cm³	944 cm³	2.124 cm³
	Diâmetro do molde	101,6 mm	101,6 mm	152,4 mm
	Altura do molde	116,4 mm	116,4 mm	116,4 mm
Ensaio Proctor normal	Peso do soquete	24,4 N	24,4 N	24,4 N
	Altura de queda	305 mm	305 mm	305 mm
	Quantidade de camadas de solo	3	3	3
	Quantidade de golpes/camada	25	25	56
Ensaio Proctor modificado	Peso do soquete	44,5 N	44,5 N	44,5 N
	Altura de queda	457 mm	457 mm	457 mm
	Quantidade de camadas de solo	5	5	5
	Quantidade de golpes/camada	25	25	56

arenosos (SP, SP-SM, SW-SM, SW, SC-SM, SC e SM) e dois eram solos argilosos com baixa plasticidade (CL). Todos os ensaios de compactação foram conduzidos utilizando a norma D-1557 da ASTM no método C, a fim de evitar a correção de excesso de tamanho. Com base nos ensaios, foram desenvolvidas as seguintes correlações.

$$\rho_{d(\text{máx})}\ (\text{kg/m}^3) = [4.804.574G_s - 195{,}55(LL)^2 + 156.971\ (\text{R\#4})^{0,5} - 9.527.830]^{0,5} \tag{6.6}$$

$$\ln(w_{\text{ótimo}}) = 1{,}195 \times 10^{-4}(LL)^2 - 1{,}964G_s - 6{,}617 \times 10^{-5}\ (\text{R\#4}) + 7{,}651 \tag{6.7}$$

onde $\rho_{d(\text{máx})}$ = massa específica seca máxima (kg/m^3)
$w_{\text{ótimo}}$ = teor de umidade ótimo (%)
G_s = densidade relativa dos grãos
LL = limite de liquidez, em porcentagem
R#4 = percentual retido na peneira nº 4

Mutjaba et al. (2013) conduziram em laboratório ensaios de compactação em 110 amostras de solo arenoso (SM, SP-SM, SP, SW-SM e SW). Com base nos resultados do ensaio, foram fornecidas as seguintes correlações para $\gamma_{d(\text{máx})}$ e $w_{\text{ótimo}}$ (teor de umidade ótimo):

$$\gamma_{d\,(\text{máx})}(\text{kN/m}^3) = 4{,}49\log(C_u) + 1{,}51\log(E) + 10{,}2 \tag{6.8}$$

$$\log w_{\text{ótimo}}(\%) = 1{,}67 - 0{,}193\log(C_u) - 0{,}153\log(E) \tag{6.9}$$

onde C_u = coeficiente de uniformidade
E = energia de compactação (kN-m/m^3)

Para solos granulares com menos de 12% de grãos finos (ou seja, mais finos que a peneira nº 200), a densidade relativa pode ser o melhor indicador para a especificação de compactação de produto final no campo. Com base nos ensaios de compactação laboratorial em 55 areias limpas (menos que 5% dos grãos mais finos que a peneira nº 200), Patra et al. (2010) forneceram as seguintes relações:

$$D_r = AD_{50}^{-B} \tag{6.10}$$

$$A = 0{,}216\ln E - 0{,}850 \tag{6.11}$$

$$B = -0{,}03\ln E + 0{,}306 \tag{6.12}$$

onde D_r = densidade relativa máxima de compactação alcançada com energia de compactação E (kN-m/m^3)
D_{50} = tamanho médio do grão (mm)

Gurtug e Sridharan (2004) propuseram correlações para o teor de umidade ótimo e peso específico seco máximo com o limite de plasticidade (LP) de solos coesivos. Essas correlações podem ser expressas como:

$$w_{\text{ótimo}}(\%) = [1{,}95 - 0{,}38(\log E)](LP) \tag{6.13}$$

$$\gamma_{d(\text{máx})}(\text{kN/m}^3) = 22{,}68e^{-0{,}0183w_{\text{ótimo}}(\%)} \tag{6.14}$$

onde LP = limite de plasticidade (%)
E = energia de compactação (kN-m/m^3)

Para o ensaio Proctor modificado, E = 2.700 kN/m^3. Portanto,

$$w_{\text{ótimo}}(\%) \approx 0{,}65(LP)$$

e

$$\gamma_{d(\text{máx})}(\text{kN/m}^3) \approx 22,68e^{-0,012(LP)}$$

Osman et al. (2008) analisaram uma série de resultados de um ensaio de compactação em laboratório em um solo de grãos finos (coesivo), incluindo os fornecidos por Gurtug e Sridharan (2004). Com base nesse estudo, foram desenvolvidas as seguintes correlações:

$$w_{\text{ótimo}}(\%) = (1,99 - 0,165 \ln E)\,(IP) \tag{6.15}$$

e

$$\gamma_{d(\text{máx})}\,(\text{kN/m}^3) = L - Mw_{\text{ótimo}} \tag{6.16}$$

onde

$$L = 14,34 + 1,195 \ln E \tag{6.17}$$

$$M = -0,19 + 0,073 \ln E \tag{6.18}$$

$w_{\text{ótimo}}$ = teor de umidade ótimo (%)
IP = índice de plasticidade (%)
$\gamma_{d(\text{max})}$ = peso específico seco máximo (kN/m³)
E = energia de compactação (kN-m/m³)

Matteo et al. (2009) analisaram os resultados de 71 solos granulares finos e forneceram as seguintes correlações para teor de umidade ótimo ($w_{\text{ótimo}}$) e o peso específico seco máximo [$\gamma_{d(\text{máx})}$] para ensaios Proctor modificados (E = 2.700 kN-m/m³):

$$w_{\text{ótimo}}(\%) = 0,86(LL) + 3,04\left(\frac{LL}{G_s}\right) + 2,2 \tag{6.19}$$

e

$$\gamma_{d(\text{máx})}(\text{kN/m}^3) = 40,316(w_{\text{ótimo}}^{-0,295})(IP^{0,032}) - 2,4 \tag{6.20}$$

onde LL = limite de liquidez (%)
IP = índice de plasticidade (%)
G_s = densidade relativa dos grãos

Exemplo 6.1

Os resultados de laboratório de um ensaio Proctor normal são fornecidos na tabela a seguir.

Volume do molde (cm³)	Peso do solo úmido no molde (N)	Teor de umidade, *w* (%)
944	16,81	10
944	17,84	12
944	18,41	14
944	18,33	16
944	17,84	18
944	17,35	20

a. Determine o peso específico seco máximo de compactação e o teor de umidade ótimo.

b. Calcule e trace um gráfico de γ_d *versus* o teor de umidade para os graus de saturação $S = 80\%$, 90% e 100% (isto é, γ_{sat}). Dado: $G_s = 2,7$.

Solução

Parte a

A tabela seguinte pode ser elaborada.

Volume do molde V_m (cm³)	Peso do solo, W (N)	Peso específico úmido, γ (kN/m³)[a]	Teor de umidade, w (%)	Peso específico seco, γ_d (kN/m³)[b]
944	16,81	17,81	10	16,19
944	17,84	18,90	12	16,87
944	18,41	19,50	14	17,11
944	18,33	19,42	16	16,74
944	17,84	18,90	18	16,02
944	17,35	18,38	20	15,32

$$^a\gamma = \frac{W}{V_m}$$

$$^b\gamma_d = \frac{\gamma}{1 + \frac{w\,\%}{100}}$$

O gráfico de γ_d *versus* w é mostrado na parte inferior da Figura 6.9. Com base nele, é possível ver que o peso específico seco máximo $\gamma_{d(\text{máx})}$ = **17,15 kN/m³** e o teor de umidade ótimo é **14,4%**.

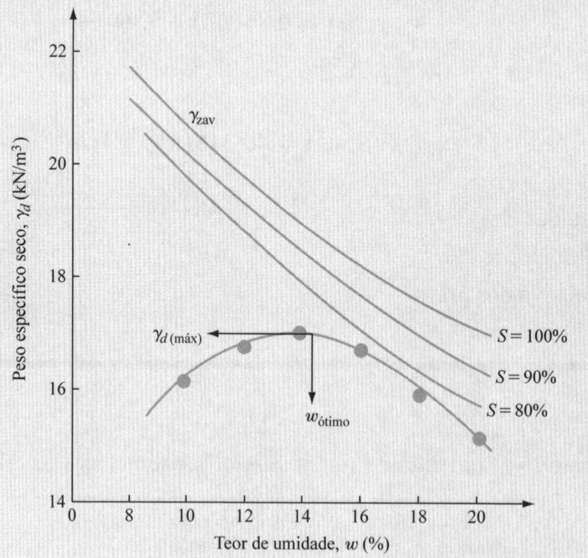

Figura 6.9

Parte b

Segundo a Eq. (6.3),

$$\gamma_d = \frac{G_s \gamma_w}{1 + \frac{G_s w}{S}}$$

A tabela seguinte pode ser elaborada.

		γ_d (kN/m³)		
G_s	w(%)	S = 80%	S = 90%	S = 100%
2,7	8	20,84	21,37	21,79
2,7	10	19,81	20,37	20,86
2,7	12	18,85	19,48	20,01
2,7	14	17,99	18,65	19,23
2,7	16	17,20	17,89	18,50
2,7	18	16,48	17,20	17,83
2,7	20	15,82	16,55	17,20

O gráfico de γ_d *versus* w para vários graus de saturação também é apresentado na Figura 6.9. ■

Exemplo 6.2

Um ensaio de compactação Proctor modificado foi realizado em um molde cilíndrico de volume de 944 cm³ contendo areia argilosa. A densidade relativa dos grãos é 2,68. O teor de umidade e o peso das seis amostras compactadas são dados abaixo:

Teor de umidade (%)	5,0	7,0	9,5	11,8	14,1	17,0
Massa (úmida) da amostra no molde (g)	1.776	1.890	2.006	2.024	2.005	1.977

a. Utilizando os dados do ensaio de compactação, determine o teor de umidade ótimo e o peso específico seco máximo.
b. Trace a curva de saturação 100% e cheque se ela faz uma intersecção com a curva de compactação.
c. Trace o índice de vazios e o grau de saturação em comparação com o teor de umidade.
d. Qual é o índice de vazios e o grau de saturação a um teor de umidade ótimo?

Solução

Para w = 5,0%, massa da amostra úmida = 1.776 g; o volume é 944 cm³.

$$\text{Peso específico úmido, } \gamma = \frac{1.776}{944} \times 9{,}81 = 18{,}46 \text{ kN/m}^3$$

$$\text{Peso específico seco, } \gamma_d = \frac{18{,}46}{1 + 0{,}05} = 17{,}58 \text{ kN/m}^3$$

$$\text{Índice de vazios, } e = \frac{2{,}68 \times 9{,}81}{17{,}58} - 1 = 0{,}495$$

$$\text{Grau de saturação, } S = \frac{0{,}05 \times 2{,}68}{0{,}495} = 0{,}271 \text{ ou } 27{,}1\%$$

Repetindo essas etapas para os seis teores de umidade, pode-se elaborar a seguinte tabela:

Teor de umidade (%)	Massa da amostra (g)	Peso específico úmido (kN/m³)	Peso específico seco (kN/m³)	Índice de vazios	Grau de saturação
5	1.776	18,46	17,58	0,495	0,271
7	1.890	19,64	18,36	0,432	0,434
9,5	2.006	20,85	19,04	0,380	0,670
11,8	2.024	21,03	18,81	0,398	0,795
14,1	2.005	20,84	18,26	0,440	0,859
17	1.977	20,54	17,56	0,497	0,917

Parte a

Com base na tabela anterior, podemos traçar o seguinte gráfico (Figura 6.10):

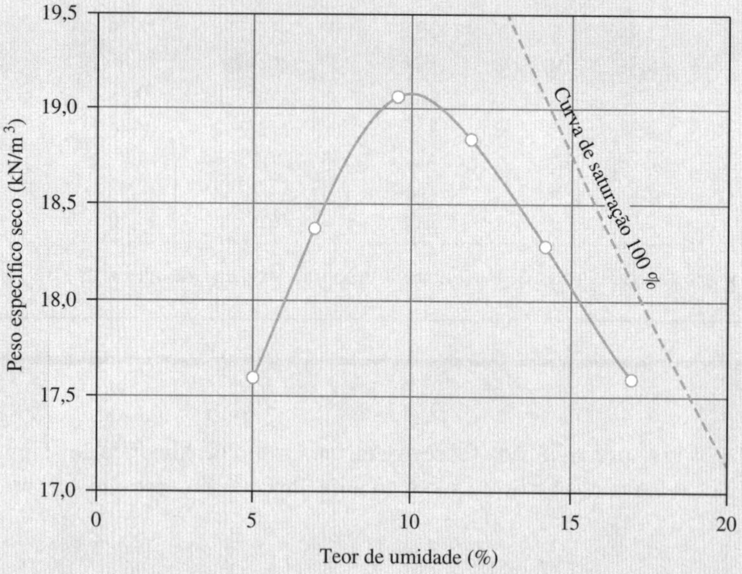

Figura 6.10

Segundo o gráfico,

Teor de umidade ótimo = **10%**

Peso específico seco máximo = **19,1 kN/m³**

Parte b

Os valores usados para traçar a curva de saturação 100 %, utilizando a Eq. (6.4), são os seguintes:

w (%)	γ_{sat} (kN/m³)
13	**19,50**
14	**19,12**
15	**18,75**
16	**18,40**
17	**18,06**
18	**17,74**
19	**17,42**
20	**17,12**

A curva de saturação 100 % foi traçada ao lado da curva de compactação, e ambas não se cruzaram. Os seis pontos do ensaio encontram-se à esquerda da curva de saturação.

Parte c

A partir da tabela dada na Parte a, a variação do índice de vazios e o grau de saturação, em comparação com o teor de umidade, são mostrados na Figura 6.11.

Parte d

Segundo a Figura 6.11, a um teor de umidade de 10%,

Índice de vazios = **0,38**

$$\text{Grau de saturação, } \frac{wG_s}{e} = \frac{(0{,}1)(2{,}68)}{0{,}38} = 0{,}7 = \mathbf{70\%}$$

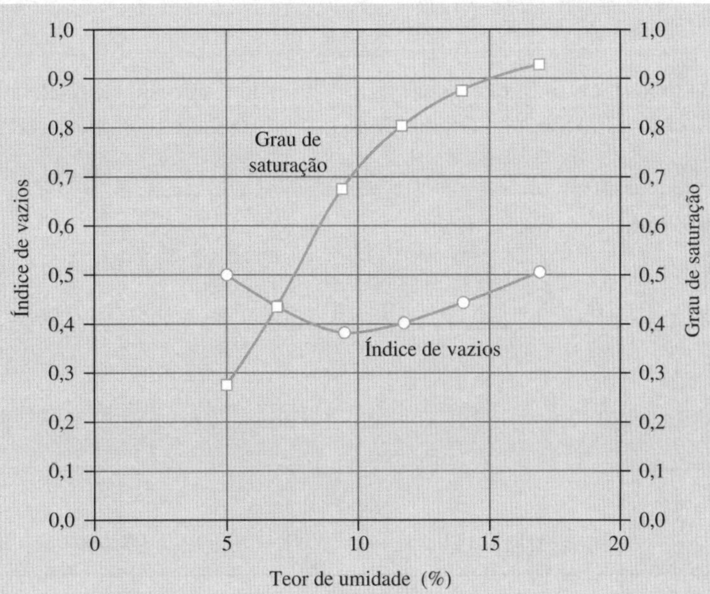

Figura 6.11

Exemplo 6.3

Para um solo granular, são fornecidos os seguintes dados:

- $G_s = 2{,}6$
- Limite de liquidez da fração passante pela peneira nº 40 = 20
- Percentual retido na peneira nº 4 = 20

Usando as Eqs. (6.6) e (6.7), calcule a densidade seca máxima de compactação e o teor de umidade ótimo, baseado no ensaio Proctor modificado.

Solução

Segundo a Eq. (6.6),

$$\begin{aligned}\rho_{d(\text{máx})}(\text{kg/m}^3) &= [4.804.574G_s - 195{,}55(LL)^2 + 156.971(R\#4)^{0,5} - 9.527.830]^{0,5}\\ &= [4.804.574(2{,}6) - 195{,}55(20)^2 + 156.971(20)^{0,5} - 9.527.830]^{0,5}\\ &= \mathbf{1.894\,kg/m^3}\end{aligned}$$

Segundo a Eq. (6.7),

$$\begin{aligned}\ln(w_{\text{ótimo}}) &= 1{,}195\times10^{-4}(LL)^2 - 1{,}964G_s - 6{,}617\times10^{-5}(R\#4) + 7.651\\ &= 1{,}195\times10^{-4}(20)^2 - 1{,}964(2{,}6) - 6{,}617\times10^{-5}(20) + 7.651\\ &= 2{,}591\\ w_{\text{ótimo}} &= \mathbf{13{,}35\%}\end{aligned}$$

Exemplo 6.4

Para uma areia com 4% de grãos mais finos que a peneira nº 200, estime a densidade relativa máxima de compactação que pode ser obtida de um ensaio Proctor modificado. Dado D_{50} = 1,4 mm. Utilize a Eq. (6.10).

Solução

Para o ensaio Proctor modificado, E = 2696 kN-m/m³.
Segundo a Eq. (6.11),

$$A = 0{,}216 \ln E - 0{,}850 = (0{,}216)(\ln 2.696) - 0{,}850 = 0{,}856$$

Segundo a Eq. (6.12),

$$B = -0{,}03 \ln E + 0{,}306 = -(0{,}03)(\ln 2.696) + 0{,}306 = 0{,}069$$

Segundo a Eq. (6.10),

$$D_r = AD_{50}^{-B} = (0{,}856)(1{,}4)^{-0{,}069} = 0{,}836 = \mathbf{83{,}6\%}$$

■

Exemplo 6.5

Para um solo argiloso-siltoso, temos LL = 43 e LP = 18. Estime o peso específico seco máximo de compactação que pode ser alcançado conduzindo-se um ensaio Proctor modificado. Use a Eq. (6.16).

Solução

Para o ensaio Proctor modificado, E = 2.696 kN-m/m³.
Segundo as Equações (6.17) e (6.18),

$$L = 14{,}34 + 1{,}195 \ln E = 14{,}34 + 1{,}195 \ln(2.696) = 23{,}78$$

$$M = -0{,}19 + 0{,}073 \ln E = -0{,}19 + 0{,}073 \ln(2.696) = 0{,}387$$

Da Eq. (6.15),

$$\begin{aligned} w_{\text{ótimo}}(\%) &= (1{,}99 - 0{,}165 \ln E)(IP) \\ &= [1{,}99 - 0{,}165 \ln(2.696)](43 - 18) \\ &= 17{,}16\% \end{aligned}$$

Da Eq. (6.16),

$$\gamma_{d(\text{máx})} = L - Mw_{\text{ótimo}} = 23{,}78 - (0{,}387)(17{,}16) = \mathbf{17{,}14\ kN/m^3}$$

■

Exemplo 6.6

Considere o solo argiloso-siltoso do Exemplo 6.5. Utilizando as Eqs. (6.13) e (6.14), estime o $w_{\text{ótimo}}$ e $\gamma_{d(\text{máx})}$ que podem ser obtidos de um ensaio de compactação modificado.

Solução

Considere LP = 18. Para um ensaio de compactação modificado, E = 2700 kN-m/m³. Portanto, segundo as Eqs. (6.13) e (6.14),

$$w_{\text{ótimo}}(\%) = 0{,}65(\ \ P)$$

e

$$\gamma_{d(\text{máx})}(\text{KNm}^3) = 22{,}68e^{-0{,}012(LP)}$$

Logo,

$$w_{\text{ótimo}}(\%) = (0{,}65)(18) = \mathbf{11{,}7\%}$$

$$\gamma_{d(\text{máx})} = 22{,}68e^{-0{,}012(18)} = \mathbf{18{,}27\ kN/m^3}$$

■

Exemplo 6.7

Considere o Exemplo 6.5. Estime o $w_{\text{ótimo}}$ e o $\gamma_{d(\text{máx})}$ utilizando as Eqs. (6.19) e (6.20). Use $Gs = 2{,}66$.

Solução

Segundo a Eq. (6.19),

$$w_{\text{ótimo}}(\%) = -0{,}86(LL) + 3{,}04\left(\frac{LL}{G_s}\right) + 2{,}2$$

Dados $LL = 43$ e $G_s = 2{,}66$,

$$w_{\text{ótimo}}(\%) = -0{,}86(43) + 3{,}04\left(\frac{43}{2{,}66}\right) + 2{,}2 = \mathbf{14{,}36\%}$$

Segundo a Eq. (6.20),

$$\gamma_{d(\text{máx})} = 40{,}316(w_{\text{ótimo}}^{-0{,}295})(IP^{0{,}032}) - 2{,}4$$
$$= (40{,}316)(14{,}36)^{-0{,}295}(43 - 18)^{0{,}032} - 2{,}4 = \mathbf{17{,}97 kN/m^3}$$

■

6.7 Estrutura do solo argiloso compactado

Lambe (1958a) estudou o efeito da compactação na estrutura de solos argilosos e os resultados do seu estudo são ilustrados na Figura 6.12. Se a argila for compactada com um teor de umidade no ramo seco da curva de compactação (à esquerda do teor de umidade ótimo), como representado pelo ponto A, ela terá uma estrutura floculada. Esse tipo de estrutura ocorre porque, em baixos teores de umidade, as camadas duplas difusas de íons ao redor das partículas de argila podem não estar completamente desenvolvidas, assim, a repulsão interpartículas é reduzida. Essa repulsão reduzida resulta em uma orientação mais aleatória das partículas e em um peso específico seco menor. Quando o teor de umidade da compactação é aumentado, como mostra o ponto *B*, as camadas duplas difusas ao redor das partículas se expandem, o que aumenta a repulsão entre as partículas de argila e produz um grau menor de floculação e um peso específico seco maior. Um aumento contínuo no teor de umidade de *B* para *C* expande ainda mais as camadas duplas. Essa expansão resulta em um aumento contínuo de repulsão entre as partículas e, consequentemente, em um grau de orientação de partículas ainda maior e em uma estrutura mais ou menos dispersa. Porém o peso específico seco diminui porque a água adicionada dilui a concentração de sólidos do solo por unidade de volume.

Em um determinado teor de umidade, maior esforço de compactação produz uma orientação mais paralela das partículas de argila, o que resulta em uma estrutura mais dispersa. Essas partículas ficam mais próximas e o solo apresenta maior peso específico de compactação. Tal fenômeno pode ser observado comparando-se o ponto *A* com o ponto *E* na Figura 6.12.

A Figura 6.13 mostra a variação no grau de orientação das partículas com o teor de umidade de moldagem para argila azul de Boston compactada. Os trabalhos de Seed e Chan (1959) mostraram resultados similares em argila de caulim compactada.

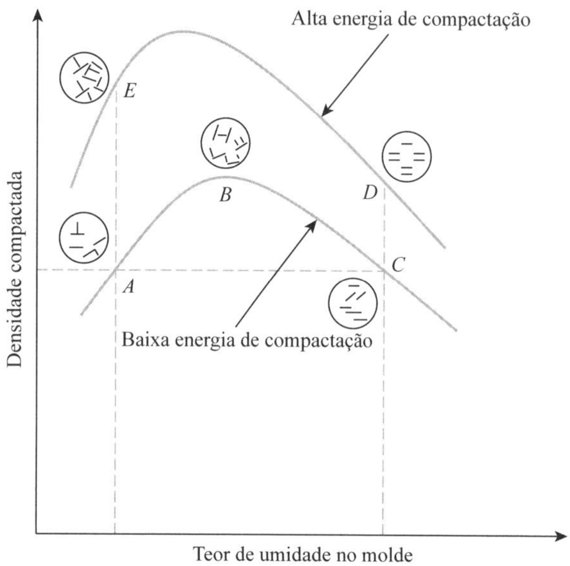

Figura 6.12 Efeitos da compactação em estruturas de solos argilosos. (*Redesenhado com base em Lambe, 1958a. Com permissão da ASCE.*)

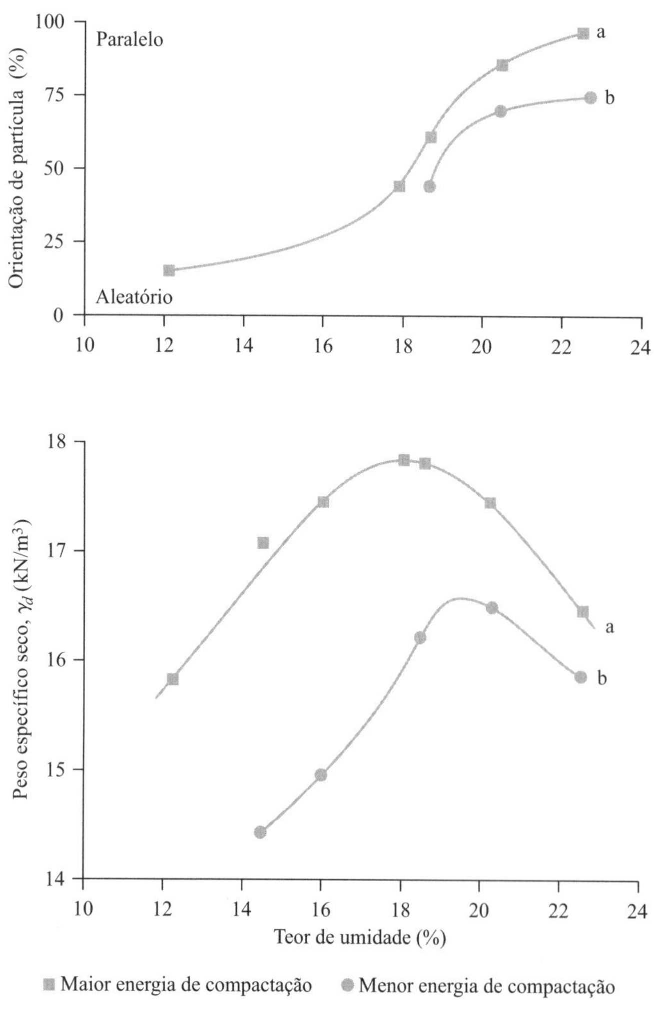

Figura 6.13 Orientação em função do teor de umidade da argila azul de Boston. (*Com base em Lambe, 1958a. Com permissão da ASCE.*)

6.8 Efeitos da compactação nas propriedades de solos coesivos

A compactação induz variações na estrutura de solos coesivos. Os resultados dessas variações estruturais incluem alterações na condutividade hidráulica, na compressibilidade e na resistência. A Figura 6.14 mostra os resultados dos ensaios de permeabilidade (Capítulo 7) em uma argila arenosa da Jamaica. As amostras usadas nos ensaios foram compactadas com vários teores de umidade, com o mesmo esforço de compactação. A condutividade hidráulica, que é uma medida para saber com qual facilidade a água flui pelo solo, diminui com o aumento de teor de umidade. Ela alcança um valor mínimo a um teor de umidade ótimo aproximado. Além do teor de umidade ótimo, a condutividade hidráulica aumenta ligeiramente. O alto valor da condutividade hidráulica no lado seco do teor de umidade ótimo é devido à orientação aleatória das partículas de argila, que resulta em espaços maiores nos poros.

As características de compressibilidade unidimensional (Capítulo 11) de solos argilosos compactados no ramo seco e no ramo úmido da curva de compactação são mostradas na Figura 6.15. Sob pressão mais baixa, um solo compactado no ramo úmido é mais comprimível do que o solo compactado no ramo seco. Isso é indicado na Figura 6.15a. Sob pressão mais alta, a tendência é exatamente a oposta, e isso é mostrado na Figura 6.15b. Em amostras compactadas no ramo seco, a pressão tende a orientar as partículas para suas direções normais de aplicação. Ao mesmo tempo, o espaço entre as partículas de argila também é reduzido. Porém, em amostras compactadas no ramo úmido, a pressão produz apenas uma redução do espaço entre as partículas de argila. Em pressões muito altas, é possível ter estruturas idênticas em amostras compactadas nos ramos seco e úmido.

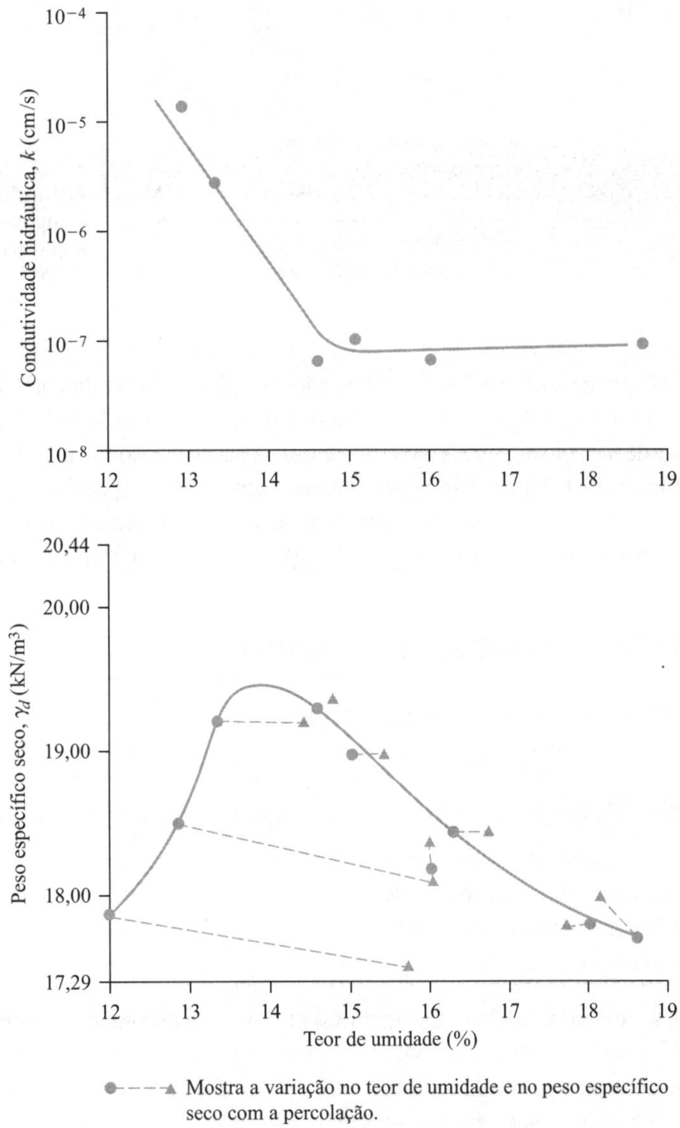

Figura 6.14 Efeito da compactação na condutividade hidráulica de solo argiloso. (*Redesenhado segundo Lambe, 1958b. Com permissão da ASCE.*)

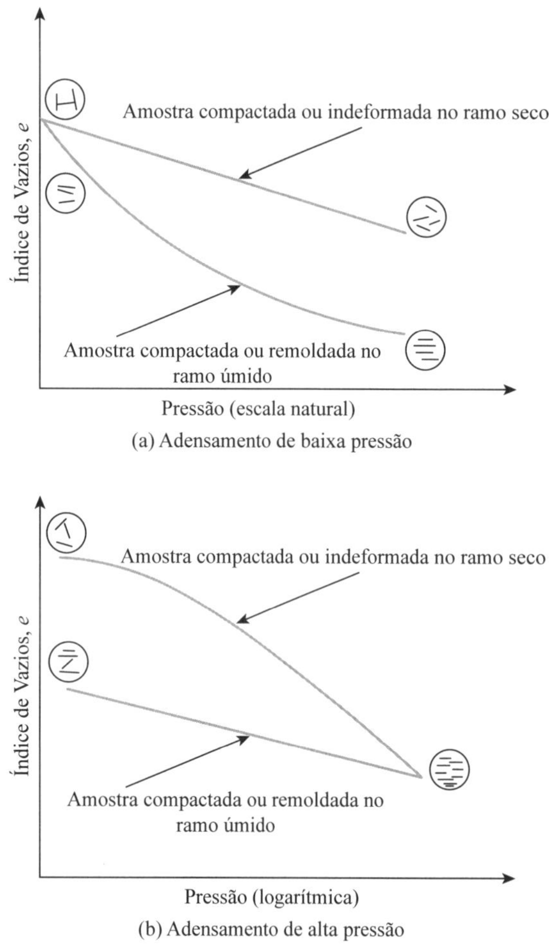

Figura 6.15 Efeito da compactação na compressibilidade unidimensional de solos argilosos. (*Redesenhado segundo Lambe, 1958b. Com permissão da ASCE.*)

A resistência de solos argilosos compactados (Capítulo 12) geralmente diminui com o teor de umidade de moldagem. Isso é indicado na Figura 6.16, que é o resultado de diversos ensaios de resistência de compressão não confinada em amostras compactadas de um solo de argilo-siltoso. As amostras para o ensaio foram preparadas pelo método de compactação por amassamento. A inserção na Figura 6.16 mostra a relação entre o peso específico seco e o teor de umidade do solo. Observe que as amostras *A*, *B* e *C* foram compactadas, respectivamente, no ramo seco, próximo ao teor de umidade ótimo e no ramo úmido da curva de compactação. A resistência não confinada, q_u, é fortemente reduzida nos corpos de prova moldados no ramo úmido.

6.9 Compactação em campo

Equipamentos de compactação

A maior parte dos trabalhos de compactação em campo é realizada com rolos compactadores. Os quatro tipos mais comuns de rolos são:

1. Rolo compactador liso (ou de tambor liso)
2. Rolo compactador de pneus de borracha
3. Rolo compactador pé de carneiro
4. Rolo compactador vibratório

Os rolos compactadores lisos (Figura 6.17) são adequados para a verificação da compactação de subleitos e serviços de acabamentos de aterros de solos arenosos e argilosos. Esses rolos fornecem 100% de cobertura sob as rodas, com pressões de contato com o solo até 310 a 380 kN/m^2. Eles não são adequados para produzir um alto peso específico de compactação quando usados em camadas mais espessas.

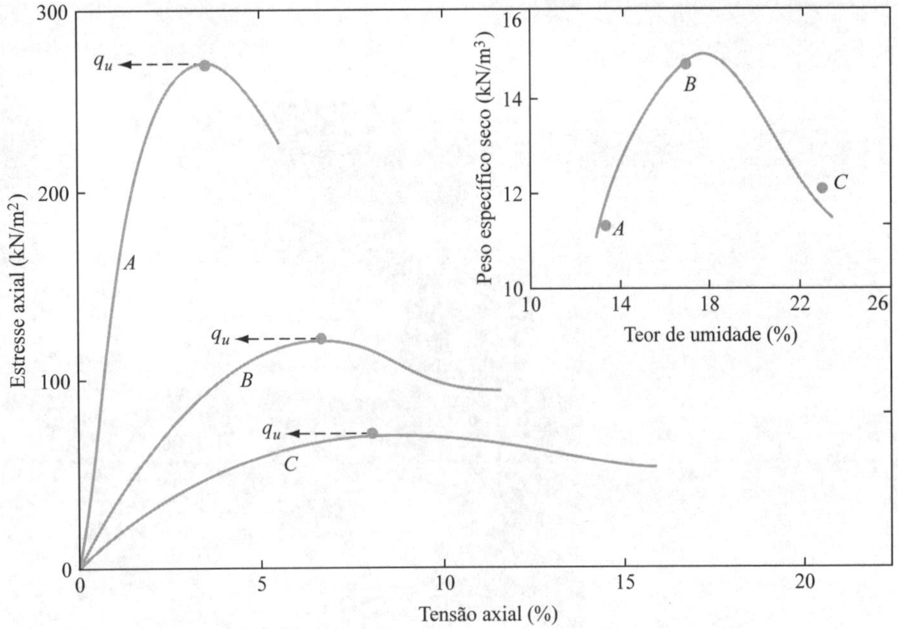

Figura 6.16 Ensaio de compressão não confinada em corpos de prova compactados de argila siltosa.

Os rolos de pneus de borracha pneumáticos (Figura 6.18) são melhores em muitos aspectos quando comparados aos rolos compactadores lisos. Os primeiros são profusamente equipados com diversas fileiras de pneus.

Os pneus ficam estreitamente espaçados – são quatro a seis pneus por fileira. A pressão de contato entre o solo e os pneus pode variar de 600 a 700 kN/m^2 e eles produzem cerca de 70% a 80% de cobertura. Os rolos compactadores de pneus podem ser usados na compactação de solos argilosos e solos arenosos. A compactação é obtida por meio de uma combinação de pressão e ação de amassamento.

Os rolos compactadores pé de carneiro (Figura 6.19) estão equipados com tambores com várias projeções. A área de cada projeção pode variar de 25 a 85 cm^2. Esses compactadores são mais eficientes na compactação de solos argilosos. A pressão de contato sob as projeções pode variar de 1.400 a 7.000 kN/m^2. Durante a compactação no campo, as passagens iniciais compactam a porção inferior de uma camada. A compactação das porções intermediária e superior da camada é realizada em uma etapa posterior.

Figura 6.17 Rolo compactador liso. (*Ingram Compaction LLC.*)

Figura 6.18 Rolo compactador de pneus de borracha. (*Ingram Compaction LLC.*)

Figura 6.19 Rolo compactador pé de carneiro. (*SuperStock/Alamy.*)

Os rolos compactadores vibratórios são de alta eficiência na compactação de solos granulares. Dispositivos vibratórios podem ser montados em rolos compactadores lisos, de pneus de borracha ou pé de carneiro para aplicar os efeitos vibratórios no solo. A Figura 6.20 demonstra o princípio de funcionamento dos rolos compactadores vibratórios. A vibração é produzida por pesos giratórios excêntricos. Placas vibratórias manuais podem ser empregadas na compactação eficiente de solos granulares em uma área limitada. As placas vibratórias também podem ser instaladas em conjunto nas máquinas. Tais placas podem ser utilizadas em áreas menos restritas.

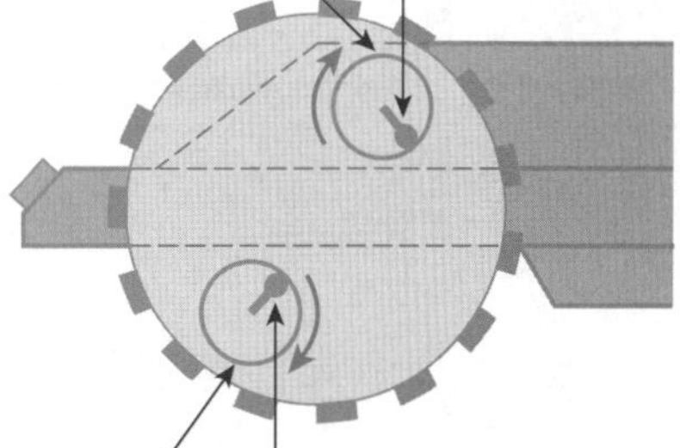

Figura 6.20 Princípio de funcionamento dos rolos compactadores vibratórios.

Compactação de campo e fatores que afetam a compactação de campo

Para compactação de campo, o solo é espalhado em camadas e uma quantidade predeterminada de água é vaporizada (Figura 6.21) em cada camada de solo, após o início da compactação pelo rolo desejado.

Além do tipo de solo e teor de umidade, outros fatores devem ser considerados para alcançar o peso específico de compactação de campo desejado. Entre esses fatores estão a espessura da camada, a intensidade da pressão aplicada pelo equipamento de compactação e a área na qual a pressão é aplicada. Tais fatores são importantes, pois a pressão aplicada na superfície diminui em função da profundidade, o que resulta em um decréscimo no grau de compactação do solo. Durante a compactação, o peso específico seco do solo também é afetado pelo número de passagens do rolo. A Figura 6.22 mostra as curvas de crescimento deste parâmetro para um solo argilo-siltoso. O peso específico seco de um solo a determinado teor de umidade aumenta, até certo ponto, com o número de passagens do rolo. Além desse ponto, o peso específico permanece aproximadamente constante. Na maioria dos casos, cerca de 10 a 15 passagens do rolo produzem um peso específico seco máximo economicamente viável.

A Figura 6.23a mostra a variação no peso específico de compactação com profundidade para uma areia de duna malgraduada, na qual a compactação é alcançada por meio do tambor de um rolo vibratório. A vibração foi produzida instalando um peso excêntrico em um eixo giratório simples dentro do tambor cilíndrico. O peso do rolo utilizado para esta compactação era de 55,6 kN e o diâmetro do tambor era de 1,19 m. As camadas foram mantidas em 2,44 m. Observe que, a qualquer profundidade, o peso específico seco de compactação aumenta à medida que o rolo passa. Porém, a taxa de aumento do peso específico diminui gradativamente depois de 15 passagens. Outro fator que deve ser observado na Figura 6.23a é a variação do peso específico seco para dado número de passagens do rolo. O peso específico seco e, consequentemente, a densidade relativa, D_r, alcançam seus valores máximos a uma profundidade de cerca de 0,5 m e diminuem gradativamente em profundidades menores. Esse decréscimo ocorre em razão da falta de pressão de confinamento em direção à superfície. Depois que a relação entre a profundidade e a densidade relativa

Figura 6.21 Pulverização de água em cada camada de solo antes da compactação no campo. (*Cortesia de N. Sivakugan, James Cook University Austrália.*)

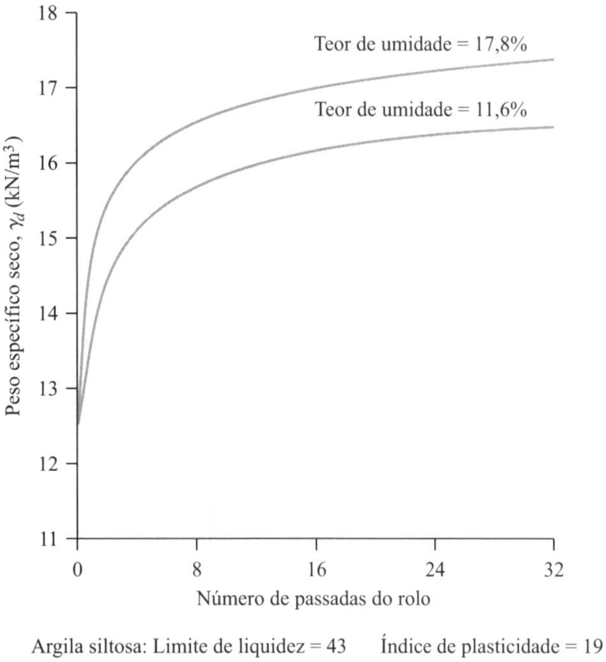

Figura 6.22 Curva de crescimento do peso específico seco em função do número de passadas de um rolo compactador de três rodas de 84,5 kN para camadas lançadas de solo de 229 mm com diferentes teores de umidade. (*Extraído de "Full-Scale Field Tests on 3-Wheel Power Rollers", em Highway Research Bulletin 272, Highway Research Board, National Research Council, Washington, D.C., 1960, Figura 15, p. 23. Reproduzido com permissão da Transportation Research Board.*)

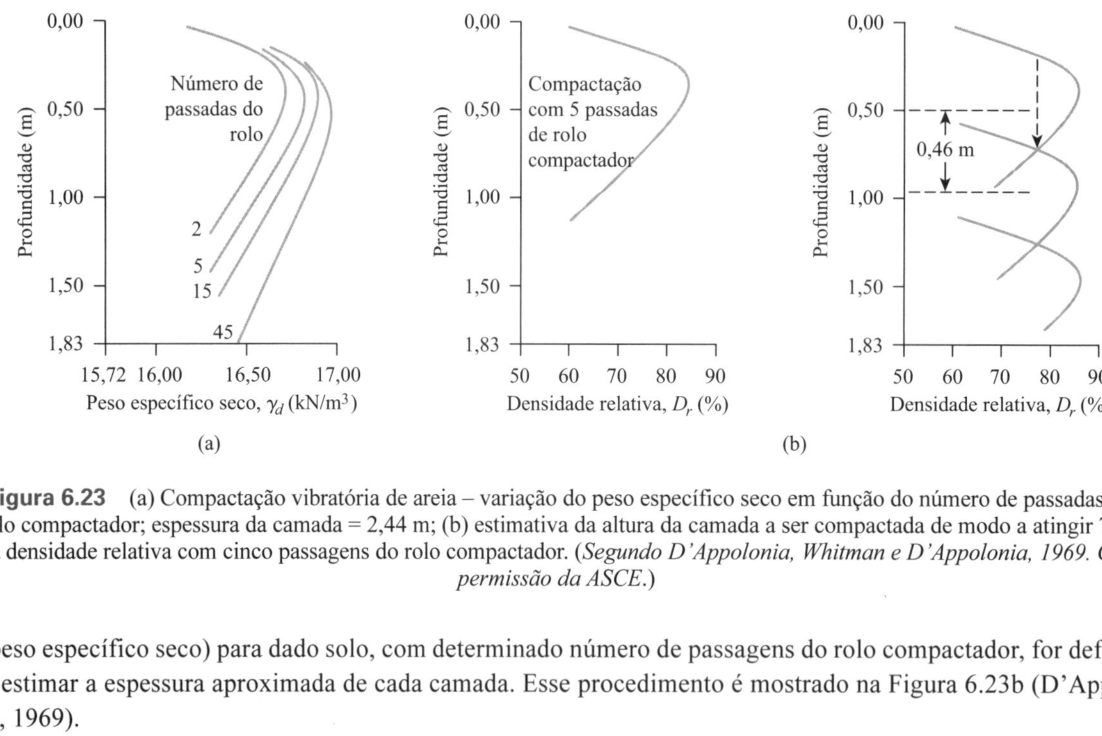

Figura 6.23 (a) Compactação vibratória de areia – variação do peso específico seco em função do número de passadas do rolo compactador; espessura da camada = 2,44 m; (b) estimativa da altura da camada a ser compactada de modo a atingir 75% da densidade relativa com cinco passagens do rolo compactador. (*Segundo D'Appolonia, Whitman e D'Appolonia, 1969. Com permissão da ASCE.*)

(ou peso específico seco) para dado solo, com determinado número de passagens do rolo compactador, for definida, é fácil estimar a espessura aproximada de cada camada. Esse procedimento é mostrado na Figura 6.23b (D'Appolonia et al., 1969).

6.10 Especificações para a compactação no campo

Na maior parte das especificações de terraplanagem, o empreiteiro é instruído a obter um peso específico seco de compactação do campo de 90% a 95% do peso específico seco máximo, determinado em laboratório por meio do ensaio Proctor normal ou modificado. Essa é uma especificação para grau de compactação, que pode ser expressa por

$$R(\%) = \frac{\gamma_{d(\text{campo})}}{\gamma_{d(\text{máx}-\text{lab})}} \times 100 \qquad (6.21)$$

onde R = grau de compactação.

Para a compactação de solos granulares, as especificações são por vezes elaboradas em função da densidade relativa requerida D_r ou do grau de compactação requerido. A densidade relativa não deve ser confundida com grau de compactação. Com base no Capítulo 3, podemos elaborar

$$D_r = \left[\frac{\gamma_{d(\text{campo})} - \gamma_{d(\text{mín})}}{\gamma_{d(\text{máx})} - \gamma_{d(\text{mín})}}\right]\left[\frac{\gamma_{d(\text{máx})}}{\gamma_{d(\text{campo})}}\right] \tag{6.22}$$

Comparando as Eqs. (6.21) e (6.22), vemos que

$$R = \frac{R_0}{1 - D_r(1 - R_0)} \tag{6.23}$$

onde

$$R_0 = \frac{\gamma_{d(\text{mín})}}{\gamma_{d(\text{máx})}} \tag{6.24}$$

A especificação para compactação no campo com base no grau de compactação ou na densidade relativa é uma especificação de produto final. O empreiteiro deve alcançar um peso específico seco mínimo, independentemente do procedimento adotado em campo. A condição de compactação mais econômica pode ser explicada com ajuda da Figura 6.24. As curvas de compactação A, B e C são relativas ao mesmo solo, com variação do esforço de compactação. A curva A representa as condições de máximo esforço de compactação que pode ser obtido de um equipamento existente. O empreiteiro deve alcançar um peso específico seco mínimo de $\gamma_{d(\text{campo})} = R_{\gamma d(\text{máx})}$. Para obter esses resultados, o empreiteiro deve certificar-se de que o teor de umidade w fique entre w_1 e w_2. Como é possível visualizar na curva de compactação C, o $\gamma_{d(\text{campo})}$ necessário pode ser obtido com um menor esforço de compactação a um teor de umidade $w = w_3$. Porém, na maioria das situações práticas, um peso específico de campo compactado de $\gamma_{d(\text{campo})} = R_{\gamma d(\text{máx})}$ não pode ser obtido por meio do esforço de compactação mínimo. Portanto, deve-se utilizar um equipamento com um pouco mais do que o mínimo esforço de compactação. A curva de compactação B representa essa condição. É possível observar na Figura 6.24 que o teor de umidade mais econômico está entre w_3 e w_4. Observe que $w = w_4$ é o teor de umidade ótimo para a curva A, que é o máximo esforço de compactação.

O conceito descrito no parágrafo anterior, juntamente com a Figura 6.24, é historicamente atribuído a Seed (1964) e foi elaborado de maneira mais detalhada por Holtz e Kovacs (1981).

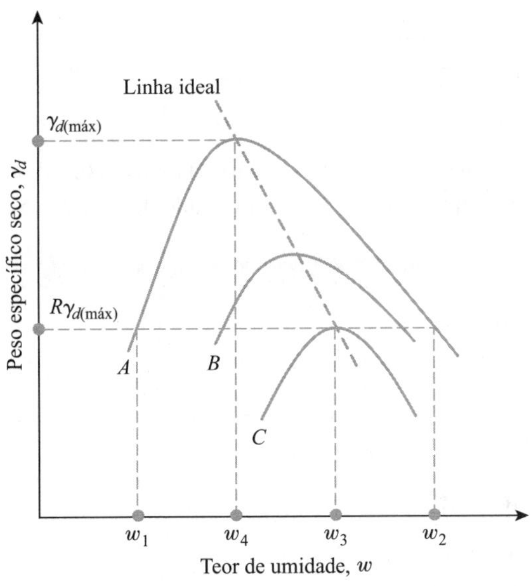

Figura 6.24 Condição mais econômica para compactação.

Exemplo 6.8

Os pesos específicos mínimos e máximos de uma areia coletada no campo foram determinados no laboratório como 18,38 kN/m³ e 15,99 kN/m³, respectivamente. É necessário que a areia do campo seja compactada a uma densidade relativa de 85%. Determine qual seria o grau de compactação no campo.

Solução

Segundo a Eq. (6.24),

$$R_o = \frac{\gamma_{d(\text{mín})}}{\gamma_{d(\text{máx})}} = \frac{15{,}99}{18{,}38} = 0{,}87$$

Segundo a Eq. (6.23),

$$R = \frac{R_o}{1 - D_r(1 - R_o)} = \frac{0{,}87}{1 - (0{,}85)(1 - 0{,}87)} = 0{,}978 = \mathbf{97{,}8\%}$$

■

6.11 Determinação de peso específico compactado de campo

Quando o trabalho de compactação no campo está em andamento, é útil saber se o peso específico estabelecido foi alcançado. Os procedimentos padrão para determinação do peso específico de compactação no campo incluem

1. Método de frasco de areia
2. Método de balão de borracha
3. Método nuclear

Abaixo segue uma breve descrição de cada um dos métodos.

Método do frasco de areia (norma D-1556 da ASTM)

O equipamento para ensaio consiste em um frasco de vidro ou de plástico com um cone de metal instalado no topo (Figura 6.25). O frasco é preenchido com areia Ottawa uniforme e seca. O peso combinado do frasco, do cone e da areia no frasco é determinado (W_1). No campo, um pequeno furo é escavado na área em que o solo foi compactado. Se o peso do solo úmido retirado do furo (W_2) for determinado e sabendo-se o teor de umidade do solo escavado, o peso seco do solo pode ser obtido por

$$W_3 = \frac{W_2}{1 + \frac{w\,(\%)}{100}} \tag{6.25}$$

onde w = teor de umidade.

Após a escavação do furo, o frasco de areia acoplado ao cone é posicionado de cabeça para baixo sobre o furo (Figura 6.26). A areia é liberada do frasco e preenche o furo e o cone. Em seguida, o peso combinado do frasco, do cone e da areia restante no frasco é determinado (W_4), portanto

$$W_5 = W_1 - W_4 \tag{6.26}$$

onde W_5 = peso da areia para preencher o furo e o cone.

O volume do furo escavado pode ser determinado por

$$V = \frac{W_5 - W_c}{\gamma_{d(\text{areia})}} \tag{6.27}$$

Figura 6.25 Frasco de vidro cheio de areia de Ottawa e com o cone de areia acoplado. (*Cortesia de Braja M. Das, Henderson, Nevada.*)

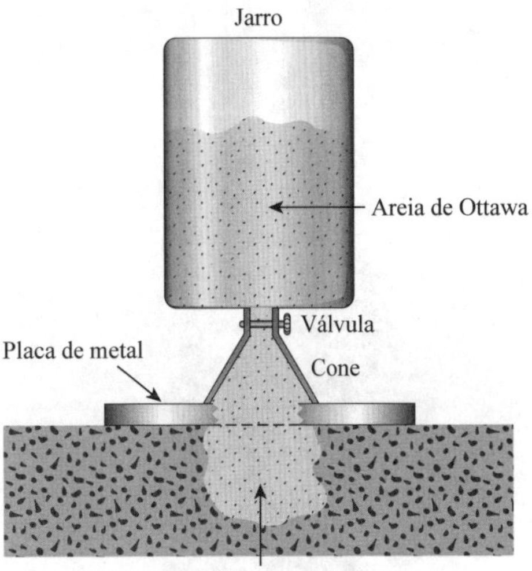

Figura 6.26 Peso específico no campo determinado pelo método do frasco de areia.

onde W_c = peso da areia necessária para encher apenas o cone

$\gamma_{d(\text{areia})}$ = peso específico seco da areia Ottawa usada

Os valores de W_c e $\gamma_{d(\text{areia})}$ são calculados pela calibração realizada em laboratório. O peso específico seco de compactação realizada em campo pode, então, ser determinado da seguinte forma:

$$\gamma_d = \frac{\text{Peso seco do solo escavado do furo}}{\text{Volume do furo}} = \frac{W_3}{V} \tag{6.28}$$

Método do balão de borracha (Designação D-2167 da ASTM)

O procedimento para o método de balão de borracha é similar ao do método de frasco de areia. É feito um furo de ensaio, e o peso úmido do solo removido do furo e o teor de umidade são determinados. No entanto, o volume do furo é determinado introduzindo-se nele um balão de borracha preenchido com água retirada de um recipiente graduado, permitindo que o volume possa ser deduzido diretamente. O peso específico seco do solo compactado pode ser determinado usando-se a Eq. (6.28). A Figura 6.27 mostra um recipiente graduado que seria usado com o balão de borracha.

Método nuclear

Os densímetros nucleares são utilizados com frequência para a determinação do peso específico seco compactado do solo. Esse equipamento opera tanto em furos escavados como na superfície do solo. Ele utiliza uma fonte isótopa radioativa. O isótopo envia os raios gama, que se irradiam de volta para o detector do medidor. Um solo denso absorve mais radiação do que um solo fofo. O instrumento mede o peso de solo úmido por unidade de volume e o peso da água existente em uma unidade de volume do solo. O peso específico seco do solo compactado pode ser calculado subtraindo-se o peso da água do peso específico úmido do solo. A Figura 6.28 mostra uma foto de um densímetro nuclear.

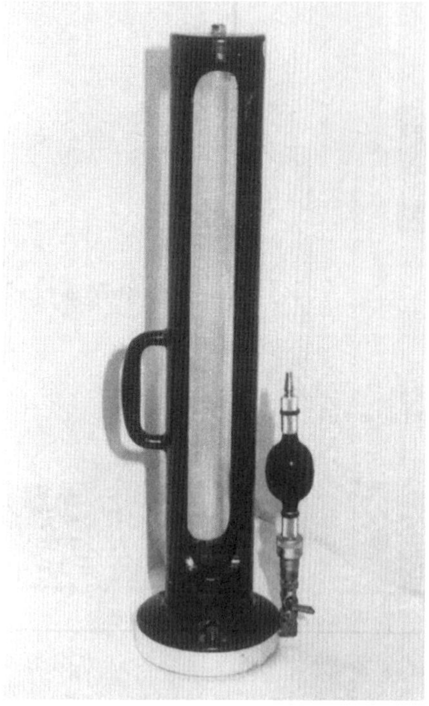

Figura 6.27 Frasco graduado usado com o balão de borracha (não mostrado). (*Cortesia de John Hester, Carterville, Illinois.*)

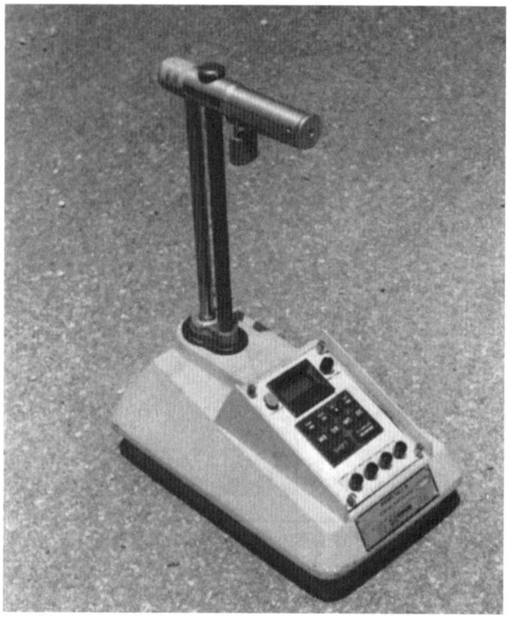

Figura 6.28 Densímetro nuclear. (*Cortesia de Braja M. Das, Henderson, Nevada.*)

Exemplo 6.9

Os resultados de um ensaio de compactação em laboratório para um silte argiloso são mostrados na tabela a seguir.

Teor de umidade (%)	Peso específico seco (kN/m³)
6	14,80
8	17,45
9	18,52
11	18,9
12	18,5
14	16,9

Os dados a seguir são resultado de um ensaio de determinação em campo do peso específico por meio do método do frasco de areia:

- Massa específica seca calibrada da areia Ottawa = 1.570 kg/m^3
- Massa calibrada de areia Ottawa necessária para encher o cone = 0,545 kg
- Massa do frasco + cone + areia (antes da utilização) = 7,59 kg
- Massa do frasco + cone + areia (após a utilização) = 4,78 kg
- Massa do solo úmido retirado do furo = 3,007 kg
- Teor de umidade do solo úmido = 10,2%

Determine:

a. O peso específico seco da compactação em campo
b. Compactação relativa no campo

Solução

Parte a

No campo,

Massa da areia usada para preencher o furo e o cone = 7,59 kg – 4,78 kg = 2,81 kg

Massa da areia usada para preencher o furo = 2,81 kg – 0,545 kg = 2,265 kg

$$\text{Volume do furo } (V) = \frac{2,265 \text{ kg}}{\text{Massa específica seca de areia Ottawa}} = \frac{2,265 \text{ kg}}{1.570 \text{ kg/m}^3} = 0,0014426 \text{ m}^3$$

$$\text{Massa específica úmida do solo compactado} = \frac{\text{Massa de solo úmido}}{\text{Volume do furo}} = \frac{3,007}{0,0014426} = 2.084,4 \text{ kg/m}^3$$

$$\text{Peso específico úmido do solo compactado} = \frac{(2.084,4)(9,81)}{1.000} = 20,45 \text{ kN/m}^3$$

Portanto,

$$\gamma_d = \frac{\gamma}{1 + \frac{w(\%)}{100}} = \frac{20,45}{1 + \frac{10,2}{100}} = \mathbf{18,56 \text{ kN/m}^3}$$

Parte b

Os resultados do ensaio de compactação em laboratório são mostrados no gráfico da Figura 6.29. A partir do gráfico, podemos observar que $\gamma_{d(\text{máx})} = 19 \text{ kN/m}^3$. Portanto, a partir da Eq. (6.21),

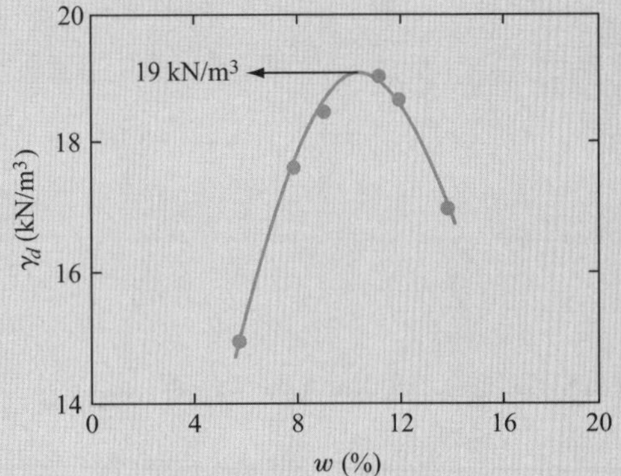

Figura 6.29 Gráfico dos resultados do ensaio de compactação em laboratório.

$$R = \frac{\gamma_{d(\text{campo})}}{\gamma_{d(\text{máx})}} = \frac{18,56}{19,0} = \mathbf{97,7\%}$$

■

Exemplo 6.10

Para determinado solo ($G_s = 2{,}72$), seguem abaixo os resultados de ensaios de compactação conduzidos no laboratório.

Teor de umidade (%)	Peso específico seco γ_d (kN/m³)
12	16,34
14	16,93
16	17,24
18	17,20
20	16,75
22	16,23

Após a compactação do solo no campo, os ensaios de frasco de areia (ensaios de controle) foram conduzidos em cinco locais separados. Abaixo seguem os resultados:

Local	Teor de umidade (%)	Massa específica úmida, ρ (kN/m³)
1	15,2	2.055
2	16,4	2.060
3	17,2	1.971
4	18,8	1.980
5	21,1	2.104

As especificações exigem que:

a. γ_d deve ser pelo menos 0,95 $\gamma_{d(\text{máx})}$.
b. Teor de umidade w deve estar dentro de $\pm$ 2% do $w_{\text{ótimo}}$.

Faça os cálculos necessários para visualizar se os ensaios de controle atendem às especificações.

Solução

Da Eq. (6.4),

$$\gamma_{\text{sat}} = \frac{\gamma_w}{w + \dfrac{1}{G_s}}$$

Dado: $G_s = 2{,}72$. Assim, pode-se elaborar a tabela a seguir.

w (%)	γ_{sat} (kN/m³)
12	20,12
14	19,33
16	18,59
18	17,91
20	17,28
22	16,70

A Figura 6.30 exibe o gráfico de γ_d e γ_{sat}. A partir do gráfico, podemos ver que:

$$\gamma_{d(\text{máx})} = 17{,}4 \text{ kN/m}^3$$

$$w_{\text{ótimo}} = 16{,}8\%$$

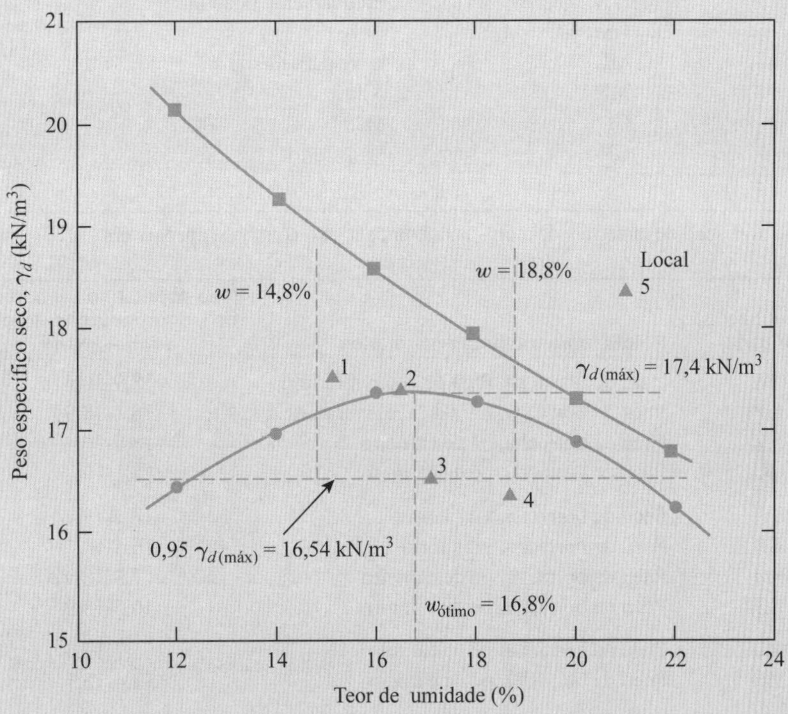

Figura 6.30

Com base nas especificações, γ_d deve ser pelo menos 0,95 $\gamma_{d(máx)}$ = (0,95)(17,4) = 16,54 kN/m³ com um teor de umidade de 16,8% ± 2% = 14,8% a 18,8%. Esta zona é indicada na Figura 6.30.

Para os ensaios de controle, pode-se elaborar a seguinte tabela.

Local	w (%)	ρ (kN/m³)	γ_d* (kN/m³)
1	15,2	2.055	17,5
2	16,4	2.060	17,36
3	17,2	1.971	16,51
4	18,8	1.980	16,35
5	21,1	2.104	18,41

$$^{*}\gamma_d\,(\text{kN/m}^3) = \left[\frac{\rho\,(\text{kg/m}^3)}{1+\dfrac{w(\%)}{100}}\right]\left(\frac{9{,}81}{1.000}\right)$$

Os resultados dos ensaios de controle também são exibidos no gráfico da Figura 6.30. A partir do gráfico, parece que **os ensaios nos locais 1 e 2 atendem às especificações**. O ensaio no local 3 é um caso intermediário. Observe também que existe algum erro para o ensaio no local 5, uma vez que ele fica acima da linha de 100% de saturação. ■

6.12 Avaliação de solos como material de compactação

A Tabela 6.2 fornece um resumo geral da avaliação de diversos tipos de solos como material de aterro, relacionados ao tipo de rolo, ao peso específico seco máximo de compactação com base nos ensaios Proctor normal e às características de compactação. A compressibilidade e as características de expansão em solos compactados são as seguintes (Sowers, 1979):

GW, GP, SW, SP	Praticamente nenhum
GM, GC, SM, SC	Leve
ML	Leve para médio
MH	Alto
CL	Médio
CH	Muito alto

Tabela 6.2 Resumo de avaliação de materiais de aterro para compactação com base em Sowers (1979) e na Highway Research Board (1962)

Tipo de solo	Classificação unificada	Rolo(s) para melhores resultados	Peso específico seco máximo – compactação Proctor normal kN/m³	Características de compactação
Pedregulhoso	GW	Pneu de borracha, roda de aço, vibratório	18,9-20,4	Bom
	GP	Pneu de borracha, roda de aço, vibratório	18,1-18,9	Bom
	GM	Pneu de borracha, pé de carneiro	18,9-20,4	Bom a moderado
	GC	Pneu de borracha, pé de carneiro	18,1-19,7	Bom a moderado
Arenoso	SW	Pneu de borracha, vibratório	18,1-19,7	Bom
	SP	Pneu de borracha, vibratório	16,5-18,1	Bom
	SM	Pneu de borracha, pé de carneiro	17,3-18,9	Bom a moderado
	SC	Pneu de borracha, pé de carneiro	16,5-18,9	Bom a moderado
Siltoso	ML	Pneu de borracha, pé de carneiro	15,7-17,3	Bom para ruim
	MH	Pneu de borracha, pé de carneiro	13,4-15,7	Fraco para ruim
Argiloso	CL	Pneu de borracha, pé de carneiro	14,1-18,1	Fraco para ruim
	CH	Pé de carneiro	13,4-16,5	Fraco para ruim

6.13 Técnicas especiais de compactação

Diversos tipos de técnicas de compactação especiais foram desenvolvidos para a compactação profunda de solos locais; tais técnicas são utilizadas no campo para trabalhos de compactação em larga escala. Entre elas, os métodos populares são a vibroflutuação, a compactação dinâmica e a detonação. As próximas seções detalham estes métodos.

Vibroflutuação

A vibroflutuação é uma técnica para densificação *in situ* de camadas espessas de depósitos de solos granulares fofos. Essa técnica foi desenvolvida na Alemanha, na década de 1930. O primeiro equipamento de vibroflutuação foi usado nos Estados Unidos cerca de dez anos depois. O processo envolve o uso de uma unidade de *Vibroflot* (também chamado de *unidade vibratória*), que tem aproximadamente 2,1 m de comprimento. (Conforme indicado na Figura 6.31.) A unidade vibratória está equipada com um peso excêntrico em seu interior, capaz de gerar força centrífuga, o que permite que a unidade vibre na posição horizontal. Existem aberturas na parte inferior e superior da unidade, as quais permitem a passagem de jatos de água. Um tubo de acompanhamento é conectado à unidade vibratória. A Figura 6.31 mostra o conjunto completo de equipamento necessário para realizar a compactação no campo.

O processo completo de vibroflutuação no campo pode ser dividido em quatro estágios (Figura 6.32):

Estágio 1: O jato de água na base do Vibroflot é ligado e baixado até o solo.

Estágio 2: O jato de água muda rapidamente a condição do solo e isso permite que a unidade vibratória afunde no terreno.

Estágio 3: O material granular é derramado pela abertura superior do furo. A água do jato inferior é transferida para o jato na parte superior da unidade vibratória. Essa água faz com que o material granular desça até o furo.

Estágio 4: A unidade vibratória é gradualmente aumentada em aproximadamente 0,3 m de espessura e a vibração é mantida por aproximadamente 30 segundos em cada camada. Esse processo compacta o solo até o peso específico desejado.

Os detalhes sobre os vários tipos de unidades Vibroflot usados nos Estados Unidos são fornecidos na Tabela 6.3. Observe que unidades elétricas de 23 kW são empregadas desde o fim da década de 1940. As unidades de 75 kW foram introduzidas no início da década de 1970.

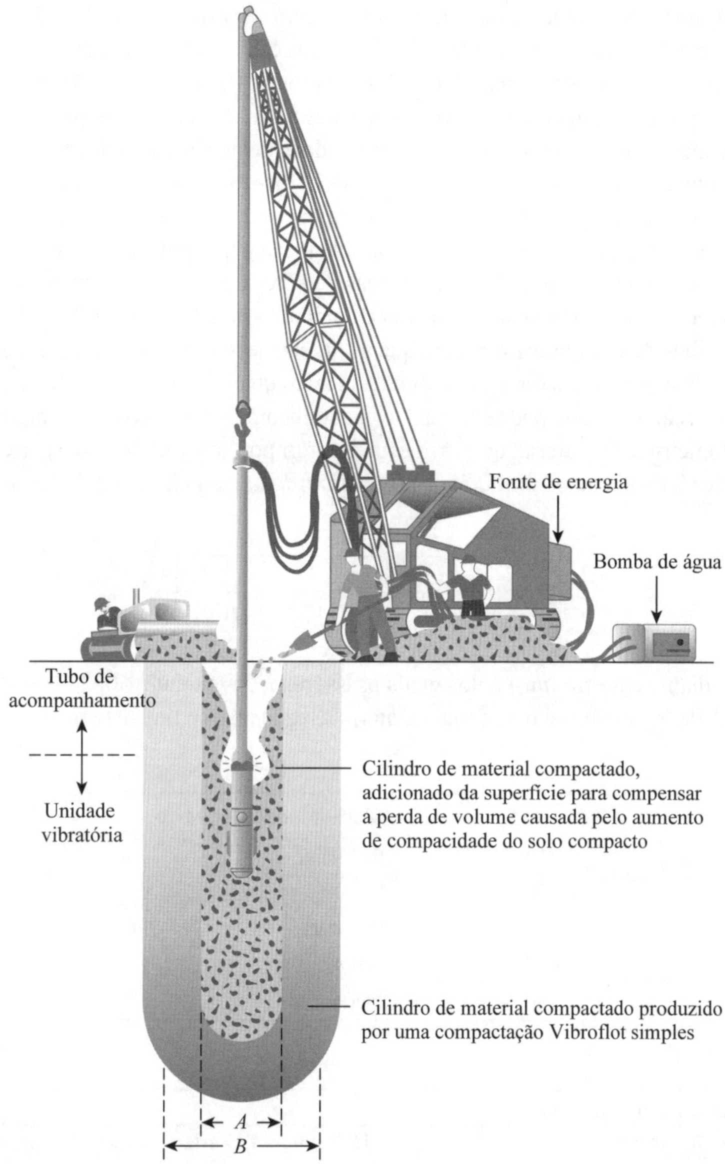

Figura 6.31 Unidade de vibroflutuação. (*Segundo Brown, 1977. Com permissão da ASCE.*)

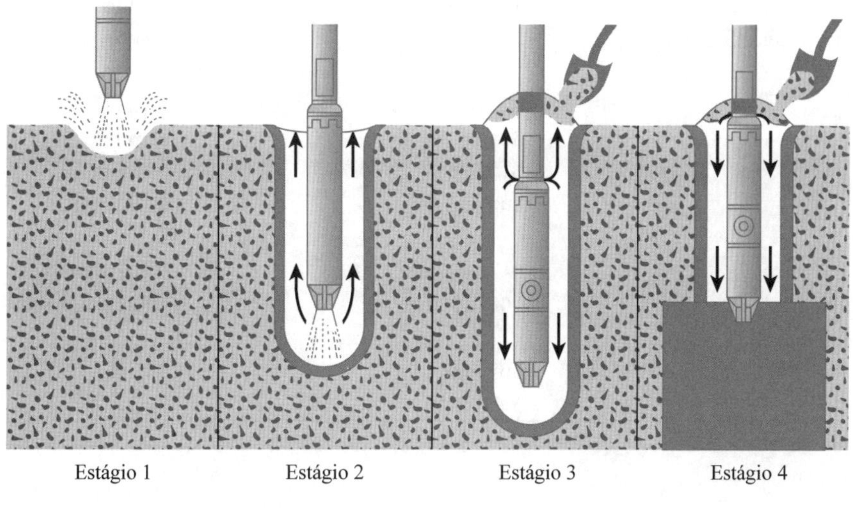

Figura 6.32 Compactação pelo processo de vibroflutuação. (*Segundo Brown, 1977. Com permissão da ASCE.*)

A zona de compactação ao redor de uma sonda varia de acordo com o tipo de Vibroflot usado. A zona de compactação cilíndrica possui um raio de cerca de 2 m para uma unidade de 23 kW. Esse raio pode aumentar para 3 m nas unidades de 75 kW.

Os padrões de espaçamento típicos das sondas Vibroflot são mostrados na Figura 6.33. Padrões quadrados e retangulares geralmente são usados para compactar o solo para fundações rasas e isoladas. Os padrões de triângulos equiláteros geralmente são usados na compactação de grandes áreas. A capacidade de densificar de forma bem-sucedida um solo *in situ* depende de vários fatores, entre os quais os mais importantes são a distribuição granulométrica do solo e o tipo de aterro usado para preencher os furos durante o período de remoção da unidade de Vibroflot. A faixa da distribuição granulométrica do solo *in situ*, marcada como Zona 1 na Figura 6.34, é a mais adequada para compactação pelo método de vibroflutuação. Os solos com quantidades excessivas de areia fina e partículas de silte são de difícil compactação, e é necessário aplicar um esforço considerável para alcançar a densidade relativa de compactação adequada. A Zona 2, na Figura 6.34, é o limite inferior aproximado da distribuição granulométrica para que a compactação por vibroflutuação seja eficiente. Os depósitos do solo cujas distribuições granulométricas estejam na Zona 3 contêm quantidades consideráveis de pedregulho. Para estes solos, a velocidade de penetração da sonda pode ser baixa e economicamente desfavorável em longo prazo.

A distribuição granulométrica do material de aterro é um fator importante que controla a taxa de densificação. Brown (1977) definiu a quantidade chamada de *quantidade de compatibilidade* para classificação de aterro como

$$S_N = 1,7\sqrt{\frac{3}{(D_{50})^2} + \frac{1}{(D_{20})^2} + \frac{1}{(D_{10})^2}} \tag{6.29}$$

onde D_{50}, D_{20} e D_{10} são os diâmetros (em mm) pelos quais passa, respectivamente, 50, 20 e 10% do material.

Quanto menor o valor de S_N, melhor é o material de aterro. Segue abaixo um sistema de classificação de aterro proposto por Brown:

Faixa de S_N	Classificação do aterro
0-10	Excelente
10-20	Bom
20-30	Regular
30-50	Ruim
>50	Inadequado

Tabela 6.3 Tipos de unidade vibroflutuatória*

Tipo de motor	Hidráulico e elétrico de 75 kW	Elétrico de 23 kW
a. Extremidade vibratória		
Comprimento	2,1 m	1,86 m
Diâmetro	406 mm	381 mm
Peso	17,8 kN	17,8 kN
Deslocamento máximo carregado	12,5 mm	7,6 mm
Deslocamento máximo quando ocorre força centrífuga total	160 kN	89 kN
b. Excêntrico		
Peso	1,2 kN	0,76 kN
Deslocamento	38 mm	32 mm
Comprimento	610 mm	390 mm
Velocidade	1.800 rpm	1.800 rpm
c. Bomba		
Taxa de fluxo operacional	0-1,6 m^3/min	0-0,6 m^3/min
Pressão	700-1.050 kN/m^2	700-1.050 kN/m^2
d. Extensões e tubo de acompanhamento inferior		
Diâmetro	305 mm	305 mm
Peso	3,65 kN/m	3,65 kN/m

* *De acordo com Brown, 1977. Com permissão da ASCE.*

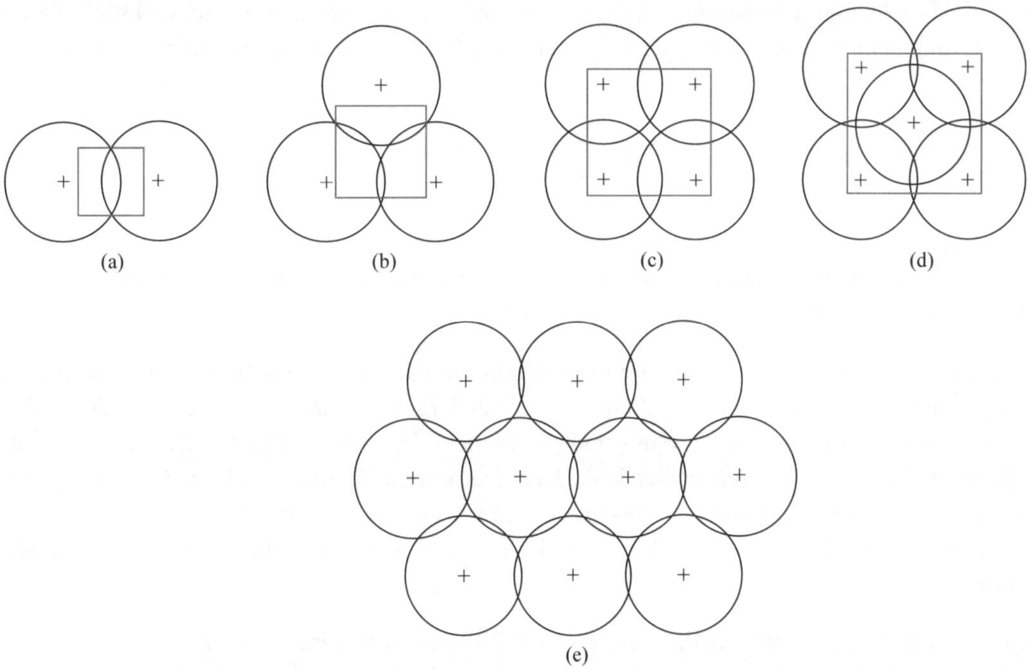

Figura 6.33 Padrões típicos de espaçamento das sondas Vibroflot para uma fundação de coluna (a, b, c, e d) e para a compactação de uma área grande (e).

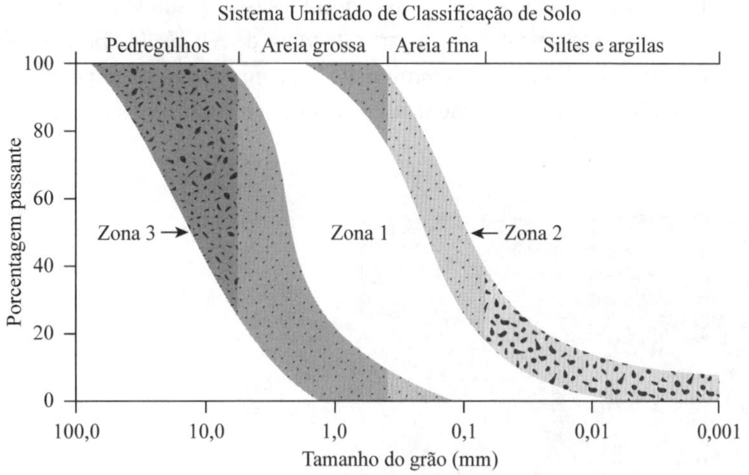

Figura 6.34 Faixa efetiva de distribuição granulométrica do solo para vibroflutuação.

Compactação dinâmica

Compactação dinâmica é uma técnica de densificação de depósitos de solos granulares que se tornou popular nos Estados Unidos. Esse processo consiste, basicamente, em utilizar um grande peso para golpear o solo de modo sucessivo e em intervalos regulares. O peso do soquete varia de 80 a 360 kN, e sua altura de queda varia de 7,5 e 30,5 m. As ondas de pressão geradas pelos golpes do soquete ajudam na densificação. O grau de compactação alcançado em determinado local depende dos três fatores a seguir:

1. Peso do soquete
2. Altura de queda do soquete
3. Espaçamento entre os pontos golpeados pelo soquete

A Figura 6.35 exibe uma compactação dinâmica em andamento. Leonards, Cutter e Holtz (1980) sugeriram que um valor aproximado da profundidade de influência significante para compactação pode ser obtido utilizando a equação

$$DI \simeq \left(\tfrac{1}{2}\right)\sqrt{W_H h} \tag{6.30}$$

onde DI = profundidade de densificação significativa (m)
W_H = peso em queda (toneladas métricas) (*observação:* 1 ton métrica = 1000 kgf = 9,81 kN)
h = altura da queda (m)

Em 1992, Poran e Rodriguez sugeriram um método racional para conduzir a compactação dinâmica para solos granulares no campo. Segundo tal método, para um soquete de largura D com peso W_H e altura de queda h, a forma aproximada da área densificada será do tipo mostrado na Figura 6.36 (isto é, um esferoide semialongado). Observe que nesta figura $b = DI$ (onde DI é a profundidade de densificação significativa). A Figura 6.37 fornece o desenho de um gráfico para a/D e b/D em relação a $NW_H h/Ab$ (D = largura do soquete se não for circular na seção transversal; A = área da seção transversal do soquete; e N = número de quedas necessárias do soquete). Esse método utiliza as etapas a seguir:

Etapa 1: Determine a profundidade de densificação significativa necessária, DI (= b).
Etapa 2: Determine o peso do martelete (W_H), a altura de queda (h), as dimensões da seção transversal e, com isso, a área A e a largura D.
Etapa 3: Determine $DI/D = b/D$.
Etapa 4: Use a Figura 6.37 e determine a magnitude de $NW_H h/Ab$ para o valor de b/D obtido na Etapa 3.
Etapa 5: Como as magnitudes de $NW_H h$, A e b são conhecidas (ou presumidas) com base na Etapa 2, o número de golpes do soquete pode ser estimado a partir do valor de $NW_H h/Ab$ obtido na Etapa 4.
Etapa 6: Sabendo os valores de $NW_H h/Ab$, determine a/D e, com isso, a, segundo a Figura 6.37.
Etapa 7: O espaçamento S_g para compactação dinâmica pode ser, então, considerado igual ou ligeiramente inferior a a. (Veja a Figura 6.38)

Figura 6.35 Compactação dinâmica em andamento. (*Cortesia de Khaled Sobhan, Florida Atlantic University, Boca Raton, Flórida.*)

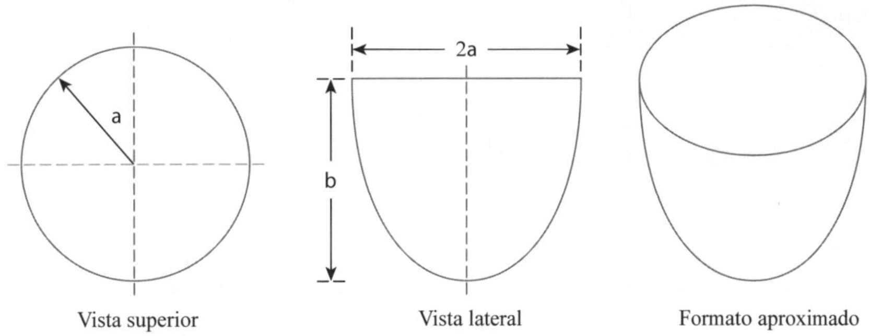

Figura 6.36 Forma aproximada da área densificada por compactação dinâmica.

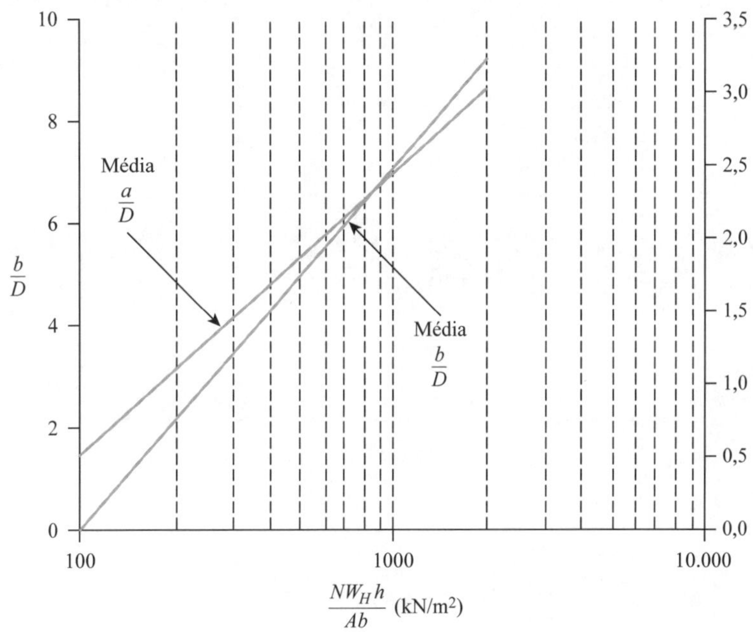

Figura 6.37 Gráfico de Poran e Rodriguez para a/D, b/D em relação a $NW_H h/Ab$.

Detonação

A detonação é uma técnica que tem sido utilizada com sucesso em muitos projetos de densificação de solos granulares (Mitchell, 1970). Em geral, as granulometrias de solo adequadas para compactação por detonação são as mesmas da compactação por vibroflutuação. O processo envolve a detonação de cargas explosivas, como 60% de dinamite, a certa profundidade abaixo da superfície, em solo saturado. O espaçamento lateral das cargas varia cerca de 3 a 9 m. Normalmente, são necessárias de três a cinco detonações bem-sucedidas para a obtenção da compactação desejada. A compactação (até uma densidade relativa de cerca de 80%) a uma profundidade de aproximadamente 18 m sobre uma área ampla pode ser facilmente obtida por meio desse processo. Em geral, as cargas explosivas são posicionadas a uma profundidade de cerca de dois terços da espessura da camada de solo a ser compactada. A esfera de influência da compactação produzida por uma carga de 60% de dinamite pode ser determinada pela equação a seguir (Mitchell, 1970).

$$r = \sqrt{\frac{W_{EX}}{C}} \tag{6.31}$$

onde r = esfera de influência

W_{EX} = peso do explosivo – 60% dinamite

C = 0,0122 quando W_{EX} está em kg e r em m

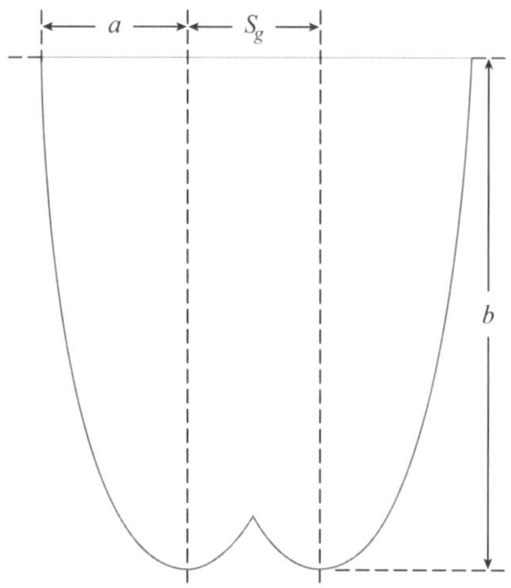

Figura 6.38 Espaçamento aproximado para compactação dinâmica.

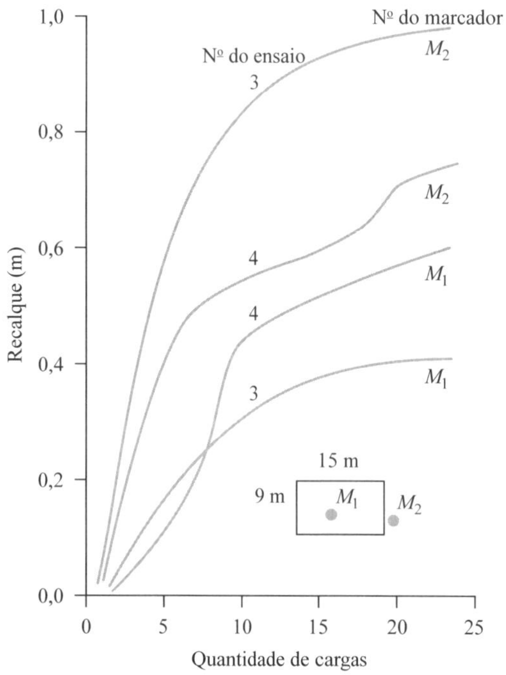

Figura 6.39 Recalque do solo em função do número de cargas explosivas.

A Figura 6.39 mostra os resultados dos ensaios de densificação do solo por detonação em uma área de 15 m por 9 m (Mitchell, 1970). Para estes ensaios, foram utilizadas 20 cargas de 2,09 kg de Gelamite nº 1 (Hercules Powder Company, Wilmington, Delaware).

Exemplo 6.11

Os dados a seguir são do material de aterro utilizado em um projeto de vibroflutuação:

- $D_{10} = 0{,}36$ mm
- $D_{20} = 0{,}52$ mm
- $D_{50} = 1{,}42$ mm

Determine o número de aplicabilidade S_N. Qual seria a classificação do material de aterro?

Solução

Segundo a Eq. (6.29),

$$S_N = 1{,}7\sqrt{\frac{3}{(D_{50})^2} + \frac{1}{(D_{20})^2} + \frac{1}{(D_{10})^2}}$$

$$= 1{,}7\sqrt{\frac{3}{(1{,}42)^2} + \frac{1}{(0{,}52)^2} + \frac{1}{(0{,}36)^2}}$$

$$= \mathbf{6{,}1}$$

Classificação: **Excelente** ■

Exemplo 6.12

Considere o caso de uma compactação dinâmica no campo. Dados:

- Peso do soquete = 11,34 ton métricas
- Altura da queda = 10,67 m

Determine a profundidade de densificação significativa, *DI*.

Solução

Segundo a Eq. (6.31),

$$DI = 0{,}5\sqrt{W_H h} = (0{,}5)(11{,}34 \times 10{,}67)^{0{,}5} \approx \mathbf{5{,}5\ m}$$ ■

6.14 Resumo

Neste capítulo discutimos o seguinte:

- Os ensaios de compactação Proctor normal e modificado são conduzidos em laboratório para determinar o peso específico seco máximo de compactação [$\gamma_{d(\text{máx})}$] e o teor de umidade ótimo ($w_{\text{ótimo}}$) (Seções 6.3 e 6.5).
- $\gamma_{d(\text{máx})}$ e $w_{\text{ótimo}}$ são funções da energia de compactação *E*.
- Diversas relações empíricas foram apresentadas para estimar $\gamma_{d(\text{máx})}$ e $w_{\text{ótimo}}$ para solos não coesivos e coesivos (Seção 6.6). Também incluímos nesta seção uma relação empírica para estimar a densidade relativa de compactação (D_r) com os já conhecidos tamanho médio do grão (D_{50}) e energia de compactação (*E*).
- Para determinada energia de compactação (*E*) em um solo coesivo, a condutividade hidráulica e a resistência à compressão não confinada são funções do teor de umidade de moldagem.
- A compactação no campo é geralmente realizada por rolos, como o rolo liso, o rolo pneus de borracha, o rolo pé de carneiro e o rolo vibratório (Seção 6.9).
- Ensaios de controle para determinar a qualidade de compactação de campo podem ser feitos utilizando o método de frasco de areia, método de balão de borracha e método nuclear.
- A vibroflutuação, a compactação dinâmica e a detonação são técnicas especiais utilizadas para compactação de larga escala no campo (Seção 6.13).

Os ensaios Proctor normal e modificado de compactação laboratorial, descritos neste capítulo, são realizados essencialmente para compactação *dinâmica* ou *por impacto* do solo; no entanto, no laboratório, a *compactação estática* e a *compactação por amassamento* também podem ser utilizadas. É importante entender que a compactação de solos argilosos no campo, por meio de rolos compactadores, é feita essencialmente por amassamento. As relações do peso específico seco (γ_d) e do teor de umidade (w) obtidos por compactação de amassamento ou compactação dinâmica são diferentes. Os resultados dos ensaios de compactação Proctor obtidos em laboratório são utilizados, basicamente, para determinar se o uso de rolos compactadores em campo é suficiente. As estruturas de solo coesivo compactado com um peso específico seco, similar às obtidas por compactação dinâmica e por amassamento, podem ser diferentes. Por sua vez, essa diferença afeta as propriedades físicas, tais como a condutividade hidráulica, a compressibilidade e a resistência.

No caso da maioria das operações de terraplenagem, a seleção final da área de empréstimo depende de fatores como o tipo do solo e os custos de escavação e transporte.

Problemas

6.1 O peso específico seco máximo e o teor de umidade ótimo de um solo são 16,8 kN/m^3 e 17%, respectivamente. Se G_s é 2,73, qual é o grau de saturação ao teor de umidade ótimo?

6.2 Para um solo com G_s = 2,7, calcule e trace um gráfico da variação da massa específica seca (em kg/m^3) a w = 8, 12, 16 e 20%, e para o grau de saturação a S = 55, 70, 85 e 100%, respectivamente.

6.3 Calcule os pesos específicos saturados (kN/m^3) para um solo com G_s = 2,66 e teores de umidade 7, 11, 15, 19 e 23%.

6.4 Os resultados de um ensaio Proctor normal são dados na tabela abaixo.

a. Determine o peso específico seco máximo de compactação e o teor de umidade ótimo. Dado: volume do molde = 943,3 cm^3.

b Determine o índice de vazios e o grau de saturação no teor de umidade ótimo. Dado: G_s = 2,69.

Número de tentativas	Peso do solo úmido no molde (kg)	Teor de umidade (%)
1	1,68	8,6
2	1,88	10,6
3	2,13	12,5
4	2,10	14,9
5	1,83	16,7
6	1,65	18,3

6.5 O ensaio laboratorial do Problema 6.4 foi usado para desenvolver a especificação de compactação de campo para um projeto de rodovia. A determinação do peso específico do campo durante a construção revelou que o peso específico úmido *in situ* é 19,46 kN/m^3 e que o teor de umidade é 13,7%. Determine o grau de compactação no campo.

6.6 Repita o Problema 6.4 com os seguintes dados (use G_s = 2,73):

Número de tentativas	Massa do solo úmido no molde (g)	Teor de umidade (%)
1	1.668	7
2	1.723	8,9
3	1.800	12,3
4	1.850	14,8
5	1.873	17,3
6	1.868	18,5

6.7 Os resultados de um ensaio de compactação Proctor normal em uma areia siltosa são mostrados na Figura 6.40.

a. Encontre o peso específico seco máximo e o teor de umidade ótimo.

b. Qual é o peso específico úmido ao teor de umidade ótimo?

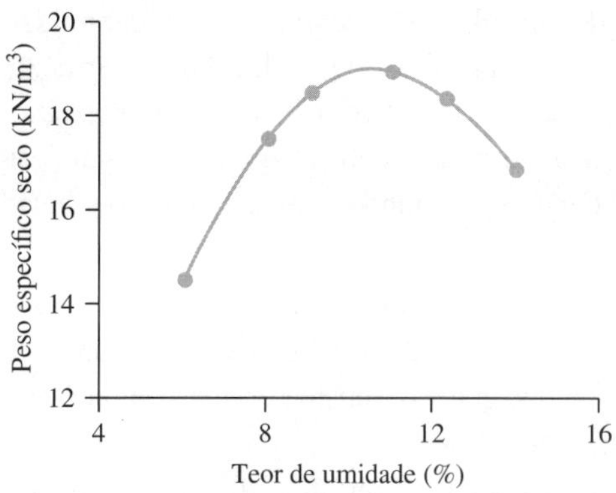

Figura 6.40

c. Qual é o grau de saturação no teor de umidade ótimo? Dado: $G_s = 2{,}69$.

d. Se o peso específico seco do campo requerido for 18,5 kN/m^3, qual o seu grau de compactação?

e. Qual deve ser a variação dos teores de umidade da compactação no campo para alcançar o grau de compactação acima?

f. Se os índices de vazios mínimos e máximos forem 0,31 e 0,82, respectivamente, qual é a densidade relativa de compactação do campo?

6.8 Um ensaio Proctor normal foi conduzido em um solo argilo-siltoso coletado de um local de obras sugerido. Os resultados são mostrados na tabela a seguir.

Número de tentativas	Massa do solo úmido no molde (g)	Teor de umidade (%)
1	1.689	12,7
2	1.752	15,0
3	1.800	17,8
4	1.845	20,6
5	1.844	23,8

a. Determine a massa específica seca (kg/m^3) de compactação e o teor de umidade ótimo. Dado: volume do molde = 943,3 cm^3.

b. Se a especificação exigir 99% de grau de compactação no campo, qual seria a massa específica seca do campo e a variação aceitável do teor de umidade?

6.9 Considere o solo argilo-siltoso no local de obras do Problema 6.8. Como parte de um programa de controle de qualidade, o engenheiro de inspeção do campo conduziu um ensaio de frasco de areia para determinar a densidade do campo. Os dados abaixo foram registrados utilizando o método do frasco de areia.

- Massa específica seca calibrada da areia Ottawa = 1.667 kg/m^3
- Massa de areia Ottawa necessária para preencher o cone = 0,117 kg
- Massa do frasco + cone + areia (antes da utilização) = 6,1 kg
- Massa do frasco + cone + areia (após a utilização) = 2,83 kg
- Massa do solo úmido retirado do furo = 3,35 kg
- Teor de umidade do solo úmido = 16,1%

a. Determine o peso específico seco de compactação no campo.

b. Qual é o grau de compactação no campo?

c. A especificação de compactação declarada no Problema 6.8 foi alcançada?

6.10 O peso específico úmido *in situ* de um solo é 16,6 kN/m^3 e o teor de umidade é 19%. A densidade real dos grãos é de 2,69. Esse solo deve ser escavado e transportado para local de construção a fim de ser usado em um aterro compactado. Se a especificação exige que o solo seja compactado a um peso específico seco mínimo de 19,5 kN/m^3 no mesmo teor de umidade de 19%, quantos metros cúbicos de solo do local de escavação são necessários para produzir 2.500 m^3 de aterro compactado? Quantos caminhões com carga de 20 toneladas (≈ 18.144 kgf) são necessários para transportar o solo escavado?

6.11 Um projeto de aterro requer 7.500 m^3 de solo compactado. O índice de vazios do aterro compactado é especificado em 0,7. O solo pode ser transportado de uma das quatro áreas de empréstimo, conforme descrito na tabela abaixo. O índice de vazios, a densidade real dos grãos e o custo por metro cúbico para o deslocamento de solo até o local de construção proposto são fornecidos na tabela.

a. Determine o volume necessário de cada solo da área de empréstimo para atender à especificação do local de aterro.

b. Faça os cálculos necessários para selecionar a área de empréstimo com o melhor custo.

Área de empréstimo	Índice de vazios	G_s	Custo ($/m^3)
I	0,85	2,66	11
II	0,92	2,69	8
III	1,21	2,71	9
IV	0,89	2,73	10

6.12 Os pesos específicos secos máximos e mínimos de uma areia foram determinados em laboratório como 16,9 e 14,2 kN/m^3, respectivamente. Qual é o grau de compactação no campo se a densidade relativa for 82%?

6.13 O grau de compactação de uma areia siltosa em campo é 94%. Dado que $\gamma_{d(\text{máx})} = 17$ kN/m^3 e $\gamma_{d(\text{mín})} = 13{,}8$ kN/m^3, determine o peso específico seco no campo e a densidade relativa de compactação.

6.14 O grau de compactação de uma areia argilosa no campo é 90%. Os pesos específicos secos mínimo e máximo da areia são 18 kN/m^3 e 14,6 kN/m^3, respectivamente. Determine:

a. O peso específico seco no campo.

b. A densidade relativa de compactação.

c. O peso específico úmido a um teor de umidade de 18%.

6.15 Considere a compactação no campo de uma areia argilosa, vista no Problema 6.14. Se antes da compactação a camada de solo possuía um índice de vazios de 0,97 e uma espessura de 1,75 m, qual seria a espessura final após a compactação? Suponha que $G_s = 2{,}67$.

6.16 Em um ensaio de compactação dinâmico, o peso do soquete foi de 16 ton métricas e a altura de queda do soquete, de 11 m. Estime a profundidade de densificação significativa.

6.17 A vibroflutuação está sendo considerada para densificação *in situ* de um grande depósito de solos granulares em um determinado local. Os resultados da análise de peneiramento do material do aterro proposto são mostrados na Figura 6.41.

Determine o número de adequabilidade, S_N, e classifique-o como um material de aterro.

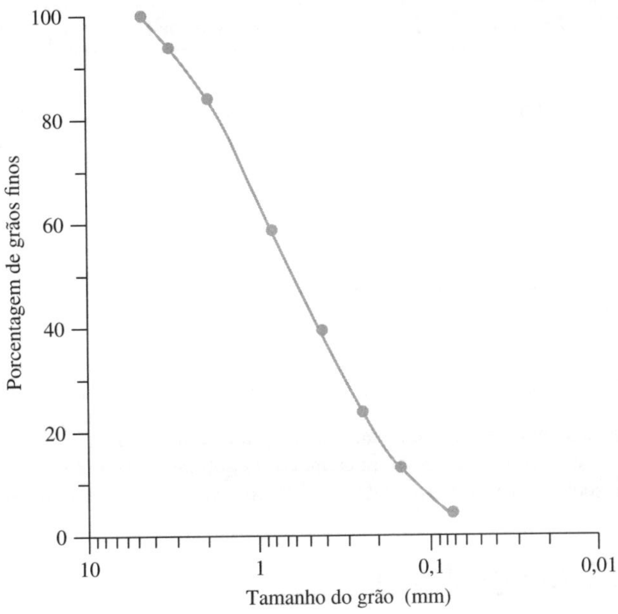

Figura 6.41

Problema de pensamento crítico

6.C.1 Já que os experimentos laboratoriais ou de campo são geralmente caros e levam muito tempo, os engenheiros geotécnicos frequentemente dependem das relações empíricas para prever os parâmetros de projeto. A seção 6.6 apresenta tais relações para prever o teor de umidade ótimo e o peso específico seco máximo. Utilize algumas destas equações e compare os nossos resultados com os dados experimentais conhecidos. A seguinte tabela apresenta os resultados dos ensaios de compactação laboratorial conduzidos em ampla faixa de solos granulares finos que utilizam diversas energias de compactação (*E*). Com base nos dados de solo da tabela, determine o teor de umidade ótimo e o peso específico seco máximo utilizando as relações empíricas apresentadas na Seção 6.6.

a. Utilize o método Osman et al. (2008) [Eqs. (6.15) a (6.18)].

b. Utilize o método Gurtug e Sridharan (2004) [Eqs. (6.13) e (6.14)].

c. Utilize o método Matteo et al. (2009) [Eqs. (6.19) e (6.20)].

d. Trace o gráfico $w_{\text{ótimo}}$ calculado contra o $w_{\text{ótimo}}$ experimental e o $\gamma_{d(\text{máx})}$ calculado com o $\gamma_{d(\text{máx})}$ experimental. Desenhe uma *linha de igualdade* de 45 graus em cada gráfico.

e. Comente as capacidades preditivas de vários métodos. O que você pode dizer sobre a natureza intrínseca de modelos empíricos?

Solo	G_s	*LL* (%)	*LP* (%)	*E* (kN-m/m³)	$w_{\text{ótimo}}$ (%)	$\gamma_{d(\text{máx})}$ (kN/m³)
1[a]	2,67	17	16	2.700[b]	8	20,72
				600[c]	10	19,62
				354[d]	10	19,29
2[a]	2,73	68	21	2.700	20	16,00
				600	28	13,80
				354	31	13,02
3	2,68	56	14	2.700	15	18,25
				1.300[e]	16	17,5
				600	17	16,5

Solo	G_s	*LL* (%)	*LP* (%)	*E* (kN-m/m³)	$w_{ótimo}$ (%)	$\gamma_{d(máx)}$ (kN/m³)
				275[f]	19	15,75
4	2,68	66	27	600	21	15,89
5	2,67	25	21	600	18	16,18
6	2,71	35	22	600	17	16,87
7	2,69	23	18	600	12	18,63
8	2,72	29	19	600	15	17,65

Observação:
[a] Tschebotarioff (1951)
[b] Ensaio Proctor modificado
[c] Ensaio Proctor normal
[d] Molde Proctor normal e soquete; queda: 305 mm; camadas: 3; golpes/camada: 15
[e] Molde Proctor modificado e soquete; queda: 457 mm; camadas: 5; golpes/camada: 26
[f] Molde Proctor modificado; soquete Proctor normal; queda: 305 mm; camadas: 3; golpes/camada: 25

Referências bibliográficas

AMERICAN ASSOCIATION OF STATE HIGHWAY AND TRANSPORTATION OFFICIALS. *AASHTO Materials, Part II*, Washington, D.C., 1982.

AMERICAN SOCIETY FOR TESTING AND MATERIALS. *Annual Book of ASTM Standards*, v. 04.08, West Conshohocken, Pa, 2014.

BROWN, E. Vibroflotation Compaction of Cohesionless Soils, *Journal of the Geotechnical Engineering Division*, ASCE, v. 103, n. GT12, p. 1437-1451, 1977.

D'APPOLONIA, D. J.; WHITMAN, R. V.; D'APPOLONIA, E. D. Sand Compaction with Vibratory Rollers, *Journal of the Soil Mechanics and Foundations Division*, ASCE, v. 95, n. SM1, p. 263-284, 1969.

GURTUG, Y.; SRIDHARAN, A. Compaction Behaviour and Prediction of Its Characteristics of Fine Grained Soils with Particular Reference to Compaction Energy, *Soils and Foundations*, v. 44, n. 5, p. 27-36, 2004.

HIGHWAY RESEARCH BOARD. *Factors influencing Compaction Test Results, Bulletin 319*, Washington, D.C, 1962.

HOLTZ, R. D.; KOVACS, W. D. *An Introduction to Geotechnical Engineering*, Englewood Cliffs, N. J: Prentice Hall, 1981.

JOHNSON, A. W.; SALLBERG, J. R. Factors That Influence Field Compaction of Soil, Highway Research Board, Bulletin n. 272, 1960.

______; ______. Factors Influencing Compaction Test Results, *Bulletin 319*, Highway Research Board, National Research Council, 146 p., 1962.

LAMBE, T. W. The Structure of Compacted Clay, *Journal of the Soil Mechanics and Foundations Division*, ASCE, v. 84, n. SM2, p. 1654-1 a 1654-35, 1958a.

______. The Engineering Behavior of Compacted Clay, *Journal of the Soil Mechanics and Foundations Division*, ASCE, v. 84, n. SM2, p. 1655-1 a 1655-35, 1958b.

LEE, P. Y.; SUEDKAMP, R. J. Characteristics of Irregularly Shaped Compaction Curves of Soils, *Highway Research Record* n. 381, National Academy of Sciences, Washington, D.C., p. 1-9, 1972.

LEONARDS, G. A.; CUTTER, W. A.; HOLTZ, R. D. Dynamic Compaction of Granular Soils, *Journal of the Geotechnical Engineering Division*, ASCE, v. 106, n. GT1, p. 35-44, 1980.

MATTEO, L. D.; BIGOTTI, F.; RICCO, R. Best-Fit Model to Estimate Proctor Properties of Compacted Soil, *Journal of Geotechnical and Geoenvironmental Engineering*, ASCE, v. 135, n. 7, p. 992-996, 2009.

MITCHELL, J. K. In-Place Treatment of Foundation Soils, *Journal of the Soil Mechanics and Foundations Division*, ASCE, v. 96, n. SM1, p. 73-110, 1970.

MUTJABA, H., FAROOK, K., SIVAKUGAN, N.; DAS, B. M. Correlation between Gradation Parameters and Compaction Characteristics of Sandy Soil, *International Journal of Geotechnical Engineering*, Maney Publishing, U.K., v. 7, n. 4, p. 395-401, 2013.

OMAR, M.; ABDALLAH, S.; BASMA, A.; BARAKAT, S. Compaction Characteristics of Granular Soils in United Arab Emirates, *Geotechnical and Geological Engineering*, v. 21, n. 3, p. 238-295, 2003.

OSMAN, S.; TOGROL, E.; KAYADELEN, C. Estimating Compaction Behavior of Fine-Grained Soils Based on Compaction Energy, *Canadian Geotechnical Journal*, v. 45, n. 6, p. 877-887, 2008.

PATRA, C.; R., SIVAKUGAN, N.; DAS, B. M.; ROUT, S. K. Correlation of Relative Density of Clean Sand with Median Grain Size and Compaction Energy, *International Journal of Geotechnical Engineering*, v. 4, n. 2, p. 196-203, 2010.

PORAN, C. J.; RODRIGUEZ, J. A. Design of Dynamic Compaction, *Canadian Geotechnical Journal*, v. 2, n. 5, p. 796-802, 1992.

PROCTOR, R. R. Design and Construction of Rolled Earth Dams, *Engineering News Record*, v. 3, p. 245-248, 286-289, 348-351, 372-376, 1933.

SEED, H. B. Lecture Notes, CE 271, Seepage and Earth Dam Design, University of California, Berkeley, 1964.

SEED, H. B.; CHAN, C. K. Structure and Strength Characteristics of Compacted Clays, *Journal of the Soil Mechanics and Foundations Division*, ASCE, v. 85, n. SM5, p. 87-128, 1959.

SOWERS, G. F. *Introductory Soil Mechanics and Foundations: Geotechnical Engineering*, Nova York: Macmillan, 1979.

TSCHEBOTARIOFF, G. P. *Soil Mechanics, Foundations; Earth Structures*, Nova York: McGraw-Hill, 1951.

CAPÍTULO 7

Permeabilidade dos solos

7.1 Introdução

Os solos são permeáveis devido à existência de espaços vazios interconectados, através dos quais a água consegue fluir de pontos de alta energia para pontos de baixa energia. O estudo do fluxo de água que passa por um solo permeável é importante para a mecânica dos solos. Tal estudo é necessário para estimar a quantidade de fluxo subterrâneo, sob diversas condições hidráulicas, a fim de investigar problemas envolvidos no bombeamento de água em construções subterrâneas e realizar análises de estabilidade de barragens e estruturas de contenção de maciços sujeitos a forças de percolação.

Um dos principais parâmetros físicos de um solo que controla a taxa de percolação é *condutividade hidráulica*; também conhecida como *coeficiente de permeabilidade*. Neste capítulo, estudaremos o seguinte:

- Definição de condutividade hidráulica e a sua magnitude em diversos solos
- Determinação laboratorial da condutividade hidráulica
- Relações empíricas para estimar a condutividade hidráulica
- Condutividade hidráulica equivalente em solo estratificado com base na direção do fluxo de água
- Determinação de condutividade hidráulica em ensaios de campo

7.2 Equação de Bernoulli

Da mecânica de fluidos sabemos que, de acordo com a equação de Bernoulli, a carga total de um ponto na água em movimento pode ser dada pela soma das cargas piezométrica, cinética e altimétrica, ou seja

$$h = \underbrace{\frac{u}{\gamma_w}}_{\text{Carga piezométrica}} + \underbrace{\frac{v^2}{2g}}_{\text{Carga cinética}} + \underbrace{Z}_{\text{Carga altimétrica}} \tag{7.1}$$

onde h = carga total
u = pressão
v = velocidade
g = aceleração da gravidade
γ_w = peso específico da água

Observe que a carga altimétrica Z é a distância vertical de determinado ponto acima ou abaixo de um plano de referência. A carga piezométrica é a pressão da água, u, em determinado ponto, dividida pelo peso específico da água, γ_w.

Se a equação de Bernoulli é aplicada ao fluxo de água em um meio poroso, o termo que contém a carga cinética pode ser ignorado, pois a velocidade de percolação é pequena e a carga total em qualquer ponto pode ser adequadamente representada por

$$h = \frac{u}{\gamma_w} + Z \tag{7.2}$$

A Figura 7.1 mostra a relação entre as cargas piezométrica, altimétrica e total para o fluxo da água que passa pelo solo. Tubos abertos, chamados de *piezômetros*, foram instalados nos pontos A e B. Os níveis que a água atinge nos tubos dos piezômetros situados nos pontos A e B são conhecidos como *níveis piezométricos* dos pontos A e B, respectivamente. A carga piezométrica em um ponto é a altura da coluna vertical da água no piezômetro instalado em tal ponto.

A perda de carga entre dois pontos, A e B, pode ser determinada por

$$\Delta h = h_A - h_B = \left(\frac{u_A}{\gamma_w} + Z_A\right) - \left(\frac{u_B}{\gamma_w} + Z_B\right) \tag{7.3}$$

A perda de carga, Δh, pode ser expressa em uma forma adimensional por

$$i = \frac{\Delta h}{L} \tag{7.4}$$

onde i = gradiente hidráulico

L = distância entre os pontos A e B – ou seja, o comprimento do fluxo no qual ocorreu a perda de carga

Em geral, a variação da velocidade v com o gradiente hidráulico i é dada como mostra a Figura 7.2. A figura é dividida em três zonas:

1. Zona de fluxo laminar (Zona I)
2. Zona de transição (Zona II)
3. Zona de fluxo turbulento (Zona III)

Quando o gradiente hidráulico é aumentado gradualmente, o fluxo permanece laminar nas Zonas I e II, e a velocidade, v, apresenta uma relação linear com o gradiente hidráulico. Com o gradiente hidráulico mais alto, o fluxo torna-se turbulento (Zona III). Quando é reduzido, as condições do fluxo laminar existem apenas na Zona I.

Na maioria dos solos, o fluxo da água que passa pelos espaços vazios pode ser considerado laminar; portanto,

$$v \propto i \tag{7.5}$$

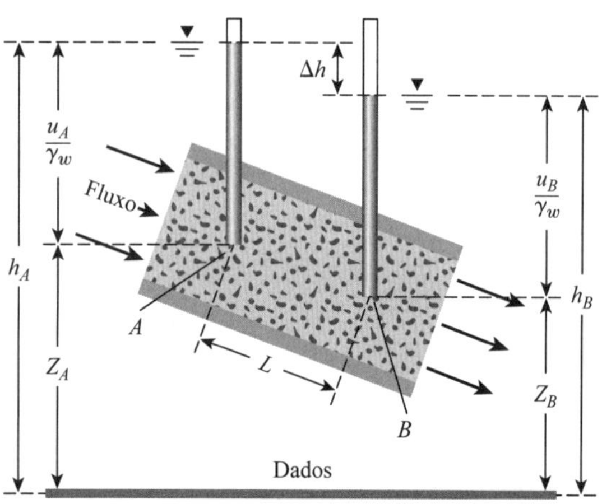

Figura 7.1 Cargas piezométrica, altimétrica e total para o fluxo de água através do solo.

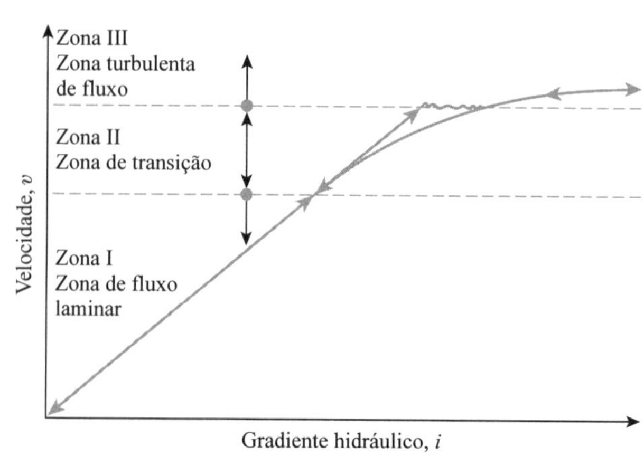

Figura 7.2 Natureza de variação de v com gradiente hidráulico, i.

Em rochas fraturadas, pedras, pedregulho e areias grossas, as condições de fluxo turbulento podem existir e a Eq. (7.5) pode ser inválida.

7.3 Lei de Darcy

Em 1856, Darcy publicou uma equação simples para a velocidade de descarga da água através de solos saturados, que pode ser expressa por

$$v = ki \tag{7.6}$$

onde $v =$ *velocidade de descarga*, que é a quantidade de água fluindo em uma unidade de tempo através de uma unidade de área da seção transversal bruta do solo perpendicular em relação à direção do fluxo

$k =$ condutividade hidráulica (também conhecida como coeficiente de permeabilidade)

Esta equação tem como base principal as observações de Darcy sobre o fluxo de água pelas areias limpas. Observe que a Eq. (7.6) é semelhante à Eq. (7.5); ambas são válidas para condições de fluxo laminar e aplicáveis para uma ampla gama de solos.

Na Eq. (7.6), v é a velocidade de descarga de água com base na área seccional transversal bruta do solo. No entanto, a velocidade efetiva da água (chamada velocidade de fluxo ou de percolação) através de espaços vazios é maior que v. Uma relação entre a velocidade de descarga e a velocidade de percolação pode ser determinada de acordo com a Figura 7.3, que mostra um solo de comprimento L, com uma área de seção transversal bruta A. Se a quantidade de água que flui através do solo em unidade de tempo for q, então

$$q = vA = A_v v_s \tag{7.7}$$

onde $v_s =$ velocidade de percolação

$A_v =$ área de vazios na seção transversal do corpo de prova

Porém,

$$A = A_v + A_s \tag{7.8}$$

onde $A_s =$ área de sólidos do solo na seção transversal da amostra.

Combinando as Eqs. (7.7) e (7.8), temos

$$q = v(A_v + A_s) = A_v v_s$$

ou

$$v_s = \frac{v(A_v + A_s)}{A_v} = \frac{v(A_v + A_s)L}{A_v L} = \frac{v(V_v + V_s)}{V_v} \tag{7.9}$$

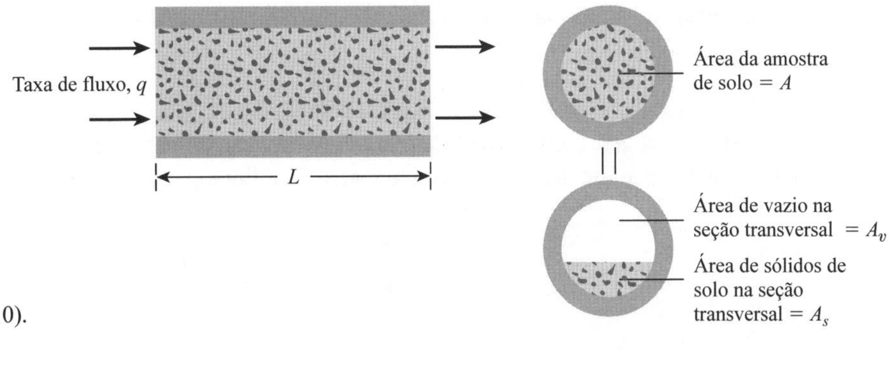

Figura 7.3 Derivação da Eq. (7.10).

onde V_v = volume de vazios no corpo de prova
V_s = volume de sólidos do solo no corpo de prova

A Equação (7.9) pode ser reescrita como

$$v_s = v\left[\frac{1+\left(\frac{V_v}{V_s}\right)}{\frac{V_v}{V_s}}\right] = v\left(\frac{1+e}{e}\right) = \frac{v}{n} \tag{7.10}$$

onde e = índice de vazios
n = porosidade

A lei de Darcy conforme definida pela Eq. (7.6) implica que a velocidade de descarga v sustenta uma relação linear com o gradiente hidráulico i e passa pela origem conforme indicado na Figura 7.4. No entanto, Hansbo (1960) relatou os resultados de ensaio para quatro argilas naturais indeformadas. Com base nos resultados obtidos por ele, parece existir um gradiente hidráulico i' (veja a Figura 7.4), em que

$$v = k(i - i_0) \qquad (\text{para } i \geq i') \tag{7.11}$$

e

$$v = ki^m \qquad (\text{para } i < i') \tag{7.12}$$

A equação anterior implica que, para gradientes hidráulicos muito baixos, a relação entre v e i não é linear. O valor de m na Eq. (7.12) para quatro argilas suecas era de aproximadamente 1,5. No entanto, vários outros estudos refutam as descobertas anteriores. Mitchell (1976) discutiu esses estudos em detalhes. Levando todos os pontos em consideração, ele concluiu que a lei de Darcy é válida.

7.4 Condutividade hidráulica

A condutividade hidráulica é geralmente expressa em cm/s ou m/s, em unidades SI.

A condutividade hidráulica dos solos depende de vários fatores: viscosidade do fluido, distribuição do tamanho de poros, distribuição granulométrica, índice de vazios, rugosidade das partículas minerais e grau de saturação do solo. Em solos argilosos, a estrutura tem função importante na condutividade hidráulica. Outros fatores importantes que afetam a permeabilidade das argilas são a concentração iônica e a espessura das camadas de água retidas nas partículas argilosas.

O valor da condutividade hidráulica (k) varia muito entre diferentes solos. Alguns valores típicos para solos saturados são dados na Tabela 7.1. A condutividade hidráulica de solos não saturados é inferior e aumenta rapidamente com o grau de saturação.

A condutividade hidráulica de um solo também está relacionada com as propriedades do fluido que passa através dele, por meio da equação

$$k = \frac{\gamma_w}{\eta}\overline{K} \tag{7.13}$$

onde γ_w = peso específico da água
η = viscosidade dinâmica da água
$\overline{K}$ = permeabilidade absoluta

A *permeabilidade absoluta ou intrínseca* $\overline{K}$ é expressa em unidades de L^2 (ou seja, cm^2, m^2 e assim por diante).

A Eq. (7.13) mostrou que a condutividade hidráulica é função do peso específico e da viscosidade da água, que por sua vez é função da temperatura na qual o ensaio é conduzido. Então, a partir da Eq. (7.13),

$$\frac{k_{T_1}}{k_{T_2}} = \left(\frac{\eta_{T_2}}{\eta_{T_1}}\right)\left(\frac{\gamma_{w(T_1)}}{\gamma_{w(T_2)}}\right) \tag{7.14}$$

onde k_{T_1}, k_{T_2} = condutividade hidráulica nas temperaturas T_1 e T_2, respectivamente
η_{T_1}, η_{T_2} = viscosidade da água nas temperaturas T_1 e T_2, respectivamente
$\gamma_{w(T_1)}, \gamma_{w(T_2)}$ = peso específico da água nas temperaturas T_1 e T_2, respectivamente

Tabela 7.1 Valores típicos da condutividade hidráulica dos solos saturados

Tipo de solo	*k* cm/s
Pedregulho limpo	100 – 1,0
Areia grossa	1,0 – 0,01
Areia fina	0,01 – 0,001
Argila com silte	0,001 – 0,00001
Argila	<0,000001

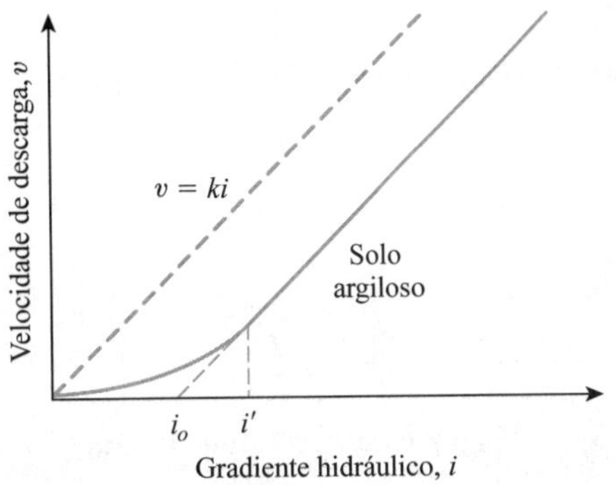

Figura 7.4 Variação de velocidade de descarga com gradiente hidráulico em argila.

É convencional expressar o valor de *k* a uma temperatura de 20 °C. Dentro da faixa de temperaturas de ensaio, podemos presumir que $\gamma_{w(T_1)} \simeq \gamma_{w(T_2)}$. Então, a partir da Eq. (7.14),

$$k_{20°C} = \left(\frac{\eta_{T°C}}{\eta_{20°C}}\right) k_{T°C} \tag{7.15}$$

A variação de $\eta_{T°C}/\eta_{20°C}$ com a temperatura *T* variando de 15 a 30 °C é dada na Tabela 7.2.

Tabela 7.2 Variação de $\eta_{T°C}/\eta_{20°C}$

Temperatura, *T* (°C)	$\eta_{T°C}/\eta_{20°C}$	Temperatura, *T* (°C)	$\eta_{T°C}/\eta_{20°C}$
15	1,135	23	0,931
16	1,106	24	0,910
17	1,077	25	0,889
18	1,051	26	0,869
19	1,025	27	0,850
20	1,000	28	0,832
21	0,976	29	0,814
22	0,953	30	0,797

7.5 Determinação laboratorial da condutividade hidráulica

Dois tipos de ensaios laboratoriais padrão são usados para determinar a condutividade hidráulica do solo: ensaio de carga constante e ensaio de carga variável. Conheça a seguir uma breve descrição de cada um deles.

Ensaio de carga constante

Um arranjo típico do ensaio de permeabilidade com carga constante é exibido na Figura 7.5. Neste tipo de configuração laboratorial, o abastecimento de água na entrada é ajustado de forma que a diferença de cargas entre a entrada e a saída permaneça constante durante o período do ensaio. Depois que uma vazão constante é estabelecida, a água é coletada em um recipiente graduado durante um tempo definido.

O volume total de água coletada pode ser expresso por

$$Q = Avt = A(ki)t \tag{7.16}$$

onde Q = volume de água coletada

A = área da seção transversal do corpo de prova do solo

t = duração da coleta de água

E como

$$i = \frac{h}{L} \tag{7.17}$$

onde L = comprimento da amostra, a Eq. (7.17) pode ser substituída na Eq. (7.16) para fornecer

$$Q = A\left(k\frac{h}{L}\right)t \tag{7.18}$$

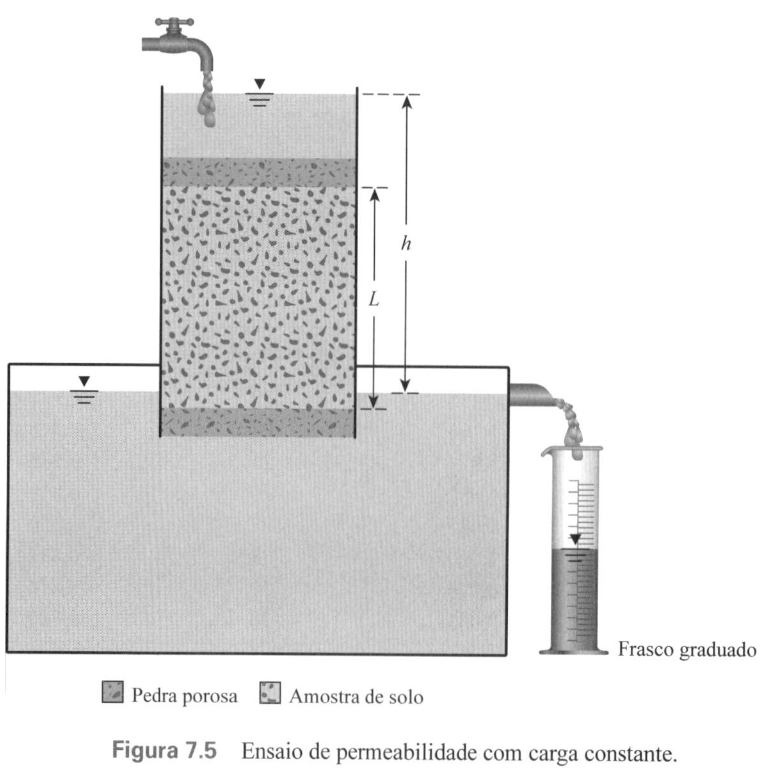

Figura 7.5 Ensaio de permeabilidade com carga constante.

ou

$$k = \frac{QL}{Aht} \tag{7.19}$$

A Figura 7.6 mostra uma fotografia de um ensaio de carga constante em andamento no laboratório, para teste realizado em um solo granular.

Ensaio com carga variável

Um típico ensaio de permeabilidade com carga variável é exibido na Figura 7.7. A água de um piezômetro flui através do solo. A diferença de carga inicial h_1 no tempo $t = 0$ é registrada, e permite-se que a a água flua pela amostra de solo, de tal modo que a diferença de carga final no momento $t = t_2$ seja h_2.

A vazão da água através da amostra, em qualquer tempo t, pode ser determinada por

$$q = k\frac{h}{L}A = -a\frac{dh}{dt} \tag{7.20}$$

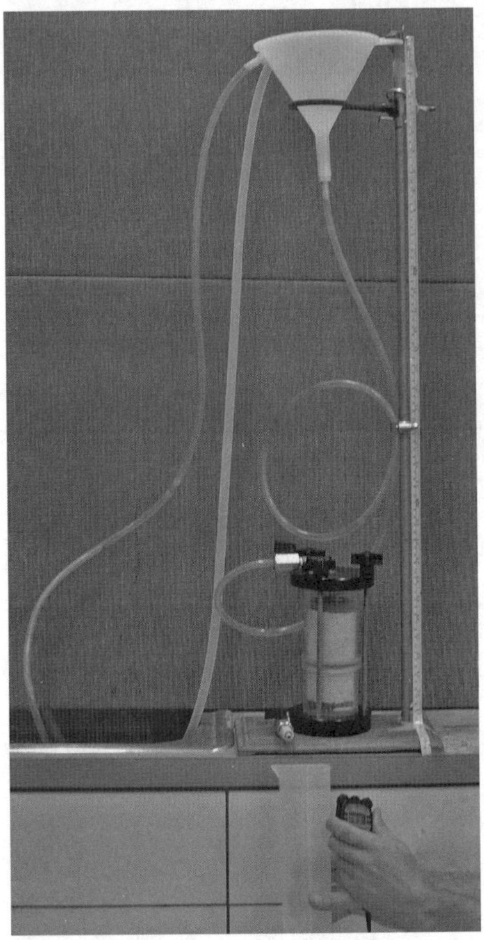

Figura 7.6 Ensaio de permeabilidade com carga constante em andamento. (*Cortesia de Khaled Sobhan, Florida Atlantic University, Boca Raton, Flórida.*)

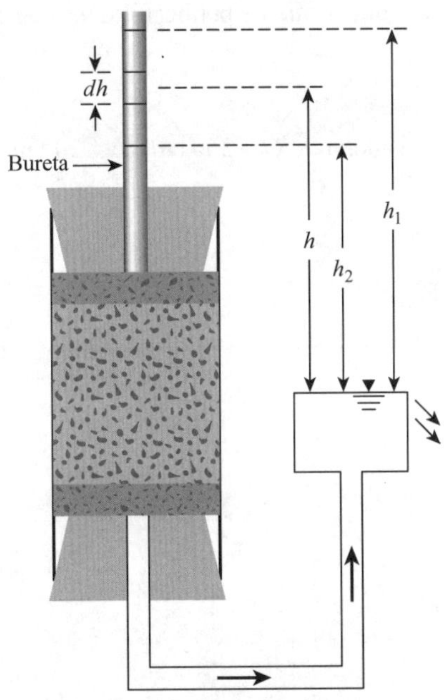

Figura 7.7 Ensaio de permeabilidade com carga variável.

onde q = vazão

a = área da seção transversal da bureta

A = área da seção transversal da amostra de solo

Reorganizando a Eq. (7.20), resulta em

$$dt = \frac{aL}{Ak}\left(-\frac{dh}{h}\right) \tag{7.21}$$

A integração entre o lado esquerdo da Eq. (7.21) com limites de tempo de 0 a t e o lado direito com os limites de diferença de carga de h_1 a h_2 fornece

$$t = \frac{aL}{Ak}\ln\frac{h_1}{h_2}$$

ou

$$k = 2{,}303\frac{aL}{At}\log_{10}\frac{h_1}{h_2} \tag{7.22}$$

Exemplo 7.1

Os resultados de um ensaio de permeabilidade com carga constante para uma amostra de areia de grãos finos, com diâmetro de 150 mm e comprimento de 300 mm, são os seguintes:

- Diferença de carga constante = 500 mm
- Tempo de coleta da água = 5 min
- Volume de água coletada = 350 cm³
- Temperatura da água = 24 °C

Determine a condutividade hidráulica para o solo a 20 °C.

Solução

Para um ensaio de permeabilidade de carga constante

$$k = \frac{QL}{Aht}$$

Considerando $Q = 350\ \text{cm}^3$, $L = 300$ mm, $A = (\pi/4)(150)^2 = 17671{,}46\ \text{mm}^2$, $h = 500$ mm, e $t = 5 \times 60 = 300$ s, temos:

mudar para mm³
↓

$$k = \frac{(350 \times 10^3) \times 300}{17.671{,}46 \times 500 \times 300} = 3{,}96 \times 10^{-2}\ \text{mm/s}$$

$$= 3{,}96 \times 10^{-3}\ \text{cm/s}$$

$$k_{20} = k_{24}\frac{\eta_{24}}{\eta_{20}}$$

Segundo a Tabela 7.2,

$$\frac{\eta_{24}}{\eta_{20}} = 0{,}91$$

Logo, $k_{20} = (3{,}96 \times 10^{-3}) \times 0{,}91 =$ **3,6 × 10⁻³ cm/s.**

■

Exemplo 7.2

Para um ensaio de permeabilidade com carga variável, são dados os seguintes valores:

- Comprimento da amostra = 200 mm
- Área da amostra de solo = 1.000 mm^2
- Área da bureta = 40 mm^2
- Diferença de carga no tempo $t = 0$ = 500 mm
- Diferença de carga no tempo t = 180 s = 300 mm

Determine a condutividade hidráulica do solo em cm/s.

Solução

Segundo a Eq. (7.22),

$$k = 2,303 \frac{aL}{At} \log_{10}\left(\frac{h_1}{h_2}\right)$$

Temos $a = 40$ mm^2, $L = 200$ mm, $A = 1.000$ mm^2, $t = 180$ s, $h_1 = 500$ mm e $h_2 = 300$ mm,

$$k = 2.303 \frac{(40)(200)}{(1.000)(180)} \log_{10}\left(\frac{500}{300}\right) = 2,27 \times 10^{-2} \text{mm/s}$$

$$= \mathbf{2,27 \times 10^{-3}\ cm/s}$$

■

Exemplo 7.3

Para um ensaio de permeabilidade com carga variável, são dados os seguintes valores: comprimento da amostra = 38 cm, área da amostra = 19,35 cm^2 e k = 0,1748 cm/min. Qual deve ser a área da bureta para que a carga varie de 63,5 cm a 30.5 cm em 8 min?

Solução

Segundo a Eq. (7.22),

$$k = 2,303 \frac{aL}{At} \log_{10} \frac{h_1}{h_2}$$

$$0,1748 = 2,303\left(\frac{a \times 38}{19,35 \times 8}\right) \log_{10}\left(\frac{63,5}{30,5}\right)$$

$$a = \mathbf{0,971\ cm^2}$$

■

Exemplo 7.4

A condutividade hidráulica de um solo argiloso é 3 × 10^{-7} cm/s. A viscosidade dinâmica da água a 25 °C é 0,0911 × 10^{-4} g · s/cm^2. Calcule a permeabilidade absoluta $\overline{K}$ do solo.

Solução

Segundo a Eq. (7.13),

$$k = \frac{\gamma_w}{\eta} \overline{K} = 3 \times 10^{-7} \text{cm/s}$$

logo,

$$3 \times 10^{-7} = \left(\frac{1 \text{ g/cm}^3}{0,0911 \times 10^{-4}}\right) \overline{K}$$

$$\overline{K} = \mathbf{0,2733 \times 10^{-11}\ cm^2}$$

■

Exemplo 7.5

Uma camada de solo permeável possui uma camada impermeável abaixo dele, como mostra a Figura 7.8a. Com $k = 5{,}3 \times 10^{-5}$ m/s para a camada permeável, calcule a vazão por ele em m³/h/m de largura se $H = 3$ m e $\alpha = 8°$.

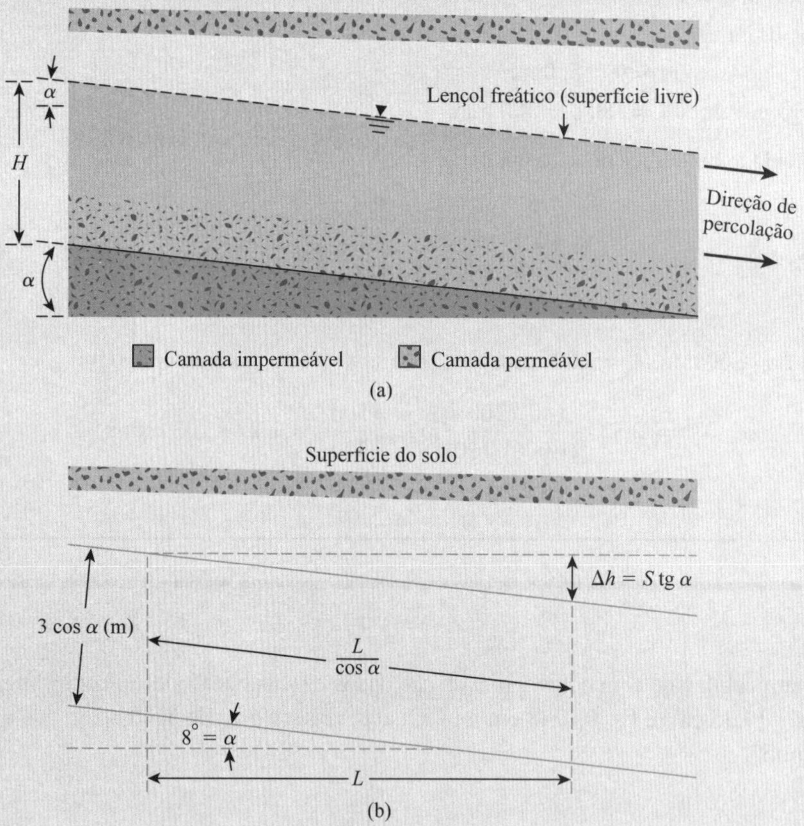

Figura 7.8

Solução

Segundo a Figura 7.8b,

$$i = \frac{\text{perda de carga}}{\text{comprimento}} = \frac{L \text{ tg } \alpha}{\left(\frac{L}{\cos \alpha}\right)} = \text{sen } \alpha$$

$$q = kiA = (k)(\text{sen}\,\alpha)(3\cos\alpha)(1)$$

$$k = 5{,}3 \times 10^{-5} \text{ m/s}$$

$$q = (5{,}3 \times 10^{-5})(\text{sen } 8°)(3 \cos 8°)(3.600) = \mathbf{0{,}0789\ m^3/h/m}$$

↑

Modificando para m/h

■

Exemplo 7.6

Descubra a taxa de fluxo em m^3/s/m em comprimento (em ângulos retos para a seção transversal indicada) pela camada de solo permeável indicada na Figura 7.9, dados que $H = 8$ m, $H_1 = 3$ m, $h = 4$ m, $S = 50$ m, $\alpha = 8°$ e $k = 0{,}08$ cm/s.

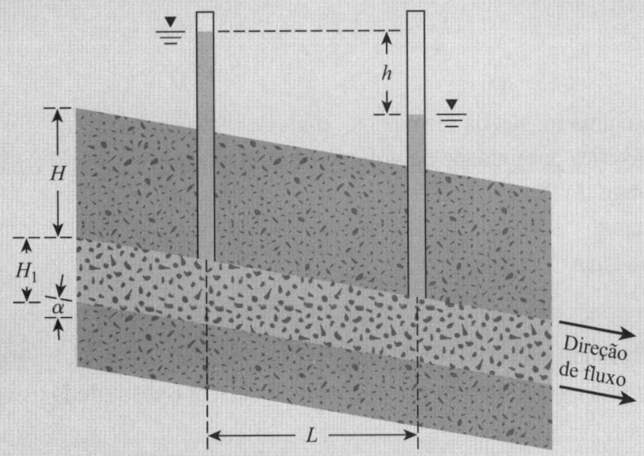

Figura 7.9 Fluxo através da camada permeável.

Solução

$$\text{Gradiente hidráulico } (i) = \frac{h}{\dfrac{L}{\cos\alpha}}$$

Das Eqs. (7.6) e (7.7),

$$q = kiA = k\left(\frac{h\cos\alpha}{L}\right)(H_1\cos\alpha \times 1)$$

$$= (0{,}08 \times 10^{-2}\ \text{m/s})\left(\frac{4\cos 8^{\circ}}{50}\right)(3\cos 8^{\circ} \times 1)$$

$$= \mathbf{0{,}19 \times 10^{-3}\ m^3/s/m}$$

■

7.6 Relações para a condutividade hidráulica – solo granular

Para uma areia bastante uniforme (ou seja, com baixo coeficiente de uniformidade), Hazen (1930) propôs uma relação empírica para a condutividade hidráulica sob a forma

$$k\,(\text{cm/s}) = c\,D_{10}^2 \qquad (7.23)$$

onde c = uma constante que varia de 1,0 a 1,5

D_{10} = tamanho efetivo, em mm

A Equação (7.23) é baseada, principalmente, nas observações de Hazen (1930) sobre areias fofas, limpas e filtrantes. Uma pequena quantidade de siltes e argilas, quando presente em um solo arenoso, pode alterar substancialmente a condutividade hidráulica.

Nos últimos anos, observações experimentais mostraram que a magnitude de c para vários tipos de solos granulares pode variar em três ordens de magnitude (Carrier, 2003) e, portanto, não é muito confiável.

Outra forma de equação que fornece resultados bastante bons na estimativa de condutividade hidráulica de solos arenosos tem como base a equação Kozeny-Carman (Carman, 1938, 1956; Kozeny, 1927). A origem dessa equação não é apresentada aqui. Os leitores interessados podem consultar qualquer livro de mecânica dos solos avançada. Segundo a equação de Kozeny-Carman,

$$k = \frac{1}{C_s S_s^2 T^2} \frac{\gamma_w}{\eta} \frac{e^3}{1+e} \tag{7.24}$$

onde C_s = fator de forma, que é uma função da forma dos canais de fluxo
S_s = área superficial específica por unidade de volume de partículas
T = tortuosidade dos canais de fluxo
γ_w = peso específico da água
η = viscosidade do permeante
e = índice de vazios

Para uso prático, Carrier (2003) modificou a Eq. (7.24) da seguinte maneira. A 20 °C, γ_w/η para a água é de aproximadamente $9,93 \times 10^4 \left(\frac{1}{\text{cm}\cdot\text{s}}\right)$. Além disso, $(C_s T^2)$ é aproximadamente igual a 5. Substituindo os valores na Eq. (7.24), obtemos

$$k = 1,99 \times 10^4 \left(\frac{1}{S_s}\right)^2 \frac{e^3}{1+e} \tag{7.25}$$

Novamente,

$$S_s = \frac{SF}{D_{\text{ef}}} \left(\frac{1}{\text{cm}}\right) \tag{7.26}$$

Com

$$D_{\text{ef}} = \frac{100\%}{\Sigma\left(\dfrac{f_i}{D_{(\text{méd})i}}\right)} \tag{7.27}$$

onde f_i = fração de partículas entre dois tamanhos de peneira, em porcentagem (*Observação*: peneira maior, *l*; peneira menor, *s*)

$$D_{(\text{méd})i}(\text{cm}) = [D_{li}(\text{cm})]^{0,5} \times [D_{si}(\text{cm})]^{0,5} \tag{7.28}$$

SF = fator de forma

Combinando as Eqs. (7.25), (7.26), (7.27) e (7.28),

$$k = 1,99 \times 10^4 \left[\frac{100\%}{\Sigma \dfrac{f_i}{D_{li}^{0,5} \times D_{si}^{0,5}}}\right]^2 \left(\frac{1}{SF}\right)^2 \left(\frac{e^3}{1+e}\right) \tag{7.29}$$

A magnitude de *SF* pode variar entre 6 e 8, dependendo da angularidade das partículas do solo.

Carrier (2003) sugeriu ainda uma leve modificação na Equação (7.29), que pode ser escrita como

$$k = 1,99 \times 10^4 \left[\frac{100\%}{\Sigma \dfrac{f_i}{D_{li}^{0,404} \times D_{si}^{0,595}}}\right]^2 \left(\frac{1}{SF}\right)^2 \left(\frac{e^3}{1+e}\right) \tag{7.30}$$

A Equação (7.30) sugere que

$$k \propto \frac{e^3}{1+e} \tag{7.31}$$

Os autores recomendam o uso das Eqs. (7.30) e (7.31). É importante observar que as Eqs. (7.23) e (7.31) presumem que a condição de fluxo laminar exista.

Mais recentemente, Chapuis (2004) propôs uma relação empírica para k em conjunto com a Eq. (7.31) como

$$k(\text{cm/s}) = 2{,}4622\left[D_{10}^2 \frac{e^3}{(1+e)}\right]^{0{,}7825} \tag{7.32}$$

onde D_{10} = diâmetro efetivo (mm).

A equação anterior é válida para areia e pedregulho naturais e uniformes para predizer que k está na faixa de 10^{-1} a 10^{-3} cm/s. Isso pode ser estendido para areias naturais e com silte sem plasticidade. Não é válida para materiais triturados ou solos com silte com alguma plasticidade.

Com base nos resultados laboratoriais experimentais, Amer e Awad (1974) propuseram a seguinte relação para k em solo granular:

$$k = 3{,}5 \times 10^{-4}\left(\frac{e^3}{1+e}\right)C_u^{0{,}6} D_{10}^{2{,}32}\left(\frac{\rho_w}{\eta}\right) \tag{7.33}$$

onde k está em cm/s

C_u = coeficiente de uniformidade

D_{10} = tamanho efetivo (mm)

ρ_w = densidade da água (g/cm^3)

η = viscosidade (g · s/cm^2)

A 20 °C, $\rho_w = 1$ g/cm^3 e $\eta \approx 0{,}1 \times 10^{-4}$ g · s/cm^2. Então

$$k = 3{,}5 \times 10^{-4}\left(\frac{e^3}{1+e}\right)C_u^{0{,}6} D_{10}^{2{,}32}\left(\frac{1}{0{,}1 \times 10^{-4}}\right)$$

ou

$$k\,(\text{cm/s}) = 35\left(\frac{e^3}{1+e}\right)C_u^{0{,}6}(D_{10})^{2{,}32} \tag{7.34}$$

Foi mencionado no final da Seção 7.2 que podem existir condições de fluxo turbulento em areias e pedregulhos muito grossos, e que a lei de Darcy pode não ser válida para esses materiais. No entanto, sob um gradiente hidráulico baixo, as condições de fluxo laminar geralmente existem. Kenney, Lau e Ofoegbu (1984) realizaram ensaios em laboratório em solos granulares com amostras de tamanhos de partículas variando entre 0,074 e 25,4 mm, e coeficientes de uniformidade, C_u, entre 1,04 e 12. Todos os ensaios de permeabilidade foram realizados a uma densidade relativa de 80% ou mais. Esses ensaios mostraram que, para condições de fluxo laminar,

$$\bar{K}\,(\text{mm}^2) = (0{,}05 \text{ a } 1)\,D_5^2 \tag{7.35}$$

onde D_5 = diâmetro (mm) pelo qual passa 5% do solo.

Com base em experiências laboratoriais, o U.S. Department of Navy (1986) forneceu uma correlação empírica entre k e D_{10} (mm) para solos granulares com coeficiente de uniformidade variando entre 2 e 12, e $D_{10}/D_5 < 1{,}4$. Esta relação é mostrada na Figura 7.10.

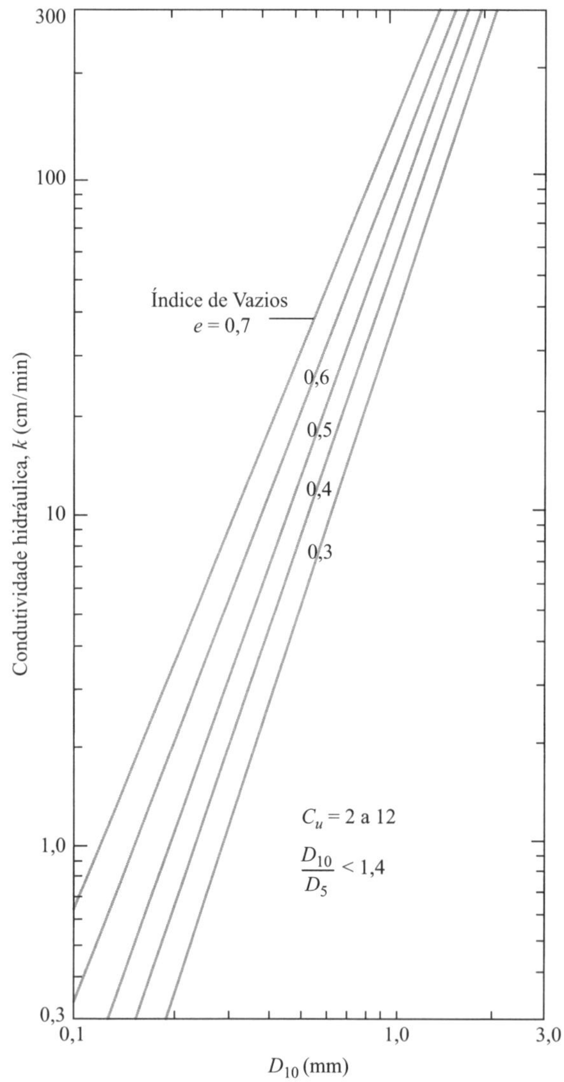

Figura 7.10 Condutividade hidráulica de solos granulares. (*Redesenhado do material do Departamento da Marinha dos Estados Unidos, 1986.*)

Exemplo 7.7

A condutividade hidráulica de uma areia com índice de vazios de 0,8 é 0,047 cm/s. Estime sua condutividade hidráulica a um índice de vazios de 0,5.

Solução

Segundo a Eq. (7.31),

$$\frac{k_1}{k_2} = \frac{\dfrac{e_1^3}{1 + e_1}}{\dfrac{e_2^3}{1 + e_2}}$$

$$\frac{0{,}047}{k_2} = \frac{\dfrac{(0{,}8)^3}{1 + 0{,}8}}{\dfrac{(0{,}5)^3}{1 + 0.5}}$$

$$k_2 = \mathbf{0{,}014\ cm/s}$$

■

Exemplo 7.8

A curva de distribuição granulométrica para uma areia é mostrada na Figura 7.11. Estime a condutividade hidráulica utilizando a Eq. (7.30). Dado: O índice de vazios da areia é 0,6. Use $SF = 7$.

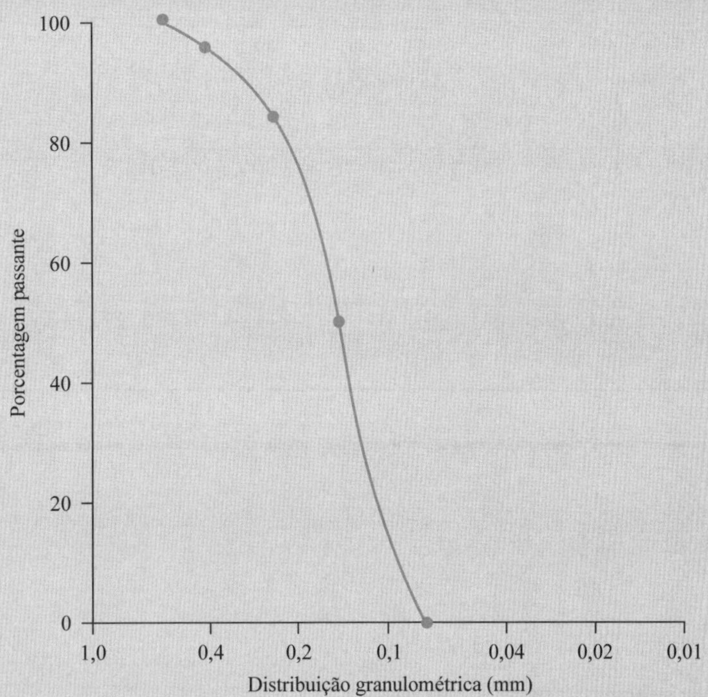

Figura 7.11

Solução

De acordo com a Figura 7.11 podemos elaborar a seguinte tabela

Nº da peneira	Abertura da peneira (cm)	Porcentagem passante	Fração de partículas entre duas peneiras consecutivas (%)
30	0,06	100	4
40	0,0425	96	12
60	0,02	84	34
100	0,015	50	50
200	0,0075	0	

Para a fração entre as peneiras nº 30 e nº 40:

$$\frac{f_i}{D_{li}^{0,404} \times D_{si}^{0,595}} = \frac{4}{(0,06)^{0,404} \times (0,0425)^{0,595}} = 81,62$$

Para a fração entre as peneiras nº 40 e nº 60:

$$\frac{f_i}{D_{li}^{0,404} \times D_{si}^{0,595}} = \frac{12}{(0,0425)^{0,404} \times (0,02)^{0,595}} = 440,76$$

Da mesma forma, para a fração entre as peneiras nº 60 e nº 100:

$$\frac{f_i}{D_{li}^{0,404} \times D_{si}^{0,595}} = \frac{34}{(0,02)^{0,404} \times (0,015)^{0,595}} = 2.009,5$$

E, para a fração entre as peneiras nº 100 e nº 200:

$$\frac{f_i}{D_{li}^{0,404} \times D_{si}^{0,595}} = \frac{50}{(0,015)^{0,404} \times (0,0075)^{0,595}} = 5.013,8$$

$$\frac{100\%}{\Sigma \dfrac{f_i}{D_{li}^{0,404} \times D_{si}^{0,595}}} = \frac{100}{81,62 + 440,76 + 2.009,5 + 5.013,8} \approx 0,0133$$

Da Eq. (7.30),

$$k = (1,99 \times 10^4)(0,0133)^2 \left(\frac{1}{7}\right)^2 \left(\frac{0,6^3}{1+0,6}\right) = \mathbf{0,0097\ cm/s}$$

■

Exemplo 7.9

Resolva o Exemplo 7.8 utilizando a Eq. (7.32).

Solução

Da Figura 7.11, $D_{10} = 0,09$ mm. De acordo com a Eq. (7.32),

$$k = 2,4622\left[D_{10}^2 \frac{e^3}{1+e}\right]^{0,7825} = 2,4622\left[(0,09)^2 \frac{0,6^3}{1+0,6}\right]^{0,7825} = \mathbf{0,0119\ cm/s}$$

■

Exemplo 7.10

Resolva o Exemplo 7.8 utilizando a Eq. (7.34).

Solução

De acordo com a Figura 7.11, $D_{60} = 0,16$ mm e $D_{10} = 0,09$ mm. Assim,

$$C_u = \frac{D_{60}}{D_{10}} = \frac{0,16}{0,09} = 1,78$$

De acordo com a Eq. (7.34),

$$k = 35\left(\frac{e^3}{1+e}\right)C_u^{0,6}(D_{10})^{2,32} = 35\left(\frac{0,6^3}{1+0,6}\right)(1,78)^{0,6}(0,09)^{2,32} = \mathbf{0,025\ cm/s}$$

■

7.7 Relações para condutividade hidráulica – solos coesivos

A equação Kozeny-Carman [Eq. (7.24)] foi utilizada no passado para verificar sua aplicabilidade em solos coesivos. Olsen (1961) conduziu os ensaios de condutividade hidráulica em ilita de sódio e comparou os resultados com a Eq. (7.24). Tal comparação é mostrada na Figura 7.12. Os graus de variação destacados entre os valores teóricos e experimentais surgem de vários fatores, incluindo divergências da lei de Darcy, alta viscosidade da água nos poros e tamanho de poros desigual.

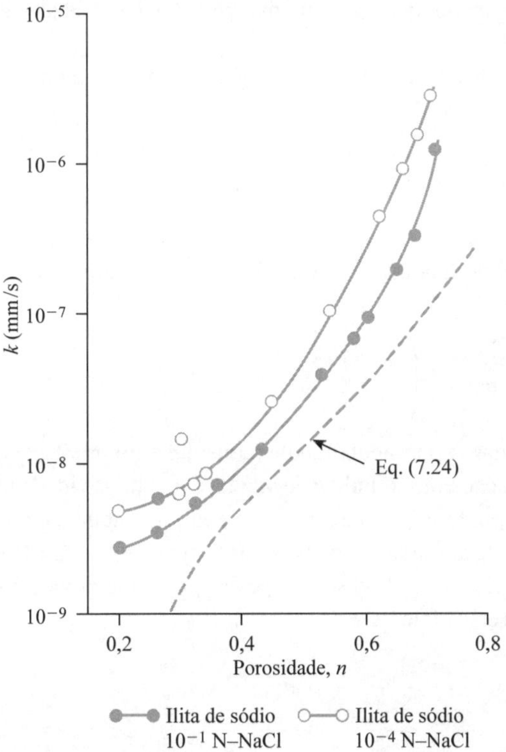

Figura 7.12 Coeficiente de permeabilidade para ilita de sódio. (*Com base em Olsen, 1961.*)

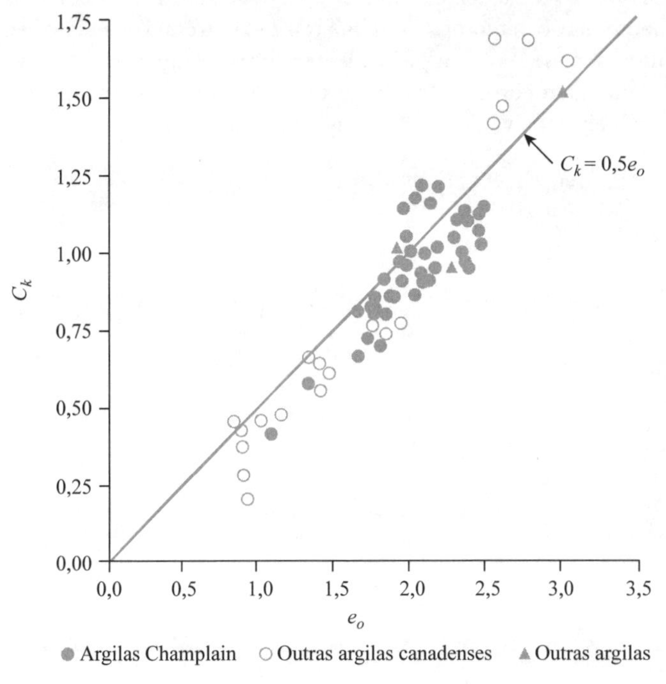

Figura 7.13 Base da relação conforme fornecido pela Eq. (7.36). (*Tavenas, F.; Jean, P.; Leblond, P.; Leroueil, S. (1983). The Permeabilty of Natural Soft Clays. Part II: Permeability Characteristics,* Canadian Geotechnical Journal, *v. 20, n. 4, p. 645-660. Figura 17, p. 658. © 2008 Canadian Science Publishing ou seus licenciadores. Reimpresso com permissão.*)

Taylor (1948) propôs uma relação linear entre o logaritmo de k e o índice de vazios da seguinte maneira

$$\log k = \log k_o - \frac{e_o - e}{C_k} \tag{7.36}$$

onde k_o = condutividade hidráulica *in situ* a um índice de vazios de e_o

k = condutividade hidráulica no índice de vazios e

C_k = índice de mudança de condutividade hidráulica

A equação anterior é uma boa correlação para e_o menor que aproximadamente 2,5. Nessa equação, o valor de C_k pode ser considerado cerca de $0{,}5e_o$ (veja a Figura 7.13).

Para uma ampla variação de índice de vazios, Mesri e Olson (1971) sugeriram o uso de uma relação linear entre o logaritmo k e logaritmo e na forma

$$\log k = A' \log e + B' \tag{7.37}$$

onde A' e B' são constantes experimentalmente derivadas.

Samarasinghe et al. (1982) realizaram ensaios de laboratório na argila de New Liskeard e propuseram que, para argilas normalmente adensadas,

$$k = C\left(\frac{e^n}{1+e}\right) \tag{7.38}$$

onde C e n são constantes que devem ser determinadas experimentalmente (consulte a Figura 7.14).

Tavenas et al. (1983) também fornecem correlação entre o índice de vazios e a condutividade hidráulica do solo argiloso. Esta relação é mostrada na Figura 7.15. Um ponto importante para observar, no entanto, é que na Figura 7.15, *IP*, o índice de plasticidade, e *CF*, a fração do tamanho de argila no solo, estão em forma de *fração* (decimal). No entanto, é necessário ter em mente que qualquer relação empírica desse tipo serve apenas para estimativas, pois a magnitude de k é um parâmetro altamente variável e depende de diversos fatores.

Solos tropicais

Em comparação com os solos de zona temperada, os solos tropicais tendem a apresentar maior resistência e permeabilidade. A permeabilidade desses solos é função da estrutura recebida da rocha mãe, além da distribuição de macro, meso e microporos. Uma relação entre índice de vazios, estrutura e coeficiente de permeabilidade pode ser exemplificada por solos residuais e solos evoluídos pedologicamente que apresentam estruturas com macroporos, pelos quais a água percola com maior facilidade. Nesses solos, ainda que as partículas sejam pequenas, os vazios entre os aglomerados de partículas são grandes e é por eles que a água flui.

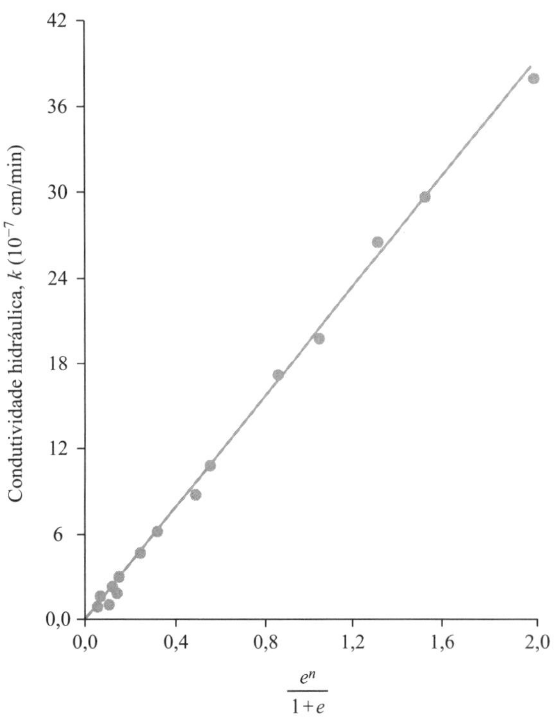

Figura 7.14 Variação de k com $e^n/(1 + e)$ para argila New Liskeard geralmente consolidada. (*Segundo Samarasinghe, Huang,* e *Drnevich, 1982. Com permissão da ASCE.*)

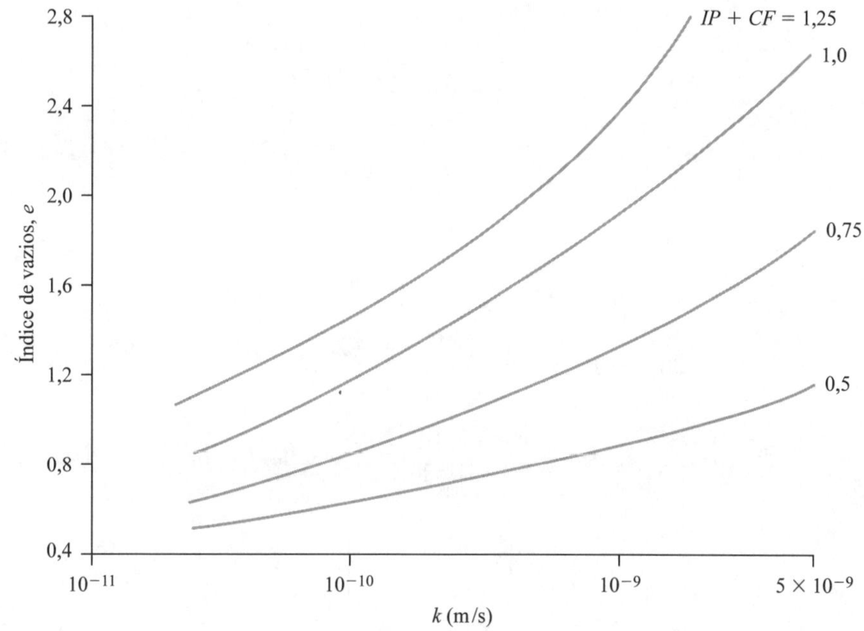

Figura 7.15 Variação do índice de vazios com a condutividade hidráulica de solos argilosos. (*Com base em Tavenas et al., 1983.*)

Exemplo 7.11

Para solo argiloso normalmente adensado, são dados os seguintes valores:

Índice de vazios	k (cm/s)
1,1	$0{,}302 \times 10^{-7}$
0,9	$0{,}12 \times 10^{-7}$

Estime a condutividade hidráulica da argila a um índice de vazios de 0,75. Use a Eq. (7.38).

Solução

De acordo com a Eq. (7.38),

$$k = C\left(\frac{e^n}{1+e}\right)$$

$$\frac{k_1}{k_2} = \frac{\left(\dfrac{e_1^n}{1+e_1}\right)}{\left(\dfrac{e_2^n}{1+e_2}\right)}$$

$$\frac{0{,}302 \times 10^{-7}}{0{,}12 \times 10^{-7}} = \frac{\dfrac{(1{,}1)^n}{1+1{,}1}}{\dfrac{(0{,}9)^n}{1+0{,}9}}$$

$$2{,}517 = \left(\frac{1{,}9}{2{,}1}\right)\left(\frac{1{,}1}{0{,}9}\right)^n$$

$$2{,}782 = (1{,}222)^n$$

$$n = \frac{\log(2{,}782)}{\log(1{,}222)} = \frac{0{,}444}{0{,}087} = 5{,}1$$

assim

$$k = C\left(\frac{e^{5{,}1}}{1+e}\right)$$

Para descobrir C,

$$0{,}302 \times 10^{-7} = C\left[\frac{(1{,}1)^{5{,}1}}{1+1{,}1}\right] = \left(\frac{1{,}626}{2{,}1}\right)C$$

$$C = \frac{(0{,}302 \times 10^{-7})(2{,}1)}{1{,}626} = 0{,}39 \times 10^{-7}$$

Portanto,

$$k = (0{,}39 \times 10^{-7}\ \text{cm/s})\left(\frac{e^{n}}{1+e}\right)$$

A um índice de vazios de 0,75,

$$k = (0{,}39 \times 10^{-7})\left(\frac{0{,}75^{5{,}1}}{1+0{,}75}\right) = \mathbf{0{,}514 \times 10^{-8}\ cm/s}$$

■

Exemplo 7.12

Uma argila fofa saturada apresenta:

Porcentagem menor que 0,002 mm = 32%

Índice de plasticidade = 21

Peso específico saturado, $\gamma_{sat} = 19{,}4\ \text{kN/m}^3$

Densidade relativa dos grãos = 2,76

Estime a condutividade hidráulica da argila. Utilize a Figura 7.15.

Solução

Dados: IP (em fração) = 0,21

Fração do tamanho de argila, $CF = 0{,}32$

$$CF + IP = 0{,}32 + 0{,}21 = 0{,}53$$

$$\gamma_{sat} = \frac{(G_s + e)\gamma_w}{1+e} = \frac{(2{,}76 + e)(9{,}81)}{1+e};\ e = 0{,}8$$

Agora, a partir da Figura 7.15, para $e = 0{,}8$ e $CF + IP = 0{,}53$, o valor de

$$k \approx 3{,}59 \times 10^{-10}\ \text{m/s} = \mathbf{3{,}59 \times 10^{-8}\ cm/s}$$

■

Exemplo 7.13

A relação do índice de vazios e da condutividade hidráulica para uma argila normalmente adensada é dada aqui.

Índice de vazios	k (cm/s)
1,2	$0,6 \times 10^{-7}$
1,52	$1,519 \times 10^{-7}$

Estime o valor de k para a mesma argila, com um índice de vazios de 1,4. Use a Eq. (7.37).

Solução

A partir da Eq. (7.37),

$$\log k = A' \log e + B'$$

Logo,

$$\log (0,6 \times 10^{-7}) = A' \log (1,2) + B' \quad \text{(a)}$$

$$\log (1,519 \times 10^{-7}) = A' \log (1,52) + B' \quad \text{(b)}$$

Segundo as Eqs. (a) e (b),

$$\log\left(\frac{0,6 \times 10^{-7}}{1,519 \times 10^{-7}}\right) = A' \log\left(\frac{1,2}{1,52}\right)$$

$$A' = \frac{-0,4034}{-0,1027} = 3,928 \quad \text{(c)}$$

Segundo as Eqs. (a) e (c),

$$B' = \log (0,6 \times 10^{-7}) - (3,928)(\log 1,2) = -7,531$$

Portanto,

$$\log k = 3,928 \log e - 7,531$$

Com $e = 1,4$,

$$\log k = 3,928 \log (1,4) - 7,531 = -6,957$$

Logo,

$$\mathbf{k = 1,1 \times 10^{-7}\ cm/s}$$

■

7.8 Variação direcional da permeabilidade

A maioria dos solos não é isotrópica em relação à permeabilidade. Em determinado depósito de solo, a magnitude de k muda em função da direção do fluxo. A Figura 7.16 mostra uma camada de solo pela qual a água flui em uma direção inclinada a um ângulo α com a vertical. Consideramos que as condutividades hidráulicas na direção vertical ($\alpha = 0$) e na direção horizontal ($\alpha = 90°$) sejam k_V e k_H, respectivamente. As magnitudes de k_V e k_H em determinado solo dependem de diversos fatores, incluindo o método de deposição no campo.

Foram publicados diversos resultados para solos granulares finos que mostram que a relação k_H/k_V varia sobre uma ampla faixa. A Tabela 7.3 mostra um resumo de alguns desses estudos.

7.9 Condutividade hidráulica equivalente em solo estratificado

Em um depósito de solo estratificado, onde a condutividade hidráulica para o fluxo em determinada direção muda de camada a camada, uma condutividade hidráulica equivalente pode ser calculada, para simplificar. As deduções a seguir referem-se às condutividades hidráulicas equivalentes para fluxo nas direções vertical e horizontal através solos multicamadas com estratificação horizontal.

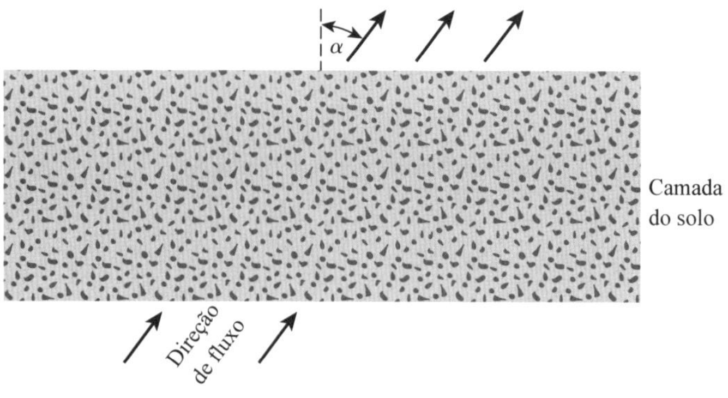

Figura 7.16 Variação direcional da permeabilidade.

Tabela 7.3 k_H/k_V para solos granulares finos – Resumo de vários estudos

Tipo de solo	k_H/k_V	Referência
Silte orgânico com turfa	1,2 a 1,7	Tsien (1955)
Argila marinha plástica	1,2	Lumb e Holt (1968)
Argila fofa	1,5	Basett e Brodie (1961)
Argila varvítica	1,5 a 1,7	Chan e Kenney (1973)
Argila varvítica	1,5	Kenney e Chan (1973)
Argila varvítica	3 a 15	Wu et al. (1978)
Argila varvítica	4 a 40	Casagrande e Poulos (1969)

A Figura 7.17 mostra n camadas de solo com fluxo na *direção horizontal*. Vamos considerar uma seção transversal de comprimento específico que passa pela camada n e de modo perpendicular à direção de fluxo. O fluxo total que passa pela seção transversal em um intervalo de tempo pode ser escrito como

$$\begin{aligned} q &= v \cdot 1 \cdot H \\ &= v_1 \cdot 1 \cdot H_1 + v_2 \cdot 1 \cdot H_2 + v_3 \cdot 1 \cdot H_3 + \ldots + v_n \cdot 1 \cdot H_n \end{aligned} \tag{7.39}$$

onde v = velocidade de descarga média

$v_1, v_2, v_3, \ldots, v_n$ = velocidades de descarga de fluxo em camadas marcadas pelos subscritos

Se $k_{H_1}, k_{H_2}, k_{H_3}, \ldots, k_{H_n}$ são as condutividades hidráulicas das camadas individuais na direção horizontal e $k_{H(\text{eq})}$ é a condutividade hidráulica equivalente na direção horizontal, então, a partir da lei de Darcy,

$$v = k_{H(\text{eq})} i_{\text{eq}}; \quad v_1 = k_{H_1} i_1; \quad v_2 = k_{H_2} i_2; \quad v_3 = k_{H_3} i_3; \quad \ldots \quad v_n = k_{H_n} i_n$$

Substituindo as relações anteriores por velocidades na Eq. (7.39) e observando que $i_{\text{eq}} = i_1 = i_2 = i_3 = \ldots = i_n$, temos

$$k_{H(\text{eq})} = \frac{1}{H}(k_{H_1} H_1 + k_{H_2} H_2 + k_{H_3} H_3 + \cdots + k_{H_n} H_n) \tag{7.40}$$

A Figura 7.18 mostra n camadas de solo com fluxo na direção vertical. Neste caso, a velocidade do fluxo que passa por todas as camadas é a mesma. No entanto, a perda de carga total, h, é igual à soma das perdas de cargas em todas as camadas. Assim,

$$v = v_1 = v_2 = v_3 = \ldots = v_n \tag{7.41}$$

e

$$h = h_1 + h_2 + h_3 + \ldots + h_n \tag{7.42}$$

Utilizando a lei de Darcy, podemos reescrever a Eq. (7.41) como

$$k_{V(\text{eq})} = \left(\frac{h}{H}\right) = k_{V_1} i_1 = k_{V_2} i_2 = k_{V_3} i_3 = \cdots = k_{V_n} i_n \tag{7.43}$$

onde $k_{V_1}, k_{V_2}, k_{V_3}, \ldots, k_{V_n}$ são as condutividades hidráulicas das camadas individuais na direção vertical e $k_{V(\text{eq})}$ é a condutividade hidráulica equivalente.

Novamente, a partir da Eq. (7.42),

$$h = H_1 i_1 + H_2 i_2 + H_3 i_3 + \ldots + H_n i_n \tag{7.44}$$

Resolvendo as Eqs. (7.43) e (7.44), temos

$$k_{V(\text{eq})} = \frac{H}{\left(\frac{H_1}{k_{V_1}}\right) + \left(\frac{H_2}{k_{V_2}}\right) + \left(\frac{H_3}{k_{V_3}}\right) + \cdots + \left(\frac{H_n}{k_{V_n}}\right)} \tag{7.45}$$

Um excelente exemplo de solo sedimentado naturalmente em camadas é o *solo varvítico*, que é um sedimento ritmicamente depositado em camadas de minerais finos e grossos. Os solos varvíticos são resultado da flutuação sazonal anual das condições de sedimento em lagos glaciais. A Figura 7.19 mostra a variação do teor de umidade e a distribuição granulométrica no solo varvítico de New Liskeard, Canadá. Cada varvita tem aproximadamente 41 a 51 mm de espessura e consiste em duas camadas homogêneas de solo – um material grosso e um fino – com uma camada de transição entre elas.

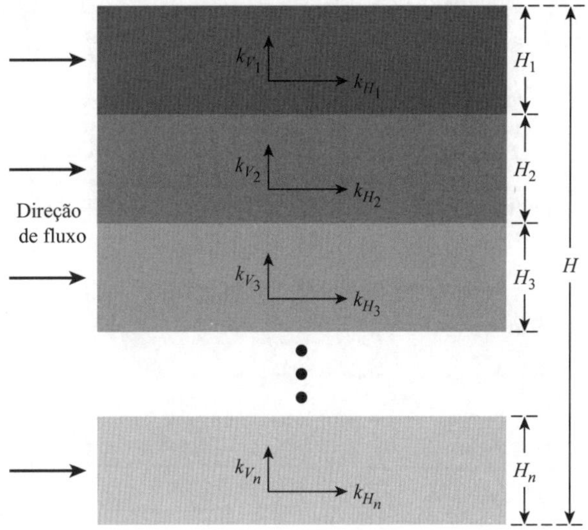

Figura 7.17 Determinação de condutividade hidráulica equivalente – fluxo horizontal em solo estratificado.

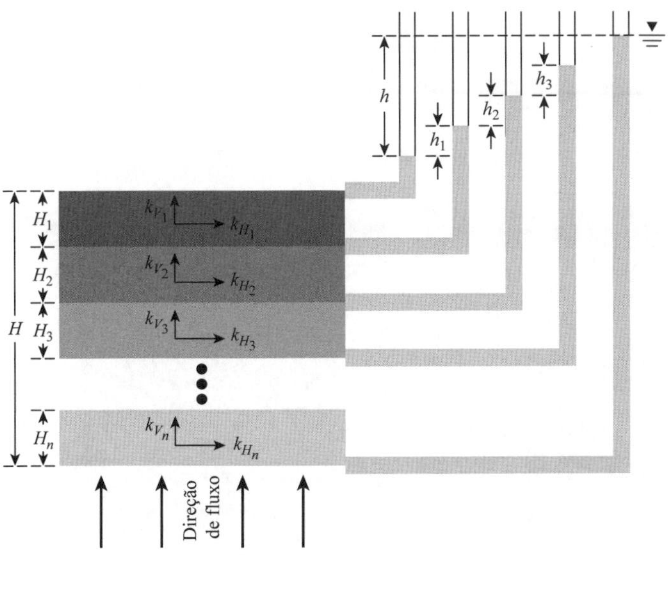

Figura 7.18 Determinação de condutividade hidráulica equivalente – fluxo vertical no solo estratificado.

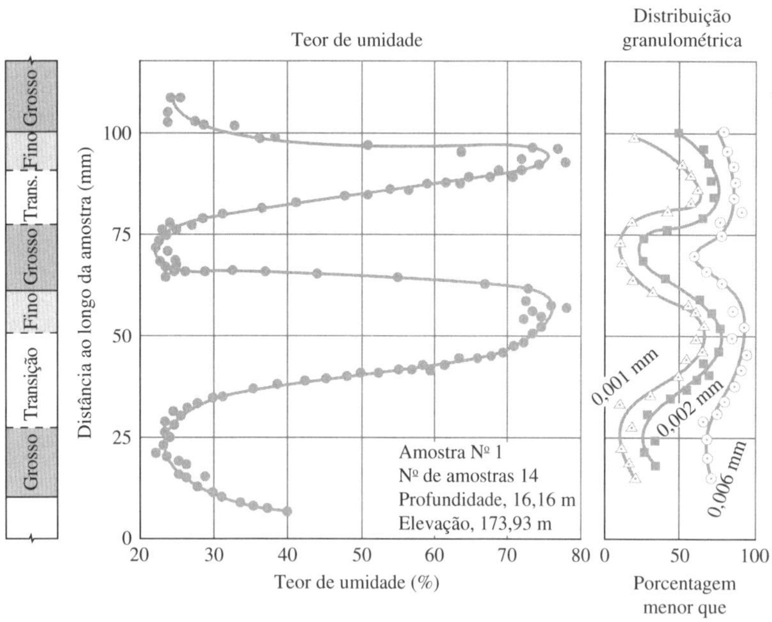

Figura 7.19 Variação do teor de umidade e da distribuição granulométrica no solo varvítico de New Liskeard, Canadá. (*Fonte:* Segundo Laboratory Investigation of Permeability Ratio of New Liskeard Varved Clay, por H. T. Chan e T. C. Kenney, 1973, *Canadian Geotechnical Journal*, v. 10, n. 3, p. 453-472. © 2008 NRC Canadá ou seus licenciadores. Reproduzido com permissão.)

Exemplo 7.14

Um solo estratificado é mostrado na Figura 7.20. Dado:

- $H_1 = 1$ m $\quad k_1 = 10^{-4}$ cm/s
- $H_2 = 1{,}5$ m $\quad k_2 = 3{,}2 \times 10^{-2}$ cm/s
- $H_3 = 2$ m $\quad k_3 = 4{,}1 \times 10^{-5}$ cm/s

Calcule a razão da condutividade hidráulica equivalente,

$$\frac{k_{H(\text{eq})}}{K_{V(\text{eq})}}$$

Solução

De acordo com a Eq. (7.40),

$$k_{H(\text{eq})} = \frac{1}{H}(k_{H_1}H_1 + k_{H_2}H_2 + k_{H_3}H_3)$$

$$= \frac{1}{(1+1{,}5+2)}[(10^{-4})(1) + (3{,}2\times10^{-2})(1{,}5) + (4{,}1\times10^{-5})(2)]$$

$$= 107{,}07 \times 10^{-4} \text{ cm/s}$$

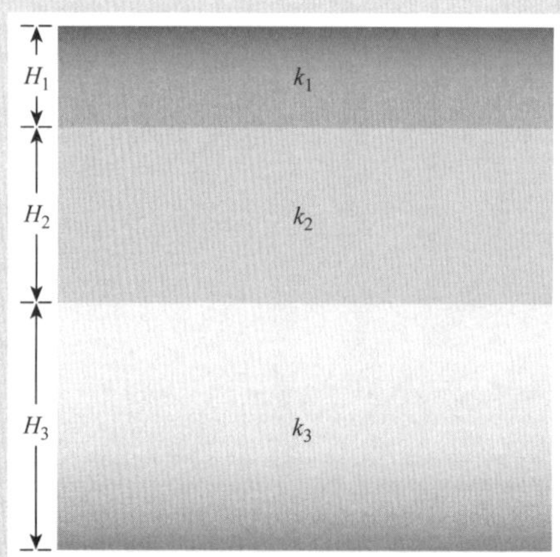

Figura 7.20 Perfil de solo estratificado.

Novamente, a partir da Eq. (7.45),

$$k_{V(\text{eq})} = \frac{H}{\left(\frac{H_1}{k_{V_1}}\right) + \left(\frac{H_2}{k_{V_2}}\right) + \left(\frac{H_3}{k_{V_3}}\right)}$$

$$= \frac{1 + 1{,}5 + 2}{\left(\frac{1}{10^{-4}}\right) + \left(\frac{1{,}5}{3{,}2 \times 10^{-2}}\right) + \left(\frac{2}{4{,}1 \times 10^{-5}}\right)}$$

$$= 0{,}765 \times 10^{-4}\,\text{cm/s}$$

Portanto,

$$\frac{k_{H(\text{eq})}}{k_{V(\text{eq})}} = \frac{107{,}07 \times 10^{-4}}{0{,}765 \times 10^{-4}} \approx \mathbf{140}$$

■

Exemplo 7.15

A Figura 7.21 mostra três camadas de solo em um tubo com 100 × 100 mm na seção transversal. A água é fornecida para manter uma diferença de carga constante de 300 mm em toda a amostra. A condutividade hidráulica dos solos na direção do fluxo que passa por eles é:

Solo	k (cm/s)
A	10^{-2}
B	3×10^{-3}
C	$4{,}9 \times 10^{-4}$

Descubra a taxa de fornecimento de água em cm³/h.

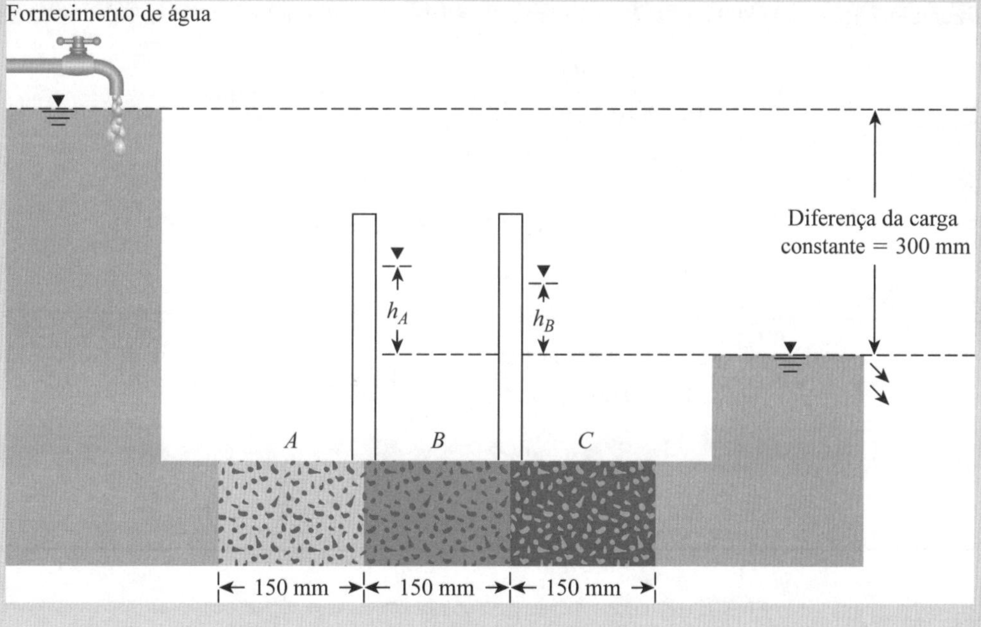

Figura 7.21 Três camadas de solo em um tubo de 100 mm × 100 mm na seção transversal.

Solução

De acordo com a Eq. (7.45),

$$k_{V(\text{eq})} = \frac{H}{\left(\frac{H_1}{k_1}\right)+\left(\frac{H_2}{k_2}\right)+\left(\frac{H_3}{k_3}\right)} = \frac{450}{\left(\frac{150}{10^{-2}}\right)+\left(\frac{150}{3\times 10^{-3}}\right)+\left(\frac{150}{4,9\times 10^{-4}}\right)}$$

$$= 0,001213 \text{ cm/s}$$

$$q = k_{V(\text{eq})} iA = (0,001213)\left(\frac{300}{450}\right)\left(\frac{100}{10}\times\frac{100}{10}\right)$$

$$= 0,0809 \text{ cm}^3\text{/s} = \mathbf{291,24\ cm^3/h}$$

■

Exemplo 7.16

Com relação ao Exemplo 7.15 e à Figura 7.21, determine as magnitudes de h_A e h_B.

Solução

A perda de carga durante o fluxo através do Solo A pode ser calculada como

$$q = k_A i_A A = k_A \frac{\Delta h_A A}{L_A}$$

Em que Δh_A e L_A são, respectivamente, a perda de carga no Solo A e o comprimento do Solo A. Portanto,

$$\Delta h_A = \frac{qL_A}{k_A A}$$

Segundo o Exemplo 7.15, $q = 0{,}0809$ cm³/s, $L_A = 15$ cm e $k_A = 10^{-2}$ cm/s. Portanto,

$$\Delta h_A = \frac{(0{,}0809)(15)}{(0{,}01)(10\times 10 \text{ cm}^2)} = 1{,}2135 \text{ cm} \approx 12{,}14 \text{ mm}$$

Logo,

$$h_A = 300 - 12{,}14 = \mathbf{287{,}86\ mm}$$

Similarmente, para o Solo B,

$$\Delta h_B = \frac{qL_B}{k_B A} = \frac{(0{,}0809)(15)}{(0{,}003)(10\times 10)} = 4{,}045 \text{ cm} = 40{,}45 \text{ mm}$$

Portanto,

$$h_B = 300 - \Delta h_A - \Delta h_B = 300 - 12{,}14 - 40{,}45 = \mathbf{247{,}41\ mm}$$

■

7.10 Ensaio de permeabilidade em campo pelo bombeamento a partir de poços

No campo, a condutividade hidráulica média de um depósito de solo na direção do fluxo pode ser determinada realizando os ensaios de bombeamento a partir de poços. A Figura 7.22 mostra um caso em que a camada permeável superior, cuja condutividade hidráulica deve ser determinada, não está confinada e possui uma camada impermeável abaixo dela. Durante o ensaio, a água é bombeada a uma taxa constante para fora de um poço de ensaio com um revestimento perfurado. São escavados vários poços de observação a várias distâncias radiais em volta do poço do ensaio. Contínuas observações são feitas levando em conta o nível da água no poço do ensaio e nos poços de observação depois de iniciar o bombeamento, até que se atinja alguma estabilidade. O estado de estabilidade é determinado quando o nível da água nos poços de ensaio e de observação torna-se constante. A expressão da taxa de fluxo dos lençóis freáticos para dentro do poço, que é igual à taxa de descarga ocorrida com o bombeamento, pode ser expressa por

$$q = k\left(\frac{dh}{dr}\right)2\pi rh \tag{7.46}$$

ou

$$\int_{r_2}^{r_1}\frac{dr}{r} = \left(\frac{2\pi k}{q}\right)\int_{h_2}^{h_1} h\,dh$$

Assim,

$$k = \frac{2,303q\log_{10}\left(\dfrac{r_1}{r_2}\right)}{\pi(h_1^2 - h_2^2)} \tag{7.47}$$

Segundo as medições de campo, se q, r_1, r_2, h_1 e h_2 forem conhecidos, a condutividade hidráulica pode ser calculada a partir da relação simples apresentada na Eq. (7.47).

Ahmed et al. (1975) reportaram os resultados de um ensaio de bombeamento em campo realizado no sudoeste da Índia. Nesse caso, $H = 30{,}49$ m (ver Figura 7.22 para obter a definição de H). Vários poços de observação foram estabelecidos ao longo de três linhas radiais do poço de teste. Durante o bombeamento, foi medido o rebaixamento, s, em cada poço de observação. Os resultados do rebaixamento observado, s, versus a distância radial, r, para os poços de observação, são mostrados em uma forma não dimensional na Figura 7.23. Segundo os gráficos, parece que o estado de estabilidade foi alcançado no momento $t \geq 6.064$ min. Com essa informação, a condutividade hidráulica da camada permeável pode ser calculada da seguinte forma:

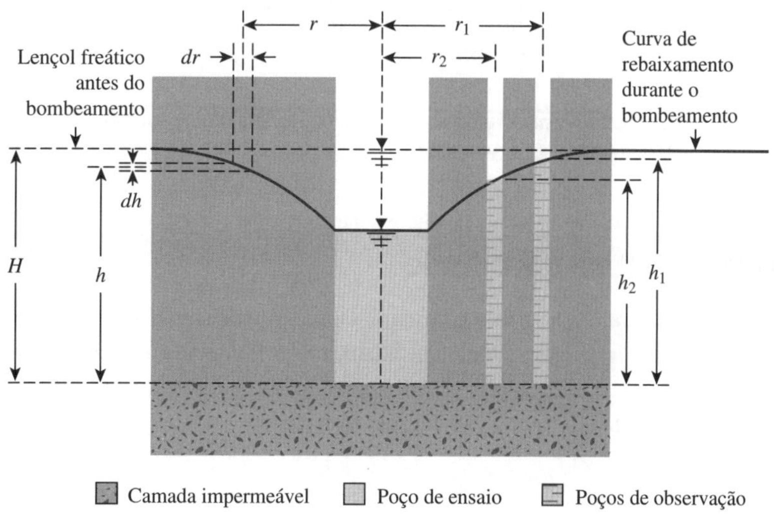

Figura 7.22 Ensaio de bombeamento de um poço em uma camada permeável livre sustentada por um estrato impermeável.

$\left(\frac{r}{R^*}\right)^2$	r (m)	$\frac{r}{R^*}$	s (m)	h (m)
1000	9,65	5	1,525	30,49 – 1,525 = 28,965
10.000	30,5	3,5	1,068	30,49 – 1,068 = 29,422

* Observação: R = 0,305 m

Segundo a Eq. (7.47):

$$k = \frac{2{,}303q\log_{10}\left(\frac{r_1}{r_2}\right)}{\pi\left(h_1^2 - h_2^2\right)} = \frac{(2{,}303)\left(\frac{5{,}735}{60}\ \text{m}^3/\text{sec}\right)\log_{10}\left(\frac{30{,}5}{9{,}65}\right)}{\pi[(29{,}422)^2 - (28{,}965)^2]}$$

$$= 0{,}00131\ \text{m/s} = \mathbf{0{,}131\ cm/s}$$

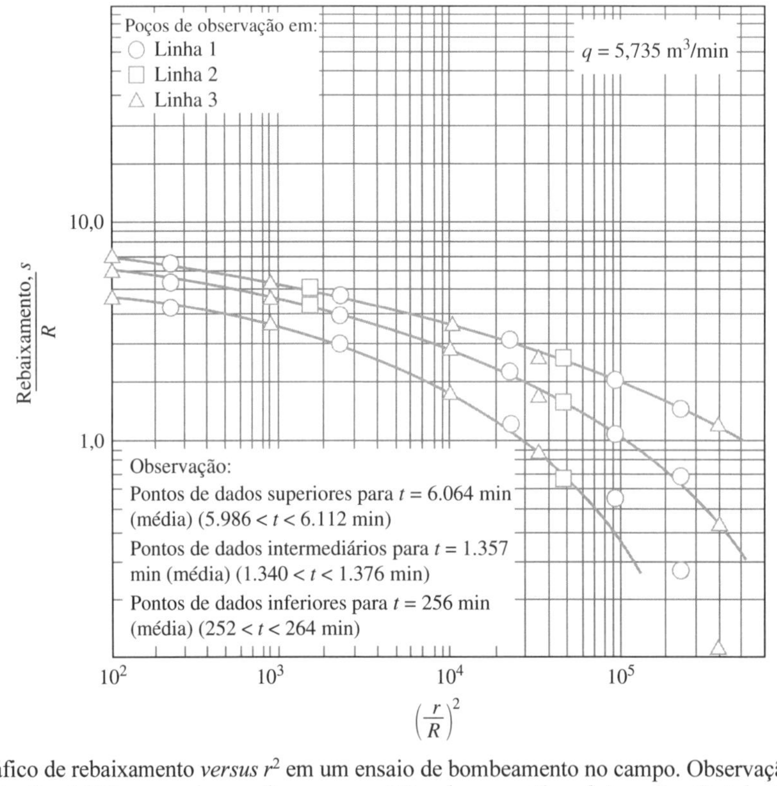

Figura 7.23 Gráfico de rebaixamento *versus* r^2 em um ensaio de bombeamento no campo. Observação: R = distância de referência. R = 0,305 m quando r e s forem em m. (*Com base em Ahmad, Lacroix* e *Steinback, 1975.*)

Bombeamento em aquífero confinado

A condutividade hidráulica média para um aquífero confinado também pode ser determinada conduzindo um ensaio de bombeamento de um poço com revestimento perfurado que alcança a profundidade total do aquífero e observando o nível piezométrico em uma série de poços de observação situados a várias distâncias radiais (Figura 7.24). O bombeamento continua numa taxa uniforme q, até que um estado estável seja alcançado.

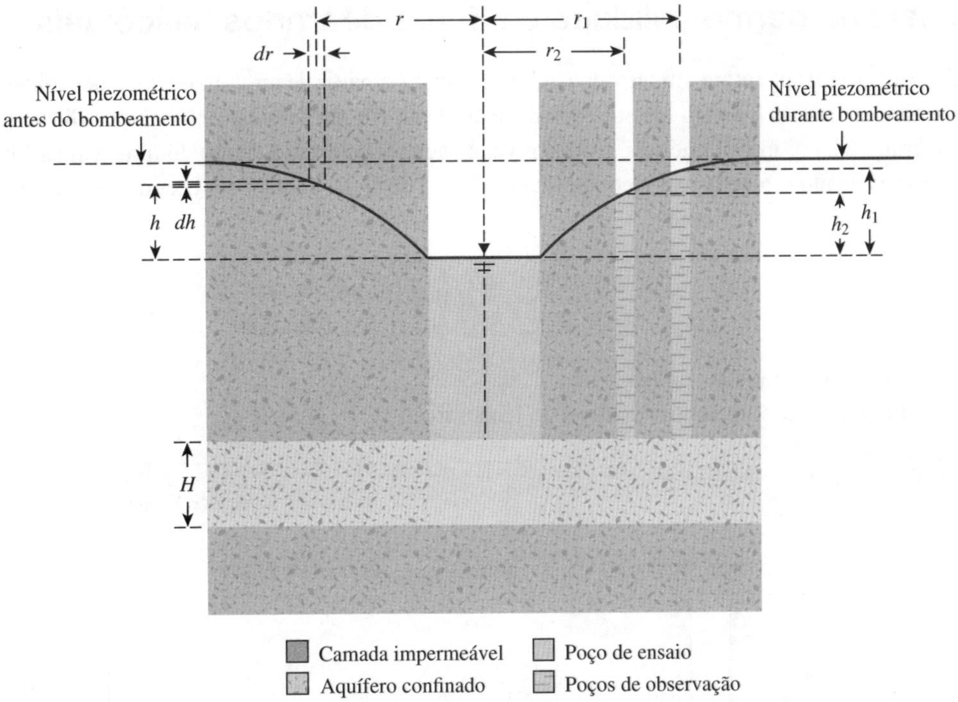

Figura 7.24 Ensaio de bombeamento com alcance total da profundidade de um poço em um aquífero confinado.

Como a água pode entrar no poço do ensaio somente no aquífero com espessura H, o estado estável de descarga é

$$q = k\left(\frac{dh}{dr}\right)2\pi rH \tag{7.48}$$

ou

$$\int_{r_2}^{r_1}\frac{dr}{r} = \int_{h_2}^{h_1}\frac{2\pi kH}{q}\,dh$$

Isso faz com que a condutividade hidráulica na direção do fluxo seja:

$$k = \frac{q\ \log_{10}\left(\frac{r_1}{r_2}\right)}{2{,}727H(h_1 - h_2)} \tag{7.49}$$

Exemplo 7.17

Um ensaio de bombeamento em um aquífero confinado fornece os seguintes resultados: $q = 0{,}303$ m³/min, $h_1 = 2{,}44$ m, $h_2 = 1{,}52$ m, $r_1 = 18{,}3$ m, $r_2 = 9{,}15$ m e $H = 3{,}05$ m. Considere a Figura 7.24 e determine a magnitude de k da camada permeável.

Solução

A partir da Eq. (7.49),

$$k = \frac{q\log_{10}\left(\frac{r_1}{r_2}\right)}{2{,}727H(h_1 - h_2)} = \frac{(0{,}303)\log_{10}\left(\frac{18{,}3}{9{,}15}\right)}{(2{,}727)(3{,}05)(2{,}44 - 1{,}52)}$$

$$= 0{,}01192\ \text{m/min} \approx \mathbf{0{,}0199\ cm/s}$$

■

7.11 Ensaio de permeabilidade em furos de trados helicoidais

Van Bavel e Kirkham (1948) sugeriram um método para determinar k a partir de um furo de trado helicoidal (Figura 7.25). Nesse método, o furo de trado é feito em um solo que deve alcançar, em profundidade, 10 vezes o diâmetro do furo ou a uma camada impermeável, por menor que seja. Com o nível de água estabilizado dentro do furo, a água é bombeada para fora. Após esse esvaziamento, observa-se a recomposição do nível de água, anotando a taxa de elevação com o tempo. A condutividade hidráulica é calculada como

$$k = 0{,}617 \frac{r_w}{Sd} \frac{dh}{dt} \tag{7.50}$$

onde r_w = raio do furo de trado helicoidal
d = profundidade do furo abaixo do nível do lençol freático

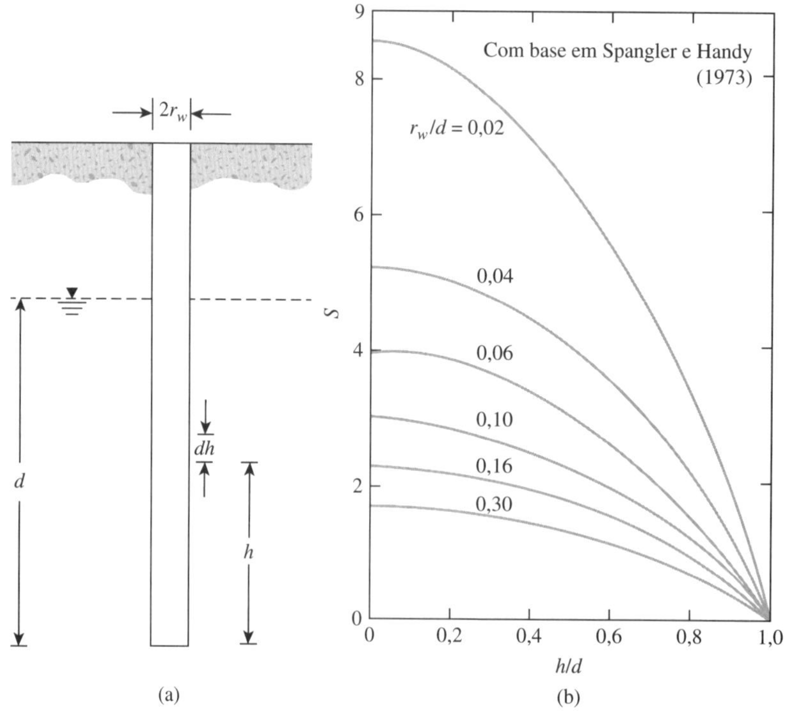

Figura 7.25 Ensaio em furo de trado: (a) furo de trado helicoidal; (b) gráfico de S com h/d e r_w/d

S = fator de formato para furo de trado helicoidal
dh/dt = taxa de aumento do nível de lençol freático a uma profundidade h, medida no fundo do furo

A variação de S com r_w/d e h/d é dada na Figura 7.25b (Spangler e Handy, 1973).

Exemplo 7.18

Um furo de trado helicoidal de 100 mm de diâmetro foi escavado a uma profundidade de 3 m. O nível de água do solo está situado a uma profundidade de 1,2 m abaixo da superfície. A água foi bombeada para fora do furo de trado em diversas ocasiões. Considerando a Figura 7.25a, quando h era igual a 1,5 m, o nível do lençol freático no furo de trado helicoidal aumentou 3 cm em um período de tempo de 10 min. Estime k.

Solução

Considerando a Figura 7.25a,

$$d = 3 - 1{,}2 = 1{,}8 \text{ m}$$
$$h = 1{,}5 \text{ m}$$

$$dh = 3 \text{ cm}$$

$$dt = 10 \text{ min}$$

$$r_w = \frac{100}{2} = 50 \text{ mm}$$

$$\frac{h}{d} = \frac{1{,}5}{1{,}8} = 0{,}833$$

$$\frac{r_w}{d} = \frac{\left(\frac{50}{1.000}\text{ m}\right)}{1{,}8 \text{ m}} = 0{,}0278$$

Segundo a Figura 7.25, $S \approx 2$.
Segundo a Eq. (7.50),

$$k = 0{,}617\frac{r_w}{Sd}\frac{dh}{dt} = (0{,}617)\left(\frac{0{,}05 \text{ m}}{2 \times 1{,}8 \text{ m}}\right)\left(\frac{0{,}03 \text{ m}}{10 \times 60 \text{ s}}\right)$$

$$= 4{,}28 \times 10^{-7} \text{ m/s} = \mathbf{4{,}28 \times 10^{-5}\ cm/s}$$

■

7.12 Condutividade hidráulica de solos argilosos compactados

Foi mostrado no Capítulo 6 (Seção 6.7) que, quando uma argila é compactada a um teor de umidade abaixo do teor de umidade ótimo, ela passa a ter uma estrutura floculenta. Quando aproxima-se do teor de umidade ótimo, as partículas de argila adquirem um grau menor de floculação. A compactação acima do teor de umidade ótimo fornece maior grau de orientação das partículas; contudo, o peso específico seco diminui porque a água acrescentada dilui a concentração de sólidos de solo por volume unitário.

A Figura 7.26 mostra os resultados de ensaios de compactação em laboratório em um solo argiloso, assim como a variação da condutividade hidráulica em amostras de argila compactadas. Os ensaios de compactação e, portanto, as amostras para ensaios de condutividade hidráulica, foram preparados com torrões de argila de 19 mm e 4,8 mm. Considerando o que os resultados do ensaio em laboratório mostraram, podemos fazer as seguintes observações.

1. Para energia de compactação e teor de umidade similares, a magnitude de *k* reduz com a diminuição em tamanho do torrão.
2. Para uma determinada energia de compactação, a condutividade hidráulica diminui com o aumento no teor de umidade de compactação, atingindo um valor mínimo aproximadamente no teor de umidade ótimo (que é, aproximadamente, quando o solo apresenta maior peso específico, com as partículas de argila tendo menor grau de floculação). Acima do teor de umidade ótimo, a condutividade hidráulica aumenta ligeiramente.
3. Para energia de compactação e peso específico seco similares, um solo apresentará menor condutividade hidráulica quando for compactado no ramo úmido. Esse fato é ilustrado adiante, na Figura 7.27, que mostra um resumo dos resultados de um ensaio de condutividade hidráulica em uma argila siltosa (Mitchell, Hopper e Campanella, 1965).

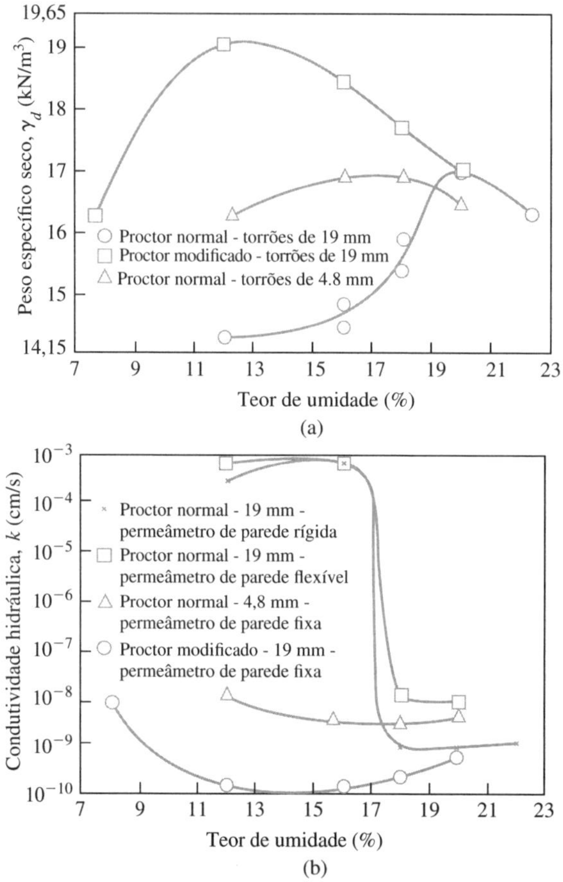

Figura 7.26 Ensaios em um solo argiloso: (a) Curvas de compactação Proctor normal e modificada; (b) variação de *k* com teor de umidade (*Fonte*: Segundo "Influence of Clods on Hydraulic Conductivity of Compacted Clay", de C. H. Benson e D. E. Daniel, 1990, *Journal of Geotechnical Engineering*, v. 116, n. 8, p. 1.231–1.248. Copyright © 1990 American Society of Civil Engineers. Utilizado com permissão.)

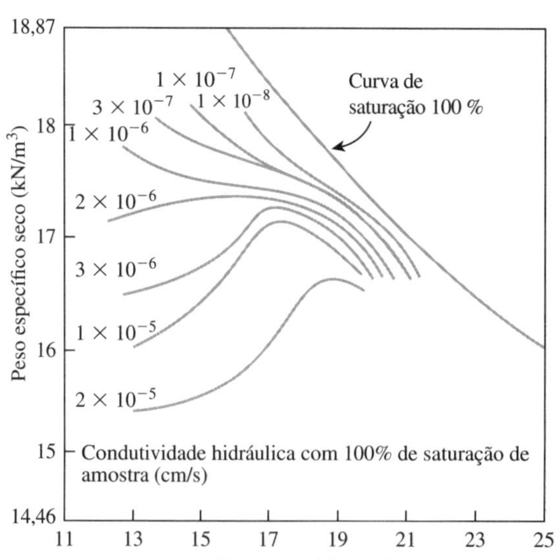

Figura 7.27 Contornos de condutividade hidráulica para uma argila com silte (*Fonte*: Segundo "Permeability of Compacted Clay", de J. K. Mitchell, D. R. Hooper e R. B. Campenella, 1965, *Journal of the Soil Mechanics and Foundations Divisions*, 91 (SM4), p. 41–65. Copyright © 1965 American Society of Civil Engineers. Utilizado com permissão.)

7.13 Teor de umidade – critério do peso específico para construção de aterros argilosos

Para a construção de aterros argilosos para locais de descarte de resíduos sólidos, é necessário que a argila compactada tenha uma condutividade hidráulica de 10^{-7} cm/s ou menos. Daniel e Benson (1990) desenvolveram um procedimento para estabelecer o teor de umidade do solo compactado de modo a atingir esse pré-requisito da condutividade hidráulica – o critério do peso específico. Podemos ver a seguir, passo a passo, o procedimento deste critério de projeto.

1. Conduza ensaios Proctor modificado, normal e reduzido para estabelecer as relações entre o peso específico seco e o teor de umidade para cada energia de compactação (Figura 7.28a). Os ensaios Proctor modificado e normal foram discutidos no capítulo 6. O ensaio Proctor *reduzido* é semelhante ao ensaio Proctor normal, exceto pelo fato de que, no primeiro, são 15 golpes de soquete por camada, ao invés dos 25 golpes habituais do Proctor normal. Os esforços Proctor modificado, normal e reduzido representam, respectivamente, nível superior, médio e inferior de energia de compactação para um típico aterro de solo argiloso.

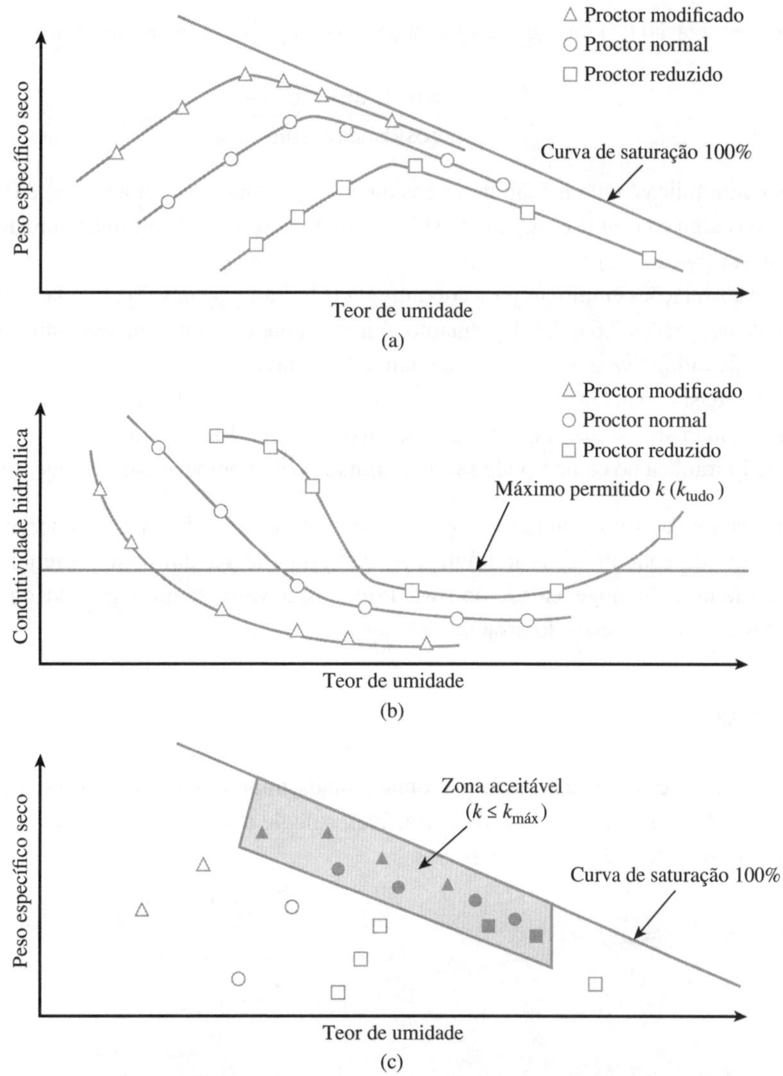

Figura 7.28 (a) Curvas Proctor; (b) variação da condutividade hidráulica de amostras compactadas; (c) determinação da zona aceitável (*Fonte*: Segundo "Water Content-Density Criteria for Compacted Soil Linkers", de D. E. Daniel e C. H. Benson, 1990, *Journal of Geotechnical Engineering*, v. 116, n. 12, p. 1.811-1.830. Copyright © 1990 American Society of Civil Engineers. Utilizado com permissão.)

2. Conduza ensaios de permeabilidade em amostras de solo compactado (da etapa 1) e trace um gráfico com os resultados, como mostrado na Figura 7.28b. Coloque também nessa figura o máximo valor permitido de k (ou seja, $k_{máx}$).
3. Trace novamente a indicação de peso específico seco-teor de umidade (Figura 7.28c), com diferentes símbolos representando as amostras compactadas, sendo $k > k_{máx}$ e $k \leq k_{máx}$.
4. Trace um gráfico da zona aceitável, na qual k é menor ou igual a $k_{máx}$ (Figura 7.28c).

7.14 Resumo

Segue abaixo um resumo dos assuntos importantes apresentados neste capítulo.

- A lei de Darcy pode ser expressa como

$$\underset{\substack{\uparrow \\ \text{velocidade} \\ \text{de descarga}}}{v} = \underset{\substack{\uparrow \\ \text{condutividade} \\ \text{hidráulica}}}{k} \quad \underset{\substack{\uparrow \\ \text{gradiente} \\ \text{hidráulico}}}{i}$$

- A velocidade de percolação (v_s) de água pelos espaços vazios pode ser expressa como

$$v_s = \frac{\text{velocidade de descarga}}{\text{porosidade do solo}}$$

- A condutividade hidráulica é uma função de viscosidade (e, portanto, de temperatura) da água.
- Os ensaios do tipo carga constante e carga variável são conduzidos para determinar a condutividade hidráulica de solos no laboratório (Seção 7.5).
- Existem diversas correlações empíricas para condutividade hidráulica em solo granular e coesivo. Algumas delas são mencionadas nas Seções 7.6 e 7.7. No entanto, é importante entender que elas são apenas aproximações, já que a condutividade hidráulica é um parâmetro altamente variável.
- Para solo em camadas, dependendo da direção do fluxo, uma relação de condutividade hidráulica equivalente pode ser desenvolvida para estimar a quantidade de fluxo [Eqs. (7.40) e (7.45)].
- A condutividade hidráulica no campo pode ser determinada pelo bombeamento de poços (Seção 7.10).

A condutividade hidráulica de solos saturados coesivos também pode ser determinada por ensaios de adensamento em laboratório. O valor real da condutividade hidráulica no campo pode ser um pouco diferente do que o obtido em laboratório em função da falta de homogeneidade do solo. Portanto, deve-se sempre ter cuidado ao avaliar a ordem de magnitude de k para todas as considerações do projeto.

Problemas

7.1 Uma camada de solo permeável é sustentada por uma camada impermeável, conforme indicado na Figura 7.29. Sabendo que $k = 6 \times 10^{-3}$ cm/s para a camada permeável, calcule a taxa de percolação através dessa camada em m³/h/m por largura. Dados: $H = 5{,}4$ m e $\alpha = 7°$.

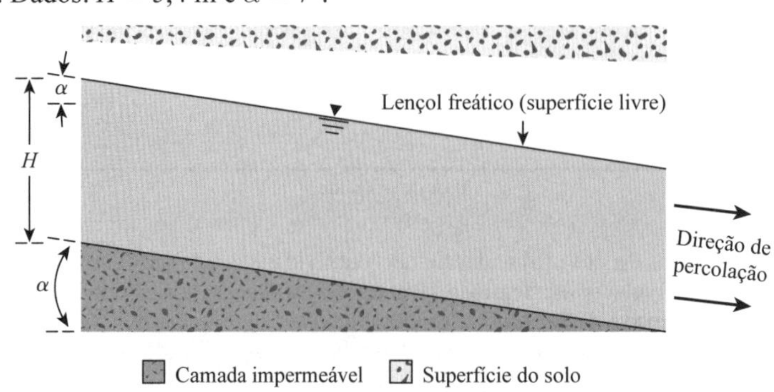

Figura 7.29

7.2 Refaça o Problema 7.1, considerando $\alpha = 5°$ e $\alpha = 9°$. Se as outras condições locais permanecerem as mesmas, que impacto tem o ângulo da encosta na taxa de percolação?

7.3 Ocorre percolação através de uma camada arenosa embaixo de uma barragem de concreto, como mostrado na Figura 7.30.

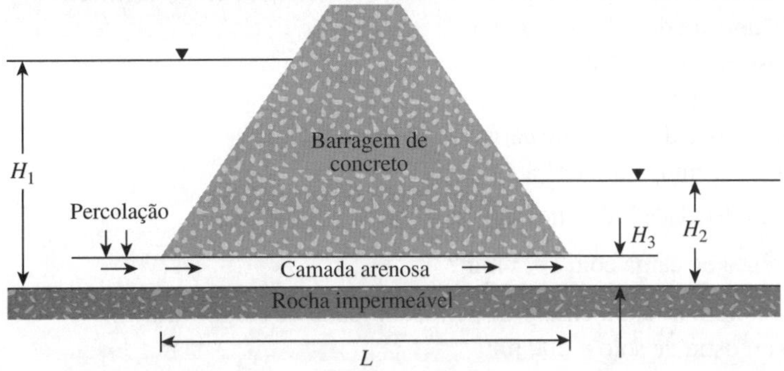

Figura 7.30

Dados: nível de água superior, $H_1 = 16$ m; nível de água inferior, $H_2 = 2{,}3$ m; espessura da camada arenosa, $H_3 = 0{,}75$ m; condutividade hidráulica da camada arenosa, $k = 0{,}009$ cm/s; índice de vazios da areia, $e = 0{,}8$; e $L = 45$ m. Determine:

a. Taxa de percolação por unidade de comprimento da barragem (em m^3/h/m).

b. Velocidade da percolação.

c. Total de percolação por dia, se a barragem possui 350 m de comprimento.

7.4 Refaça o Problema 7.3 considerando as seguintes informações: $H_1 = 12$ m; $H_2 = 2$ m; $H_3 = 0{,}5$ m; $k = 6{,}3 \times 10^{-3}$ cm/s; $e = 1{,}22$; $L = 52$ m; e comprimento da barragem = 410 m.

7.5 Uma camada de solo permeável foi prensada entre duas camadas impermeáveis, como mostrado na Figura 7.31. Descubra a taxa de fluxo em m^3/s/m (em ângulos retos para a seção transversal) que passa pela camada de solo permeável. Dados: $H = 3{,}5$ m, $H_1 = 1{,}75$ m, $h = 2{,}5$ m, $S = 28$ m, $\alpha = 12°$ e $k = 0{,}055$ cm/s.

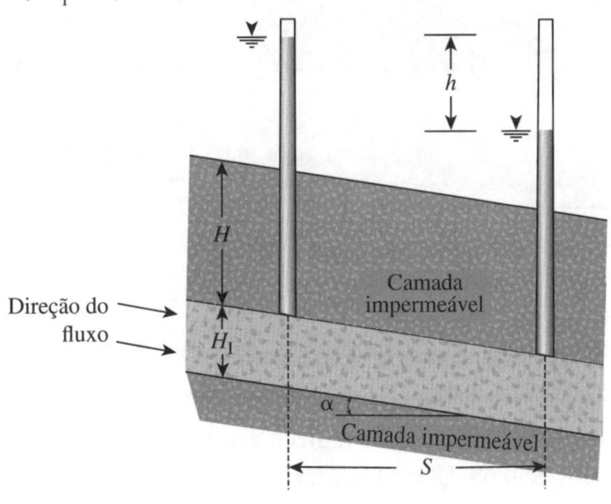

Figura 7.31

7.6 Os resultados de um ensaio de permeabilidade de carga constante feito com uma amostra de areia com grãos finos, tendo diâmetro de 70 mm e comprimento de 140 mm, são os seguintes (considere a Figura 7.5):

- Diferença da carga constante = 550 mm
- Água coletada em 7 min = 450 cm^3
- Índice de vazios da areia = 0,8

Determine:

a. Condutividade hidráulica, k (cm/s)

b. Velocidade da percolação

7.7 Em um ensaio de permeabilidade de carga constante, o comprimento da amostra é 200 mm e a seção transversal, 78,5 cm^2. Se $k = 2{,}1 \times 10^{-2}$ cm/s e uma taxa de fluxo de 130 cm^3/min precisou ser mantida durante o ensaio, qual deve ser a diferença de carga entre o topo e a base do corpo de prova?

7.8 Os seguintes dados são extraídos de um ensaio de permeabilidade de carga variável:

- Comprimento da amostra de solo = 140 mm
- Diâmetro da amostra de solo = 70 mm
- Área da bureta = 19,6 mm^2
- Em um momento $t = 0$, a diferença de carga = 500 mm
- Em um momento $t = 7$ min, a diferença de carga = 350 mm

a. Determine a condutividade hidráulica do solo (cm/s)

b. Qual foi a diferença de carga com $t = 5$ min?

7.9 Os seguintes dados referem-se a um ensaio de permeabilidade de carga variável.

- Comprimento da amostra de solo = 400 mm
- Área da amostra de solo = 7854 mm^2
- Diâmetro da bureta = 11 mm
- Em um momento $t = 0$, a diferença de cargas = 450 mm
- Em um momento $t = 8$ min, a diferença de cargas = 200 mm

Se o ensaio fosse conduzido a 20 °C, no qual $\gamma_w = 9{,}789$ kN/m^3 e $\eta = 1{,}005 \times 10^{-3}$ N · s/m^2:

a. Determine a permeabilidade absoluta do solo (cm/s).

b. Qual foi a diferença de carga em $t = 4$ min?

7.10 A Figura 7.32 mostra a seção transversal de um dique com 650 m de comprimento, sustentado por uma camada de areia permeável de 2,5 de espessura. Observou-se que a quantidade de água que fluía através da camada de areia até a vala de coleta era de 13,5 m^3/h. Qual é a condutividade hidráulica da camada de areia?

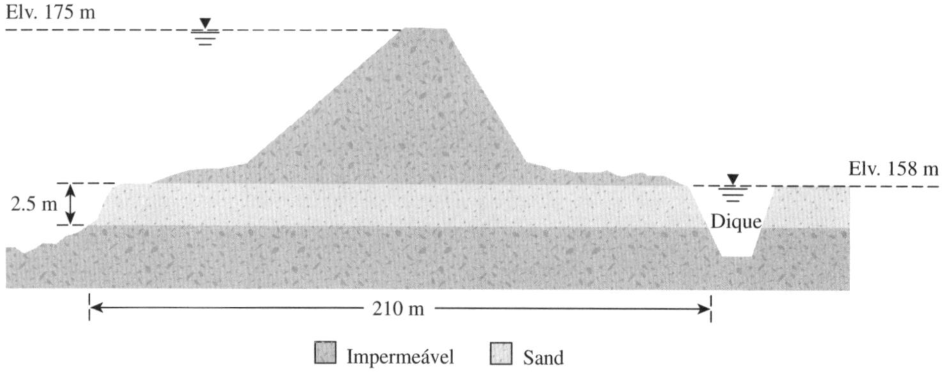

Figura 7.32

7.11 A condutividade hidráulica de um solo arenoso é 0,011 cm/s em uma temperatura ambiente de 24 °C. Qual seria a condutividade hidráulica a 20 °C? Use a Eq. (7.15).

7.12 A condutividade hidráulica de uma areia com um índice de vazios de 0,85 é 0,08 cm/s. Estime sua condutividade hidráulica a um índice de vazios de 0,68. Use a Eq. (7.31).

7.13 Para um solo arenoso, os seguintes dados são fornecidos:

- Índice de vazios máximo = 0,75
- Índice de vazios mínimo = 0,39
- Tamanho efetivo, $D_{10} = 0{,}32$ mm.

Determine a condutividade hidráulica da areia a uma densidade relativa de 80%. Use a Eq. (7.32).

7.14 Para um solo arenoso, os seguintes dados são fornecidos:

- Índice de vazios máximo = 0,86
- Índice de vazios mínimo = 0,4
- Condutividade hidráulica a uma densidade relativa de 70% = 0,003 cm/s.

Determine a condutividade hidráulica da areia a uma densidade relativa de 50%. Use a Eq. (7.31).

7.15 Para uma areia, a porosidade $n = 0{,}28$ e $k = 0{,}058$ cm/s. Determine k se $n = 0{,}45$. Use a Eq. (7.31).

7.16 O peso específico seco máximo de uma areia de quartzo determinada em laboratório é 18,5 kN/m^3. Se o grau de compactação no campo é 88%, determine a condutividade hidráulica da areia na condição de compactação do campo. Dados: $G_s = 2{,}66$, $D_{10} = 0{,}28$ mm e $C_u = 4{,}2$. Use a Eq. (7.34).

7.17 Os dados de análise granulométrica para uma areia são dados na tabela a seguir. Estime a condutividade hidráulica da areia a um índice de vazios de 0,77. Use a Eq. (7.30) e $SF = 6{,}5$.

Peneira padrão americano nº	Porcentagem passante
30	100
40	85
60	64
100	32
200	3

7.18 Para uma argila normalmente adensada, são dados os seguintes valores:

e	k (cm/s)
0,78	$0{,}45 \times 10^{-6}$
1,1	$0{,}88 \times 10^{-6}$

Estime k a um índice de vazios de 0,97. Use a Eq. (7.38).

7.19 Refaça o Problema 7.18 utilizando o procedimento Mesri e Olson (1971) fornecido pela Eq. (7.37).

7.20 Estime a condutividade hidráulica de uma argila saturada considerando o tamanho de fração de argila, $CF = 42\%$, e o índice de plasticidade, $IP = 27\%$. Dados: $\gamma_{sat} = 18{,}8$ kN/m^3 e $G_s = 2{,}73$. Use o método de Tavenas et al. (1983) ilustrado na Figura 7.15.

7.21 Um solo em camadas é mostrado na Figura 7.33. Dados:

- $H_1 = 1{,}5$ m $k_1 = 9 \times 10^{-4}$ cm/s
- $H_2 = 2{,}5$ m $k_2 = 7{,}8 \times 10^{-3}$ cm/s
- $H_3 = 3{,}5$ m $k_3 = 4{,}5 \times 10^{-5}$ cm/s

Estime a relação de permeabilidade equivalente, $k_{H(eq)}/k_{V(eq)}$.

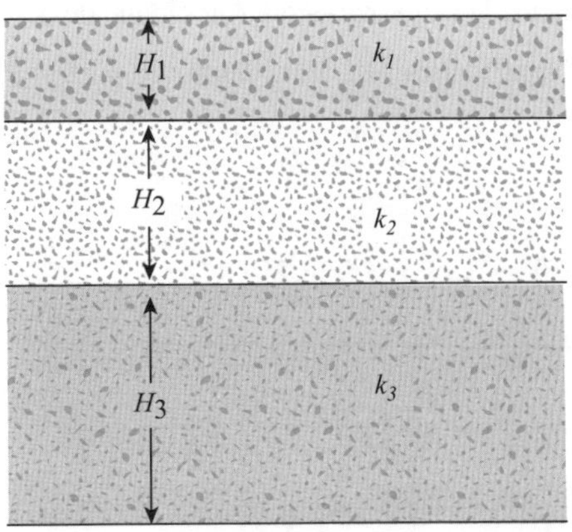

Figura 7.33

7.22 Considere a Figura 7.24. Os seguintes dados foram coletados durante a medição de permeabilidade de campo de um aquífero confinado, por meio de um ensaio de bombeamento. Determine a condutividade hidráulica da camada permeável. Use a Eq. (7.49).

Espessura do aquífero, $H = 4{,}5$ m

Nível piezométrico e distância radial do primeiro poço de observação:

$h_1 = 2{,}9$ m; $r_1 = 17{,}8$ m

Nível piezométrico e distância radial do segundo poço de observação:
$h_2 = 1{,}8$ m; $r_2 = 8{,}1$ m
Taxa de descarga a partir do bombeamento, $q = 0{,}5\ m^3/min$.

7.23 Considere a Figura 7.25. Durante um ensaio de furo com trado helicoidal para determinar a permeabilidade do campo, observou-se que o nível de água subterrânea dentro do furo subiu 5 cm em 8 min, quando $h = 2$ m. Dados: diâmetro do trado helicoidal = 150 mm, comprimento do trado helicoidal = 4 m e profundidade do nível de água subterrânea em comparação com a superfície = 1 m. Estime k. Use a Eq. (7.50).

Problema de pensamento crítico

7.C.1 A seção 7.2 descreve a importância da carga total e do gradiente hidráulico na percolação de água através do solo permeável. Neste problema estudaremos as variações de carga ao longo do eixo de uma amostra de solo onde a percolação está ocorrendo. Considere a configuração indicada na Figura 7.36 (semelhante ao Exemplo 7.15), nas quais três camadas diferentes de solo, cada uma com 200 mm, estão localizadas em um tubo cilíndrico de 150 mm de diâmetro. Uma diferença de carga constante de 470 mm é mantida na amostra de solo. As porosidades e as condutividades hidráulicas dos três solos na direção do fluxo são fornecidas na seguinte tabela:

Solo	*n*	*k* (cm/s)
I	0,5	5×10^{-3}
II	0,6	$4{,}2 \times 10^{-2}$
III	0,33	$3{,}9 \times 10^{-4}$

Execute as seguintes tarefas:

a. Determine a quantidade de água que flui através da amostra por hora.

b. Observando que o nível de água abaixo (*Y-Y*) é dado, determine a carga altimétrica (*Z*), carga piezométrica (u/γ_w) e a carga total (*h*) na entrada e saída de cada camada de solo.

c. Trace a variação da carga altimétrica, a carga piezométrica e a carga total com a distância horizontal ao longo do eixo de amostra (*X-X*).

d. Trace as variações de velocidade de descarga e a velocidade de percolação ao longo do eixo de amostra.

e. Qual seria a altura das colunas verticais da água dentro do piezômetro *A* e *B* instalados no eixo de amostra?

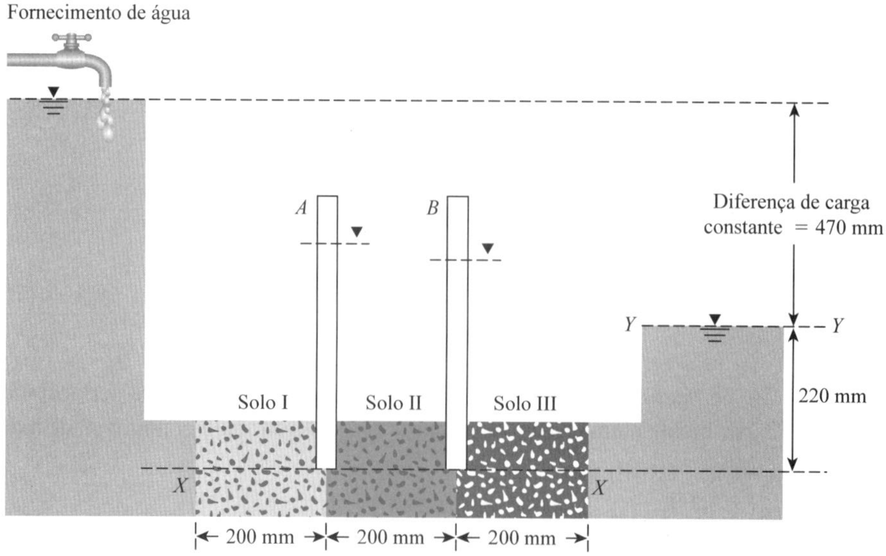

Figura 7.34

Referências bibliográficas

AHMAD, S.; LACROIX, Y.; STEINBACK, J. Pumping Tests in an Unconfined Aquifer, *Proceedings*, Conference on *in situ* Measurement of Soil Properties, ASCE, v.1, p. 1-21, 1975.

AMER, A. M.; AWAD, A. A. Permeability of Cohesionless Soils, *Journal of the Geotechnical Engineering Division*, ASCE, v. 100, n. GT12, p. 1309-1316, 1974.

BASETT, D. J.; BRODIE, A. F. A Study of Matabitchuan Varved Clay, *Ontario Hydroelectric Research News*, v. 13, n. 4, p. 1-6, 1961.

BENSON, C. H.; DANIEL, D. E. Influence of Clods on Hydraulic Conductivity of Compacted Clay, *Journal of Geotechnical Engineering*, ASCE, v. 116, n. 8, p. 1231-1248, 1990.

CARMAN, P. C. The Determination of the Specific Surface of Powders. *J. Soc. Chem. Ind. Trans.*, v. 57, p. 225, 1938.

______. *Flow of Gases through Porous Media*, Londres: Butterworths Scientific Publication, 1956.

CARRIER III, W. D. Goodbye, Hazen; Hello, Kozeny-Carman, *Journal of Geotechnical and Geoenvironmental Engineering*, ASCE, v. 129, n. 11, p. 1054-1056, 2003.

CASAGRANDE, L.; POULOS, S. J. On the Effectiveness of Sand Drains, *Canadian Geotechnical Journal*, v. 6, n. 3, p.287-326, 1969.

CHAN, H. T.; KENNEY, T. C. Laboratory Investigation of Permeability Ratio of New Liskeard Varved Soil, *Canadian Geotechnical Journal*, v. 10, n. 3, p. 453-472, 1973.

CHAPUIS, R. P. Predicting the Saturated Hydraulic Conductivity of Sand and Gravel Using Effective Diameter and Void Ratio, *Canadian Geotechnical Journal*, v. 41, n. 5, p. 787-795, 2004.

DANIEL, D. E.; BENSON, C. H. Water Content-Density Criteria for Compacted Soil Liners, *Journal of Geotechnical Engineering*, ASCE, v. 116, n. 12, p. 1811–1830, 1990.

DARCY, H. *Les Fontaines Publiques de la Ville de Dijon*, Paris: Dalmont, 1856.

FUKUSHIMA, S.; ISHII, T. An Experimental Study of the Influence of Confining Pressure on Permeability Coefficients of Filldam Core Materials, *Soils and Foundations*, v. 26, n. 4, p. 32-46, 1986.

HANSBO, S. Consolidation of Clay with Special Reference to Influence of Vertical Sand Drains, *Swedish Geotechnical Institute*, Proc. n. 18, p. 41-61, 1960.

HAZEN, A. Water Supply, in *American Civil Engineers Handbook*, Nova York: Wiley, 1930.

KENNEY, T. C.; CHAN, H. T. Field Investigation of Permeability Ratio of New Liskeard Varved Soil, *Canadian Geotechnical Journal*, v. 10, n. 3, p. 473-488, 1973.

KENNEY, T. C.; LAU, D.; OFOEGBU, G. I. Permeability of Compacted Granular Materials, *Canadian Geotechnical Journal*, v. 21, n. 4, p. 726-729, 1984.

KOZENY, J. Ueber kapillare Leitung des Wassers im Boden. *Wien, Akad. Wiss.*, v. 136, n. 2a, p. 271, 1927.

KRUMBEIN, W. C.; MONK, G. D. Permeability as a Function of the Size Parameters of Unconsolidated Sand, *Transactions*, AI MME (Petroleum Division), v. 151, p. 153-163, 1943.

LUMB, P.; HOLT, J. K. The Undrained Shear Strength of a Soft Marine Clay from Hong Kong, *Geotechnique*, v. 18, p. 25-36, 1968.

MESRI, G.; OLSON, R. E. Mechanism Controlling the Permeability of Clays, *Clay and Clay Minerals*, v. 19, p. 151-158, 1971.

MITCHELL, J. K. *Fundamentals of Soil Behavior*, Nova York: Wiley, 1976.

OLSEN, H. W. Hydraulic Flow Through Saturated Clay, Sc.D. Thesis, Massachusetts Institute of Technology, 1961.

SAMARASINGHE, A. M.; HUANG, Y. H.; DRNEVICH, V. P. Permeability and Consolidation of Normally Consolidated Soils, *Journal of the Geotechnical Engineering Division*, ASCE, v. 108, n. GT6, p. 835-850, 1982.

SPANGLER, M. G.; HANDY, R. L. *Soil Engineering*, 3rd Ed., New York: Intext Educational, 1973.

TAVENAS, F. et al. The Permeability of Natural Soft Clays. Part II: Permeability Characteristics, *Canadian Geotechnical Journal*, v. 20, n. 4, p. 645-660, 1983.

TAYLOR, D. W. *Fundamentals of Soil Mechanics*, Nova York: Wiley, 1948.

TSIEN, S. I. Stabilization of Marsh Deposit, *Highway Research Record*, Bulletin n. 115, p. 15-43, 1955.

U.S. ARMY CORPS OF ENGINEERS Filter Experiments and Design Criteria, *Technical Memorandum n. 3-360*, U.S. Army Waterways Experiment Station, Vicksburg, Ms., 1953.

U.S. DEPARTMENT OF NAVY Soil Mechanics Design Manual 7.01, U.S. Government Printing Office, Washington, D.C., 1986.

VAN BAVEL, C. H. M.; KIRKHAM, D. Field Measurement of Soil Permeability Using Auger Holes, *Proceedings*, Soil Science Society of America, v. 13, p. 90–96, 1948.

WU, T. H.; CHANG, N. Y.; Ali, E. M. Consolidation and Strength Properties of a Clay, *Journal of the Geotechnical Engineering Division*, ASCE, v. 104, n. GT7, p. 899-905, 1978.

CAPÍTULO 8

Percolação nos solos

8.1 Introdução

No capítulo anterior, vimos alguns casos simples em que a aplicação direta da lei de Darcy foi necessária para o cálculo da percolação da água pelo solo. Em muitas situações, a percolação da água no solo não é unidirecional nem uniforme ao longo de toda a área perpendicular ao fluxo. Em tais casos, a percolação da água em lençóis freáticos geralmente é calculada por meio de gráficos chamados de *redes de fluxos*. O conceito da rede de fluxo tem como base a *equação de continuidade de Laplace*, que regula a condição de percolação de um regime permanente em determinado ponto na massa de solo.

Neste capítulo discutiremos o seguinte:

- Derivação da equação de continuidade de Laplace e algumas aplicações simples da equação;
- Procedimento para construir redes de fluxos e cálculo de percolação em solos isotrópicos e anisotrópicos;
- Percolação pela barragem de terra.

8.2 Equação da continuidade de Laplace

Para derivar a equação diferencial da continuidade de Laplace, vamos considerar uma única cortina de estacas-prancha que tenha sido cravada em uma camada de solo permeável, como mostra a Figura 8.1a. Presume-se que a cortina de estacas-prancha seja impermeável. O escoamento da água em regime permanente do lado a montante para o lado a jusante pela camada permeável é um fluxo bidimensional. Para o escoamento em um ponto *A*, consideraremos um bloco elementar de solo. O bloco, com dimensões *dx*, *dy* e *dz* (o comprimento *dy* é perpendicular ao plano do papel), é exibido em escala ampliada na Figura 8.1b. Considere que v_x e v_z sejam os componentes da velocidade de percolação nas direções horizontal e vertical, respectivamente. A vazão da água para dentro do bloco elementar na direção horizontal é igual a $v_x\, dz\, dy$, e na direção vertical é $v_z\, dx\, dy$. As vazões de saída do bloco nas direções horizontal e vertical são, respectivamente,

$$\left(v_x + \frac{\partial v_x}{\partial x}dx\right) dz\, dy$$

e

$$\left(v_z + \frac{\partial v_z}{\partial z}dz\right) dx\, dy$$

Presumindo que a água é incompressível e que não ocorre nenhuma alteração de volume na massa de solo, podemos afirmar que a vazão total de entrada deve ser igual à vazão total de saída. Assim,

$$\left[\left(v_x + \frac{\partial v_x}{\partial x}dx\right) dz\, dy + \left(v_z + \frac{\partial v_z}{\partial z}dz\right) dx\, dy\right] - \left[v_x dz\, dy + v_z dx\, dy\right] = 0$$

ou

$$\frac{\partial v_x}{\partial x} + \frac{\partial v_z}{\partial z} = 0 \tag{8.1}$$

Com a lei de Darcy, as velocidades de percolação podem ser expressas por

$$v_x = k_x i_x = k_x \frac{\partial h}{\partial x} \tag{8.2}$$

e

$$v_z = k_z i_z = k_z \frac{\partial h}{\partial z} \tag{8.3}$$

onde k_x e k_z são os valores de condutividade hidráulica nas direções horizontal e vertical, respectivamente.

A partir das Eqs. (8.1), (8.2) e (8.3), podemos escrever

$$k_x \frac{\partial^2 h}{\partial x^2} + k_z \frac{\partial^2 h}{\partial z^2} = 0 \tag{8.4}$$

Se o solo for isotrópico com relação à condutividade hidráulica – ou seja, $k_x = k_z$ – a equação de continuidade anterior para o fluxo bidimensional simplifica para

$$\frac{\partial^2 h}{\partial x^2} + \frac{\partial^2 h}{\partial z^2} = 0 \tag{8.5}$$

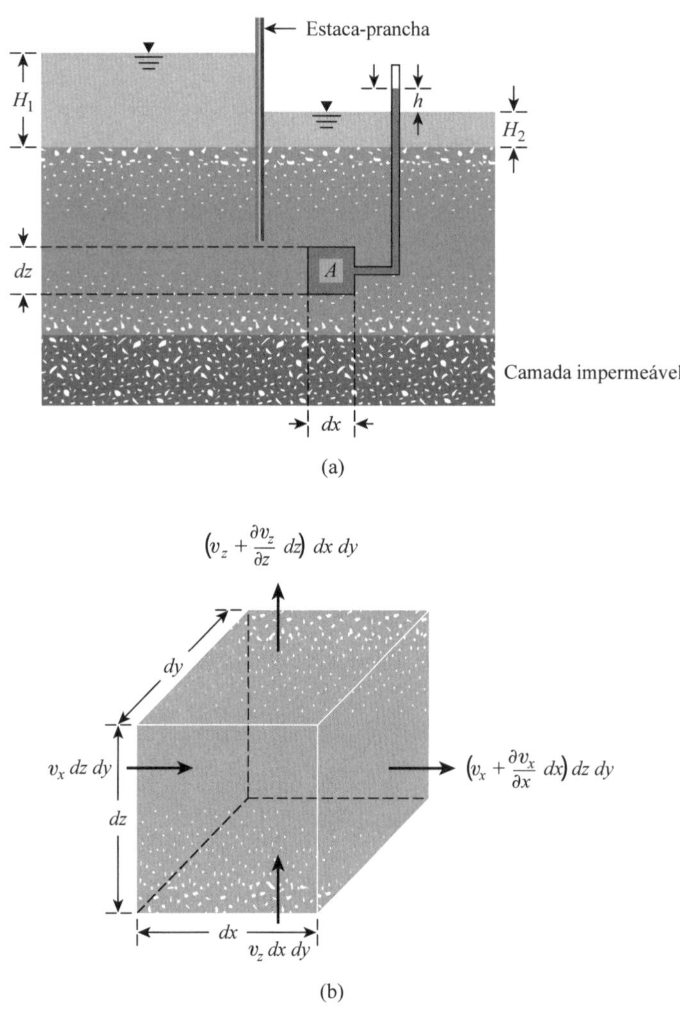

Figura 8.1 (a) Estacas-prancha cravadas em cortina única na camada permeável; (b) fluxo em A.

8.3 Redes de fluxo

A equação de continuidade [Eq. (8.5)] em um meio isotrópico representa *duas famílias de curvas ortogonais* – ou seja, as linhas de fluxo e as linhas equipotenciais. Uma *linha de fluxo* é a linha ao longo da qual a partícula de água se desloca de montante para jusante pelo solo permeável. Uma *linha equipotencial* é a linha ao longo da qual a carga potencial tem o mesmo valor em todos os pontos. Logo, se piezômetros forem posicionados em vários pontos ao longo de uma linha equipotencial, o nível da água subirá até o mesmo nível de elevação em todos os pontos. A Figura 8.2a demonstra a definição de fluxo e linhas equipotenciais para o fluxo na camada de solo permeável ao redor da cortina de estaca-prancha indicada na Figura 8.1 (para $k_x = k_z = k$).

Uma combinação de uma série de linhas de fluxo e linhas equipotenciais é chamada de *rede de fluxo*. Conforme mencionado na introdução, as redes de fluxo são construídas para o cálculo de fluxo freático e a avaliação das cargas. Para concluir a construção do gráfico de uma rede de fluxo é necessário traçar as linhas de fluxo e equipotenciais de modo que:

1. As linhas equipotenciais interceptem as linhas de fluxo em ângulos retos.
2. Os elementos de fluxo formados tenham a forma aproximada de um quadrado.

A Figura 8.2b mostra um exemplo de rede de fluxo completa. Outro exemplo de rede de fluxo em camada isotrópica permeável é exibido na Figura 8.3. Nessas figuras, N_f é a quantidade de canais de fluxo na rede e N_d é a quantidade de quedas de potencial (definido mais adiante, neste capítulo).

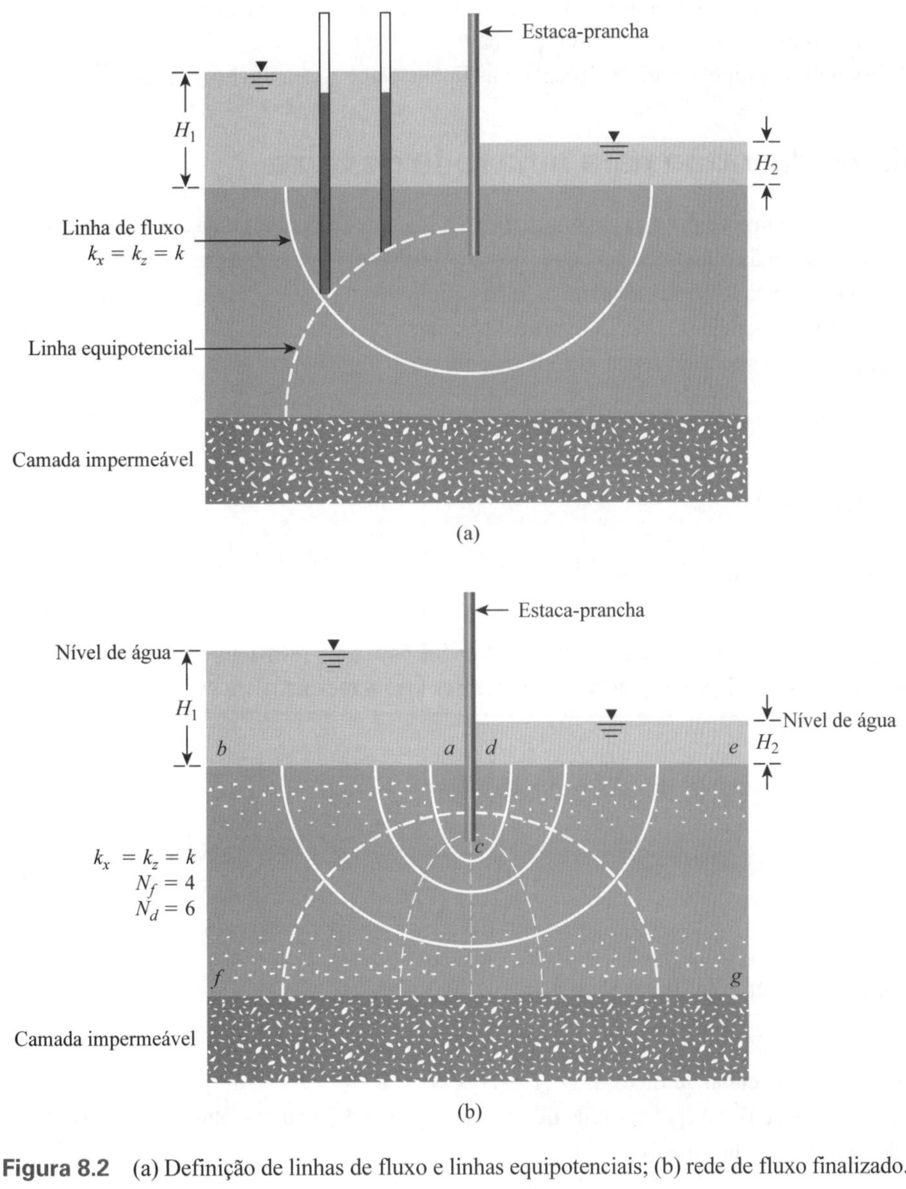

Figura 8.2 (a) Definição de linhas de fluxo e linhas equipotenciais; (b) rede de fluxo finalizado.

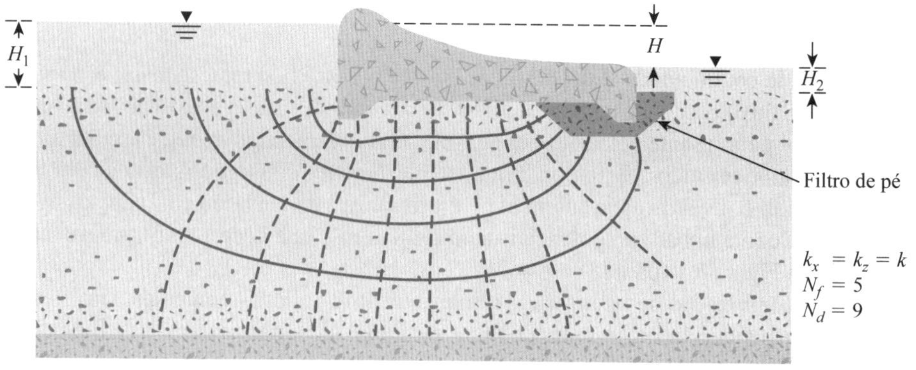

Figura 8.3 Rede de fluxo sob uma barragem com filtro de pé.

Desenhar uma rede de fluxo requer várias tentativas. Enquanto se constrói a rede de fluxo, tenha em mente as condições de contorno. Na rede de fluxo indicada na Figura 8.2b, aplicam-se as quatro condições de contorno definidas a seguir.

Condição 1: As superfícies jusante e montante da camada permeável (linhas *ab* e *de*) são linhas equipotenciais.

Condição 2: Como as linhas *ab* e *de* são equipotenciais, todas as linhas de fluxo as interceptam em ângulos retos.

Condição 3: O contorno da camada impermeável – isto é, a linha *fg* – é uma linha de fluxo, bem como a superfície da estaca-prancha impermeável, a linha *acd*.

Condição 4: As linhas equipotenciais interceptam as linhas *acd* e *fg* em ângulos retos.

8.4 Cálculo da vazão para uma rede de fluxo

Em qualquer rede de fluxo, a faixa entre duas linhas de fluxo adjacentes é denominada *canal de fluxo*. A Figura 8.4 mostra um canal de fluxo com as linhas equipotenciais que formam os elementos quadrados. Supomos que $h_1, h_2, h_3, h_4, \ldots, h_n$ sejam os níveis piezométricos que correspondem às linhas equipotenciais. A taxa de percolação pelo canal de fluxo por unidade de comprimento (perpendicular à seção vertical pela camada permeável) pode ser calculada conforme descrito a seguir. Por não existir escoamento transversal às linhas de fluxo,

$$\Delta q_1 = \Delta q_2 = \Delta q_3 = \ldots = \Delta q \tag{8.6}$$

A partir da lei de Darcy, a vazão é igual a *kiA*. Assim, a Eq. (8.6) pode ser escrita como

$$\Delta q = k\left(\frac{h_1 - h_2}{l_1}\right)l_1 = k\left(\frac{h_2 - h_3}{l_2}\right)l_2 = k\left(\frac{h_3 - h_4}{l_3}\right)l_3 = \cdots \tag{8.7}$$

A Eq. (8.7) mostra que, se os elementos de fluxo forem traçados com uma forma aproximadamente quadrada, a queda do nível piezométrico entre duas linhas equipotenciais adjacentes será a mesma. Essa condição é chamada *queda de potencial*. Assim,

$$h_1 - h_2 = h_2 - h_3 = h_3 - h_4 = \cdots = \frac{H}{N_d} \tag{8.8}$$

e

$$\Delta q = k\frac{H}{N_d} \tag{8.9}$$

onde H = diferença de carga entre os lados a montante e a jusante

N_d = número de quedas de potencial

Na Figura 8.2b, para qualquer canal de fluxo, $H = H_1 - H_2$ e $N_d = 6$.

Se o número de canais de fluxo em uma rede de fluxo for igual a N_f, a vazão total por todos os canais por unidade de comprimento pode ser obtida pela equação

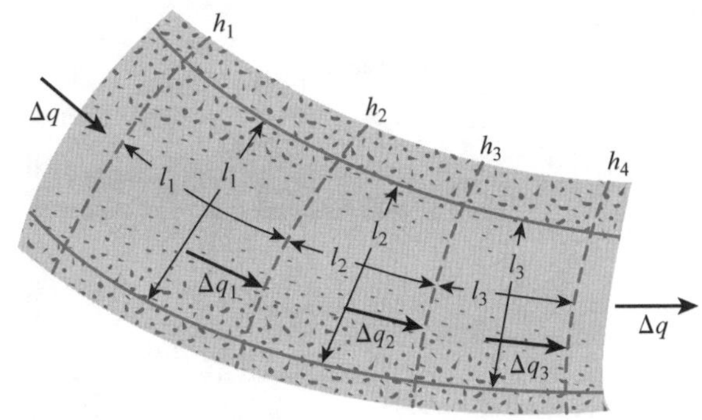

Figura 8.4 Percolação pelo canal de fluxo com elementos quadrados.

$$q = k\frac{HN_f}{N_d} \tag{8.10}$$

Apesar de ser conveniente, não é necessário traçar sempre os elementos quadrados para uma rede de fluxo. Como alternativa, podemos traçar uma malha retangular para o canal de fluxo, como mostra a Figura 8.5, desde que as proporções entre largura e comprimento para todos os elementos retangulares da rede de fluxo sejam iguais. Neste caso, a Eq. (8.7) para a vazão pelo canal pode ser modificada para

$$\Delta q = k\left(\frac{h_1 - h_2}{l_1}\right)b_1 = k\left(\frac{h_2 - h_3}{l_2}\right)b_2 = k\left(\frac{h_3 - h_4}{l_3}\right)b_3 = \cdots \tag{8.11}$$

Se $b_1/l_1 = b_2/l_2 = b_3/l_3 = \ldots = n$ (ou seja, os elementos não são quadrados), as Eqs. (8.9) e (8.10) podem ser modificadas para

$$\Delta q = kH\left(\frac{n}{N_d}\right) \tag{8.12}$$

e

$$q = kH\left(\frac{N_f}{N_d}\right)n \tag{8.13}$$

A Figura 8.6 mostra a rede de fluxo para a percolação em torno de uma cortina de estacas-prancha. Observe que os canais de fluxo 1 e 2 possuem elementos quadrados. Portanto, a taxa de fluxo através destes dois canais pode ser calculada usando a Equação (8.9),

$$\Delta q_1 + \Delta q_2 = \frac{k}{N_d}H + \frac{k}{N_d}H = \frac{2kH}{N_d}$$

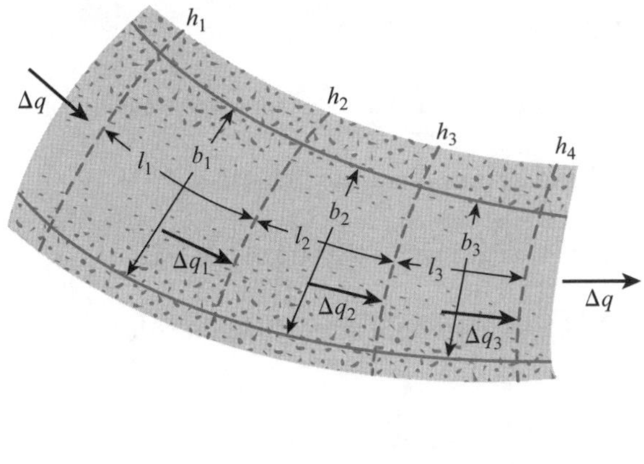

Figura 8.5 Percolação pelo canal de fluxo com elementos retangulares.

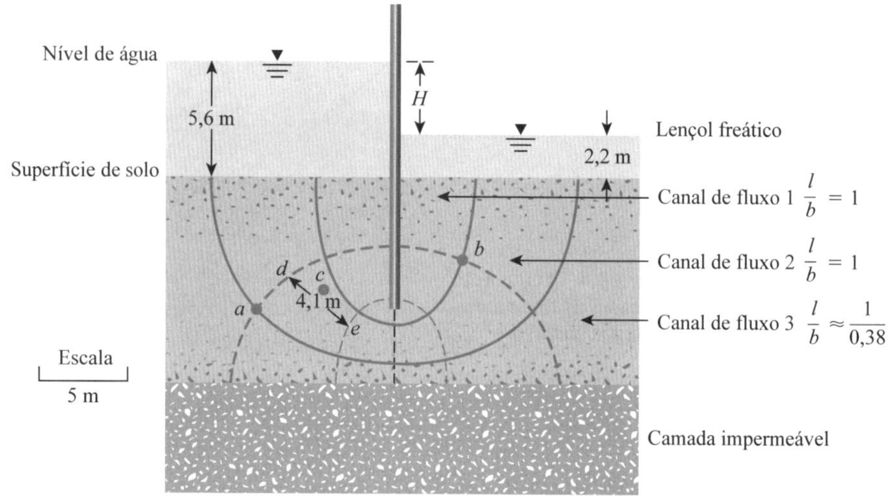

Figura 8.6 Rede de fluxo para a percolação em torno de uma cortina de estacas-prancha.

No entanto, o canal de fluxo 3 tem elementos retangulares. Esses elementos têm uma proporção entre a largura e o comprimento de cerca de 0,38; assim, com base na Eq. (8.12),

$$\Delta q_3 = \frac{k}{N_d} H(0,38)$$

Portanto, a taxa de percolação total pode ser expressa como

$$q = \Delta q_1 + \Delta q_2 + \Delta q_3 = 2,38 \frac{kH}{N_d} \tag{8.14}$$

Exemplo 8.1

A Figura 8.6 mostra uma rede de fluxo em torno de uma única cortina de estacas-prancha em uma camada de solo permeável. Se $k_x = k_z = k = 5 \times 10^{-3}$ cm/s, determine

a. A que altura (acima da superfície do solo) a água se elevará se os piezômetros forem posicionados nos pontos *a* e *b*.
b. A taxa total de percolação pela camada permeável por comprimento específico.
c. O gradiente hidráulico médio aproximado em *c*.

Solução

Parte a

A partir da Figura 8.6, temos $N_d = 6$, $H_1 = 5,6$ m e $H_2 = 2,2$ m. Portanto, a perda de carga para cada queda de potencial será

$$\Delta H = \frac{H_1 - H_2}{N_d} = \frac{5,6 - 2,2}{6} = 0,567 \text{ m}$$

No ponto *a*, já passamos por uma queda de potencial. Portanto, a água no piezômetro se elevará até

$$(5,6 - 0,567) = \mathbf{5,033\ m\ acima\ da\ superfície\ do\ solo}$$

No ponto *b*, temos cinco quedas de potenciais. Portanto, a água no piezômetro se elevará até

$$[5,6 - (5)(0,567)] = \mathbf{2,765\ m\ acima\ da\ superfície\ do\ solo}$$

Parte b

A partir da Eq. (8.14),

$$q = 2{,}38\frac{k(H_1 - H_2)}{N_d} = \frac{(2{,}38)(5\times10^{-5}\,\text{m/s})(5{,}6-2{,}2)}{6}$$

$$= \mathbf{6{,}74\times10^{-5}\,m^3/s/m}$$

Parte c

O gradiente hidráulico médio em *c* pode ser dado como

$$i = \frac{\text{perda de carga}}{\text{comprimento médio de fluxo entre } d \text{ e } e} = \frac{\Delta H}{\Delta L} = \frac{0{,}567\text{ m}}{4{,}1\text{ m}} = \mathbf{0{,}138}$$

(*Observação*: O comprimento médio do fluxo foi colocado em escala.) ■

Exemplo 8.2

Ocorre percolação em torno de um muro de contenção mostrado na Figura 8.7. A condutividade hidráulica da areia é $1{,}5 \times 10^{-3}$ cm/s. O muro de contenção tem 50 m de comprimento. Determine a quantidade de água percolada por dia em todo o muro de contenção.

Solução

Para a rede de fluxo mostrada na Figura 8.7, $N_f = 3$ e $N_d = 10$. A perda de carga total da esquerda para a direita, $H = 5{,}0$ mm. A vazão é dada pela [Eq. (8.10)],

$$q = kH\frac{N_f}{N_d} = (1{,}5\times10^{-5}\text{ m/s})(5{,}0)\left(\frac{3}{10}\right) = 2{,}25\times10^{-5}\text{ m}^3\text{/s/m}$$

Vazão por todo o muro,

$$Q = 2{,}25\times10^{-5}\times50{,}0\times24\times3.600\text{ m}^3\text{/dia} = \mathbf{97{,}2\ m^3/dia}$$

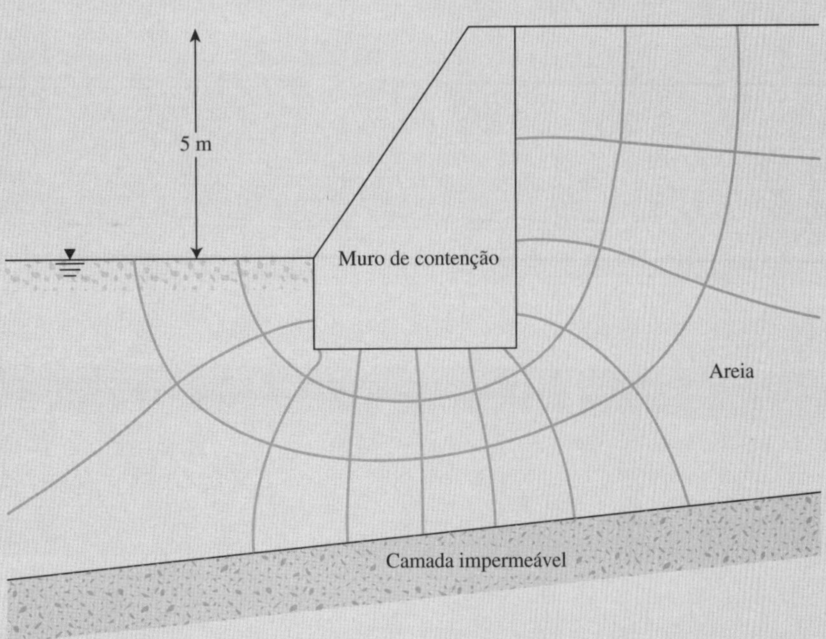

Figura 8.7 ■

Exemplo 8.3

Duas estacas-prancha foram cravadas a uma distância de 4 m em areia argilosa, como mostrado na Figura 8.8, e 2 m de profundidade de solo que havia entre as duas estacas-prancha foi removido. Para facilitar a execução da obra proposta, o nível de água na região entre as estacas-prancha foi rebaixado até o nível da escavação através de um bombeamento contínuo. Algumas linhas exponenciais foram traçadas. Complete a rede de fluxo.

Presumindo que a condutividade hidráulica da areia argilosa seja 2×10^{-4} cm/s, estime a quantidade de água que deve ser bombeada diariamente por metro de comprimento

Solução

Por simetria, é possível analisar apenas a metade da configuração mostrada na Figura 8.8. A rede de fluxo para a outra metade é mostrada na Figura 8.9. Lá, $N_f \approx 2{,}9$ (≈ 3), $N_d = 10$ e $H = 4{,}5$ m.

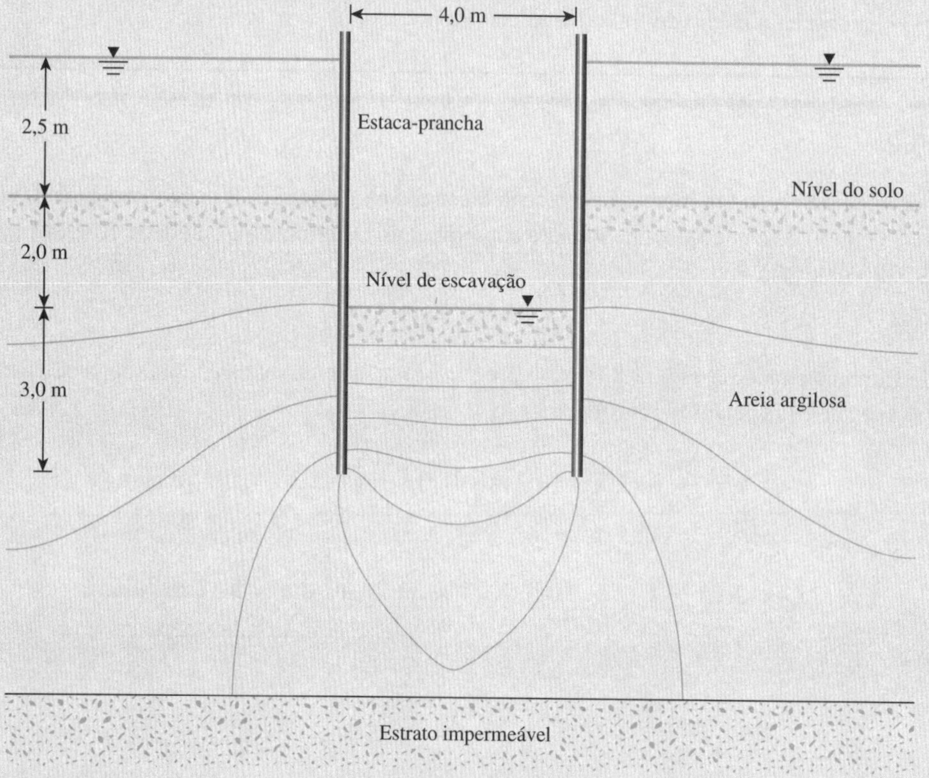

Figura 8.8

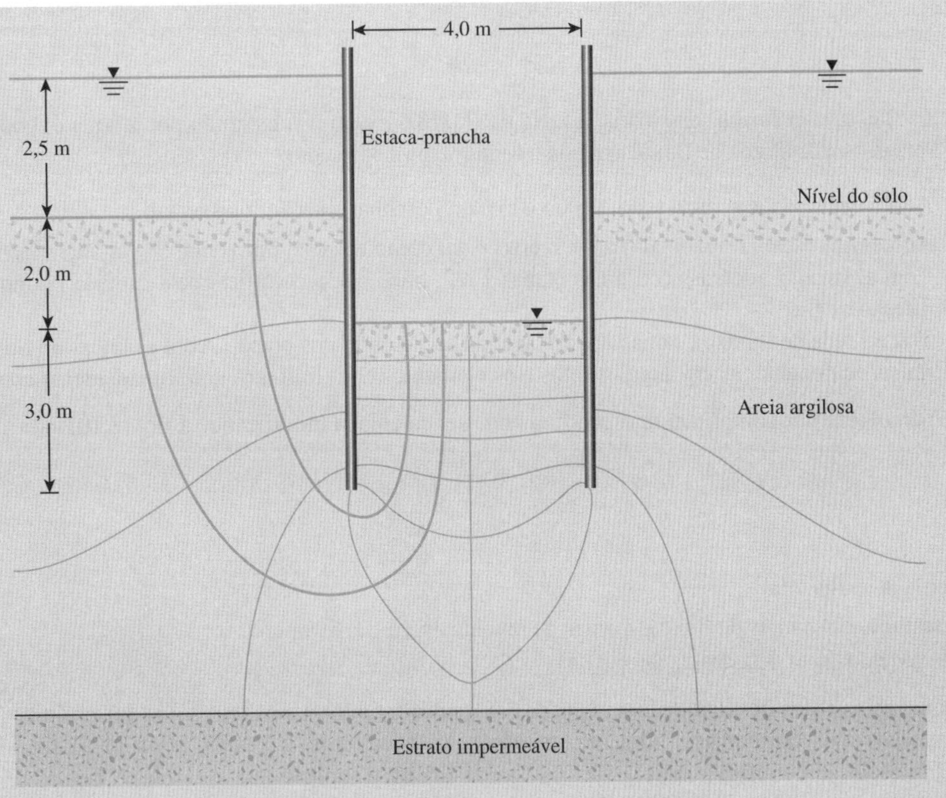

Figura 8.9

A vazão da metade à esquerda pode ser expressa por

$$q = kH\frac{N_f}{N_d} = (2 \times 10^{-6})(4{,}5)\left(\frac{2{,}9}{10}\right)(24 \times 3.600) = 0{,}226 \text{ m}^3\text{/dia/m}$$

Considerando as duas metades, **a vazão é 0,452 m³/dia/m.** ■

8.5 Redes de fluxo em solos anisotrópicos

A construção de rede de fluxo descrita até agora e as Eqs. derivadas (8.10) e (8.13) para o cálculo de percolação têm como base a suposição de que o solo é isotrópico. Na natureza, porém, a maioria dos solos apresenta algum grau de anisotropia. Para considerarmos a anisotropia do solo em relação à condutividade hidráulica, devemos modificar o traçado da rede de fluxo.

A equação diferencial de continuidade para fluxo bidimensional [Eq. (8.4)] é

$$k_x \frac{\partial^2 h}{\partial x^2} + k_z \frac{\partial^2 h}{\partial z^2} = 0$$

Para solos anisotrópicos, $k_x \neq k_z$. Neste caso, a equação representa duas famílias de curvas que não se interceptam em 90°. No entanto, podemos reescrever a equação anterior como

$$\frac{\partial^2 h}{(k_z/k_x)\partial x^2} + \frac{\partial^2 h}{\partial z^2} = 0 \tag{8.15}$$

Substituindo $x' = \sqrt{k_z/k_x}\,x$, podemos expressar a Eq. (8.15) como

$$\frac{\partial^2 h}{\partial x'^2} + \frac{\partial^2 h}{\partial z^2} = 0 \tag{8.16}$$

Agora, a Eq. (8.16) está com forma semelhante àquela da Eq. (8.5), com x substituído por x', que é a nova coordenada transformada. Para desenhar a rede de fluxo, usamos o seguinte procedimento:

Etapa 1: Adote uma escala vertical (isto é, o eixo z) para desenhar a seção transversal.

Etapa 2: Adote uma escala horizontal (isto é, o eixo x) tal como a escala horizontal $= \sqrt{k_z/k_x} \times$ escala vertical.

Etapa 3: Com as escalas adotadas como nas etapas 1 e 2, trace a seção vertical pela camada permeável paralela à direção de fluxo.

Etapa 4: Trace a rede de fluxo da camada permeável da seção obtida na etapa 3, com as linhas de fluxo cruzando as linhas equipotenciais em ângulos retos e os elementos com formatos aproximadamente quadrados.

A taxa de percolação por comprimento específico pode ser calculada modificando a Eq. (8.10) para

$$q = \sqrt{k_x k_z}\,\frac{HN_f}{N_d} \tag{8.17}$$

onde $H =$ perda de carga total

N_f e $N_d =$ quantidade de canais de fluxo e quedas de potenciais, respectivamente (da rede de fluxo desenhada na etapa 4)

Observe que, se as redes de fluxo forem traçadas em seções transformadas (em solos anisotrópicos), as linhas de fluxo e equipotenciais serão ortogonais. Entretanto, quando traçadas em uma seção real, essas linhas não formam ângulos retos entre si. Essa relação é mostrada na Figura 8.10. Nesta figura, é suposto que $k_x = 6k_z$. A Figura 8.10a mostra um elemento de fluxo em uma seção transformada. O elemento de fluxo foi redesenhado em uma seção real na Figura 8.10b.

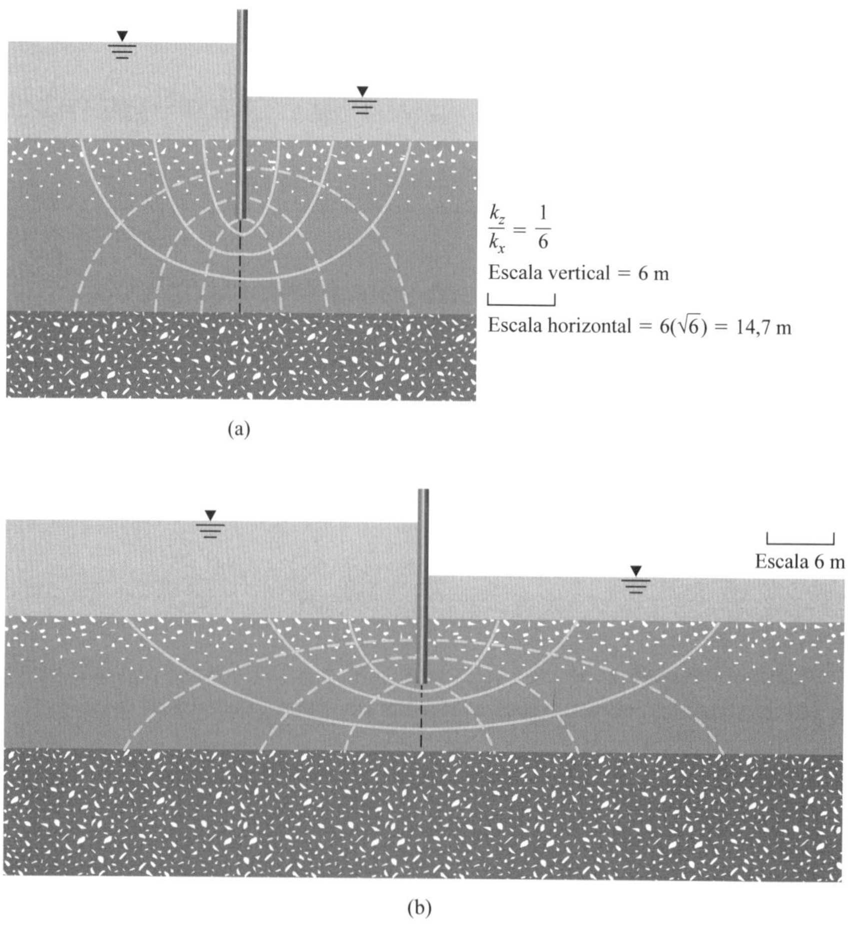

Figura 8.10 Um elemento de fluxo em solo anisotrópico: (a) na seção transformada; (b) na seção real.

Exemplo 8.4

Uma seção de barragem é mostrada na Figura 8.11a. Os valores de condutividade hidráulica da camada permeável na vertical e na horizontal são, respectivamente, 2×10^{-2} mm/s e 4×10^{-2} mm/s. Trace uma rede de fluxo e calcule a perda por percolação da barragem em m³/dia/m.

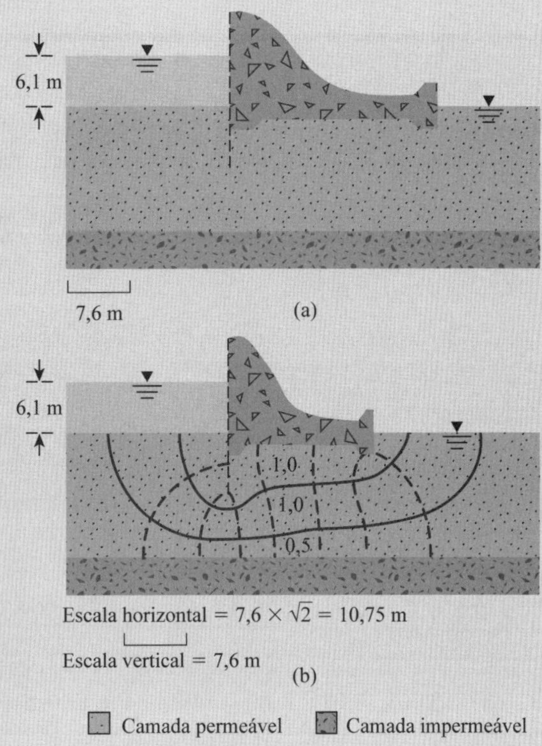

Figura 8.11

Solução

De acordo com os dados fornecidos,

$$k_z = 2 \times 10^{-2} \text{ mm/s} = 1{,}728 \text{ m/dia}$$

$$k_x = 4 \times 10^{-2} \text{ mm/s} = 3{,}456 \text{ m/dia}$$

e $H = 6{,}1$ m. Para traçar a rede de fluxo,

$$\text{Escala horizontal} = \sqrt{\frac{2 \times 10^{-2}}{4 \times 10^{-2}}}(\text{escala vertical})$$

$$= \frac{1}{\sqrt{2}}(\text{escala vertical})$$

Com base nesses dados, a seção da barragem é traçada novamente e a rede de fluxo é esboçada, como mostra a Figura 8.11b. A taxa de percolação é dada por $q = \sqrt{k_x k_z}\, H\,(N_f / N_d)$. Da Figura 8.11b, $N_d = 8$ e $N_f = 2{,}5$ (o canal de fluxo mais inferior tem uma relação de largura-comprimento de 0,5). Portanto,

$$q = \sqrt{(1{,}728)(3{,}456)}\,(6{,}1)(2{,}5/8) = \mathbf{4{,}66\ m^3/dia/m}$$

■

8.6 Solução matemática da percolação

O problema da percolação em vários tipos de estrutura hidráulica simples pode ser solucionado de modo matemático. Harr (1962) analisou muitas dessas condições. A Figura 8.12 mostra um gráfico adimensional da vazão em torno de uma cortina única de estacas-prancha. De forma similar, a Figura 8.13 é um gráfico adimensional da vazão sob uma barragem. Nas Figuras 8.12 e 8.13, a profundidade de penetração da estaca-prancha é S, e a espessura da camada de solo permeável é T'.

Exemplo 8.5

Consulte a Figura 8.13. Dados: largura de barragem, $B = 6$ m; comprimento da barragem, $L = 120$ m; $S = 3$ m; $T' = 6$ m; $x = 2{,}4$ m e $H_1 - H_2 = 5$ m. Se a condutividade hidráulica da camada permeável é de 0,008 cm/s, calcule a vazão sob a barragem (Q) em m³/dia/m.

Solução

Dado que $B = 6$ m, $T' = 6$ m e $S = 3$ m, então $b = B/2 = 3$ m.

$$\frac{b}{T'} = \frac{3}{6} = 0{,}5$$

$$\frac{S}{T'} = \frac{3}{6} = 0{,}5$$

$$\frac{x}{b} = \frac{2{,}4}{3} = 0{,}8$$

Com base na Figura 8.13, para $b/T' = 0{,}5$, $S/T' = 0{,}5$ e $x/b = 0{,}8$, o valor de $q/kH \approx 0{,}378$.

Assim,

$$Q = q\,L = 0{,}378\,kHL = 0{,}378(0{,}008 \times 10^{-2} \times 60 \times 60 \times 24 \text{ m/dia})(5)(120) = \mathbf{1.567{,}64\ m^3/dia}$$ ■

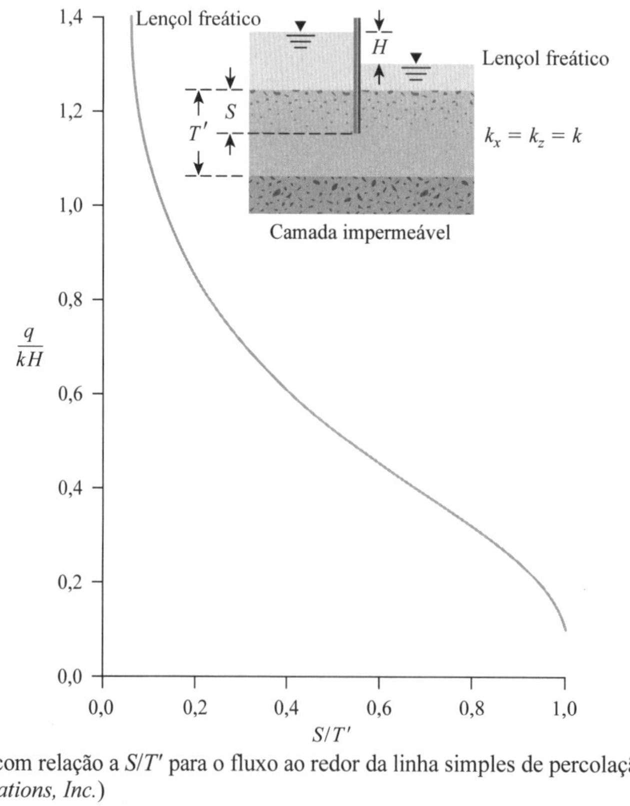

Figura 8.12 Gráfico de q/kH com relação a S/T' para o fluxo ao redor da linha simples de percolação. (*De acordo com Harr, 1962. Com permissão de Dover Publications, Inc.*)

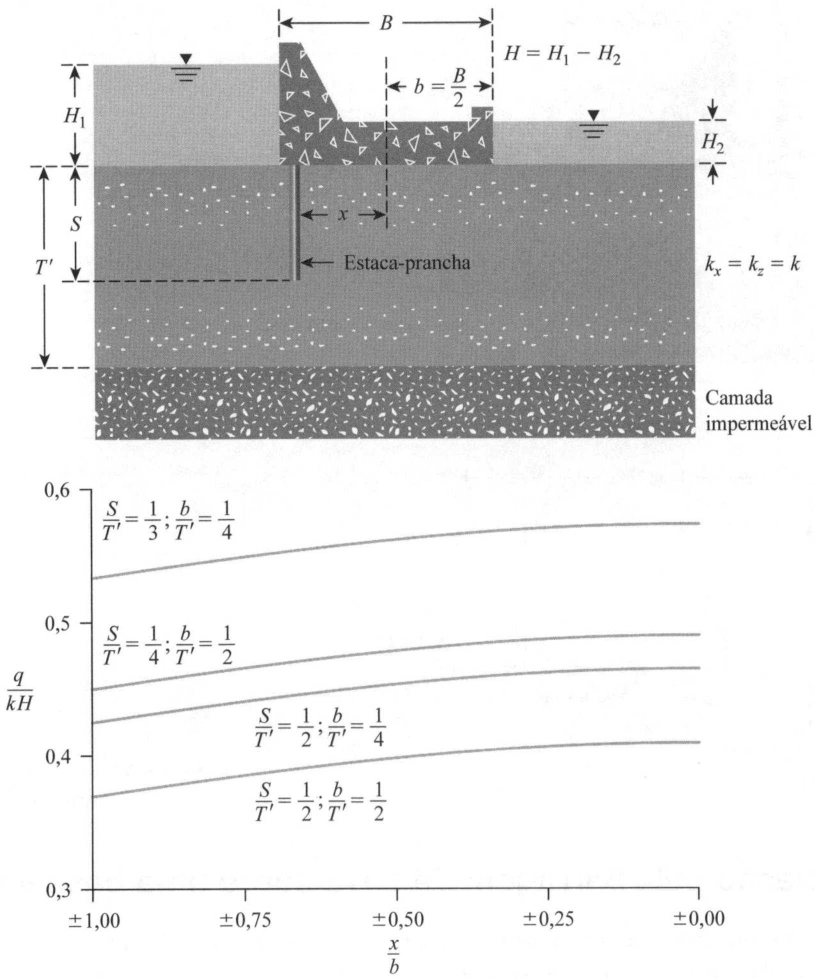

Figura 8.13 Percolação sob a barragem (*De acordo com Harr, 1962. Com permissão da Dover Publications, Inc.*).

8.7 Subpressão sob estruturas hidráulicas

As redes de fluxo podem ser utilizadas para determinar a subpressão na base de uma estrutura hidráulica. Esse conceito geral pode ser demonstrado por um exemplo simples. A Figura 8.14a mostra um dique cuja base está 2 m abaixo da superfície do solo. A rede de fluxo requerida também foi traçada (presumindo que $k_x = k_z = k$). O diagrama de distribuição de pressão na base do dique pode ser obtido pelas linhas equipotenciais, como mostrado a seguir.

Existem sete quedas equipotenciais (N_d) na rede de fluxo, e a diferença nos níveis de água entre os lados a jusante e a montante é de $H = 7$ m. A perda de carga em cada queda de potencial é $H/7 = 7/7 = 1$ m. A subpressão em

$$\alpha \text{ (canto esquerdo da base)} = \text{(Carga piezométrica em } \alpha) \times (\gamma_w)$$
$$= [(7 + 2) - 1]\gamma_w = 8\gamma_w$$

De modo similar, a subpressão em

$$b = [9 - (2)(1)]\gamma_w = 7\gamma_w$$

e em

$$f = [9 - (6)(1)]\gamma_w = 3\gamma_w$$

As subforças foram plotadas na Figura 8.14b. A força de levantamento por unidade de comprimento medida ao longo do eixo do dique pode ser calculada pela determinação da área do diagrama de subpressão.

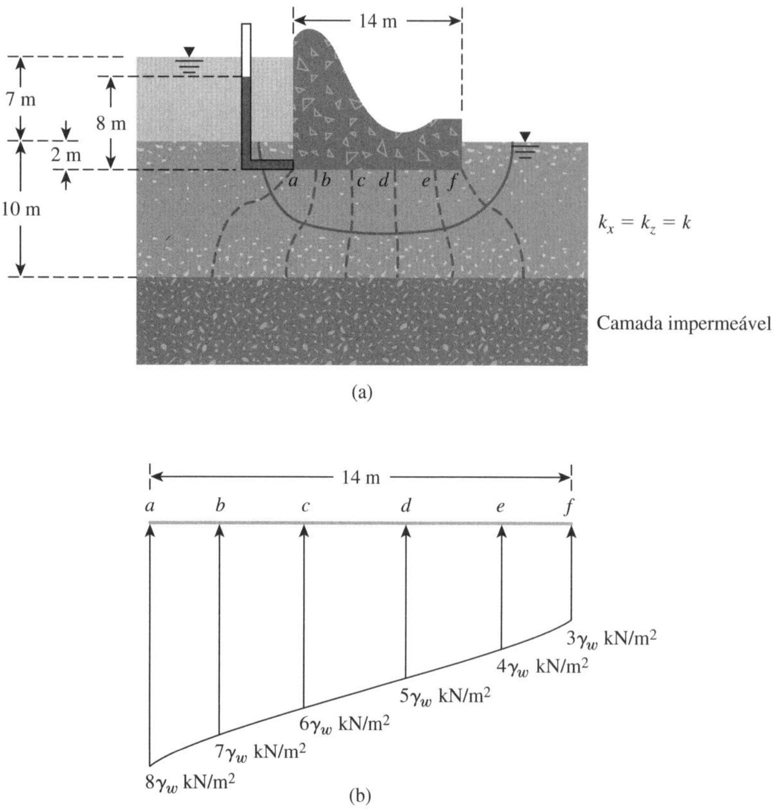

Figura 8.14 (a) Um dique; (b) subforça na estrutura hidráulica

8.8 Percolação pela barragem de terra sobre uma base impermeável

A Figura 8.15 mostra uma barragem de terra homogênea sobre uma base impermeável. Admite-se que a condutividade hidráulica do material compactado da barragem composta é igual a k. A superfície livre da água que escoa através da barragem é dada por $abcd$. Presume-se que $a'bc$ seja parabólico. O desnível da superfície livre pode ser assumido como sendo igual ao gradiente hidráulico. Presume-se também que o gradiente hidráulico seja constante com a profundidade (Dupuit, 1863),

$$i \simeq \frac{dz}{dx} \tag{8.18}$$

Considerando o triângulo cde, podemos calcular a vazão por unidade de comprimento da barragem (em ângulos retos com relação à seção transversal mostrada na Figura 8.15) como

$$q = kiA$$

$$i = \frac{dz}{dx} = \text{tg}\ \alpha$$

$$A = (\overline{ce})(1) = L \,\text{sen}\, \alpha$$

Então

$$q = k(\text{tg}\ \alpha)(L\ \text{sen}\ \alpha) = kL\ \text{tg}\ \alpha\ \text{sen}\ \alpha \tag{8.19}$$

Novamente, a vazão (por unidade de comprimento da barragem) através da seção bf é de

$$q = kiA = k\left(\frac{dz}{dx}\right)(z \times 1) = kz\frac{dz}{dx} \tag{8.20}$$

Para um fluxo contínuo,

$$q_{\text{Eq. (8.19)}} = q_{\text{Eq. (8.20)}}$$

ou

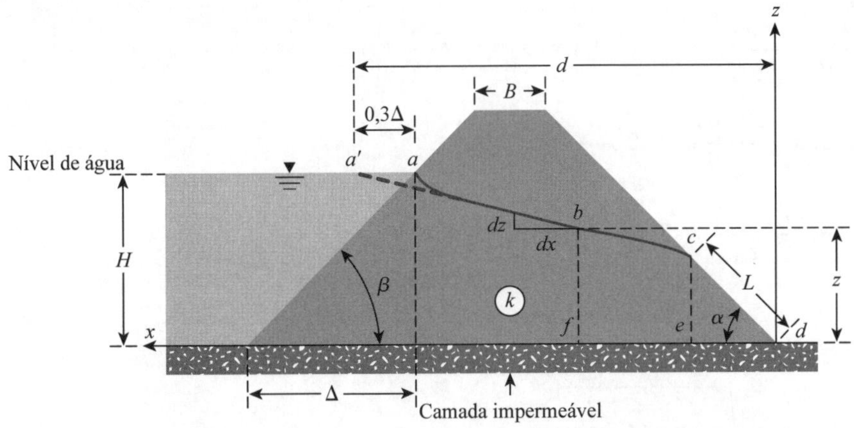

Figura 8.15 Fluxo pela barragem de terra construída sobre uma base impermeável.

$$kz\frac{dz}{dx} = kL \text{ tg}\alpha \text{ sen}\alpha$$

ou

$$\int_{z=L \text{ sen}\alpha}^{z=H} kz\,dz = \int_{x=L\cos\alpha}^{x=d} (kL \text{ tg } \alpha \text{ sen } \alpha)\, dx$$

$$\tfrac{1}{2}(H^2 - L^2 \text{sen}^2\alpha) = L\,\text{tg}\alpha \text{ sen}\alpha(d - L \cos\alpha)$$

$$\frac{H^2}{2} - \frac{L^2 \text{sen}^2 \alpha}{2} = Ld\left(\frac{\text{sen}^2 \alpha}{\cos \alpha}\right) - L^2 \text{ sen}^2 \alpha$$

$$\frac{H^2 \cos \alpha}{2 \text{ sen}^2 \alpha} - \frac{L^2 \cos \alpha}{2} = Ld - L^2 \cos \alpha$$

ou

$$L^2 \cos\alpha - 2Ld + \frac{H^2 \cos \alpha}{\text{sen}^2\alpha} = 0$$

Portanto,

$$L = \frac{d}{\cos\alpha} - \sqrt{\frac{d^2}{\cos^2 \alpha} - \frac{H^2}{\text{sen}^2\alpha}} \tag{8.21}$$

A seguir, temos um procedimento passo a passo para o cálculo da vazão q (por unidade de comprimento da barragem):

Etapa 1: Obtenha α.
Etapa 2: Calcule Δ (consulte a Figura 8.15) e depois $0{,}3\Delta$.
Etapa 3: Calcule d.
Etapa 4: Com os valores conhecidos de α, H e d, calcule L da Eq. (8.21).
Etapa 5: Com o valor conhecido de L, calcule q da Eq. (8.19).

Em geral, a solução anterior é denominada solução de Schaffernak (1917) com correção de Casagrande (1937), pois este último demonstrou experimentalmente que a superfície parabólica livre tem origem em a', não em a (Figura 8.15).

Exemplo 8.6

Consulte a barragem de terra mostrada na Figura 8.15. Dados que $\beta = 45°$, $\alpha = 30°$, $B = 3$ m, $H = 6$ m, altura da barragem = 7,6 m e $k = 61 \times 10^{-6}$ m/min, calcule a vazão q, em m^3/dia/m de comprimento.

Solução

Sabemos que $\beta = 45°$ e $\alpha = 30°$. Assim,

$$\Delta = \frac{H}{\text{tg }\beta} = \frac{6}{\text{tg } 45^\circ} = 6 \text{ m} \quad 0{,}3\Delta = (0{,}3)(6) = 1{,}8 \text{ m}$$

$$d = 0{,}3\Delta + \frac{(7{,}6 - 6)}{\text{tg }\beta} + B + \frac{7{,}6}{\text{tg }\alpha}$$

$$= 1{,}8 + \frac{(7{,}6 - 6)}{\text{tg } 45^\circ} + 3 + \frac{7{,}6}{\text{tg } 30} = 23{,}36 \text{ m}$$

De acordo com a Eq. (8.21),

$$L = \frac{d}{\cos\alpha} - \sqrt{\frac{d^2}{\cos^2\alpha} - \frac{H^2}{\text{sen}^2\alpha}}$$

$$= \frac{23{,}36}{\cos 30} - \sqrt{\left(\frac{23{,}36}{\cos 30}\right)^2 - \left(\frac{6}{\text{sen } 30}\right)^2} = 2{,}81 \text{ m}$$

De acordo com a Eq. (8.19)

$$q = kL \text{ tg }\alpha \text{ sen }\alpha = (61 \times 10^{-6})\,(2{,}81)\,(\text{tg } 30)(\text{sen } 30)$$

$$= 49{,}48 \times 10^{-6} \text{ m}^3\text{/min/m} = \mathbf{7{,}13 \times 10^{-2}\ m^3/dia/m}$$ ■

8.9 Solução de L. Casagrande para percolação pela barragem de terra

A Equação (8.21) é derivada com base na suposição de Dupuit (ou seja, $i \approx dz/dx$). Casagrande (1932) demonstrou que quando o ângulo da face a jusante α na Figura 8.15 fica maior que 30°, as divergências em relação à suposição de Dupuit se tornam mais evidentes. Assim (veja a Figura 8.15), L. Casagrande (1932) sugeriu que

$$i = \frac{dz}{ds} = \text{sen}\,\alpha \tag{8.22}$$

onde $ds = \sqrt{dx^2 + dz^2}$.

Então, a Eq. (8.19), agora, pode ser modificada como

$$q = kiA = k\,\text{sen}\,\alpha(L\ \text{sen}\,\alpha) = kL\ \text{sen}^2\alpha \tag{8.23}$$

Novamente,

$$q = kiA = k\left(\frac{dz}{ds}\right)(1 \times z) \tag{8.24}$$

Combinando as Eqs. (8.23) e (8.24), produz-se

$$\int_{L\,\text{sen}\,\alpha}^{H} z\,dz = \int_{L}^{s} L\,\text{sen}^2\,\alpha\,ds \tag{8.25}$$

onde s = comprimento da curva $a'bc$

$$\frac{1}{2}(H^2 - L^2\ \text{sen}^2\alpha) = L\,\text{sen}^2\alpha\,(s - L)$$

ou

$$L = s - \sqrt{s^2 - \frac{H^2}{\text{sen}^2\alpha}} \tag{8.26}$$

Com erro de 4% a 5%, podemos escrever

$$s = \sqrt{d^2 + H^2} \tag{8.27}$$

Combinando as Eqs. (8.26) e (8.27), temos

$$L = \sqrt{d^2 + H^2} - \sqrt{d^2 - H^2 \text{cotg}^2 \alpha} \tag{8.28}$$

Uma vez que a magnitude de L é conhecida, a taxa de percolação pode ser calculada com a Eq. (8.23) como

$$q = kL \text{ sen}^2 \alpha$$

A fim de evitar a aproximação introduzida nas Eqs. (8.27) e (8.28), uma solução foi fornecida por Gilboy (1934). Essa solução é mostrada na forma gráfica na Figura 8.16. Observe, neste gráfico,

$$m = \frac{L \text{sen}\,\alpha}{H} \tag{8.29}$$

Para utilizar o gráfico,

Etapa 1: Determine d/H.
Etapa 2: Para determinado d/H e α, calcule m.
Etapa 3: Calcule $L = \dfrac{mH}{sen\,\alpha}$.
Etapa 4: Calcule kL sen^2 α.

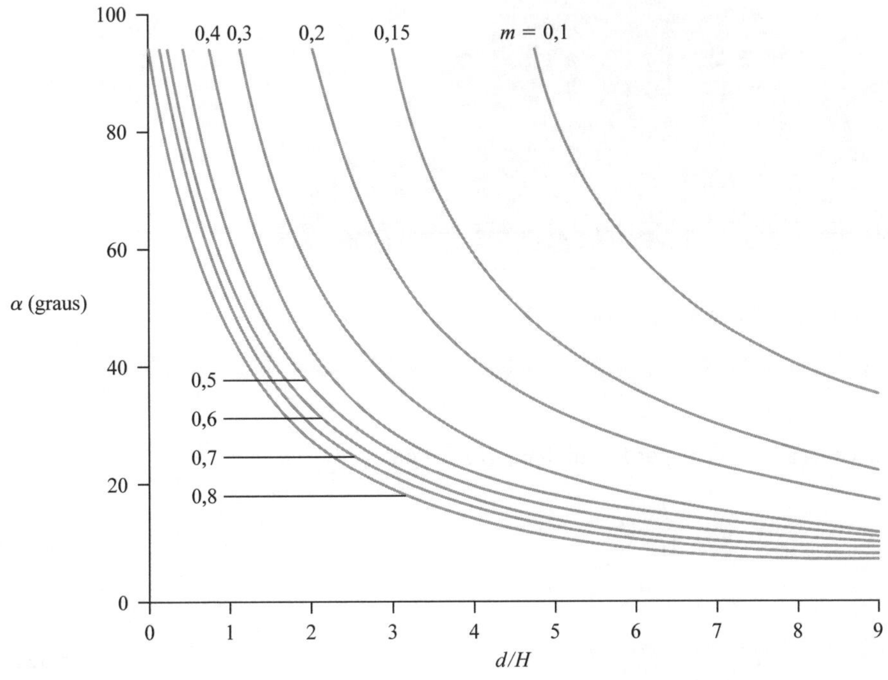

Figura 8.16 Gráfico da solução por meio do método de L. Casagrande, com base na solução de Gilboy.

8.10 Solução de Pavlovsky para percolação pela barragem de terra

Pavlovsky (1931; ver também Harr, 1962) forneceu uma solução para calcular a percolação por meio de uma barragem de terra. Isso pode ser explicado tendo, como referência, a Figura 8.17. A seção da barragem pode ser dividida em três zonas, e a taxa de percolação em cada zona pode ser calculada como mostrado a seguir.

Zona I (Área *agOf*)

Na Zona I, as linhas de percolação são, na realidade, curvas, mas Pavlovsky presumiu que elas podiam ser substituídas por linhas horizontais. A taxa de percolação em uma faixa elementar de espessura, *dz*, pode ser, então, expressa por

$$dq = ki\,(dA)$$

$$dA = (dz)(1) = dz$$

$$i = \frac{\text{Perda de carga, } l_1}{\text{Duração do fluxo}} = \frac{l_1}{(H_d - z)\cot\beta}$$

Portanto,

$$q = \int dq = \int_0^{h_1} \frac{kl_1}{(H_d - z)\cot\beta}dz = \frac{kl_1}{\cot\beta}\ln\frac{H_d}{H_d - h_1}$$

Contudo, $l_1 = H - h_1$. Logo,

$$q = \frac{k(H - h_1)}{\cot\beta}\ln\frac{H_d}{H_d - h_1} \tag{8.30}$$

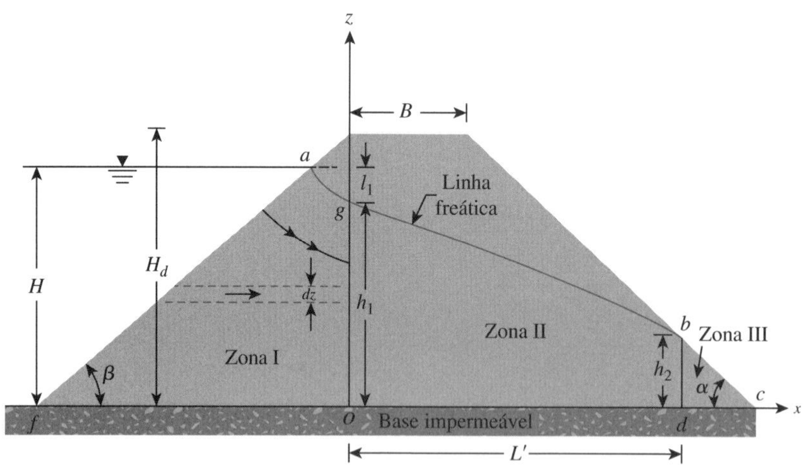

Figura 8.17 Solução de Pavlovsky para percolação por uma barragem de terra.

Zona II (Área *Ogbd*)

O fluxo na Zona II pode ser dado pela equação derivada por Dupuit [(Eq. (8.18)] ou

$$q = \frac{k}{2L'}(h_1^2 - h_2^2) \tag{8.31}$$

onde

$$L' = B + (H_d - h_2)\cot\alpha \tag{8.32}$$

Zona III (Área *bcd*)

Assim como na Zona I, presume-se que as linhas de fluxo da Zona III também sejam horizontais:

$$q = k \int_0^{h_2} \frac{dz}{\cot \alpha} = \frac{kh_2}{\cot \alpha} \tag{8.33}$$

Combinando as Eqs. (8.30) a (8.32),

$$h_2 = \frac{B}{\cot \alpha} + H_d - \sqrt{\left(\frac{B}{\cot \alpha} + H_d\right)^2 - h_1^2} \tag{8.34}$$

A partir das Eqs. (8.30) e (8.33),

$$\frac{H - h_1}{\cot \beta} \ln \frac{H_d}{H_d - h_1} = \frac{h_2}{\cot \alpha} \tag{8.35}$$

As Equações (8.34) e (8.35) contêm duas incógnitas, h_1 e h_2, que podem ser resolvidas graficamente. Uma vez que é descoberto o valor das duas, a taxa de percolação por unidade de comprimento da barragem pode ser obtido segundo qualquer uma das Eqs. (8.30), (8.31) e (8.33).

Exemplo 8.7

A seção transversal de uma barragem de terra é mostrada na Figura= 8.18. Calcule a taxa de percolação pela barragem [q está em m^3/(min · m)] usando o método de Pavlovsky.

Solução

A partir da Figura 8.18, $\alpha = \beta = \text{tg}^{-1}(\frac{1}{2}) = 26{,}57°$; $H_d = 30$ m; $H = 25$ m; $B = 5$ m. Segundo as Eqs. (8.34) e (8.35),

$$h_2 = \frac{B}{\cot \alpha} + H_d - \sqrt{\left(\frac{B}{\cot \alpha} + H_d\right)^2 - h_1^2}$$

e

$$\frac{H - h_1}{\cot \beta} \ln \frac{H_d}{H_d - h_1} = \frac{h_2}{\cot \alpha}$$

Portanto, a partir da Eq. (8.34),

$$h_2 = \frac{5}{2} + 30 - \sqrt{\left(\frac{5}{2} + 30\right)^2 - h_1^2}$$

ou

$$h_2 = 32{,}5 - \sqrt{1056{,}25 - h_1^2} \tag{a}$$

Similarmente, segundo a Eq. (8.35),

$$\frac{25 - h_1}{2} \ln \frac{30}{30 - h_1} = \frac{h_2}{2}$$

ou

$$h_2 = (25 - h_1) \ln \frac{30}{30 - h_1} \tag{b}$$

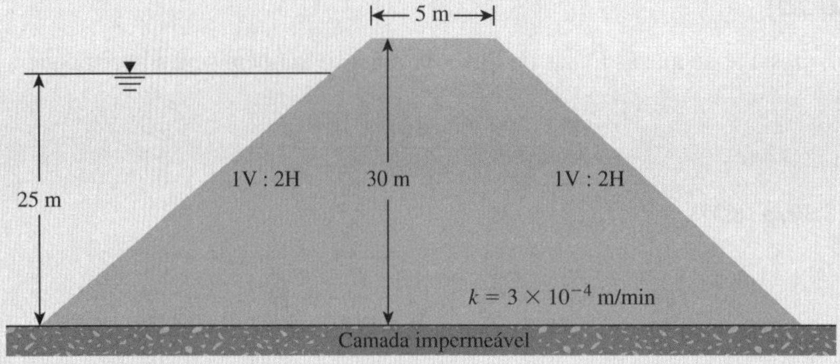

Figura 8.18

As equações (a) e (b) devem ser resolvidas por tentativa e erro:

h_1 (m)	h_2 da Eq. (a) (m)	h_2 da Eq. (b) (m)
2	0,062	1,587
4	0,247	3,005
6	0,559	4,240
8	1,0	5,273
10	1,577	6,082
12	2,297	6,641
14	3,170	6,915
16	4,211	6,859
18	5,400	6,414
20	6,882	5,493

Usando os valores de h_1 e h_2, calculados na tabela anterior, podemos traçar o gráfico da Figura 8.19 e, a partir daí, h_1 = 18,9 m e h_2 = 6,06 m. Segundo a Eq. (8.33),

$$q = \frac{kh_2}{\cot \alpha} = \frac{(3 \times 10^{-4})(6{,}06)}{2} = \mathbf{9{,}09 \times 10^{-4}\ m^3/(min \cdot m)}$$

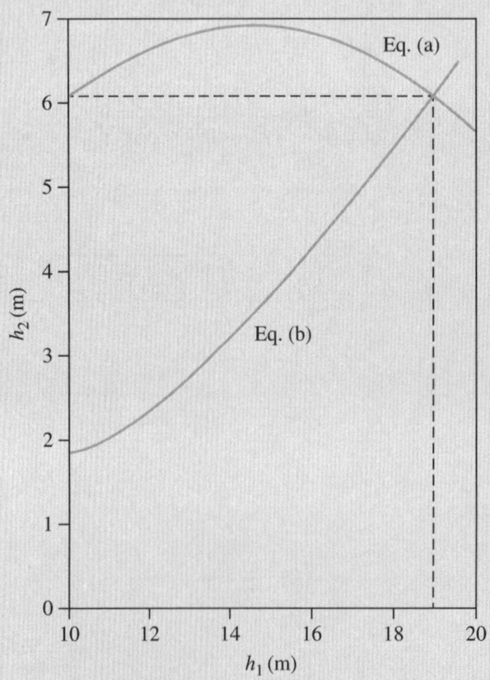

Figura 8.19

■

8.11 Dimensionamento de filtros

Quando a água percola de um solo com grãos relativamente finos para um material grosso, existe o perigo de que as partículas finas do solo sejam transportadas pela água para dentro desse material. Ao longo do tempo, esse processo pode obstruir os espaços vazios no material grosso. Portanto, a distribuição granulométrica do material grosso deve ser adequadamente manipulada para evitar essa situação. O material mais grosso dimensionado corretamente é chamado *filtro*. A Figura 8.20 mostra a condição de um estado de percolação estável em uma barragem com um filtro instalado no pé. Para a seleção dos materiais adequados para o filtro, duas condições devem ser atendidas:

Condição 1: As dimensões dos vazios no material do filtro devem ser suficientemente pequenas para reter as partículas maiores do material protegido.

Condição 2: O material do filtro deve ter alta condutividade hidráulica para impedir a geração de grandes forças de percolação e pressões hidrostáticas aplicadas aos filtros.

Pode-se notar que, se três esferas perfeitas têm diâmetro 6,5 vezes maior que uma esfera menor, esta última pode movimentar-se através dos espaços vazios das esferas maiores (Figura 8.21a). Genericamente falando, em determinado solo o tamanho dos grãos pode variar grandemente dentro de uma faixa ampla. Se os espaços vazios de um filtro forem pequenos o suficiente para deterem D_{85} do solo a ser protegido, então as partículas de solo mais finas também estarão protegidas (Figura 8.21b). Isso significa que o diâmetro efetivo dos poros no filtro deve ser menor que D_{85} do solo a ser protegido. O diâmetro efetivo dos poros corresponde a cerca de $\frac{1}{5}D_{15}$ do filtro. Com isso em mente e com base na investigação experimental dos filtros, Terzaghi e Peck (1948) forneceram os seguintes critérios para atender à Condição 1:

$$\frac{D_{15(F)}}{D_{85(S)}} \leq 4 \text{ a } 5 \qquad \text{(para atender à Condição 1)} \tag{8.36}$$

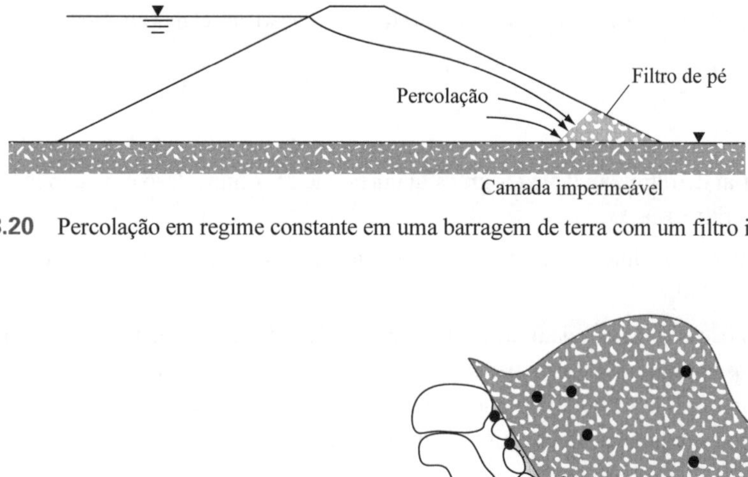

Figura 8.20 Percolação em regime constante em uma barragem de terra com um filtro instalado no pé.

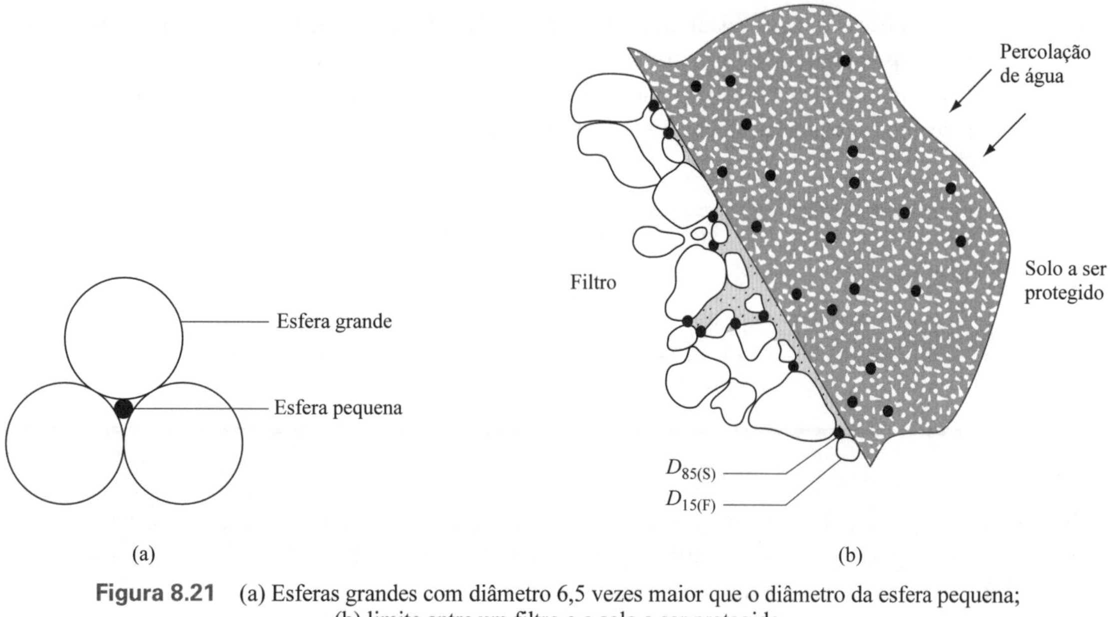

Figura 8.21 (a) Esferas grandes com diâmetro 6,5 vezes maior que o diâmetro da esfera pequena; (b) limite entre um filtro e o solo a ser protegido.

Para atender à Condição 2, eles sugeriram que

$$\frac{D_{15(F)}}{D_{15(S)}} \geq 4 \text{ a } 5 \qquad \text{(para atender à Condição 2)} \tag{8.37}$$

onde

$D_{15(F)}$ = diâmetro pelo qual 15% do material do filtro passará
$D_{15(S)}$ = diâmetro pelo qual 15% do solo a ser protegido passará
$D_{85(S)}$ = diâmetro pelo qual 85% do solo a ser protegido passará

A Marinha dos Estados Unidos (1971) exige as seguintes condições para o projeto de filtros.

Condição 1: Para impedir o deslocamento das partículas do solo protegido:

$$\frac{D_{15(F)}}{D_{85(S)}} < 5 \tag{8.38}$$

$$\frac{D_{50(F)}}{D_{50(S)}} < 25 \tag{8.39}$$

$$\frac{D_{15(F)}}{D_{15(S)}} < 20 \tag{8.40}$$

Se o coeficiente de uniformidade C_u do solo protegido for menor que 1,5, $D_{15(F)}/D_{85(S)}$ pode ser aumentado para 6. Além disso, se C_u do solo protegido for maior que 4, $D_{15(F)}/D_{15(S)}$ pode ser aumentado para 40.

Condição 2: Para impedir a geração de grandes forças de percolação aplicadas ao filtro:

$$\frac{D_{15(F)}}{D_{15(S)}} > 4 \tag{8.41}$$

Condição 3: O material de filtro não deve ter grãos maiores que 76,2 mm. (Isso é para evitar a segregação de partículas no filtro.)

Condição 4: Para evitar o movimento interno de grãos finos no filtro, ele deve ser de no máximo 5% passante na peneira nº 200.

Condição 5: Caso tubos perfurados sejam utilizados para a coleta da água de percolação, filtros também devem ser utilizados em torno dos tubos para impedir que o solo granular fino seja transportado para dentro deles. Para evitar o deslocamento do material de filtro para dentro dos tubos de drenagem pelas perfurações, os seguintes requisitos adicionais devem ser atendidos:

$$\frac{D_{85(F)}}{\text{largura de abertura}} > 1{,}2 \text{ a } 1{,}4$$

$$\frac{D_{85(F)}}{\text{diâmetro do furo}} > 1{,}0 \text{ a } 1{,}2$$

Exemplo 8.8

A distribuição granulométrica de um solo a ser protegido é mostrada como curva *a* na Figura 8.22. Considere, para o solo: $D_{15(S)}$ = 0,009 mm, $D_{50(S)}$ = 0,05 mm e $D_{85(S)}$ = 0,11 mm. Usando as Eqs. (8.38) a (8.41), determine a zona da distribuição granulométrica do material do filtro.

Solução

A partir da Eq. (8.38),

$$\frac{D_{15(F)}}{D_{85(S)}} < 5$$

ou

$$D_{15(F)} < 5D_{85(S)} = (5)(0,11) = 0,55 \text{ mm}$$

Segundo a Eq. (8.39),

$$\frac{D_{50(F)}}{D_{50(S)}} < 25$$

ou

$$D_{50(F)} < 25D_{50(S)} = (25)(0,05) = 1,25 \text{ mm}$$

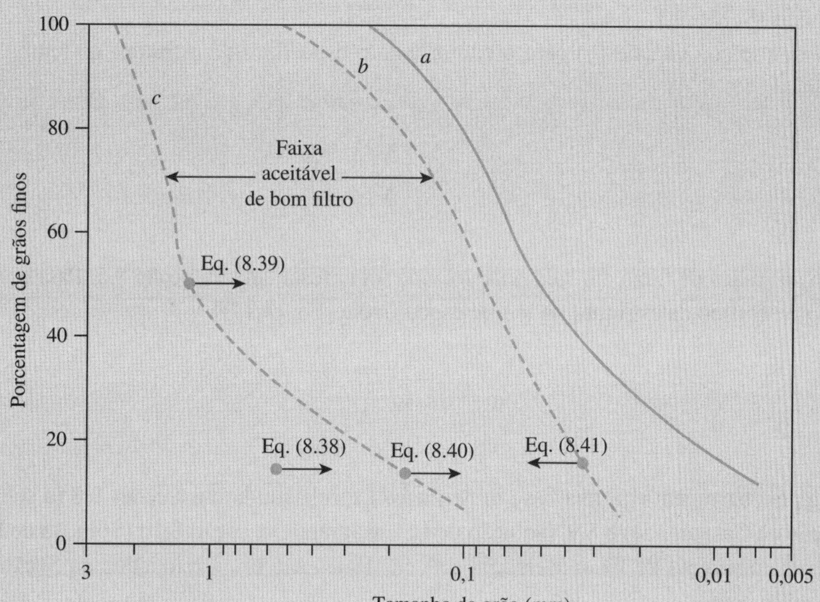

Figura 8.22

A partir da Eq. (8.40),

$$\frac{D_{15(F)}}{D_{15(S)}} < 20$$

ou

$$D_{15(F)} < 20D_{15(S)} = (20)(0,009) = 0,18 \text{ mm}$$

A partir da Eq. (8.41),

$$\frac{D_{15(F)}}{D_{85(S)}} > 4$$

ou

$$D_{15(F)} > 4D_{15(S)} = (4)(0{,}009) = 0{,}036 \text{ mm}$$

Os cálculos acima foram traçados no gráfico da Figura 8.22. As curvas *b* e *c* têm o mesmo formato aproximado da curva *a*. **A variação aceitável de bom filtro situa-se entre as curvas *b* e *c*.**

■

8.12 Resumo

Abaixo segue um resumo dos assuntos apresentados neste capítulo.

- No *solo isotrópico*, a equação de continuidade de Laplace para o fluxo bidimensional é dada como [Eq. (8.5)]:

$$\frac{\partial^2 h}{\partial x^2} + \frac{\partial^2 h}{\partial z^2} = 0$$

- Uma rede de fluxo é uma combinação de linhas de fluxo e de linhas equipotenciais que são duas famílias de linhas ortogonais (Seção 8.3).
- Em um solo isotrópico, a vazão (q) para o comprimento específico da estrutura no tempo específico pode ser expressa como [Eq. (8.13)]

$$q = kH\left(\frac{N_f}{N_d}\right)n$$

- A construção nas redes de fluxo em *solo anisotrópico* foi apresentada na Seção 8.5. Para esse caso, a vazão para comprimento específico da estrutura no tempo específico é [Eq. (8.17)]

$$q = \sqrt{k_x k_z}\,\frac{HN_f}{N_d}$$

- A percolação pela barragem em uma base impermeável foi discutida nas Seções 8.8 (a solução de Schaffernak com a correção de Casagrande) e 8.9, (solução de L. Casagrande) e seção 8.10 (Solução de Pavlovsky).
- Os critérios para o projeto de filtro (Terzaghi e Peck, 1948) são proporcionados na Seção 8.11 [Eqs. (8.36) e (8.37)], de acordo com

$$\frac{D_{15(F)}}{D_{85(S)}} \leq 4 \text{ a } 5$$

e

$$\frac{D_{15(F)}}{D_{15(S)}} \geq 4 \text{ a } 5$$

Problemas

8.1 Consulte a Figura 8.23. Dados:

- $H_1 = 6$ m
- $H_2 = 1{,}5$ m
- $D = 3$ m
- $D_1 = 6$ m

Trace a rede de fluxo. Calcule a perda por percolação por metro de estaca-prancha (nos ângulos retos com a seção transversal mostrada).

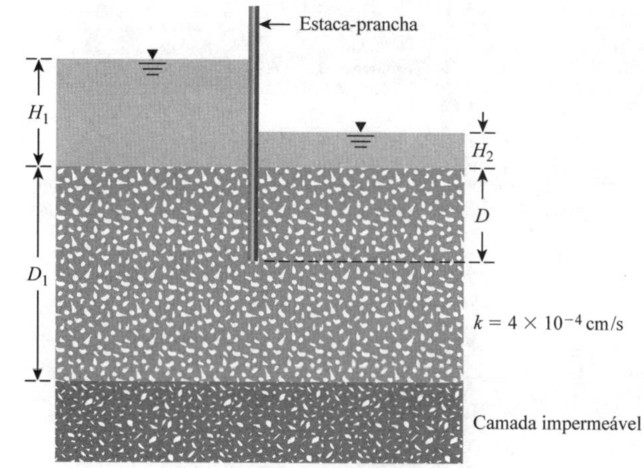

Figura 8.23

8.2 Trace uma rede de fluxo em torno de uma cortina única de estacas-prancha inserida em uma camada de solo permeável, como mostra a Figura 8.23. Dados:

- $H_1 = 3$ m
- $D = 1,5$ m
- $H_2 = 0,5$ m
- $D_1 = 3,75$ m

Calcule a perda por percolação por metro de estaca-prancha (nos ângulos retos com a seção transversal mostrada).

8.3 Consulte a Figura 8.23. Dados:

- $H_1 = 4$ m
- $D = 6$ m
- $H_2 = 1,5$ m
- $D_1 = 3,6$ m

Calcule a perda por percolação em m^3/dia e por metro de estaca-prancha (formando ângulos retos com a seção transversal mostrada). Utilize a Figura 8.12.

8.4 Para a estrutura hidráulica indicada na Figura 8.24, desenhe uma rede de fluxo para fluir pela camada permeável e calcule a perda por percolação em m^3/dia/m.

8.5 Consulte o Problema 8.4. Usando a rede de fluxo traçada, calcule a força hidráulica de levantamento na base da estrutura hidráulica por metro de comprimento (medida ao longo do eixo da estrutura).

8.6 Trace a rede de fluxo para o dique exibido na Figura 8.25. Calcule a vazão sob o dique.

8.7 No dique mostrado na Figura 8.26, calcule a vazão na camada permeável em m^3/dia/m para (a) $x' = 1$ m e (b) $x' = 2$ m. Use a Figura 8.13.

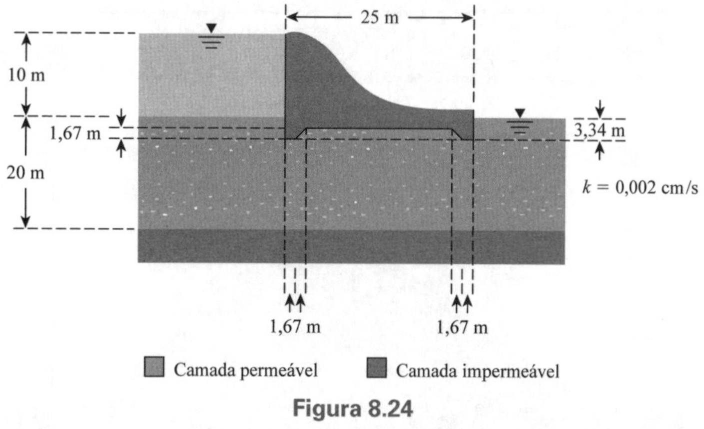

Figura 8.24

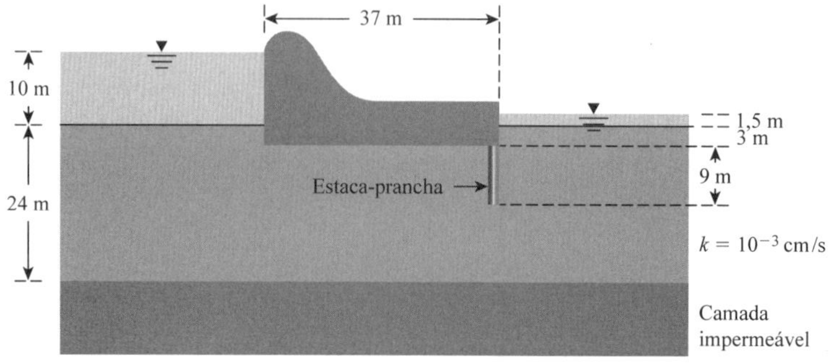

Figura 8.25

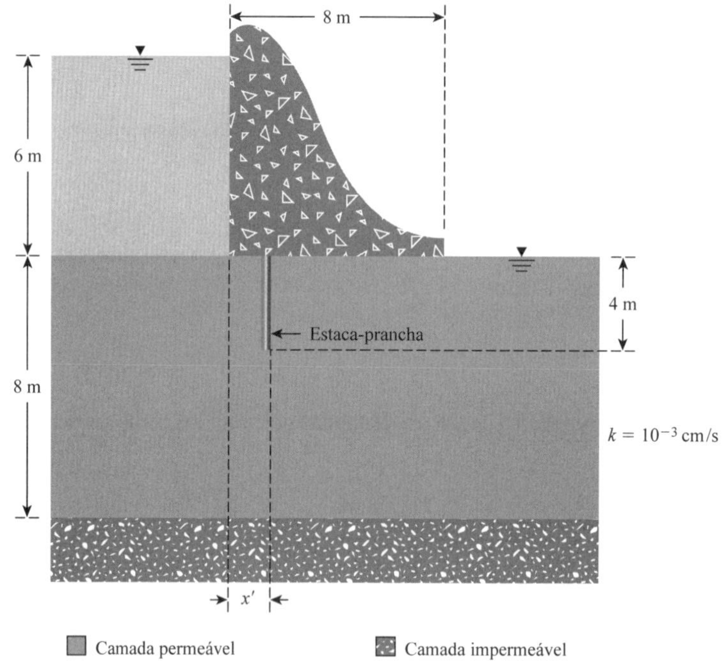

Figura 8.26

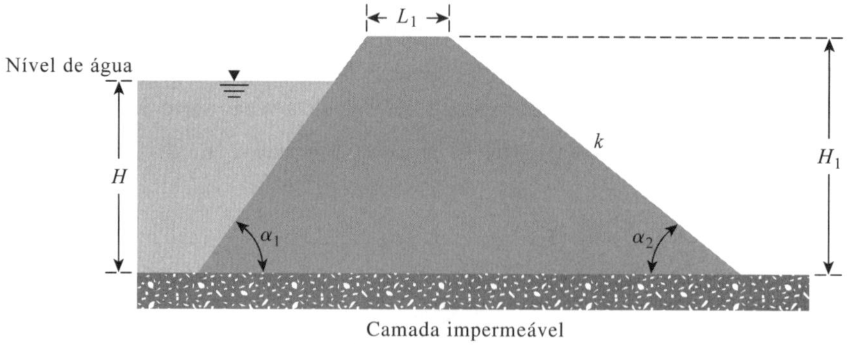

Figura 8.27

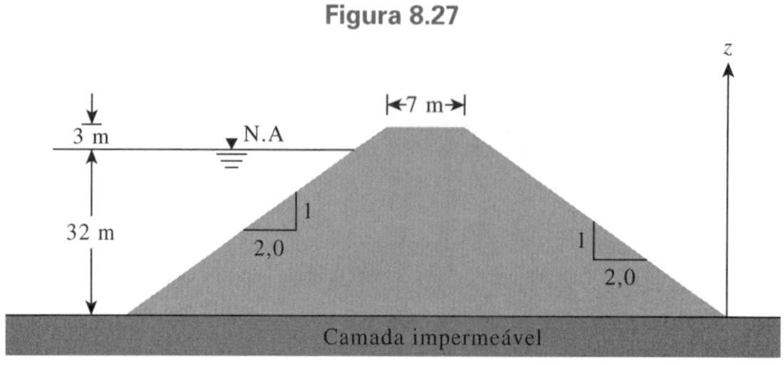

Figura 8.28

8.8 Uma barragem de terra é exibida na Figura 8.27. Determine a vazão, q, em m^3/dia/m de comprimento. Dados: $\alpha_1 = 35°$, $\alpha_2 = 40°$, $L_1 = 5$ m, $H = 7$ m, $H_1 = 10$ m e $k = 3 \times 10^{-4}$ cm/s. Utilize a solução de Schaffernak.

8.9 Repita o Problema 8.8 utilizando o método de L. Casagrande.

8.10 Considere a seção transversal da barragem de terra mostrada na Figura 8.18. Calcule a taxa de percolação pela barragem (q em m^3/min/m) utilizando a solução de Schaffernak.

8.11 Resolva o Problema 8.10 utilizando o método de L. Casagrande.

8.12 A seção de uma barragem de terra é mostrada na Figura 8.28. Determine a taxa de percolação pela barragem de terra utilizando a solução de Pavlovsky. Use $k = 4 \times 10^{-5}$ mm/s.

Problema de pensamento crítico

8.C.1 Considere o Problema 8.12. Dados $k_x = 4 \times 10^{-5}$ m/min e $k_z = 1 \times 10^{-5}$ m/min, calcule a taxa de percolação pela barragem (m^3/min/m) utilizando a solução de Schaffernak.

Referências bibliográficas

CASAGRANDE, A. Seepage Through Dams, in *Contribution to Soil Mechanics: 1925-1940*. Boston: Boston Society of Civil Engineers, 1937.

CASAGRANDE, L. Naeherungsmethoden zur Bestimmurg von Art und Menge der Sickerung durch geschuettete Daemme, Thesis. Viena: Technische Hochschule, 1932.

DUPUIT, J. *Etudes Theoriques et Practiques sur le Mouvement des Eaux dans les Canaux Decouverts et a Travers les Terrains Permeables*. Paris: Dunod,1863.

GILBOY, G. Mechanics of Hydraulic Fill Dams, in *Contributions to Soil Mechanics: 1925-1940*. Boston: Boston Society of Civil Engineers, 1934.

HARR, M. E. *Ground Water and Seepage*. Nova York: McGraw-Hill, 1962.

PAVLOVSKI, N. N. *Seepage through Earth Dams* (em russo). Leningrado, Rússia: Inst. Gidrotekhniki I Melioratsii,1931.

SCHAFFERNAK, F. Über die Standicherheit durchlaessiger geschuetteter Dämme. *Allgem*: *Bauzeitung*, 1917.

TERZAGHI, K.; PECK, R. B. *Soil Mechanics in Engineering Practice*. Nova York: Wiley, 1948.

U.S. DEPARTMENT OF THE Navy. Naval Facilities Engineering Command. Design Manual – Soil Mechanics, Foundations, and Earth Structures. Washington, D.C.: *NAVFAC DM-7*, 1971.

CAPÍTULO 9

Tensões *in situ*

9.1 Introdução

Conforme descrito no Capítulo 3, os solos são sistemas multifásicos. Em determinado volume, as partículas sólidas são distribuídas aleatoriamente, com espaços vazios entre elas. Os espaços vazios são contínuos e ocupados por água e/ou ar. Para analisar problemas (como a compressibilidade dos solos, a resistência das fundações, a estabilidade de taludes e a pressão lateral sobre as estruturas de contenção de terra), é necessário conhecer a natureza da distribuição de tensão ao longo de determinada seção transversal do perfil do solo. Podemos começar a análise considerando um solo saturado sem percolação. Neste capítulo discutiremos o seguinte:

- Conceito de tensão efetiva.
- Tensões em solo saturado, sem percolação, percolações ascendente e descendente.
- Força de percolação por massa específica de solo.
- Condições para *levantamento* ou condição movediça para percolação sob uma estrutura hidráulica.
- Uso de filtro para aumentar a estabilidade contra levantamento ou condição movediça.
- Tensão efetiva em solos parcialmente saturados.

9.2 Tensões em solo saturado sem percolação

A Figura 9.1a mostra uma coluna de massa de solo saturado sem percolação de água em nenhuma direção. A tensão total no nível do ponto A pode ser obtida a partir do peso específico saturado do solo e da água acima dela. Assim,

$$\sigma = H\gamma_w + (H_A - H)\gamma_{sat} \tag{9.1}$$

onde σ = tensão total na elevação do ponto A
γ_w = peso específico da água
γ_{sat} = peso específico saturado do solo
H = altura do lençol freático desde o topo da coluna de solo
H_A = distância entre o ponto A e o lençol freático

A tensão total, σ, dada pela Eq. (9.1), pode ser dividida em duas partes:

1. Uma parte é suportada pela água nos contínuos espaços vazios. Essa parte age com igual intensidade em todas as direções.
2. O resto da tensão total é suportado pelos sólidos do solo em seus pontos de contato. A soma dos componentes verticais das forças desenvolvidas nos pontos de contato das partículas sólidas, por área transversal seccionada específica da massa do solo, é chamada de *tensão efetiva.*

Isso pode ser observado traçando-se, através do ponto A, uma linha ondulada *a-a,* que passa apenas pelos pontos de contato das partículas de sólidos. Considerando $P_1, P_2, P_3, \ldots, P_n$ as forças que agem como os pontos de contato das

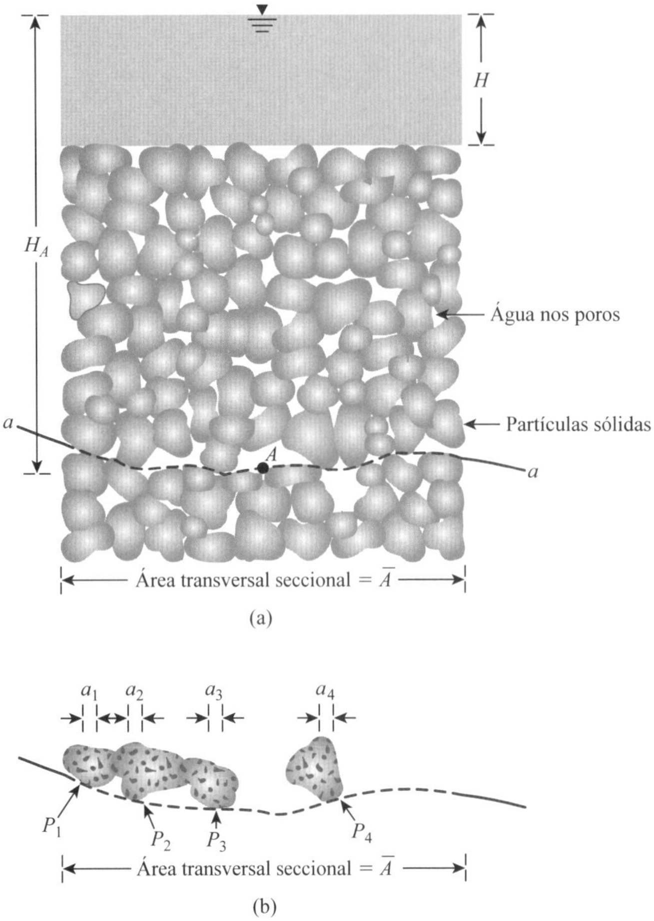

Figura 9.1 (a) Consideração de tensão efetiva para uma coluna de solo saturado sem percolação; (b) forças agindo nos pontos de contato de partículas de solo no nível do ponto A.

partículas do solo (Figura 9.1b). A soma dos componentes verticais de todas as tais forças sobre a área transversal seccional específica é igual à tensão efetiva σ' ou

$$\sigma' = \frac{P_{1(v)} + P_{2(v)} + P_{3(v)} + \cdots + P_{n(v)}}{\bar{A}} \tag{9.2}$$

onde $P_{1(v)}, P_{2(v)}, P_{3(v)}, \ldots, P_{n(v)}$ são os componentes verticais de $P_1, P_2, P_3, \ldots, P_n$, respectivamente, e $\bar{A}$ é a área transversal seccional da massa de solo em consideração.

Novamente, se a_s for a área transversal seccional ocupada pelo contato sólido com sólido (ou seja, $a_s = a_1 + a_2 + a_3 + \cdots + a_n$), então o espaço ocupado pela água se iguala a $(\bar{A} - a_s)$. Então escrevemos

$$\sigma = \sigma' + \frac{u(\bar{A} - a_s)}{\bar{A}} = \sigma' + u(1 - a_s') \tag{9.3}$$

onde $u = H_A\gamma_w$ = poropressão (ou seja, a pressão hidrostática em A)

$a_s' = a_s/\bar{A}$ = fração da área transversal seccional total da massa de solo ocupada pelo contato sólido com sólido

O valor de a_s' é extremamente pequeno e pode ser desconsiderado para as faixas de pressão geralmente encontradas em problemas práticos. Assim, a Eq. (9.3) pode ser aproximada por

$$\sigma = \sigma' + u \tag{9.4}$$

onde u é também referido como *pressão neutra*. A substituição da Eq. (9.1) para σ na Eq. (9.4) dá

$$\begin{aligned}\sigma' &= [H\gamma_w + (H_A - H)\gamma_{sat}] - H_A\gamma_w \\ &= (H_A - H)(\gamma_{sat} - \gamma_w) \\ &= (\text{Altura da coluna do solo}) \times \gamma' \end{aligned} \tag{9.5}$$

onde $\gamma' = \gamma_{sat} - \gamma_w$ se iguala ao peso específico submerso de solo. Portanto, podemos visualizar que a tensão efetiva em qualquer ponto A não depende da coluna de água, H, acima do solo submerso.

A Figura 9.2a mostra uma camada de solo submersa em um tanque onde não há percolação. As Figuras 9.2b a 9.2d mostram gráficos das variações de tensão total, de poropressão e de tensão efetiva, respectivamente, com a profundidade para essa camada.

O princípio de tensão efetiva [Eq. (9.4)] foi primeiramente desenvolvido por Terzaghi (1925, 1936). Skempton (1960) estendeu o trabalho de Terzaghi e propôs a relação entre as tensões total e a efetiva na forma da Eq. (9.3).

Resumindo, a tensão efetiva é aproximadamente a força por área específica realizada pelo esqueleto do solo. A tensão efetiva em uma massa de solo controla a alteração de volume e a força. Aumentar essa tensão induz o solo a assumir um estado mais denso de compactação.

O princípio da tensão efetiva é provavelmente o mais importante na engenharia geotécnica. A compressibilidade e a resistência ao cisalhamento de um solo dependem, em grande parte, desse tipo de tensão. Portanto, o conceito de tensão efetiva é importante na solução de problemas da engenharia geotécnica, como a pressão lateral de solo em estruturas de contenção, a capacidade de carga, o recalque das fundações e a estabilidade de taludes de terra.

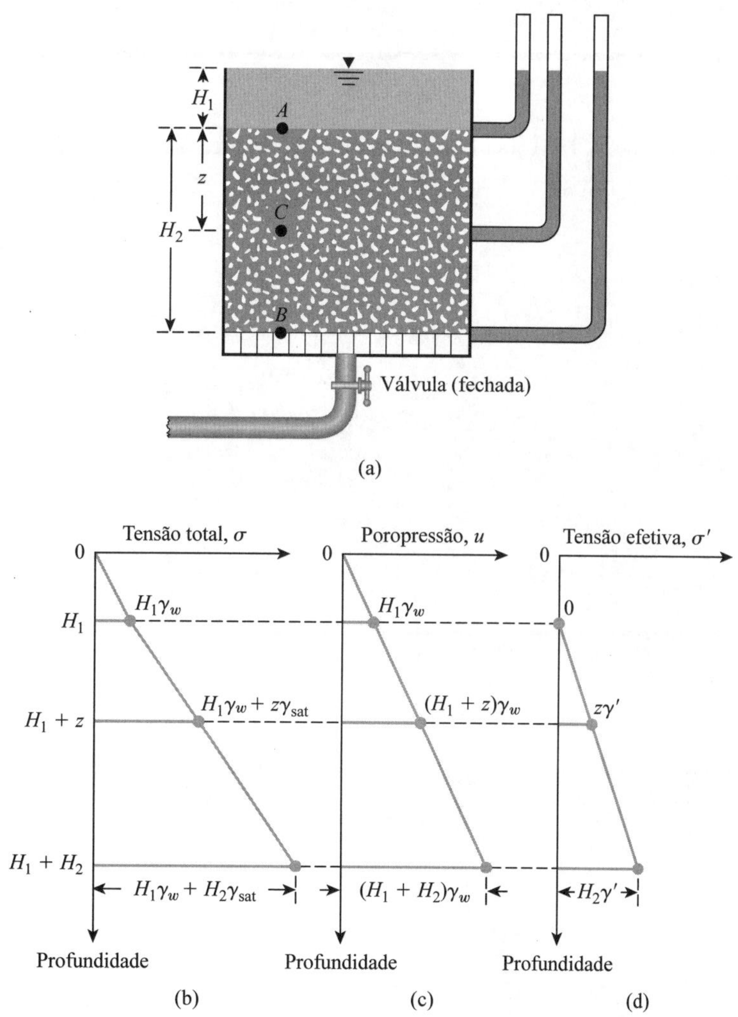

Figura 9.2 (a) Camada de solo em um tanque onde não existe percolação; variação de (b) tensão total, (c) poropressão e (d) tensão efetiva com profundidade para uma camada de solo submersa, sem percolação.

Na Eq. (9.2), a tensão efetiva, σ', é definida como a soma das componentes verticais de todas as forças de *contato* intergranulares sobre a área transversal seccional total unitária. Essa definição é geralmente verdadeira para os solos granulares; no entanto, para solos granulares finos, o contato intergranular pode não estar fisicamente presente, pois as partículas de argila são envoltas por um filme de água, firmemente coeso. Em um sentido mais geral, a Eq. (9.3) pode ser reescrita da seguinte forma:

$$\sigma = \sigma_{ig} + u(1 - a_s') - A' + R' \tag{9.6}$$

onde σ_{ig} = tensão intergranular
A' = força de atração elétrica por área de seção transversal unitária de solo
R' = força de repulsão elétrica por área de seção transversal unitária de solo

Para solos granulares, siltes e argilas de baixa plasticidade, as magnitudes de A' e R' são pequenas. Portanto, para fins práticos,

$$\sigma_{ig} = \sigma' \approx \sigma - u$$

Porém, se $A' - R'$ for grande, então $\sigma_{ig} \neq \sigma'$. Tais situações podem ser encontradas na argila dispersa altamente plástica. Foram feitas muitas interpretações no passado para diferenciar a tensão intergranular da tensão efetiva. Em qualquer um dos casos, o princípio da tensão efetiva é uma ótima aproximação usada para solucionar problemas de engenharia.

Exemplo 9.1

Um perfil de solo é mostrado na Figura 9.3. Calcule a tensão total, a poropressão e a tensão efetiva nos pontos *A*, *B* e *C*.

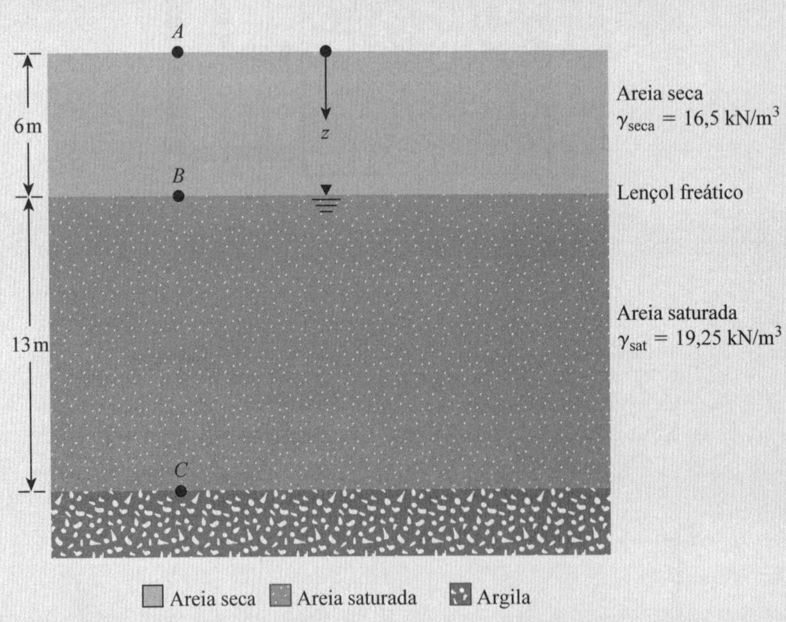

Figura 9.3 Estrutura do solo.

Solução

No ponto *A*,

Tensão total: $\sigma_A = \mathbf{0}$
Poropressão: $u_A = \mathbf{0}$
Tensão efetiva: $\sigma_A' = \mathbf{0}$

No ponto B,

$$\sigma_B = 6\gamma_{\text{seca(areia)}} = 6 \times 16{,}5 = \mathbf{99\ kN/m^2}$$
$$u_B = \mathbf{0\ kN/m^2}$$
$$\sigma'_B = 99 - 0 = \mathbf{99\ kN/m^2}$$

No ponto C,

$$\begin{aligned}\sigma_C &= 6\gamma_{\text{seca(areia)}} + 13\gamma_{\text{sat(areia)}}\\ &= 6 \times 16{,}5 + 13 \times 19{,}25\\ &= 99 + 250{,}25 = \mathbf{349{,}25\ kN/m^2}\end{aligned}$$
$$u_C = 13\gamma_w = 13 \times 9{,}81 = \mathbf{127{,}53\ kN/m^2}$$
$$\sigma'_C = 349{,}25 - 127{,}53 = \mathbf{221{,}72\ kN/m^2}$$

■

Exemplo 9.2

Consulte o Exemplo 9.1. A quantos metros de altura o lençol freático deve aumentar para que a tensão efetiva em C seja 190 kN/m²? Suponha que γ_{sat} seja o mesmo para as duas camadas (ou seja, 19,25 kN/m²).

Solução

Seja o aumento do lençol freático h acima do lençol freático presente indicado na Figura 9.3 com

$$\sigma_C = (6 - h)\gamma_{\text{seca}} + h\gamma_{\text{sat}} + 13\gamma_{\text{sat}}$$
$$u = (h + 13)\gamma_w$$

Então

$$\begin{aligned}\sigma'_C = \sigma_c - u &= (6 - h)\gamma_{\text{seca}} + h\gamma_{\text{sat}} + 13\gamma_{\text{sat}} - h\gamma_w - 13\gamma_w\\ &= (6 - h)\gamma_{\text{seca}} + h(\gamma_{\text{sat}} - \gamma_w) + 13(\gamma_{\text{sat}} - \gamma_w)\end{aligned}$$

ou

$$190 = (6 - h)16{,}5 + h(19{,}25 - 9{,}81) + 13(19{,}25 - 9{,}81)$$
$$h = \mathbf{4{,}49\ m}$$

■

9.3 Tensões em solos saturados com percolação ascendente

Se houver percolação de água, a tensão efetiva em qualquer ponto de uma massa de solo será diferente da tensão no caso estático. Essa tensão vai aumentar ou diminuir, dependendo da direção da percolação.

A Figura 9.4a mostra uma camada de solo granular em um tanque onde a percolação ascendente é causada pela adição de água pela válvula localizada no fundo do tanque. A vazão de água é mantida constante. A perda de carga causada pela percolação ascendente entre os níveis de A e B é h. Considerando que a tensão total em qualquer ponto na massa de solo ocorre unicamente em razão do peso do solo e da água sobre ele, descobre-se que os cálculos de tensão efetiva nos pontos A e B são os seguintes:

Em A,

- Tensão total: $\sigma_A = H_1\gamma_w$
- Poropressão da água: $u_A = H_1\gamma_w$
- Tensão efetiva: $\sigma'_A = \sigma_A - u_A = 0$

Em B,

- Tensão total: $\sigma_B = H_1\gamma_w + H_2\gamma_{sat}$

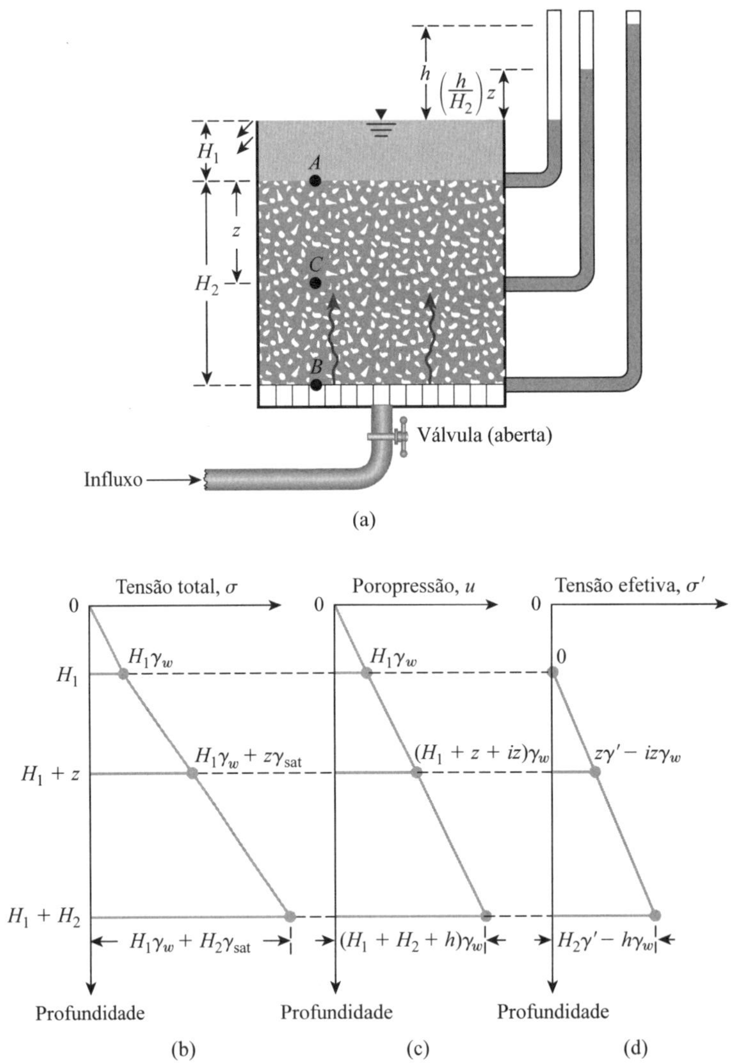

Figura 9.4 (a) Camada de solo em um tanque com percolação ascendente. Variação de (b) tensão total; (c) poropressão e (d) tensão efetiva com profundidade para uma camada de solo com percolação ascendente.

- Poropressão da água: $u_B = (H_1 + H_2 + h)\,\gamma_w$
- Tensão efetiva: $\sigma'_B = \sigma_B - u_B$

$$= H_2(\gamma_{sat} - \gamma_w) - h\gamma_w$$
$$= H_2\gamma' - h\gamma_w$$

Da mesma forma, a tensão efetiva em um ponto C, localizada a uma profundidade z abaixo da superfície do solo, pode ser calculada da forma a seguir:

Em C,

- Tensão total: $\sigma_C = H_1\gamma_w + z\gamma_{sat}$
- Poropressão da água: $u_C = \left(H_1 + z + \dfrac{h}{H_2}z\right)\gamma_w$
- Tensão efetiva: $\sigma'_C = \sigma_C - u_C$

$$= z(\gamma_{sat} - \gamma_w) - \frac{h}{H_2}z\gamma_w$$

$$= z\gamma' - \frac{h}{H_2}z\gamma_w$$

Observe que h/H_2 é o gradiente hidráulico i causado pelo fluxo e, portanto,

$$\sigma'_C = z\gamma' - iz\gamma_w \tag{9.7}$$

As variações de tensão total, poropressão e tensão efetiva com a profundidade são representadas nas Figuras 9.4b até 9.4d, respectivamente. A comparação entre as Figuras 9.2d e 9.4d mostra que a tensão efetiva em um ponto localizado a uma profundidade z medida a partir da superfície de uma camada de solo é reduzida a um valor $iz\gamma_w$ em razão da vazão de água ascendente. Se a vazão e, por consequência, o gradiente hidráulico forem aumentando gradualmente, uma condição limite será atingida, na qual

$$\sigma'_C = z\gamma' - i_{cr}z\gamma_w = 0 \tag{9.8}$$

onde i_{cr} = gradiente hidráulico crítico (para tensão efetiva nula).

Nessa situação, a estabilidade do solo é perdida. Essa situação geralmente é chamada *ebulição* ou *condição movediça*.

Da Eq. (9.8),

$$i_{cr} = \frac{\gamma'}{\gamma_w} \tag{9.9}$$

Para a maioria dos solos, o valor de i_{cr} varia de 0,9 a 1,1, com uma média de 1.

Exemplo 9.3

Uma camada de 9 metros de espessura de argila saturada rígida é sustentada por uma camada de areia (Figura 9.5). A areia está sob pressão artesiana. Calcule a profundidade máxima do corte H que pode ser feito na argila.

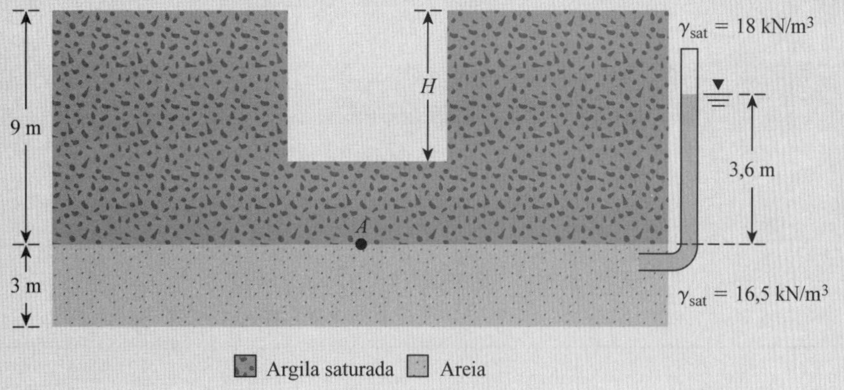

Figura 9.5

Solução

Em razão da escavação, haverá redução da pressão geostática. Considere a profundidade do corte H, ponto em que o fundo levantará. Consideremos a estabilidade do ponto A naquele momento:

$$\sigma_A = (9 - H)\gamma_{sat(argila)}$$
$$u_A = 3{,}6\,\gamma_w$$

Para que o levantamento ocorra, σ'_A deve ser 0. Então

$$\sigma_A - u_A = (9 - H)\gamma_{sat(argila)} - 3{,}6\gamma_w$$

ou
$$(9 - H)18 - (3,6)9,81 = 0$$
$$H = \frac{(9)18 - (3,6)9,81}{18} = \mathbf{7,04\ m}$$

■

Exemplo 9.4

É feito um corte na argila saturada e dura, que é sustentada por uma camada de areia (Figura 9.6). Qual deve ser a altura da água, h, no corte para que a estabilidade da argila saturada não seja perdida?

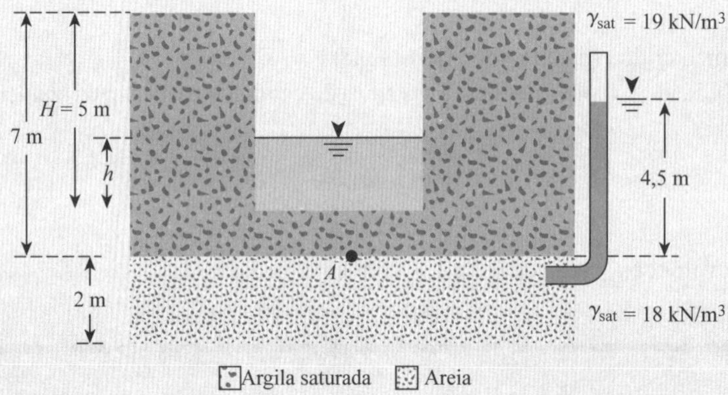

Figura 9.6

Solução

No ponto A,

$$\sigma_a = (7 - 5)\gamma_{\text{sat(argila)}} + h\gamma_w = (2)(19) + (h)(9,81) = 38 + 9,81h\ (\text{kN/m}^2)$$
$$u_A = 4,5\gamma_w = (4,5)(9,81) = 44,15\ \text{kN/m}^2$$

Para a perda de estabilidade, $\sigma'_A = 0$. Portanto,

$$\sigma_A - u_A = 0$$
$$38 + 9,81h - 44,15 = 0$$
$$h = \mathbf{0,63\ m}$$

■

9.4 Tensões em solos saturados com percolação descendente

A condição de percolação descendente é exibida na Figura 9.7a. O nível de água no tanque do solo é mantido constante, ajustando o abastecimento na parte superior e o fluxo de saída na parte inferior.

O gradiente hidráulico causado pela percolação descendente é igual a $i = h/H_2$. A tensão total, a poropressão e a tensão efetiva em qualquer ponto C são, respectivamente,

$$\sigma_C = H_1\gamma_w + z\gamma_{\text{sat}}$$
$$u_C = (H_1 + z - iz)\gamma_w$$
$$\sigma'_C = (H_1\gamma_w + z\gamma_{\text{sat}}) - (H_1 + z - iz)\gamma_w$$
$$= z\gamma' + iz\gamma_w$$

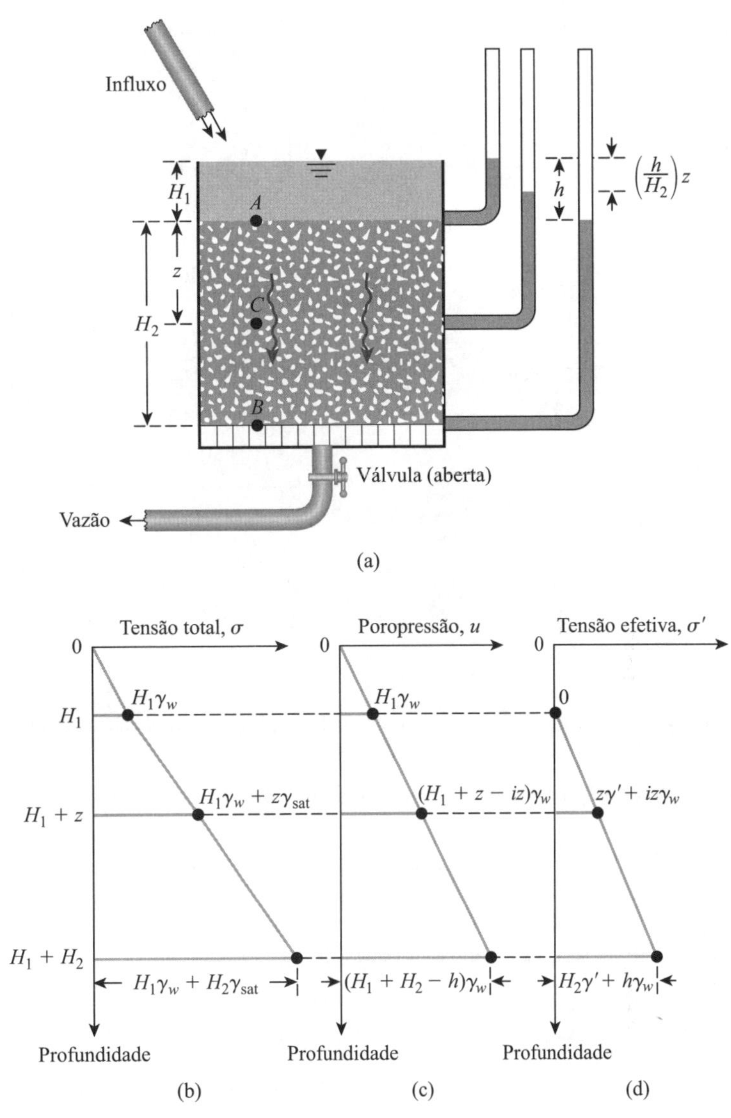

Figura 9.7 (a) Camada de solo em um tanque com percolação descendente; variação de (b) tensão total; (c) poropressão; (d) tensão efetiva com profundidade para uma camada de solo com percolação descendente.

As variações de tensão total, poropressão e tensão efetiva com profundidade são representadas nas Figuras de 9.7b até 9.7d.

9.5 Força de percolação

A seção anterior mostrou que o efeito da percolação é aumentar ou diminuir a tensão efetiva em um ponto numa camada do solo. Geralmente, é conveniente expressar a força de percolação por massa específica do solo.

Na Figura 9.2 foi mostrado que, sem percolação, a tensão efetiva a uma profundidade z, medida a partir da superfície da camada de solo no tanque, é igual a $z\gamma'$. Assim, a força efetiva em uma área A é

$$P_1' = z\gamma' A \tag{9.10}$$

(A direção da força P_1' é exibida na Figura 9.8a.)

Novamente, se houver uma percolação ascendente de água na direção vertical pela mesma camada de solo (Figura 9.4), a força efetiva na área A a uma profundidade z pode ser dada por

$$P_2' = (z\gamma' - iz\gamma_w)A \tag{9.11}$$

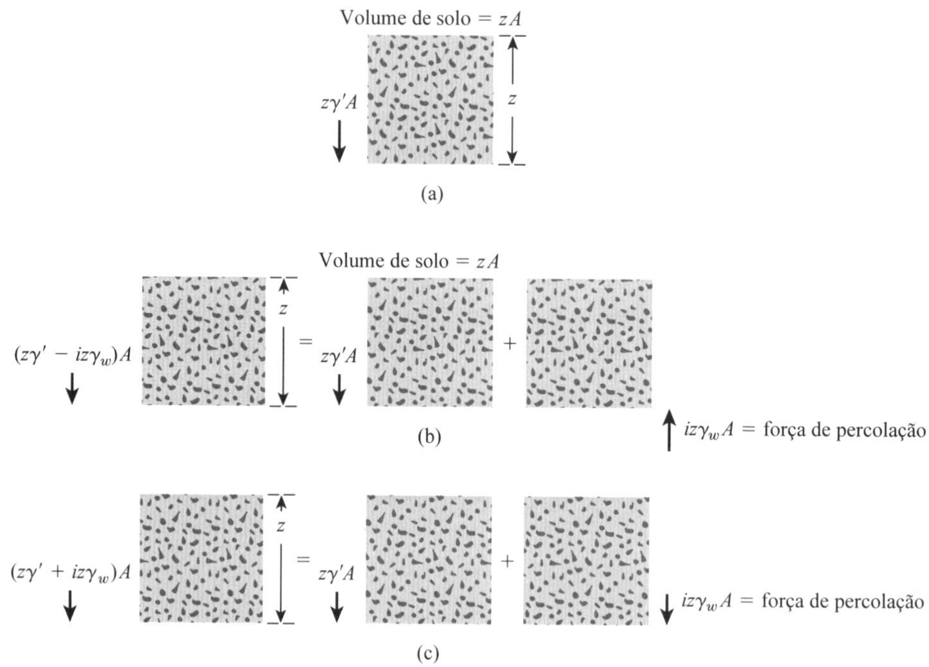

Figura 9.8 Força em razão de (a) nenhuma percolação; (b) percolação ascendente; (c) percolação descendente no volume de solo.

Consequentemente, a redução da força total em razão da percolação é

$$P_1' - P_2' = iz\gamma_w A \tag{9.12}$$

O volume de solo que contribui para a força efetiva é igual a zA. Assim, a força da percolação por massa específica de solo é

$$\frac{P_1' - P_2'}{\text{(Volume do solo)}} = \frac{iz\gamma_w A}{zA} = i\gamma_w \tag{9.13}$$

A força por massa específica, $i\gamma_w$, neste caso, atua no sentido ascendente, ou seja, na direção do fluxo. Essa força ascendente é demonstrada na Figura 9.8b. Da mesma forma, para o sentido descendente, é possível notar que a força de percolação, neste sentido, por massa específica de solo, é $i\gamma_w$ (Figura 9.8c).

A partir das discussões anteriores, podemos concluir que a força de percolação por massa específica de solo é igual a $i\gamma_w$, e que em solos isotrópicos a força atua na mesma direção que a do fluxo. Essa afirmação é verdadeira para fluxos em qualquer direção. As redes de fluxo podem ser usadas para encontrar o gradiente hidráulico em qualquer ponto e, assim, a força de percolação por massa específica de solo. A derivação matemática para o caso geral é dada abaixo.

A Figura 9.9 mostra uma massa de solo ligada por duas linhas de fluxo ab e cd e duas linhas equipotenciais ef e gh. Isso é obtido da rede de fluxo. A massa de solo tem uma espessura específica em ângulos retos para a seção indicada. Considere que h_1 e h_2 sejam as elevações piezométricas médias, respectivamente, junto com as faces $a'c'$ e $b'd'$ do elemento de fluxo. Também considere F e $F + \Delta F$ como ação de forças, respectivamente, nas faces $a'c'$ e $b'd'$. O peso próprio saturado da massa de solo $a'c'd'b'$ (de espessura específica) pode ser considerado

$$W = (l)\,(l)\,(1)\,\gamma_{sat} \tag{9.14}$$

A força hidrostática na fase $a'c'$ é $h_1\gamma_w l$ e, de modo semelhante, a força hidrostática na face $b'd'$ é $h_2\gamma_w l$. Portanto

$$\Delta F = h_1\gamma_w l + l^2\,\gamma_{sat}\,\text{sen}\,\alpha - h_2\gamma_w l \tag{9.15}$$

Porém

$$h_2 = h_1 + l\,\text{sen}\,\alpha - \Delta h \tag{9.16}$$

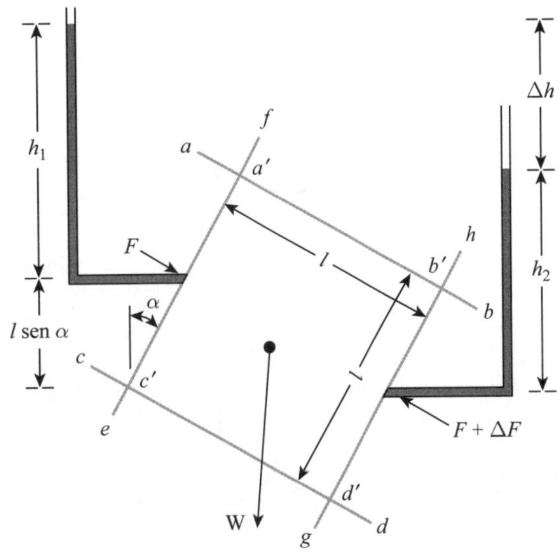

Figura 9.9 Força de percolação por massa específica – determinação da rede de fluxo.

Combinando as Eqs. (9.15) e (9.16),

$$\Delta F = h_1 \gamma_w l + l^2 \gamma_{sat} \text{ sen } \alpha - (h_1 + l \text{ sen } \alpha - \Delta h)\gamma_w l$$

ou

$$\Delta F = l^2(\gamma_{sat} - \gamma_w) \text{ sen } \alpha + \Delta h \gamma_w l$$

$$= \underbrace{l^2 \gamma' \text{ sen } \alpha}_{\substack{\text{componente de} \\ \text{peso efetivo} \\ \text{de solo em} \\ \text{direção de fluxo}}} + \underbrace{\Delta h \gamma_w l}_{\substack{\text{força de} \\ \text{percolação}}} \tag{9.17}$$

onde $\gamma' = \gamma_{sat} - \gamma_w$ = peso específico do solo. Portanto,

$$\text{Força de percolação/massa específica} = \frac{\Delta h \gamma_w l}{l^2} = \gamma_w i \tag{9.18}$$

onde i = gradiente hidráulico ao longo da direção de fluxo. Observe que as Eqs. (9.13) e (9.18) são idênticas.

Exemplo 9.5

Considere o fluxo ascendente de água pela camada de areia em um tanque conforme indicado na Figura 9.10. Para a areia, os seguintes dados são fornecidos: índice de vazio (e) = 0,52 e densidade relativa dos grãos = 2,67.

a. Calcule a tensão total, a poropressão e a tensão efetiva nos pontos A e B.

b. Qual é a força de percolação ascendente por massa específica de solo?

Solução

Parte a

O peso específico saturado da areia é calculado da seguinte forma:

$$\gamma_{sat} = \frac{(G_s + e)\gamma_w}{1 + e} = \frac{(2{,}67 + 0{,}52)9{,}81}{1 + 0{,}52} = 20{,}59 \text{ kN/m}^3$$

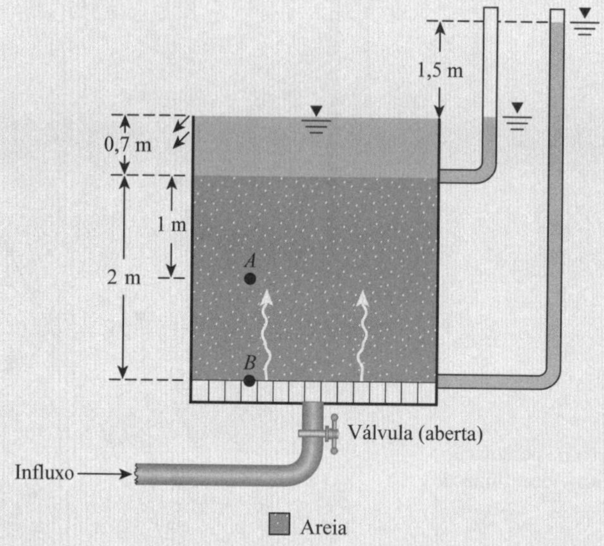

Figura 9.10 Fluxo ascendente de água pela camada de areia no tanque.

Assim, a tabela a seguir pode ser preparada:

Ponto	Tensão total, σ (kN/m²)	Poropressão, u (kN/m²)	Tensão efetiva, $\sigma' = \sigma - u$ (kN/m²)
A	$0,7\gamma_w + 1\gamma_{sat} = (0,7)(9,81) + (1)(20,59) = \mathbf{27,46}$	$\left[(1+0,7)+\left(\frac{1,5}{2}\right)(1)\right]\gamma_w = (2,45)(9,81) = \mathbf{24,03}$	**3,43**
B	$0,7\gamma_w + 2\gamma_{sat} = (0,7)(9,81) + (2)(20,59) = \mathbf{48,05}$	$(2+0,7+1,5)\gamma_w = (4,2)(9,81) = \mathbf{41,2}$	**6,85**

Parte b

Gradiente hidráulico (i) = 1,5/2 = 0,75. Assim, a força de percolação por massa específica pode ser calculada como

$$i\gamma_w = (0,75)(9,81) = \mathbf{7,36\ kN/m^3}$$

■

9.6 Levantamento do solo em virtude do fluxo ao redor de cortinas de estacas-pranchas

A força de percolação por massa específica de solo pode ser utilizada para verificar possíveis falhas nas cortinas de estacas-pranchas, onde a percolação subterrânea pode causar levantamento do solo no lado a jusante (Figura 9.11a). Depois de realizar ensaios em vários modelos, Terzaghi (1922) concluiu que o levantamento geralmente ocorre dentro de uma distância $D/2$, a partir da cortina de estacas-prancha (onde D é igual à profundidade de cravamento de estacas-pranchas na camada permeável). Portanto, precisamos analisar a estabilidade do solo em uma zona de medição D por $D/2$ na seção transversal, conforme indicado na Figura 9.11b.

O fator de segurança contra o levantamento pode ser determinado por

$$FS = \frac{W'}{U} \tag{9.19}$$

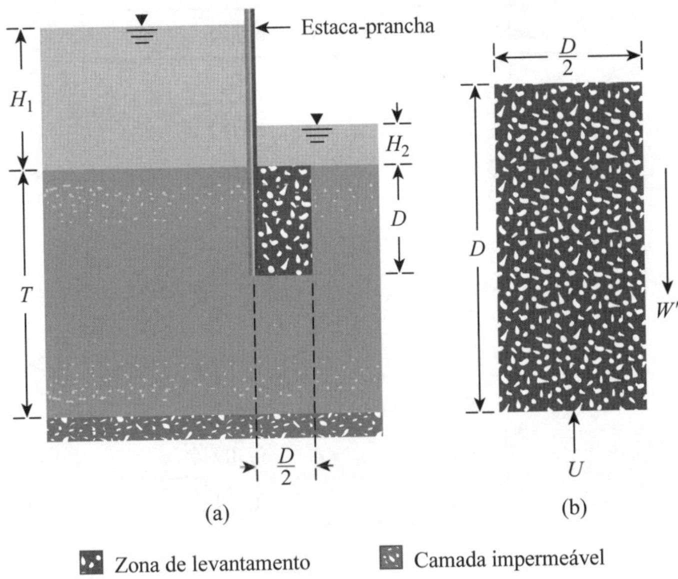

Figura 9.11 (a) Verificação de levantamento no lado a jusante para uma cortina de estacas-pranchas cravadas em uma camada permeável; (b) ampliação da zona de levantamento.

onde $FS =$ fator de segurança

$W' =$ peso submerso de solo em uma zona de levantamento por comprimento unitário de estaca--prancha $= D(D/2)(\gamma_{sat} - \gamma_w) = \left(\frac{1}{2}\right)D^2\gamma'$

$U =$ força de levantamento causada pela percolação no mesmo volume de solo

Com base na Eq. (9.13),

$$U = (\text{Volume de solo}) \times (i_{\text{méd}}\gamma_w) = \tfrac{1}{2}D^2 i_{\text{méd}}\gamma_w$$

onde $i_{\text{méd}} =$ gradiente hidráulico médio na parte inferior do bloco de solo (consulte o Exemplo 9.6).

Substituindo os valores de W' e U na Eq. (9.19), podemos escrever

$$FS = \frac{\gamma'}{i_{\text{méd}}\gamma_w} \tag{9.20}$$

Para o caso de *fluxo ao redor das estacas-pranchas em um solo homogêneo*, como mostra a Figura 9.11, pode ser demonstrado que

$$\frac{U}{0{,}5\gamma_w D(H_1 - H_2)} = C_o \tag{9.21}$$

onde C_o é uma função de D/T (veja a Tabela 9.1). Portanto, a partir da Eq. (9.19),

$$FS = \frac{W'}{U} = \frac{0{,}5D^2\gamma'}{0{,}5C_o\gamma_w D(H_1 - H_2)} = \frac{D\gamma'}{C_o\gamma_w(H_1 - H_2)} \tag{9.22}$$

Harza (1935) investigou a segurança das estruturas hidráulicas contra levantamento. De acordo com o trabalho, o fator de segurança (FS) contra levantamento (ou bombeamento) pode ser expresso como

Tabela 9.1 Variação de C_o com D/T

D/T	C_o
0,1	0,385
0,2	0,365
0,3	0,359
0,4	0,353
0,5	0,347
0,6	0,339
0,7	0,327
0,8	0,309
0,9	0,274

$$FS = \frac{i_{cr}}{i_{saída}} \tag{9.23}$$

onde i_{cr} = gradiente hidráulico crítico

$i_{saída}$ = gradiente máximo de saída

Com base na Eq. (9.9),

$$i_{cr} = \frac{\gamma'}{\gamma_w} = \frac{\left[\dfrac{(G_s - 1)\gamma_w}{1 + e}\right]}{\gamma_w} = \frac{G_s - 1}{1 + e} \tag{9.24}$$

O gradiente máximo de saída pode também ser determinado da rede de fluxo. Referindo-se à Figura 9.12, o gradiente máximo de saída é

$$i_{saída} = \frac{\Delta h}{l} = \frac{H}{N_d l} \tag{9.24a}$$

Um fator de segurança igual a 3 também é considerado adequado para o desempenho de segurança da estrutura. Harza também apresentou um gráfico para $i_{saída}$ para as barragens construídas sobre depósitos homogêneos profundos (Figura 9.13). Utilizando as anotações indicadas na Figura 9.13,

$$i_{saída} = C\,\frac{H}{B} \tag{9.25}$$

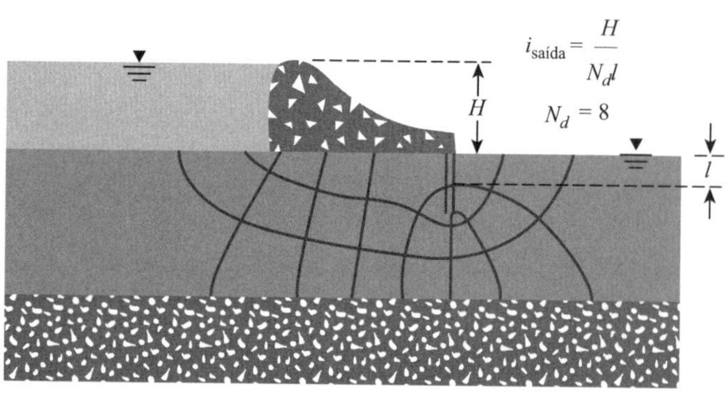

Figura 9.12 Definição de $i_{saída}$ [Eq. (9.24a)].

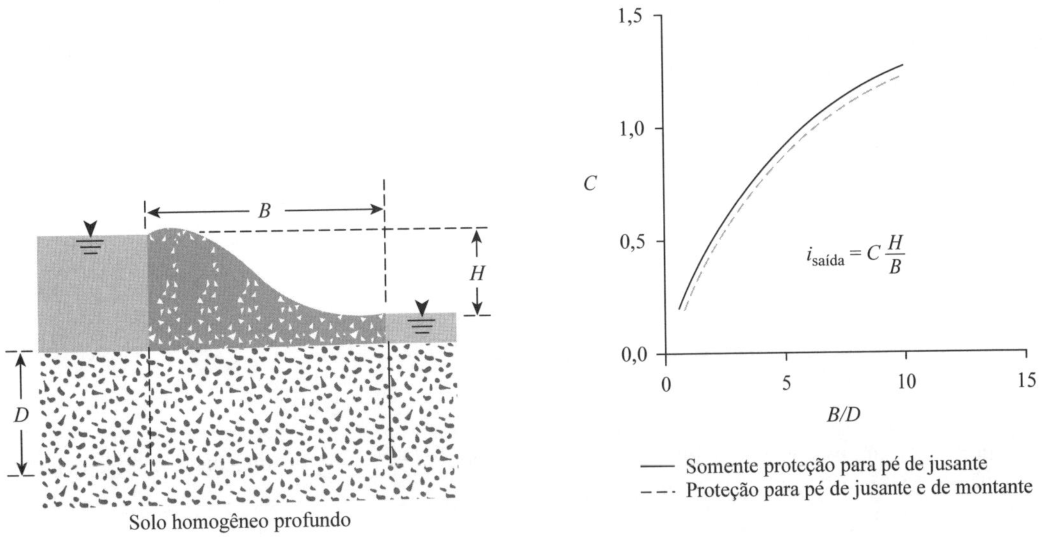

Figura 9.13 Gráfico Hazra para $i_{saída}$ [consulte a Eq. (9.25)] para barragens construídas sobre depósitos homogêneos profundos.

Exemplo 9.6

A Figura 9.14 mostra a rede de fluxo para percolação da água ao redor de uma única cortina de estacas-pranchas, cravada em uma camada permeável. Calcule o fator de segurança contra o levantamento, dado que γ_{sat} para camada permeável = 17,7 kN/m^3. (*Observação*: Espessura de camada permeável T = 18 m.)

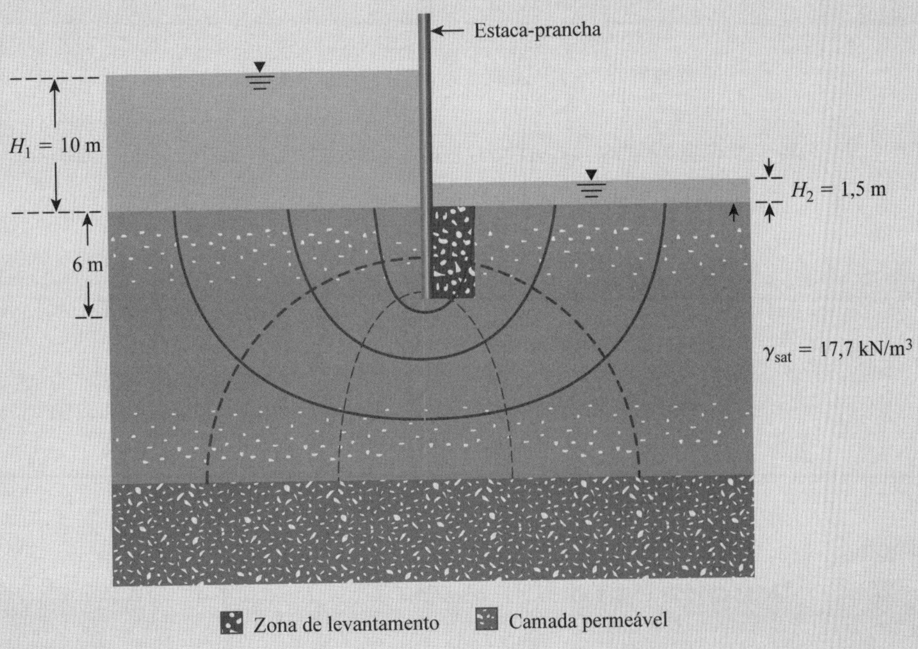

Figura 9.14 Rede de fluxo para percolação de água ao redor de cortinas de estacas-pranchas, cravadas em uma camada permeável.

Solução

Das dimensões dadas na Figura 9.14, o prisma de solo a ser considerado é 6 m × 3 m na seção transversal.

O prisma de solo é desenhado em uma escala ampliada na Figura 9.15. Com o uso da rede de fluxo, podemos calcular a perda de carga pelo prisma da seguinte forma:

- Em *b*,

$$\text{Carga de levantamento} = \frac{3}{6}(H_1 - H_2).$$

- Em *c*,

$$\text{Carga de levantamento} \approx \frac{1,6}{6}(H_1 - H_2).$$

De forma semelhante, para outros pontos intermediários ao longo de *bc*, as cargas hidráulicas de levantamento aproximadas foram calculadas e são exibidas na Figura 9.15.

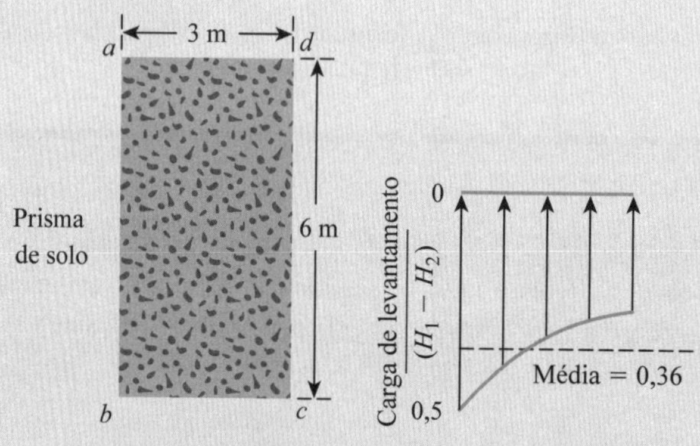

Figura 9.15 Prisma de solo – carga aumentada.

O valor médio da perda de carga no prisma é $0,36(H_1 - H_2)$, e o gradiente hidráulico médio é

$$i_{\text{méd}} = \frac{0,36(H_1 - H_2)}{D}$$

Assim, o fator de segurança [Eq. (9.20)] é

$$FS = \frac{\gamma'}{i_{\text{méd}}\gamma_w} = \frac{\gamma' D}{0,36(H_1 - H_2)\gamma_w} = \frac{(17,7 - 9,81)6}{0,36(10 - 1,5) \times 9,81} = \mathbf{1,58}$$

Solução alternativa

Para este caso, $D/T = 1/3$. De acordo com a Tabela 9.1, para $D/T = 1/3$, o valor de $C_o = 0,357$. Portanto, a partir da Eq. (9.22),

$$FS = \frac{D\gamma'}{C_o\gamma_w(H_1 - H_2)} = \frac{(6)(17,7 - 9,81)}{(0,357)(9,81)(10 - 1,5)} = \mathbf{1,59}$$

■

Exemplo 9.7

Consulte a Figura 9.16. Para o fluxo sob o dique, estime o fator de segurança contra piping.

Solução

Podemos elaborar o seguinte:

$$H = 4{,}2 \text{ m}$$

$$l = 1{,}65 \text{ m}$$

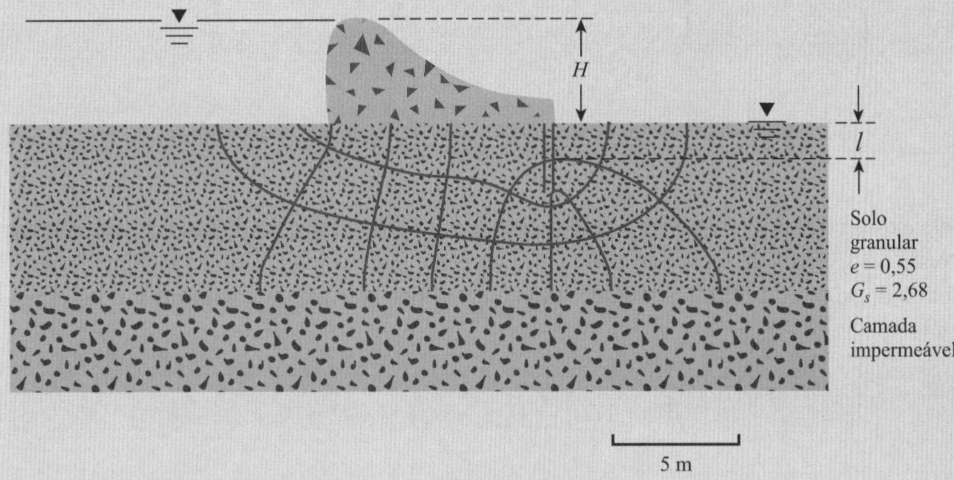

Figura 9.16

De acordo com a rede de fluxo, observe que $N_d = 8$. Então

$$\Delta h = \frac{H}{N_d} = \frac{4{,}2}{8} = 0{,}525 \text{ m}$$

$$i_{\text{saída}} = \frac{\Delta h}{l} = \frac{0{,}525}{1{,}65} = 0{,}318 \text{ m}$$

De acordo com a Eq. (9.24),

$$i_{\text{cr}} = \frac{G_s - 1}{1 + e} = \frac{2{,}68 - 1}{1 + 0{,}55} = 1{,}08$$

De acordo com a Eq. (9.23),

$$FS = \frac{i_{\text{cr}}}{i_{\text{saída}}} = \frac{1{,}08}{0{,}318} = \mathbf{3{,}14}$$

■

9.7 Utilização de filtros para aumentar o fator de segurança contra levantamento

O fator de segurança contra o levantamento, conforme calculado no Exemplo 9.6, é baixo. Na prática, um fator mínimo de cerca de 4 a 5 é necessário para a estabilidade da estrutura. Um fator alto de segurança é recomendado, principalmente porque dados imprecisos são inerentes à análise. Um modo de aumentar o fator de segurança contra o levantamento é usar um *filtro* a jusante da cortina de estacas-pranchas (Figura 9.17a). Um filtro é um material granular com aberturas pequenas o suficiente para impedir o movimento das partículas de solo sobre o qual o filtro é colocado. Ao mesmo tempo, é per-

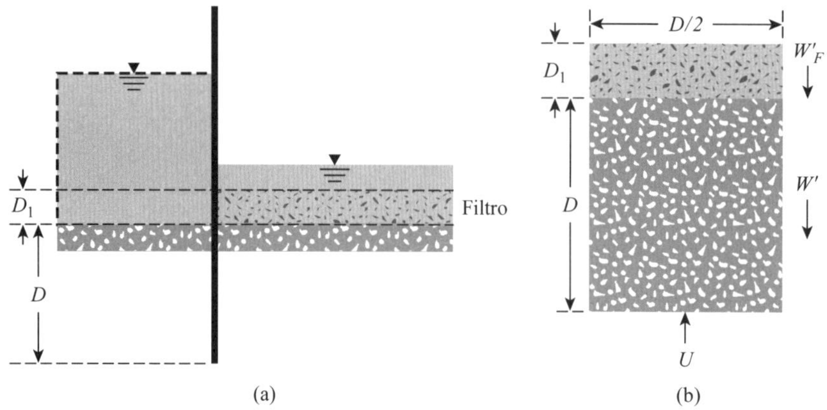

Figura 9.17 Fator de segurança contra levantamento com um filtro.

meável o bastante e oferece pouca resistência à percolação (veja a Seção 8.11). Na Figura 9.17a, a espessura do material do filtro é D_1. Nesse caso, o fator de segurança contra levantamento pode ser calculado da seguinte forma (Figura 9.17b).

O peso efetivo do solo e do filtro na zona de levantamento por unidade de comprimento das estacas-pranchas = $= W' + W'_F$, onde

$$W' = (D)\left(\frac{D}{2}\right)(\gamma_{sat} - \gamma_w) = \frac{1}{2}D^2\gamma'$$

$$W'_F = (D_1)\left(\frac{D}{2}\right)(\gamma'_F) = \frac{1}{2}D_1D\gamma'_F$$

onde γ'_F = peso específico efetivo do filtro.

A força de levantamento causada pela percolação no mesmo volume de solo é determinada por

$$U = \frac{1}{2}D^2 i_{méd}\gamma_w$$

A relação anterior foi obtida na Seção 9.6.

O fator de segurança contra o levantamento é, portanto,

$$FS = \frac{W' + W'_F}{U} = \frac{\frac{1}{2}D^2\gamma' + \frac{1}{2}D_1D\gamma'_F}{\frac{1}{2}D^2 i_{méd}\gamma_w} = \frac{\gamma' + \left(\frac{D_1}{D}\right)\gamma'_F}{i_{méd}\gamma_w} \quad (9.26)$$

Os princípios para a seleção de materiais filtrantes foram determinados na Seção 8.11.

Se a Eq. (9.21) for utilizada,

$$FS = \frac{\frac{1}{2}D^2\gamma' + \frac{1}{2}D_1D\gamma'_F}{0{,}5C_o\gamma_w D(H_1 - H_2)} = \frac{D\gamma' + D_1\gamma'_F}{C_o\gamma_w(H_1 - H_2)} \quad (9.27)$$

O valor de C_o é dado na Tabela 9.1.

Exemplo 9.8

Consulte a Figura 9.6. Se o fator de segurança contra o levantamento precisa ser aumentado para 2,5 por meio da utilização de uma camada de filtro no sentido descendente, qual deve ser a espessura da camada? Dados: pesos específicos secos e saturados do material de filtro são 16 kN/m³ e 20 kN/m³, respectivamente.

Solução

Consulte a Figura 9.18. O material de filtro tem uma espessura de D_1. A parte superior (D_1 – 1,5 m) do filtro é seca e a parte inferior (1,5 m) está submersa. Agora, a partir da Eq. (9.27),

$$FS = \frac{D\gamma' + (D_1 - 1{,}5)\gamma_{d(F)} + 1{,}5\gamma'_F}{C_o\gamma_w(H_1 - H_2)}$$

ou

$$2{,}5 = \frac{(6)(17{,}7 - 9{,}81) + (D_1 - 1{,}5)(16) + (1{,}5)(20 - 9{,}81)}{(0{,}375)(9{,}81)(10 - 1{,}5)}$$

$$D_1 \approx \mathbf{2{,}47\ m}$$

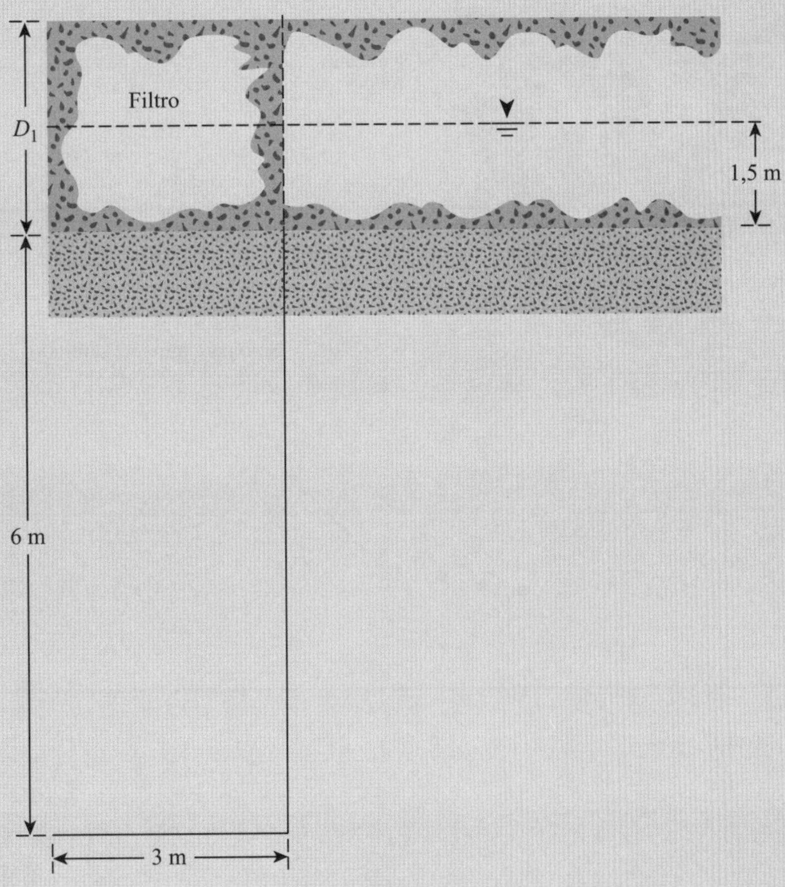

Figura 9.18

■

9.8 Tensão efetiva em solos parcialmente saturados

Em solos parcialmente saturados, a água nos espaços vazios não é contínua, e existe sistema trifásico, ou seja, com a presença de sólido, água e ar nos poros (Figura 9.19). Assim, a tensão total em qualquer ponto no perfil do solo é constituída de tensão intergranular, tensão do ar nos poros e poropressão da água. A partir dos resultados dos ensaios em laboratório, Bishop et al. (1960) obtiveram a seguinte equação para a tensão efetiva em solos parcialmente saturados:

$$\sigma' = \sigma - u_a + \chi(u_a - u_w) \tag{9.28}$$

onde σ' = tensão efetiva
σ = tensão total
u_a = pressão de ar do poro
u_w = poropressão da água

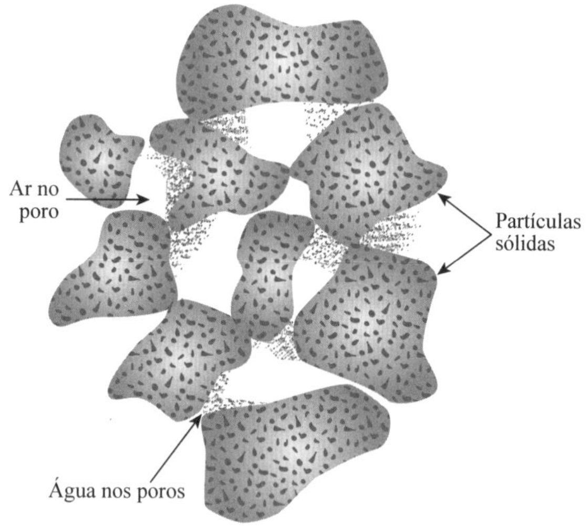

Figura 9.19
Solo parcialmente saturado.

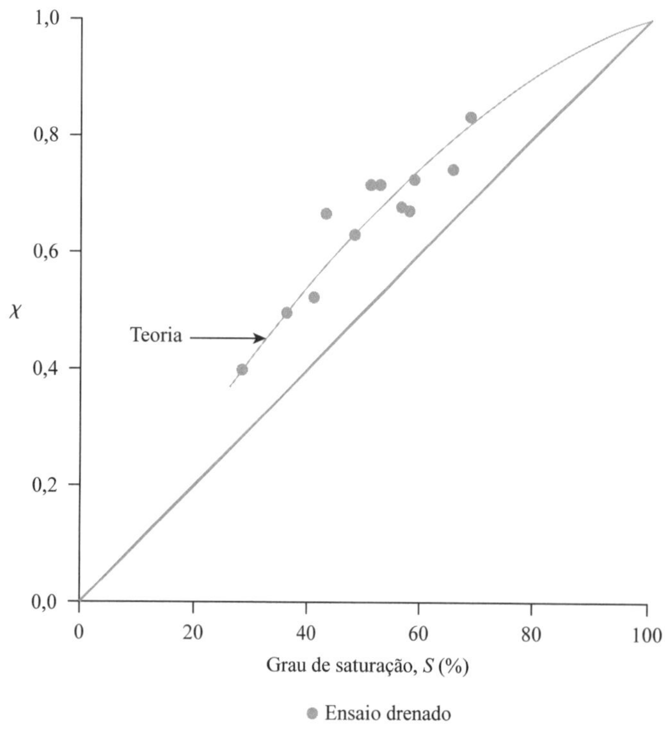

Figura 9.20 Relação entre o parâmetro χ e o grau de saturação para silte Bearhead. (*De acordo com Bishop et al., 1960. Com permissão da ASCE.*)

Na Eq. (9.28), χ representa a fração de uma área transversal seccional unitária do solo ocupada pela água. Para solo seco, $\chi = 0$, e para solo saturado, $\chi = 1$.

Bishop et al. (1960) destacaram que os valores intermediários de χ dependerão, em princípio, do grau de saturação S. No entanto, esses valores também serão influenciados por fatores como a estrutura do solo. A natureza da variação de χ com o grau de saturação para um silte é mostrada na Figura 9.20.

9.9 Ascensão capilar em solos

Os espaços vazios contínuos no solo podem se comportar como sistemas de tubos capilares de seção transversal variável. Em razão da força de tensão superficial, a água pode estar acima da superfície freática.

A Figura 9.21 exibe o conceito fundamental da altura de ascenção em um tubo capilar. A altura de ascensão da água no tubo capilar pode ser determinada pela soma das forças na direção vertical, ou

$$\left(\frac{\pi}{4}d^2\right)h_c\gamma_w = \pi d T \cos\alpha$$

$$h_c = \frac{4T\cos\alpha}{d\gamma_w} \quad (9.29)$$

onde T = tensão superficial (força/comprimento)
α = ângulo de contato
d = diâmetro do tubo capilar
γ_w = peso específico da água

Para água pura e vidro limpo, $\alpha = 0$. Assim, a partir da Eq. (9.29) temos

$$h_c = \frac{4T}{d\gamma_w} \quad (9.30)$$

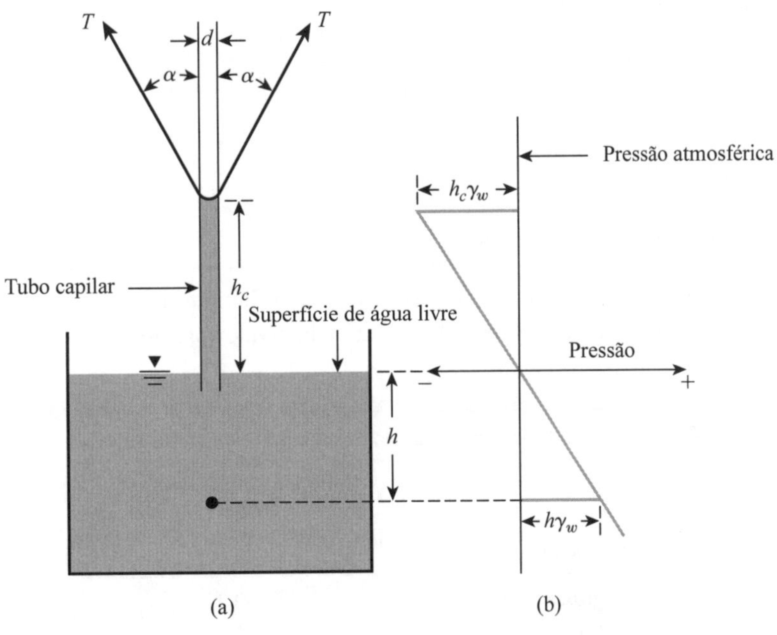

Figura 9.21 (a) Ascensão de água no tubo capilar; (b) pressão dentro da altura de ascensão no tubo capilar (adotando a pressão atmosférica como referência).

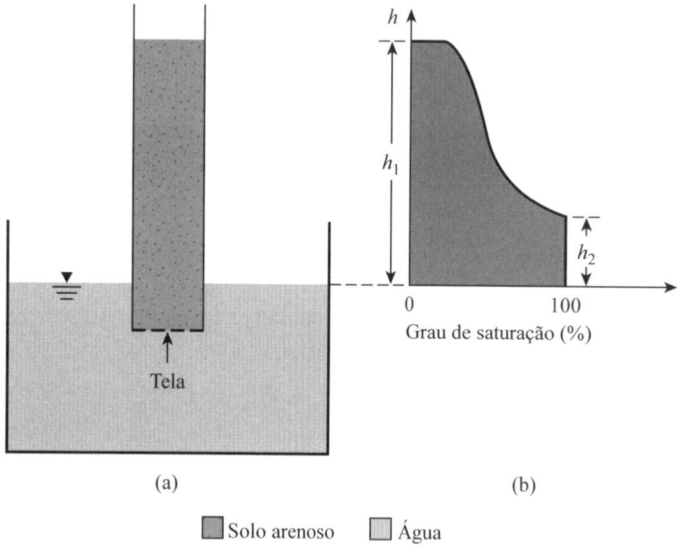

Figura 9.22 Efeito capilar em solo arenoso: (a) uma coluna de solo em contato com água; (b) variação do grau de saturação na coluna de solo.

Para água, $T = 72$ mN/m. De acordo com a Eq. (9.30), vemos que a altura de ascensão capilar

$$h_c \propto \frac{1}{d} \tag{9.31}$$

Portanto, quanto menor for o diâmetro do tubo capilar, maior será a ascensão capilar.

Embora o conceito de ascensão capilar conforme demonstrado para um tubo capilar ideal possa ser aplicado em solos, deve-se perceber que os tubos capilares formados em solos, por conta da continuidade de espaços, têm seções transversais variáveis. Os resultados da não uniformidade na ascensão capilar podem ser vistos quando uma coluna seca de solo arenoso é colocada em contato com a água (Figura 9.22). Depois de determinado período, a variação do grau de saturação com a altura da coluna do solo causada pela ascensão capilar é mais ou menos como mostrado na Figura 9.22b. O grau de saturação é cerca de 100% até uma altura de h_2, o que corresponde aos espaços vazios maiores. Além da altura h_2, a água pode ocupar apenas os espaços vazios menores e, consequentemente, o grau de saturação é inferior a 100%. A altura máxima de ascensão capilar corresponde aos espaços vazios menores. Hazen (1930) proporcionou a fórmula para a aproximação da altura de ascensão capilar na forma

$$h_1(\text{mm}) = \frac{C}{eD_{10}} \tag{9.32}$$

onde D_{10} = diâmetro efetivo (mm)
e = índice de vazios
C = uma constante que varia de 10 a 50 mm^2

A Eq. (9.32) tem uma abordagem similar à da Eq. (9.31). Com a diminuição de D_{10}, o tamanho do poro no solo diminui, o que causa ascensão capilar maior. A Tabela 9.2 mostra o intervalo aproximado de ascensão capilar encontrado em vários tipos de solo.

Tabela 9.2 Intervalo aproximado da ascensão capilar nos solos

Tipo de solo	Intervalo de ascensão capilar (m)
Areia grossa	0,1-0,2
Areia fina	0,3-1,2
Silte	0,75-7,5
Argila	7,5-23

A ascensão capilar é importante na formação de alguns tipos de solo como o *caliche*, que pode ser encontrado no deserto do sudeste dos Estados Unidos. O caliche é uma mistura de areia, silte e pedregulhos ligados por depósitos calcários. Esses depósitos são trazidos à superfície pela migração ascendente da água através da ação capilar. A água evapora na alta temperatura local. Em razão da escassez de chuvas, os carbonatos não são eliminados da camada superior do solo.

9.10 Tensão efetiva na zona de ascensão capilar

A relação geral entre tensão total, tensão efetiva e poropressão da água foi determinada na Eq. (9.4) como

$$\sigma = \sigma' + u$$

A poropressão u no ponto em uma camada de solo totalmente saturada pela ascensão capilar é igual a $-\gamma_w h$ (h = altura do ponto em consideração, medido a partir do lençol freático) com a pressão atmosférica tomada por referência. Se a saturação parcial é causada por ação capilar, pode ser aproximada por

$$u = -\left(\frac{S}{100}\right)\gamma_w h \tag{9.33}$$

onde S = grau de saturação, em porcentagem.

Exemplo 9.9

Um perfil de solo é mostrado na Figura 9.23. Dados: H_1 = 1,83 m, H_2 = 0,91 m, H_3 = 1,83 m. Trace a variação de σ, u e σ' com profundidade.

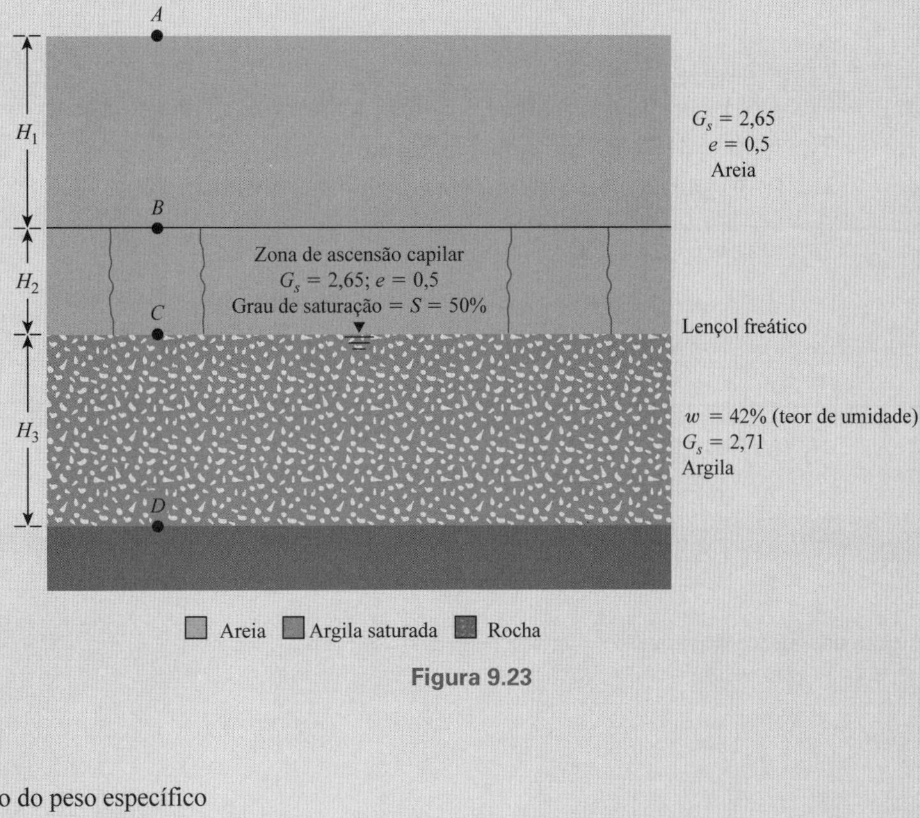

Figura 9.23

Solução

Determinação do peso específico

Areia seca:

$$\gamma_{d(\text{areia})} = \frac{G_s\gamma_w}{1+e} = \frac{(2,65)(9,81)}{1+0,5} = 17,33 \text{ kN/m}^3$$

Areia úmida:

$$\gamma_{(\text{areia})} = \frac{(G_s + Se)\gamma_w}{1+e} = \frac{[2,65 + (0,5)(0,5)]9,81}{1+0,5} = 18,97 \text{ kN/m}^3$$

Argila saturada:

$$e = \frac{G_s w}{S} = \frac{(2,71)(0,42)}{1,0} = 1,1382$$

$$\gamma_{\text{sat(argila)}} = \frac{(G_s + e)\gamma_w}{1+e} = \frac{(2,71 + 1,1382)9,81}{1+1,1382} = 17,66 \text{ kN/m}^3$$

Cálculo da tensão

Na superfície do solo (ou seja, no ponto A):

$$\sigma = \mathbf{0}$$
$$u = \mathbf{0}$$
$$\sigma' = \sigma - u = \mathbf{0}$$

Na profundidade H_1 (ou seja, no ponto B):

$\sigma = \gamma_{d(\text{areia})}(1{,}83) = (17{,}33)(1{,}83) = \mathbf{31{,}71\ kN/m^2}$

$u = \mathbf{0}$ (imediatamente acima)

$u = -(S\gamma_w H_2) = -(0{,}5)(9{,}81)(0{,}91) = \mathbf{-4{,}46\ kN/m^2}$ (imediatamente abaixo)

$\sigma' = 31{,}71 - 0 = \mathbf{31{,}71\ kN/m^2}$ (imediatamente acima)

$\sigma' = 31{,}71 - (-4{,}46) = \mathbf{36{,}17\ kN/m^2}$ (imediatamente abaixo)

Na profundidade $H_1 + H_2$ (ou seja, no ponto C):

$$\sigma = (17{,}33)(1{,}83) + (18{,}97)(0{,}91) = \mathbf{48{,}97\ kN/m^2}$$
$$u = \mathbf{0}$$
$$\sigma' = 48{,}97 - 0 = \mathbf{48{,}97\ kN/m^2}$$

Na profundidade $H_1 + H_2 + H_3$ (ou seja, no ponto D):

$$\sigma = 48{,}97 + (17{,}66)(1{,}83) = \mathbf{81{,}29\ kN/m^2}$$
$$u = 1{,}83\gamma_w = (1{,}83)(9{,}81) = \mathbf{17{,}95\ kN/m^2}$$
$$\sigma' = 81{,}29 - 17{,}95 = \mathbf{63{,}34\ kN/m^2}$$

A Figura 9.24 mostra um gráfico de variação de tensão.

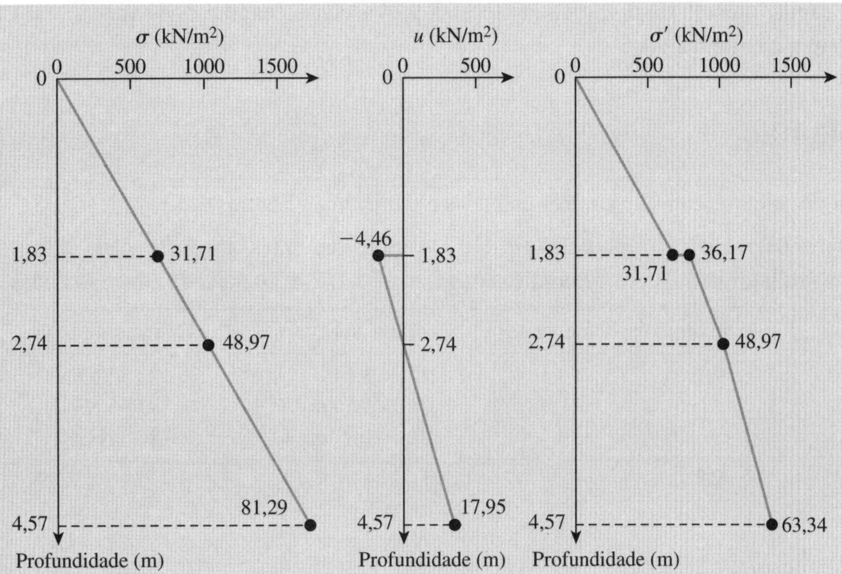

Figura 9.24 ∎

9.11 Resumo

O princípio da tensão efetiva é provavelmente o mais importante conceito da engenharia geotécnica. A compressibilidade e a resistência ao cisalhamento de um solo dependem, em grande parte, da tensão efetiva. Portanto, o conceito de tensão efetiva é importante na solução de problemas da engenharia geotécnica, como a pressão lateral de solo em estruturas de contenção, a capacidade de carga, o recalque das fundações e a estabilidade de taludes de terra. Abaixo segue um resumo dos tópicos apresentados neste capítulo:

- A tensão total (σ) em um ponto na massa de solo é a soma de tensão efetiva (σ') e a poropressão da água (u) ou [Eq. (9.4)]

$$\sigma = \sigma' + u$$

- O gradiente hidráulico crítico (i_{cr}) para *ebulição* ou *condição movediça* é dado como

$$i_{cr} = \frac{\gamma'}{\gamma_w} = \frac{\text{peso específico efetivo do solo}}{\text{peso específico da água}}$$

- Força de percolação por massa específica na direção de fluxo é igual a $i\gamma_w$ (i = gradiente hidráulico na direção de fluxo).
- As relações para verificação de levantamento devido ao fluxo sob uma estrutura hidráulica são discutidas na Seção 9.6. Além disso, a possibilidade de utilizar filtros para aumentar o fator de segurança contra levantamento é discutida na Seção 9.7.
- A tensão efetiva a um ponto em um solo parcialmente saturado pode ser expressa como [Eq. (9.28)]

$$\sigma' = \sigma - u_a + \chi(u_a - u_w)$$

onde σ = tensão total
u_a, u_w = pressão de ar e pressão de água, respectivamente
χ = um fator que é zero para solo seco e 1 para solo saturado

- A ascensão capilar no solo foi discutida na Seção 9.9. A ascensão capilar pode variar de 0,1 m a 0,2 m em areia grossa a 7,5 m a 23 m em argila.

Problemas

9.1 a 9.3 Um perfil de solo que consiste em três camadas é indicado na Figura 9.25.

Calcule os valores de σ, u e σ' nos pontos A, B, C e D para os seguintes casos. Em cada caso, calcule a variação de σ, u e σ' com a profundidade. As características das camadas 1, 2 e 3 para cada caso são dadas a seguir:

Problema	Nº de camada	Espessura	Parâmetros de solo
9.1	1	$H_1 = 2{,}1$ m	$\gamma_d = 17{,}23$ kN/m^3
	2	$H_2 = 3{,}66$ m	$\gamma_{sat} = 18{,}96$ kN/m^3
	3	$H_3 = 1{,}83$ m	$\gamma_{sat} = 18{,}5$ kN/m^3
9.2	1	$H_1 = 5$ m	$e = 0{,}7$; $G_s = 2{,}69$
	2	$H_2 = 8$ m	$e = 0{,}55$; $G_s = 2{,}7$
	3	$H_3 = 3$ m	$w = 38\%$; $e = 1{,}2$
9.3	1	$H_1 = 3$ m	$\gamma_d = 16$ kN/m^3
	2	$H_2 = 6$ m	$\gamma_{sat} = 18$ kN/m^3
	3	$H_3 = 2{,}5$ m	$\gamma_{sat} = 17$ kN/m^3

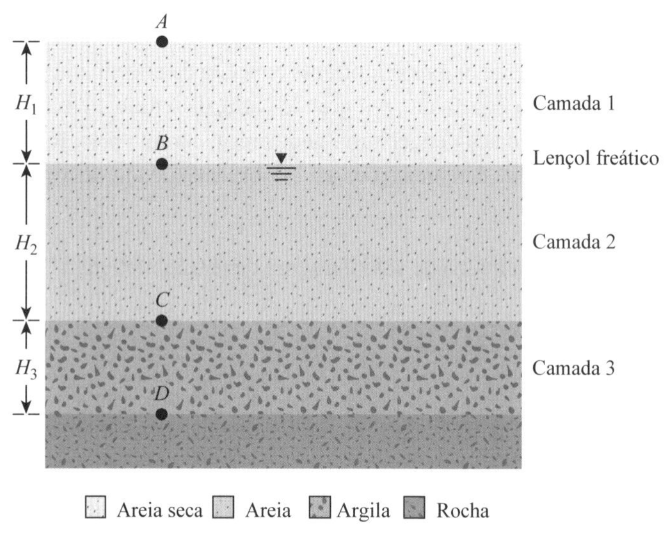

Figura 9.25

9.4 Considere o perfil de solo nos Problemas 9.1 a 9.3. Qual é a mudança na tensão efetiva no ponto C se:

a. o lençol freático cai para 2 m?

b. o lençol freático aumenta na superfície até o ponto A?

c. o nível de água aumenta 3 m acima do ponto A em razão da inundação?

9.5 Consulte o perfil do solo exibido na Figura 9.26:

a. Calcule as variações de σ, u e σ' nos pontos A, B e C.

b. Quantos metros o lençol freático deve aumentar para que a tensão efetiva em C seja 111 kN/m^2?

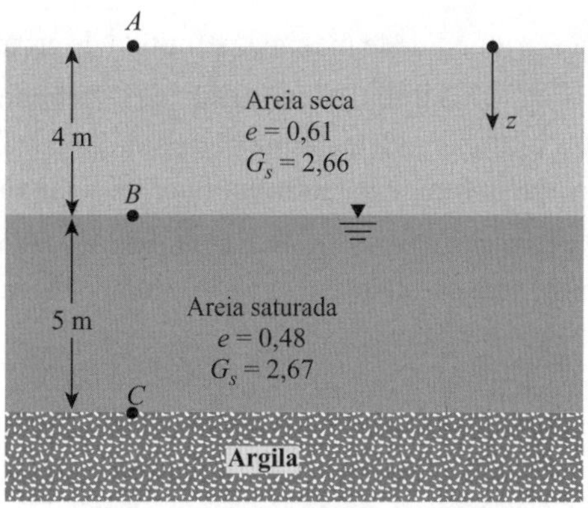

Figura 9.26

9.6 Para um solo arenoso com $G_s = 2,68$, calcule o gradiente hidráulico crítico que causará a *ebulição* ou *condição movediça* para $e = 0,38$, 0,48, 0,6, 0,7 e 0,8. Trace a variação de i_{cr} com o índice de vazios.

9.7 Um furo de sondagem exploratória foi feito em uma argila saturada com um teor de umidade de 29% e $G_s = 2,68$ (Figura 9.27). Observou-se que a camada de areia sob a argila estava sobre pressão artesiana. A água no furo escavado aumentou para uma altura de 6 m acima da parte superior da camada de areia. Se uma escavação aberta for realizada na argila, determine a profundidade segura da escavação contra o levantamento do piso.

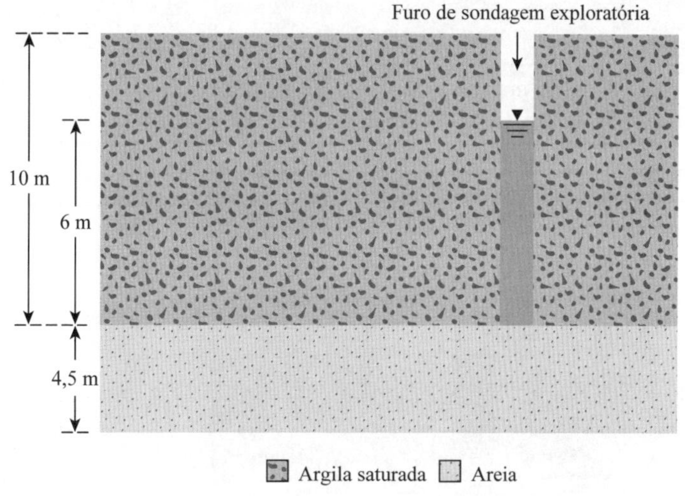

Figura 9.27

9.8 Uma camada de 10 metros de espessura de argila saturada dura é sustentada por uma camada de areia (Figura 9.28). A areia está sob pressão artesiana. Uma escavação de profundidade de 5,75 m é feita na argila. Determine o fator de segurança contra o levantamento no ponto *A*.

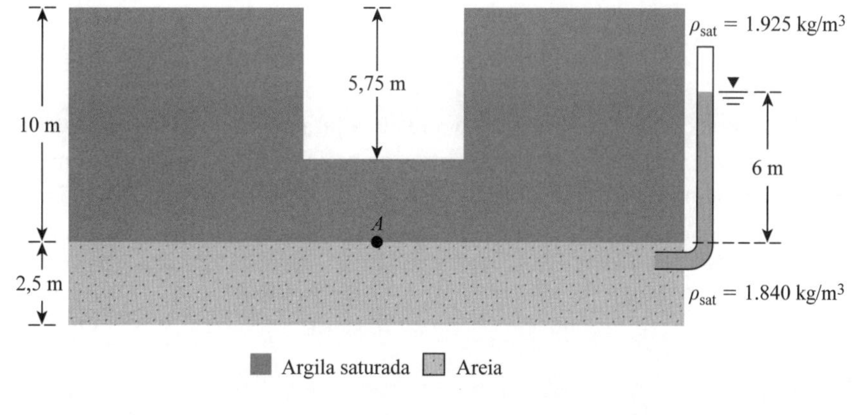

Figura 9.28

9.9 Consulte a Figura 9.28. Qual seria a profundidade máxima permitida de corte antes de ocorrer o levantamento?

9.10 Consulte o Problema 9.9. A água pode ser introduzida no corte para aprimorar a estabilidade contra levantamento. Supondo que o corte seja feito até a profundidade máxima permitida calculada no Problema 9.9, qual seria a altura necessária de água dentro da escavação a fim de garantir um fator de segurança de 1,5?

9.11 Consulte a Figura 9.4a, na qual existe uma percolação ascendente no solo granular contido no tanque. Dados: $H_1 = 1{,}5$ m; $H_2 = 2{,}5$ m; $h = 1{,}5$ m; área do tanque = 0,62 m^2; índice de vazios do solo, $e = 0{,}49$; $G_s = 2{,}66$; e a condutividade hidráulica da areia (k) = 0,21 cm/s.

a. Qual é a vazão ascendente?

b. A condição movediça ocorrerá quando $h = 1{,}5$ m? Explique.

c. Qual deve ser o valor crítico de h para causar a condição movediça?

9.12 Consulte a Figura 9.4a. Se $H_1 = 0{,}91$ m, $H_2 = 1{,}37$ m, $h = 0{,}46$ m, $\gamma_{sat} = 18{,}67$ kN/m^3, área do tanque = 0,58 m^2 e condutividade hidráulica da areia (k) = 0,16 cm/s,

a. Qual é a vazão ascendente de água (m^3/min)?

b. Se o ponto C for localizado na parte central da camada de solo, então qual é a tensão efetiva em C?

9.13 a 9.14 A Figura 9.29 exibe a zona de ascensão capilar dentro de uma camada de argila sobre o lençol freático. Para as seguintes variáveis, calcule e plote σ, u e σ' com a profundidade.

Problema	H_1	H_2	H_3	Grau de saturação na zona de ascensão capilar, S (%)
9.13	3,05 m	2,43 m	4,88 m	40
9.14	4 m	2,5 m	4,5 m	60

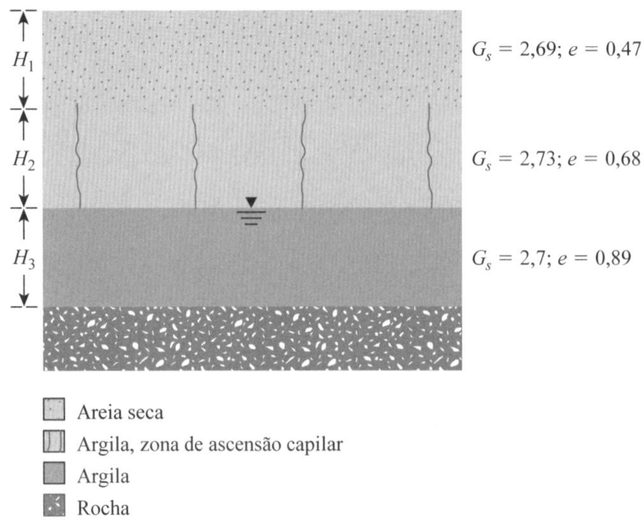

Figura 9.29

9.15 Determine o fator de segurança contra levantamento no lado a jusante da cortina única de estacas-pranchas, mostrada na Figura 9.30. Utilize o seguinte solo e parâmetros de projeto: $H_1 = 7$ m; $H_2 = 3$ m; espessura da camada permeável (T) = 12 m; profundidade de penetração do projeto de estaca-prancha (D) = 4,5 m e $\gamma_{sat} = 17$ kN/m^3.

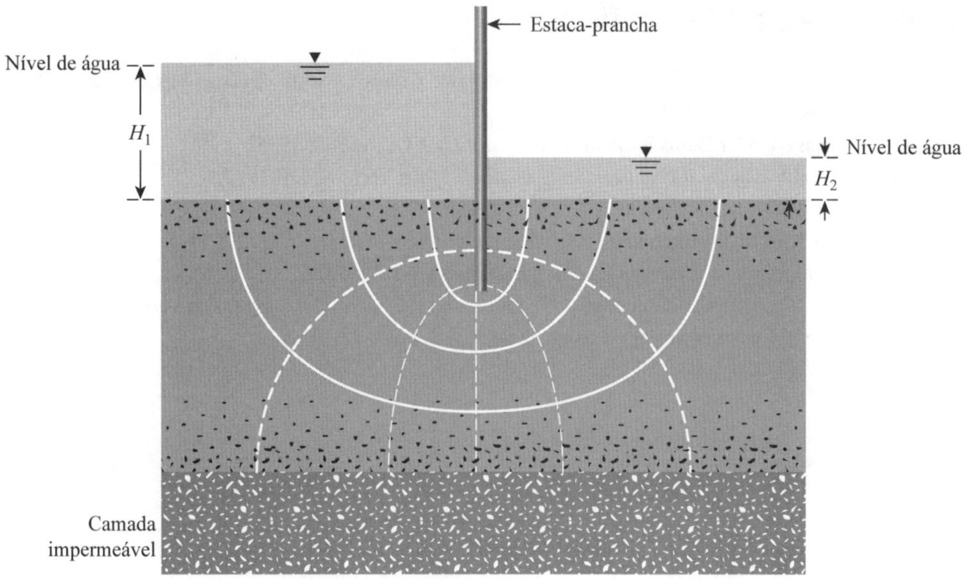

Figura 9.30

Problema de pensamento crítico

9.C.1 A Figura 9.31 mostra uma barragem de concreto. Considere o Caso 1 sem a estaca-prancha e o Caso 2 com a estaca-prancha ao longo da parte descendente.

a. Desenhe as redes de fluxo nos dois casos.

b. Determine o valor de $\frac{q}{k}$ para os dois casos. (*Observação*: q = m³/s/m; k = m/s.)

c. Determine o fator de segurança (*FS*) contra levantamento utilizando as Eqs. (9.23), (9.24) e (9.24a) para os Casos 1 e 2. Comente todas as diferenças na magnitude de *FS*.

d. Estime a força de percolação (kN/m³) no ponto *A* na direção de percolação para os Casos 1 e 2. Comente todas as diferenças na magnitude da força de percolação.

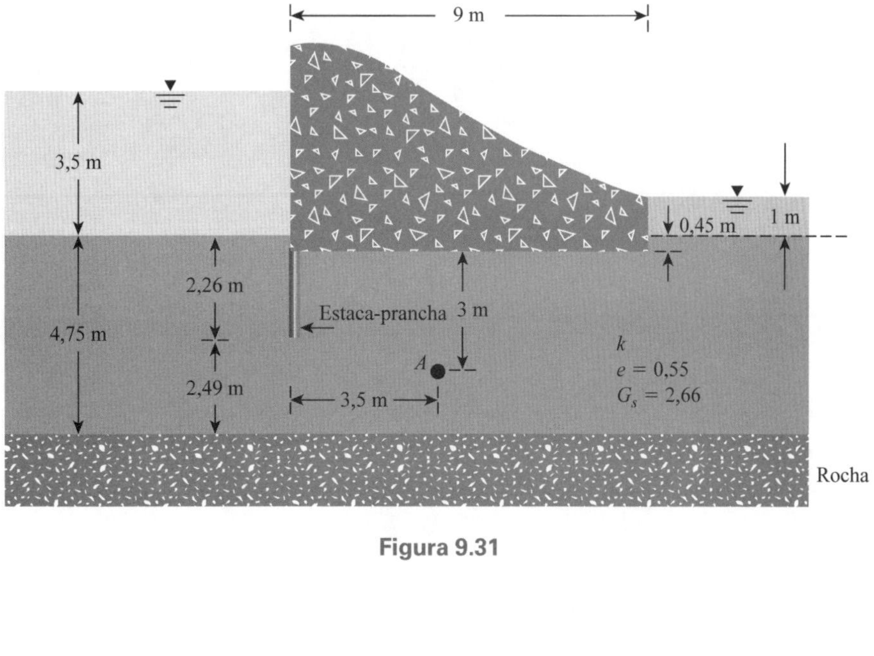

Figura 9.31

Referências bibliográficas

BISHOP, A. et al. Factors Controlling the Strength of Partially Saturated Cohesive Soils, *Proceedings*, Research Conference on Shear Strength of Cohesive Soils, ASCE, p. 502-532, 1960.

HARZA, L. F. Uplift and Seepage Under Dams in Sand. *Transactions*, ASCE, v. 100, 1935.

HAZEN, A. Water Supply, in *American Civil Engineering Handbook.* Nova York: Wiley, 1930.

SKEMPTON, A. W. Correspondence, *Geotechnique*, v. 10, n. 4, p. 186, 1960.

TERZAGHI, K. Der Grundbruch an Stauwerken und seine Verhütung, *Die Wasserkraft*, v. 17, p. 445-449, 1922.

______. *Erdbaumechanik auf Bodenphysikalischer Grundlage*, Dueticke, Viena, 1925.

______. Relation Between Soil Mechanics and Foundation Engineering: Presidential Address, *Proceedings*, First International Conference on Soil Mechanics and Foundation Engineering, Boston, v. 3, p. 13-18, 1936.

CAPÍTULO 10

Tensões na massa de solo

10.1 Introdução

A construção de uma fundação geralmente causa aumento na tensão média do solo. A tensão média no solo depende da carga por área específica à qual a fundação está submetida, da profundidade abaixo da fundação na qual a estimativa da tensão é desejada e de outros fatores. É necessário estimar o aumento da tensão vertical média no solo decorrente desta construção de tal forma que o recalque possa ser calculado. O cálculo do recalque será discutido mais detalhadamente no Capítulo 11. Este capítulo aborda os princípios da estimativa do aumento da tensão vertical no solo causado por vários tipos de carga com base na teoria da elasticidade. Dentre os tópicos abordados neste capítulo estão:

- Determinação de tensões normal e de cisalhamento em um plano inclinado com tensões conhecidas em um elemento de tensão bidimensional.
- Determinação do aumento de tensão vertical a determinada profundidade na aplicação de carga na superfície. O tipo de carregamento inclui:
  - Carga pontual.
  - Linha de carga.
  - Carregamento vertical em faixa uniformemente distribuída.
  - Carregamento vertical em faixa linear crescente.
  - Carregamento de um aterro.
  - Área circular uniformemente carregada.
  - Área retangular uniformemente carregada.

Embora os depósitos naturais de solo, na maioria dos casos, não sejam materiais totalmente elásticos, isotrópicos ou homogêneos, os cálculos para estimar os aumentos na tensão vertical produzem resultados razoavelmente bons para o trabalho prático.

10.2 Tensões normais e de cisalhamento em um plano

Os alunos de mecânica dos solos estão familiarizados com os princípios fundamentais da mecânica de sólidos deformáveis. Esta seção é uma breve revisão dos conceitos básicos das tensões normal e de cisalhamento em um plano, que podem ser encontrados em qualquer curso de mecânica dos materiais.

A Figura 10.1a mostra um elemento bidimensional do solo que está sendo submetido a esforços normal e de cisalhamento ($\sigma_y > \sigma_x$). Para determinar essas tensões em um plano *EF*, que forma um ângulo θ com um plano *AB*, é necessário considerar o diagrama de corpo livre de *EFB* indicado na Figura 10.1b. Considere σ_n e τ_n as tensões normal e de cisalhamento, respectivamente, no plano *EF*. Com base na geometria, sabemos que

$$\overline{EB} = \overline{EF}\cos\theta \tag{10.1}$$

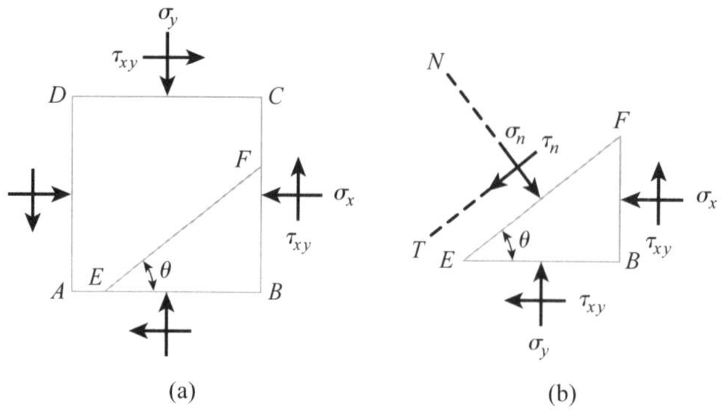

Figura 10.1 (a) Um elemento de solo com tensões normal e de cisalhamento atuando sobre ele; (b) diagrama de corpo livre de *EFB*, conforme indicado em (a).

e

$$\overline{FB} = \overline{EF} \operatorname{sen} \theta \tag{10.2}$$

Somando-se os componentes das forças que agem no elemento na direção de *N* e *T*, temos

$$\sigma_n(\overline{EF}) = \sigma_x(\overline{EF}) \operatorname{sen}^2 \theta + \sigma_y(\overline{EF}) \cos^2 \theta + 2\tau_{xy}(\overline{EF}) \operatorname{sen} \theta \cos \theta$$

ou

$$\sigma_n = \sigma_x \operatorname{sen}^2 \theta + \sigma_y \cos^2 \theta + 2\tau_{xy} \operatorname{sen} \theta \cos \theta$$

ou

$$\sigma_n = \frac{\sigma_y + \sigma_x}{2} + \frac{\sigma_y - \sigma_x}{2} \cos 2\theta + \tau_{xy} \operatorname{sen} 2\theta \tag{10.3}$$

Novamente,

$$\tau_n(\overline{EF}) = -\sigma_x(\overline{EF}) \operatorname{sen} \theta \cos \theta + \sigma_y(\overline{EF}) \operatorname{sen} \theta \cos \theta$$
$$-\tau_{xy}(\overline{EF}) \cos^2 \theta + \tau_{xy}(\overline{EF}) \operatorname{sen}^2 \theta$$

ou

$$\tau_n = \sigma_y \operatorname{sen} \theta \cos \theta - \sigma_x \operatorname{sen} \theta \cos \theta - \tau_{xy}(\cos^2 \theta - \operatorname{sen}^2 \theta)$$

ou

$$\tau_n = \frac{\sigma_y - \sigma_x}{2} \operatorname{sen} 2\theta - \tau_{xy} \cos 2\theta \tag{10.4}$$

Com base na Eq. (10.4), vemos que podemos escolher o valor de θ de tal modo que τ_n será igual a zero. Substituindo $\tau_n = 0$, obtemos

$$\operatorname{tg} 2\theta = \frac{2\tau_{xy}}{\sigma_y - \sigma_x} \tag{10.5}$$

Para os valores dados de τ_{xy}, σ_x e σ_y, a Eq. (10.5) fornece dois valores de θ que são distintos de 90°. Isso significa que existem dois planos ortogonais nos quais a tensão de cisalhamento é zero. Tais planos são chamados *planos principais*. As tensões normais que atuam nos planos principais são chamadas *tensões principais*. Os valores de tensões principais podem ser encontrados substituindo a Eq. (10.5) na Eq. (10.3), que fornece

Tensão principal maior:

$$\sigma_n = \sigma_1 = \frac{\sigma_y + \sigma_x}{2} + \sqrt{\left[\frac{(\sigma_y - \sigma_x)}{2}\right]^2 + \tau_{xy}^2} \tag{10.6}$$

Tensão principal menor:

$$\sigma_n = \sigma_3 = \frac{\sigma_y + \sigma_x}{2} - \sqrt{\left[\frac{(\sigma_y - \sigma_x)}{2}\right]^2 + \tau_{xy}^2} \tag{10.7}$$

As tensões normal e de cisalhamento que agem em qualquer plano podem também ser determinadas traçando-se um círculo de Mohr, conforme indicado na Figura 10.2. As seguintes convenções de sinais são utilizadas nos círculos de Mohr: as tensões normais compressivas são tidas como positivas e as tensões de cisalhamento são consideradas positivas se agirem em lados opostos do elemento de modo que tendam a produzir uma rotação anti-horário.

Para o plano *AD* do elemento do solo exibido na Figura 10.1a, a tensão normal equivale a $+\sigma_x$ e a tensão de cisalhamento equivale a $+\tau_{xy}$. Para plano *AB*, a tensão normal equivale a $+\sigma_y$ e a tensão de cisalhamento se iguala a $-\tau_{xy}$.

Os pontos *R* e *M* na Figura 10.2 representam as condições da tensão nos planos *AD* e *AB*, respectivamente. *O* é o ponto de intersecção do eixo da tensão normal com a linha *RM*. O círculo *MNQRS* desenhado com *O* como centro e *OR* como raio é o círculo de Mohr para as condições de tensão consideradas. O raio do círculo de Mohr é igual a

$$\sqrt{\left[\frac{(\sigma_y - \sigma_x)}{2}\right]^2 + \tau_{xy}^2}$$

A tensão no plano *EF* pode ser determinada movimentando um ângulo 2θ (que é duas vezes o ângulo que o plano *EF* faz em direção anti-horária com plano *AB* na Figura 10.1a) na direção anti-horária do ponto *M* ao longo da circunferência do círculo de Mohr para alcançar o ponto *Q*. A abscissa e a ordenada do ponto *Q*, respectivamente, proporcionam a tensão normal σ_n e a tensão de cisalhamento τ_n no plano *EF*.

Como as ordenadas (ou seja, as tensões de cisalhamento) dos pontos *N* e *S* são zero, elas representam as tensões nos planos principais. A abscissa de ponto *N* é igual a σ_1 [Eq. (10.6)] e a abscissa para o ponto *S* é σ_3 [Eq. (10.7)].

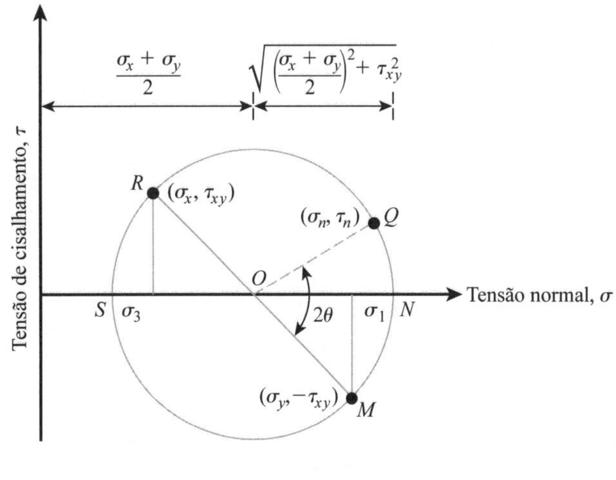

Figura 10.2 Princípios de círculo de Mohr.

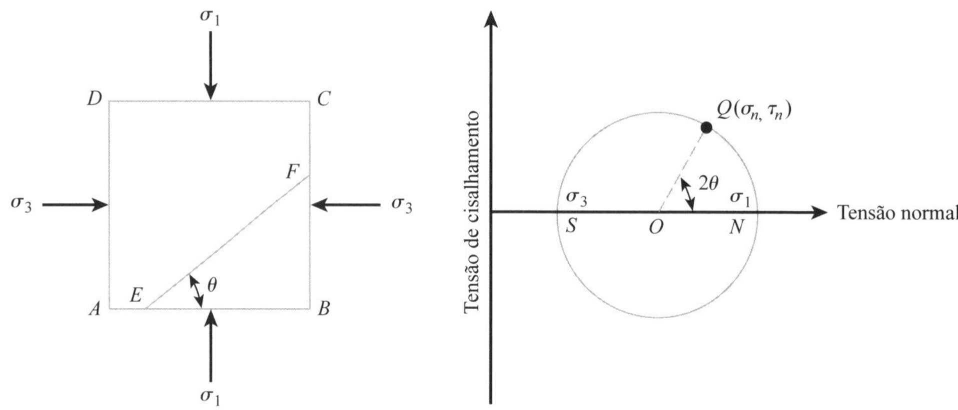

(a) (b)

Figura 10.3 (a) Elemento de solo com AB e AD como planos principais maior e menor; (b) círculo de Mohr para elemento de solo indicado em (a).

Como um caso especial, se os planos AB e AD forem os planos principais maior e menor, a tensão normal e a tensão de cisalhamento no plano EF seriam determinadas substituindo $\tau_{xy} = 0$. As Eqs. (10.3) e (10.4) mostram que $\sigma_y = \sigma_1$ e $\sigma_x = \sigma_3$ (Figura 10.3a). Assim,

$$\sigma_n = \frac{\sigma_1 + \sigma_3}{2} + \frac{\sigma_1 - \sigma_3}{2}\cos 2\theta \qquad (10.8)$$

$$\tau_n = \frac{\sigma_1 - \sigma_3}{2}\text{sen } 2\theta \qquad (10.9)$$

O círculo de Mohr para tais condições de tensão é mostrado na Figura 10.3b. A abscissa e a ordenada do ponto Q fornecem a tensão normal e a tensão de cisalhamento, respectivamente, no plano EF.

Exemplo 10.1

Um perfil de solo é mostrado na Figura 10.4. As magnitudes das tensões são $\sigma_x = 120$ kN/m², $\tau = 40$ kN/m², $\sigma_y = 300$ kN/m² e $\theta = 20°$. Determine

a. As magnitudes das tensões principais.
b. As tensões normal e de cisalhamento no plano AB. Utilize as Eqs. (10.3), (10.4), (10.6) e (10.7).

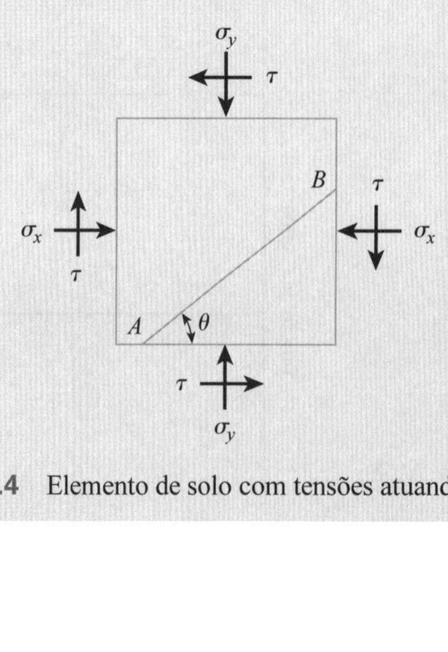

Figura 10.4 Elemento de solo com tensões atuando sobre ele.

Solução

Parte a

De acordo com as Eqs. (10.6) e (10.7),

$$\left.\begin{matrix}\sigma_3\\ \sigma_1\end{matrix}\right\} = \frac{\sigma_y - \sigma_x}{2} \pm \sqrt{\left[\frac{\sigma_y - \sigma_x}{2}\right]^2 + \tau_{xy}^2}$$

$$= \frac{300 + 120}{2} \pm \sqrt{\left[\frac{300 - 120}{2}\right]^2 + (-40)^2}$$

$$\sigma_1 = \mathbf{308{,}5\ kN/m^2}$$

$$\sigma_3 = \mathbf{111{,}5\ kN/m^2}$$

Parte b

De acordo com a Eq. (10.3),

$$\sigma_n = \frac{\sigma_y + \sigma_x}{2} + \frac{\sigma_y - \sigma_x}{2}\cos 2\theta + \tau\,\text{sen}\,2\theta$$

$$= \frac{300 + 120}{2} + \frac{300 - 120}{2}\cos(2\times 20) + (-40)\,\text{sen}\,(2\times 20)$$

$$= \mathbf{253{,}23\ kN/m^2}$$

De acordo com a Eq. (10.4),

$$\tau_n = \frac{\sigma_y - \sigma_x}{2}\,\text{sen}\,2\theta - \tau\cos 2\theta$$

$$= \frac{300 - 120}{2}\,\text{sen}\,(2\times 20) - (-40)\cos(2\times 20)$$

$$= \mathbf{88{,}40\ kN/m^2}$$

■

10.3 O método do polo para encontrar as tensões ao longo de um plano

Outra técnica importante para encontrar as tensões ao longo de um plano a partir do círculo de Mohr é o *método do polo* ou método das *origens dos planos*. Essa técnica é mostrada na Figura 10.5. A Figura 10.5a é o mesmo elemento de tensão indicado na Figura 10.1a; a Figura 10.5b é o círculo Mohr para as condições de tensões indicadas. De acordo com o método do polo, desenhamos uma linha paralela a partir de um ponto conhecido no círculo de Mohr paralelo ao plano no

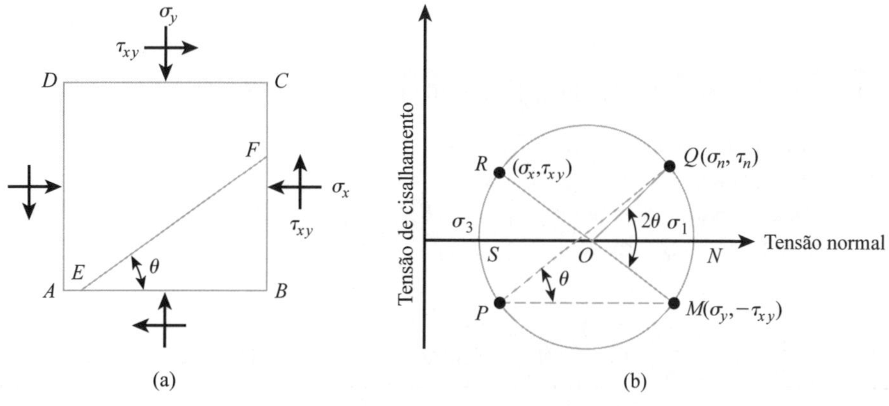

Figura 10.5 (a) Elemento de solo com tensões normal e de cisalhamento agindo sobre ele; (b) uso do método de polo para encontrar as tensões ao longo do plano.

qual o estado de tensão age. O ponto de intersecção dessa linha com o círculo de Mohr é chamado *polo*. Este é um ponto exclusivo para o estado de tensão em consideração. Por exemplo, o ponto *M* no círculo Mohr na Figura 10.5b representa as tensões no plano *AB*. A linha *MP* é traçada paralelamente à linha *AB*. Assim, o ponto *P* é o polo (origem dos planos) neste caso. Se for preciso encontrar as tensões em um plano *EF*, desenhamos uma linha do polo paralela a *EF*. O ponto de intersecção dessa linha com o círculo Mohr é *Q*. As coordenadas de *Q* proporcionam as tensões no plano *EF*. (*Observação*: da geometria, o ângulo *QOM* é duas vezes o ângulo *QPM*.)

Exemplo 10.2

Para o elemento do solo sob tensão mostrado na Figura 10.6a, determine

a. A tensão principal maior
b. A tensão principal menor
c. As tensões normal e de cisalhamento no plano *DE*

Use o método do polo.

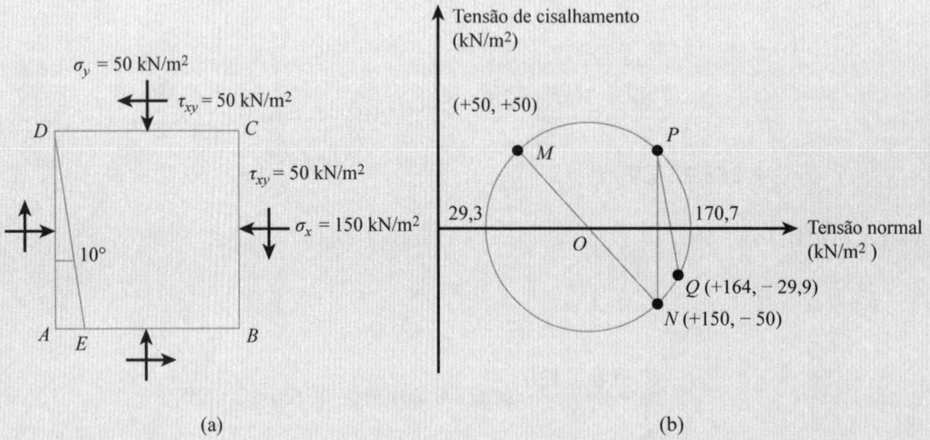

Figura 10.6 (a) Elemento de solo tensionado; (b) Círculo de Mohr para o elemento de solo.

Solução

No plano *AD*:

$$\text{Tensão normal} = +\ 150\ \text{kN/m}^2$$
$$\text{Tensão de cisalhamento} = -50\ \text{kN/m}^2$$

No plano *AB*:

$$\text{Tensão normal} = +\ 50\ \text{kN/m}^2$$
$$\text{Tensão de cisalhamento} = +\ 50\ \text{kN/m}^2$$

O círculo de Mohr está traçado na Figura 10.6b. A partir do círculo,

a. Tensão principal maior = **170,7 kN/m²**
b. Tensão principal menor = **29,3 kN/m²**
c. *NP* é a linha traçada paralela ao plano *CB*. *P* é o polo. *PQ* é traçado paralelamente a *DE* (Figura 10.6a). As coordenadas do ponto *Q* fornecem as tensões no plano *DE*. Assim,

$$\text{Tensão normal} = \mathbf{164\ kN/m^2}$$
$$\text{Tensão de cisalhamento} = \mathbf{-29{,}9\ kN/m^2}$$

■

10.4 Tensões causadas por uma carga pontual

Boussinesq (1883) resolveu o problema das tensões produzidas como resultado de uma carga pontual aplicada na superfície de um meio-espaço infinitamente grande em qualquer ponto de um meio homogêneo, elástico e isotrópico. De acordo com a Figura 10.7, a solução de Boussinesq para as tensões normais em um ponto causado pela carga pontual P é

$$\Delta\sigma_x = \frac{P}{2\pi}\left\{\frac{3x^2z}{L^5} - (1-2\mu)\left[\frac{x^2-y^2}{Lr^2(L+z)} + \frac{y^2z}{L^3r^2}\right]\right\} \tag{10.10}$$

$$\Delta\sigma_y = \frac{P}{2\pi}\left\{\frac{3y^2z}{L^5} - (1-2\mu)\left[\frac{y^2-x^2}{Lr^2(L+z)} + \frac{x^2z}{L^3r^2}\right]\right\} \tag{10.11}$$

e

$$\Delta\sigma_z = \frac{3P}{2\pi}\frac{z^3}{L^5} = \frac{3P}{2\pi}\frac{z^3}{(r^2+z^2)^{5/2}} \tag{10.12}$$

onde $r = \sqrt{x^2+y^2}$

$L = \sqrt{x^2+y^2+z^2} = \sqrt{r^2+z^2}$

μ = coeficiente de Poisson

Observe que as Eqs. (10.10) e (10.11), que são expressões para tensões normais horizontais, dependem do coeficiente de Poisson do meio. No entanto, a relação para a tensão normal vertical, $\Delta\sigma_z$, como dada pela Eq. (10.12), é independente do coeficiente de Poisson. A relação para $\Delta\sigma_z$ pode ser reescrita como

$$\Delta\sigma_z = \frac{P}{z^2}\left\{\frac{3}{2\pi}\frac{1}{[(r/z)^2+1]^{5/2}}\right\} = \frac{P}{z^2}I_1 \tag{10.13}$$

onde

$$I_1 = \frac{3}{2\pi}\frac{1}{[(r/z)^2+1]^{5/2}} \tag{10.14}$$

A variação de I_1 para diversos valores de r/z é dada na Tabela 10.1.

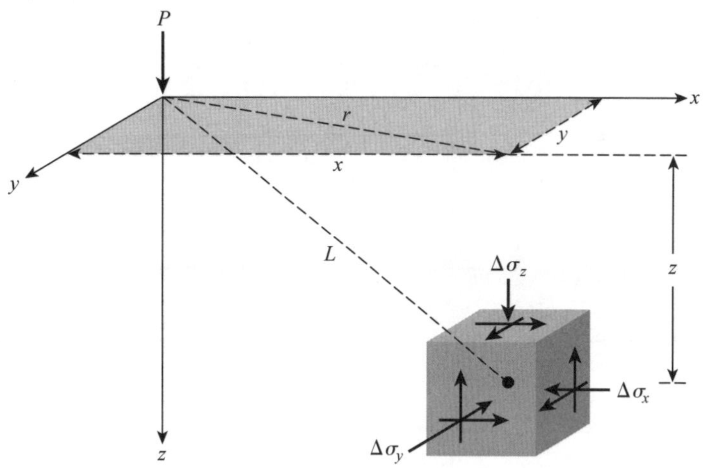

Figura 10.7 Tensões em um meio elástico causadas por uma carga pontual.

Tabela 10.1 Variação de I_1 para diversos valores de r/z [Eq. (10.14)]

r/z	I_1	r/z	I_1	r/z	I_1
0	0,4775	0,36	0,3521	1,80	0,0129
0,02	0,4770	0,38	0,3408	2,00	0,0085
0,04	0,4765	0,40	0,3294	2,20	0,0058
0,06	0,4723	0,45	0,3011	2,40	0,0040
0,08	0,4699	0,50	0,2733	2,60	0,0029
0,10	0,4657	0,55	0,2466	2,80	0,0021
0,12	0,4607	0,60	0,2214	3,00	0,0015
0,14	0,4548	0,65	0,1978	3,20	0,0011
0,16	0,4482	0,70	0,1762	3,40	0,00085
0,18	0,4409	0,75	0,1565	3,60	0,00066
0,20	0,4329	0,80	0,1386	3,80	0,00051
0,22	0,4242	0,85	0,1226	4,00	0,00040
0,24	0,4151	0,90	0,1083	4,20	0,00032
0,26	0,4050	0,95	0,0956	4,40	0,00026
0,28	0,3954	1,00	0,0844	4,60	0,00021
0,30	0,3849	1,20	0,0513	4,80	0,00017
0,32	0,3742	1,40	0,0317	5,00	0,00014
0,34	0,3632	1,60	0,0200		

Exemplo 10.3

Considere uma carga pontual $P = 5$ kN (Figura 10.7). Calcule o aumento da tensão vertical ($\Delta\sigma_z$) em $z = 0$, 2 m, 4 m, 6 m, 10 m e 20 m. Dados: $x = 3$ m e $y = 4$ m.

Solução

$$r = \sqrt{x^2 + y^2} = \sqrt{3^2 + 4^2} = 5 \text{ m}$$

Agora, a seguinte tabela pode ser preparada.

r (m)	z (m)	$\frac{r}{z}$	I_1	$\Delta\sigma_z = \left(\frac{P}{z^2}\right) I_1$ (kN/m²)
5	0	∞	0	**0**
	2	2,5	0,0034	**0,0043**
	4	1,25	0,0424	**0,0133**
	6	0,83	0,1295	**0,0180**
	10	0,5	0,2733	**0,0137**
	20	0,25	0,4103	**0,0051**

■

Exemplo 10.4

Considere o Exemplo 10.3. Calcule o aumento na tensão vertical ($\Delta\sigma_z$) em $z = 2$ m; $y = 3$ m; e $x = 0, 1, 2, 3$ e 4 m.

Solução

A seguinte tabela pode, então, ser elaborada. *Observação*: $r = \sqrt{x^2 + y^2}$; $P = 5$ kN

x (m)	y (m)	r (m)	z (m)	$\frac{r}{z}$	I_1	$\Delta\sigma_z = \left(\frac{P}{z^2}\right)I_1$ (kN/m²)
0	3	3	2	1,5	0,025	**0,031**
1	3	3,16	2	1,58	0,0208	**0,026**
2	3	3,61	2	1,81	0,0126	**0,0158**
3	3	4,24	2	2,1	0,007	**0,009**
4	3	5	2	2,5	0,0034	**0,004**

■

10.5 Tensão vertical causada por uma linha de carga vertical

A Figura 10.8 mostra uma linha de carga vertical flexível de comprimento infinito, que possui intensidade q/comprimento específico na superfície de uma massa de solo semi-infinita. O aumento da tensão vertical, $\Delta\sigma_z$, dentro da massa de solo pode ser determinado utilizando-se os princípios da teoria da elasticidade, ou

$$\Delta\sigma_z = \frac{2qz^3}{\pi(x^2 + z^2)^2} \tag{10.15}$$

Esta equação pode ser reescrita como

$$\Delta\sigma_z = \frac{2q}{\pi z[(x/z)^2 + 1]^2}$$

ou

$$\frac{\Delta\sigma_z}{(q/z)} = \frac{2}{\pi[(x/z)^2 + 1]^2} \tag{10.16}$$

Observe que a Eq. (10.16) está na forma adimensional. Utilizando esta equação, podemos calcular a variação de $\Delta\sigma_z/(q/z)$ com x/z. Essa técnica é mostrada na Tabela 10.2. O valor de $\Delta\sigma_z$ calculado utilizando a Eq. (10.16) é a tensão adicional no solo causada pela linha de carga. O valor de $\Delta\sigma_z$ não inclui a pressão de sobrecarga do solo acima do ponto A.

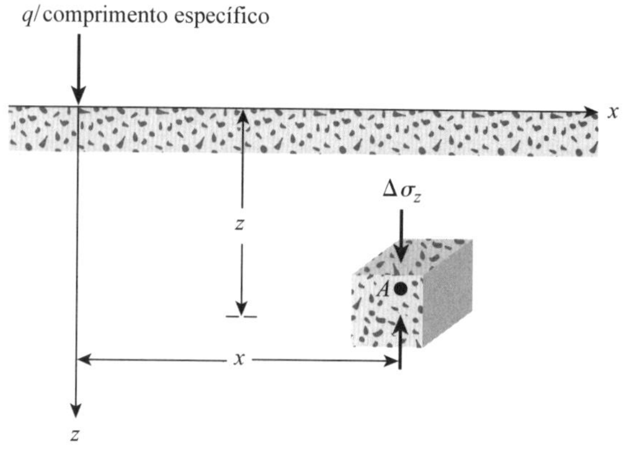

Figura 10.8 Linha de carga sobre a superfície de uma massa de solo semi-infinita.

Tabela 10.2 Variação de $\Delta\sigma_z/(q/z)$ com x/z [Eq. (10.16)]

x/z	$\Delta\sigma_z/(q/z)$	x/z	$\Delta\sigma_z/(q/z)$
0	0,637	1,3	0,088
0,1	0,624	1,4	0,073
0,2	0,589	1,5	0,060
0,3	0,536	1,6	0,050
0,4	0,473	1,7	0,042
0,5	0,407	1,8	0,035
0,6	0,344	1,9	0,030
0,7	0,287	2,0	0,025
0,8	0,237	2,2	0,019
0,9	0,194	2,4	0,014
1,0	0,159	2,6	0,011
1,1	0,130	2,8	0,008
1,2	0,107	3,0	0,006

Exemplo 10.5

A Figura 10.9a exibe duas linhas de carga na superfície do solo. Determine o aumento de tensão no ponto *A*.

Solução

Consulte a Figura 10.9b. A tensão total em *A* é

$$\Delta\sigma_z = \Delta\sigma_{z(1)} + \Delta\sigma_{z(2)}$$

$$\Delta\sigma_{z(1)} = \frac{2q_1z^3}{\pi(x_1^2 + z^2)^2} = \frac{(2)(7,5)(4)^3}{\pi(5^2 + 4^2)^2} = 0,182 \text{ kN/m}^2$$

$$\Delta\sigma_{z(2)} = \frac{2q_2z^3}{\pi(x_2^2 + z^2)^2} = \frac{(2)(15)(4)^3}{\pi(10^2 + 4^2)^2} = 0,045 \text{ kN/m}^2$$

$$\Delta\sigma_z = 0,182 + 0,045 = \mathbf{0,227\ kN/m^2}$$

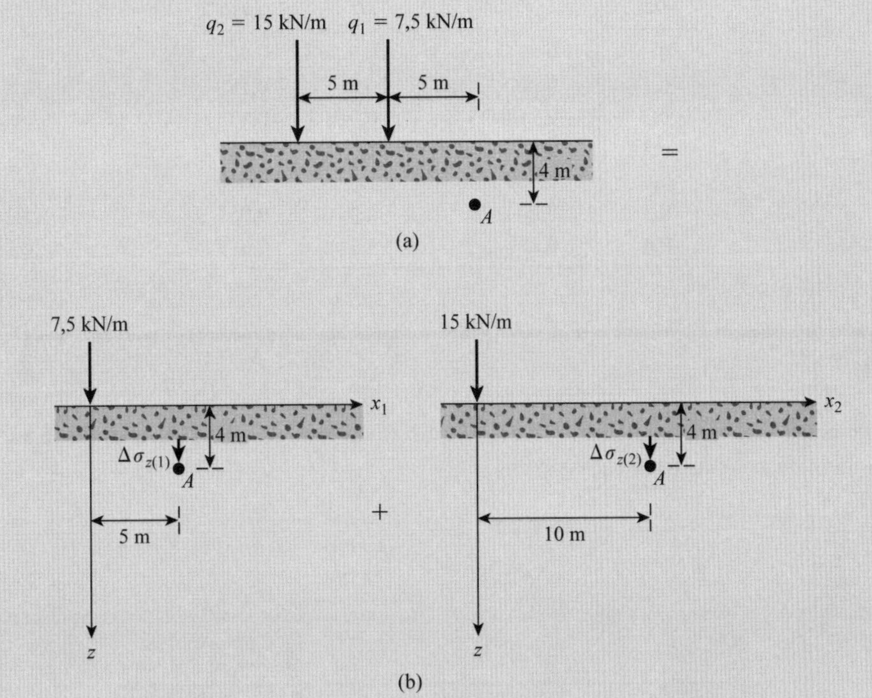

Figura 10.9 (a) Duas linhas de cargas na superfície de massa; (b) uso de princípio de superposição para obter a tensão no ponto A. ■

10.6 Tensão vertical causada por uma linha de carga horizontal

A Figura 10.10 exibe uma linha de carga flexível horizontal na superfície de uma massa de solo semi-infinita. O aumento da tensão vertical no ponto A na massa de solo pode ser obtido por

$$\Delta\sigma_z = \frac{2q}{\pi}\frac{xz^2}{(x^2 + z^2)^2} \tag{10.17}$$

A Tabela 10.3 mostra a variação de $\Delta\sigma_z/(q/z)$ com x/z.

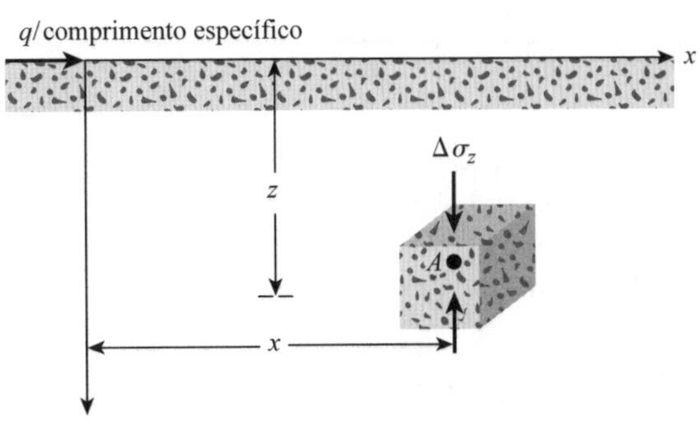

Figura 10.10 Linha de carga horizontal sobre a superfície de uma massa de solo semi-infinita.

Tabela 10.3 Variação de $\Delta\sigma_z/(q/z)$ com x/z

x/z	$\Delta\sigma_z/(q/z)$	x/z	$\Delta\sigma_z/(q/z)$
0	0	0,7	0,201
0,1	0,062	0,8	0,189
0,2	0,118	0,9	0,175
0,3	0,161	1,0	0,159
0,4	0,189	1,5	0,090
0,5	0,204	2,0	0,051
0,6	0,207	3,0	0,019

Exemplo 10.6

Uma linha de carga inclinada com magnitude de 10 kN/m é mostrada na Figura 10.11. Determine o aumento da tensão vertical $\Delta\sigma_z$ no ponto A decorrente desse carregamento.

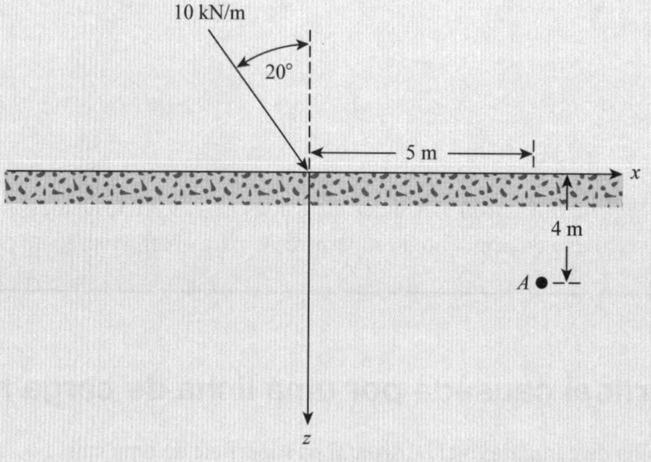

Figura 10.11

Solução

O componente vertical da carga inclinada $q_V = 10 \cos 20 = 9{,}4$ kN/m e o componente horizontal $q_H = 10 \text{ sen } 20 = 3{,}42$ kN/m. Para o ponto A, $x/z = 5/4 = 1{,}25$. Usando a Tabela 10.2, o aumento da tensão vertical no ponto A em razão de q_V é de

$$\frac{\Delta\sigma_{z(V)}}{\left(\dfrac{q_V}{z}\right)} = 0{,}098$$

$$\Delta\sigma_{z(V)} = (0{,}098)\left(\frac{q_V}{z}\right) = (0{,}098)\left(\frac{9{,}4}{4}\right) = 0{,}23 \text{ kN/m}^2$$

Da mesma forma, usando a Tabela 10.3, o aumento da tensão vertical no ponto A em razão de q_H é de

$$\frac{\Delta\sigma_{z(H)}}{\left(\dfrac{q_H}{z}\right)} = 0{,}125$$

$$\Delta\sigma_{z(V)} = (0{,}125)\left(\frac{3{,}42}{4}\right) = 0{,}107 \text{ kN/m}^2$$

Portanto, o total é de

$$\Delta\sigma_z = \Delta\sigma_{z(V)} + \Delta\sigma_{z(H)} = 0{,}23 + 0{,}107 = \mathbf{0{,}337\ kN/m^2}$$

■

10.7 Tensão vertical causada por uma faixa de carga vertical (largura finita e comprimento infinito)

A equação fundamental para o aumento da tensão vertical em um ponto em uma massa de solo, como resultado de uma linha de carga (Seção 10.5), pode ser utilizada para determinar a tensão vertical em um ponto causada por uma faixa de carga flexível de largura B. (Veja a Figura 10.12.) Considere que a carga por área específica da faixa indicada na Figura 10.12 seja igual a q. Se considerarmos uma faixa elementar de comprimento dr, a carga por comprimento específico dessa faixa é igual a $q\ dr$. A faixa elementar pode ser tratada como uma linha de carga. A Eq. (10.15) pode ser usada para fornecer o aumento de tensão vertical $d\sigma_z$ no ponto A dentro da massa de solo causada por essa faixa de carga elementar. Para calcular o aumento da tensão vertical, precisamos substituir $q\ dr$ por q e $(x - r)$ por x na Eq. (10.15). Portanto,

$$d\sigma_z = \frac{2(q\ dr)z^3}{\pi[(x-r)^2 + z^2]^2} \tag{10.18}$$

O aumento total na tensão vertical ($\Delta\sigma_z$) no ponto A causado pela faixa de carga completa de comprimento B pode ser determinado pela integração da Eq. (10.18) com limites de r de $-B/2$ a $+B/2$ ou

$$\Delta\sigma_z = \int d\sigma_z = \int_{-B/2}^{+B/2} \left(\frac{2q}{\pi}\right)\left\{\frac{z^3}{[(x-r)^2 + z^2]^2}\right\} dr$$

$$= \frac{q}{\pi}\left\{\text{tg}^{-1}\left[\frac{z}{x-(B/2)}\right] - \text{tg}^{-1}\left[\frac{z}{x+(B/2)}\right] - \frac{Bz[x^2 - z^2 - (B^2/4)]}{[x^2 + z^2 - (B^2/4)]^2 + B^2z^2}\right\} \tag{10.19}$$

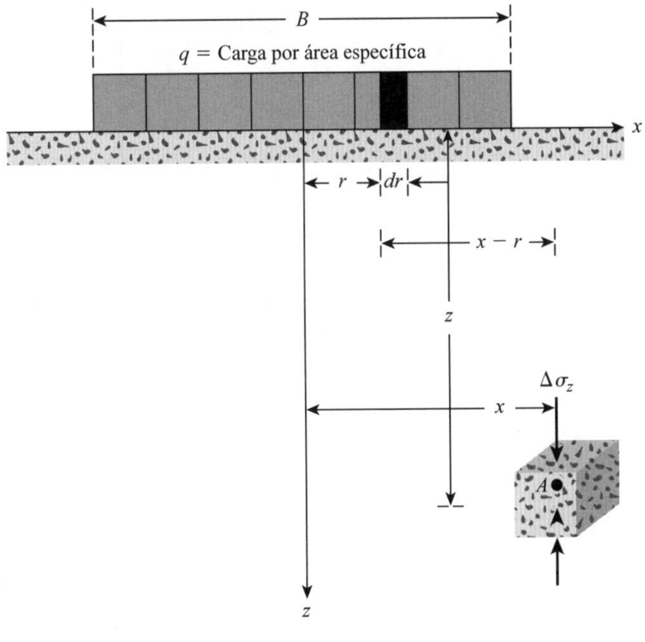

Figura 10.12 Tensão vertical causada por uma faixa de carga flexível.

Com relação à Eq. (10.19), deve-se manter em mente o seguinte:

1. $\text{tg}^{-1}\left[\dfrac{z}{x-\left(\dfrac{B}{2}\right)}\right]$ e $\text{tg}^{-1}\left[\dfrac{z}{x+\left(\dfrac{B}{2}\right)}\right]$ estão em radianos.
2. A magnitude de $\Delta\sigma_z$ tem o mesmo valor de x/z ($\pm$).
3. A Eq. (10.19) é válida conforme indicado na Figura 10.12, ou seja, para o ponto A, $x \geq B/2$.

   No entanto, para $x = 0$ a $x < B/2$, a magnitude de $\text{tg}^{-1}\left[\dfrac{z}{x-\left(\dfrac{B}{2}\right)}\right]$ se torna negativa. Para esse caso, deve ser substituída por $\pi + \text{tg}^{-1}\left[\dfrac{z}{x-\left(\dfrac{B}{2}\right)}\right]$.

A Tabela 10.4 mostra a variação de $\Delta\sigma_z/q$ com $2z/B$ e $2x/B$. Esta tabela pode ser utilizada convenientemente para o cálculo da tensão vertical causada por uma faixa de carga flexível. Os contornos de $\Delta\sigma_z/q$, variando de 0,05 a 0,9, são indicados na Figura 10.13.

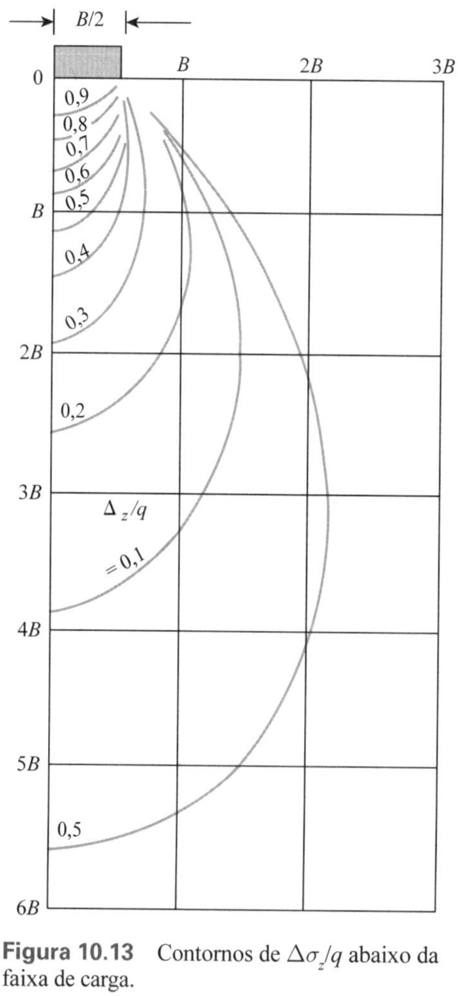

Figura 10.13 Contornos de $\Delta\sigma_z/q$ abaixo da faixa de carga.

Tabela 10.4 Variação de $\Delta\sigma_z/q$ com $2z/B$ e $2x/B$ [Eq. (10.19)]

	2x/B										
2z/B	**0,0**	**0,1**	**0,2**	**0,3**	**0,4**	**0,5**	**0,6**	**0,7**	**0,8**	**0,9**	**1,0**
0,00	1,000	1,000	1,000	1,000	1,000	1,000	1,000	1,000	1,000	1,000	0,000
0,10	1,000	1,000	0,999	0,999	0,999	0,998	0,997	0,993	0,980	0,909	0,500
0,20	0,997	0,997	0,996	0,995	0,992	0,988	0,979	0,959	0,909	0,775	0,500
0,30	0,990	0,989	0,987	0,984	0,978	0,967	0,947	0,908	0,833	0,697	0,499
0,40	0,977	0,976	0,973	0,966	0,955	0,937	0,906	0,855	0,773	0,651	0,498
0,50	0,959	0,958	0,953	0,943	0,927	0,902	0,864	0,808	0,727	0,620	0,497
0,60	0,937	0,935	0,928	0,915	0,896	0,866	0,825	0,767	0,691	0,598	0,495
0,70	0,910	0,908	0,899	0,885	0,863	0,831	0,788	0,732	0,662	0,581	0,492
0,80	0,881	0,878	0,869	0,853	0,829	0,797	0,755	0,701	0,638	0,566	0,489
0,90	0,850	0,847	0,837	0,821	0,797	0,765	0,724	0,675	0,617	0,552	0,485
1,00	0,818	0,815	0,805	0,789	0,766	0,735	0,696	0,650	0,598	0,540	0,480
1,10	0,787	0,783	0,774	0,758	0,735	0,706	0,670	0,628	0,580	0,529	0,474
1,20	0,755	0,752	0,743	0,728	0,707	0,679	0,646	0,607	0,564	0,517	0,468
1,30	0,725	0,722	0,714	0,699	0,679	0,654	0,623	0,588	0,548	0,506	0,462
1,40	0,696	0693	0,685	0,672	0,653	0,630	0,602	0,569	0,534	0,495	0,455
1,50	0,668	0,666	0,658	0,646	0,629	0,607	0,581	0,552	0,519	0,484	0,448
1,60	0,642	0,639	0,633	0,621	0,605	0,586	0,562	0,535	0,506	0,474	0,440
1,70	0,617	0,615	0,608	0,598	0,583	0,565	0,544	0,519	0,492	0,463	0,433
1,80	0,593	0,591	0,585	0,576	0,563	0,546	0,526	0,504	0,479	0,453	0,425
1,90	0,571	0,569	0,564	0,555	0,543	0,528	0,510	0,489	0,467	0,443	0,417
2,00	0,550	0,548	0,543	0,535	0,524	0,510	0,494	0,475	0,455	0,433	0,409
2,10	0,530	0,529	0,524	0,517	0,507	0,494	0,479	0,462	0,443	0,423	0,401
2,20	0,511	0,510	0,506	0,499	0,490	0,479	0,465	0,449	0,432	0,413	0,393
2,30	0,494	0,493	0,489	0,483	0,474	0,464	0,451	0,437	0,421	0,404	0,385
2,40	0,477	0,476	0,473	0,467	0,460	0,450	0,438	0,425	0,410	0,395	0,378
2,50	0,462	0,461	0,458	0,452	0,445	0,436	0,426	0,414	0,400	0,386	0,370
2,60	0,447	0,446	0,443	0,439	0,432	0,424	0,414	0,403	0,390	0,377	0,363
2,70	0,433	0,432	0,430	0,425	0,419	0,412	0,403	0,393	0,381	0,369	0,355
2,80	0,420	0,419	0,417	0,413	0,407	0,400	0,392	0,383	0,372	0,360	0,348
2,90	0,408	0,407	0,405	0,401	0,396	0,389	0,382	0,373	0,363	0,352	0,341
3,00	0,396	0,395	0,393	0,390	0,385	0,379	0,372	0,364	0,355	0,345	0,334
3,10	0,385	0,384	0,382	0,379	0,375	0,369	0,363	0,355	0,347	0,337	0,327
3,20	0,374	0,373	0,372	0,369	0,365	0,360	0,354	0,347	0,339	0,330	0,321
3,30	0,364	0,363	0,362	0,359	0,355	0,351	0,345	0,339	0,331	0,323	0,315
3,40	0,354	0,354	0,352	0,350	0,346	0,342	0,337	0,331	0,324	0,316	0,308
3,50	0,345	0,345	0,343	0,341	0,338	0,334	0,329	0,323	0,317	0,310	0,302
3,60	0,337	0,336	0,335	0,333	0,330	0,326	0,321	0,316	0,310	0,304	0,297
3,70	0,328	0,328	0,327	0,325	0,322	0,318	0,314	0,309	0,304	0,298	0,291
3,80	0,320	0,320	0,319	0,317	0,315	0,311	0,307	0,303	0,297	0,292	0,285
3,90	0,313	0,313	0,312	0,310	0,307	0,304	0,301	0,296	0,291	0,286	0,280
4,00	0,306	0,305	0,304	0,303	0,301	0,298	0,294	0,290	0,285	0,280	0,275
4,10	0,299	0,299	0,298	0,296	0,294	0,291	0,288	0,284	0,280	0,275	0,270
4,20	0,292	0,292	0,291	0,290	0,288	0,285	0,282	0,278	0,274	0,270	0,265
4,30	0,286	0,286	0,285	0,283	0,282	0,279	0,276	0,273	0,269	0,265	0,260
4,40	0,280	0,280	0,279	0,278	0,276	0,274	0,271	0,268	0,264	0,260	0,256
4,50	0,274	0,274	0,273	0,272	0,270	0,268	0,266	0,263	0,259	0,255	0,251
4,60	0,268	0,268	0,268	0,266	0,265	0,263	0,260	0,258	0,254	0,251	0,247
4,70	0,263	0,263	0,262	0,261	0,260	0,258	0,255	0,253	0,250	0,246	0,243
4,80	0,258	0,258	0,257	0,256	0,255	0,253	0,251	0,248	0,245	0,242	0,239
4,90	0,253	0,253	0,252	0,251	0,250	0,248	0,246	0,244	0,241	0,238	0,235
5,00	0,248	0,248	0,247	0,246	0,245	0,244	0,242	0,239	0,237	0,234	0,231

(Continua.)

Tabela 10.4 (*Continuação.*)

2z/B	2x/B									
	1,1	1,2	1,3	1,4	1,5	1,6	1,7	1,8	1,9	2,0
0,00	0,000	0,000	0,000	0,000	0,000	0,000	0,000	0,000	0,000	0,000
0,10	0,091	0,020	0,007	0,003	0,002	0,001	0,001	0,000	0,000	0,000
0,20	0,225	0,091	0,040	0,020	0,011	0,007	0,004	0,003	0,002	0,002
0,30	0,301	0,165	0,090	0,052	0,031	0,020	0,013	0,009	0,007	0,005
0,40	0,346	0,224	0,141	0,090	0,059	0,040	0,027	0,020	0,014	0,011
0,50	0,373	0,267	0,185	0,128	0,089	0,063	0,046	0,034	0,025	0,019
0,60	0,391	0,298	0,222	0,163	0,120	0,088	0,066	0,050	0,038	0,030
0,70	0,403	0,321	0,250	0,193	0,148	0,113	0,087	0,068	0,053	0,042
0,80	0,411	0,338	0,273	0,218	0,173	0,137	0,108	0,086	0,069	0,056
0,90	0,416	0,351	0,291	0,239	0,195	0,158	0,128	0,104	0,085	0,070
1,00	0,419	0,360	0,305	0,256	0,214	0,177	0,147	0,122	0,101	0,084
1,10	0,420	0,366	0,316	0,271	0,230	0,194	0,164	0,138	0,116	0,098
1,20	0,419	0,371	0,325	0,282	0,243	0,209	0,178	0,152	0,130	0,111
1,30	0,417	0,373	0,331	0,291	0,254	0,221	0,191	0,166	0,143	0,123
1,40	0,414	0,374	0,335	0,298	0,263	0,232	0,203	0,177	0,155	0,135
1,50	0,411	0,374	0,338	0,303	0,271	0,240	0,213	0,188	0,165	0,146
1,60	0,407	0,373	0,339	0,307	0,276	0,248	0,221	0,197	0,175	0,155
1,70	0,402	0,370	0,339	0,309	0,281	0,254	0,228	0,205	0,183	0,164
1,80	0,396	0,368	0,339	0,311	0,284	0,258	0,234	0,212	0,191	0,172
1,90	0,391	0,364	0,338	0,312	0,286	0,262	0,239	0,217	0,197	0,179
2,00	0,385	0,360	0,336	0,311	0,288	0,265	0,243	0,222	0,203	0,185
2,10	0,379	0,356	0,333	0,311	0,288	0,267	0,246	0,226	0,208	0,190
2,20	0,373	0,352	0,330	0,309	0,288	0,268	0,248	0,229	0,212	0,195
2,30	0,366	0,347	0,327	0,307	0,288	0,268	0,250	0,232	0,215	0,199
2,40	0,360	0,342	0,323	0,305	0,287	0,268	0,251	0,234	0,217	0,202
2,50	0,354	0,337	0,320	0,302	0,285	0,268	0,251	0,235	0,220	0,205
2,60	0,347	0,332	0,316	0,299	0,283	0,267	0,251	0,236	0,221	0,207
2,70	0,341	0,327	0,312	0,296	0,281	0,266	0,251	0,236	0,222	0,208
2,80	0,335	0,321	0,307	0,293	0,279	0,265	0,250	0,236	0,223	0,210
2,90	0,329	0,316	0,303	0,290	0,276	0,263	0,249	0,236	0,223	0,211
3,00	0,323	0,311	0,299	0,286	0,274	0,261	0,248	0,236	0,223	0,211
3,10	0,317	0,306	0,294	0,283	0,271	0,259	0,247	0,235	0,223	0,212
3,20	0,311	0,301	0,290	0,279	0,268	0,256	0,245	0,234	0,223	0,212
3,30	0,305	0,296	0,286	0,275	0,265	0,254	0,243	0,232	0,222	0,211
3,40	0,300	0,291	0,281	0,271	0,261	0,251	0,241	0,231	0,221	0,211
3,50	0,294	0,286	0,277	0,268	0,258	0,249	0,239	0,229	0,220	0,210
3,60	0,289	0,281	0,273	0,264	0,255	0,246	0,237	0,228	0,218	0,209
3,70	0,284	0,276	0,268	0,260	0,252	0,243	0,235	0,226	0,217	0,208
3,80	0,279	0,272	0,264	0,256	0,249	0,240	0,232	0,224	0,216	0,207
3,90	0,274	0,267	0,260	0,253	0,245	0,238	0,230	0,222	0,214	0,206
4,00	0,269	0,263	0,256	0,249	0,242	0,235	0,227	0,220	0,212	0,205
4,10	0,264	0,258	0,252	0,246	0,239	0,232	0,225	0,218	0,211	0,203
4,20	0,260	0,254	0,248	0,242	0,236	0,229	0,222	0,216	0,209	0,202
4,30	0,255	0,250	0,244	0,239	0,233	0,226	0,220	0,213	0,207	0,200
4,40	0,251	0,246	0,241	0,235	0,229	0,224	0,217	0,211	0,205	0,199
4,50	0,247	0,242	0,237	0,232	0,226	0,221	0,215	0,209	0,203	0,197
4,60	0,243	0,238	0,234	0,229	0,223	0,218	0,212	0,207	0,201	0,195
4,70	0,239	0,235	0,230	0,225	0,220	0,215	0,210	0,205	0,199	0,194
4,80	0,235	0,231	0,227	0,222	0,217	0,213	0,208	0,202	0,197	0,192
4,90	0,231	0,227	0,223	0,219	0,215	0,210	0,205	0,200	0,195	0,190
5,00	0,227	0,224	0,220	0,216	0,212	0,207	0,203	0,198	0,193	0,188

Exemplo 10.7

Consulte a Figura 10.12. Dados: $B = 4$ m e $q = 100$ kN/m^2. Para o ponto A, $z = 1$ m e $x = 1$ m. Determine a tensão vertical $\Delta\sigma_z$ em A. Utilize a Eq. (10.19).

Solução

Uma vez que $x = 1$ m $< B/2 = 2$ m,

$$\Delta\sigma_z = \frac{q}{\pi}\left\{\operatorname{tg}^{-1}\left[\frac{z}{x-\left(\frac{B}{2}\right)}\right] + \pi - \operatorname{tg}^{-1}\left[\frac{z}{x+\left(\frac{B}{2}\right)}\right] - \frac{Bz\left[x^2 - z^2 - \left(\frac{B^2}{4}\right)\right]}{\left[x^2 + z^2 - \left(\frac{B^2}{4}\right)\right]^2 + B^2z^2}\right\}$$

$$\operatorname{tg}^{-1}\left[\frac{z}{x-\left(\frac{B}{2}\right)}\right] = \operatorname{tg}^{-1}\left(\frac{1}{1-2}\right) = -45° = -0,785 \text{ rad}$$

$$\operatorname{tg}^{-1}\left[\frac{z}{x+\left(\frac{B}{2}\right)}\right] = \operatorname{tg}^{-1}\left(\frac{1}{1+2}\right) = 18,43° = 0,322 \text{ rad}$$

$$\frac{Bz\left[x^2 - z^2 - \left(\frac{B^2}{4}\right)\right]}{\left[x^2 + z^2 - \left(\frac{B^2}{4}\right)\right]^2 + B^2z^2} = \frac{(4)(1)\left[(1)^2 - (1)^2 - \left(\frac{16}{4}\right)\right]}{\left[(1)^2 + (1)^2 - \left(\frac{16}{4}\right)\right]^2 + (16)(1)} = -0,8$$

Portanto,

$$\frac{\Delta\sigma_z}{q} = \frac{1}{\pi}[-0,785 + \pi - 0,322 - (-0,8)] = 0,902$$

Agora, compare com a Tabela 10.4. Para esse caso, $\frac{2x}{B} = \frac{(2)(1)}{4} = 0,5$ e $\frac{2z}{B} = \frac{(2)(1)}{4} = 0,5$.

Então, $\frac{\Delta\sigma_z}{q} = 0,902$ (verificado)

$$\Delta\sigma_z = 0,902q = (0,902)(100) = \mathbf{90,2\ kN/m^2}$$

■

10.8 Tensão vertical causada por faixa de carga horizontal

A Figura 10.14 mostra uma faixa de carga horizontal flexível com uma profundidade B em uma massa de solo semi-infinita. A carga por área específica é igual a q. A tensão vertical $\Delta\sigma_z$ em um ponto A (x,z) pode ser dada como

$$\Delta\sigma_z = \frac{4bqxz^2}{\pi[(x^2 + z^2 - b^2)^2 + 4b^2z^2]} \tag{10.20}$$

onde $b = B/2$.

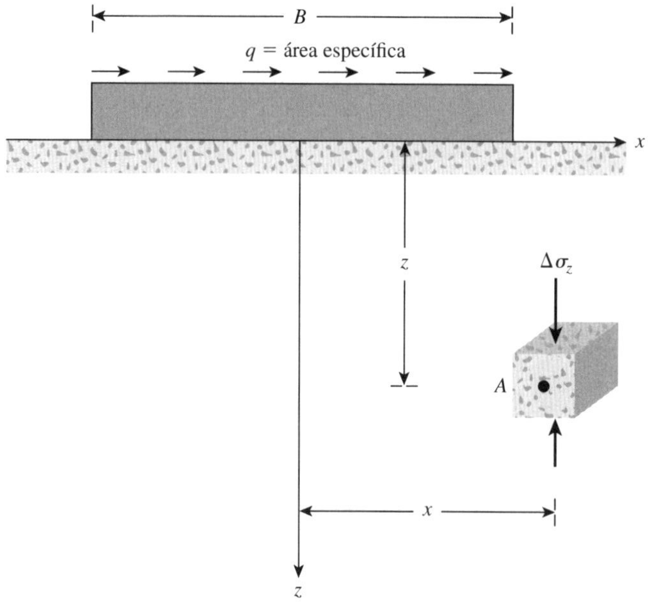

Figura 10.14 Faixa de carga horizontal em uma massa de solo semi-infinita.

Tabela 10.5 Variação de $\Delta\sigma_z/q$, com z/b e x/b [Eq. 10.20)]

	x/b					
z/b	**0**	**0,5**	**1,0**	**1,5**	**2,0**	**2,5**
0	–	–	–	–	–	–
0,25	–	0,052	0,313	0,061	0,616	
0,5	–	0,127	0,300	0,147	0,055	0,025
1,0	–	0,159	0,255	0,210	0,131	0,074
1,5	–	0,128	0,204	0,202	0,157	0,110
2,0	–	0,096	0,159	0,175	0,157	0,126
2,5	–	0,072	0,124	0,147	0,144	0,127

A Tabela 10.5 fornece a variação de $\Delta\sigma_z/q$ com z/b e x/b.

Exemplo 10.8

Considere a Figura 10.14. Dados: $B = 4$ m, $z = 1$ m e $q = 100$ kN/m². Determine $\Delta\sigma_z$ em pontos ± 1m.

Solução

A partir da Eq. (10.20),

$$\frac{\Delta\sigma_z}{q} = \frac{4bxz^2}{\pi[(x^2 + z^2 - b^2)^2 + 4b^2z^2]}$$

$$= \frac{(4)\left(\frac{4}{2}\right)(\pm 1)(1)^2}{\pi\{[(\pm 1)^2 + (1)^2 - (2)^2]^2 + (4)(2)^2(1)^2\}}$$

$$= \frac{\pm 8}{\pi[(4) + (16)]} = \pm 0{,}127$$

Observação: compare o valor de $\Delta\sigma_z/q = 0{,}127$ para $z/b = 1/2 = 0{,}5$ e $x/b = 1/2 = 0{,}5$ na Tabela 10.5. Logo,

$$\Delta\sigma_z = (0{,}127)(100) = \mathbf{12{,}7\ kN/m^2\ em\ } x = \mathbf{+1\ m}$$

e

$$\Delta\sigma_z = (-0{,}127)(100) = \mathbf{-12{,}7\ kN/m^2\ em\ } x = \mathbf{-1\ m}$$ ■

Exemplo 10.9

Considere a faixa de carga inclinada indicada na Figura 10.15. Determine a tensão vertical $\Delta\sigma_z$ em A ($x = 2{,}25$ m, $z =$ $= 3$ m) e B ($x = -2{,}25$ m, $z = 3$ m). Dados: largura da faixa = 3m.

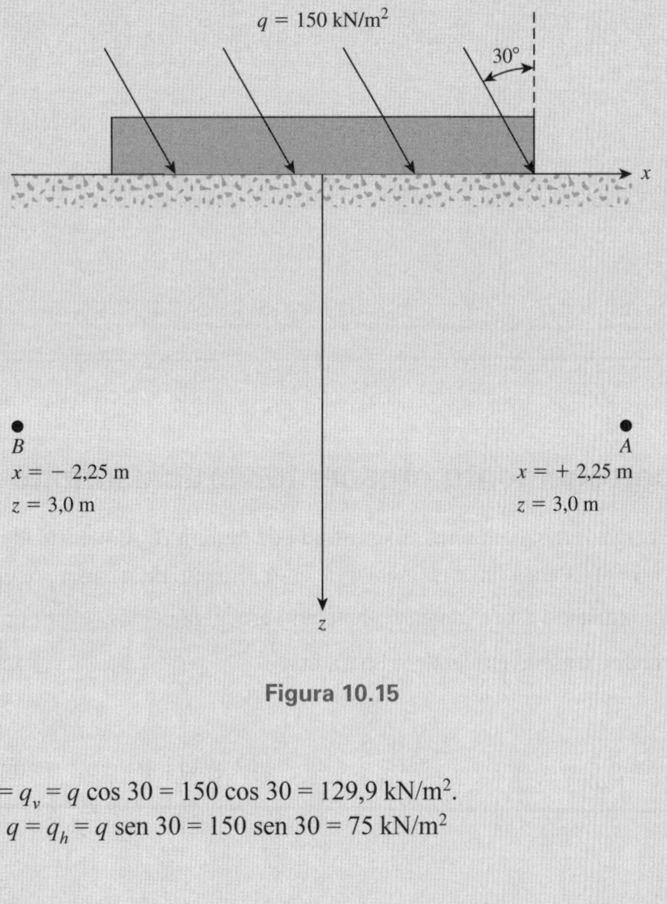

Figura 10.15

Solução

Componente vertical de $q = q_v = q \cos 30 = 150 \cos 30 = 129{,}9$ kN/m².
Componente horizontal de $q = q_h = q$ sen $30 = 150$ sen $30 = 75$ kN/m²
$\Delta\sigma_z$, em razão de q_v:

$$\frac{2z}{B} = \frac{(2)(3)}{3} = 2$$

$$\frac{2x}{B} = \frac{(2)(\pm 2{,}25)}{3} = \pm 1{,}5$$

A partir da Tabela 10.4, $\Delta\sigma_z/q_v = 0{,}288$.

$$\Delta\sigma_{z(v)} = (0{,}288)\,(129{,}9) = 37.4\ \text{kN/m}^2\ (\text{em } A \text{ e } B)$$

$\Delta\sigma_z$, em razão de q_h:

$$b = \frac{B}{2} = \frac{3}{2} = 1{,}5$$

$$\frac{z}{b} = \frac{3}{1{,}5} = 2$$

$$\frac{x}{b} = \frac{\pm 2{,}25}{1{,}5} = \pm 1{,}5$$

A partir da Tabela 10.5, $\Delta\sigma_z/q_h = \pm\, 0{,}175$. Logo, em A,

$$\Delta\sigma_z = (+0{,}175)q_h = (0{,}175)(75) = 13{,}13 \text{ kN/m}^2$$

E em B,

$$\Delta\sigma_z = (-0{,}175)q_h = (-0{,}175)(75) = 13{,}13 \text{ kN/m}^2$$

Portanto, em A,

$$\Delta\sigma_z = \Delta\sigma_{z(v)} + \Delta\sigma_{z(h)} = 37{,}4 + 13{,}13 = \mathbf{50{,}53\ kN/m^2}$$

Em B,

$$\Delta\sigma_z = \Delta\sigma_{z(v)} + \Delta\sigma_{z(h)} = 37{,}4 + (-13{,}13) = \mathbf{24{,}27\ kN/m^2}$$ ■

10.9 Faixa de carregamento crescente vertical infinito

A Figura 10.16 mostra uma carga vertical em uma faixa infinita de largura B. A intensidade de carga aumenta de zero a $x = 0$ para q/área específica a $x = B$. Para a faixa elementar de comprimento dr, a carga por comprimento específico pode ser dado como $\left(\frac{q}{B}\right)x \cdot dr$. Aproximando este a um carregamento vertical podemos substituir $\left(\frac{q}{B}\right)x \cdot dr$ por q e $(x - r)$ por x na Eq. (10.15) para determinar a tensão vertical de A (x, z), ou

$$\Delta\sigma_z = \int d\sigma_z = \int_0^B \frac{2\left(\frac{q}{B}\right) r\, dr\, z^3}{\pi[(x-r)^2 + z^2]^2} = \left(\frac{1}{B}\right)\left(\frac{2q}{\pi}\right)\int_0^B \frac{z^3 r\, dr}{[(x-r)^2 + z^2]^2}$$

ou

$$\Delta\sigma_z = \frac{q}{2\pi}\left(\frac{2x}{B}\alpha - \text{sen } 2\delta\right) \quad (10.21)$$

Na Eq. (10.21), α está em radianos. *Além disso, observe o sinal para o ângulo* δ. A Tabela 10.6 mostra a variação de $\Delta\sigma_z$ com $2x/B$ e $2z/B$.

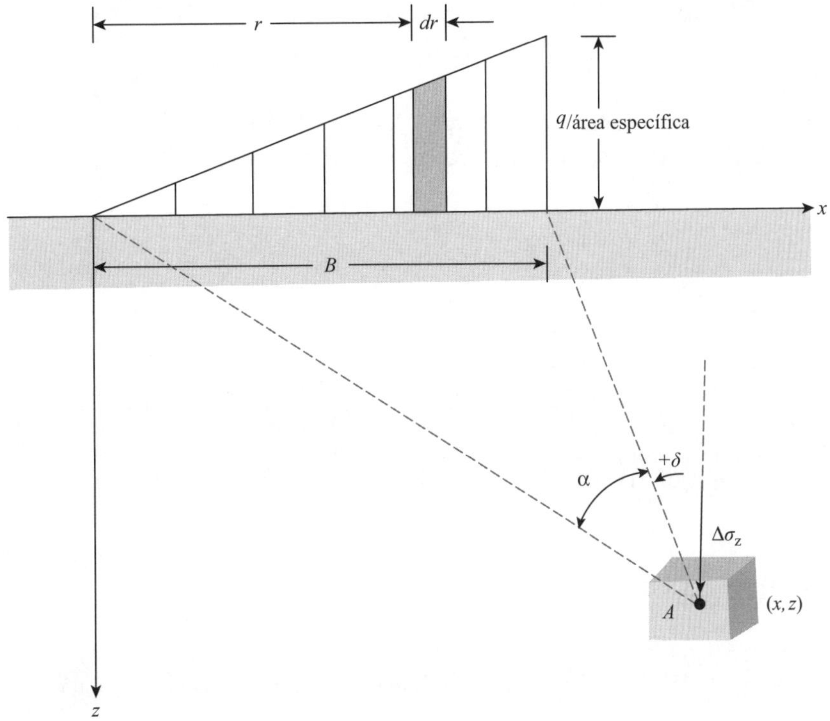

Figura 10.16 Aumento de carga vertical devido a um carregamento crescente vertical infinito.

Tabela 10.6 Variação de $\Delta\sigma_z/q$ com $2x/B$ e $2z/B$ [Eq. (10.21)]

	2z/B								
2x/B	**0,0**	**0,5**	**1,0**	**1,5**	**2,0**	**2,5**	**3,0**	**4,0**	**5,0**
–3	0	0,0003	0,0018	0,00054	0,0107	0,0170	0,0235	0,0347	0,0422
–2	0	0,0008	0,0053	0,0140	0,0249	0,0356	0,0448	0,0567	0,0616
–1	0	0,0041	0,0217	0,0447	0,0643	0,0777	0,0854	0,0894	0,0858
0	0	0,0748	0,1273	0,1528	0,1592	0,1553	0,1469	0,1273	0,1098
1	0,5	0,4797	0,4092	0,3341	0,2749	0,2309	0,1979	0,1735	0,1241
2	0,5	0,4220	0,3524	0,2952	0,2500	0,2148	0,1872	0,1476	0,1211
3	0	0,0152	0,0622	0,1010	0,1206	0,1268	0,1258	0,1154	0,1026
4	0	0,0019	0,0119	0,0285	0,0457	0,0596	0,0691	0,0775	0,0776
5	0	0,0005	0,0035	0,0097	0,0182	0,0274	0,0358	0,0482	0,0546

Exemplo 10.10

Consulte a Figura 10.17. Para uma faixa de carregamento crescente vertical infinito, são dados: $B = 2$ m; $q = 100$ kN/m^2. Determine a tensão vertical $\Delta\sigma_z$ em A (–1 m, 1,5 m).

Solução

Consulte a Figura 10.17.

$$\alpha_1 = \text{tg}^{-1}\left(\frac{1,5}{3}\right) = 26,57°$$

$$\alpha_2 = \text{tg}^{-1}\left(\frac{1,5}{1}\right) = 56,3°$$

$$\alpha = \alpha_2 - \alpha_1 = 56,3 - 26,57 = 29,73°$$

$$\alpha_3 = 90 - \alpha_2 = 90 - 56,3 = 33,7°$$

$$\delta = -(\alpha_3 + \alpha) = -(33,7 + 29,73) = -63,43°$$

$$2\delta = -126,86°$$

Da Eq. (10.21),

$$\frac{\Delta\sigma_z}{q} = \frac{1}{2\pi}\left(\frac{2x}{B}\alpha - \text{sen}\ 2\delta\right) = \frac{1}{2\pi}\left[\frac{2\times(-1)}{2}\left(\frac{\pi}{180}\times 29,73\right) - \text{sen}\,(-126,86)\right]$$

$$= \frac{1}{2\pi}[-0,519 - (-0,8)] = 0,0447$$

Compare este valor de $\frac{\Delta\sigma_z}{q}$ com

$\frac{2x}{B} = \frac{(2)(-1)}{2} = -1$ e $\frac{2z}{B} = \frac{(2)(1,5)}{2} = 1,5$ dados na Tabela 10.6. Sendo compatível, então

$$\Delta\sigma_z = (0{,}0447)(q) = (0{,}0447)(100) = \mathbf{4{,}47\ kN/m^2}$$

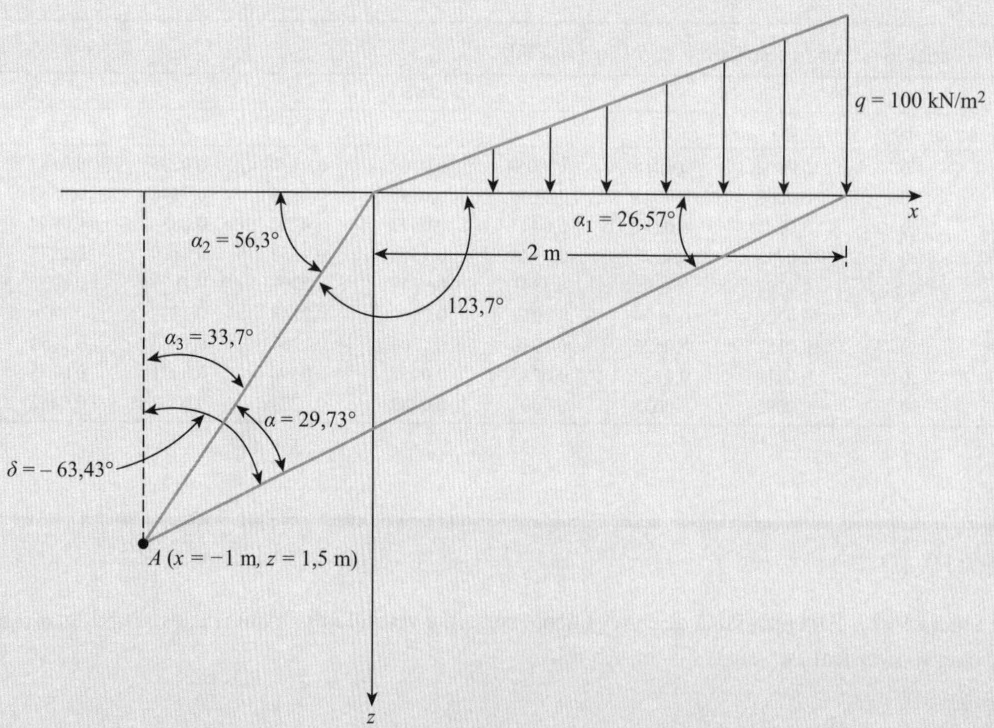

Figura 10.17

■

10.10 Tensão vertical devida ao carregamento de um aterro

A Figura 10.18 mostra a seção transversal de um aterro de altura H. Para esta condição de carregamento bidimensional, o aumento da tensão vertical pode ser expresso como

$$\Delta\sigma_z = \frac{q_o}{\pi}\left[\left(\frac{B_1 + B_2}{B_2}\right)(\alpha_1 + \alpha_2) - \frac{B_1}{B_2}(\alpha_2)\right] \tag{10.22}$$

onde $q_o = \gamma_H$

γ = peso específico do solo do aterro

H = altura do aterro

$$\alpha_1 \text{ (radianos)} = \text{tg}^{-1}\left(\frac{B_1 + B_2}{z}\right) - \text{tg}^{-1}\left(\frac{B_1}{z}\right) \tag{10.23}$$

$$\alpha_2 = \text{tg}^{-1}\left(\frac{B_1}{z}\right) \tag{10.24}$$

Para uma derivação detalhada da equação, veja Das (2008). Uma forma simplificada da Eq. (10.22) é

$$\Delta\sigma_z = q_o I_2 \tag{10.25}$$

onde I_2 = uma função de B_1/z e B_2/z.

A variação de I_2 com B_1/z e B_2/z é indicada na Figura 10.19 (Osterberg, 1957).

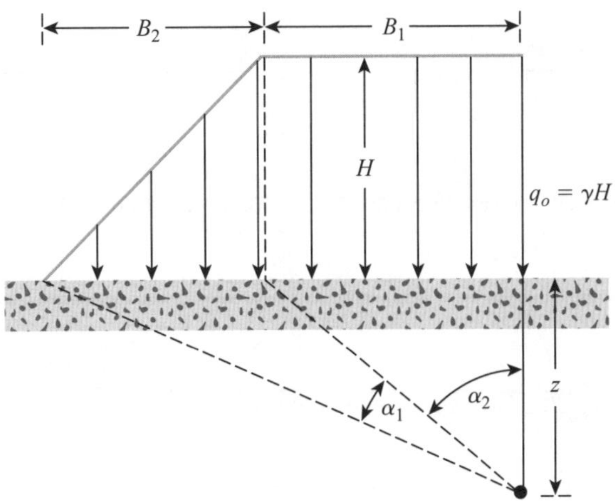

Figura 10.18 Carregamento de aterro.

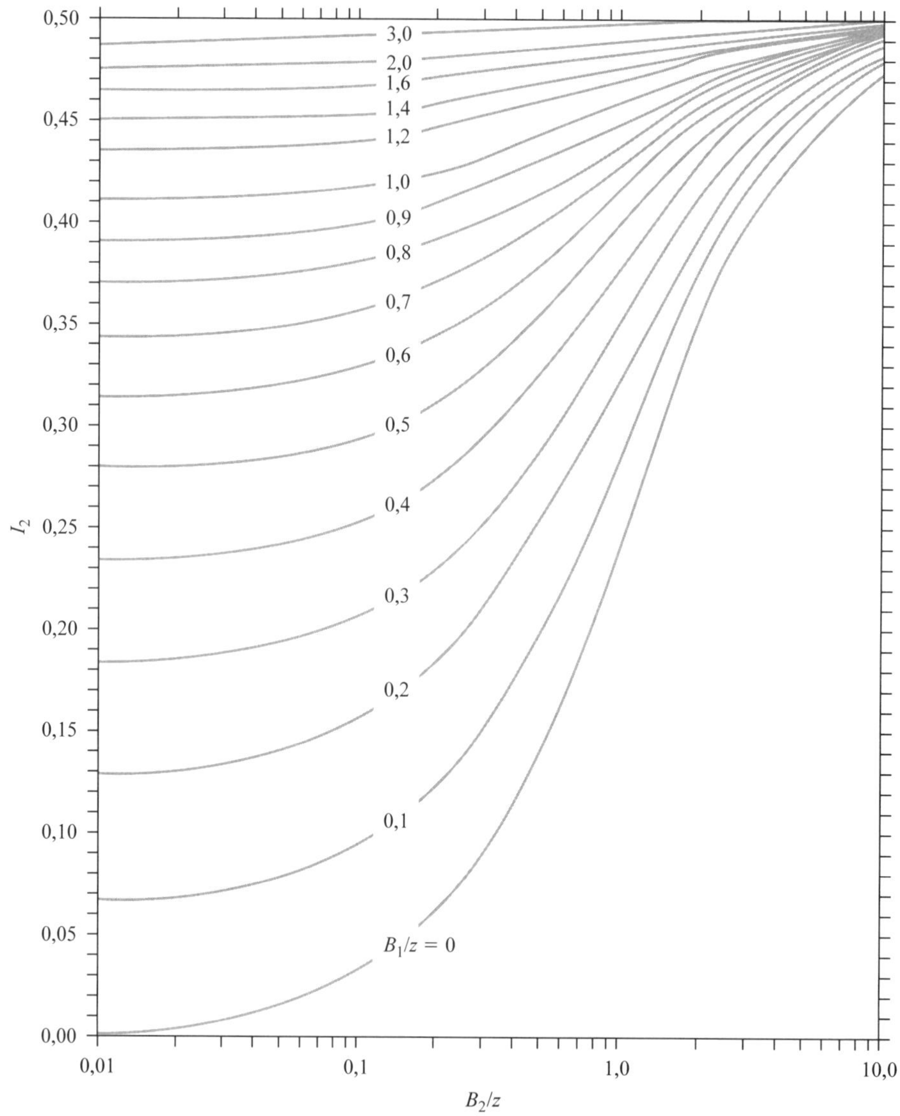

Figura 10.19 Gráfico de Osterberg para determinação de tensão vertical em razão do carregamento de um aterro.

Exemplo 10.11

Um aterro é mostrado na Figura 10.20a. Determine o aumento de tensão sob o aterro nos pontos A_1 e A_2.

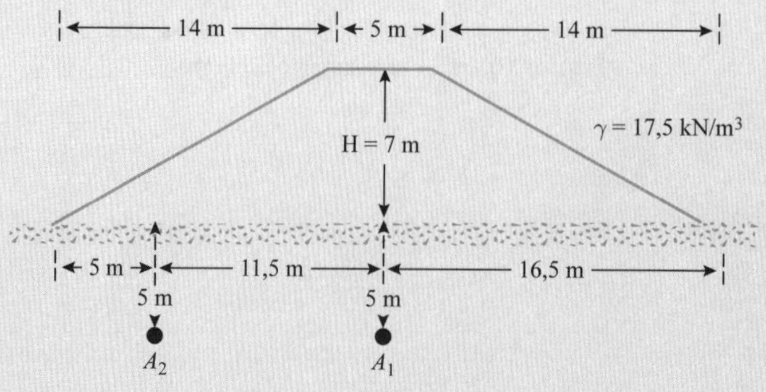

(a)

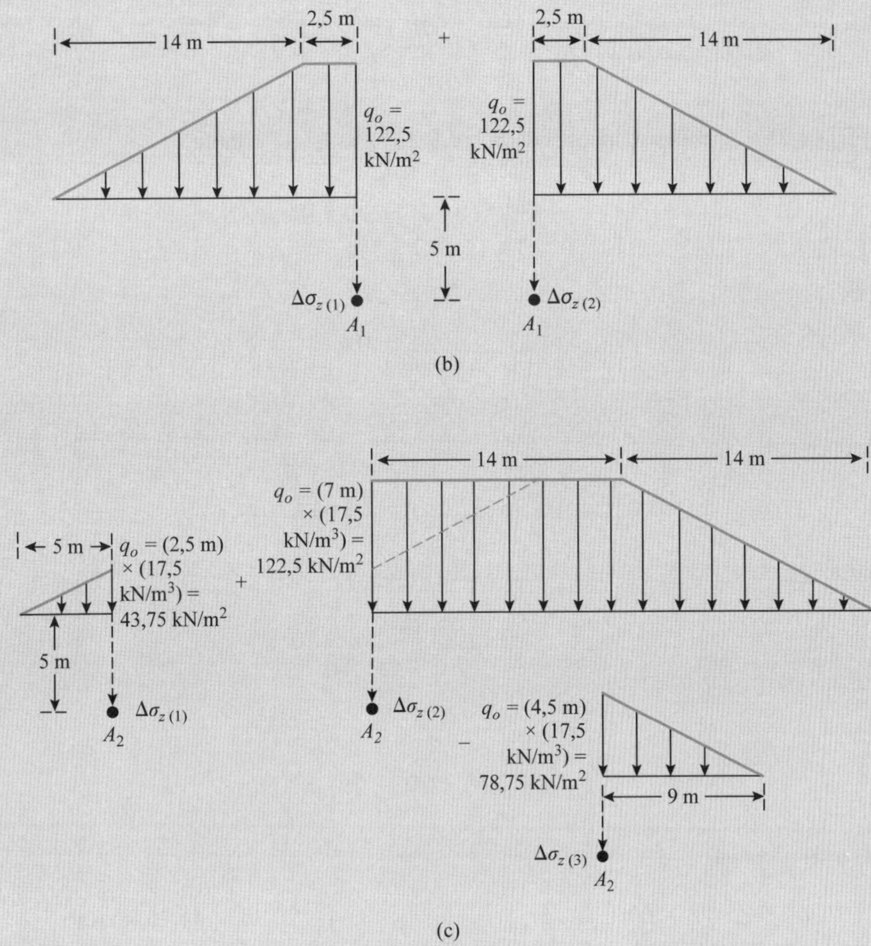

Figura 10.20

Solução

$$\gamma H = (17{,}5)(7) = 122{,}5 \text{ kN/m}^2$$

Aumento de tensão em A_1

O lado esquerdo da Figura 10.20b indica que $B_1 = 2{,}5$ m e $B_2 = 14$ m. Então,

$$\frac{B_1}{z} = \frac{2{,}5}{5} = 0{,}5; \quad \frac{B_2}{z} = \frac{14}{5} = 2{,}8$$

De acordo com a Figura 10.19, neste caso, $I_2 = 0{,}445$. Por conta de os dois lados na Figura 10.20b serem simétricos, o valor de I_2 para o lado direito também será 0,445. Portanto,

$$\Delta\sigma_z = \Delta\sigma_{z(1)} + \Delta\sigma_{z(2)} = q_o[I_{2(\text{Esquerda})} + I_{2(\text{Direita})}]$$
$$= 122{,}5[0{,}445 + 0{,}445] = \mathbf{109{,}03\ kN/m^2}$$

Aumento de tensão em A_2

Consulte a Figura 10.20c. Para o lado esquerdo, $B_2 = 5$ m e $B_1 = 0$. Portanto,

$$\frac{B_2}{z} = \frac{5}{5} = 1; \quad \frac{B_1}{z} = \frac{0}{5} = 0$$

De acordo com a Figura 10.19, para estes valores de B_2/z e B_1/z, $I_2 = 0{,}24$. Portanto,

$$\Delta\sigma_{z(1)} = 43{,}75(0{,}24) = 10{,}5 \text{ kN/m}^2$$

Para a seção central,

$$\frac{B_2}{z} = \frac{14}{5} = 2{,}8; \quad \frac{B_1}{z} = \frac{14}{5} = 2{,}8$$

Assim, $I_2 = 0{,}495$. Portanto,

$$\Delta\sigma_{z(2)} = 0{,}495(122{,}5) = 60{,}64 \text{ kN/m}^2$$

Para o lado direito,

$$\frac{B_2}{z} = \frac{9}{5} = 1{,}8; \quad \frac{B_1}{z} = \frac{0}{5} = 0$$

e $I_2 = 0{,}335$. Portanto,

$$\Delta\sigma_{z(3)} = (78{,}75)(0{,}335) = 26{,}38 \text{ kN/m}^2$$

Aumento da tensão total no ponto A_2 é

$$\Delta\sigma_z = \Delta\sigma_{z(1)} + \Delta\sigma_{z(2)} - \Delta\sigma_{z(3)} = 10{,}5 + 60{,}64 - 26{,}38 = \mathbf{44{,}76\ kN/m^2}$$ ■

10.11 Tensão vertical abaixo do centro de uma área circular uniformemente carregada

Utilizando a solução de Boussinesq para a tensão vertical $\Delta\sigma_z$ causada por uma carga pontual [Eq. (10.12)], é possível desenvolver uma expressão para a tensão vertical abaixo do centro de uma área circular flexível uniformemente carregada.

Da Figura 10.21, adotamos que a intensidade da pressão da área circular com raio R é igual a q. A carga total na área elementar (área sombreada na figura) é igual a $qr\,dr\,d\alpha$. A tensão vertical, $d\sigma_z$, no ponto A, causada pela carga da área elementar (que podemos presumir como sendo a carga concentrada), pode ser obtida da Eq. (10.12),

$$d\sigma_z = \frac{3(qr\,dr\,d\alpha)}{2\pi} \frac{z^3}{(r^2 + z^2)^{5/2}} \tag{10.26}$$

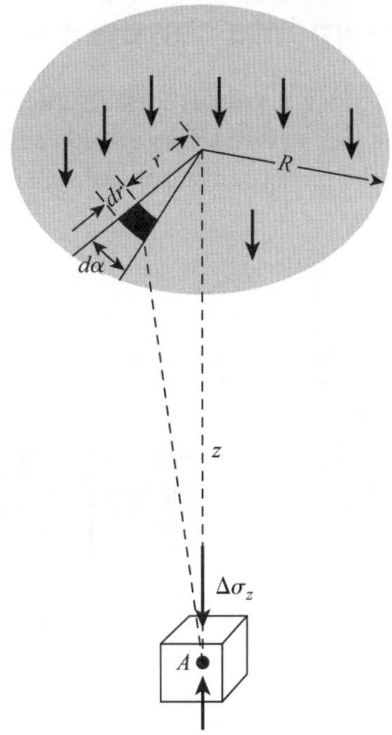

Figura 10.21 Tensão vertical abaixo do centro de uma área circular uniformemente carregada.

O aumento na tensão no ponto *A,* causado pela área totalmente carregada, pode ser encontrado por meio de uma integração da Eq. (10.26),

$$\Delta\sigma_z = \int d\sigma_z = \int_{\alpha=0}^{\alpha=2\pi} \int_{r=0}^{r=R} \frac{3q}{2\pi} \frac{z^3 r}{(r^2 + z^2)^{5/2}} \, dr \, d\alpha$$

Portanto,

$$\Delta\sigma_z = q \left\{ 1 - \frac{1}{[(R/z)^2 + 1]^{3/2}} \right\} \tag{10.27}$$

A variação de $\Delta\sigma_z/q$ com z/R conforme obtida a partir da Eq. (10.27) é dada na Tabela 10.7. O valor de $\Delta\sigma_z$ diminui rapidamente em função da profundidade e, em $z = 5R$, tem cerca de 6% de q, que é a intensidade da pressão na superfície do solo.

Tabela 10.7 Variação de $\Delta\sigma_z/q$ com z/R [Eq. (10.27)]

z/R	$\Delta\sigma_z/q$	z/R	$\Delta\sigma_z/q$
0	1	1,0	0,6465
0,02	0,9999	1,5	0,4240
0,05	0,9998	2,0	0,2845
0,10	0,9990	2,5	0,1996
0,2	0,9925	3,0	0,1436
0,4	0,9488	4,0	0,0869
0,5	0,9106	5,0	0,0571
0,8	0,7562		

10.12 Tensão vertical em qualquer ponto abaixo de uma área circular uniformemente carregada

Uma tabulação detalhada para o cálculo de tensão vertical abaixo de uma área circular flexível uniformemente carregada foi fornecida por Ahlvin e Ulery (1962). Consultando a Figura 10.22, descobrimos que $\Delta\sigma_z$ em qualquer ponto A localizado a uma profundidade z a qualquer distância r do centro da área carregada pode ser dado como

$$\Delta\sigma_z = q(A' + B') \tag{10.28}$$

onde A' e B' são funções de z/R e r/R. (Consulte as Tabelas 10.8 e 10.9.).

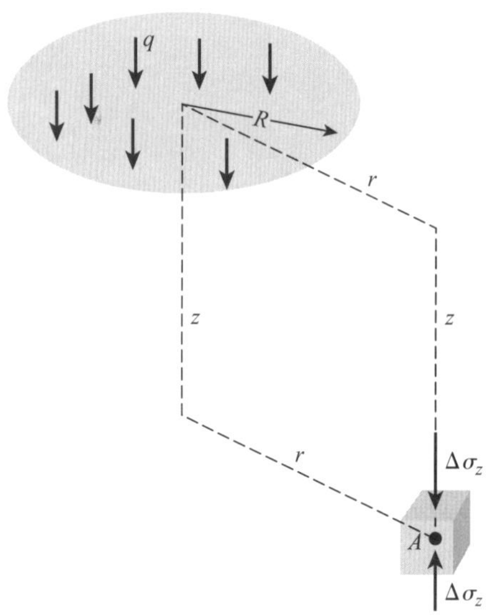

Figura 10.22 Tensão vertical em qualquer ponto abaixo de uma área circular uniformemente carregada.

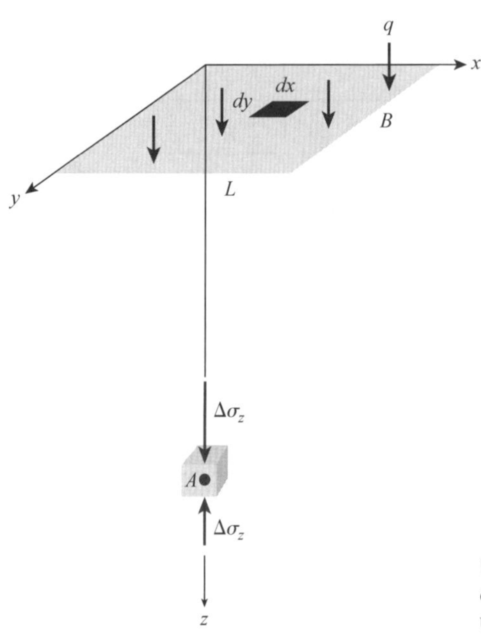

Figura 10.23 Tensão vertical abaixo do canto de uma área retangular flexível uniformemente carregada.

Tabela 10.8 Variação de A' com z/R e r/R*

z/R	r/R																	
	0	0,2	0,4	0,6	0,8	1	1,2	1,5	2	3	4	5	6	7	8	10	12	14
0	1,0	1,0	1,0	1,0	1,0	0,5	0	0	0	0	0	0	0	0	0	0	0	0
0,1	0,90050	0,89748	0,88679	0,86126	0,78797	0,43015	0,09645	0,02787	0,00856	0,00211	0,00084	0,00042						
0,2	0,80388	0,79824	0,77884	0,73483	0,63014	0,38269	0,15433	0,05251	0,01680	0,00419	0,00167	0,00083	0,00048	0,00030	0,00020			
0,3	0,71265	0,70518	0,68316	0,62690	0,52081	0,34375	0,17964	0,07199	0,02440	0,00622	0,00250							
0,4	0,62861	0,62015	0,59241	0,53767	0,44329	0,31048	0,18709	0,08593	0,03118									
0,5	0,55279	0,54403	0,51622	0,46448	0,38390	0,28156	0,18556	0,09499	0,03701	0,01013	0,00407	0,00209	0,00118	0,00071	0,00053	0,00025	0,00014	0,00009
0,6	0,48550	0,47691	0,45078	0,40427	0,33676	0,25588	0,17952	0,10010										
0,7	0,42654	0,41874	0,39491	0,35428	0,29833	0,21727	0,17124	0,10228	0,04558									
0,8	0,37531	0,36832	0,34729	0,31243	0,26581	0,21297	0,16206	0,10236										
0,9	0,33104	0,32492	0,30669	0,27707	0,23832	0,19488	0,15253	0,10094										
1	0,29289	0,28763	0,27005	0,24697	0,21468	0,17868	0,14329	0,09849	0,05185	0,01742	0,00761	0,00393	0,00226	0,00143	0,00097	0,00050	0,00029	0,00018
1,2	0,23178	0,22795	0,21662	0,19890	0,17626	0,15101	0,12570	0,09192	0,05260	0,01935	0,00871	0,00459	0,00269	0,00171	0,00115			
1,5	0,16795	0,16552	0,15877	0,14804	0,13436	0,11892	0,10296	0,08048	0,05116	0,02142	0,01013	0,00548	0,00325	0,00210	0,00141	0,00073	0,00043	0,00027
2	0,10557	0,10453	0,10140	0,09647	0,09011	0,08269	0,07471	0,06275	0,04496	0,02221	0,01160	0,00659	0,00399	0,00264	0,00180	0,00094	0,00056	0,00036
2,5	0,07152	0,07098	0,06947	0,06698	0,06373	0,05974	0,05555	0,04880	0,03787	0,02143	0,01221	0,00732	0,00463	0,00308	0,00214	0,00115	0,00068	0,00043
3	0,05132	0,05101	0,05022	0,04886	0,04707	0,04487	0,04241	0,03839	0,03150	0,01980	0,01220	0,00770	0,00505	0,00346	0,00242	0,00132	0,00079	0,00051
4	0,02986	0,02976	0,02907	0,02802	0,02832	0,02749	0,02651	0,02490	0,02193	0,01592	0,01109	0,00768	0,00536	0,00384	0,00282	0,00160	0,00099	0,00065
5	0,01942	0,01938				0,01835			0,01573	0,01249	0,00949	0,00708	0,00527	0,00394	0,00298	0,00179	0,00113	0,00075
6	0,01361					0,01307			0,01168	0,00983	0,00795	0,00628	0,00492	0,00384	0,00299	0,00188	0,00124	0,00084
7	0,01005					0,00976			0,00894	0,00784	0,00661	0,00548	0,00445	0,00360	0,00291	0,00193	0,00130	0,00091
8	0,00772					0,00755			0,00703	0,00635	0,00554	0,00472	0,00398	0,00332	0,00276	0,00189	0,00134	0,00094
9	0,00612					0,00600			0,00566	0,00520	0,00466	0,00409	0,00353	0,00301	0,00256	0,00184	0,00133	0,00096
10								0,00477	0,00465	0,00438	0,00397	0,00352	0,00326	0,00273	0,00241			

* *Fonte*: Ahlvin, R. G.; H. H. Ulery. Tabulated Values for Determining the Complete Pattern of Stresses, Strains, and Deflections Beneath a Uniform Circular Load on a Homogeneous Half Space. In *Highway Research Bulletin n. 342*, Highway Research Board, National Research Council, Washington, D.C., 1962, Tabelas 1 e 2, p. 3. Reproduzido com permissão da Transportation Research Board.

Tabela 10.9 Variação de B' com z/R e r/R*

	r/R																	
z/R	0	0,2	0,4	0,6	0,8	1	1,2	1,5	2	3	4	5	6	7	8	10	12	14
0	0	0	0	0	0	0	0	0	0	0	0	0	0	0	0	0	0	0
0,1	0,09852	0,10140	0,11138	0,13424	0,18796	0,05388	–0,07899	–0,02672	–0,00845	–0,00210	–0,00084	–0,00042						
0,2	0,18857	0,19306	0,20772	0,23524	0,25983	0,08513	–0,07759	–0,04448	–0,01593	–0,00412	–0,00166	–0,00083	–0,00024	–0,00015	–0,00010			
0,3	0,26362	0,26787	0,28018	0,29483	0,27257	0,10757	–0,04316	–0,04999	–0,02166	–0,00599	–0,00245							
0,4	0,32016	0,32259	0,32748	0,32273	0,26925	0,12404	–0,00766	–0,04535	–0,02522									
0,5	0,35777	0,35752	0,35323	0,33106	0,26236	0,13591	0,02165	–0,03455	–0,02651	–0,00991	–0,00388	–0,00199	–0,00116	–0,00073	–0,00049	–0,00025	–0,00014	–0,00009
0,6	0,37831	0,37531	0,36308	0,32822	0,25411	0,14440	0,04457	–0,02101										
0,7	0,38487	0,37962	0,36072	0,31929	0,24638	0,14986	0,06209	–0,00702	–0,02329									
0,8	0,38091	0,37408	0,35133	0,30699	0,23779	0,15292	0,07530	0,00614										
0,9	0,36962	0,36275	0,33734	0,29299	0,22891	0,15404	0,08507	0,01795										
1	0,35355	0,34553	0,32075	0,27819	0,21978	0,15355	0,09210	0,02814	–0,01005	–0,01115	–0,00608	–0,00344	–0,00210	–0,00135	–0,00092	–0,00048	–0,00028	–0,00018
1,2	0,31485	0,30730	0,28481	0,24836	0,20113	0,14915	0,10002	0,04378	0,00023	–0,00995	–0,00632	–0,00378	–0,00236	–0,00156	–0,00107			
1,5	0,25602	0,25025	0,23338	0,20694	0,17368	0,13732	0,10193	0,05745	0,01385	–0,00669	–0,00600	–0,00401	–0,00265	–0,00181	–0,00126	–0,00068	–0,00040	–0,00026
2	0,17889	0,18144	0,16644	0,15198	0,13375	0,11331	0,09254	0,06371	0,02836	0,00028	–0,00410	–0,00371	–0,00278	–0,00202	–0,00148	–0,00084	–0,00050	–0,00033
2,5	0,12807	0,12633	0,12126	0,11327	0,10298	0,09130	0,07869	0,06022	0,03429	0,00661	–0,00130	–0,00271	–0,00250	–0,00201	–0,00156	–0,00094	–0,00059	–0,00039
3	0,09487	0,09394	0,09099	0,08635	0,08033	0,07325	0,06551	0,05354	0,03511	0,01112	0,00157	–0,00134	–0,00192	–0,00179	–0,00151	–0,00099	–0,00065	–0,00046
4	0,05707	0,05666	0,05562	0,05383	0,05145	0,04773	0,04532	0,03995	0,03066	0,01515	0,00595	0,00155	–0,00029	–0,00094	–0,00109	–0,00094	–0,00068	–0,00050
5	0,03772	0,03760				0,03384			0,02474	0,01522	0,00810	0,00371	0,00132	0,00013	–0,00043	–0,00070	–0,00061	–0,00049
6	0,02666					0,02468			0,01968	0,01380	0,00867	0,00496	0,00254	0,00110	0,00028	–0,00037	–0,00047	–0,00045
7	0,01980					0,01868			0,01577	0,01204	0,00842	0,00547	0,00332	0,00185	0,00093	–0,00002	–0,00029	–0,00037
8	0,01526					0,01459			0,01279	0,01034	0,00779	0,00554	0,00372	0,00236	0,00141	0,00035	–0,00008	–0,00025
9	0,01212					0,01170			0,01054	0,00888	0,00705	0,00533	0,00386	0,00265	0,00178	0,00066	0,00012	–0,00012
10								0,00924	0,00879	0,00764	0,00631	0,00501	0,00382	0,00281	0,00199			

* *Fonte*: Ahlvin, R. G.; H. H. Ulery. Tabulated Values for Determining the Complete Pattern of Stresses, Strains, and Deflections Beneath a Uniform Circular Load on a Homogeneous Half Space. In *Highway Research Bulletin n. 342*, Highway Research Board, National Research Council, Washington, D.C., 1962, Tabelas 1 e 2, p. 3. Reproduzido com permissão da Transportation Research Board.

Exemplo 10.12

Considere uma área circular flexível uniformemente carregada na superfície do solo, como mostra a Figura 10.22. Dados: $R = 3$ m e carga uniforme $q = 100$ kN/m^2.

Calcule o aumento na tensão vertical com 1,5 m, 3 m, 4,5 m, 6 m e 12 m de profundidade abaixo da superfície de solo para os pontos em (a) $r = 0$ e (b) $r = 4{,}5$ m.

Solução

Da Eq. (10.28),

$$\Delta\sigma_z = q(A' + B')$$

Dados: $R = 3$ m e $q = 100$ kN/m^2.

Parte a

Podemos elaborar a tabela a seguir: (*Observação*: $r/R = 0$. A' e B' são valores das Tabelas 10.8 e 10.9.)

Profundidade, z (m)	z/R	A′	B′	$\Delta\sigma_z$ (kN/m²)
1,5	0,5	0,553	0,358	**91,1**
3	1,0	0,293	0,354	**64,7**
4,5	1,5	0,168	0,256	**42,4**
6	2,0	0,106	0,179	**28,5**
12	4,0	0,03	0,057	**8,7**

Parte b

$$r/R = 4{,}5/3 = 1{,}5$$

Profundidade, z (m)	z/R	A′	B′	$\Delta\sigma_z$ (kN/m²)
1,5	0,5	0,095	−0,035	**6,0**
3	1,0	0,098	0,028	**12,6**
4,5	1,5	0,08	0,057	**13,7**
6	2,0	0,063	0,064	**12,7**
12	4,0	0,025	0,04	**6,5**

■

10.13 Tensão vertical causada por uma área retangular carregada

A solução de Boussinesq também pode ser utilizada para calcular o aumento da tensão vertical abaixo de uma área flexível retangular carregada conforme indicado na Figura 10.23. A área carregada está localizada na superfície do solo e tem comprimento L e largura B. A carga uniformemente distribuída por área específica é igual a q. Para determinar o aumento da tensão vertical ($\Delta\sigma_z$) no ponto A localizado a uma profundidade z abaixo da extremidade da área retangular, precisamos considerar uma pequena área elementar $dx\ dy$ do retângulo. (Mostrado na Figura 10.23, p. 302.) A carga nesta área elementar pode ser dada por

$$dq = q\,dx\,dy \tag{10.29}$$

O aumento da tensão ($d\sigma_z$) no ponto A, causado pela carga dq, pode ser determinado utilizando a Eq. (10.12). Porém, precisamos substituir P por $dq = q\,dx\,dy$ e r^2 por $x^2 + y^2$. Assim,

$$d\sigma_z = \frac{3q\,dx\,dy\,z^3}{2\pi(x^2 + y^2 + z^2)^{5/2}} \tag{10.30}$$

O aumento na tensão no ponto A, causado pelo carregamento da área inteira, pode, então, ser determinado por meio de uma integração com a equação anterior. Obtemos

$$\Delta\sigma_z = \int d\sigma_z = \int_{y=0}^{B}\int_{x=0}^{L} \frac{3qz^3(dx\,dy)}{2\pi(x^2 + y^2 + z^2)^{5/2}} = qI_3 \tag{10.31}$$

onde

$$I_3 = \frac{1}{4\pi}\left[\frac{2mn\sqrt{m^2+n^2+1}}{m^2+n^2+m^2n^2+1}\left(\frac{m^2+n^2+2}{m^2+n^2+1}\right) + \text{tg}^{-1}\left(\frac{2mn\sqrt{m^2+n^2+1}}{m^2+n^2-m^2n^2+1}\right)\right] \tag{10.32}$$

$$m = \frac{B}{z} \tag{10.33}$$

$$n = \frac{L}{z} \tag{10.34}$$

O termo arco tangente na Eq. (10.32) deve ser um ângulo positivo em radianos. Quando $m^2 + n^2 + 1 < m^2 n^2$, o ângulo torna-se negativo. Então o termo π deve ser adicionado àquele ângulo.

A variação de I_3 com m e n é indicada na Tabela 10.10 e Figura 10.24.

O aumento na tensão em qualquer ponto abaixo da área retangular carregada pode ser encontrado utilizando a Eq. (10.31). Isso pode ser explicado consultando a Figura 10.25. Vamos determinar a tensão em um ponto abaixo do ponto A' à profundidade z. A área carregada pode ser dividida em quatro retângulos, como mostra a ilustração. O ponto A' é o canto comum aos quatro retângulos. O aumento na tensão à profundidade z abaixo do ponto A', em razão de cada área retangular, pode agora ser calculado utilizando a Eq. (10.31). O aumento total da tensão causado pela área total carregada pode ser dado por

$$\Delta\sigma_z = q[I_{3(1)} + I_{3(2)} + I_{3(3)} + I_{3(4)}] \tag{10.35}$$

onde $I_{3(1)}$, $I_{3(2)}$, $I_{3(3)}$ e $I_{3(4)}$ = valores de I_3 para os retângulos 1, 2, 3 e 4, respectivamente.

Tabela 10.10 Variação de I_3 com m e n [Eq. (10.32)]

	m																			
n	0,1	0,2	0,3	0,4	0,5	0,6	0,7	0,8	0,9	1,0	1,2	1,4	1,6	1,8	2,0	2,5	3,0	4,0	5,0	6,0
0,1	0,0047	0,0092	0,0132	0,0168	0,0198	0,0222	0,0242	0,0258	0,0270	0,0279	0,0293	0,0301	0,0306	0,0309	0,0311	0,0314	0,0315	0,0316	0,0316	0,0316
0,2	0,0092	0,0179	0,0259	0,0328	0,0387	0,0435	0,0474	0,0504	0,0528	0,0547	0,0573	0,0589	0,0599	0,0606	0,0610	0,0616	0,0618	0,0619	0,0620	0,0620
0,3	0,0132	0,0259	0,0374	0,0474	0,0559	0,0629	0,0686	0,0731	0,0766	0,0794	0,0832	0,0856	0,0871	0,0880	0,0887	0,0895	0,0898	0,0901	0,0901	0,0902
0,4	0,0168	0,0328	0,0474	0,0602	0,0711	0,0801	0,0873	0,0931	0,0977	0,1013	0,1063	0,1094	0,1114	0,1126	0,1134	0,1145	0,1150	0,1153	0,1154	0,1154
0,5	0,0198	0,0387	0,0559	0,0711	0,0840	0,0947	0,1034	0,1104	0,1158	0,1202	0,1263	0,1300	0,1324	0,1340	0,1350	0,1363	0,1368	0,1372	0,1374	0,1374
0,6	0,0222	0,0435	0,0629	0,0801	0,0947	0,1069	0,1168	0,1247	0,1311	0,1361	0,1431	0,1475	0,1503	0,1521	0,1533	0,1548	0,1555	0,1560	0,1561	0,1562
0,7	0,0242	0,0474	0,0686	0,0873	0.1034	0,1169	0,1277	0,1365	0,1436	0,1491	0,1570	0,1620	0,1652	0,1672	0,1686	0,1704	0,1711	0,1717	0,1719	0,1719
0,8	0,0258	0,0504	0,0731	0,0931	0,1104	0,1247	0,1365	0,1461	0,1537	0,1598	0,1684	0,1739	0,1774	0,1797	0,1812	0,1832	0,1841	0,1847	0,1849	0,1850
0,9	0,0270	0,0528	0,0766	0,0977	0,1158	0,1311	0,1436	0,1537	0,1619	0,1684	0,1777	0,1836	0,1874	0,1899	0,1915	0,1938	0,1947	0,1954	0,1956	0,1957
1,0	0,0279	0,0547	0,0794	0,1013	0,1202	0,1361	0,1491	0,1598	0,1684	0,1752	0,1851	0,1914	0,1955	0,1981	0,1999	0,2024	0,2034	0,2042	0,2044	0,2045
1,2	0,0293	0,0573	0,0832	0,1063	0,1263	0,1431	0,1570	0,1684	0,1777	0,1851	0,1958	0,2028	0,2073	0,2103	0,2124	0,2151	0,2163	0,2172	0,2175	0,2176
1,4	0,0301	0,0589	0,0856	0,1094	0,1300	0,1475	0,1620	0,1739	0,1836	0,1914	0,2028	0,2102	0,2151	0,2184	0,2206	0,2236	0,2250	0,2260	0,2263	0,2264
1,6	0,0306	0,0599	0,0871	0,1114	0,1324	0,1503	0,1652	0,1774	0,1874	0,1955	0,2073	0,2151	0,2203	0,2237	0,2261	0,2294	0,2309	0,2320	0,2323	0,2325
1,8	0,0309	0,0606	0,0880	0,1126	0,1340	0,1521	0,1672	0,1797	0,1899	0,1981	0,2103	0,2183	0,2237	0,2274	0,2299	0,2333	0,2350	0,2362	0,2366	0,2367
2,0	0,0311	0,0610	0,0887	0,1134	0,1350	0,1533	0,1686	0,1812	0,1915	0,1999	0,2124	0,2206	0,2261	0,2299	0,2325	0,2361	0,2378	0,2391	0,2395	0,2397
2,5	0,0314	0,0616	0,0895	0,1145	0,1363	0,1548	0,1704	0,1832	0,1938	0,2024	0,2151	0,2236	0,2294	0,2333	0,2361	0,2401	0,2420	0,2434	0,2439	0,2441
3,0	0,0315	0,0618	0,0898	0,1150	0,1368	0,1555	0,1711	0,1841	0,1947	0,2034	0,2163	0,2250	0,2309	0,2350	0,2378	0,2420	0,2439	0,2455	0,2461	0,2463
4,0	0,0316	0,0619	0,0901	0,1153	0,1372	0,1560	0,1717	0,1847	0,1954	0,2042	0,2172	0,2260	0,2320	0,2362	0,2391	0,2434	0,2455	0,2472	0,2479	0,2481
5,0	0,0316	0,0620	0,0901	0,1154	0,1374	0,1561	0,1719	0,1849	0,1956	0,2044	0,2175	0,2263	0,2324	0,2366	0,2395	0,2439	0,2460	0,2479	0,2486	0,2489
6,0	0,0316	0,0620	0,0902	0,1154	0,1374	0,1562	0,1719	0,1850	0,1957	0,2045	0,2176	0,2264	0,2325	0,2367	0,2397	0,2441	0,2463	0,2482	0,2489	0,2492

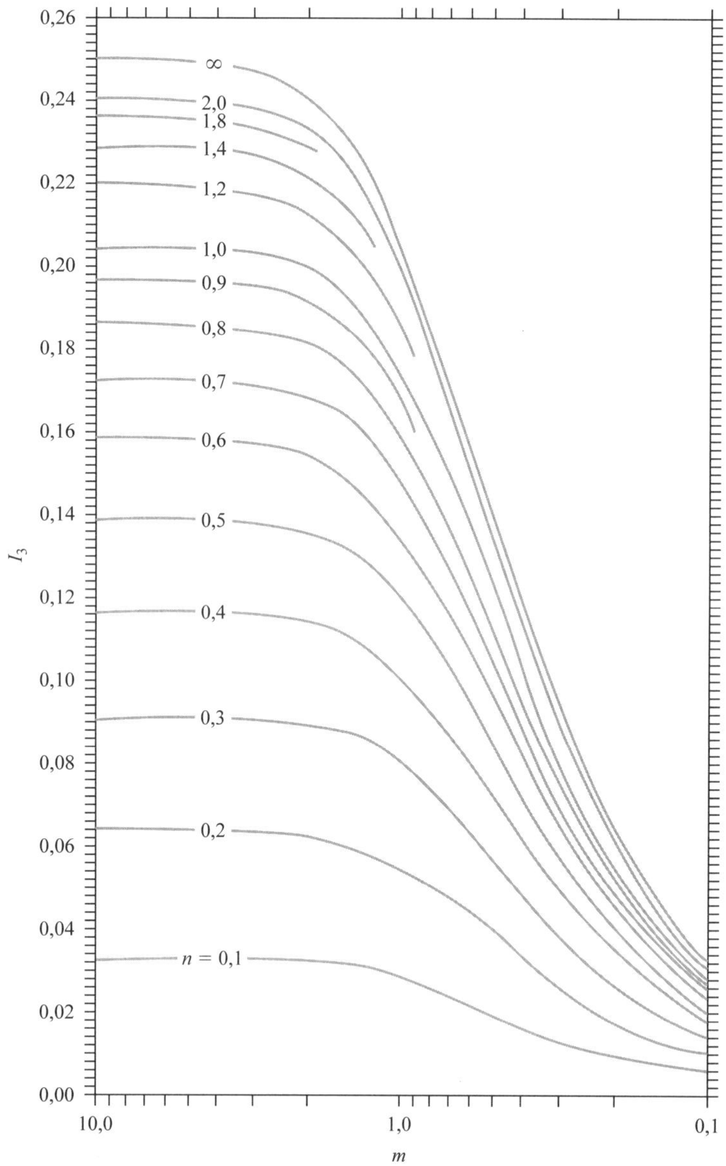

Figura 10.24 Variação de I_3 com m e n.

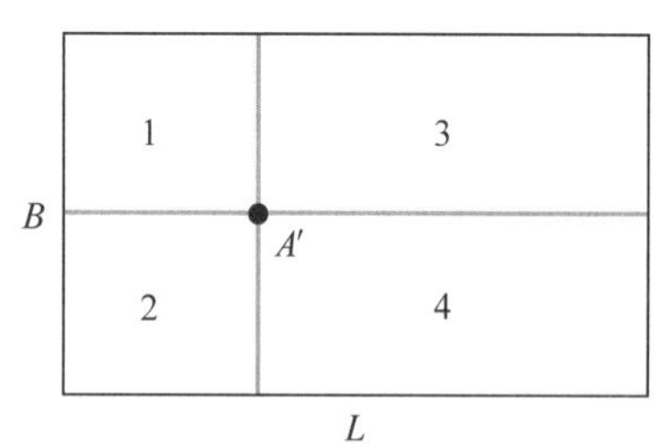

Figura 10.25 Aumento da tensão em qualquer ponto abaixo de uma área retangular flexível carregada.

Na maioria dos casos, o aumento da tensão vertical abaixo do centro da área do retângulo (Figura 10.26) é importante. Esse aumento da tensão pode ser obtido pela relação

$$\Delta\sigma_z = qI_4 \tag{10.36}$$

onde

$$I_4 = \frac{2}{\pi}\left[\frac{m_1 n_1}{\sqrt{1+m_1^2+n_1^2}}\,\frac{1+m_1^2+2n_1^2}{(1+n_1^2)(m_1^2+n_1^2)} + \text{sen}^{-1}\frac{m_1}{\sqrt{m_1^2+n_1^2}\,\sqrt{1+n_1^2}}\right] \tag{10.37}$$

$$m_1 = \frac{L}{B} \tag{10.38}$$

$$n_1 = \frac{z}{b} \tag{10.39}$$

$$b = \frac{B}{2} \tag{10.40}$$

A variação de I_4 com m_1 e n_1 é apresentada na Tabela 10.11.

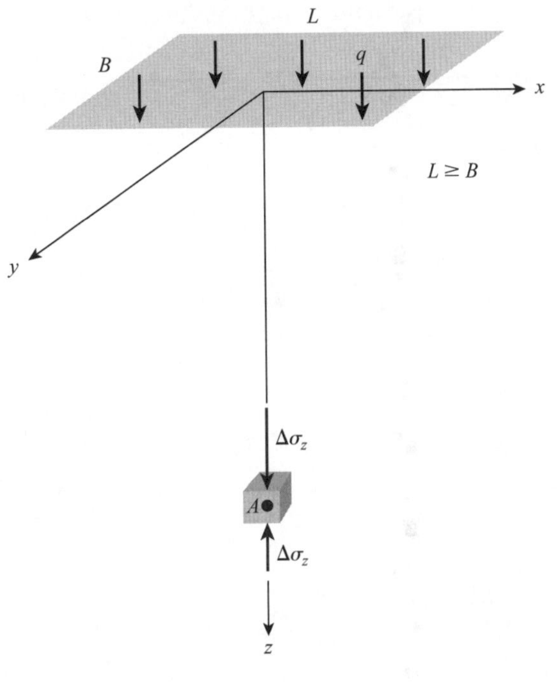

Figura 10.26 Tensão vertical abaixo do centro de uma área retangular e flexível carregada uniformemente.

Tabela 10.11 Variação de I_4 com m_1 e n_1 [Eq. (10.37)]

	m_1									
n_1	1	2	3	4	5	6	7	8	9	10
0,20	0,994	0,997	0,997	0,997	0,997	0,997	0,997	0,997	0,997	0,997
0,40	0,960	0,976	0,977	0,977	0,977	0,977	0,977	0,977	0,977	0,977
0,60	0,892	0,932	0,936	0,936	0,937	0,937	0,937	0,937	0,937	0,937
0,80	0,800	0,870	0,878	0,880	0,881	0,881	0,881	0,881	0,881	0,881
1,00	0,701	0,800	0,814	0,817	0,818	0,818	0,818	0,818	0,818	0,818
1,20	0,606	0,727	0,748	0,753	0,754	0,755	0,755	0,755	0,755	0,755
1,40	0,522	0,658	0,685	0,692	0,694	0,695	0,695	0,696	0,696	0,696
1,60	0,449	0,593	0,627	0,636	0,639	0,640	0,641	0,641	0,641	0,642
1,80	0,388	0,534	0,573	0,585	0,590	0,591	0,592	0,592	0,593	0,593
2,00	0,336	0,481	0,525	0,540	0,545	0,547	0,548	0,549	0,549	0,549
3,00	0,179	0,293	0,348	0,373	0,384	0,389	0,392	0,393	0,394	0,395
4,00	0,108	0,190	0,241	0,269	0,285	0,293	0,298	0,301	0,302	0,303
5,00	0,072	0,131	0,174	0,202	0,219	0,229	0,236	0,240	0,242	0,244
6,00	0,051	0,095	0,130	0,155	0,172	0,184	0,192	0,197	0,200	0,202
7,00	0,038	0,072	0,100	0,122	0,139	0,150	0,158	0,164	0,168	0,171
8,00	0,029	0,056	0,079	0,098	0,113	0,125	0,133	0,139	0,144	0,147
9,00	0,023	0,045	0,064	0,081	0,094	0,105	0,113	0,119	0,124	0,128
10,00	0,019	0,037	0,053	0,067	0,079	0,089	0,097	0,103	0,108	0,112

Exemplo 10.13

A planta de uma área retangular uniformemente carregada é exibida na Figura 10.27a. Determine o aumento da tensão vertical $\Delta\sigma_z$ abaixo do ponto A' a uma profundidade $z = 4$ m.

Solução

O aumento da tensão $\Delta\sigma_z$ pode ser expresso como

$$\Delta\sigma_z = \Delta\sigma_{z(1)} - \Delta\sigma_{z(2)}$$

onde

$\Delta\sigma_{z(1)}$ = aumento da tensão em razão da área carregada exibida na Figura 10.27b
$\Delta\sigma_{z(2)}$ = aumento da tensão em razão da área carregada exibida na Figura 10.27c

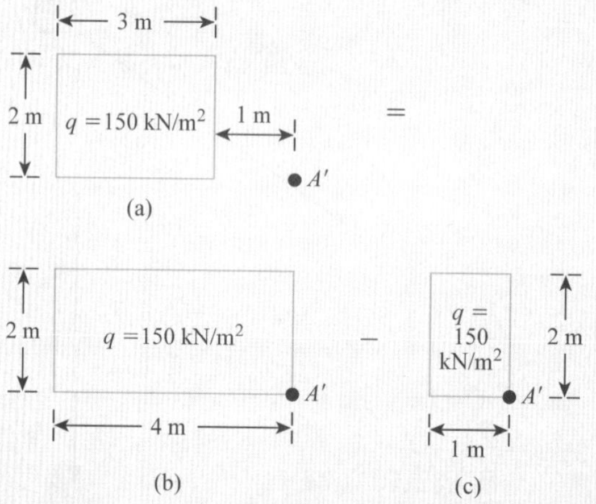

Figura 10.27

Para a área carregada exibida na Figura 10.27b:

$$m = \frac{B}{z} = \frac{2}{4} = 0,5$$

$$n = \frac{L}{z} = \frac{4}{4} = 1$$

A partir da Figura 10.24 para $m = 0,5$ e $n = 1$, o valor de $I_3 = 0,1225$. Então,

$$\Delta\sigma_{z(1)} = qI_3 = (150)(0,1225) = 18,38 \text{ kN/m}^2$$

De forma similar, para a área carregada exibida na Figura 10.27c:

$$m = \frac{B}{z} = \frac{1}{4} = 0,25$$

$$n = \frac{L}{z} = \frac{2}{4} = 0,5$$

Assim, $I_3 = 0,0473$. Portanto,

$$\Delta\sigma_{z(2)} = (150)(0,0473) = 7,1 \text{ kN/m}^2$$

Então,

$$\Delta\sigma_z = \Delta\sigma_{z(1)} - \Delta\sigma_{z(2)} = 18,38 - 7,1 = \mathbf{11,28\ kN/m^2}$$ ■

10.14 Gráfico de influência para pressão vertical

A Eq. (10.27) pode ser reordenada e expressa na forma

$$\frac{R}{z} = \sqrt{\left(1 - \frac{\Delta\sigma_z}{q}\right)^{-2/3} - 1} \qquad (10.41)$$

Observe que R/z e $\Delta\sigma_z/q$ nesta equação são quantidades adimensionais. Os valores de R/z que correspondem a diversas taxas de pressão são dados na Tabela 10.12.

Tabela 10.12 Valores de R/z para várias relações de pressão [Eq. (10.41)]

$\Delta\sigma_z/q$	R/z	$\Delta\sigma_z/q$	R/z
0	0	0,55	0,8384
0,05	0,1865	0,60	0,9176
0,10	0,2698	0,65	1,0067
0,15	0,3383	0,70	1,1097
0,20	0,4005	0,75	1,2328
0,25	0,4598	0,80	1,3871
0,30	0,5181	0,85	1,5943
0,35	0,5768	0,90	1,9084
0,40	0,6370	0,95	2,5232
0,45	0,6997	1,00	∞
0,50	0,7664		

Utilizando os valores de R/z obtidos da Eq. (10.41) para diversas taxas de pressão, Newmark (1942) apresentou um gráfico de influência que pode ser utilizado para determinar a pressão vertical em qualquer ponto abaixo da área flexível uniformemente carregada, em qualquer formato.

A Figura 10.28 mostra um gráfico de influência construído desenhando-se círculos concêntricos. Os raios dos círculos são iguais aos valores R/z correspondentes a $\Delta\sigma_z/q = 0, 0{,}1, 0{,}2, \ldots, 1$. (*Observação*: Para $\Delta\sigma_z/q = 0$, $R/z = 0$, e para $\Delta\sigma_z/q = 1$, $R/z = \infty$, assim são exibidos nove círculos.) O comprimento específico para representação gráfica dos círculos é $\overline{AB}$. Os círculos são divididos por várias linhas radiais, igualmente espaçadas. O valor de influência do gráfico é fornecido por $1/N$, onde N é igual ao número de elementos no gráfico. Na Figura 10.28, existem 200 elementos; portanto, o valor de influência é 0,005.

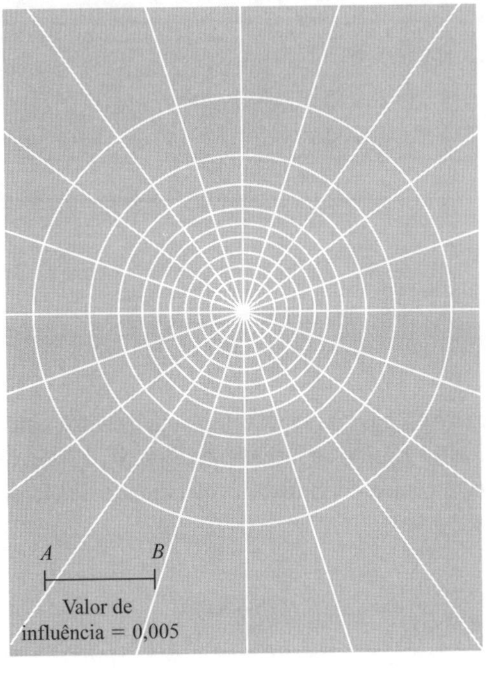

Figura 10.28 Gráfico de influência para a pressão vertical com base na teoria de Boussinesq. (*Boletim nº 338. Influence Charts for Computation of Stresses in Elastic. Foundations, by Nathan M. Newmark. University of Illinois, 1942.*)

O procedimento para a obtenção da pressão vertical em qualquer ponto abaixo da área carregada é o seguinte:

Etapa 1: Determine a profundidade z abaixo da área uniformemente carregada, na qual o aumento de tensão é requerido.

Etapa 2: Represente graficamente a planta da área carregada com a escala z igual ao comprimento unitário do gráfico ($\overline{AB}$).

Etapa 3: Coloque a planta (representada graficamente no passo 2) no gráfico de influência, de tal modo que o ponto abaixo do qual a tensão deve ser determinada fique localizado no centro do gráfico.

Etapa 4: Conte o número de elementos (M) do gráfico incluído na planta da área carregada.

O aumento na pressão no ponto em consideração é dado por

$$\Delta\sigma_z = (IV)qM \tag{10.42}$$

onde IV = valor de influência
q = pressão na área carregada

Exemplo 10.14

A seção transversal e a planta de uma sapata da coluna são indicadas na Figura 10.29a. Encontre o aumento na tensão vertical produzida pela sapata da coluna no ponto A.

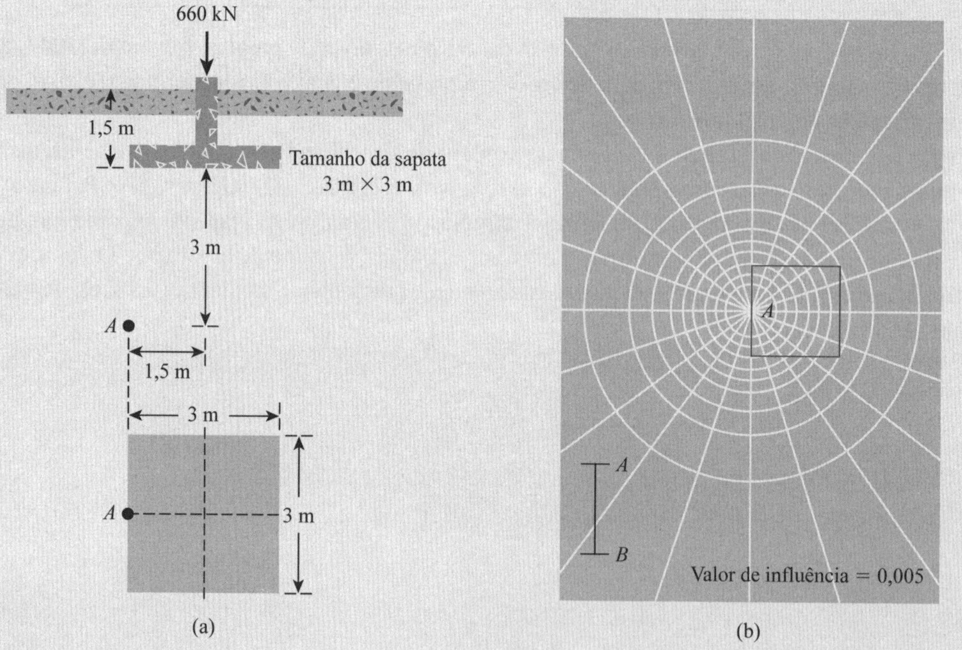

Figura 10.29 (a) Seção transversal e uma planta de uma sapata de coluna; (b) determinação de tensão em A pelo uso do gráfico de influência Newmark.

Solução

O ponto A está localizado a uma profundidade de 3 m abaixo da base da sapata. A planta da sapata quadrada foi desenhada novamente com uma escala de $\overline{AB}$ = 3 m e inserida no gráfico de influência (Figura 10.29b), de tal forma que o ponto A na planta fique posicionado diretamente sobre o centro do gráfico. A quantidade de elementos dentro da descrição da planta é de aproximadamente 48,5. Portanto,

$$\Delta\sigma_z = (IV)qM = 0{,}005\left(\frac{660}{3 \times 3}\right)48{,}5 = \mathbf{17{,}78\ kN/m^2}$$

■

10.15 Solução de Westergaard para tensão vertical devido a uma carga pontual

A solução de Boussinesq para distribuição de tensão devido a uma carga pontual foi apresentada na Seção 10.4. A distribuição de tensão devido a vários tipos de cargas, discutida nas Seções 10.4 a 10.14, é baseada numa integração com a solução de Boussinesq.

Westergaard (1938) propôs uma solução para determinar a tensão vertical devido a uma carga pontual *P*, em um meio sólido elástico onde existe camadas alternadas de reforços rígidos finos (Figura 10.30a). Esse tipo de hipótese pode ser uma idealização de uma camada de argila com finos veios de areia. Nessa hipótese, o aumento da tensão vertical a um ponto *A* (Figura 10.30b) pode ser expresso como

$$\Delta\sigma_z = \frac{P\eta}{2\pi z^2}\left[\frac{1}{\eta^2 + (r/z)^2}\right]^{3/2} \tag{10.43}$$

onde

$$\eta = \sqrt{\frac{1 - 2\mu_s}{2 - 2\mu_s}}$$

μ_s = Coeficiente de Poisson de solo entre as camadas rígidas (10.44)

$$r = \sqrt{x^2 + y^2}$$

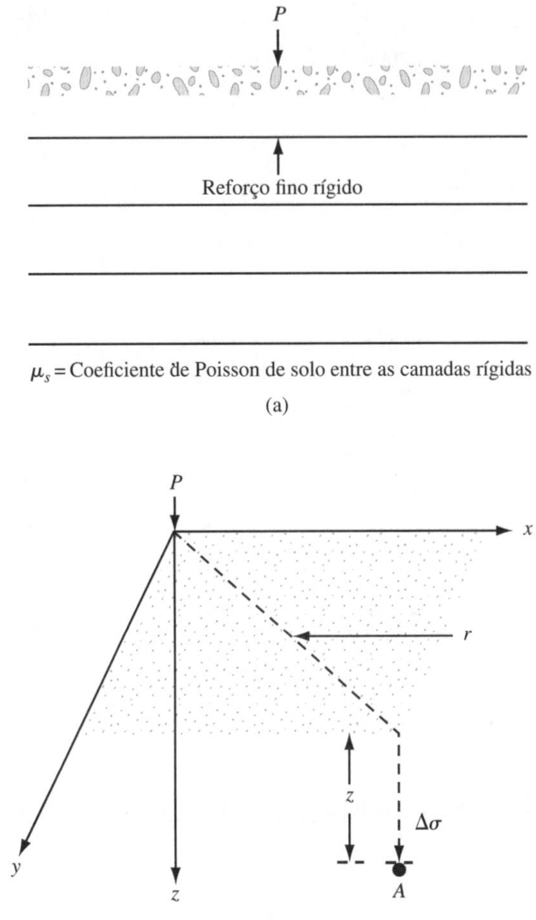

Figura 10.30 Solução de Westergaard para tensão vertical devido a uma carga pontual.

A Eq. (10.43) pode ser reescrita como

$$\Delta\sigma_z = \left(\frac{P}{z^2}\right)I_5 \tag{10.45}$$

onde

$$I_5 = \frac{1}{2\pi\eta^2}\left[\left(\frac{r}{\eta z}\right)^2 + 1\right]^{-3/2} \tag{10.46}$$

A Tabela 10.13 fornece a variação de I_5 com μ_s.

Tabela 10.13 Variação de I_5 [(10.46)]

		I_5	
r/z	$\mu_s = 0$	$\mu_s = 0{,}2$	$\mu_s = 0{,}4$
0	0,3183	0,4244	0,9550
0,1	0,3090	0,4080	0,8750
0,2	0,2836	0,3646	0,6916
0,3	0,2483	0,3074	0,4997
0,4	0,2099	0,2491	0,3480
0,5	0,1733	0,1973	0,2416
0,6	0,1411	0,1547	0,1700
0,7	0,1143	0,1212	0,1221
0,8	0,0925	0,0953	0,0897
0,9	0,0751	0,0756	0,0673
1,0	0,0613	0,0605	0,0516
1,5	0,0247	0,0229	0,0173
2,0	0,0118	0,0107	0,0076
2,5	0,0064	0,0057	0,0040
3,0	0,0038	0,0034	0,0023
4,0	0,0017	0,0015	0,0010
5,0	0,0009	0,0008	0,0005

Exemplo 10.15

Resolva o Exemplo 10.3 utilizando a solução de Westergaard. Use $\mu_s = 0{,}3$. Compare essa solução com $\Delta\sigma_z$ *versus* z obtido com base na solução de Boussinesq.

Solução

$r = 5$ m. Segundo a Eq. (10.44),

$$\eta = \sqrt{\frac{1 - 2\mu_s}{2 - 2\mu_s}} = \sqrt{\frac{1 - (2)(0{,}3)}{2 - (2)(0{,}3)}} = 0{,}535$$

A tabela a seguir pode, então, ser elaborada.

r (m)	z (m)	$\frac{r}{\eta z}$	I_5 [Eq. (10.46)]	$\Delta\sigma_z$ [Eq. (10.45)] (kN/m²)
5	0	∞	0	**0**
5	2	1,67	0,0051	**0,0064**
5	4	2,34	0,0337	**0,0105**
5	6	1,56	0,0874	**0,0121**
5	10	0,935	0,2167	**0,0108**
5	20	0,467	0,4136	**0,0052**

A Figura 10.31 mostra a comparação do mesmo problema entre a solução de Boussinesq e a solução de Westergaard.

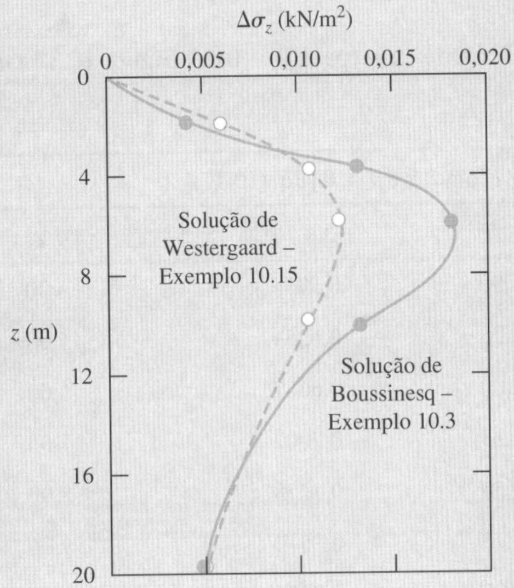

Figura 10.31 ■

10.16 Distribuição de tensão para meio de Westergaard

Tensão devida a uma área circular carregada

Considerando a Figura 10.21, caso a área circular esteja situada em um local com meio do tipo Westergaard, o aumento na tensão vertical, $\Delta\sigma_z$, em um ponto localizado em uma profundidade z imediatamente abaixo do centro da área, pode ser expresso como

$$\Delta\sigma_z = q\left\{1 - \frac{\eta}{\left[\eta^2 + \left(\frac{R}{z}\right)^2\right]^{1/2}}\right\} \tag{10.47}$$

O termo η foi definido na Eq. (10.44). As variações de $\Delta\sigma_z/q$ com R/z e $\mu_s = 0$ são dadas na Tabela 10.14.

Tensão devida a uma área retangular flexível uniformemente carregada

Considere a Figura 10.23. Se a área retangular flexível estiver situada em um local com meio do tipo Westergaard, o aumento de tensão no ponto A pode ser expresso como

$$\Delta\sigma_z = \frac{q}{2\pi}\left[\cot^{-1}\sqrt{\eta^2\left(\frac{1}{m^2} + \frac{1}{n^2}\right) + \eta^4\left(\frac{1}{m^2n^2}\right)}\right] \tag{10.48}$$

onde

$$m = \frac{B}{z}$$
$$n = \frac{L}{z}$$

ou

$$\frac{\Delta\sigma_z}{q} = \frac{1}{2\pi}\left[\cot^{-1}\sqrt{\eta^2\left(\frac{1}{m^2}+\frac{1}{n^2}\right)+\eta^4\left(\frac{1}{m^2n^2}\right)}\right] = I_w \qquad (10.49)$$

A Tabela 10.15 fornece a variação de I_w com m e n (para $\mu_s = 0$). A Figura 10.32 também fornece um gráfico de I_w (para $\mu_s = 0$) para vários valores de m e n.

Tabela 10.14 Variação de $\Delta\sigma_z/q$ com R/z e $\mu_s = 0$ [Eq. (10.47)]

R/z	$\Delta\sigma_z/q$	R/z	$\Delta\sigma_z/q$	R/z	$\Delta\sigma_z/q$
0,00	0,0	1,50	0,5736	4,00	0,8259
0,25	0,0572	1,75	0,6254	5,00	0,8600
0,33	0,0938	2,00	0,6667	6,00	0,8830
0,50	0,1835	2,25	0,7002	7,00	0,8995
0,75	0,3140	2,50	0,7278	8,00	0,9120
1,00	0,4227	2,75	0,7510	9,00	0,9217
1,25	0,5076	3,00	0,7706	10,00	0,9295

Tabela 10.15 Variação de I_w com m e n ($\mu_s = 0$)

	n								
m	0,1	0,2	0,4	0,5	0,6	1,0	2,0	5,0	10,0
0,1	0,0031	0,0061	0,0110	0,0129	0,0144	0,0182	0,0211	0,0211	0,0223
0,2	0,0061	0,0118	0,0214	0,0251	0,0282	0,0357	0,0413	0,0434	0,0438
0,4	0,0110	0,0214	0,0390	0,0459	0,0516	0,0658	0,0768	0,0811	0,0847
0,5	0,0129	0,0251	0,0459	0,0541	0,0610	0,0781	0,0916	0,0969	0,0977
0,6	0,0144	0,0282	0,0516	0,0610	0,0687	0,0886	0,1044	0,1107	0,1117
1,0	0,0183	0,0357	0,0658	0,0781	0,0886	0,1161	0,1398	0,1491	0,1515
2,0	0,0211	0,0413	0,0768	0,0916	0,1044	0,1398	0,1743	0,1916	0,1948
5,0	0,0221	0,0435	0,0811	0,0969	0,1107	0,1499	0,1916	0,2184	0,2250
10,0	0,0223	0,0438	0,0817	0,0977	0,1117	0,1515	0,1948	0,2250	0,2341

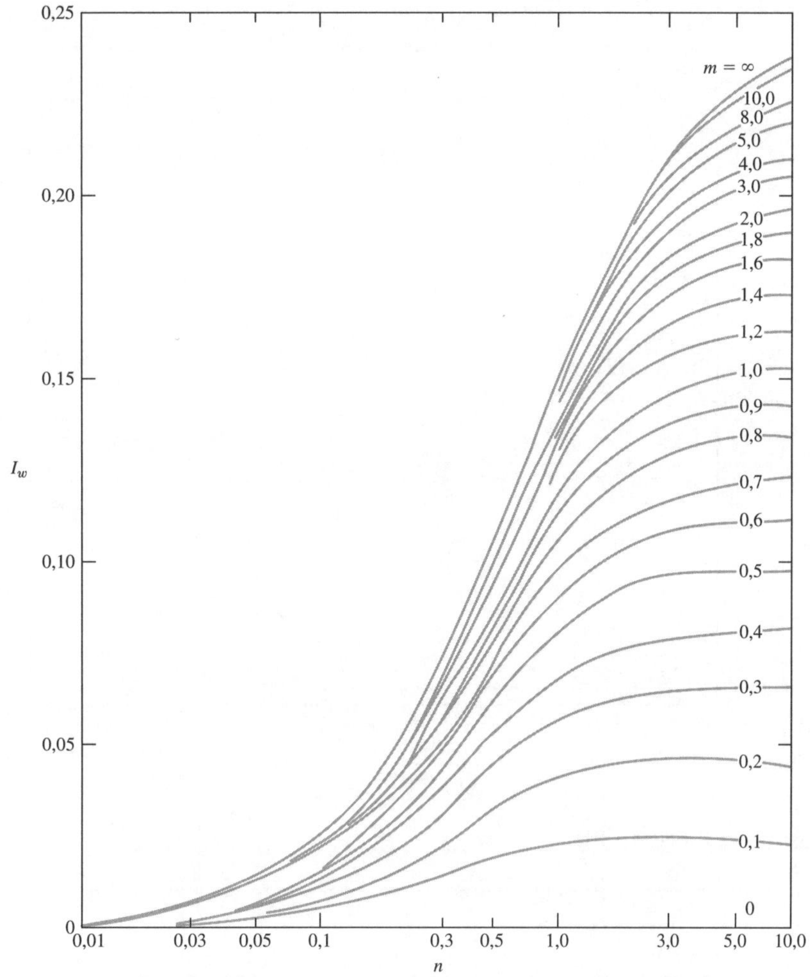

Figura 10.32 Variação de I_w ($\mu_s = 0$) [Eq. (10.49)] para vários valores de m e n.

Exemplo 10.16

Considere uma área circular flexível carregada com $R = 4$m. Considere $q = 300$ kN/m^2. Calcule e compare a variação de $\Delta\sigma_z$ abaixo do centro da área circular usando as teorias de Boussinesq e Westergaard (com $\mu_s = 0$) para $z = 0$ a 12 m.

Solução

A solução de Boussinesq (ver Tabela 10.7) com $R = 4$ m, $q = 300$ kN/m^2:

z (m)	$\frac{z}{R}$	$\frac{\Delta\sigma_z}{q}$	$\Delta\sigma_z$ (kN/m^2)
0	0	1	300
0,4	0,1	0,9990	299,7
2,0	0,5	0,9106	273,18
4,0	1,0	0,6465	193,95
6,0	1,5	0,4240	127,2
8,0	2,0	0,2845	85,35
10,0	2,5	0,1996	59,88
12,0	3,0	0,1436	43,88

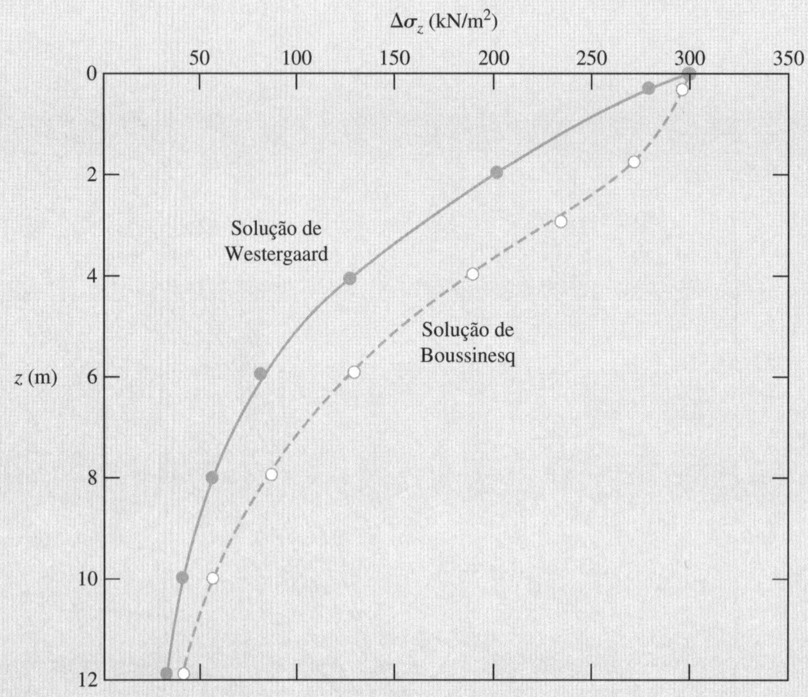

Figura 10.33

Solução de Westergaard (ver Tabela 10.14):

z (m)	$\frac{z}{R}$	$\frac{\Delta\sigma_z}{q}$	$\Delta\sigma_z$ (kN/m²)
0	0	1	300
0,4	0,1	0,9295	278,85
2,0	0,5	0,6667	200,01
4,0	1,0	0,4227	126,81
6,0	1,5	0,275	85,5
8,0	2,0	0,1835	55,05
10,0	2,5	0,130	39,0
12,0	3,0	0,938	28,14

A representação gráfica de $\Delta\sigma_z$ *versus* z é mostrada na Figura 10.33. ■

10.17 Resumo

Neste capítulo, discutimos o seguinte:

- O procedimento para determinar as tensões normal e de cisalhamento em um plano inclinado com base nas condições de tensão em um elemento de solo bidimensional [Eqs. (10.3) e (10.4)].
- Os princípios de círculo de Mohr e o método do polo para determinar a tensão ao longo do plano foram fornecidos nas Seções 10.2 e 10.3, respectivamente.

- Foi apresentada a tensão vertical ($\Delta\sigma_z$) produzida em qualquer ponto em meio homogêneo, elástico e isotrópico como resultado de diversos tipos de carga aplicados na superfície de um meio-espaço, infinitamente largo. A tabela a seguir fornece uma lista do tipo de carregamento e as relações correspondentes para determinar a tensão vertical.

Tipo de carregamento	Número da equação para estimativa $\Delta\sigma_z$
Carga pontual	10.12
Linha de carga vertical	10.15
Linha de carga horizontal	10.17
Faixa de carga vertical	10.19
Faixa de carga horizontal	10.20
Faixa de carga vertical crescente linearmente	10.21
Carregamento de aterro	10.22
Área circular uniformemente carregada	10.27, 10.28
Área retangular uniformemente carregada	10.31, 10.36

- Foi apresentado o conceito de utilização de gráfico de influência para determinar a pressão vertical em qualquer ponto abaixo da área carregada na Seção 10.14.
- Foram fornecidos nas Eqs. (10.43), (10.47) e (10.48), respectivamente, os cálculos de tensão vertical por Westergaard devido a uma carga pontual, em área circular carregada e área retangular flexível.

As equações e os gráficos apresentados neste capítulo são inteiramente baseados nos princípios da teoria de elasticidade; no entanto, deve-se notar as limitações de tais teorias quando são aplicadas a um meio solo. Isso porque os depósitos de solo, em geral, não são homogêneos, perfeitamente elásticos ou isotrópicos. Portanto, alguns desvios dos cálculos teóricos da tensão podem ser esperados no campo. Somente um número limitado de observações de campo está disponível na literatura atualmente. Com base nesses resultados, é possível esperar uma diferença de $\pm$ 25% a 30% entre as estimativas teóricas e os valores reais encontrados no solo.

Problemas

10.1 Um elemento de solo é mostrado na Figura 10.34. Determine:

a. As tensões principais máxima e mínima.

b. As tensões normal e de cisalhamento no plano *AB.*

Utilize as Eqs. (10.3), (10.4), (10.6) e (10.7).

10.2 Repita o Problema 10.1 para o elemento indicado na Figura 10.35.

10.3 Utilizando os princípios de círculos de Mohr para o elemento de solo indicado na Figura 10.36, determine:

a. As tensões principais máxima e mínima.

b. As tensões normal e de cisalhamento no plano *AB.*

10.4 Repita o Problema 10.3 para o elemento indicado na Figura 10.37.

10.5 Um elemento de solo é mostrado na Figura 10.38. Utilizando o método do polo, determine:

a. As tensões principais máxima e mínima.

b. As tensões normal e de cisalhamento no plano *AB.*

10.6 Repita o Problema 10.5 para o elemento indicado na Figura 10.39.

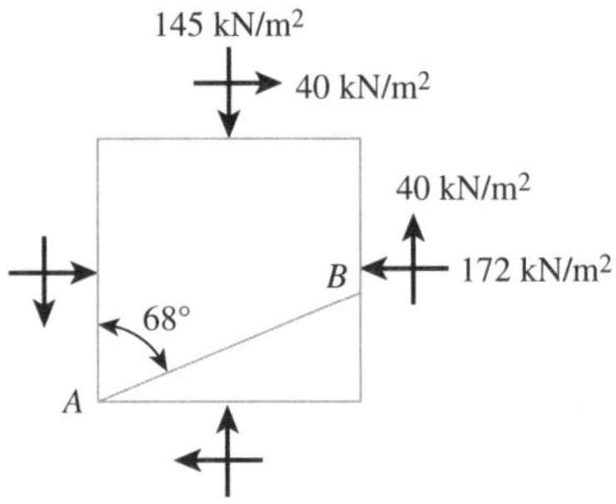

Figura 10.34

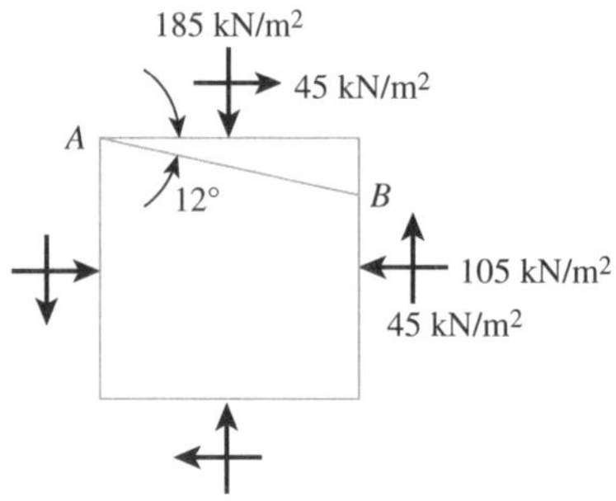

Figura 10.35

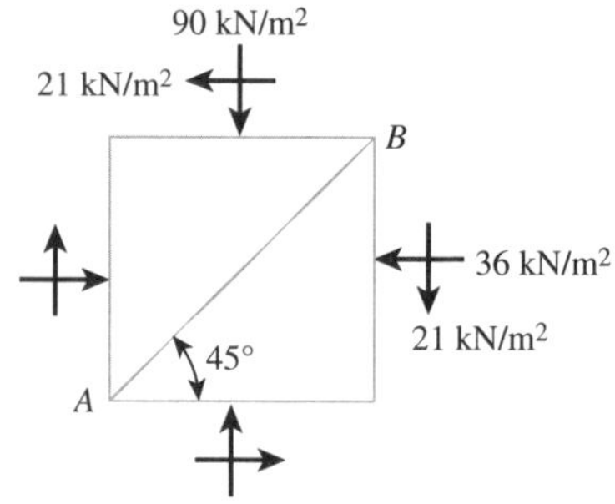

Figura 10.36

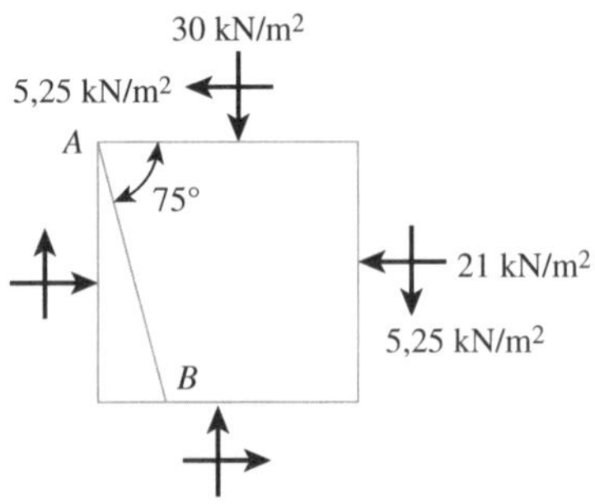

Figura 10.37

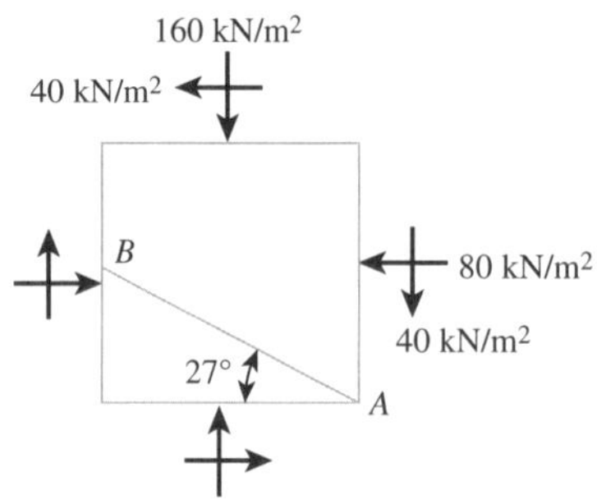

Figura 10.38

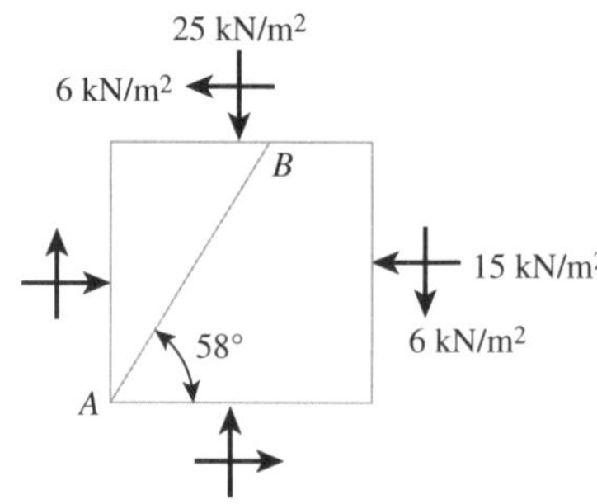

Figura 10.39

10.7 As cargas pontuais de magnitude 125, 250 e 500 kN atuam em *B*, *C* e *D*, respectivamente (Figura 10.40). Determine o aumento na tensão vertical a uma profundidade de 6 m abaixo do ponto *A*. Use a equação de Boussinesq.

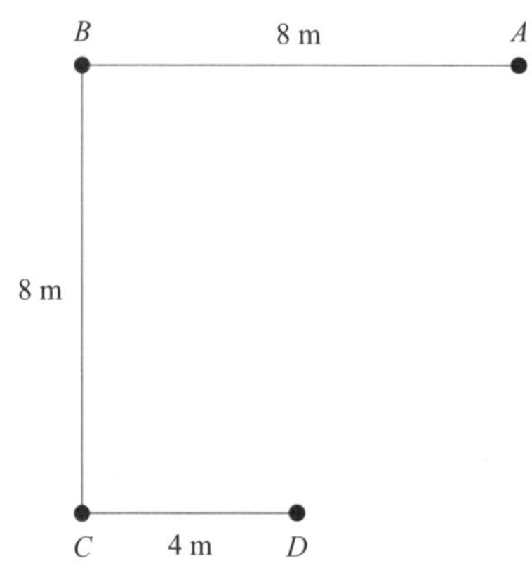

Figura 10.40

10.8 Consulte a Figura 10.41. Determine o aumento da tensão vertical, $\Delta\sigma_z$, no ponto *A* com os seguintes valores: $q_1 = 110$ kN/m; $q_2 = 440$ kN/m; $x_1 = 6$ m; $x_2 = 3$ m; $z = 4$ m.

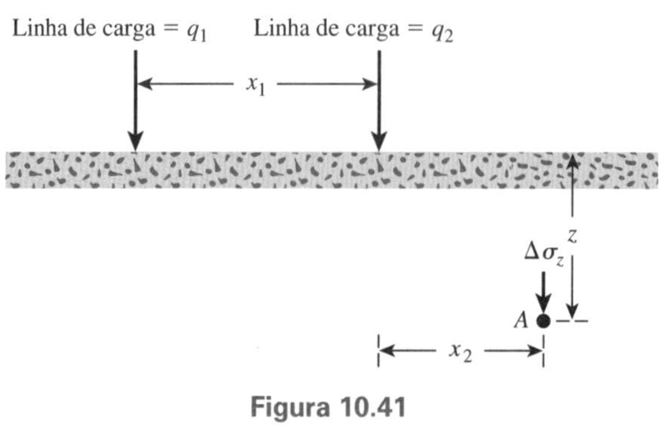

Figura 10.41

10.9 Para as mesmas cargas de linha dadas no Problema 10.8, determine o aumento da tensão vertical, $\Delta\sigma_z$, no ponto localizado a 4 m abaixo da linha de carga, q_2.

10.10 Consulte a Figura 10.41. Dados: $q_2 = 55$ kN/m; $x_1 = 5{,}5$ m; $x_2 = 2{,}44$ m; $z = 2{,}1$ m.

Se o aumento na tensão vertical no ponto A em razão da carga for 3,7 kN/m², determine a magnitude de q_1.

10.11 Consulte a Figura 10.42. Em razão da aplicação de cargas de linha q_1 e q_2, o aumento de tensão vertical no ponto A é 58 kN/m². Determine a magnitude de q_2.

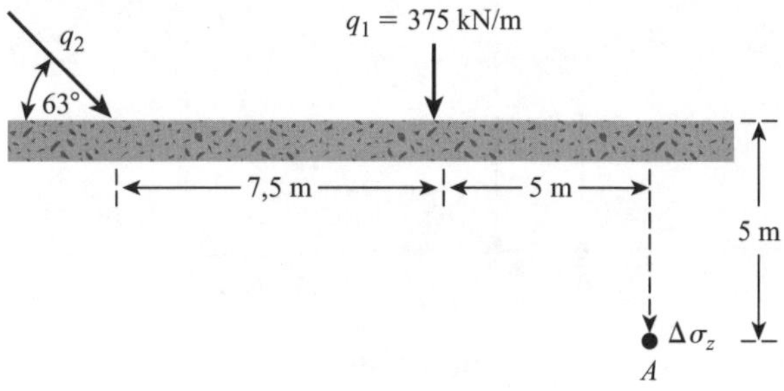

Figura 10.42

10.12 Consulte a Figura 10.43. Uma faixa de carga de $q = 70$ kN/m² é aplicada sobre uma largura, $B = 14{,}6$ m. Determine o aumento na tensão vertical no ponto A localizado $z = 6{,}4$ m abaixo da superfície. Dado: $x = 8{,}8$ m.

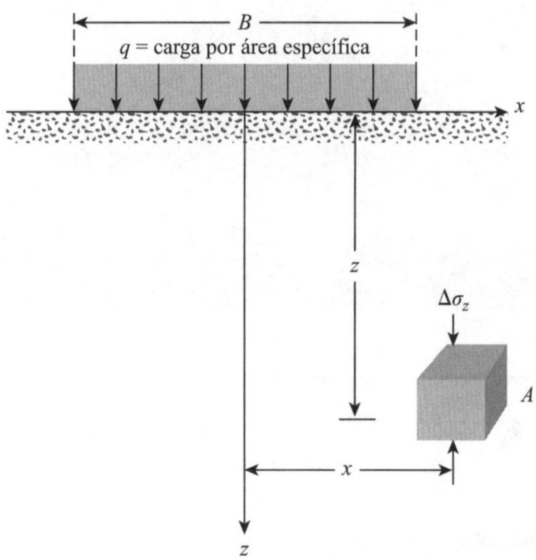

Figura 10.43

10.13 Repita o Problema 10.12 para o seguinte caso: $q = 700$ kN/m², $B = 8$ m, $z = 4$ m. Neste caso, o elemento de solo A está localizado ao longo da linha de centro sob a faixa de carga.

10.14 Um aterro é indicado na Figura 10.44. Determine o aumento da tensão no ponto A devido à carga do aterro. Dados: $\beta = 25°$, $\gamma = 18{,}7$ kN/m³, $x = 16{,}75$ m, $y = 8{,}53$ m e $z = 6{,}1$ m.

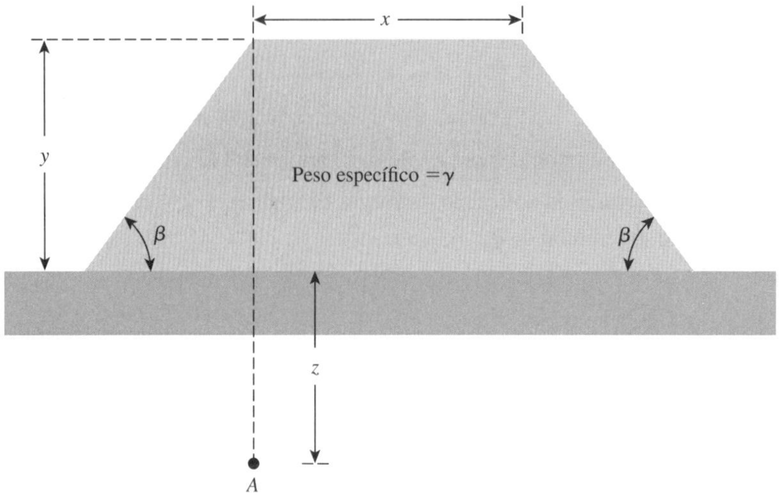

Figura 10.44

10.15 Para a carga de aterro indicada na Figura 10.45, determine o aumento da tensão vertical nos pontos *A*, *B* e *C*.

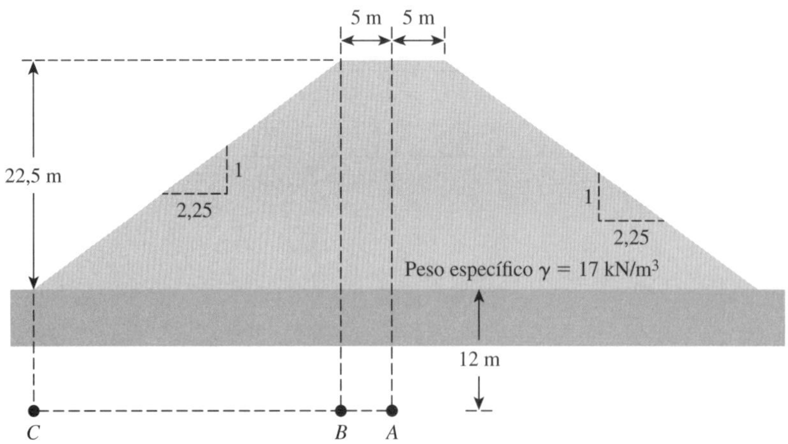

Figura 10.45

10.16 Considere a Figura 10.46. Uma área circular flexível de raio de 6 m é uniformemente carregada por $q = 565$ kN/m^2. Utilizando o gráfico Newmark, determine o aumento na tensão vertical, $\Delta\sigma_z$, no ponto *A*.

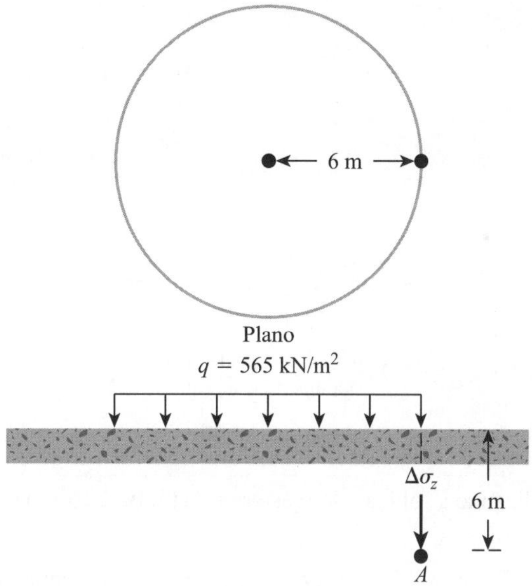

Figura 10.46

10.17 Consulte a Figura 10.47. Uma área retangular flexível está sujeita a uma carga uniformemente distribuída de $q = 330$ kN/m^2. Determine o aumento na tensão vertical, $\Delta\sigma_z$, a uma profundidade de $z = 6$ m nos pontos A, B e C.

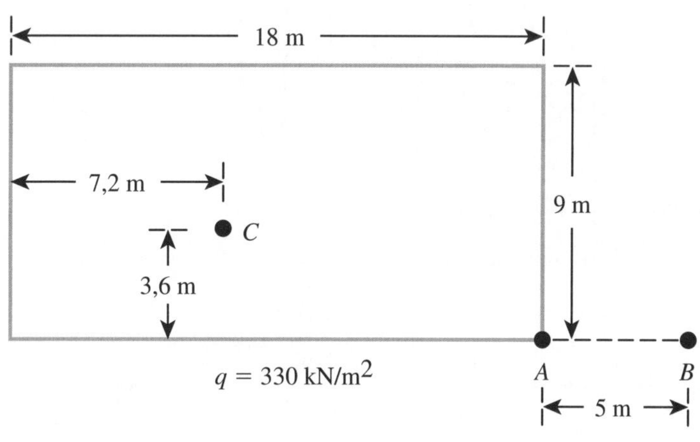

Figura 10.47

10.18 Consulte a área retangular carregada e flexível indicada na Figura 10.47. Utilizando a Eq. (10.36), determine o aumento na tensão vertical abaixo do centro da área carregada na profundidade $z = 3$, 6, 9, 12 e 15 m.

10.19 A Figura 10.48 mostra o esquema de uma instalação de armazenamento de água circular colocada na superfície do solo. O raio do tanque de armazenamento é $R = 2{,}5$ m, e a altura máxima da água, $h_w = 4$ m. Determine o aumento de tensão vertical, $\Delta\sigma_z$, em pontos situados 0, 2, 4, 8 e 10 m abaixo da superfície do solo, ao longo da linha central do tanque. Utilize a teoria de Boussinesq [Eq. (10.27)].

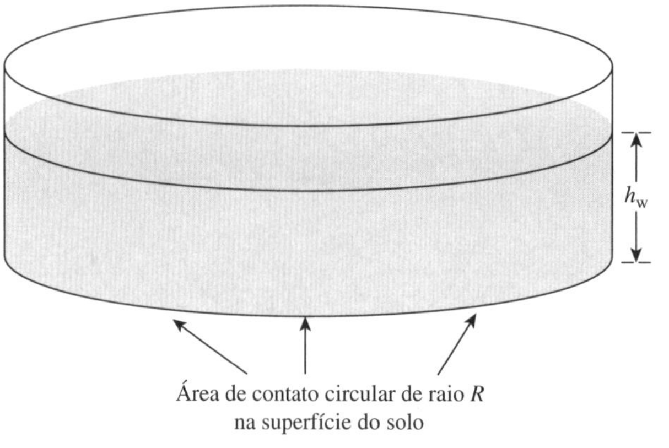

Figura 10.48

10.20 Refaça o Problema 10.19 utilizando a solução de Westergaard (Tabela 10.14) e compare-o com a solução dada pela teoria de Boussinesq. Considere $\mu_s = 0$.

10.21 Considere a Figura 10.48. Se $R = 4$ m e h_w = altura da água = 5 m, determine os aumentos de tensão vertical 2 m abaixo da área carregada nas distâncias radiais em que $r = 0, 2, 4, 6$ e 8 m.

10.22 Considere a Figura 10.49. Para o aumento linear de um carregamento vertical em uma faixa infinita de largura 5 m, determine o aumento de tensão vertical, $\Delta\sigma_z$, em A.

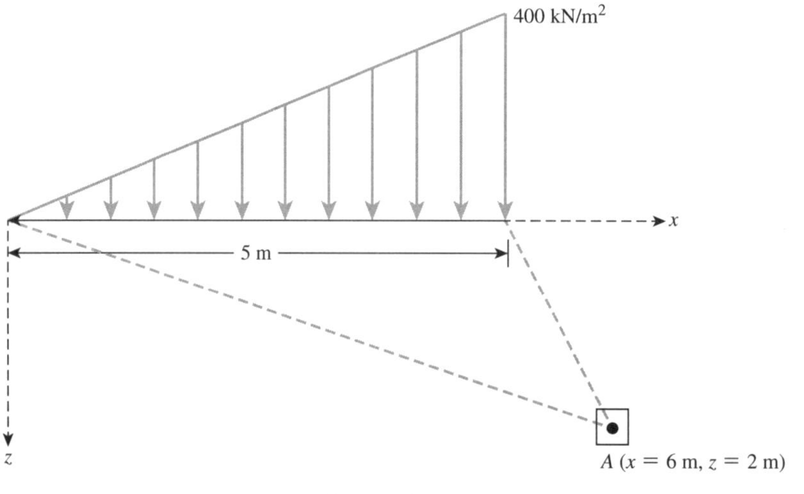

Figura 10.49

Problemas de pensamento crítico

10.C.1 *EB* e *FG* são dois planos dentro de um elemento de solo *ABCD*, como indicado na Figura 10.50.

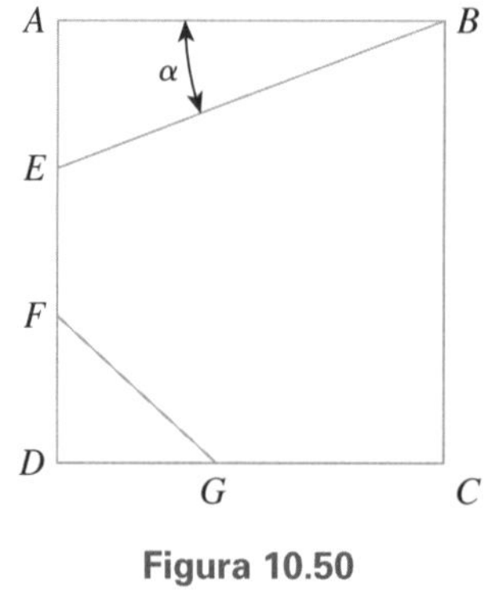

Figura 10.50

As condições de tensão nos dois planos são:

Plano *EB*: $\sigma_{EB} = 25$ kN/m^2; $\tau_{EB} = +10$ kN/m^2

Plano *FG*: $\sigma_{FG} = 10$ kN/m^2; $\tau_{FG} = -5$ kN/m^2

(*Observação*: As convenções de sinais do círculo de Mohr para tensões serão utilizadas abaixo).

Dado $\alpha = 25°$, determine:

a. As tensões principais mínimas e máximas.

b. O ângulo entre os planos *EB* e *FG*.

c. As tensões externas nos planos *AB* e *BC* que causariam as tensões internas citadas acima nos planos *EB* e *FG*.

10.C.2 Um elemento de solo embaixo de um pavimento vivencia rotações de tensão principal quando a carga de rodas, *W*, passa sobre ele e se afasta, conforme indicado na Figura 10.51. Nesse caso, a carga de roda passou sobre os pontos *A* e *B* e agora está sobre o ponto *C*. O estado geral de tensão nesses pontos é similar ao indicado no bloqueio de tensão do ponto *D*. O fenômeno de rotação da tensão principal influencia o comportamento de deformação permanente das camadas de pavimentação.

Descubra como a magnitude e as orientações das tensões principais variam com a distância entre o ponto de aplicação e a carga de roda. Considere o caso indicado na Figura 10.51. Uma estrada não pavimentada possui base de espessura 610 mm e peso específico 19,4 kN/m^3, que é colocado sobre um solo de sub-base. Uma carga de roda típica de um eixo simples, $W = 40$ kN, é aplicada uniformemente sobre uma área de contato circular de raio $R = 150$ mm (com pressão de pneu de 565 kN/m^2). As tensões horizontal e de cisalhamento em cada ponto são calculadas a partir da análise de um elemento finito elástico e linear para pavimentação de duas camadas e são apresentadas na tabela a seguir.

Elemento em	Distância radial, r (m)	Tensão horizontal, σ_x (kN/m^2)	Tensão de cisalhamento, τ(kN/m^2)	Tensão vertical, σ_y (kN/m^2)	σ_1 (kN/m^2)	σ_3 (kN/m^2)	σ_i (grau)
A	0,457	25	17				
B	0,267	32	45				
C	0	7	0				

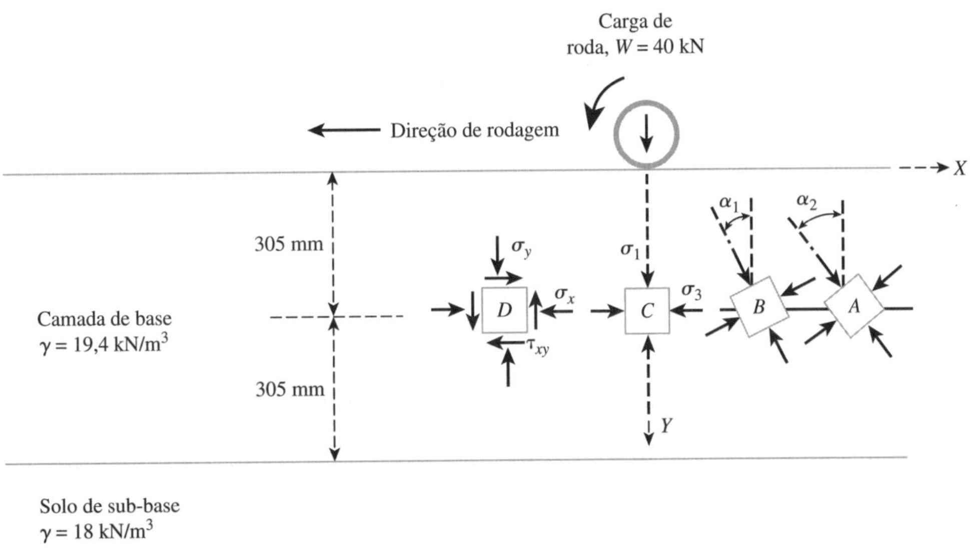

Figura 10.51

a. Use a Eq. (10.28) para calcular o aumento da tensão vertical nos elementos de solo A, B e C localizados nas distâncias radiais 0,457, 0,267 e 0 m, respectivamente, do centro da carga. Determine a tensão vertical total (σ_y) em razão da carga de roda, a pressão sobrecarregada em cada ponto e insira esses valores na tabela.

b. Utilize o método do polo para determinar as tensões principais mínimas e máximas (σ_1 e σ_3) para os elementos A, B e C. Além disso, determine a orientação (α_i) da tensão principal com relação à vertical. Insira esses valores na tabela.

c. Represente graficamente as variações de σ_1 e α_i com distância radial normalizada, r/R, de acordo com o centro da carga.

Referências bibliográficas

AHLVIN, R. G.; ULERY, H. H. Tabulated Values for Determining the Complete Pattern of Stresses, Strains, and Deflections Beneath a Uniform Circular Load on a Homogeneous Half Space, in *Highway Research Bulletin n. 342*, Transportation Research Board, National Research Council, Washington, D.C., p. 1-13, 1962.

BOUSSINESQ, J. *Application des Potentials à L'Etude de L'Equilibre et du Mouvement des Solides Elastiques*. Paris: Gauthier--Villars, 1883.

DAS, B. *Advanced Soil Mechanics*, 4. ed., Londres: Taylor and Francis, 2014.

NEWMARK, N. M. Influence Charts for Computation of Stresses in Elastic Soil, University of Illinois Engineering Experiment Station, *Bulletin n. 338*, 1942.

OSTERBERG, J. O. Influence Values for Vertical Stresses in Semi-Infinite Mass Due to Embankment Loading, *Proceedings*, Fourth International Conference on Soil Mechanics and Foundation Engineering, Londres, v. 1, p. 393-396, 1957.

WESTERGAARD, H. M. A Problem of Elasticity Suggested by a Problem in Soil Mechanics: Soft Material Reinforced by Numerous Strong Horizontal Sheets, in *Contribution to the Mechanics of Solids*, Stephen Timoshenko 60th Anniversary Vol., Nova York: Macmillan, 1938.

CAPÍTULO 11

Compressibilidade do solo

11.1 Introdução

Um aumento na tensão causado pela construção de fundações ou outras cargas comprime as camadas de um solo. A compressão é causada por (a) deformação das partículas do solo; (b) deslocamento de partículas do solo; e (c) expulsão da água ou do ar dos espaços vazios. Em geral, o recalque do solo causado por cargas pode ser dividido em três categorias amplas:

1. *O recalque elástico* (ou *recalque imediato*) é causado pela deformação elástica de um solo seco, úmido ou saturado, sem qualquer alteração no teor de umidade. Os cálculos do recalque elástico geralmente se baseiam nas equações derivadas da teoria de elasticidade.
2. *O recalque por adensamento primário*, resultado de uma alteração de volume em solos coesivos saturados devido à expulsão da água que ocupa os espaços vazios.
3. *O recalque por adensamento secundário*, presente em solos coesivos saturados e solos orgânicos e é o resultado do ajuste plástico da estrutura do solo. Esta é outra forma de compressão que ocorre sob tensão efetiva constante.

Este capítulo apresenta os princípios fundamentais para calcular a estimativa dos recalques elásticos e por adensamento das camadas do solo sujeito a cargas aplicadas.

O recalque total de uma sujeito a cargas aplicadas.

$$S_T = S_c + S_s + S_e$$

onde S_T = recalque total
S_c = recalque por adensamento primário
S_s = recalque por adensamento secundário
S_e = recalque elástico

Quando as fundações são construídas sobre argilas muito compressíveis, o recalque por adensamento pode ser várias vezes maior que o recalque elástico.

Este capítulo abordará os seguintes tópicos:

- Procedimento de cálculo do recalque elástico
- Procedimento de ensaio de adensamento no laboratório
- Estimativa de recalque por adensamento (primária e secundária)
- Taxa de tempo de recalque por adensamento primário
- Métodos para acelerar o recalque por adensamento
- Métodos para reduzir o recalque de pós-construção de estruturas

RECALQUE ELÁSTICO

11.2 Pressão de contato e perfil do recalque

O recalque elástico ou imediato das fundações (S_e) ocorre imediatamente depois da aplicação de determinada carga, sem alteração no teor de umidade do solo. A magnitude do recalque de contato dependerá da flexibilidade da fundação e do tipo de material sobre o qual ele é colocado.

No Capítulo 10, as relações para determinar o aumento da tensão (geradora de recalque elástico) em razão da aplicação da linha de carga, da faixa de carga, da carga de aterro, da carga circular e da carga retangular tiveram como base as seguintes hipóteses:

- A carga é aplicada na superfície do solo.
- A área carregada é *flexível*.
- O meio solo é homogêneo, elástico, isotrópico e estende-se a uma grande profundidade.

Em geral, as fundações não são perfeitamente flexíveis e são assentadas a uma determinada profundidade abaixo da superfície do solo. No entanto, é interessante avaliar a distribuição da pressão de contato sob uma fundação, juntamente com o perfil de recalque sob condições ideais. A Figura 11.1a mostra uma fundação *perfeitamente flexível* sobre um material elástico, como a argila saturada. Se a fundação é submetida a uma carga distribuída uniforme, a pressão de contato será uniforme e a fundação apresentará perfil arqueado. Por outro lado, se considerarmos uma fundação *perfeitamente rígida* sobre a superfície do solo submetido a uma carga distribuída uniformemente, a pressão de contato e o perfil de recalque da fundação serão como mostra a Figura 11.1b. A fundação passará por recalque uniforme e a pressão de contato será redistribuída.

O perfil de recalque e a distribuição da pressão de contato descritos anteriormente são válidos para os solos nos quais o módulo de elasticidade é razoavelmente constante com a profundidade. No caso da areia sem coesão, o módulo de elasticidade aumenta com a profundidade. Adicionalmente, existe um espaço de confinamento lateral na margem da fundação na superfície de solo. A areia na borda de uma fundação flexível é empurrada para fora, e a curva de deflexão da fundação assume uma forma côncava voltada para baixo. As distribuições de pressão de contato e os perfis de recalque de uma fundação flexível e rígida sobre a areia e submetidos a uma carga uniforme são exibidos nas Figuras 11.2a e 11.2b, respectivamente.

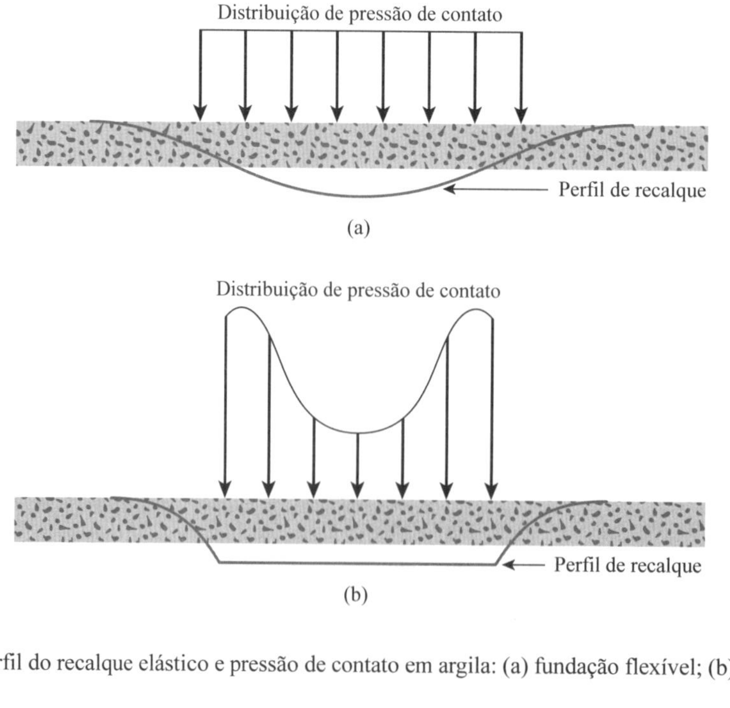

Figura 11.1 Perfil do recalque elástico e pressão de contato em argila: (a) fundação flexível; (b) fundação rígida.

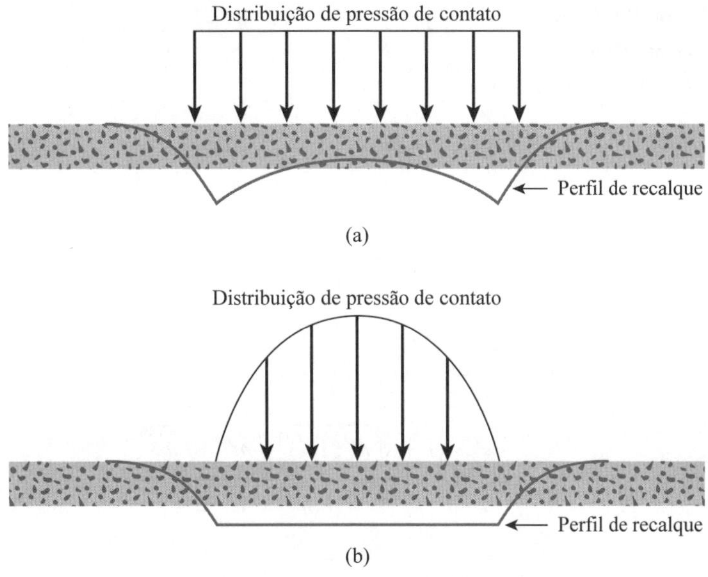

Figura 11.2 Perfil do recalque elástico e pressão de contato em areia: (a) fundação flexível; (b) fundação rígida.

11.3 Relações para cálculo de recalque elástico

A Figura 11.3 mostra uma fundação rasa sujeita a uma força distribuída por área específica igual a $\Delta\sigma$. Considere o coeficiente de Poisson e os módulos de elasticidade de suporte do solo como μ_s e E_s, respectivamente. Teoricamente, se a fundação for perfeitamente flexível, o recalque pode ser expresso por

$$S_e = \Delta\sigma(\alpha B')\frac{1-\mu_s^2}{E_s}I_s I_f \tag{11.1}$$

onde $\Delta\sigma$ = pressão líquida aplicada à fundação

μ_s = coeficiente de Poisson do solo

E_s = módulo médio de elasticidade do solo sob a fundação medida de $z = 0$ a aproximadamente $z = 5B$

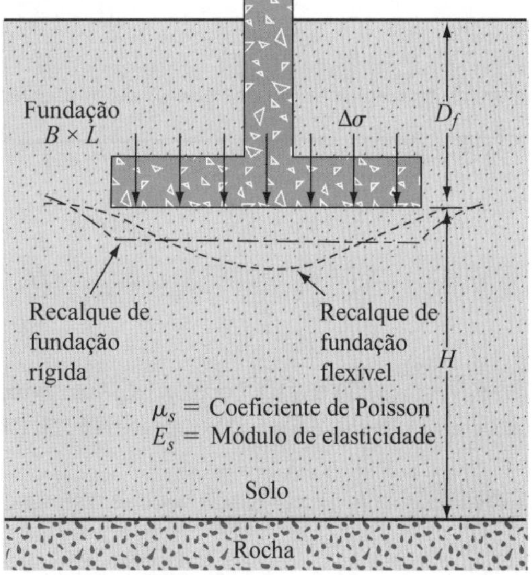

Figura 11.3 Recalques elásticos de fundações rígidas e flexíveis.

B' $= B/2$ para o centro da fundação

$= B$ para o canto da fundação

I_s = fator de forma (Steinbrenner, 1934)

$$= F_1 + \frac{1-2\mu_s}{1-\mu_s} F_2 \tag{11.2}$$

$$F_1 = \frac{1}{\pi}(A_0 + A_1) \tag{11.3}$$

$$F_2 = \frac{n'}{2\pi} \operatorname{tg}^{-1} A_2 \tag{11.4}$$

$$A_0 = m' \ln \frac{\left(1+\sqrt{m'^2+1}\right)\sqrt{m'^2+n'^2}}{m'\left(1+\sqrt{m'^2+n'^2+1}\right)} \tag{11.5}$$

$$A_1 = \ln \frac{\left(m'+\sqrt{m'^2+1}\right)\sqrt{1+n'^2}}{m'+\sqrt{m'^2+n'^2+1}} \tag{11.6}$$

$$A_2 = \frac{m'}{n'\sqrt{m'^2+n'^2+1}} \tag{11.7}$$

$$I_f = \text{fator de profundidade (Fox, 1948)} = f\left(\frac{D_f}{B},\ \mu_s \text{ e } \frac{L}{B}\right) \tag{11.8}$$

α = fator que depende do local na fundação onde recalque está sendo calculado

- Para o cálculo do recalque no *centro* da fundação:

$$\alpha = 4$$
$$m' = \frac{L}{B}$$
$$n' = \frac{H}{\left(\frac{B}{2}\right)}$$

- Para o cálculo do recalque em um dos *cantos* da fundação:

$$\alpha = 1$$
$$m' = \frac{L}{B}$$
$$n' = \frac{H}{B}$$

As variações de F_1 e F_2 [Eqs. (11.3) e (11.4)] com m' e n' são fornecidas nas Tabelas 11.1 e 11.2, respectivamente. Além disso, a variação de I_f com D_f/B e μ_s é fornecida na Tabela 11.3. Observe que, *quando* $D_f = 0$, *o valor de* $I_f = 1$ *em todos os casos*.

O recalque elástico de uma *fundação rígida* pode ser estimado por

$$S_{e(\text{rígido})} \approx 0{,}93 S_{e(\text{flexível, central})} \tag{11.9}$$

Tabela 11.1 Variação de F_1 com m' e n'

	m'									
n'	1,0	1,2	1,4	1,6	1,8	2,0	2,5	3,0	3,5	4,0
0,25	0,014	0,013	0,012	0,011	0,011	0,011	0,010	0,010	0,010	0,010
0,50	0,049	0,046	0,044	0,042	0,041	0,040	0,038	0,038	0,037	0,037
0,75	0,095	0,090	0,087	0,084	0,082	0,080	0,077	0,076	0,074	0,074
1,00	0,142	0,138	0,134	0,130	0,127	0,125	0,121	0,118	0,116	0,115
1,25	0,186	0,183	0,179	0,176	0,173	0,170	0,165	0,161	0,158	0,157
1,50	0,224	0,224	0,222	0,219	0,216	0,213	0,207	0,203	0,199	0,197
1,75	0,257	0,259	0,259	0,258	0,255	0,253	0,247	0,242	0,238	0,235
2,00	0,285	0,290	0,292	0,292	0,291	0,289	0,284	0,279	0,275	0,271
2,25	0,309	0,317	0,321	0,323	0,323	0,322	0,317	0,313	0,308	0,305
2,50	0,330	0,341	0,347	0,350	0,351	0,351	0,348	0,344	0,340	0,336
2,75	0,348	0,361	0,369	0,374	0,377	0,378	0,377	0,373	0,369	0,365
3,00	0,363	0,379	0,389	0,396	0,400	0,402	0,402	0,400	0,396	0,392
3,25	0,376	0,394	0,406	0,415	0,420	0,423	0,426	0,424	0,421	0,418
3,50	0,388	0,408	0,422	0,431	0,438	0,442	0,447	0,447	0,444	0,441
3,75	0,399	0,420	0,436	0,447	0,454	0,460	0,467	0,458	0.466	0,464
4,00	0,408	0,431	0,448	0,460	0,469	0,476	0,484	0,487	0,486	0,484
4,25	0,417	0,440	0,458	0,472	0,481	0,484	0,495	0,514	0,515	0,515
4,50	0,424	0,450	0,469	0,484	0,495	0,503	0,516	0,521	0,522	0,522
4,75	0,431	0,458	0,478	0,494	0,506	0,515	0,530	0,536	0,539	0,539
5,00	0,437	0,465	0,487	0,503	0,516	0,526	0,543	0,551	0,554	0,554
5,25	0,443	0,472	0,494	0,512	0,526	0,537	0,555	0,564	0,568	0,569
5,50	0,448	0,478	0,501	0,520	0,534	0,546	0,566	0,576	0,581	0,584
5,75	0,453	0,483	0,508	0,527	0,542	0,555	0,576	0,588	0,594	0,597
6,00	0,457	0,489	0,514	0,534	0,550	0,563	0,585	0,598	0,606	0,609
6,25	0,461	0,493	0,519	0,540	0,557	0,570	0,594	0,609	0,617	0,621
6,50	0,465	0,498	0,524	0,546	0,563	0,577	0,603	0,618	0,627	0,632
6,75	0,468	0,502	0,529	0,551	0,569	0,584	0,610	0,627	0,637	0,643
7,00	0,471	0,506	0,533	0,556	0,575	0,590	0,618	0,635	0,646	0,653
7,25	0,474	0,509	0,538	0,561	0,580	0,596	0,625	0,643	0,655	0,662
7,50	0,477	0,513	0,541	0,565	0,585	0,601	0,631	0,650	0,663	0,671
7,75	0,480	0,516	0,545	0,569	0,589	0,606	0,637	0,658	0,671	0,680
8,00	0,482	0,519	0,549	0,573	0,594	0,611	0,643	0,664	0,678	0,688
8,25	0,485	0,522	0,552	0,577	0,598	0,615	0,648	0,670	0,685	0,695
8,50	0,487	0,524	0,555	0,580	0,601	0,619	0,653	0,676	0,692	0,703
8,75	0,489	0,527	0,558	0,583	0,605	0,623	0,658	0,682	0,698	0,710
9,00	0,491	0,529	0,560	0,587	0,609	0,627	0,663	0,687	0,705	0,716
9,25	0,493	0,531	0,563	0,589	0,612	0,631	0,667	0,693	0,710	0,723
9,50	0,495	0,533	0,565	0,592	0,615	0,634	0,671	0,697	0,716	0,719
9,75	0,496	0,536	0,568	0,595	0,618	0,638	0,675	0,702	0,721	0,735
10,00	0,498	0,537	0,570	0,597	0,621	0,641	0,679	0,707	0,726	0,740
20,00	0,529	0,575	0,614	0,647	0,677	0,702	0,756	0,797	0,830	0,856
50,00	0,548	0,598	0,640	0,678	0,711	0,740	0,803	0,853	0,895	0,931
100,00	0,555	0,605	0,649	0,688	0,722	0,753	0,819	0,872	0,918	0,956

(*Continua.*)

Tabela 11.1 (*Continuação.*)

	m'									
n'	4,5	5,0	6,0	7,0	8,0	9,0	10,0	25,0	50,0	100,0
0,25	0,010	0,010	0,010	0,010	0,010	0,010	0,010	0,010	0,010	0,010
0,50	0,036	0,036	0,036	0,036	0,036	0,036	0,036	0,036	0,036	0,036
0,75	0,073	0,073	0,072	0,072	0,072	0,072	0,071	0,071	0,071	0,071
1,00	0,114	0,113	0,112	0,112	0,112	0,111	0,111	0,110	0,110	0,110
1,25	0,155	0,154	0,153	0,152	0,152	0,151	0,151	0,150	0,150	0,150
1,50	0,195	0,194	0,192	0,191	0,190	0,190	0,189	0,188	0,188	0,188
1,75	0,233	0,232	0,229	0,228	0,227	0,226	0,225	0,223	0,223	0,223
2,00	0,269	0,267	0,264	0,262	0,261	0,260	0,259	0,257	0,256	0,256
2,25	0,302	0,300	0,296	0,294	0,293	0,291	0,291	0,287	0,287	0,287
2,50	0,333	0,331	0,327	0,324	0,322	0,321	0,320	0,316	0,315	0,315
2,75	0,362	0,359	0,355	0,352	0,350	0,348	0,347	0,343	0,342	0,342
3,00	0,389	0,386	0,382	0,378	0,376	0,374	0,373	0,368	0,367	0,367
3,25	0,415	0,412	0,407	0,403	0,401	0,399	0,397	0,391	0,390	0,390
3,50	0,438	0,435	0,430	0,427	0,424	0,421	0,420	0,413	0,412	0,411
3,75	0,461	0,458	0,453	0,449	0,446	0,443	0,441	0,433	0,432	0,432
4,00	0,482	0,479	0,474	0,470	0,466	0,464	0,462	0,453	0,451	0,451
4,25	0,516	0,496	0,484	0,473	0,471	0,471	0,470	0,468	0,462	0,460
4,50	0,520	0,517	0,513	0,508	0,505	0,502	0,499	0,489	0,487	0,487
4,75	0,537	0,535	0,530	0,526	0,523	0,519	0,517	0,506	0,504	0,503
5,00	0,554	0,552	0,548	0,543	0,540	0,536	0,534	0,522	0,519	0,519
5,25	0,569	0,568	0,564	0,560	0,556	0,553	0,550	0,537	0,534	0,534
5,50	0,584	0,583	0,579	0,575	0,571	0,568	0,585	0,551	0,549	0,548
5,75	0,597	0,597	0,594	0,590	0,586	0,583	0,580	0,565	0,583	0,562
6,00	0,611	0,610	0,608	0,604	0,601	0,598	0,595	0,579	0,576	0,575
6,25	0,623	0,623	0,621	0,618	0,615	0,611	0,608	0,592	0,589	0,588
6,50	0,635	0,635	0,634	0,631	0,628	0,625	0,622	0,605	0,601	0,600
6,75	0,646	0,647	0,646	0,644	0,641	0,637	0,634	0,617	0,613	0,612
7,00	0,656	0,658	0,658	0,656	0,653	0,650	0,647	0,628	0,624	0,623
7,25	0,666	0,669	0,669	0,668	0,665	0,662	0,659	0,640	0,635	0,634
7,50	0,676	0,679	0,680	0,679	0,676	0,673	0,670	0,651	0,646	0,645
7,75	0,685	0,688	0,690	0,689	0,687	0,684	0,681	0,661	0,656	0,655
8,00	0,694	0,697	0,700	0,700	0,698	0,695	0,692	0,672	0,666	0,665
8,25	0,702	0,706	0,710	0,710	0,708	0,705	0,703	0,682	0,676	0,675
8,50	0,710	0,714	0,719	0,719	0,718	0,715	0,713	0,692	0,686	0,684
8,75	0,717	0,722	0,727	0,728	0,727	0,725	0,723	0,701	0,695	0,693
9,00	0,725	0,730	0,736	0,737	0,736	0,735	0,732	0,710	0,704	0,702
9,25	0,731	0,737	0,744	0,746	0,745	0,744	0,742	0,719	0,713	0,711
9,50	0,738	0,744	0,752	0,754	0,754	0,753	0,751	0,728	0,721	0,719
9,75	0,744	0,751	0,759	0,762	0,762	0,761	0,759	0,737	0,729	0,727
10,00	0,750	0,758	0,766	0,770	0,770	0,770	0,768	0,745	0,738	0,735
20,00	0,878	0,896	0,925	0,945	0,959	0,969	0,977	0,982	0,965	0,957
50,00	0,962	0,989	1,034	1,070	1,100	1,125	1,146	1,265	1,279	1,261
100,00	0,990	1,020	1,072	1,114	1,150	1,182	1,209	1,408	1,489	1,499

Tabela 11.2 Variação de F_2 com m' e n'

	m'									
n'	1,0	1,2	1,4	1,6	1,8	2,0	2,5	3,0	3,5	4,0
0,25	0,049	0,050	0,051	0,051	0,051	0,052	0,052	0,052	0,052	0,052
0,50	0,074	0,077	0,080	0,081	0,083	0,084	0,086	0,085	0,078	0,087
0,75	0,083	0,089	0,093	0,097	0,099	0,101	0,104	0,106	0,107	0,108
1,00	0,083	0,091	0,098	0,102	0,106	0,109	0,114	0,117	0,119	0,120
1,25	0,080	0,089	0,096	0,102	0,107	0,111	0,118	0,122	0,125	0,127
1,50	0,075	0,084	0,093	0,099	0,105	0,110	0,118	0,124	0,128	0,130
1,75	0,069	0,079	0,088	0,095	0,101	0,107	0,117	0,123	0,128	0,131
2,00	0,064	0,074	0,083	0,090	0,097	0,102	0,114	0,121	0,127	0,131
2,25	0,059	0,069	0,077	0,085	0,092	0,098	0,110	0,119	0,125	0,130
2,50	0,055	0,064	0,073	0,080	0,087	0,093	0,106	0,115	0,122	0,127
2,75	0,051	0,060	0,068	0,076	0,082	0,089	0,102	0,111	0,119	0,125
3,00	0,048	0,056	0,064	0,071	0,078	0,084	0,097	0,108	0,116	0,122
3,25	0,045	0,053	0,060	0,067	0,074	0,080	0,093	0,104	0,112	0,119
3,50	0,042	0,050	0,057	0,064	0,070	0,076	0,089	0,100	0,109	0,116
3,75	0,040	0,047	0,054	0,060	0,067	0,073	0,086	0,096	0,105	0,113
4,00	0,037	0,044	0,051	0,057	0,063	0,069	0,082	0,093	0,102	0,110
4,25	0,036	0,042	0,049	0,055	0,061	0,066	0,079	0,090	0,099	0,107
4,50	0,034	0,040	0,046	0,052	0,058	0,063	0,076	0,086	0,096	0,104
4,75	0,032	0,038	0,044	0,050	0,055	0,061	0,073	0,083	0,093	0,101
5,00	0,031	0,036	0,042	0,048	0,053	0,058	0,070	0,080	0,090	0,098
5,25	0,029	0,035	0,040	0,046	0,051	0,056	0,067	0,078	0,087	0,095
5,50	0,028	0,033	0,039	0,044	0,049	0,054	0,065	0,075	0,084	0,092
5,75	0,027	0,032	0,037	0,042	0,047	0,052	0,063	0,073	0,082	0,090
6,00	0,026	0,031	0,036	0,040	0,045	0,050	0,060	0,070	0,079	0,087
6,25	0,025	0,030	0,034	0,039	0,044	0,048	0,058	0,068	0,077	0,085
6,50	0,024	0,029	0,033	0,038	0,042	0,046	0,056	0,066	0,075	0,083
6,75	0,023	0,028	0,032	0,036	0,041	0,045	0,055	0,064	0,073	0,080
7,00	0,022	0,027	0,031	0,035	0,039	0,043	0,053	0,062	0,071	0,078
7,25	0,022	0,026	0,030	0,034	0,038	0,042	0,051	0,060	0,069	0,076
7,50	0,021	0,025	0,029	0,033	0,037	0,041	0,050	0,059	0,067	0,074
7,75	0,020	0,024	0,028	0,032	0,036	0,039	0,048	0,057	0,065	0,072
8,00	0,020	0,023	0,027	0,031	0,035	0,038	0,047	0,055	0,063	0,071
8,25	0,019	0,023	0,026	0,030	0,034	0,037	0,046	0,054	0,062	0,069
8,50	0,018	0,022	0,026	0,029	0,033	0,036	0,045	0,053	0,060	0,067
8,75	0,018	0,021	0,025	0,028	0,032	0,035	0,043	0,051	0,059	0,066
9,00	0,017	0,021	0,024	0,028	0,031	0,034	0,042	0,050	0,057	0,064
9,25	0,017	0,020	0,024	0,027	0,030	0,033	0,041	0,049	0,056	0,063
9,50	0,017	0,020	0,023	0,026	0,029	0,033	0,040	0,048	0,055	0,061
9,75	0,016	0,019	0,023	0,026	0,029	0,032	0,039	0,047	0,054	0,060
10,00	0,016	0,019	0,022	0,025	0,028	0,031	0,038	0,046	0,052	0,059
20,00	0,008	0,010	0,011	0,013	0,014	0,016	0,020	0,024	0,027	0,031
50,00	0,003	0,004	0,004	0,005	0,006	0,006	0,008	0,010	0,011	0,013
100,00	0,002	0,002	0,002	0,003	0,003	0,003	0,004	0,005	0,006	0,006

(*Continua.*)

Tabela 11.2 (*Continuação.*)

	m'									
n'	4,5	5,0	6,0	7,0	8,0	9,0	10,0	25,0	50,0	100,0
0,25	0,053	0,053	0,053	0,053	0,053	0,053	0,053	0,053	0,053	0,053
0,50	0,087	0,087	0,088	0,088	0,088	0,088	0,088	0,088	0,088	0,088
0,75	0,109	0,109	0,109	0,110	0,110	0,110	0,110	0,111	0,111	0,111
1,00	0,121	0,122	0,123	0,123	0,124	0,124	0,124	0,125	0,125	0,125
1,25	0,128	0,130	0,131	0,132	0,132	0,133	0,133	0,134	0,134	0,134
1,50	0,132	0,134	0,136	0,137	0,138	0,138	0,139	0,140	0,140	0,140
1,75	0,134	0,136	0,138	0,140	0,141	0,142	0,142	0,144	0,144	0,145
2,00	0,134	0,136	0,139	0,141	0,143	0,144	0,145	0,147	0,147	0,148
2,25	0,133	0,136	0,140	0,142	0,144	0,145	0,146	0,149	0,150	0,150
2,50	0,132	0,135	0,139	0,142	0,144	0,146	0,147	0,151	0,151	0,151
2,75	0,130	0,133	0,138	0,142	0,144	0,146	0,147	0,152	0,152	0,153
3,00	0,127	0,131	0,137	0,141	0,144	0,145	0,147	0,152	0,153	0,154
3,25	0,125	0,129	0,135	0,140	0,143	0,145	0,147	0,153	0,154	0,154
3,50	0,122	0,126	0,133	0,138	0,142	0,144	0,146	0,153	0,155	0,155
3,75	0,119	0,124	0,131	0,137	0,141	0,143	0,145	0,154	0,155	0,155
4,00	0,116	0,121	0,129	0,135	0,139	0,142	0,145	0,154	0,155	0,156
4,25	0,113	0,119	0,127	0,133	0,138	0,141	0,144	0,154	0,156	0,156
4,50	0,110	0,116	0,125	0,131	0,136	0,140	0,143	0,154	0,156	0,156
4,75	0,107	0,113	0,123	0,130	0,135	0,139	0,142	0,154	0,156	0,157
5,00	0,105	0,111	0,120	0,128	0,133	0,137	0,140	0,154	0,156	0,157
5,25	0,102	0,108	0,118	0,126	0,131	0,136	0,139	0,154	0,156	0,157
5,50	0,099	0,106	0,116	0,124	0,130	0,134	0,138	0,154	0,156	0,157
5,75	0,097	0,103	0,113	0,122	0,128	0,133	0,136	0,154	0,157	0,157
6,00	0,094	0,101	0,111	0,120	0,126	0,131	0,135	0,153	0,157	0,157
6,25	0,092	0,098	0,109	0,118	0,124	0,129	0,134	0,153	0,157	0,158
6,50	0,090	0,096	0,107	0,116	0,122	0,128	0,132	0,153	0,157	0,158
6,75	0,087	0,094	0,105	0,114	0,121	0,126	0,131	0,153	0,157	0,158
7,00	0,085	0,092	0,103	0,112	0,119	0,125	0,129	0,152	0,157	0,158
7,25	0,083	0,090	0,101	0,110	0,117	0,123	0,128	0,152	0,157	0,158
7,50	0,081	0,088	0,099	0,108	0,115	0,121	0,126	0,152	0,156	0,158
7,75	0,079	0,086	0,097	0,106	0,114	0,120	0,125	0,151	0,156	0,158
8,00	0,077	0,084	0,095	0,104	0,112	0,118	0,124	0,151	0,156	0,158
8,25	0,076	0,082	0,093	0,102	0,110	0,117	0,122	0,150	0,156	0,158
8,50	0,074	0,080	0,091	0,101	0,108	0,115	0,121	0,150	0,156	0,158
8,75	0,072	0,078	0,089	0,099	0,107	0,114	0,119	0,150	0,156	0,158
9,00	0,071	0,077	0,088	0,097	0,105	0,112	0,118	0,149	0,156	0,158
9,25	0,069	0,075	0,086	0,096	0,104	0,110	0,116	0,149	0,156	0,158
9,50	0,068	0,074	0,085	0,094	0,102	0,109	0,115	0,148	0,156	0,158
9,75	0,066	0,072	0,083	0,092	0,100	0,107	0,113	0,148	0,156	0,158
10,00	0,065	0,071	0,082	0,091	0,099	0,106	0,112	0,147	0,156	0,158
20,00	0,035	0,039	0,046	0,053	0,059	0,065	0,071	0,124	0,148	0,156
50,00	0,014	0,016	0,019	0,022	0,025	0,028	0,031	0,071	0,113	0,142
100,00	0,007	0,008	0,010	0,011	0,013	0,014	0,016	0,039	0,071	0,113

Devido à natureza não homogênea dos depósitos de solo, a magnitude de E_s pode variar com a profundidade. Por tais razões, Bowles (1987) recomendou a utilização do valor médio ponderado de E_s na Eq. (11.1) ou

$$E_s = \frac{\Sigma E_{s(i)} \Delta z}{\bar{z}} \tag{11.10}$$

onde $E_{s(i)}$ = módulos de elasticidade do solo dentro de uma profundidade de Δz

$\bar{z} = H$ ou $5B$, o que tiver o menor valor

Os valores representativos dos módulos de elasticidade e do coeficiente de Poisson para os tipos diferentes de solos são fornecidos nas Tabelas 11.4 e 11.5, respectivamente.

Tabela 11.3 Variação de I_f com L/B e D_f/B

		I_f		
L/B	**D_f/B**	$\mu_s = 0,3$	$\mu_s = 0,4$	$\mu_s = 0,5$
1	0,5	0,77	0,82	0,85
	0,75	0,69	0,74	0,77
	1	0,65	0,69	0,72
2	0,5	0,82	0,86	0,89
	0,75	0,75	0,79	0,83
	1	0,71	0,75	0,79
5	0,5	0,87	0,91	0,93
	0,75	0,81	0,86	0,89
	1	0,78	0,82	0,85

Tabela 11.4 Valores representativos dos módulos de elasticidade de solo

Tipo de solo	**E_s kN/m²**
Argila fofa	1.800-3.500
Argila rígida	6.000-14.000
Areia fofa	10.000-28.000
Areia compacta	35.000-70.000

Tabela 11.5 Valores representativos do coeficiente de Poisson

Tipo de solo	**Coeficiente de Poisson, μ_s**
Areia fofa	0,2-0,4
Areia média	0,25-0,4
Areia compacta	0,3-0,45
Areia siltosa	0,2-0,4
Argila fofa	0,15-0,25
Argila média	0,2-0,5

Exemplo 11.1

Uma fundação rasa e rígida de 1 m × 1 m no plano é exibida na Figura 11.4. Calcule o recalque elástico no centro da fundação.

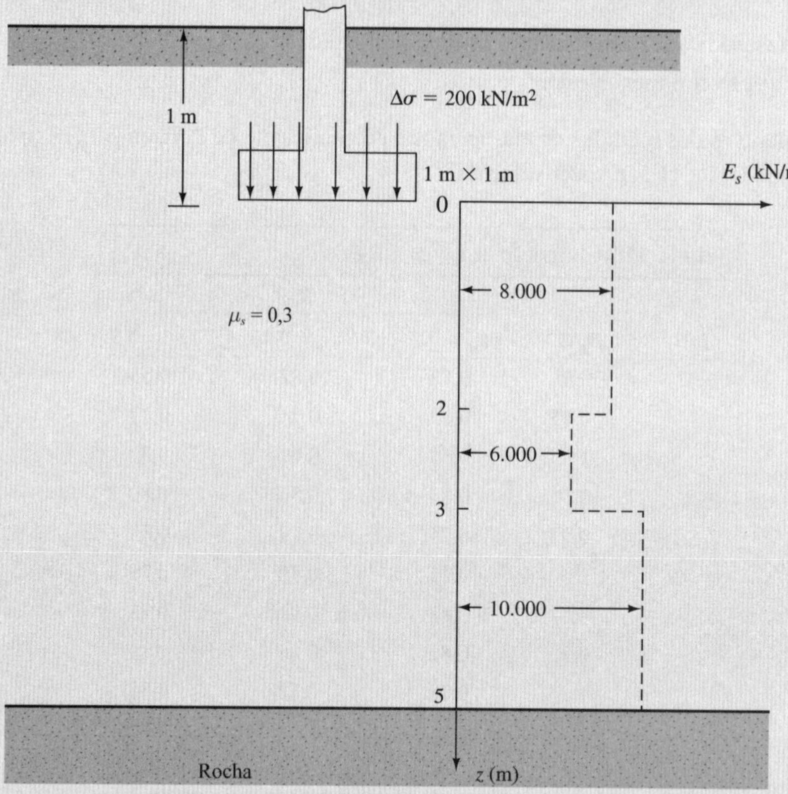

Figura 11.4

Solução

Dados: $B = 1$ m e $L = 1$ m. Observe que $\bar{z} = 5$ m $= 5B$. Da Eq. (11.10),

$$E_s = \frac{\Sigma E_{s(i)} \Delta z}{\bar{z}}$$

$$= \frac{(8.000)(2) + (6.000)(1) + (10.000)(2)}{5} = 8.400 \text{ kN/m}^2$$

Para o *centro da fundação*,

$$\alpha = 4$$

$$m' = \frac{L}{B} = \frac{1}{1} = 1$$

$$n' = \frac{H}{\left(\frac{B}{2}\right)} = \frac{5}{\left(\frac{1}{2}\right)} = 10$$

Das Tabelas 11.1 e 11.2, $F_1 = 0{,}498$ e $F_2 = 0{,}016$. Da Eq. (11.2),

$$I_s = F_1 + \frac{1-2\mu_s}{1-\mu_s}F_2$$

$$= 0,498 + \frac{1-0,6}{1-0,3}(0,016) = 0,507$$

Novamente, $\frac{D_f}{B} = \frac{1}{1} = 1,\ \frac{L}{B} = 1,\ \mu_s = 0,3$. Da Tabela 11.3, $I_f = 0,65$. Portanto,

$$S_{e(\text{flexível})} = \Delta\sigma(\alpha B')\frac{1-\mu_s^2}{E_s}I_s I_f$$

$$= (200)\left(4\times\frac{1}{2}\right)\left(\frac{1-0,3^2}{8.400}\right)(0,507)(0,65) = 0,0143 \text{ m} = 14,3 \text{ mm}$$

Desde que a fundação seja rígida, da Eq. (11.9),

$$S_{e(\text{rígido})} = (0,93)(14,3) = \mathbf{13,3\ mm}$$ ■

11.4 Relações aprimoradas para o recalque elástico

Mayne e Poulos (1999) apresentaram uma relação melhor para calcular o recalque elástico de fundações. Essa relação leva em conta a rigidez da fundação, a profundidade do embutimento da fundação, o aumento no módulo de elasticidade de solo com profundidade e a localização de camadas rígidas a uma profundidade limitada. Para usar essa relação, é preciso determinar o diâmetro equivalente de uma fundação retangular, que é

$$B_e = \sqrt{\frac{4BL}{\pi}} \tag{11.11}$$

onde B = profundidade da fundação
L = comprimento da fundação

Para fundações circulares,

$$B_e = B \tag{11.12}$$

onde B = diâmetro da fundação.

A Figura 11.5 mostra uma fundação com um diâmetro equivalente ao de B_e localizada a uma profundidade D_f abaixo da superfície do solo. Considere a espessura da fundação t e o módulo de elasticidade do material da fundação E_f. Uma camada rígida está localizada a uma profundidade h abaixo da base da fundação. O módulo de elasticidade da camada de solo compressível pode ser dado por:

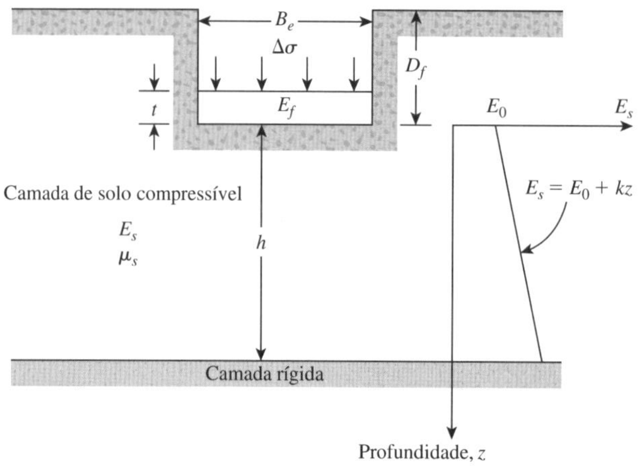

Figura 11.5 Melhor relação para recalque elástico

$$E_s = E_0 + kz \tag{11.13}$$

Com os parâmetros precedentes definidos, o recalque elástico pode ser expresso como:

$$S_e = \frac{\Delta\sigma B_e I_G I_F I_E}{E_o}(1 - \mu_s^2) \tag{11.14}$$

onde I_G = fator de influência para a variação de E_s com profundidade = $f(E_0, k, B_e$ e $h)$

I_F = fator de correção da rigidez da fundação

I_E = fator de correção do embutimento da fundação

A Figura 11.6 mostra a variação de I_G com $\beta = E_0/kB_e$ e h/B_e. O fator de correção da rigidez da fundação pode ser expresso como

$$I_F = \frac{\pi}{4} + \frac{1}{4{,}6 + 10\left(\dfrac{E_f}{E_0 + \dfrac{B_e}{2}k}\right)\left(\dfrac{2t}{B_e}\right)^3} \tag{11.15}$$

De forma similar, o fator de correção do embutimento é

$$I_E = 1 - \frac{1}{3{,}5\exp(1{,}22\mu_s - 0{,}4)\left(\dfrac{B_e}{D_f} + 1{,}6\right)} \tag{11.16}$$

As Figuras 11.7 e 11.8 mostram as variações de I_F e I_E, expressas pelas Eqs. (11.15) e (11.16).

Exemplo 11.2

Com base na Figura 11.5, para uma fundação rasa, sustentada por argila de silte, são dadas as seguintes informações:

Comprimento, L = 1,5m
Largura, B = 1 m
Profundidade da fundação, D_f = 1 m
Espessura da fundação, t = 0,23 m
Volume por área unitária, $\Delta\sigma$ = 190 kN/m^2
$E_f = 15 \times 10^6$ kN/m^2

O solo com argila de silte possui as seguintes propriedades:

h = 2 m
μ_s = 0,3
E_0 = 9000 kN/m^2
k = 500 kN/m^2

Estime o recalque elástico da fundação.

Solução

O diâmetro equivalente da Eq. (11.11) é

$$B_e = \sqrt{\frac{4BL}{\pi}} = \sqrt{\frac{(4)(1{,}5)(1)}{\pi}} = 1{,}38 \text{ m}$$

$$\Delta\sigma = 190 \text{ kN/m}^2$$

$$\beta = \frac{E_o}{kB_e} = \frac{9000}{(500)(1{,}38)} = 13{,}04$$

$$\frac{h}{B_e} = \frac{2}{1{,}38} = 1{,}45$$

Da Figura 11.6, para $\beta = 13{,}04$ e $h/B_e = 1{,}45$, o valor de $I_G \approx 0{,}74$. Portanto, da Eq. (11.15),

$$I_F = \frac{\pi}{4} + \frac{1}{4{,}6 + 10\left(\dfrac{E_f}{E_o + \dfrac{B_e}{2}k}\right)\left(\dfrac{2t}{B_e}\right)^3}$$

$$= \frac{\pi}{4} + \frac{1}{4{,}6 + 10\left[\dfrac{15 \times 10^6}{9000 + \left(\dfrac{1{,}38}{2}\right)(500)}\right]\left[\dfrac{(2)(0{,}23)}{1{,}38}\right]^3} = 0{,}787$$

Da Eq. (11.16),

$$I_E = 1 - \frac{1}{3{,}5\exp(1{,}22\mu_s - 0{,}4)\left(\dfrac{B_e}{D_f} + 1{,}6\right)}$$

$$= 1 - \frac{1}{3{,}5\exp[(1{,}22)(0{,}3) - 0{,}4]\left(\dfrac{1{,}38}{1} + 1{,}6\right)} = 0{,}907$$

Da Eq. (11.14),

$$S_e = \frac{\Delta\sigma B_e I_G I_F I_E}{E_o}(1 - \mu_s^2) = \frac{(190)(1{,}38)(0{,}74)(0{,}787)(0{,}907)}{9000}(1 - 0{,}3^2)$$

$$= 0.014 \text{ m} \approx \mathbf{14\ mm}$$

■

RECALQUE POR ADENSAMENTO

11.5 Fundamentos do adensamento

Quando uma camada de solo saturado é submetida a um aumento de tensão, a poropressão da água é aumentada repentinamente. Em solos arenosos altamente permeáveis, a drenagem causada pelo aumento da poropressão da água é concluída imediatamente. A drenagem nos poros é acompanhada por redução no volume da massa de solo, o que resulta em recalque. Em função da rápida drenagem da água nos poros em solos arenosos, o recalque elástico e por adensamento ocorrem simultaneamente.

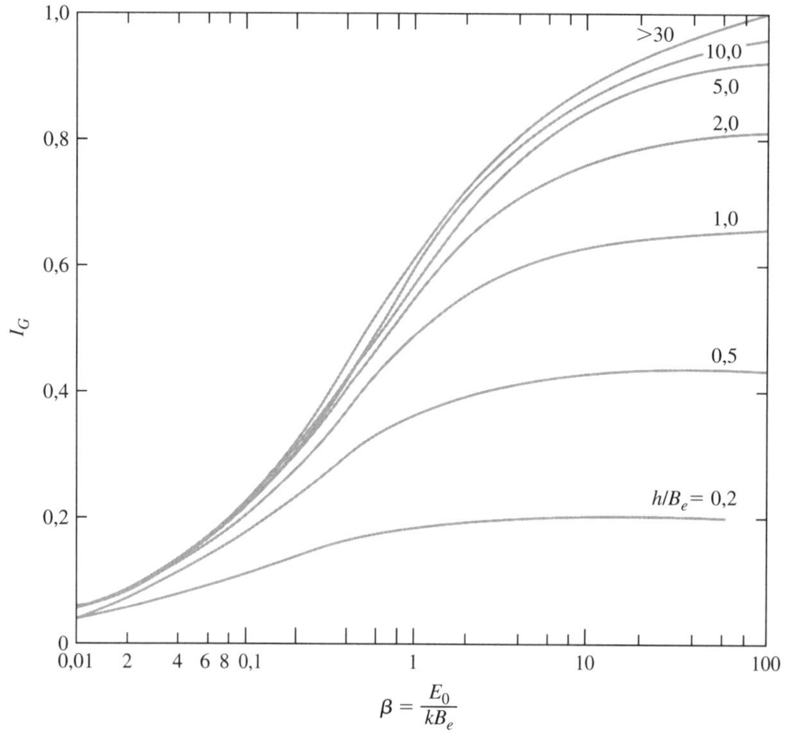

Figura 11.6 Variação de I_G com β

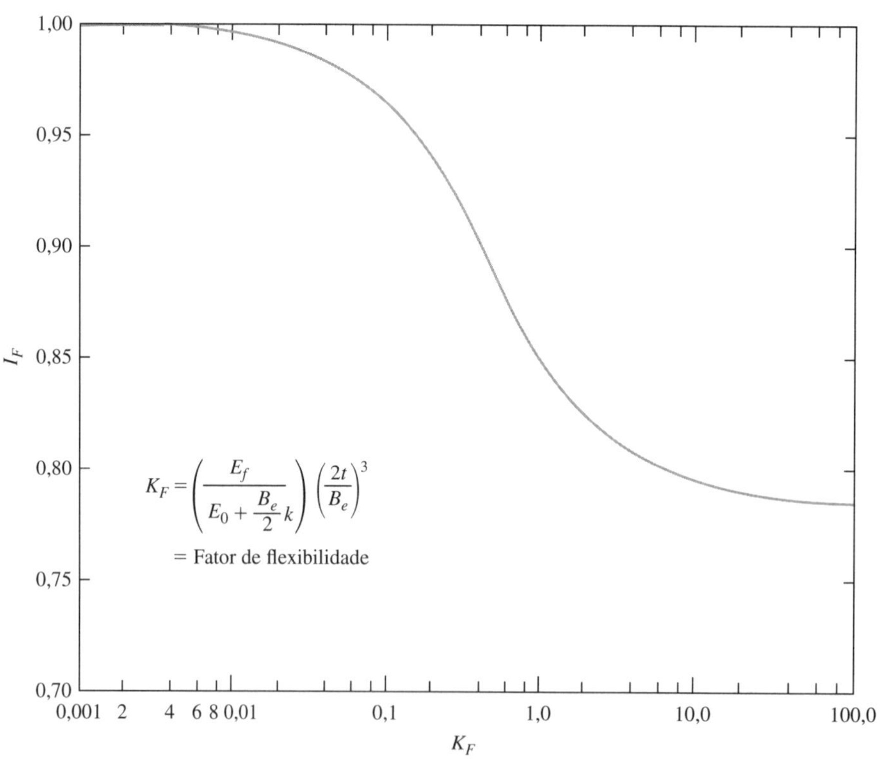

Figura 11.7 Variação do fator de correção da rigidez I_F com o fator de flexibilidade K_F. [Eq. (11.15)]

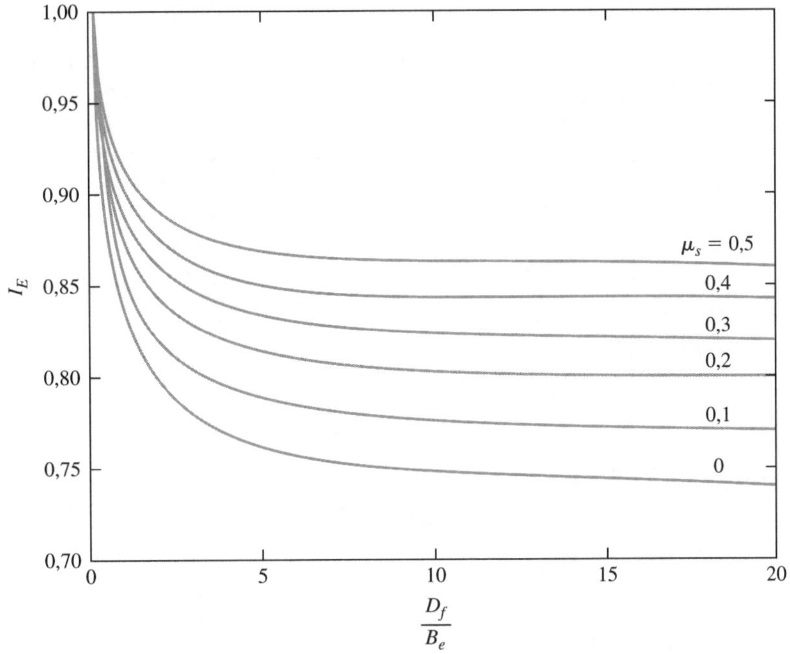

Figura 11.8 Variação do fator de correção do embutimento, I_E [Eq. (11.16)]

Quando uma camada de argila saturada compressível é submetida a um aumento de tensão, o recalque elástico ocorre imediatamente. Como a condutividade hidráulica da argila é significativamente menor que a da areia, o excesso de poropressão da água gerada pela carga se dissipa gradativamente durante um longo período. Portanto, a alteração do volume associado (ou seja, o adensamento) na argila pode continuar ocorrendo depois do recalque elástico. O recalque causado por adensamento na argila pode ser muitas vezes maior que o recalque elástico.

A deformação dependente do tempo no solo argiloso saturado pode ser compreendida de maneira mais clara considerando um modelo simples, que consiste em um cilindro com uma mola posicionada no centro. Considere que a área interna da seção transversal do cilindro seja igual a A. O cilindro é preenchido com água e tem um pistão estanque e livre de atrito e uma válvula, como mostrado na Figura 11.9a. Nesse momento, se colocarmos uma carga P no pistão (Figura 11.9b) e mantivermos a válvula fechada, toda a carga será aplicada na água no cilindro, pois a água *não é compressível*. A mola não sofrerá qualquer deformação. O excesso de pressão hidrostática nesse momento pode ser determinado por

$$\Delta u = \frac{P}{A} \tag{11.17}$$

Esse valor pode ser observado no manômetro preso ao cilindro.

Em geral, podemos escrever

$$P = P_s + P_w \tag{11.18}$$

onde P_s = carga suportada pela mola e P_w = carga suportada pela água.

A partir da discussão anterior, podemos visualizar que, quando a válvula está fechada após a colocação da carga P,

$$P_s = 0 \quad \text{e} \quad P_w = P$$

Agora, se a válvula estiver aberta, a água fluirá para fora (Figura 11.9c). Esse fluxo será acompanhado por uma redução do excesso de pressão hidrostática e um aumento na compressão da mola. Então, nesse momento, a Eq. (11.18) será mantida. Porém

$$P_s > 0 \quad \text{e} \quad P_w < P \qquad (\text{isto é, } \Delta u < P/A)$$

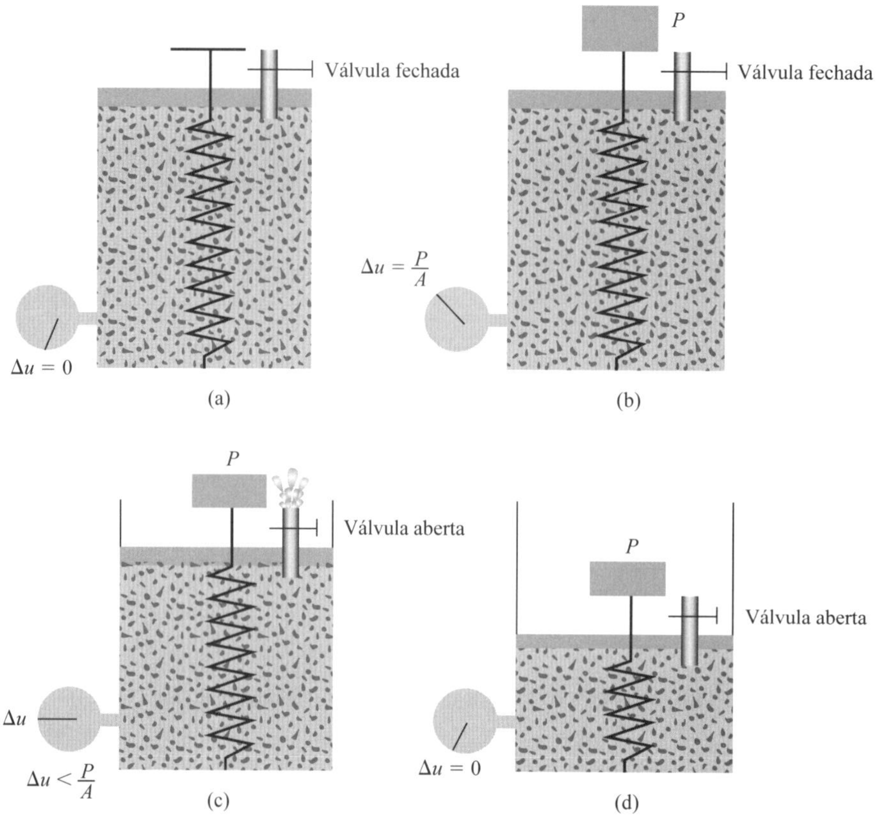

Figura 11.9 Modelo de cilindro com mola para adensamento em argila saturada.

Depois de algum tempo, o excesso de pressão hidrostática se tornará zero e o sistema alcançará um estado de equilíbrio, conforme indicado na Figura 11.9d. Desta forma, podemos escrever

$$P_s = P \quad \text{e} \quad P_w = 0$$

e

$$P = P_s + P_w$$

Com isso em mente, podemos analisar a tensão da camada de argila saturada sujeita ao aumento de tensão (Figura 11.10a). Considere o caso de uma camada de argila saturada de espessura H, confinada entre duas camadas de areia e sendo submetida a um aumento instantâneo de *tensão total* de $\Delta\sigma$.

Assim que $\Delta\sigma$ é aplicado à superfície do solo, o nível de água nos piezômetros aumenta. A curva que corresponde ao nível de água local nos piezômetros em qualquer tempo representa uma *isócrona*.

- No tempo $t = 0$ (Isócrona I_l)

$$\Delta h = \Delta h_1 \text{ (para } z = 0 \text{ a } z = H)$$

No momento, o aumento na poropressão de $z = 0$ a $z = H$ é (em razão da baixa condutividade hidráulica de argila)

$$\Delta u = (\Delta h_1)(\gamma_w) = \Delta\sigma$$

onde γ_w = peso específico da água.

Do princípio de tensão efetiva,

$$\Delta\sigma = \Delta\sigma' + \Delta u \tag{11.19}$$

onde $\Delta\sigma'$ = aumento na tensão efetiva.

Portanto, em $t = 0$ ($z = 0$ a $z = H$)

$\Delta u = \Delta\sigma$ (ou seja, a tensão incremental total é suportada pela água)

e

$\Delta\sigma' = 0$

Isso é semelhante ao indicado na Figura 11.9b. A variação de $\Delta\sigma$, Δu e $\Delta\sigma'$ para $z = 0$ a $z = H$ é indicada na Figura 11.10b.

- No tempo $t > 0$ (Isócrona I_2)

A água nos espaços vazios começará a ser expulsa e drenará em ambas as direções na camada de areia. Por esse processo, a poropressão excessiva em qualquer profundidade z diminuirá gradualmente. A isócrona I_2 exibe a variação de Δh em piezômetros, ou

$$\Delta h = \Delta h_2 = f(z)$$

Portanto, a pressão da poropressão aumenta

$$\Delta u = (\Delta h_2)(\gamma_w) < \Delta\sigma$$

e

$$\Delta\sigma' = \Delta\sigma - \Delta u$$

Isso é semelhante à situação indicada na Figura 11.9c. A variação de $\Delta\sigma$, Δu e $\Delta\sigma'$ no momento $t > 0$ é indicada na Figura 11.10c.

- No momento $t = \infty$ (Isócrona I_3)

Teoricamente, no tempo $t = \infty$, toda a poropressão da água seria dissipada pela drenagem a partir de todos os pontos da camada de argila. Isso é indicado pela Isócrona I_3, ou

$$\Delta h = \Delta h_3 = 0 \text{ (para } z = 0 \text{ a } z = H)$$

Assim

$$\Delta u = 0$$

e

$$\Delta\sigma' = \Delta\sigma$$

O aumento total de tensão $\Delta\sigma$ é, agora, suportado pela estrutura de solo. A variação de $\Delta\sigma$, Δu e $\Delta\sigma'$ é indicada na Figura 11.10d. Isso é semelhante ao caso indicado na Figura 11.9d.

Esse processo gradual de drenagem sob a aplicação de carga adicional e a transferência associada de excesso de poropressão para a tensão efetiva causa o recalque dependente do tempo na camada de solo de argila. Isso é chamado adensamento.

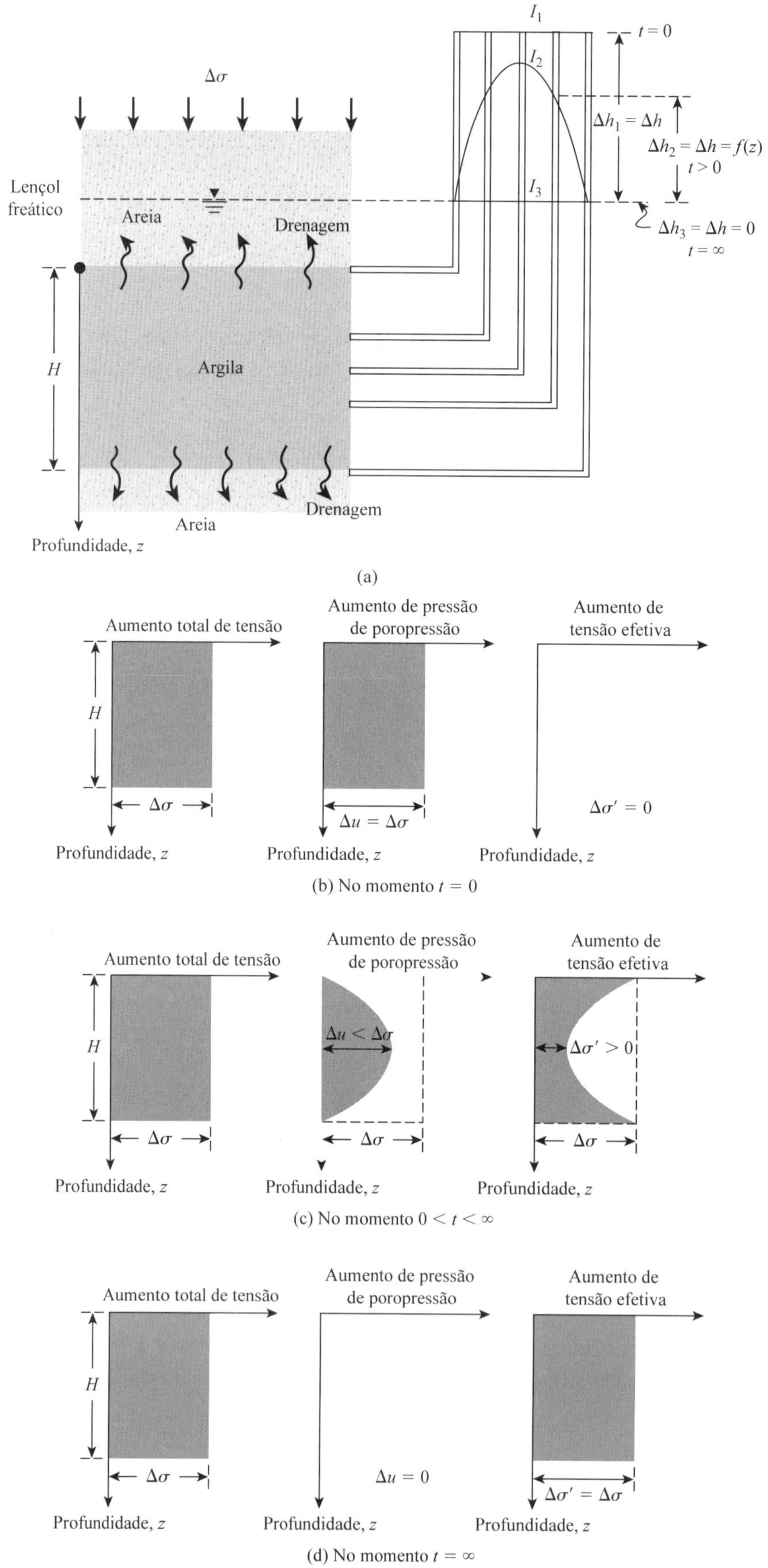

Figura 11.10 Variação da tensão total, poropressão e tensão efetiva em uma camada de argila drenada no topo e na base, como resultado de uma pressão adicionada, $\Delta\sigma$.

11.6 Ensaio de adensamento unidimensional em laboratório

O procedimento do ensaio de adensamento unidimensional foi sugerido, em princípio, por Terzaghi. Esse ensaio é realizado em um *edômetro* (às vezes chamado *consolidômetro*). O diagrama esquemático de um edômetro é exibido na Figura 11.11a. A Figura 11.11b mostra uma fotografia de um edômetro. O corpo de prova de solo é colocado dentro de um anel de metal com duas pedras porosas: uma na parte superior do corpo de prova e a outra na parte inferior. Os corpos de prova geralmente têm 64 mm de diâmetro e 25 mm de espessura. A carga é aplicada no corpo de prova por meio de um braço de alavanca e a compressão é medida por um extensômetro micrométrico. O corpo de prova é mantido inundado durante o ensaio. Cada carga geralmente é mantida por 24 horas. Depois disso, a carga é duplicada, o que também dobra a pressão no corpo de prova, e a medida da compressão é mantida. Ao final do ensaio, determina-se o peso seco do corpo de prova. A Figura 11.11c mostra um ensaio de adensamento (lado direito).

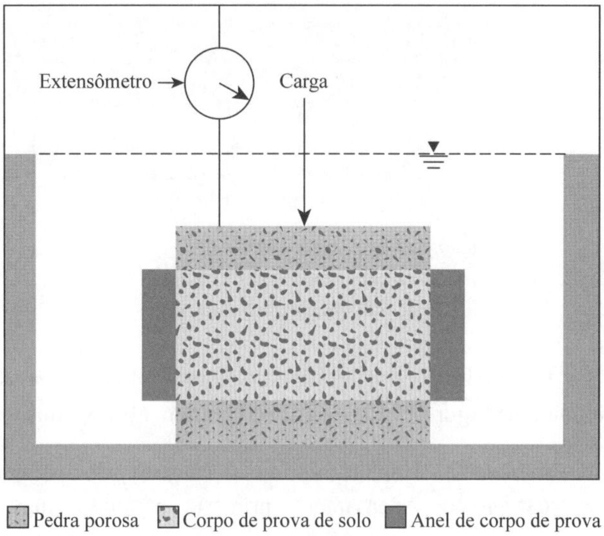

(a)

Figura 11.11 (a) Diagrama esquemático de um edômetro; (b) fotografia de um edômetro; (c) um ensaio de adensamento em progresso (lado direito). (*Cortesia de Braja M. Das, Henderson, Nevada.*)

(b)

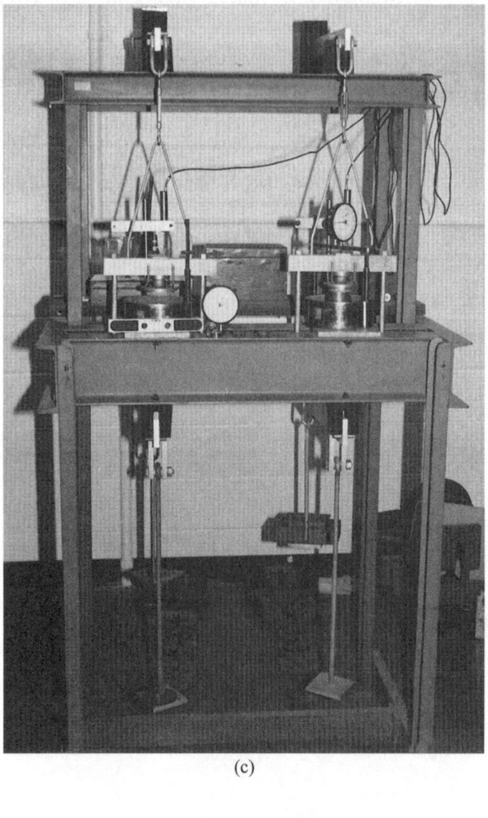

(c)

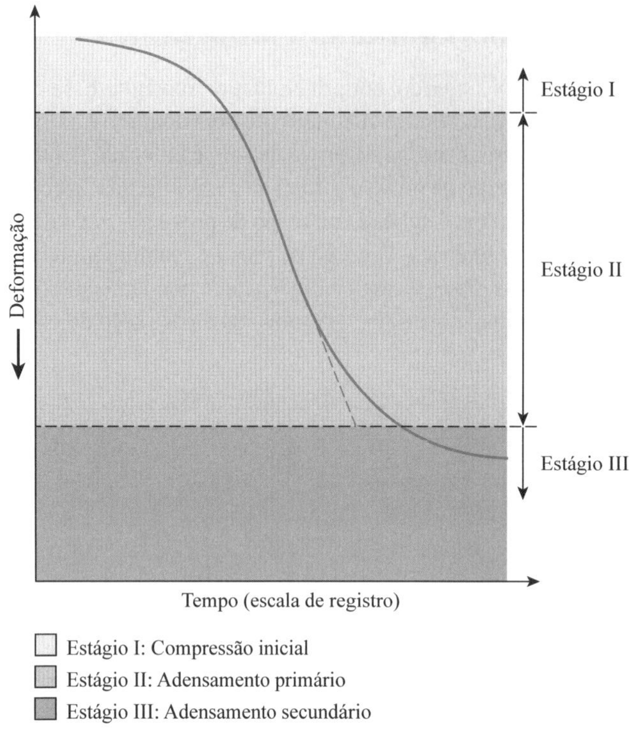

Figura 11.12 Gráfico de deformação por tempo durante o adensamento resultante de um aumento de carga.

O formato geral do gráfico de deformação do corpo de prova contra o tempo resultante de um aumento da carga é exibido na Figura 11.12. A partir do gráfico, observamos três fases distintas que podem ser descritas da seguinte forma:

Estágio I: Compressão inicial, causada principalmente pelo pré-carregamento.

Estágio II: Adensamento primário, durante o qual o excesso de poropressão é gradualmente transferido para a tensão efetiva em razão da expulsão da água dos poros.

Estágio III: Adensamento secundário, que ocorre após a dissipação completa do excesso de poropressão, quando alguma deformação do corpo de prova acontece em razão do reajuste plástico da estrutura do solo.

11.7 Gráficos de índice de vazios-pressão

Após traçar os gráficos de deformação por tempo para diversas cargas obtidas em laboratório, é necessário estudar a alteração no índice de vazios do corpo de prova com a pressão. Abaixo, veja um procedimento passo a passo para isso:

Etapa 1: Calcule a altura dos sólidos, H_s, no corpo de prova de solo (Figura 11.13) usando a equação

$$H_s = \frac{W_s}{AG_s\gamma_w} = \frac{M_s}{AG_s\rho_w} \tag{11.20}$$

onde W_s = peso seco do corpo de prova
M_s = massa seca do corpo de prova
A = área do corpo de prova
G_s = gravidade específica de sólidos no solo
γ_w = peso específico da água
ρ_w = compacidade da água

Etapa 2: Calcule a altura inicial dos vazios como

$$H_v = H - H_s \tag{11.21}$$

onde H = altura inicial do corpo de prova.

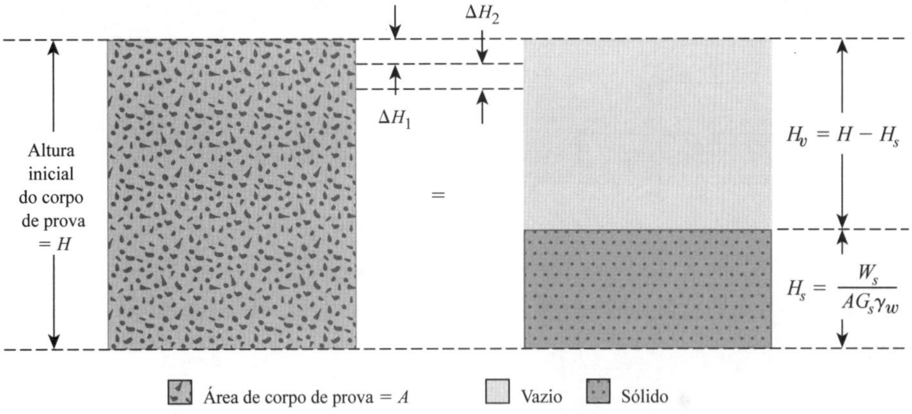

Figura 11.13 Alteração na altura do corpo de prova em um ensaio de adensamento unidimensional.

Etapa 3: Calcule o índice de vazios inicial, e_o, do corpo de prova usando a equação

$$e_o = \frac{V_v}{V_s} = \frac{H_v}{H_s}\frac{A}{A} = \frac{H_v}{H_s} \tag{11.22}$$

Etapa 4: Para o primeiro aumento de tensão, σ_1 (carga total/área específica do corpo de prova), que provoca uma deformação ΔH_1, calcule a variação do índice de vazios como

$$\Delta e_1 = \frac{\Delta H_1}{H_s} \tag{11.23}$$

(ΔH_1 é obtido a partir das leituras inicial e final do aparelho para o carregamento).

É importante observar que, no fim do adensamento, a tensão total σ_1 é igual à tensão efetiva σ'_1.

Etapa 5: Calcule o novo índice de vazios após o adensamento causado pelo aumento da pressão como

$$e_1 = e_o - \Delta e_1 \tag{11.24}$$

Para o próximo carregamento, σ_2 (*observação*: σ_2 é igual à carga acumulada por área específica do corpo de prova), que causa a deformação adicional ΔH_2, o índice de vazios no fim do adensamento pode ser calculado como

$$e_2 = e_1 - \frac{\Delta H_2}{H_s} \tag{11.25}$$

Neste momento, σ_2 = tensão efetiva, σ'_2. De forma semelhante, é possível obter os índices de vazios no final do adensamento para todos os incrementos de carga.

A tensão efetiva σ' e os índices de vazios correspondentes (e) no final do adensamento são registrados graficamente em papel semilogarítmico. O formato típico desse gráfico é indicado na Figura 11.14.

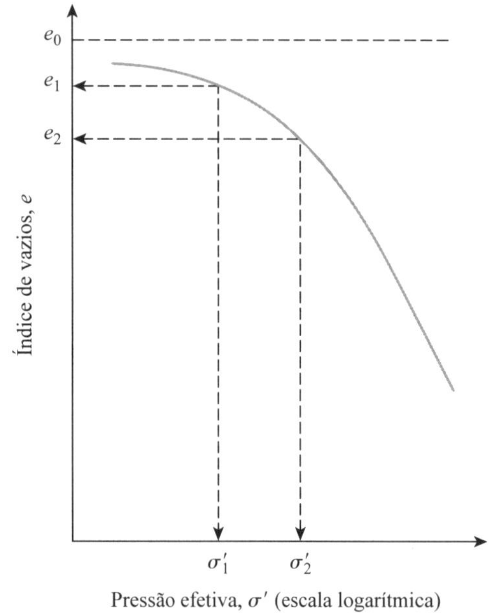

Figura 11.14 Gráfico típico de e contra o log σ'.

Exemplo 11.3

A seguir estão os resultados de um ensaio de adensamento realizado em laboratório em um corpo de prova de solo obtido do campo: Massa seca do corpo de prova = 128 g, altura do corpo de prova no início do ensaio = 2,54 cm, $G_s = 2{,}75$ e área do corpo de prova = 30,68 cm^2.

Pressão efetiva, σ' (kN/m^2)	Altura final do corpo de prova no final do adensamento (cm)
0	2,540
50	2,488
100	2,465
200	2,431
400	2,389
800	2,324
1600	2,225
3200	2,115

Faça os cálculos necessários e desenhe a curva de e *versus* a curva de log σ'.

Solução

Da Eq. (11.20),

$$H_s = \frac{W_s}{AG_s\gamma_w} = \frac{M_s}{AG_s\rho_w} = \frac{128 \text{ g}}{(30{,}68 \text{ cm}^2)(2{,}75)(1 \text{ g/cm}^3)} = 1{,}52 \text{ cm}$$

Assim, a tabela a seguir pode ser preparada.

Pressão efetiva, σ' (kN/m^2)	Altura no fim do adensamento, H (cm)	$H_v = H - H_s$ (cm)	$e = H_v/H_s$
0	2,540	1,02	0,671
50	2,488	0,968	0,637
100	2,465	0,945	0,622
200	2,431	0,911	0,599
400	2,389	0,869	0,572
800	2,324	0,804	0,529
1600	2,225	0,705	0,464
3200	2,115	0,595	0,390

O gráfico de *e versus* log σ' é mostrado na Figura 11.15.

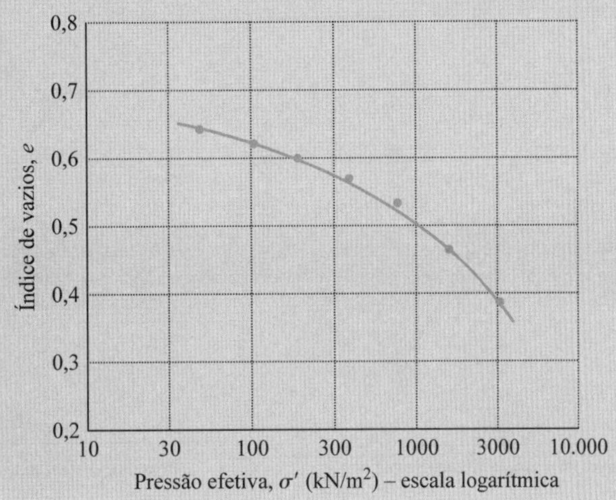

Figura 11.15 Variação de índice de vazios com pressão efetiva. ■

11.8 Argilas normalmente adensadas e sobreadensadas

A Figura 11.14, que relaciona o índice de vazios com o logarítmo da tensão efetiva aplicada no solo, apresenta, inicialmente, uma relação não linear entre essas duas grandezas. A partir de determinado ponto, essa relação passa a ser linear, com uma inclinação mais pronunciada. Esse fenômeno é explicado a seguir.

Um solo no campo a determinada profundidade foi submetido a certa pressão efetiva máxima passada em sua história geológica. Essa pressão máxima passada pode ser igual ou menor que a pressão efetiva de sobrecarga existente no momento em que o corpo de prova foi amostrado. A redução da pressão efetiva no campo pode ser causada por processos geológicos naturais ou provocados pela ação humana. Durante a extração da amostra de solo, a pressão efetiva da sobrecarga existente também é liberada, o que resulta em expansão. Durante o ensaio de adensamento ao qual o corpo de prova será submetido, uma pequena quantidade de compressão (ou seja, uma pequena alteração no índice de vazios) ocorrerá quando a pressão efetiva aplicada for menor que a pressão efetiva de sobrecarga máxima à qual o solo foi submetido no passado. Quando a pressão efetiva aplicada sobre o corpo de prova for maior que a pressão efetiva máxima passada, a variação do índice de vazios será muito maior, e a relação *e*-log σ' será praticamente linear, com inclinação mais acentuada.

Essa relação pode ser verificada em laboratório, fazendo com que a pressão efetiva de sobrecarga máxima no corpo de prova seja excedida e, em seguida, descarregando e carregando novamente. O gráfico de *e*-log σ' para tais casos é mostrado na Figura 11.16, na qual *cd* representa o descarregamento e *dfg* representa o processo de recarregamento.

Isso nos leva a duas definições básicas de argila com base no histórico de tensão:

1. *Normalmente adensada*, cuja pressão efetiva de sobrecarga atual é a pressão máxima à qual o solo foi submetido no passado.

2. *Sobreadensadas*, cuja pressão efetiva de sobrecarga atual é menor que a pressão à qual o solo tenha sofrido no passado. A pressão efetiva máxima passada é chamada *pressão de pré-adensamento*.

Casagrande (1936) sugeriu uma construção gráfica simples para determinar a pressão de pré-adensamento σ'_c a partir do gráfico de laboratório e-log σ'. O procedimento é (veja a Figura 11.17):

Etapa 1: Pela observação visual, estabeleça um ponto a, no qual o gráfico de e-log σ' tenha um raio mínimo de curvatura.

Etapa 2: Desenhe uma linha horizontal ab.

Etapa 3: Trace a linha ac tangente em a.

Etapa 4: Determine a linha ad, bissetriz do ângulo bac.

Etapa 5: Projete a parte reta da linha gh do gráfico e-log σ' para trás a fim de interceptar a linha ad em f. A abscissa do ponto f é a pressão de pré-adensamento, σ'_c.

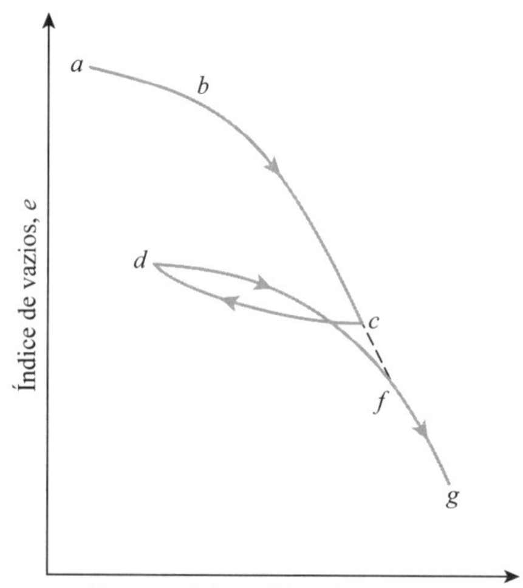

Figura 11.16 Gráfico de e em relação ao log σ' que exibe os ramos de carregamento, descarregamento e recarregamento.

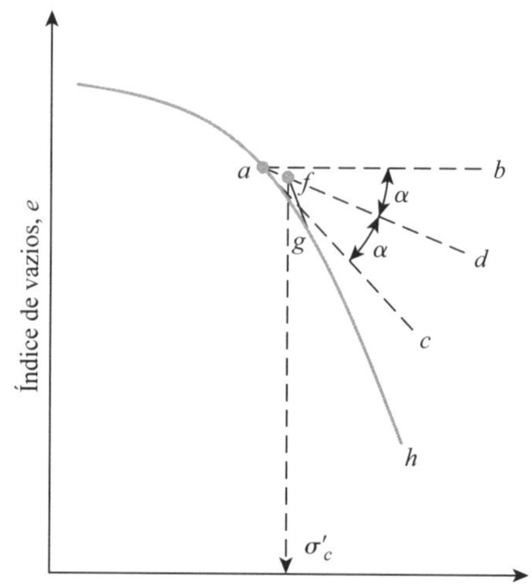

Figura 11.17 Procedimento gráfico para determinação de pressão de pré-adensamento.

Agora, a razão de sobreadensamento (OCR) de um solo pode ser definida por

$$OCR = \frac{\sigma'_c}{\sigma'} \tag{11.26}$$

onde σ'_c = pressão de pré-adensamento de um corpo de prova
σ' = pressão vertical efetiva presente

Na literatura, há algumas relações empíricas disponíveis para prever a pressão de pré-adensamento. Alguns exemplos estão a seguir.

- Stas e Kulhawy (1984):

$$\frac{\sigma'_c}{p_a} = 10^{[1,11-1,62(IL)]} \tag{11.27}$$

onde p_a = pressão atmosférica ($\approx$100 kN/m^2)
IL = índice de liquidez

- Hansbo (1957)

$$\sigma'_c = \alpha_{(\text{VST})}\, c_{u(\text{VST})} \tag{11.28}$$

onde $\alpha_{(\text{VST})}$ = um coeficiente empírico $= \dfrac{222}{LL(\%)}$

$c_{u(\text{VST})}$ = resistência ao cisalhamento não drenada obtida a partir do ensaio de palheta (Capítulo 12).

Em qualquer caso, as relações acima podem variar de solo para solo. Elas podem ser consideradas uma aproximação inicial.

Solos tropicais

Para os solos residuais, apenas o índice de vazios e a história de tensões não são suficientes para caracterizar o comportamento quanto à sua compressibilidade. A cimentação entre as partículas aumenta a rigidez do solo, influenciando a resistência ao cisalhamento e à compressibilidade. A resposta do solo frente às solicitações está fortemente ligada à sua estrutura, cimentação e características herdadas da rocha matriz. Todas essas propriedades dependem do grau de alteração do material. Assim, existem solos com comportamentos que variam de baixa compressibilidade e elevada resistência – como os solos saprolíticos, incluindo nesse extremo as rochas alteradas – até os solos extremamente instáveis, denominados solos colapsíveis. Os solos residuais apresentam uma "pressão de pré-adensamento virtual" (independente de sua trajetória de tensões), também chamada tensão de escoamento, na curva log tensão vertical *versus* índice de vazios, semelhante aos solos sedimentares pré-adensados. A curva $e \times \log s_v$ é composta basicamente de dois trechos, nos quais a deformabilidade do material é nitidamente distinta. Ao passar do primeiro para o segundo trecho o solo perde rigidez, sofrendo cedência. A cedência, nos solos residuais, está associada à quebra da estrutura cimentada.

Exemplo 11.4

Veja a seguir os resultados de um ensaio de adensamento em laboratório.

Pressão, σ', (kN/m^2)	Índice de vazios, *e*
50	0,840
100	0,826
200	0,774
400	0,696
800	0,612
1000	0,528

Utilizando o procedimento de Casagrande, determine a pressão de pré-adensamento σ'_c.

Solução

A Figura 11.18 mostra o gráfico do *e*-log σ'. Nesse gráfico, *a* é o ponto em que o raio de curvatura é mínimo. A pressão de pré-adensamento é determinada usando o procedimento mostrado na Figura 11.17. De acordo com o gráfico, $\sigma'_c = 160$ **kN/m²**.

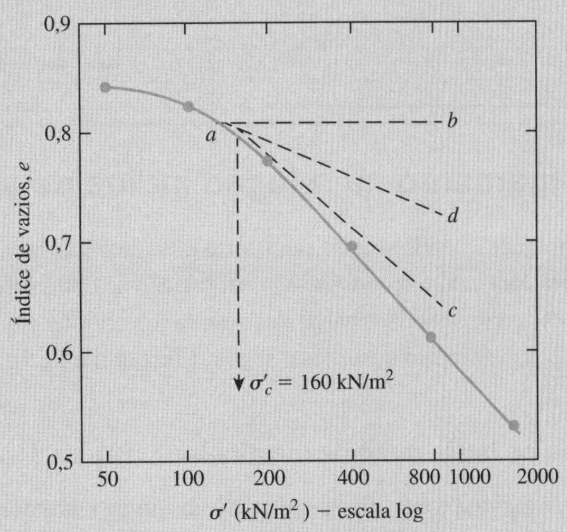

Figura 11.18

■

Exemplo 11.5

Um perfil de solo é mostrado na Figura 11.19. Usando a Eq. (11.27), estime a pressão de pré-adensamento σ'_c e a razão de sobreadensamento *OCR* no ponto *A*.

Solução

Índice de liquidez:

$$IL = \frac{w - LP}{LL - LP} = \frac{32 - 23}{51 - 23} = 0{,}32$$

Da Eq. (11.27):

$$\sigma'_c = (p_a)10^{[1{,}11 - 1{,}62(IL)]} = (100)10^{[1{,}11-(1{,}62)(0{,}32)]} = \mathbf{390{,}48\ kN/m^2}$$

Em *A*, a pressão efetiva atual é:

$$\sigma' = (2{,}5)(15{,}6) + (5)(19 - 9{,}81) = 84{,}95\ \text{kN/m}^2$$

Logo,

$$OCR = \frac{390{,}48}{84{,}95} \approx \mathbf{4{,}6}$$

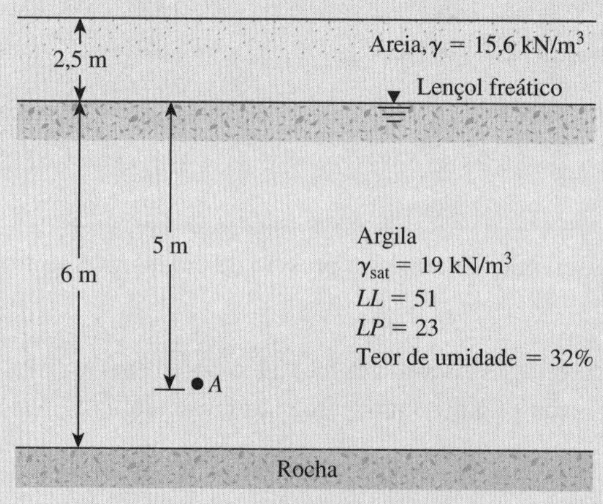

Figura 11.19

■

11.9 Efeito do amolgamento na relação índice de vazios-pressão

Um corpo de prova de solo será amolgado quando sujeito a um certo grau de perturbação. Esse amolgamento resultará em um gráfico *e*-log σ' obtido em laboratório com um certo desvio em relação ao comportamento real de campo. No entanto, a relação *e*-log σ' de campo pode ser reconstituída a partir dos resultados obtidos em laboratório com o corpo de prova amolgado. Os passos para essa reconstituição são descritos a seguir. (Terzaghi e Peck, 1967).

Argila normalmente adensada de baixa a média plasticidade (Figura 11.20)

Etapa 1: Na Figura 11.20, a curva 2 é o gráfico *e*-log σ' do ensaio de laboratório. A partir desse gráfico, determine a pressão de pré-adensamento $\sigma'_c = \sigma'_o$ (ou seja, a pressão efetiva de sobrecarga atual). Sabendo onde $\sigma'_c = \sigma'_o$, desenhe uma linha vertical *ab*.

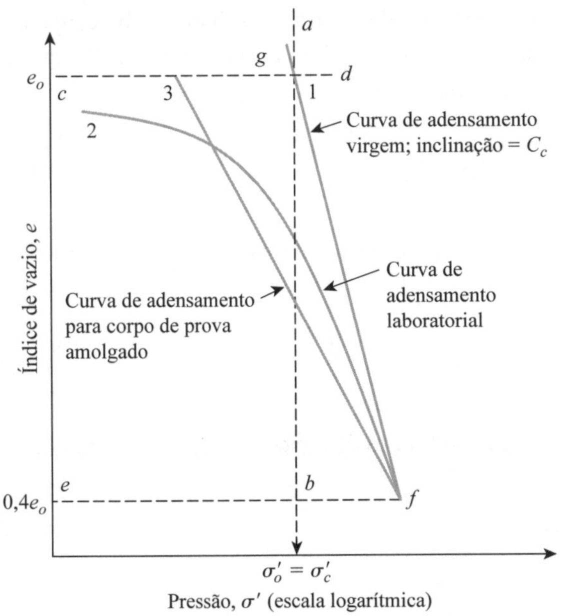

Figura 11.20 Características de adensamento da argila normalmente adensada com sensibilidade baixa a média.

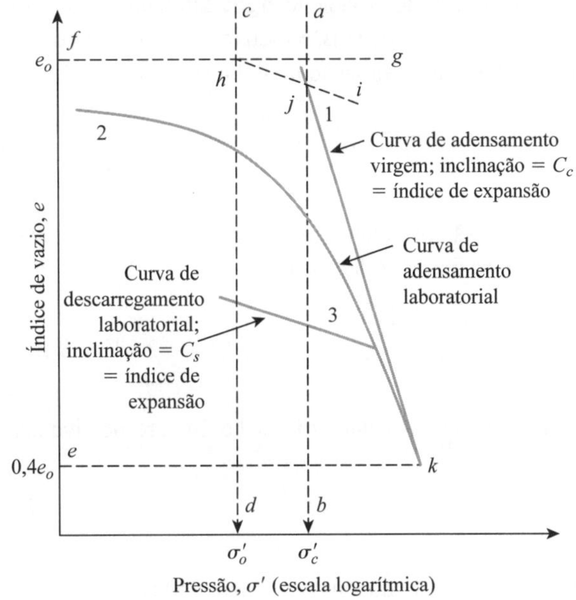

Figura 11.21 Características de adensamento da argila sobreadensada com sensibilidade baixa a média.

Etapa 2: Calcule o índice de vazios no campo e_o. Desenhe a linha horizontal *cd*.

Etapa 3: Calcule $0{,}4e_o$ e trace a linha *ef*. (*Observação*: *f* é o ponto de intersecção da linha com a curva 2.)

Etapa 4: Junte os pontos *f* e *g*. Observe que *g* é o ponto de intersecção das linhas *ab* e *cd*. Esta é a *curva de compressão virgem*.

É importante ressaltar que, quando um solo for completamente amolgado, a posição geral do gráfico *e*-log σ' será como representado pela curva 3.

Argila sobreadensada de baixa a média plasticidade (Figura 11.21)

Etapa 1: Na Figura 11.21, a curva 2 é o gráfico *e*-log σ' do ensaio de laboratório (carregamento) e a curva 3 é o descarregamento realizado em laboratório, ou curva de recuperação. Da curva 2, determine a pressão de pré-adensamento σ'_c. Desenhe uma linha horizontal *ab*.

Etapa 2: Determine a pressão efetiva de sobrecarga de campo σ'_o. Desenhe a linha vertical *cd*.

Etapa 3: Determine o índice de vazios no campo, e_o. Desenhe a linha horizontal *fg*. O ponto de intersecção das linhas *fg* e *cd* é *h*.

Etapa 4: Trace uma linha *hi*, paralela à curva 3 (que é praticamente uma linha reta). O ponto de intersecção das linhas *hi* e *ab* é *j*.

Etapa 5: Junte os pontos *j* e *k*. O ponto *k* está na curva 2, e sua ordenada é $0{,}4e_o$.

O gráfico de adensamento em campo estará no caminho *hjk*. O caminho de recompressão no campo é *hj* e está paralelo à curva de recuperação laboratorial (Schmertmann, 1953).

11.10 Cálculo do recalque a partir do adensamento primário unidimensional

Com o conhecimento adquirido a partir da análise dos resultados do ensaio de adensamento, podemos agora calcular o recalque provável causado pelo adensamento primário no campo, presumindo um adensamento unidimensional.

Considere uma camada de argila saturada de espessura H e área transversal seccional A sob uma sobrecarga média existente em termos de tensão efetiva, σ'_o. Por conta do aumento da pressão efetiva, $\Delta\sigma'$, considere o recalque primário como S_c. Portanto, a variação no volume (Figura 11.22) pode ser determinada por

$$\Delta V = V_0 - V_1 = HA - (H - S_c)A = S_c A \tag{11.29}$$

onde V_0 e V_1 são os volumes inicial e final, respectivamente. No entanto, a variação no volume total é igual à variação no volume de vazios, ΔV_v. Portanto,

$$\Delta V = S_c A = V_{v_0} - V_{v_1} = \Delta V_v \tag{11.30}$$

onde V_{v_0} e V_{v_1} são os volumes inicial e final, respectivamente. A partir da definição de índice de vazios, decorre que

$$\Delta V_v = \Delta e V_s \tag{11.31}$$

onde Δe = variação do índice de vazios. Mas

$$V_s = \frac{V_0}{1 + e_o} = \frac{AH}{1 + e_o} \tag{11.32}$$

onde e_o = índice de vazios inicial no volume V_0. Portanto, a partir das Eqs. (11.29) até (11.32),

$$\Delta V = S_c A = \Delta e V_s = \frac{AH}{1 + e_o}\Delta e$$

ou

$$S_c = H\frac{\Delta e}{1 + e_o} \tag{11.33}$$

Para argilas normalmente adensadas com uma relação linear de e-log σ' (veja a Figura 11.20),

$$\Delta e = C_c[\log(\sigma'_o + \Delta\sigma') - \log\sigma'_o] \tag{11.34}$$

onde C_c = inclinação do gráfico e-log σ' e é definido como índice de compressão. A substituição da Eq. (11.34) pela Eq. (11.33) resulta em

$$S_c = \frac{C_c H}{1 + e_o}\log\left(\frac{\sigma'_o + \Delta\sigma'}{\sigma'_o}\right) \tag{11.35}$$

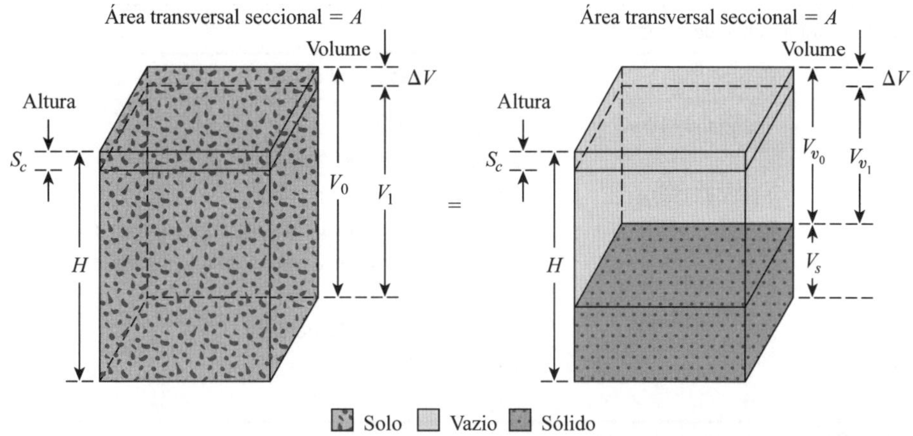

Figura 11.22 Recalque causado pelo adensamento unidimensional.

Nas argilas sobreadensadas (consulte a Figura 11.21), para $\sigma'_o + \Delta\sigma' \leq \sigma'_c$, a variação *e*-log σ' de campo estará ao longo da linha *hj*, cuja inclinação será aproximadamente igual àquela da curva de descarregamento laboratorial. A inclinação da curva de recuperação C_s é chamada *índice de expansão*; então

$$\Delta e = C_s[\log(\sigma'_o + \Delta\sigma') - \log\sigma'_o] \tag{11.36}$$

Das Eqs. (11.33) e (11.36), vemos que

$$S_c = \frac{C_s H}{1+e_o}\log\left(\frac{\sigma'_o + \Delta\sigma'}{\sigma'_o}\right) \tag{11.37}$$

Se $\sigma'_o + \Delta\sigma' > \sigma'_c$, então

$$S_c = \frac{C_s H}{1+e_o}\log\frac{\sigma'_c}{\sigma'_o} + \frac{C_c H}{1+e_o}\log\left(\frac{\sigma'_o + \Delta\sigma'}{\sigma'_c}\right) \tag{11.38}$$

Porém, se a curva *e*-log σ' for determinada, é possível obter Δe do gráfico para o intervalo adequado de pressões. Essa quantidade pode ser substituída na Eq. (11.33) para cálculo de recalque, S_c.

11.11 Correlações para o índice de compressão (C_c)

O índice de compressão para o cálculo de recalque no campo provocado pelo adensamento pode ser determinado por construção gráfica (como mostra a Figura 11.20), através dos resultados do ensaio de adensamento de índice de vazios *versus* logaritmo da pressão aplicada.

Skempton (1944) sugeriu a seguinte expressão empírica para o índice de compressão para argilas não deformadas:

$$C_c = 0{,}009(LL - 10) \tag{11.39}$$

onde LL = limite de liquidez.

Esta e outras correlações, obtidas por diversos pesquisadores que executaram ensaios em argilas, são apresentadas na Tabela 11.6.

Com base nas observações sobre várias argilas naturais, Rendon-Herrero (1983) forneceu a relação para o índice de compressão na forma

$$C_c = 0{,}141 G_s^{1,2}\left(\frac{1+e_o}{G_s}\right)^{2,38} \tag{11.40}$$

Tabela 11.6 Correlações para o índice de compressão, C_c*

Equação	Referência	Região de aplicabilidade
$C_c = 0{,}007(LL - 7)$	Skempton (1944)	Argilas amolgadas
$C_c = 0{,}01w_N$		Argilas de Chicago
$C_c = 1{,}15(e_o - 0{,}27)$	Nishida (1956)	Argilas diversas
$C_c = 0{,}30(e_o - 0{,}27)$	Hough (1957)	Solo coesivo inorgânico: silte, argila siltosa e argila
$C_c = 0{,}0115w_N$		Solos orgânicos, turfas, silte orgânico e argila
$C_c = 0{,}0046(LL - 9)$		Argilas brasileiras
$C_c = 0{,}75(e_o - 0{,}5)$		Solos com baixa plasticidade
$C_c = 0{,}208e_o + 0{,}0083$		Argilas de Chicago
$C_c = 0{,}156e_o + 0{,}0107$		Argilas diversas

* Segundo Rendon-Herrero, (1980). Com permissão da ASCE.
Observação: e_o = índice de vazios *in situ*; w_N = teor de umidade *in situ*.

Nagaraj e Murty (1985) expressaram o índice de compressão como

$$C_c = 0{,}2343\left[\frac{LL(\%)}{100}\right]G_s \tag{11.41}$$

Com base no modelo Cam Clay Modificado, Wroth e Wood (1978) mostraram que

$$C_c \approx 0{,}5G_s\frac{[IP(\%)]}{100} \tag{11.42}$$

onde IP = índice de plasticidade.

Se um valor médio de G_s for considerado igual a 2,7 (Kulhawy e Mayne, 1990)

$$C_c \approx \frac{IP}{74} \tag{11.43}$$

Mais recentemente, Park e Koumoto (2004) expressaram o índice de compressão pela seguinte relação:

$$C_c = \frac{n_o}{371{,}747 - 4{,}275n_o} \tag{11.44}$$

onde n_o = porosidade do solo *in situ* (%).

11.12 Correlações para índice de expansão (C_s)

O índice de expansão é significativamente menor em magnitude que o índice de compressão e geralmente pode ser determinado em ensaios de laboratório. Na maioria dos casos,

$$C_s \simeq \tfrac{1}{5} \text{ a } \tfrac{1}{10}C_c$$

O índice de expansão foi expresso por Nagaraj e Murty (1985) por

$$C_s = 0{,}0463\left[\frac{LL(\%)}{100}\right]G_s \tag{11.45}$$

Com base no modelo Cam Clay modificado, Kulhawy e Mayne (1990) mostraram que

$$C_c \approx \frac{IP}{370} \tag{11.46}$$

Exemplo 11.6

Abaixo estão os resultados de um ensaio de adensamento em laboratório:

Pressão, σ' (kN/m²)	Índice de vazios, e	Observações	Pressão, σ' (kN/m²)	Índice de vazios, e	Observações
25	0,93	Carregamento	800	0,61	Carregamento
50	0,92		1600	0,52	
100	0,88		800	0,535	Descarregamento
200	0,81		400	0,555	
400	0,69		200	0,57	

a. Calcule o índice de compressão e a razão C_s/C_c.
b. Com base no gráfico e-log σ' médio, calcule o índice de vazios em $\sigma'_o = 1.000$ kN/m².

Solução

Parte a

O gráfico de e *versus* log σ'é mostrado na Figura 11.23. A partir do gráfico e-log σ'médio, para os ramos de carregamento e descarregamento, são determinados os seguintes valores:

Ramo	e	σ'_o (kN/m²)
Carregamento	0,8	200
	0,7	400
Descarregamento	0,57	200
	0,555	400

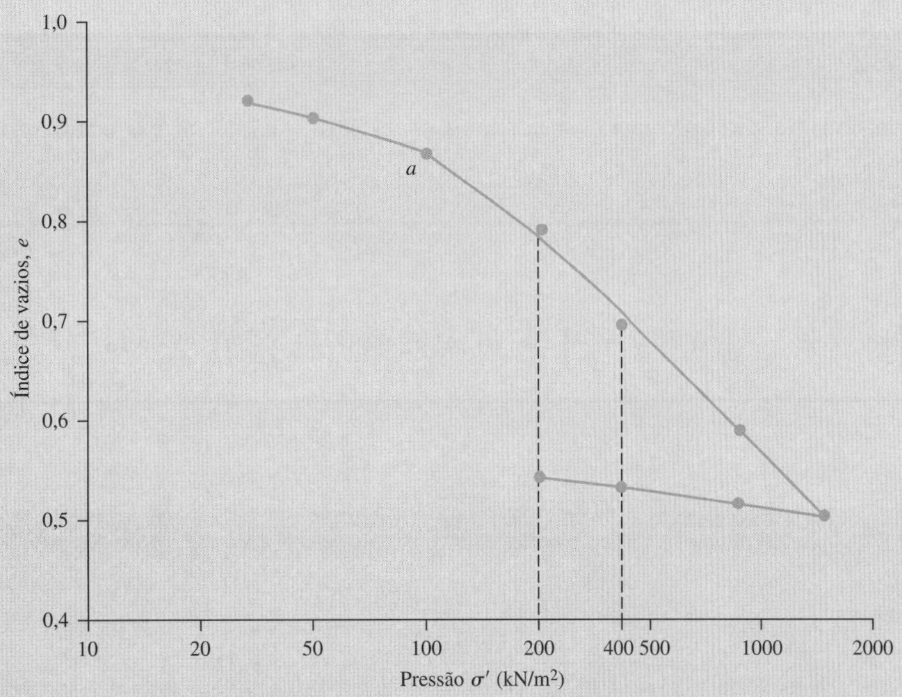

Figura 11.23 Gráfico de e *versus* log σ'.

Do ramo de carregamento,

$$C_c = \frac{e_1 - e_2}{\log \frac{\sigma_2'}{\sigma_1'}} = \frac{0,8 - 0,7}{\log\left(\frac{400}{200}\right)} = \mathbf{0,33}$$

Do ramo de descarregamento,

$$C_s = \frac{e_1 - e_2}{\log \frac{\sigma_2'}{\sigma_1'}} = \frac{0,57 - 0,555}{\log\left(\frac{400}{200}\right)} = 0,0498 \approx 0,05$$

$$\frac{C_s}{C_c} = \frac{0,05}{0,33} = \mathbf{0,15}$$

Parte b

$$C_c = \frac{e_1 - e_3}{\log \frac{\sigma_3'}{\sigma_1'}}$$

Sabemos que $e_1 = 0,8$ em $\sigma_1' = 200$ kN/m² e que $C_c = 0,33$ [parte (a)]. Considere $\sigma_3' = 1.000$ kN/m². Portanto,

$$0,33 = \frac{0,8 - e_3}{\log\left(\frac{1.000}{200}\right)}$$

$$e_3 = 0,8 - 0,33\log\left(\frac{1.000}{200}\right) \approx \mathbf{0,57}$$

■

Exemplo 11.7

Para um determinado solo argiloso no campo, consideremos: $G_s = 2,68$, $e_o = 0,75$. Estime C_c com base nas Eqs. (11.40) e (11.44).

Solução

Da Eq. (11.40),

$$C_c = 0,141 G_s^{1,2}\left(\frac{1 + e_o}{G_s}\right)^{2,38} = (0,141)(2,68)^{1,2}\left(\frac{1 + 0,75}{2,68}\right)^{2,38} \approx \mathbf{0,167}$$

Da Eq. (11.44),

$$C_c = \frac{n_o}{371,747 - 4,275 n_o}$$

$$n_o = \frac{e_o}{1 + e_o} = \frac{0,75}{1 + 0,75} = 0,429$$

$$C_c = \frac{(0,429)(100)}{371,747 - (4,275)(0,429 \times 100)} = \mathbf{0,228}$$

Observação: é importante saber que as correlações empíricas são apenas aproximações e que podem se desviar de um solo para outro.

■

Exemplo 11.8

Um perfil de solo é mostrado na Figura 11.24. Se uma carga uniformemente distribuída, $\Delta\sigma$, for aplicada na superfície do terreno, qual é o recalque da camada de argila por adensamento primário se

a. A argila for normalmente adensada
b. A pressão de pré-adensamento for $\sigma'_c = 200$ kN/m²
c. $\sigma'_c = 150$ kN/m²

Utilize $C_s \approx \frac{1}{5}C_c$; e a Eq. (11.40).

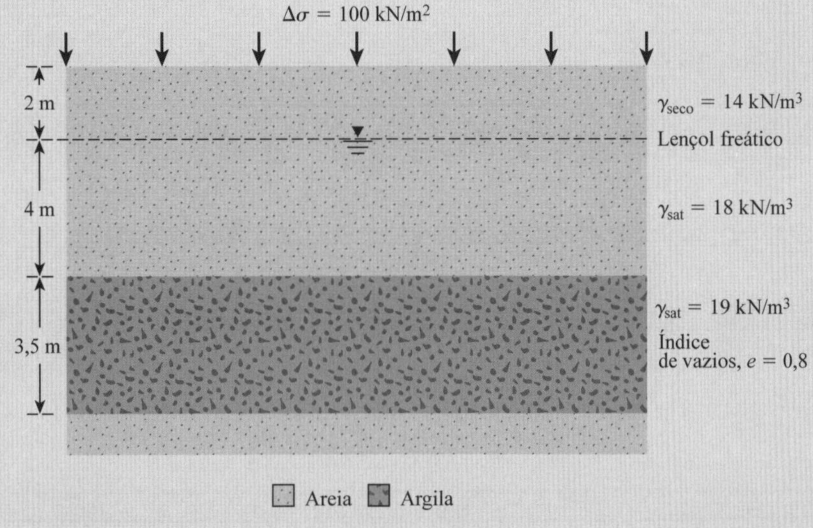

Figura 11.24

Solução

Parte a

A tensão média efetiva no meio da camada de argila é

$$\sigma'_o = 2\gamma_{seco} + 4[\gamma_{sat(areia)} - \gamma_w] + \frac{3,5}{2}[\gamma_{sat(argila)} - \gamma_w]$$

$$\sigma'_o = (2)(14) + 4(18 - 9,81) + 1,75(19 - 9,81) = 76,08 \text{ kN/m}^2$$

$$\gamma_{sat(argila)} = 19 \text{ kN/m}^3 = \frac{(G_s + e)\gamma_w}{1 + e} = \frac{(G_s + 0,8)(9,81)}{1 + 0,8}; G_s = 2,686$$

Da Eq. (11.40),

$$C_c = 0,141 G_s^{1,2}\left(\frac{1 + e_o}{G_s}\right)^{2,38} = (0,141)(2,686)^{1,2}\left(\frac{1 + 0,8}{2,686}\right)^{2,38} = 0,178$$

Da Eq. (11.35),

$$S_c = \frac{C_c H}{1 + e_o} \log\left(\frac{\sigma'_o + \Delta\sigma'}{\sigma'_o}\right)$$

Portanto,

$$S_c = \frac{(0,178)(3,5)}{1+0,8}\log\left(\frac{76,08+100}{76,08}\right) = 0,126 \text{ m} = \mathbf{126\,mm}$$

Parte b

$$\sigma'_o + \Delta\sigma' = 76,08 + 100 = 176,08 \text{ kN/m}^2$$

$$\sigma'_c = 200 \text{ kN/m}^2$$

Como $\sigma'_o + \Delta\sigma' < \sigma'_c$, utilize a Eq. (11.37),

$$S_c = \frac{C_s H}{1+e_o}\log\left(\frac{\sigma'_o + \Delta\sigma'}{\sigma'_o}\right)$$

$$C_s = \frac{C_c}{5} = \frac{0,178}{5} = 0,0356$$

$$S_c = \frac{(0,0356)(3,5)}{1+0,8}\log\left(\frac{76,08+100}{76,08}\right) = 0,025 \text{ m} = \mathbf{25\,mm}$$

Parte c

$$\sigma'_o = 76,08 \text{ kN/m}^2$$

$$\sigma'_o + \Delta\sigma' = 176,08 \text{ kN/m}^2$$

$$\sigma'_c = 150 \text{ kN/m}^2$$

Como $\sigma'_o < \sigma'_c < \sigma'_o + \Delta\sigma'$, utilize a Eq. (11.38),

$$S_c = \frac{C_s H}{1+e_o}\log\frac{\sigma'_c}{\sigma'_o} + \frac{C_c H}{1+e_o}\log\left(\frac{\sigma'_o + \Delta\sigma'}{\sigma'_c}\right)$$

$$= \frac{(0,0356)(3,5)}{1,8}\log\left(\frac{150}{76,08}\right) + \frac{(0,178)(3,5)}{1,8}\log\left(\frac{176,08}{150}\right)$$

$$\approx 0,0445 \text{ m} = \mathbf{44,5\,mm}$$

■

Exemplo 11.9

Com relação ao Exemplo 11.8, para cada parte, calcule e esboce um gráfico de *e versus* σ' no começo e fim do adensamento.

Solução

Para cada parte, e **= 0,8** no começo do adensamento. Para e no fim do adensamento, os seguintes cálculos podem ser feitos.

Parte a

$$e = 0,8 - C_c \log\left(\frac{\sigma'_o + \Delta\sigma'}{\sigma'_o}\right) = 0,8 - 0,178\log\left(\frac{176,08}{76,08}\right) = \mathbf{0,735}$$

Parte b

$$e = 0{,}8 - C_s \log\left(\frac{\sigma'_o + \Delta\sigma'}{\sigma'_o}\right) = 0{,}8 - 0{,}0356 \log\left(\frac{176{,}08}{76{,}08}\right) = \mathbf{0{,}787}$$

Parte c

$$e = 0{,}8 - \left[C_s \log\left(\frac{\sigma'_c}{\sigma'_o}\right) + C_c \log\left(\frac{\sigma'_o + \Delta\sigma'}{\sigma'_c}\right)\right]$$

$$= 0{,}8 - \left[0{,}0356 \log\left(\frac{150}{76{,}08}\right) + 0{,}178 \log\left(\frac{176{,}08}{150}\right)\right]$$

$$= 0{,}8 - 0{,}0105 - 0{,}0124 = \mathbf{0{,}771}$$

Um gráfico de e *versus* log σ'é mostrado na Figura 11.25.

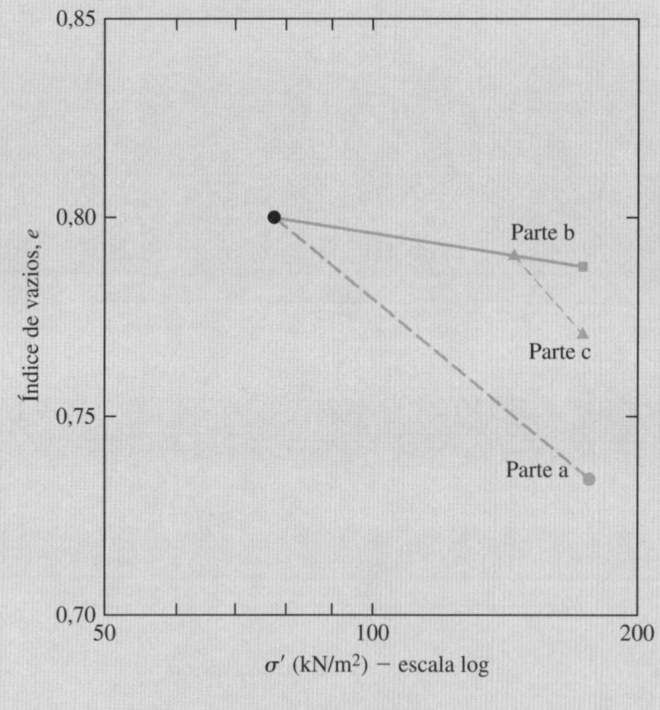

Figura 11.25 ■

Exemplo 11.10

Um perfil de solo é mostrado na Figura 11.26a. Os ensaios de adensamento em laboratório foram conduzidos em um corpo de prova coletado do meio da camada de argila. A curva de adensamento em campo interpolada com os resultados do ensaio laboratorial é mostrada na Figura 11.26b. Calcule o recalque no campo causado pelo adensamento primário para uma sobrecarga de 60 kN/m^2 aplicada na superfície do terreno.

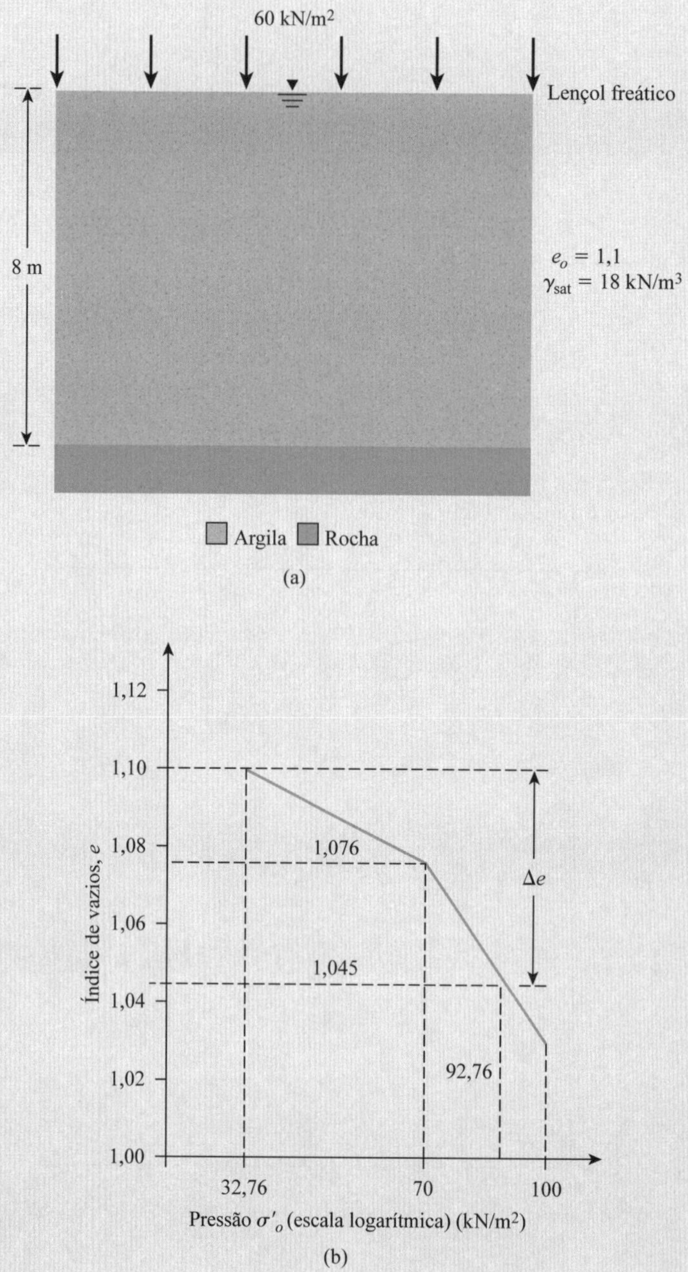

Figura 11.26 (a) Perfil de solo (b) curva de adensamento de campo.

Solução

$$\sigma'_o = (4)(\gamma_{sat} - \gamma_w) = 4(18,0 - 9,81)$$
$$= 32,76 \text{ kN/m}^2$$
$$e_o = 1,1$$
$$\Delta\sigma' = 60 \text{ kN/m}^2$$
$$\sigma'_o + \Delta\sigma' = 32,76 + 60 = 92,76 \text{ kN/m}^2$$

O índice de vazios correspondente a 92,76 kN/m^2 (consulte a Figura 11.26b) é 1,045. Portanto, $\Delta e = 1{,}1 - 1{,}045 = 0{,}055$. Temos

$$\text{Recalque } (S_c) = H \frac{\Delta e}{1 + e_o} \qquad \text{[Eq. (11.33)]}$$

Portanto,

$$S_c = 8 \frac{(0{,}055)}{1 + 1{,}1} = 0{,}21 \text{ m} = \mathbf{210\ mm}$$

■

11.13 Recalque de compressão secundária

A Seção 11.6 mostrou que, no final do adensamento primário (isto é, após a dissipação total do excesso de poropressão), certo recalque é observado em razão de um ajuste plástico da estrutura do solo. Esse estágio do adensamento é chamado *compressão secundária*. Durante a compressão secundária, o gráfico de deformação em relação ao tempo é praticamente linear (veja a Figura 11.12). A variação do índice de vazios, e, com tempo t para determinado aumento da carga, será semelhante ao mostrado na Figura 11.12. Essa variação é mostrada na Figura 11.27. A partir da Figura 11.27, o índice de compressão secundária pode ser definido por

$$C_\alpha = \frac{\Delta e}{\log t_2 - \log t_1} = \frac{\Delta e}{\log(t_2/t_1)} \qquad (11.47)$$

onde C_α = índice de compressão secundária
Δe = variação do índice de vazios
t_1, t_2 = tempo

A magnitude da compressão secundária pode ser calculada por

$$S_s = C'_\alpha H \log\left(\frac{t_2}{t_1}\right) \qquad (11.48)$$

e

$$C'_\alpha = \frac{C_\alpha}{1 + e_p} \qquad (11.49)$$

onde e_p = índice de vazios no final do adensamento primário (veja a Figura 11.27)
H = espessura da camada de argila

As magnitudes gerais de C'_α conforme observado em diversos depósitos naturais são:

- Argilas sobreadensadas = no máximo 0,001
- Argilas normalmente adensadas = 0,005 a 0,03
- Solo orgânico = pelo menos 0,04

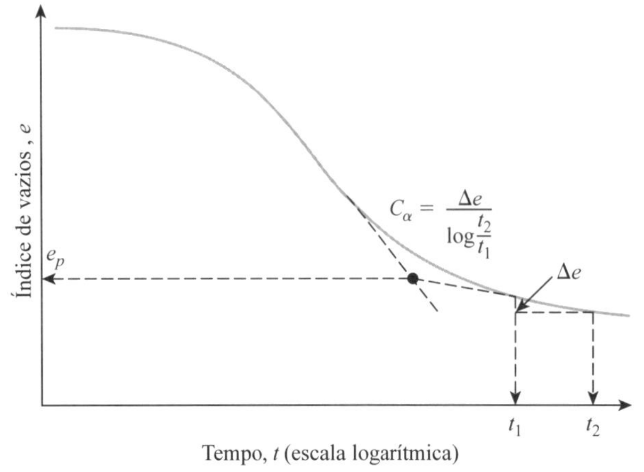

Figura 11.27 Variação de e com log t sob o aumento de carga e definição de índice de adensamento secundário.

Mersri e Godlewski (1977) compilaram o índice de C_α/C_c para uma quantidade de argilas naturais. A partir desse estudo, nota-se que C_α/C_c para

- Argilas e siltes inorgânicos $\approx 0{,}04 \pm 0{,}01$
- Argilas e siltes orgânicos $\approx 0{,}05 \pm 0{,}01$
- Turfas $\approx 0{,}075 \pm 0{,}01$

O recalque por compressão secundária é mais importante que o adensamento primário em solos orgânicos e inorgânicos altamente compressíveis. Em argilas inorgânicas sobreadensadas, o índice de compressão secundária é muito baixo e de menor importância.

Exemplo 11.11

Para uma camada de argila normalmente adensada no campo, são fornecidos os seguintes valores:

- Espessura da camada de argila = 2,6 m
- Índice de vazios (e_o) = 0,8
- Índice de compressão (C_c) = 0,28
- Pressão efetiva média na camada de argila (σ'_o) = 127 kN/m^2
- $\Delta\sigma' = 46{,}5$ kN/m^2
- Índice de compressão secundária (C_α) = 0,02

Qual é o recalque por adensamento total da camada de argila cinco anos depois do término do recalque por adensamento primário? (*Observação*: Tempo para finalização de recalque primário = 1,5 ano.)

Solução

Da Eq. (11.49),

$$C'_\alpha = \frac{C_\alpha}{1 + e_p}$$

O valor de e_p pode ser calculado por

$$e_p = e_o - \Delta e_{\text{primário}}$$

Combinando as Eqs. (11.33) e (11.34), vemos que

$$\Delta e = C_c \log\left(\frac{\sigma'_o + \Delta\sigma'}{\sigma'_o}\right) = 0,28 \log\left(\frac{127 + 46,5}{127}\right)$$
$$= 0,038$$

Adensamento primário, $S_c = \dfrac{\Delta e H}{1 + e_o} = \dfrac{(0,038)(2,6 \times 1.000)}{1 + 0,8} = 54,9$ mm

Dado que $e_o = 0,8$, e, assim,

$$e_p = 0,8 - 0,038 = 0,762$$

Portanto,

$$C'_\alpha = \frac{0,02}{1 + 0,762} = 0,011$$

Da Eq. (11.48),

$$S_s = C'_\alpha H \log\left(\frac{t_2}{t_1}\right) = (0,011)(2,6 \times 1.000) \log\left(\frac{5}{1,5}\right) \approx 14,95 \text{ mm}$$

Recalque por adensamento total = adensamento primário (S_c) + compressão secundária (S_s). Então,

Recalque por adensamento total = 54,9 + 14,95 = **69,85 mm** ■

11.14 Taxa temporal de adensamento

O recalque total causado pelo adensamento primário resultante de um aumento da tensão em uma camada do solo pode ser calculado pelo uso de uma das três Eqs. (11.35), (11.37) ou (11.38), fornecidas na Seção 11.10. No entanto, elas não fornecem informações sobre a taxa de adensamento primário. Terzaghi (1925) propôs a primeira teoria para considerar a taxa de adensamento unidimensional para solos de argila saturados. As derivações matemáticas têm como base as seis hipóteses a seguir (consulte também Taylor, 1948):

1. O sistema água-argila é homogêneo.
2. A saturação é completa.
3. A compressibilidade da água é irrelevante.
4. A compressibilidade dos grãos do solo é irrelevante (mas os grãos do solo se reorganizam).
5. O escoamento da água segue apenas uma direção (ou seja, na direção de compressão).
6. A lei de Darcy é válida.

A Figura 11.28a exibe uma camada de argila com espessura de $2H_{dr}$ (*Observação*: H_{dr} = altura de drenagem) que está localizada entre duas camadas de areia altamente permeáveis. Se a camada de argila for submetida a um aumento de pressão de $\Delta\sigma$, a poropressão em um ponto qualquer A na camada de argila aumentará. Para adensamento unidimensional, a água será expulsa no sentido vertical em direção à camada de areia.

A Figura 11.28b mostra o escoamento da água por um elemento prismático em A. Para o elemento de solo mostrado,

Taxa de escoamento de água – Taxa de influxo de água = Taxa de mudança de volume

Assim,

$$\left(v_z + \frac{\partial v_z}{\partial z}dz\right)dx\,dy - v_z\,dx\,dy = \frac{\partial V}{\partial t}$$

onde V = volume do elemento do solo
v_z = velocidade do fluxo na direção z

ou

$$\frac{\partial v_z}{\partial z}\,dx\,dy\,dz = \frac{\partial V}{\partial t} \tag{11.50}$$

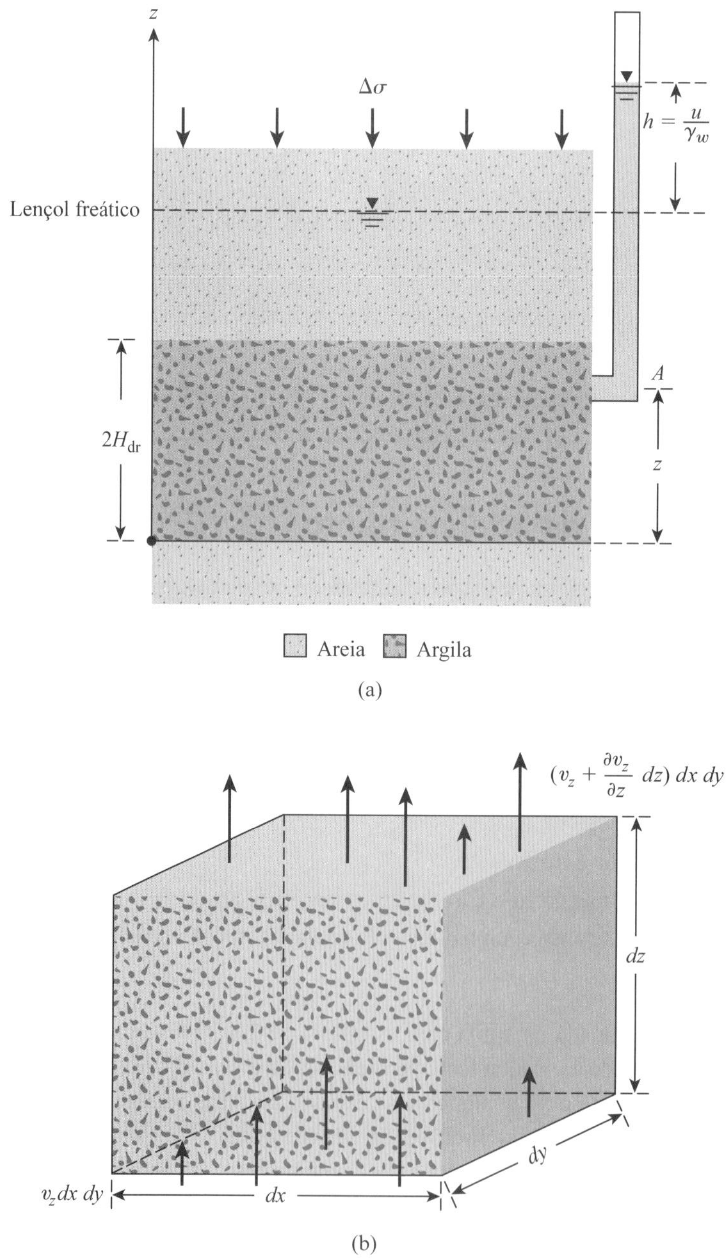

Figura 11.28 (a) Camada de argila submetida ao adensamento; (b) fluxo de água em A durante o adensamento.

Usando a lei de Darcy, temos

$$v_z = ki = -k\frac{\partial h}{\partial z} = -\frac{k}{\gamma_w}\frac{\partial u}{\partial z} \tag{11.51}$$

onde u = excesso de poropressão causada pelo aumento de tensão.

Das Eqs. (11.50) e (11.51),

$$-\frac{k}{\gamma_w}\frac{\partial^2 u}{\partial z^2} = \frac{1}{dx\,dy\,dz}\frac{\partial V}{\partial t} \tag{11.52}$$

Durante o adensamento, a taxa de variação no volume do elemento de solo é igual à taxa de variação do volume de vazios. Assim,

$$\frac{\partial V}{\partial t} = \frac{\partial V_v}{\partial t} = \frac{\partial(V_s + eV_s)}{\partial t} = \frac{\partial V_s}{\partial t} + V_s\frac{\partial e}{\partial t} + e\frac{\partial V_s}{\partial t} \tag{11.53}$$

onde V_s = volume de sólidos do solo
V_v = volume de vazios

Mas (supondo que os sólidos de solo não sejam compressíveis)

$$\frac{\partial V_s}{\partial t} = 0$$

e

$$V_s = \frac{V}{1+e_o} = \frac{dx\,dy\,dz}{1+e_o}$$

A substituição de $\partial V_s/\partial t$ e V_s em Eq. (11.53) fornece

$$\frac{\partial V}{\partial t} = \frac{dx\,dy\,dz}{1+e_o}\frac{\partial e}{\partial t} \tag{11.54}$$

onde e_o = índice de vazios inicial.

Combinando as Eqs. (11.52) e (11.54) temos

$$-\frac{k}{\gamma_w}\frac{\partial^2 u}{\partial z^2} = \frac{1}{1+e_o}\frac{\partial e}{\partial t} \tag{11.55}$$

A variação no índice de vazios é causada pelo aumento da tensão efetiva (ou seja, uma diminuição do excesso de poropressão). Considerando uma relação linear, temos

$$\partial e = a_v \partial(\Delta\sigma') = -a_v \partial u \tag{11.56}$$

onde $\partial(\Delta\sigma')$ = mudança na pressão efetiva
a_v = coeficiente de compressibilidade (a_v pode ser considerado constante para uma faixa estreita de aumento de pressão) = $\dfrac{\Delta e}{\Delta\sigma'}$

Combinando as Eqs. (11.55) e (11.56) temos

$$-\frac{k}{\gamma_w}\frac{\partial^2 u}{\partial z^2} = -\frac{a_v}{1+e_o}\frac{\partial u}{\partial t} = -m_v\frac{\partial u}{\partial t}$$

onde

$$m_v = \text{coeficiente de compressibilidade volumétrico} = a_v/(1 + e_o) \tag{11.57}$$

ou

$$\frac{\partial u}{\partial t} = c_v \frac{\partial^2 u}{\partial z^2} \tag{11.58}$$

onde

$$c_v = \text{coeficiente de adensamento} = k/(\gamma_w m_v) \tag{11.59}$$

Assim,

$$c_v = \frac{k}{\gamma_w m_v} = \frac{k}{\gamma_w\left(\dfrac{a_v}{1+e_o}\right)} \tag{11.60}$$

A Eq. (11.58) é a equação diferencial básica da teoria de adensamento de Terzaghi e pode ser resolvida com as seguintes condições de limite:

$$z = 0, \quad u = 0$$
$$z = 2H_{dr}, \quad u = 0$$
$$t = 0, \quad u = u_o$$

A solução fornece

$$u = \sum_{m=0}^{m=\infty}\left[\frac{2u_o}{M}\,\text{sen}\left(\frac{Mz}{H_{dr}}\right)\right]e^{-M^2T_v} \tag{11.61}$$

onde m = um número inteiro
$M = (\pi/2)(2m + 1)$
u_o = poropressão excessiva inicial

$$T_v = \frac{c_v t}{H_{dr}^2} = \text{fator tempo} \tag{11.62}$$

O fator tempo é um número adimensional.

Por conta de o adensamento progredir pela dissipação do excesso de poropressão, o grau de adensamento a uma distância z no momento t é

$$U_z = \frac{u_o - u_z}{u_o} = 1 - \frac{u_z}{u_o} \tag{11.63}$$

onde u_z = excesso de poropressão no tempo t.

As Eqs. (11.61) e (11.63) podem ser combinadas para obter o grau de adensamento em qualquer profundidade z. Isso é mostrado na Figura 11.29.

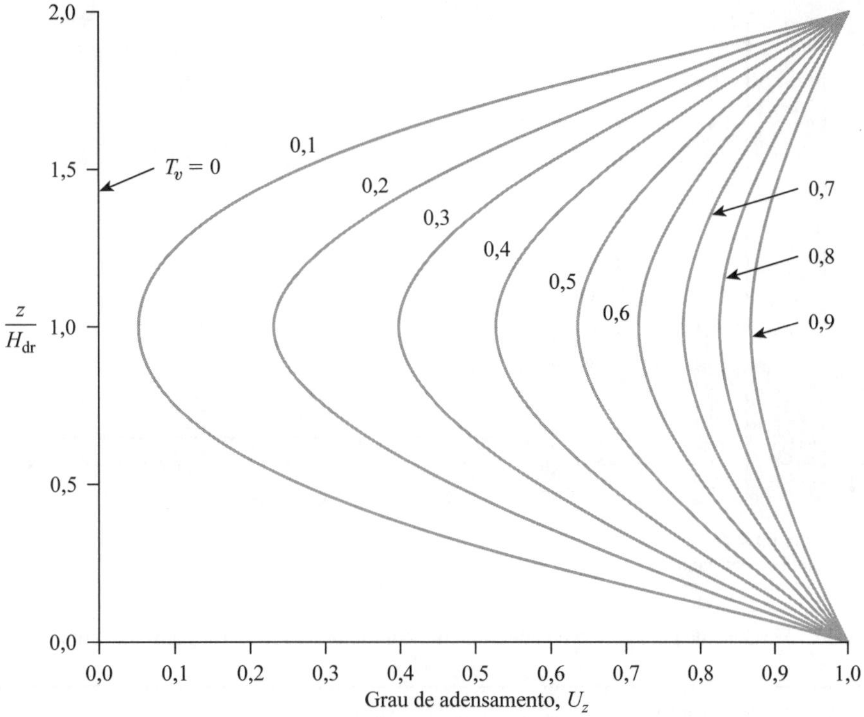

Figura 11.29 Variação de U_z com T_v e z/H_{dr}.

O grau médio de adensamento para a profundidade total da camada de argila em qualquer momento t pode ser escrito da Eq. (11.63) como

$$U = \frac{S_{c(t)}}{S_c} = 1 - \frac{\left(\frac{1}{2H_{dr}}\right)\int_0^{2H_{dr}} u_z dz}{u_o} \quad (11.64)$$

onde U = grau médio de adensamento
$S_{c(t)}$ = recalque da camada no instante t
S_c = limite de recalque da camada devido ao adensamento primário

A substituição da expressão que fornece o excesso de poropressão u_z dada na Eq. (11.61) pela Eq. (11.64) resulta em

$$U = 1 - \sum_{m=0}^{m=\infty} \frac{2}{M^2} e^{-M^2 T_v} \quad (11.65)$$

A variação do grau médio de adensamento com fator tempo não dimensional, T_v, é dada na Figura 11.30, que representa o caso onde u_o é o mesmo para a profundidade total da camada em adensamento.

Os valores do fator tempo e o grau médio de adensamento correspondentes para o caso apresentado na Figura 11.30 também podem ser aproximados pelas seguintes relações:

$$\text{Para } U = 0 \text{ até } 60\%, \quad T_v = \frac{\pi}{4}\left(\frac{U\%}{100}\right)^2 \quad (11.66)$$

$$\text{Para } U > 60\%, \quad T_v = 1,781 - 0,933 \log(100 - U\%) \quad (11.67)$$

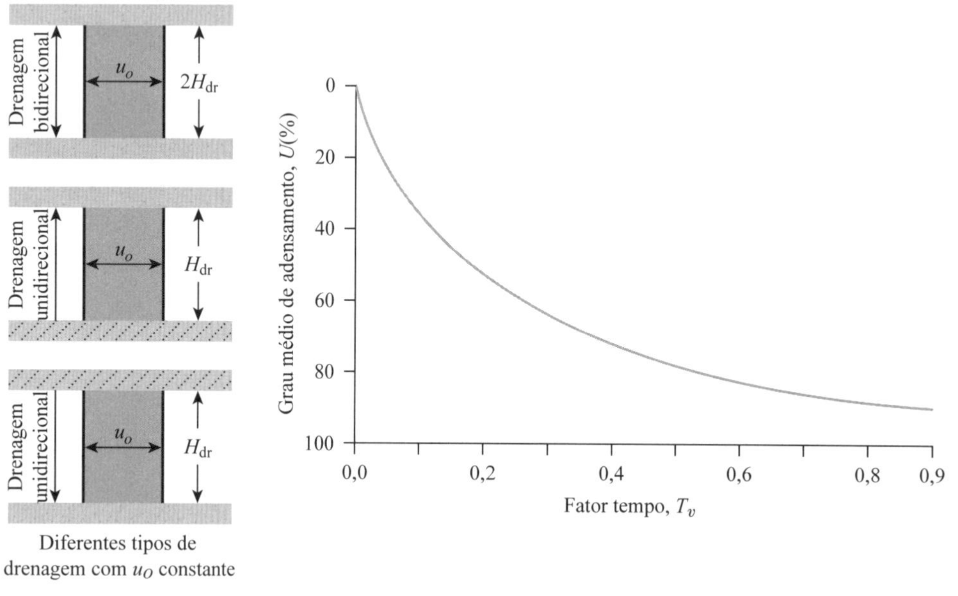

Figura 11.30 Variação de grau médio de adensamento com fator tempo T_v (u_o constante com profundidade).

Tabela 11.7 Variação de T_v com U

U (%)	T_v	U (%)	T_v	U (%)	T_v	U (%)	T_v
0	0	26	0,0531	52	0,212	78	0,529
1	0,00008	27	0,0572	53	0,221	79	0,547
2	0,0003	28	0,0615	54	0,230	80	0,567
3	0,00071	29	0,0660	55	0,239	81	0,588
4	0,00126	30	0,0707	56	0,248	82	0,610
5	0,00196	31	0,0754	57	0,257	83	0,633
6	0,00283	32	0,0803	58	0,267	84	0,658
7	0,00385	33	0,0855	59	0,276	85	0,684
8	0,00502	34	0,0907	60	0,286	86	0,712
9	0,00636	35	0,0962	61	0,297	87	0,742
10	0,00785	36	0,102	62	0,307	88	0,774
11	0,0095	37	0,107	63	0,318	89	0,809
12	0,0113	38	0,113	64	0,329	90	0,848
13	0,0133	39	0,119	65	0,340	91	0,891
14	0,0154	40	0,126	66	0,352	92	0,938
15	0,0177	41	0,132	67	0,364	93	0,993
16	0,0201	42	0,138	68	0,377	94	1,055
17	0,0227	43	0,145	69	0,390	95	1,129
18	0,0254	44	0,152	70	0,403	96	1,219
19	0,0283	45	0,159	71	0,417	97	1,336
20	0,0314	46	0,166	72	0,431	98	1,500
21	0,0346	47	0,173	73	0,446	99	1,781
22	0,0380	48	0,181	74	0,461	100	∞
23	0,0415	49	0,188	75	0,477		
24	0,0452	50	0,197	76	0,493		
25	0,0491	51	0,204	77	0,511		

A Tabela 11.7 fornece a variação de T_v com U com base nas Eqs. (11.66) e (11.67).

Sivaram e Swamee (1977) forneceram a seguinte equação para U variando de 0 a 100%:

$$\frac{U\%}{100} = \frac{(4T_v/\pi)^{0,5}}{[1 + (4T_v/\pi)^{2,8}]^{0,179}} \tag{11.68}$$

ou

$$T_v = \frac{(\pi/4)(U\%/100)^2}{[1 - (U\%/100)^{5,6}]^{0,357}} \tag{11.69}$$

As Eqs. (11.68) e (11.69) fornecem um erro em T_v de menos de 1% para 0% < U < 90% e menos de 3% para 90% < U < 100%.

Exemplo 11.12

Considere a Figura 11.28a e as Eqs. (11.61) e (11.63). Segundo as Eqs. (11.61) e (11.63),

$$U_z = 1 - \sum_{m=0}^{m=\infty} \frac{2}{M} \operatorname{sen}\left(\frac{Mz}{H_{dr}}\right) e^{-M^2T_v}$$

Determine o grau de adensamento U_z, com $z = H_{dr}/3$ e $T_v = 0{,}3$.

Solução

Considere $H_{dr}/3$ e $M = (\pi/2)(2m + 1)$. Dessa forma, a tabela seguinte pode ser preparada.

Etapa 1:	$\frac{z}{H_{dr}}$	$\frac{1}{3}$	$\frac{1}{3}$	$\frac{1}{3}$	
Etapa 2:	T_v	0,3	0,3	0,3	
Etapa 3:	m	0	1	2	
Etapa 4:	M	$\frac{\pi}{2}$	$\frac{3\pi}{2}$	$\frac{5\pi}{2}$	
Etapa 5:	$\frac{Mz}{H_{dr}}$	$\frac{\pi}{6}$	$\frac{\pi}{2}$	$\frac{5\pi}{6}$	
Etapa 6:	$\frac{2}{M}$	1,273	0,4244	0,2546	
Etapa 7:	$e^{-M^2T_v}$	0,4770	0,00128	≈0	
Etapa 8:	$\operatorname{sen}\left(\frac{Mz}{H_{dr}}\right)$	0,5	1,0	0,5	
Etapa 9:	$\left(\frac{2}{M}\right)\left(e^{-M^2T_v}\right) \times \left[\operatorname{sen}\left(\frac{Mz}{H_{dr}}\right)\right]$	0,3036	0,0005	≈0	Σ0,304

Assim,

$$U_z = 1 - 0{,}304 = 0{,}6959 = \mathbf{69{,}59\%}$$

Observação: na tabela anterior, não precisamos ir além de $m = 2$, já que a expressão na Etapa 9 é insignificante para $m \geq 3$.

Comentário: Compare U_z = 69,59%, já calculado, ao que mostramos na Figura 11.29.

■

Exemplo 11.13

O tempo necessário para 50% de adensamento de um corpo de prova de argila de 25 mm de espessura (drenada na parte superior e inferior) em laboratório é de 3 min e 15 s. Quanto tempo (em dias) será necessário para que uma camada de 3 m de espessura da mesma argila no campo, sob o mesmo aumento de pressão, alcance 50% de adensamento? No campo, as camadas de areia estão presentes na parte superior apenas.

Solução

$$T_{50} = \frac{c_v t_{\text{lab}}}{H^2_{\text{dr(lab)}}} = \frac{c_v t_{\text{campo}}}{H^2_{\text{dr(campo)}}}$$

ou

$$\frac{t_{\text{lab}}}{H^2_{\text{dr(lab)}}} = \frac{t_{\text{campo}}}{H^2_{\text{dr(campo)}}}$$

$$\frac{195\,\text{s}}{\left(\dfrac{0{,}025\,\text{m}}{2}\right)^2} = \frac{t_{\text{campo}}}{(3\,\text{m})^2}$$

$$t_{\text{campo}} = 11.232.000\ \text{s} = \mathbf{130\ dias}$$

■

Exemplo 11.14

Consulte a Figura 11.13. Quanto tempo (em dias) levará para que ocorra 70% de adensamento primário no campo?

Solução

$$T_v = \frac{c_v t}{H^2_{\text{dr}}}$$

Segundo a Tabela 11.7, para $U = 50\%$, $T_v = 0{,}197$ e para $U = 70\%$, $T_v = 0{,}403$. Logo,

$$\frac{T_{50}}{T_{70}} = \frac{\left(\dfrac{c_v t_{50}}{H^2_{\text{dr}}}\right)}{\left(\dfrac{c_v t_{70}}{H^2_{\text{dr}}}\right)}$$

Portanto,

$$\frac{0{,}197}{0{,}403} = \frac{t_{50}}{t_{70}} = \frac{130\ \text{dias}}{t_{70}};\ t_{70} \approx \mathbf{266\ dias}$$

■

Exemplo 11.15

Uma camada de 3 m de espessura (drenagem dupla) de argila saturada com sobrecarga sofreu 90% de adensamento primário em 75 dias. Determine o coeficiente de adensamento da argila para a faixa de pressão.

Solução

$$T_{90} = \frac{c_v t_{90}}{H_{\text{dr}}^2}$$

Devido à camada de argila ter drenagem bidirecional, $H_{\text{dr}} = 3\text{ m}/2 = 1{,}5\text{ m}$. Além disso, $T_{90} = 0{,}848$ (consulte a Tabela 11.7). Portanto,

$$0{,}848 = \frac{c_v(75 \times 24 \times 60 \times 60)}{(1{,}5 \times 100)^2}$$

$$c_v = \frac{0{,}848 \times 2{,}25 \times 10^4}{75 \times 24 \times 60 \times 60} = \mathbf{0{,}00294\ cm^2/s}$$

■

Exemplo 11.16

Para uma argila normalmente adensada,

- $\sigma'_0 = 200\text{ kN/m}^2$ • $e = e_0 = 1{,}22$
- $\sigma'_0 + \Delta\sigma = 400\text{ kN/m}^2$ • $e = 0{,}98$

A condutividade hidráulica, k, da argila para a variação de carregamento é $0{,}61 \times 10^{-4}$ m/dia. Quanto tempo (em dias) leva para uma camada de argila de 4 m de espessura (drenada de um lado) no campo alcançar 60% de adensamento?

Solução

O coeficiente de compressibilidade de volume é

$$m_v = \frac{a_v}{1 + e_{\text{av}}} = \frac{\left(\dfrac{\Delta e}{\Delta\sigma'}\right)}{1 + e_{\text{av}}}$$

$$\Delta e = 1{,}22 - 0{,}98 = 0{,}24$$

$$\Delta\sigma' = 400 - 200 = 200\text{ kN/m}^2$$

$$e_{\text{av}} = \frac{1{,}22 + 0{,}98}{2} = 1{,}1$$

Assim,

$$m_v = \frac{\dfrac{0{,}24}{200}}{1 + 1{,}1} = 0{,}00057\text{ m}^2/\text{kN}$$

$$c_v = \frac{k}{m_v \gamma_w} = \frac{0{,}61 \times 10^{-4}\text{ m/dia}}{(0{,}00057\text{ m}^2/\text{kN})(9{,}81\text{ kN/m}^3)} = 0{,}0109\text{ m}^2/\text{dia}$$

$$T_{60} = \frac{c_v t_{60}}{H_{\text{dr}}^2}$$

$$t_{60} = \frac{T_{60} H_{\text{dr}}^2}{c_v}$$

Segundo a Tabela 11.7, para $U = 60\%$, $T_{60} = 0{,}286$, logo

$$t_{60} = \frac{(0{,}286)(4)^2}{0{,}0109} = \mathbf{419{,}8\ dias}$$

■

Exemplo 11.17

Para um ensaio de adensamento de um corpo de prova de solo (drenado em ambos os lados) em laboratório, são obtidos os seguintes resultados:

- Espessura do corpo de prova da argila = 25 mm
- $\sigma'_1 = 50$ kN/m²
- $\sigma'_2 = 120$ kN/m²
- $e_1 = 0{,}92$
- $e_2 = 0{,}78$
- Tempo para 50% de adensamento = 2,5 min

Determine a condutividade hidráulica da argila para a faixa de carregamento.

Solução

$$m_v = \frac{a_v}{1 + e_{av}} = \frac{\left(\dfrac{\Delta e}{\Delta \sigma'}\right)}{1 + e_{av}}$$

$$= \frac{\dfrac{0{,}92 - 0{,}78}{120 - 50}}{1 + \dfrac{0{,}92 + 0{,}78}{2}} = 0{,}00108\ \text{m}^2/\text{kN}$$

$$c_v = \frac{T_{50} H_{dr}^2}{t_{50}}$$

A partir da Tabela 11.7, para $U = 50\%$, $T_v = 0{,}197$, logo,

$$c_v = \frac{(0{,}197)\left(\dfrac{0{,}025\ \text{m}}{2}\right)^2}{2{,}5\ \text{min}} = 1{,}23 \times 10^{-5}\ \text{m}^2/\text{min}$$

$$k = c_v m_v \gamma_w = (1{,}23 \times 10^{-5})(0{,}00108)(9{,}81)$$

$$= \mathbf{1{,}303 \times 10^{-7}\ m/min}$$

11.15 Correção do tempo de construção do recalque por adensamento

Até agora, presumimos que toda a carga que causou o recalque foi aplicada *instantaneamente*. Na realidade, edifícios ou aterros levam vários meses para ser construídos, como mostra a Figura 11.31. Portanto, a camada de argila está sujeita a rampas de carregamento, nas quais a pressão q é aplicada sobre o período de construção t_0. Segundo a teoria de recalque unidimensional de Terzaghi, pode ser mostrado que durante a rampa de carregamento, o grau médio de recalque U e o fator temporal T_v estão relacionados por:

$$U = 1 - \frac{1}{T_v}\left[\sum_{m=0}^{\infty}\left(\frac{2}{M^4}\right)(1 - e^{-M^2T_v})\right] \tag{11.70}$$

A variação de U com T_v é mostrada na Figura 11.32 (Hanna et al., 2013; Sivakugan et al., 2014). Também exibidas na figura estão as variações U-T_v para o carregamento instantâneo [Eq. (11.65)], que é bastante diferente.

Indicando o grau de consolidação ao fim da construção como U_0, o excesso remanescente de poropressão da água pode ser considerado como sendo aplicado instantaneamente no tempo t_0. O grau médio de consolidação no tempo t ($> t_0$), pode, então, ser computado como:

$$U_t = U_0 + (1 - U_0)U_{t-t_0} \tag{11.71}$$

em que U_{t-t_0} é o grau médio de consolidação para a duração de $t - t_0$, presumindo-se um carregamento instantâneo. Portanto, devem ser usados para computar U_{t-t_0} os valores apropriados, extraídos da Tabela 11.7. O procedimento para se utilizar a Eq. (11.71) e a Figura 11.32 é mostrado no Exemplo 11.18.

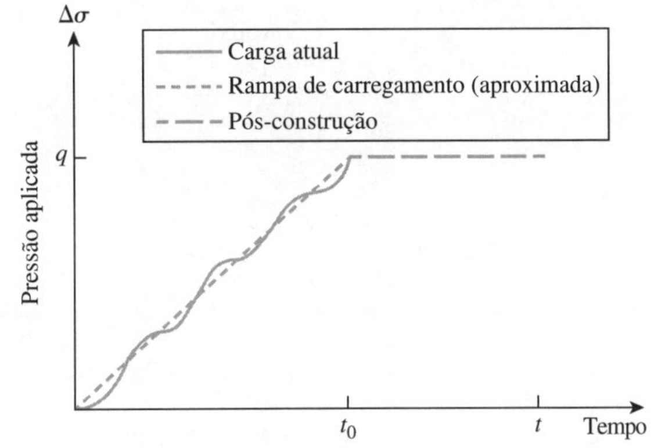

Figura 11.31 Rampa de carregamento.

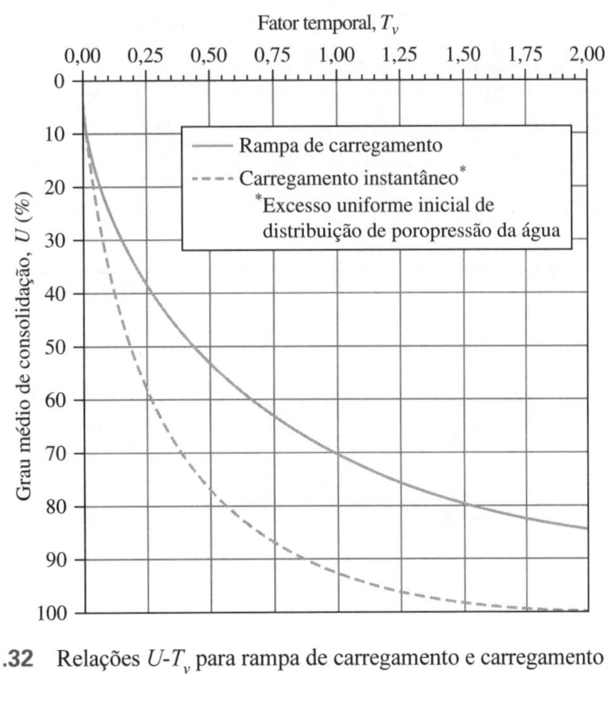

Figura 11.32 Relações U-T_v para rampa de carregamento e carregamento instantâneo.

Exemplo 11.18

Considere uma camada de argila de 3m de espessura, com drenagem simples. Os valores determinados em laboratório para a argila são:

Coeficiente de compressibilidade volumétrica $m_v = 0{,}9 m^2/MN$

Coeficiente de adensamento, $c_v = 1{,}6 \times 10^{-2}$ m²/dia

A camada de argila é sujeita a uma rampa de carregamento, como mostrado na Figura 11.33. Estime o recalque por adensamento em

a. Tempo $t = 100$ dias

b. Tempo $t = 500$ dias

Solução

Parte a

No tempo $t = 100$ dias, $\Delta\sigma = 100$ kN/m². Com essa carga, o recalque final por adensamento em $t = \infty$ pode ser calculado da seguinte maneira. Sabemos que

$$m_v = \frac{a_v}{1 + e_o} = \frac{\left(\frac{\Delta e}{\Delta \sigma'}\right)}{1 + e_o}$$

Da Eq. (11.33),

$$S_c = H\left(\frac{\Delta e}{1 + e_o}\right) = m_v \Delta\sigma H$$

Logo,

$$S_c = (0{,}9 \text{ m}^2/\text{MN})(0{,}1 \text{ MN/m}^2)(3 \text{ m}) = 0{,}27 \text{ m} = 270 \text{ mm}$$

Novamente, com $t = 100$ dias, o fator temporal é

$$T_v = \frac{c_v t}{H_{dr}^2} = \frac{(1{,}6 \times 10^{-2} \text{ m}^2/\text{dia})(100 \text{ dias})}{(3 \text{ m})^2} = 0{,}178$$

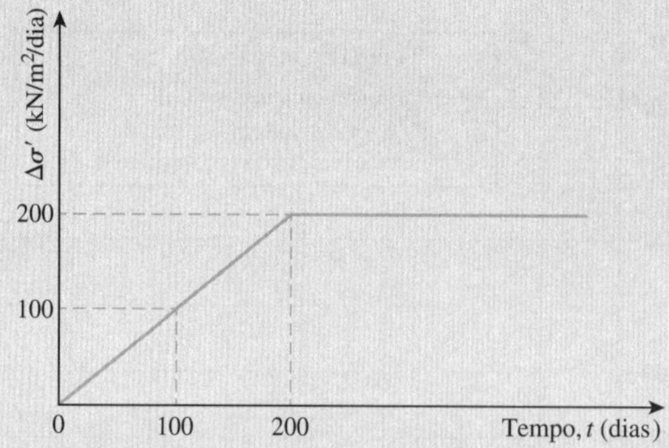

Figura 11.33

De acordo com a Figura 11.32, para $T_v = 0{,}178$, a magnitude de U (*para rampa de carregamento*) é cerca de 32%. Logo

$$S_{c(t-100\text{ dias})} = 270 \times 0{,}32 = \mathbf{86{,}4\ mm}$$

Parte b

A *rampa de carregamento* (construção) termina em $t = t_0 = 200$ dias. O recalque de adensamento final em $t = \infty$, com $\Delta\sigma = 200$ kN/m² será

$$S_c = m_v \Delta\sigma H = (0{,}9\ \text{m}^2/\text{MN})(0{,}2)(3) = 0{,}54\ \text{m} = 540\ \text{mm}$$

A magnitude de T_v ao final da construção (rampa de carregamento) é

$$T_v = \frac{c_v t_0}{H_{dr}^2} = \frac{(1{,}6 \times 10^{-2})(200)}{(3)^2} = 0{,}356$$

A magnitude de U_0 ao final da rampa de carregamento (Figura 11.32) é cerca de 44%. Com $t = 500$ dias, $t - t_0 = 500 - 200 = 300$ dias. Logo,

$$T_{v(t-t_0)} = \frac{c_v t_{(t-t_0)}}{H_{dr}^2} = \frac{(1{,}6 \times 10^{-2})(300)}{(3)^2} = 0{,}533$$

Para *carregamento instantâneo*, a Figura 11.32 (ou Tabela 11.7) fornece U_{t-t_0} totalizando cerca de 78%. Então,

$$U_{t=500\text{ dias}} = U_0 + (1 - U_0)U_{t-t_0} = 0{,}44 + (1 - 0{,}44)(0{,}78) \approx 0{,}877$$

Assim, o recalque por adensamento em $t = 500$ dias é

$$S_{c(t=500\text{ dias})} = S_{c(t=\infty)}(0{,}877) = (540\ \text{mm})(0{,}877) = 473{,}58\ \text{mm} \approx \mathbf{474\ mm}$$

■

11.16 Determinação do coeficiente de adensamento

O coeficiente de adensamento c_v geralmente diminui à medida que o limite de liquidez do solo aumenta. A faixa de variação de c_v para determinado limite de liquidez do solo é ampla.

Para determinado aumento de carga em um corpo de prova, dois métodos gráficos são comumente usados para determinar o c_v a partir de ensaios de adensamento unidimensional em laboratório. O primeiro é o método do *logaritmo do tempo*, proposto por Casagrande e Fadum (1940), e o outro é o *método da raiz quadrada do tempo*, determinado por Taylor (1942). Mais recentemente, foram propostos pelo menos dois outros métodos. São eles: o *método da hipérbole* (Sridharan e Prakash, 1985) e o *método do log-t de estágio inicial* (Robinson e Allam, 1996). Os procedimentos gerais para obter c_v por esses métodos são descritos nesta seção.

Método do logaritmo do tempo

Para determinado aumento de carga do ensaio de laboratório, o gráfico da deformação do corpo de prova em função do logaritmo do tempo é exibido na Figura 11.34. As construções a seguir são necessárias para determinar c_v.

Etapa 1: Estenda as partes da linha reta dos adensamentos primário e secundário de modo que se interceptem em A. A ordenada de A é representada por d_{100}, ou seja, a deformação ao término de 100% de adensamento primário.

Etapa 2: A parte curvada inicial do gráfico da deformação em função de log t está próxima de ser uma parábola na escala natural. Selecione os tempos t_1 e t_2 na parte curva de forma que $t_2 = 4t_1$. Considere que a diferença de deformação do corpo de prova durante o tempo $(t_2 - t_1)$ seja igual a x.

Etapa 3: Desenhe uma linha horizontal DE de modo que a distância vertical BD seja igual a x. A deformação correspondente à linha DE é d_0 (que é a deformação a 0% de adensamento).

Etapa 4: A ordenada do ponto F na curva de adensamento representa a deformação a 50% de adensamento primário e sua abscissa representa o tempo correspondente (t_{50}).

Etapa 5: Para um grau médio de 50% de adensamento, $T_v = 0{,}197$ (veja a Tabela 11.7), então,

$$T_{50} = \frac{c_v t_{50}}{H_{dr}^2}$$

ou

$$c_v = \frac{0{,}197 H_{dr}^2}{t_{50}} \tag{11.72}$$

onde H_{dr} = altura de drenagem durante o adensamento.

Para corpos de prova drenados tanto na parte superior quanto na inferior, H_{dr} é igual à metade da altura média do corpo de prova durante o adensamento. Para corpos de prova drenados apenas por um lado, H_{dr} é igual à altura média do corpo de prova durante o adensamento.

Método da raiz quadrada do tempo

No método da raiz quadrada do tempo, é feito um gráfico de deformação em relação à raiz quadrada do tempo para o carregamento adicional (Figura 11.35). Outras construções gráficas exigidas são:

Etapa 1: Desenhe uma linha AB pela parte inicial da curva.

Etapa 2: Desenhe uma linha AC de tal modo que $\overline{OC} = 1{,}15\overline{OB}$. A abscissa do ponto D, que é a intersecção entre AC e a curva de adensamento, fornece a raiz quadrada do tempo para 90% de adensamento ($\sqrt{t_{90}}$).

Etapa 3: Para adensamento em 90%, $T_{90} = 0{,}848$ (consulte a Tabela 11.7), então

$$T_{90} = 0{,}848 = \frac{c_v t_{90}}{H_{dr}^2}$$

ou

$$c_v = \frac{0{,}848 H_{dr}^2}{t_{90}} \tag{11.73}$$

H_{dr} na Eq. (11.73) é determinada de maneira semelhante ao método de logaritmo do tempo.

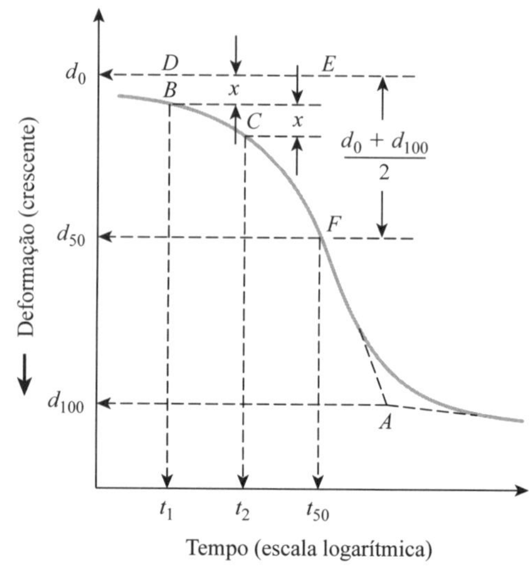

Figura 11.34 Método do logaritmo do tempo para determinação de coeficiente de adensamento.

Método da hipérbole

No método da hipérbole, o procedimento a seguir é recomendado para determinar c_v.

Etapa 1: Obtenha o tempo t e a deformação de corpo de prova (ΔH) do ensaio de adensamento de laboratório.

Etapa 2: Plote o gráfico de $t/\Delta H$ em relação a t conforme indicado na Figura 11.36.

Etapa 3: Identifique a parte da linha reta bc e projete-a de volta ao ponto d. Determine o intercepto D.

Etapa 4: Determine a inclinação m da linha bc.

Etapa 5: Calcule c_v como indicado:

$$c_v = 0,3\left(\frac{mH_{\text{dr}}^2}{D}\right) \tag{11.74}$$

Observe que, em razão de a unidade D ser tempo/comprimento e a unidade de m ser (tempo/comprimento)/tempo = 1/comprimento, a unidade de c_v é

$$\frac{\left(\frac{1}{\text{comprimento}}\right)(\text{comprimento})^2}{\left(\frac{\text{tempo}}{\text{comprimento}}\right)} = \frac{(\text{comprimento})^2}{\text{tempo}}$$

O método da hipérbole é bem simples de usar e fornece bons resultados para $U = 60\%$ a 90%.

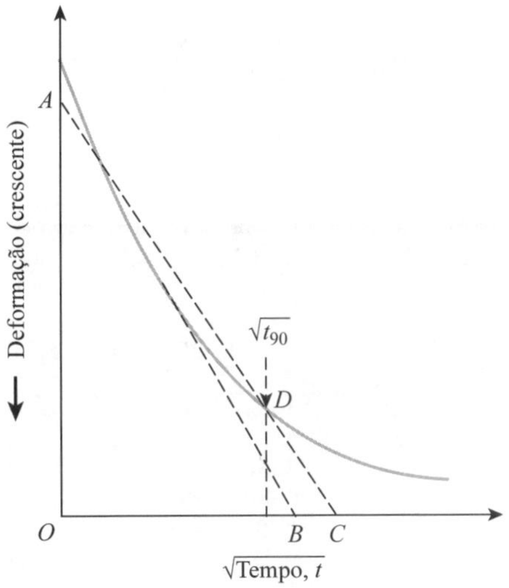

Figura 11.35 Método de ajuste de raiz quadrada do tempo.

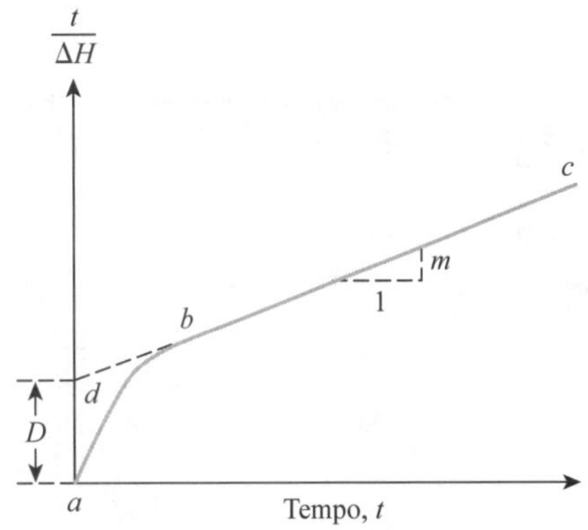

Figura 11.36 Método de hipérbole para determinação de c_v.

Método do log-*t* de estágio inicial

O método do log-t de estágio inicial, uma extensão do método do logaritmo do tempo, tem como base o gráfico da deformação do corpo de prova em função do logaritmo do tempo, como é mostrado na Figura 11.37. De acordo com esse método, siga as Etapas 2 e 3 descritas no método do logaritmo do tempo para determinar d_0. Desenhe uma linha horizontal DE por d_0. Desenhe uma tangente pelo ponto de inflexão, F. A tangente intercepta a linha DE no ponto G. Determine o tempo t correspondente ao G, que é o tempo em $U = 22,14\%$. Então

$$c_v = \frac{0,0385H_{\text{dr}}^2}{t_{22,14}} \tag{11.75}$$

Na maioria dos casos, para determinado solo e faixa de pressão, a magnitude de c_v determinada pelo *método do logaritmo do tempo* fornece o *valor mínimo*. O *valor máximo* é obtido pelo *método do log-t de estágio inicial*. Isso ocorre principalmente porque o método do log-t de estágio inicial utiliza a parte inicial da curva de adensamento, enquanto o método do logaritmo do tempo usa a parte final. Quando a parte final da curva de adensamento é considerada, o efeito da compressão secundária influencia na magnitude de c_v. Esse fato foi demonstrado para diversos solos por Robinson e Allam (1996).

Vários pesquisadores também reportaram que o valor obtido no campo é substancialmente mais alto que o obtido em ensaios de laboratório realizados usando métodos de ensaio convencionais (ou seja, o método do logaritmo do tempo e o método da raiz quadrada do tempo). Eles foram resumidos em um artigo por Leroueil (1988).

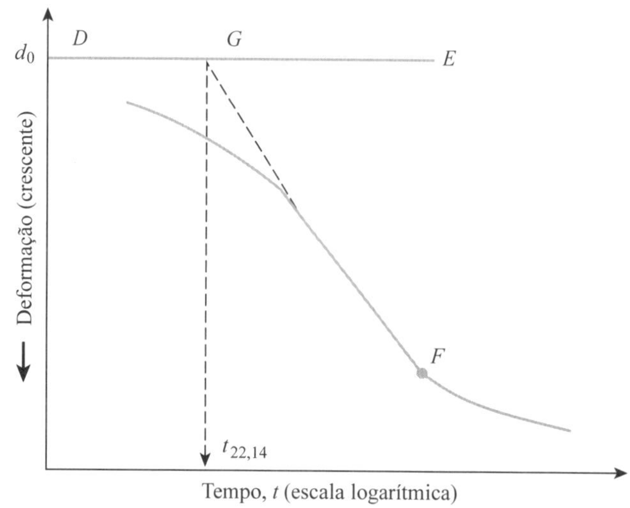

Figura 11.37 Método log-t em estágio inicial.

Exemplo 11.19

Durante um ensaio de adensamento em laboratório, o tempo e as leituras do extensômetro obtidos a partir do aumento da pressão do corpo de prova de 50 kN/m^2 para 100 kN/m^2 são dados a seguir.

Tempo (min)	Leitura do extensômetro (cm × 10^{-4})	Tempo (min)	Leitura do extensômetro (cm × 10^{-4})
0	3.975	16,0	4.572
0,1	4.082	30,0	4.737
0,25	4.102	60,0	4.923
0,5	4.128	120,0	5.080
1,0	4.166	240,0	5.207
2,0	4.224	480,0	5.283
4,0	4.298	960,0	5.334
8,0	4.420	1.440,0	5.364

Usando o método de logaritmo do tempo, determine c_v. A altura média do corpo de prova utilizando o adensamento era de 2,24 cm e foi drenado nas partes superior e inferior.

Solução

O gráfico semilogarítmico da leitura do extensômetro em função do tempo é mostrado na Figura 11.38. Para isso, $t_1 = 0{,}1$ min, $t_2 = 0{,}4$ min é usado para determinar d_0. Seguindo o procedimento destacado na Figura 11.34, $t_{50} \approx 19$ min. Da Eq. (11.72),

$$c_v = \frac{0{,}197 H_{dr}^2}{t_{50}} = \frac{0{,}197\left(\frac{2{,}24}{2}\right)^2}{19} = 0{,}013 \text{ cm}^2/\text{min} = \mathbf{2{,}17 \times 10^{-4}\ cm^2/s}$$

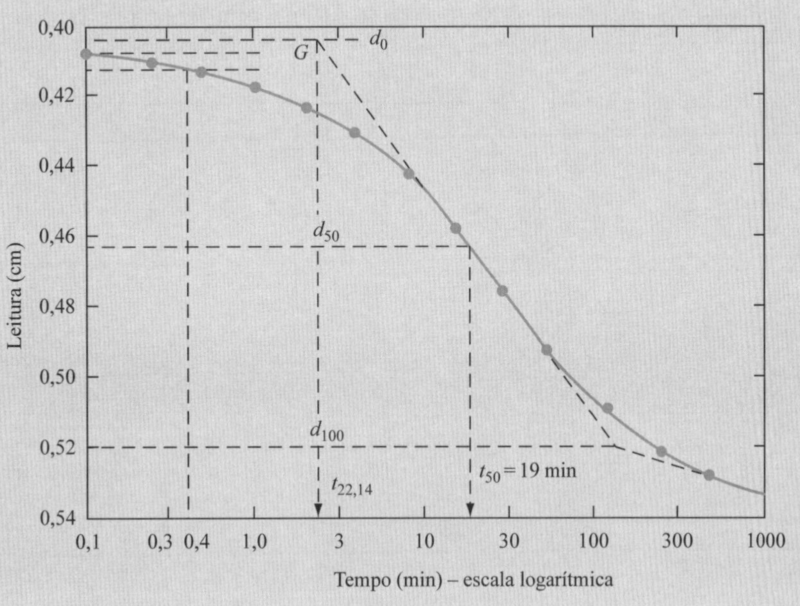

Figura 11.38 ■

Exemplo 11.20

Consulte os resultados de um ensaio de adensamento dado no Exemplo 11.19. Usando o método de hipérbole, determine c_v.

Solução

A seguinte tabela pode ser preparada.

Tempo, *t* (min)	Leitura (cm)	ΔH (cm)	$\frac{t}{\Delta H}$
0	0,3975	0	0
0,10	0,4082	0,0107	9,346
0,25	0,4102	0,0127	19,89
0,50	0,4128	0,0153	32,68
1,00	0,4166	0,0191	52,36
2,00	0,4224	0,0249	80,32
4,00	0,4298	0,0323	123,84
8,00	0,4420	0,0445	179,78
16,00	0,4572	0,0597	268,00
30,00	0,4737	0,0762	393,70
60,00	0,4923	0,0948	623,91
120,00	0,5080	0,1105	1.085,97

O gráfico de $t/\Delta H$ *versus* tempo (t) é indicado na Figura 11.39. A partir deste gráfico,

$$D \approx 180$$

$$m = \frac{1.085,97 - 623,91}{60} \approx 7,7$$

Então, a partir da Eq. (11.74),

$$c_v = \frac{0,3mH_{dr}^2}{D} = \frac{(0,3)(7,7)\left(\frac{2,24}{2}\right)^2}{180} = 0,0161 \text{ cm}^2/\text{min} = \mathbf{2,68 \times 10^{-4}\ cm^2/s}$$

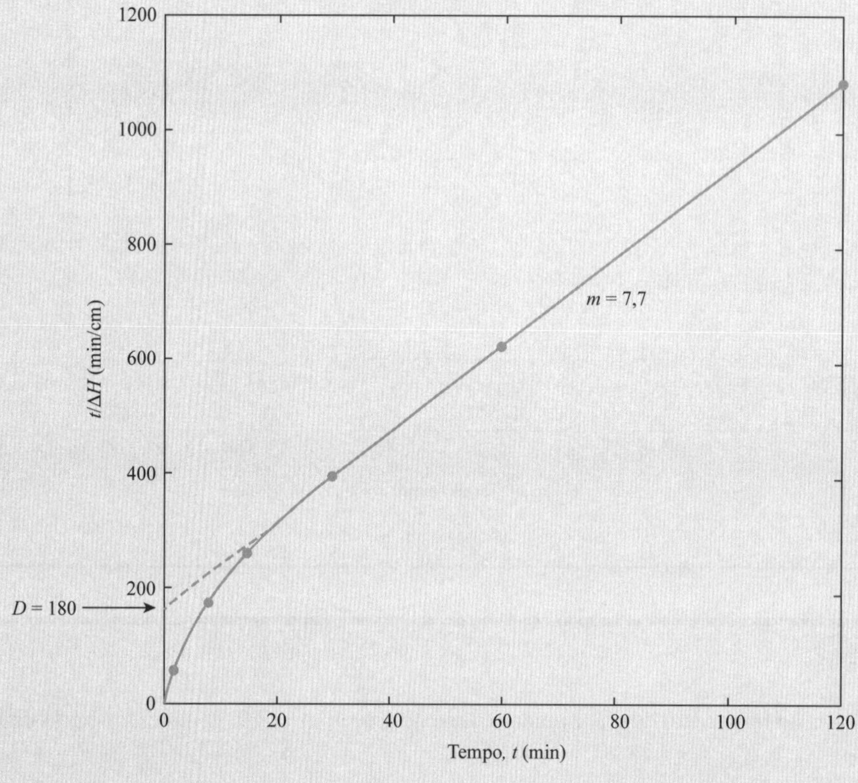

Figura 11.39 ■

Exemplo 11.21

Consulte os resultados de um ensaio de adensamento dado no Exemplo 11.19. Usando o método de logaritmo do tempo, determine c_v.

Solução

Consulte a Figura 11.38. Uma tangente é desenhada pelo ponto de inflexão. Ela intercepta a linha d_o em G. O tempo correspondente no ponto G é 2,57 min. Da Eq. (11.75),

$$c_v = \frac{0,0385(H_{dr})^2}{t_{22,14}} = \frac{(0,0385)\left(\frac{2,24}{2}\right)^2}{2,57}$$

$$= 0,01879 \text{ cm/min} = \mathbf{3,13 \times 10^{-4} cm^2/s}$$ ■

11.17 Cálculo do recalque por adensamento sob uma fundação

O Capítulo 10 mostrou que o aumento da tensão vertical no solo provocado pela aplicação de uma carga sobre uma área limitada diminui com o aumento da profundidade z medida da superfície do terreno. Portanto, para estimar o recalque unidimensional de uma fundação, podemos utilizar a Eq. (11.35), (11.37) ou (11.38). No entanto, o aumento da tensão efetiva, $\Delta\sigma'$, nestas equações deve ser o aumento médio da pressão abaixo do centro da fundação. Os valores podem ser determinados usando o procedimento descrito no Capítulo 10.

Presumindo que o aumento de pressão varie parabolicamente, utilizando a regra de Simpson, podemos estimar o valor de $\Delta\sigma'_{\text{méd}}$ como

$$\Delta\sigma'_{\text{méd}} = \frac{\Delta\sigma'_t + 4\Delta\sigma'_m + \Delta\sigma'_b}{6} \tag{11.76}$$

onde $\Delta\sigma'_t$, $\Delta\sigma'_m$ e $\Delta\sigma'_b$ representam o aumento na pressão efetiva nas partes superior, central e inferior da camada, respectivamente.

Exemplo 11.22

Calcule o recalque da camada de argila com 3 m de espessura (Figura 11.40) que resultará da carga aplicada por sapatas quadradas com 1,5 m de lado. A argila é normalmente adensada. Utilize a média ponderada [Eq. (11.76)] para calcular o aumento médio de pressão efetiva na camada de argila.

Solução

Para a argila normalmente adensada, da Eq. (11.35),

$$S_c = \frac{C_c H}{1 + e_o} \log \frac{\sigma'_o + \Delta\sigma'_{\text{méd}}}{\sigma'_o}$$

onde

$$C_c = 0{,}009(LL - 10) = 0{,}009(40 - 10) = 0{,}27$$
$$H = 3 \times 1.000 = 3.000 \text{ mm}$$
$$e_o = 1{,}0$$

$$\begin{aligned}\sigma'_o &= 3\,\text{m} \times \gamma_{\text{seco(areia)}} + 3\,\text{m}[\gamma_{\text{sat(areia)}} - 9{,}81] + \frac{3}{2}[\gamma_{\text{sat(argila)}} - 9{,}81] \\ &= 3 \times 15{,}72 + 3(18{,}87 - 9{,}81) + 1{,}5(17{,}3 - 9{,}81) \\ &= 85{,}58 \text{ kN/m}^2\end{aligned}$$

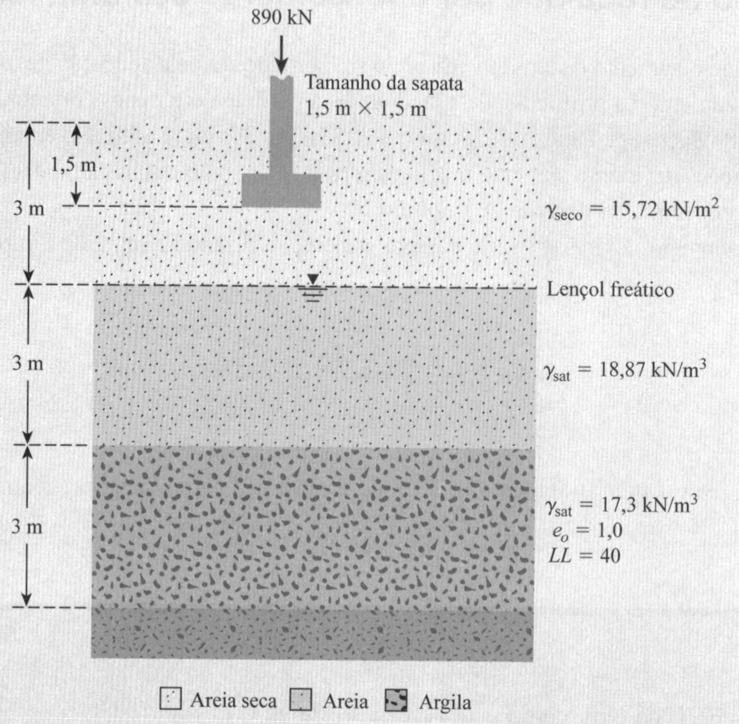

Figura 11.40

Da Eq. (11.76),

$$\Delta\sigma'_{\text{méd}} = \frac{\Delta\sigma'_t + 4\Delta\sigma'_m + \Delta\sigma'_b}{6}$$

$\Delta\sigma'_t$, $\Delta\sigma'_m$ e $\Delta\sigma'_b$ abaixo do centro da sapata podem ser obtidas da Eq. (10.36).

Agora, podemos preparar a tabela a seguir (*Observação*: $L/B = 5/5 = 1$):

m_1	z (m)	$b = B/2$ (m)	$n_1 = z/b$	q (kN/m²)	I_4	$\Delta\sigma' = qI_4$ (kN/m²)
1	4,5	0,75	6	$\frac{890}{1,5 \times 1,5} = 395,6$	0,051	$20,18 = \Delta\sigma'_t$
1	6,0	0,75	8	395,6	0,029	$11,47 = \Delta\sigma'_m$
1	7,5	0,75	10	395,6	0,019	$7,57 = \Delta\sigma'_b$

Portanto,

$$\Delta\sigma'_{\text{méd}} = \frac{20,18 + (4)(11,47) + 7,52}{6} = 12,26 \text{ kN/m}^2$$

Assim,

$$S_c = \frac{(0,27)(3.000)}{1+1} \log \frac{85,58 + 12,26}{85,58} \approx \mathbf{23,6\ mm}$$

■

11.18 Métodos para acelerar o recalque por adensamento

Em muitos casos, *drenos de areia* e *drenos verticais pré-fabricados* são utilizados no campo para acelerar o recalque de adensamento em camadas de argila fofa, normalmente adensada para obter a pré-compressão antes da construção da fundação desejada. Os drenos de areia são construídos por meio da escavação de furos na camada de argila do campo em intervalos regulares. Os furos são então preenchidos com areia. É possível conseguir isso de diversas formas, como (a) perfuração rotativa e depois preenchimento com areia; (b) perfuração por estaca hélice contínua com uma haste oca e preenchimento com areia (por meio da haste oca); e (c) cravação de estacas ocas de aço. O solo dentro da estaca é então expelido e o orifício é preenchido com areia. A Figura 11.41 mostra um diagrama esquemático de drenos de areia. Após preencher os furos escavados com areia, uma sobrecarga é aplicada na superfície do solo. Essa sobrecarga aumentará a poropressão na argila. O excesso de poropressão na argila será dissipado por drenagem, vertical e radialmente para os drenos de areia, o que acelera o recalque da camada de argila. Na Figura 11.41a, observe que o raio dos drenos de areia é de r_w. A Figura 11.41b mostra a planta dos drenos de areia. A zona efetiva da qual a drenagem radial será direcionada para determinado dreno de areia é aproximadamente cilíndrica, com um diâmetro de d_e. A sobrecarga que precisa ser aplicada na superfície do solo e o intervalo de tempo em que ela precisa ser mantida para se obter o grau desejado de adensamento será uma função de r_w, d_e e outros parâmetros do solo. A Figura 11.42 exibe uma instalação de dreno de areia em progresso.

Drenos verticais pré-fabricados (PVDs), que também são chamados de *drenos de fita*, foram originalmente desenvolvidos como substitutos para o dreno de areia normalmente utilizado. Com o advento da ciência dos materiais, esses drenos são fabricados a partir de polímeros sintéticos, como polipropileno e polietileno de alta compacidade. Geralmente, os PVDs são fabricados com um núcleo sintético ondulado ou direcionado fechado por um filtro geotêxtil conforme indicado esquematicamente na Figura 11.43. As velocidades de instalação relatadas na literatura são da ordem de 0,1 a 0,3 m/s, excluindo a mobilização do equipamento e o tempo de ajuste. Os PVDs têm sido extensivamente utilizados para o adensamento expedito de solos de baixa permeabilidade com sobrecarga na superfície. A principal vantagem dos PVDs sobre os drenos de areia é que eles não exigem perfuração e, dessa forma, a instalação torna-se muito mais rápida. A Figura 11.44 indica a instalação de PVDs no campo.

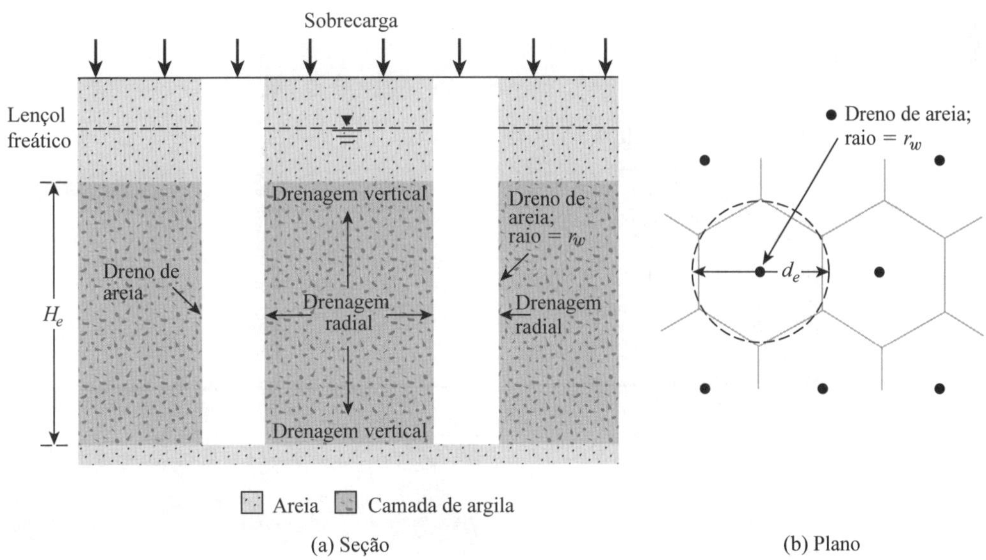

Figura 11.41 Drenos de areia.

Figura 11.42 Instalação de dreno de areia em progresso. (*Cortesia de E.C. Shin, University of Incheon, Coreia do Sul.*)

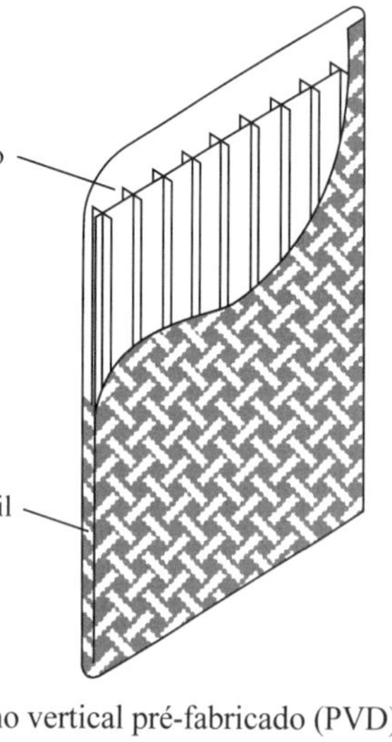

Figura 11.43 Dreno vertical pré-fabricado (PVD).

Figura 11.44 Instalação de PVDs em progresso. (*Cortesia de E.C. Shin, University of Incheon, Coreia do Sul.*)

11.19 Resumo

Este capítulo discutiu as teorias relacionadas ao recalque de fundações. Abaixo segue um resumo do assunto abordado.

- Recalque total de uma fundação é a soma de recalque elástico e recalque por adensamento. O recalque por adensamento tem dois componentes: primário e secundário.
- Recalque elástico (Seção 11.3 e 11.4) é principalmente uma função do tamanho (comprimento e largura) e rigidez da fundação, o módulo de elasticidade e o coeficiente de Poisson do solo que suporta a fundação e da intensidade da carga aplicada.
- Adensamento é um processo dependente do tempo de recalque das camadas de argila saturadas localizadas abaixo do lençol freático.
- O recalque de adensamento primário pode ser calculado utilizando as Eqs. (11.35), (11.37) e (11.38).
- As relações empíricas para índice de compressão e índice de expansão necessários para estimar o recalque de adensamento primário são proporcionadas nas Seções 11.11 e 11.12.
- O recalque por adensamento secundário pode ser estimado utilizando a Eq. (11.48).
- O grau de adensamento a qualquer momento após a aplicação de carga é uma função do fator tempo não dimensional T_v [consulte a Tabela 11.7 e as Eqs. (11.66)-(11.69)].
- A correção do tempo de construção do recalque por adensamento devido ao carregamento de rampa foi discutida na Seção 11.15.
- O coeficiente de adensamento para determinada faixa de carregamento pode ser obtido utilizando os métodos de logaritmo de tempo, de raiz quadrada do tempo, de hipérbole e log-*t* de estágio inicial (Seção 11.16).
- Os drenos de areia e os drenos verticais pré-fabricados podem ser utilizados para acelerar o processo de adensamento no campo (Seção 11.18).

Há vários casos na literatura nos quais os princípios fundamentais da compressibilidade do solo foram utilizados para prever e comparar o recalque total real e a relação tempo-recalque de perfis de solo sob a imposição de carregamentos. Em alguns casos, os recalques máximos real e previsto correspondem de forma substancial; em muitos outros, os recalques previstos desviam muito dos recalques reais observados. Essa discrepância em casos posteriores pode ter diversas causas:

1. Avaliação incorreta das propriedades do solo.
2. Falta de homogeneidade e irregularidades dos perfis do solo.
3. Erro na avaliação do aumento da tensão líquida com a profundidade, que induz o recalque.

A variação entre a relação do tempo previsto e observado do recalque pode também ser causada por

- Avaliação incorreta de c_v (veja a Seção 11.16).
- Presença de camadas irregulares de areia com a camada de argila, que reduz altura de drenagem, H_{dr}.

Problemas

11.1 Uma carga de coluna vertical, P = 600 kN, é aplicada a uma fundação rígida de concreto com dimensões B = 1m e L = 2m, como mostrado na Figura 11.45. A fundação se sustenta a uma profundidade D_f = 0,75 m em uma areia densa e uniforme, com as seguintes propriedades: módulo médio de elasticidade, E_s = 20.600 kN/m², e o coeficiente de Poisson, μ_s = 0,3. Estime o recalque elástico em razão da pressão distribuída aplicada, $\Delta\sigma$, sobre a fundação. Dado: H = 5 m.

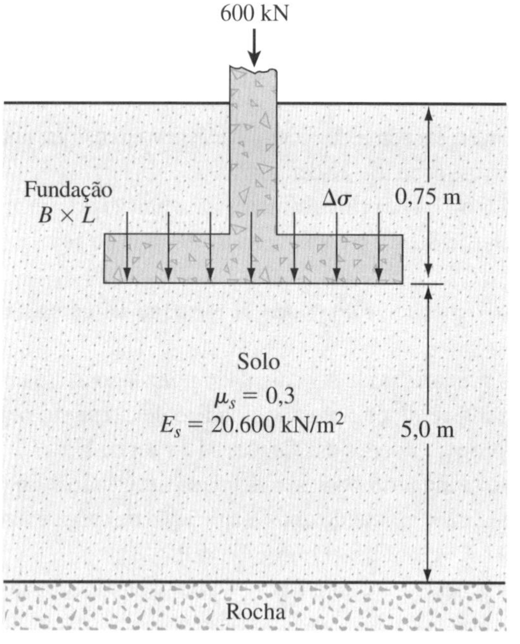

Figura 11.45

11.2 Uma fundação de concreto rígida reforçada é sujeita a uma carga de um pilar de 388 kN. A fundação mede 2,4 m × 2,4 m na planta e se sustenta em 6,5 m de solo em camadas fundamentadas em rochas. As camadas de solo possuem as seguintes características:

Tipo de camada	Espessura (m)	E_s (kN/m²)	γ_d (kN/m³)
Areia fofa	1,5	15,167	16,5
Argila média	1,5–4,0	6756	17,1
Areia densa	4,0–6,5	62,735	19,2

Se a profundidade da fundação for $D_f = 1{,}2$ m e $\mu_s = 0{,}4$ para todas as camadas, estime o recalque elástico da fundação. Use a Eq. (11.1).

11.3 Seguem os resultados de um ensaio de adensamento em laboratório em um corpo de prova de argila indeformada obtida do campo.

Pressão, σ' (kg/cm²)	Altura final do corpo de prova (cm)
0	1,9
0,25	1,763
0,5	1,742
1,0	1,702
2,0	1,656
4,0	1,604
8,0	1,550

A altura do corpo de prova no início do ensaio era de 1,9 cm e o diâmetro era de 6,35 cm. A massa do corpo de prova seco era de 91 g. Estime o índice de compressão e a pressão de pré-adensamento da curva $e - \log \sigma'$. Dado: $G_s = 2{,}72$.

11.4 A seguir estão os resultados de um teste de adensamento em um corpo de prova de solo argiloso.

e	Pressão, σ' (kN/m²)
1,113	25
1,106	50
1,066	100
0,982	200
0,855	400
0,735	800
0,63	1600
0,66	800
0,675	400
0,685	200

a. Esboce a curva de e-log σ'.

b. Usando o método de Casagrande, determine a pressão de pré-adensamento.

c. Calcule o índice de compressão, C_c, e a razão de C_s/C_c.

11.5 Solos orgânicos são geralmente caracterizados pelo alto índice de vazios, baixo peso específico relativo e alta compressibilidade. Abaixo seguem os resultados de um ensaio de adensamento em um corpo de prova de solo orgânico, obtido do sudoeste de Flórida.

Pressão, σ' (kN/m²)	Variação de leitura do extensômetro (mm)
4,8	0,279
9,6	0,302
24	0,411
48	0,579
96	0,902
192	1,996
384	3,921

Dada a altura inicial de corpo de prova =19 mm, massa do corpo de prova seco = 18 g, área de corpo de prova = 31,67 cm² e $G_s = 2{,}55$.

a. Trace a curva e-log σ'.

b. Determine a pressão de pré-adensamento.

c. Calcule o índice de compressão, C_c.

11.6 As coordenadas de dois pontos em uma curva de compressão virgem são:

e	σ' (kN/m²)
1,72	96
1,36	192

Determine o índice de vazios que corresponde a uma pressão de 6300 lb/ft².

11.7 A Figura 11.46 mostra uma fundação com dimensões $B \times L$ suportando uma carga de pilar, P. A fundação se sustenta em um solo arenoso sobreposto por uma camada de argila. Estime o recalque de adensamento primário da argila devido à carga da fundação. Dado: $P = 350$ kN, $B = L = 2{,}5$ m, $D_f = 2$ m, $H_1 = 3$ m e $H_2 = 4{,}5$ m. As propriedades do solo são as seguintes:

Areia: $\gamma_d = 16{,}4$ kN/m³; $\gamma_{sat} = 18{,}8$ kN/m³

Argila: $\gamma_{sat} = 17{,}6$ kN/m³; $e_0 = 0{,}82$; $LL = 48$; normalmente adensada

(Use $\Delta\sigma' = \dfrac{P}{BL}$ no meio da camada de argila)

11.8 Refaça o Problema 11.7 utilizando o método de média ponderada [Eq. (11.76)] para calcular o aumento da tensão na camada de argila.

11.9 Com relação à Figura 11.46, se as propriedades de adensamento da argila forem representadas pelos resultados do ensaio obtidos no Problema 11.4, determine o recalque de adensamento primário da camada de argila. Dados: $P = 675$ kN, $B = L = 3$ m, $D_f = 2$ m, $H_1 = 4$ m e $H_2 = 6$ m. As propriedades do solo são

Areia: $\gamma_d = 15$ kN/m^3; $\gamma_{sat} = 18$ kN/m^3

Argila: $\gamma_{sat} = 18{,}9$ kN/m^3; $e_o = 1{,}18$

(Use $\Delta\sigma' = \dfrac{P}{BL}$ no meio da camada de argila)

11.10 Considere o perfil de solo mostrado na Figura 11.47 sujeito a uma carga uniformemente distribuída, $\Delta\sigma$, na superfície do terreno. Dados: $\Delta\sigma = 45$ kN/m^2, $H_1 = 1{,}4$ m, $H_2 = 2{,}8$ m e $H_3 = 4{,}9$ m. As características do solo são:

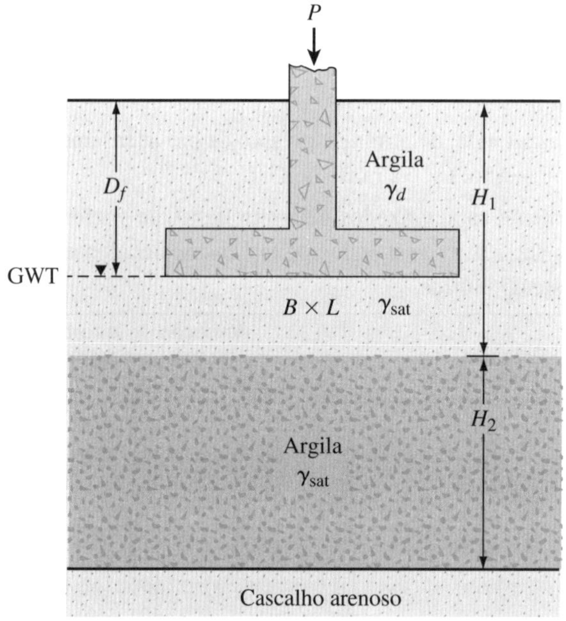

Figura 11.46

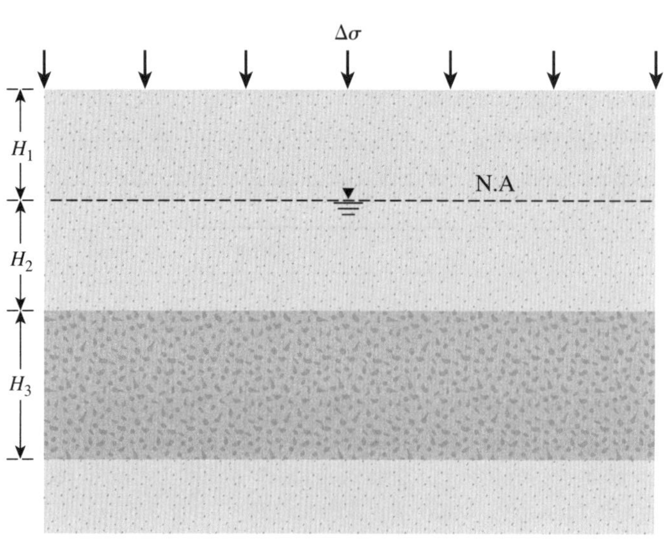

Figura 11.47

Areia: $\gamma_d = 17{,}6$ kN/m^3; $\gamma_{sat} = 19{,}3$ kN/m^3

Argila: $\gamma_{sat} = 18{,}7$ kN/m³; $LL = 46$; $e = 0{,}71$; $C_s = \frac{1}{5} C_c$.

Estime o recalque de adensamento primário da argila se

a. A argila for normalmente adensada

b. A pressão de pré-adensamento, $\sigma_c' = 100$ kN/m²

11.11 Com relação à Figura 11.47, estime o recalque de adensamento primário na camada de argila. Dados: $\Delta\sigma = 105$ kN/m², $H_1 = 2{,}2$ m, $H_2 = 4{,}4$ m e $H_3 = 7{,}5$ m. As características do solo são:

Areia: $e = 0{,}58$; $G_s = 2{,}67$

Argila: $LL = 49$; $e = 1{,}08$; $G_s = 2{,}71$; $\sigma_c' = 210$ kN/m²; $C_s = \frac{1}{6} C_c$

11.12 Uma argila indeformada tem uma pressão de pré-adensamento de 182 kN/m² com um índice de vazios de 1,1. O ensaio de adensamento no laboratório forneceu os seguintes dados:

e	σ' (kN/m²)
0,98	200
0,84	400

a. Determine o índice de vazios que corresponde a uma pressão de 575 kN/m².

b. Qual seria o índice de vazios a uma pressão de 144 kN/m²? Dado: $C_s = \frac{1}{5} C_c$.

11.13 Uma camada de argila de 4 m de espessura no campo tem uma tensão efetiva atual de $\sigma_0' = 58$ kN/m². Existe um aumento de tensão distribuída de $\Delta\sigma = 195$ kN/m² em razão de uma carga de fundação. Apenas quatro dados foram disponibilizados de um ensaio de adensamento feito na argila, como mostrado abaixo. Estime o recalque de adensamento primário da camada de argila no campo.

e	σ' (kN/m²)
1,08	20
1,05	80
0,94	200
0,79	400

11.14 Com relação ao Problema 11.11, quanto tempo levará para existir 85% de adensamento no campo? Dado: $C_v = 0{,}18$ cm²/min.

11.15 Com relação ao Problema 11.11:

a. Qual seria o grau de adensamento no meio da camada de argila, 180 dias após a aplicação da carga da fundação? Dado: $C_v = 0{,}18$ cm²/min.

b. Qual seria o excesso remanescente de poropressão da água no meio da camada de argila, 180 dias após a construção?

11.16 Considerando os dados do ensaio de adensamento do Problema 11.12,

a. Determine o coeficiente de compressibilidade de volume para a variação de pressão declarada.

b. Se $C_v = 0{,}013$ cm²/s, determine o k em m/s correspondente à média do índice de vazios dentro da variação de pressão.

11.17 O tempo para adensamento de 75% de um corpo de prova de argila de 25 mm (drenado na parte superior e inferior) obtido em laboratório é 22 minutos. Quanto tempo levará para uma camada de argila do campo, de 6 m de espessura, ser submetida a 55% de adensamento com o mesmo aumento de pressão? No campo, há uma camada de rochas na parte inferior da argila.

11.18 Uma camada de argila do campo com 5,5 m de espessura (drenada de um lado) é normalmente adensada. Quando a pressão aumenta de 72 kN/m² para 144 kN/m², o índice de vazios diminui de 1,12 para 0,98. Foi descoberto que condutividade hidráulica, k, da argila durante a variação de carga acima, era de $4{,}3 \times 10^{-7}$ cm/s.

a. Quanto tempo levará (em dias) para a camada de argila alcançar 70% de adensamento?

b. Qual seria o recalque nesse momento (ou seja, com 70% de adensamento)?

11.19 Para um corpo de prova de argila de 25 mm (drenado em ambas as extremidades) de um teste de adensamento de laboratório, os seguintes dados foram obtidos:

e	σ' (kN/m²)
0,92	150
0,77	300

Se o tempo para obter 65% de adensamento for 5,25 min, determine a condutividade hidráulica da argila para a variação de carga.

11.20 Uma camada de argila saturada com 6,4 m de espessura (drenagem bidimensional) sujeita a uma sobrecarga sofreu 87% de adensamento primário em 300 dias.

a. Encontre o coeficiente de adensamento da argila para a variação de pressão.

b. Quanto tempo levará para um corpo de prova de 19 mm de espessura, proveniente da mesma argila indeformada, sofrer 75% de adensamento em um ensaio de laboratório?

11.21 Com relação à Figura 11.48, uma fundação quadrada, com 2,5 × 2,5 m de lado, sustenta uma carga de um pilar de 478 kN. As características do solo são dadas na figura. O monitoramento de campo indicou que o recalque da fundação media 46 mm ao final de 2 anos.

a. Estime o aumento médio de tensão na camada de argila em razão da carga aplicada.

b. Estime o recalque de adensamento primário.

c. Qual é o grau de adensamento após 2 anos?

d. Estime o coeficiente de adensamento para a variação de pressão.

e. Estime o recalque em 3 anos.

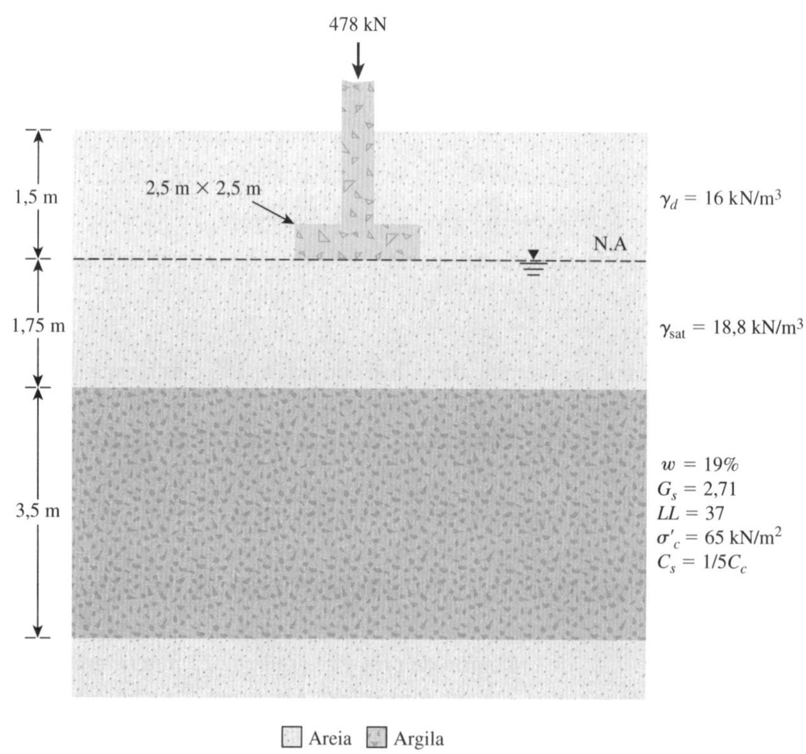

Figura 11.48

Problema de pensamento crítico

11.C.1 Os engenheiros de fundação são frequentemente desafiados pela existência de solos fofos compressíveis no local de construção. A Figura 11.49 exibe um perfil de solo de uma areia siltosa ($\gamma = 17$ kN/m^3; $\gamma_{sat} = 19{,}2$ kN/m^3) sustentado por uma argila de alta plasticidade ($\gamma_{sat} = 18{,}8$ kN/m^3) e uma camada com turfa ($\gamma_{sat} = 15$ kN/m^3) seguida por uma areia densa. Para promover o adensamento e minimizar futuros recalques, um material de aterro adicional com 1,75 m de espessura compactado a um peso específico de 20,1 kN/m^3 será colocado na parte superior da camada da areia siltosa. A área plana do aterro é de 8 m × 8 m. A carga de aterro será deixada no local por 18 meses, após a construção ser iniciada com o aterro se tornando parte da fundação permanente. Os corpos de prova indeformados e coletados da argila e das camadas orgânicas têm as seguintes propriedades:

Camada	C_c	C_α	c_v (cm^2/s)	e_o
Argila	0,31	0,048	0,006	1,08
Turfa	7,2	0,273	0,029	6,4

a. Calcule a estimativa do recalque de adensamento total sob a ação da carga do aterro. Considere as camadas de argila e de turfa como normalmente adensadas.

b. Calcule a estimativa do tempo para 99% de adensamento primário em cada camada. As camadas são drenadas simples ou duplamente? Explique.

c. Calcule a estimativa da compressão secundária de cada camada até o fim dos 18 meses.do aterro.

d. Qual será o recalque total após dois anos após 18 meses?

e. Qual é o excesso remanescente de poropressão da água no ponto *A*, dois meses após a aplicação da carga?

f. Determine a tensão efetiva no ponto *A* dois meses após a aplicação da carga do aterro.

g. Um piezômetro foi instalado no ponto *A* para monitorar a poropressão da água. Qual deve ser a leitura do piezômetro ($u_{piezômetro}$) dois meses após a aplicação da carga de aterro?

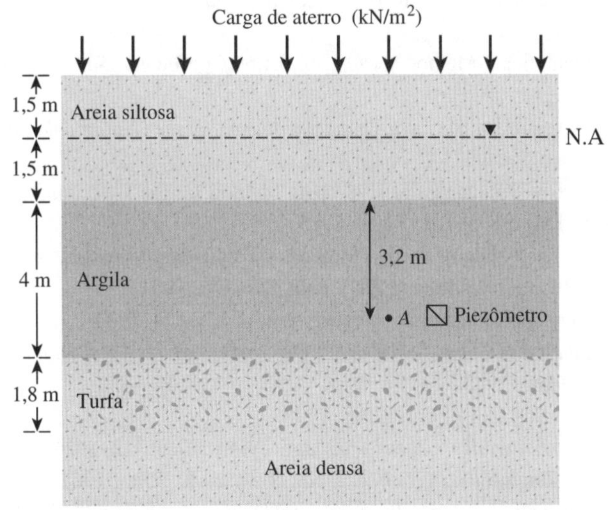

Figura 11.49

Referências bibliográficas

BOWLES, J. E. Elastic Foundation Settlement on Sand Deposits, *Journal of Geotechnical Engineering*, ASCE, v. 113, n. 8, p. 846-860, 1987.

CASAGRANDE, A. Determination of the Preconsolidation Load and Its Practical Significance, *Proceedings*, 1st International Conference on Soil Mechanics and Foundation Engineering, Cambridge, Mass., v. 3, p. 60-64, 1936.

______; FADUM, R. E. Notes on Soil Testing for Engineering Purposes, Harvard University Graduate School of Engineering Publication n. 8, 1940.

FOX, E. N. The Mean Elastic Settlement of a Uniformly Loaded Area at a Depth Below the Ground Surface, *Proceedings*, 2nd International Conference on Soil Mechanics and Foundation Engineering, Rotterdam, v. 1, p. 129-132, 1948.

HANNA, D.; SIVAKUGAN, N.; LOVISA, J. Simples Approach to Consolidation Due to Constant Rate Loading in Clays, *International Journal of Geomechanics*, ASCE, v. 13, n. 2, p.193-196, 2013.

HANSBO, S. A New Approach to the Determination of Shear Strength of Clay by the Fall Cone Test, *Report 14*, Swedish Geotechnical Institute, Estocolmo, 1957.

HOUGH, B. K. *Basic Soils Engineering*, Nova York: Ronald Press, 1957.

KULHAWY, F. H; MAYNE, P. W. *Manual of Estimating Soil Properties for Foundation Design*, Final Report (EL-6800), Electric Power Research Institute (EPRI), Palo Alto, CA, 1990.

LEROUEIL, S. Tenth Canadian Geotechnical Colloquium: Recent Developments in Consolidation of Natural Clays, Canadian *Geotechnical Journal*, v. 25, n. 1, p. 85-107, 1988.

MAYNE, P. W. e POULOS, H. G. Approximate Displacement Influence Factors for Elastic Shallow Foundations, *Journal of Geotechnical and Geoenvironmental Engineering*, ASCE, v. 125, n. 6, p.453-460, 1999.

MESRI, G. e GODLEWSKI, P. M. Time and Stress – Compressibility Interrelationship, *Journal of the Geotechnical Engineering Division*, ASCE, v. 103, n. GT5, p. 417-430, 1977.

NAGARAJ, T.; MURTY, B. R. S. Prediction of the Preconsolidation Pressure and Recompression Index of Soils, *Geotechnical Testing Journal*, v. 8, n. 4, p. 199–202, 1985.

NISHIDA, Y. A Brief Note on Compression Index of Soils, *Journal of the Soil Mechanics and Foundations Division*, ASCE, v. 82, n. SM3, p. 1.027-1–1.027-14, 1956.

PARK, J. H.; KOUMOTO, T. New Compression Index Equation, *Journal of Geotechnical and Geoenvironmental Engineering*, ASCE, v. 130, n. 2, p. 223-226, 2004.

RENDON-HERRERO, O. Universal Compression Index Equation, Discussion, *Journal of Geotechnical Engineering*, ASCE, v. 109, n.10, p. 1.349, 1983.

______ Universal Compression Index Equation, *Journal of the Geotechnical Engineering Division*, ASCE, v. 106, n. GT11, p. 1.179-1.200, 1980.

ROBINSON, R. G.; ALLAM, M. M. Determination of Coefficient of Consolidation from Early Stage of log t Plot, *Geotechnical Testing Journal*, ASTM, v. 19, n. 3, p. 316-320, 1996.

SCHMERTMANN, J. H. Undisturbed Consolidation Behavior of Clay, *Transactions*, ASCE, v. 120, 1201, 1953.

SIVAKUGAN, N. et al. Consolidation Settlement Due to Ramp Loading, *International Journal of Geotechnical Engineering*, v. 8, n. 2, p.191-196, 2014.

SIVARAM, B.; SWAMEE, A. A Computational Method for Consolidation Coefficient, *Soils and Foundations*, v. 17, n. 2, p. 48-52, 1977.

SKEMPTON, A. W. Notes on the Compressibility of Clays, *Quarterly Journal of the Geological Society of London*, v. 100, p. 119-135, 1944.

SRIDHARAN, A.; PRAKASH, K. Improved Rectangular Hyperbola Method for the Determination of Coefficient of Consolidation, *Geotechnical Testing Journal*, ASTM, v. 8, n. 1, p. 37-40, 1985.

STAS, C.V.; KULHAWY, F. H. Critical Evaluation of Design Methods for Foundations under Axial Uplift and Compression Loading, *Report EL-3771*, Electric Power Research Institute (EPRI), Palo Alto, CA, 1984.

STEINBRENNER, W. Tafeln zur Setzungsberechnung, *Die Strasse*, v. 1, p. 121-124, 1934.

TAYLOR, D. W. Research on Consolidation of Clays, *Serial n. 82*, Department of Civil and Sanitary Engineering, Massachusetts Institute of Technology, Cambridge, Mass, 1942.

______. W. Fundamentals of Soil Mechanics, Nova York: Wiley, 1948.

TERZAGHI, K. *Erdbaumechanik auf Bodenphysikalischer Grundlager*, Viena: Deuticke, 1925.

______; PECK, R. B. *Soil Mechanics in Engineering Practice*, 2. ed., Nova York: Wiley, 1967.

WROTH, C. P.; WOOD, D. M. The Correlation of Index Properties with Some Basic Engineering Properties of Soils, *Canadian Geotechnical Journal*, v. 15, n. 2, p. 137-145, 1978.

CAPÍTULO 12

Resistência ao cisalhamento do solo

12.1 Introdução

A *resistência ao cisalhamento* de uma massa de solo é a resistência interna por área específica que essa massa pode oferecer para resistir a rupturas e a deslizamentos ao longo de qualquer plano em seu interior. É preciso compreender a natureza da resistência ao cisalhamento para que seja possível analisar os problemas de estabilidade do solo, tais como capacidade de carga, estabilidade de taludes e pressão lateral em estruturas de contenção de terra. Os seguintes itens serão introduzidos neste capítulo:

- Parâmetros de resistência ao cisalhamento de solo
- Ensaios de laboratório de solo em diversas condições de drenagem para estimar os parâmetros de resistência ao cisalhamento
- Efeito de amolgamento na resistência ao cisalhamento de solos coesivos
- Efeito de variação da resistência ao cisalhamento dependendo da direção da aplicação de carga
- Utilização de cisalhamento de palheta para obter a resistência ao cisalhamento de solos saturados coesivos

12.2 Critério de ruptura de Mohr-Coulomb

Mohr (1900) apresentou a teoria para ruptura em materiais. A teoria afirmava que um material se rompe em decorrência da combinação entre as tensões normal e de cisalhamento, e não em razão das tensões máxima normal ou de cisalhamento isoladamente. Portanto, a relação funcional entre a tensão normal e a tensão de cisalhamento em um plano de ruptura pode ser expressa da seguinte forma:

$$\tau_f = f(\sigma) \tag{12.1}$$

A envoltória de ruptura definida pela Eq. (12.1) é uma linha curva. Para a maioria dos problemas de mecânica dos solos, é suficiente aproximar a tensão de cisalhamento no plano de ruptura como uma função linear da tensão normal (Coulomb, 1776). Esta função linear pode ser expressa como

$$\tau_f = c + \sigma \operatorname{tg}\phi \tag{12.2}$$

onde c = coesão

ϕ = ângulo de atrito interno

σ = tensão normal no plano de ruptura

τ_f = resistência ao cisalhamento

A equação anterior é chamada *critério de ruptura de Mohr-Coulomb.*

Em um solo saturado, a tensão normal total em um ponto é a soma da tensão efetiva (σ') e da poropressão (u), ou

$$\sigma = \sigma' + u$$

A tensão efetiva σ' é suportada pelos sólidos do solo. O critério de ruptura de Mohr-Coulomb, expresso em termos de tensão efetiva, será o seguinte

$$\tau_f = c' + \sigma' \operatorname{tg} \phi' \tag{12.3}$$

onde c' = coesão e ϕ' = ângulo de atrito, com base na tensão efetiva.

Assim, as Eqs. (12.2) e (12.3) são expressões de resistência ao cisalhamento com base na tensão total e na tensão efetiva, respectivamente. O valor de c' para areia e silte inorgânico é 0. Em argilas normalmente adensadas, c' pode ser aproximadamente zero. As argilas sobreadensadas têm valores de c' maiores que zero. Às vezes, o ângulo de atrito, ϕ', também é chamado *ângulo de atrito drenado*. Os valores típicos ϕ' para alguns solos granulares são mostrados na Tabela 12.1.

O significado da Eq. (12.3) pode ser explicado por meio de consulta à Figura 12.1, que mostra uma massa de solo elementar. Considere a resistência normal efetiva e a tensão de cisalhamento no plano *ab* como σ' e τ, respectivamente. A Figura 12.1b exibe o gráfico da envoltória de ruptura definida pela Eq. (12.3). Se as magnitudes de σ' e τ no plano *ab* forem tais que representem graficamente o ponto *A* na Figura 12.1b, a ruptura por cisalhamento não ocorrerá ao longo do

Tabela 12.1 Valores típicos de ângulo de atrito drenado para areias e siltes

Tipo de solo	ϕ' (graus)
Areia: Grãos arredondados	
Fofo	27-30
Médio	30-35
Compacto	35-38
Areia: Grãos angulares	
Fofo	30-35
Médio	35-40
Compacto	40-45
Pedregulho com alguma areia	34-48
Siltes	26-35

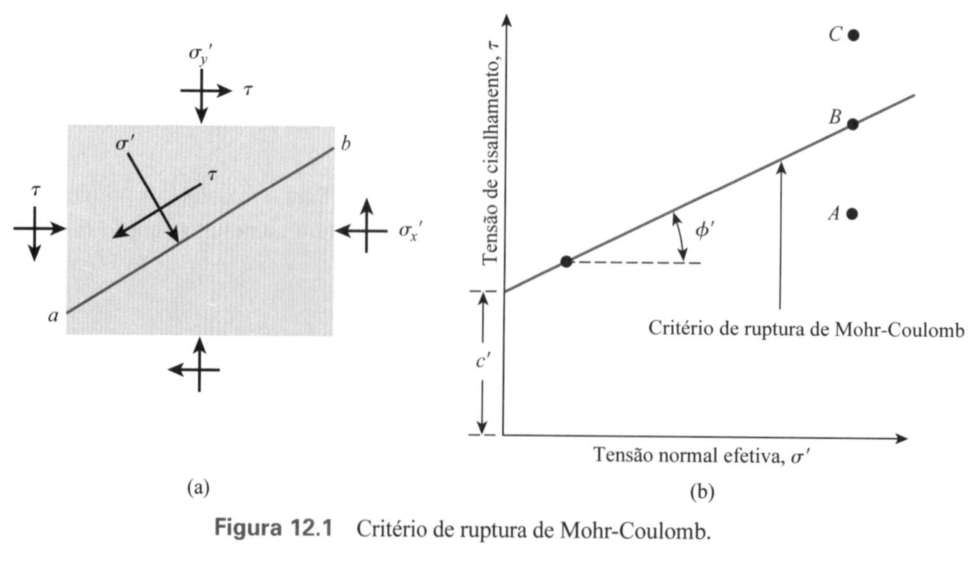

Figura 12.1 Critério de ruptura de Mohr-Coulomb.

plano. Se a tensão normal efetiva e a tensão de cisalhamento no plano *ab* forem representadas graficamente como o ponto *B* (que se enquadra na envoltória de ruptura), a ruptura por cisalhamento ocorrerá ao longo do plano. Não pode existir um estado de tensão em um plano representado pelo ponto *C*, pois ele é representado graficamente acima da envoltória de ruptura e a ruptura por cisalhamento já teria ocorrido.

12.3 Inclinação do plano de ruptura causada por cisalhamento

Conforme declarado no critério de ruptura de Mohr-Coulomb, a ruptura por cisalhamento ocorrerá quando a tensão ao cisalhamento no plano alcançar o valor indicado na Eq. (12.3). Para determinar a inclinação do plano de ruptura em relação ao plano principal maior, consulte a Figura 12.2, onde σ'_1 e σ'_3 representam, respectivamente, as tensões efetivas principais maior e menor. O plano de ruptura *EF* forma um ângulo θ com o plano principal maior. Para determinar o ângulo θ e a relação entre σ'_1 e σ'_3, consulte a Figura 12.3, que é uma representação gráfica do círculo de Mohr para o estado de tensão mostrado na Figura 12.2 (veja o Capítulo 10). Na Figura 12.3, *fgh* é a envoltória de ruptura definida pela relação $\tau_f = c' + \sigma' \operatorname{tg} \phi'$. A linha radial *ab* define a planta principal maior (*CD* na Figura 12.2) e a linha radial *ad* define um plano de ruptura (*EF* na Figura 12.2). Pode-se mostrar que $\angle bad = 2\theta = 90 + \phi'$, ou

$$\theta = 45 + \frac{\phi'}{2} \tag{12.4}$$

Novamente, com base na Figura 12.3,

$$\frac{\overline{ad}}{\overline{fa}} = \operatorname{sen} \phi' \tag{12.5}$$

$$\overline{fa} = fO + Oa = c' \operatorname{cotg} \phi' + \frac{\sigma'_1 + \sigma'_3}{2} \tag{12.6a}$$

Além disso,

$$\overline{ad} = \frac{\sigma'_1 - \sigma'_3}{2} \tag{12.6b}$$

Substituindo as Eqs. (12.6a) e (12.6b) pela Eq. (12.5), obtemos

$$\operatorname{sen} \phi' = \frac{\dfrac{\sigma'_1 - \sigma'_3}{2}}{c' \operatorname{cotg} \phi' + \dfrac{\sigma'_1 + \sigma'_3}{2}}$$

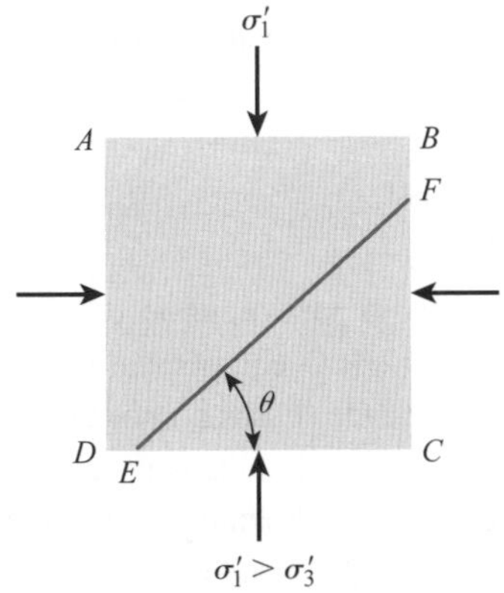

Figura 12.2 Inclinação do plano de ruptura no solo em relação ao plano principal maior.

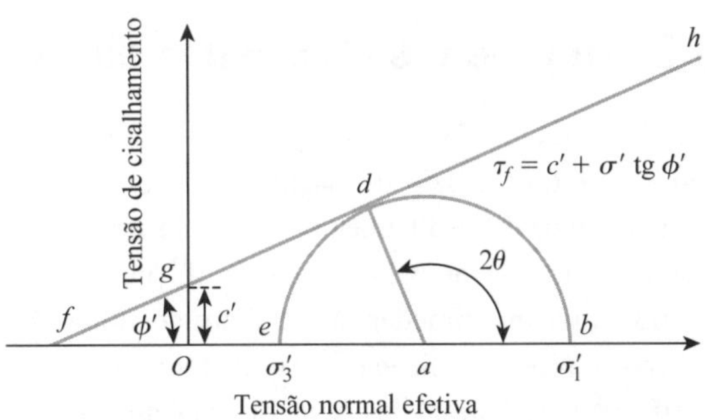

Figura 12.3 Círculo de Mohr e envoltória de ruptura.

ou

$$\sigma_1' = \sigma_3'\left(\frac{1 + \text{sen}\,\phi'}{1 - \text{sen}\,\phi'}\right) + 2c'\left(\frac{\cos\phi'}{1 - \text{sen}\,\phi'}\right) \tag{12.7}$$

Porém

$$\frac{1 + \text{sen}\,\phi'}{1 - \text{sen}\,\phi'} = \text{tg}^2\left(45 + \frac{\phi'}{2}\right)$$

e

$$\frac{\cos\phi'}{1 - \text{sen}\,\phi'} = \text{tg}\left(45 + \frac{\phi'}{2}\right)$$

Assim,

$$\sigma_1' = \sigma_3'\,\text{tg}^2\left(45 + \frac{\phi'}{2}\right) + 2c'\,\text{tg}\left(45 + \frac{\phi'}{2}\right) \tag{12.8}$$

Uma expressão semelhante à Eq. (12.8) também seria derivada utilizando a Eq. (12.2) (que são os parâmetros de tensão total c e ϕ), ou

$$\sigma_1 = \sigma_3\,\text{tg}^2\left(45 + \frac{\phi}{2}\right) + 2c\,\text{tg}\left(45 + \frac{\phi}{2}\right) \tag{12.9}$$

12.4 Ensaios de laboratório para a determinação dos parâmetros de resistência ao cisalhamento

Existem diversos métodos de laboratório disponíveis para a determinação dos parâmetros de resistência ao cisalhamento (isto é, c, ϕ, c', ϕ') para vários corpos de prova de solo no laboratório. São eles:

- Ensaio de cisalhamento direto
- Ensaio triaxial
- Ensaio de cisalhamento simples
- Ensaio triaxial de deformação plana
- Ensaio de cisalhamento anular ou ring shear

O ensaio de cisalhamento direto e o ensaio triaxial são as duas técnicas normalmente utilizadas para a determinação dos parâmetros da resistência ao cisalhamento. Estes dois ensaios serão descritos em detalhes nas seções a seguir.

12.5 Ensaio de cisalhamento direto

O ensaio de cisalhamento direto é a forma mais antiga e mais simples de arranjo para o ensaio de cisalhamento. Um diagrama do aparelho de ensaio de cisalhamento direto é mostrado na Figura 12.4. O equipamento de ensaio consiste em uma caixa metálica de cisalhamento, no qual o corpo de prova de solo é colocado. Esses corpos podem ter formatos quadrados ou circulares. O tamanho dos corpos de prova geralmente utilizado é de aproximadamente 51 mm × 51 mm ou 102 mm × 102 mm e aproximadamente 25 mm de altura. A caixa é dividida horizontalmente em duas metades. A força normal no corpo de prova é aplicada a partir do topo da caixa de cisalhamento. A tensão normal nos corpos de provas pode ser de até 1.050 kN/m^2. A força de cisalhamento é aplicada ao mover uma metade da caixa sobre a outra para provocar a ruptura no corpo de prova de solo.

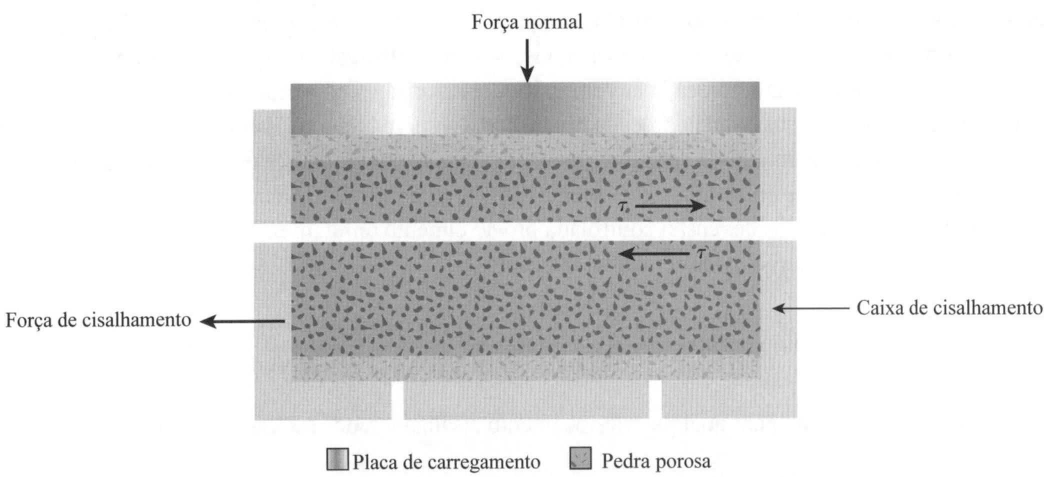

Figura 12.4 Diagrama do arranjo para ensaio de cisalhamento direto.

Dependendo do equipamento, o ensaio de cisalhamento pode ser de tensão controlada ou de deformação controlada. Nos ensaios de tensão controlada, a força de cisalhamento é aplicada em incrementos iguais até que o corpo de prova sofra ruptura. A ruptura ocorre ao longo do plano de divisão da caixa de cisalhamento. Após a aplicação de cada incremento de carga, o deslocamento do cisalhamento da metade superior da caixa é medido por um extensômetro horizontal. A variação na altura do corpo de prova (e, portanto, a variação do volume do corpo de prova) durante o ensaio pode ser obtida das leituras do extensômetro que mede o movimento vertical da placa de carregamento superior.

Nos ensaios controlados por deformação, é aplicada uma taxa constante de deslocamento cisalhante em uma metade da caixa por um motor que funciona por meio de engrenagens. A taxa constante de deslocamento cisalhante é medida por um extensômetro horizontal. A força resistente de cisalhamento do solo correspondente a qualquer deslocamento cisalhante pode ser medida por um anel dinamométrico horizontal ou por uma célula de carga. A variação de volume do corpo de prova durante o ensaio é obtida de maneira similar àquela dos ensaios de tensão controlada. A Figura 12.8 mostra a fotografia de um equipamento de ensaio de cisalhamento direto de deformação controlada.

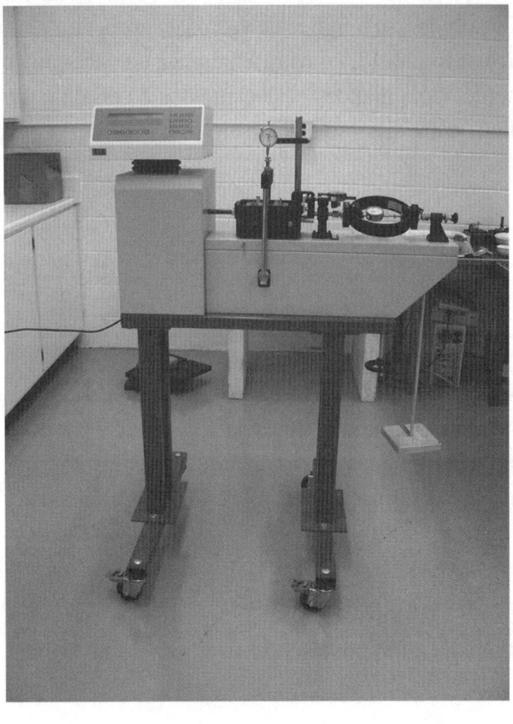

Figura 12.5 Equipamento de cisalhamento direto com deformação controlada. (*Cortesia de Braja M. Das, Henderson, Nevada.*)

A vantagem dos ensaios de deformação controlada é que, no caso de areia compacta, a resistência ao cisalhamento de pico (ou seja, na ruptura), assim como a resistência ao cisalhamento residual (ou seja, no ponto pós-ruptura, chamado *resistência final*), pode ser observada e colocada em um gráfico. Nos ensaios de tensão controlada, somente a resistência de pico ao cisalhamento pode ser observada e traçada no gráfico. Observe que a resistência ao cisalhamento de pico nos ensaios de tensão controlada somente pode ser aproximada, porque a ruptura ocorre em um nível de tensão em algum ponto entre o aumento de carga de pré-ruptura e o aumento de carga de ruptura. Contudo, comparados com os ensaios de deformação controlada, os ensaios de tensão controlada provavelmente retratam melhor as situações reais de campo.

Para dado ensaio, a tensão normal pode ser calculada como

$$\sigma = \text{Tensão normal} = \frac{\text{Força normal}}{\text{Área transversal seccional do corpo de prova}} \tag{12.10}$$

A tensão resistente de cisalhamento para qualquer deslocamento cisalhante pode ser calculada como

$$\tau = \text{Tensão de cisalhamento} = \frac{\text{Resistência da força de cisalhamento}}{\text{Área transversal seccional do corpo de prova}} \tag{12.11}$$

A Figura 12.6 mostra um gráfico típico da tensão de cisalhamento e da variação da altura no corpo de prova, em função do deslocamento cisalhante para areias secas e areias fofas. Essas observações foram obtidas por meio de um ensaio de deformação controlada. As seguintes generalizações podem ser desenvolvidas, com base na Figura 12.6, em relação à variação da tensão resistente de cisalhamento com o deslocamento cisalhante:

1. Na areia fofa, a tensão resistente ao cisalhamento aumenta com o deslocamento cisalhante até que seja alcançada uma tensão de cisalhamento de ruptura de τ_f. Depois, a resistência ao cisalhamento permanece aproximadamente constante para qualquer aumento adicional no deslocamento cisalhante.
2. Na areia compacta, a tensão resistente ao cisalhamento aumenta com o deslocamento cisalhante até que alcance uma tensão de ruptura de τ_f. Essa tensão τ_f é chamada *resistência ao cisalhamento de pico*. Após a tensão de ruptura ser alcançada, a tensão resistente de cisalhamento diminui gradualmente enquanto o deslocamento cisalhante aumenta até que finalmente alcance um valor constante chamado *resistência residual ao cisalhamento*.

Uma vez que a altura do corpo de prova varia durante a aplicação da força de cisalhamento (como mostra a Figura 12.6), torna-se óbvio que o índice de vazios da areia também varia (pelo menos nas vizinhanças da separação da caixa de cisalhamento). A Figura 12.7 mostra a natureza da variação do índice de vazios para areias fofa e densa com deslocamento do cisalhamento. Com grandes deslocamentos de cisalhamento, os índices de vazios de areias fofas e densas são praticamente idênticos entre si e isso é chamado *índice de vazio crítico*. É importante notar que, em areia seca,

$$\sigma = \sigma'$$

e

$$c' = 0$$

Os ensaios de cisalhamento direto são repetidos em corpos de prova similares em várias tensões normais. Essas tensões e os valores correspondentes de τ_f obtidos a partir de um número de ensaios são traçados em um gráfico a partir dos quais são determinados os parâmetros da resistência ao cisalhamento. A Figura 12.8 mostra um gráfico dos ensaios em uma areia seca. A equação para a linha média obtida dos resultados experimentais é

$$\tau_f = \sigma' \operatorname{tg} \phi' \tag{12.12}$$

Assim, o ângulo de atrito pode ser determinado como segue:

$$\phi' = \operatorname{tg}^{-1}\left(\frac{\tau_f}{\sigma'}\right) \tag{12.13}$$

É importante notar que as areias cimentadas *in situ* podem mostrar um intercepto c'.

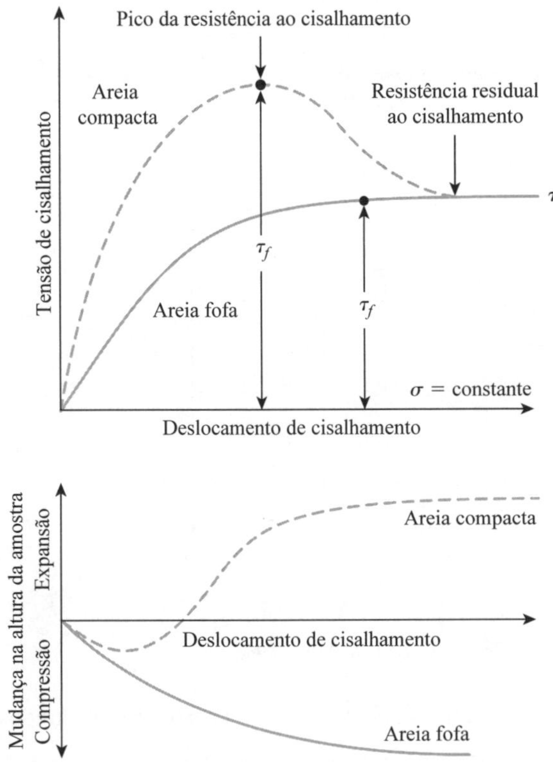

Figura 12.6 Gráfico da tensão de cisalhamento e da variação da altura do corpo de prova em função do deslocamento cisalhante para areia seca, fofa e compacta (ensaio de cisalhamento direto).

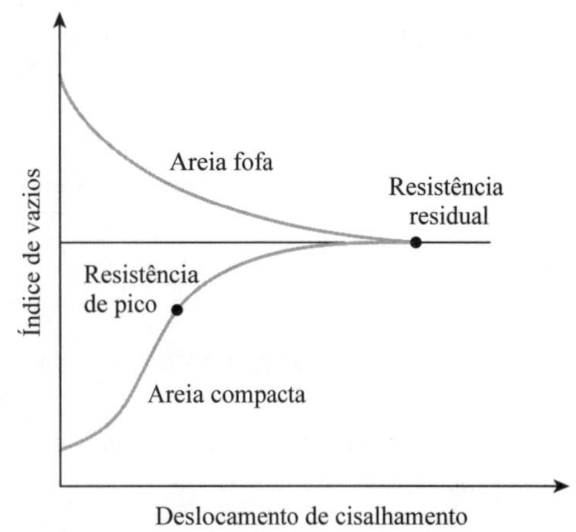

Figura 12.7 Natureza da variação do índice de vazios com deslocamento cisalhante.

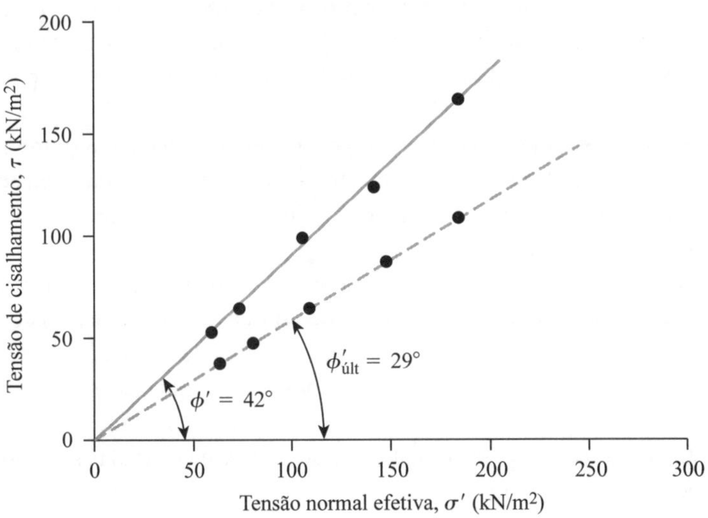

Figura 12.8 Determinação dos parâmetros de resistência ao cisalhamento para areia seca utilizando os resultados dos ensaios de cisalhamento direto.

Se a variação da resistência residual ao cisalhamento ($\tau_{últ}$) com a tensão normal for conhecida, é possível traçar um gráfico como o mostrado na Figura 12.8. Uma reta média pode ser expressa como

$$\tau_{últ} = \sigma' \operatorname{tg} \phi'_{últ} \tag{12.14}$$

ou

$$\phi'_{\text{últ}} = \text{tg}^{-1}\left(\frac{\tau_{\text{últ}}}{\sigma'}\right) \tag{12.15}$$

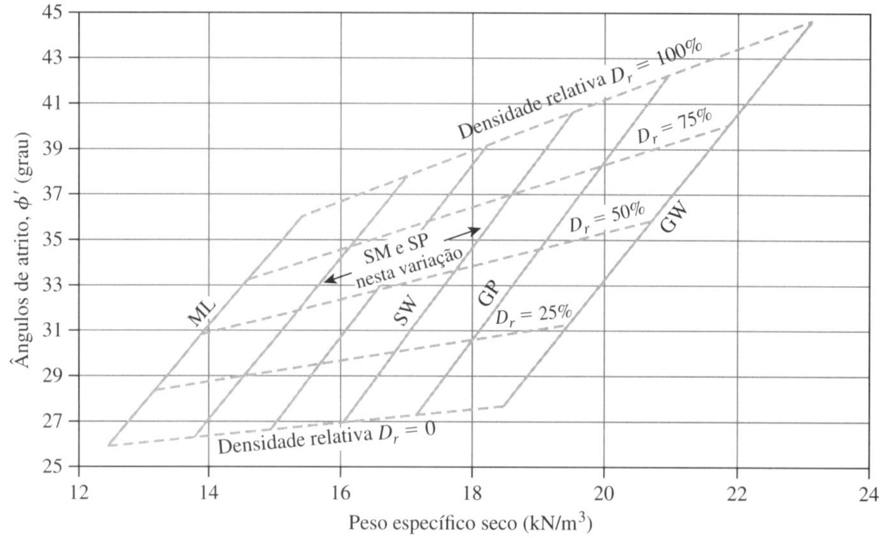

Figura 12.9 Ângulos de atrito de solos granulares. (*Com base na U.S. Navy, 1986.*)

Valores típicos do pico de ângulo de atrito para solos granulares, sugeridos pela U. S. Navy (1986), são mostrados na Figura 12.9.

12.6 Ensaio de cisalhamento direto drenado em areia e argila saturada

No arranjo do ensaio de cisalhamento direto, a caixa que contém o corpo de prova do solo geralmente é mantida no interior de um recipiente que pode ser preenchido com água para saturar o corpo de prova. O *ensaio drenado* é realizado em um corpo de prova de solo saturado, mantendo a taxa de carregamento lenta o suficiente para que o excesso de poropressão gerado no solo seja dissipado completamente pela drenagem. A água nos poros do corpo de prova é drenada por meio de duas pedras porosas. (Veja a Figura 12.4.)

Como a condutividade hidráulica da areia é alta, o excesso de poropressão gerado pelo carregamento (normal e de cisalhamento) é dissipado rapidamente. Portanto, para uma taxa de carregamento comum, essencialmente existem as condições para drenagem total. O ângulo de atrito, ϕ', obtido a partir do ensaio de cisalhamento direto e drenado de areia saturada, será o mesmo que aquele para um corpo de prova similar de areia seca.

A condutividade hidráulica da argila é muito pequena comparada com a da areia. Quando uma carga normal for aplicada a um corpo de prova de solo de argila, deve transcorrer um intervalo de tempo suficiente para obtenção do adensamento pleno – ou seja, para a dissipação do excesso de poropressão. Em razão disso, a carga de cisalhamento deve ser aplicada muito lentamente. O ensaio pode durar de dois a cinco dias. A Figura 12.10 mostra os resultados de um ensaio de cisalhamento direto drenado em uma argila sobreadensada. A Figura 12.11 mostra o gráfico de τ_f em relação a σ', obtido por meio de vários ensaios de cisalhamento direto drenado em argilas normalmente adensadas e em argilas sobreadensadas. Observe que o valor de $c' \simeq 0$ para argilas normalmente adensadas.

Semelhante à tensão de cisalhamento residual no caso da areia (Figura 12.7), nos grandes deslocamentos de cisalhamento podemos obter a *tensão de cisalhamento residual* da argila (τ_r) em um ensaio drenado.

Isso é mostrado na Figura 12.10. A Figura 12.11 mostra o gráfico de τ_r em função de σ'. O ponto médio *passará pela origem* e pode ser expresso como

$$\tau_r = \sigma' \text{ tg } \phi'_r$$

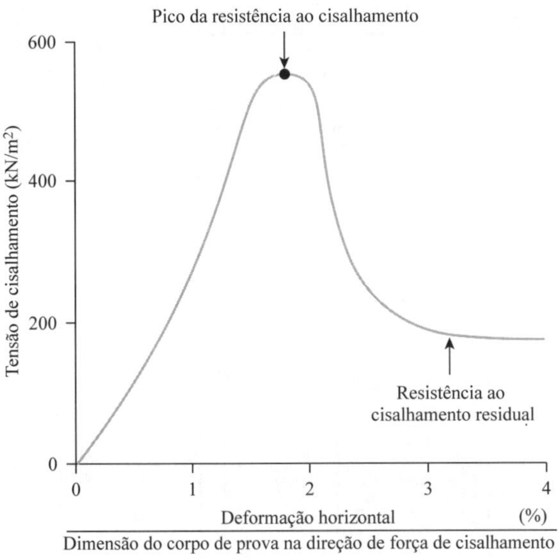

Figura 12.10 Resultados de um ensaio de cisalhamento direto drenado em argila sobreadensada. [*Observação*: A resistência ao cisalhamento residual na argila é semelhante à resistência de cisalhamento final na areia (veja as Figuras 12.6 e Figura 12.7).]

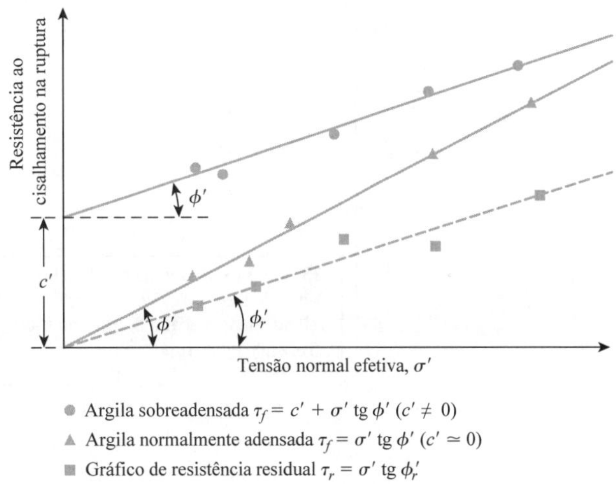

Figura 12.11 Envoltória de ruptura para argila obtida dos ensaios de cisalhamento direto drenados.

ou

$$\phi_r' = \text{tg}^{-1}\left(\frac{\tau_r}{\sigma'}\right) \tag{12.16}$$

Geralmente, o ângulo de atrito drenado, ϕ', de argilas normalmente adensadas diminui com o índice de plasticidade do solo. Este fato é ilustrado na Figura 12.12 para vários tipos de argila a partir dos dados reportados por Sorensen e Okkels (2013).

$$\phi' = 43 - 10 \log (IP) \text{ (médio)} \tag{12.17}$$

e

$$\phi' = 39 - 11 \log (IP) \text{ (limite inferior)} \tag{12.18}$$

Skempton (1964) forneceu os resultados da variação do ângulo de atrito residual, ϕ_r', para vários tipos de solos argilosos com presença de uma fração de argila ($\leq 2\ \mu$m). A tabela a seguir mostra um resumo desses resultados.

Solo	Fração de argila (%)	Ângulo do atrito residual, ϕ_r' (graus)
Selset	17,7	29,8
Wiener Tegel	22,8	25,1
Jackfield	35,4	19,1
Argila Oxford	41,9	16,3
Jari	46,5	18,6
Argila London	54,9	16,3
Madeira de Walton	67	13,2
Weser-Elbe	63,2	9,3
Little Belt	77,2	11,2
Biotita	100	7,5

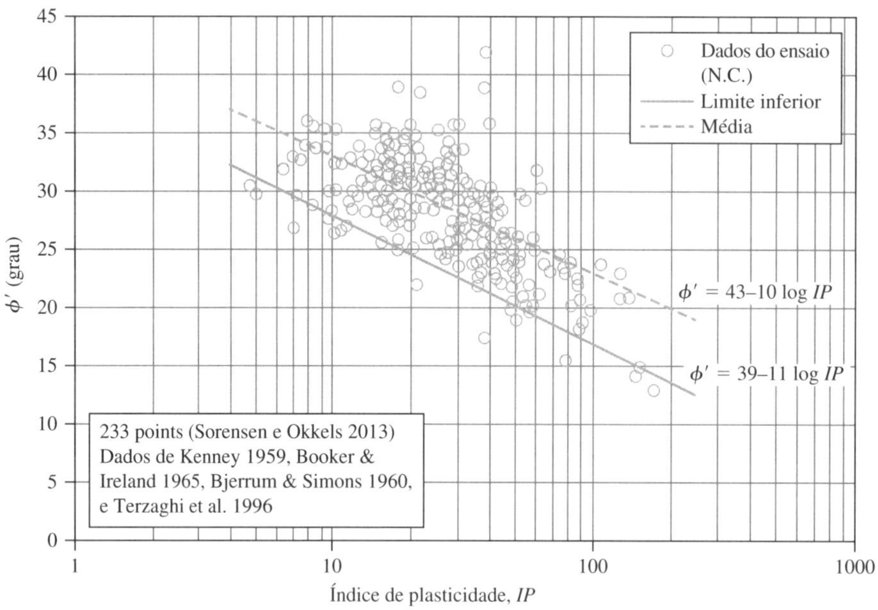

Figura 12.12 Variação de ϕ' com o índice de plasticidade (IP) para algumas argilas normalmente adensadas. (*Adaptado de Sorensen and Okkels, 2013.*)

12.7 Comentários gerais sobre o ensaio de cisalhamento direto

O ensaio de cisalhamento direto é simples de ser realizado, mas apresenta algumas deficiências inerentes ao processo. A confiabilidade dos resultados pode ser questionada porque não é permitido que o solo se rompa ao longo do plano mais fraco, já que ele é forçado a romper ao longo do plano de separação da caixa de cisalhamento. Além disso, a distribuição da resistência ao cisalhamento sobre a superfície de cisalhamento do corpo de prova não é uniforme. Apesar dessas deficiências, o ensaio de cisalhamento direto é o mais simples e econômico para um solo arenoso seco ou saturado.

Em muitos problemas de projeto de fundações, deve-se determinar o ângulo de atrito entre o solo e o material da qual a fundação é construída (Figura 12.13). O material da fundação pode ser de concreto, aço ou madeira. A resistência ao cisalhamento ao longo da superfície de contato do solo e da fundação pode ser dada como

$$\tau_f = c'_a + \sigma' \operatorname{tg} \delta' \tag{12.19}$$

onde c'_a = adesão

δ' = ângulo de atrito efetivo entre o solo e o material da fundação

Observe que a equação anterior é semelhante na forma à Eq. (12.3). Os parâmetros da resistência ao cisalhamento entre um solo e um material de fundação podem ser convenientemente determinados por um ensaio de cisalhamento direto. Essa é uma grande vantagem desse tipo de ensaio. O material de fundação pode ser colocado na parte inferior da caixa de ensaio de cisalhamento direto e o solo pode ser colocado sobre ela (ou seja, na parte superior da caixa), conforme indicado na Figura 12.14, e o ensaio pode ser conduzido da maneira usual.

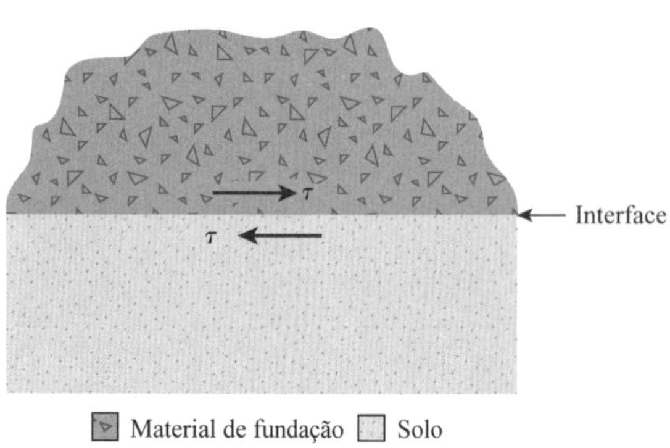

Figura 12.13 Interface entre o material da fundação e o solo.

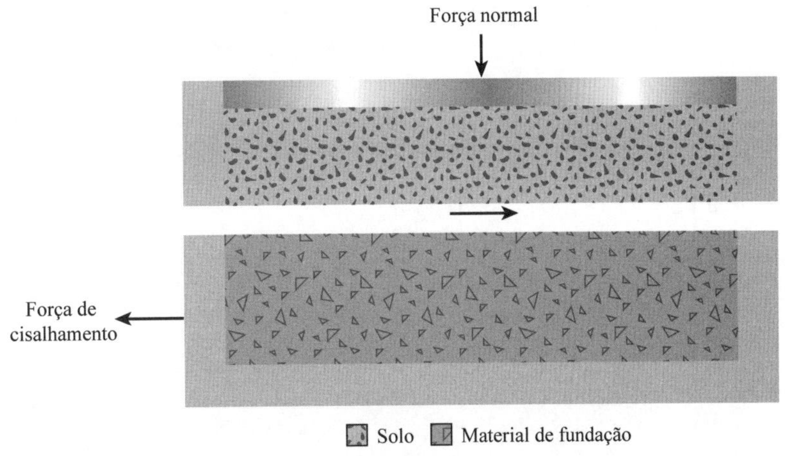

Figura 12.14 Ensaio de cisalhamento direto para determinar o ângulo de atrito de interface.

A Figura 12.15 mostra os resultados de ensaios de cisalhamento direto realizados desta forma com areia de quartzo e concreto, madeira e aço utilizados como materiais da fundação, com $\sigma' = 100$ kN/m².

Foi mencionado brevemente na Seção 12.1 [relacionado à Eq. (12.1)] que a envoltória de ruptura de Mohr é curvilínea na natureza e a Eq. (12.2) é somente uma aproximação. Esse fato pode ser mantido em mente ao lidar com problemas de pressões de confinamento mais elevadas. A Figura 12.16 mostra o decréscimo de ϕ' e δ' com o aumento da tensão normal (σ') nos mesmos materiais apresentados na Figura 12.15. Isso pode ser explicado consultando a Figura 12.17, que mostra uma envoltória de ruptura de Mohr curvada. Se o ensaio de cisalhamento direto for realizado com $\sigma' = \sigma'_{(1)}$, a resistência ao cisalhamento será $\tau_{f(1)}$. Portanto,

$$\delta'_1 = \text{tg}^{-1}\left[\frac{\tau_{f(1)}}{\sigma'_{(1)}}\right]$$

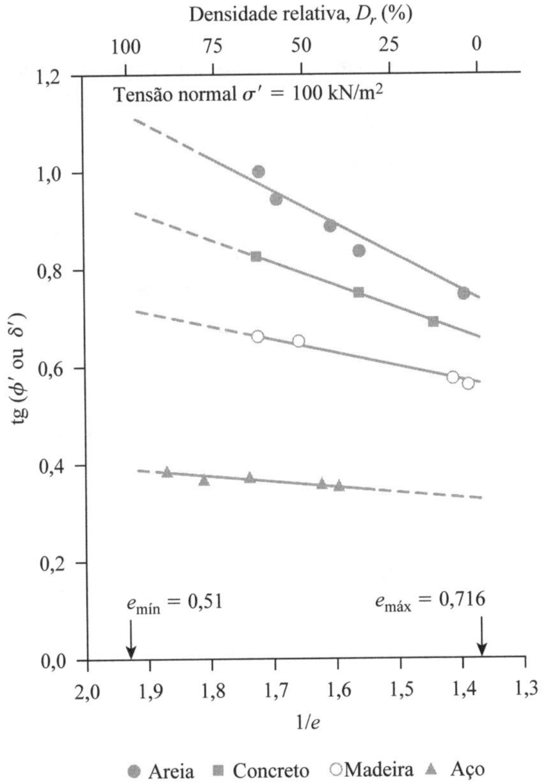

Figura 12.15 Variação de tg ϕ' e tg δ' com $1/e$. [*Observação*: e = índice de vazios, $\sigma' = 100$ kN/m², areia de quartzo.] (*De acordo com Acar, Durgunoglu e Tumay, 1982. Com permissão da ASCE.*)

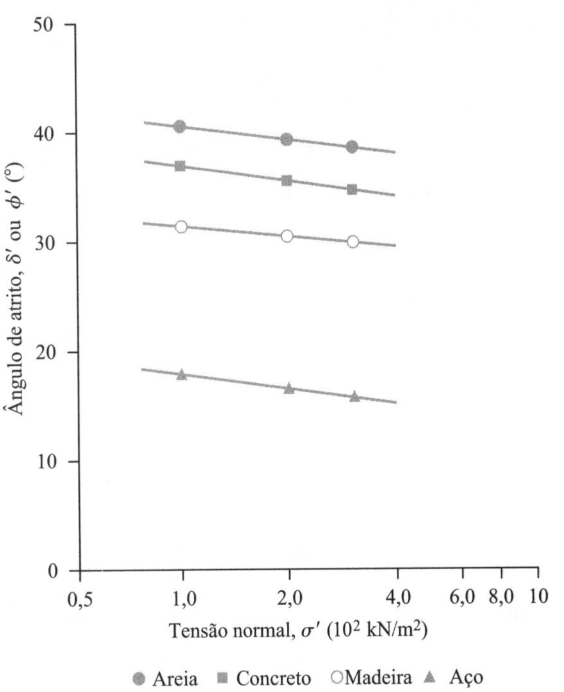

Figura 12.16 Variações de ϕ' e δ' com σ'. (*Observação*: Densidade relativa = 45%; areia de quartzo.) (*De acordo com Acar, Durgunoglu e Tumay, 1982. Com permissão da ASCE.*)

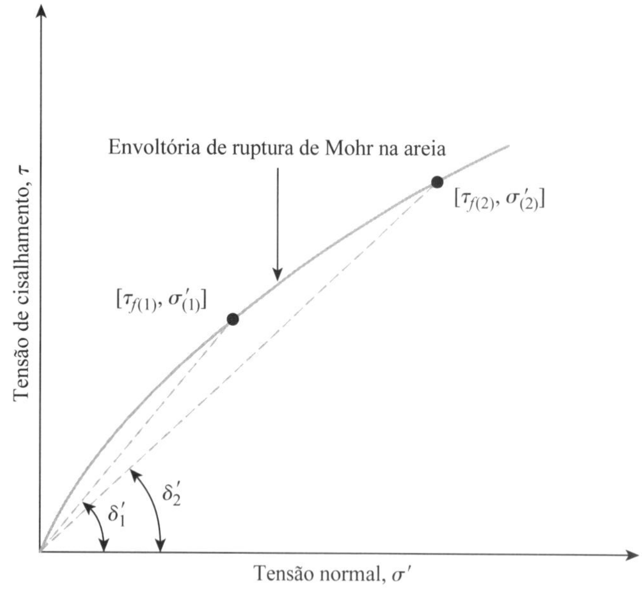

Figura 12.17 Natureza curvilínea da envoltória de ruptura de Mohr na areia.

Isso é mostrado na Figura 12.17. De maneira similar, se o ensaio for realizado com $\sigma' = \sigma'_{(2)}$, então

$$\delta' = \delta'_2 = \text{tg}^{-1}\left[\frac{\tau_{f(2)}}{\sigma'_{(2)}}\right]$$

Conforme pode ser visto na Figura 12.17, $\delta'_2 < \delta'_1$ uma vez que $\sigma'_2 > \sigma'_{(1)}$. Com isso em mente, é preciso compreender que os valores de ϕ' na Tabela 12.1 são apenas valores médios.

Exemplo 12.1

Ensaios de cisalhamento direto foram realizados em um solo seco e arenoso. O tamanho do corpo de prova era de 50 mm × 50 mm × 19 mm. Os resultados dos ensaios são:

Nº do ensaio	Força normal (N)	Tensão normal[a] $\sigma = \sigma'$ (kN/m²)	Força de cisalhamento na ruptura (N)	Tensão de cisalhamento[b] na ruptura τ_f (kN/m²)
1	89	35,6	53,4	21,4
2	133	53,2	81,4	32,6
3	311	124,4	187,3	74,9
4	445	178,0	267,3	109,9

[a] $\sigma'(\text{kN/m}^2) = \dfrac{\text{força normal}}{\text{área do corpo de prova}} = \dfrac{(\text{força normal})}{(1.000)(0,05\text{ m})(0,05\text{ m})}$

[b] $\tau_f(\text{kN/m}^2) = \dfrac{\text{força de cisalhamento}}{\text{área do corpo de prova}} = \dfrac{(\text{força de cisalhamento})}{(1.000)(0,05\text{ m})(0,05\text{ m})}$

Encontre os parâmetros da resistência ao cisalhamento.

Solução

As tensões de cisalhamento, τ_f, obtidas dos ensaios, são representadas graficamente em função das tensões normais na Figura 12.18, da qual $\boldsymbol{c' = 0}$, $\boldsymbol{\phi' = 32°}$.

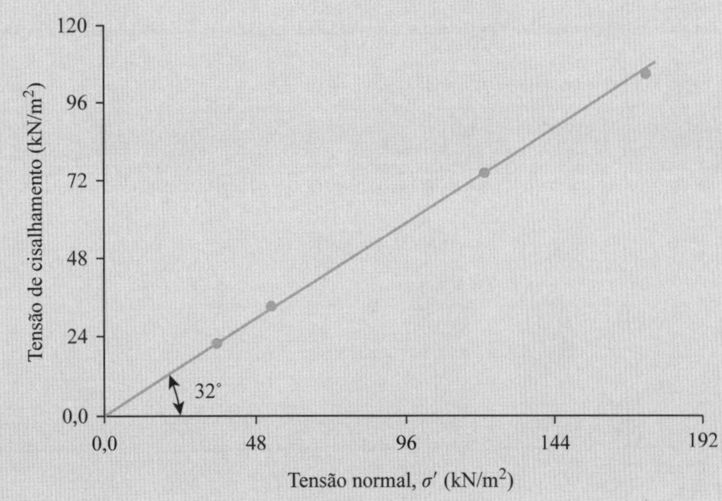

Figura 12.18

Exemplo 12.2

A seguir, são exibidos os resultados de quatro ensaios de cisalhamento direto drenado em uma *argila sobreadensada*:

- Diâmetro do corpo de prova = 50 mm
- Altura do corpo de prova = 25 mm

Nº do ensaio	Força normal, N (N)	Força de cisalhamento na ruptura, F_{pico} (N)	Força de cisalhamento residual, $F_{residual}$ (N)
1	150	157,5	44,2
2	250	199,9	56,6
3	350	257,6	102,9
4	550	363,4	144,5

Determine as relações para as *resistências de pico ao cisalhamento* (τ_f) *e a resistência ao cisalhamento residual* (τ_r).

Solução

Área do corpo de prova $(A) = (\pi/4)\left(\frac{50}{1.000}\right)^2 = 0{,}0019634 \text{ m}^2$. Agora, a seguinte tabela pode ser preparada.

Nº do ensaio	Força normal, N (N)	Tensão normal, σ' (kN/m²)	Força de cisalhamento do pico, F_{pico}(N)	$\tau_f = \frac{F_{pico}}{A}$ (kN/m²)	Força de cisalhamento residual, $F_{residual}$ (N)	$\tau_r = \frac{F_{residual}}{A}$ (kN/m²)
1	150	76,4	157,5	80,2	44,2	22,5
2	250	127,3	199,9	101,8	56,6	28,8
3	350	178,3	257,6	131,2	102,9	52,4
4	550	280,1	363,4	185,1	144,5	73,6

As variações de τ_f e τ_r com σ' são representadas graficamente na Figura 12.19. A partir dos gráficos, descobrimos que

Resistência de pico: $\tau_f(\text{kN/m}^2) = \mathbf{40 + \sigma' \text{ tg } 27}$

Resistência residual: $\tau_r(\text{kN/m}^2) = \mathbf{\sigma' \text{ tg } 14{,}6}$

(*Observação:* Para todas as *argilas sobreadensadas*, a resistência ao cisalhamento residual pode ser expressa como

$$\tau_r = \sigma' \text{ tg } \phi'_r$$

onde ϕ'_r = ângulo de atrito residual efetivo.)

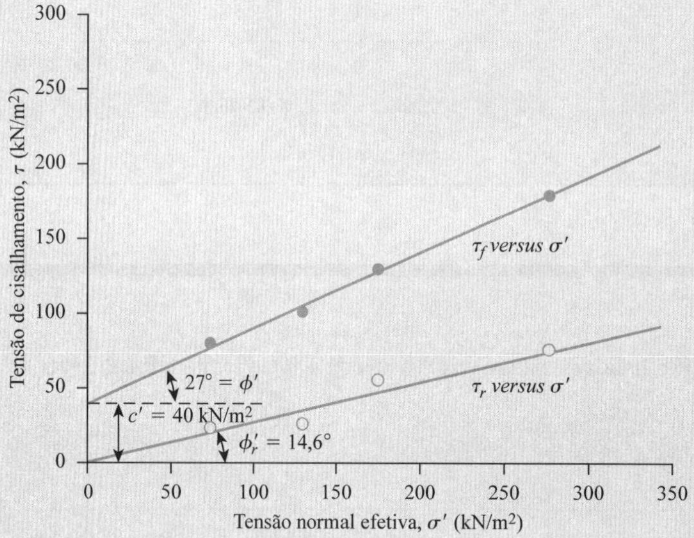

Figura 12.19 Variações de τ_f e τ_r em relação a σ'. ■

12.8 Ensaio geral de cisalhamento triaxial

O ensaio de compressão triaxial é um dos métodos mais confiáveis e disponíveis para a determinação dos parâmetros da resistência ao cisalhamento. É usado amplamente para ensaios de pesquisa e ensaios convencionais. Um diagrama do layout de ensaio triaxial direto é mostrado na Figura 12.20. A Figura 12.21 indica um ensaio triaxial em progresso no laboratório.

Nesse ensaio, geralmente é utilizado um corpo de prova de solo de aproximadamente 36 mm de diâmetro e 76 mm (3 pol.) de comprimento. O corpo de prova é envolvido por uma fina membrana de borracha e colocado dentro de uma câmara cilíndrica normalmente preenchida com água ou glicerina. O corpo de prova é submetido a uma pressão de confinamento por compressão do fluido na câmara. (*Observação*: O ar é utilizado algumas vezes como meio de compressão.) Para causar uma ruptura de cisalhamento no corpo de prova, deve-se aplicar a tensão axial (às vezes chamada *tensão desviadora*) pela haste de carregamento vertical. Essa tensão pode ser aplicada de duas formas:

1. Aplicação de pesos ou pressão hidráulica em incrementos iguais até que o corpo de prova rompa. (A deformação axial do corpo de prova resultante da carga aplicada por meio da haste é medida por um extensômetro.)
2. Aplicação da deformação axial a uma taxa constante por meio de uma prensa de carregamento mecânica ou hidráulica. Esse também é um ensaio de deformação controlada.

A carga axial aplicada pela haste de carregamento correspondente a dada deformação axial é medida por um anel dinamométrico ou célula de carga fixada à haste.

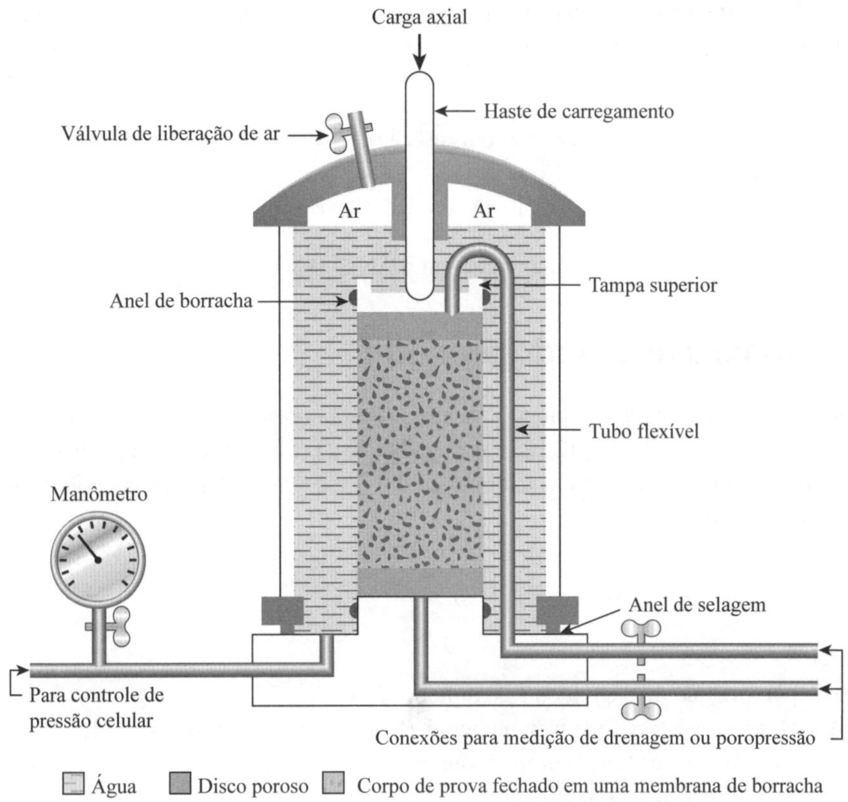

Figura 12.20 Diagrama do equipamento de ensaio triaxial. (*De acordo com Bishop e Bjerrum, 1960. Com permissão da ASCE.*)

Figura 12.21 Um ensaio triaxial em progresso no laboratório. (*Cortesia de S. Vanapalli, University of Ottawa, Canadá.*)

As conexões utilizadas para medir a drenagem interna ou externa ao corpo de prova ou para medir a poropressão (de acordo com as condições de ensaio) também são fornecidas. Geralmente são utilizados os três tipos de ensaios triaxiais padrão relacionados a seguir:

1. Ensaio adensado drenado ou ensaio drenado (ensaio CD)
2. Ensaio adensado não drenado (ensaio CU)
3. Ensaio não adensado não drenado ou ensaio não drenado (ensaio UU)

Os procedimentos gerais e as implicações de cada ensaio em *solos saturados* estão descritos nas seções seguintes.

12.9 Ensaio triaxial adensado drenado

No ensaio CD, o corpo de prova saturado é submetido primeiro a uma pressão de confinamento em toda a sua volta, σ_3, pela compressão do fluido da câmara (Figura 12.22a). À medida que a pressão de confinamento é aplicada, a poropressão do corpo de prova aumenta para u_c (se a drenagem for impedida). Esse aumento na poropressão pode ser expresso como um parâmetro adimensional na forma

$$B = \frac{u_c}{\sigma_3} \tag{12.20}$$

onde B = parâmetro de poropressão de Skempton (Skempton, 1954).

Para solos fofos saturados, B é aproximadamente igual a 1; no entanto, para solos rígidos e saturados, a magnitude de B pode ser menor que 1. Black e Lee (1973) proporcionaram os valores teóricos de B para diversos solos em saturação completa. Esses valores estão listados na Tabela 12.2.

Porém, se a conexão para drenagem estiver aberta, ocorrerá a dissipação do excesso de poropressão e, consequentemente, o adensamento. Com tempo, u_c se tornará igual a 0. Em um solo saturado, a variação no volume do corpo de

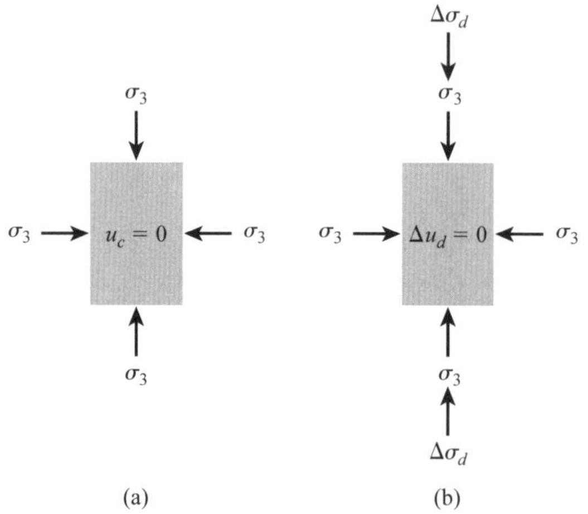

Figura 12.22 Ensaio triaxial adensado drenado: (a) corpo de prova sob pressão de confinamento da câmara; (b) aplicação da tensão desviadora.

Tabela 12.2 Valores teóricos de B em saturação completa

Tipo de solo	Valores teóricos
Argila mole normalmente adensada	0,9998
Argilas e siltes moles levemente sobreadensados	0,9988
Argilas e areias rígidas sobreadensadas	0,9877
Areias muito compactas e argilas muito rígidas sob altas pressões de confinamento	0,9130

prova (ΔV_c) que ocorre durante o adensamento pode ser obtida pelo valor do volume drenado da água dos poros (Figura 12.23a). Em seguida, a tensão desviadora, $\Delta\sigma_d$, é aumentada muito lentamente no corpo de prova (Figura 12.22b). A conexão de drenagem é mantida aberta e a baixa taxa de aplicação da tensão desviadora permite a completa dissipação de qualquer poropressão que tenha se formado como resultado ($\Delta u_d = 0$).

Um gráfico típico retratando a variação da tensão desviadora em relação à deformação sobre areias soltas e argilas normalmente adensadas é mostrado na Figura 12.23b. A Figura 12.23c mostra um gráfico similar para areia compacta e argila sobreadensada. A variação do volume, ΔV_d, dos corpos de prova, que ocorre por causa da aplicação da tensão desviadora em vários tipos de solos, também é mostrada nas Figuras 12.23d e 12.23e.

Uma vez que a poropressão desenvolvida durante o ensaio é completamente dissipada, temos

$$\text{Tensão de confinamento total e efetiva} = \sigma_3 = \sigma_3'$$

e

$$\text{Tensão axial total e efetiva na ruptura} = \sigma_3 + (\Delta\sigma_d)_f = \sigma_1 = \sigma_1'$$

Em um ensaio triaxial, σ_1' é a tensão efetiva principal maior na ruptura e σ_3' é a tensão efetiva principal menor na ruptura.

Vários ensaios em corpos de prova similares podem ser realizados por variação da pressão de confinamento. Com as tensões principais maior e menor na ruptura para cada ensaio, os círculos de Mohr podem ser desenhados e as envoltórias de ruptura podem ser obtidas. A Figura 12.24 mostra o tipo de envoltória de ruptura da tensão efetiva obtida para ensaios

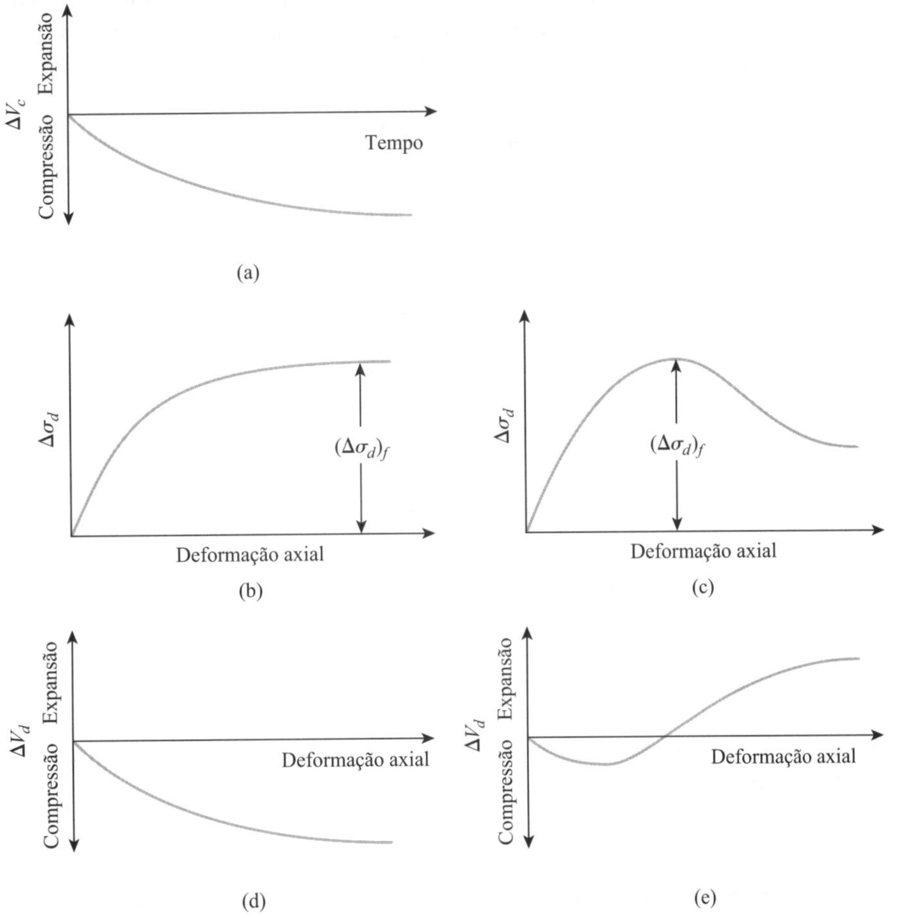

Figura 12.23 Ensaio triaxial adensado drenado: (a) mudança no volume de corpo de prova causada pela pressão de confinamento da câmara; (b) gráfico de tensão desviadora em função da deformação na direção vertical para areia fofa e argila normalmente adensada; (c) gráfico de tensão desviadora em função da deformação na direção vertical para areia fofa e argila sobreadensada; (d) mudança de volume na areia fofa e argila normalmente adensada durante a aplicação de tensão desviadora; (e) mudança de volume em areia fofa e argila sobreadensada durante a aplicação de tensão desviadora.

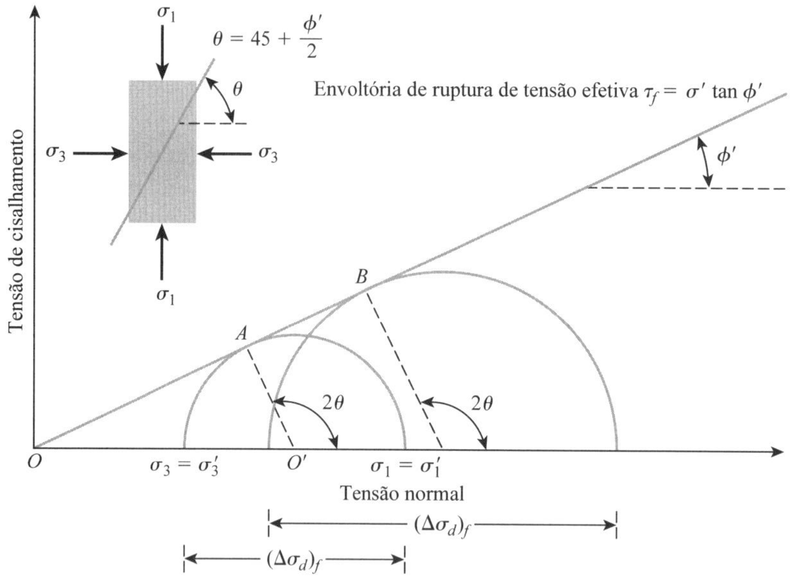

Figura 12.24 Envoltória de ruptura da tensão efetiva obtida dos ensaios drenados em areia e argila normalmente adensada.

em areia e argila normalmente adensada. As coordenadas do ponto de tangência da envoltória de ruptura com um círculo de Mohr (ou seja, ponto A) fornecem as tensões (normal e de cisalhamento) no plano de ruptura daquele corpo de prova.

Para argila normalmente adensada, consulte a Figura 12.24

$$\text{sen}\,\phi' = \frac{AO'}{OO'}$$

ou

$$\text{sen}\,\phi' = \frac{\left(\dfrac{\sigma_1' - \sigma_3'}{2}\right)}{\left(\dfrac{\sigma_1' + \sigma_3'}{2}\right)}$$

$$\phi' = \text{sen}^{-1}\left(\frac{\sigma_1' - \sigma_3'}{\sigma_1' + \sigma_3'}\right) \tag{12.21}$$

Além disso, o plano de ruptura ficará inclinado a um ângulo de $\theta = 45 + \phi'/2$ em relação ao plano principal maior, como mostra a Figura 12.24.

O sobreadensamento ocorre quando a argila é inicialmente adensada sob uma pressão da câmara de $\sigma_c (= \sigma_c')$ em todo o seu redor e sofre expansão por meio da redução da pressão da câmara para $\sigma_3 (= \sigma_3')$. A envoltória de ruptura, obtida de ensaios triaxiais drenados de tais corpos de prova de argila sobreadensada, mostra duas ramificações distintas (*ab* e *bc* na Figura 12.25). A parte *ab* tem uma inclinação mais ampla com uma interceptação de coesão, e a equação de resistência ao cisalhamento para esse ramo pode ser expressa como

$$\tau_f = c' + \sigma\,\text{tg}\,\phi_1' \tag{12.22}$$

A porção *bc* da envoltória de ruptura representa um estágio normalmente adensado do solo e segue a equação de $\tau_f = \sigma'\,\text{tg}\,\phi'$.

Se os resultados dos ensaios triaxiais de dois corpos de prova de solo sobreadensados forem conhecidos, as magnitudes de ϕ_1' e c' podem ser determinadas da seguinte forma. A partir da Eq. (12.8) para o Corpo de Prova 1:

$$\sigma_{1(1)}' = \sigma_{3(1)}'\,\text{tg}^2\,(45 + \phi_1'/2) + 2c'\,\text{tg}(45 + \phi_1'/2) \tag{12.23}$$

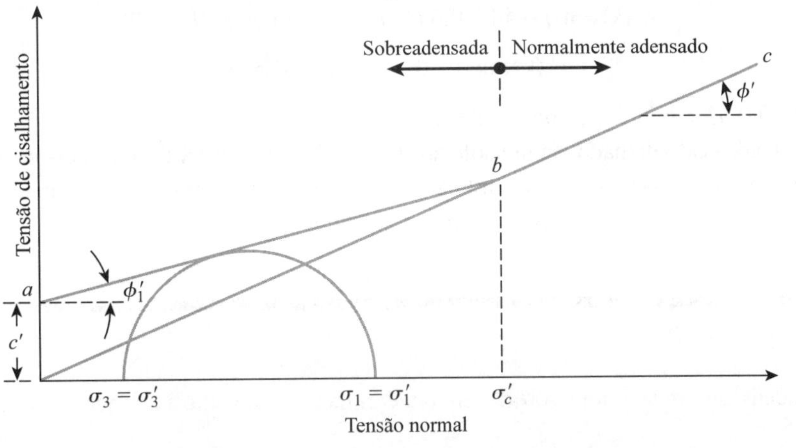

Figura 12.25 Envoltória de ruptura da tensão efetiva para argila sobreadensada.

E, para o Corpo de Prova 2:

$$\sigma'_{1(2)} = \sigma'_{3(2)}\,\text{tg}^2\,(45 + \phi'_1/2) + 2c'\,\text{tg}(45 + \phi'_1/2) \tag{12.24}$$

ou

$$\sigma'_{1(1)} - \sigma'_{1(2)} = [\sigma'_{3(1)} - \sigma'_{3(2)}]\,\text{tg}^2\,(45 + \phi'_1/2)$$

Portanto,

$$\phi'_1 = 2\left\{\text{tg}^{-1}\left[\frac{\sigma'_{1(1)} - \sigma'_{1(2)}}{\sigma'_{3(1)} - \sigma'_{3(2)}}\right]^{0,5} - 45°\right\} \tag{12.25}$$

Depois de conhecer o valor de ϕ'_1, podemos obter c' como

$$c' = \frac{\sigma'_{1(1)} - \sigma'_{3(1)}\,\text{tg}^2\left(45 + \dfrac{\phi'_1}{2}\right)}{2\,\text{tg}\left(45 + \dfrac{\phi'_1}{2}\right)} \tag{12.26}$$

Com base em ensaios conduzidos há mais de trinta anos em argilas obtidas na Dinamarca, Sorensen e Okkels (2013) apresentaram as seguintes correlações para argilas sobreadensadas.

Valor médio de ϕ':

$$\phi'\ (\text{graus}) = 45 - 14\log(IP) \quad (\text{para } 4 < IP < 50) \tag{12.27}$$

$$\phi'\ (\text{graus}) = 26 - 3\log(IP) \quad (\text{para } 50 \le IP < 150) \tag{12.28}$$

Valor do limite inferior de ϕ':

$$\phi'\ (\text{graus}) = 44 - 14\log(IP) \quad (\text{para } 4 < IP < 50) \tag{12.29}$$

$$\phi'\ (\text{graus}) = 30 - 6\log(IP) \quad (\text{para } 50 \le IP < 150) \tag{12.30}$$

Valor do limite inferior de c':

$$c'\ (\text{kN/m}^2) = 30 \quad (\text{para } 7 < IP < 30) \tag{12.31}$$

$$c' \text{ (kN/m}^2) = 48 - 0{,}6\ (IP) \qquad \text{(para } 30 \leq IP < 80) \tag{12.32}$$

$$c' \text{ (kN/m}^2) = 0 \qquad \text{(para } IP > 80) \tag{12.33}$$

Nas Eqs. (12.27) a (12.33), *IP* é o índice de plasticidade.

Um ensaio triaxial adensado drenado em um solo argiloso pode demorar vários dias para ser concluído. Esse tempo é necessário porque a tensão desviadora deve ser aplicada muito lentamente para assegurar drenagem plena do corpo de prova do solo. Por essa razão, o tipo CD de ensaio triaxial é incomum.

Exemplo 12.3

Um ensaio triaxial adensado drenado foi realizado em uma argila normalmente adensada. Os resultados são:

- $\sigma_3 = 140$ kN/m^2
- $(\Delta\sigma_d)_f = 104$ kN/m^2

Determine

a. Ângulo de atrito, ϕ'
b. Ângulo θ que o plano de ruptura forma com o plano principal maior

Solução

Para um solo normalmente adensado, a equação da envoltória de ruptura é

$$\tau_f = \sigma' \operatorname{tg} \phi' \qquad (\text{pois } c' = 0)$$

Para o ensaio triaxial, as tensões principais maior e menor na ruptura são as seguintes:

$$\sigma_1' = \sigma_1 = \sigma_3 + (\Delta\sigma_d)_f = 140 + 104 = 244 \text{ kN/m}^2$$

e

$$\sigma_3' = \sigma_3 = 140 \text{ kN/m}^2$$

Parte a

O círculo de Mohr e a envoltória de ruptura são mostrados na Figura 12.26. Da Eq. (12.21),

$$\operatorname{sen} \phi' = \frac{\sigma_1' - \sigma_3'}{\sigma_1' + \sigma_3'} = \frac{244 - 140}{244 + 104} = 0{,}333$$

ou

$$\phi' = \mathbf{17{,}46°}$$

Parte b

Da Eq. (12.4),

$$\theta = 45 + \frac{\phi'}{2} = 45° + \frac{17{,}46°}{2} = \mathbf{53{,}73°}$$

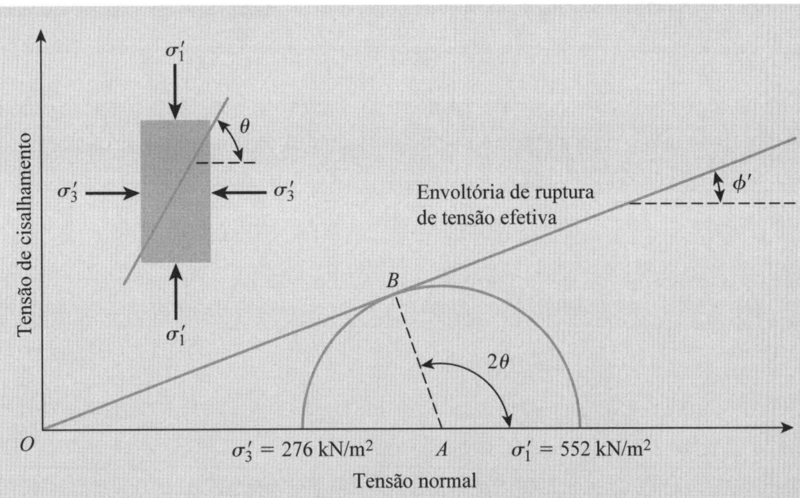

Figura 12.26

■

Exemplo 12.4

Consulte a Figura 12.3.

a. Encontre a tensão normal σ' e a tensão de cisalhamento τ_f no plano de ruptura.

b. Determine a tensão normal efetiva no plano de tensão de cisalhamento máximo.

Solução

Parte a

A partir das Eqs. (10.8) e (10.9),

$$\sigma'(\text{no plano de ruptura}) = \frac{\sigma'_1 + \sigma'_3}{2} + \frac{\sigma'_1 - \sigma'_3}{2} \cos 2\theta$$

e

$$\tau_f = \frac{\sigma'_1 - \sigma'_3}{2} \operatorname{sen} 2\theta$$

Substituindo os valores de $\sigma'_1 = 244$ kN/m², $\sigma'_3 = 140$ kN/m² e $\theta = 53{,}36°$ nas equações anteriores, obteremos

$$\sigma' = \frac{244 + 140}{2} + \frac{244 - 104}{2} \cos(2 \times 53{,}73) = \mathbf{176{,}36\ kN/m^2}$$

e

$$\tau_f = \frac{244 - 140}{2} \operatorname{sen}(2 \times 53{,}73) = \mathbf{49{,}59\ kN/m^2}$$

Parte b

Na Eq. (10.9), pode-se visualizar que a tensão de cisalhamento máximo ocorrerá no plano com $\theta = 45°$. Da Eq. (10.8),

$$\sigma' = \frac{\sigma'_1 + \sigma'_3}{2} + \frac{\sigma'_1 - \sigma'_3}{2} \cos 2\theta$$

Substituindo $\theta = 45°$ na equação anterior, temos

$$\sigma' = \frac{244 + 140}{2} + \frac{244 - 140}{2} \cos 90 = \mathbf{192\ kN/m^2}$$

■

Exemplo 12.5

A equação da envoltória de ruptura da tensão efetiva para um solo argiloso normalmente adensado é $\tau_f = \sigma' \text{ tg } 28°$. Um ensaio triaxial drenado foi realizado com o mesmo solo sob pressão de confinamento de câmara de 100 kN/m². Calcule a tensão desviadora no momento da ruptura.

Solução

Para a argila normalmente adensada, $c' = 0$. Portanto, a partir da Eq. (12.8),

$$\sigma_1' = \sigma_3' \text{tg}^2\left(45 + \frac{\phi'}{2}\right)$$

$$\phi' = 28°$$

$$\sigma_1' = 100 \text{tg}^2\left(45 + \frac{28}{2}\right) = 277 \text{ kN/m}^2$$

Portanto,

$$(\Delta\sigma_d)_f = \sigma_1' - \sigma_3' = 277 - 100 = \mathbf{177\ kN/m^2}$$

■

Exemplo 12.6

Os resultados de dois ensaios triaxiais em argila saturada são:

Corpo de prova I:

$$\sigma_3 = 70 \text{ kN/m}^2$$

$$(\Delta\sigma_d)_f = 130 \text{ kN/m}^2$$

Corpo de prova II:

$$\sigma_3 = 160 \text{ kN/m}^2$$

$$(\Delta\sigma_d)_f = 223{,}5 \text{ kN/m}^2$$

Determine os parâmetros da resistência ao cisalhamento.

Solução

Consulte a Figura 12.27. No Corpo de Prova I, as tensões principais no cisalhamento são

$$\sigma_3' = \sigma_3 = 70 \text{ kN/m}^2$$

e

$$\sigma_1' = \sigma_1 = \sigma_3 + (\Delta\sigma_d)_f = 70 + 130 = 200 \text{ kN/m}^2$$

Da mesma forma, no Corpo de Prova II, as tensões principais no cisalhamento são

$$\sigma_3' = \sigma_3 = 160 \text{ kN/m}^2$$

e

$$\sigma_1' = \sigma_1 = \sigma_3 + (\Delta\sigma_d)_f = 160 + 223{,}5 = 383{,}5 \text{ kN/m}^2$$

Agora, a partir da Eq. (12.25),

$$\phi_1' = 2\left\{\text{tg}^{-1}\left[\frac{\sigma_{1(I)}' - \sigma_{1(II)}'}{\sigma_{3(I)}' - \sigma_{3(II)}'}\right]^{0,5} - 45°\right\}$$

$$= 2\left\{\text{tg}^{-1}\left[\frac{200 - 383,5}{70 - 160}\right]^{0,5} - 45°\right\} = \mathbf{20°}$$

Novamente, a partir da Eq. (12.26),

$$c' = \frac{\sigma_{1(I)}' - \sigma_{3(I)}' \,\text{tg}^2\left(45 + \frac{\phi_1'}{2}\right)}{2\,\text{tg}\left(45 + \frac{\phi_1'}{2}\right)} = \frac{200 - 70\,\text{tg}^2\left(45 + \frac{20}{2}\right)}{2\,\text{tg}\left(45 + \frac{20}{2}\right)} = \mathbf{20\,kN/m^2}$$

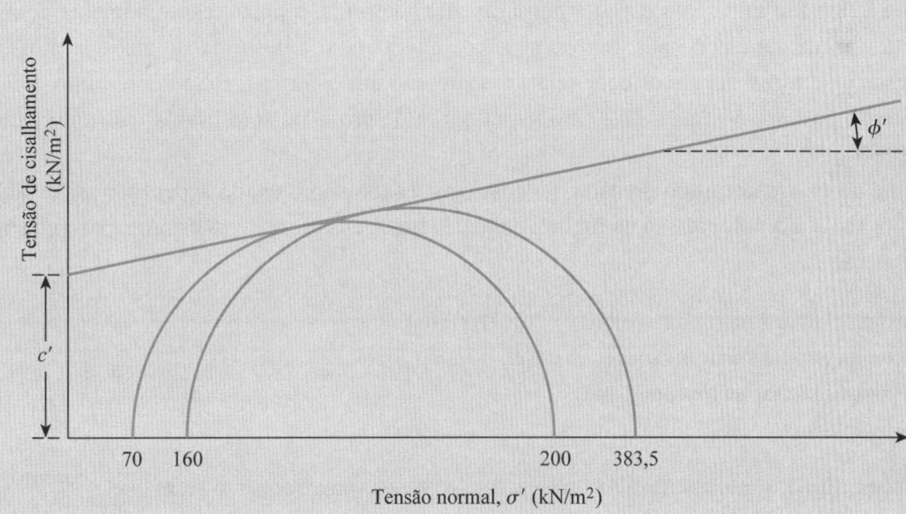

Figura 12.27

■

Exemplo 12.7

Um corpo de prova de solo indeformado, normalmente adensado, estará sujeito a um ensaio triaxial adensado drenado, com $\sigma_3' = 65$ kN/m². A argila possui um limite de liquidez (*LL*) de 52 e limite de plasticidade (*IP*) de 24. Utilizando a Eq. (12.17), estime a magnitude aproximada de σ_1'.

Solução

A partir da Eq. (12.17),

$$\phi' = 43 - 10\log(IP) = 43 - 10\log(54 - 24) = 28{,}53°$$

Para uma argila normalmente adensada, $c' = 0$. Dessa forma, a [Eq. (12.8)],

$$\sigma_1' = \sigma_3'\,\text{tg}^2\left(45 + \frac{\phi'}{2}\right) = 65\,\text{tg}^2\left(45 + \frac{28{,}53}{2}\right) = 183{,}86\text{ kN/m}^2 \approx \mathbf{184\ kN/m^2}$$

■

12.10 Ensaio triaxial adensado não drenado

O ensaio adensado não drenado é o tipo mais comum de ensaio triaxial. Nesse ensaio, o corpo de prova de solo saturado é primeiro adensado por uma pressão de fluido na câmara, σ_3, o que resulta em drenagem (Figuras 12.28a e 12.28b). Após a poropressão gerada pela aplicação da pressão de confinamento ser dissipada, a tensão desviadora $\Delta\sigma_d$ no corpo de prova é aumentada para causar a ruptura de cisalhamento (Figura 12.28c). Durante essa fase do ensaio, a linha de drenagem do corpo de prova é mantida fechada. Por causa de a drenagem não ser permitida, a poropressão, Δu_d, aumentará. Durante o ensaio, são realizadas as medições simultâneas de $\Delta\sigma_d$ e Δu_d. O aumento na poropressão, Δu_d, pode ser expresso de uma forma adimensional, tal como

$$\bar{A} = \frac{\Delta u_d}{\Delta \sigma_d} \tag{12.34}$$

onde $\bar{A}$ = parâmetro de poropressão de Skempton (Skempton, 1954).

O padrão geral da variação de $\Delta\sigma_d$ e Δu_d com a deformação axial para solos de areia e de argila é indicado nas Figuras 12.28d a 12.28g. Em areia fofa e argila normalmente adensada, a poropressão aumenta com a deformação. Na areia compacta e argila sobreadensada, a poropressão aumenta com a deformação até determinado limite, além do qual ela decresce e se torna negativa (com relação à pressão atmosférica). Esse decréscimo é consequência da tendência de dilatação do solo. A Figura 12.29 exibe um corpo de prova de solo triaxial na ruptura durante o ensaio adensado não drenado.

Diferentemente do ensaio adensado drenado, no ensaio adensado não drenado as tensões principais efetiva e total não são iguais. Uma vez que a poropressão na ruptura é medida nesse ensaio, as tensões principais podem ser analisadas como da seguinte maneira:

- Tensão principal maior na ruptura (total): $\sigma_3 + (\Delta\sigma_d)_f = \sigma_1$
- Tensão principal maior na ruptura (efetiva): $\sigma_1 - (\Delta u_d)_f = \sigma'_1$
- Tensão principal menor na ruptura (total): σ_3
- Tensão principal menor na ruptura (efetiva): $\sigma_3 - (\Delta u_d)_f = \sigma'_3$

Nessas equações, $(\Delta u_d)_f$ = poropressão na ruptura. As derivações anteriores mostram que

$$\sigma_1 - \sigma_3 = \sigma'_1 - \sigma'_3$$

Os ensaios em vários corpos de prova similares com pressões de confinamento variáveis podem ser realizados para determinar os parâmetros da resistência ao cisalhamento. A Figura 12.30 exibe a tensão total e a efetiva, os círculos de Mohr na ruptura obtidos das tensões triaxiais não drenadas adensadas em areia e argila normalmente adensada. Observe que A e B são dois círculos de Mohr para a tensão total, obtidos em dois ensaios. C e D são círculos de Mohr de tensão efetiva correspondentes aos círculos das tensões totais A e B, respectivamente. Os diâmetros dos círculos A e C são os mesmos. Os diâmetros dos círculos B e D também são iguais.

Na Figura 12.30, a envoltória de ruptura da tensão total pode ser obtida com o desenho de uma linha que toca todos os círculos de Mohr para a tensão total. Para a areia e argilas normalmente adensadas, essa será uma linha aproximadamente reta, que passa pela origem e pode ser expressa pela equação

$$\tau_f = \sigma \operatorname{tg} \phi \tag{12.35}$$

onde σ = tensão efetiva

ϕ = ângulo que a envoltória de ruptura da tensão total forma com o eixo de tensão normal, também conhecido como *ângulo de resistência ao cisalhamento adensado não drenado*

A Eq. (12.35) raramente é usada em aplicações práticas. Semelhante à Eq. (12.21), para areia e argila normalmente adensada, podemos escrever

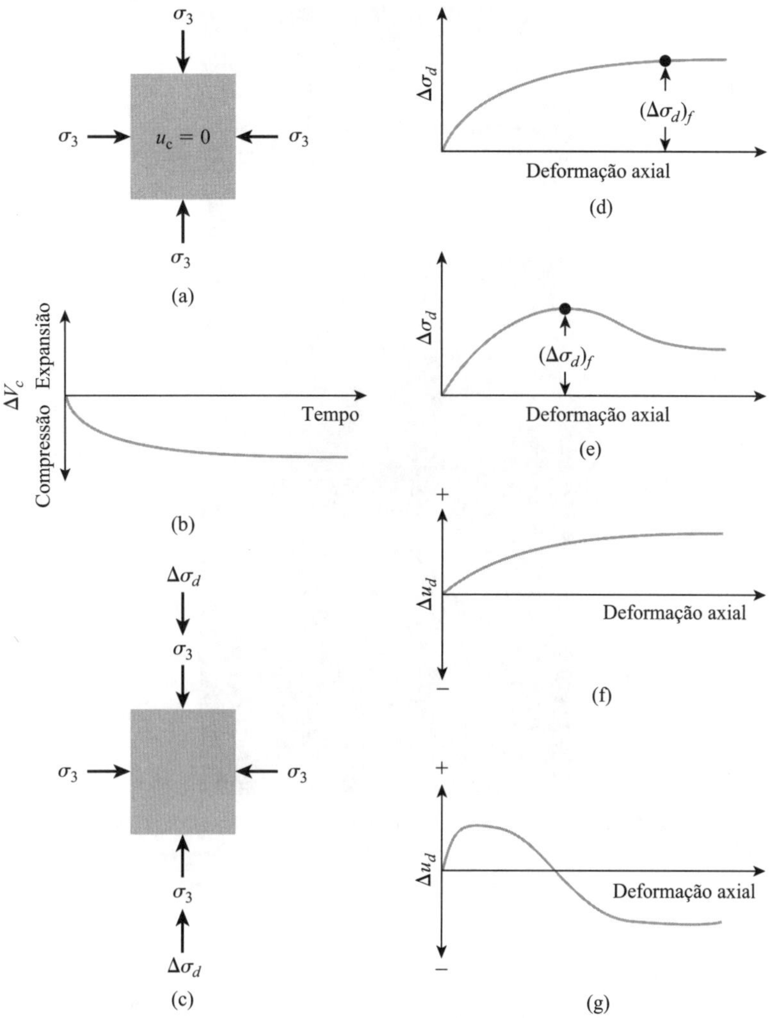

Figura 12.28 Ensaio não drenado adensado: (a) corpo de prova sob a pressão de confinamento da câmara; (b) alteração de volume no corpo de prova causada pela pressão de confinamento; (c) aplicação de tensão desviadora; (d) tensão desviadora em relação à deformação axial para areia fofa e a argila normalmente adensada; (e) tensão desviadora em relação à deformação axial para areia compacta e argila sobreadensada; (f) variação da poropressão com a deformação axial para areia fofa e argila normalmente adensada; (g) variação da poropressão com deformação axial para areia compacta e argila sobreadensada.

$$\phi = \text{sen}^{-1}\left(\frac{\sigma_1 - \sigma_3}{\sigma_1 + \sigma_3}\right) \tag{12.36}$$

e

$$\begin{aligned}\phi' &= \text{sen}^{-1}\left(\frac{\sigma_1' - \sigma_3'}{\sigma_1' + \sigma_3'}\right) \\ &= \text{sen}^{-1}\left\{\frac{[\sigma_1 - \Delta u_d)_f] - [\sigma_3 - \Delta u_d)_f]}{[\sigma_1 - \Delta u_d)_f] + [\sigma_3 - \Delta u_d)_f]}\right\} \\ &= \text{sen}^{-1}\left[\frac{\sigma_1 - \sigma_3}{\sigma_1 + \sigma_3 - 2(\Delta u_d)_f}\right]\end{aligned} \tag{12.37}$$

Novamente, consultando a Figura 12.30, observamos que a envoltória de ruptura tangente a todos os círculos de Mohr de tensões efetivas pode ser representada pela equação $\tau_f = \sigma' \text{ tg } \phi'$, que é a mesma obtida nos ensaios adensados drenados (veja a Figura 12.24).

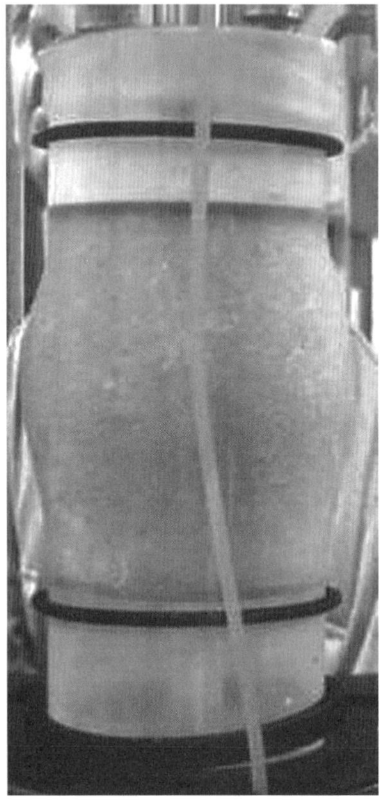

Figura 12.29 Corpo de prova de solo triaxial em ruptura durante o ensaio adensado não drenado. (*Cortesia de S. Varapalli, University of Ottawa, Canadá.*)

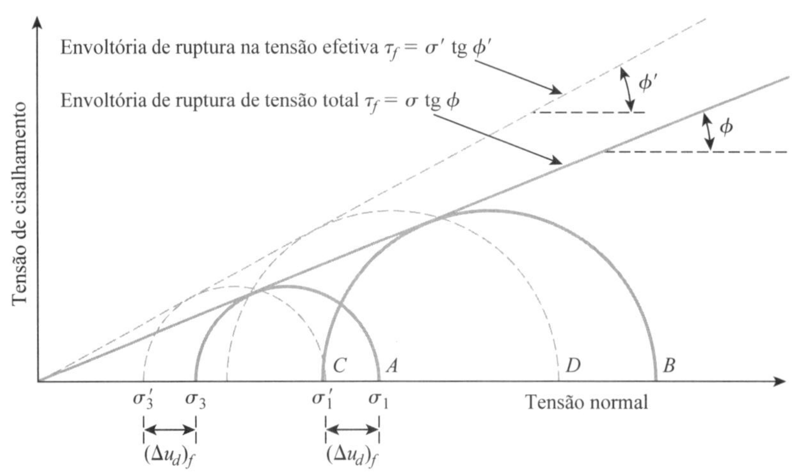

Figura 12.30 Envoltórias de ruptura de tensões total e efetiva para ensaios triaxiais adensados não drenados.

Em argilas sobreadensadas, a envoltória de ruptura da tensão total obtida dos ensaios adensados não drenados terá forma semelhante à indicada na Figura 12.31. A linha reta $a'b'$ é representada pela equação

$$\tau_f = c + \sigma \text{ tg } \phi_1 \tag{12.38}$$

e a linha reta $b'c'$ segue a relação dada pela Eq. (12.35). A envoltória de ruptura de tensão efetiva desenhada a partir da tensão efetiva dos círculos de Mohr será semelhante à indicada na Figura 12.25.

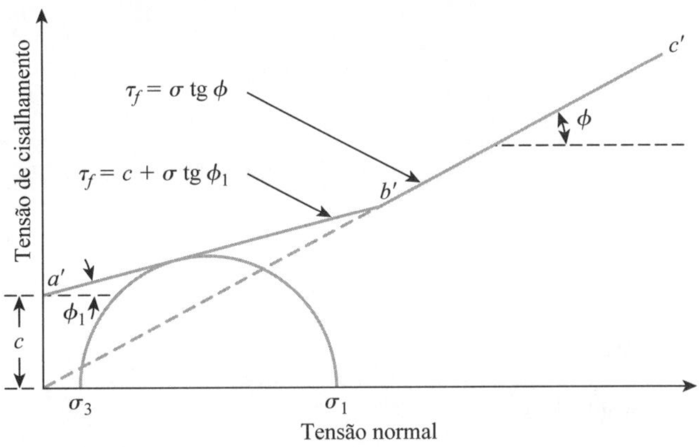

Figura 12.31 Envoltória de ruptura da tensão total obtida dos ensaios adensados não drenados em argila sobreadensada.

Os ensaios adensados drenados em solos de argila tomam um tempo considerável. Por essa razão, os não drenados podem ser realizados em solos argilosos com medições de poropressão para obter os parâmetros da resistência ao cisalhamento drenado. Como a drenagem não é permitida nesses ensaios durante a aplicação da tensão desviadora, eles podem ser realizados rapidamente.

O parâmetro $\overline{A}$ de poropressão de Skempton foi definido na Eq. (12.34). Na ruptura, o parâmetro $\overline{A}$ pode ser expresso como

$$\overline{A} = \overline{A}_f = \frac{(\Delta u_d)_f}{(\Delta \sigma_d)_f} \tag{12.39}$$

A faixa geral dos valores $\overline{A}_f$ para a maioria de solos argilosos é:

- Argilas normalmente adensadas: 0,5 a 1
- Argilas sobreadensadas: – 0,5 a 0

A Tabela 12.3 fornece os valores de $\overline{A}_f$ para algumas argilas normalmente adensadas como os obtidos pelo Norwegian Geotechnical Institute.

Os ensaios triaxiais de laboratório de Simons (1960) na argila Oslo, argila Weald e na argila Londres indicaram que $\overline{A}_f$ é aproximadamente zero para razão de sobreadensamento (OCR) de aproximadamente 3 ou 4 (Figura 12.32).

As propriedades da argila Londres, argila Weald e argila Oslo são apresentadas na Tabela 12.4.

Tabela 12.3 Resultados do ensaio triaxial para algumas argilas normalmente adensadas obtidas pelo Norwegian Geotechnical Institute*

Local	Limite de liquidez	Limite de plasticidade	Índice de liquidez	Sensibilidade[a]	Ângulo de atrito drenado ϕ' (graus)	$\overline{A}_f$
Seven Sisters, Canadá	127	35	0,28		19	0,72
Sarpborg	69	28	0,68	5	25,5	1,03
Lilla Edet, Suécia	68	30	1,32	50	26	1,10
Fredrikstad	59	22	0,58	5	28,5	0,87
Fredrikstad	57	22	0,63	6	27	1,00
Lilla Edet, Suécia	63	30	1,58	50	23	1,02
Rio Göta, Suécia	60	27	1,30	12	28,5	1,05
Rio Göta, Suécia	60	30	1,50	40	24	1,05
Oslo	48	25	0,87	4	31,5	1,00
Trondheim	36	20	0,50	2	34	0,75
Drammen	33	18	1,08	8	28	1,18

* *Segundo Bjerrum e Simons, 1960. Com permissão da ASCE.*
[a] Veja a Seção 12.14 para a definição de sensibilidade.

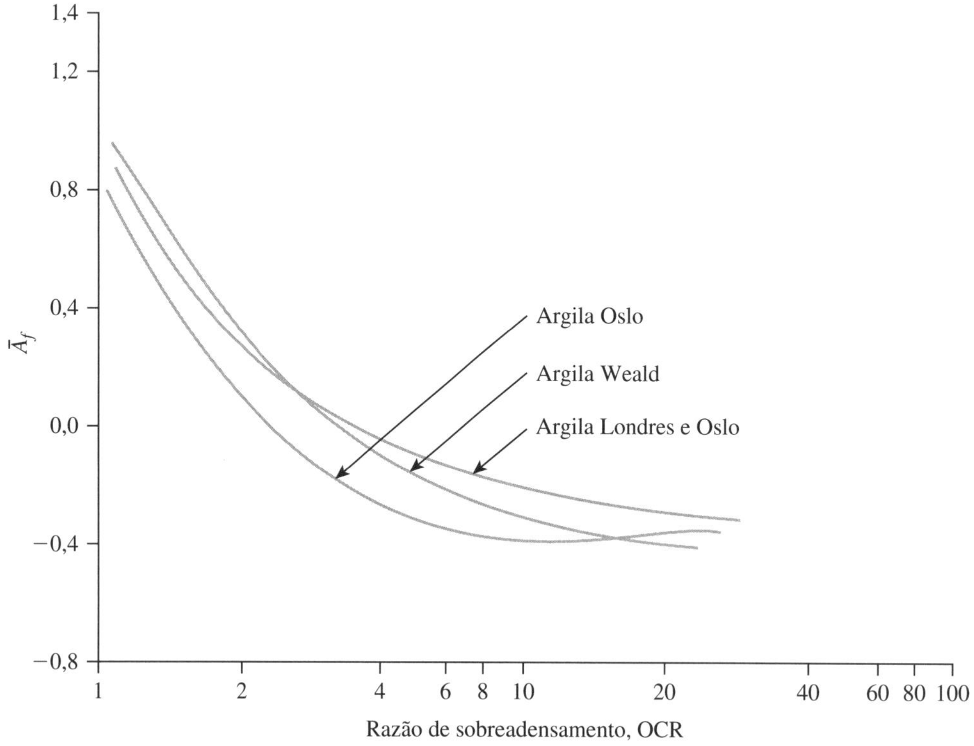

Figura 12.32 Variação de $\overline{A}_f$ com razão de sobreadensamento para três argilas (com base em Simons, 1960)

Tabela 12.4 Resumo dos resultados de classificação de ensaio para argila Londres, argila Weald e argila Oslo (Figura 12.32)

	Limite de liquidez	**Limite de plasticidade**	***IP***	**Fração de argila (%)**	**Atividade**
Seven Sisters, Canadá	78	26	52	47	1,1
Sarpborg	43	18	25	40	0,6
Lilla Edet, Suécia	39	21	18	45	0,4

Exemplo 12.8

Um corpo de prova de areia saturada foi adensado sob uma pressão de confinamento de 105 kN/m^2. A tensão axial foi então aumentada e a drenagem foi impedida. O corpo de prova rompeu-se quando a tensão desviadora axial atingiu 70 kN/m^2. A poropressão no momento da ruptura foi de 50 kN/m^2. Determine

a. Ângulo de resistência ao cisalhamento adensado não drenado, ϕ
b. Ângulo de atrito drenado, ϕ'

Solução

Parte a

Para esse caso, $\sigma_3 = 105$ kN/m^2, $\sigma_1 = 105 + 70 = 175$ kN/m^2 e $(\Delta u_d)_f = 50$ kN/m^2. As envoltórias de ruptura das tensões total e efetiva são mostradas na Figura 12.33. Da Eq. (12.36),

$$\phi = \text{sen}^{-1}\left(\frac{\sigma_1 - \sigma_3}{\sigma_1 + \sigma_3}\right) = \text{sen}^{-1}\left(\frac{175 - 105}{175 + 105}\right) \approx \mathbf{14{,}5°}$$

Parte b

A partir da Eq. (12.37),

$$\phi' = \text{sen}^{-1}\left[\frac{\sigma_1 - \sigma_3}{\sigma_1 + \sigma_3 - 2(\Delta u_d)_f}\right] = \text{sen}^{-1}\left[\frac{175 - 105}{175 + 105 - (2)(50)}\right] = \mathbf{22{,}9°}$$

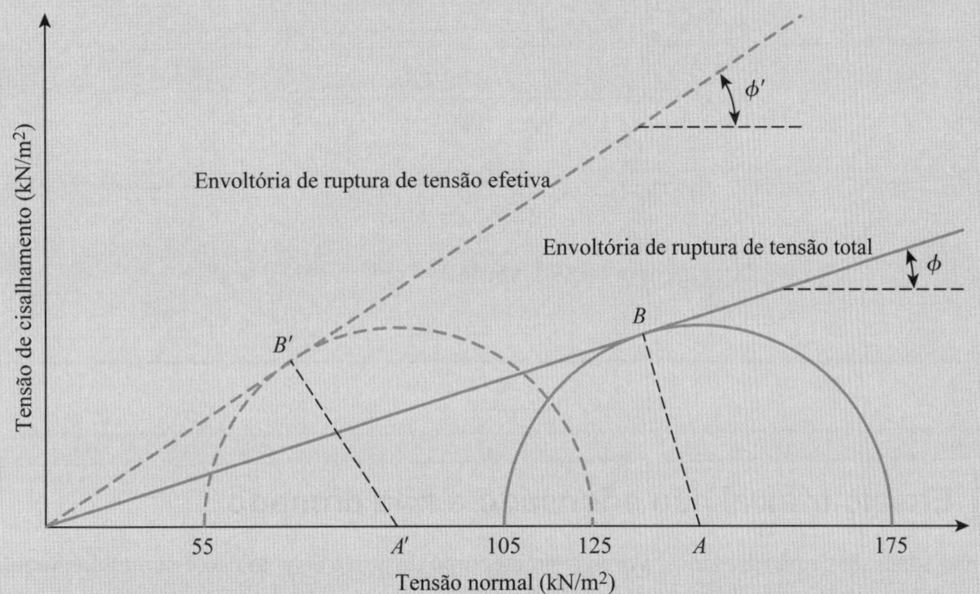

Figura 12.33 ■

Exemplo 12.9

Os resultados do ensaio triaxial anterior, feito em uma argila normalmente adensada, mostraram que o parâmetro $\overline{A}_f$ é cerca de 0,81 e o ϕ' cerca de 28°. Se um ensaio adensado não drenado for conduzido no mesmo solo, com $\sigma_3 = 70$ kN/m², qual será a tensão desviadora aproximada $[(\Delta\sigma_d)_f]$ na ruptura?

Solução

A partir da Eq. (12.37),

$$\phi' = \text{sen}^{-1}\left[\frac{\sigma_1 - \sigma_3}{\sigma_1 + \sigma_3 - 2(\Delta u_d)_f}\right] \quad \text{a)}$$

A partir da Eq. (12.39),

$$(\Delta u_d)_f = \overline{A}_f(\Delta\sigma_d)_f \quad \text{b)}$$

Também,

$$\sigma_1 = \sigma_3 + (\Delta\sigma_d)_f \tag{c)}$$

A substituição das Eqs. (b) e (c) pela Eq. (a) produzirá,

$$\phi' = \text{sen}^{-1}\left[\frac{\sigma_3 + (\Delta\sigma_d)_f - \sigma_3}{\sigma_3 + (\Delta\sigma_d)_f + \sigma_3 - 2\overline{A}_f(\Delta\sigma_d)_f}\right]$$

ou

$$28° = \text{sen}^{-1}\left[\frac{(\Delta\sigma_d)_f}{2\sigma_3 + (\Delta\sigma_d)_f(1 - 2\overline{A}_f)}\right]$$

$$\text{sen}\,28 = \frac{(\Delta\sigma_d)_f}{(2)(70) + (\Delta\sigma_d)_f[1 - (2)(0{,}81)]}$$

$$0{,}469 = \frac{(\Delta\sigma_d)_f}{140 + (\Delta\sigma_d)_f(-0{,}62)}$$

$(\Delta\sigma_d)_f =$ **50,59 kN/m²** ■

12.11 Ensaio triaxial não adensado e não drenado

Em ensaios não adensados e não drenados, a drenagem do corpo de prova do solo não é permitida durante a aplicação da pressão da câmara σ_3. O corpo de prova do ensaio é cisalhado ao ser rompido pela aplicação da tensão desviadora, $\Delta\sigma_d$, e a drenagem é impedida. Como existe esse impedimento durante todos os estágios, o ensaio pode ser realizado rapidamente. Por causa da aplicação da pressão de confinamento da câmara σ_3, a poropressão no corpo de prova do solo aumentará em u_c. Em seguida, ocorrerá um aumento adicional na poropressão (Δu_d) por causa da aplicação da tensão desviadora. Portanto, a poropressão total u no corpo de prova em qualquer estágio de aplicação da tensão desviadora pode ser dada como

$$u = u_c + \Delta u_d \tag{12.40}$$

A partir das Eqs. (12.20) e (12.34), $u_c = B\sigma_3$ e $\Delta u_d = \overline{A}\Delta\sigma_d$, então

$$u = B\sigma_3 + \overline{A}\Delta\sigma_d = B\sigma_3 + \overline{A}(\sigma_1 - \sigma_3) \tag{12.41}$$

Esse ensaio normalmente é realizado em corpos de prova de argila e depende de um conceito de resistência muito importante para solos coesivos, se estes estiverem completamente saturados. A tensão axial adicionada na ruptura $(\Delta\sigma_d)_f$ é praticamente a mesma, independentemente da pressão de confinamento da câmara. Esta propriedade é mostrada na Figura 12.34. A envoltória de ruptura para os círculos de Mohr da tensão total torna-se uma linha horizontal e, portanto, é chamada uma condição $\phi = 0$. Da Eq. (12.9) com $\phi = 0$, obteremos

$$\tau_f = c = c_u \tag{12.42}$$

onde c_u é a resistência ao cisalhamento não drenado e é igual ao raio dos círculos de Mohr. Observe que o conceito de $\phi = 0$ somente é aplicável em siltes e argilas saturadas.

A razão para a obtenção da mesma tensão axial adicional $(\Delta\sigma_d)_f$, independentemente da pressão de confinamento, pode ser explicada da seguinte maneira. Se o corpo de prova da argila (nº I) for adensado a uma pressão de câmara σ_3 e depois cisalhado até se romper sem drenagem, as condições de tensão total no momento da ruptura podem ser representadas pelos círculos de Mohr *P*, na Figura 12.35. A poropressão desenvolvida no corpo de prova na ruptura é igual a $(\Delta u_d)_f$. Portanto, as tensões efetivas principais maior e menor na ruptura são, respectivamente,

$$\sigma_1' = [\sigma_3 + (\Delta\sigma_d)_f] - (\Delta u_d)_f = \sigma_1 - (\Delta u_d)_f$$

e

$$\sigma_3' = \sigma_3 - (\Delta u_d)_f$$

Q é o círculo de Mohr da tensão efetiva desenhado com as tensões principais anteriores. Observe que os diâmetros dos círculos *P* e *Q* são idênticos.

Agora considere outro corpo de prova de argila similar (nº II), que foi adensado sob uma pressão de câmara σ_3 com poropressão inicial nula. Se a pressão da câmara for aumentada em $\Delta\sigma_3$ sem drenagem, a poropressão aumentará em Δu_c. Para solos saturados sob tensões isotrópicas, o aumento da poropressão é igual ao aumento da tensão total, portanto $\Delta u_c =$ $= \Delta\sigma_3$ $(B = 1)$. Nesse momento, a pressão de confinamento efetiva é igual a $\sigma_3 + \Delta\sigma_3 - \Delta u_c = \sigma_3 + \Delta\sigma_3 - \Delta\sigma_3 =$ σ_3. Essa é a mesma pressão de confinamento efetiva do Corpo de Prova I antes da aplicação da tensão desviadora. Portanto, se o Corpo de Prova II for cisalhado até a ruptura pelo aumento da tensão axial, ele deve romper-se com a mesma tensão desviadora $(\Delta\sigma_d)_f$ obtida para o Corpo de Prova I. O círculo de Mohr da tensão total no momento da ruptura será de *R* (veja a Figura 12.35). O aumento da poropressão adicionada causada pela aplicação de $(\Delta\sigma_d)_f$ será $(\Delta u_d)_f$.

No momento da ruptura, a tensão efetiva principal menor é

$$[(\sigma_3 + \Delta\sigma_3)] - [\Delta u_c + (\Delta u_d)_f] = \sigma_3 - (\Delta u_d)_f = \sigma_3'$$

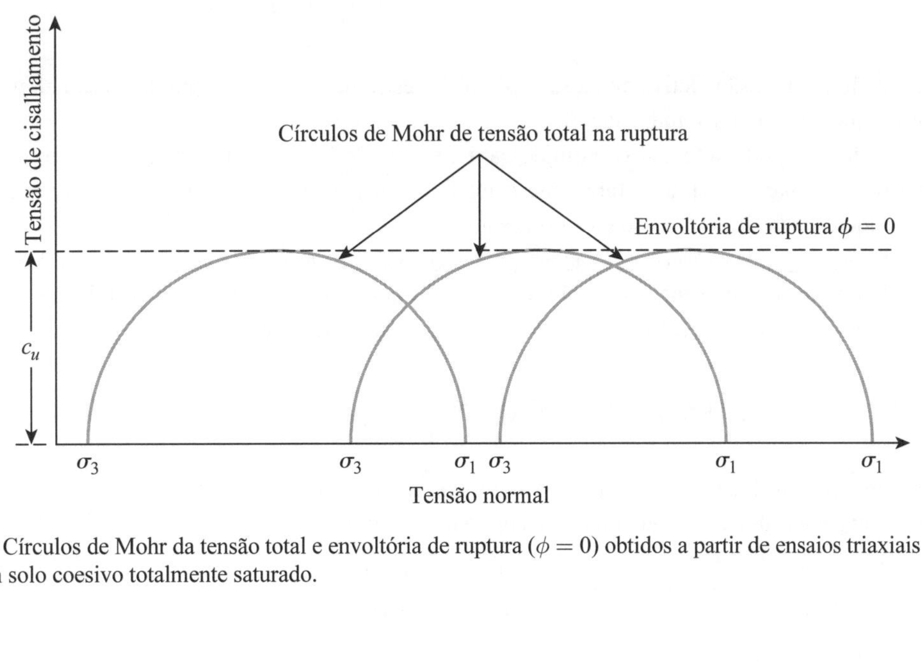

Figura 12.34 Círculos de Mohr da tensão total e envoltória de ruptura ($\phi = 0$) obtidos a partir de ensaios triaxiais não adensados e não drenados em solo coesivo totalmente saturado.

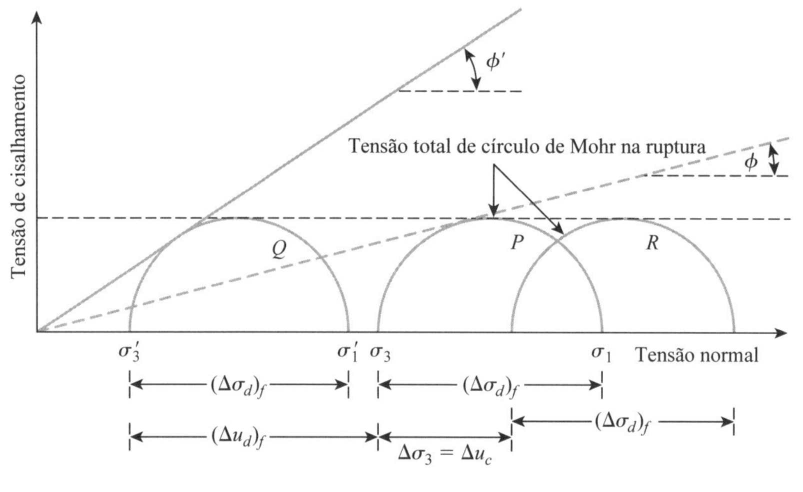

Figura 12.35 O conceito $\phi = 0$.

Tabela 12.5 Correlações para C_{ur} (kN/m^2)

Investigador	**Relação**
Leroueil et al. (1983)	$c_{ur} = \dfrac{1}{[(IL) - 0{,}21]^2}$
Hirata et al. (1990)	$c_{ur} = \exp[-3{,}36(IL) + 0{,}376]$
Terzaghi et al. (1996)	$c_{ur} = 2(IL)^{-2{,}8}$
Yang et al. (2006)	$c_{ur} = 159{,}6 \exp[-3{,}97(IL)$

Observação: IL = índice de liquidez

e a tensão efetiva principal maior na ruptura é

$$[\sigma_3 + \Delta\sigma_3 + (\Delta\sigma_d)_f] - [\Delta u_c + (\Delta u_d)_f] = [\sigma_3 + (\Delta\sigma_d)_f] - (\Delta u_d)_f$$
$$= \sigma_1 - (\Delta u_d)_f = \sigma_1'$$

Assim, o círculo de Mohr da tensão efetiva ainda será Q, pois a resistência é uma função da tensão efetiva. Observe que os diâmetros dos círculos P, Q e R são todos idênticos.

Qualquer valor de $\Delta\sigma_3$ poderia ter sido escolhido para o ensaio do Corpo de Prova II. Em todos os casos, a tensão desviadora $(\Delta\sigma_d)_f$ utilizada para causar a ruptura poderia ter sido a mesma, contanto que o solo estivesse completamente saturado e não drenado durante ambos os estágios do ensaio.

No passado, foram sugeridas várias correlações para a *resistência ao cisalhamento de argilas remodeladas não drenadas* (C_{ur}), e algumas delas são fornecidas na Tabela 12.5. É importante apontar que essas relações devem ser usadas apenas como uma estimativa. O'Kelly (2013) também mostrou que, a um teor de umidade w, c_{ur} pode ser calculado como

$$\log c_{ur} = (1 - W_{LN})\left[\log\left(\frac{c_{ur(A)}}{c_{ur(B)}}\right)\right] + \log c_{ur(B)} \tag{12.43}$$

onde $C_{ur(A)}$ = resistência ao cisalhamento não drenada a um teor de umidade w_A
$C_{ur(B)}$ = resistência ao cisalhamento não drenada a um teor de umidade w_B

$$W_{LN} = \frac{\log w - \log w_A}{\log w_B - \log w_A} \tag{12.44}$$

Exemplo 12.10

Considere um solo de argila saturada remodelada. Dados:

Limite de liquidez = 48
Limite de plasticidade = 23
Teor de umidade do solo = 43%

Estime a resistência ao cisalhamento não drenada C_{ur}, usando as equações de Leroueil et al. (1983) e Terzaghi et al. (1996) dadas na Tabela 12.5.

Solução

O índice de liquidez é

$$IL = \frac{w - LP}{LL - LP} = \frac{43 - 23}{48 - 23} = 0{,}8$$

A partir de Leroueil et al. (1983),

$$c_{ur} = \frac{1}{[(IL) - 0{,}21]^2} = \frac{1}{(0{,}8 - 0{,}21)^2} = \mathbf{2{,}87\ kN/m^2}$$

A partir de Terzaghi et al. (1996),

$$c_{ur} = 2(IL)^{-2.8} = (1)(0{,}8)^{-2.8} = \mathbf{3{,}74\ kN/m^2}$$

■

Exemplo 12.11

Considere uma argila saturada remodelada. Dados:

Teor de umidade, w (%)	Resistência ao cisalhamento não drenada, C_{ur} (kN/m²)
68	4,68
54	10,68

Estime a resistência ao cisalhamento não drenada C_{ur} a um teor de umidade de 40%. Use a Eq. (12.43).

Solução

Dados
A W_A = 68%, o valor de $C_{ur(A)}$ = 4,86 kN/m²
A W_B = 54%, o valor de $C_{ur(B)}$ = 10,68 kN/m²
w = 40%
A partir da Eq. (12.44),

$$W_{LN} = \frac{\log w - \log w_A}{\log w_B - \log w_A} = \frac{\log(40) - \log(68)}{\log(54) - \log(68)} = \frac{-0{,}231}{-0{,}101} = 2{,}287$$

A partir da Eq. (12.43),

$$\log c_{ur} = (1 - 2{,}287)\left[\log\left(\frac{4{,}86}{10{,}68}\right)\right] + \log(10{,}68) = \mathbf{29{,}44\ kN/m^2}$$

■

12.12 Ensaio de compressão não confinada em argila saturada

O ensaio de compressão não confinada é um tipo especial de ensaio não adensado e não drenado normalmente utilizado para corpos de prova de argila. Nesse ensaio, a pressão de confinamento σ_3 é 0. Uma carga axial é rapidamente aplicada no corpo de prova para causar a ruptura. Na ruptura, a tensão principal menor total é zero e a tensão principal maior total é σ_1 (Figura 12.36). Como a resistência ao cisalhamento não drenado é independente da pressão de confinamento, contanto que o solo esteja completamente saturado e não drenado, tem-se

$$\tau_f = \frac{\sigma_1}{2} = \frac{q_u}{2} = c_u \tag{12.45}$$

onde q_u é a *resistência à compressão não confinada*. A Tabela 12.6 fornece as consistências aproximadas de argilas com base nas resistências à compressão não confinada. Uma fotografia do equipamento de ensaio de compressão não confinada é exibida na Figura 12.37. As Figuras 12.38 e 12.39 mostram a ruptura em dois corpos de prova – uma por cisalhamento e outra por abaulamento – ao fim dos ensaios de compressão não confinada.

Teoricamente, para corpos de provas de argila saturada semelhantes, os ensaios de compressão não confinadas e os ensaios triaxiais não drenados e não adensados produzirão os mesmos valores de c_u. Na prática, no entanto, os ensaios de compressão não confinadas em argilas saturadas produzem valores levemente inferiores de c_u que os obtidos dos ensaios não drenados e não adensados.

12.13 Relações empíricas entre a coesão não drenada (c_u) e pressão de sobrecarga efetiva (σ'_o)

Diversas relações empíricas podem ser observadas entre c_u e a pressão de sobrecarga efetiva σ'_o. A relação mais citada é a fornecida por Skempton (1957), que pode ser expressa como

$$\frac{c_{u(\mathrm{VST})}}{\sigma'_o} = 0{,}11 + 0{,}0037(IP) \quad \text{(para argila normalmente adensada)} \tag{12.46}$$

onde $c_{u(\mathrm{VST})}$ = resistência ao cisalhamento não drenado do ensaio de cisalhamento de palheta (veja a Seção 12.16)
IP = índice de plasticidade (%)

Chandler (1988) sugeriu que a relação anterior se manterá boa para solo sobreadensado com uma precisão de ± 25%. Esta não inclui argilas sensitivas e fissuradas. Ladd et al. (1977) propuseram que

$$\frac{\left(\dfrac{c_u}{\sigma'_o}\right)_{\text{sobreadensada}}}{\left(\dfrac{c_u}{\sigma'_o}\right)_{\text{normalmente adensada}}} = (OCR)^{0,8} \tag{12.47}$$

onde OCR = razão de sobreadensamento. Jamiolkoswski et al. (1985) propuseram que

$$\frac{c_u}{\sigma'_o} = (0{,}23 \pm 0{,}04)(OCR)^{-0,8} \tag{12.48}$$

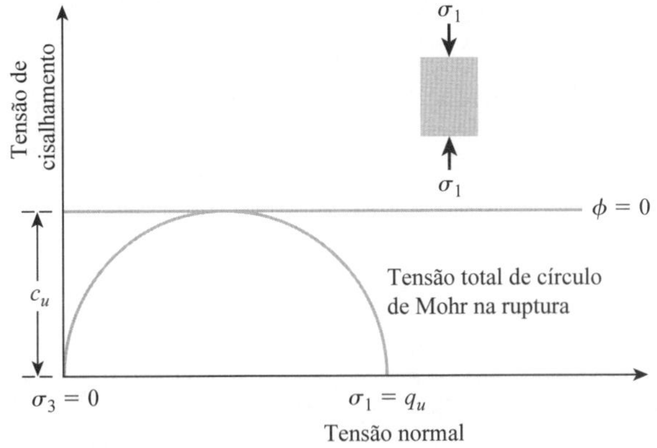

Figura 12.36 Ensaio de compressão não confinada.

Tabela 12.6 Relação geral de consistência e resistência de compressão não confinada da argila

Consistência	q_u kN/m²
Muito fofo	0-25
Macio	25-50
Médio	50-100
Rígido	100-200
Muito rígido	200-400
Duro	>400

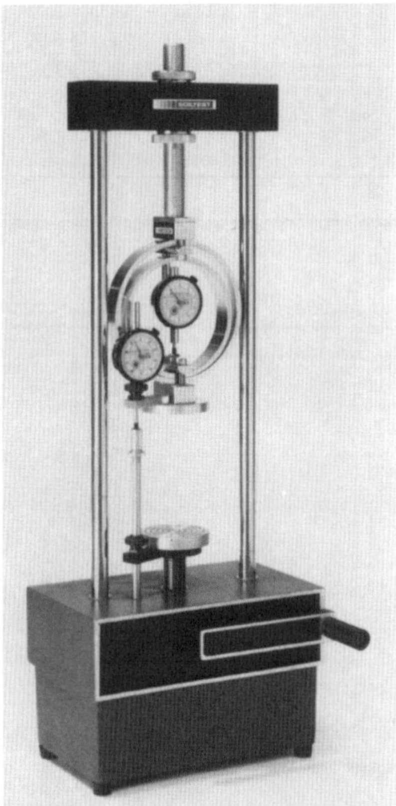

Figura 12.37 Equipamento para ensaio de compressão não confinada. (*Cortesia de ELE International.*)

Figura 12.38 Ruptura por cisalhamento de um corpo de prova no ensaio de compressão não confinada. (*Cortesia de Braja M. Das, Henderson, Nevada.*)

Figura 12.39 Ruptura por abaulamento de um corpo de prova no ensaio de compressão não confinada. (*Cortesia de Braja M. Das, Henderson, Nevada.*)

Exemplo 12.12

Um depósito de argila sobreadensado e localizado abaixo do nível do lençol freático apresenta:

- Pressão de sobrecarga efetiva presente média = 180 kN/m^2
- Razão de sobreadensamento = 2,6
- Índice de plasticidade = 19

Calcule a estimativa da resistência média ao cisalhamento não drenado (isto é, c_u).

Use a Eq. (12.48).

Solução

A partir da Eq. (12.48),

$$\frac{c_u}{\sigma'_o} = (0,23 \pm 0,04)(OCR)^{0,8}$$

$$\frac{c_u}{180} = (0,23 \pm 0,04)(2,6)^{0,8}$$

$$c_u = 104{,}38 \text{ kN/m}^2 \text{ a } 73{,}45 \text{ kN/m}^2. \text{ Então, a média é } c_u \approx \mathbf{88,9\ kN/m^2}$$

■

Exemplo 12.13

Repita o Exemplo 12.12 usando as Eqs. (12.46) e (12.47).

Solução

Segundo a Eq. (12.46), para uma argila normalmente adensada,

$$\frac{c_{u(\text{VST})}}{\sigma'_o} = 0{,}11 + 0{,}0037PI = 0{,}11 + 0{,}0037(19) = 0{,}1803$$

Segundo a Eq. (12.47),

$$\left(\frac{c_u}{\sigma'_o}\right)_{\text{Sobreadensada}} = (\text{OCR})^{0.8}\left(\frac{c_u}{\sigma'_o}\right)_{\text{Normalmente adensada}} = (2{,}6)^{0.8}(0{,}1803)$$

$$c_{u(\text{Sobreadensada})} = (2{,}6)^{0.8}(0{,}1803)(180) = \mathbf{69,7\ kN/m^2}$$

■

12.14 Sensibilidade e tixotropia da argila

Para muitos solos de argila naturalmente depositados, a resistência à compressão não confinada é muito reduzida quando os solos são ensaiados após o amolgamento sem qualquer variação no teor de umidade, como mostrado na Figura 12.40. Esta propriedade dos solos de argila é chamada *sensibilidade*.

O grau de sensibilidade pode ser definido como a relação entre a resistência de compressão não confinada em um estado indeformado e a resistência em um estado amolgado, ou

$$S_t = \frac{c_{u(\text{indeformado})}}{c_{u(\text{amolgado})}} = \frac{\tau_{f(\text{indeformado})}}{\tau_{f(\text{amolgado})}} \tag{12.49}$$

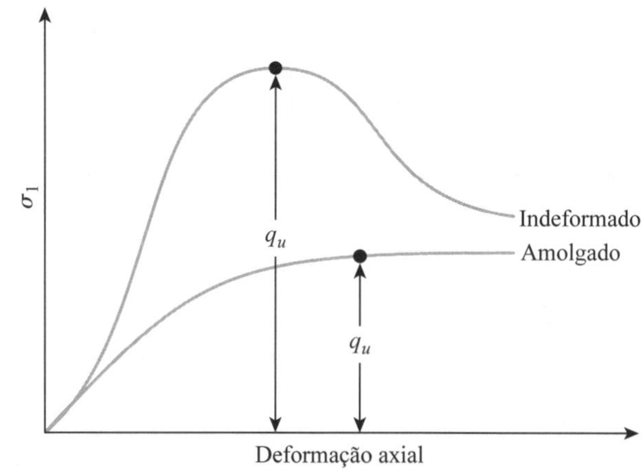

Figura 12.40 Resistência à compressão não confinada para uma argila indeformada amolgada.

A relação de sensibilidade da maioria das argilas varia de aproximadamente 1 a 8; no entanto, os depósitos de argila marinha altamente floculada podem ter relações de sensibilidade de aproximadamente 10 a 80. Algumas argilas se tornam fluidos viscosos após o amolgamento. Essas argilas são encontradas principalmente em áreas anteriormente cobertas por geleiras da América do Norte e da Escandinávia. Tais argilas são chamadas argilas *movediças*. Rosenqvist (1953) classificou as argilas com base na sensibilidade conforme segue:

Sensibilidade	Classificação
1	Insensível
1-2	Levemente sensível
2-4	Mediamente sensível
4-8	Muito sensível
8-16	Levemente rápidas
16-32	Mediamente rápidas
32-64	Muito rápidas
>64	Extra rápidas

A perda de resistência dos solos de argila a partir do amolgamento é causada principalmente pela destruição da estrutura de partículas de argila desenvolvida durante o processo original de sedimentação.

Se após o amolgamento, porém, um corpo de prova de solo for mantido em estado indeformado (ou seja, sem qualquer alteração no teor de umidade), ele continuará a ganhar resistência com o passar do tempo. Esse fenômeno é denominado *tixotropia*. É um processo reversível e dependente do tempo, no qual um material com volume e composição constante torna-se mole quando amolgado. A perda de resistência é gradualmente recuperada com o tempo, quando os materiais são deixados em repouso. Esse fenômeno está ilustrado na Figura 12.41a.

A maioria dos solos, entretanto, é parcialmente tixotrópica – ou seja, parte da perda da resistência causada pelo amolgamento nunca é recuperada com o tempo. A natureza da variação resistência-tempo para materiais parcialmente tixotrópicos é mostrada na Figura 12.41b. Para solos, a diferença entre a resistência indeformada e a resistência após o endurecimento tixotrópico pode ser atribuída à destruição da estrutura das partículas de argila desenvolvida durante o processo original de sedimentação.

12.15 Anisotropia da resistência na argila

A resistência ao cisalhamento não drenado e não adensado de algumas argilas saturadas pode variar, dependendo da direção de aplicação de carga; essa variação é conhecida como *anisotropia com relação à resistência*. A anisotropia é causada, em princípio, pela natureza da deposição de solos coesivos, e o adensamento subsequente faz

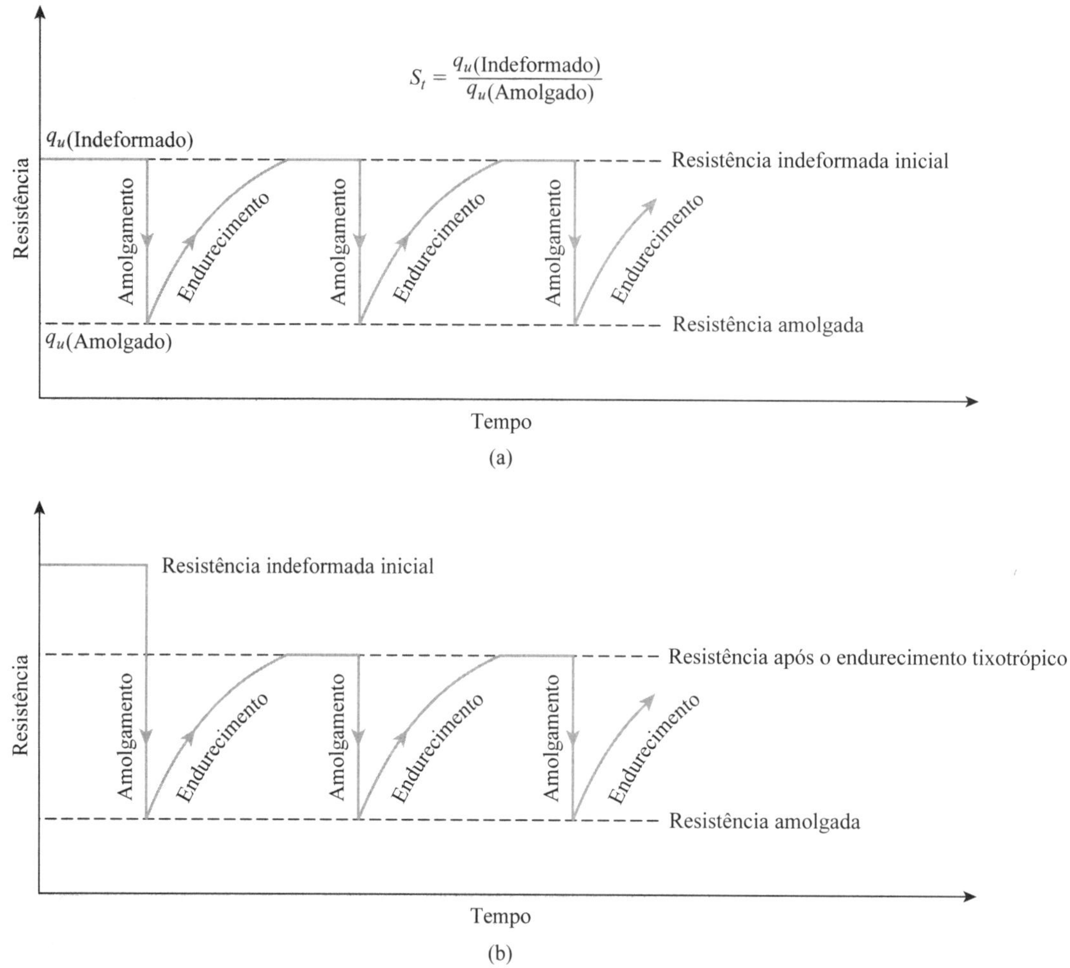

Figura 12.41 Comportamento do (a) material tixotrópico; (b) material parcialmente tixotrópico.

com que as partículas da argila se orientem perpendicularmente à direção da tensão principal maior. A orientação paralela das partículas de argila pode fazer com que a resistência varie com a direção. A Figura 12.42 mostra um elemento de argila saturada em um depósito com a tensão principal maior formando um ângulo α em relação à horizontal. Para argilas anisotrópicas, a magnitude de c_u é uma função de α. Um exemplo da variação de c_u com α para corpos de prova indeformados da argila superior marrom de Winnipeg (Loh e Holt, 1974) é mostrado na Figura 12.43.

Com base em diversos resultados de ensaios de laboratório, Casagrande e Carrillo (1944) propuseram a seguinte relação para a variação direcional de resistência ao cisalhamento não drenado:

$$c_{u(\alpha)} = c_{u(\alpha = 0°)} + [c_{u(\alpha = 90°)} - c_{u(\alpha = 0°)}]\,\text{sen}^2\,\alpha \tag{12.50}$$

Para argilas normalmente adensadas, $c_{u(\alpha = 90°)} > c_{u(\alpha = 0°)}$; para argilas sobreadensadas, $c_{u(\alpha = 90°)} < c_{u(\alpha = 0°)}$. A Figura 12.44 exibe a variação direcional para $c_{u(\alpha)}$ com base na Eq. (12.50). A anisotropia com relação à resistência para argilas pode ter um efeito importante em vários cálculos de estabilidade.

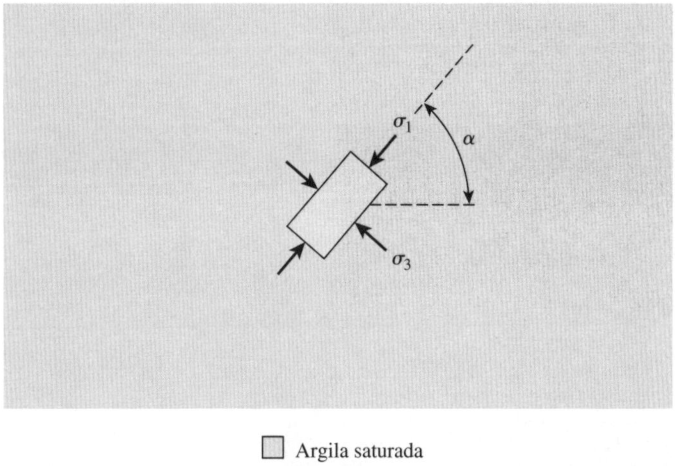

Figura 12.42 Anisotropia da resistência em argila.

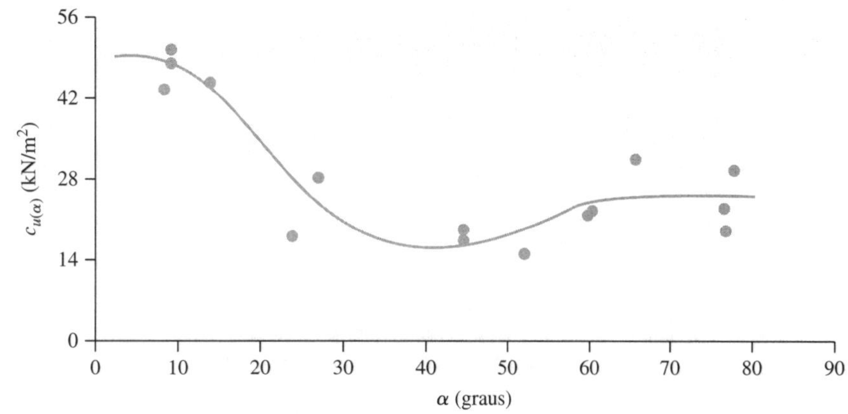

Figura 12.43 Variação direcional de c_u para argila superior marrom de Winnipeg (*Com base em Loh e Holt, 1974*).

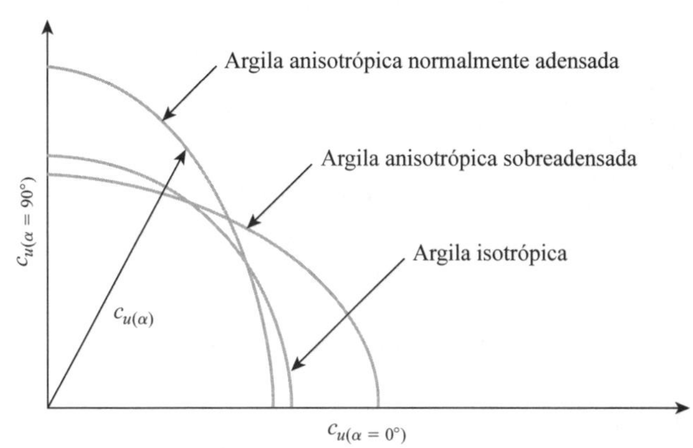

Figura 12.44 Representação gráfica da Eq. (12.50).

12.16 Ensaio de cisalhamento de palheta

Os resultados razoavelmente confiáveis para a resistência ao cisalhamento não drenado, c_u (conceito de $\phi = 0$), de solos coesivos entre muito moles e médios podem ser obtidos diretamente dos ensaios de cisalhamento de palheta. A palheta de cisalhamento normalmente consiste em quatro placas de aço em tamanhos iguais e finas, soldadas a uma haste de torque de aço (Figura 12.45). Primeiro, a palheta é empurrada para dentro do solo. Em seguida, um torque é aplicado ao topo da haste para girar a palheta em velocidade uniforme. Um cilindro de solo de altura h e diâmetro d resistirá ao torque, até que o solo se rompa. A resistência ao cisalhamento não drenado do solo pode ser calculada da seguinte maneira.

Se T é o torque máximo aplicado à carga da haste de torque para causar ruptura, ele deve ser igual à soma do momento resistente da força de cisalhamento ao longo da superfície lateral do cilindro do solo (M_s) com o momento resistente da força de cisalhamento em cada extremidade (M_e) (Figura 12.46):

$$T = M_s + \underbrace{M_e + M_e}_{\text{Duas extremidades}} \tag{12.51}$$

O momento resistente, M_s, pode ser dado como

$$M_s = \underbrace{(\pi dh)c_u}_{\substack{\text{Área}\\ \text{superficial}}} \underbrace{(d/2)}_{\substack{\text{Braço do}\\ \text{momento}}} \tag{12.52}$$

onde d = diâmetro da palheta de cisalhamento
h = altura da palheta de cisalhamento

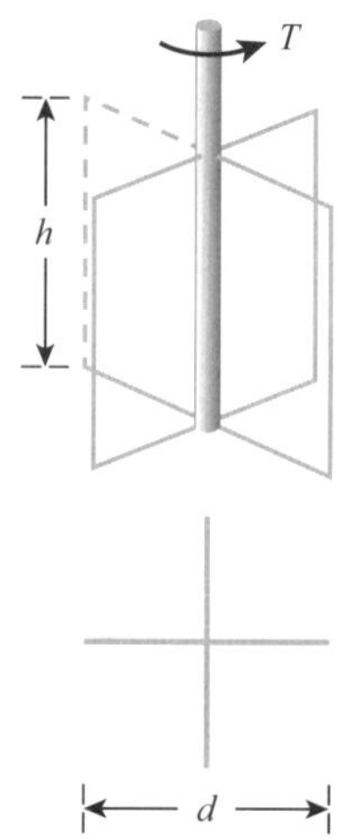

Figura 12.45
Diagrama do equipamento de ensaio de cisalhamento de palheta.

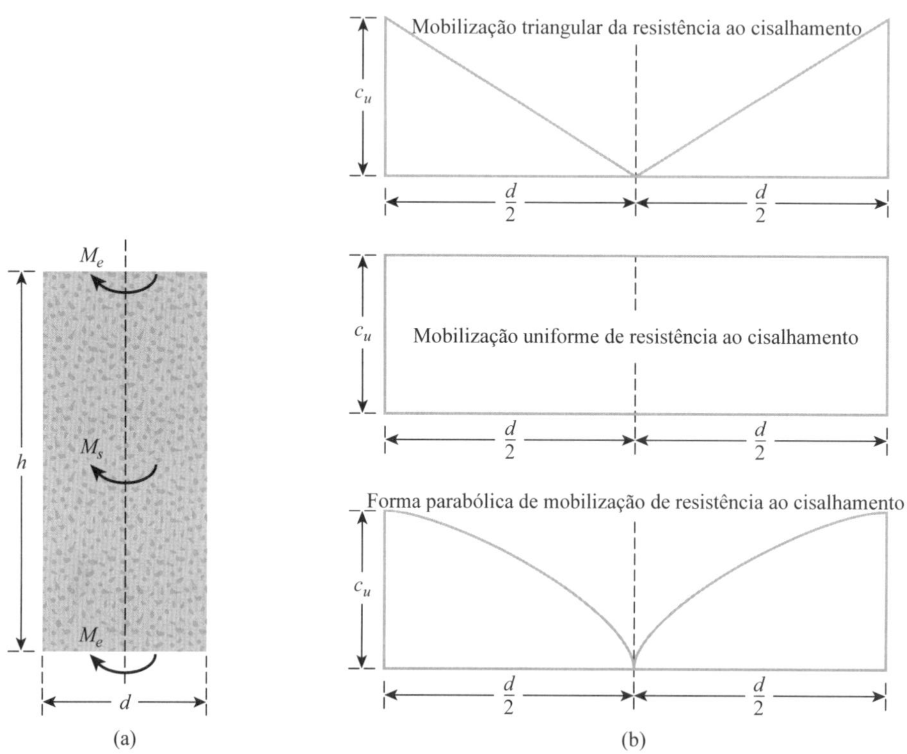

Figura 12.46 Derivada da Eq. (12.54), (a) momento resistente da força de cisalhamento; (b) variações na resistência ao cisalhamento-mobilização.

Para o cálculo de M_e, pesquisadores presumiram vários tipos de distribuição da mobilização da resistência ao cisalhamento nas extremidades do cilindro do solo:

1. *Triangular*. A mobilização da resistência ao cisalhamento é c_u no perímetro do cilindro de solo e diminui linearmente até ficar nula no centro.
2. *Uniforme*. A mobilização da resistência ao cisalhamento é constante (isto é, c_u) do perímetro até o centro do cilindro de solo.
3. *Parabólica*. A mobilização da resistência ao cisalhamento é c_u no perímetro do cilindro de solo e diminui parabolicamente até zero no centro.

Estas variações na mobilização da resistência ao cisalhamento são mostradas na Figura 12.46b. Em geral, o torque, T, no momento da ruptura pode ser expresso como

$$T = \pi c_u \left[\frac{d^2 h}{2} + \beta \frac{d^3}{4} \right] \tag{12.53}$$

ou

$$c_u = \frac{T}{\pi \left[\frac{d^2 h}{2} + \beta \frac{d^3}{4} \right]} \tag{12.54}$$

onde $\beta = \frac{1}{2}$ para mobilização triangular da resistência ao cisalhamento não drenado

$\beta = \frac{2}{3}$ para mobilização uniforme da resistência ao cisalhamento não drenado

$\beta = \frac{3}{5}$ para mobilização parabólica de resistência ao cisalhamento não drenado

Observe que a Eq. (12.54) geralmente é referida como a *equação de Calding.*

Os ensaios de cisalhamento de palheta podem ser realizados em laboratório e em campo durante a exploração do solo. A palheta de cisalhamento no laboratório tem dimensões de cerca de 13 mm ($\frac{1}{2}$ pol.) de diâmetro e 25 mm (1 pol.) de altura. A Figura 12.47 mostra uma fotografia do equipamento de ensaio de cisalhamento de palheta de laboratório. A Figura 12.48 mostra as palhetas de campo recomendadas pela ASTM (2004). A Tabela 12.7 fornece as dimensões recomendadas pela ASTM para palhetas de campo. A taxa padrão da aplicação de torque é 0,1°/s. O torque máximo, T, aplicado para causar a ruptura pode ser dado como

$$T = f(c_u, h, d) \tag{12.55}$$

ou

$$c_u = \frac{T}{K} \tag{12.56}$$

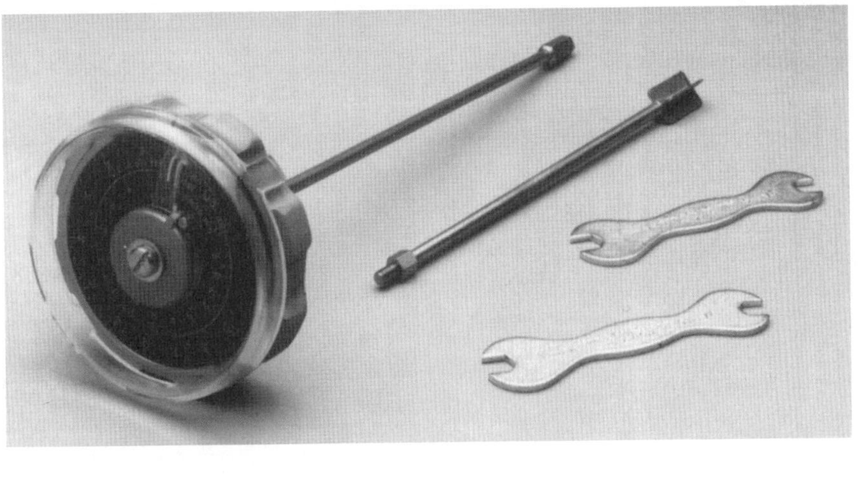

Figura 12.47
Dispositivo de ensaio de cisalhamento de palheta de laboratório.
(*Cortesia de ELE International.*)

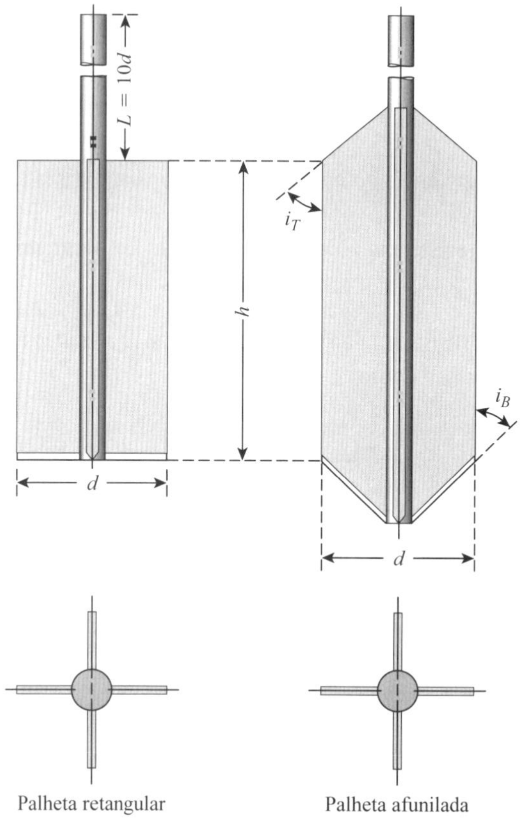

Figura 12.48 Geometria das palhetas de campo. (*Observação*: i_T e i_B são geralmente 45°.) (*De Annual Book of ASTM Standard n. 04.08, p. 346, 2004. Direitos autorais ASTM INTERNATIONAL. Reproduzido com permissão.*)

Tabela 12.7 Dimensões recomendadas de palhetas de campo*[a]

Tamanho da camisa	Diâmetro (mm)	Altura (mm)	Espessura da lâmina (mm)	Diâmetro da haste (mm)
AX	38,1	76,2	1,6	12,7
BX	50,8	101,6	1,6	12,7
NX	63,5	127,0	3,2	12,7
101,6 mm[b]	92,1	184,1	3,2	12,7

**De acordo ASTM (2004). Direitos autorais ASTM INTERNATIONAL. Reproduzido com permissão.*

[a] A seleção do tamanho da palheta está diretamente relacionada à consistência do solo sob ensaio, ou seja, quanto mais mole for o solo, maior deve ser o diâmetro da palheta

[b] Diâmetro interno

De acordo com ASTM (2010), para palheta retangular.

$$K = \frac{\pi d^2}{2}\left(h + \frac{d}{3}\right) \tag{12.57}$$

Se $h/d = 2$,

$$K = \frac{7\pi d^3}{6} \tag{12.58}$$

Assim,

$$c_u = \frac{6T}{7\pi d^3} \tag{12.59}$$

Para palhetas afuniladas,

$$K = \frac{\pi d^2}{12}\left(\frac{d}{\cos i_T} + \frac{d}{\cos i_B} + 6h\right) \quad (12.60)$$

Os ângulos i_T e i_B são definidos na Figura 12.48.

No campo, onde pode ser encontrada uma considerável variação na resistência ao cisalhamento não drenado em função da profundidade, os ensaios de cisalhamento de palheta são extremamente úteis. Em um curto intervalo de tempo, pode-se estabelecer um padrão razoável de variação de c_u com a profundidade. Entretanto, se o depósito de argila em dado local for mais ou menos uniforme, alguns ensaios triaxiais não adensados e não drenados em corpos de prova indeformados fornecerão estimativas razoáveis dos parâmetros de solo para projeto. Os ensaios de cisalhamento de palheta também são limitados pela resistência dos solos nos quais podem ser utilizados. A resistência ao cisalhamento não drenado obtida de um ensaio de cisalhamento de palheta também depende da velocidade de aplicação do torque T.

Bjerrum (1974) também mostrou que, à medida que a plasticidade dos solos aumenta, o c_u resultante dos ensaios de cisalhamento de palheta pode oferecer resultados inseguros para o projeto de fundações. Por essa razão, ele sugeriu a seguinte correção

$$c_{u(\text{projeto})} = \lambda c_{u(\text{cisalhamento de palheta})} \quad (12.61)$$

onde

$$\lambda = \text{fator de correção} = 1{,}7 - 0{,}54 \log (IP) \quad (12.62)$$

$$IP = \text{índice de plasticidade}$$

Morris e Williams (1994) deram as correlações de λ como

$$\lambda = 1{,}18e^{-0{,}08(IP)} + 0{,}57 \quad (\text{para } IP > 5) \quad (12.63)$$

e

$$\lambda = 7{,}01e^{-0{,}08(LL)} + 0{,}57 \quad (\text{para } LL > 20) \quad (12.64)$$

onde LL = limite de liquidez (%).

Exemplo 12.14

Um perfil de solo é mostrado na Figura 12.49. A argila é normalmente adensada. O limite de liquidez é 60 e o limite de plasticidade é 25. Calcule a estimativa de resistência de compressão não confinada da argila a uma profundidade de 10 m medido a partir da superfície do solo. Utilize a relação de Skempton a partir da Eq. (12.46) e das Eqs. (12.61) e (12.62).

Solução

Para a camada de argila saturada, o índice de vazios é

$$e = wG_s = (2{,}68)(0{,}3) = 0{,}8$$

O peso específico efetivo é

$$\gamma'_{\text{argila}} = \left(\frac{G_s - 1}{1 + e}\right)\gamma_w = \frac{(2,68 - 1)(9,81)}{1 + 0,8} = 9,16 \text{ kN/m}^3$$

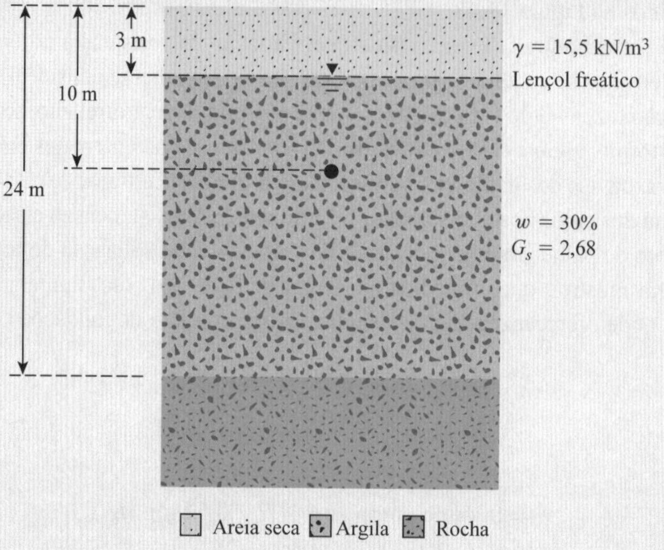

Figura 12.49

A tensão efetiva a uma profundidade de 10 m da superfície do solo é

$$\sigma'_o = 3\gamma_{\text{areia}} + 7\gamma'_{\text{argila}} = (3)\,(15,5) + (7)\,(9,16)$$

$$= 110,62 \text{ kN/m}^2$$

Da Eq. (12.46),

$$\frac{c_{u(\text{VST})}}{\sigma'_o} = 0,11 + 0,0037(IP)$$

$$\frac{c_{u(\text{VST})}}{110,62} = 0,11 + 0,0037(60 - 25)$$

e

$$c_{u(\text{VST})} = 26,49 \text{ kN/m}^2$$

Das Eqs. (12.61) e (12.62), obteremos

$$c_u = \lambda c_{u(\text{VST})}$$
$$= [1,7 - 0,54 \log (IP)]c_{u(\text{VST})}$$
$$= [1,7 - 0,54 \log (60 - 25)]\ 26,49 = 22,95 \text{ kN/m}^2$$

Então, a resistência de compressão não confinada é

$$q_u = 2c_u = (2)\,(22,95) = \mathbf{45,9\ kN/m^2}$$

■

Exemplo 12.15

Considere a Figura 12.48. Ensaios de cisalhamento de palheta (palheta afunilada) foram conduzidos na camada de argila. As dimensões da palheta eram 63,5 mm (*d*) × 127 m (*h*), e $i_T = i_B = 45°$. Para um ensaio a uma determinada profundidade na argila, o torque usado para causar ruptura tinha 20 N · m. Quanto à argila, seu limite de liquidez era 50 e o limite de plasticidade, 18. Estime a coesão não drenada da argila para uso no projeto, usando cada uma das equações:

a. Relação de λ de Bjerrum (Eq. 12.62)

b. Relação de λ e *IP* de Morris e Williams (Eq. 12.63)

c. Relação de λ e *LL* de Morris e Williams (Eq. 12.64)

Solução

Dados $h/d = 127/63{,}5 = 2$.

Parte a

A partir da Eq. (12.60),

$$K = \frac{\pi d^2}{12}\left(\frac{d}{\cos i_T} + \frac{d}{\cos i_B} + 6h\right)$$

$$= \frac{\pi(0{,}0635)^2}{12}\left[\frac{0{,}0635}{\cos 45} + \frac{0{,}0635}{\cos 45} + 6(0{,}127)\right]$$

$$= (0{,}001056)(0{,}0898 + 0{,}0898 + 0{,}762)$$

$$= 0{,}000994$$

A partir da Eq. (12.56),

$$c_{u(\text{VST})} = \frac{T}{K} = \frac{20}{0{,}000994}$$

$$= 20{,}121 \text{ N/m}^2 \approx 20{,}12 \text{ kN/m}^2$$

A partir das Eqs. (12.61) e (12.62),

$$c_{u(\text{corrigido})} = [1{,}7 - 0{,}54 \log(IP\%)]c_{u(\text{VST})}$$

$$= [1{,}7 - 0{,}54 \log(50 - 18)](20{,}12)$$

$$= \mathbf{17{,}85\ kN/m^2}$$

Parte b

A partir das Eqs. (12.63) e (12.61),

$$c_{u(\text{corrigido})} = [1{,}18e^{-0{,}08(IP)} + 0{,}57]c_{u(\text{VST})}$$

$$= [1{,}18e^{-0{,}08(50-18)} + 0{,}57](20{,}12)$$

$$= \mathbf{13{,}3\ kN/m^2}$$

Parte c

A partir das Eqs. (12.64) e (12.61),

$$
\begin{aligned}
c_{u(\text{corrigido})} &= [7{,}01e^{-0{,}08(LL)} + 0{,}57]c_{u(\text{VST})} \\
&= [7{,}01e^{-0{,}08(50)} + 0{,}57](20{,}12) \\
&= \mathbf{14{,}05\ kN/m^2}
\end{aligned}
$$

■

12.17 Outros métodos para a determinação da resistência ao cisalhamento não drenada

Uma forma modificada do aparelho de ensaio de cisalhamento de palheta é o *Torvane* (Figura 12.50), um dispositivo portátil com uma mola calibrada. Este instrumento pode ser usado para determinar c_u em corpos de prova coletados em tubos durante a própria exploração do solo e pode ser utilizado *in loco*. O Torvane é empurrado para o interior do solo e depois girado até que ele se rompa. A resistência ao cisalhamento não drenado pode ser lida no topo do mostrador.

A Figura 12.51 mostra um *penetrômetro de bolso*, que é empurrado diretamente no solo. A resistência à compressão não confinada (q_u) é medida por uma mola calibrada. Esse dispositivo pode ser utilizado em laboratório e no campo.

12.18 Resistência ao cisalhamento de solos coesivos não saturados

A equação que relaciona a tensão total, a tensão efetiva e a poropressão para solos não saturados pode ser expressa como

$$\sigma' = \sigma - u_a + \chi(u_a - u_w) \tag{12.65}$$

onde σ' = tensão efetiva
σ = tensão total
u_a = pressão do ar nos poros
u_w = poropressão

Figura 12.50 Torvane (*Cortesia de ELE International.*)

Figura 12.51 Penetrômetro de bolso (*Cortesia de ELE International.*)

Quando a expressão para σ' for substituída pela equação de resistência ao cisalhamento [Eq. (12.3)], que tem como base os parâmetros de tensão efetiva, obteremos

$$\tau_f = c' + [\sigma - u_a + \chi(u_a - u_w)] \operatorname{tg} \phi' \tag{12.66}$$

Os valores de χ dependem, em princípio, do grau de saturação. Com equipamento triaxial comum utilizado para ensaio de laboratório, não é possível determinar com precisão as tensões efetivas em corpos de prova de solo não saturados, portanto a prática comum é conduzir os ensaios triaxiais não drenados nos corpos de prova não saturados e medir somente a tensão total. A Figura 12.52 mostra a envoltória de ruptura de tensão total obtida a partir de um número de ensaios triaxiais não drenados realizados com dado grau inicial de saturação. A envoltória de ruptura geralmente é curva. Quanto maior a pressão de confinamento, maior será a compressão do ar nos espaços vazios; assim, aumenta a solubilidade do ar na água. Para fins de projeto, a envoltória curva é, às vezes, aproximada como uma linha reta, como mostra a Figura 12.52, por meio de uma equação do seguinte tipo:

$$\tau_f = c + \sigma \operatorname{tg} \phi \tag{12.67}$$

(*Observação*: c e ϕ, na equação anterior, são constantes empíricas.)

A Figura 12.53 mostra a variação das envoltórias de tensão total com a variação do grau inicial de saturação obtido em ensaios não drenados em argila inorgânica. Observe que, para esses ensaios, os corpos de prova foram preparados com aproximadamente o mesmo peso específico seco inicial de 16,7 kN/m^3. Para dada tensão normal total, a tensão de cisalhamento necessária para produzir a ruptura diminui conforme o grau de saturação aumenta. Quando esse grau atinge 100%, a envoltória de ruptura da tensão total torna-se uma linha horizontal, que é o mesmo que acontece com o conceito de $\phi = 0$.

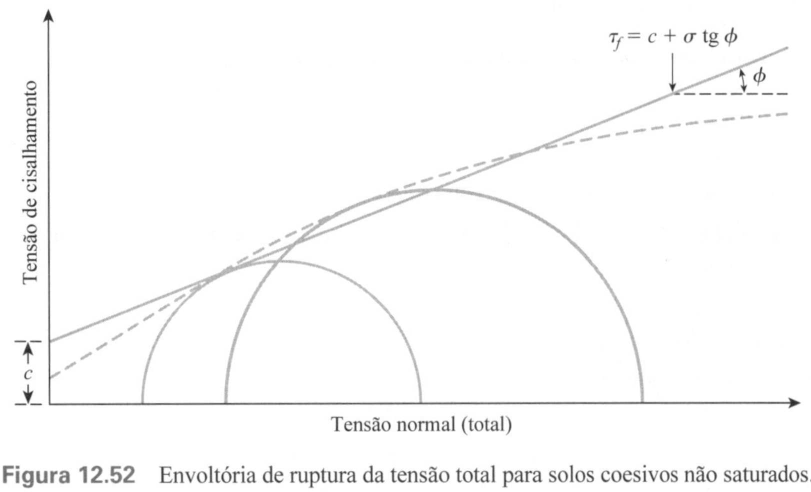

Figura 12.52 Envoltória de ruptura da tensão total para solos coesivos não saturados.

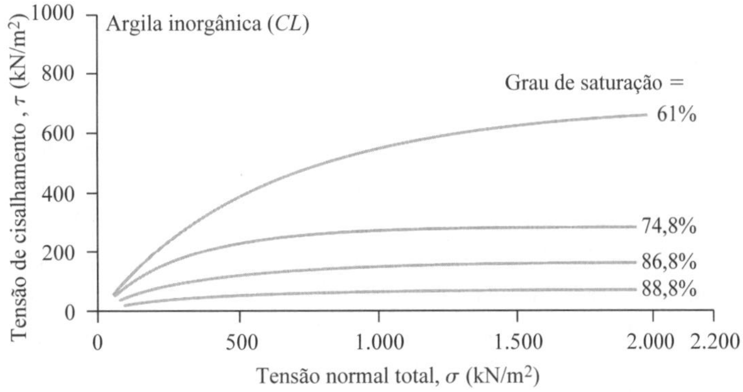

Figura 12.53 Variação da envoltória de ruptura de tensão total com mudança no grau inicial de saturação obtido para ensaios não drenados de uma argila inorgânica. (*De acordo com Casagrande e Hirschfeld, 1960. Com permissão da ASCE.*)

Em casos práticos nos quais um depósito de solo coesivo pode tornar-se saturado com chuva ou elevação de nível do lençol freático, a resistência da argila parcialmente saturada não deve ser utilizada para considerações de projeto. Em vez disso, os corpos de prova de solo não saturados coletados do campo devem ser saturados no laboratório e deve ser calculada a resistência não drenada.

Solos tropicais

Os fatores que influenciam o comportamento de resistência de solos residuais e solos sedimentares são bastante distintos. Enquanto que para os solos sedimentares a história de tensões a que o maciço foi submetido é fator primordial no comportamento dos solos, para os solos residuais o efeito de tensões prévias é praticamente irrelevante. Nos solos residuais as partículas e seus arranjos evoluem progressivamente como uma consequência do intemperismo, com ampla variedade mineralógica, grau de cimentação e de índices de vazios. São estes pontos, somados ao fato da maioria dos solos residuais se encontrarem em estado não saturado que comandam o comportamento de resistência destes solos.

Outro aspecto importante vinculado à resistência de solos residuais é a anisotropia geralmente derivada do arranjo estrutural da rocha matriz. A anisotropia é comumente observada em solos residuais jovens derivados de rochas metamórficas (gnaisse, filito, ardósia, etc.) e sedimentares (xisto argiloso, siltito, etc.).

12.19 Resumo

Neste capítulo, as tensões de cisalhamento de solos granulares e coesivos foram examinadas. Também foram descritos alguns procedimentos de laboratório para a determinação dos parâmetros da resistência ao cisalhamento. Abaixo segue um resumo dos assuntos abordados neste capítulo:

- De acordo com o critério de ruptura de Mohr-Coulomb, a resistência ao cisalhamento pode ser expressa como

$$\tau_f = c' + \sigma' \operatorname{tg} \phi'$$

- Cisalhamento direto e triaxial são dois métodos de ensaio de laboratório comumente utilizados para determinar os parâmetros de resistência ao cisalhamento do solo.
- Resistência ao cisalhamento do solo é dependente das condições de drenagem. Os ensaios triaxiais podem ser conduzidos em três condições diferentes de drenagem:
    - Adensado drenado (Seção 12.9)
    - Adensado não drenado (Seção 12.10)
    - Não adensado não drenado (Seção 12.11)
- O ensaio de compressão não confinada é um tipo especial de ensaio não adensado e não drenado (Seção 12.12).
- A sensibilidade é uma perda de resistência de solos coesivos em razão do amolgamento (Seção 12.14).
- Em função da natureza de disposição dos solos de argila, a resistência ao cisalhamento pode variar dependendo da direção da aplicação de carga (Seção 12.15). Isso é referido como anisotropia de resistência de argila.
- O ensaio de cisalhamento de palheta é outro método para determinar a resistência ao cisalhamento não drenado de solos argilosos no laboratório e no campo (Seção 12.16).

Nos livros, a determinação dos parâmetros da resistência ao cisalhamento de solos coesivos parece ser razoavelmente simples. Entretanto, a escolha correta desses parâmetros para o projeto e as verificações de estabilidade de várias estruturas de terra, contenção de terra e as estruturas suportadas por terra, na prática, é muito difícil, requer experiência e conhecimento teórico adequado sobre engenharia geotécnica. Neste capítulo, foram introduzidos três tipos de parâmetros de resistência (*adensado drenado, adensado não drenado* e *não adensado e não drenado*). Suas aplicações dependem das condições de drenagem.

Os parâmetros de resistência adensada drenada podem ser utilizados para a determinação da estabilidade de estruturas a longo prazo, tais como taludes de aterros e taludes de cortes. Os parâmetros de resistência ao cisalhamento adensado e não drenado podem ser utilizados para estudo com problemas de estabilidade relativos a casos no qual o solo, nas suas condições iniciais, é normalmente adensado o sofre com rápido carregamento. Um excelente exemplo disso é a estabilidade de taludes de barragens de terra após rápido esvaziamento do reservatório. A resistência ao cisalhamento não adensado e não drenado de argilas pode ser utilizada para avaliar a estabilidade ao fim da construção de solos coesivos saturados, com a hipótese de que a carga imposta pela construção foi aplicada rapidamente e houve pouco tempo para a drenagem ocorrer. A resistência das fundações em argilas moles saturadas e a estabilidade da base dos aterros sobre argilas moles são exemplos desta condição.

Problemas

12.1 Os seguintes dados são fornecidos para um ensaio de cisalhamento direto executado por areia seca siltosa:

- Dimensões de corpo de prova: (diâmetro) 71 mm × 25 mm (altura)
- Tensão normal: 150 kN/m^2
- Força de cisalhamento no momento da ruptura: 276 N

a. Determine o ângulo de atrito, ϕ'

b. Para o ensaio normal de 200 kN/m^2, qual é a força de cisalhamento necessária para causar a ruptura?

12.2 Considere o corpo de prova no Problema 12.1.

a. Se um ensaio de cisalhamento direto fosse conduzido com uma força normal de 675 N, quais seriam as principais tensões na ruptura?

b. Qual seria a inclinação do maior plano principal com o horizontal?

12.3 Para um corpo de prova de areia seca em uma caixa de ensaio de cisalhamento direto, é fornecido:

- Tamanho do corpo de prova: 71 mm × 71 mm × 31,7 mm (altura)
- Ângulo de atrito: 41°
- Tensão normal: 152 kN/m^2

Determine a força de cisalhamento necessária para provocar a ruptura.

12.4 Durante um programa de exploração de subsolo, amostras de argila siltosa normalmente adensadas indeformadas foram coletadas em tubos Shelby na locação *A*, como indicado na Figura 12.54.

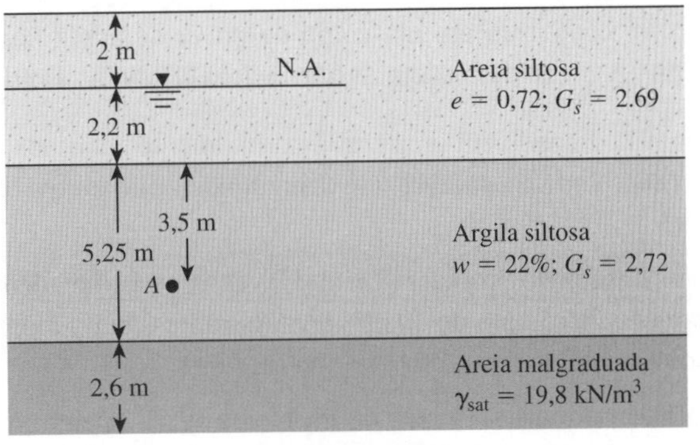

Figura 12.54

Abaixo estão os resultados de quatro ensaios de cisalhamento diretos drenados conduzidos nos corpos de prova de argila, cada um com um diâmetro de 63,5 mm e altura de 32 mm.

Ensaio Nº	Força normal (N)	Força de cisalhamento na ruptura (N)
1	84	28,9
2	168	59,6
3	254	89,1
4	360	125,3

a. Determine o ângulo drenado de atrito para o solo de argila siltosa.

b. Determine a resistência de cisalhamento da argila no campo, na locação *A*.

12.5 Considere a Figura 12.54. São necessários parâmetros de resistência ao cisalhamento para projetar uma fundação posicionada a uma profundidade de 2 m na camada de areia siltosa. Solos coletados dessa areia foram compactados no molde de cisalhamento direto (diâmetro = 63,5 mm) com o mesmo peso específico seco do campo e sujeitos a quatro ensaios de cisalhamento diretos. Os resultados são os seguintes:

Ensaio Nº	Força normal (N)	Força de cisalhamento na ruptura (N)
1	200	105
2	400	205
3	800	414
4	1600	830

a. Determine o parâmetro de resistência ao cisalhamento, ϕ', para o solo.

b. Determine a resistência ao cisalhamento no fundo da camada de areia siltosa.

12.6 Considere o solo siltoso do Problema 12.4. Se um ensaio triaxial adensado drenado for conduzido no mesmo solo, com uma pressão de confinamento de câmara de 105 kN/m^2, qual seria a tensão desviadora na ruptura?

12.7 Considere o Problema 12.6. Além do ensaio triaxial, foi conduzido um ensaio de compressão não confinada em um corpo de prova indeformado do mesmo solo. Descobriu-se que a resistência compressiva era de 95 kN/m^2, determine a poropressão da água na ruptura para o corpo de prova não confinado.

12.8 Considere o ensaio triaxial no corpo de prova de argila siltosa do Problema 12.6.

a. Qual é a inclinação do plano de ruptura com o plano principal maior?

b. Determine as tensões normais e de cisalhamento no plano inclinado a 30°, com o plano principal maior em ruptura. Além disso, explique por que o corpo de prova não se rompeu ao longo desse plano.

12.9 A relação entre a densidade relativa, D_r, e o ângulo de atrito, ϕ', de uma areia pode ser dada por $\phi' = 28 + 0{,}18D_r$ (D_r em %). Um ensaio triaxial drenado foi realizado com a mesma areia sob pressão de confinamento de 250 kN/m^2. O corpo de prova de areia foi preparado a uma densidade relativa de 88%. Calcule a tensão principal maior no momento da ruptura.

12.10 Um ensaio triaxial drenado foi conduzido em um corpo de prova de argila normalmente adensada, com pressão de confinamento de 145 kN/m^2. A tensão desviadora na ruptura foi 198 kN/m^2. Determine o ângulo de atrito do solo, ϕ'.

12.11 Em um ensaio triaxial adensado drenado em uma argila normalmente adensada, o corpo de prova se rompeu com uma tensão desviadora de 186 kN/m^2. Se sabe-se que o ângulo de atrito efetivo é 23°, qual era a pressão de confinamento efetiva na ruptura?

12.12 Considere o corpo de prova de argila do Problema 12.11. Um ensaio triaxial adensado não drenado foi realizado na mesma argila, com uma pressão de câmara de 70 kN/m^2. A poropressão no momento da ruptura foi $(\Delta u_d)_f = 28{,}9$ kN/m^2. Qual seria a tensão principal maior efetiva, σ'_1, na ruptura?

12.13 Considere o ensaio triaxial adensado não drenado do Problema 12.12. Determine o parâmetro de poropressão de Skempton, $\bar{A}_f$.

12.14 Abaixo estão os resultados de ensaios triaxiais adensados não drenados em solos indeformados, coletados no campo de uma camada de argila saturada com 4 m de espessura (γ_{sat} = 20,7 kN/m^3).

Ensaio Nº	Pressão da câmara, σ_3 (kN/m^2)	Tensão desviadora, $(\Delta\sigma_d)_f$ (kN/m^2)	Poropressão na ruptura $(\Delta u_d)_f$ (kN/m^2)
1	75	166	–11
2	150	295	–52
3	250	410	–80

a. Estime graficamente os parâmetros de resistência ao cisalhamento de Mohr-Coulomb, c' e ϕ'.

b. Calcule a resistência ao cisalhamento no meio da camada de argila.

12.15 Um ensaio triaxial adensado drenado foi conduzido em uma argila normalmente adensada com pressão de câmara de σ_3 = 241 kN/m^2. A tensão desviadora na ruptura, $(\Delta\sigma_d)_f$ = 289,5 kN/m^2.

a. Determine o ângulo de atrito, ϕ'.

b. Determine o ângulo θ que o plano de ruptura forma com o plano principal maior.

c. Calcule a tensão normal, σ'_f, e a tensão de cisalhamento, τ_f, no plano de ruptura.

12.16 Os resultados de dois ensaios triaxiais adensados drenados em uma areia argilosa são dados a seguir:

Corpo de prova	Pressão da câmara, σ_3 (kN/m²)	Tensão desviadora, $(\sigma_1 - \sigma_3)_f$ (kN/m²)
I	70	155
II	140	265

Calcule os parâmetros de resistência ao cisalhamento do solo.

12.17 Considere os ensaios triaxiais do Problema 12.16.

a. Quais são as tensões normais e de cisalhamento em um plano inclinado a 33° do plano principal maior para o Corpo de Prova I?

b. Quais são as tensões normais e de cisalhamento no plano de ruptura para o Corpo de Prova II?

12.18 Uma amostra de argila foi adensada em um ensaio triaxial sob uma pressão de confinamento de 103 kN/m². A amostra foi, então, carregada para romper na condição não drenada através de uma aplicação de tensão axial adicional de 151,7 kN/m². Um sensor de poropressão da água registrou um excesso de poropressão de $(\Delta u_d)_f = -62$ kN/m² na ruptura. Determine os ângulos de atrito não drenados e drenados para o solo.

12.19 A resistência ao cisalhamento de uma argila normalmente adensada pode ser dada pela equação $\tau_f = \sigma'\text{tg } 21°$. Os resultados de um ensaio adensado não drenado na argila são:

Pressão de confinamento na câmara = 225 kN/m²

Tensão desviadora na ruptura = 112 kN/m²

Determine:

a. O ângulo de atrito adensado não drenado (tensão total).

b. A poropressão desenvolvida no corpo de prova na ruptura.

12.20 Se um ensaio adensado drenado é conduzido no corpo de prova de argila do Problema 12.19 com a mesma pressão de confinamento de câmara de 225 kN/m², qual seria a tensão desviadora na ruptura?

12.21 Um ensaio triaxial adensado não drenado foi conduzido em uma areia compacta com pressão de confinamento da câmara de 96 kN/m². Os resultados mostraram que $\phi' = 27°$ e $\phi = 33°$. Determine a tensão desviadora e a poropressão da água no momento da ruptura. Se a areia fosse fofa, qual seria o comportamento esperado? Explique.

12.22 Corpos de prova indeformados de uma camada de argila normalmente adensada foram coletados durante uma exploração de subsolo. Os ensaios triaxiais drenados mostraram que o ângulo de atrito efetivo era $\phi' = 25°$. Descobriu-se que resistência à compressão não confinada, q_u, de um corpo de prova similar era 133 kN/m². Encontre a poropressão na ruptura para o ensaio de compressão não confinada.

12.23 Uma camada de argila normalmente adensada com 150 m de espessura é indicada na Figura 12.55. O limite de liquidez e o limite de plasticidade do solo são 39 e 20, respectivamente.

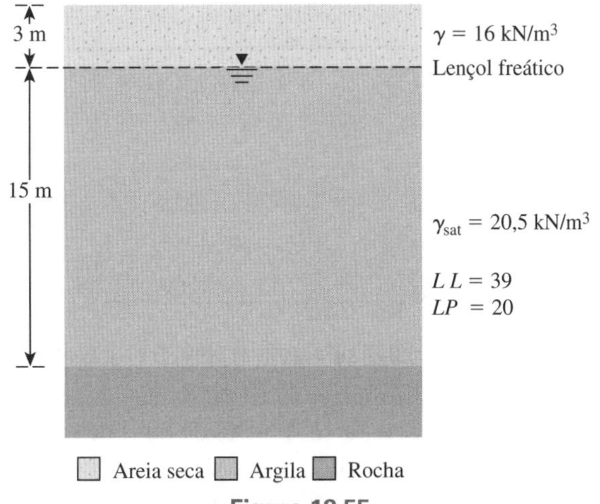

Figura 12.55

a. Utilizando a Eq. (12.46), fornecida por Skempton (1957), calcule a coesão não drenada a uma profundidade de 11 m abaixo da superfície do solo como se obtida pela condução de um ensaio de cisalhamento de palheta.

b. Utilizando o fator de correção de Bjerrum (1974) [Eqs. (12.61) e (12.62)], estime o valor de projeto da resistência ao cisalhamento não drenada determinada na Parte a.

c. Se a argila tem potencial de se tornar sobreadensada até um OCR = 3,0, devido a futuras atividades de melhoria do terreno, qual seria a nova coesão não drenada? Utilize a Eq. (12.47), dada por Ladd et al. (1977).

12.24 Considere o solo argiloso da Figura 12.55. Se o teor de umidade natural é 28%, estime a resistência ao cisalhamento não drenada da argila amolgada, usando as relações fornecidas na Tabela 12.5 por:

a. Leroueil et al. (1983)

b. Terzaghi et al. (1996)

Problema de pensamento crítico

12.C.1 Neste capítulo, você aprendeu diferentes tipos de ensaios triaxiais. Durante um ensaio triaxial, os sucessivos estados de tensão vivenciados pelo corpo de prova do solo podem ser representados por diagramas chamados de trajetórias de tensão. Schofield e Wroth (1968) definiram os estados de tensão em termos de p' (significando tensão normal efetiva) e q (tensão desviadora), como segue:

$$p' = \frac{1}{3}(\sigma_1' + \sigma_2' + \sigma_3') = \frac{1}{3}(\sigma_1' + 2\sigma_3'), \quad \text{(observação: } \sigma_2' = \sigma_3' \text{ para ensaios triaxiais)}$$

$$q = \sigma_1 - \sigma_3$$

Uma trajetória de tensão é uma linha que junta cada estado progressivo de tensão traçado em um gráfico $p' - q$, como indicado na Figura 12.56. Um elemento de solo no campo pode passar por diversas trajetórias de tensão durante o ciclo de vida de uma estrutura geotécnica. Por vezes, é possível simular as condições de campo utilizando um ensaio avançado de trajetória de tensão triaxial, no qual as pressões axiais e de confinamento são variadas e controladas independentemente, de forma a alcançar uma trajetória de tensão desejada no espaço $p' - q$. Desta forma, o comportamento do solo pode ser previsto sob condições mais realistas de carregamento de campo. Neste problema, aprenderemos como as trajetórias de tensão são construídas em ensaios triaxiais adensados drenados.

Tarefa 1: Estabeleça a linha de ruptura no espaço $p' - q$

A seguinte tabela exibe os resultados de uma série de ensaios triaxiais adensados-drenados em um solo granular de densidade média. Trace as trajetórias de tensão para cada ensaio no espaço $p' - q$. Além disso, estabeleça a linha de ruptura que passa pela origem e conecte os pontos de ruptura ($p_f' - q_f$).

Ensaios triaxiais adensados-drenados	
σ_3 (kN/m²)	$(\Delta\sigma_d)_f$ (kN/m²)
150	527
275	965
350	1225
450	1580
510	1800

Tarefa 2: Carregamento do corpo de prova por uma trajetória de tensão específica

Um corpo de prova de solo é carregado ao longo da trajetória de tensão O (0, 0), P (250, 0) e A (675, 1000) sob condições drenadas, a fim de alcançar o ponto A, perto da linha de ruptura estabelecida na Tarefa 1 (Figura 12.56). Determine as combinações de tensões de pressão de confinamento e tensões desviadoras aplicadas no corpo de prova triaxial em O, P e A para seguir a trajetória de tensão O-P-A.

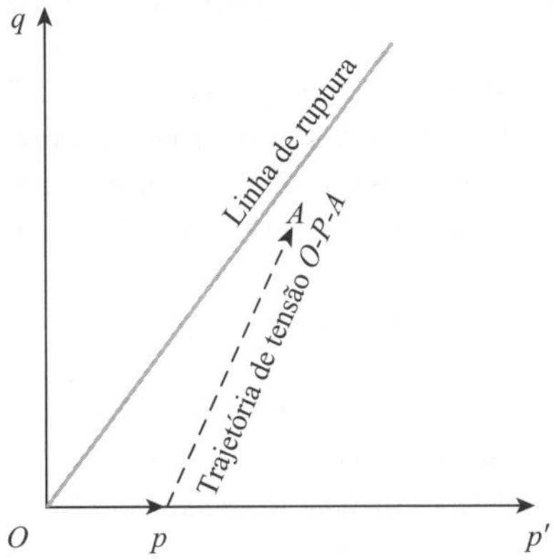

Figura 12.56

Referências bibliográficas

ACAR, Y. B.; DURGUNOGLU, H. T.; TUMAY, M. T. Interface Properties of Sand, *Journal of the Geotechnical Engineering Division*, ASCE, v. 108, n. GT4, p. 648-654, 1982.

AMERICAN SOCIETY FOR TESTING AND MATERIALS *Annual Book of ASTM Standards*, v. 04.08, West Conshohocken, Pa, 2010.

BISHOP, A. W.; BJERRUM, L. The Relevance of the Triaxial Test to the Solution of Stability Problems, *Proceedings*, Research Conference on Shear Strength of Cohesive Soils, ASCE, p. 437-501, 1960.

BJERRUM, L. Problems of Soil Mechanics and Construction on Soft Clays, Norwegian Geotechnical Institute, *Publication* n. 110, Oslo, 1974.

BJERRUM, L.; SIMONS, N. E. Compression of Shear Strength Characteristics of Normally Consolidated Claly, *Proceedings*, Research Conference on Shear Strength of Cohesive Soils, ASCE. p. 711-726, 1960.

BLACK, D. K.; LEE, K. L. Saturating Laboratory Samples by Back Pressure, *Journal of the Soil Mechanics and Foundations Division*, ASCE, v. 99, n. SM1, p. 75-93, 1973.

BOOKER, E. W.; IRELAND, H.O. Earth Pressure at Rest Related to Stress History, *Canadian Geotechnical Journal*, v. 2, n. 1, p.1-15.

CASAGRANDE, A.; CARRILLO, N. Shear Failure of Anisotropic Materials, in *Contribution to Soil Mechanics 1941-1953*, Boston Society of Civil Engineers, Boston, 1944.

CASAGRANDE, A.; HIRSCHFELD, R. C. Stress Deformation and Strength Characteristics of a Clay Compacted to a Constant Dry Unit Weight, *Proceedings*, Research Conference on Shear Strength of Cohesive Soils, ASCE, p.359–417,1960.

CHANDLER, R. J. The *in situ* Measurement of the Undrained Shear Strength of Clays Using the Field Vane, STP 1014, *Vane Shear Strength* Testing in Soils: Field and Laboratory Studies, ASTM, p.13–44, 1988

COULOMB, C. A. Essai sur une application des regles de Maximums et Minimis á quelques Problèmes de Statique, relatifs á l'Architecture, *Memoires de Mathematique et de Physique*, Présentés, á l'Academie Royale des Sciences, Paris, v. p. 3, 38, 1776.

HIRATA, S.; Yao, S.; NISHIDA, K. Multiple Regression Analysis between the Mechanical and Physical Properties of Cohesive Soils, *Soils and Foundations*, v. 30, n. 3, p. 91-108, 1990.

JAMIOLKOSWSKI, M. et al. New Developments in Field and Laboratory Testing of Soils, *Proceedings*, XIth International Conference on Soil Mechanics and Foundation Engineering, San Francisco, v. 1, p. 57- 153, 1985.

KENNEY, T. C. Discussion, *Proceedings*, ASCE, v. 85, n. SM3, p.67–79, 1959

LADD, C. C. et al. Deformation and Strength Characteristics, *Proceedings*, 9th International Conference on Soil Mechanics and Foundation Engineering, Tóquio, v. 2, p. 421-494, 1977.

LEROUEIL, S.; TAVENAS, F., LEBIHAN, J. P. Propriétés Caractéristiques des Argyles de l'est du Canada, *Canadian Geotechnical Journal*, v. 20, n. 4, p. 681-705, 1983.

LOH, A. K.; HOLT, R. T. Directional Variation in Undrained Shear Strength and Fabric of Winnepeg Upper Brown Clay, *Canadian Geotechnical Journal*, v. 11, n. 3, p. 430-437, 1974.

MOHR, O. Welche Umstände Bedingen die Elastizitätsgrenze und den Bruch eines Materiales?, *Zeitschrift des Vereines Deutscher Ingenieure*, v. 44, p. 1524-1530, p. 1572-1577, 1900.

MORRIS, P. M.; WILLIAMS, D. J. Effective Stress Vane Shear Strength Correction Factor Correlations, *Canadian Geotechnical Journal*, v. 31, n. 3, p. 335-342, 1994.

O'KELLY, B. C. Atterberg Limit and Remolded Shear Strength—Water Content Relationship, *Geotechnical Testing Journal*, ASTM, v. 36, n. 6, p. 939-947, 2013.

ROSENQVIST, I. TH. Considerations on the Sensitivity of Norwegian Quick Clays, *Geotechnique*, v. 3, n. 5, p. 195-200, 1953.

SCHOFIELD, A; WROTH, P. *The Critical State Soil Mechanics*, Nova York: McGraw-Hill, Inc., 1968.

SIMONS, N. E. The Effect of Overconsolidation on the Shear Strength Characteristics of an Undisturbed Oslo Clay, *Proceedings*, Research Conference on Shear Strength of Cohesive Soils, ASCE, p. 747-763, 1960.

SKEMPTON, A. W. The Pore Water Coefficients A and B, *Geotechnique*, v. 4, p. 143-147, 1954.

___________. Discussion: The Planning and Design of New Hong Kong Airport, *Proceedings*, Institute of Civil Engineers, London, v. 7, p. 305-307, 1957.

___________. Long-Term Stability of Clay Slopes, *Geotechnique*, v. 14, p. 77, 1964.

SORENSEN, K. K.; OKKELS, N. Correlation between Drained Shear Strength and Plasticity Index of Undisturbed Overconsolidated Clays, *Proceedings, 18th International Conference on Soil Mechanics and Geotechnical Engineering*, Paris, Presses des Ponts, v. 1, p. 423-428, 2013.

TERZAGHI, K.; PECK, R. B.; MESRI, G. *Soil Mechanics in Engineering Practice*, 3rd Ed., Nova York: Wiley, 1996.

U.S. NAVY. *Soil Mechanics—Design Manual 7.1*, Department of the Navy, Naval Facilities Engineering Command, U.S. Government Printing Office, Washington, D.C, 1986.

YANG, S. L. et al. Parameter Studies of Sediments in the Storegga Slide Region, *Geo-Marine Letters*, v. 26, v. 4, p. 213-223, 2006.

CAPÍTULO 13

Empuxo lateral de terra: em repouso, Rankine e Coulomb

13.1 Introdução

As estruturas de contenção, como muros de arrimo, paredes de subsolos e cortinas, são comumente encontradas na engenharia de fundações, já que suportam taludes de massas de terra. O planejamento e a construção dessas estruturas exigem um conhecimento amplo sobre forças laterais que atuam entre as estruturas de contenção e as massas de solo contidas. Essas forças laterais são provocadas pelo empuxo lateral da terra. A magnitude e a distribuição do empuxo lateral de terra dependem de muitos fatores, como os parâmetros de resistência ao cisalhamento do solo retido, a inclinação da superfície do aterro, a altura e a inclinação do muro de arrimo na interface muro-aterro, a natureza do movimento do muro sob o empuxo lateral e a adesão do ângulo de atrito na interface parede-aterro. Este capítulo é dedicado ao estudo de diversas teorias de empuxo de terra e à influência dos parâmetros citados acima na magnitude do empuxo lateral de terra.

13.2 Empuxos em repouso, ativo e passivo

Considere a massa de solo indicado na Figura 13.1a. A massa é delimitada por um *muro sem atrito* de altura *AB*. O elemento de solo localizado a uma profundidade z está sujeito a uma pressão efetiva vertical σ'_o, e uma pressão efetiva horizontal ou tensão de empuxo horizontal, σ'_h. Não existe tensão de cisalhamento nos planos vertical e horizontal do elemento de solo. Consideremos a razão entre σ'_h a σ'_o como uma quantidade adimensional K, ou

$$K = \frac{\sigma'_h}{\sigma'_o} \tag{13.1}$$

Agora, são descritos três casos possíveis que podem surgir com relação ao muro de arrimo:

Caso 1 Se o muro *AB* for estático, ou seja, se ele não se movimentar nem para direita nem para esquerda de sua posição inicial, a massa de solo apresentará um estado de *equilíbrio estático*. Neste caso, σ'_h é chamado *empuxo* de *terra em repouso*, ou

$$K = K_o = \frac{\sigma'_h}{\sigma'_o} \tag{13.2}$$

onde K_o = coeficiente de empuxo de terra em repouso.

Caso 2 Se o muro sem atrito rotacionar suficientemente sobre a base para uma posição de *A′B* (Figura 13.1b), uma massa de solo triangular *ABC′* adjacente ao muro atingirá um estado de *equilíbrio plástico* e se romperá deslizando para baixo sobre o plano *BC′*. Neste momento, a tensão efetiva horizontal, $\sigma'_h = \sigma'_a$, será referida como *empuxo ativo*. Agora,

$$K = K_a = \frac{\sigma'_h}{\sigma'_o} = \frac{\sigma'_a}{\sigma'_o} \tag{13.3}$$

onde K_a = coeficiente de empuxo ativo de terra.

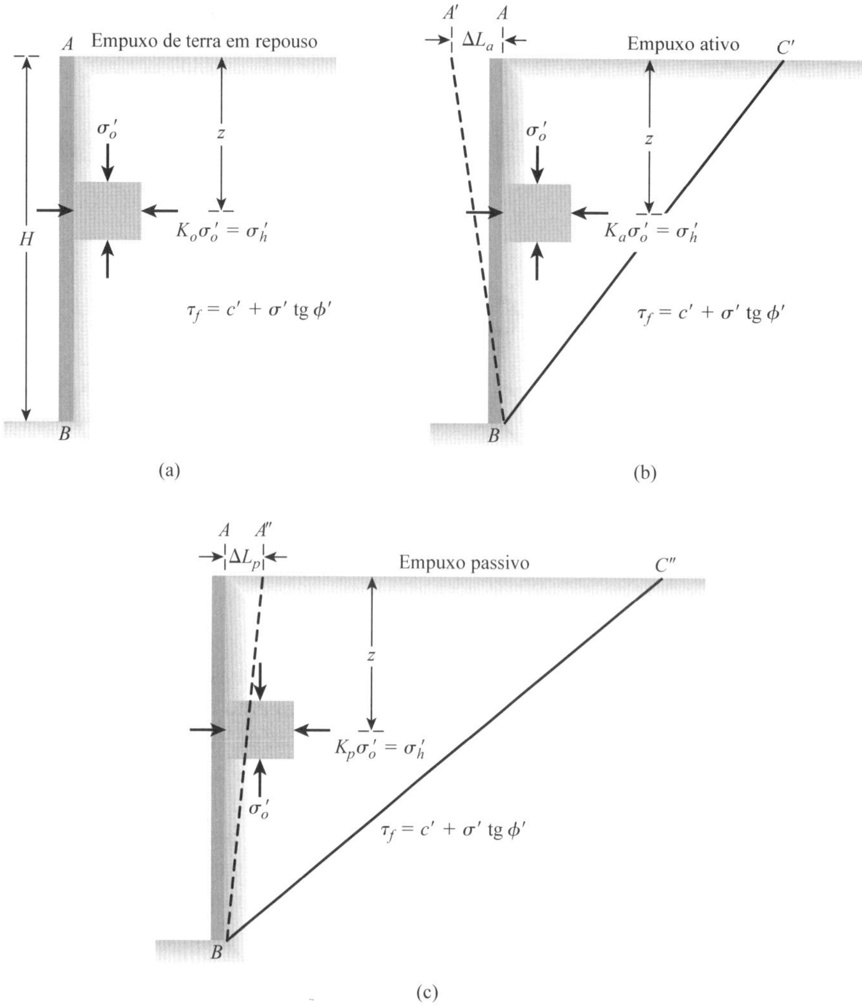

Figura 13.1 Definição de empuxos em repouso, ativo e passivo. (*Observação*: A parede *AB* é sem atrito.)

Caso 3 Se o muro sem atrito rotacionar suficientemente sobre a base a uma posição de $A''B$ (Figura 13.1c), uma massa de solo triangular ABC'' alcançará um estado de *equilíbrio plástico* e se romperá deslizando para baixo sobre o plano BC''. Nesse momento, a tensão efetiva horizontal será $\sigma'_h = \sigma'_p$, o chamado *empuxo passivo*. Nesse caso,

$$K = K_p = \frac{\sigma'_h}{\sigma'_o} = \frac{\sigma'_p}{\sigma'_o} \tag{13.4}$$

onde K_p = coeficiente de empuxo passivo de terra

A Figura 13.2 exibe a natureza da variação do empuxo lateral de terra com a inclinação do muro. Os valores típicos de $\Delta L_a/H$ ($\Delta L_a = A'A$ na Figura 13.1b) e $\Delta L_p/H$ ($\Delta L_p = A''A$ na Figura 13.1c) para alcançar os estados ativo e passivo em diversos solos são proporcionados na Tabela 13.1.

Tabela 13.1 Valores típicos de $\Delta L_a/H$ e $\Delta L_p/H$

Tipo de solo	$\Delta L_a/H$	$\Delta L_p/H$
Areia fofa	0,001-0,002	0,01
Areia compacta	0,0005-0,001	0,005
Argila fofa	0,02	0,04
Argila rígida	0,01	0,02

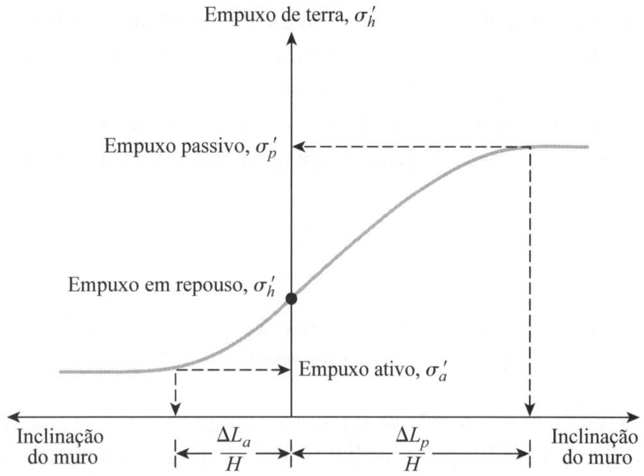

Figura 13.2 Variação da magnitude do empuxo lateral de terra com a inclinação do muro.

EMPUXO LATERAL DE TERRA EM REPOUSO

13.3 Empuxo de terra em repouso

O conceito fundamental do empuxo de terra em repouso foi discutido na seção anterior. Para definir o coeficiente de empuxo de terra K_o em repouso, consultamos a Figura 13.3, que mostra uma parede AB retendo um solo seco com peso específico de γ. A parede é estática. A uma profundidade z,

$$\text{Tensão efetiva vertical} = \sigma_o' = \gamma z$$
$$\text{Tensão efetiva horizontal} = \sigma_h' = K_o \gamma z$$

Portanto,

$$K_o = \frac{\sigma_h'}{\sigma_o'} = \text{coeficiente de empuxo de terra em repouso}$$

Para solos granulares grossos, o coeficiente de empuxo de terra em repouso pode ser estimado usando a relação empírica (Jacky, 1944)

$$K_o = 1 - \text{sen}\,\phi' \tag{13.5}$$

onde ϕ' = ângulo de atrito drenado.

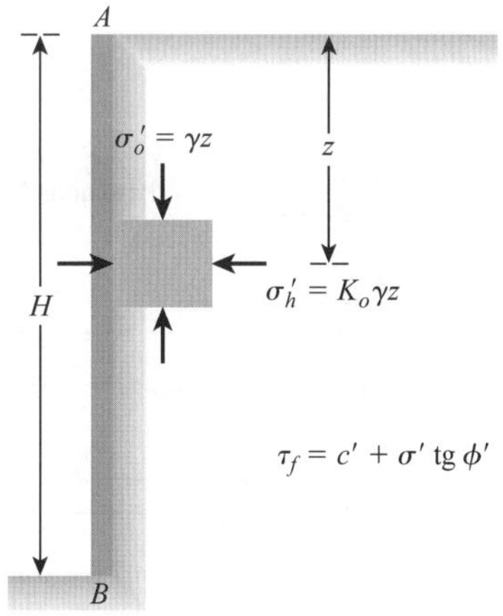

Figura 13.3 Empuxo de terra em repouso.

Quando se projeta uma parede que pode estar sujeita ao empuxo lateral de terra em repouso, deve-se tomar cuidado ao avaliar o valor de K_o. Sherif, Fang e Sherif (1984), com base em ensaios laboratoriais, indicaram que a equação de Jaky para K_o [Eq. (13.5)] proporciona bons resultados quando o aterro é de areia fofa. No entanto, para um aterro de areia densa e compacta, a Eq. (13.5) pode subestimar excessivamente o empuxo lateral de terra em repouso. Esses resultados abaixo do normal ocorrem em razão do processo de compactação do aterro. Por essa razão, eles recomendam a relação de projeto

$$K_o = (1 - \operatorname{sen}\phi) + \left[\frac{\gamma_d}{\gamma_{d(\text{mín})}} - 1\right]5,5 \tag{13.6}$$

onde γ_d = peso específico real, compactado e seco da areia atrás do muro

$\gamma_{d(\text{mín})}$ = peso específico seco da areia no estado mais fofo (Capítulo 3)

O aumento de K_o observado da Eq. (13.6) comparada à Eq. (13.5) é em razão de sobreadensamento. Por essa razão, Mayne e Kulhawy (1982), após a avaliação de 171 solos, recomendaram uma modificação para a Eq. (13.5). Ou

$$K_o = (1 - \operatorname{sen}\phi')(OCR)^{\operatorname{sen}\phi'} \tag{13.7}$$

onde

$$OCR = \text{razão de sobreadensamento} = \frac{\text{pressão de pré-adensamento, } \sigma'_c}{\text{pressão de sobrecarga efetiva atual, } \sigma'_o}$$

A Eq. (13.7) é válida para solos que variam de argila a pedregulhos.

Para solos granulares finos normalmente adensados, Massarsch (1979) sugeriu a seguinte equação para K_o:

$$K_o = 0,44 + 0,42\left[\frac{IP(\%)}{100}\right] \tag{13.8}$$

Para argilas sobreadensadas, o coeficiente de empuxo de terra em repouso pode ser aproximado como

$$K_{o(\text{sobreadensado})} = K_{o(\text{normalmente adensado})}\sqrt{OCR} \tag{13.9}$$

A Figura 13.4 exibe a distribuição do empuxo lateral de terra em repouso na parede de altura H que retém um solo seco com peso específico de γ. A força total por comprimento específico da parede, P_o, é igual à área do diagrama de empuxo, então

$$P_o = \frac{1}{2}K_o\gamma H^2 \tag{13.10}$$

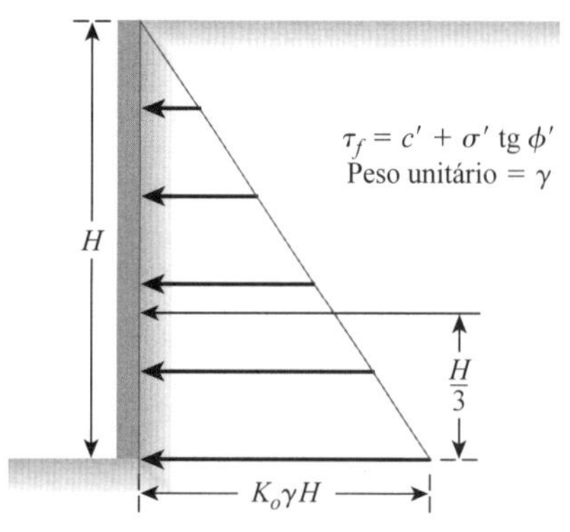

Figura 13.4 Distribuição de empuxo lateral de terra em repouso no muro.

13.4 Empuxo de terra em repouso para solo parcialmente submerso

A Figura 13.5a mostra um muro de altura H. O lençol freático está localizado a uma profundidade H_1 abaixo da superfície do solo e não há compensação de água do outro lado do muro. Para $z \leq H_1$, o empuxo lateral de terra em repouso pode ser obtido por $\sigma_h' = K_o\gamma z$. A variação de σ_h' com profundidade é indicada pelo triângulo ACE na Figura 13.5a. No entanto, para $z \geq H_1$ (ou seja, abaixo do lençol freático), a tensão no muro é determinada a partir dos componentes de tensão efetiva e de poropressão por meio da equação

$$\text{pressão vertical efetiva} = \sigma_o' = \gamma H_1 + \gamma'(z - H_1) \tag{13.11}$$

onde $\gamma' = \gamma_{sat} - \gamma_w$ = peso específico efetivo de solo. Então, o empuxo lateral efetivo em repouso é

$$\sigma_h' = K_o\sigma_o' = K_o[\gamma H_1 + \gamma'(z - H_1)] \tag{13.12}$$

A variação de σ_h' com profundidade é indicada por $CEGB$ na Figura 13.5a. Novamente, a pressão lateral da poropressão é

$$u = \gamma_w(z - H_1) \tag{13.13}$$

A variação da profundidade de u é indicada na Figura 13.5b.

Portanto, o empuxo lateral total da terra e água em qualquer profundidade $z \geq H_1$ é igual a

$$\begin{aligned}\sigma_h &= \sigma_h' + u \\ &= K_o[\gamma H_1 + \gamma'(z - H_1)] + \gamma_w(z - H_1)\end{aligned} \tag{13.14}$$

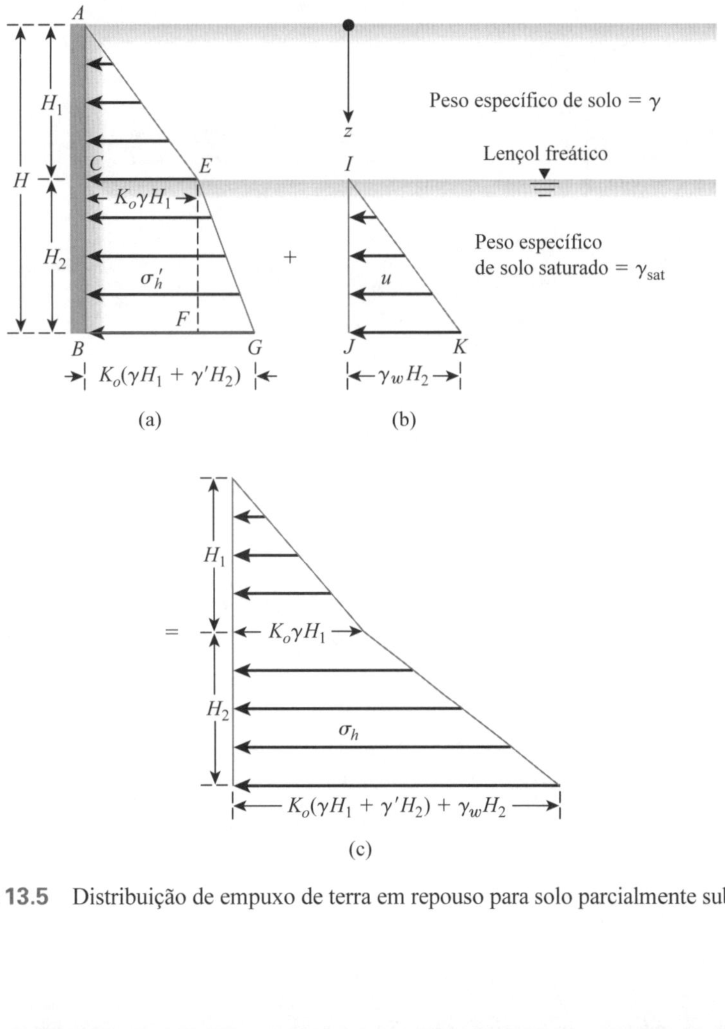

Figura 13.5 Distribuição de empuxo de terra em repouso para solo parcialmente submerso.

A força por comprimento específico do muro pode ser encontrada a partir da soma das áreas dos diagramas de empuxo nas Figuras 13.5a e 13.5b e é igual à Figura 13.5c.

$$P_o = \underbrace{\tfrac{1}{2}K_o\gamma H_1^2}_{\substack{\text{Área}\\ ACE}} + \underbrace{K_o\gamma H_1 H_2}_{\substack{\text{Área}\\ CEFB}} + \underbrace{\tfrac{1}{2}(K_o\gamma' + \gamma_w)H_2^2}_{\substack{\text{Áreas}\\ EFG \text{ e } IJK}} \tag{13.15}$$

Exemplo 13.1

A Figura 13.6a mostra um muro de arrimo de 4,5 m de altura, que está impedido de movimentar-se. Calcule o empuxo lateral P_o por comprimento específico do muro. Além disso, determine o local do empuxo resultante. Suponha que, para areia, $OCR = 1,5$.

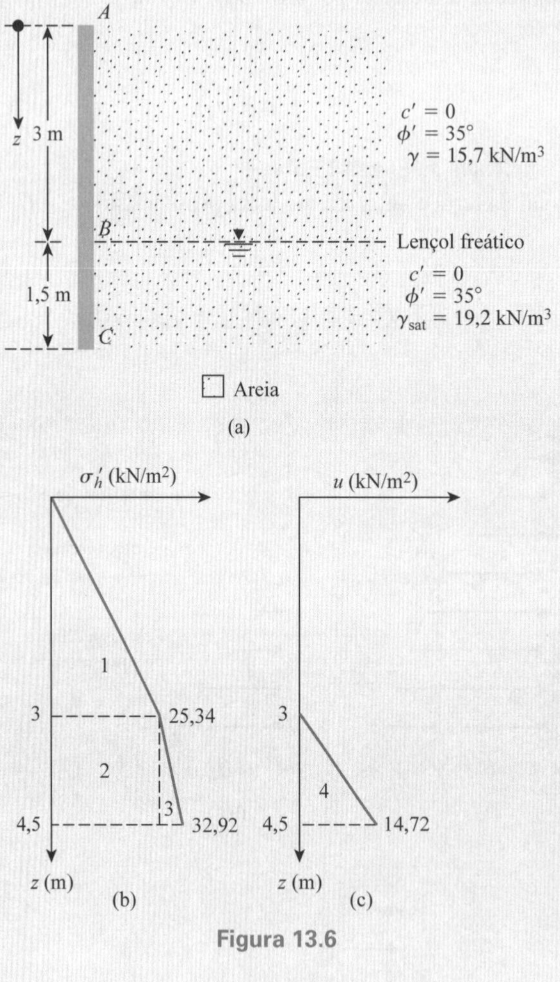

Figura 13.6

Solução

$$K_o = (1 - \text{sen}\,\phi')(OCR)^{\text{sen}\,\phi'}$$
$$= (1 - \text{sen}\,35)(1,5)^{\text{sen}\,35} = 0,538$$

Para $z = 0$: $\sigma'_o = 0;\ \sigma'_h = 0;\quad u = 0$

Para $z = 3$ m: $\sigma'_o = (3)(15,7) = 47,1 \text{ kN/m}^2$

$$\sigma'_h = K_o\sigma'_o = (0,538)(47,1) = 25,34 \text{ kN/m}^2$$

$$u = 0$$

$$\text{Para } z = 4{,}5 \text{ m:} \quad \sigma'_o = (3)(15{,}7) + (1{,}5)(19{,}2 - 9{,}81) = 61{,}19 \text{ kN/m}^2$$

$$\sigma'_h = K_o\sigma'_o = (0{,}538)(61{,}19) = 39{,}92 \text{ kN/m}^2$$

$$u = (1{,}5)(\gamma_w) = (1{,}5)(9{,}81) = 14{,}72 \text{ kN/m}^2$$

As variações de σ'_h e u com profundidade são indicadas nas figuras 13.6b e 13.6c.

$$\text{Empuxo lateral } P_o = \text{Área 1} + \text{Área 2} + \text{Área 3} + \text{Área 4}$$

ou

$$P_o = \left(\frac{1}{2}\right)(3)\,(25{,}34) + (1{,}5)\,(25{,}34) + \left(\frac{1}{2}\right)(1{,}5)\,(7{,}58) + \left(\frac{1}{2}\right)(1{,}5)\,(14{,}72)$$

$$= 38{,}01 + 38{,}01 + 5.685 + 11{,}04 = 92{,}75 \text{ kN/m}$$

O local resultante, medido da parte inferior do muro, é

$$\bar{z} = \frac{\Sigma \text{ momento do diagrama de empuxo perto de } C}{P_o}$$

ou

$$\bar{z} = \frac{(38{,}01)\left(1{,}5 + \dfrac{3}{3}\right) + (38{,}01\left(\dfrac{1{,}5}{2}\right) + (5.685)\left(\dfrac{1{,}5}{3}\right) + (11{,}04)\left(\dfrac{1{,}5}{3}\right)}{92{,}75} = \mathbf{1{,}42\ m}$$

■

Exemplo 13.2

A Figura 13.7a mostra um muro vertical resistente retendo um aterro arenoso sobreposto a uma camada argilosa. Determine a magnitude da força de empuxo resultante em repouso por comprimento específico no muro, P_0.

Solução

Para a areia, $\phi' = 34°$ e OCR = 2. A partir da Eq. (13.7),

$$K_{o(\text{areia})} = (1 - \text{sen}\phi')(OCR)^{\text{sen}\,\phi'} = (1 - \text{sen}34)(2)^{\text{sen}\,34} \approx 0{,}65$$

Para a argila, o $LL = 36$ e o $LP = 14$. Portanto, o $IP = 36 - 14 = 22$. A partir das Eqs. (13.8) e (13.9),

$$K_{o(\text{argila})} = \left\{0{,}44 + 0{,}42\left[\frac{IP(\%)}{100}\right]\right\}(OCR)^{0{,}5} = \left[0{,}44 + (0{,}42)\left(\frac{22}{100}\right)\right](3)^{0{,}5} = 0{,}922$$

Com $z = 0$: $\sigma'_o = 0$

$u = 0$

Com $z = 4$ m(−): $\sigma'_o = 4 \times 18 = 72$ kN/m²

$\sigma'_h = K_{o(\text{areia})}\sigma'_o = (0{,}65)(72) = 46{,}8$ kN/m²

$u = 0$

Com $z = 4$ m(+): $\sigma'_h = K_{o(\text{argila})}\sigma'_o = (0{,}922)(72) = 66{,}38$ kN/m²

$u = 0$

Com $z = 6$ m: $\sigma'_o = (18 \times 4) + (19 - 9{,}81)(2) = 72 + 18{,}38 = 90{,}38$ kN/m²

$\sigma'_h = K_{o(\text{argila})}\sigma'_o = (0{,}922)(90{,}38) = 83{,}33$ kN/m²

$u = 2\gamma_w = (2)(9{,}81) = 19{,}62$ kN/m²

As variações de σ'_h e u com z são indicadas nas Figuras 13.7b e 13.7c, respectivamente. Logo,

$$P_o = \text{Área 1} + \text{Área 2} + \text{Área 3} + \text{Área 4}$$
$$= (\tfrac{1}{2})(4)(46{,}8) + (2)(66{,}38) + (\tfrac{1}{2})(88{,}33 - 66{,}38)(2) + (\tfrac{1}{2})(2)(19{,}62)$$
$$= 93{,}6 + 132{,}76 + 21{,}95 + 19{,}62 = \mathbf{267{,}93\ kN/m}$$

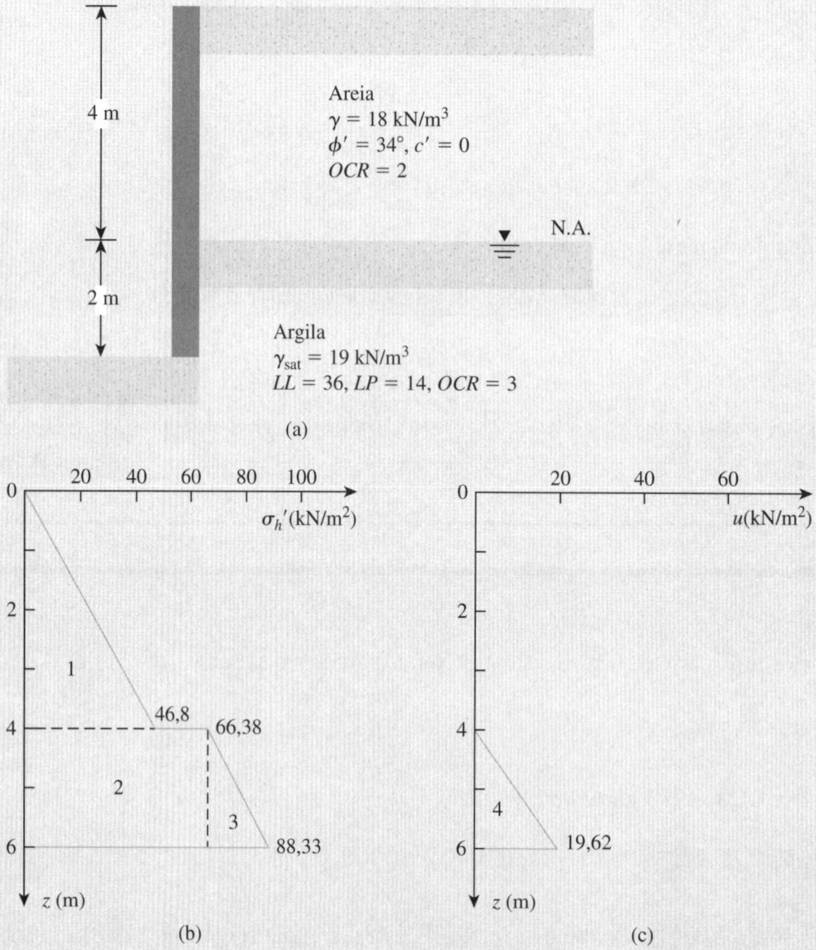

Figura 13.7

■

13.5 Empuxo lateral em muros de contenção estáticos, a partir de sobrecargas - com base na Teoria da Elasticidade

Sobrecarga pontual

As equações para tensões normais dentro de um meio homogêneo, elástico e isotrópico, produzidas a partir de uma carga pontual na superfície, foram fornecidas no Capítulo 10 [Eqs.(10.10), (10.11) e (10.12)].

Passaremos, agora, à Eq. (10.10) para determinar o empuxo lateral em um muro de contenção, causado pela carga pontual concentrada Q, posicionada na superfície do aterro, como indicado na Figura 13.8a. Se a carga Q for posicionada no plano da seção mostrada, podemos substituir $y = 0$ na Eq. (10.10). Também, presumindo que $\mu = 0.5$, podemos expressar

$$\sigma'_h = \frac{Q}{2\pi}\left(\frac{3x^2 z}{L^5}\right) \tag{13.16}$$

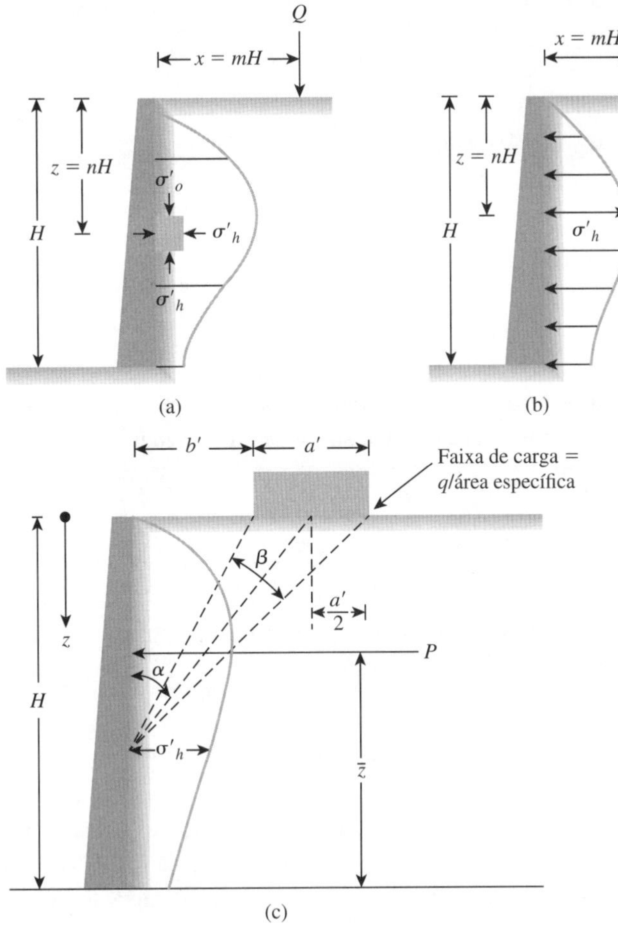

Figura 13.8 Empuxo lateral em um muro de contenção em razão de (a) carga pontual, (b) linha de carga e (c) faixa de carga.

Onde $L = \sqrt{x^2 + z^2}$. Substituindo $x = mH$ e $z = nH$ na Eq. (13.16), temos

$$\sigma'_h = \frac{3Q}{2\pi H^2} \frac{m^2 n}{(m^2 + n^2)^{5/2}} \tag{13.17}$$

A tensão horizontal expressa pela Eq. (13.17) não inclui o efeito restritivo do muro. Essa expressão foi investigada por Gerber (1929) e Spangler (1938) com ensaios em grande escala. Com base nas descobertas experimentais, a Eq. (13.17) foi modificada da maneira que segue para combinar com as reais condições:

Para $m > 0{,}4$,

$$\sigma'_h = \frac{1{,}77Q}{H^2} \frac{m^2 n^2}{(m^2 + n^2)^3} \tag{13.18}$$

Para $m \leq 0{,}4$,

$$\sigma'_h = \frac{0{,}28Q}{H^2} \frac{n^2}{(0{,}16 + n^2)^3} \tag{13.19}$$

Sobrecarga linear

A Figura 13.8b mostra a distribuição de empuxo lateral contra a face oposta vertical do muro, causada por uma sobrecarga linear posicionada paralelamente ao cume. As formas modificadas das equações [similares às Eqs. (13.18) e (13.19), no caso da sobrecarga pontual] para sobrecarga linear são, respectivamente,

$$\sigma'_h = \frac{4q}{\pi H}\frac{m^2 n}{(m^2+n^2)^2} \quad (\text{para } m > 0{,}4) \tag{13.20}$$

e

$$\sigma'_h = \frac{0{,}203q}{H}\frac{n}{(0{,}16+n^2)^2} \quad (\text{para } m \leq 0{,}4) \tag{13.21}$$

onde q = carga por comprimento específico da sobrecarga

Faixa de sobrecarga

A Figura 13.8c mostra uma faixa de sobrecarga com uma intensidade de q por área específica, localizada a uma distância b' de um muro de altura H. Com base na teoria da elasticidade, a tensão horizontal a uma profundidade z em uma estrutura de contenção pode ser expressa como

$$\sigma'_h = \frac{q}{\pi}(\beta - \operatorname{sen}\beta\cos 2\alpha) \tag{13.22}$$

Os ângulos α e β são definidos na Figura 13.8c. Para um comportamento real do solo (a partir do efeito de restrição do muro), a equação anterior pode ser modificada para

$$\sigma'_h = \frac{2q}{\pi}(\beta - \operatorname{sen}\beta\cos 2\alpha) \tag{13.23}$$

A natureza de distribuição de σ'_h com profundidade é indicada na Figura 13.8c. A força P por comprimento específico do muro, causada unicamente pela faixa de carga, pode ser obtida pela integração de σ'_h com os limites de z de 0 a H.

A força total por comprimento específico (P) em razão unicamente da faixa de carregamento (Jarquio, 1981) pode ser expressa como

$$P = \frac{q}{90}[H(\theta_2 - \theta_1)] \tag{13.24}$$

onde

$$\theta_1 = \operatorname{tg}^{-1}\left(\frac{b'}{H}\right)(\text{grau}) \tag{13.25}$$

$$\theta_2 = \operatorname{tg}^{-1}\left(\frac{a'+b'}{H}\right)(\text{grau}) \tag{13.26}$$

A locação $\bar{z}$ (ver Figura 13.8c) da força resultante, P, pode ser expressa como

$$\bar{z} = H - \left[\frac{H^2(\theta_2-\theta_1) + (R-Q) - 57{,}3a'H}{2H(\theta_2-\theta_1)}\right] \tag{13.27}$$

onde

$$R = (a'+b')^2(90-\theta_2) \tag{13.28}$$

$$Q = b'^2(90-\theta_1) \tag{13.29}$$

Exemplo 13.3

Considere o muro de contenção indicado na Figura 13.9a, onde $H = 3$ m. Uma carga linear de 11.67 kN/m é colocada na superfície do solo, paralela ao topo, a uma distância de 1,5 m da face oposta do muro. Determine o aumento de força lateral por comprimento específico do muro, causado pela carga linear. Use a equação modificada dada na Seção 13.5.

Solução

Sabemos que $H = 3$ m, $q = 11{,}67$ kN/m e

$$m = \frac{1{,}5}{3} = 0{,}5 > 0{,}4$$

Portanto, a Eq. (13.20) refere-se a:

$$\sigma'_h = \frac{4q}{\pi H}\,\frac{m^2 n}{(m^2 + n^2)^2}$$

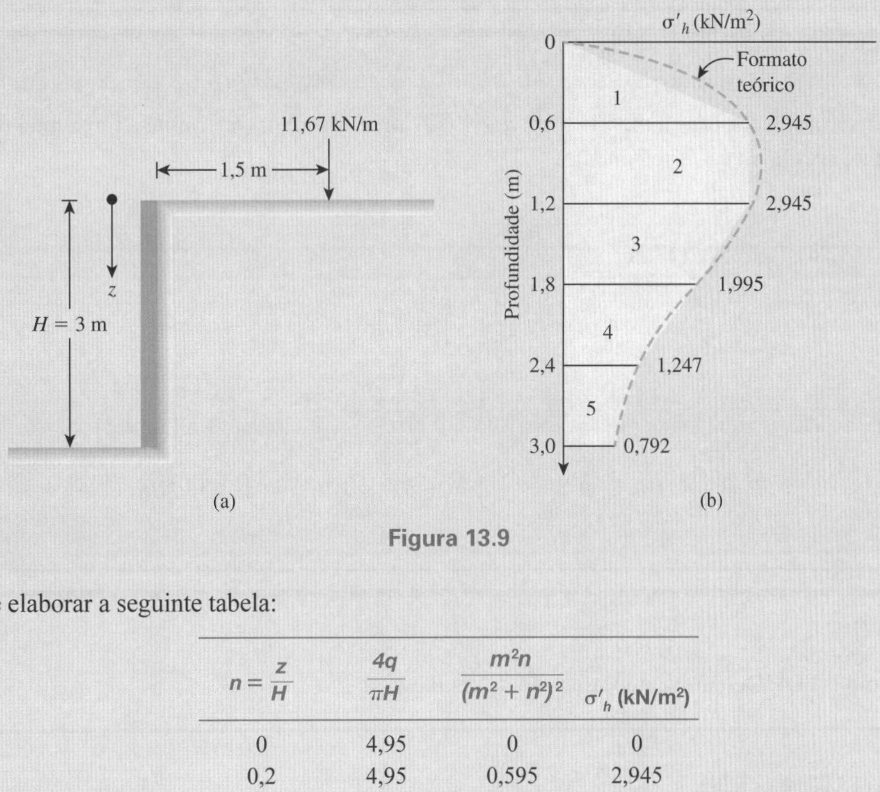

Figura 13.9

Agora, pode-se elaborar a seguinte tabela:

$n = \frac{z}{H}$	$\frac{4q}{\pi H}$	$\frac{m^2 n}{(m^2 + n^2)^2}$	σ'_h (kN/m²)
0	4,95	0	0
0,2	4,95	0,595	2,945
0,4	4,95	0,595	2,945
0,6	4,95	0,403	1,995
0,8	4,95	0,252	1,247
1,0	4,95	0,16	0,792

Considere o diagrama na Figura 13.9b.

Área Nº	Área
1	$\left(\frac{1}{2}\right)(0,6)(2,945) = 0,884$ kN/m
2	$\left(\frac{1}{2}\right)(0,6)(2,945 + 2,945) = 1,767$ kN/m
3	$\left(\frac{1}{2}\right)(0,6)(2,945 + 1,995) = 1,482$ kN/m
4	$\left(\frac{1}{2}\right)(0,6)(1,995 + 1,247) = 0,973$ kN/m
5	$\left(\frac{1}{2}\right)(0,6)(1,247 + 0,792) = 0,612$ kN/m
	Total = 5,718 kN/m **≈ 5,72 kN/m**

■

Exemplo 13.4

Considere a Figura 13.8c. Nela, $a' = 2$ m, $b' = 1$ m, $q = 40$ kN/m² e $H = 6$ m. Determine a força total do muro (kN/m) causada unicamente pela faixa de carregamento.

Solução

A partir das Eqs. (13.24), (13.25) e (13.26),

$$\theta_1 = \text{tg}^{-1}\left(\frac{1}{6}\right) = 9,46°$$

$$\theta_2 = \text{tg}^{-1}\left(\frac{2+1}{6}\right) = 26,57°$$

$$P = \frac{q}{90}[H(\theta_2 - \theta_1)] = \frac{40}{90}[6(26,57 - 9,46)] = \mathbf{45,63\ kN/m}$$

■

Exemplo 13.5

Considere o Exemplo 13.4. Determine a localização da resultante $\bar{z}$.

Solução

A partir das Eqs. (13.28) e (13.29),

$$R = (a' + b')^2(90 - \theta_2) = (2 + 1)^2(90 - 26,57) = 570,87$$

$$Q = b'^2(90 - \theta_1) = (1)^2(90 - 9,46) = 80,54$$

A partir da Eq. (13.27)

$$\bar{z} = H - \left[\frac{H^2(\theta_2 - \theta_1) + (R - Q) - 57,3a'H}{2H(\theta_2 - \theta_1)}\right]$$

$$= 6 - \left[\frac{(6)^2(26,57 - 9,46) + (570,87 - 80,54) - (57,3)(2)(6)}{(2)(6)(26,57 - 9,46)}\right] = \mathbf{3,96\ m}$$

■

EMPUXO LATERAL DE TERRA DE RANKINE

13.6 Teoria de empuxo ativo de Rankine

A expressão *equilíbrio plástico no solo* refere-se à condição na qual cada ponto na massa de solo está no limite de ruptura. Rankine (1857) investigou as condições de tensão no solo a um estado de equilíbrio plástico. Nesta seção, lidamos com a teoria de empuxo de terra de Rankine.

A Figura 13.10a mostra uma massa de solo delimitada por um muro sem atrito, *AB*, que se estende a uma profundidade infinita. As tensões principais efetivas vertical e horizontal em um elemento de solo na profundidade z são σ'_o e σ'_h, respectivamente. Conforme visto na Seção 13.2, se a parede *AB* não puder se mover, então $\sigma'_h = K_o\sigma'_o$. A condição de tensão no elemento de solo pode ser representada pelo círculo *a* de Mohr na Figura 13.10b.

No entanto, se a parede *AB* puder se *mover* gradualmente *a partir da massa de solo*, a tensão principal horizontal diminuirá. Por fim, um estado será atingido quando a condição de tensão no solo puder ser representada pelo círculo *b* de Mohr; ocorrerão o estado de equilíbrio plástico e a ruptura do solo. Essa situação representa o *estado ativo de Rankine* e o empuxo efetivo σ'_a no plano vertical (que é um plano principal) é o *empuxo ativo de terra* de Rankine. A seguir obteremos σ'_a em termos de γ, z, c' e ϕ', a partir da Figura 13.10b:

$$\operatorname{sen}\phi' = \frac{CD}{AC} = \frac{CD}{AO + OC}$$

Mas

$$CD = \text{raio do círculo de ruptura} = \frac{\sigma'_o - \sigma'_a}{2}$$

$$AO = c' \operatorname{cotg}\phi'$$

e

$$OC = \frac{\sigma'_o - \sigma'_a}{2}$$

Portanto,

$$\operatorname{sen}\phi' = \frac{\dfrac{\sigma'_o - \sigma'_a}{2}}{c' \operatorname{cotg}\phi' + \dfrac{\sigma'_o + \sigma'_a}{2}}$$

ou

$$c' \cos\phi' + \frac{\sigma'_o + \sigma'_a}{2} \operatorname{sen}\phi' = \frac{\sigma'_o - \sigma'_a}{2}$$

ou

$$\sigma'_a = \sigma'_o \frac{1 - \operatorname{sen}\phi'}{1 + \operatorname{sen}\phi'} - 2c' \frac{\cos\phi'}{1 + \operatorname{sen}\phi'} \tag{13.30}$$

Mas

$$\sigma'_o = \text{tensão vertical efetiva} = \gamma z$$

$$\frac{1 - \operatorname{sen}\phi'}{1 + \operatorname{sen}\phi'} = \operatorname{tg}^2\left(45 - \frac{\phi'}{2}\right)$$

e

$$\frac{\cos\phi'}{1+\operatorname{sen}\phi'} = \operatorname{tg}\left(45 - \frac{\phi'}{2}\right)$$

Substituindo os valores anteriores na Eq. (13.30), obteremos

$$\sigma'_a = \gamma z \operatorname{tg}^2\left(45 - \frac{\phi'}{2}\right) - 2c' \operatorname{tg}\left(45 - \frac{\phi'}{2}\right) \tag{13.31}$$

A variação de σ'_a com profundidade é indicada na Figura 13.10c. Para solos sem coesão, $c' = 0$ e

$$\sigma'_a = \sigma'_o \operatorname{tg}^2\left(45 - \frac{\phi'}{2}\right) \tag{13.32}$$

A relação entre σ'_a e σ'_o é chamada *coeficiente de empuxo ativo de Rankine* e é determinada por

$$K_a = \frac{\sigma'_a}{\sigma'_o} = \operatorname{tg}^2\left(45 - \frac{\phi'}{2}\right) \tag{13.33}$$

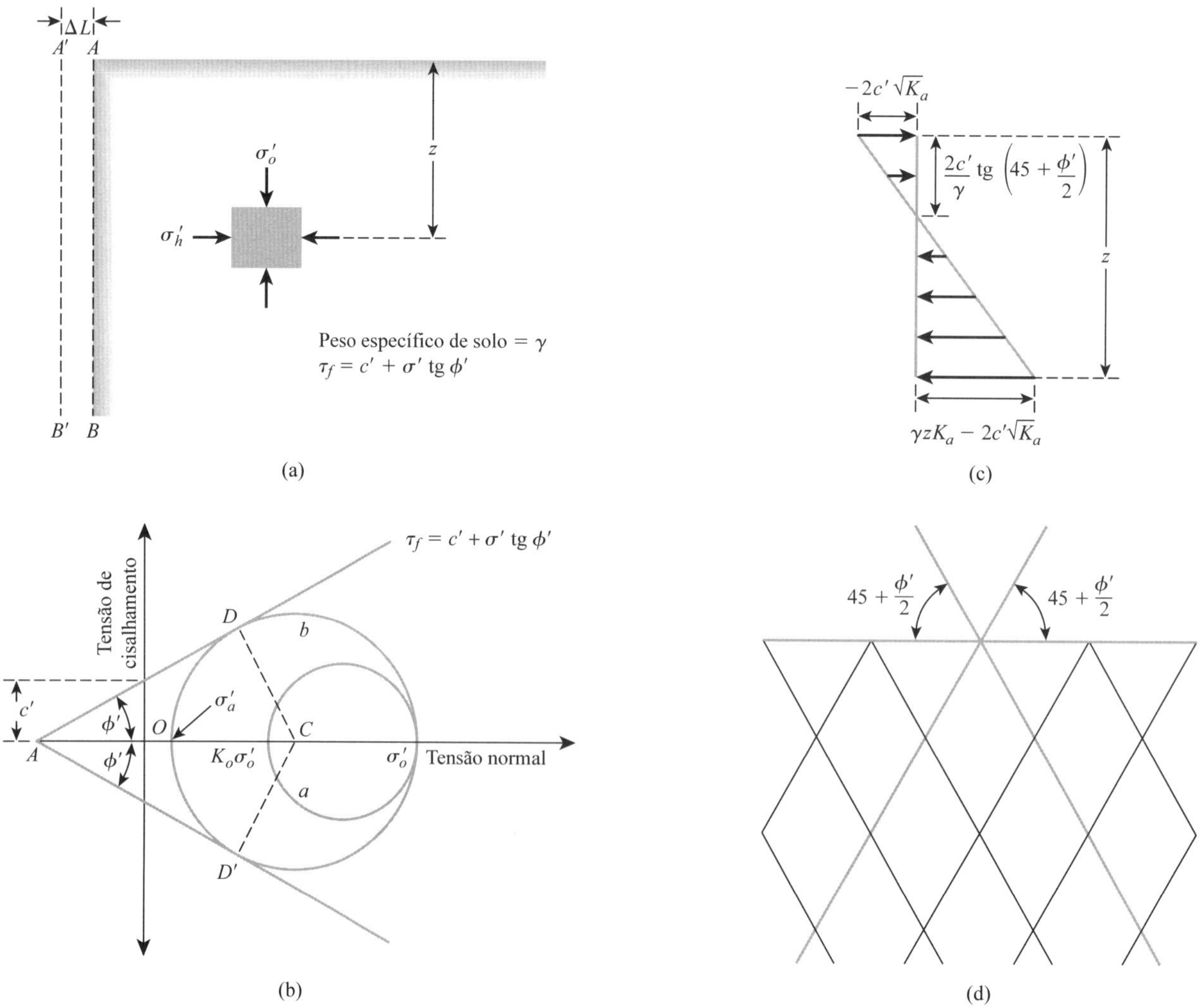

Figura 13.10 Empuxo de terra ativo de Rankine.

Novamente, a partir da Figura 13.10b podemos visualizar que os planos de ruptura no solo fazem ângulos de $\pm (45 + \phi'/2)$ graus com a direção do plano principal maior – ou seja, a horizontal. Esses são chamados *planos de deslizamento* potenciais e são indicados na Figura 13.10d.

É importante perceber que uma equação semelhante para σ_a poderia ser derivada com base nos parâmetros de resistência ao cisalhamento de tensão total – ou seja, $\tau_f = c + \sigma \text{ tg } \phi$. Para esse caso,

$$\sigma_a = \gamma z \,\text{tg}^2\left(45 - \frac{\phi}{2}\right) - 2c\,\text{tg}\left(45 - \frac{\phi}{2}\right) \tag{13.34}$$

13.7 Teoria de empuxo passivo de Rankine

O estado passivo de Rankine pode ser explicado com o auxílio da Figura 13.11. *AB* é um muro sem atrito que se estende a uma profundidade infinita (Figura 13.11a). A condição inicial de tensão em um elemento de solo é representada pelo círculo *a* de Mohr na Figura 13.11b. Se o muro for gradualmente *empurrado para a massa de solo*, a tensão principal efetiva σ'_h aumentará. Por fim, o muro atingirá uma situação em que a condição de tensão para o elemento de solo pode ser expressa pelo círculo *b* de Mohr. Nesse momento, ocorrerá a ruptura do solo. Essa situação é referente ao *estado passivo de Rankine*. O empuxo lateral de terra σ'_p, que é a tensão principal maior, é chamado *tensão passiva de terra de Rankine*. A partir da Figura 13.11b, pode ser indicado que

$$\begin{aligned}\sigma'_p &= \sigma'_o \,\text{tg}^2\left(45 + \frac{\phi'}{2}\right) + 2c'\,\text{tg}\left(45 + \frac{\phi'}{2}\right)\\ &= \gamma z\,\text{tg}^2\left(45 + \frac{\phi'}{2}\right) + 2c'\,\text{tg}\left(45 + \frac{\phi'}{2}\right)\end{aligned} \tag{13.35}$$

O desvio é semelhante ao estado ativo de Rankine.

A Figura 13.8c exibe a variação de empuxo passivo com profundidade. Para solos sem coesão ($c' = 0$),

$$\sigma'_p = \sigma'_o \,\text{tg}^2\left(45 + \frac{\phi'}{2}\right)$$

ou

$$\frac{\sigma'_p}{\sigma'_o} = K_p = \text{tg}^2\left(45 + \frac{\phi'}{2}\right) \tag{13.36}$$

K_p (a relação das tensões efetivas) na equação anterior é referida como o *coeficiente de empuxo passivo de terra de Rankine.*

Os pontos *D* e *D′* no círculo de ruptura (veja a Figura 13.11b) correspondem aos planos de escorregamento no solo. Para o estado passivo de Rankine, os planos de escorregamento fazem ângulos de $\pm (45 - \phi'/2)$ graus com a direção do plano principal menor – ou seja, na direção horizontal. A Figura 13.11 exibe a distribuição dos planos de deslizamento na massa de solo.

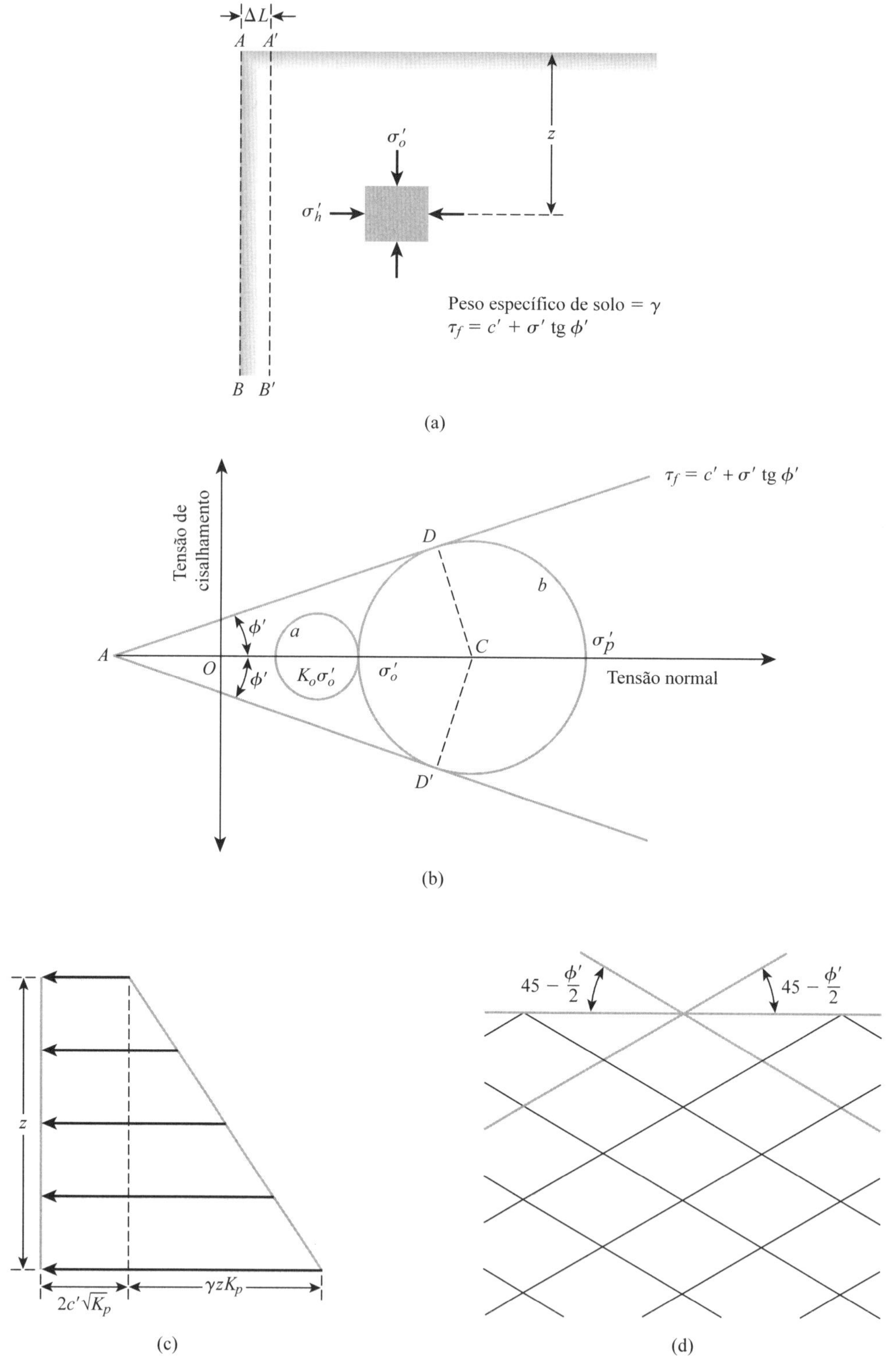

Figura 13.11 Empuxo passivo de terra de Rankine.

13.8 Deslocamento de um muro com altura limitada

Aprendemos na discussão anterior que é necessário um movimento suficiente de um muro sem atrito que se estende a uma profundidade infinita para alcançar o estado de equilíbrio plástico. No entanto, a distribuição do empuxo lateral contra um muro de uma altura limitada é influenciada, em grande parte, pela maneira como o muro realmente cede. Na maioria dos muros de arrimo de altura limitada, o movimento pode ocorrer por simples translação ou, mais frequentemente, pela rotação sobre a base.

Para análise teórica preliminar, consideraremos um muro de arrimo sem atrito representado por um plano AB, como mostra a Figura 13.12a. Se o muro AB rotacionar de modo suficiente sobre a base para a posição $A'B$, então a massa de solo triangular ABC' adjacente ao muro alcançará o estado ativo de Rankine. Como os planos de deslizamento do estado ativo de Rankine formam ângulos de $\pm$ $(45 + \phi'/2)$ graus com o plano principal maior, a massa de solo no estado de equilíbrio plástico é delimitada pelo plano BC', que forma um ângulo de $(45 + \phi'/2)$ graus com o plano horizontal. O solo dentro da zona ABC' passa pela mesma deformação específica na direção horizontal em todos os locais, que é igual a $\Delta L_a/L_a$. O empuxo lateral de terra no muro de qualquer profundidade z da superfície de solo pode ser calculado utilizando a Eq. (13.31).

De maneira semelhante, se o muro sem atrito AB (Figura 13.12b) rotaciona de modo suficiente na massa de solo para uma posição $A''B$, a massa triangular de solo ABC'' alcançará o estado passivo de Rankine. O plano de deslizamento BC'' que liga a cunha do solo que está no estado de equilíbrio plástico fará um ângulo de $(45 - \phi'/2)$ graus com a horizontal. Todos os pontos do solo na zona ABC'' passam pela mesma deformação específica na direção horizontal, que é igual a $\Delta L_p/L_p$. O empuxo passivo no muro a qualquer profundidade z pode ser avaliado utilizando a Eq. (13.35).

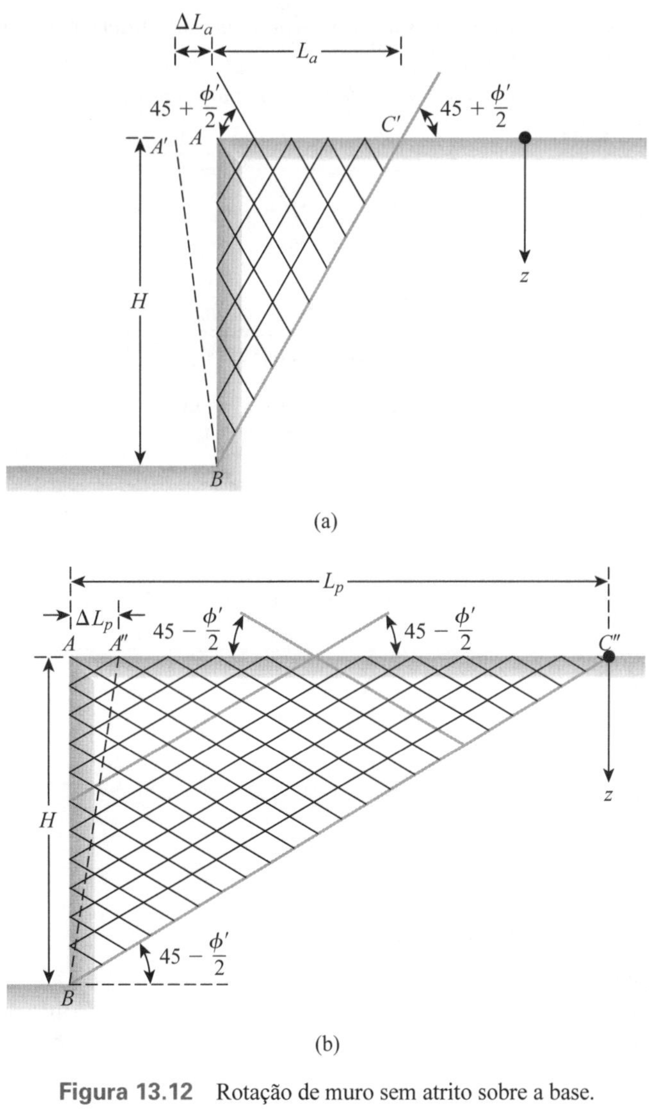

Figura 13.12 Rotação de muro sem atrito sobre a base.

13.9 Empuxo ativo e passivo de Rankine com aterro inclinado

Nas Seções 13.6 a 13.8, consideramos os muros de arrimo com face posterior vertical e aterros horizontais. No entanto, em alguns casos, o aterro pode ser inclinado a um ângulo α com a horizontal, como indicado na Figura 13.13 para o caso de empuxo ativo. Em tais casos, a direção dos empuxos ativo ou passivo de Rankine não são mais horizontais. Particularmente, eles são inclinados a um ângulo α com a horizontal. Se o aterro está em um solo granular com ângulo de atrito drenado ϕ', e $c' = 0$, então

$$\sigma'_a = \gamma z K_a$$

onde

$$K_a = \text{coeficiente de empuxo ativo de Rankine}$$

$$= \cos\alpha \frac{\cos\alpha - \sqrt{\cos^2\alpha - \cos^2\phi'}}{\cos\alpha + \sqrt{\cos^2\alpha - \cos^2\phi'}} \tag{13.37}$$

O empuxo ativo por comprimento específico do muro pode ser calculado como

$$P_a = \frac{1}{2}K_a\gamma H^2 \tag{13.38}$$

A linha de ação dos resultantes age a uma distância de $H/3$ medida da parte inferior do muro. A Tabela 13.2 mostra os valores de K_a para diversas combinações de α e ϕ'.

De maneira semelhante, o *empuxo passivo de terra de Rankine* para um muro de altura H com aterro inclinado granular pode ser representado pela equação

$$P_p = \frac{1}{2}\gamma H^2 K_p \tag{13.39}$$

onde

$$K_p = \cos\alpha \frac{\cos\alpha + \sqrt{\cos^2\alpha - \cos^2\phi'}}{\cos\alpha - \sqrt{\cos^2\alpha - \cos^2\phi'}} \tag{13.40}$$

é o coeficiente de empuxo passivo de terra.

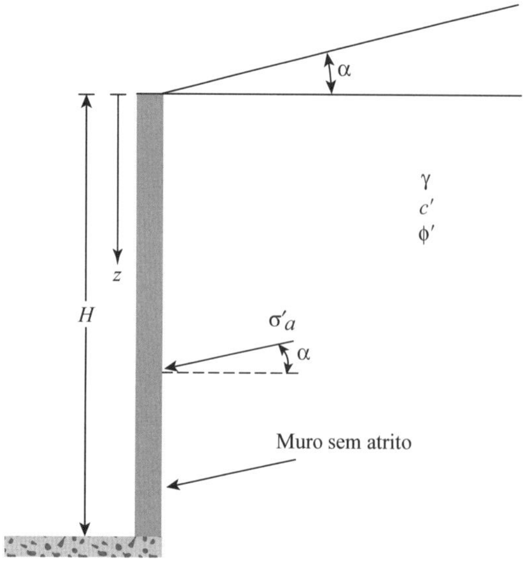

Figura 13.13 Muro de arrimo sem atrito vertical com aterro inclinado.

Tabela 13.2 Valores de K_a [Eq. (13.37)]

α (graus)	ϕ' (graus)												
↓	28	29	30	31	32	33	34	35	36	37	38	39	40
0	0,3610	0,3470	0,3333	0,3201	0,3073	0,2948	0,2827	0,2710	0,2596	0,2486	0,2379	0,2275	0,2174
1	0,3612	0,3471	0,3335	0,3202	0,3074	0,2949	0,2828	0,2711	0,2597	0,2487	0,2380	0,2276	0,2175
2	0,3618	0,3476	0,3339	0,3207	0,3078	0,2953	0,2832	0,2714	0,2600	0,2489	0,2382	0,2278	0,2177
3	0,3627	0,3485	0,3347	0,3214	0,3084	0,2959	0,2837	0,2719	0,2605	0,2494	0,2386	0,2282	0,2181
4	0,3639	0,3496	0,3358	0,3224	0,3094	0,2967	0,2845	0,2726	0,2611	0,2500	0,2392	0,2287	0,2186
5	0,3656	0,3512	0,3372	0,3237	0,3105	0,2978	0,2855	0,2736	0,2620	0,2508	0,2399	0,2294	0,2192
6	0,3676	0,3531	0,3389	0,3253	0,3120	0,2992	0,2868	0,2747	0,2631	0,2518	0,2409	0,2303	0,2200
7	0,3701	0,3553	0,3410	0,3272	0,3138	0,3008	0,2883	0,2761	0,2644	0,2530	0,2420	0,2313	0,2209
8	0,3730	0,3580	0,3435	0,3294	0,3159	0,3027	0,2900	0,2778	0,2659	0,2544	0,2432	0,2325	0,2220
9	0,3764	0,3611	0,3463	0,3320	0,3182	0,3049	0,2921	0,2796	0,2676	0,2560	0,2447	0,2338	0,2233
10	0,3802	0,3646	0,3495	0,3350	0,3210	0,3074	0,2944	0,2818	0,2696	0,2578	0,2464	0,2354	0,2247
11	0,3846	0,3686	0,3532	0,3383	0,3241	0,3103	0,2970	0,2841	0,2718	0,2598	0,2482	0,2371	0,2263
12	0,3896	0,3731	0,3573	0,3421	0,3275	0,3134	0,2999	0,2868	0,2742	0,2621	0,2503	0,2390	0,2281
13	0,3952	0,3782	0,3620	0,3464	0,3314	0,3170	0,3031	0,2898	0,2770	0,2646	0,2527	0,2412	0,2301
14	0,4015	0,3839	0,3671	0,3511	0,3357	0,3209	0,3068	0,2931	0,2800	0,2674	0,2552	0,2435	0,2322
15	0,4086	0,3903	0,3729	0,3564	0,3405	0,3253	0,3108	0,2968	0,2834	0,2705	0,2581	0,2461	0,2346
16	0,4165	0,3975	0,3794	0,3622	0,3458	0,3302	0,3152	0,3008	0,2871	0,2739	0,2612	0,2490	0,2373
17	0,4255	0,4056	0,3867	0,3688	0,3518	0,3356	0,3201	0,3053	0,2911	0,2776	0,2646	0,2521	0,2401
18	0,4357	0,4146	0,3948	0,3761	0,3584	0,3415	0,3255	0,3102	0,2956	0,2817	0,2683	0,2555	0,2433
19	0,4473	0,4249	0,4039	0,3842	0,3657	0,3481	0,3315	0,3156	0,3006	0,2862	0,2724	0,2593	0,2467
20	0,4605	0,4365	0,4142	0,3934	0,3739	0,3555	0,3381	0,3216	0,3060	0,2911	0,2769	0,2634	0,2504
21	0,4758	0,4498	0,4259	0,4037	0,3830	0,3637	0,3455	0,3283	0,3120	0,2965	0,2818	0,2678	0,2545
22	0,4936	0,4651	0,4392	0,4154	0,3934	0,3729	0,3537	0,3356	0,3186	0,3025	0,2872	0,2727	0,2590
23	0,5147	0,4829	0,4545	0,4287	0,4050	0,3832	0,3628	0,3438	0,3259	0,3091	0,2932	0,2781	0,2638
24	0,5404	0,5041	0,4724	0,4440	0,4183	0,3948	0,3731	0,3529	0,3341	0,3164	0,2997	0,2840	0,2692
25	0,5727	0,5299	0,4936	0,4619	0,4336	0,4081	0,3847	0,3631	0,3431	0,3245	0,3070	0,2905	0,2750

Como no caso da força ativa, a força resultante P_p é inclinada a um ângulo α com a horizontal e intercepta o muro a uma distância de $H/3$ medida a partir da parte inferior do muro. Os valores de K_p (coeficiente de empuxo passivo de terra) para diversos valores de α e ϕ' são proporcionados na Tabela 13.3.

Tabela 13.3 Coeficiente de empuxo passivo de terra, K_p [Eq. (13.40)]

	ϕ' (graus) →						
↓ α (graus)	28	30	32	34	36	38	40
0	2,770	3,000	3,255	3,537	3,852	4,204	4,599
5	2,715	2,943	3,196	3,476	3,788	4,136	4,527
10	2,551	2,775	3,022	3,295	3,598	3,937	4,316
15	2,284	2,502	2,740	3,003	3,293	3,615	3,977
20	1,918	2,132	2,362	2,612	2,886	3,189	3,526
25	1,434	1,664	1,894	2,135	2,394	2,676	2,987

13.10 Um caso generalizado para o empuxo ativo e passivo de Rankine - aterro granular

Nas Seções 13.6, 13.7, 13.8 e 13.9, discutimos os casos de empuxo passivos e ativos de Rankine para um muro sem atrito com uma face vertical e aterro horizontal inclinado de solo granular. Isso pode estender-se a casos gerais de muro sem atrito com aterro inclinado (solo granular), como indicado na Figura 13.14 (Chu, 1991).

Caso ativo de Rankine

Para o caso ativo de Rankine, o empuxo de terra lateral (σ'_a) a uma profundidade z pode ser dado como

$$\sigma'_a = \frac{\gamma z \cos\alpha\sqrt{1 + \operatorname{sen}^2\phi' - 2\operatorname{sen}\phi'\cos\psi_a}}{\cos\alpha + \sqrt{\operatorname{sen}^2\phi' - \operatorname{sen}^2\alpha}} \tag{13.41}$$

onde

$$\psi_a = \operatorname{sen}^{-1}\left(\frac{\operatorname{sen}\alpha}{\operatorname{sen}\phi'}\right) - \alpha + 2\theta \tag{13.42}$$

O empuxo σ'_a ficará inclinado a um ângulo β, com o plano traçado em um ângulo reto à face oposta do muro, e

$$\beta = \operatorname{tg}^{-1}\left(\frac{\operatorname{sen}\phi'\operatorname{sen}\psi_a}{1 - \operatorname{sen}\phi'\cos\psi_a}\right) \tag{13.43}$$

A força ativa P_a para o comprimento específico do muro pode ser calculada como

$$P_a = \frac{1}{2}\gamma H^2 K_{a(R)} \tag{13.44}$$

onde

$$K_{a(R)} = \frac{\cos(\alpha - \theta)\sqrt{1 + \operatorname{sen}^2\phi' - 2\operatorname{sen}\phi'\cos\psi_a}}{\cos^2\theta(\cos\alpha + \sqrt{\operatorname{sen}^2\phi' - \operatorname{sen}^2\alpha})} \tag{13.45}$$

= Coeficiente de empuxo de terra ativo de Rankine para caso geral

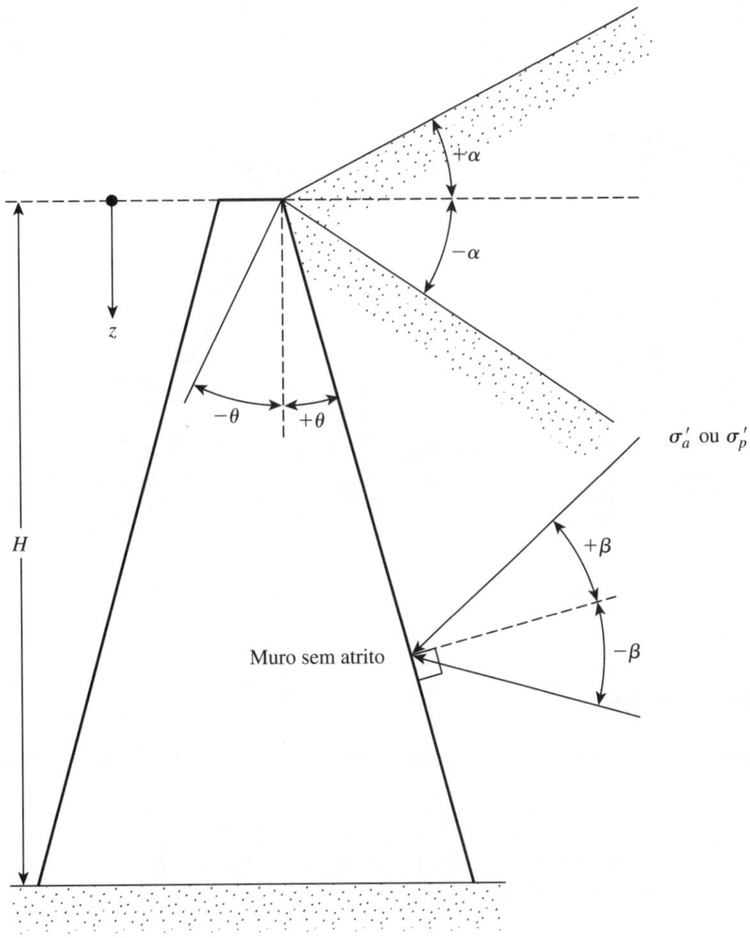

Figura 13.14 Caso geral para empuxos ativos e passivos de Rankine

A localização e direção da força resultante P_a é indicada na Figura 13.15a. Também é indicada nesta figura a cunha de ruptura, *ABC*. Observe que *BC* ficará inclinada a um ângulo η, ou

$$\eta = \frac{\pi}{4} + \frac{\phi'}{2} + \frac{\alpha}{2} - \frac{1}{2}\operatorname{sen}^{-1}\left(\frac{\operatorname{sen}\alpha}{\operatorname{sen}\phi'}\right) \tag{13.46}$$

Como um caso especial, para a face posterior vertical do muro (ou seja, $\theta = 0$), como mostrado na Figura 13.13, as Eqs. (13.44) e (13.45) fazem a simplificação abaixo, que é a mesma nas Eqs. (13.37) e (13.38)

$$P_a = \frac{1}{2}K_{a(R)}\gamma H^2$$

onde

$$K_{a(R)} = \cos\alpha\,\frac{\cos\alpha - \sqrt{\cos^2\alpha - \cos^2\phi'}}{\cos\alpha + \sqrt{\cos^2\alpha - \cos^2\phi'}}$$

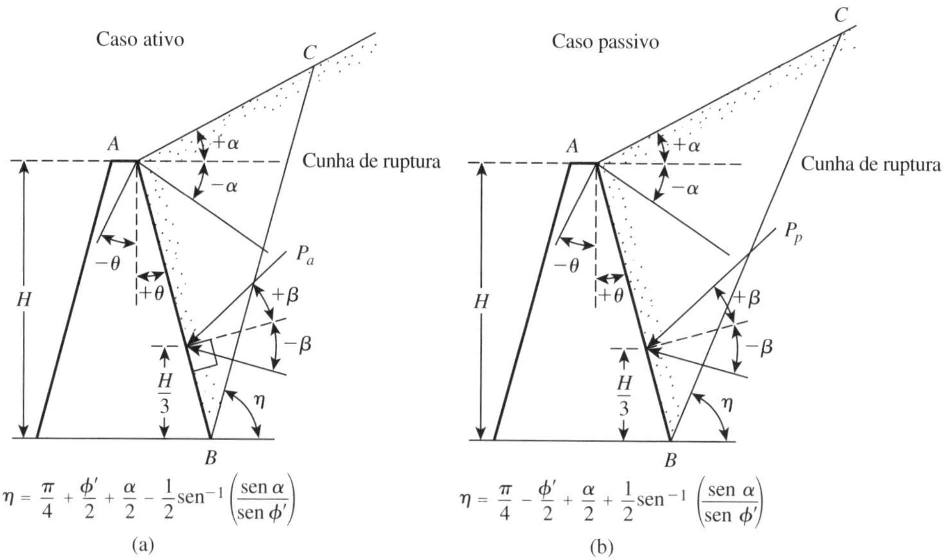

Figura 13.15 Localização e direção da força resultante de Rankine.

Caso passivo de Rankine

De forma similar ao caso ativo, no caso passivo de Rankine podemos obter as seguintes relações.

$$\sigma'_p = \frac{\gamma z \cos\alpha\sqrt{1 + \text{sen}^2\phi' + 2\,\text{sen}\,\phi\cos\psi_p}}{\cos\alpha - \sqrt{\text{sen}^2\phi' - \text{sen}^2\alpha}} \tag{13.47}$$

onde

$$\psi_p = \text{sen}^{-1}\left(\frac{\text{sen}\,\alpha}{\text{sen}\,\phi'}\right) + \alpha - 2\theta \tag{13.48}$$

A inclinação β de σ'_p, como indicado na Figura 13.14, é

$$\beta = \text{tg}^{-1}\left(\frac{\text{sen}\phi'\,\text{sen}\psi_p}{1 + \text{sen}\,\phi'\cos\psi_p}\right) \tag{13.49}$$

A força passiva, por comprimento específico, do muro é

$$P_p = \frac{1}{2}\gamma H^2 K_{p(R)}$$

onde

$$K_{p(R)} = \frac{\cos(\alpha - \theta)\sqrt{1 + \text{sen}^2\phi' + 2\,\text{sen}\phi'\cos\psi_p}}{\cos^2\theta(\cos\alpha - \sqrt{\text{sen}^2\phi' - \text{sen}^2\alpha})} \tag{13.50}$$

A localização e direção de P_p ao longo da cunha de ruptura são indicados na Figura 13.15b. Para muros com face posterior vertical, $\theta = 0$.

$$P_p = \frac{1}{2}K_{p(R)}\gamma H^2$$

onde

$$K_{p(R)} = \cos\alpha \frac{\cos\alpha + \sqrt{\cos^2\alpha - \cos^2\phi'}}{\cos\alpha - \sqrt{\cos^2\alpha - \cos^2\phi'}}$$

As duas equações anteriores são as mesmas das Eqs. (13.39) e (13.40).

13.11 Diagramas para a distribuição de empuxo lateral de terra contra muros de arrimo com apoio vertical

Aterro – solo sem coesão com superfície do terreno horizontal

Caso Ativo A Figura 13.16a mostra um muro de arrimo com aterro de solo não coesivo com superfície do terreno horizontal. O peso específico e o ângulo de atrito do solo são γ e ϕ', respectivamente.

Para o estado ativo de Rankine, o empuxo de terra em qualquer profundidade do muro de arrimo pode ser fornecido pela Eq. (13.31),

$$\sigma'_a = K_a\gamma z \qquad (\textit{Observe que: } c' = 0)$$

Observe que σ'_a aumenta linearmente com a profundidade e, na parte inferior do muro, é

$$\sigma'_a = K_a\gamma z \tag{13.51}$$

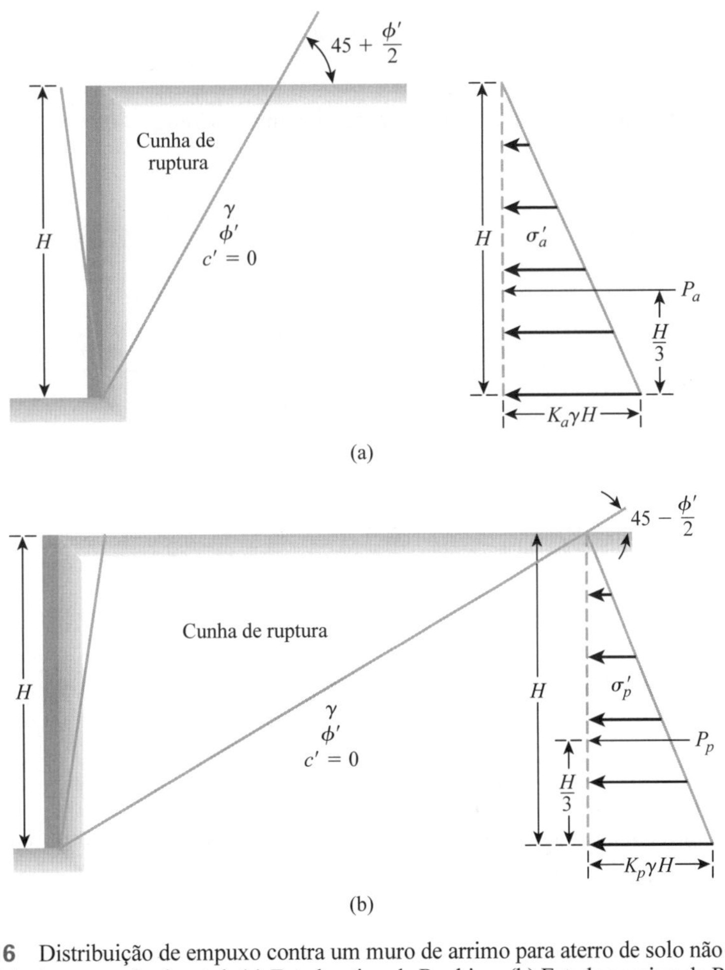

Figura 13.16 Distribuição de empuxo contra um muro de arrimo para aterro de solo não coesivo com superfície do terreno horizontal. (a) Estado ativo de Rankine; (b) Estado passivo de Rankine

O empuxo total por comprimento específico do muro é igual à área do diagrama de empuxo, então

$$P_a = \frac{1}{2}K_a\gamma H^2 \tag{13.52}$$

Caso Passivo A distribuição de empuxo lateral contra um muro de arrimo de altura H para o estado passivo de Rankine é indicada na Figura 13.16b. O empuxo lateral de terra a qualquer profundidade z [Eq. (13.36), $c' = 0$] é

$$\sigma'_p = K_p\gamma H \tag{13.53}$$

O empuxo total por comprimento específico do muro é

$$P_p = \frac{1}{2}K_p\gamma H^2 \tag{13.54}$$

Aterro – solo não coesivo parcialmente submerso que suporta uma sobrecarga

Caso Ativo A Figura 13.17a exibe um muro de arrimo sem atrito de altura H e um aterro de solo não coesivo. O lençol freático está localizado a uma profundidade de H_1 abaixo da superfície do solo, e o aterro está suportando o empuxo de sobrecarga de q por área específica. Da Eq. (13.33), o empuxo ativo de terra efetivo a qualquer profundidade pode ser dado por

$$\sigma'_a = K_a\sigma'_o \tag{13.55}$$

onde σ'_o e σ'_a = pressão vertical efetiva e empuxo lateral, respectivamente. Com $z = 0$,

$$\sigma_o = \sigma'_o = q \tag{13.56}$$

e

$$\sigma'_a = K_a q \tag{13.57}$$

A uma profundidade $z = H_1$,

$$\sigma'_o = (q + \gamma H_1) \tag{13.58}$$

e

$$\sigma'_a = K_a(q + \gamma H_1) \tag{13.59}$$

A uma profundidade $z = H$,

$$\sigma'_o = (q + \gamma H_1 + \gamma' H_2) \tag{13.60}$$

e

$$\sigma'_a = K_a(q + \gamma H_1 + \gamma' H_2) \tag{13.61}$$

onde $\gamma' = \gamma_{sat} - \gamma_w$. A variação de σ'_a com profundidade é indicada na Figura 13.17b.

O empuxo lateral no muro devido à água nos poros entre $z = 0$ e H_1 é 0 e, para $z > H_1$, aumenta linearmente com a profundidade (Figura 13.17c). Com $z = H$,

$$u = \gamma_w H_2$$

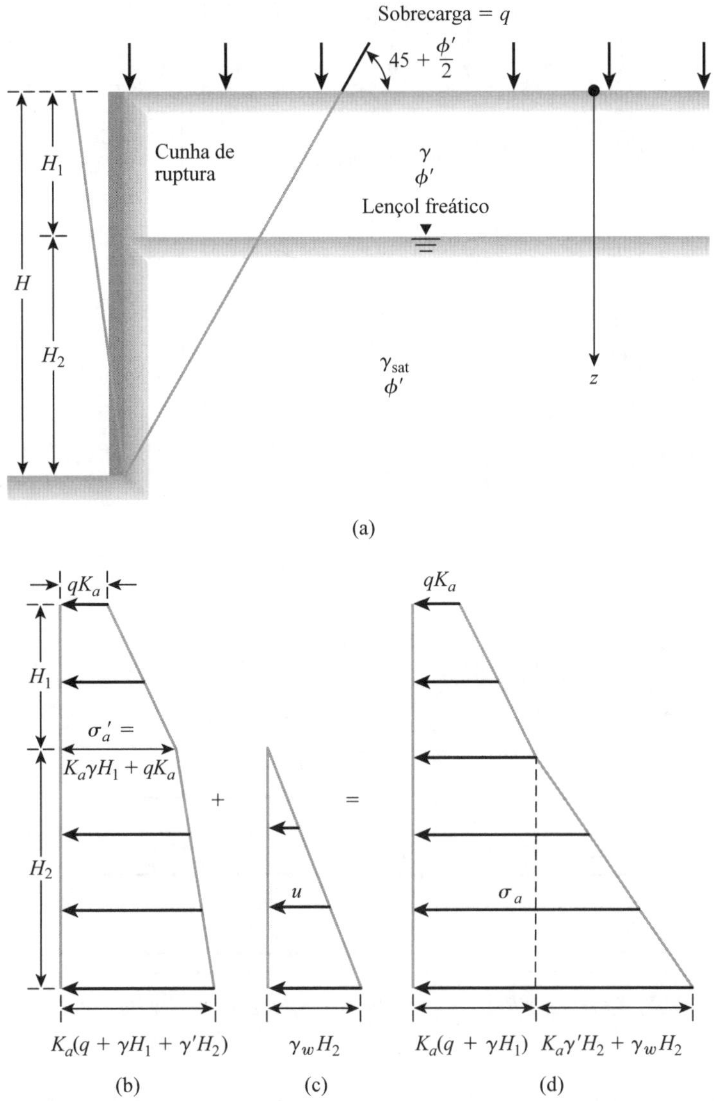

Figura 13.17 Distribuição de empuxo ativo de terra de Rankine contra o muro de arrimo com aterro de solo não coesivo parcialmente submerso que suporta sobrecarga.

O diagrama de empuxo lateral total (Figura 13.17d) é a soma dos diagramas de empuxo indicados nas figuras 13.17b e 13.17c. O empuxo ativo total por comprimento específico do muro é a área de diagrama total de empuxo. Assim,

$$P_a = K_a qH + \frac{1}{2}K_a\gamma H_1^2 + K_a\gamma H_1 H_2 + \frac{1}{2}(K_a\gamma' + \gamma_w)H_2^2 \tag{13.62}$$

Caso Passivo A Figura 13.18a indica o mesmo muro de arrimo conforme mostrado na Figura 13.17a. O empuxo passivo de Rankine a qualquer profundidade contra o muro pode ser proporcionado pela Eq. (13.36),

$$\sigma'_p = K_p \sigma'_o$$

Utilizando a equação anterior, podemos determinar a variação de σ'_p com profundidade conforme indicado na Figura 13.18b. A variação do empuxo no muro devido à água com a profundidade é indicada na Figura 13.18c. A Figura 13.18d indica a distribuição do empuxo total σ_p com profundidade. A força total passiva lateral por comprimento específico do muro é a área do diagrama dada na Figura 13.18d ou

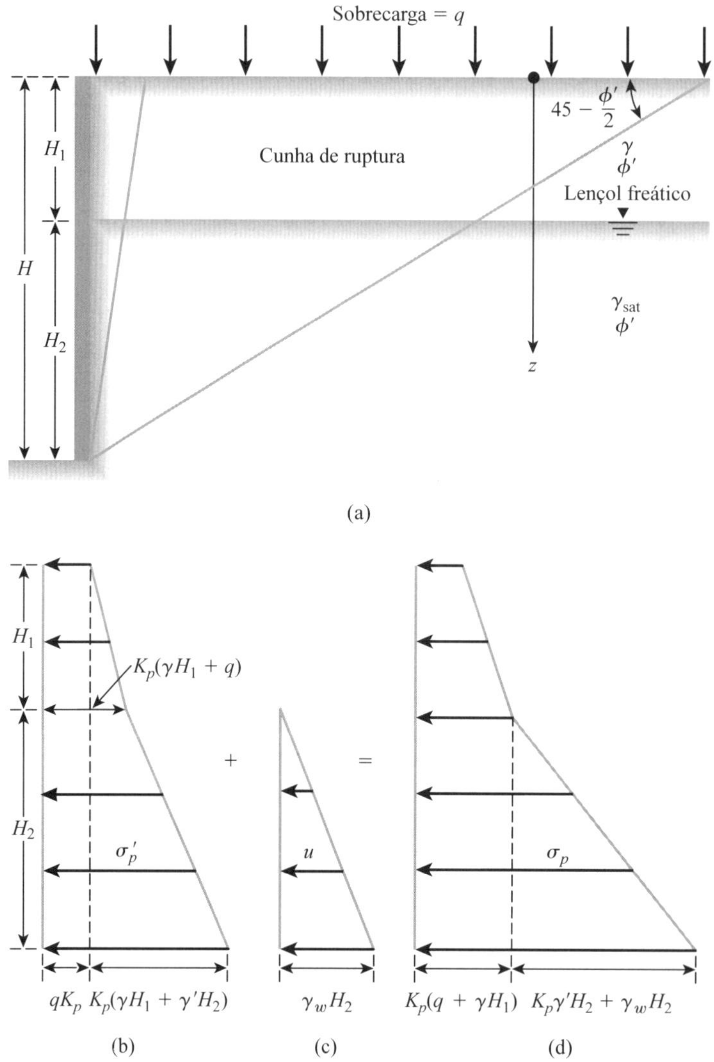

Figura 13.18 Distribuição do empuxo passivo de terra de Rankine contra um muro de arrimo com aterro de solo não coesivo parcialmente submerso que suporta uma sobrecarga.

$$P_p = K_p qH + \frac{1}{2}K_p\gamma H_1^2 + K_p\gamma H_1 H_2 + \frac{1}{2}(K_p\gamma' + \gamma_w)H_2^2 \tag{13.63}$$

Aterro – solo coesivo com aterro horizontal

Caso Ativo A Figura 13.19a indica um muro de arrimo sem atrito com aterro de solo coesivo. O empuxo ativo contra o muro em qualquer profundidade abaixo da superfície do solo pode ser expresso como na [Eq. (13.31)]

$$\sigma'_a = K_a\gamma z - 2\sqrt{K_a}c'$$

A variação de $K_a\gamma z$ com profundidade é indicada na Figura 13.19b, e a variação de $2\sqrt{K_a}c'$ com profundidade é indicada na Figura 13.19c. Observe que $2\sqrt{K_a}c'$ não é uma função de z; portanto, a Figura 13.19c é um retângulo. A variação do valor líquido de σ'_a com profundidade é representada graficamente na Figura 13.19d. Observe também que, por causa do efeito de coesão, σ'_a é negativo na parte superior do muro de arrimo. A profundidade z_o no qual o empuxo ativo se torna igual a 0 pode ser encontrada na Eq. (13.31) como

$$K_a\gamma z_o - 2\sqrt{K_a}c' = 0$$

ou

$$z_o = \frac{2c'}{\gamma\sqrt{K_a}} \tag{13.64}$$

Para a condição não drenada – ou seja, $\phi = 0$, $K_a = \text{tg}^2\, 45 = 1$, e $c = c_u$ (coesão não drenada) – da Eq. (13.34),

$$z_o = \frac{2c_u}{\gamma} \tag{13.65}$$

Então, com o tempo, se desenvolverão as fendas de tração na interface solo-muro até a uma profundidade z_o.

O empuxo ativo total por comprimento específico do muro pode ser encontrado a partir da área dos diagramas de empuxo total (Figura 13.19d), ou

$$P_a = \frac{1}{2}K_a\gamma H^2 - 2\sqrt{K_a}c'H \tag{13.66}$$

Para a condição $\phi = 0$,

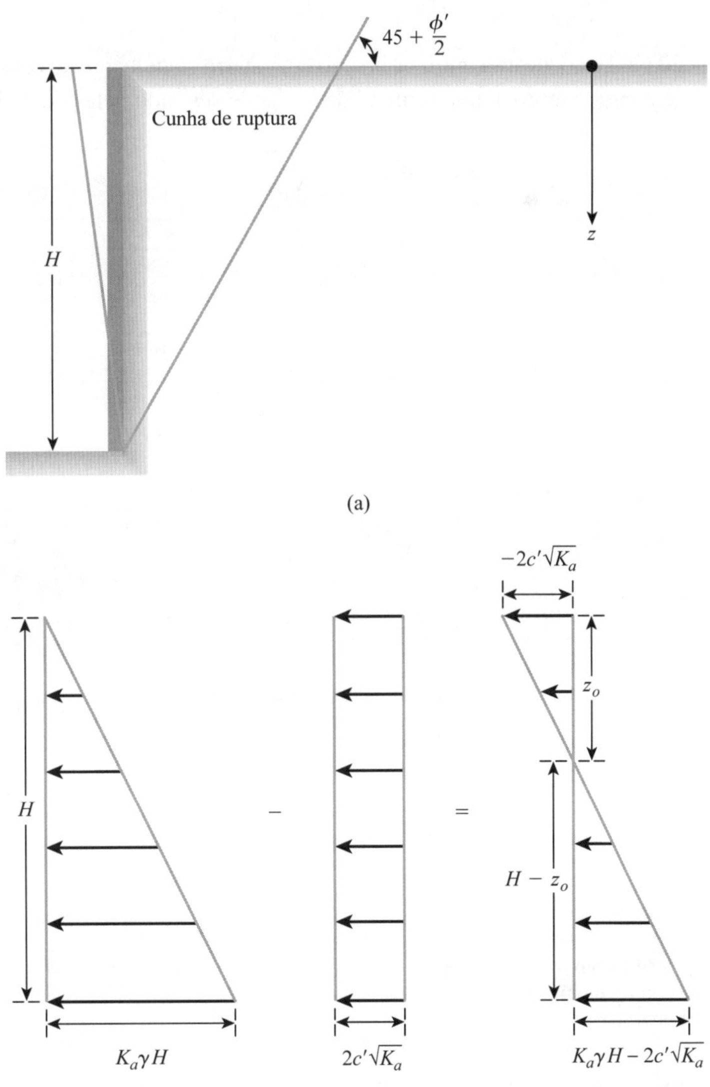

Figura 13.19 Distribuição de empuxo ativo da terra de Rankine contra um muro de arrimo com aterro de solo coesivo.

$$P_a = \frac{1}{2}\gamma H^2 - 2c_u H \tag{13.67}$$

Para cálculo do empuxo ativo total, a prática comum é considerar as fendas de tração. Por não existir contato entre o solo e o muro até uma profundidade z_o após o desenvolvimento das fendas de tração, somente é considerada a distribuição de empuxo ativo contra o muro entre $z = 2c'/(\gamma\sqrt{K_a})$ e H (Figura 13.19d). Neste caso,

$$\begin{aligned} P_a &= \frac{1}{2}(K_a\gamma H - 2\sqrt{K_a}c')\left(H - \frac{2c'}{\gamma\sqrt{K_a}}\right) \\ &= \frac{1}{2}K_a\gamma H^2 - 2\sqrt{K_a}c'H + 2\frac{c'^2}{\gamma} \end{aligned} \tag{13.68}$$

Para a condição $\phi = 0$,

$$P_a = \frac{1}{2}\gamma H^2 - 2c_u H + 2\frac{c_u^2}{\gamma} \tag{13.69}$$

Caso Passivo A Figura 13.20a indica o mesmo muro de arrimo com aterro semelhante ao considerado na Figura 13.19a. O empuxo passivo de Rankine contra o muro a uma profundidade z pode ser dado pela [Eq. (13.35)]

$$\sigma'_p = K_p\gamma z + 2\sqrt{K_p}c'$$

Com $z = 0$,

$$\sigma'_p = 2\sqrt{K_p}c' \tag{13.70}$$

e com $z = H$,

$$\sigma'_p = K_p\gamma H + 2\sqrt{K_p}c' \tag{13.71}$$

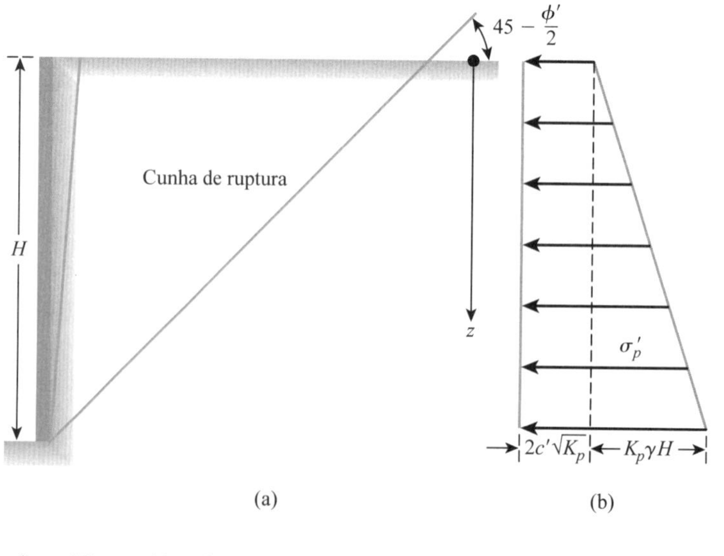

Figura 13.20 Distribuição de empuxo passivo de terra de Rankine contra um muro de arrimo com aterro de solo coesivo.

A variação de σ'_p com profundidade é indicada na Figura 13.20b. O empuxo passivo por comprimento específico do muro pode ser encontrado a partir da área dos diagramas de empuxo como

$$P_p = \frac{1}{2}K_p\gamma H^2 + 2\sqrt{K_p}c'H \tag{13.72a}$$

Para a condição $\phi = 0$, $K_p = 1$ e

$$P_p = \frac{1}{2}\gamma H^2 + 2c_u H \tag{13.72b}$$

Exemplo 13.6

Um muro de arrimo de 6 m de altura é indicado na Figura 13.16a. Determine

a. O empuxo ativo de Rankine por comprimento específico do muro e a localização da resultante
b. O empuxo passivo de Rankine por comprimento específico do muro e a localização da resultante

Solução

Parte a

Em razão de $c' = 0$, determine a força ativa que podemos utilizar a partir da Eq. (13.33).

$$\sigma'_a = K_a\sigma'_o = K_a\gamma z$$

$$K_a = \frac{1 - \operatorname{sen}\phi'}{1 + \operatorname{sen}\phi'} = \frac{1 - \operatorname{sen}36}{1 + \operatorname{sen}36} = 0{,}26$$

Em $z = 0$, $\sigma'_a = 0$; em $z = 6$ m,

$$\sigma'_a = (0{,}26)(16)(6) = 24{,}96 \text{ kN/m}^2$$

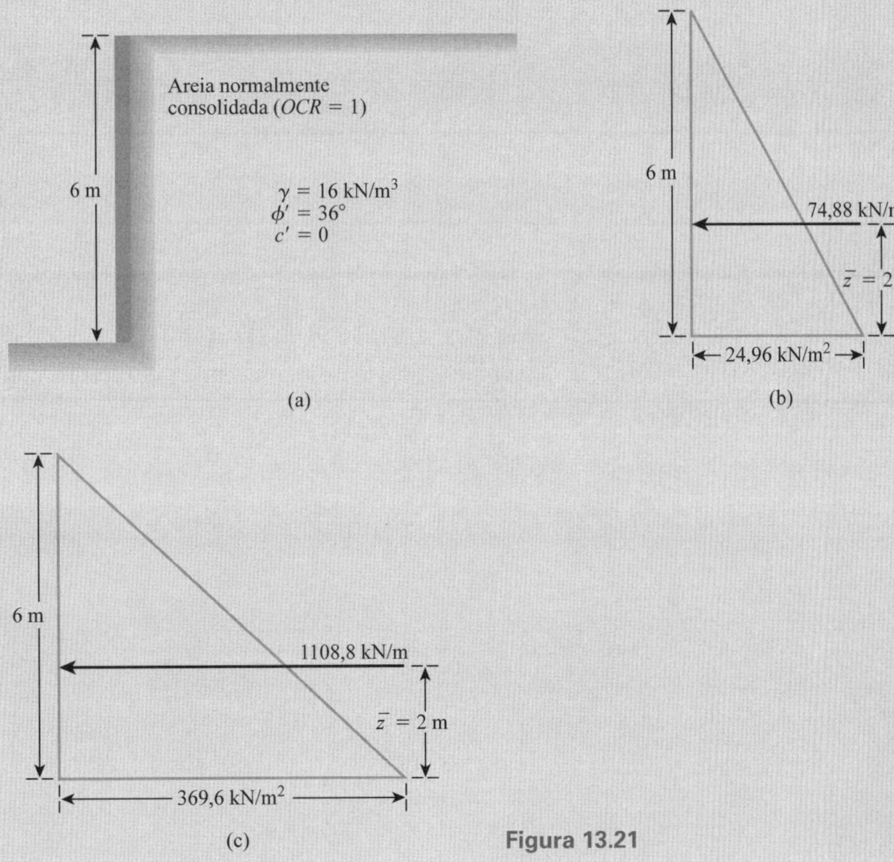

Figura 13.21

O diagrama de distribuição de empuxo é indicado na Figura 13.21b. A força ativa por comprimento específico do muro é a seguinte:

$$P_a = \frac{1}{2}(6)(24{,}96) = \mathbf{74{,}88\ kN/m}$$

Além disso,

$$\bar{z} = \mathbf{2\ m}$$

Parte b

Para determinar a força passiva, é dado que $c' = 0$. Então, a partir da Eq. (13.36),

$$\sigma'_p = K_p \sigma'_o = K_p \gamma z$$

$$K_p = \frac{1 + \operatorname{sen}\phi'}{1 - \operatorname{sen}\phi'} = \frac{1 + \operatorname{sen} 36}{1 - \operatorname{sen} 36} = 3{,}85$$

Em $z = 0$, $\sigma'_p = 0$; em $z = 6$ m,

$$\sigma'_p = (3{,}85)(16)(6) = 369{,}6\ \text{kN/m}^2$$

O diagrama de distribuição de empuxo é indicado na Figura 13.21c. A força passiva por comprimento específico do muro é conforme segue.

$$P_p = \frac{1}{2}(6)(369{,}6) = \mathbf{1108{,}8\ kN/m}$$

Além disso,

$$\bar{z} = \frac{6}{3} = \mathbf{2\ m}$$

■

Exemplo 13.7

Para o muro de arrimo indicado na Figura 13.22a, determine a força por comprimento específico do muro para o estado ativo de Rankine. Além disso, determine o local da resultante.

Solução

Dado que $c' = 0$, sabemos que $\sigma'_a = K_a \sigma'_o$. Para a camada superior do solo, o coeficiente de empuxo ativo de terra de Rankine é

$$K_a = K_{a(1)} = \frac{1 - \operatorname{sen} 30°}{1 + \operatorname{sen} 30°} = \frac{1}{3}$$

Para a camada inferior,

$$K_a = K_{a(2)} = \frac{1 - \operatorname{sen} 35°}{1 + \operatorname{sen} 35°} = 0{,}271$$

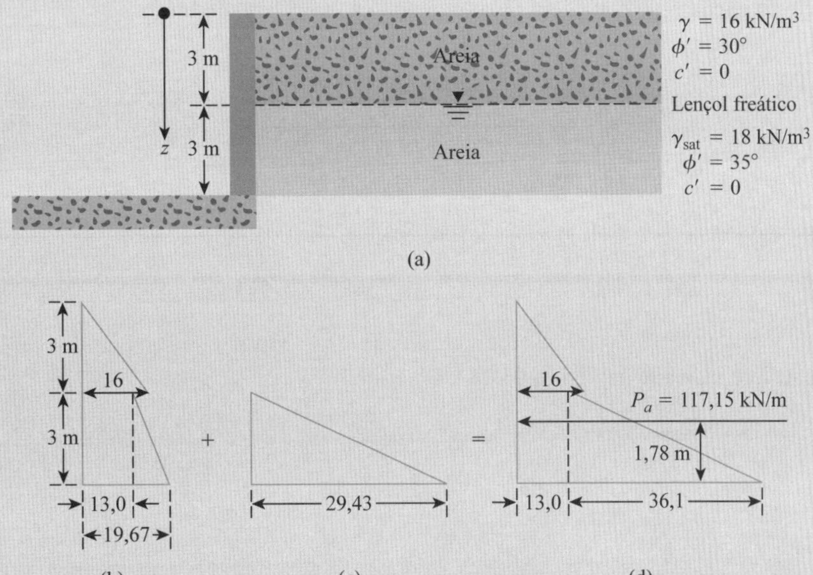

Figura 13.22 Diagramas de muro de arrimo e de empuxo para determinação de empuxo ativo de terra Rankine. (*Observação*: As unidades de empuxo em (b), (c) e (d) são em kN/m².)

Em $z = 0$, $\sigma'_o = 0$. Em $z = 3$ m (apenas na parte interna da parte inferior da camada superior), $\sigma'_o = 3 \times 16 = 48$ kN/m². Então,

$$\sigma'_a = K_{a(1)}\sigma'_o = \frac{1}{3} \times 48 = 16 \text{ kN/m}^2$$

Novamente, em $z = 3$ m (na camada inferior), $\sigma'_o = 3 \times 16 = 48$ kN/m² e

$$\sigma'_a = K_{a(2)}\sigma'_o = (0{,}271) \times (48) = 13{,}0 \text{ kN/m}^2$$

Em $z = 6$ m,

$$\sigma'_o = 3 \times 16 + 3(18 - \underset{\substack{\uparrow \\ \gamma_w}}{9{,}81}) = 72{,}57 \text{ kN/m}^2$$

e

$$\sigma'_a = K_{a(2)}\sigma'_o = (0{,}271) \times (72{,}57) = 19{,}67 \text{ kN/m}^2$$

A variação da profundidade de σ'_a é indicada na Figura 13.22b.

As pressões laterais em razão da poropressão são:

Em $z = 0$: $u = 0$
Em $z = 3$ m: $u = 0$
Em $z = 6$ m: $u = 3 \times \gamma_w = 3 \times 9{,}81 = 29{,}43$ kN/m²

A variação da profundidade de u é indicada na Figura 13.22c e, para σ_a (empuxo ativo total), é indicada na Figura 13.22d. Assim,

$$P_a = \left(\tfrac{1}{2}\right)(3)(16) + 3(13{,}0) + \left(\tfrac{1}{2}\right)(3)(36{,}1) = 24 + 39{,}0 + 54{,}15 = \mathbf{117{,}15\ kN/m}$$

O local da resultante pode ser encontrado considerando o momento sobre a base do muro:

$$\bar{z} = \frac{24\left(3 + \frac{3}{3}\right) + 39,0\left(\frac{3}{2}\right) + 54,15\left(\frac{3}{3}\right)}{117,15}$$

$$= \mathbf{1,78\ m}$$

Exemplo 13.8

Um muro de arrimo sem atrito é indicado na Figura 13.23a. Determine:

a. A força ativa P_a após a ocorrência de fenda de tração
b. A força passiva P_p

Solução

Parte a

Dado que $\phi' = 26°$, temos

$$K_a = \frac{1 - \text{sen}\,\phi'}{1 + \text{sen}\,\phi'} = \frac{1 - \text{sen}\,26°}{1 + \text{sen}\,26°} = 0,39$$

Da Eq. (13.31),

$$\sigma'_a = K_a \sigma'_o - 2c'\sqrt{K_a}$$

Com $z = 0$,

$$\sigma'_a = (0,39)(10) - (2)(8)\sqrt{0,39} = 3,9 - 9,99 = -6,09\ \text{kN/m}^2$$

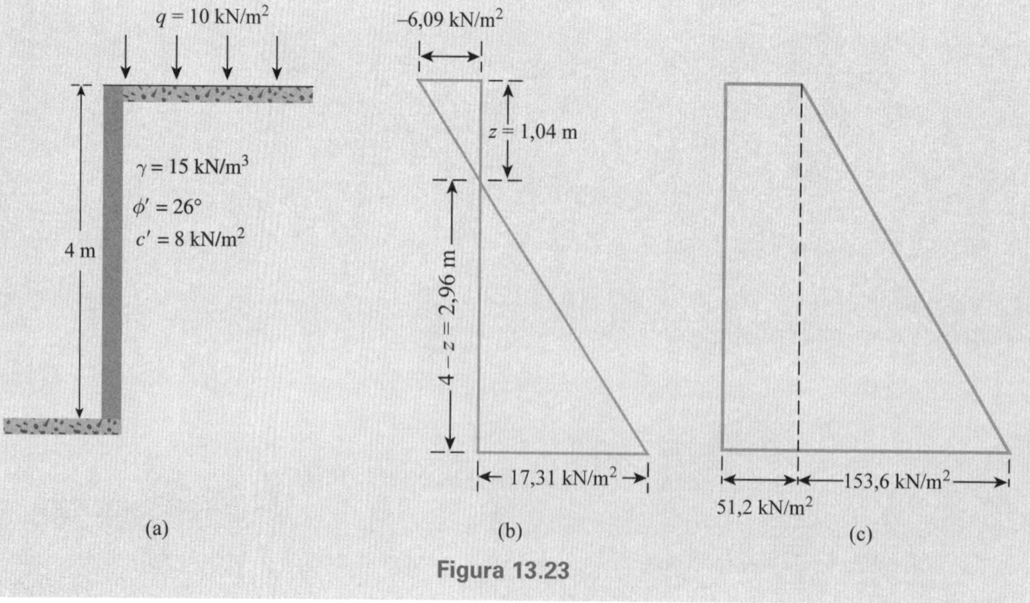

Figura 13.23

Em $z = 4$ m,

$$\sigma'_a = (0{,}39)[10 + (4)(15)] - (2)(8)\sqrt{0{,}39} = 27{,}3 - 9{,}99$$
$$= 17{,}31 \text{ kN/m}^2$$

A distribuição de empuxo é indicada na Figura 13.23b. A partir deste diagrama,

$$\frac{6{,}09}{z_o} = \frac{17{,}31}{4 - z_o}$$

ou

$$z = 1{,}04 \text{ m}$$

Depois de ocorrer a fenda de tração,

$$P_a = \frac{1}{2}(4 - z_o)(17{,}31) = \left(\frac{1}{2}\right)(2{,}96)(17{,}31) = \mathbf{25{,}62\ kN/m}$$

Parte b

Dado que $\phi' = 26°$, temos

$$K_p = \frac{1 + \text{sen}\,\phi'}{1 - \text{sen}\,\phi'} = \frac{1 + \text{sen}\,26°}{1 - \text{sen}\,26°} = \frac{1{,}4384}{0{,}5616} = 2{,}56$$

Da Eq. (13.35),

$$\sigma'_p = K_p\sigma'_o + 2\sqrt{K_p}c'$$

Em $z = 0$, $\sigma'_o = 10$ kN/m² e

$$\sigma_p = (2{,}56)(10) + 2\sqrt{2{,}56}(8)$$
$$= 25{,}6 + 25{,}6 = 51{,}2 \text{ kN/m}^2$$

Novamente, $z = 4$ m, $\sigma'_o = (10 + 4 \times 15) = 70$ kN/m² e

$$\sigma'_p = (2{,}56)(70) + 2\sqrt{2{,}56}(8)$$
$$= 204{,}8 \text{ kN/m}^2$$

A distribuição de empuxo é indicada na Figura 13.23c. A resistência passiva por comprimento específico do muro é

$$P_p = (51{,}2)(4) + \frac{1}{2}(4)(153{,}6)$$
$$= 204{,}8 + 307{,}2 = \mathbf{512\ kN/m}$$

■

Exemplo 13.9

Um muro de arrimo é indicado na Figura 13.24a. Determine P_a após a ocorrência da fenda de tração.

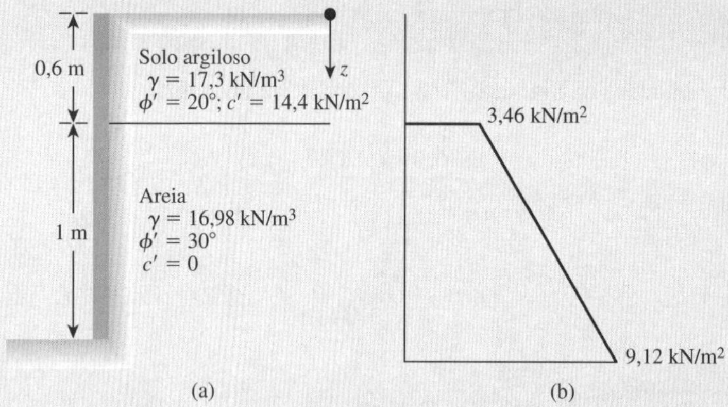

Figura 13.24

Solução

Para a camada superior,

$$K_a = K_{a(1)} = \text{tg}^2\left(45 - \frac{20}{2}\right) = 0{,}49$$

A partir da Eq. (13.64),

$$z_o = \frac{2c'}{\gamma\sqrt{K_a}} = \frac{(2)(14{,}4)}{(17{,}3)\sqrt{0{,}49}} = 2{,}38 \text{ m}$$

Considerando que a profundidade da camada de solo argiloso é 0.6 m (menor que z_0), a fenda de tração irá se desenvolver até $z = 0{,}6$ m. Então

$$K_a = K_{a(2)} = \text{tg}^2\left(45 - \frac{30}{2}\right) = \frac{1}{3}$$

Com $z = 0{,}6$ m,

$$\sigma_0 = \sigma'_0 = (0{,}6)(17{,}3) = 10{,}38 \text{ kN/m}^2$$

Logo,

$$\sigma'_a = \sigma'_o K_{a(2)} = (10{,}38)\left(\frac{1}{3}\right) = 3{,}46 \text{ kN/m}^2$$

Com $z = 1{,}6$ m

$$\sigma'_o = (0{,}6)(17{,}3) + (1)(16{,}98) = 10{,}38 + 16{,}98 = 27{,}36 \text{ kN/m}^2$$

$$\sigma'_a = \sigma'_o K_{a(2)} = (27{,}36)\left(\frac{1}{3}\right) = 9{,}12 \text{ kN/m}^2$$

O diagrama de distribuição de empuxo após a ocorrência da fenda de tração é indicado na Figura 13.24b. A partir dele,

$$P_a = \left(\frac{1}{2}\right)(3{,}46 + 9{,}12)(1) = \mathbf{6{,}29\ kN/m}$$

■

Exemplo 13.10

Considere a Figura 13.14. Dados: $H = 4$ m, $\alpha = +\,20°$ e $\theta = +\,20°$. Para o aterro granular, considera-se que $\gamma = 18{,}08$ kN/m^3 e $\phi' = 30°$. Determine a força ativa P_a por comprimento específico do muro, assim como a locação e a direção da resultante.

Solução

A partir da Eq. (13.42),

$$\psi_a = \text{sen}^{-1}\left(\frac{\text{sen}\,\alpha}{\text{sen}\,\phi'}\right) - \alpha + 2\theta = \text{sen}^{-1}\left(\frac{\text{sen}\,20}{\text{sen}\,30}\right) - 20° + (2)(20°)$$
$$= 43{,}16° - 20° + 40° = 63{,}16°$$

A partir da Eq. (13.45),

$$K_{a(R)} = \frac{\cos(\alpha - \theta)\sqrt{1 + \text{sen}^2\phi' - 2\text{sen}\,\phi'\cos\psi_a}}{\cos^2\theta(\cos\alpha + \sqrt{\text{sen}^2\phi' - \text{sen}^2\alpha})}$$
$$= \frac{\cos(20 - 20)\sqrt{1 + \text{sen}^2 30 - (2)(\text{sen}\,30)(\cos 63{,}16)}}{\cos^2 20(\cos 20 + \sqrt{\text{sen}^2 30 - \text{sen}^2 20})} = 0{,}776$$

A partir da Eq. (13.44),

$$P_a = \frac{1}{2}\gamma H^2 K_{a(R)} = \frac{1}{2}(18{,}08)(4)^2(0{,}776) = \mathbf{112{,}24\ kN/m}$$

A partir da Eq. (13.43),

$$\beta = \text{tg}^{-1}\left(\frac{\text{sen}\,\phi'\,\text{sen}\,\psi_a}{1 - \text{sen}\,\phi'\cos\psi_a}\right)$$
$$= \text{tg}^{-1}\left[\frac{(\text{sen}\,30)\,(\text{sen}\,63{,}16)}{1 - (\text{sen}\,30)\,(\cos 63{,}16)}\right] = 29{,}95° \approx 30°$$

A resultante agirá a uma distância de 12/3 = **1,33 m** acima da parte inferior do muro, com $\beta = $ **30°**. ■

TEORIA DE EMPUXO DE TERRA DE COULOMB

Há mais de 200 anos, Coulomb (1776) apresentou a teoria para os empuxos ativos e passivos de terra contra muros de arrimo. Nessa teoria, Coulomb considerou que a superfície de ruptura é plana. O atrito do *muro* foi levada em conta. As seguintes seções discutem os princípios gerais da derivação da teoria de empuxo de terra de Coulomb para um aterro não coesivo (resistência ao cisalhamento definida pela equação $\tau_f = \sigma'\ \text{tg}\ \phi'$).

13.12 Empuxo ativo de Coulomb

Considere *AB* (Figura 13.25a) como a face posterior do muro de arrimo que suporta o solo granular, cuja superfície tem uma inclinação constante em um ângulo α com a horizontal. *BC* é uma superfície possível de ruptura. Ao considerar a estabilidade da cunha com provável ruptura *ABC*, as seguintes forças são envolvidas (por comprimento específico do muro):

1. W – peso da cunha do solo.
2. F – resultante das forças de cisalhamento e da força normal na superfície da ruptura, BC. Ela é inclinada a um ângulo de ϕ' em relação à normal ao plano BC.
3. P_a = força ativa por comprimento específico do muro. A direção de P_a é inclinada a um ângulo δ' em relação à normal à face do muro que sustenta o solo. δ' é o ângulo de atrito entre o solo e a parede.

O triângulo de força para a cunha é indicado na Figura 13.19b. Para a lei dos senos, temos

$$\frac{W}{\operatorname{sen}(90+\theta+\delta'-\beta+\phi')}=\frac{P_a}{\operatorname{sen}(\beta-\phi')} \tag{13.73}$$

ou

$$P_a=\frac{\operatorname{sen}(\beta-\phi')}{\operatorname{sen}(90+\theta+\delta'-\beta+\phi')}W \tag{13.74}$$

A equação anterior pode ser escrita na forma

$$P_a=\frac{1}{2}\gamma H^2\left[\frac{\cos(\theta-\beta)\cos(\theta-\alpha)\operatorname{sen}(\beta-\phi')}{\cos^2\theta\,\operatorname{sen}(\beta-\alpha)\operatorname{sen}(90+\theta+\delta'-\beta+\phi')}\right] \tag{13.75}$$

onde γ = peso específico do aterro. Os valores de γ, H, θ, α, ϕ' e δ' são constantes e β é a única variável. Para determinar o valor crítico de β para P_a máximo, temos

$$\frac{dP_a}{d\beta}=0 \tag{13.76}$$

Após resolver a Eq. (13.76), quando a relação de β é substituída na Eq. (13.75), obtemos o empuxo de terra ativo de Coulomb como

$$P_a=\frac{1}{2}K_a\gamma H^2 \tag{13.77}$$

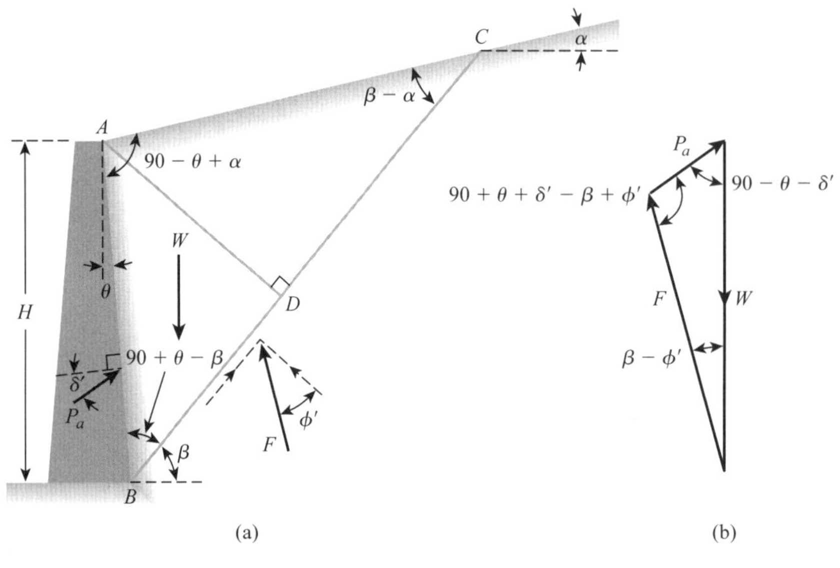

Figura 13.25 Empuxo ativo de Coulomb: (a) cunha tentativa de ruptura; (b) polígono de força.

onde K_a é o coeficiente do empuxo ativo de terra de Coulomb e é dado por

$$K_a = \frac{\cos^2(\phi' - \theta)}{\cos^2\theta \cos(\delta' + \theta)\left[1 + \sqrt{\dfrac{\text{sen}(\delta' + \phi')\text{sen}(\phi' - \alpha)}{\cos(\delta' + \theta)\cos(\theta - \alpha)}}\right]^2} \tag{13.78}$$

Observe que, quando $\alpha = 0°$, $\theta = 0°$ e $\delta' = 0°$, o coeficiente de empuxo ativo de terra de Coulomb se torna igual a $(1 - \text{sen}\,\phi')/(1 + \text{sen}\,\phi')$, que é o mesmo que o coeficiente de empuxo de terra de Rankine apresentado anteriormente neste capítulo.

A variação dos valores de K_a para os muros de arrimo com a posterior vertical ($\theta = 0°$) e aterro horizontal ($\alpha = 0°$) é dada na Tabela 13.4. A partir desta tabela, observe que, para determinado valor de ϕ', o efeito do atrito de muro é para reduzir, de algum modo, o coeficiente de empuxo ativo de terra.

As Tabelas 13.5 e 13.6 também apresentam a variação de K_a [Eq. (13.78)] para diversos valores de α, ϕ', θ e δ' ($\delta' = \frac{2}{3}\phi'$ na Tabela 13.5 e $\delta' = \frac{1}{2}\phi'$ na Tabela 13.6).

Tabela 13.4 Valores de K_a [Eq. (13.78)] para $\theta = 0°$, $\alpha = 0°$

	δ' (graus) →					
↓ ϕ' (graus)	0	5	10	15	20	25
28	0,3610	0,3448	0,3330	0,3251	0,3203	0,3186
30	0,3333	0,3189	0,3085	0,3014	0,2973	0,2959
32	0,3073	0,2945	0,2853	0,2791	0,2755	0,2745
34	0,2827	0,2714	0,2633	0,2579	0,2549	0,2542
36	0,2596	0,2497	0,2426	0,2379	0,2354	0,2350
38	0,2379	0,2292	0,2230	0,2190	0,2169	0,2167
40	0,2174	0,2089	0,2045	0,2011	0,1994	0,1995
42	0,1982	0,1916	0,1870	0,1841	0,1828	0,1831

Exemplo 13.11

Consulte a Figura 13.25. Dado: $\alpha = 10°$; $\theta = 5°$; $H = 4$ m; peso específico do solo, $\gamma = 15$ kN/m^3; ângulo de atrito de solo, $\phi' = 30°$ e $\delta' = 15°$. Calcule a força ativa, P_a, por comprimento específico do muro. Além disso, declare a direção e o local da força resultante, P_a.

Solução

A partir da Eq. (13.77),

$$P_a = \frac{1}{2}\gamma H^2 K_a$$

Para $\phi' = 30°$; $\delta' = 15°$ – ou seja, $\dfrac{\delta'}{\phi'} = \dfrac{15}{30} = \dfrac{1}{2}$; $\alpha = 10°$; e $\theta = 5°$, a magnitude de K_a é 0,3872 (Tabela 13.6). Assim,

$$P_a = \frac{1}{2}(15)(4)^2(0{,}3872) = \mathbf{46{,}46\ kN/m}$$

A resultante agirá na distância vertical igual a $H/3 = 4/3 = 1{,}33$ m acima da parte inferior do muro e será inclinada a um ângulo de 15° (= δ') com a face oposta do muro.

■

13.13 Empuxo passivo de Coulomb

A Figura 13.26a exibe um muro de arrimo com aterro não coesivo, em talude, semelhante ao considerado na Figura 13.25a. O polígono de força para equilíbrio da cunha *ABC* para o estado passivo é indicado na Figura 13.26b. P_p é a notação para força passiva. Outros sinais utilizados são os mesmos para o caso ativo (Seção 13.12). No procedimento semelhante ao seguido no caso ativo [Eq. (13.77)], obteremos

$$P_p = \tfrac{1}{2} K_p \gamma H^2 \tag{13.79}$$

onde K_p = coeficiente de empuxo passivo de terra de Coulomb ou

$$K_p = \frac{\cos^2(\phi' + \theta)}{\cos^2\theta \cos(\delta' - \theta)\left[1 - \sqrt{\dfrac{\text{sen}(\phi' + \delta')\,\text{sen}(\phi' + \alpha)}{\cos(\delta' - \theta)\cos(\alpha - \theta)}}\right]^2} \tag{13.80}$$

Para um muro sem atrito com a face posterior vertical que suporta um aterro de solo granular com uma superfície horizontal (ou seja, $\theta = 0°$, $\alpha = 0°$ e $\delta' = 0°$), a Eq. (13.80) fornece

$$K_p = \frac{1 + \text{sen}\,\phi'}{1 - \text{sen}\,\phi'} = \text{tg}^2\left(45 + \frac{\phi'}{2}\right)$$

Essa relação é a mesma que a obtida para o coeficiente de empuxo passivo da terra no caso de Rankine proporcionada pela Eq. (13.36).

A variação de K_p com ϕ' e δ' (para $\theta = 0°$ e $\alpha = 0°$) é dada na Tabela 13.7. Podemos visualizar a partir desta tabela que, para o valor proporcionado de ϕ', o valor de K_p aumenta com o atrito de muro.

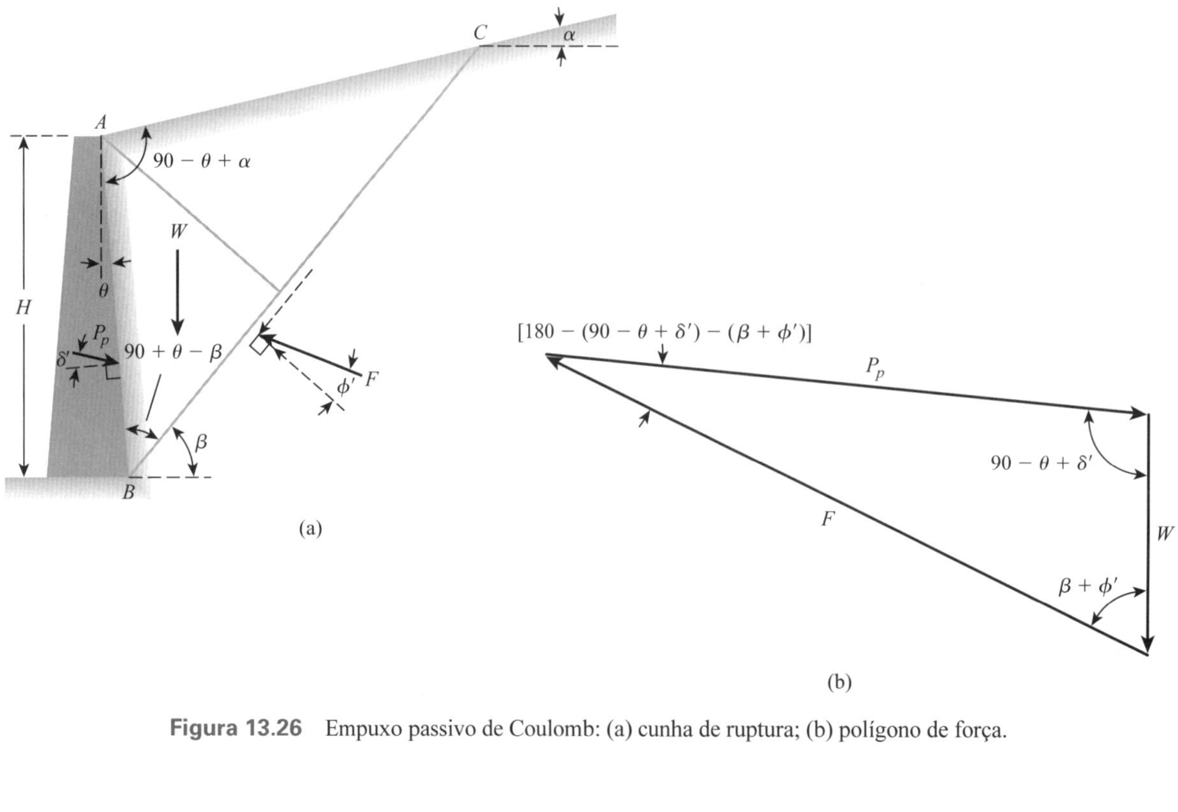

Figura 13.26 Empuxo passivo de Coulomb: (a) cunha de ruptura; (b) polígono de força.

Tabela 13.5 Valores de K_a [Eq. (13.78)] (*Observação:* $\delta' = \frac{2}{3}\phi'$)

		θ (graus)					
α (graus)	ϕ' (graus)	0	5	10	15	20	25
0	28	0,3213	0,3588	0,4007	0,4481	0,5026	0,5662
	29	0,3091	0,3467	0,3886	0,4362	0,4908	0,5547
	30	0,2973	0,3349	0,3769	0,4245	0,4794	0,5435
	31	0,2860	0,3235	0,3655	0,4133	0,4682	0,5326
	32	0,2750	0,3125	0,3545	0,4023	0,4574	0,5220
	33	0,2645	0,3019	0,3439	0,3917	0,4469	0,5117
	34	0,2543	0,2916	0,3335	0,3813	0,4367	0,5017
	35	0,2444	0,2816	0,3235	0,3713	0,4267	0,4919
	36	0,2349	0,2719	0,3137	0,3615	0,4170	0,4824
	37	0,2257	0,2626	0,3042	0,3520	0,4075	0,4732
	38	0,2168	0,2535	0,2950	0,3427	0,3983	0,4641
	39	0,2082	0,2447	0,2861	0,3337	0,3894	0,4553
	40	0,1998	0,2361	0,2774	0,3249	0,3806	0,4468
	41	0,1918	0,2278	0,2689	0,3164	0,3721	0,4384
	42	0,1840	0,2197	0,2606	0,3080	0,3637	0,4302
5	28	0,3431	0,3845	0,4311	0,4843	0,5461	0,6190
	29	0,3295	0,3709	0,4175	0,4707	0,5325	0,6056
	30	0,3165	0,3578	0,4043	0,4575	0,5194	0,5926
	31	0,3039	0,3451	0,3916	0,4447	0,5067	0,5800
	32	0,2919	0,3329	0,3792	0,4324	0,4943	0,5677
	33	0,2803	0,3211	0,3673	0,4204	0,4823	0,5558
	34	0,2691	0,3097	0,3558	0,4088	0,4707	0,5443
	35	0,2583	0,2987	0,3446	0,3975	0,4594	0,5330
	36	0,2479	0,2881	0,3338	0,3866	0,4484	0,5221
	37	0,2379	0,2778	0,3233	0,3759	0,4377	0,5115
	38	0,2282	0,2679	0,3131	0,3656	0,4273	0,5012
	39	0,2188	0,2582	0,3033	0,3556	0,4172	0,4911
	40	0,2098	0,2489	0,2937	0,3458	0,4074	0,4813
	41	0,2011	0,2398	0,2844	0,3363	0,3978	0,4718
	42	0,1927	0,2311	0,2753	0,3271	0,3884	0,4625
10	28	0,3702	0,4164	0,4686	0,5287	0,5992	0,6834
	29	0,3548	0,4007	0,4528	0,5128	0,5831	0,6672
	30	0,3400	0,3857	0,4376	0,4974	0,5676	0,6516
	31	0,3259	0,3713	0,4230	0,4826	0,5526	0,6365
	32	0,3123	0,3575	0,4089	0,4683	0,5382	0,6219
	33	0,2993	0,3442	0,3953	0,4545	0,5242	0,6078
	34	0,2868	0,3314	0,3822	0,4412	0,5107	0,5942
	35	0,2748	0,3190	0,3696	0,4283	0,4976	0,5810
	36	0,2633	0,3072	0,3574	0,4158	0,4849	0,5682
	37	0,2522	0,2957	0,3456	0,4037	0,4726	0,5558
	38	0,2415	0,2846	0,3342	0,3920	0,4607	0,5437
	39	0,2313	0,2740	0,3231	0,3807	0,4491	0,5321
	40	0,2214	0,2636	0,3125	0,3697	0,4379	0,5207
	41	0,2119	0,2537	0,3021	0,3590	0,4270	0,5097
	42	0,2027	0,2441	0,2921	0,3487	0,4164	0,4990
15	28	0,4065	0,4585	0,5179	0,5868	0,6685	0,7670
	29	0,3881	0,4397	0,4987	0,5672	0,6483	0,7463
	30	0,3707	0,4219	0,4804	0,5484	0,6291	0,7265
	31	0,3541	0,4049	0,4629	0,5305	0,6106	0,7076
	32	0,3384	0,3887	0,4462	0,5133	0,5930	0,6895
	33	0,3234	0,3732	0,4303	0,4969	0,5761	0,6721

(*Continua.*)

Tabela 13.5 (*Continuação.*)

α (graus)	ϕ' (graus)	θ (graus) 0	5	10	15	20	25
	34	0,3091	0,3583	0,4150	0,4811	0,5598	0,6554
	35	0,2954	0,3442	0,4003	0,4659	0,5442	0,6393
	36	0,2823	0,3306	0,3862	0,4513	0,5291	0,6238
	37	0,2698	0,3175	0,3726	0,4373	0,5146	0,6089
	38	0,2578	0,3050	0,3595	0,4237	0,5006	0,5945
	39	0,2463	0,2929	0,3470	0,4106	0,4871	0,5805
	40	0,2353	0,2813	0,3348	0,3980	0,4740	0,5671
	41	0,2247	0,2702	0,3231	0,3858	0,4613	0,5541
	42	0,2146	0,2594	0,3118	0,3740	0,4491	0,5415
20	28	0,4602	0,5205	0,5900	0,6714	0,7689	0,8880
	29	0,4364	0,4958	0,5642	0,6445	0,7406	0,8581
	30	0,4142	0,4728	0,5403	0,6195	0,7144	0,8303
	31	0,3935	0,4513	0,5179	0,5961	0,6898	0,8043
	32	0,3742	0,4311	0,4968	0,5741	0,6666	0,7799
	33	0,3559	0,4121	0,4769	0,5532	0,6448	0,7569
	34	0,3388	0,3941	0,4581	0,5335	0,6241	0,7351
	35	0,3225	0,3771	0,4402	0,5148	0,6044	0,7144
	36	0,3071	0,3609	0,4233	0,4969	0,5856	0,6947
	37	0,2925	0,3455	0,4071	0,4799	0,5677	0,6759
	38	0,2787	0,3308	0,3916	0,4636	0,5506	0,6579
	39	0,2654	0,3168	0,3768	0,4480	0,5342	0,6407
	40	0,2529	0,3034	0,3626	0,4331	0,5185	0,6242
	41	0,2408	0,2906	0,3490	0,4187	0,5033	0,6083
	42	0,2294	0,2784	0,3360	0,4049	0,4888	0,5930

Tabela 13.6 Valores de K_a [Eq. (13.78)] (*Observação:* $\delta' = \phi'/2$)

α (graus)	ϕ' (graus)	θ (graus) 0	5	10	15	20	25
0	28	0,3264	0,3629	0,4034	0,4490	0,5011	0,5616
	29	0,3137	0,3502	0,3907	0,4363	0,4886	0,5492
	30	0,3014	0,3379	0,3784	0,4241	0,4764	0,5371
	31	0,2896	0,3260	0,3665	0,4121	0,4645	0,5253
	32	0,2782	0,3145	0,3549	0,4005	0,4529	0,5137
	33	0,2671	0,3033	0,3436	0,3892	0,4415	0,5025
	34	0,2564	0,2925	0,3327	0,3782	0,4305	0,4915
	35	0,2461	0,2820	0,3221	0,3675	0,4197	0,4807
	36	0,2362	0,2718	0,3118	0,3571	0,4092	0,4702
	37	0,2265	0,2620	0,3017	0,3469	0,3990	0,4599
	38	0,2172	0,2524	0,2920	0,3370	0,3890	0,4498
	39	0,2081	0,2431	0,2825	0,3273	0,3792	0,4400
	40	0,1994	0,2341	0,2732	0,3179	0,3696	0,4304
	41	0,1909	0,2253	0,2642	0,3087	0,3602	0,4209
	42	0,1828	0,2168	0,2554	0,2997	0,3511	0,4117
5	28	0,3477	0,3879	0,4327	0,4837	0,5425	0,6115
	29	0,3337	0,3737	0,4185	0,4694	0,5282	0,5972
	30	0,3202	0,3601	0,4048	0,4556	0,5144	0,5833
	31	0,3072	0,3470	0,3915	0,4422	0,5009	0,5698
	32	0,2946	0,3342	0,3787	0,4292	0,4878	0,5566
	33	0,2825	0,3219	0,3662	0,4166	0,4750	0,5437
	34	0,2709	0,3101	0,3541	0,4043	0,4626	0,5312
	35	0,2596	0,2986	0,3424	0,3924	0,4505	0,5190

(*Continua.*)

Tabela 13.6 (*Continuação.*)

α (graus)	ϕ' (graus)	θ (graus)					
		0	5	10	15	20	25
	36	0,2488	0,2874	0,3310	0,3808	0,4387	0,5070
	37	0,2383	0,2767	0,3199	0,3695	0,4272	0,4954
	38	0,2282	0,2662	0,3092	0,3585	0,4160	0,4840
	39	0,2185	0,2561	0,2988	0,3478	0,4050	0,4729
	40	0,2090	0,2463	0,2887	0,3374	0,3944	0,4620
	41	0,1999	0,2368	0,2788	0,3273	0,3840	0,4514
	42	0,1911	0,2276	0,2693	0,3174	0,3738	0,4410
10	28	0,3743	0,4187	0,4688	0,5261	0,5928	0,6719
	29	0,3584	0,4026	0,4525	0,5096	0,5761	0,6549
	30	0,3432	0,3872	0,4368	0,4936	0,5599	0,6385
	31	0,3286	0,3723	0,4217	0,4782	0,5442	0,6225
	32	0,3145	0,3580	0,4071	0,4633	0,5290	0,6071
	33	0,3011	0,3442	0,3930	0,4489	0,5143	0,5920
	34	0,2881	0,3309	0,3793	0,4350	0,5000	0,5775
	35	0,2757	0,3181	0,3662	0,4215	0,4862	0,5633
	36	0,2637	0,3058	0,3534	0,4084	0,4727	0,5495
	37	0,2522	0,2938	0,3411	0,3957	0,4597	0,5361
	38	0,2412	0,2823	0,3292	0,3833	0,4470	0,5230
	39	0,2305	0,2712	0,3176	0,3714	0,4346	0,5103
	40	0,2202	0,2604	0,3064	0,3597	0,4226	0,4979
	41	0,2103	0,2500	0,2956	0,3484	0,4109	0,4858
	42	0,2007	0,2400	0,2850	0,3375	0,3995	0,4740
15	28	0,4095	0,4594	0,5159	0,5812	0,6579	0,7498
	29	0,3908	0,4402	0,4964	0,5611	0,6373	0,7284
	30	0,3730	0,4220	0,4777	0,5419	0,6175	0,7080
	31	0,3560	0,4046	0,4598	0,5235	0,5985	0,6884
	32	0,3398	0,3880	0,4427	0,5059	0,5803	0,6695
	33	0,3244	0,3721	0,4262	0,4889	0,5627	0,6513
	34	0,3097	0,3568	0,4105	0,4726	0,5458	0,6338
	35	0,2956	0,3422	0,3953	0,4569	0,5295	0,6168
	36	0,2821	0,3282	0,3807	0,4417	0,5138	0,6004
	37	0,2692	0,3147	0,3667	0,4271	0,4985	0,5846
	38	0,2569	0,3017	0,3531	0,4130	0,4838	0,5692
	39	0,2450	0,2893	0,3401	0,3993	0,4695	0,5543
	40	0,2336	0,2773	0,3275	0,3861	0,4557	0,5399
	41	0,2227	0,2657	0,3153	0,3733	0,4423	0,5258
	42	0,2122	0,2546	0,3035	0,3609	0,4293	0,5122
20	28	0,4614	0,5188	0,5844	0,6608	0,7514	0,8613
	29	0,4374	0,4940	0,5586	0,6339	0,7232	0,8313
	30	0,4150	0,4708	0,5345	0,6087	0,6968	0,8034
	31	0,3941	0,4491	0,5119	0,5851	0,6720	0,7772
	32	0,3744	0,4286	0,4906	0,5628	0,6486	0,7524
	33	0,3559	0,4093	0,4704	0,5417	0,6264	0,7289
	34	0,3384	0,3910	0,4513	0,5216	0,6052	0,7066
	35	0,3218	0,3736	0,4331	0,5025	0,5851	0,6853
	36	0,3061	0,3571	0,4157	0,4842	0,5658	0,6649
	37	0,2911	0,3413	0,3991	0,4668	0,5474	0,6453
	38	0,2769	0,3263	0,3833	0,4500	0,5297	0,6266
	39	0,2633	0,3120	0,3681	0,4340	0,5127	0,6085
	40	0,2504	0,2982	0,3535	0,4185	0,4963	0,5912
	41	0,2381	0,2851	0,3395	0,4037	0,4805	0,5744
	42	0,2263	0,2725	0,3261	0,3894	0,4653	0,5582

Tabela 13.7 Valores de K_p [Eq. (13.80)] para $\theta = 0°$, $\alpha = 0°$

	δ' (graus) →				
↓ ϕ' (graus)	0	5	10	15	20
15	1,698	1,900	2,130	2,405	2,735
20	2,040	2,313	2,636	3,030	3,525
25	2,464	2,830	3,286	3,855	4,597
30	3,000	3,506	4,143	4,977	6,105
35	3,690	4,390	5,310	6,854	8,324
40	4,600	5,590	6,946	8,870	11,772

13.14 Empuxo ativo sobre muros de arrimo com forças sísmicas

Caso ativo (aterro granular)

A análise de Coulomb para a força ativa nos muros de arrimo discutida na Seção 13.12 pode ser convenientemente estendida para incluir as forças sísmicas. Para isso, considere um muro de arrimo de altura H com um *aterro granular* em talude como o indicado na Figura 13.27a. Considere que o peso específico e o ângulo de atrito do solo granular contido pelo muro sejam iguais a γ e ϕ', respectivamente. Além disso, considere δ' como o ângulo de atrito entre o solo e o muro. ABC é uma cunha de ruptura. As forças que atuam na cunha são:

1. Peso do solo na cunha, W
2. Resultante das forças de cisalhamento e normal na superfície da ruptura BC, F
3. Empuxo ativo por unidade de comprimento do muro, P_{ae}
4. Força de inércia horizontal, $k_h W$
5. Força de inércia vertical, $k_v W$

Observe que

$$k_h = \frac{\text{Componente horizontal da aceleração sísmica}}{g} \tag{13.81}$$

$$k_v = \frac{\text{Componente vertical da aceleração sísmica}}{g} \tag{13.82}$$

onde g = aceleração em razão da gravidade

O polígono de força que demonstra tais forças é indicado na Figura 13.27b. A força ativa dinâmica no muro é o valor máximo de P_{ae} exercido por qualquer cunha. Este valor pode ser expresso como

$$P_{ae} = \frac{1}{2}\gamma H^2(1 - k_v)K_a'' \tag{13.83}$$

onde

$$K_a'' = \frac{\cos^2(\phi' - \theta - \bar{\beta})}{\cos^2\theta \cos\bar{\beta} \cos(\delta' + \theta + \bar{\beta})\left\{1 + \left[\dfrac{\operatorname{sen}(\delta' + \phi')\operatorname{sen}(\phi' - \alpha - \bar{\beta})}{\cos(\delta' + \theta + \bar{\beta})\cos(\theta - \alpha)}\right]^{1/2}\right\}^2} \tag{13.84}$$

e

$$\bar{\beta} = \operatorname{tg}^{-1}\left(\frac{k_h}{1 - k_v}\right) \tag{13.85}$$

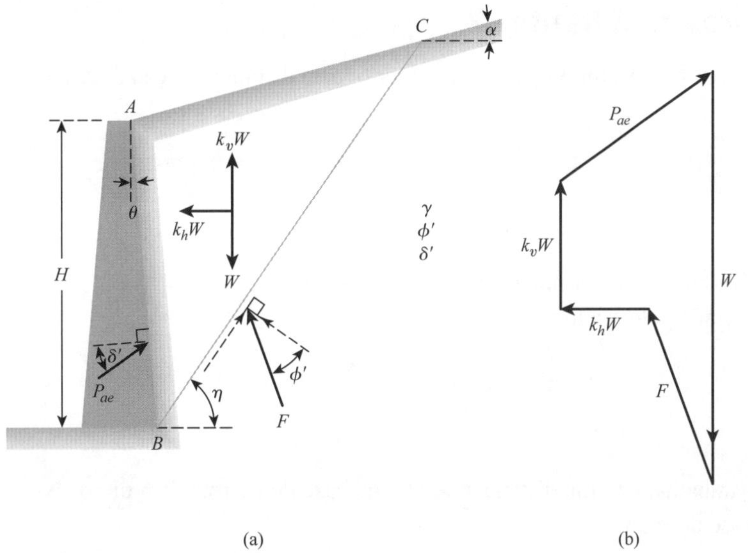

Figura 13.27 Empuxo ativo sobre um muro de arrimo com forças sísmicas.

Observe que, sem nenhuma força de inércia sísmica, $\overline{\beta}$ é igual a 0. Portanto, $K''_a = K_a$ conforme proporcionado na Eq. (13.78). As Eqs. (13.83) e (13.84) são conhecidas geralmente como *equações Mononobe-Okabe* (Mononobe, 1929; Okabe, 1926). A variação de K''_a com $\theta = 0°$ 5°, 10° e 15° e $k_v = 0$ é dada nas Tabelas 13.8 a 13.11. A Figura 13.28 mostra os valores críticos de $\eta = \eta_c$ (para $\theta = 0$, $\alpha = 0$, $k_v = 0$, $\phi' = 30°$) para o qual o valor máximo de P_{ae} é obtido.

Considerando a relação de força ativa dada pelas Eqs. (13.83) a (13.85), descobrimos que o termo sen $(\phi' - \alpha - \overline{\beta})$ na Eq. (13.84) tem duas implicações importantes. Primeiro, se $\phi' - \alpha - \overline{\beta} < 0$ (ou seja, negativo), nenhuma solução real de K''_a é possível. Fisicamente, isso implica que uma *condição de equilíbrio não existirá*. Portanto, para a estabilidade, o talude limitante do aterro pode ser proporcionado por

$$\alpha \leq \phi' - \overline{\beta} \qquad (13.86)$$

Para uma condição que não seja sísmica, $\overline{\beta} = 0°$; para estabilidade, a Eq. (13.86) fornece a relação familiar

$$\alpha \leq \phi' \qquad (13.87)$$

Segundo, para aterro horizontal, $\alpha = 0°$; para estabilidade,

$$\overline{\beta} \leq \phi' \qquad (13.88)$$

Em razão de $\overline{\beta} = \text{tg}^{-1}[k_h/(1 - k_v)]$, para estabilidade, a combinação das Eqs. (13.85) e (13.88) resulta em

$$k_h \leq (1 - k_v)\ \text{tg}\ \phi' \qquad (13.89)$$

Assim, o valor crítico da aceleração horizontal pode ser definido por

$$k_{h(\text{cr})} = (1 - k_v)\ \text{tg}\ \phi' \qquad (13.90)$$

onde $k_{h(\text{cr})}$ = valor crítico de aceleração horizontal (Figura 13.29).

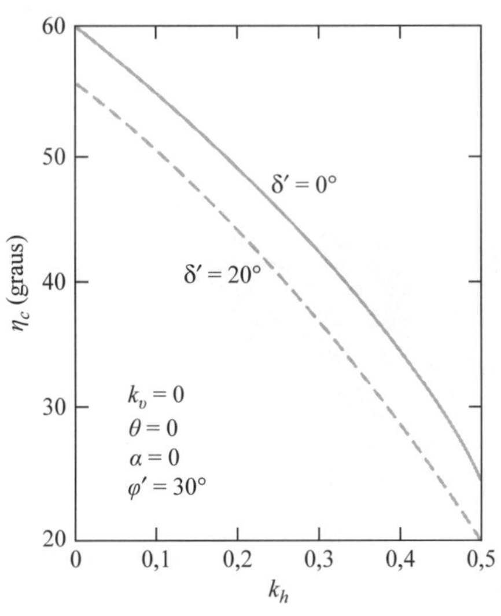

Figura 13.28 Gráfico de $\eta = \eta_c$ para $k_v = 0$, $\theta = 0$, $\alpha = 0$ e $\phi' = 30°$.

Local de linha de ação de força resultante, P_{ae}

Seed e Whitman (1970) propuseram um procedimento simples para determinar o local da linha de ação da resultante, P_{ae}. Este método é o seguinte:

1. Considere

$$P_{ae} = P_a + \Delta P_{ae} \tag{13.91}$$

onde P_a = força ativa de Coulomb conforme determinada na Eq. (13.77)
ΔP_{ae} = força ativa adicional causada pelo efeito sísmico

2. Calcule P_a [Eq. (13.77)].
3. Calcule P_{ae} [Eq. (13.83)].
4. Calcule $\Delta P_{ae} = P_{ae} - P_a$.
5. De acordo com a Figura 13.30, P_a trabalhará a uma distância de $H/3$ da base do muro. Além disso, ΔP_{ae} trabalhará a uma distância de $0{,}6H$ da base do muro.

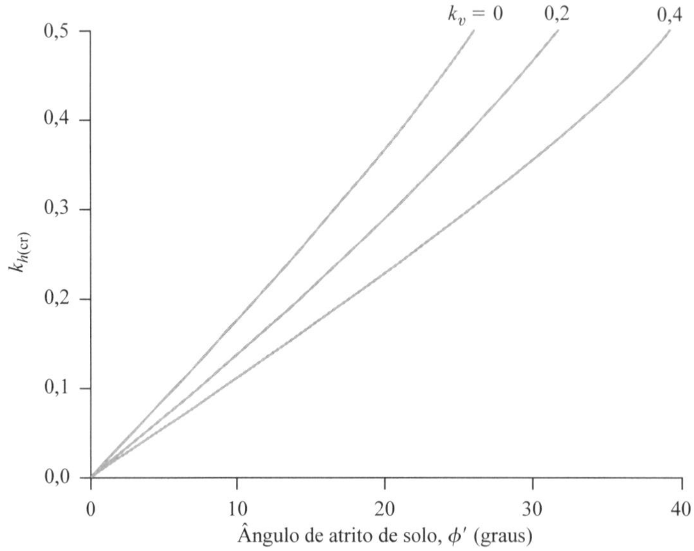

Figura 13.29 Valores críticos de aceleração horizontal [Eq. (13.90)].

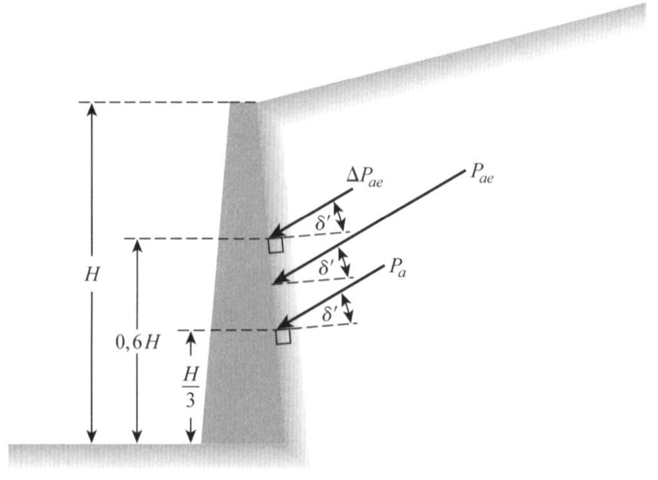

Figura 13.30 Local da linha de ação de P_{ae}.

6. Calcule a localização de P_{ae} como

$$\bar{z} = \frac{P_a\left(\frac{H}{3}\right) + \Delta P_{ae}(0{,}6H)}{P_{ae}} \tag{13.92}$$

onde $\bar{z}$ = distância da linha da ação de P_{ae} a partir da base do muro.

Observe que a linha de ação de P_{ae} estará inclinada a um ângulo de δ' em relação à normal com a face posterior do muro de arrimo. É muito importante entender que este método para determinação de P_{ae} é aproximado e não modela, realmente, as dinâmicas de solo.

Caso ativo (aterro c' - ϕ')

Shukla et al. (2009) desenvolveram um procedimento para estimativa de P_{ae} para um muro de arrimo com face posterior vertical e aterro horizontal com solo $c' - \phi'$ (Figura 13.31a). Na Figura 13.31a, ABC é a cunha de ruptura. As seguintes suposições foram feitas na análise:

1. O efeito da fenda de tração não foi levado em conta.
2. O atrito e a adesão entre a face posterior do muro e o aterro foram negligenciados.

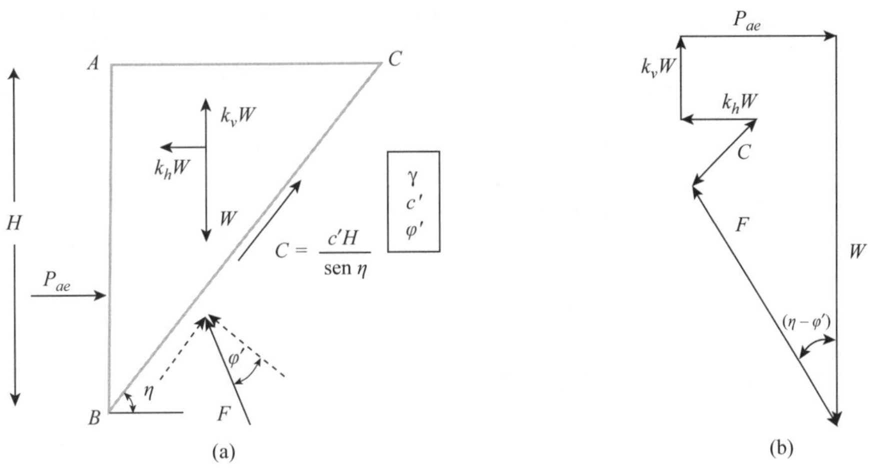

Figura 13.31 Estimativa de P_{ae} com aterro $c' - \phi'$: (a) cunha de ruptura, (b) polígono de força.

A Figura 13.31b indica o polígono para todas as forças que agem na cunha ABC. As seguintes anotações são semelhantes às indicadas na Figura 13.27. De acordo com esta análise, o ângulo crítico de cunha $\eta = \eta_c$ para valores máximos de P_{ae} pode ser dado por

$$\text{tg}\,\eta_c = \frac{\text{sen}\,\phi'\,\text{sen}\,(\phi' - \bar{\beta}) + m\,\text{sen}\,2\phi' + \begin{bmatrix}\text{sen}\,\phi'\,\text{sen}\,(\phi' - \bar{\beta})\cos\bar{\beta} \\ + 4m^2\cos^2\phi' + 2m\cos^2\phi' \\ \{\text{sen}\,\phi'\cos\bar{\beta} + \text{sen}\,(\phi' - \bar{\beta})\}\end{bmatrix}^{0{,}5}}{\text{sen}\,\phi'\cos(\phi' - \bar{\beta}) + 2m\cos^2\phi'} \tag{13.93}$$

onde

$$m = \frac{c'\cos\bar{\beta}}{\gamma H(1 - k_v)} \tag{13.94}$$

Para a definição de $\bar{\beta}$, consulte a Eq. (13.85).

Assim, a magnitude de P_{ae} pode ser expressa como

Tabela 13.8 Valores de K''_a [Eq. (13.60)] com $\theta = 0°$ e $k_v = 0$

k_h	δ' (graus)	α (graus)	ϕ' (graus)				
			28	30	35	40	45
0,1	0	0	0,427	0,397	0,328	0,268	0,217
0,2			0,508	0,473	0,396	0,382	0,270
0,3			0,611	0,569	0,478	0,400	0,334
0,4			0,753	0,697	0,581	0,488	0,409
0,5			1,005	0,890	0,716	0,596	0,500
0,1	0	5	0,457	0,423	0,347	0,282	0,227
0,2			0,554	0,514	0,424	0,349	0,285
0,3			0,690	0,635	0,522	0,431	0,356
0,4			0,942	0,825	0,653	0,535	0,442
0,5			–	–	0,855	0,673	0,551
0,1	0	10	0,497	0,457	0,371	0,299	0,238
0,2			0,623	0,570	0,461	0,375	0,303
0,3			0,856	0,748	0,585	0,472	0,383
0,4			–	–	0,780	0,604	0,486
0,5			–	–	–	0,809	0,624
0,1	$\phi'/2$	0	0,396	0,368	0,306	0,253	0,207
0,2			0,485	0,452	0,380	0,319	0,267
0,3			0,604	0,563	0,474	0,402	0,340
0,4			0,778	0,718	0,599	0,508	0,433
0,5			1,115	0,972	0,774	0,648	0,552
0,1	$\phi'/2$	5	0,428	0,396	0,326	0,268	0,218
0,2			0,537	0,497	0,412	0,342	0,283
0,3			0,699	0,640	0,526	0,438	0,367
0,4			1,025	0,881	0,690	0,568	0,475
0,5			–	–	0,962	0,752	0,620
0,1	$\phi'/2$	10	0,472	0,433	0,352	0,285	0,230
0,2			0,616	0,562	0,454	0,371	0,303
0,3			0,908	0,780	0,602	0,487	0,400
0,4			–	–	0,857	0,656	0,531
0,5			–	–	–	0,944	0,722
0,1	$\frac{2}{3}\phi'$	0	0,393	0,366	0,306	0,256	0,212
0,2			0,486	0,454	0,384	0,326	0,276
0,3			0,612	0,572	0,486	0,416	0,357
0,4			0,801	0,740	0,622	0,533	0,462
0,5			1,177	1,023	0,819	0,693	0,600
0,1	$\frac{2}{3}\phi'$	5	0,427	0,395	0,327	0,271	0,224
0,2			0,541	0,501	0,418	0,350	0,294
0,3			0,714	0,655	0,541	0,455	0,386
0,4			1,073	0,921	0,722	0,600	0,509
0,5			–	–	1,034	0,812	0,679
0,1	$\frac{2}{3}\phi'$	10	0,472	0,434	0,354	0,290	0,237
0,2			0,625	0,570	0,463	0,381	0,317
0,3			0,942	0,807	0,624	0,509	0,423
0,4			–	–	0,909	0,699	0,573
0,5			–	–	–	1,037	0,800

Tabela 13.9 Valores de K''_a [Eq. (13.84)] com $\theta = 5°$ e $k_v = 0$

k_h	δ' (graus)	α (graus)	ϕ' (graus) 28	30	35	40	45
0,1	0	0	0,462	0,432	0,363	0,303	0,250
0,2			0,543	0,509	0,432	0,365	0,306
0,3			0,647	0,606	0,516	0,439	0,372
0,4			0,792	0,736	0,622	0,530	0,451
0,5			1,054	0,936	0,762	0,642	0,546
0,1	0	5	0,496	0,462	0,386	0,320	0,263
0,2			0,594	0,554	0,465	0,389	0,324
0,3			0,733	0,678	0,566	0,475	0,398
0,4			0,996	0,875	0,702	0,583	0,489
0,5			—	—	0,914	0,728	0,604
0,1	0	10	0,540	0,500	0,413	0,339	0,277
0,2			0,669	0,616	0,507	0,419	0,345
0,3			0,912	0,801	0,635	0,521	0,430
0,4			—	—	0,842	0,660	0,540
0,5			—	—	—	0,879	0,687
0,1	$\phi'/2$	0	0,434	0,407	0,344	0,291	0,245
0,2			0,526	0,494	0,423	0,362	0,329
0,3			0,651	0,610	0,523	0,451	0,389
0,4			0,836	0,775	0,657	0,566	0,541
0,5			1,202	1,050	0,847	0,719	0,623
0,1	$\phi'/2$	5	0,472	0,440	0,369	0,309	0,258
0,2			0,585	0,546	0,460	0,389	0,330
0,3			0,756	0,698	0,583	0,494	0,421
0,4			1,111	0,959	0,761	0,636	0,542
0,5			—	—	1,063	0,841	0,705
0,1	$\phi'/2$	10	0,521	0,482	0,399	0,331	0,274
0,2			0,674	0,619	0,509	0,424	0,355
0,3			0,990	0,855	0,670	0,551	0,462
0,4			—	—	0,952	0,739	0,609
0,5			—	—	—	1,067	0,827
0,1	$\frac{2}{3}\phi'$	0	0,433	0,407	0,347	0,296	0,253
0,2			0,530	0,499	0,431	0,373	0,323
0,3			0,664	0,624	0,540	0,471	0,413
0,4			0,868	0,806	0,689	0,601	0,531
0,5			1,284	1,119	0,907	0,781	0,689
0,1	$\frac{2}{3}\phi'$	5	0,472	0,441	0,373	0,316	0,267
0,2			0,593	0,554	0,471	0,403	0,346
0,3			0,779	0,719	0,605	0,519	0,449
0,4			1,175	1,012	0,805	0,681	0,589
0,5			—	—	1,159	0,923	0,787
0,1	$\frac{2}{3}\phi'$	10	0,524	0,486	0,405	0,339	0,284
0,2			0,688	0,632	0,523	0,440	0,373
0,3			1,036	0,892	0,701	0,583	0,495
0,4			—	—	1,024	0,800	0,668
0,5			—	—	—	1,195	0,936

Tabela 13.10 Valores de K''_a [Eq. (13.84)] com $\theta = 10°$ e $k_v = 0$

			ϕ' (graus)				
k_h	δ' (graus)	α (graus)	28	30	35	40	45
0,1	0	0	0,500	0,470	0,402	0,342	0,288
0,2			0,582	0,549	0,473	0,406	0,346
0,3			0,688	0,648	0,559	0,483	0,415
0,4			0,838	0,782	0,669	0,577	0,498
0,5			1,115	0,993	0,816	0,695	0,599
0,1	0	5	0,539	0,505	0,428	0,362	0,303
0,2			0,639	0,599	0,510	0,434	0,368
0,3			0,782	0,728	0,615	0,524	0,446
0,4			1,060	0,935	0,758	0,638	0,543
0,5			—	—	0,984	0,793	0,665
0,1	0	10	0,588	0,548	0,460	0,385	0,320
0,2			0,721	0,668	0,558	0,469	0,393
0,3			0,979	0,863	0,693	0,577	0,484
0,4			—	—	0,914	0,725	0,601
0,5			—	—	—	0,962	0,760
0,1	$\phi'/2$	0	0,477	0,450	0,388	0,334	0,287
0,2			0,573	0,542	0,471	0,410	0,412
0,3			0,705	0,665	0,579	0,507	0,446
0,4			0,904	0,843	0,724	0,634	0,700
0,5			1,311	1,147	0,935	0,805	0,709
0,1	$\phi'/2$	5	0,520	0,488	0,417	0,357	0,304
0,2			0,641	0,601	0,515	0,444	0,383
0,3			0,825	0,765	0,649	0,559	0,485
0,4			1,216	1,053	0,845	0,717	0,621
0,5			—	—	1,188	0,950	0,808
0,1	$\phi'/2$	10	0,577	0,538	0,454	0,384	0,324
0,2			0,742	0,685	0,573	0,486	0,414
0,3			1,089	0,944	0,750	0,628	0,535
0,4			—	—	1,068	0,840	0,704
0,5			—	—	—	1,221	0,958
0,1	$\frac{2}{3}\phi'$	0	0,479	0,452	0,394	0,343	0,299
0,2			0,581	0,551	0,484	0,427	0,378
0,3			0,724	0,685	0,603	0,536	0,479
0,4			0,948	0,885	0,768	0,682	0,614
0,5			1,419	1,239	1,017	0,889	0,800
0,1	$\frac{2}{3}\phi'$	5	0,524	0,493	0,425	0,367	0,318
0,2			0,653	0,614	0,531	0,464	0,406
0,3			0,856	0,796	0,680	0,594	0,524
0,4			1,302	1,124	0,906	0,779	0,687
0,5			—	—	1,319	1,064	0,923
0,1	$\frac{2}{3}\phi'$	10	0,584	0,545	0,463	0,396	0,340
0,2			0,762	0,705	0,594	0,510	0,441
0,3			1,151	0,995	0,794	0,672	0,582
0,4			—	—	1,167	0,924	0,786
0,5			—	—	—	1,400	1,112

Tabela 13.11 Valores de K''_a [Eq. (13.84)] com $\theta = 15°$ e $k_v = 0$

k_h	δ' (graus)	α (graus)	ϕ' (graus)				
			28	30	35	40	45
0,1	0	0	0,543	0,514	0,446	0,385	0,329
0,2			0,626	0,594	0,519	0,451	0,391
0,3			0,735	0,696	0,608	0,532	0,464
0,4			0,892	0,836	0,723	0,631	0,552
0,5			1,190	1,061	0,879	0,756	0,659
0,1	0	5	0,587	0,554	0,477	0,409	0,348
0,2			0,691	0,651	0,562	0,485	0,417
0,3			0,841	0,785	0,672	0,579	0,500
0,4			1,139	1,007	0,824	0,701	0,604
0,5			—	—	1,069	0,868	0,736
0,1	0	10	0,643	0,603	0,514	0,437	0,369
0,2			0,783	0,729	0,617	0,525	0,447
0,3			1,059	0,937	0,761	0,641	0,545
0,4			—	—	1,000	0,802	0,672
0,5			—	—	—	1,062	0,846
0,1	$\phi'/2$	0	0,526	0,499	0,438	0,384	0,336
0,2			0,627	0,596	0,527	0,467	0,526
0,3			0,769	0,729	0,644	0,573	0,512
0,4			0,987	0,925	0,805	0,714	0,963
0,5			1,450	1,270	1,044	0,911	0,814
0,1	$\phi'/2$	5	0,576	0,544	0,473	0,412	0,358
0,2			0,705	0,665	0,580	0,508	0,446
0,3			0,906	0,845	0,727	0,636	0,561
0,4			1,349	1,169	0,948	0,815	0,717
0,5			—	—	1,348	1,088	0,938
0,1	$\phi'/2$	10	0,642	0,602	0,517	0,445	0,384
0,2			0,822	0,763	0,648	0,559	0,485
0,3			1,211	1,053	0,847	0,719	0,623
0,4			—	—	1,214	0,965	0,820
0,5			—	—	—	1,420	1,125
0,1	$\frac{2}{3}\phi'$	0	0,530	0,505	0,447	0,397	0,353
0,2			0,640	0,611	0,545	0,490	0,442
0,3			0,796	0,758	0,677	0,613	0,559
0,4			1,046	0,983	0,866	0,782	0,718
0,5			1,597	1,395	1,157	1,029	0,944
0,1	$\frac{2}{3}\phi'$	5	0,583	0,553	0,485	0,427	0,378
0,2			0,724	0,685	0,603	0,536	0,479
0,3			0,949	0,887	0,771	0,684	0,616
0,4			1,465	1,266	1,033	0,902	0,811
0,5			—	—	1,531	1,250	1,105
0,1	$\frac{2}{3}\phi'$	10	0,654	0,615	0,532	0,464	0,406
0,2			0,851	0,792	0,679	0,593	0,523
0,3			1,296	1,123	0,908	0,781	0,689
0,4			—	—	1,351	1,083	0,938
0,5			—	—	—	1,681	1,353

$$\frac{P_{ae}}{\gamma H^2} = P^*_{ae} = \frac{1}{2}(1 - k_v)K_{ae\gamma} - c^* K_{aec} \tag{13.95}$$

onde

$$c^* = \frac{c'}{\gamma H} \tag{13.96}$$

$$K_{ae\gamma} = \frac{\cos(\phi' - \overline{\beta}) - \dfrac{\text{sen}(\phi' - \overline{\beta})}{\text{tg}\,\eta_c}}{\cos\overline{\beta}(\cos\phi' + \text{tg}\,\eta_c\,\text{sen}\,\phi'} \tag{13.97}$$

$$K_{aec} = \frac{\cos\phi'(1 + \text{tg}^2\,\eta_c)}{\text{tg}\,\eta_c(\cos\phi' + \text{tg}\,\eta_c\,\text{sen}\,\phi')} \tag{13.98}$$

A Figura 13.32 apresenta os gráficos de P^*_{ae} contra ϕ' para diversos valores de c^* e k_h ($k_v = 0$).

13.15 Tipos comuns de muros de arrimo no campo

As seções anteriores apresentaram os conceitos teóricos para estimativa de empuxo lateral de terra para muros de arrimo. Na prática, os tipos comuns de muro de arrimo construídos podem ser divididos em duas categorias principais: muros de arrimo rígidos e muros de terra mecanicamente estabilizados (MSE). A seguir, temos uma breve visão dos vários tipos de muros de arrimo construídos em campo.

Muros de arrimo rígidos

Nesta categoria, os muros podem ser subdivididos em quatro categorias. São elas:

1. Muros de arrimo de gravidade
2. Muros de arrimo de semigravidade
3. Muros de arrimo de flexão
4. Muros de arrimo de contraforte

Os muros de arrimo de gravidade (Figura 13.33a) são construídos com concreto plano ou alvenaria de pedra. Eles dependem do próprio peso e de qualquer solo sobre a alvenaria para estabilidade. Este tipo de construção não é econômico para muros altos.

Em muitos casos, pode ser usada uma pequena quantidade de aço para a construção dos muros de gravidade, minimizando, assim, o tamanho das seções do muro. Tais muros geralmente são conhecidos como *muros de semigravidade* (Figura 13.33b).

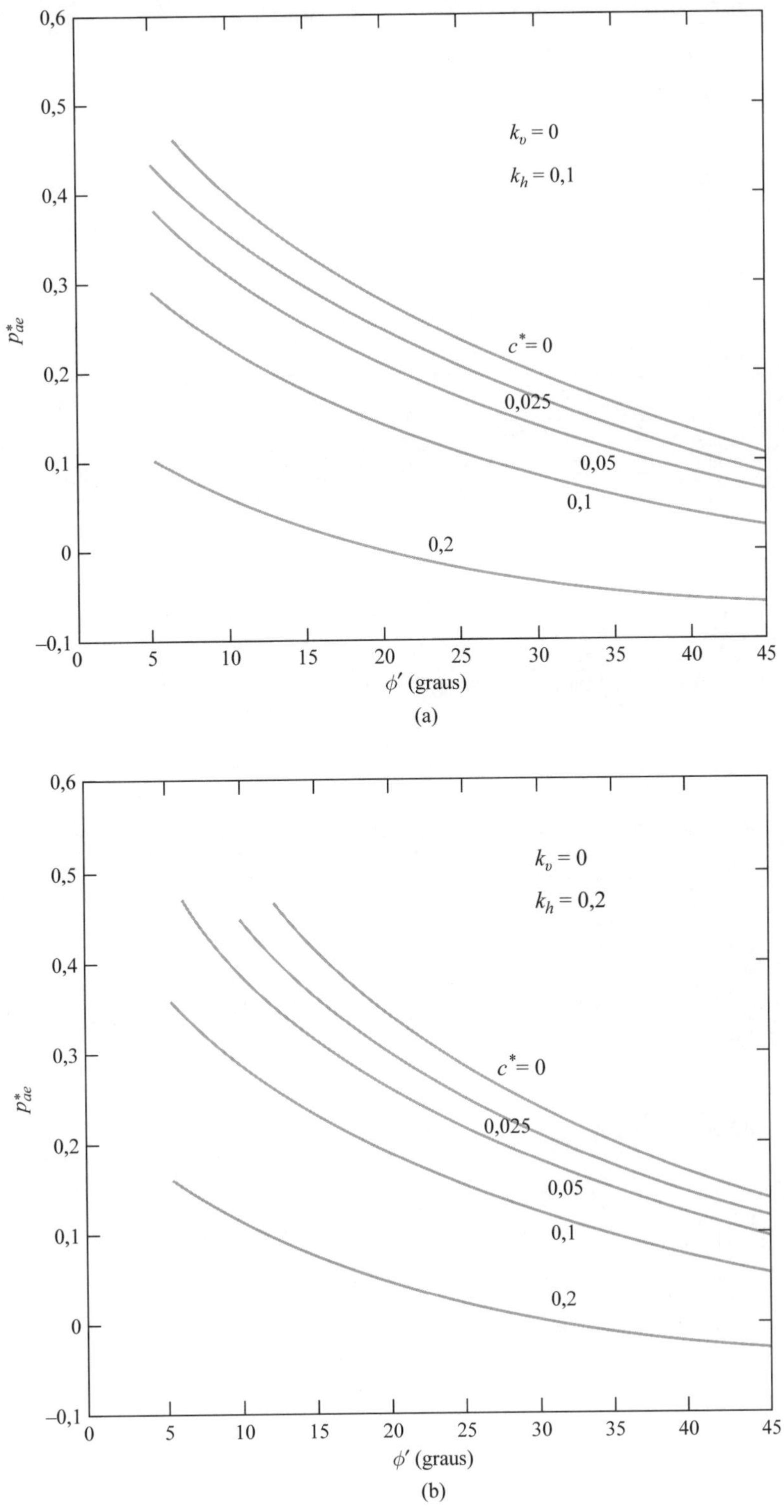

Figura 13.32 Gráfico de P^*_{ae} *versus* ϕ' para diversos valores de c^*: (a) $k_h = 0,1$, (b) $k_h = 0,2$, (c) $k_h = 0,3$, (d) $k_h = 0,4$. (*Observação*: $k_v = 0$.)

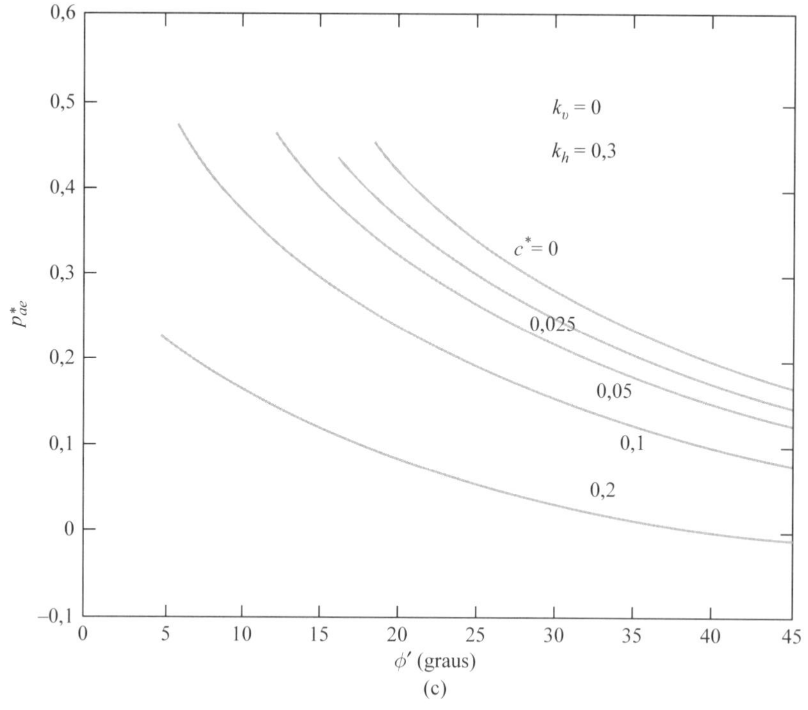

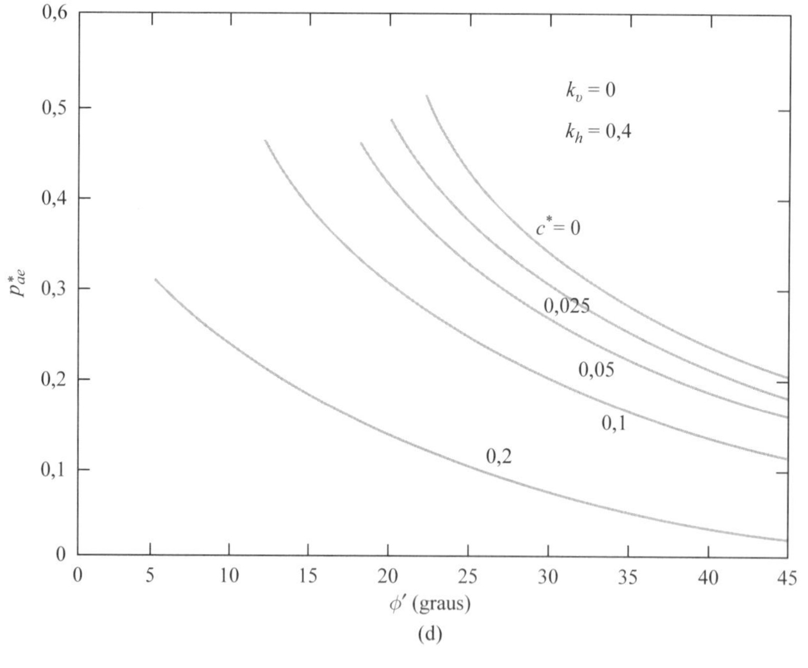

Figura 13.32 (*Continuação.*)

Os muros de arrimo de flexão (Figura 13.33c) são feitos de concreto armado e consistem de um fuste fino e uma laje de base. Este tipo de muro é econômico a uma altura de aproximadamente 8 m. A Figura 13.34 exibe um muro de arrimo de flexão em construção.

Os muros de arrimo de contraforte (Figura 13.33d) são semelhantes aos muros de flexão. Em intervalos regulares, no entanto, possuem placas finas de concreto verticais, conhecidas como *contrafortes*, que amarram a face à laje de base. A finalidade dos contrafortes é reduzir o cisalhamento e os movimentos de flexão.

Exemplo 13.12

Para um muro de arrimo com aterro de solo não coesivo, $\gamma = 15{,}5$ kN/m^3, $\phi' = 30°$, $\delta' = 15°$, $\theta = 0°$, $\alpha = 0°$, $H = 4$ m, $k_v = 0$ e $k_h = 0{,}2$. Determine P_{ae}. Determine também o local da linha resultante da ação de P_{ae} – isto é, $\bar{z}$.

Solução

Da Eq. (13.83),

$$P_{ae} = \frac{1}{2}\gamma H^2(1 - k_v)K''_a$$

Dados: $\dfrac{\delta'}{\phi'} = \dfrac{15}{30} = 0{,}5$, $\alpha = 0$, $k_v = 0$ e $k_h = 0{,}2$. A partir da Tabela 13.8, $K''_a = 0{,}452$. Então,

$$P_{ae} = \left(\frac{1}{2}\right)(15{,}5)(4)^2(1 - 0)(0{,}452) = \mathbf{56{,}05\ kN/m}$$

Localizamos, então, a linha resultante da ação. A partir da Eq. (13.77),

$$P_a = \tfrac{1}{2}K_a\gamma H^2$$

Para $\phi' = 30°$ e $\delta' = 15°$, $K_a = 0{,}3014$ (Tabela 13.6), logo,

$$P_a = \tfrac{1}{2}(0{,}3014)(15{,}5)(4)^2 = 37{,}37 \text{ kN/m}$$

Portanto, $\Delta P_{ae} = 56{,}05 - 37{,}37 = 18{,}68$ kN/m. A partir da Eq. (13.92)

$$\bar{z} = \frac{P_a\left(\frac{H}{3}\right) + \Delta P_{ae}(0{,}6H)}{P_{ae}} = \frac{(37{,}37)\left(\frac{4}{3}\right) + (18{,}68)(2.4)}{56{,}05} = \mathbf{1{,}69\ m}$$

■

Exemplo 13.13

Para um murro de arrimo com aterro vertical, os seguintes dados são considerados.

- $H = 8{,}54$ m
- $\gamma = 18{,}55$ kN/m^3
- $\phi' = 20°$
- $k_h = 0{,}1$
- $c' = 7{,}9$ kN/m^2

Determine a magnitude da força ativa, P_{ae}.

Solução

A partir da Eq. (13.81),

$$c^* = \frac{c'}{\gamma H} = \frac{7{,}9}{(18{,}55)(8{,}54)} = 0{,}0499 \approx 0{,}05$$

$$\phi' = 20°$$

A partir da Figura 13.32a, para $\phi' = 20°$ e $c^* = 0{,}05$, o valor de $P^*_{ae} \approx 0{,}207$. Portanto,

$$P_{ae} = P^*_{ae}\gamma H^2 = (0{,}207)\,(18{,}55)\,(8{,}54)^2 = \mathbf{280\ kN/m}$$

■

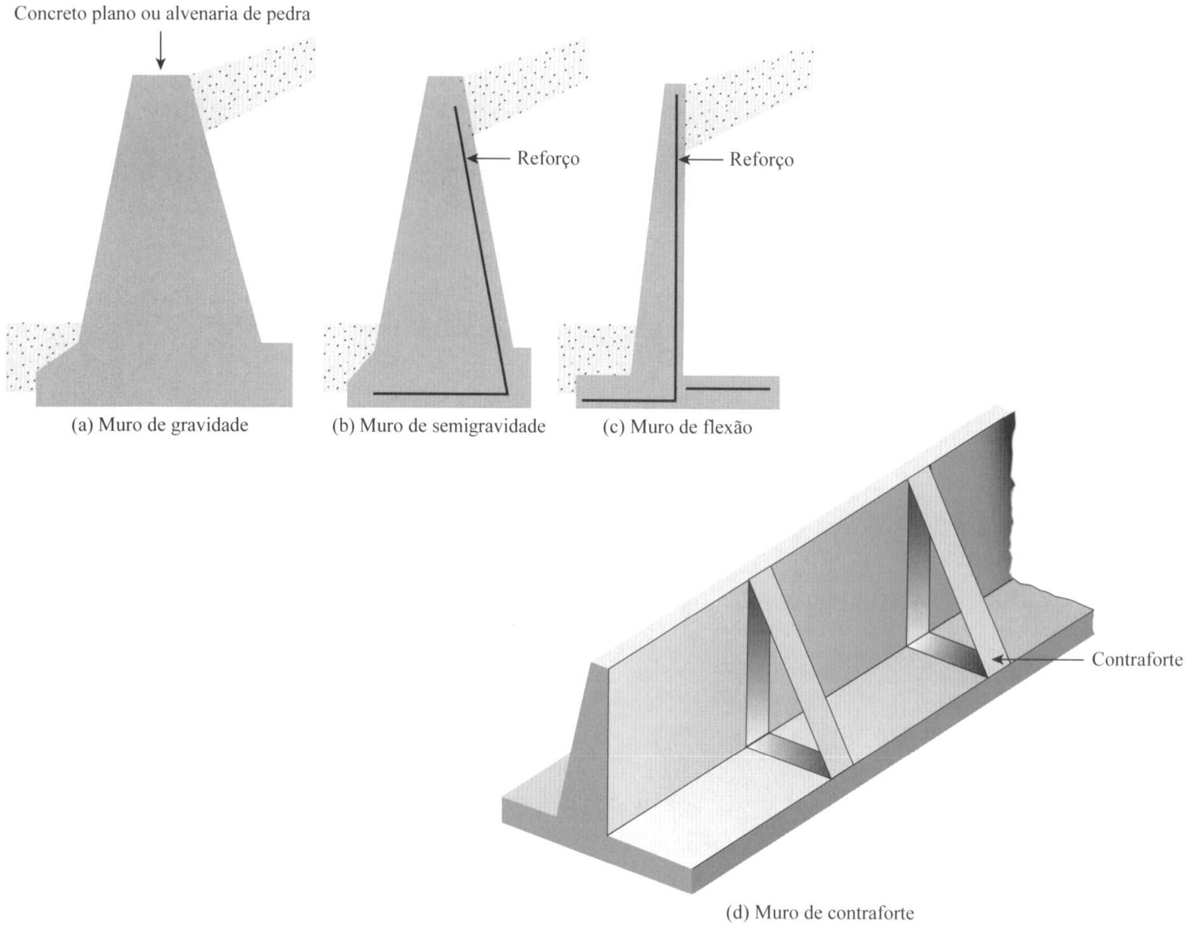

Figura 13.33 Tipos de muro de arrimo.

Figura 13.34 Muro de arrimo de flexão em construção.
(*Cortesia de Dharma Shakya, Geotechnical Solutions, Inc., Irvine, Califórnia.*)

Muros de terra mecanicamente estabilizados (MSE)

Os muros de terra mecanicamente estabilizados são muros flexíveis e se tornam cada vez mais comuns. Os principais componentes destes tipos de muro são

- *Aterro* – que é solo granular
- *Reforço* no aterro
- *Cobertura* (ou *revestimento*) na face frontal

O reforço pode ser fitas finas de aço galvanizadas, geogrelhas ou geotêxtil. Na maioria dos casos, as lajes de concreto pré-moldadas são utilizadas como revestimento. As lajes são encaixadas para se ajustarem para que o solo não passe pelas juntas. Também pode ser utilizado como revestimento um fino aço galvanizado quando os reforços são faixas metálicas. Quando fitas de metal forem utilizadas, elas serão unidas por parafusos e as fitas do reforço são colocadas entre os revestimentos.

A Figura 13.35 exibe uma parede MSE com fitas metálicas como reforço ao longo do revestimento de metal. A Figura 13.36 exibe alguns muros típicos MSE com reforço de geogrelhas no aterro. As Figuras 13.37 e 13.38 exibem uma construção de muro MSE com reforço geotêxtil e geogrelhas, respectivamente.

Os muros de arrimo são projetados utilizando diversas teorias de empuxo de terra descritas neste capítulo. Para o projeto real de muro, consulte qualquer livro de engenharia de fundação.

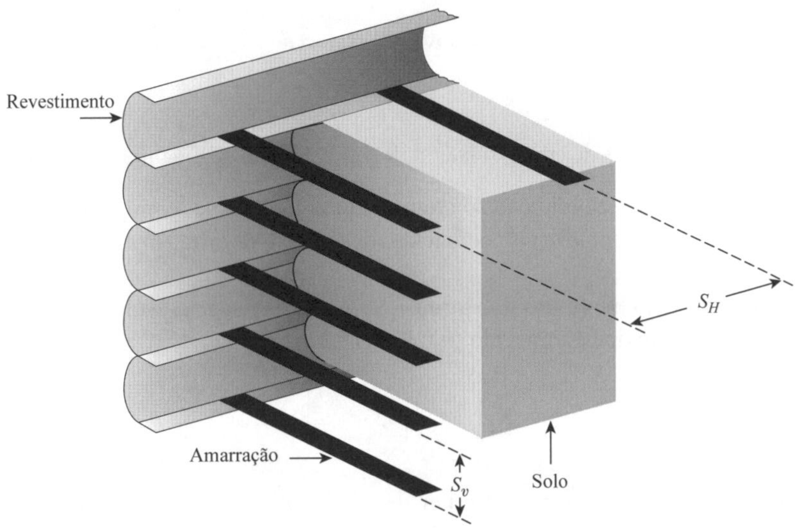

Figura 13.35 Muro *MSE* com reforço de fita metálica e revestimento metálico.

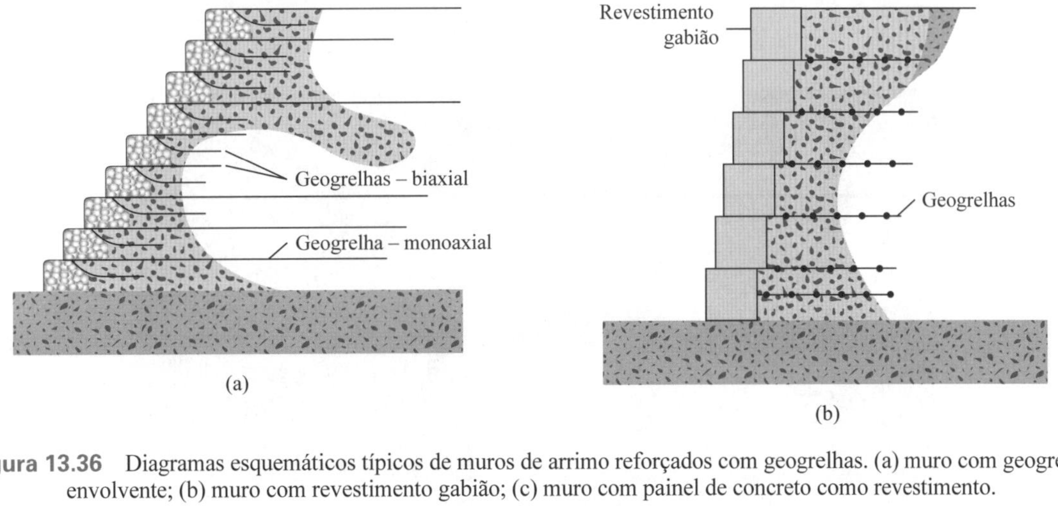

Figura 13.36 Diagramas esquemáticos típicos de muros de arrimo reforçados com geogrelhas. (a) muro com geogrelha envolvente; (b) muro com revestimento gabião; (c) muro com painel de concreto como revestimento.

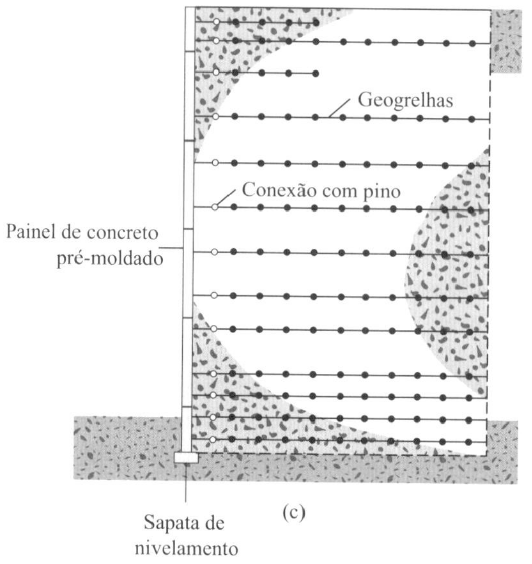

Figura 13.36 (*Continuação.*)

13.16 Resumo

Este capítulo abordou os conceitos gerais de empuxo lateral de terra. Abaixo segue um resumo dos tópicos abordados:

- Quando um muro não se move em direção ao aterro ou para longe dele, o empuxo lateral de terra é conhecida como um *empuxo de terra em repouso*. Os coeficientes de empuxo de terra em repouso são dados nas Eqs. (13.5), (13.7), (13.8) e (13.9).
- O empuxo ativo de terra Rankine (muro sem atrito – Seção 13.6) pode ser dado pela Eq. (13.34). O coeficiente de empuxo ativo de terra Rankine é fornecido pela Eq. (13.33), ou

$$K_a = \text{tg}^2\left(45 - \frac{\phi'}{2}\right)$$

- O empuxo passivo de terra de Rankine (muro sem atrito – Seção 13.7) pode ser dado pela Eq. (13.35). O coeficiente de empuxo passivo de terra de Rankine [Eq. (13.36)] é

$$K_p = \text{tg}^2\left(45 + \frac{\phi'}{2}\right)$$

Figura 13.37 Construção de um muro de arrimo com reforço geotêxtil. (*Cortesia de Jonathan T. H. Wu, University of Colorado em Denver, Denver, Colorado.*)

Figura 13.38 Muro geogrelha reforçado HDPE com painel de concreto pré-moldado em construção. (*Cortesia de Tensar International Corporation, Atlanta, Georgia.*)

- O empuxo lateral de terra com atrito do muro e aterro granular pode ser obtido da análise de Coulomb. Os coeficientes de empuxo ativo e passivo de terra de Coulomb são proporcionados nas Eqs. (13.78) e (13.80), respectivamente.
- A análise de empuxo ativo de terra com aterro granular e solo $c' - \phi'$ sujeito a forças sísmicas foi discutida na Seção 13.14. O coeficiente de empuxo ativo de terra com aterramento granular é dado na Eq. (13.84). De modo semelhante, para um aterro de solo $c' - \phi'$, os coeficientes de empuxo lateral de terra podem ser fornecidos pelas Eqs. (13.97) e (13.98).

Problemas

13.1 a 13.4 A Figura 13.39 exibe um muro de arrimo impedido de se mover. Para cada problema, determine a magnitude do empuxo lateral de terra por comprimento específico do muro. Além disso, encontre o local da resultante, $\bar{z}$, medido da parte inferior do muro.

Problema	H	ϕ' (graus)	γ	Razão de sobreadensamento, *OCR*
13.1	7,5 m	31	19,2 kN/m³	2,2
13.2	8,25 m	38	14,9 kN/m³	1,9
13.3	11 m	28	17,9 kN/m³	1,3
13.4	4,85 m	41	18,5 kN/m³	1,0

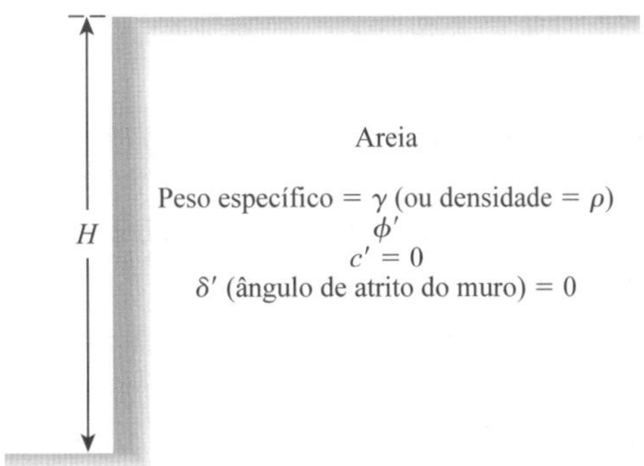

Figura 13.39

13.5 Um muro de arrimo rígido de 5 m de altura é sujeito a uma sobrecarga pontual, $Q = 95$ kN na superfície do solo (Figura 13.40a). Determine o aumento no empuxo lateral, σ_h' do muro (no plano da seção mostrada) com $z = 1$, 2, 3, 4 e 5 m, em razão da carga pontual. (Observação: z = distância decrescente medida a partir do topo do muro)

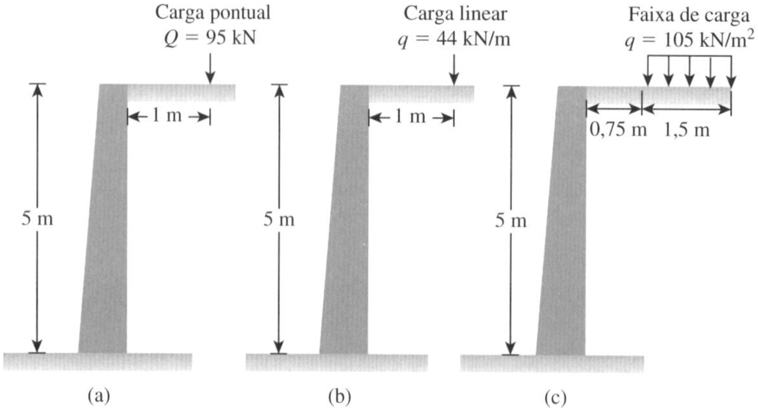

Figura 13.40

13.6 O muro de arrimo de 5 m de altura da Figura 13.40b está sujeito a uma sobrecarga linear de $q = 44$ kN/m na superfície do solo. Determine o aumento em força lateral por comprimento específico do muro, em razão da carga linear.

13.7 O muro de arrimo de 5 m de altura da Figura 13.40c está sujeito a uma faixa de sobrecarga de $q = 105$ kN/m^2 na superfície do solo. Determine a força total por comprimento específico do muro, unicamente em razão da carga de faixa.

13.8 Considere o Problema 13.7. Determine a localização da força total resultante $\bar{z}$. Use a Eq. (13.27).

13.9 a 13.12 Presuma que o muro de arrimo indicado na Figura 13.39 seja sem atrito. Para cada problema, determine a força ativa de Rankine por comprimento específico do muro, a variação do empuxo ativo de terra com profundidade e o local da resultante.

Problema	H	ϕ' (grau)	γ
13.9	8,85 m	34	18,7 kN/m^3
13.10	12,2 m	42	19,6 kN/m^3
13.11	9 m	28	16,7 kN/m^3
13.12	12 m	38	19,5 kN/m^3

13.13 a 13.16 Presuma que o muro de arrimo indicado na Figura 13.39 seja sem atrito. Para cada problema, determine a força passiva de Rankine por comprimento específico do muro, a variação do empuxo ativo de terra com profundidade e o local da resultante.

Problema	H	ϕ' (grau)	γ
13.13	5,5 m	23	15,5 kN/m^3
13.14	7,6 m	33	18,7 kN/m^3
13.15	9,6 m	39	19 kN/m^3
13.16	13,5 m	29	18,3 kN/m^3

13.17 a 13.19 Um muro de arrimo é indicado na Figura 13.41. Para cada problema, determine a força ativa de Rankine, P_a, por comprimento específico do muro e o local da resultante.

Problema	H	H_1	γ_1	γ_2	ϕ'_1 (grau)	ϕ'_2 (grau)	q
13.17	6,4 m	1,2 m	17,1 kN/m^3	19 kN/m^3	26	26	0
13.18	8 m	3 m	13 kN/m^3	18,8 kN/m^3	30	30	16 kN/m^2
13.19	12 m	4 m	17 kN/m^3	23,2 kN/m^3	36	42	25 kN/m^2

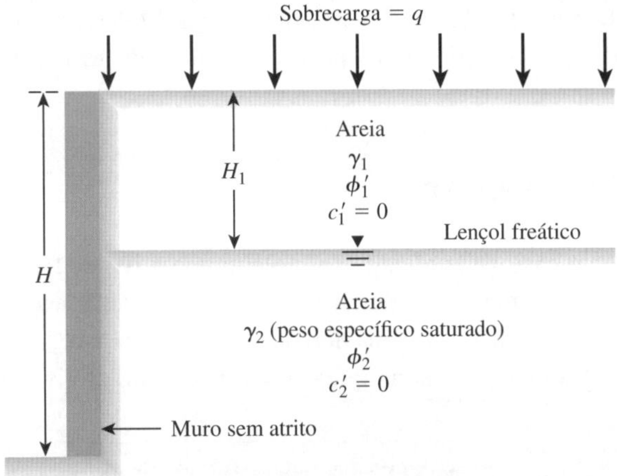

Figura 13.41

13.20 Para o aterro parcialmente submerso do Problema 13.17 (Figura 13.41), determine o empuxo passivo de Rankine por comprimento específico do muro e o local da resultante.

13.21 A Figura 13.13 exibe um muro sem atrito com um aterro granular inclinado. Dados: $H = 7$ m, $\alpha = 12°$, $\phi' = 28°$ e $\gamma = 18.6$ kN/m^3.

a. Determine a magnitude do empuxo ativo, σ'_a, na base do muro.

b. Determine a força ativa de Rankine, P_a, por comprimento específico do muro, sua localização e direção.

13.22 Para os dados do Problema 13.21, determine a força passiva de Rankine P_p, por unidade de comprimento do muro, sua localização e direção.

13.23 Um muro de arrimo de 8,5 m de altura com face posterior vertical retém uma argila mole, saturada e homogênea. O peso específico saturado da argila é 19,6 kN/m^3. Os ensaios laboratoriais mostraram que a resistência ao cisalhamento não drenado, c_u, da argila é 22 kN/m^2.

a. Faça os cálculos necessários e trace a variação do empuxo ativo de Rankine no muro com a profundidade.

b. Encontre a profundidade até a ocorrência da fenda de tração.

c. Determine a força ativa total por comprimento específico do muro antes que ocorra a fenda de tração.

d. Determine a força ativa total por comprimento específico do muro após a ocorrência da fenda de tração. Além disso, determine o local da resultante.

13.24 Refaça o problema 13.23, presumindo que a pressão de sobrecarga de 20 kN/m^2 seja aplicado na parte superior do aterro.

13.25 Um muro de arrimo de 17,9 m de altura com uma face posterior vertical possui um solo $c' - \phi'$ para material de aterro. As propriedades do material de aterro são as seguintes: $\gamma = 18{,}6$ kN/m3, $c' = 53$ kN/m^2 e $\phi' = 24°$. Considerando a existência da fenda de tração, determine a força ativa de Rankine, P_a, por comprimento específico do muro.

13.26 Considere o muro de arrimo indicado na Figura 13.42. A altura do muro é de 8 m e o peso específico do aterro de areia é de 21,1 kN/m^3. Usando a equação de Coulomb, calcule a força ativa, P_a, comente sobre a sua direção e o local de aplicação da resultante. Considere os dois casos abaixo de atrito solo-muro.

a. $\delta' = 25°$

b. $\delta' = 19°$

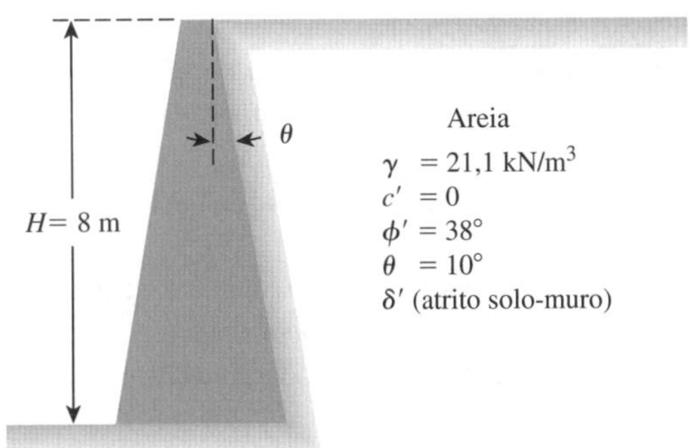

Figura 13.42

13.27 Consulte a Figura 13.27. Dados: $H = 7{,}5$ m, $\theta = 10°$, $\alpha = 5°$, $\gamma = 17{,}9$ kN/m³, $\phi' = 28°$, $\delta' = \frac{1}{2}\phi'$, $k_h = 0{,}4$, $k_v = 0$. Determine a força ativa, P_{ae}, por comprimento específico do muro de arrimo. Descubra também o local da linha resultante de ação de P_{ae}.

Problema de pensamento crítico

13.C.1 A Figura 13.14 fornece um caso generalizado para o empuxo ativo de Rankine em um muro de arrimo sem atrito, com a parte posterior inclinada, e um aterro granular em talude. É necessário desenvolver algumas diretrizes de compactação para o solo do aterro considerando $\theta = 10°$ e $\alpha = 0°$, 10°, e 20°. Ensaios laboratoriais de cisalhamento direto no solo granular revelaram que o ângulo de atrito efetivo varia com o peso específico seco, como segue abaixo:

Peso específico seco, γ (kN/m³)	Ângulo de atrito, ϕ' (deg)
16,5	28
18,7	32
19,5	36

Os dados indicam que o ângulo de atrito do solo aumenta à medida que o peso específico compactado aumenta. Você já viu no Capítulo 12 que, quanto maior o ângulo de atrito, melhor a resistência ao cisalhamento e a estabilidade. No entanto, de acordo com a Eq. (13.38), um peso específico maior também significa uma força ativa maior, P_a, no muro, o que não é desejável. Para saber também se um ângulo de atrito maior de fato produz um efeito benéfico, elabore um diagrama traçando as variações de $P_a/0{,}5H^2$ (que é igual a $K_{a(R)}\gamma$) para vários valores da inclinação do aterro α e do ângulo de atrito ϕ'. Explique como esse diagrama pode ajudar um engenheiro geotécnico a desenvolver diretrizes de construção de aterro para uma dada altura (H) do muro de arrimo.

Referências bibliográficas

CHU, S. C. Rankine Analysis of Active and Passive Pressures on Dry Sand, *Soils and Foundations*, v. 31, n. 4, p. 115-120, 1991.

COULOMB, C. A. Essai sur une Application des Règles de Maximis et Minimis a quelques Problèmes de Statique, relatifs a l'Architecture, *Mem. Roy. des Sciences*, Paris, v. 3, p. 38, 1776.

GERBER, E. *Untersuchungen* über *die Druckverteilung im* Örlich *belasteten Sand*, Technische Hochschule, Zurich, 1929.

JAKY, J. The Coefficient of Earth Pressure at Rest, *Journal of the Society of Hungarian Architects and Engineers*, v. 7, p. 355-358, 1944.

JARQUIO, R.. Total Lateral Surcharge Pressure Due to Strip Load, *Journal of the Geotechnical Engineering Division*, American Society of Civil Engineers, v.107. n. GT10, p. 1424-1428, 1981.

MASSARSCH, K. R. Lateral Earth Pressure in Normally Consolidated Clay, *Proceedings of the Seventh European Conference on Soil Mechanics and Foundation Engineering*, Brighton, England, v. 2, p. 245-250, 1979.

MAYNE, P. W.; KULHAWY, F. H. K_o-OCR Relationships in Soil, *Journal of the Geotechnical Division*, ASCE, v. 108, n. 6, p. 851-872, 1982.

MONONOBE, N. Earthquake-Proof Construction of Masonry Dams, *Proceeding* World Engineering Conference, v. 9, p. 274-280, 1929.

OKABE, S. General Theory of Earth Pressure, *Journal of the Japanese Society of Civil Engineers*, Tóquio, v. 12, n. 1, 1926.

RANKINE, W. M. J. On Stability on Loose Earth, *Philosophic Transactions of Royal Society*, Londres, Part I, p. 9-27, 1857.

SEED, H. B.; WHITMAN, R. V. Design of Earth Retaining Structures for Dynamic Loads, *Proceedings*, Specialty Conference on Lateral Stresses in the Ground and Design of Earth Retaining Structures, ASCE, p. 103-147, 1970.

SHERIF, M. A.; FANG, Y. S.; SHERIF, R. I. K_A e K_O Behind Rotating and Non-Yielding Walls, *Journal of Geotechnical Engineering*, ASCE, v. 110, n. GT1, p. 41-56, 1984.

SHUKLA, S. K.; GUPTA, S. K.; SIVAKUGAN, N. Active Earth Pressure on Retaining Wall for c-Φ' Soil Backfill Under Seismic Loading Condition, *Journal of Geotechnical and Geoenvironmental Engineering*, ASCE, v. 135, n. 5, p. 690-696, 2009.

SPANGLER, M. G. "Horizontal Pressures on Retaining Walls Due to Concentrated Surface Loads," Iowa State University Engineering Experiment Station, *Bulletin*, n. 140, 1938.

CAPÍTULO 14

Empuxo lateral de terra: superfície de ruptura curva

14.1 Introdução

No Capítulo 13, levamos em conta a teoria de empuxo de terra de Coulomb, na qual o muro de arrimo era considerado rugoso. As superfícies de ruptura potenciais no aterro eram consideradas planas. Na realidade, a maioria das superfícies de ruptura no solo é curva. Existem diversos exemplos nos quais a hipótese de superfícies de ruptura de plano em solo pode fornecer resultados inseguros. Os exemplos de tais casos são a estimativa de empuxo passivo e corte escorado. Este capítulo descreve os procedimentos para a estimativa do empuxo passivo e do empuxo lateral de terra em cortes escorados com base em superfícies de rupturas curvas no solo.

14.2 Muros de arrimo com atrito

Em condições reais, os muros de arrimo são rugosos e as forças de cisalhamento são geradas entre a superfície do muro e o aterro. Para entender o efeito do atrito solo-muro sobre a superfície de ruptura, vamos considerar um muro de arrimo rugoso AB com aterro granular horizontal, como mostra a Figura 14.1.

No caso ativo (Figura 14.1a), quando o muro AB se move para uma posição $A'B$, a massa de solo na zona ativa será estendida para fora. Isso causará um movimento descendente no solo em relação ao muro. Esse movimento causa uma força de cisalhamento para baixo no muro (Figura 14.1b); isto é chamado *atrito positivo do muro no caso ativo*. Se δ' é o ângulo do atrito entre o muro e o aterro, então o empuxo ativo resultante P_a será inclinado a um ângulo δ' em relação à normal da face posterior do muro de arrimo. Estudos avançados mostram que a superfície de ruptura no aterro pode ser representada por BCD, como mostrado na Figura 14.1a. A parte BC é curva e a parte CD da superfície de ruptura é uma linha reta. O estado ativo de Rankine existe na zona ACD.

Sob certas condições, se o muro mostrado na Figura 14.1a é forçado para baixo em relação ao aterro, a direção do empuxo ativo, P_a, mudará, conforme mostra a Figura 14.1c. Esta é uma situação na qual há atrito negativo do muro ($-\delta'$) no caso ativo. A Figura 14.1c também mostra a natureza da superfície de ruptura no aterro.

O efeito do atrito solo-muro para o estado passivo é indicado nas Figuras 14.1d e e. Quando o muro AB é empurrado a uma posição $A'B$ (Figura 14.1d), o solo na zona passiva será comprimido. O resultado será um movimento para cima do solo em relação ao muro. Esse movimento causará um cisalhamento para cima no muro de arrimo (Figura 14.1e). Isto é chamado *atrito positivo do muro no caso passivo*. O empuxo passivo resultante, P_p, ficará inclinado com um ângulo de δ' em relação à normal da face posterior do muro. A superfície de ruptura do solo possui uma porção inferior, curva BC, e uma porção superior, reta CD. O estado passivo de Rankine existe na zona ACD.

Se, por meio de uma força, o muro mostrado na Figura 14.1d for forçado para cima em relação ao aterro, então a direção do empuxo passivo P_p será alterada, como mostra a Figura 14.1f. Isto é chamado *atrito negativo do muro no caso passivo* ($-\delta'$). A Figura 14.1f também mostra a natureza da superfície de ruptura no aterro em tais condições.

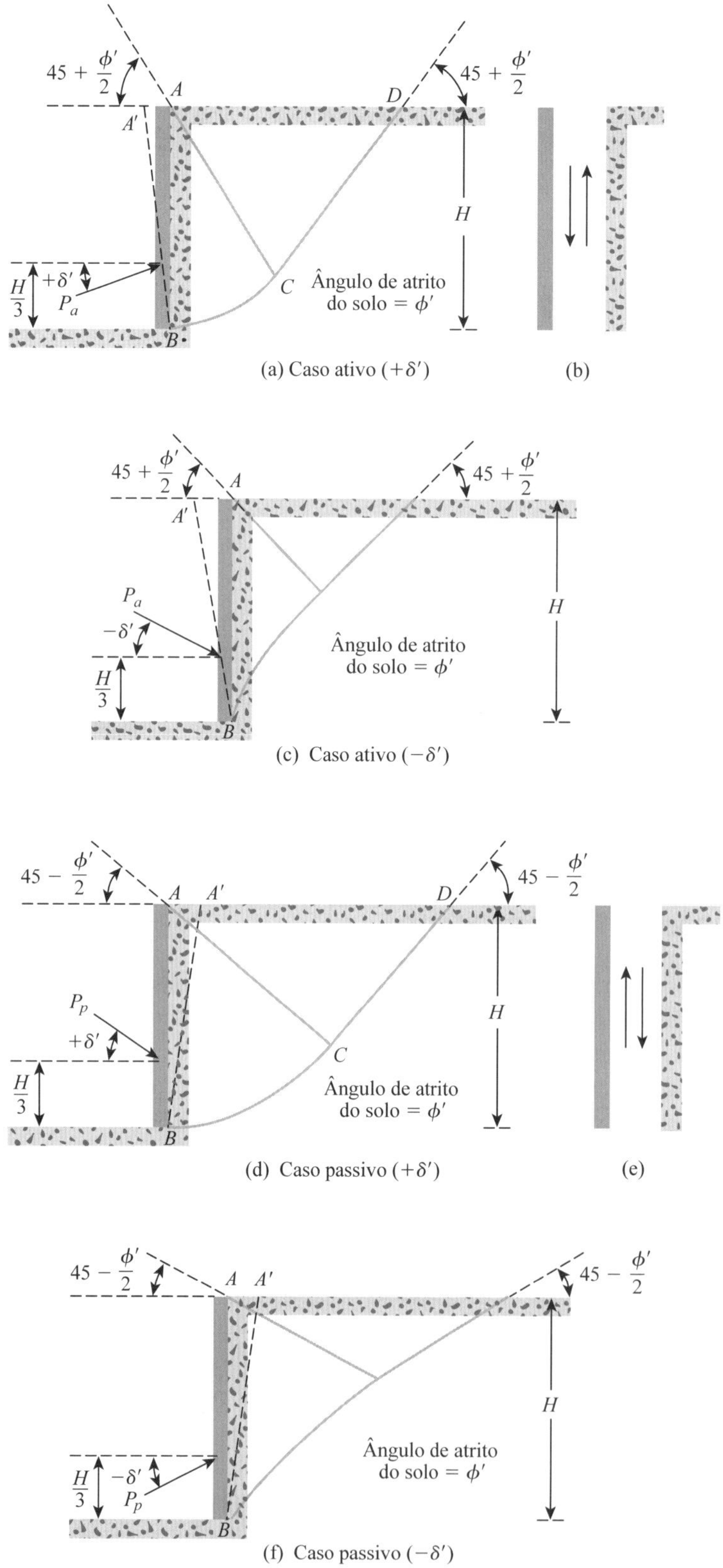

Figura 14.1 Efeito do atrito solo-muro na superfície de ruptura.

Para considerações práticas, no caso de um aterro granular fofo, o ângulo de atrito solo-muro δ' é considerado igual ao ângulo do atrito do solo, ϕ'. Para aterros granulares densos, δ' é menor que ϕ' e está na faixa de $\phi'/2 \leq \delta' \leq (2/3)\ \phi'$.

A suposição de uma superfície de ruptura plana fornece resultados razoáveis para o cálculo do empuxo de terra ativo. Porém a suposição de que a superfície de ruptura é um plano, na teoria de Coulomb, superestima de modo grosseiro a resistência passiva do muro, especialmente para $\delta' > \phi'/2$.

14.3 Propriedades de uma espiral logarítmica

O exemplo de empuxo passivo mostrado na Figura 14.1d (no caso de $+\delta'$) é a situação mais comum encontrada no projeto e na execução da obra. Além disso, a superfície de ruptura curva representada por *BC* na Figura 14.1d geralmente é considerada um arco de uma espiral logarítmica. De maneira similar, a superfície de ruptura do solo no caso de cortes escorados (Seções 14.9 a 14.10) também é considerada um arco de uma espiral logarítmica. Por isso, serão mostradas nesta seção algumas ideias úteis relacionadas às propriedades de uma espiral logarítmica.

A equação de uma espiral logarítmica geralmente usada na resolução de problemas de mecânica dos solos é da seguinte forma

$$r = r_o e^{\beta \operatorname{tg} \phi'} \tag{14.1}$$

onde r = raio da espiral

r_o = raio inicial em $\beta = 0$

ϕ' = ângulo de atrito do solo

β = ângulo entre r e r_o

Os parâmetros básicos de uma espiral logarítmica são mostrados na Figura 14.2, na qual *O* é o centro da espiral. A área do setor *OAB* é dada por

$$A = \int_0^\theta \frac{1}{2} r(r\, d\beta) \tag{14.2}$$

Substituindo os valores de r obtidos da Eq. (14.1) pela Eq. (14.2), obtemos

$$\begin{aligned} A &= \int_0^{\beta_1} \frac{1}{2} r_o^2 e^{2\beta \operatorname{tg} \phi'} d\beta \\ &= \frac{r_1^2 - r_o^2}{4 \operatorname{tg} \phi'} \end{aligned} \tag{14.3}$$

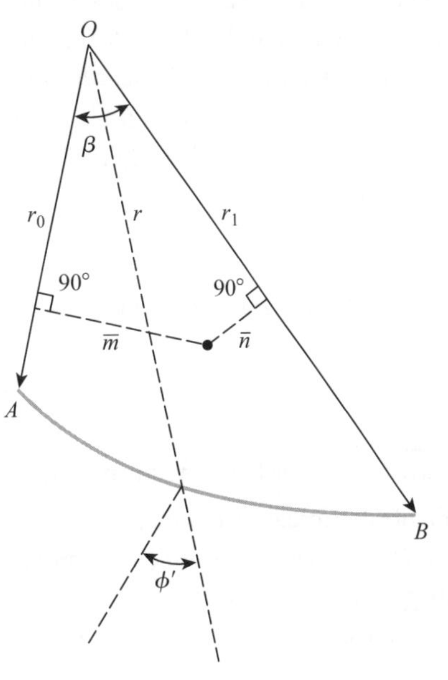

Figura 14.2 Parâmetros gerais de uma espiral logarítmica.

O local do centroide pode ser definido pelas distâncias $\overline{m}$ e $\overline{n}$ (Figura 14.2), medidas de OA e OB, respectivamente, e pode ser proporcionado pelas seguintes equações (Hijab, 1956):

$$\overline{m} = \frac{4}{3}r_o \frac{\operatorname{tg}\phi'}{(9\operatorname{tg}^2\phi' + 1)} \left[\frac{\left(\frac{r_1}{r_o}\right)^3 (3\operatorname{tg}\phi' \operatorname{sen}\beta - \cos\beta) + 1}{\left(\frac{r_1}{r_o}\right)^2 - 1} \right] \tag{14.4}$$

$$\overline{n} = \frac{4}{3}r_o \frac{\operatorname{tg}\phi'}{(9\operatorname{tg}^2\phi' + 1)} \left[\frac{\left(\frac{r_1}{r_o}\right)^3 - 3\operatorname{tg}\phi' \operatorname{sen}\beta - \cos\beta}{\left(\frac{r_1}{r_o}\right)^2 - 1} \right] \tag{14.5}$$

Outra propriedade importante da espiral logarítmica definida pela Eq. (14.1) é que qualquer linha radial faz ângulo ϕ' em relação à normal à curva desenhada no ponto onde a linha radial e a espiral interceptam. Essa propriedade básica é particularmente útil para resolver problemas relacionados ao empuxo lateral da terra.

EMPUXO PASSIVO DA TERRA

14.4 Procedimento para a determinação do empuxo passivo de terra (P_p) – aterro não coesivo

A Figura 14.1d mostra a superfície de ruptura curva de um aterro granular em um muro de arrimo com altura H. A resistência ao cisalhamento do aterro granular é expressa como

$$\tau_f = \sigma' \operatorname{tg} \phi' \tag{14.6}$$

A parte inferior da curva BC na cunha de ruptura é um arco de uma espiral logarítmica, definido pela Eq. (14.1). O centro da espiral de registro fica na linha CA (não necessariamente dentro dos limites de pontos C e A). A porção superior CD é uma linha reta que gera um ângulo de $(45 - \phi'/2)$ graus com a horizontal. O solo na zona ACD está no *estado passivo de Rankine*.

A Figura 14.3 mostra os procedimentos para avaliar a resistência passiva através de cunhas de ruptura (Terzaghi e Peck, 1967). Primeiro, o muro de arrimo é desenhado em escala, como mostra a Figura 14.3a. A linha C_1A é traçada de tal forma que cria um ângulo de $(45 - \phi'/2)$ graus com a superfície do aterro. BC_1D_1 é uma cunha de ruptura na qual BC_1 é o arco da espiral logarítmica. De acordo com a equação $r_1 = r_o e^{\beta \operatorname{tg} \phi'}$, O_1 é o centro da espiral. (*Observação*: $\overline{O_1B} = r_o$ e $\overline{O_1C_1} = r_1$ e $\angle BO_1C_1 = \beta$; consulte a Figura 14.2.)

Agora, vamos considerar a estabilidade da massa de solo $ABC_1C'_1$ (Figura 14.3b). Para atingir o equilíbrio, devem ser consideradas as seguintes forças por unidade de comprimento do muro:

1. O peso do solo na zona $ABC_1C'_1 = W_1 = (\gamma)$ (Área de $ABC_1C'_1$)(1).
2. A face vertical, $C_1C'_1$, é a zona do estado passivo de Rankine; portanto, a força que age sobre essa face é

$$P_{d(1)} = \frac{1}{2}\gamma(d_1)^2 \operatorname{tg}^2\left(45 + \frac{\phi'}{2}\right) \tag{14.7}$$

   onde $d_1 = \overline{C_1C'_1}$. $P_{d(1)}$ atua horizontalmente a uma distância de $d_1/3$, medida verticalmente para cima a partir de C_1.
3. F_1 é a resultante das forças de cisalhamento e normal que atuam ao longo da superfície de deslizamento BC_1. Em qualquer ponto da curva, de acordo com a propriedade da espiral logarítmica, uma linha radial forma um ângulo ϕ' com a normal. Como a resultante, F_1, forma um ângulo ϕ' com a normal à espiral no ponto de aplicação, a linha de aplicação coincidirá com uma linha radial e cruzará o ponto O_1.

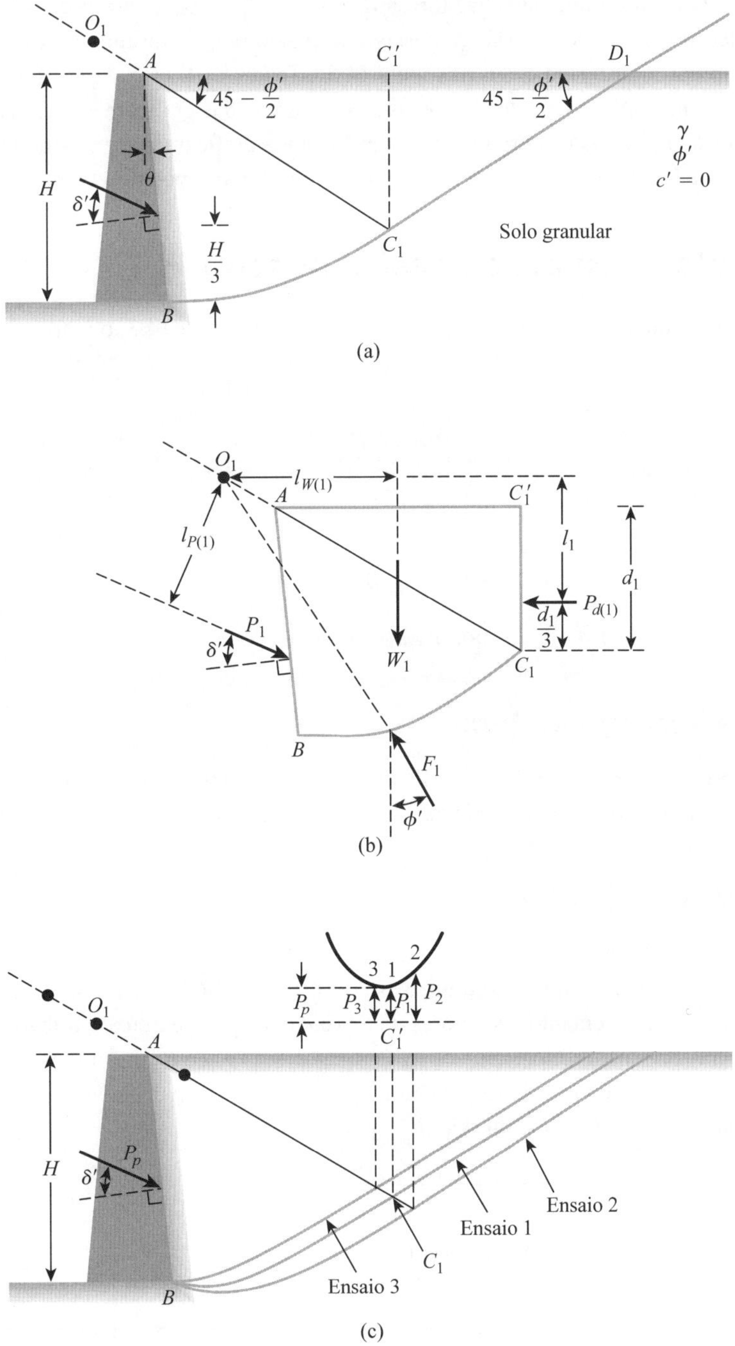

Figura 14.3 Empuxo passivo de terra contra um muro de arrimo com superfície de ruptura curva.

4. P_1 é o empuxo passivo por unidade de comprimento do muro. Ele age a uma distância de $H/3$ medida verticalmente a partir da base do muro. A direção da força P_1 está inclinada em um ângulo δ' em relação normal à superfície posterior do muro.

Agora, tendo os momentos de W_1, $P_{d(1)}$, F_1 e P_1 sobre o ponto O_1, para equilíbrio, temos

$$W_1[l_{W(1)}] + P_{d(1)}[l_1] + F_1[0] = P_1[l_{p(1)}] \tag{14.8}$$

ou

$$P_1 = \frac{1}{l_{p(1)}}\left[W_1 l_{W(1)} + P_{d(1)} l_1\right] \tag{14.9}$$

onde $l_{w(1)}$, l_1 e $l_{P(1)}$ são os vetores dos momentos das forças W_1, $P_{d(1)}$ e P_1, respectivamente.

O procedimento anterior para descobrir a força passiva de ensaio por comprimento específico do muro é repetido para diversas cunhas de ruptura como as indicadas na Figura 14.3c. Sejam $P_1, P_2, P_3, \ldots, P_n$ as forças que correspondem às cunhas de ruptura 1, 2, 3, ..., n, respectivamente. As forças são representadas graficamente em algumas escalas conforme indicadas na parte superior da figura. Uma curva suave é representada graficamente pelos pontos 1, 2, 3, ..., n. O ponto mais baixo da curva suave define a força passiva real, P_p, por comprimento específico do muro.

14.5 Coeficiente de empuxo passivo de terra (K_p)

Referente ao muro de arrimo com *aterro granular* ($c' = 0$) indicado na Figura 14.3, o empuxo passivo de terra K_p pode ser expresso como

$$P_p = \frac{1}{2} K_p \gamma H^2 \tag{14.10}$$

ou

$$K_p = \frac{P_p}{0,5\gamma H^2} \tag{14.11}$$

Abaixo segue um resumo dos resultados obtidos por diversos pesquisadores.

Procedimento de Terzaghi e Peck

Usando o procedimento de Terzaghi e Peck (1967) descrito na Seção 14.4, o coeficiente do empuxo passivo do solo pode ser avaliado para diversas combinações de θ, δ' e ϕ'. A Figura 14.4 exibe a variação de K_p para $\phi' = 30°$ e $40°$ (para $\theta = 0$) com δ'.

Solução pelo método de fatias

Shields e Tolunay (1973) aprimoraram as soluções de cunha de ruptura descritas na Seção 14.4 utilizando o *método de fatias* para considerar a estabilidade da cunha de ruptura de solo, como $ABC_1\,C'_1$ na Figura 14.3a. Os detalhes das análises estão além do escopo deste texto. No entanto, os valores de K_p (coeficiente de empuxo passivo de terra) obtidos por este método são fornecidos na Tabela 14.1. É importante observar que os valores de K_p mostrados na Tabela 14.1 referem-se a um muro de arrimo com face posterior vertical e aterro horizontal de solo granular. Na verdade, Shields e Tolunay (1973) determinaram o *componente horizontal de* P_p [ou seja, $P_{p(H)}$] ou

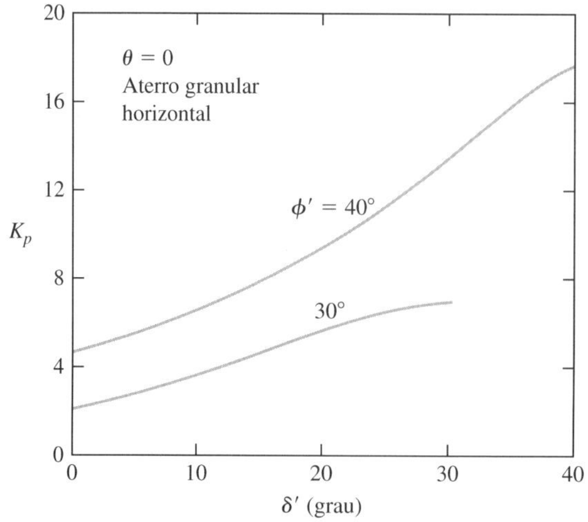

Figura 14.4 Variação de K_p com ϕ' e δ' com base no procedimento de Terzaghi e Peck (1967) (Observação: $\theta = 0$.) (*Com base em Terzaghi e Peck, 1967.*)

$$P_{p(H)} = \frac{1}{2}\gamma H^2 K'_p \tag{14.12}$$

Entretanto,

$$P_{p(H)} = P_p \cos\delta' = \frac{1}{2}\gamma H^2 K_p \cos\delta' \tag{14.13}$$

Ou

$$K_p = \frac{K'_p}{\cos\delta'} \tag{14.14}$$

Os valores de K_p registrados na Tabela 14.1 são baseados na Eq. (14.14).

Tabela 14.1 Valores de Shields e Tolunay para K_p baseados no Método das Fatias

ϕ' (graus)	δ' (graus)									
	0	5	10	15	20	25	30	35	40	45
20	2,04	2,27	2,47	2,64	2,87					
25	2,46	2,78	3,08	3,34	3,61	4,01				
30	3,00	3,44	3,86	4,28	4,68	5,12	5,81			
35	3,69	4,31	4,91	5,53	6,17	6,85	7,61	8,85		
40	4,69	5,46	3,36	7,30	8,30	9,39	10,60	12,00	14,40	
45	5,83	7,09	8,43	9,89	11,49	13,28	15,31	17,65	20,36	25,46

Tabela 14.2 Variação de K_p com ϕ' e δ' [Eq. (14.16)]

ϕ' (graus)	δ' (graus)	K_p
20	10	2,52
	20	2,92
30	15	4,44
	30	5,81
40	20	8,91
	40	14,4

Solução pelo teorema do limite inferior da plasticidade

Lancellotta (2002) analisou o problema passivo utilizando o teorema do limite inferior da plasticidade para muros de arrimo com face posterior vertical ($\theta = 0$) e aterro granular horizontal. Lancellotta (2002) apresentou a expressão para K'_p [conforme definido pela Eq. (14.12)] como

$$K'_p = \left[\frac{\cos\delta'}{1 - \operatorname{sen}\phi'}\left(\cos\delta' + \sqrt{\operatorname{sen}^2\phi' - \operatorname{sen}^2\delta'}\right)\right]e^{2\eta \operatorname{tg}\phi'} \tag{14.15}$$

Usando a Eq. (14.14),

$$K_p = \left[\left(\frac{1}{1 - \operatorname{sen}\phi'}\right)\left(\cos\delta' + \sqrt{\operatorname{sen}^2\phi' - \operatorname{sen}^2\delta'}\right)\right]e^{2\eta \operatorname{tg}\phi'} \tag{14.16}$$

Onde

$$2\eta \text{ (em radianos)} = \operatorname{sen}^{-1}\left(\frac{\operatorname{sen}\delta'}{\operatorname{sen}\phi'}\right) + \delta' \tag{14.17}$$

A variação de K_p [Eq. (14.16)] com ϕ' e δ' é exibida na Tabela 14.2 e na Figura 14.5.

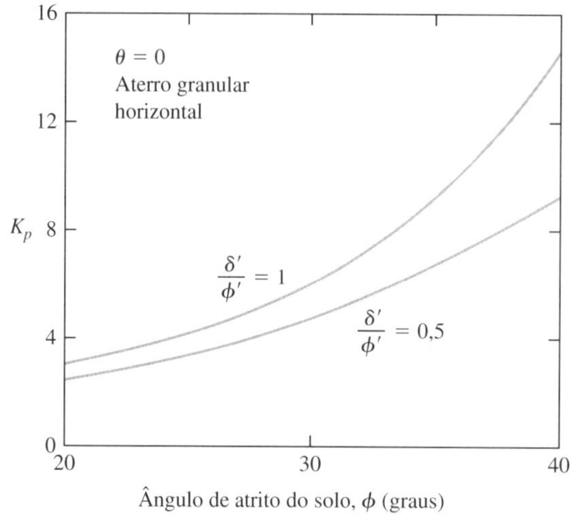

Figura 14.5 Solução de Lancellotta para a variação de K_p com ϕ' e $\frac{\delta'}{\phi'}$

Solução pelo método das características

Sokolowskiĭ (1965) desenvolveu o procedimento para solução numérica com base no método das características. Usando esse procedimento, a variação de K_p é mostrada na Tabela 14.3 ($\theta = 0$, aterro granular horizontal).

Solução pelo método de fatias triangulares

Zhu e Qian (2000) utilizaram o método de fatias triangulares (como nas zonas de ABC_l na Figura 14.3a) para obter a variação de K_p. De acordo com esta análise,

$$K_p = K_{p(\delta' = 0)}R \tag{14.18}$$

onde K_p = coeficiente do empuxo passivo do solo para determinado valor de θ, δ' e ϕ'
$K_{p(\delta' = 0)} = K_p$ para dado valor de θ, ϕ', com $\delta' = 0$
R = fator de modificação, que é uma função de ϕ', θ, δ'/ϕ'

As variações de $K_{p(\delta' = 0)}$ são dadas na Tabela 14.4. Os valores interpolados de R são mostrados na Tabela 14.5.

Tabela 14.3 Variação de K_p com ϕ' e δ' usando o Método das Características de Sokolowskiĭ (θ = 0, aterro granular horizontal)

ϕ' (graus)	δ' (graus)	K_p
20	10	2,55
	20	3,04
30	15	4,62
	30	6,55
40	20	9,68
	40	18,27

Tabela 14.4 Variação de $K_{p(\delta'=0)}$ [Consulte a Eq. (14.18) e a Figura 14.3a]*

ϕ'	θ (graus)						
(graus)	30	25	20	15	10	5	0
20	1,70	1,69	1,72	1,77	1,83	1,92	2,04
21	1,74	1,73	1,76	1,81	1,89	1,99	2,12
22	1,77	1,77	1,80	1,87	1,95	2,06	2,20
23	1,81	1,81	1,85	1,92	2,01	2,13	2,28
24	1,84	1,85	1,90	1,97	2,07	2,21	2,37
25	1,88	1,89	1,95	2,03	2,14	2,28	2,46
26	1,91	1,93	1,99	2,09	2,21	2,36	2,56
27	1,95	1,98	2,05	2,15	2,28	2,45	2,66
28	1,99	2,02	2,10	2,21	2,35	2,54	2,77
29	2,03	2,07	2,15	2,27	2,43	2,63	2,88
30	2,07	2,11	2,21	2,34	2,51	2,73	3,00
31	2,11	2,16	2,27	2,41	2,60	2,83	3,12
32	2,15	2,21	2,33	2,48	2,68	2,93	3,25
33	2,20	2,26	2,39	2,56	2,77	3,04	3,39
34	2,24	2,32	2,45	2,64	2,87	3,16	3,53
35	2,29	2,37	2,52	2,72	2,97	3,28	3,68
36	2,33	2,43	2,59	2,80	3,07	3,41	3,84
37	2,38	2,49	2,66	2,89	3,18	3,55	4,01
38	2,43	2,55	2,73	2,98	3,29	3,69	4,19
39	2,48	2,61	2,81	3,07	3,41	3,84	4,38
40	2,53	2,67	2,89	3,17	3,53	4,00	4,59
41	2,59	2,74	2,97	3,27	3,66	4,16	4,80
42	2,64	2,80	3,05	3,38	3,80	4,34	5,03
43	2,70	2,88	3,14	3,49	3,94	4,52	5,27
44	2,76	2,94	3,23	3,61	4,09	4,72	5,53
45	2,82	3,02	3,32	3,73	4,25	4,92	5,80

* Com base em Zhu e Qian, 2000

14.6 Solução de Caquot e Kerisel para empuxo passivo de terra (aterro granular)

A Figura 14.6 exibe um muro de arrimo com a parte posterior inclinada e um aterro horizontal. Para esse caso, o empuxo passivo por comprimento específico do muro pode ser calculado como

$$P_p = \frac{1}{2}\gamma H_1^2 K_p \tag{14.19}$$

onde K_p = coeficiente de empuxo passivo

Para definição de H_1, consulte a Figura 14.6. A variação de K_p determinada por Caquot e Kerisel (1948) também é indicada na Figura 14.6. É importante observar que os valores K_p indicados são para $\delta'/\phi' = 1$. Se $\delta'/\phi' \neq 1$, o seguinte procedimento deve ser utilizado para determinar K_p.

1. Suponha δ' e ϕ'.
2. Calcule δ'/ϕ'.
3. Utilizando a relação de δ'/ϕ' (etapa 2), determine o fator de redução, R', da Tabela 14.6.
4. Determine K_p da Figura 14.6 para $\delta'/\phi' = 1$
5. Calcule K_p para δ'/ϕ' necessário como

Tabela 14.5 Variação de R [Eq. (14.18)]

θ (graus)	δ'/ϕ'	R para ϕ' (graus) 30	35	40	45
0	0,2	1,2	1,28	1,35	1,45
	0,4	1,4	1,6	1,8	2,2
	0,6	1,65	1,95	2,4	3,2
	0,8	1,95	2,4	3,15	4,45
	1,0	2,2	2,85	3,95	6,1
5	0,2	1,2	1,25	1,32	1,4
	0,4	1,4	1,6	1,8	2,1
	0,6	1,6	1,9	2,35	3,0
	0,8	1,9	2,35	3,05	4,3
	1,0	2,15	2,8	3,8	5,7
10	0,2	1,15	1,2	1,3	1,4
	0,4	1,35	1,5	1,7	2,0
	0,6	1,6	1,85	2,25	2,9
	0,8	1,8	2,25	2,9	4,0
	1,0	2,05	2,65	3,6	5,3
15	0,2	1,15	1,2	1,3	1,35
	0,4	1,35	1,5	1,65	1,95
	0,6	1,55	1,8	2,2	2,7
	0,8	1,8	2,2	2,8	3,8
	1,0	2,0	2,6	3,4	4,95
20	0,2	1,15	1,2	1,3	1,35
	0,4	1,35	1,45	1,65	1,9
	0,6	1,5	1,8	2,1	2,6
	0,8	1,8	2,1	2,6	3,55
	1,0	1,9	2,4	3,2	4,8

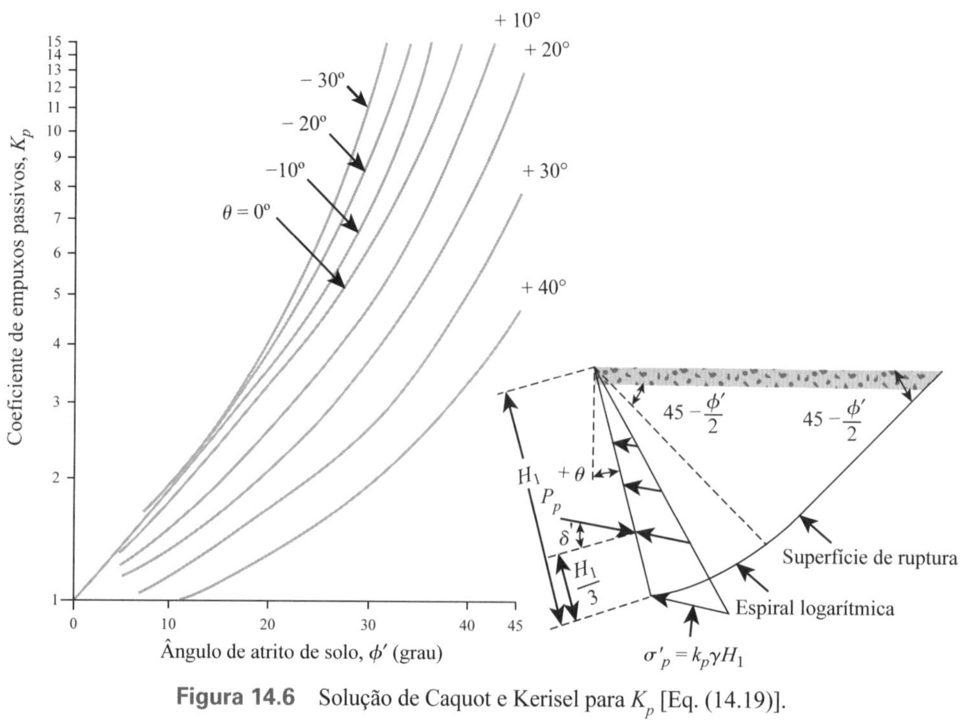

Figura 14.6 Solução de Caquot e Kerisel para K_p [Eq. (14.19)].

$$K_p = (R')[K_{p(\delta'/\phi'=1)}] \tag{14.20}$$

A Figura 14.7 exibe um muro de arrimo vertical com um aterro granular inclinado. Para esse caso,

$$P_p = \frac{1}{2}\gamma H^2 K_p \tag{14.21}$$

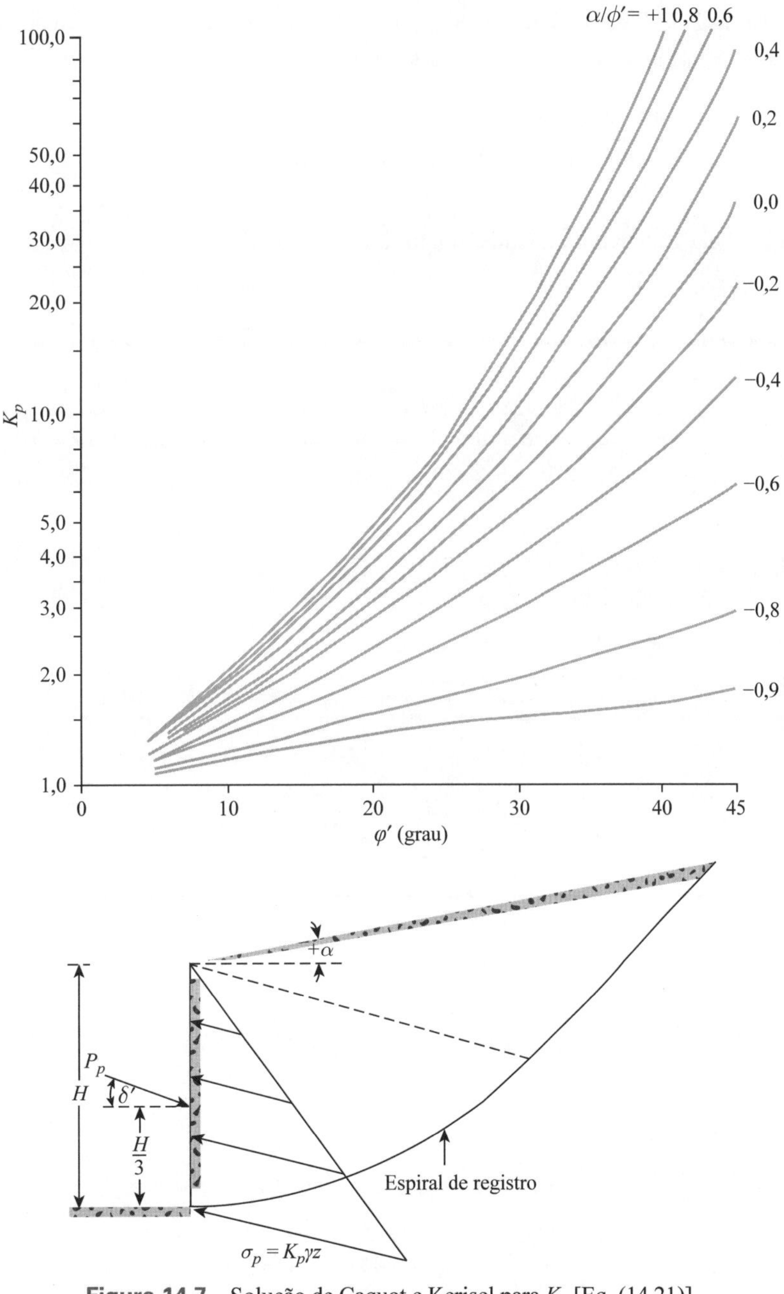

Figura 14.7 Solução de Caquot e Kerisel para K_p [Eq. (14.21)].

Tabela 14.6 Fator de redução de Caquot e Kerisel, R', para cálculo de empuxo passivo

	δ'/ϕ'							
ϕ'	0,7	0,6	0,5	0,4	0,3	0,2	0,1	0
10	0,978	0,962	0,946	0,929	0,912	0,898	0,881	0,864
15	0,961	0,934	0,907	0,881	0,854	0,830	0,803	0,775
20	0,939	0,901	0,862	0,824	0,787	0,752	0,716	0,678
25	0,912	0,860	0,808	0,759	0,711	0,666	0,620	0,574
30	0,878	0,811	0,746	0,686	0,627	0,574	0,520	0,467
35	0,836	0,752	0,674	0,603	0,536	0,475	0,417	0,362
40	0,783	0,682	0,592	0,512	0,439	0,375	0,316	0,262
45	0,718	0,600	0,500	0,414	0,339	0,276	0,221	0,174

A solução de Caquot e Kerisel (1948) para determinar k_p para ser utilizado na Eq. (14.21) é dada na Figura 14.7 para $\delta'/\phi' = 1$. Para determinar K_p pela Figura 14.7, são necessárias as seguintes etapas:

Etapa 1: Determine α/ϕ' (observe o sinal de α).

Etapa 2: Sabendo ϕ' e α/ϕ', utilize a Figura 14.7 para determinar K_p para $\delta'/\phi' = 1$.

Etapa 3: Calcule δ'/ϕ'.

Etapa 4: Vá até a Tabela 14.6 para determinar o fator de redução, R'.

Etapa 5: $K_p = (R')[K_{p(\delta'/\phi' = 1)}]$. (14.22)

Exemplo 14.1

Considere um muro de arrimo de 3 metros de altura (H), com a face posterior vertical ($\theta = 0°$) e um aterro granular horizontal. Dados: $\gamma = 15{,}7$ kN/m^3, $\delta' = 15°$ e $\phi' = 30°$. Estime o empuxo passivo P_p utilizando

a. Teoria de Coulomb
b. Teoria de cunha de Terzaghi e Peck
c. Solução de Shields e Tolunay (método das fatias)
d. Solução de Zhu e Qian (método das fatias triangulares)
e. Teoria de Caquot e Kerisel

Solução

Parte a

Da Eq. (13.79),

$$P_p = \frac{1}{2}K_p\gamma H^2$$

A partir da Tabela 13.7, para $\phi' = 30°$ e $\delta' = 15°$, o valor de K_p é 4,977. Assim,

$$P_p = \left(\frac{1}{2}\right)(4{,}977)(15{,}7)(3)^2 = \mathbf{351{,}6\ kN/m}$$

Parte b

Da Fig. 14.4, para $\phi' = 30°$ e $\delta' = 15°$, o valor de K_p é aproximadamente 4,6. Assim,

$$P_p = \left(\frac{1}{2}\right)(4{,}6)(15{,}7)(3)^2 \approx \mathbf{325\ kN/m}$$

Parte c

$$P_p = \frac{1}{2}K_p \gamma H^2$$

Da Tabela 14.1, para $\phi' = 30°$e $\delta' = 15°$ (ou seja, $\frac{\delta'}{\phi'} = 0,5$), o valor de K_p é 4,28. Portanto,

$$P_p = \left(\frac{1}{2}\right)(4,28)(15,7)(3)^2 \approx \mathbf{302\ kN/m}$$

Parte d

Da Eq. (14.18),

$$K_p = K_{p(\delta'=0)}R$$

Para $\phi' = 30°$ e $\theta = 0$, $K_{p(\delta'=0)}$ é igual a 3,0 (Tabela 14.4). Novamente, para $\theta = 0$ e $\delta'/\phi' = 0,5$, o valor de R é de aproximadamente 1,52 (Tabela 14.5). Assim, $K_p = (3)(1,52) = 4,56$.

$$P_p = \left(\frac{1}{2}\right)(4,56)(15,7)(3)^2 = \mathbf{322\ kN/m}$$

Parte e

Da Eq. (14.19), com $\theta = 0$, $H_1 = H$,

$$P_p = \frac{1}{2}\gamma H^2 K_p$$

Da Figura 14.6, para $\phi' = 30°$ e $\delta'/\phi' = 1$, o valor de $K_{p(\delta'/\phi'=1)}$ é aproximadamente 5,9. Além disso, a partir da Tabela 14.6, com $\phi' = 30°$ e $\delta'/\phi' = 0,5$, o valor de R' é 0,746.

Portanto,

$$P_p = \frac{1}{2}\gamma H^2 K_p = \frac{1}{2}(15,7)(3)^2(0,746 \times 5,9) \approx \mathbf{311\ kN/m}$$

■

Exemplo 14.2

Consulte o Exemplo 14.1. Estime o empuxo passivo P_p usando

a. A análise de Lancellotta (2002)

b. O método das características de Sokolowskiĭ (1965)

Solução

Parte a

A partir da Tabela 14.2, para $\phi' = 30°$e $\delta' = 15°$, o valor de K_p é 4,44. Assim,

$$P_p = \frac{1}{2}K_p \gamma H^2 = \left(\frac{1}{2}\right)(4,44)(15,7)(3)^2 \approx \mathbf{314\ kN/m}$$

Parte b

A partir da Tabela 14.3, para $\phi' = 30°$e $\delta' = 15°$, o valor de K_p é 4,62. Portanto,

$$P_p = \frac{1}{2}K_p \gamma H^2 = \left(\frac{1}{2}\right)(4,62)(15,7)(3)^2 \approx \mathbf{326\ kN/m}$$

■

14.7 Empuxo passivo nos muros com forças sísmicas

A relação para empuxo passivo de terra no muro de arrimo com *aterro horizontal granular* e parte posterior vertical sob condições sísmicas (Figura 14.8) foi avaliada por Subba Rao e Choudhury (2005) utilizando a abordagem pseudoestática ao método de equilíbrio limite. A superfície de ruptura no solo presumida na análise foi semelhante à indicada na Figura 14.3 (com $\theta = 0$; ou seja, face posterior vertical) e na Figura 14.8. As anotações utilizadas na análise foram as seguintes:

H = altura do muro de arrimo

P_{pe} = empuxo passivo por unidade de comprimento do muro

ϕ' = ângulo de atrito do solo

δ' = ângulo de atrito solo-muro

c' = coesão

c'_a = aderência solo-muro entre quedas

q = sobrecarga

$$k_h = \frac{\text{Componente horizontal da aceleração sísmica}}{\text{Aceleração da gravidade, } g}$$

$$k_v = \frac{\text{Componente vertical da aceleração sísmica}}{\text{Aceleração da gravidade, } g}$$

Com base nessa análise, o empuxo passivo P_{pe} pode ser expresso como

$$P_{pe} = \left[\frac{1}{2}\gamma H^2 K_{p\gamma(e)} + qHK_{pq(e)} + 2c'HK_{pc'(e)}\right]\frac{1}{\cos\delta'} \tag{14.23}$$

Onde $K_{p\gamma(e)}$, $K_{pq(e)}$ e $K_{pc'(e)}$ = coeficientes de empuxo passiva na direção normal para o muro.

As variações de $K_{p\gamma(e)}$ e $K_{pq(e)}$ para $\delta'/\phi' = 0{,}5$ e 1 são mostradas nas Figuras 14.9 e 14.10.

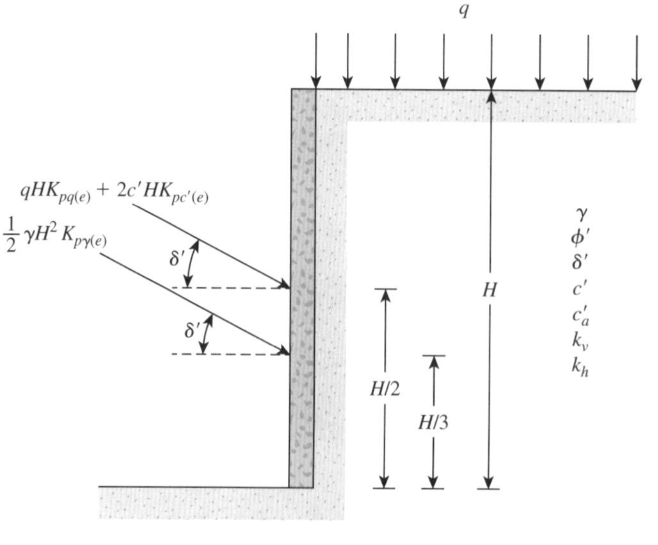

Figura 14.8 Empuxo passivo nos muros (parte posterior vertical e aterro horizontal) com forças sísmicas.

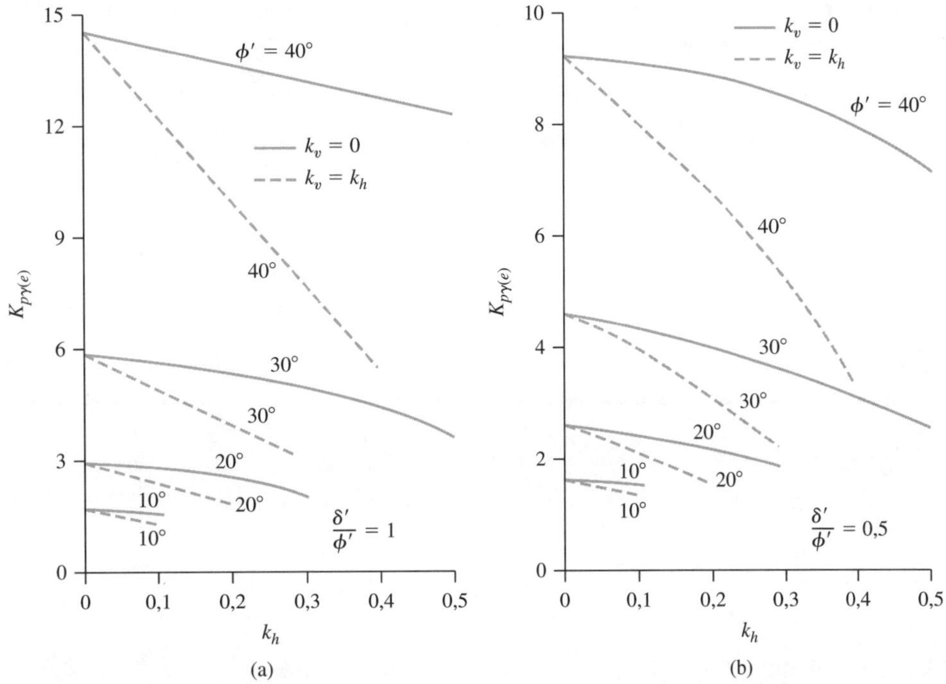

Figura 14.9 Variação de $K_{p\gamma(e)}$: (a) $\delta'/\phi' = 1$; (b) $\dfrac{\delta'}{\phi'} = 0,5$.

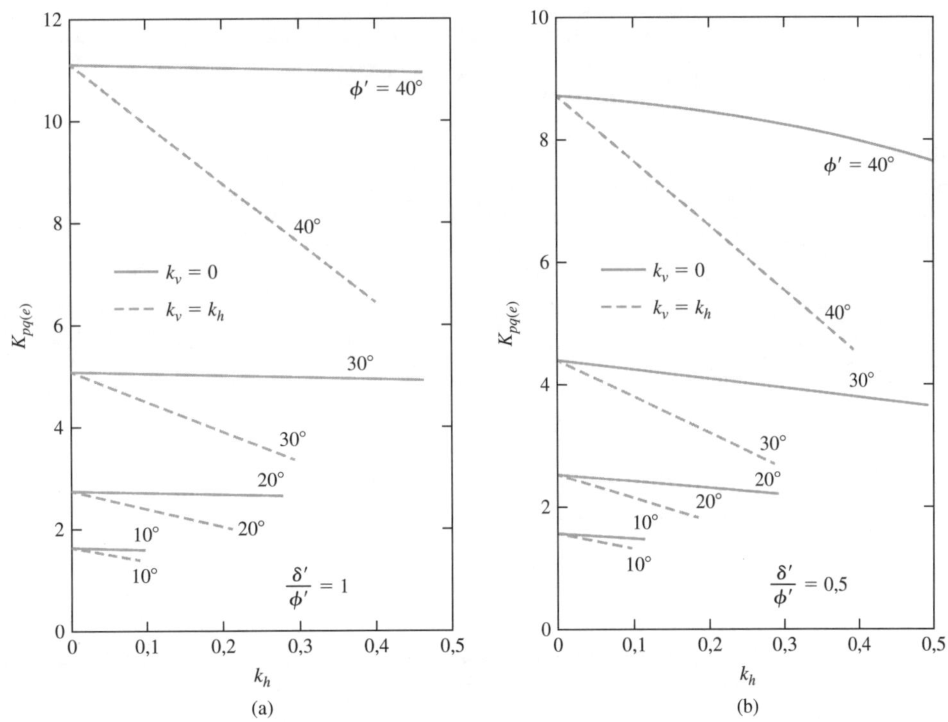

Figura 14.10 Variação de $K_{pq(e)}$: (a) $\dfrac{\delta'}{\phi'} = 1$; (b) $\dfrac{\delta'}{\phi'} = 0,5$.

As localizações dos componentes de P_{pe},

$$\left[\frac{\frac{1}{2}\gamma H^2 K_{p\gamma(e)}}{\cos\delta'}\right] \quad \text{e} \quad \left[\frac{qHK_{pq(e)} + 2c'HK_{pc'(e)}}{\cos\delta'}\right]$$

são exibidas na Figura 14.8.

A variação de $K_{pc'(e)}$ é retratada na Tabela 14.7.

Tabela 14.7 Variação de $K_{pc'(e)}$

	$c'_a/c' = 0$		$c'_a/c' = \text{tg}\,\delta'/\text{tg}\,\phi'$	
ϕ' (graus)	$\delta'/\phi' = 0{,}5$	$\delta'/\phi' = 1{,}0$	$\delta'/\phi' = 0{,}5$	$\delta'/\phi' = 1{,}0$
10	1,32	1,45	1,55	1,69
20	1,81	2,18	2,07	2,33
30	2,66	3,42	2,94	3,49
40	4,33	5,95	4,65	5,97

Exemplo 14.3

Consulte a Figura 14.8. Se $H = 4$ m, $\phi' = \delta' = 40°$, $\gamma' = 17{,}5$ kN/m³, $q = 10$ kN/m², $c' = 10$ kN/m², $c'_a = 0$, $k_v = 0$ e $k_h = 0{,}3$, determine a magnitude e a localização de P_{pe}.

Solução

Magnitude de P_{pe}

Dados: $k_h = 0{,}3$, $k_v = 0$, $\phi' = 40°$ e $\delta'/\phi' = 1$. A partir das Figuras 14.9a e 14.10a, $K_{p\gamma(e)} \approx 13{,}7$ e $K_{pq(e)} \approx 11{,}15$. Além disso, visto que $c'_a/c' = 0$, $\phi' = 40°$ e $\delta'/\phi' = 1$, segundo a Tabela 14.7, $K_{pc'(e)} = 5{,}95$. Agora, usando a Eq. (14.23),

$$P_{pe} = \left[\left(\frac{1}{2}\right)(17{,}5)(4)^2(13{,}7) + (10)(4)(11{,}5) + (2)(10)(4)(5{,}95)\right]\frac{1}{\cos 40}$$

$$= (1918 + 446 + 476)\frac{1}{\cos 40} = \mathbf{3707{,}4\ kN/m}$$

Localização de P_{pe}

A equação

$$\frac{1}{\cos\delta'}\left[qHK_{pq(e)} + 2c'HK_{pc'(e)}\right] = \frac{1}{\cos 40}(446 + 476) = 1203{,}6\ \text{kN/m}$$

atua em uma distância de $H/2 = (4/2)$m $= 2$ m acima da base do muro.

A equação

$$\frac{1}{\cos\delta'}\left[\frac{1}{2}\gamma H^2 K_{p\gamma(e)}\right] = \frac{1}{\cos 40}(1918) = 2503{,}8\ \text{kN/m}$$

Atua como uma distância de $H/3 = (4/3)$m $= 1{,}33$ m acima da base do muro.

Portanto,

$$\bar{z} = \frac{(1203{,}6)(2) + (2503{,}8)(1{,}33)}{3707{,}4} = \mathbf{1{,}548\ m}$$

■

CORTES ESCORADOS

14.8 Cortes escorados – geral

Com frequência, durante a construção de fundações ou estruturas de serviço público (tais como redes de esgoto), são abertas valas a céu aberto com paredes de terra verticais. Embora a maioria dessas valas seja temporária, as faces dos cortes devem ser apoiadas por sistemas de escoramento adequados. A Figura 14.11 mostra um dos vários sistemas normalmente adotados em construções. Os sistemas de escoramento consistem em estacas-prancha, longarinas e escoras.

O projeto adequado desses elementos requer o conhecimento sobre o empuxo lateral de terra aplicado sobre muros escorados. A magnitude do empuxo lateral de terra a várias profundidades do corte é muito influenciada pelas deformações das pranchas. Para compreender a natureza da deformação dos muros escorados, é necessário seguir a sequência de construção. A construção da unidade começa com a cravação das pranchas. A fila superior de longarinas e escoras (indicadas pela letra *A* na Figura 14.11a) é instalada após a abertura de um pequeno corte. Esse processo deve ser executado imediatamente, de modo que não haja tempo para que a massa de solo fora do corte se deforme, fazendo com que as pranchas cedam. À medida que o processo de cravação das pranchas, escavação do solo e instalação das filas de longarinas e escoras continua (veja *B* e *C* na Figura 14.11), as pranchas se deslocam para dentro, em profundidades maiores. Esse movimento é causado pela pressão de terra maior aplicada pelo solo externo ao corte. A deformação dos muros escorados é mostrada pelas linhas tracejadas na Figura 14.11a. Basicamente, o problema cria uma condição na qual os muros giram em torno do nível da fila superior de escoras. Uma fotografia de cortes escorados feitos para construção de metrôs em Chicago é indicada na Figura 14.12.

A deformação de um muro escorado é diferente da condição de deformação de um muro de arrimo, pois no primeiro caso a rotação se dá em torno do topo. Por essa razão, nem a teoria de Coulomb nem a teoria de Rankine fornecem a distribuição real do empuxo de terra. Esse fato é mostrado na Figura 14.13, na qual *AB* é um muro sem atrito com um aterro de solo granular. Quando o muro se desloca para a posição *AB′*, a superfície de ruptura *BC* se estabelece. Como a parte superior da massa de solo na zona *ABC* não se deforma suficientemente, ela não avança para o estado ativo de Rankine. A superfície deslizante *BC* intercepta a superfície do chão quase a 90°. O empuxo de terra correspondente será aproximadamente parabólico, como *acb* exibido na Figura 14.13b. Com esse tipo de distribuição de empuxo, o ponto de aplicação do empuxo ativo resultante, P_a, ficará a uma altura de n_aH, medida a partir da base do muro, com $n_a > \frac{1}{3}$ (para a distribuição de empuxo triangular $n_a = \frac{1}{3}$). A avaliação teórica e as medidas de campo indicaram que n_a seria tão alta quanto 0,55.

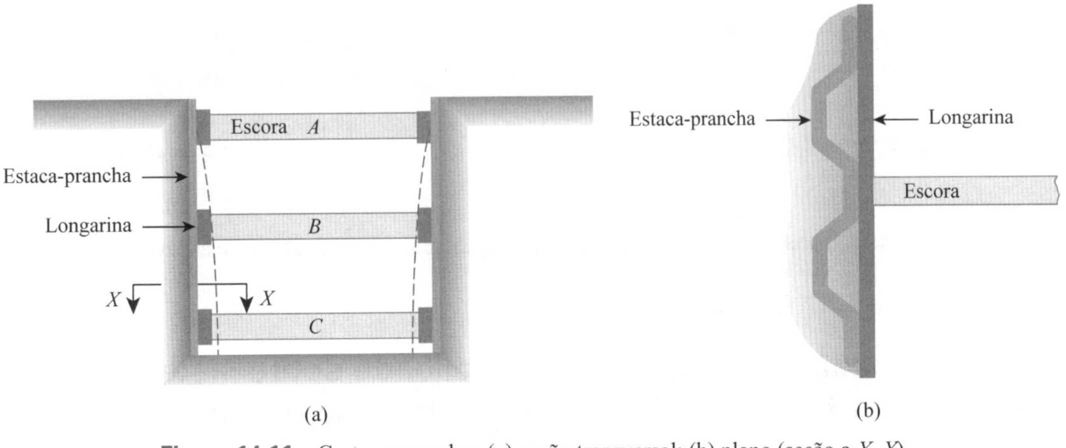

Figura 14.11 Cortes escorados: (a) seção transversal; (b) plano (seção a *X–X*).

Figura 14.12 Corte escorado para construção de metrô em Chicago. (*Cortesia de Ralph B. Peck.*)

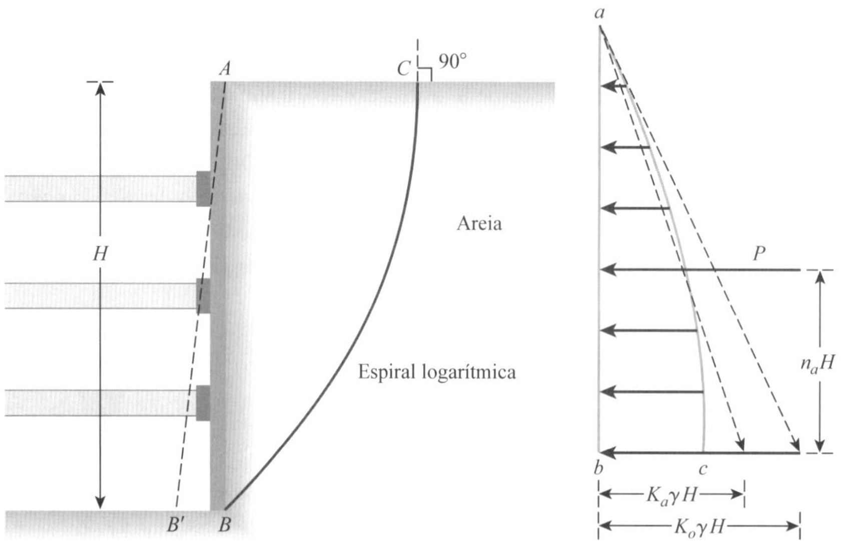

Figura 14.13 Distribuição de empuxo de terra contra um muro com rotação sobre a parte superior.

14.9 Determinação do empuxo ativo aplicado sobre sistemas de escoramentos em cortes a céu aberto – solo granular

O empuxo ativo em sistemas de escoramentos em cortes a céu aberto pode ser estimado teoricamente por meio de cunhas de ruptura e da teoria geral de Terzaghi para cunhas (1941). Os procedimentos básicos para a determinação do empuxo ativo são descritos nesta seção.

A Figura 14.14a exibe um muro escorado *AB* de altura *H* que se deforma pela rotação na parte superior. É presumido que o muro seja rugoso, com o ângulo de atrito solo-muro igual a δ'. Presume-se que o ponto de aplicação do empuxo ativo (ou seja, n_aH) seja conhecido. A curva de deslizamento é presumida como um arco de uma espiral logarítmica. Conforme discutimos na seção anterior, a curva de deslizamento intercepta a superfície de solo horizontal a 90°. Para prosseguir

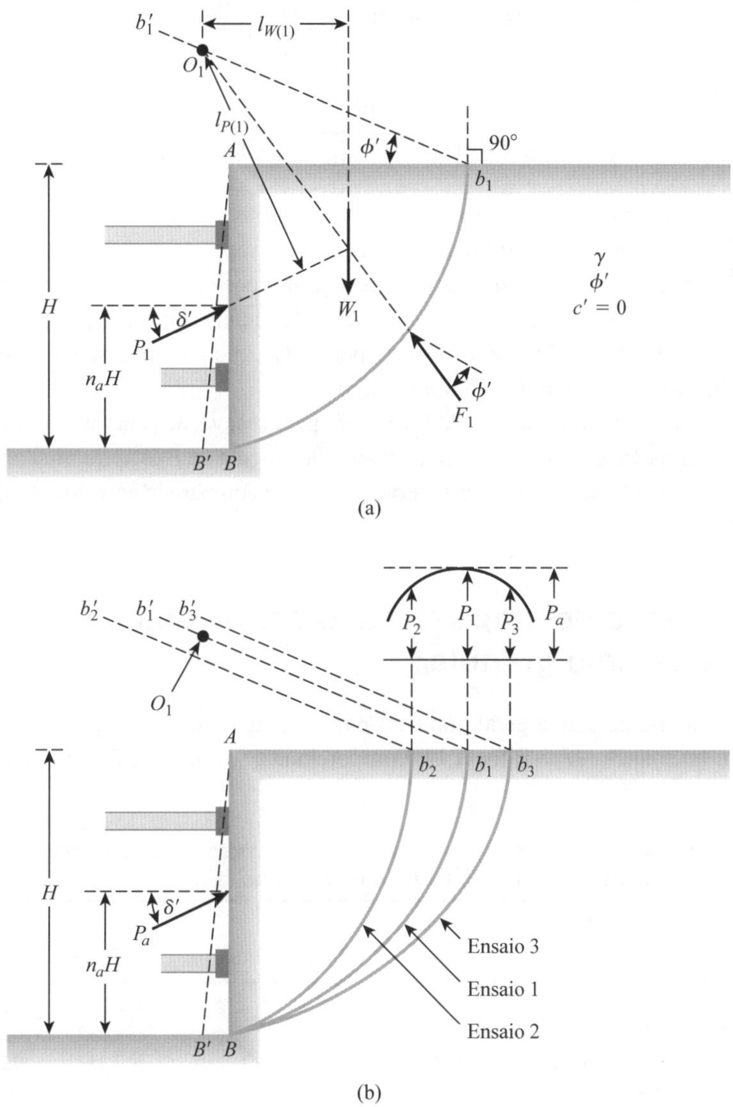

Figura 14.14 Determinação da força ativa no sistema de escoramento de cortes a céu aberto em solo não coesivo.

com a solução de cunha de ruptura, considere a seleção do ponto b_1. A partir de b_1, é desenhada uma linha $b_1b'_1$ que faz um ângulo ϕ' com a superfície de solo. (Observe que ϕ' = ângulo de atrito efetivo do solo.) O arco da espiral logarítmica b_1B, que define a curva de deslizamento para este ensaio, pode, agora, ser desenhado com o centro da espiral (ponto O_1) localizado na linha $b_1b'_1$. Observe que a equação para a espiral logarítmica é proporcionada por $r_1 = r_o e^{\beta_1 \operatorname{tg} \phi'}$ e, nesse caso, $\overline{O_1b_1} = r_o$ e $\overline{O_1B_1} = r_1$. Além disso, é interessante visualizar que a linha horizontal que representa a superfície de solo é normal à curva de deslizamento no ponto b_1, e que O_1b_1 é uma linha radial. O ângulo entre eles é igual a ϕ', que concorda com a propriedade da espiral.

Para observar o equilíbrio da cunha de ruptura, vamos considerar as seguintes forças por comprimento específico do muro escorado:

- W_1 = o peso da cunha ABb_1 = (Área de ABb_1) × (γ) × (1).
- P_1 = o empuxo ativo atuando no ponto n_aH, medido verticalmente para cima a partir da base do corte e inclinado a um ângulo δ' em relação à horizontal.
- F_1 = a resultante das forças de cisalhamento e normal, que atuam ao longo da superfície da cunha de ruptura. A linha de atuação da força F_1 passará pelo ponto O_1.

Agora, considerando os momentos destas forças em cerca de O_1, obtemos

$$W_1[l_{w(1)}] + F_1(0) = P_1[l_{P(1)}] = 0$$

ou

$$P_1 = \frac{W_1 l_{w(1)}}{l_{p(1)}} \tag{14.24}$$

onde $l_{w(1)}$ e $l_{P(1)}$ são os vetores dos momentos das forças W_1 e P_1, respectivamente.

Este procedimento de descobrir o empuxo ativo, agora, pode ser repetido por diversas cunhas, como ABb_2, ABb_3, ..., ABb_n (Figura 14.14b). Observe que os centros dos arcos logarítmicos-espirais estão nas linhas b_2b_2', b_3b_3', ..., b_nb_n', respectivamente. As forças principais P_1, P_2, P_3, ..., P_n derivadas das cunhas de ruptura são representadas graficamente por algumas escalas na parte superior da Figura 14.14b. O ponto máximo da curva suave desenhada por esses pontos produzirá o empuxo ativo máximo desejado, P_a, no muro curvo.

Kim e Preber (1969) determinaram os valores de $P_a/0{,}5\gamma H^2$ para escavações curvas para diversos valores de ϕ', δ' e n_a. Esses valores estão listados na Tabela 14.8. No geral, a magnitude média de P_a é aproximadamente 10% maior quando a rotação do muro é feita aproximadamente na parte superior conforme comparada ao valor obtido pela teoria de empuxo ativo de terra de Coulomb.

14.10 Determinação do empuxo ativo sobre sistemas de escoramentos em cortes – solo granular

Utilizando os princípios de teoria de cunha geral, também podemos determinar o empuxo resultante nos sistemas encurvados para cortes feitos no solo $c' - \phi'$. A Tabela 14.9 proporciona a variação de P_a em uma força adimensional para diversos valores de ϕ', δ', n_a e $c'/\gamma H$.

Tabela 14.8 $P_a/0{,}5\gamma H^2$ em relação a ϕ', δ' e n_a ($c' = 0$) para cortes escorados*

		$P_a/0{,}5\gamma H^2$			
ϕ' (graus)	δ' (graus)	$n_a = 0{,}3$	$n_a = 0{,}4$	$n_a = 0{,}5$	$n_a = 0{,}6$
10	0	0,653	0,734	0,840	0,983
	5	0,623	0,700	0,799	0,933
	10	0,610	0,685	0,783	0,916
15	0	0,542	0,602	0,679	0,778
	5	0,518	0,575	0,646	0,739
	10	0,505	0,559	0,629	0,719
	15	0,499	0,554	0,623	0,714
20	0	0,499	0,495	0,551	0,622
	5	0,430	0,473	0,526	0,593
	10	0,419	0,460	0,511	0,575
	15	0,413	0,454	0,504	0,568
	20	0,413	0,454	0,504	0,569
25	0	0,371	0,405	0,447	0,499
	5	0,356	0,389	0,428	0,477
	10	0,347	0,378	0,416	0,464
	15	0,342	0,373	0,410	0,457
	20	0,341	0,372	0,409	0,456
	25	0,344	0,375	0,413	0,461
30	0	0,304	0,330	0,361	0,400
	5	0,293	0,318	0,347	0,384
	10	0,286	0,310	0,339	0,374
	15	0,282	0,306	0,334	0,368
	20	0,281	0,305	0,332	0,367
	25	0,284	0,307	0,335	0,370
	30	0,289	0,313	0,341	0,377
35	0	0,247	0,267	0,290	0,318
	5	0,239	0,258	0,280	0,318
	10	0,234	0,252	0,273	0,300
	15	0,231	0,249	0,270	0,296
	20	0,231	0,248	0,269	0,295
	25	0,232	0,250	0,271	0,297
	30	0,236	0,254	0,276	0,302
	35	0,243	0,262	0,284	0,312
40	0	0,198	0,213	0,230	0,252
	5	0,192	0,206	0,223	0,244
	10	0,189	0,202	0,219	0,238
	15	0,187	0,200	0,216	0,236
	20	0,187	0,200	0,216	0,235
	25	0,188	0,202	0,218	0,237
	30	0,192	0,205	0,222	0,241
	35	0,197	0,211	0,228	0,248
	40	0,205	0,220	0,237	0,259
45	0	0,156	0,167	0,180	0,196
	5	0,152	0,163	0,175	0,190
	10	0,150	0,160	0,172	0,187
	15	0,148	0,159	0,171	0,185
	20	0,149	0,159	0,171	0,185
	25	0,150	0,160	0,173	0,187
	30	0,153	0,164	0,176	0,190
	35	0,158	0,168	0,181	0,196
	40	0,164	0,175	0,188	0,204
	45	0,173	0,184	0,198	0,213

* *Segundo Kim e Preber, 1969. Com permissão da ASCE.*

Tabela 14.9 Valores de $P_a/0{,}5\gamma H^2$ para corte em um solo c'-ϕ', com a hipótese $c'_a = c'$ (tg δ'/tg ϕ')*

δ' (graus)	$n_a = 0{,}3$ e $C'/\gamma H = 0{,}1$	$n_a = 0{,}4$ e $C'/\gamma H = 0{,}1$	$n_a = 0{,}5$ e $C'/\gamma H = 0{,}1$
$\phi' = 15°$			
0	0,254	0,285	0,322
5	0,214	0,240	0,270
10	0,187	0,210	0,238
15	0,169	0,191	0,218
$\phi' = 20°$			
0	0,191	0,210	0,236
5	0,160	0,179	0,200
10	0,140	0,156	0,173
15	0,122	0,127	0,154
20	0,113	0,124	0,140
$\phi' = 25°$			
0	0,138	0,150	0,167
5	0,116	0,128	0,141
10	0,099	0,110	0,122
15	0,085	0,095	0,106
20	0,074	0,083	0,093
25	0,065	0,074	0,083
$\phi' = 30°$			
0	0,093	0,103	0,113
5	0,078	0,086	0,094
10	0,066	0,073	0,080
15	0,056	0,060	0,067
20	0,047	0,051	0,056
25	0,036	0,042	0,047
30	0,029	0,033	0,038

**Segundo Kim e Preber, 1969. Com permissão da ASCE.*

14.11 Variação do empuxo para projetos de pranchas, escoras e longarinas

O empuxo ativo aplicado às pranchas em um corte escorado, calculado com base na teoria geral da cunha, não explica a variação do empuxo de terra com a profundidade, a qual deve ser conhecida para a elaboração do projeto. Uma diferença importante entre os sistemas de escoramentos utilizados nos cortes a céu aberto e nos muros de arrimo é que estes se rompem como um elemento único, enquanto os escoramentos em um corte a céu aberto sofrem rupturas progressivas nas quais uma ou mais escoras se rompem ao mesmo tempo.

Peck (1969) traçou diagramas empíricos de resultados referentes às pressões laterais sobre pranchas para projetos de sistemas de escoramentos. Esses diagramas de pressão para cortes em areia, em argila de mole a média e em argila rígida são mostrados na Figura 14.15. As cargas nas escoras podem ser determinadas, supondo-se que os elementos verticais sejam articulados em cada nível de escora, exceto nos níveis superior e inferior (Figura 14.16). O Exemplo 14.4 ilustra os procedimentos de cálculo para cargas nas escoras.

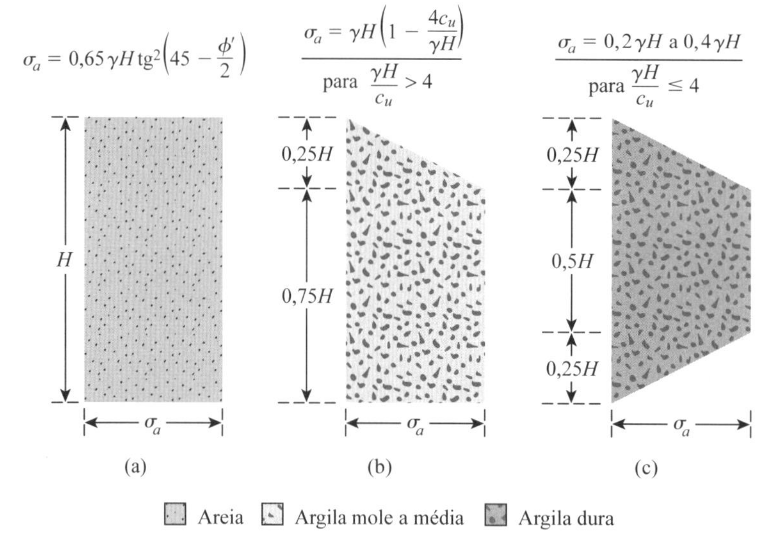

Figura 14.15 Diagramas de empuxo de Peck para projeto de sistemas de escoramento.

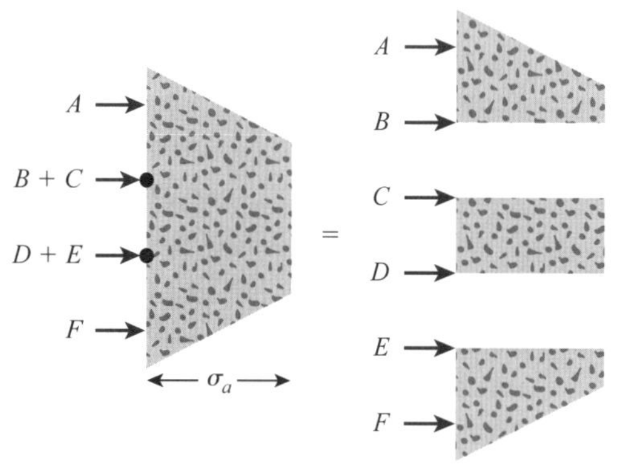

Figura 14.16 Determinação de cargas nas escoras nos diagramas empíricos de empuxo lateral.

Exemplo 14.4

Um corte escorado com 7,5 m de profundidade é indicado na Figura 14.17. No plano, as escoras estão posicionadas a $s = 2$ m, de um centro a outro. Usando o diagrama da pressão empírica de Peck, calcule as cargas das escoras.

Solução

Consulte a Figura 14.15a. Para o diagrama do empuxo lateral da terra,

$$\sigma_a = 0{,}65\gamma H\,\text{tg}^2\left(45 - \frac{\phi'}{2}\right) = (0{,}65)(16)(7{,}5)\,\text{tg}^2\left(45 - \frac{30}{2}\right) = 26\,\text{kN/m}^2$$

Suponha que a lâmina esteja curvada no nível de escora B. Agora, consulte o diagrama na Figura 14.18. Precisamos descobrir as reações em A, B_1, B_2 e C. Tomando o momento sobre B_1, temos

$$2{,}5A = (26)(3{,}5)\left(\frac{3{,}5}{2}\right); \quad A = 63{,}7\,\text{kN/m}$$

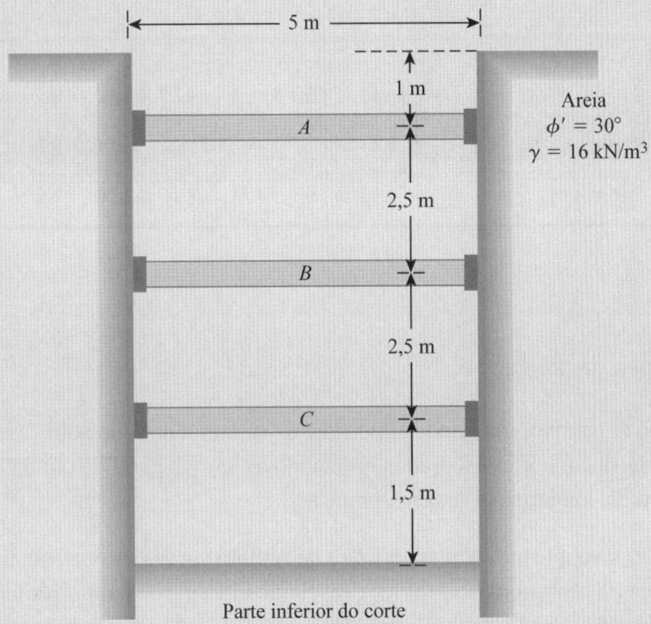

Figura 14.17 Corte escorado na areia.

Portanto,

$$B_1 = (26)(3,5) - 63,7 = 27,3 \text{ kN/m}$$

Novamente, considerando o momento em B_2, temos

$$2,5C = (26)(4)\left(\frac{4}{2}\right)$$

$$C = 83,2 \text{ kN/m}$$

Então

$$B_2 = (26)(4) - 83,2 = 20,8 \text{ kN/m}$$

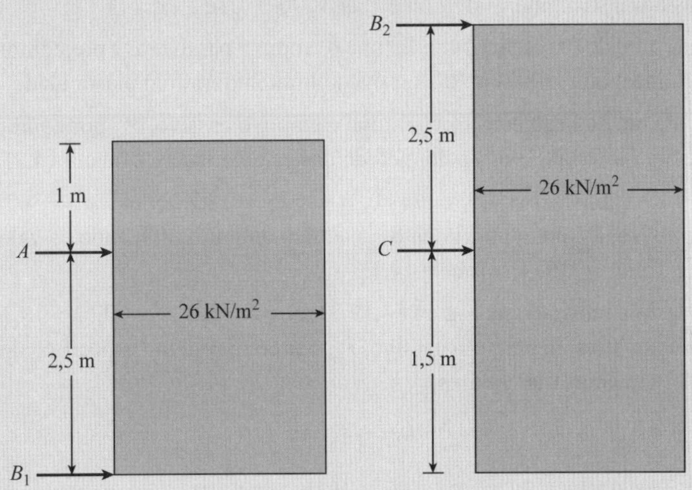

Figura 14.18 Cálculo de cargas das escoras da envoltória de empuxo.

As cargas nas escoras são:

No nível A, $(A)(s) = (63{,}7)(2) =$ **127,4 kN**

No nível B, $(B_1 + B_2)(s) = (27{,}3 + 20{,}8)(2) =$ **96,2 kN**

No nível C, $(C)(s) = (83{,}2)(2) =$ **166,4 kN** ■

14.12 Resumo

Este capítulo aborda dois tópicos principais:

- A estimativa do empuxo passivo, utilizando superfície de ruptura curva no solo.
- O empuxo lateral de terra em cortes escorados utilizando as teorias geral da cunha e das envoltórias de empuxo para o projeto de escoras, longarinas e estacas-pranchas.

Os cálculos do empuxo passivo que utilizam superfícies de ruptura curvas são essenciais nos casos em que $\delta' > \phi'/2$, pois a suposição de superfícies de ruptura planas fornece resultados inseguros para o projeto. O coeficiente de empuxo passivo conforme obtido utilizando as análises de Terzaghi e Peck (1967), Shields e Tolunay (1973), Zhu e Qian (2000), Caquot e Kerisel (1948), Lancellotta (2002) e Sokolowskiĭ (1965) são fornecidos nas Seções 14.5 e 14.6.

Nos casos de cortes escorados, embora determine o empuxo por unidade de comprimento do corte, a teoria geral da cunha não fornece nenhuma informação sobre a natureza da distribuição do empuxo de terra em função da profundidade. Por esse motivo, as envoltórias de empuxo são necessárias para a execução do projeto. A Seção 14.11 apresenta as envoltórias de empuxo de terra recomendadas por Peck (1969) para cortes em argila arenosa, mole e média e argila rígida. Também fornece o procedimento para cálculo das cargas de escoras em cortes escorados.

Problemas

14.1 Um muro de arrimo tem uma face posterior vertical com um aterro granular horizontal. Dados: $H = 6$ m, $\gamma = 18{,}5$ kN/m^3, $\phi' = 40°$ e $\delta' = \frac{1}{2}\phi'$. Calcule a estimativa do empuxo passivo, P_p, por comprimento específico do muro utilizando a teoria de cunha de Terzaghi e Peck (1967). (Figura 14.4.)

14.2 Consulte o muro de arrimo do Problema 14.1. Estime o empuxo passivo, P_p, por comprimento específico do muro usando o método das fatias de Shields e Tolunay (1973). (Tabela 14.1.)

14.3 Consulte o muro de arrimo do Problema 14.1. Estime o empuxo passivo, P_p, por comprimento específico do muro usando o método das fatias triangulares de Zhu e Qian (2000). Use a Eq. (14.18).

14.4 Consulte o muro de arrimo do Problema 14.1. Estime o empuxo passivo, P_p, por comprimento específico do muro usando a análise de Lancellotta (2002) pelo teorema do limite inferior da plasticidade. Use a Tabela 14.2.

14.5 Consulte o muro de arrimo do Problema 14.1. Estime o empuxo passivo, P_p, por comprimento específico do muro usando a solução de Sokolowskiĭ (1965) pelo método das características (Tabela 14.3).

14.6 Consulte a Figura 14.19. Dados: $H = 4{,}9$ m, $\theta = 0$, $\alpha = 0$, $\gamma = 18{,}7$ kN/m^3, $\phi' = 30°$ e $\delta' = \frac{2}{3}\phi'$. Calcule a estimativa do empuxo passivo, P_p, por comprimento específico do muro utilizando os valores K_p dado pelos métodos de fatias de Shields e Tolunay (1973). (Tabela 14.1.)

14.7 Consulte o muro de arrimo mostrado na Figura 14.19. Dados: $\theta = 10°$, $\alpha = 0$, $\gamma = 19{,}1$ kN/m^3, $\phi' = 35°$, $\delta' = 21°$ e $H = 5{,}5$ m. Faça a estimativa do empuxo passivo, P_p, por comprimento específico do muro utilizando o método de Zhu e Quian (2000) de fatias triangulares.

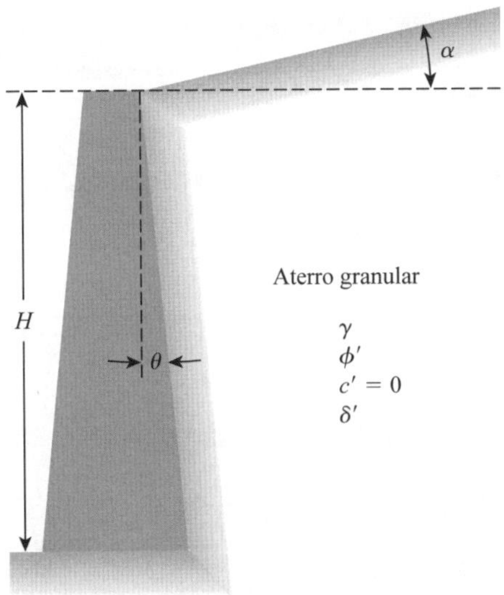

Figura 14.19

14.8 Consulte a Figura 14.19. Dados: $\theta = 0$, $\alpha = 0°$, $H = 5$ m, $\gamma = 15$ kN/m^3, $\phi' = 30°$ e $\delta' = 15°$. Calcule a estimativa do empuxo passivo, P_p, por comprimento específico do muro utilizando a solução de Caquot e Kerisel (Figura 14.6 e Tabela 14.6).

14.9 Refaça o Problema 14.8 com $\theta = 10°$ e $\alpha = 0°$.

14.10 Refaça o Problema 14.8 com $\theta = 0°$ e $\alpha = 12°$ (Figura 14.7 e Tabela 14.6).

14.11 Um muro de arrimo localizado em uma zona sujeita a terremotos tem face posterior vertical e aterro horizontal (Figura 14.8). O muro também está sujeito a uma sobrecarga de magnitude $q = 95$ kN/m^2. Determine a magnitude e a localização do empuxo passivo, P_{pe}, devido a condições sísmicas. Dados: $\gamma = 18$ kN/m^3, $\phi' = 40°$, $\delta' = 20°$, $c' = 30$ kN/m^2, $c'_a = 0$, $H = 7$ m e $k_v = k_h = 0{,}2$.

14.12 Um muro escorado é exibido na Figura 14.20. Dados: $H = 7$ m, $n_aH = 2{,}8$ m, $\phi' = 30°$, $\delta' = 20°$, $\gamma = 18$ kN/m^3 e $c' = 0$. Determine o empuxo ativo, P_a, no muro utilizando a teoria de cunha geral.

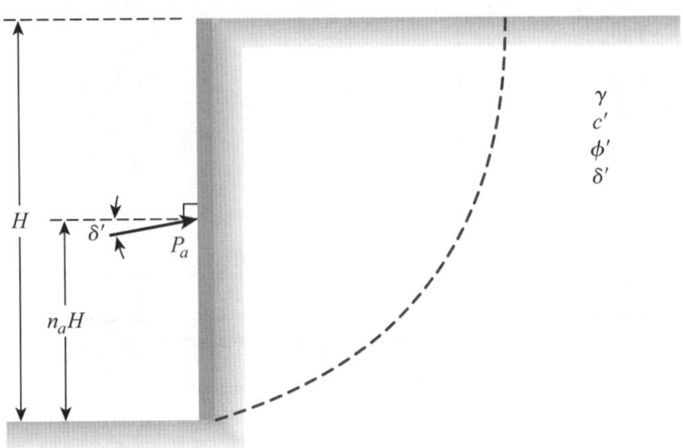

Figura 14.20

14.13 Repita o Problema 14.12 com os seguintes dados: $H = 5{,}5$ m, $n_aH = 1{,}65$ m, $\phi' = 20°$, $\delta' = 10°$, $\gamma = 19{,}6$ kN/m^3 e $c' = 10{,}8$ kN/m^2. Suponha: $\dfrac{c'_a}{c'} = \dfrac{\text{tg}\,\delta'}{\text{tg}\,\phi'}$.

14.14 A elevação e o plano de um sistema de escoramento de um corte a céu aberto na areia são os mesmos da Figura 14.21. Usando o diagrama do empuxo empírico de Peck, determine as cargas das escoras. Dados: $\gamma_{\text{areia}} = 18$ kN/m^3, $\phi' = 38°$, $x = 3$ m, $z = 1{,}25$ m e $s = 3$ m.

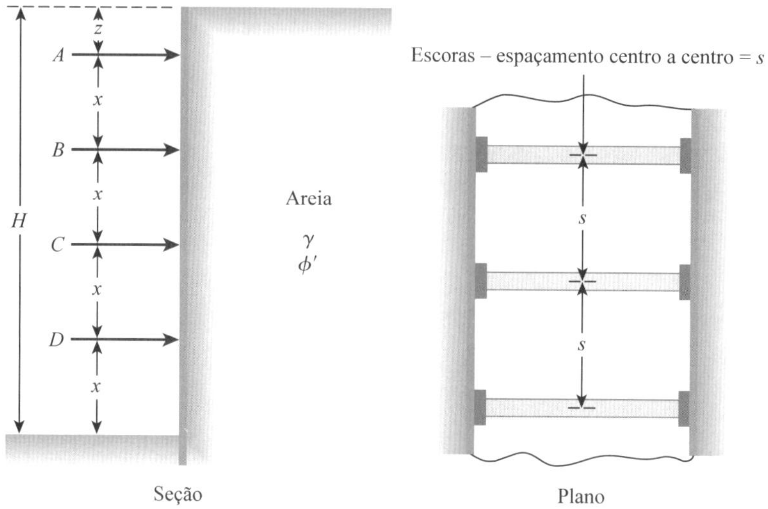

Figura 14.21

14.15 A seção seccional de um corte escorado que suporta a estaca-prancha em um solo de argila é indicada na Figura 14.22. Dados: $H = 12$ m, $\gamma_{argila} = 17{,}9$ kN/m^3, $\phi = 0$, $c = 75$ kN/m^2 e o espaçamento centro a centro das escoras em vista plana, $s = 3$ m.

a. Utilizando os diagramas de empuxo empírico de Peck, desenhe a envoltória de empuxo de terra.

b. Determine as cargas de suporte em níveis *A*, *B* e *C*.

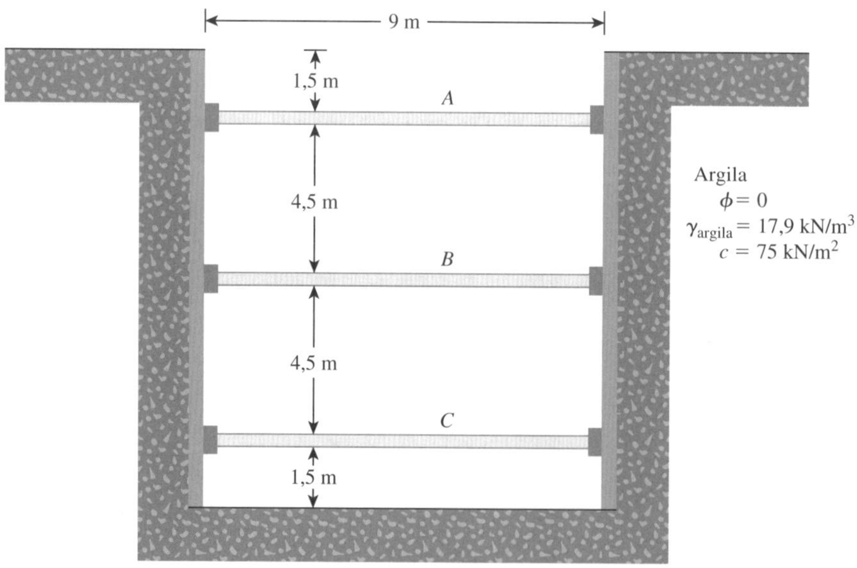

Figura 14.22

Referências bibliográficas

CAQUOT, A.; KERISEL, J. *Tables for the Calculation of Passive Pressure, Active Pressure; Bearing Capacity of Foundations*, Paris: Gauthier-Villars, 1948.

HIJAB, W. A Note on the Centroid of a Logarithmic Spiral Sector, *Geotechnique*, v. 4, n. 2, p. 96-99, 1956.

KIM, J. S.; PREBER, T. Earth Pressure Against Braced Excavations, *Journal of the Soil Mechanics and Foundations Division*, ASCE, v. 95, n. SM6, p. 1581-1584, 1969.

LANCELLOTTA, R. Analytical Solution of Passive Earth Pressure, *Geotechnique*, v. 52, n. 8, p. 617–619, 2002.

PECK, R. B. Deep Excavation and Tunneling in Soft Ground, *Proceedings*, 7th International Conference on Soil Mechanics and Foundation Engineering, volume State-of-the-Art, Cidade do México, p. 225-290, 1969.

SHIELDS, D. H.; TOLUNAY, A. Z. Passive Pressure Coefficients by Method of Slices, *Journal of the Soil Mechanics and Foundations Division*, ASCE, v. 99, n. SM12, p. 1043-1053, 1973.

SOKOLOVSKIĬ, V. V. *Statics of Granular Media*, Nova York: Pergamon Press, 1965.

SUBBA RAO, K. S.; CHOUDHURY, D. Seismic Passive Earth Pressures in Soil, *Journal of Geotechnical and Geoenvironmental Engineering,* American Society of Civil Engineers, v. 131, n. 1, p. 131-135, 2005.

TERZAGHI, K. General Wedge Theory of Earth Pressure, *Transactions*, ASCE, v. 106, p. 68-97, 1941.

______; PECK, R. B. *Soil Mechanics in Engineering Practice*, 2. ed. Nova York: Wiley, 1967.

ZHU, D. Y.; QIAN, Q. Determination of Passive Earth Pressure Coefficient by the Method of Triangular Slices, *Canadian Geotechnical Journal*, v. 37, n. 2, p. 485-491, 2000.

CAPÍTULO 15

Estabilidade de taludes

15.1 Introdução

Uma superfície de solo exposta, formando um ângulo com o plano horizontal, é chamada talude. O talude pode ser natural ou feito pelo homem. Ele pode falhar de diversos modos. Cruden e Varnes (1996) classificaram as rupturas de talude em cinco categorias principais. São elas:

1. **Queda**. É o desprendimento de solo e/ou fragmentos de rocha que caem de um talude (Figura 15.1).
2. **Tombamentos**. É o movimento de rotação à frente do solo e/ou de massas rochosas aproximadamente no eixo abaixo do centro de gravidade da rocha que está sendo deslocada (Figura 15.2).
3. **Escorregamentos**. É o movimento descendente da massa de solo que ocorre em uma superfície de ruptura (Figura 15.3).
4. **Expansões laterais** (ou **espalhamento**). É uma forma de escorregamento (Figura 15.4) que ocorre por translação. Ocorre pelo "movimento súbito de uma fração de areia ou silte recoberta por argila retentora de água ou sobrecarregada por aterro".
5. **Escoamentos**. É o movimento descendente da massa de solo de forma similar à de fluidos viscosos (Figura 15.5).

Este capítulo, primeiramente, refere-se à análise quantitativa que fica na categoria de *escorregamento*. Discutiremos em detalhes o seguinte:

- Definição de fator de segurança
- Estabilidade de taludes infinitos
- Estabilidade de talude finito com superfícies de ruptura plana e circular
- Análise da estabilidade de taludes finitos com percolação constante e em condições de esvaziamento rápido

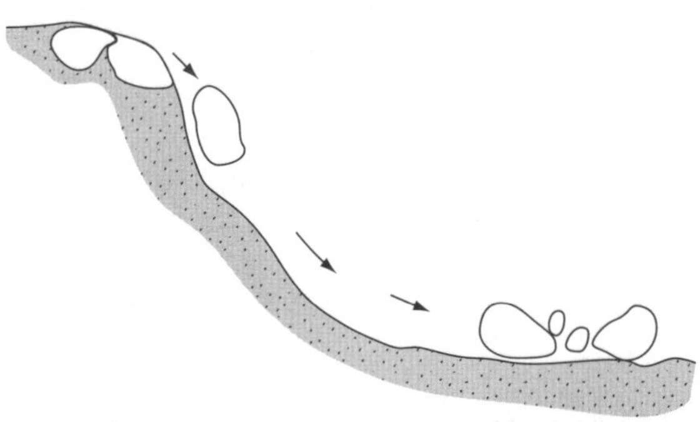

Figura 15.1 Tipo "queda" de escorregamento de terra.

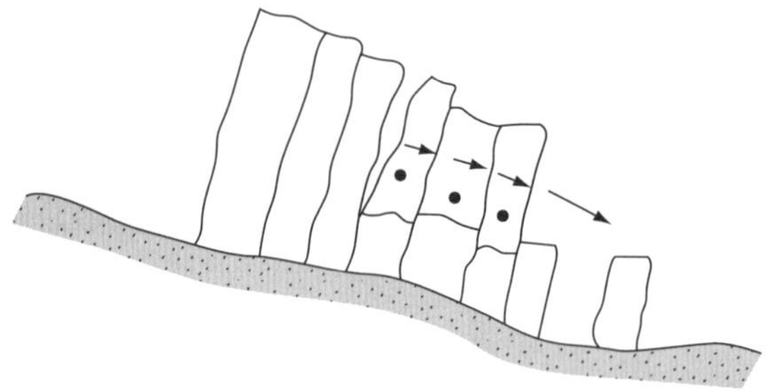

Figura 15.2 Ruptura de talude por "tombamento".

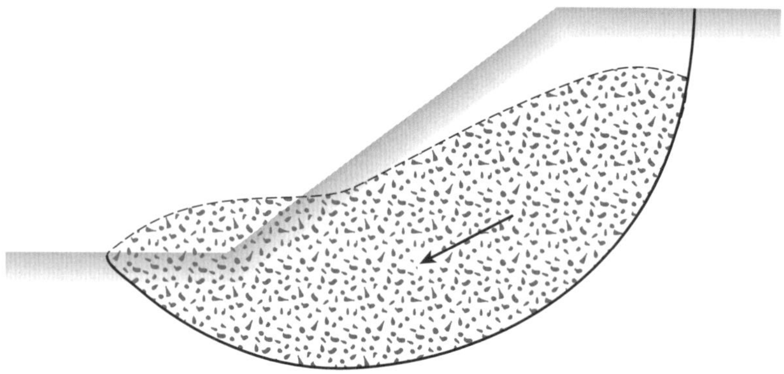

Figura 15.3 Ruptura de um talude por "escorregamento".

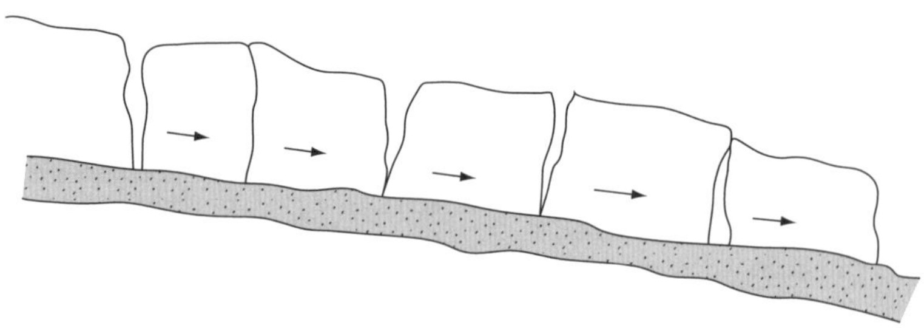

Figura 15.4 Ruptura de um talude por "espalhamento" lateral.

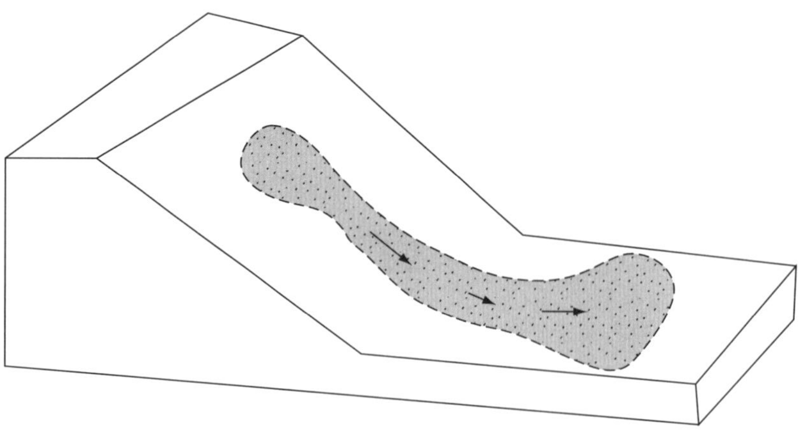

Figura 15.5 Ruptura de um talude por "escoamento".

15.2 Fatores de segurança

A função do engenheiro encarregado da análise de estabilidade do talude é determinar o fator de segurança. Geralmente, o fator de segurança é definido como

$$F_s = \frac{\tau_f}{\tau_d} \tag{15.1}$$

onde F_s = fator de segurança com relação à resistência
τ_f = resistência média ao cisalhamento do solo
τ_d = tensão média de cisalhamento desenvolvida ao longo da superfície potencial de ruptura

A resistência ao cisalhamento de um solo consiste em dois componentes, coesão e atrito, e pode ser escrita como

$$\tau_f = c' + \sigma' \operatorname{tg} \phi' \tag{15.2}$$

onde c' = coesão
ϕ' = ângulo de atrito
σ' = tensão normal na superfície potencial de ruptura

De maneira semelhante, podemos escrever

$$\tau_d = c'_d + \sigma' \operatorname{tg} \phi'_d \tag{15.3}$$

onde c'_d e ϕ'_d são, respectivamente, a coesão e o ângulo de atrito desenvolvidos ao longo da superfície potencial de ruptura. Substituindo as Eqs. (15.2) e (15.3) pela Eq. (15.1), obtemos

$$F_s = \frac{c' + \sigma' \operatorname{tg}\phi'}{c'_d + \sigma' \operatorname{tg}\phi'_d} \tag{15.4}$$

Agora, podemos introduzir alguns outros aspectos do fator de segurança – ou seja, o fator de segurança com relação à coesão, $F_{c'}$, e o fator de segurança com relação ao atrito, $F_{\phi'}$. Eles são definidos como

$$F_{c'} = \frac{c'}{c'_d} \tag{15.5}$$

e

$$F_{\phi'} = \frac{\operatorname{tg}\phi'}{\operatorname{tg}\phi'_d} \tag{15.6}$$

Quando comparamos as Eqs. (15.4) a (15.6), podemos visualizar que quando $F_{c'}$ se torna igual a $F_{\phi'}$, proporciona o fator de segurança com relação à resistência. Ou, se

$$\frac{c'}{c'_d} = \frac{\operatorname{tg}\phi'}{\operatorname{tg}\phi'_d}$$

podemos escrever

$$F_s = F_{c'} = F_{\phi'} \tag{15.7}$$

Quando F_s for igual a 1, o talude estará no estado de ruptura iminente. Geralmente, o valor de 1,5 para o fator de segurança com relação à resistência é aceitável para o projeto de um talude estável.

15.3 Estabilidade dos taludes infinitos

Considerando o problema de estabilidade dos taludes, vamos começar com o caso de um talude infinito conforme exibido na Figura 15.6. A resistência ao cisalhamento do solo pode ser dada pela Eq. (15.2):

$$\tau_f = c' + \sigma' \operatorname{tg} \phi'$$

Presumindo que a poropressão seja zero, avaliaremos o fator de segurança em relação a uma possível ruptura do talude ao longo do plano AB localizado a uma profundidade H abaixo da superfície do solo. A ruptura do talude pode ocorrer pelo movimento do solo acima do plano AB da direita para esquerda.

Consideremos um elemento de talude $abcd$ com um comprimento específico perpendicular ao plano da seção indicada. As forças, F, que agem nas faces ab e cd são iguais e contrárias e podem ser ignoradas. O peso do elemento de solo é

$$W = (\text{Volume de elemento de solo}) \times (\text{Peso específico de solo}) = \gamma LH \tag{15.8}$$

O peso W pode ser resolvido em dois componentes:

1. Força perpendicular ao plano $AB = N_a = W \cos \beta = \gamma LH \cos \beta$.
2. Força paralela ao plano $AB = T_a = W \operatorname{sen} \beta = \gamma LH \operatorname{sen} \beta$. Observe que esta é a força que tende a causar o escorregamento ao longo do plano.

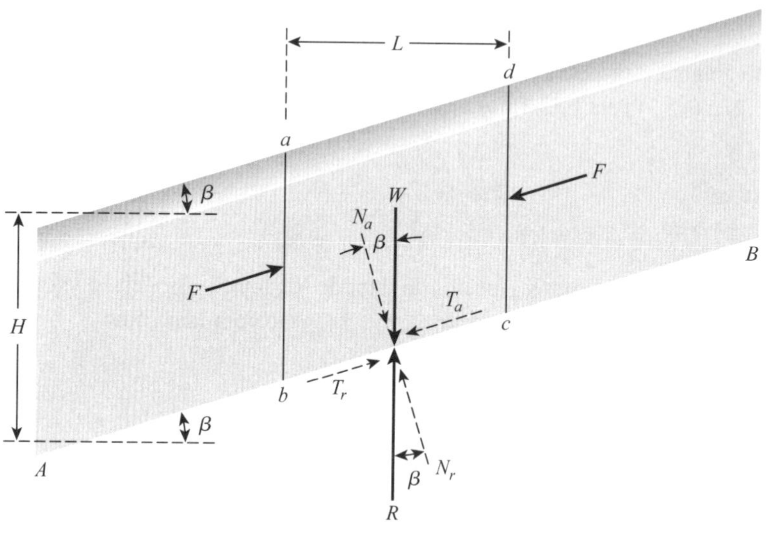

Figura 15.6 Análise de talude infinito (sem percolação).

Assim, a tensão normal efetiva e a tensão de cisalhamento na base do elemento de inclinação podem ser dadas, respectivamente, como

$$\sigma' = \frac{N_a}{\text{Área da base}} = \frac{\gamma LH \cos \beta}{\left(\dfrac{L}{\cos \beta}\right)} = \gamma H \cos^2 \beta \tag{15.9}$$

e

$$\tau = \frac{T_a}{\text{Área da base}} = \frac{\gamma LH \operatorname{sen} \beta}{\left(\dfrac{L}{\cos \beta}\right)} = \gamma H \cos \beta \operatorname{sen} \beta \tag{15.10}$$

A reação ao peso W é uma força igual e oposta R. Os componentes normal e tangencial de R com relação ao plano AB são

$$N_r = R \cos \beta = W \cos \beta \tag{15.11}$$

e

$$T_r = R \operatorname{sen} \beta = W \operatorname{sen} \beta \tag{15.12}$$

Para equilíbrio, a tensão resistiva ao cisalhamento desenvolvida na base do elemento é igual a (T_r)/(Área de base) = γH sen β cos β. A tensão resistiva ao cisalhamento também pode ser escrita da mesma forma que a Eq. (15.3):

$$\tau_d = c'_d + \sigma' \text{ tg } \phi'_d$$

O valor da tensão normal é dada pela Eq. (15.9). A substituição da Eq. (15.9) pela Eq. (15.3) fornece

$$\tau_d = c'_d + \gamma H \cos^2 \beta \text{ tg } \phi'_d \tag{15.13}$$

Assim,

$$\gamma H \text{ sen } \beta \cos \beta = c'_d + \gamma H \cos^2 \beta \text{ tg } \phi'_d$$

ou

$$\frac{c'_d}{\gamma H} = \text{sen } \beta \cos \beta - \cos^2 \beta \text{ tg } \phi'_d$$
$$= \cos^2 \beta (\text{tg } \beta - \text{tg } \phi'_d) \tag{15.14}$$

O fator de segurança com relação à resistência pode ser definido na Eq. (15.7), a partir da qual obteremos

$$\text{tg } \phi'_d = \frac{\text{tg } \phi'}{F_s} \quad \text{e} \quad c'_d = \frac{c'}{F_s}$$

Substituindo os valores anteriores na Eq. (15.14), obtemos

$$F_s = \frac{c'}{\gamma H \cos^2 \beta \text{ tg } \beta} + \frac{\text{tg } \phi'}{\text{tg } \beta} \tag{15.15}$$

Para solos granulares, $c' = 0$, e o fator de segurança, F_s, se torna igual a (tg ϕ')/(tg β). Isso indica que, em uma inclinação infinita na areia, o valor de F_s é independente da altura H e que a inclinação é estável contanto que $\beta < \phi'$.

Se um solo possui coesão e atrito, a profundidade do plano ao longo de onde o equilíbrio crítico ocorre pode ser determinada pela substituição de $F_s = 1$ e $H = H_{cr}$ na Eq. (15.15). Assim,

$$H_{cr} = \frac{c'}{\gamma} \frac{1}{\cos^2 \beta (\text{tg } \beta - \text{tg } \phi')} \tag{15.16}$$

15.4 Talude infinito com percolação constante

A Figura 15.7a indica um talude infinito. Vamos supor que exista uma percolação pelo solo e que o lençol freático coincida com a superfície do solo. A resistência ao cisalhamento do solo é dada por

$$\tau_f = c' + \sigma' \text{ tg } \phi' \tag{15.17}$$

Para determinar o fator de segurança em relação à ruptura ao longo do plano *AB*, considere o elemento de inclinação *abcd*. As forças que agem sobre as faces verticais *ab* e *cd* são iguais e opostas. O peso total do elemento de inclinação de comprimento específico é

$$W = \gamma_{sat} LH \tag{15.18}$$

onde γ_{sat} = peso específico do solo saturado.

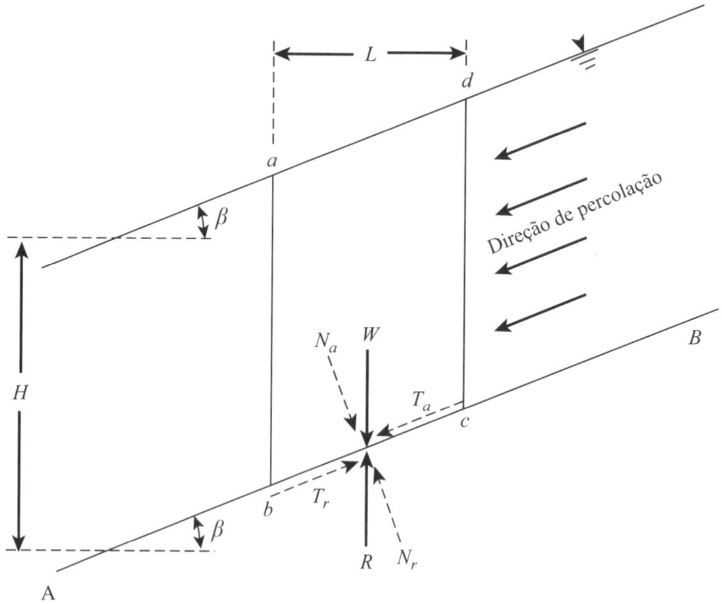

(a)

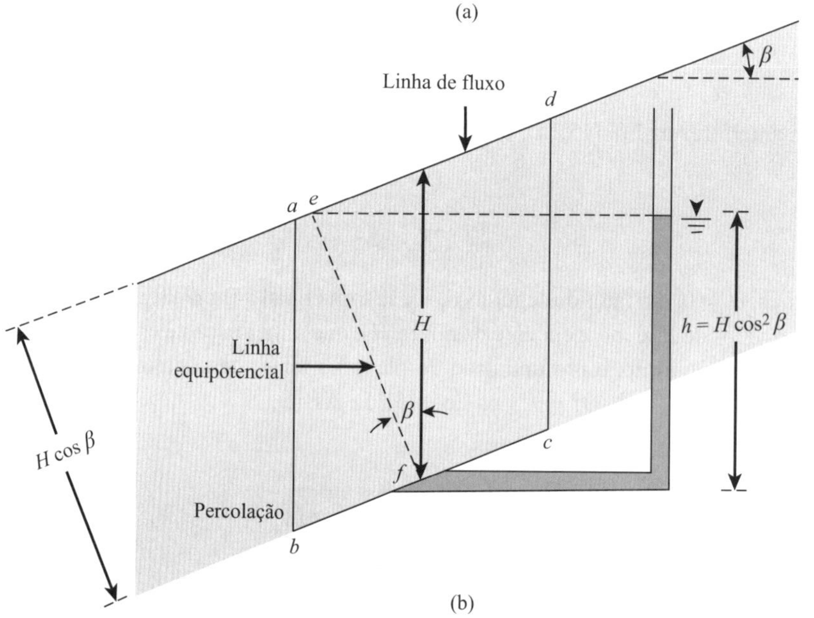

(b)

Figura 15.7 Análise do talude infinito (com percolação).

Os componentes de W nas direções normal e paralela ao plano AB são

$$N_a = W \cos \beta = \gamma_{sat} LH \cos \beta \tag{15.19}$$

e

$$T_a = W \operatorname{sen} \beta = \gamma_{sat} LH \operatorname{sen} \beta \tag{15.20}$$

A reação ao peso W é igual a R. Assim,

$$N_r = R \cos \beta = W \cos \beta = \gamma_{sat} LH \cos \beta \tag{15.21}$$

e

$$T_r = R \operatorname{sen} \beta = W \operatorname{sen} \beta = \gamma_{sat} LH \operatorname{sen} \beta \tag{15.22}$$

A tensão normal total e a tensão ao cisalhamento na base do elemento são, respectivamente,

$$\sigma = \frac{N_r}{\left(\dfrac{L}{\cos\beta}\right)} = \gamma_{sat} H \cos^2\beta \qquad (15.23)$$

e

$$\tau = \frac{T_r}{\left(\dfrac{L}{\cos\beta}\right)} = \gamma_{sat} H \cos\beta \operatorname{sen}\beta \qquad (15.24)$$

A tensão resistente ao cisalhamento desenvolvida na base do elemento também pode ser dada por

$$\tau_d = c'_d + \sigma' \operatorname{tg} \phi_d = c'_d + (\sigma - u) \operatorname{tg} \phi'_d \qquad (15.25)$$

onde u = poropressão. Consultando a Figura 15.7b, vemos que

u = (Altura de água no piezômetro colocado em f)$(\gamma_w) = h\gamma_w$

e

$$h = \overline{ef}\cos\beta = (H\cos\beta)(\cos\beta) = H\cos^2\beta$$

então

$$u = \gamma_w H \cos^2\beta$$

Substituindo os valores de σ [Eq. (15.23)] e u na Eq. (15.25), obteremos

$$\begin{aligned}\tau_d &= c'_d + (\gamma_{sat} H \cos^2\beta - \gamma_w H \cos^2\beta) \operatorname{tg} \phi'_d \\ &= c'_d + \gamma' H \cos^2\beta \operatorname{tg} \phi'_d\end{aligned} \qquad (15.26)$$

Agora, igualando os lados direitos das Eqs. (15.24) e (15.26) resulta em

$$\gamma_{sat} H \cos\beta \operatorname{sen}\beta = c'_d + \gamma' H \cos^2\beta \operatorname{tg}\phi'_d$$

ou

$$\frac{c'_d}{\gamma_{sat} H} = \cos^2\beta \left(\operatorname{tg}\beta - \frac{\gamma'}{\gamma_{sat}} \operatorname{tg}\phi'_d\right) \qquad (15.27)$$

onde $\gamma' = \gamma_{sat} - \gamma_w$ = peso específico efetivo do solo.

O fator de segurança com relação à resistência pode ser encontrado substituindo $\operatorname{tg}\phi'_d = (\operatorname{tg}\phi')/F_s$ e $c'_d = c'/F_s$ na Eq. (15.27), ou

$$F_s = \frac{c'}{\gamma_{sat} H \cos^2\beta \operatorname{tg}\beta} + \frac{\gamma' \operatorname{tg}\phi'}{\gamma_{sat} \operatorname{tg}\beta} \qquad (15.28)$$

Exemplo 15.1

Para a inclinação infinita indicada na Figura 15.8 (considere que não exista percolação pelo solo), determine:

a. O fator de segurança contra o escorregamento ao longo da interface solo-rocha
b. A altura, H, que fornecerá um fator de segurança (F_s) de 2 contra escorregamentos ao longo da interface solo-rocha.

Solução

Parte a

Da Eq. (15.15),

$$F_s = \frac{c'}{\gamma H \cos^2 \beta \operatorname{tg} \beta} + \frac{\operatorname{tg} \phi'}{\operatorname{tg} \beta}$$

Dados: $c' = 10$ kN/m², $\gamma = 17{,}8$ kN/m², $\phi' = 20°$, $\beta = 15°$ e $H = 6$ m, temos

$$F_s = \frac{10}{(17{,}8)(6)(\cos^2 15)(\operatorname{tg} 15)} + \frac{\operatorname{tg} 20}{\operatorname{tg} 15} = \mathbf{1{,}73}$$

Parte b

Da Eq. (15.15),

$$F_s = \frac{c'}{\gamma H \cos^2 \beta \operatorname{tg} \beta} + \frac{\operatorname{tg} \phi'}{\operatorname{tg} \beta}$$

$$2 = \frac{10}{(17{,}8)(H)(\cos^2 15)(\operatorname{tg} 15)} + \frac{\operatorname{tg} 20}{\operatorname{tg} 15}$$

$$H = \mathbf{3{,}5\ m}$$

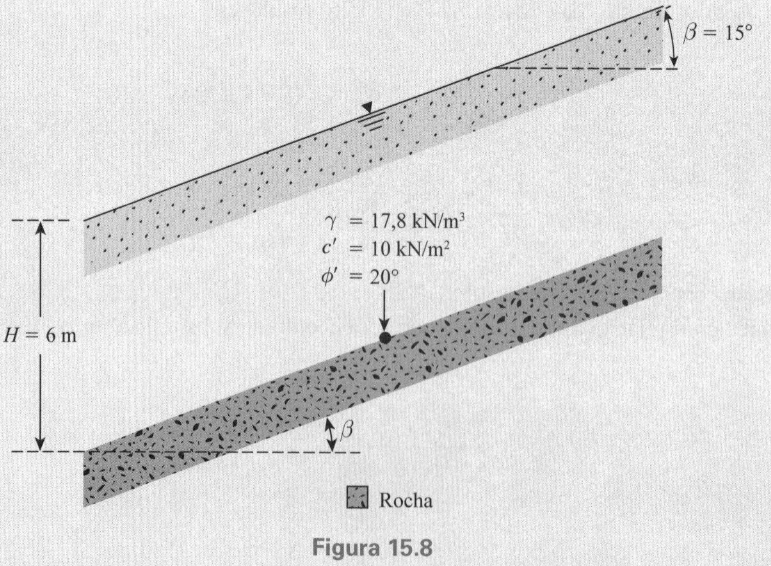

Figura 15.8

■

15.5 Talude finito – geral

Quando o valor de H_{cr} se aproxima da altura do talude, este geralmente pode ser considerado finito. Para simplificar, ao analisar a estabilidade de um talude finito em um solo homogêneo, precisamos assumir hipóteses sobre a forma geral da superfície potencial de ruptura. Embora existam evidências consideráveis sugerindo que as rupturas de taludes ocorram normalmente em superfícies curvas, Culmann (1875) aproximou a superfície de ruptura potencial para um plano. O fator de segurança F_s, calculado através da aproximação de Culmann, fornece resultados razoavelmente bons apenas para taludes quase verticais. Depois de intensas investigações sobre rupturas de taludes na década de 1920, uma comissão geotécnica sueca recomendou que a superfície de ruptura real de deslizamento seja aproximada por uma superfície cilíndrica circular.

A partir daí, a maioria das análises de estabilidade de taludes convencionais tem sido feita presumindo-se que a curva de escorregamento potencial seja um arco de círculo. Porém, em muitas circunstâncias (por exemplo, barragens zoneadas e fundações sobre estratos fracos), a análise de estabilidade usando a ruptura de escorregamento plana é mais apropriada e apresenta excelentes resultados.

15.6 Análise de taludes finitos com superfícies de ruptura planas (Método de Culmann)

A análise de Culmann parte do princípio de que a ruptura de um talude ocorre ao longo de um plano quando a tensão média de cisalhamento que tende a causar o escorregamento é maior que a resistência ao cisalhamento do solo. Além disso, o plano mais crítico é aquele que tem uma relação mínima entre a tensão média de cisalhamento que tende a causar a ruptura e a resistência ao cisalhamento do solo.

A Figura 15.9 mostra um talude de altura H. O talude se ergue formando um ângulo β com a horizontal. AC é um plano arbitrado de ruptura. Se considerarmos um comprimento unitário perpendicular à seção do talude, veremos que o peso da cunha ABC é igual a

$$\begin{aligned} W &= \frac{1}{2}(H)(\overline{BC})(1)(\gamma) = \frac{1}{2}H(H\,\text{cotg}\,\theta - H\,\text{cotg}\,\beta)\gamma \\ &= \frac{1}{2}\gamma H^2\left[\frac{\text{sen}(\beta-\theta)}{\text{sen}\,\beta\,\text{sen}\,\theta}\right] \end{aligned} \tag{15.29}$$

As componentes normais e tangenciais de W com relação ao plano AC são as seguintes.

$$N_a = \text{componente normal} = W\cos\theta = \frac{1}{2}\gamma H^2\left[\frac{\text{sen}(\beta-\theta)}{\text{sen}\,\beta\,\text{sen}\,\theta}\right]\cos\theta \tag{15.30}$$

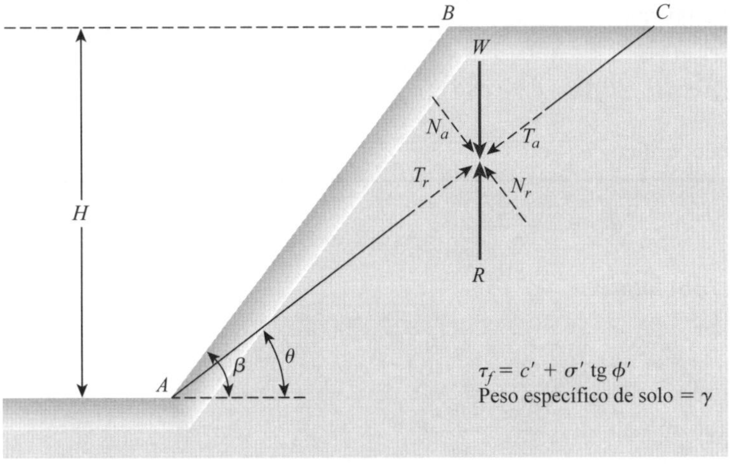

Figura 15.9 Análise de talude finito – método de Culmann.

$$T_a = \text{componente tangencial} = W\,\text{sen}\,\theta = \frac{1}{2}\gamma H^2\left[\frac{\text{sen}(\beta-\theta)}{\text{sen}\,\beta\,\text{sen}\,\theta}\right]\text{sen}\,\theta \tag{15.31}$$

A tensão normal efetiva média e a tensão de cisalhamento média no plano AC são, respectivamente,

$$\sigma' = \frac{N_a}{(\overline{AC})(1)} = \frac{N_a}{\left(\dfrac{H}{\operatorname{sen}\theta}\right)}$$

$$= \frac{1}{2}\gamma H\left[\frac{\operatorname{sen}(\beta-\theta)}{\operatorname{sen}\beta\operatorname{sen}\theta}\right]\cos\theta\operatorname{sen}\theta \tag{15.32}$$

e

$$\tau = \frac{T_a}{(\overline{AC})(1)} = \frac{T_a}{\left(\dfrac{H}{\operatorname{sen}\theta}\right)}$$

$$= \frac{1}{2}\gamma H\left[\frac{\operatorname{sen}(\beta-\theta)}{\operatorname{sen}\beta\operatorname{sen}\theta}\right]\operatorname{sen}^2\theta \tag{15.33}$$

A tensão média de resistência ao cisalhamento desenvolvida ao longo do plano AC também pode ser expressa como

$$\tau_d = c'_d + \sigma'\operatorname{tg}\phi'_d$$

$$= c'_d + \frac{1}{2}\gamma H\left[\frac{\operatorname{sen}(\beta-\theta)}{\operatorname{sen}\beta\operatorname{sen}\theta}\right]\cos\theta\operatorname{sen}\theta\operatorname{tg}\phi'_d \tag{15.34}$$

Então, a partir das Eqs. (15.33) e (15.34),

$$\frac{1}{2}\gamma H\left[\frac{\operatorname{sen}(\beta-\theta)}{\operatorname{sen}\beta\operatorname{sen}\theta}\right]\operatorname{sen}^2\theta = c'_d + \frac{1}{2}\gamma H\left[\frac{\operatorname{sen}(\beta-\theta)}{\operatorname{sen}\beta\operatorname{sen}\theta}\right]\cos\theta\operatorname{sen}\theta\operatorname{tg}\phi'_d \tag{15.35}$$

ou

$$c'_d = \frac{1}{2}\gamma H\left[\frac{\operatorname{sen}(\beta-\theta)(\operatorname{sen}\theta - \cos\theta\operatorname{tg}\phi'_d}{\operatorname{sen}\beta}\right] \tag{15.36}$$

A expressão na Eq. (15.36) é derivada para o plano de tentativa de ruptura AC. Em esforço para determinar um plano de ruptura crítico, devemos utilizar o princípio de máximo e mínimo (para determinado valor de ϕ'_d) para encontrar o ângulo θ onde a coesão desenvolvida seria máxima. Assim, a primeira derivada de c'_d com relação a θ é ajustada para igual a zero, ou

$$\frac{\partial c'_d}{\partial\theta} = 0 \tag{15.37}$$

Por γ, H e β serem constantes na Eq. (15.36), obtemos

$$\frac{\partial}{\partial\theta}[\operatorname{sen}(\beta-\theta)(\operatorname{sen}\theta - \cos\theta\operatorname{tg}\phi'_d] = 0 \tag{15.38}$$

A resolução da Eq. (15.38) proporciona o valor crítico de θ, ou

$$\theta_{cr} = \frac{\beta+\phi'_d}{2} \tag{15.39}$$

A substituição do valor de $\theta = \theta_{cr}$ na Eq. (15.36) fornece

$$c'_d = \frac{\gamma H}{4}\left[\frac{1-\cos(\beta-\phi'_d)}{\operatorname{sen}\beta\cos\phi'_d}\right] \tag{15.40}$$

Esta equação também pode ser escrita como

$$\frac{c'_d}{\gamma H} = m = \frac{1-\cos(\beta-\phi'_d)}{4\operatorname{sen}\beta\cos\phi'_d} \tag{15.41}$$

onde m = número de estabilidade.

A altura máxima do talude para o equilíbrio crítico ocorrer pode ser obtida substituindo $c'_d = c'$ e $\phi'_d = \phi'$ pela Eq. (15.40). Assim,

$$H_{cr} = \frac{4c'}{\gamma}\left[\frac{\operatorname{sen}\beta\cos\phi'}{1-\cos(\beta-\phi')}\right] \tag{15.42}$$

Exemplo 15.2

Pode ser feito um corte no solo tendo $\gamma = 16{,}5$ kN/m³, $c' = 28{,}75$ kN/m² e $\phi' = 15°$. A face do corte formará um ângulo de 45° com a horizontal. Qual deve ser a profundidade do corte para que se tenha fator de segurança (F_s) igual a 3?

Solução

Dados: $\phi' = 15°$; $c' = 28{,}75$ kN/m². Se $F_s = 3$, então $F_{c'}$ e $F_{\phi'}$ devem ser iguais a 3.

$$F_{c'} = \frac{c'}{c'_d}$$

ou

$$c'_d = \frac{c'}{F_{c'}} = \frac{c'}{F_s} = \frac{28{,}75}{3} = 9{,}58 \text{ kN/m}^2$$

Da mesma forma,

$$F_{\phi'} = \frac{\operatorname{tg}\phi'}{\operatorname{tg}\phi'_d}$$

$$\operatorname{tg}\phi'_d = \frac{\operatorname{tg}\phi'}{F_{\phi'}} = \frac{\operatorname{tg}\phi'}{F_s} = \frac{\operatorname{tg} 15}{3}$$

ou

$$\phi'_d = \operatorname{tg}^{-1}\left[\frac{\operatorname{tg} 15}{3}\right] = 5{,}1°$$

Substituindo os valores anteriores de c'_d e ϕ'_d na Equação (15.40),

$$H = \frac{4c'_d}{\gamma}\left[\frac{\operatorname{sen}\beta\cos\phi'_d}{1-\cos(\beta-\phi'_d)}\right]$$

$$= \frac{4\times 9{,}58}{16{,}5}\left[\frac{\operatorname{sen} 45\cos 5{,}1}{1-\cos(45-5{,}1)}\right]$$

$$= \mathbf{7{,}03\ m}$$

■

Exemplo 15.3

Consulte a Figura 15.9. Para uma superfície arbitrada de ruptura AC no talude, dados: $H = 5$ m, $\beta = 55°$, $\theta = 35°$ e $\gamma = 17{,}5$ kN/m³. Os parâmetros de resistência ao cisalhamento do solo são $c' = 25$ kN/m² e $\phi' = 26°$. Determine o fator de segurança F_s para esta superfície.

Solução

Segundo a Eq. (15.33), a tensão de cisalhamento média do plano AC é

$$\tau = \frac{1}{2}\gamma H\left[\frac{\operatorname{sen}(\beta-\theta)}{\operatorname{sen}\beta\cdot\operatorname{sen}\theta}\right]\operatorname{sen}^2\theta$$

$$= \left(\frac{1}{2}\right)(17{,}5)(5)\left[\frac{\operatorname{sen}(55-35)}{(\operatorname{sen} 55)(\operatorname{sen} 35)}\right]\operatorname{sen}^2 35 = 10{,}48 \text{ kN/m}^2$$

Segundo a Eq. (15.34), a tensão de cisalhamento média máxima que pode ser mobilizada no plano AC é

$$\tau_f = c' + \frac{1}{2}\gamma H\left[\frac{\text{sen}(\beta - \theta)}{\text{sen}\,\beta\,\text{sen}\theta}\right]\cos\theta\,\text{sen}\,\theta\,\text{tg}\,\phi'$$

$$= 25 + \left(\frac{1}{2}\right)(17{,}5)(5)\left[\frac{\text{sen}(55 - 35)}{(\text{sen }55)(\text{sen }35)}\right](\cos 35)(\text{sen }35)(\text{tg }26)$$

$$= 32{,}3\ \text{kN/m}^2$$

Assim,

$$F_s = \frac{32{,}3}{10{,}48} = \mathbf{3{,}08}$$

■

15.7 Análise de taludes finitos com superfícies de ruptura circulares – conceitos gerais

Modos de ruptura

Em geral, a ruptura de um talude finito ocorre de um dos seguintes modos (Figura 15.10):

1. Quando a ruptura ocorre de tal forma que a superfície de escorregamento intercepta a face do talude ou esteja acima de sua base, é chamada *ruptura de face* (Figura 15.10a). O círculo de ruptura é chamado *círculo de pé* se passar pelo pé do talude e *círculo de face* se passar acima do pé do talude. Em certas circunstâncias, pode ocorrer *ruptura superficial de face*, como exibida na Figura 15.10b.
2. Quando a ruptura ocorre de tal forma que a superfície de escorregamento passe a alguma distância abaixo do pé do talude, ela é chamada *ruptura de base* (Figura 15.10c). O círculo de ruptura, nesse caso, é chamado *círculo de ponto intermediário*.

Tipos de procedimentos de análise de estabilidade

Os procedimentos de análise de estabilidade podem, no geral, ser divididos em duas classes principais:

1. *Procedimento de massa*: Nesse caso, a massa de solo acima da superfície de escorregamento é tomada como uma única unidade. Esse procedimento é útil quando se admite que o solo que forma o talude é homogêneo, embora esse não seja o caso na maioria dos taludes naturais.
2. *Método de fatias*: Nesse procedimento, o solo acima da superfície de escorregamento é dividido em um número de fatias verticais paralelas. A estabilidade de cada fatia é calculada separadamente. Esta é uma técnica versátil na qual a não homogeneidade dos solos e a poropressão podem ser consideradas. Considere também a variação da tensão normal ao longo da superfície de ruptura potencial.

Os fundamentos da análise de estabilidade de taludes pelo procedimento de massa e pelo método das fatias são abordados nas próximas seções.

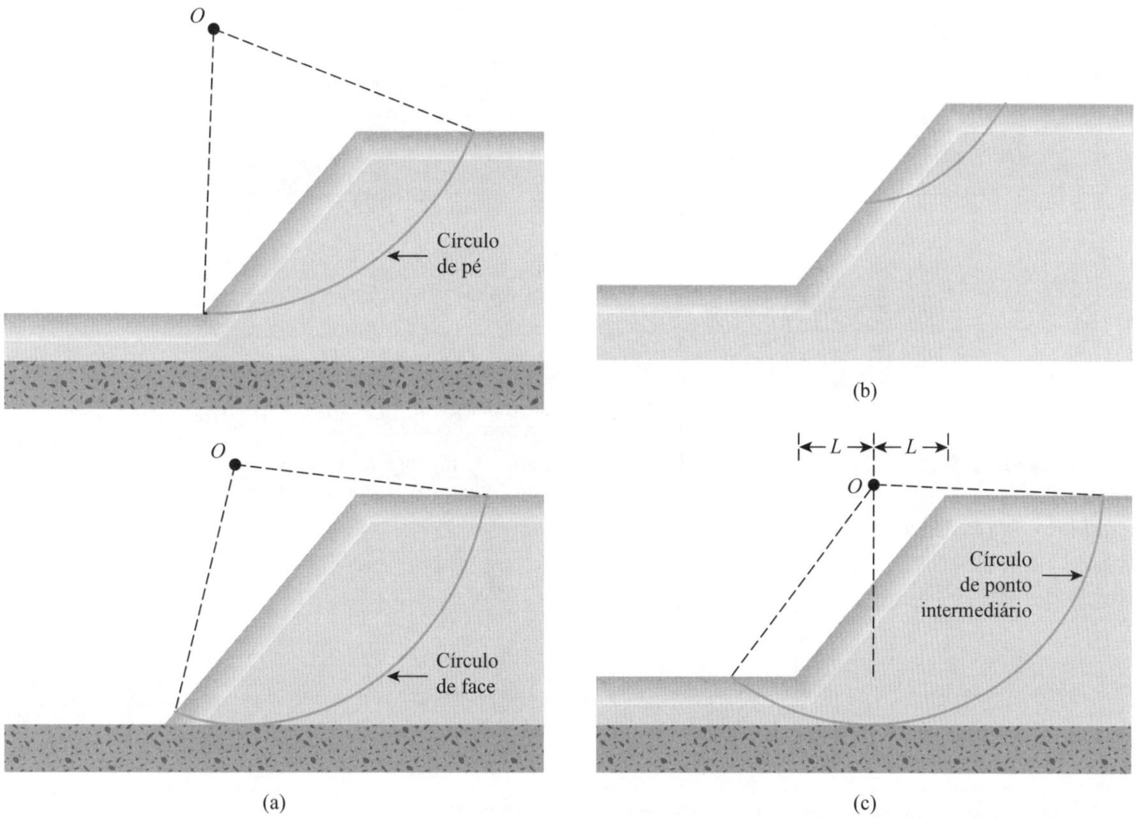

Figura 15.10 Modos de ruptura de talude finito: (a) ruptura de face; (b) ruptura superficial de face; (c) ruptura de base.

15.8 Procedimento de massa – taludes em solos homogêneos de argila com $\phi = 0$

A Figura 15.11 mostra um talude em um solo homogêneo. Presume-se que a resistência ao cisalhamento não drenado do solo seja constante com a profundidade e possa ser proporcionada por $\tau_f = c_u$. Para realizar a análise de estabilidade, escolheremos a curva arbitrada de escorregamento potencial, AED, que é um arco de um círculo de raio r. O centro do círculo está localizado em O. Considerando um comprimento específico perpendicular à seção do talude, podemos expressar o peso do solo acima da curva AED como $W = W_1 + W_2$, onde

$$W_1 = (\text{Área de } FCDEF)\,(\gamma)$$

e

$$W_2 = (\text{Área de } ABFEA)\,(\gamma)$$

A ruptura do talude pode ocorrer com o deslizamento da massa de solo. O momento das forças propulsoras em relação a O pode ser dado como

$$M_d = W_1 l_1 - W_2 l_2 \tag{15.43}$$

onde l_1 e l_2 são os braços de momento.

A resistência ao escorregamento é conduzida a partir da coesão que age ao longo da superfície de escorregamento potencial. Se c_d for a coesão necessária para ser desenvolvida, o momento das forças de resistência sobre O é

$$M_R = c_d(\widehat{AED})(1)(r) = c_d r^2 \theta \tag{15.44}$$

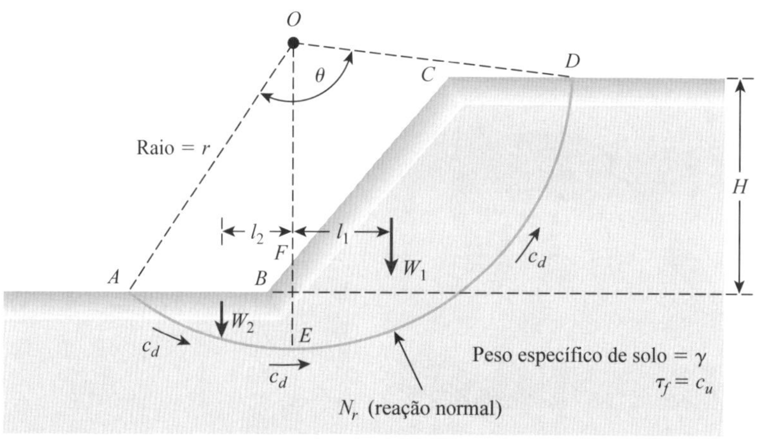

Figura 15.11 Análise da estabilidade de talude em um solo homogêneo de argila saturada ($\phi = 0$).

Para equilíbrio, $M_R = M_d$; assim,

$$c_d r^2\theta = W_1 l_1 - W_2 l_2$$

ou

$$c_d = \frac{W_1 l_1 - W_2 l_2}{r^2\theta} \tag{15.45}$$

O fator de segurança contra escorregamento agora pode ser determinado.

$$F_s = \frac{\tau_f}{c_d} = \frac{c_u}{c_d} \tag{15.46}$$

Observe que a possível curva de escorregamento, *AED*, foi escolhida arbitrariamente. A superfície crítica é aquela para qual a relação de c_u a c_d é um mínimo. Em outras palavras, c_d é máximo. Para determinar a superfície de escorregamento crítico, devem-se fazer várias tentativas para diferentes círculos de rupturas. Assim, o valor mínimo do fator de segurança obtido é o fator de segurança contra escorregamento para o talude, e o círculo correspondente é o círculo crítico.

Problemas de estabilidade desse tipo foram resolvidos analiticamente por Fellenius (1927) e Taylor (1937). No caso de *círculos críticos*, a coesão desenvolvida pode ser expressa pela relação

$$c_d = \gamma H m$$

ou

$$\frac{c_d}{\gamma H} = m \tag{15.47}$$

Observe que o termo m à direita da equação anterior é adimensional e é referido como *número de estabilidade*. A altura crítica (ou seja, $F_s = 1$) do talude pode ser avaliada substituindo $H = H_{cr}$ e $c_d = c_u$ (mobilização total da resistência ao cisalhamento não drenada) na equação anterior. Assim,

$$H_{cr} = \frac{c_u}{\gamma m} \tag{15.48}$$

Os valores do número de estabilidade, m, para diversos ângulos de escorregamento, β, são fornecidos na Figura 15.12. Terzaghi utilizou o termo $\gamma H/c_d$, a recíproca de m e nomeou-o como *fator de estabilidade*. Os leitores devem ser cuidadosos ao utilizar a Figura 15.12 e observar que é válida para taludes de argila saturada e é aplicável somente a condições não drenadas ($\phi = 0$).

Em referência à Figura 15.12, o seguinte deve ser apontado:

1. Para o ângulo do talude β ser maior que 53°, o círculo crítico é sempre um círculo de pé. O local do centro do círculo de pé crítico pode ser encontrado com a ajuda da Figura 15.13.
2. Para $\beta < 53°$, o círculo crítico pode ser de pé, de face ou círculo intermediário, dependendo do local da base firme sob o talude. Isso é chamado *função de profundidade*, que é definida como

$$D = \frac{\text{Distância vertical da parte superior do talude até a base firme}}{\text{Altura do talude}} \tag{15.49}$$

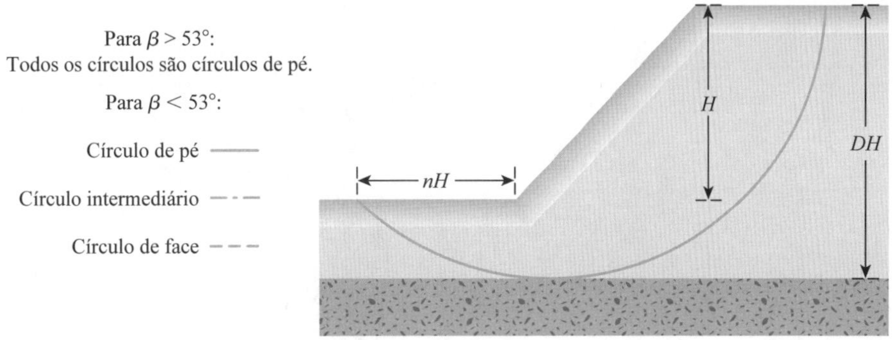

(a)

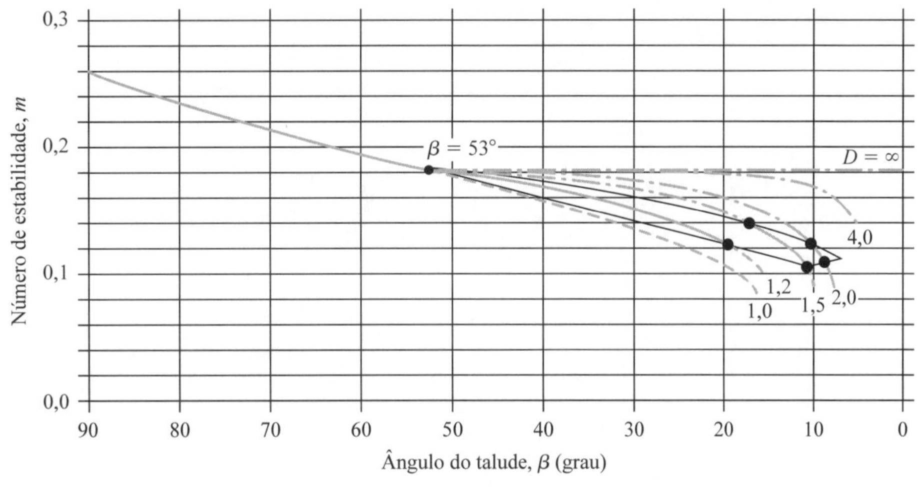

(b)

Figura 15.12 (a) Definição dos parâmetros para tipo de ruptura de círculo intermediário; (b) gráfico de número de estabilidade contra o ângulo de escorregamento. (*Adaptado de Terzaghi e Peck, 1967. Com permissão da John Wiley & Sons, Inc.*)

3. Quando o círculo crítico é um círculo intermediário (ou seja, a superfície de ruptura é tangente à base firme), a posição pode ser determinada com a ajuda da Figura 15.14.
4. O valor máximo possível do número de estabilidade para a ruptura como círculo intermediário é 0,181.

Fellenius (1927) também investigou o caso de círculos críticos de pé para taludes com inclinação $\beta < 53°$. A localização desses círculos pode ser determinada com a ajuda da Figura 15.15 e da Tabela 15.1. Observe que os círculos de pé críticos não são necessariamente os círculos mais críticos que existem.

Tabela 15.1 Local do centro dos círculos de pé críticos ($\beta < 53°$)

n'	β (graus)	α_1 (graus)	α_2 (graus)
1,0	45	28	37
1,5	33,68	26	35
2,0	26,57	25	35
3,0	18,43	25	35
5,0	11,32	25	37

Observação: Para observações de n', β, α_1 e α_2, consulte a Figura 15.15.

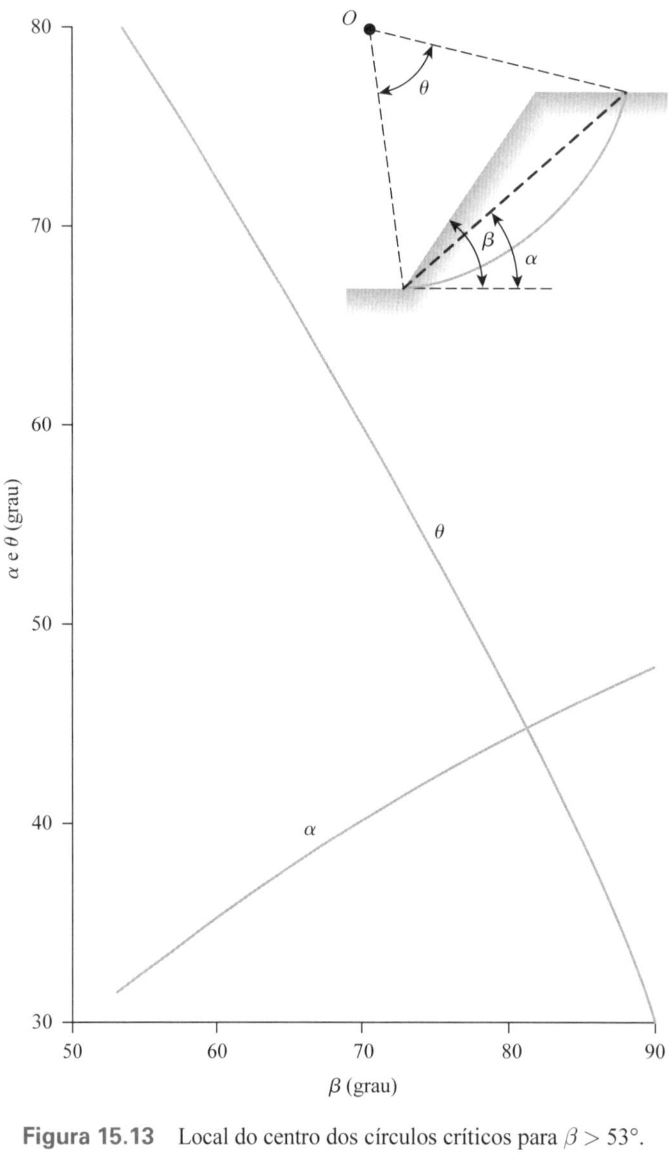

Figura 15.13 Local do centro dos círculos críticos para $\beta > 53°$.

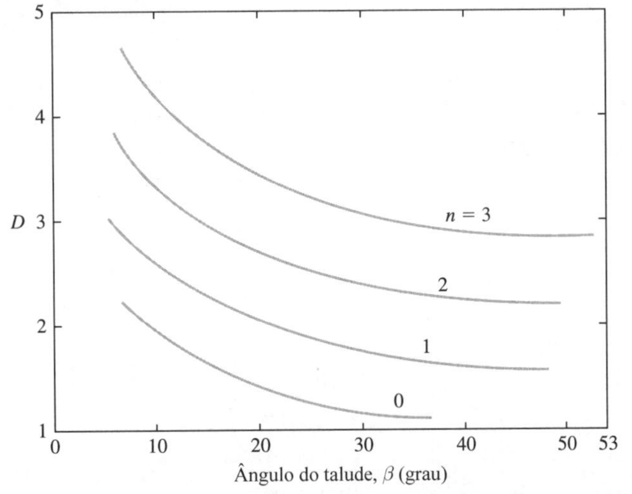

Figura 15.14 Local do círculo intermediário (*Com base em Fellenius, 1927; e Terzaghi e Peck, 1967.*)

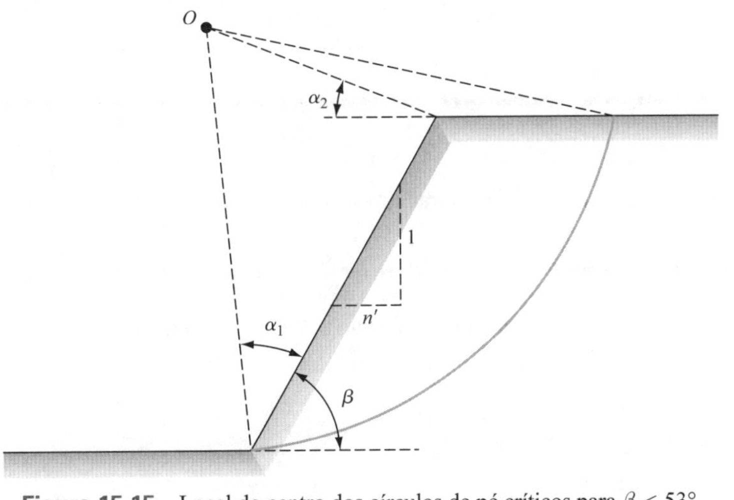

Figura 15.15 Local do centro dos círculos de pé críticos para $\beta < 53°$.

Exemplo 15.4

Um corte em um talude de argila saturada (Figura 15.16) cria um ângulo de 56° em relação à horizontal.

a. Determine a profundidade máxima até a qual o corte pode ser feito. Suponha que a superfície crítica de escorregamento seja circularmente cilíndrica. Qual será a natureza do círculo crítico (isto é, de pé, de face ou de ponto intermediário)?

b. Quão profundo deverá ser o corte se um fator de segurança 2 for exigido em relação ao escorregamento?

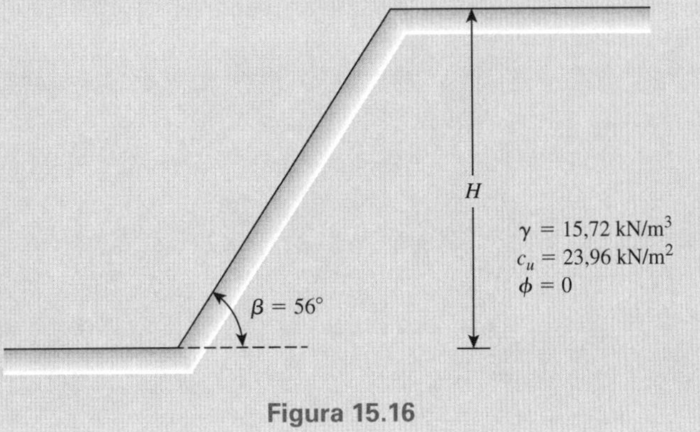

Figura 15.16

Solução

Parte a

Visto que o ângulo do talude é $\beta = 56° > 53°$, o círculo crítico é um **círculo de pé**. Segundo a Figura 15.12 para $\beta = 56°$, $m = 0{,}185$. Usando a Eq. (15.48), temos

$$H_{cr} = \frac{c_u}{\gamma m} = \frac{23{,}96}{(15{,}72)(0{,}185)} = \mathbf{8{,}24\ m}$$

Parte b

A coesão desenvolvida é

$$c_d = \frac{c_u}{F_s} = \frac{23{,}96}{2} = 11{,}98 \text{ kN/m}^2$$

A partir da Figura 15.12, para $\beta = 56°$, $m = 0{,}185$. Assim, temos

$$H = \frac{c_d}{\gamma m} = \frac{11{,}98}{(15{,}72)(0{,}185)} = \mathbf{4{,}12\ m}$$

■

Exemplo 15.5

Deve-se fazer um corte em um talude de argila saturada mole que se eleva com ângulo de 60° em relação à horizontal (Figura 15.17).
Dados: $c_u = 40$ kN/m² e $\gamma = 17{,}5$ kN/m³.

a. Determine a profundidade máxima até a qual a escavação pode ser executada.
b. Encontre o raio, r, do círculo crítico quando o fator de segurança for igual a 1 (Parte a).
c. Encontre a distância $\overline{BC}$.

Solução

Parte a

Desde que o ângulo de talude seja $\beta = 60° > 53°$, o círculo crítico é um círculo de pé. A partir da Figura 15.12, para $\beta = 60°$, o número de estabilidade $= 0{,}195$.

$$H_{cr} = \frac{c_u}{\gamma m} = \frac{40}{17{,}5 \times 0{,}195} = \mathbf{11{,}72\ m}$$

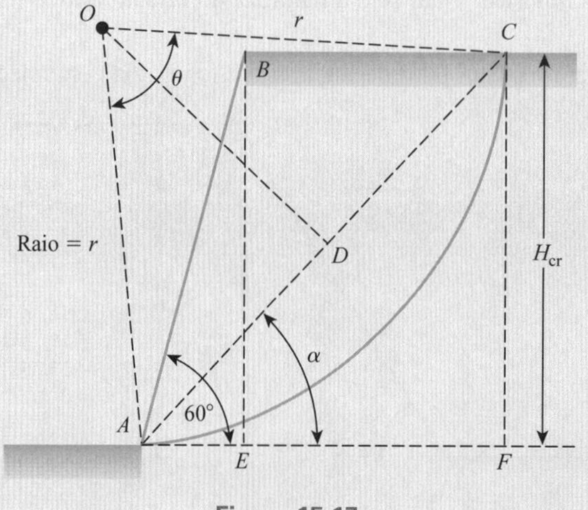

Figura 15.17

Parte b

Da Figura 15.17,

$$r = \frac{\overline{DC}}{\operatorname{sen}\dfrac{\theta}{2}}$$

Mas

$$\overline{DC} = \frac{\overline{AC}}{2} = \frac{\left(\dfrac{H_{cr}}{\operatorname{sen}\alpha}\right)}{2}$$

portanto,

$$r = \frac{H_{cr}}{2\operatorname{sen}\alpha\ \operatorname{sen}\dfrac{\theta}{2}}$$

A partir da Figura 15.13, para $\beta = 60°$, $\alpha = 35°$ e $\theta = 72{,}5°$. Substituindo esses valores na equação por r, obtemos

$$r = \frac{H_{cr}}{2\operatorname{sen}\alpha\ \operatorname{sen}\dfrac{\theta}{2}} = \frac{11{,}72}{2(\operatorname{sen}35)(\operatorname{sen}36{,}25)} = \mathbf{17{,}28\ m}$$

Parte c

$$\begin{aligned}\overline{BC} &= \overline{EF} = \overline{AF} - \overline{AE} \\ &= H_{cr}(\operatorname{cotg}\alpha - \operatorname{cotg}60°) \\ &= 11{,}72(\operatorname{cotg}35 - \operatorname{cotg}60) = \mathbf{9{,}97\ m}\end{aligned}$$

■

Exemplo 15.6

Uma inclinação de corte foi escavada em uma argila saturada. A inclinação fez um ângulo de 40° com a horizontal. A ruptura de talude ocorreu quando o corte alcançou uma profundidade de 7 m. As explorações de solo anteriores mostraram que uma camada de rocha estava localizada a uma profundidade de 10,5 m abaixo da superfície do solo. Presumindo que não haja drenagem e que $\gamma_{sat} = 18\ \text{kN/m}^3$,

a. Determine a coesão não drenada da argila (utilize a Figura 15.12)
b. Qual é a natureza do círculo crítico?
c. Com relação ao pé do talude, a que distância a superfície de escorregamento intercepta a base da escavação?

Solução

Parte a

Consultando a Figura 15.12,

$$D = \frac{10,5}{7} = 1,5$$

$$\gamma_{sat} = 18 \text{ kN/m}^3$$

$$H_{cr} = \frac{c_u}{\gamma m}$$

Da Figura 15.12, para $\beta = 40°$ e $D = 1,5$, $m = 0,175$. Portanto,

$$c_u = (H_{cr})(\gamma)(m) = (7)(18)(0,175) = \mathbf{22,05\ kN/m^2}$$

Parte b

Círculo intermediário.

Parte c

Novamente, a partir da Figura 15.14, para $D = 1,5$, $\beta = 40°$; $n = 0,9$. Portanto,

$$\text{Distância} = (n)(H_{cr}) = (0,9)(7) = \mathbf{6,3\ m}$$

■

15.9 Taludes em solo argiloso com $\phi = 0$ e c_u aumentando com a profundidade

Em muitos casos, a coesão não drenada, c_u, em argila normalmente adensada aumenta com a profundidade, conforme mostrado na Figura 15.18 ou

$$c_{u(z)} = c_{u(z=0)} + a_0 z \tag{15.50}$$

Onde $c_{u(z)}$ = resistência ao cisalhamento não drenado na profundidade z
$c_{u(z=0)}$ = resistência ao cisalhamento não drenado na profundidade $z = 0$
a_0 = talude da linha do gráfico de $c_{u(z)}$ *versus* z

Para uma condição como essa, o círculo crítico será um círculo de pé, e não de ponto intermediário, já que a resistência aumenta com a profundidade. A Figura 15.19 mostra um círculo arbitrário de ruptura para esse tipo de caso. O momento da força propulsora em relação a O pode ser dado como

$$M_d = \frac{\gamma H^3}{12}(1 - 2\cot^2\beta - 3\cot\alpha'\cot\beta + 3\cot\beta\cot\lambda + 3\cot\lambda\cot\alpha') \tag{15.51}$$

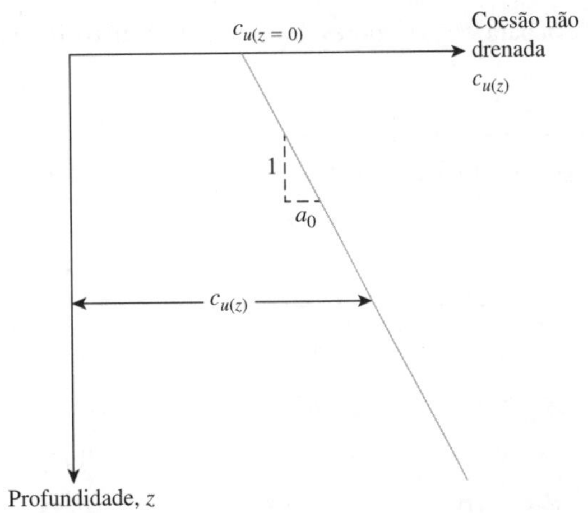

Figura 15.18 Aumento da coesão não drenada com a profundidade [Eq. (15.50)].

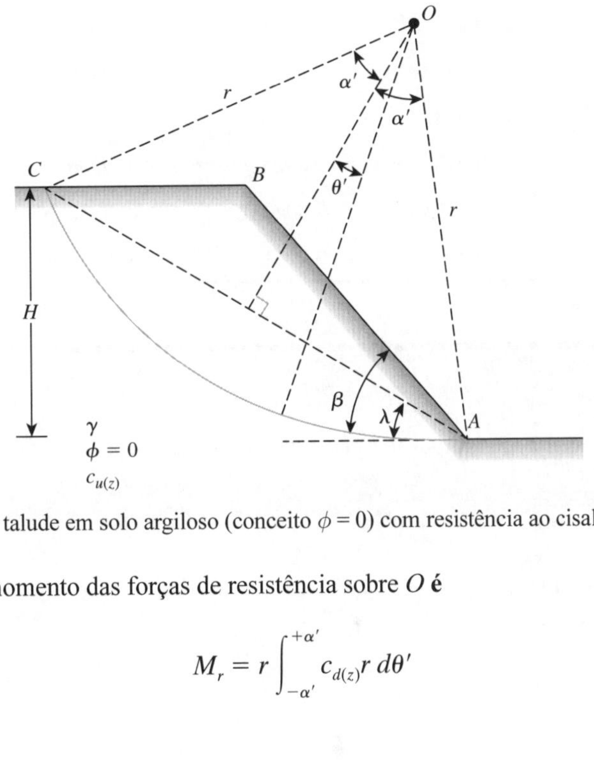

Figura 15.19 Análise de um talude em solo argiloso (conceito $\phi = 0$) com resistência ao cisalhamento não drenado crescente.

De modo semelhante, o momento das forças de resistência sobre O é

$$M_r = r \int_{-\alpha'}^{+\alpha'} c_{d(z)} r \, d\theta' \tag{15.52}$$

onde $c_{d(z)} = c_{d(z=0)} + a_0 z$ (15.53)

O fator de segurança contra deslizamento é

$$F_s = \frac{M_r}{M_d} \tag{15.54}$$

Koppula (1984) resolveu esse problema de uma forma ligeiramente diferente. A solução dele para obter o fator mínimo de segurança pode ser expressa como

$$m = \left[\frac{c_{u(z=0)}}{\gamma H}\right]\frac{1}{F_s} \tag{15.55}$$

Onde m = número de estabilidade, que também é uma função de

$$c_R = \frac{a_0 H}{c_{u(z=0)}} \tag{15.56}$$

A Tabela 15.2 traz os valores de m para vários valores de c_R e β, um pouco diferentes daqueles expressos por Koppula (1984).

Tabela 15.2 Variação de m, c_R e β [Eqs. (15.55) e (15.56)]

	m					
c_R	1H:1V $\beta = 45°$	1,5H:1V $\beta = 33{,}69°$	2H:1V $\beta = 26{,}57°$	3H:1V $\beta = 18{,}43°$	4H:1V $\beta = 14{,}04°$	5H:1V $\beta = 11{,}31°$
0,1	0,158	0,146	0,139	0,130	0,125	0,121
0,2	0,148	0,135	0,127	0,117	0,111	0,105
0,3	0,139	0,126	0,118	0,107	0,0995	0,0937
0,4	0, 131	0,118	0,110	0,0983	0,0907	0,0848
0,5	0,124	0,111	0,103	0,0912	0,0834	0,0775
1,0	0,0984	0,086	0,0778	0,0672	0,0600	0,0546
2,0	0,0697	0,0596	0,0529	0,0443	0,0388	0,0347
3,0	0,0541	0,0457	0,0402	0,0331	0,0288	0,0255
4,0	0,0442	0,0371	0,0325	0,0266	0,0229	0,0202
5,0	0,0374	0,0312	0,0272	0,0222	0,0190	0,0167
10,0	0,0211	0,0 175	0,0151	0,0121	0,0103	0,0090

Baseada na análise de Koppula (1984)

Exemplo 15.7

Um corte em um talude foi escavado em argila saturada. O talude foi feito em um ângulo de 45° em relação à horizontal. Dados:

- $C_{u(z)} = c_{u(z=0)} + a_0 z = 9{,}58$ kN/m² + (8,65 kN/m³)z
- $\gamma_{sat} = 19{,}18$ kN/m³
- Profundidade do corte = $H = 3{,}05$ m

Determine o fator de segurança, F_s.

Solução

A partir da Eq. (15.56)

$$c_R = \frac{a_0 H}{c_{u(z=0)}} = \frac{(8{,}65)(3{,}05)}{9{,}58} = 2{,}75$$

A partir da Eq. (15.55)

$$m = \left[\frac{c_{u(z=0)}}{\gamma H}\right]\frac{1}{F_s}$$

Consultando a Tabela 15.2 para $c_R = 2{,}75$ e $\beta = 45°$, obtemos $m = 0{,}058$. Portanto,

$$0{,}058 = \left[\frac{9{,}58}{(19{,}18)(3{,}05)}\right]\frac{1}{F_s}$$

$$F_s = \mathbf{2{,}82}$$

■

15.10 Procedimento em massa – talude em solo $c' - \phi'$ homogêneo

Um talude em solo homogêneo é mostrado na Figura 15.20a. A resistência ao cisalhamento do solo é dada por

$$\tau_f = c' + \sigma' \text{ tg } \phi'$$

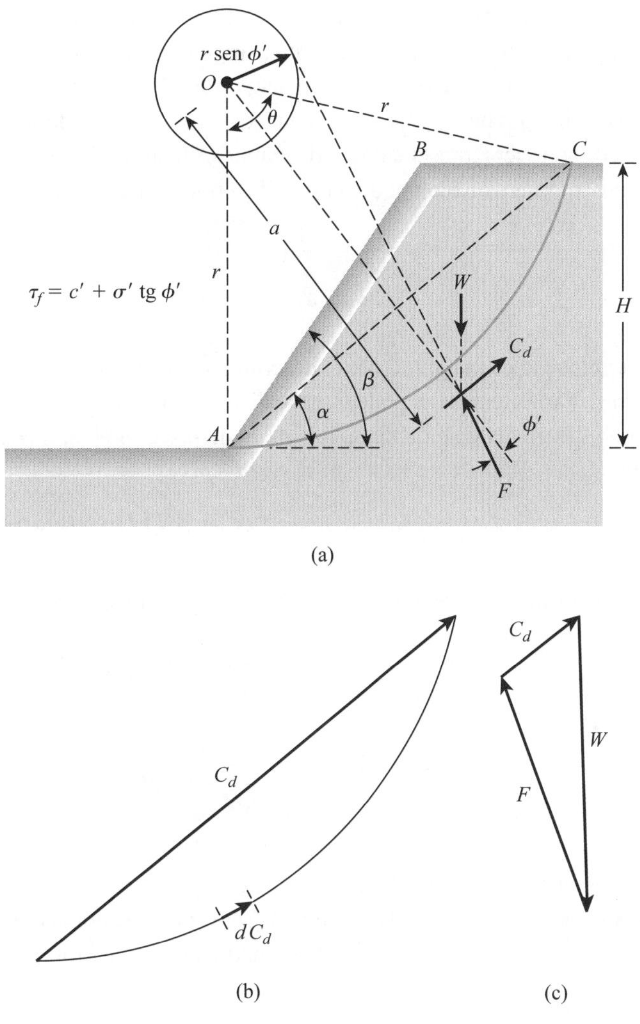

Figura 15.20 Análise de estabilidade de talude em solo $c' - \phi'$ homogêneo.

A poropressão é assumida como zero. $\widehat{AC}$ é um arco circular arbitrado que passa pelo pé do talude e O é o centro do círculo. Considerando o comprimento específico perpendicular à seção do talude, encontramos

$$\text{Peso da cunha de solo } ABC = W = (\text{Área de } ABC)(\gamma)$$

Para equilíbrio, as outras forças estão agindo sobre a cunha:

- C_d – resultante da força coesiva que é igual à coesão por área específica desenvolvida vezes o comprimento da corda $\overline{AC}$. A magnitude de C_d é dada por (Figura 15.20b).

$$C_d = c'_d(\overline{AC}) \qquad (15.57)$$

C_d atua em uma direção paralela à corda $\overline{AC}$ (veja a Figura 15.20b) e a uma distância a a partir do centro do círculo O, tal que

$$C_d(a) = c'_d(\widehat{AC})r$$

ou

$$a = \frac{c'_d(\widehat{AC})r}{C_d} = \frac{\widehat{AC}}{\overline{AC}}r \tag{15.58}$$

- F – o resultante das forças normal e friccional ao longo da superfície de escorregamento. Para o equilíbrio, a linha de ação de F passará pelo ponto de intersecção da linha de ação de W e C_d.

Agora, se presumirmos que o atrito total é mobilizado ($\phi'_d = \phi'$ ou $F_{\phi'} = 1$), a linha de atrito de F fará um ângulo de ϕ' com uma normal ao arco e, assim, fará uma tangente a um círculo com o centro em O e tendo um raio de r sen ϕ'. Este círculo é chamado *círculo de atrito*. Realmente, o raio do círculo de atrito é um pouco menor que r sen ϕ'.

Como as direções de W, C_d e F são conhecidas e a magnitude de W também, um polígono de força, como mostra a Figura 15.20c, pode ser representado graficamente. A magnitude de C_d pode ser determinada a partir do polígono de força. Assim, a coesão desenvolvida por área específica pode ser encontrada.

$$c'_d = \frac{C_d}{\overline{AC}}$$

A determinação da magnitude de c'_d descrita anteriormente tem como base uma superfície de escorregamento obtida por tentativas. Várias tentativas podem ser realizadas para obter a superfície de escorregamento mais crítica, ao longo da qual a coesão desenvolvida é máxima. Assim, podemos expressar a coesão máxima desenvolvida ao longo da superfície crítica como

$$c'_d = \gamma H\,[f(\alpha, \beta, \theta, \phi')] \tag{15.59}$$

Para equilíbrio crítico – ou seja, $F_{c'} = F_{\phi'} = F_s = 1$ – podemos substituir $H = H_{cr}$ e $c'_d = c'$ na Eq. (15.59) e escrever

$$c' = \gamma H_{cr}\,[f(\alpha, \beta, \theta, \phi')]$$

ou

$$\frac{c'}{\gamma H_{cr}} = f(\alpha, \beta, \theta, \phi') = m \tag{15.60}$$

onde m = número de estabilidade. Os valores de m para vários valores correspondentes de ϕ' e β são dados na Figura 15.21 com base em Taylor (1937). Isso pode ser utilizado para determinar o fator de segurança, F_s, de taludes homogêneos. O procedimento para efetuar a análise é dado da seguinte forma:

Etapa 1: Determine c', ϕ', γ, β e H.

Etapa 2: Arbitre diversos valores de ϕ'_d (Observação: $\phi'_d \leq \phi'$, como $\phi'_{d(1)}$, $\phi'_{d(2)}$ ... (Coluna 1 da Tabela 15.3).

Etapa 3: Determine $F_{\phi'}$, para cada valor atribuído a ϕ'_d como (Coluna 2, Tabela 15.3)

$$F_{\phi'(1)} = \frac{\text{tg}\,\phi'}{\text{tg}\,\phi'_{d(1)}}$$

$$F_{\phi'(2)} = \frac{\text{tg}\,\phi'}{\text{tg}\,\phi'_{d(2)}}$$

Etapa 4: Para cada valor atribuído de ϕ'_d e β, determine m (ou seja, m_1, m_2, m_3, ...) da Figura 15.21 (Coluna 3, Tabela 15.3).

Etapa 5: Determine a coesão desenvolvida para cada valor de m como (Coluna 4, Tabela 15.3)

$$c'_{d(1)} = m_1 \gamma H$$

$$c'_{d(2)} = m_2 \gamma H$$

Etapa 6: Calcule $F_{c'}$ para cada valor de c'_d (Coluna 5, Tabela 15.3) ou

$$F_{c'(1)} = \frac{c'}{c'_{d(1)}}$$

$$F_{c'(2)} = \frac{c'}{c'_{d(2)}}$$

Etapa 7: Represente graficamente $F_{\phi'}$ *versus* o $F_{c'}$ correspondente (Figura 15.22) e determine $F_s = F_{\phi'} = F_{c'}$.

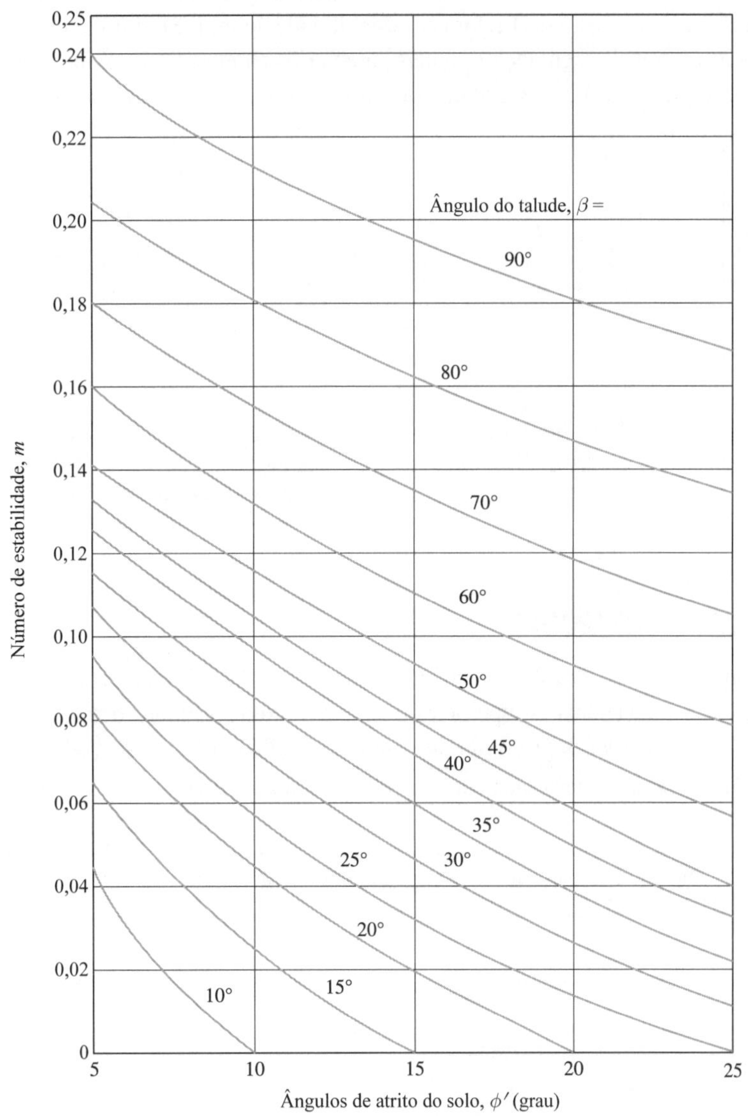

Figura 15.21 Número de estabilidade do Taylor.

Tabela 15.3 Determinação de F_s pelo método de círculo de atrito

ϕ'_d	$F_{\phi'} = \frac{\text{tg}\,\phi'}{\text{tg}\,\phi'_d}$	m	c'_d	$F_{c'}$
(1)	(2)	(3)	(4)	(5)
$\phi'_{d(1)}$	$\frac{\text{tg}\,\phi'}{\text{tg}\,\phi'_{d(1)}}$	m_1	$m_1\gamma H = c'_{d(1)}$	$\frac{c'}{c'_{d(1)}} = F_{c'(1)}$
$\phi'_{d(2)}$	$\frac{\text{tg}\,\phi'}{\text{tg}\,\phi'_{d(2)}}$	m_2	$m_2\gamma H = c'_{d(2)}$	$\frac{c'}{c'_{d(2)}} = F_{c'(2)}$

Um exemplo de determinação de F_s usando o procedimento descrito é dado no Exemplo 15.8.

Usando o método do círculo de atrito de Taylor para estabilidade do talude (como exibido no Exemplo 15.8), Singh (1970) forneceu gráficos de fatores de segurança F_s iguais para vários taludes. Isso é exibido na Figura 15.23.

Os cálculos mostraram que, para $\phi > \sim 3°$, os círculos críticos são todos *círculos de pé*.

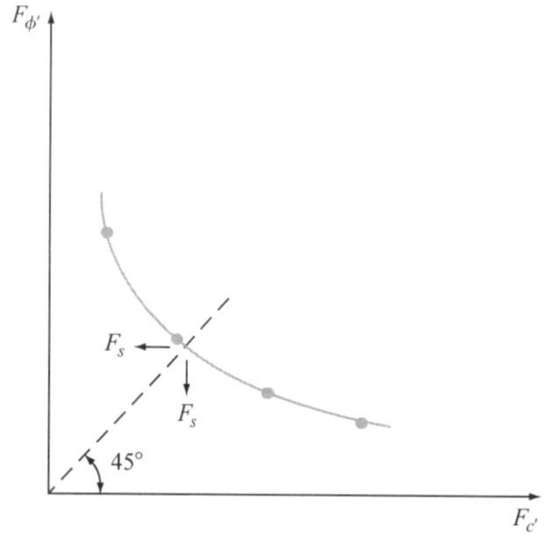

Figura 15.22 Gráfico de $F_{\phi'}$ *versus* $F_{c'}$ para determinar F_s.

Análise de Michalowski (2002)

Michalowski (2002) fez uma análise de estabilidade em taludes simples usando abordagem cinemática de análise limite, aplicada a um mecanismo de colapso rotacional. A superfície de ruptura do solo presumida nesse estudo é um arco de um espiral logarítmico (Figura 15.24). Os resultados deste estudo são resumidos na Figura 15.25, do qual F_s pode ser obtido diretamente (Consulte o Exemplo 15.9). Os valores interpolados de $F_s/\text{tg}\,\phi'$ para valores de $\frac{c'}{\gamma H\ \text{tg}\,\phi'}$ são apresentados na Tabela 15.4.

Tabela 15.4 Números de estabilidade de Michalowski para taludes simples

$\frac{c'}{\gamma H \text{tg}\,\phi'}$	$\frac{F_s}{\text{tg}\,\phi'}$					
	β = 15°	β = 30°	β = 45°	β = 60°	β = 75°	β = 90°
0	3,85	1,82	1,10	0,64	0,35	0,14
0,05	4,78	2,56	1,74	1,27	0,94	0,65
0,1	5,30	3,09	2,19	1,67	1,29	0,96
0,2	6,43	3,98	2,96	2,37	1,88	1,47
0,3	7,30	4,79	3,66	2,96	2,41	1,91
0,4	8,21	5,46	4,33	3,57	2,91	2,35
0,5	9,15	6,20	4,96	4,13	3,41	2,74
1,0	13,10	9,68	8,07	6,79	5,72	4,71

(*Continua.*)

Tabela 15.4 Números de estabilidade de Michalowski para taludes simples (*Continuação.*)

$\frac{c'}{\gamma H \, tg\, \phi'}$	$\frac{F_s}{tg\, \phi'}$					
	$\beta = 15°$	$\beta = 30°$	$\beta = 45°$	$\beta = 60°$	$\beta = 75°$	$\beta = 75°$
1,5		13,12	11,08	9,51	8,07	6,71
2,0			14,00	12,16	10,39	8,62
2,5					12,72	10,57
3,0						12,46

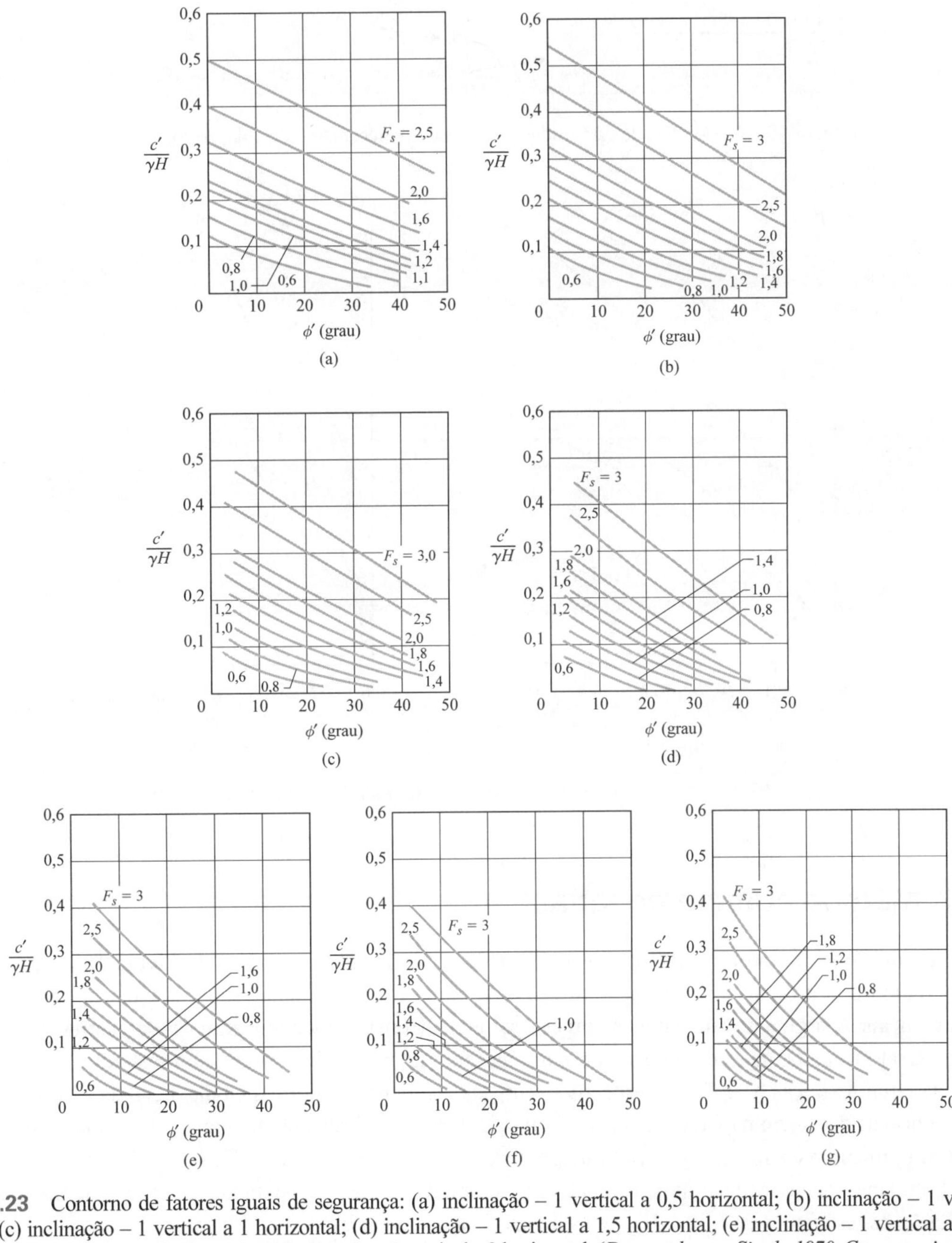

Figura 15.23 Contorno de fatores iguais de segurança: (a) inclinação – 1 vertical a 0,5 horizontal; (b) inclinação – 1 vertical a 0,75 horizontal; (c) inclinação – 1 vertical a 1 horizontal; (d) inclinação – 1 vertical a 1,5 horizontal; (e) inclinação – 1 vertical a 2 horizontal; (f) inclinação – 1 vertical a 2,5 horizontal; (g) inclinação – 1 vertical a 3 horizontal. (*De acordo com Singh, 1970. Com permissão da ASCE.*)

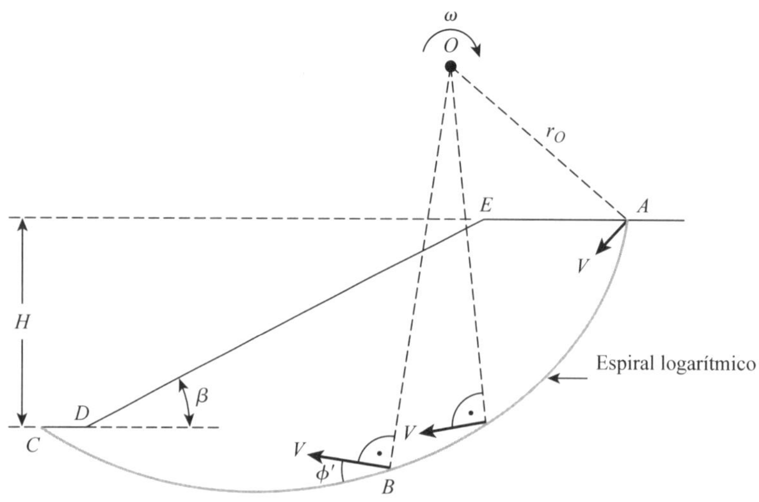

Figura 15.24 Análise de estabilidade utilizando o mecanismo de colapso rotacional.

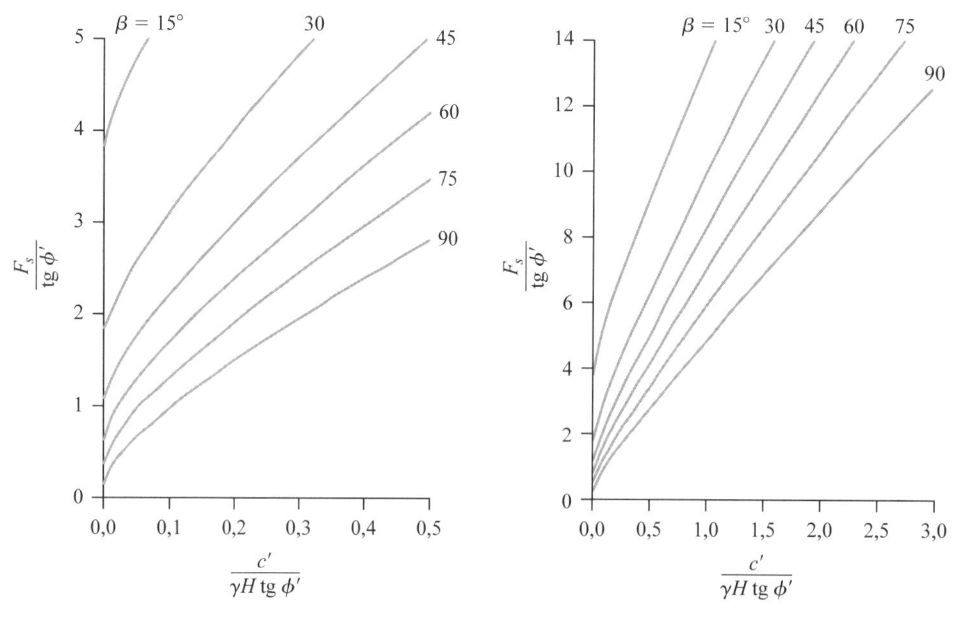

Figura 15.25 Análise de Michalowski para estabilidade das inclinações simples.

15.11 Método comum de fatias

A análise de estabilidade que utiliza o método de fatias pode ser explicada com o uso da Figura 15.27a, na qual *AC* é um arco de círculo que representa a superfície arbitrada de ruptura. O solo acima da superfície de ruptura é dividido em várias fatias verticais. A largura de cada fatia não precisa ser igual. Considerando um comprimento unitário perpendicular à seção transversal mostrada, as forças que atuam em uma fatia típica (*n*-ésima fatia) são mostradas na Figura 15.27b. W_n é o peso da fatia. As forças N_r e T_r são, respectivamente, as componentes normal e tangencial da reação *R*. P_n e P_{n+1} são as forças normais que agem na fatia. De forma similar, as forças de cisalhamento que atuam nas faces da fatia são T_n e T_{n+1}. Para simplificar, presume-se que o valor da poropressão seja zero. As forças P_n, P_{n+1}, T_n e T_{n+1} são difíceis de determinar. Entretanto, podemos fazer uma estimativa aproximada de que as resultantes de P_n e T_n tenham magnitudes iguais em relação às resultantes de P_{n+1} e T_{n+1} e as linhas de ação coincidam.

Exemplo 15.8

Uma inclinação com $\beta = 45°$ será construída com um solo que tem $\phi' = 20°$ e $c' = 24$ kN/m². O peso específico do solo compactado será de 18,9 kN/m³.

a. Encontre a altura crítica do talude.
b. Se a altura do talude for de 10 m, determine o fator de segurança com relação à resistência.

Solução

Parte a

Temos

$$m = \frac{c'}{\gamma H_{cr}}$$

A partir da Figura 15.21, para $\beta = 45°$ e $\phi' = 20°$, $m = 0{,}06$. Então

$$H_{cr} = \frac{c'}{\gamma m} = \frac{24}{(18{,}9)(0{,}06)} = \mathbf{21{,}1\ m}$$

Parte b

Se presumirmos que o atrito total é mobilizado, então, consultando a Figura 15.21 (para $\beta = 45°$ e $\phi'_d = \phi' = 20°$), teremos

$$m = 0{,}06 = \frac{c'_d}{\gamma H}$$

ou

$$c'_d = (0{,}06)(18{,}9)(10) = 11{,}34 \text{ kN/m}^2$$

Assim,

$$F_{\phi'} = \frac{\text{tg}\,\phi'}{\text{tg}\,\phi'_d} = \frac{\text{tg}\,20}{\text{tg}\,20} = 1$$

e

$$F_{c'} = \frac{c'}{c'_d} = \frac{24}{11{,}34} = 2{,}12$$

Uma vez que $F_{c'} \neq F_{\phi'}$, esse não é o fator de segurança com relação à resistência.

Agora podemos realizar outra tentativa. Consideremos que o ângulo de atrito desenvolvido, ϕ'_d, seja igual a 15°. Para $\beta = 45°$ e o ângulo de atrito igual a 15°, encontraremos, a partir da Figura 15.21,

$$m = 0{,}083 = \frac{c'_d}{\gamma H}$$

ou

$$c'_d = (0{,}083)(18{,}9)(10) = 15{,}69 \text{ kN/m}^2$$

Para esse caso,

$$F_{\phi'} = \frac{\text{tg}\,\phi'}{\text{tg}\,\phi'_d} = \frac{\text{tg}\,20}{\text{tg}\,15} = 1{,}36$$

e

$$F_{c'} = \frac{c'}{c'_d} = \frac{24}{15{,}69} = 1{,}53$$

Os cálculos semelhantes de $F_{\phi'}$ e $F_{c'}$ para diversos valores presumidos de ϕ'_d são proporcionados na seguinte tabela.

ϕ'_d	tg ϕ'_d	$F_{\phi'}$	m	c'_d (kN/m²)	$F_{c'}$
20	0,364	1,0	0,06	11,34	2,12
15	0,268	1,36	0,083	15,69	1,53
10	0,176	2,07	0,105	19,85	1,21
5	0,0875	4,16	0,136	25,70	0,93

Os valores de $F_{\phi'}$ são representados graficamente em relação aos valores correspondentes de $F_{c'}$ na Figura 15.26, a partir da qual encontramos

$$F_{c'} = F_{\phi'} = F_s = \mathbf{1{,}42}$$

Observação: Poderíamos ter encontrado o valor de F_s da Figura15.23c. Uma vez que $\beta = 45°$, o talude tem uma inclinação de 1V:1H. Para esse caso,

$$\frac{c'}{\gamma H} = \frac{24}{(18{,}9)(10)} = 0{,}127$$

A partir da Figura 15.23c, para $c'/\gamma H = 0{,}127$, o valor de $F_s \approx \mathbf{1{,}4}$.

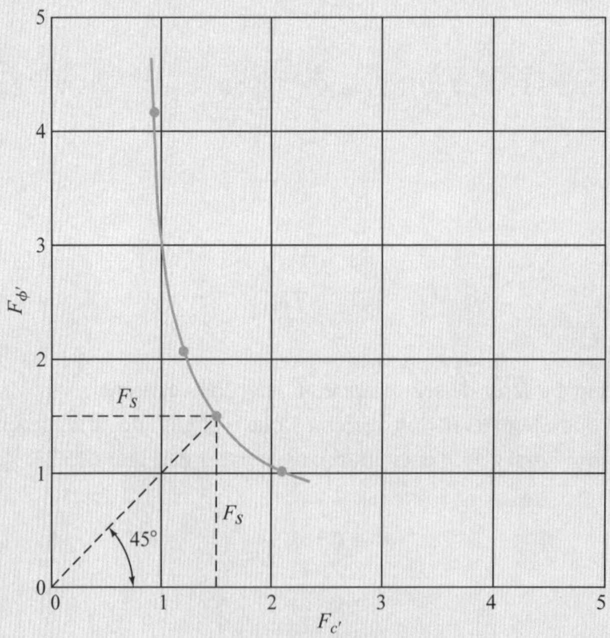

Figura 15.26

■

Exemplo 15.9

Resolva o Exemplo 15.8 utilizando a solução de Michalowski.

Solução

Parte a

Para a altura crítica (H_{cr}), $F_s = 1$. Assim,

$$\frac{c'}{\gamma H \operatorname{tg}\phi'} = \frac{24}{(18{,}9)(H_{cr})(\operatorname{tg} 20)} = \frac{3{,}49}{H_{cr}}$$

$$\frac{F_s}{\operatorname{tg}\phi'} = \frac{1}{\operatorname{tg} 20} = 2{,}747$$

$$\beta = 45°$$

A partir da Figura 15.25, para $\beta = 45°$ e $F_s/\operatorname{tg}\phi' = 2{,}747$, o valor de $c'/\gamma H \operatorname{tg}\phi' \approx 0{,}17$. Então

$$\frac{3{,}49}{H_{cr}} = 0{,}17; \quad H_{cr} = \mathbf{20{,}5\ m}$$

Parte b

$$\frac{c'}{\gamma H \operatorname{tg}\phi'} = \frac{24}{(18{,}9)(10)(\operatorname{tg} 20)} = 0{,}349$$

$$\beta = 45°$$

A partir da Figura 15.25, $F_s/\operatorname{tg}\phi' = 4$.

$$F_s = 4 \operatorname{tg}\phi' = (4)(\operatorname{tg} 20) = \mathbf{1{,}46}$$ ■

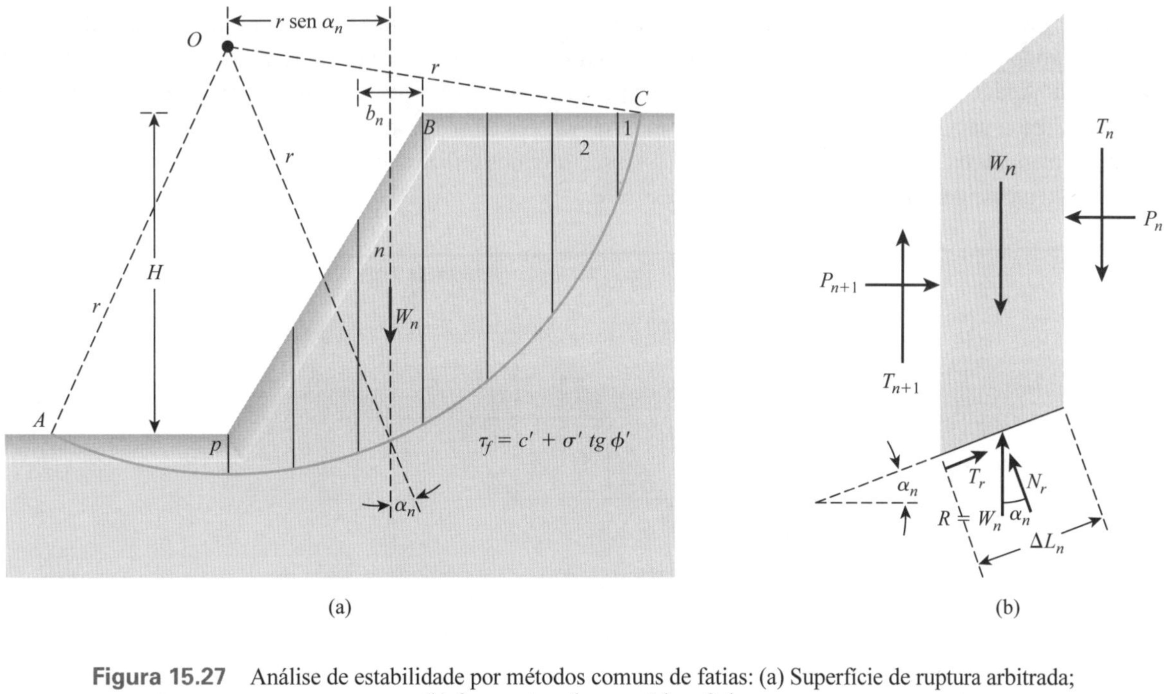

Figura 15.27 Análise de estabilidade por métodos comuns de fatias: (a) Superfície de ruptura arbitrada; (b) forças atuando na n-ésima fatia.

Para consideração de equilíbrio,

$$N_r = W_n \cos \alpha_n$$

A força resistente ao cisalhamento pode ser expressa como

$$T_r = \tau_d(\Delta L_n) = \frac{\tau_f(\Delta L_n)}{F_s} = \frac{1}{F_s}[c' + \sigma' \operatorname{tg}\phi']\Delta L_n \tag{15.61}$$

A tensão normal, σ', na Eq. (15.61) é igual a

$$\frac{N_r}{\Delta L_n} = \frac{W_n \cos\alpha_n}{\Delta L_n}$$

Para o equilíbrio da cunha tentativa ABC, o momento da força motriz em relação a O é igual ao momento da força de resistência, também em relação a O, ou

$$\sum_{n=1}^{n=p} W_n r \operatorname{sen}\alpha_n = \sum_{n=1}^{n=p} \frac{1}{F_s}\left(c' + \frac{W_n \cos\alpha_n}{\Delta L_n} \operatorname{tg}\phi'\right)(\Delta L_n)(r)$$

ou

$$F_s = \frac{\displaystyle\sum_{n=1}^{n=p}(c'\Delta L_n + W_n \cos\alpha_n \operatorname{tg}\phi')}{\displaystyle\sum_{n=1}^{n=p} W_n \operatorname{sen}\alpha_n} \tag{15.62}$$

[*Observação*: ΔL_n na Eq. (15.62) é aproximadamente igual a $(b_n)/(\cos \alpha_n)$, onde b_n = a largura da n-ésima fatia.]

Observe que o valor de α_n pode ser positivo ou negativo. O valor de α_n é positivo quando a inclinação do arco estiver no mesmo quadrante que a inclinação do talude. Para encontrar o fator de segurança mínimo – ou seja, o fator de segurança para o círculo crítico – devem-se fazer várias tentativas mudando o centro do círculo de ruptura. Geralmente, este método é chamado *método comum das fatias*.

Por conveniência, um talude em um solo homogêneo é mostrado na Figura 15.27. No entanto, o método das fatias pode ser estendido para taludes com solo estratificado, conforme mostrado na Figura 15.28. O procedimento geral de análise de estabilidade é o mesmo. No entanto, alguns pontos menores devem ser mantidos em mente. Quando a Eq. (15.62) for utilizada para o fator de cálculo de segurança, os valores de ϕ' e c' não serão os mesmos para todas as fatias. Por exemplo, para a fatia nº 3 (consulte a Figura 15.28), precisaremos utilizar um ângulo de atrito de $\phi' = \phi'_3$ e a coesão $c' = c'_3$; semelhantemente, para a fatia nº 2, $\phi' = \phi'_2$ e $c' = c'_2$.

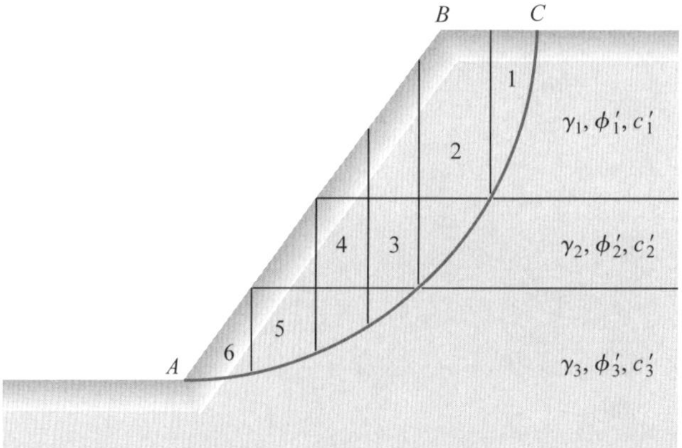

Figura 15.28 Análise de estabilidade, por método comum de fatias, para talude em solos argilosos.

É interessante observar que, se os parâmetros de resistência ao cisalhamento (ou seja, $\tau_f = c + \text{tg}\,\phi$) forem utilizados, a Eq. (15.62) tomaria forma

$$F_s = \frac{\sum_{n=1}^{n=p} (c\Delta L_n + W_n \cos\alpha_n \,\text{tg}\,\phi)}{\sum_{n=1}^{n=p} W_n \,\text{sen}\,\alpha_n} \tag{15.63}$$

Exemplo 15.10

A Figura 15.29 mostra um talude de 10 m de altura em argila saturada. Dados: o peso específico saturado do solo $\gamma = 19$ kN/m^3 e a resistência ao cisalhamento não drenado $c_u = 70$ kN/m^2. Determine o fator de segurança F_s usando o método das fatias para o círculo de ruptura mostrado.

Solução

A cunha de tentativa foi dividida em nove fatias. A tabela abaixo mostra os cálculos para o momento atuante M_d em relação a O [ver também Eq. (15.43)].

Fatia nº	Peso (kN/m)	Braço de momento (m)	M_d (kN-m/m)
1	$\frac{1}{2}(2{,}84)(0{,}6)(19) = 16{,}188$	$(6)(2{,}09) + (0{,}2) = 12{,}74$	**206,24**
2	$\frac{1}{2}(2{,}84 + 6{,}12)(2{,}09)(19) = 177{,}9$	$(5)(2{,}09) + \frac{2{,}09}{2} = 11{,}495$	**2044,96**
3	$\frac{1}{2}(6{,}12 + 8{,}21)(2{,}09)(19) = 284{,}52$	$(4)(2{,}09) + \frac{2{,}09}{2} = 9{,}405$	**2675,91**
4	$\frac{1}{2}(8{,}21 + 9{,}55)(2{,}09)(19) = 352{,}62$	$(3)(2{,}09) + \frac{2{,}09}{2} = 7{,}315$	**2579,41**
5	$\frac{1}{2}(9{,}55 + 7{,}16)(2{,}09)(19) = 331{,}78$	$(2)(2{,}09) + \frac{2{,}09}{2} = 5{,}225$	**1733,55**
6	$\frac{1}{2}(7{,}16 + 4{,}33)(2{,}09)(19) = 228{,}13$	$(2{,}09) + \frac{2{,}09}{2} = 1{,}045$	**715,19**
7	$\frac{1}{2}(4{,}33 + 1{,}19)(2{,}09)(19) = 109{,}6$	$\frac{2{,}09}{2} = 1{,}045$	**114,53**
8	$\frac{1}{2}(1{,}19 + 0{,}9)(2{,}69)(19) = 53{,}41$	$-\frac{2{,}69}{2} = -1{,}345$	**–71,84**
9	$\frac{1}{2}(0{,}9 + 0)(2{,}69)(19) = 23{,}0$	$-\left(2{,}69 + \frac{2{,}69}{2}\right) = -4{,}035$	**–92,81**
			Σ9905,14 kN-m/m

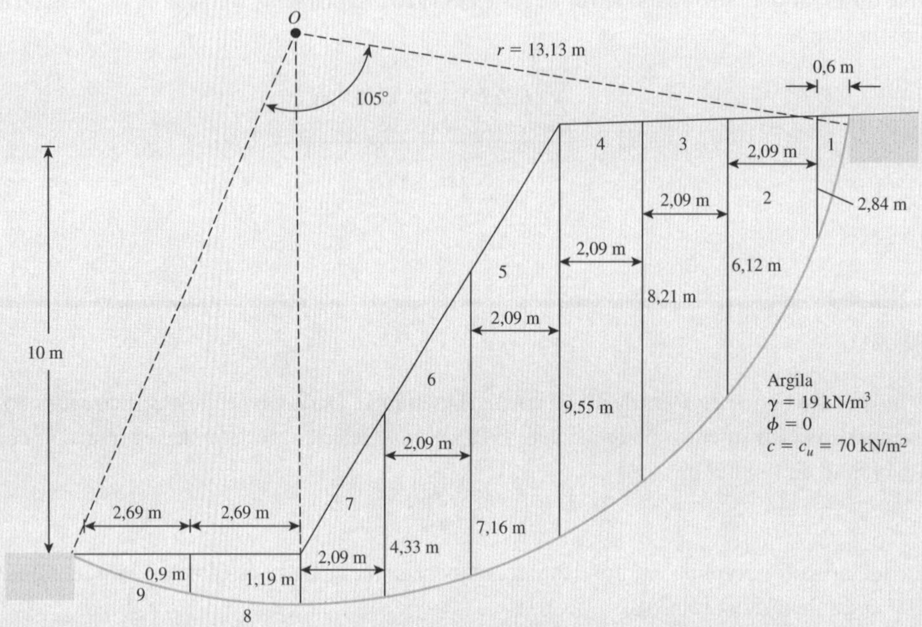

Figura 15.29

Segundo a Eq. (15.44),

$$\text{Momento resistente, } M_R = c_u r^2\theta = (70)(13{,}13)^2\left(\frac{105}{180}\right) \times \pi = 22.115{,}4 \text{ kN-m/m}$$

Assim,

$$F_s = \frac{M_R}{M_d} = \frac{22.115{,}4}{9.905{,}14} = \mathbf{2{,}23}$$

■

Exemplo 15.11

A Figura 15.30 mostra um talude com dimensões semelhantes ao representado na Figura 15.29 (Exemplo 15.10). Para o solo, dados: $\gamma = 19$ kN/m³, $\phi' = 20°$ e $c' = 20$ kN/m². Determine F_s usando o método comum das fatias.

Solução

Como a magnitude de γ e as dimensões das fatias são as mesmas nas Figuras 15.29 e 15.30, o peso W_n de cada fatia será o mesmo do Exemplo 15.10. Agora, a tabela a seguir pode ser preparada.

Fatia nº (1)	W_n (kN/m) (2)	α_n (graus) (3)	sen α_n (4)	cos α_n (5)	ΔL_n (m) (6)	W_n sen α_n (kN/m) (7)	W_n cos α_n (kN/m) (8)
1	16,188	72	0,951	0,309	1,942	15,395	5,00
2	177,9	59	0,788	0,515	4,058	140,185	91,62
3	284,52	46	0,719	0,695	3,007	204,57	197,74
4	352,62	32	0,530	0,848	2,465	186,89	299,02
5	331,78	22	0,375	0,927	2,255	124,42	307,56
6	228,13	13	0,225	0,974	2,146	51,33	222,2
7	109,6	7	0,122	0,993	2,105	13,37	108,83
8	53,41	–6	–0,105	0,995	2,704	–5,61	53,14
9	23,0	–16	–0,276	0,961	2,799	–6,35	22,10
Observação: $\Delta L_n = b_n/\cos\alpha_n$					$\Sigma \approx 23{,}48$ m	$\Sigma \approx 724{,}2$ kN/m	$\Sigma 1307{,}21$ kN/m

$$F_s = \frac{(\Sigma\text{Col.6})(c') + (\Sigma\text{Col.8})(\text{tg}\,\phi')}{(\Sigma\text{Col.7})}$$

$$= \frac{(23{,}48)(20) + (1307{,}21)(\text{tg}\,20)}{724{,}2}$$

$$= \mathbf{1{,}305}$$

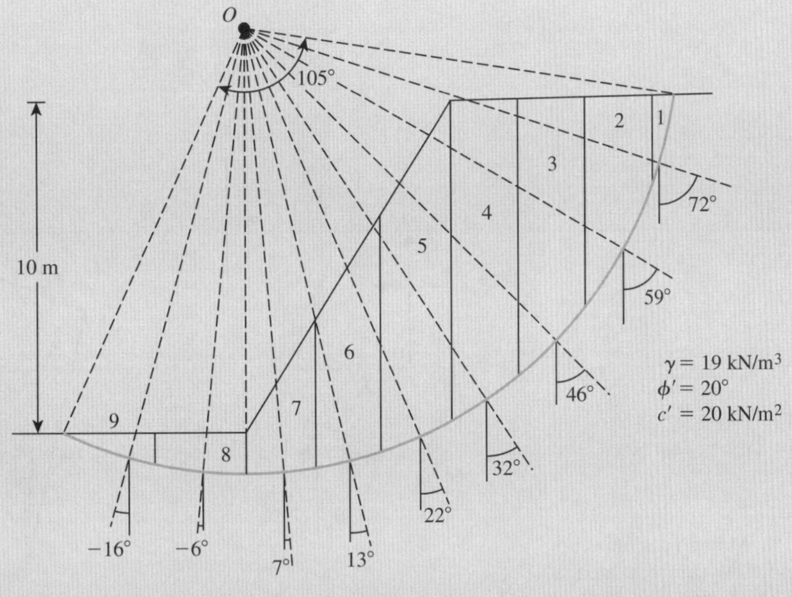

Figura 15.30 (*Observação*: a largura e a altura de cada fatia são as mesmas da Figura 15.29) ■

15.12 Método das fatias de Bishop simplificado

Em 1955, Bishop propôs uma solução mais refinada para o método comum das fatias. Nesse método, o efeito das forças nas faces de cada fatia é levado em conta só até certo ponto. Podemos estudar esse método fazendo referência à análise do talude apresentado na Figura 15.27. As forças que atuam na n-ésima fatia mostrada na Figura 15.27b foram redesenhadas na Figura 15.31a. Agora, considere $P_n - P_{n+1} = \Delta P$ e $T_n - T_{n+1} = \Delta T$. Podemos escrever

$$T_r = N_r(\text{tg}\,\phi_d') + c_d'\Delta L_n = N_r\left(\frac{\text{tg}\,\phi'}{F_s}\right) + \frac{c'\Delta L_n}{F_s} \tag{15.64}$$

A Figura 15.31b mostra o polígono de forças para o equilíbrio da n-ésima fatia. Somando as forças na direção vertical, obtemos

$$W_n + \Delta T = N_r \cos\alpha_n + \left[\frac{N_r\,\text{tg}\,\phi'}{F_s} + \frac{c'\Delta L_n}{F_s}\right]\text{sen}\,\alpha_n$$

ou

$$N_r = \frac{W_n + \Delta T - \dfrac{c'\Delta L_n}{F_s}\text{sen}\,\alpha_n}{\cos\alpha_n + \dfrac{\text{tg}\,\phi'\,\text{sen}\,\alpha_n}{F_s}} \tag{15.65}$$

Para equilíbrio da cunha ABC (Figura 15.27a), considerar o momento em O proporciona

$$\sum_{n=1}^{n=p} W_n r\,\text{sen}\,\alpha_n = \sum_{n=1}^{n=p} T_r r \tag{15.66}$$

onde

$$T_r = \frac{1}{F_s}(c' + \sigma' \operatorname{tg}\phi')\Delta L_n$$
$$= \frac{1}{F_s}(c'\Delta L_n + N_r \operatorname{tg}\phi') \quad (15.67)$$

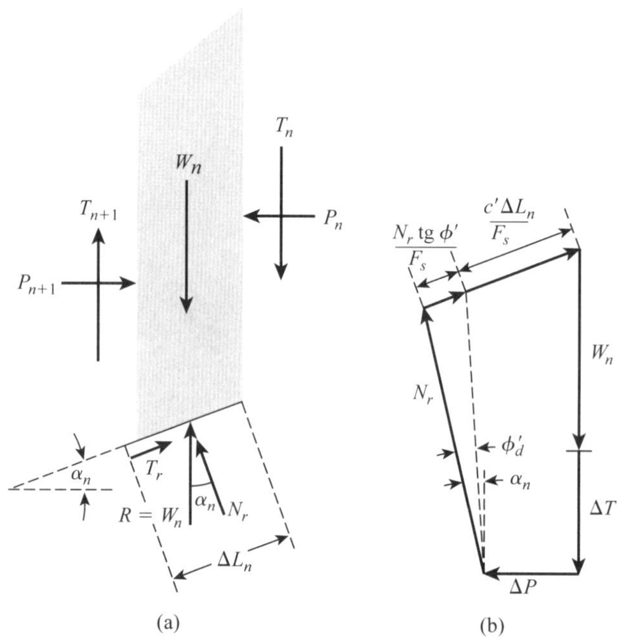

Figura 15.31 Método das fatias de Bishop simplificado: (a) forças atuando na n-ésima fatia; (b) polígono de forças para o equilíbrio.

A substituição das Eqs. (15.65) e (15.67) pela Eq. (15.66) resulta em

$$F_s = \frac{\sum_{n=1}^{n=p} (c'b_n + W_n \operatorname{tg}\phi' + \Delta T \operatorname{tg}\phi')\frac{1}{m_{\alpha(n)}}}{\sum_{n=1}^{n=p} W_n \operatorname{sen}\alpha_n} \quad (15.68)$$

onde

$$m_{\alpha(n)} = \cos\alpha_n + \frac{\operatorname{tg}\phi' \operatorname{sen}\alpha_n}{F_s} \quad (15.69)$$

A Figura 15.32 mostra a variação de $m_{\alpha(n)}$ com α_n e tg ϕ'/F_s.

Para ficar mais simples, se considerarmos $\Delta T = 0$, a Eq. (15.68) se torna

$$F_s = \frac{\sum_{n=1}^{n=p} (c'b_n + W_n \operatorname{tg}\phi')\frac{1}{m_{\alpha(n)}}}{\sum_{n=1}^{n=p} W_n \operatorname{sen}\alpha_n} \quad (15.70)$$

Observe que o termo F_s está presente em ambos os lados da Eq. (15.70). Portanto, devemos adotar um procedimento de tentativa e erro para encontrar o valor de F_s. Como no método comum das fatias, várias superfícies de ruptura devem ser investigadas para que possamos encontrar a superfície crítica que forneça o fator mínimo de segurança.

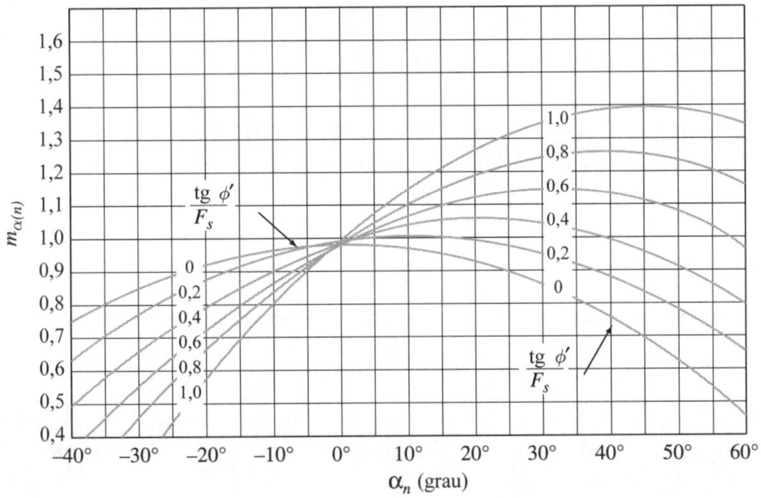

Figura 15.32 Variação de $m_{\alpha(n)}$ com α_n e tg ϕ'/F_s [Eq. (15.69)].

O método Bishop simplificado é provavelmente o mais utilizado. Quando incorporado a programas computacionais, na maioria dos casos apresenta resultados satisfatórios. O método comum das fatias é apresentado neste capítulo apenas como recurso didático. É raramente utilizado agora por ser muito conservador.

15.13 Análise de estabilidade pelo método das fatias para percolação constante

Os fundamentos do método comum das fatias e o método simplificado das fatias de Bishop foram apresentados nas Seções 15.11 e 15.12, respectivamente, e presumimos que a poropressão seja zero. No entanto, para a percolação constante pelos taludes, como é a situação em muitos casos práticos, a poropressão deve ser considerada quando os parâmetros de resistência ao cisalhamento efetivo são utilizados. Então, precisamos modificar um pouco as Eqs. (15.62) e (15.70).

A Figura 15.33 exibe um talude pelo qual existe uma percolação constante. Para a n-ésima fatia, a poropressão média na parte inferior da fatia é igual a $u_n = h_n\gamma_w$. A força total causada pela poropressão na parte inferior da n-ésima fatia é igual a $u_n\Delta L_n$.

Assim, a Eq. (15.62) para o método comum das fatias será modificada para:

$$F_s = \frac{\sum_{n=1}^{n=p} c'\Delta L_n + [(W_n \cos\alpha_n - u_n\Delta L_n)]\operatorname{tg}\phi'}{\sum_{n=1}^{n=p} W_n \operatorname{sen}\alpha_n} \qquad (15.71)$$

Semelhantemente, a Eq. (15.70) para o método simplificado das fatias de Bishop será modificada para a forma

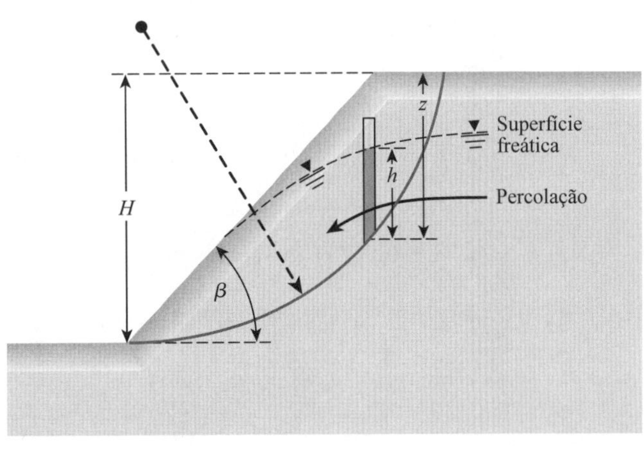

Figura 15.33 Análise de estabilidade de talude com percolação constante.

$$F_s = \frac{\sum_{n=1}^{n=p} [c'b_n + (W_n - u_n b_n)\,\text{tg}\,\phi'] \frac{1}{m_{(\alpha)n}}}{\sum_{n=1}^{n=p} W_n \,\text{sen}\,\alpha_n} \tag{15.72}$$

Observe que W_n nas Eqs. (15.71) e (15.72) é o *peso total* da fatia.

Exemplo 15.12

Considere o talude apresentado no Exemplo 15.11. No entanto, há uma percolação constante. A linha freática é exibida na Figura 15.34. Com os outros parâmetros permanecendo iguais, suponha que $\gamma_{sat} = 20,5$ kN/m³. Determine F_s usando a Eq. (15.71).

Solução

Abaixo estão os cálculos para W_n e u_n.

Fatia nº 1 $W_n = 16{,}188$ kN/m (igual ao Exemplo 15.11)
$u_n = 0$

Fatia nº 2 $W_n = 177{,}9$ kN/m (igual ao Exemplo 15.11)
$u_n = 0$

Fatia nº 3 $W_n = \frac{1}{2}(6{,}12 + 6{,}27)(2{,}09)(19) + \frac{1}{2}(0 + 1{,}94)(2{,}09)(20{,}5)$
$= 287{,}56$ kN/m
$u_n = \frac{1}{2}(0 + 1{,}94)(9{,}81) = 9{,}52$ kN/m²

Fatia nº 4 $W_n = \frac{1}{2}(6{,}27 + 6{,}87)(2{,}09)(19) + \frac{1}{2}(1{,}94 + 2{,}68)(2{,}09)(20{,}5)$
$= 359{,}86$ kN/m
$u_n = \frac{1}{2}(1{,}94 + 2{,}68)(9{,}81) = 22{,}66$ kN/m²

Fatia nº 5 $W_n = \frac{1}{2}(6{,}87 + 4{,}48)(2{,}09)(19) + \frac{1}{2}(2{,}68 + 2{,}68)(2{,}09)(20{,}5)$
$= 340{,}17$ kN/m
$u_n = \frac{1}{2}(2{,}68 + 2{,}68)(9{,}81) = 26{,}29$ kN/m²

Fatia nº 6 $W_n = \frac{1}{2}(4{,}48 + 2{,}68)(2{,}09)(19) + \frac{1}{2}(2{,}68 + 1{,}65)(2{,}09)(20{,}5)$
$= 234{,}92$ kN/m
$u_n = \frac{1}{2}(2{,}68 + 1{,}65)(9{,}81) = 21{,}24$ kN/m²

Fatia nº 7 $W_n = \frac{1}{2}(2{,}68 + 1{,}19)(2{,}09)(19) + \frac{1}{2}(1{,}65 + 0)(2{,}09)(20{,}5)$
$= 112{,}19$ kN/m
$u_n = \frac{1}{2}(1{,}65 + 0)(9{,}81) = 8{,}09$ kN/m²

Fatia nº 8 $W_n = 53{,}41$ kN/m (igual ao Exemplo 15.11)
$u_n = 0$

Fatia nº 9 $W_n = 23$ kN/m (igual ao Exemplo 15.11)
$u_n = 0$

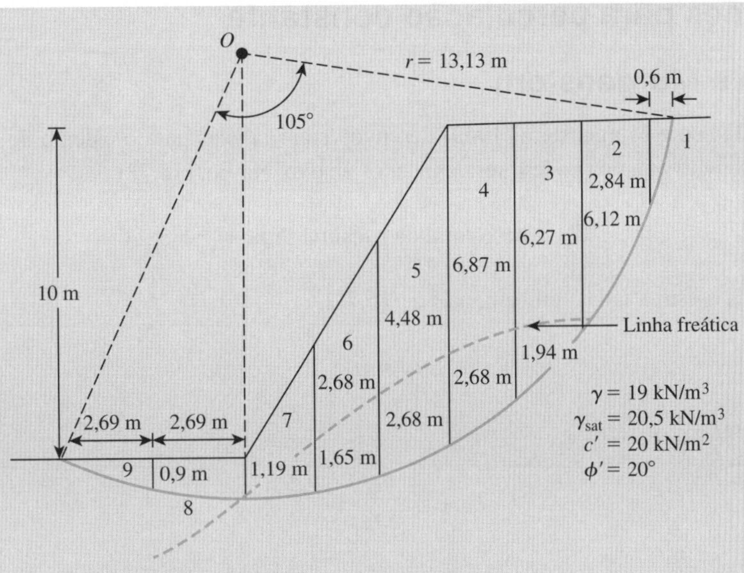

Figura 15.34 (*Observação*: o valor α_n para cada fatia é o mesmo da Figura 15.30)

Agora, a tabela abaixo pode ser preparada.

Fatia nº (1)	W_n (kN/m) (2)	senα_n* (3)	cosα_n* (4)	u_n (kN/m²) (5)	ΔL_n* (m) (6)	$u_n\,\Delta L_n$ (kN/m) (7)	W_n cosα_n (kN/m) (8)	W_n senα_n (kN/m) (9)	W_n cosα_n − $u_n\,\Delta L_n$ (kN/m) (10)
1	16,188	0,951	0,309	0	1,942	0	5,00	15,4	5,00
2	177,9	0,788	0,515	0	4,058	0	91,62	140,19	91,62
3	287,56	0,719	0,695	9,52	3,007	28,63	199,85	206,46	171,22
4	359,86	0,530	0,848	22,66	2,465	55,86	305,16	190,73	249,3
5	340,17	0,375	0,927	26,29	2,255	59,28	315,14	127,56	256,06
6	234,92	0,225	0,974	21,24	2,146	45,58	228,81	52,86	183,23
7	112,19	0,122	0,993	8,09	2,105	17,03	111,40	13,69	94,37
8	53,41	20,105	0,995	0	2,704	0	53,14	–5,61	53,14
9	23,0	20,276	0,961	0	2,799	0	22,10	–6,35	22,10
					Σ23,48 m			Σ735,23 kN/m	Σ1126,04 kN/m

*ver tabela do Exemplo 15.11

$$F_s = \frac{\sum c'\Delta L_n + \sum (W_n \cos\alpha_n - u_n \Delta L_n)\,\mathrm{tg}\,\phi'}{\sum W_n \operatorname{sen}\alpha_n}$$

$$= \frac{(20)(23{,}48) + (1126{,}04)(\mathrm{tg}\,20)}{735{,}23} = 1{,}196 \approx \mathbf{1{,}2}$$

■

15.14 Soluções para percolação constante

Solução Bishop e Morgenstern

Usando a Eq. (15.72), Bishop e Morgenstern (1960) desenvolveram tabelas para o cálculo de F_s para taludes simples. Os princípios de tais desenvolvimentos podem ser explicados abaixo. Na Eq. (15.72),

$$W_n = \text{peso total da } n\text{-ésima fatia } = \gamma b_n z_n \tag{15.73}$$

onde z_n = altura média da n-ésima fatia. Também, na Eq. (15.72),

$$u_n = h_n \gamma_w$$

Então, podemos considerar

$$r_{u(n)} = \frac{u_n}{\gamma z_n} = \frac{h_n \gamma_w}{\gamma z_n} \tag{15.74}$$

Observe que $r_{u(n)}$ é uma quantidade adimensional. Substituindo as Eqs. (15.73) e (15.74) pela Eq. (15.72) e simplificando, vemos que

$$F_s = \left[\frac{1}{\sum_{n=1}^{n=p} \frac{b_n}{H} \frac{z_n}{H} \operatorname{sen} \alpha_n} \right] \times \sum_{n=1}^{n=p} \left\{ \frac{\frac{c'}{\gamma H} \frac{b_n}{H} + \frac{b_n}{H} \frac{z_n}{H} [1 - r_{u(n)}] \operatorname{tg} \phi'}{m_{\alpha(n)}} \right\} \tag{15.75}$$

Para a condição de percolação constante, um valor médio ponderado de $r_{u(n)}$ pode ser obtido, e é uma constante. Seja r_u o valor médio ponderado de $r_{u(n)}$. Para os casos mais práticos, o valor de r_u pode variar até 0,5. Assim,

$$F_s = \left[\frac{1}{\sum_{n=1}^{n=p} \frac{b_n}{H} \frac{z_n}{H} \operatorname{sen} \alpha_n} \right] \times \sum_{n=1}^{n=p} \left\{ \frac{\left[\frac{c'}{\gamma H} \frac{b_n}{H} + \frac{b_n}{H} \frac{z_n}{H} (1 - r_u) \operatorname{tg} \phi' \right]}{m_{\alpha(n)}} \right\} \tag{15.76}$$

O fator de segurança com base na equação anterior pode ser resolvida e expressa na forma

$$F_s = m' - n' r_u \tag{15.77}$$

onde m' e n' = coeficientes de estabilidade. A Tabela 15.5 proporciona os valores de m' e n' para diversas combinações de $c'/\gamma H$, D, ϕ' e β.

Para determinar F_s da Tabela 15.5, devemos utilizar o seguinte procedimento etapa por etapa:

Etapa 1: Obtenha ϕ', β e $c'/\gamma H$.

Etapa 2: Obtenha r_u (valor médio ponderado).

Etapa 3: A partir da Tabela 15.5, obtenha os valores de m' e n' para D = 1, 1,25 e 1,5 (para os parâmetros requeridos ϕ', β, r_u e $c'/\gamma H$).

Etapa 4: Determine F_s, usando os valores de m' e n' para cada valor de D.

Etapa 5: O valor requerido de F_s será o menor valor obtido na Etapa 4.

Tabela 15.5 Valores de m' e n' [Eq. (15.77)]

a. Coeficientes de estabilidade m' e n' para $c'/\gamma H = 0$

	Coeficientes de estabilidade para taludes de terra							
	Talude 2:1		Talude 3:1		Talude 4:1		Talude 5:1	
ϕ'	m'	n'	m'	n'	m'	n'	m'	n'
10,0	0,353	0,441	0,529	0,588	0,705	0,749	0,882	0,917
12,5	0,443	0,554	0,665	0,739	0,887	0,943	1,109	1,153
15,0	0,536	0,670	0,804	0,893	1,072	1,139	1,340	1,393
17,5	0,631	0,789	0,946	1,051	1,261	1,340	1,577	1,639
20,0	0,728	0,910	1,092	1,213	1,456	1,547	1,820	1,892
22,5	0,828	1,035	1,243	1,381	1,657	1,761	2,071	2,153
25,0	0,933	1,166	1,399	1,554	1,865	1,982	2,332	2,424
27,5	1,041	1,301	1,562	1,736	2,082	2,213	2,603	2,706
30,0	1,155	1,444	1,732	1,924	2,309	2,454	2,887	3,001
32,5	1,274	1,593	1,911	2,123	2,548	2,708	3,185	3,311
35,0	1,400	1,750	2,101	2,334	2,801	2,977	3,501	3,639
37,5	1,535	1,919	2,302	2,558	3,069	3,261	3,837	3,989
40,0	1,678	2,098	2,517	2,797	3,356	3,566	4,196	4,362

b. Coeficientes de estabilidade m' e n' para $c'/\gamma H = 0{,}025$ e $D = 1{,}00$

	Coeficientes de estabilidade para taludes de terra							
	Talude 2:1		Talude 3:1		Talude 4:1		Talude 5:1	
ϕ'	m'	n'	m'	n'	m'	n'	m'	n'
10,0	0,678	0,534	0,906	0,683	1,130	0,846	1,367	1,031
12,5	0,790	0,655	1,066	0,849	1,337	1,061	1,620	1,282
15,0	0,901	0,776	1,224	1,014	1,544	1,273	1,868	1,534
17,5	1,012	0,898	1,380	1,179	1,751	1,485	2,121	1,789
20,0	1,124	1,022	1,542	1,347	1,962	1,698	2,380	2,050
22,5	1,239	1,150	1,705	1,518	2,177	1,916	2,646	2,317
25,0	1,356	1,282	1,875	1,696	2,400	2,141	2,921	2,596
27,5	1,478	1,421	2,050	1,882	2,631	2,375	3,207	2,886
30,0	1,606	1,567	2,235	2,078	2,873	2,622	3,508	3,191
32,5	1,739	1,721	2,431	2,285	3,127	2,883	3,823	3,511
35,0	1,880	1,885	2,635	2,505	3,396	3,160	4,156	3,849
37,5	2,030	2,060	2,855	2,741	3,681	3,458	4,510	4,209
40,0	2,190	2,247	3,090	2,993	3,984	3,778	4,885	4,592

(*Continua.*)

Tabela 15.5 (*Continuação.*)

c. Coeficientes de estabilidade m' e n' para $c'/\gamma H = 0{,}025$ e $D = 1{,}25$

	Coeficientes de estabilidade para taludes de terra							
	Talude 2:1		Talude 3:1		Talude 4:1		Talude 5:1	
ϕ'	m'	n'	m'	n'	m'	n'	m'	n'
10,0	0,737	0,614	0,901	0,726	1,085	0,867	1,285	1,014
12,5	0,878	0,759	1,076	0,908	1,299	1,098	1,543	1,278
15,0	1,019	0,907	1,253	1,093	1,515	1,311	1,803	1,545
17,5	1,162	1,059	1,433	1,282	1,736	1,541	2,065	1,814
20,0	1,309	1,216	1,618	1,478	1,961	1,775	2,334	2,090
22,5	1,461	1,379	1,808	1,680	2,194	2,017	2,610	2,373
25,0	1,619	1,547	2,007	1,891	2,437	2,269	2,879	2,669
27,5	1,783	1,728	2,213	2,111	2,689	2,531	3,196	2,976
30,0	1,956	1,915	2,431	2,342	2,953	2,806	3,511	3,299
32,5	2,139	2,112	2,659	2,686	3,231	3,095	3,841	3,638
35,0	2,331	2,321	2,901	2,841	3,524	3,400	4,191	3,998
37,5	2,536	2,541	3,158	3,112	3,835	3,723	4,563	4,379
40,0	2,753	2,775	3,431	3,399	4,164	4,064	4,958	4,784

d. Coeficientes de estabilidade m' e n' para $c'/\gamma H = 0{,}05$ e $D = 1{,}00$

	Coeficientes de estabilidade para taludes de terra							
	Talude 2:1		Talude 3:1		Talude 4:1		Talude 5:1	
ϕ'	m'	n'	m'	n'	m'	n'	m'	n'
10,0	0,913	0,563	1,181	0,717	1,469	0,910	1,733	1,069
12,5	1,030	0,690	1,343	0,878	1,688	1,136	1,995	1,316
15,0	1,145	0,816	1,506	1,043	1,904	1,353	2,256	1,567
17,5	1,262	0,942	1,671	1,212	2,117	1,565	2,517	1,825
20,0	1,380	1,071	1,840	1,387	2,333	1,776	2,783	2,091
22,5	1,500	1,202	2,014	1,568	2,551	1,989	3,055	2,365
25,0	1,624	1,338	2,193	1,757	2,778	2,211	3,336	2,651
27,5	1,753	1,480	1,380	1,952	3,013	2,444	3,628	2,948
30,0	1,888	1,630	2,574	2,157	3,261	2,693	3,934	3,259
32,5	2,029	1,789	2,777	2,370	3,523	2,961	4,256	3,585
35,0	2,178	1,958	2,990	2,592	3,803	3,253	4,597	3,927
37,5	2,336	2,138	3,215	2,826	4,103	3,574	4,959	4,288
40,0	2,505	2,332	3,451	3,071	4,425	3,926	5,344	4,668

(*Continua.*)

Tabela 15.5 (*Continuação.*)

e. Coeficientes de estabilidade m' e n' para $c'/\gamma H = 0{,}05$ e $D = 1{,}25$

	Coeficientes de estabilidade para taludes de terra							
	Talude 2:1		Talude 3:1		Talude 4:1		Talude 5:1	
ϕ'	m'	n'	m'	n'	m'	n'	m'	n'
10,0	0,919	0,633	1,119	0,766	1,344	0,886	1,594	1,042
12,5	1,065	0,792	1,294	0,941	1,563	1,112	1,850	1,300
15,0	1,211	0,950	1,471	1,119	1,782	1,338	2,109	1,562
17,5	1,359	1,108	1,650	1,303	2,004	1,567	2,373	1,831
20,0	1,509	1,266	1,834	1,493	2,230	1,799	2,643	2,107
22,5	1,663	1,428	2,024	1,690	2,463	2,038	2,921	2,392
25,0	1,822	1,595	2,222	1,897	2,705	2,287	3,211	2,690
27,5	1,988	1,769	2,428	2,113	2,957	2,546	3,513	2,999
30,0	2,161	1,950	2,645	2,342	3,221	2,819	3,829	3,324
32,5	2,343	2,141	2,873	2,583	3,500	3,107	4,161	3,665
35,0	2,535	2,344	3,114	2,839	3,795	3,413	4,511	4,025
37,5	2,738	2,560	3,370	3,111	4,109	3,740	4,881	4,405
40,0	2,953	2,791	3,642	3,400	4,442	4,090	5,273	4,806

f. Coeficientes de estabilidade m' e n' para $c'/\gamma H = 0{,}05$ e $D = 1{,}50$

	Coeficientes de estabilidade para taludes de terra							
	Talude 2:1		Talude 3:1		Talude 4:1		Talude 5:1	
ϕ'	m'	n'	m'	n'	m'	n'	m'	n'
10,0	1,022	0,751	1,170	0,828	1,343	0,974	1,547	1,108
12,5	1,202	0,936	1,376	1,043	1,589	1,227	1,829	1,399
15,0	1,383	1,122	1,583	1,260	1,835	1,480	2,112	1,690
17,5	1,565	1,309	1,795	1,480	2,084	1,734	2,398	1,983
20,0	1,752	1,501	2,011	1,705	2,337	1,993	2,690	2,280
22,5	1,943	1,698	2,234	1,937	2,597	2,258	2,990	2,585
25,0	2,143	1,903	2,467	2,179	2,867	2,534	3,302	2,902
27,5	2,350	2,117	2,709	2,431	3,148	2,820	3,626	3,231
30,0	2,568	2,342	2,964	2,696	3,443	3,120	3,967	3,577
32,5	2,798	2,580	3,232	2,975	3,753	3,436	4,326	3,940
35,0	3,041	2,832	3,515	3,269	4,082	3,771	4,707	4,325
37,5	3,299	3,102	3,817	3,583	4,431	4,128	5,112	4,735
40,0	3,574	3,389	4,136	3,915	4,803	4,507	5,543	5,171

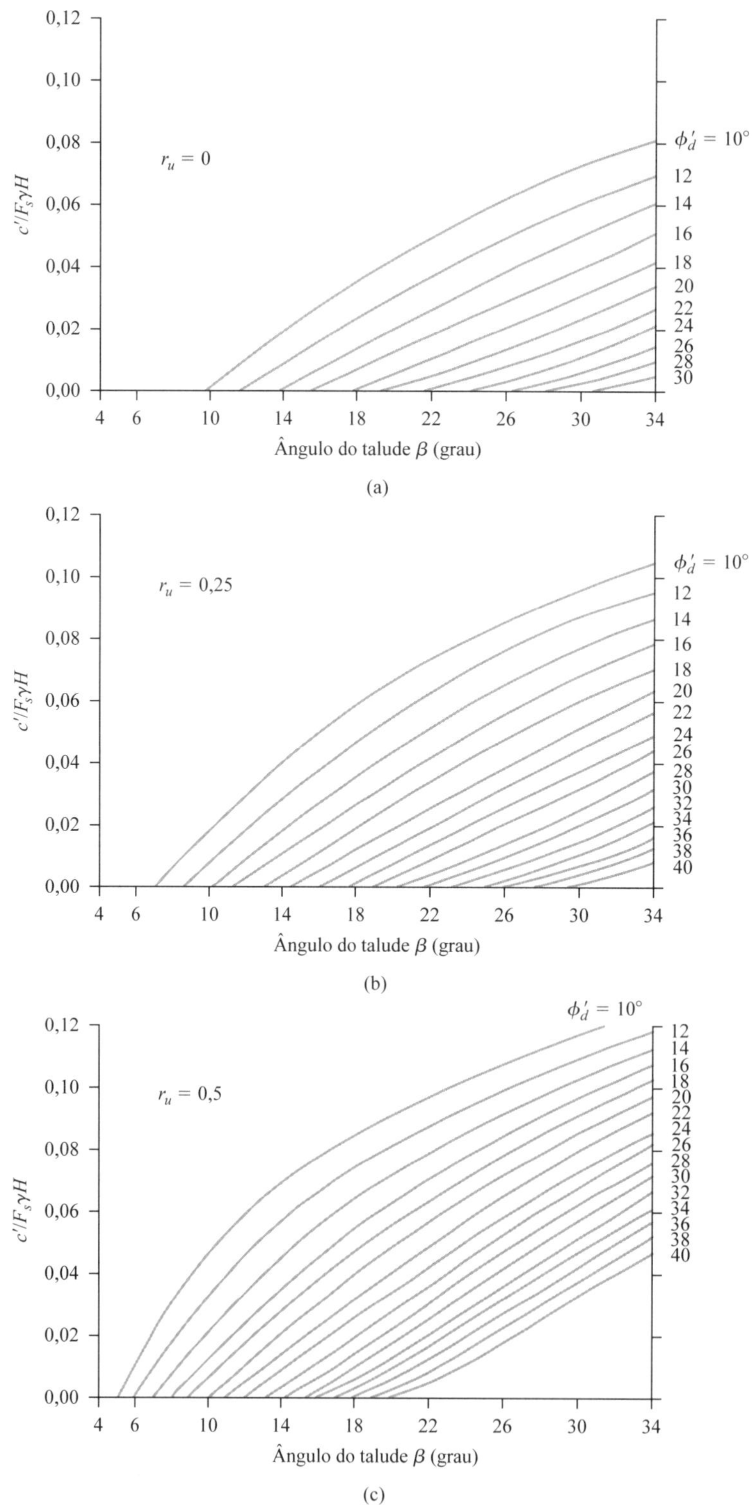

Figura 15.35 Solução de Spencer – gráfico de $c'/F_s\gamma H$ *versus* β.

Solução de Spencer

O método das fatias de Bishop simplificado descrito nas Seções 15.12, 15.13 e 15.14 atende à equação de equilíbrio com relação ao momento, mas não em relação às forças. Spencer (1967) forneceu um método para determinar o fator de segurança (F_s) levando em conta as forças entre fatias (P_n, T_n, P_{n+1}, T_{n+1}, como mostra a Figura 15.31), que satisfaz as equações de equilíbrio com relação ao momento e às forças. Os detalhes desse método de análise estão além do escopo deste texto, porém os resultados finais dos trabalhos de Spencer são apresentados resumidamente nesta seção, na Figura 15.35. Observe que r_u, conforme indicado na Figura 15.35, é o mesmo que o da Eq. (15.76).

Para utilizar os gráficos fornecidos na Figura 15.35 e determinar o valor preciso de F_s, é necessário seguir os procedimentos listados na sequência, passo a passo.

Etapa 1: Determine c', γ, H, β, ϕ' e r_u para determinado talude.

Etapa 2: Atribua um valor a F_s.

Etapa 3: Calcule $c'/[F_{s(\text{presumido})}\,\gamma H]$.
↑
Etapa 2

Etapa 4: Com o valor de $c'/F_s\gamma H$ calculado na etapa 3 e o ângulo de talude β, insira o gráfico apropriado na Figura 15.35 para obter ϕ'_d. Observe que as Figuras 15.35 a, b e c são, respectivamente, para r_u de 0, 0,25 e 0,5.

Etapa 5: Calcule $F_s = \text{tg}\,\phi'/\text{tg}\,\phi'_d$.
↑
Etapa 4

Etapa 6: Se os valores de F_s arbitrados na etapa 2 não forem iguais aos calculados na etapa 5, repita as etapas 2, 3, 4 e 5 até que sejam os mesmos.

Spencer (1967) também forneceu os parâmetros necessários para determinar a localização do círculo crítico de ruptura. Eles são apresentados nas Figuras 15.36 a 15.40.

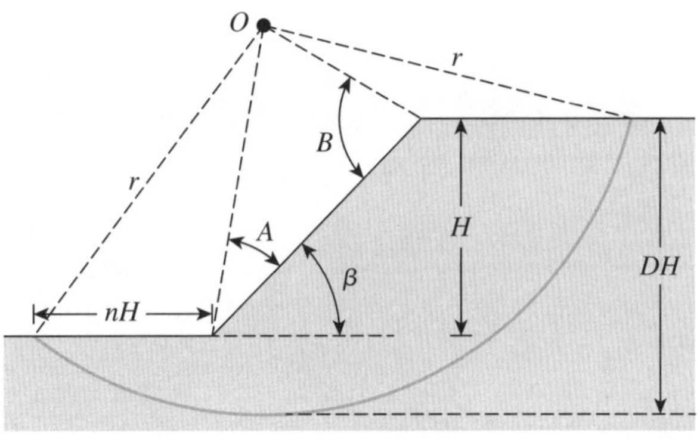

Figura 15.36 Parâmetros para a determinação do círculo crítico – método de Spencer.

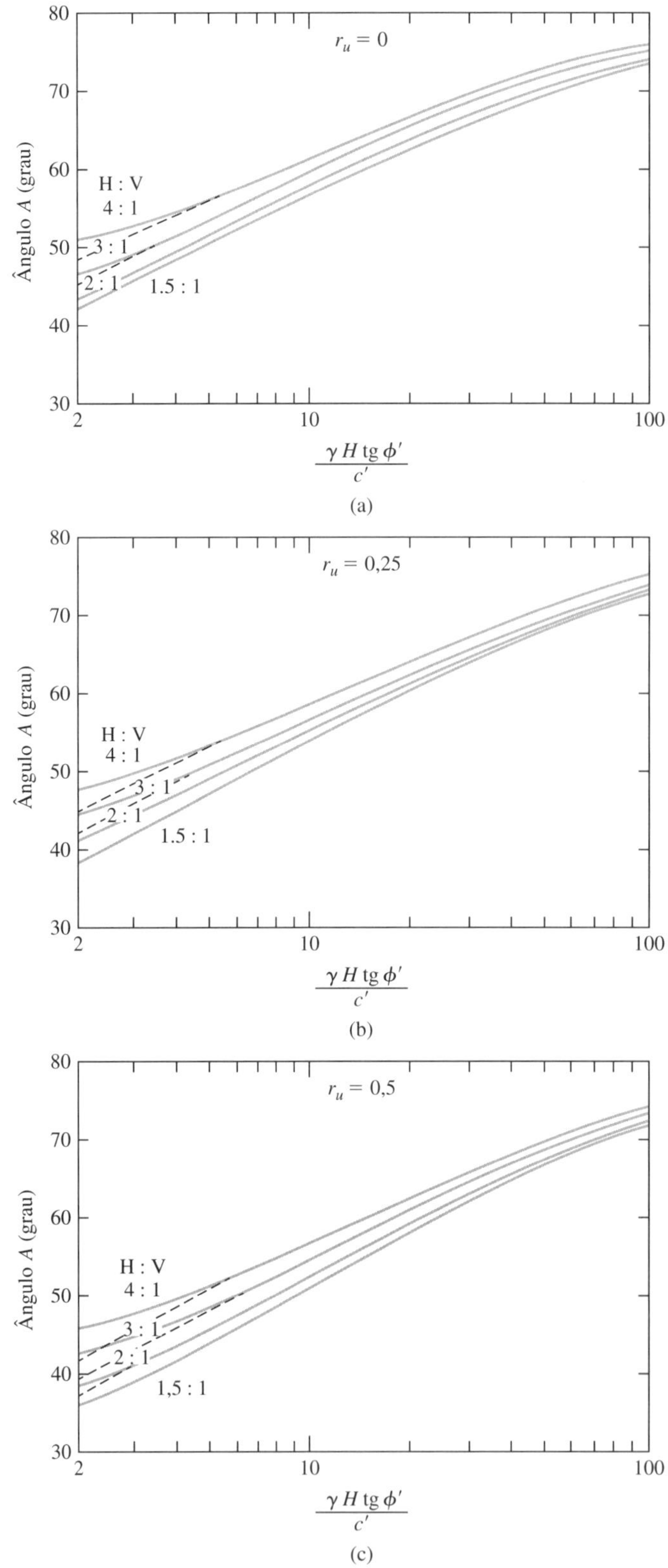

Figura 15.37 Variação do ângulo A para o círculo crítico com base na análise de Spencer (*observação*: as linhas tracejadas representam o círculo de pé crítico quando o círculo mais crítico é diferente do círculo de pé crítico).

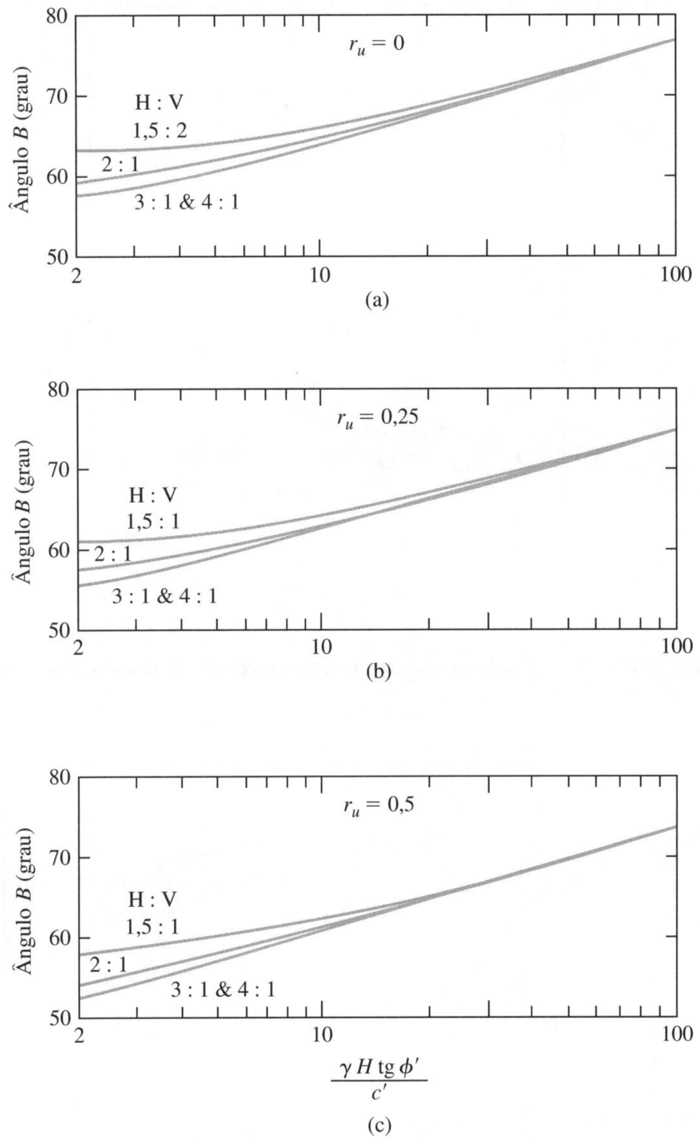

Figura 15.38 Variação do ângulo *B* para o círculo crítico com base na análise de Spencer.

Solução de Michalowski

Michalowski (2002) usou uma abordagem cinemática de análise limite, similar àquelas mostradas nas Figuras 15.24 e 15.25, para analisar taludes com percolação constante. Os resultados desta análise são mostrados resumidamente na Figura 15.41 para $r_u = 0,25$ e $r_u = 0,5$. Observe que a Figura 15.25 é aplicável para a condição de $r_u = 0$. As Tabelas 15.6 e 15.7 apresentam a variação de $\frac{F_s}{\operatorname{tg}\phi'}$ para valores variáveis de $\frac{c'}{\gamma H}\operatorname{tg}\phi'$.

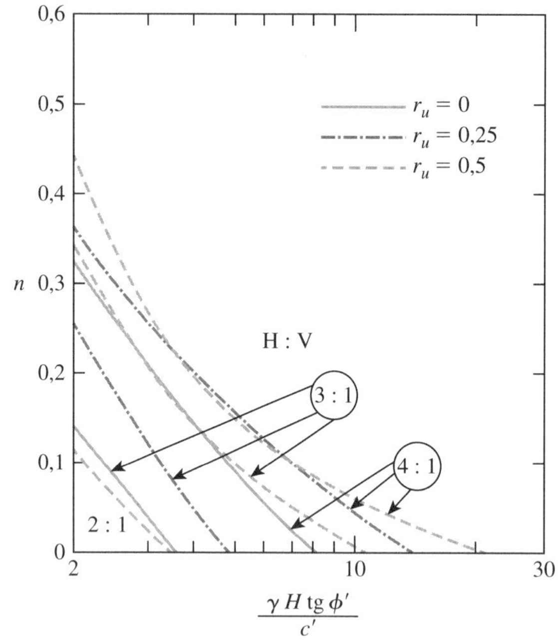

Figura 15.39 Variação de n para círculos críticos com base na análise de Spencer.

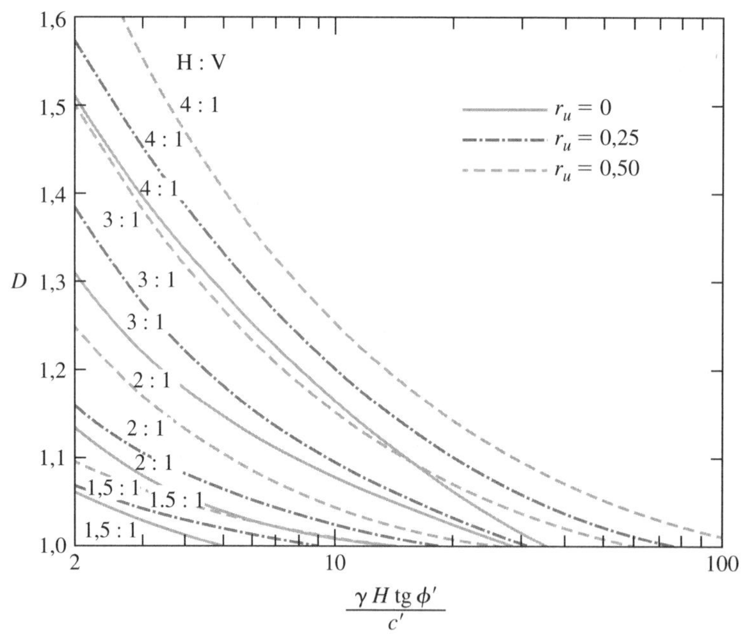

Figura 15.40 Variação de D para círculos críticos com base na análise de Spencer.

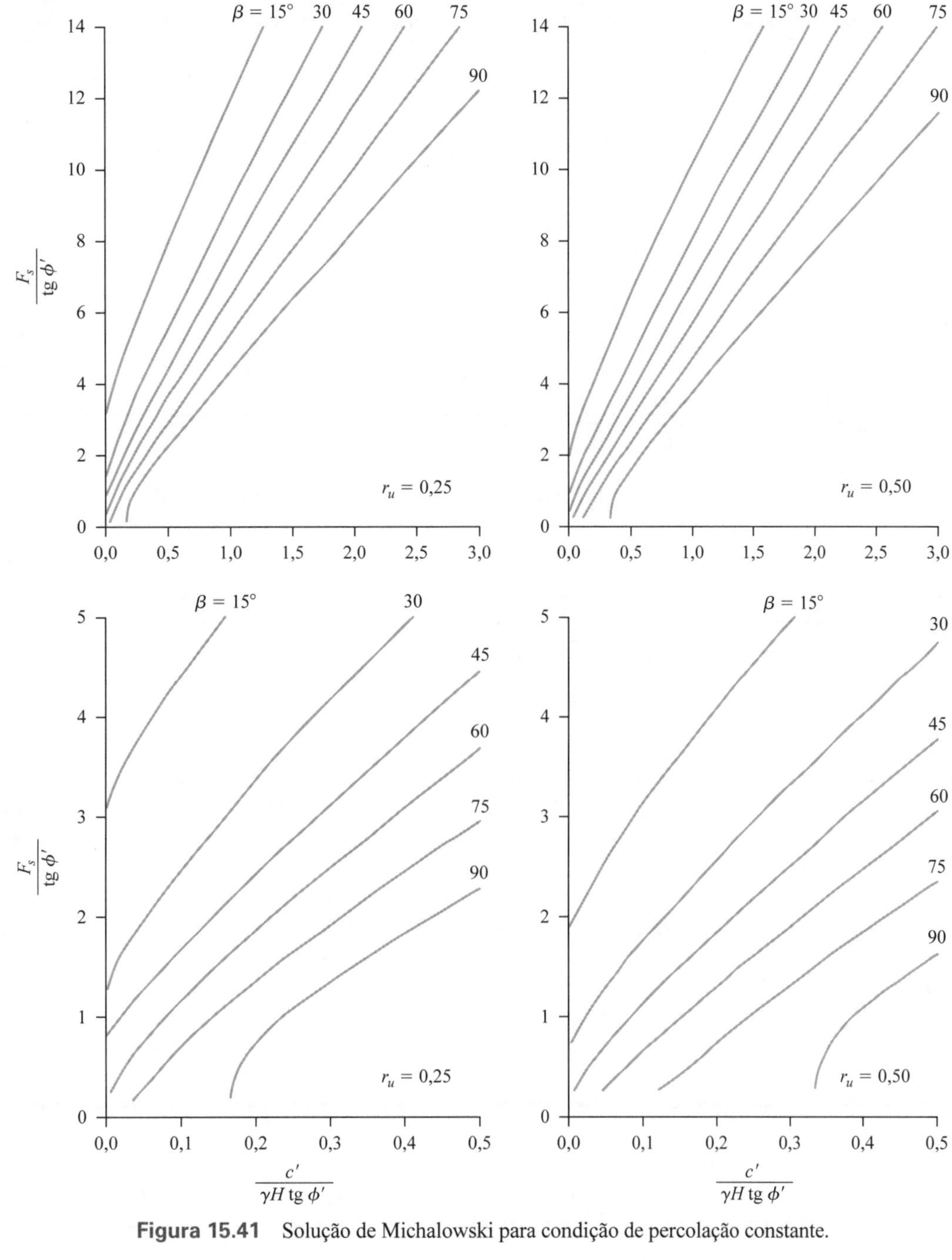

Figura 15.41 Solução de Michalowski para condição de percolação constante.

Tabela 15.6 Números de estabilidade de Michalowski para percolação constante com $r_u = 0,25$

$\frac{c'}{\gamma H\,tg\,\phi'}$	$\frac{F_s}{tg\,\phi'}$ β = 15°	β = 30°	β = 45°	β = 60°	β = 75°	β = 90°
0	3,09	1,21	0,82	0,21		
0,05	3,83	1,96	1,27	0,75	0,29	
0,1	4,38	2,43	1,66	1,14	0,68	
0,2	5,10	3,30	2,37	1,81	1,31	0,70
0,3	6,05	4,09	3,05	2,43	1,86	1,29

(Continua.)

Tabela 15.6 Números de estabilidade de Michalowski para percolação constante com r_u = 0,25 (*Continuação.*)

$\frac{c'}{\gamma H \text{ tg } \phi'}$	$\frac{F_s}{\text{tg } \phi'}$					
	β = 15°	β = 30°	β = 45°	β = 60°	β = 75°	β = 90°
0,4	6,84	4,79	3,71	3,00	2,39	1,75
0,5	7,74	5,42	4,35	3,58	2,88	2,21
1,0	11,70	8,81	7,41	6,23	5,21	4,22
1,5		12,17	10,44	8,91	7,55	6,15
2,0			13,42	11,59	9,81	8,10
2,5				14,24	12,16	10,08
3,0						11,95

Tabela 15.7 Números de estabilidade de Michalowski para percolação constante com r_u = 0,50

$\frac{c'}{\gamma H \text{ tg } \phi'}$	$\frac{F_s}{\text{tg } \phi'}$					
	β = 15°	β = 30°	β = 45°	β = 60°	β = 75°	β = 90°
0	1,88	0,66	0,15			
0,05	2,57	1,32	0,74	0,30		
0,1	3,12	1,75	1,14	0,65		
0,2	4,04	2,54	1,83	1,28	0,71	
0,3	4,89	3,29	2,47	1,87	1,28	
0,4	5,55	3,97	3,10	2,43	1,82	1,06
0,5	6,45	4,65	3,71	3,00	2,31	1,58
1,0	10,07	8,00	6,73	5,63	4,64	3,69
1,5	13,32	11,03	9,62	8,32	6,96	5,64
2,0		14,11	12,65	10,93	9,28	7,55
2,5				13,62	11,56	9,49
3,0					13,88	11,38

Exemplo 15.13

Determinado talude em regime constante de percolação apresenta os seguintes dados: $H = 21{,}62$ m, $\phi' = 25°$, talude: 2H:1V, $c' = 20$ kN/m^2, $\gamma = 18{,}5$ kN/m^3, $r_u = 0{,}25$. Determine o fator de segurança, F_s. Utilize a Tabela 15.5.

Solução

$$\beta = \text{tg}^{-1}\left(\frac{1}{2}\right) = 26{,}57°$$

$$\frac{c'}{\gamma H} = \frac{20}{(18{,}5)(21{,}62)} = 0{,}05$$

Assim, a tabela a seguir pode ser preparada.

β (graus)	ϕ' (graus)	$c'/\gamma H$	D	m'[a]	n'[b]	$F_s = m' - n'r_u$[c]
26,57	25	0,05	1,00	1,624[d]	1,338[d]	1,29
26,57	25	0,05	1,25	1,822[e]	1,595[e]	1,423
26,57	25	0,05	1,5	2,143[f]	1,903[f]	1,667

[a] Da Tabela 15.5
[b] Da Tabela 15.5
[c] Equação (15.77); $r_u = 0,25$
[d] Tabela 15.5d
[e] Tabela 15.5e
[f] Tabela 15.5f

Portanto,

$$F_s \simeq \mathbf{1{,}29}$$

■

Exemplo 15.14

Resolva o Exemplo 15.13 utilizando a solução de Spencer (Figura 15.35).

Solução

Dados: $H = 21{,}62$ m, $\beta = 26{,}57°$, $c' = 20$ kN/m^2, $\gamma = 18{,}5$ kN/m^3, $\phi' = 25°$ e $r_u = 0{,}25$. Assim, a tabela a seguir pode ser preparada.

β (graus)	$F_{s(\text{presumido})}$	$\dfrac{c'}{F_{s(\text{presumido})}\gamma H}$	ϕ'_d[a] (graus)	$F_{s(\text{calculado})} = \dfrac{\text{tg}\,\phi'}{\text{tg}\,\phi'_d}$
26,57	1,1	0,0455	18	1,435
26,57	1,2	0,0417	19	1,354
26,57	1,3	0,0385	20	1,281
26,57	1,4	0,0357	21	1,215

[a] Da Figura 15.35b

A Figura 15.42 exibe um gráfico de $F_{s(\text{presumido})}$ contra $F_{s(\text{calculado})}$, do qual $F_s \simeq \mathbf{1{,}28}$.

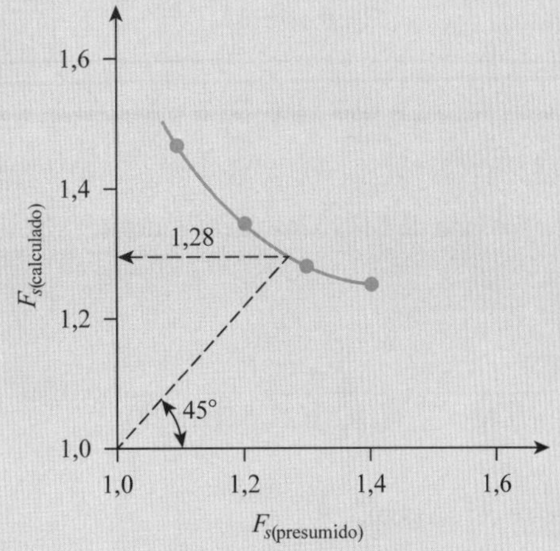

Figura 15.42

■

Exemplo 15.15

Para o talude descrito no Exemplo 15.14, determine

a. A localização do centro do círculo crítico
b. O comprimento do raio do círculo crítico

Solução

Parte a

Consulte a Figura 15.36 para a notação de vários parâmetros. Trata-se de um talude de 2H:1V e $r_u = 0{,}25$. O círculo crítico é um círculo de pé (ver Figura 15.37). Para o talude,

$$\frac{\gamma H \operatorname{tg} \phi'}{c'} = \frac{(18{,}5)(21{,}62)(\operatorname{tg} 25)}{20} = 9{,}33$$

Segundo as Figuras 15.37b e 15.38b, $A \approx 54°$; $B \approx 63°$. A Figura 15.43 mostra a localização do centro do círculo crítico.

Parte b

Na Figura 15.43, $\overline{PO}$ é o raio do círculo crítico.

$$PQ = \sqrt{(21{,}62)^2 + (2 \times 21{,}62)^2} = 48{,}34 \text{ m}$$

$$\frac{\overline{PQ}}{\text{sen } 63°} = \frac{r}{\text{sen } 63}$$

$$r = \overline{PQ} = \mathbf{48{,}34\ m}$$

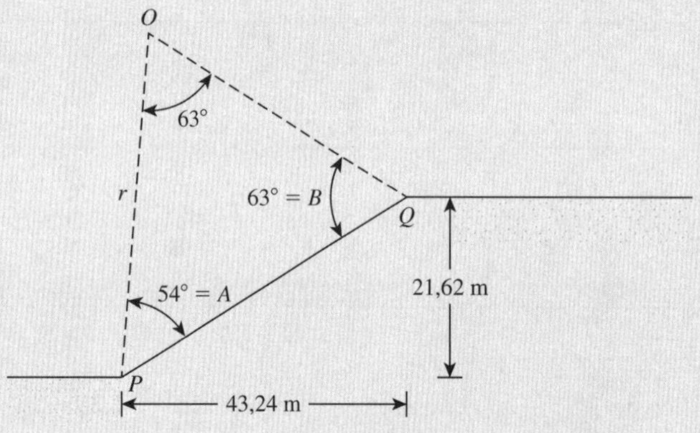

Figura 15.43 ■

Exemplo 15.16

Resolva o Exemplo 15.13 utilizando a solução de Michalowski (Figura 15.41).

Solução

$$\frac{c'}{\gamma H \operatorname{tg} \phi'} = \frac{20}{(18{,}5)(21{,}62)(\operatorname{tg} 25)} = 0{,}107$$

Para $r_u = 0{,}25$, da Figura 15.41, $\dfrac{F_s}{\operatorname{tg} \phi'} \approx 3{,}1$. Assim,

$$F_s = (3{,}1)(\operatorname{tg} 25) = \mathbf{1{,}45}$$

■

15.15 Variação do fator de segurança dos taludes em aterro de argila saturada

A Figura 15.44a exibe um aterro de argila construído em uma *argila saturada mole*. Considere P um ponto na superfície de ruptura potencial APB que é um arco de um círculo. Antes da construção do aterro, a poropressão em P pode ser expressa como

$$u = h\gamma_w \tag{15.78}$$

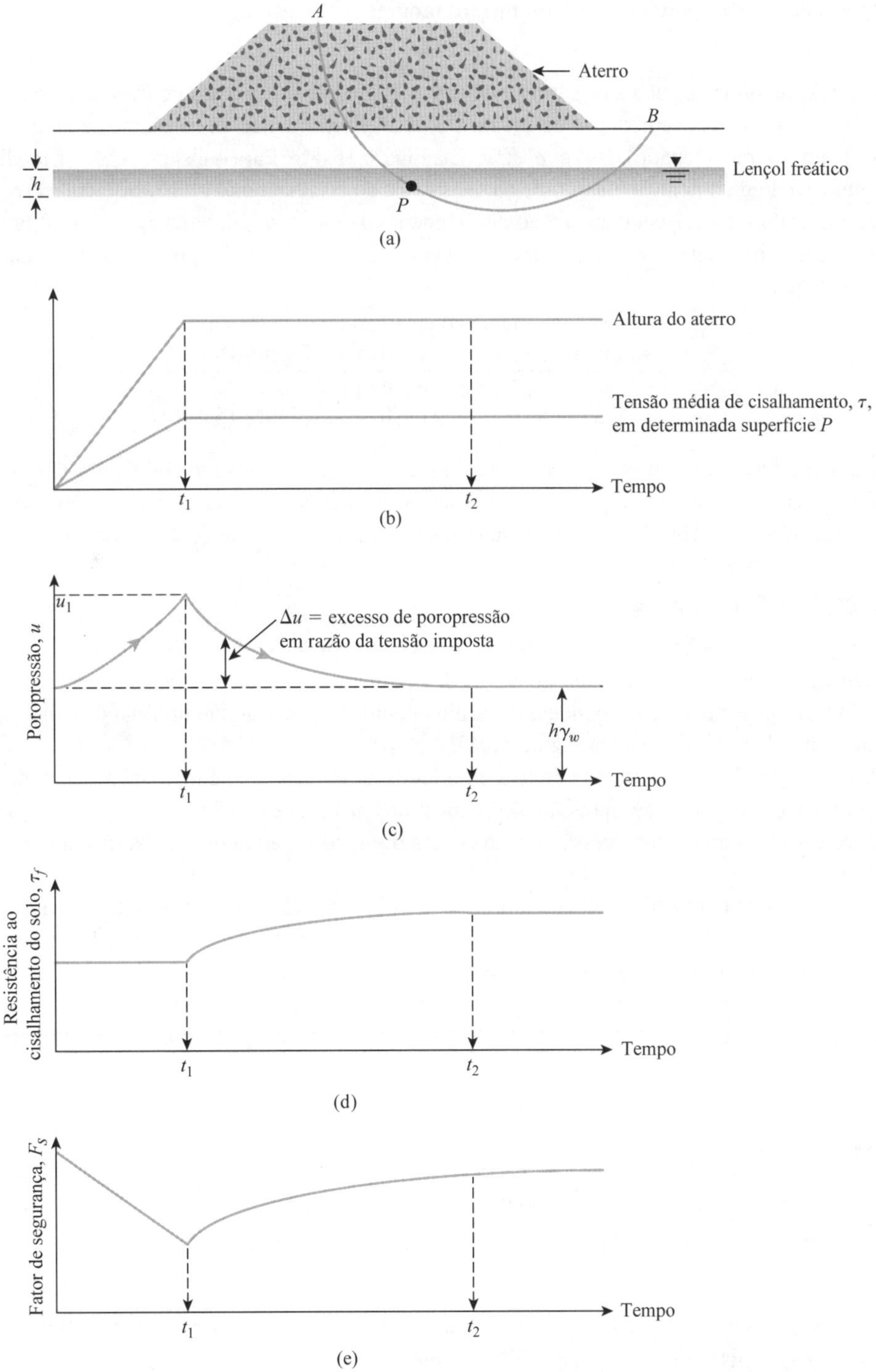

Figura 15.44 Variação do fator de segurança com o tempo para o aterro em argila mole. (*Redesenhado de acordo com Bishop e Bjerrum, 1960. Com permissão da ASCE.*)

Sob condições ideais, vamos assumir que a altura de aterro necessária para a construção seja depositada uniformemente, conforme mostra a Figura 15.44b. No tempo $t = t_1$, a altura do aterro é igual a H e permanece constante depois disso (ou seja, $t > t_1$). O aumento da tensão média de cisalhamento, τ, na possível superfície de ruptura, em razão da construção do aterro, também é mostrado na Figura 15.44b. O valor de τ aumentará linearmente com o tempo até o tempo $t = t_1$ e permanecerá constante depois disso.

A poropressão no ponto P (Figura 15.44a) continuará a aumentar à medida que a construção do aterro progride, conforme mostra a Figura 15.44c. No instante $t = t_1$, $u = u_1 > h\gamma_w$. Isso acontece em razão da baixa taxa de drenagem da camada de argila. Entretanto, após o término da construção do aterro (ou seja, $t > t_1$), a poropressão diminuirá gradualmente à medida que a drenagem (portanto, o adensamento) progredir. No instante $t \simeq t_2$,

$$u = h\gamma_w$$

Para simplificar, se assumirmos que a construção do aterro é rápida e que praticamente não ocorre drenagem durante o período de construção, a resistência média ao cisalhamento da argila permanecerá constante de $t = 0$ a $t = t_1$, ou $\tau_f = c_u$ (resistência ao cisalhamento não drenado). Isso é mostrado na Figura 15.44d. Para o instante $t > t_1$, à medida que o adensamento progride, aumenta gradualmente a magnitude da resistência ao cisalhamento τ_f. No instante $t \geq t_2$ – ou seja, depois do término do adensamento – a resistência média ao cisalhamento da argila será igual a $\tau_f = c' + \sigma' \operatorname{tg} \phi'$ (resistência ao cisalhamento com drenagem) (Figura 15.44d). O fator de segurança do aterro ao longo da possível superfície de escorregamento pode ser dado por

$$F_s = \frac{\begin{array}{c}\text{Resistência média ao cisalhamento da argila, } \tau_f, \\ \text{ao longo da superfície deslizante (Figura 15.44d)}\end{array}}{\begin{array}{c}\text{Tensão cisalhante média, } \tau, \\ \text{ao longo da superfície deslizante (Figura 15.44b)}\end{array}} \tag{15.79}$$

A natureza geral da variação do fator de segurança F_s, em função do tempo, é mostrada na Figura 15.44e. Como podemos visualizar nesta figura, a magnitude de F_s inicialmente diminui com o tempo. No final da construção (tempo $t = t_1$), o valor do fator de segurança é mínimo. Além desse ponto, o valor do F_s continua aumentando com a drenagem até o tempo $t = t_2$.

Cortes em argila saturada

A Figura 15.45a mostra um talude em corte sobre uma argila mole saturada na qual APB é uma possível superfície de ruptura circular. Durante a execução do corte, a tensão média de cisalhamento, τ, na possível superfície de ruptura passando por P aumentará. O valor máximo da tensão média de cisalhamento, τ, será atingido no final da construção – ou seja, no tempo $t = t_1$. Esta propriedade é mostrada na Figura 15.45b.

Em razão da escavação do solo, a pressão efetiva no ponto P diminuirá, o que induzirá a uma redução na poropressão. A variação da mudança líquida da poropressão, Δu, é mostrada na Figura 15.45c. Após a escavação ter sido finalizada (tempo $t > t_1$), o excesso líquido de poropressão negativa será dissipado gradualmente. No instante $t \geq t_2$, a magnitude de Δu será igual a 0.

A variação da resistência média ao cisalhamento, τ_f, da argila com o tempo é mostrada na Figura 15.45d. Observe que a resistência média ao cisalhamento do solo após a escavação diminui gradualmente. Essa diminuição ocorre em virtude da dissipação do excesso de poropressão negativa.

Se o fator de segurança do talude de corte, F_s, ao longo da superfície de ruptura potencial for definido pela Eq. (15.79), a variação será como a indicada na Figura 15.45e. Observe que a magnitude de F_s diminui com o tempo e seu valor mínimo é obtido no tempo $t \geq t_2$.

15.16 Resumo

Abaixo segue um resumo dos tópicos apresentados neste capítulo:

- O fator de segurança com relação à resistência (F_s) ocorre quando [Eq. (15.7)]

$$F_s = F_{c'} = F_{\phi'}$$

- Os fatores de segurança em relação ao escorregamento para taludes infinitos para casos com e sem percolação são proporcionados pelas Eqs. (15.15) e (15.28), respectivamente.
- A altura crítica de um talude finito com suposição de superfície de ruptura plana pode ser fornecida pela Eq. (15.42).

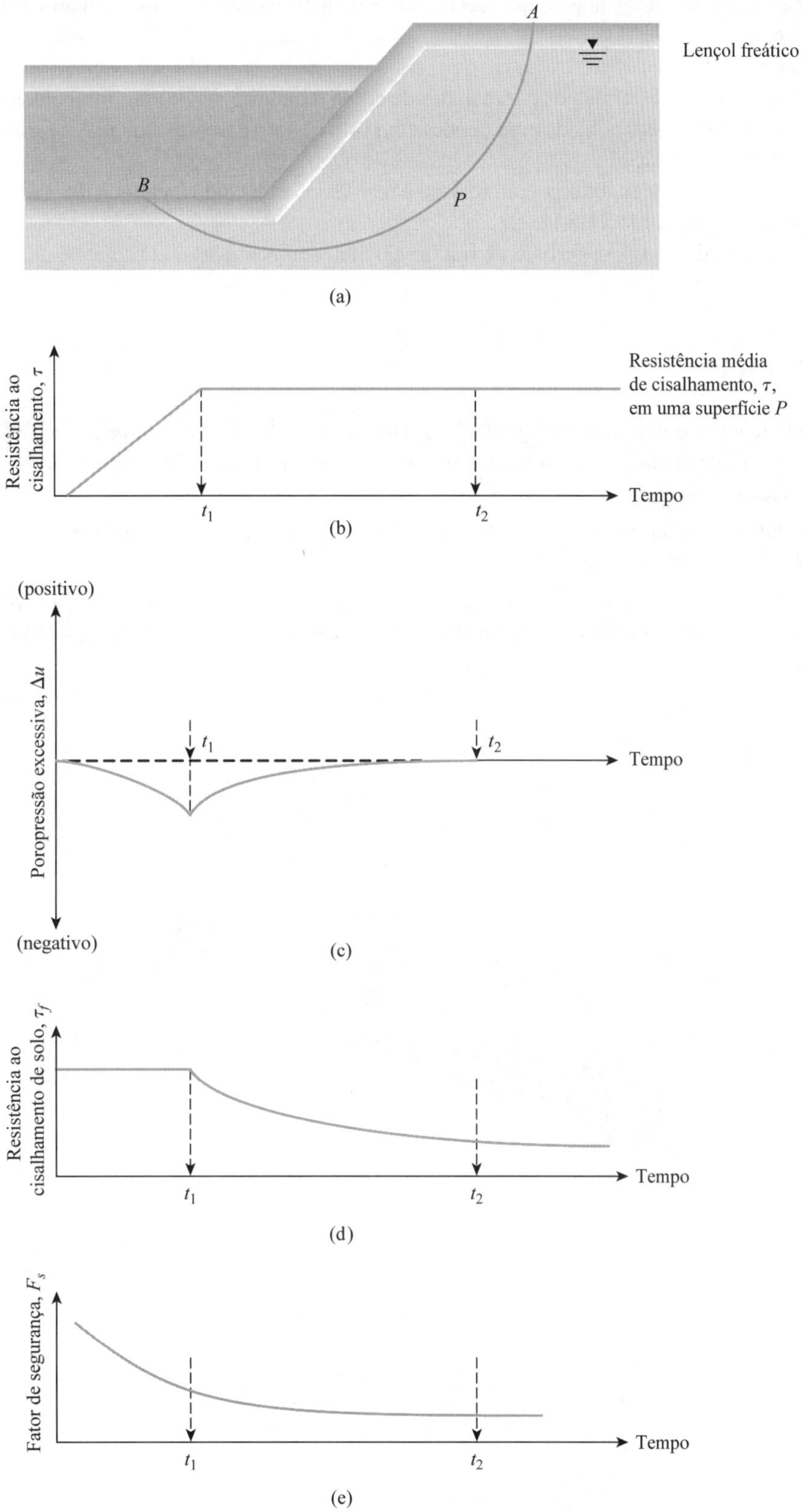

Figura 15.45 Variação do fator de segurança para talude em corte em argila mole. (*Redesenhado de acordo com Bishop e Bjerrum, 1960. Com permissão da ASCE.*)

- Os modos de ruptura de taludes finitos com superfícies de ruptura circular podem ser categorizados em (Seção 15.7).
  - Ruptura da face
  - Ruptura da base
- Os gráficos de análise de estabilidade para taludes de argila (condição $\phi = 0$) são fornecidos na Figura 15.12.
- Os gráficos de análise de estabilidade para taludes com solo $c' - \phi'$ (poropressão igual a zero) são fornecidos nas Figuras 15.21, 15.23 e 15.25.
- A determinação do fator de segurança com relação à resistência utilizando o método das fatias com e sem percolação é descrita nas Seções 15.11 e 15.12.
- A análise de estabilidade com superfície de ruptura circular sob percolação constante é apresentada nas Seções 15.13 e 15.14.

Problemas

15.1 Consulte o talude infinito indicado na Figura 15.46. Dados: $\beta = 19°$, $\gamma = 20$ kN/m^3, $\phi' = 33°$ e $c' = 47$ kN/m^2. Encontre a altura, H, de modo que um fator de segurança, F_s, de 3,1 seja mantido em relação ao escorregamento ao longo da interface solo-rocha.

15.2 Para o talude infinito exibido na Figura 15.46, determine a altura, H, para o equilíbrio crítico. Dados: $\beta = 27°$, $\gamma = 19{,}15$ kN/m^3, $\phi' = 18°$ e $c' = 35{,}9$ kN/m^3.

15.3 Determine o fator de segurança, F_s, para o talude infinito indicado na Figura 15.47, onde a percolação ocorre pelo solo e o lençol freático coincide com a superfície do solo. Dados: $H = 6$ m, $\beta = 22°$, $\gamma_{sat} = 20{,}8$ kN/m^3, $\phi' = 26°$ e $c' = 52$ kN/m^2.

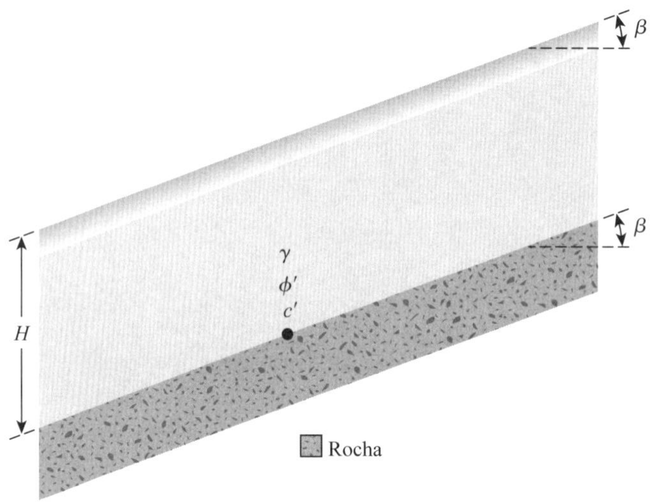

Figura 15.46

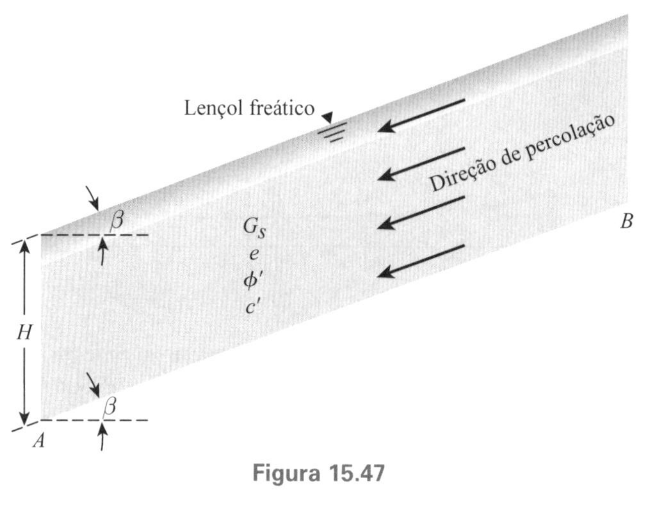

Figura 15.47

15.4 A Figura 15.47 exibe um talude infinito com $H = 9{,}14$ m e o lençol freático que coincide com a superfície do solo. Se houver uma percolação pelo solo, determine o fator de segurança em relação ao escorregamento ao longo do plano *AB*. As propriedades de solo são: $G_s = 2{,}7$, $e = 0{,}8$, $\beta = 16°$, $\phi' = 21°$ e $c' = 59{,}8$ kN/m^2.

15.5 Um talude infinito é indicado na Figura 15.48. Os parâmetros de resistência ao cisalhamento em interface de solo e rocha são $\phi' = 23°$ e $c' = 34$ kN/m^2. Dado: $\rho = 2050$ kg/m^3. Se $H = 7$ m e $\beta = 25°$, encontre o fator de segurança em relação ao escorregamento na superfície da rocha.

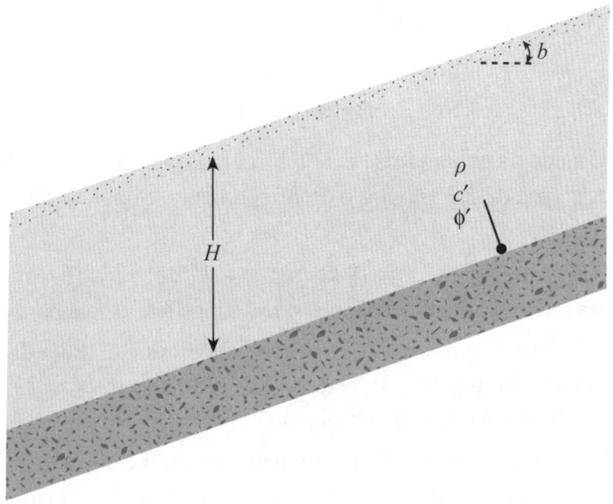

Figura 15.48

15.6 Consulte o talude infinito do Problema 15.5. Se o fator de segurança precisa ser aumentado para 2,35, qual deve ser a altura máxima (*H*) do talude?

15.7 A Figura 15.49 mostra um talude com inclinação de $\beta = 58°$. Se *AC* representa um plano arbitrário de ruptura inclinado a um ângulo $\theta = 32°$ em relação à horizontal, determine o fator de segurança contra deslizamento para a cunha *ABC*. Dados: $H = 6$ m; $\gamma = 19$ kN/m^3; $\phi' = 21°$ e $c' = 38$ kN/m^2.

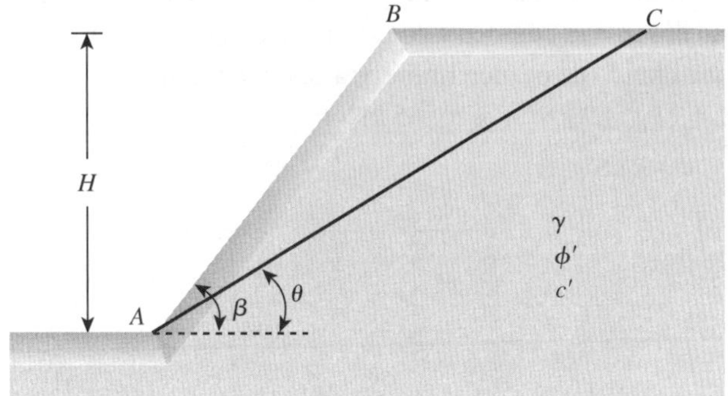

Figura 15.49

15.8 Consulte o Problema 15.7. Com todas as condições mantidas iguais, qual seria o fator de segurança contra deslizamento para a cunha arbitrária *ABC* se a altura do talude fosse 9 m?

15.9 Volte ao talude do Problema 15.7. Suponha que a resistência ao cisalhamento do solo seja melhorada por métodos de estabilização do solo e que as novas propriedades sejam: $\gamma = 22$ kN/m^3, $\phi' = 32°$ e $c' = 75$ kN/m^2. Qual será o fator de segurança contra deslizamento melhorado ao longo da superfície de tentativa de ruptura *AC*?

15.10 Para um talude finito indicado na Figura 15.50, suponha que a ruptura de talude ocorra ao longo do plano (suposição de Culmann). Encontre a altura do talude para o equilíbrio crítico. Dados: $\beta = 49°$, $\gamma = 17{,}6$ kN/m^3, $\phi' = 19°$, e $c' = 42$ kN/m^2.

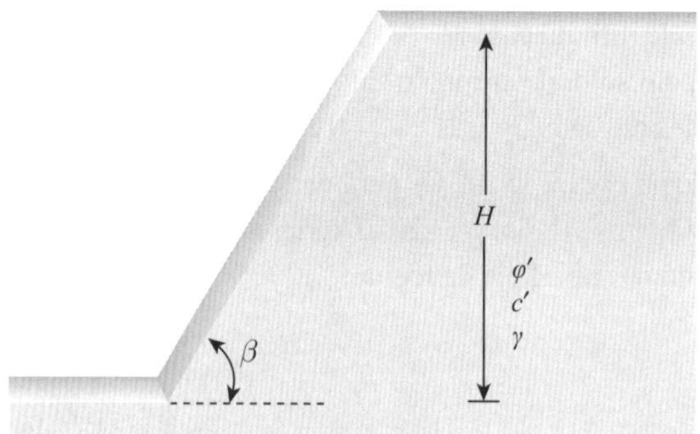

Figura 15.50

15.11 Consulte a Figura 15.50. Usando os parâmetros do solo fornecidos no Problema 15.10, encontre a altura do talude, H, que terá um fator de segurança de 2,95 contra o escorregamento. Suponha que a superfície crítica para o escorregamento seja um plano.

15.12 Consulte a Figura 15.50. Dados que $\beta = 55°$, $\gamma = 19$ kN/m³, $\phi' = 17°$, $c' = 57{,}4$ kN/m² e $H = 13.7$ m, determine o fator de segurança com relação ao escorregamento. Suponha que a superfície crítica para o escorregamento seja um plano.

15.13 A inclinação de um talude finito é 1 vertical a 1 horizontal. Determine a altura de talude, H, que terá um fator de segurança de 2,8 em relação ao escorregamento. Dados: $\rho = 1950$ kg/m³, $\phi' = 23°$ e $c' = 40$ kN/m². Suponha que a superfície crítica para o escorregamento seja um plano.

15.14 Um corte em um talude é planejado em um solo que tem as seguintes propriedades: $\gamma = 19{,}3$ kN/m³, $\phi' = 19°$ e $c' = 55$ kN/m². O corte no talude cria um ângulo de 60° com a horizontal. Considerando que há uma superfície de ruptura planar, qual deve ser a altura máxima permissível, H, do talude se o fator desejado de segurança fosse 2,5?

15.15 Um talude em corte deve ser feito em uma argila em um ângulo $\beta = 60°$ com a horizontal. Supondo que a superfície de escorregamento crítico seja circular, determine a profundidade máxima até onde o corte possa ser feito. Dados: a resistência ao cisalhamento não drenado $c_u = 34$ kN/m² (condição $\phi = 0$) e $\gamma = 17$ kN/m³. Qual é a natureza do círculo crítico (ou seja, pé, face ou ponto intermediário)?

15.16 Para o talude em corte descrito no Problema 15.15, qual a profundidade de corte a ser feito para garantir um fator de segurança 3,0 em relação ao escorregamento?

15.17 Um corte em um talude em argila saturada é inclinado em um ângulo $\beta = 26{,}57°$ (1 vertical a 2 horizontal) e tem altura $H = 7$ m. A coesão não drenada, c_u, aumenta com a profundidade, z, conforme mostra a Figura 15.51. Supondo que o círculo crítico seja um círculo de pé, determine o fator de segurança, F_s, usando o método de Koppula (1984). Dados: $\gamma_{sat} = 18{,}6$ kN/m³, $c_{u(z=0)} = 9$ kN/m² e $a_0 = 5$ kN/m³.

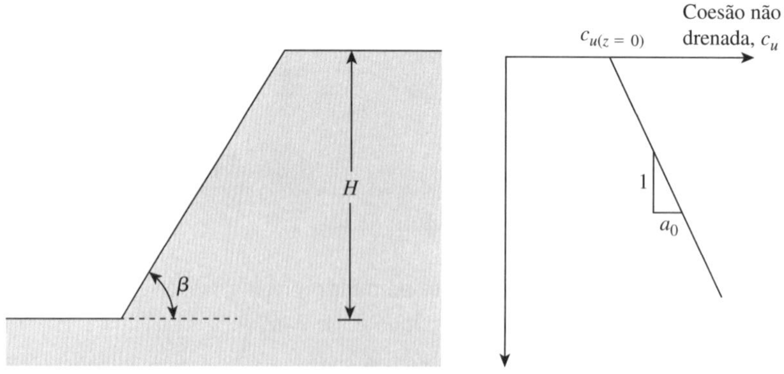

Figura 15.51

15.18 Utilizando o gráfico indicado na Figura 15.12, determine a altura de um talude (1 vertical a 3 horizontal) em argila saturada com uma resistência ao cisalhamento não drenado de 59,8 kN/m² e um peso específico de 19,15 kN/m³. O fator de segurança desejado em relação ao escorregamento é 2.75. A função de profundidade é: $D = 2{,}0$.

15.19 Consulte o Problema 15.18. Qual é a altura crítica do talude? Qual é a natureza do círculo crítico?

15.20 Um talude em corte foi escavado em uma argila saturada com um ângulo de talude, $\beta = 57°$, com o horizontal. A ruptura do talude ocorreu quando o corte alcançou uma profundidade de 8 m. As explorações de solo anteriores mostraram que uma camada de rocha estava localizada a uma profundidade de 12 m abaixo da superfície do solo. Assumindo uma condição não drenada e que $\gamma = 19$ kN/m^3:

a. Determine a natureza de coesão não drenada da argila (Figura 15.12).

b. Qual é a natureza do círculo crítico?

c. Com relação ao topo do talude, a que distância a superfície de escorregamento intercepta a base da escavação?

15.21 Consulte a Figura 15.52. Utilizando a solução de Michalowski proporcionada na Figura 15.25 ($\phi' > 0$), determine a altura crítica do talude para as seguintes condições.

a. $n' = 1{,}5$, $\phi' = 15°$, $c' = 51{,}4$ kN/m^2 e $\gamma = 19$ kN/m^3

b. $n' = 1$, $\phi' = 21°$, $c' = 43$ kN/m^2 e $\gamma = 18$ kN/m^3

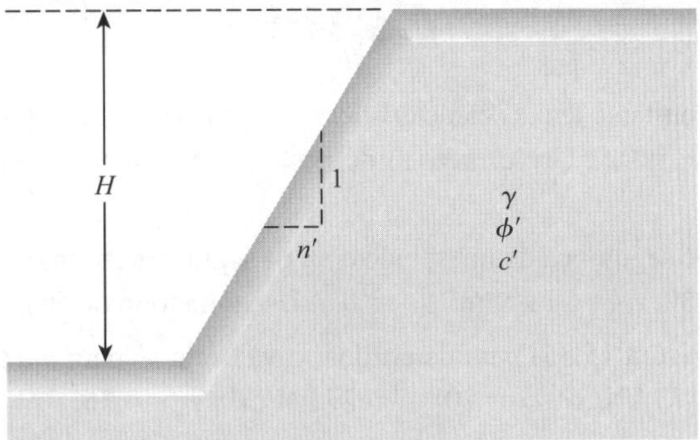

Figura 15.52

15.22 Consulte a Figura 15.52. Utilizando o gráfico de estabilidade de Taylor (Figura 15.21), determine o fator de segurança, *Fs*, em relação ao escorregamento com as seguintes características: Talude: 1,75 H:1 V, $\gamma = 19$ kN/m^3, $\phi' = 22°$, $H = 24$ m, e $c' = 25$ kN/m^2.

15.23 Repita o Problema 15.22 considerando as seguintes características de talude: 1H:1V, $\gamma = 18$ kN/m^3, $\phi' = 18°$, $H = 12$ m e $c' = 30$ kN/m^2.

15.24 Consulte a Figura 15.53. Utilizando o método comum das fatias, encontre o fator de segurança em relação ao escorregamento para os seguintes casos de ensaio: $H = 24{,}38$ m, $\beta = 45°$, $\alpha = 30°$, $\theta = 70°$, $\gamma = 16.68$ kN/m^3, $\phi' = 22°$ e $c' = 45{,}45$ kN/m^2.

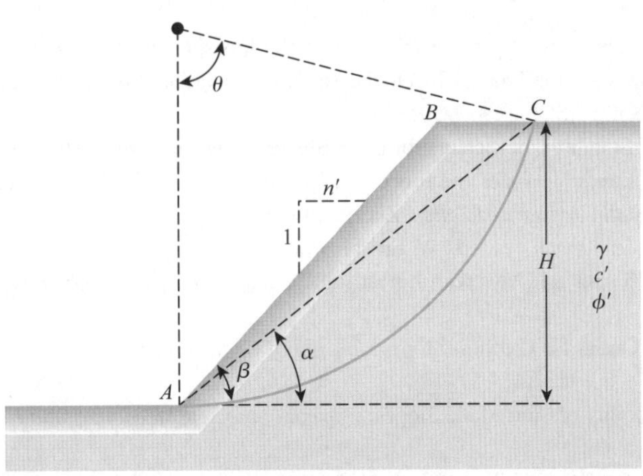

Figura 15.53

15.25 Consulte a Figura 15.53. Refaça o Problema 15.24 para o seguinte caso arbitrado: $H = 6$ m, $\beta = 45°$, $\alpha = 30°$, $\theta = 80°$, $\gamma = 19{,}5$ kN/m^3, $\phi' = 17°$ e $c' = 38$ kN/m^2.

15.26 Para o talude mostrado na Figura 15.54, determine o fator de segurança contra deslizamento ao longo da superfície de deslizamento circular AC. Use o método comum das fatias.

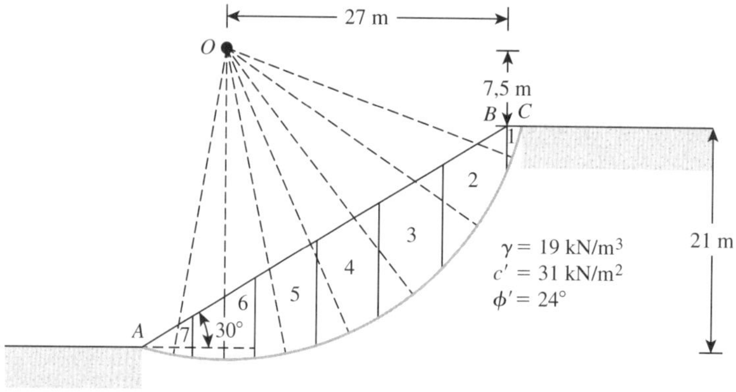

Figura 15.54

15.27 Um talude com percolação constante tem as características a seguir: $H = 30$ m, $\beta = 18{,}43°$ (talude 3:1), $\gamma = 18$ kN/m³, $\phi' = 23°$, $c' = 27$ kN/m² e $r_u = 0{,}5$. Use o método de Bishop e Morgenstern para determinar o fator mínimo de segurança.

15.28 Determine o fator mínimo de segurança de um talude com os seguintes parâmetros: $H = 27{,}4$ m, $\beta = 26{,}56°$ (talude 2:1), $\gamma = 19{,}18$ kN/m³, $\phi' = 30°$, $c' = 27$ kN/m² e $r_u = 0{,}5$. Use o método de Bishop e Morgenstern.

15.29 Use o gráfico de Spencer (Figura 15.35) para determinar o valor de F_s para um talude com as características a seguir: $H = 25$ m, $\beta = 30°$, $\gamma = 17$ kN/m³, $\phi' = 20°$, $c' = 27$ kN/m² e $r_u = 0{,}25$.

15.30 Os seguintes parâmetros são dados para um talude com percolação constante: ângulo do talude: 2H:1 V, $\phi' = 24°$, $c' = 42$ kN/m², $\gamma = 19{,}3$ kN/m³, $H = 14$ m e $r_u = 0{,}5$. Determine o fator de segurança, F_s, utilizando a solução de Spencer (Figura 15.35)

15.31 Consulte o talude do Problema 15.30. Usando o método de Spencer (Figura 15.36), determine:

a. A localização do centro do círculo crítico

b. O comprimento do raio do círculo crítico

15.32 Consulte o talude do Problema 15.30. Determine o fator de segurança, F_s, usando a solução de Michalowski (Figura 15.41).

Referências bibliográficas

BISHOP, A. W. The Use of Slip Circle in the Stability Analysis of Earth Slopes, *Geotechnique*, v. 5, n. 1, p. 7-17, 1955.

______; BJERRUM, L. The Relevance of the Triaxial Test to the Solution of Stability Problems, *Proceedings*, Research Conference on Shear Strength of Cohesive Soils, ASCE, p. 437-501, 1960.

______; MORGENSTERN, N. R. Stability Coefficients for Earth Slopes, *Geotechnique*, v. 10, n. 4, p. 129-147, 1960.

CRUDEN, D. M.; VARNES, D. J. Landslide Types and Processes, *Special Report 247*, Transportation Research Board, p. 36-75, 1996.

CULMANN, C. *Die Graphische Statik, Meyer and Zeller*, Zurique, 1875.

FELLENIUS, W. *Erdstatische Berechnungen*, rev. ed., W. Ernst u. Sons, Berlin, 1927.

KOPPULA, S. D. On Stability of Slopes on Clays with Linearly Increasing Strength, *Canadian Geotechnical Journal*, v. 21, n. 3, p. 557–581, 1984.

MICHALOWSKI, R. L. Stability Charts for Uniform Slopes, *Journal of Geotechnical and Geoenvironmental Engineering*, ASCE, v. 128, n. 4, p. 351-355, 2002.

SINGH, A. Shear Strength and Stability of Man-Made Slopes, *Journal of the Soil Mechanics and Foundations Division*, ASCE, v. 96, n. SM6, p. 1879-1892, 1970.

SPENCER, E. A Method of Analysis of the Stability of Embankments Assuming Parallel Inter-Slice Forces, *Geotechnique*, v. 17, n. 1, p. 11-26, 1967.

TAYLOR, D. W. Stability of Earth Slopes, *Journal of the Boston Society of Civil Engineers*, v. 24, p. 197-246, 1937.

TERZAGHI, K.; PECK, R. B. *Soil Mechanics in Engineering Practice*, 2. ed., Nova York: Wiley, 1967.

CAPÍTULO 16

Capacidade de carga do solo para fundações rasas

16.1 Introdução

A parte inferior de uma estrutura geralmente é chamada *fundação*. Sua função é transferir a carga da estrutura para o solo sobre o qual está apoiada. Uma fundação projetada de modo correto transfere a carga pelo solo sem sobrecarregá-lo. Uma sobrecarga excessiva pode resultar em recalque excessivo ou rupturas por cisalhamento no solo, danificando a estrutura. Desse modo, engenheiros geotécnicos e estruturais que projetam fundações devem avaliar a capacidade de carga dos solos.

Dependendo da estrutura e do tipo de solo encontrado, vários tipos de fundação são utilizados. A Figura 16.1 mostra os tipos mais comuns de fundações. Uma *sapata* é simplesmente uma extensão de parede estrutural, ou pilar, que possibi-

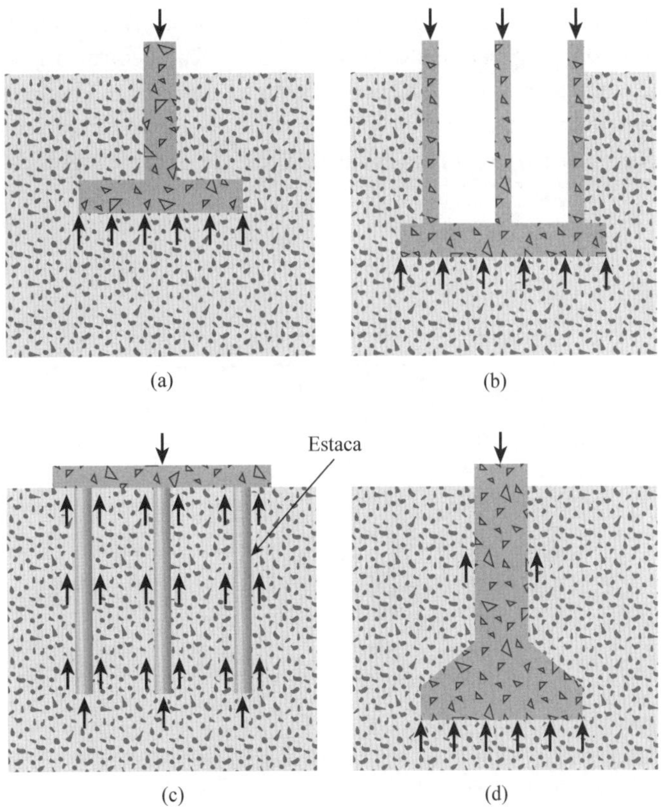

Figura 16.1 Tipos comuns de fundações: (a) fundação com sapata; (b) fundação em radier; (c) fundação sobre estacas; (d) fundação sobre tubulões.

lita a distribuição da carga da estrutura em uma área maior do solo. Em solos com baixa capacidade de carga, as dimensões das sapatas requeridas são excessivas e inviáveis. Nesse caso, é mais econômico construir toda a estrutura sobre uma base de concreto. Esse tipo de fundação é chamada *radier*.

As fundações sobre *estacas* e sobre *tubulões* são utilizadas em estruturas mais pesadas, quando é necessário escavar grandes profundidades para suportar a carga. As estacas são componentes estruturais feitas de madeira, concreto ou aço, que transmitem a carga da superestrutura para as camadas inferiores do solo. De acordo com a maneira pela qual fazem essa transferência, as estacas podem ser divididas em duas categorias: estacas de atrito e estacas de ponta. No caso das estacas de atrito, a carga da superestrutura é transformada em tensão de cisalhamento ao longo da superfície da estaca. No caso das estacas de ponta, a carga suportada é transmitida da extremidade da estaca para uma camada estável.

Nas fundações sobre tubulões, um furo é escavado até alcançar o subsolo e, depois, é preenchido com concreto. Pode ser utilizada uma camisa metálica durante a escavação. A camisa pode ser mantida no local ou pode ser retirada durante a concretagem. Geralmente, o diâmetro do tubulão é muito maior que o diâmetro da estaca. A diferença não é clara entre estacas e tubulões com diâmetro aproximado de até 1 m, e as definições e nomenclaturas são imprecisas.

As fundações sobre sapatas e radier geralmente são chamadas *fundações rasas*, enquanto as fundações sobre estacas e tubulões são classificadas como *fundações profundas*. Em um sentido mais amplo, as fundações rasas são fundações com uma relação entre a profundidade de assentamento e a largura menor que aproximadamente quatro. Quando esta relação é maior que quatro, a fundação pode ser classificada como fundação profunda.

Neste capítulo, discutiremos a capacidade de carga do solo para fundações rasas. Conforme mencionado anteriormente, para uma fundação funcionar apropriadamente, (1) o recalque de solo induzido pela carga deve estar dentro do limite tolerável e (2) não deve ocorrer ruptura ao cisalhamento do solo que suporta a fundação. A compressibilidade de solo – adensamento e teoria de elasticidade – foi apresentada no Capítulo 10. Este capítulo introduz a capacidade de carga das fundações rasas com base nos critérios de ruptura de cisalhamento no solo.

16.2 Capacidade de carga última do solo para fundações rasas

Para compreender o conceito da capacidade de carga última do solo e o modo de ruptura de cisalhamento no solo, consideremos o caso de sapata retangular longa com largura B localizada na superfície de uma camada de areia compacta (ou solo rígido) indicado na Figura 16.2a. Quando uma carga uniformemente distribuída q por área específica é aplicada à sapata, ocorre o recalque. Se a carga uniformemente distribuída (q) for aumentada, o recalque da sapata aumenta gradativamente. Quando o valor de $q = q_u$ é alcançado (Figura 16.2b), ocorre a ruptura de capacidade de carga; a sapata passa por um recalque muito grande sem qualquer aumento adicional de q. O solo em um ou nos dois lados da fundação se sedimenta e a superfície de ruptura se estende à superfície do solo. A relação carga-recalque é igual à Curva I mostrada na Figura 16.2b. Nesse caso, q_u é definido como a capacidade de carga última do solo.

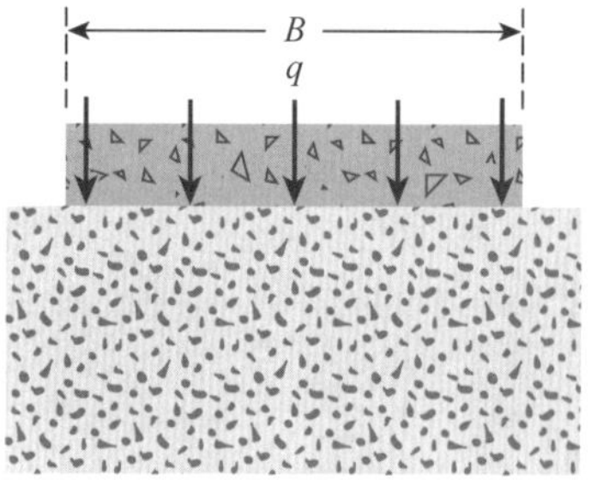

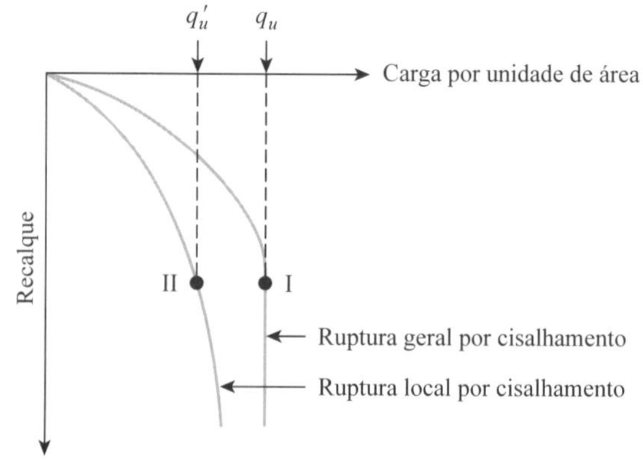

Figura 16.2 Capacidade de carga última do solo para fundações rasas: (a) modelo de sapata; (b) relação carga-recalque.

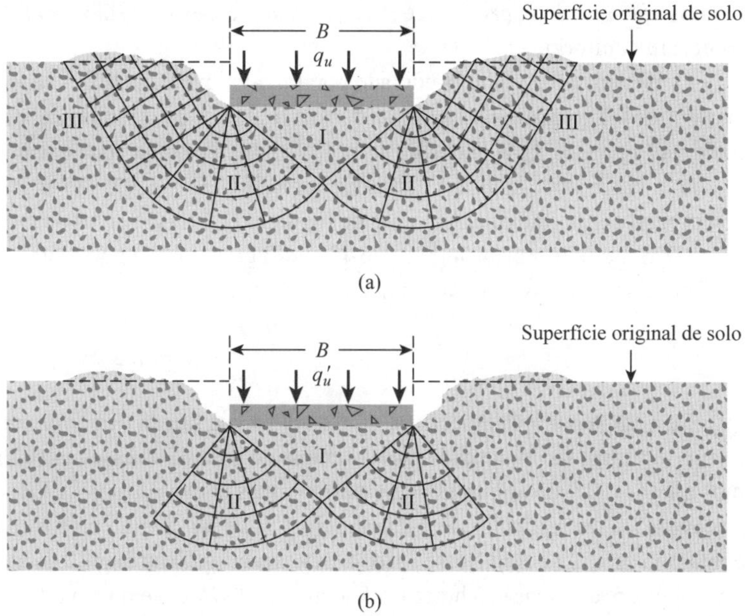

Figura 16.3 Modos de ruptura de capacidade de carga em solo (a) ruptura geral de cisalhamento de solo (b) ruptura de cisalhamento local de solo.

A ruptura de capacidade de carga descrita é chamada *ruptura geral por cisalhamento* e pode ser explicada com referência à Figura 16.3a. Quando a fundação recalca sobre a aplicação de uma carga, uma zona triangular em forma de cunha de solo (indicada por I) é empurrada para baixo e, por sua vez, pressiona as zonas II e III deslocando-as para os lados e para cima. Para um valor limite de pressão, q_u, o solo passa para o estado de equilíbrio plástico e a ruptura ocorre por deslizamento.

Se a prova de carga da sapata for executada em areia fofa a média, a relação carga-recalque será representada pela Curva II na Figura 16.2b. Acima de determinado valor de $q = q'_u$, a relação carga-recalque se torna uma linha reta inclinada. Nesse caso, q'_u é definido como a capacidade de carga última do solo. Esse tipo de ruptura do solo é chamado *ruptura local por cisalhamento* e é mostrado na Figura 16.3b. A zona triangular em forma de cunha (indicada por I) abaixo da sapata se desloca para baixo, mas diferentemente da ruptura geral por cisalhamento, as superfícies de deslizamento terminam em algum ponto dentro do solo. Porém alguns sinais de protuberância no solo são observados.

16.3 Equação de Terzaghi para a capacidade de carga última

Em 1921, Prandtl publicou os resultados de seus estudos sobre a penetração de corpos rígidos (tais como cunhas de metal) em materiais mais maleáveis. Terzaghi (1943) estendeu a teoria de Prandtl das deformações plásticas para o cálculo da capacidade de carga dos solos em sapatas corridas rasas. Por motivos práticos, uma sapata de muro longa (relação comprimento-largura superior a cinco) pode ser chamada *sapata corrida*. De acordo com Terzaghi, uma fundação pode ser definida como rasa se a profundidade D_f for menor ou igual à sua largura B (Figura 16.4). Ele também teorizou que,

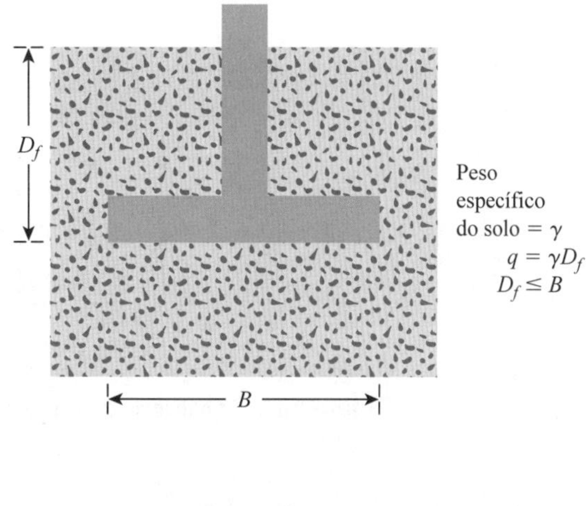

Figura 16.4 Sapata corrida rasa.

para os cálculos de capacidade de carga última, o peso do solo acima da base da sapata pode ser substituído por uma sobrecarga uniforme, $q = \gamma D_f$.

O mecanismo de ruptura adotado por Terzaghi para calcular a capacidade de carga última do solo (ruptura geral por cisalhamento) no caso de uma sapata corrida rugosa, a uma profundidade D_f, medida a partir da superfície do solo, é mostrado na Figura 16.5a. A cunha do solo *ABJ* (Zona I) é uma zona elástica. Ambas as linhas, *AJ* e *BJ*, formam um ângulo ϕ' com a horizontal. As zonas indicadas como II (*AJE* e *BJD*) são as zonas de cisalhamento radial, e as zonas III são as zonas passivas de Rankine. As linhas de ruptura *JD* e *JE* são arcos de uma espiral logarítmica, e *DF* e *EG* são linhas retas. *AE*, *BD*, *EG* e *DF* formam ângulos de $45 - \phi'/2$ graus com a horizontal. A equação dos arcos das espirais logarítmicas *JD* e *JE* pode ser expressa por (ver também Seção 14.3)

$$r = r_o e^{\theta \operatorname{tg} \phi'}$$

Se a carga por área específica, q_u, for aplicada à sapata e ocorrer uma ruptura geral por cisalhamento, o empuxo passivo P_p estará atuando em cada face da cunha do solo *ABJ*. Esse conceito pode ser entendido de forma clara se imaginarmos que *AJ* e *BJ* são dois muros que empurram as cunhas do solo *AJEG* e *BJDF*, respectivamente, causando uma ruptura passiva. P_p deve ser inclinado a um ângulo δ' (que é o ângulo de atrito solo-muro) desenhado perpendicular às faces de cunha (ou seja, *AJ* e *BJ*). Nesse caso, δ' deverá ser igual ao ângulo de atrito do solo, ϕ'. Como *AJ* e *BJ* estão inclinadas a um ângulo ϕ' em relação à horizontal, a direção de P_p deverá ser vertical.

Vamos agora considerar o diagrama de corpo livre da cunha *ABJ*, como mostrado na Figura 16.5b. Considerando o comprimento específico da sapata, teremos, para o equilíbrio,

$$(q_u)(2b)(1) = -W + 2C \operatorname{sen} \phi' + 2P_p \tag{16.1}$$

onde $b = B/2$

$W =$ peso de cunha de solo $ABJ = \gamma b^2 \operatorname{tg} \phi'$

$C =$ força coesiva que atua ao longo de cada face, *AJ* e *BJ*, que é igual à coesão específica do solo multiplicada pelo comprimento de cada face $= c'b/(\cos \phi')$

Assim,

$$2bq_u = 2P_p + 2bc' \operatorname{tg} \phi' - \gamma b^2 \operatorname{tg} \phi' \tag{16.2}$$

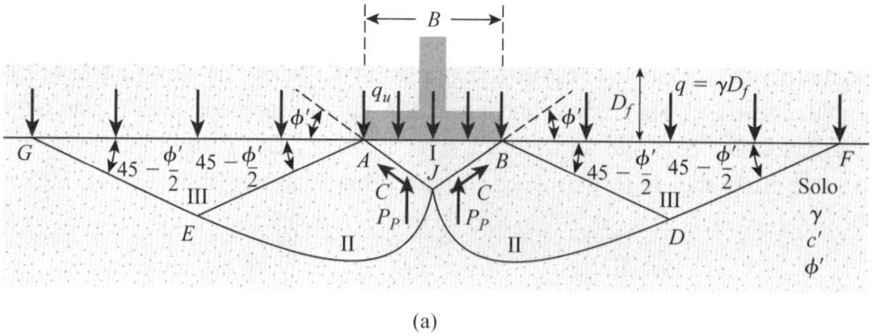

(a)

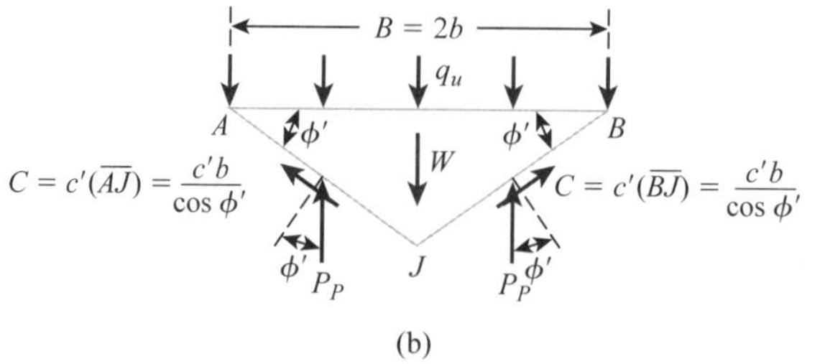

(b)

Figura 16.5 Análise de capacidade de carga de Terzaghi.

ou

$$q_u = \frac{P_p}{b} + c' \operatorname{tg}\phi' - \frac{\gamma b}{2} \operatorname{tg}\phi' \tag{16.3}$$

A pressão passiva nas Eqs. (16.2) e (16.3) é a soma da contribuição do peso de solo γ, a coesão c' e a sobrecarga q e pode ser expressa como

$$P_p = \frac{1}{2}\gamma (b \operatorname{tg}\phi')^2 K_\gamma + c'(b \operatorname{tg}\phi') K_c + q(b \operatorname{tg}\phi') K_q \tag{16.4}$$

onde K_γ, K_c e K_q são os coeficientes de empuxo de terra, funções do ângulo de atrito do solo, ϕ'.

Combinando as Eqs. (16.3) e (16.4), vemos que

$$q_u = c' N_c + q N_q + \frac{1}{2}\gamma B N_\gamma$$

onde

$$N_c = \operatorname{tg} \phi' (K_c + 1) \tag{16.5}$$

$$N_q = K_q \operatorname{tg} \phi' \tag{16.6}$$

$$N_\gamma = \frac{1}{2} \operatorname{tg}\phi' (K_\gamma \operatorname{tg}\phi' - 1) \tag{16.7}$$

Os termos N_c, N_q e N_γ são, respectivamente, as contribuições da coesão, sobrecarga e peso específico do solo para a capacidade de carga última. É extremamente tedioso calcular K_c, K_q e K_γ. Por isso, Terzaghi usou um método aproximado para determinar a capacidade de carga última, q_u. Os princípios desta aproximação são descritos a seguir.

1. Se $c' = 0$ e a sobrecarga $(q) = 0$ (ou seja, $D_f = 0$), então

$$q_u = q_\gamma = \frac{1}{2}\gamma B N_\gamma \tag{16.8}$$

2. Se $\gamma = 0$ (ou seja, solo sem peso) e $q = 0$, então

$$q_u = q_c = c' N_c \tag{16.9}$$

3. Se $y = 0$ (solo sem peso), $c' = 0$ e $q \neq 0$, então

$$q_u = q_q = q N_q \tag{16.10}$$

Por meio do método da superposição, ao considerarmos os efeitos do peso específico do solo, da coesão e da sobrecarga, temos

$$q_u = q_c + q_q + q_\gamma = c' N_c + q N_q + \frac{1}{2}\gamma B N_\gamma \tag{16.11}$$

A Eq. (16.11) é conhecida como *equação de capacidade de carga de Terzaghi.* Os termos N_c, N_q e N_γ são chamados *fatores de capacidade de carga*. Os valores desses fatores são mostrados na Tabela 16.1.

Para sapatas quadradas e circulares, Terzaghi sugeriu as seguintes equações para a capacidade de carga última do solo:
Sapata quadrada:

$$q_u = 1{,}3c'N_c + qN_q + 0{,}4\gamma BN_\gamma \tag{16.12}$$

Tabela 16.1 Fatores de capacidade de carga de Terzaghi – N_c, N_q e N_γ – Eqs. (16.11), (16.12) e (16.13), respectivamente

ϕ' (graus)	N_c	N_q	N_γ [a]	ϕ' (graus)	N_c	N_q	N_γ [a]
0	5,70	1,00	0,00	26	27,09	14,21	9,84
1	6,00	1,10	0,01	27	29,24	16,90	11,60
2	6,30	1,22	0,04	28	31,61	17,81	13,70
3	6,62	1,35	0,06	29	34,24	19,98	16,18
4	6,97	1,49	0,10	30	37,16	22,46	19,13
5	7,34	1,64	0,14	31	40,41	25,28	22,65
6	7,73	1,81	0,20	32	44,04	28,52	26,87
7	8,15	2,00	0,27	33	48,09	32,23	31,94
8	8,60	2,21	0,35	34	52,64	36,50	38,04
9	9,09	2,44	0,44	35	57,75	41,44	45,41
10	9,61	2,69	0,56	36	63,53	47,16	54,36
11	10,16	2,98	0,69	37	70,01	53,80	65,27
12	10,76	3,29	0,85	38	77,50	61,55	78,61
13	11,41	3,63	1,04	39	85,97	70,61	95,03
14	12,11	4,02	1,26	40	95,66	81,27	116,31
16	12,86	4,45	1,52	41	106,81	93,85	140,51
16	13,68	4,92	1,82	42	119,67	108,75	171,99
17	14,60	5,45	2,18	43	134,58	126,50	211,56
18	15,12	6,04	2,59	44	161,95	147,74	261,60
19	16,56	6,70	3,07	45	172,28	173,28	325,34
20	17,69	7,44	3,64	46	196,22	204,19	407,11
21	18,92	8,26	4,31	47	224,55	241,80	512,84
22	20,27	9,19	5,09	48	258,28	287,85	650,67
23	21,75	10,23	6,00	49	298,71	344,63	831,99
24	23,36	11,40	7,08	50	347,50	416,14	1.072,80
25	25,13	12,72	8,34				

[a] *Valores N_γ de Kumbhojkar (1993)*

Sapata circular:

$$q_u = 1{,}3c'N_c + qN_q + 0{,}3\gamma BN_\gamma \tag{16.13}$$

onde B = diâmetro da sapata.

Para uma condição não drenada com $\phi = 0$ e $\tau_f = c_u$, os fatores de capacidade de carga são $N_\gamma = 0$ e $N_q = 1$. Além disso, $N_c = 5{,}7$. Naquele caso, as Eqs. (16.11), (16.12) e (16.13) tomam as formas

$$q_u = 5{,}7c_u + q \qquad \text{(sapata corrida)} \tag{16.14}$$

e

$$q_u = (1{,}3)(5{,}7)c_u + q = 7{,}41c_u + q \qquad \text{(sapatas quadradas e circulares)} \tag{16.15}$$

16.4 Efeito do nível do lençol freático

Para o desenvolvimento das equações de capacidade de carga abordado na seção anterior, consideramos que o nível do lençol freático está posicionado a uma profundidade muito maior que a largura, B, da sapata. No entanto, se o lençol freático for próximo à sapata, algumas mudanças são necessárias no segundo e terceiro termos das Equações (16.11) a (16.13). Três condições diferentes podem aparecer com relação ao local do lençol freático com relação à base da fundação. Essas condições são mostradas na Figura 16.6. Cada uma delas é descrita resumidamente a seguir.

Caso I (Figura 16.6a) Se o nível do lençol freático estiver localizado a uma distância D acima da base da fundação, a magnitude de q no segundo termo da equação de capacidade de carga deverá ser calculada como

$$q = \gamma(D_f - D) + \gamma' D \tag{16.16}$$

onde $\gamma' = \gamma_{sat} - \gamma_w$ = unidade específica efetiva de solo. Além disso, o peso específico do solo, γ, que aparece nos terceiros termos das equações de capacidade de carga, deve ser substituído por γ'.

Caso II (Figura 16.6b) Se o nível do lençol freático coincidir com a base da fundação, a magnitude de q é igual a γD_f. Porém o peso específico, γ, que aparece nos terceiros termos das equações de capacidade de carga, deverá ser substituído por γ'.

Caso III (Figura 16.6c) Quando o nível do lençol freático estiver a uma profundidade D abaixo da base da fundação, $q = \gamma D_f$. A magnitude de γ nos terceiros termos das equações de capacidade de carga deverá ser substituída por $\gamma_{méd}$.

$$\gamma_{méd} = \frac{1}{B}[\gamma D + \gamma'(B - D)] \qquad (\text{para } D \leq B) \tag{16.17a}$$

$$\gamma_{méd} = \gamma \qquad (\text{para } D > B) \tag{16.17b}$$

16.5 Fator de segurança

Em geral, um fator de segurança, F_s, com valor aproximadamente igual a 3 ou maior é aplicado à capacidade de carga última do solo para alcançar o valor da capacidade de carga admissível. Um F_s com valor igual a 3 ou maior não é considerado muito conservador. Na natureza, os solos não são nem homogêneos nem isotrópicos. Existem muitas incertezas envolvidas na avaliação dos parâmetros básicos da resistência ao cisalhamento do solo.

Existem duas definições básicas de capacidade de carga admissível para fundações rasas. São elas: os valores bruto e líquido da capacidade de carga admissível.

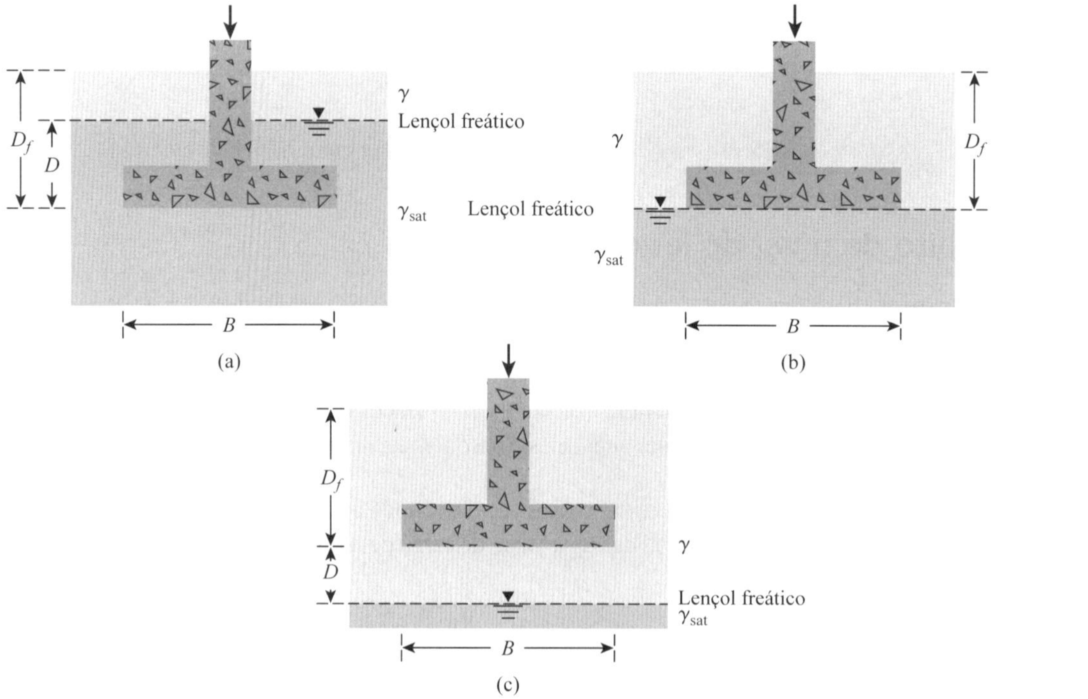

Figura 16.6 Efeito do local do lençol freático na capacidade de carga das fundações rasas: (a) Caso I; (b) Caso II; (c) Caso III.

A *capacidade de carga bruta permitida* pode ser calculada como

$$q_{\text{adm}} = \frac{q_u}{F_s} \tag{16.18}$$

Conforme definida pela Eq. (16.18), q_{adm} é a carga admissível por área específica à qual o solo sob a fundação pode ser submetido para evitar quaisquer chances de ruptura do solo. Isso inclui a contribuição (Figura 16.7) de (a) cargas estática e dinâmica acima da superfície do solo, $W_{(D+L)}$; (b) próprio peso da fundação, W_F; e (c) peso do solo localizado exatamente acima da fundação, W_S. Assim,

$$q_{\text{adm}} = \frac{q_u}{F_s} = \left[\frac{W_{(D+L)} + W_F + W_S}{A}\right] \tag{16.19}$$

onde A = área da fundação.

A *capacidade de carga líquida admissível* é a carga permitida por área específica da fundação superior à tensão efetiva vertical existente no nível da fundação. A tensão efetiva vertical no nível da fundação é igual a $q = \gamma D_f$. Portanto, a carga última líquida é

$$q_{u(\text{líquido})} = q_u - q \tag{16.20}$$

Portanto,

$$q_{\text{adm}(\text{líquido})} = \frac{q_{u(\text{líquido})}}{F_s} = \frac{q_u - q}{F_s} \tag{16.21}$$

Se presumirmos que o peso do solo e o peso do concreto do qual a fundação é feita são aproximadamente iguais, teremos

$$q = \gamma D_f \simeq \frac{W_S + W_F}{A}$$

Portanto,

$$q_{\text{adm(líquido)}} = \frac{W_{(D+L)}}{A} = \frac{q_u - q}{F_s} \tag{16.22}$$

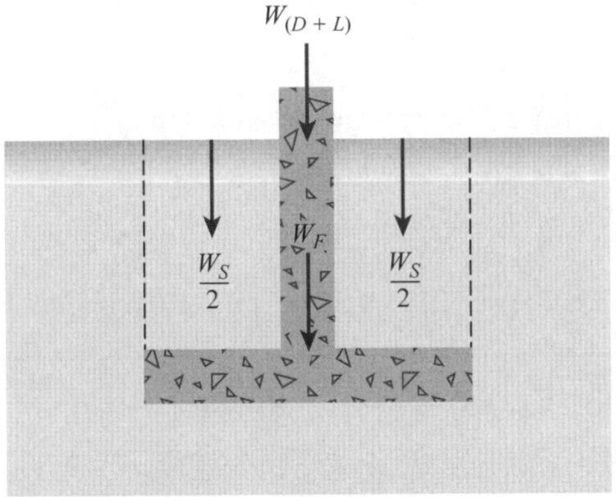

Figura 16.7 Contribuições para q_{adm}.

Exemplo 16.1

Uma fundação quadrada tem 1,5 m × 1,5 m em plano. O solo que suporta a fundação tem um ângulo de atrito de $\phi' = 20°$ e $c' = 15{,}2$ kN/m². O peso específico do solo, γ, é 17,8 kN/m³. Determine a carga bruta permitida na fundação com um fator de segurança (F_s) de 4. Presuma que a profundidade da fundação (D_f) seja de 1 metro e que a ruptura de cisalhamento geral ocorra no solo.

Solução

Da Eq. (16.12),

$$q_u = 1{,}3c'N_c + qN_q + 0{,}4\gamma BN_\gamma$$

A partir da Tabela 16.1, para $\phi' = 20°$,

$$N_c = 17{,}69$$
$$N_q = 7{,}44$$
$$N_\gamma = 3{,}64$$

Assim,

$$\begin{aligned} q_u &= (1{,}3)(15{,}2)(17{,}69) + (1 \times 17{,}8)(7{,}44) + (0{,}4)(17{,}8)(1{,}5)(3{,}64) \\ &= 349{,}55 + 132{,}43 + 38{,}87 = 520{,}85 \approx 521 \text{ kN/m}^2 \end{aligned}$$

Então, a carga permitida por área específica da fundação é

$$q_{\text{adm}} = \frac{q_u}{F_s} = \frac{521}{4} = 130{,}25 \text{ kN/m}^2 \approx 130 \text{ kN/m}^2$$

Assim, a carga total bruta permitida

$$Q = (130)B^2 = (130)(1{,}5 \times 1{,}5) = \mathbf{292{,}5\ kN}$$

■

Exemplo 16.2

Consulte o Exemplo 16.1. Com as outras variáveis mantidas iguais, se o lençol freático estiver localizado 1 m abaixo da base da fundação, determine a carga bruta admissível por unidade de área com $F_s = 3$. Considere que $\gamma_{sat} = 19$ kN/m³.

Solução

Esse é o caso mostrado na Figura 16.6(c). $D = 1$ m. Segundo a Eq. (16.17a),

$$\gamma_{méd} = \frac{1}{B}[\gamma D + \gamma'(B - D)]$$

$$= \frac{1}{1{,}5}[(17{,}8)(1) + (19 - 9{,}81))(1{,}5 - 1{,}0)] = 14{,}93 \text{ kN/m}^3$$

$$q_u = (1{,}3)(15{,}2)(17{,}69) + (1 \times 17{,}8)(7{,}44) + (0{,}4)(14{,}93)(1{,}5)(3{,}65)$$

$$= 349{,}55 + 132{,}43 + 32{,}61 = 514{,}59 \text{ kN/m}^2$$

$$q_{adm} = \frac{q_u}{F_s} = \frac{515{,}59}{3} = \mathbf{171{,}53\ kN/m^2}$$

■

Exemplo 16.3

Uma fundação quadrada é mostrada na Figura 16.8. A sapata suporta uma massa bruta de 30.000 kg. Utilizando um fator de segurança de 3, determine o tamanho da sapata – ou seja, o tamanho de B. Utilize a Eq. (16.12).

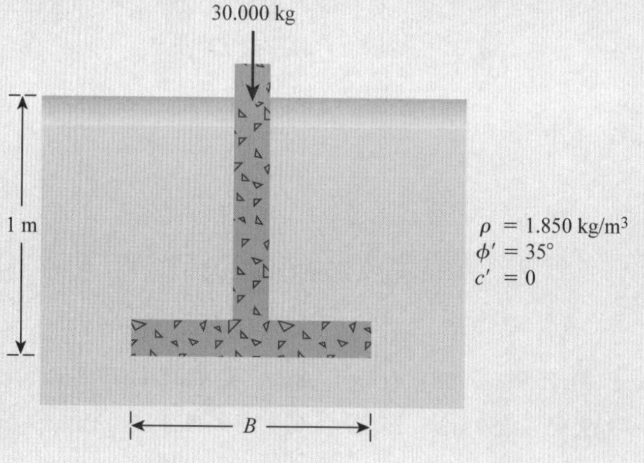

Figura 16.8

Solução

A massa específica do solo é = 1850 kg/m³. Então

$$\gamma = \frac{1850 \times 9{,}81}{1.000} = 18{,}15 \text{ kN/m}^3$$

A carga bruta total a ser suportada pela sapata é

$$\frac{(30.000)9,81}{1.000} = 294,3 \text{ kN} = Q_{\text{adm}}$$

Da Eq. (16.12),

$$q_u = 1,3c'N_c + qN_q + 0,4\gamma BN_\gamma$$

Com um fator de segurança de 3,

$$q_{\text{adm}} = \frac{q_u}{3} = \frac{1}{3}(1,3c'N_c + qN_q + 0,4\gamma BN_\gamma) \qquad \text{(a)}$$

Além disso,

$$q_{\text{adm}} = \frac{Q_{\text{adm}}}{B^2} = \frac{294,3}{B^2} \qquad \text{(b)}$$

Das Eqs. (a) e (b),

$$\frac{294,3}{B^2} = \frac{1}{3}(1,3c'N_c + qN_q + 0,4\gamma BN_\gamma) \qquad \text{(c)}$$

A partir da Tabela 16.1, para $\phi' = 35°$, $N_c = 57,75$, $N_q = 41,44$ e $N_\gamma = 45.41$. Substituindo esses valores na Eq. (c), temos

$$\frac{294,3}{B^2} = \frac{1}{3}[(1,3)(0)(57,75) + (18,15 \times 1)(41,44) + 0,4(18,15)(B)(45,41)]$$

ou

$$\frac{294,3}{B^2} = 250,7 + 109,9\ B$$

Agora, a equação anterior pode ser resolvida por tentativa e erro, a partir do qual obtemos

$$B \simeq \mathbf{0,95\ m}$$

■

16.6 Equação geral da capacidade de carga

Após o desenvolvimento da equação da capacidade de carga de Terzaghi, vários pesquisadores trabalharam nessa área e aprimoraram a solução (isto é, Meyerhof, 1951 e 1963; Ludgren e Mortensen, 1953; Balla, 1962; Vesic, 1973; e Hansen, 1970). As diferentes soluções mostram que os fatores de capacidade de carga N_c e N_q não sofrem grandes alterações. Porém, para um dado valor de ϕ', os valores de N_γ obtidos por diferentes pesquisadores tiveram grandes variações. Tal diferença é causada pelas várias formas de cunha consideradas para o solo imediatamente abaixo da sapata, como explica o parágrafo a seguir.

Ao derivar a equação da capacidade de carga de uma sapata corrida, Terzaghi considerou o caso de uma sapata rugosa e supôs que os lados *AJ* e *BJ* da cunha do solo *ABJ* (Veja a Figura 16.5a) formassem um ângulo ϕ' com a horizontal. Ensaios mais recentes com modelos (por exemplo, DeBeer e Vesic, 1958) mostraram que a suposição de Terzaghi da natureza geral da superfície de ruptura no solo para ruptura de capacidade de carga é correta. Porém os ensaios mostraram que os lados *AJ* e *BJ* da cunha do solo *ABJ* formam um ângulo de cerca de $45 + \phi'/2$ graus (ao invés de ϕ') com a horizontal. Esse tipo de mecanismo de ruptura é mostrado na Figura 16.9. Ele é composto por uma zona ativa de Rankine *ABJ* (Zona I), duas zonas de cisalhamento radial (Zonas II) e duas zonas passivas de Rankine (Zonas III). As curvas *JD* e *JE* são arcos de uma espiral logarítmica.

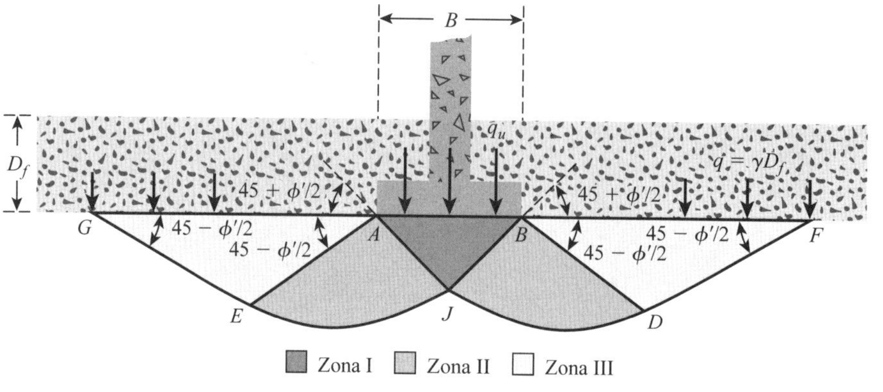

Figura 16.9 Cálculo da capacidade de carga do solo-ruptura geral por cisalhamento.

Com base nesse tipo de mecanismo de ruptura, a capacidade de carga última de uma sapata simples pode ser avaliada pelo método aproximado de superposição descrita na Seção 16.3 como

$$q_u = q_c + q_q + q_\gamma \tag{16.23}$$

onde q_c, q_q e q_γ são as contribuições da coesão, sobrecarga e peso específico do solo, respectivamente.

Reissner (1924) expressou q_q como

$$q_q = qN_q \tag{16.24}$$

onde

$$N_q = e^{\pi \operatorname{tg}\phi'} \operatorname{tg}^2\left(45 + \frac{\phi'}{2}\right) \tag{16.25}$$

Prandtl (1921) demonstrou que

$$q_c = c'N_c \tag{16.26}$$

onde

$$N_c = (\underset{\substack{\uparrow \\ \text{Eq. (16.25)}}}{N_q} - 1)\operatorname{cotg}\phi' \tag{16.27}$$

Vesic (1973) expressou q_γ como

$$q_\gamma = \frac{1}{2}B\gamma N_\gamma \tag{16.28}$$

onde

$$N_\gamma = 2(\underset{\substack{\uparrow \\ \text{Eq. (16.25)}}}{N_q} + 1)\operatorname{tg}\phi' \tag{16.29}$$

Combinando as Eqs. (16.23), (16.24), (16.26) e (16.28), obtemos

$$q_u = c'N_c + qN_q + \frac{1}{2}\gamma BN_\gamma \tag{16.30}$$

Esta equação é a mesma forma geral que a dada por Terzaghi [Eq. (16.11)]; no entanto, os valores de fatores de capacidade de carga não são os mesmos. Os valores de N_q, N_c e N_γ definidos pelas Eqs. (16.25), (16.27) e (16.29) são fornecidos na Tabela 16.2. Entretanto, para fins práticos, os fatores de capacidade de carga de Terzaghi produzem bons resultados. As diferenças nos fatores de capacidade de carga são geralmente menores se comparados às incertezas dos parâmetros de solo.

A equação de capacidade de carga de solo para uma sapata simples dada pela Eq. (16.30) pode ser modificada para uso geral incorporando os seguintes fatores:

Fator de profundidade: Para representar a resistência ao cisalhamento desenvolvida na superfície de ruptura do solo acima da base da sapata.

Fator de forma: Para determinar a capacidade de carga de sapatas retangulares e circulares.

Fator de inclinação: Para determinar a capacidade de carga de uma sapata na qual a direção de aplicação da carga apresenta determinado ângulo de inclinação em relação à vertical.

Assim, a forma modificada da equação geral da capacidade de carga última pode ser expressa como

$$q_u = c'\lambda_{cs}\lambda_{cd}\lambda_{ci}N_c + q\lambda_{qs}\lambda_{qd}\lambda_{qi}N_q + \frac{1}{2}\lambda_{\gamma s}\lambda_{\gamma d}\lambda_{\gamma i}\gamma BN_\gamma \tag{16.31}$$

Tabela 16.2 Fatores de capacidade de carga N_c, N_q e N_γ [Eqs. (16.25), (16.27) e (16.29)]

ϕ' (graus)	N_c	N_q	N_γ	ϕ' (graus)	N_c	N_q	N_γ
0	5,14	1,00	0,00	26	22,25	11,85	12,54
1	5,38	1,09	0,07	27	23,94	13,20	14,47
2	5,63	1,20	0,15	28	25,80	14,72	16,72
3	5,90	1,31	0,24	29	27,86	16,44	19,34
4	6,19	1,43	0,34	30	30,14	18,40	22,40
5	6,49	1,57	0,45	31	32,67	20,63	25,99
6	6,81	1,72	0,57	32	35,49	23,18	30,22
7	7,16	1,88	0,71	33	38,64	26,09	35,19
8	7,53	2,06	0,86	34	42,16	29,44	41,06
9	7,92	2,25	1,03	35	46,12	33,30	48,03
10	8,35	2,47	1,22	36	50,59	37,75	56,31
11	8,80	2,71	1,44	37	55,63	42,92	66,19
12	9,28	2,97	1,69	38	61,35	48,93	78,03
13	9,81	3,26	1,97	39	67,87	55,96	92,25
14	10,37	3,59	2,29	40	75,31	64,20	109,41
15	10,98	3,94	2,65	41	83,86	73,90	130,22
16	11,63	4,34	3,06	42	93,71	85,38	155,55
17	12,34	4,77	3,53	43	105,11	99,02	186,54
18	13,10	5,26	4,07	44	118,37	115,31	224,64
19	13,93	5,80	4,68	45	133,88	134,88	271,76
20	14,83	6,40	5,39	46	152,10	158,51	330,35
21	15,82	7,07	6,20	47	173,64	187,21	403,67
22	16,88	7,82	7,13	48	199,26	222,31	496,01
23	18,05	8,66	8,20	49	229,93	265,51	613,16
24	19,32	9,60	9,44	50	266,89	319,07	762,89
25	20,72	10,66	10,88				

onde λ_{cs}, λ_{qs} e $\lambda_{\gamma s}$ = fatores de forma

λ_{cd}, λ_{qd} e $\lambda_{\gamma d}$ = fatores de profundidade

λ_{ci}, λ_{qi} e $\lambda_{\gamma i}$ = fatores de inclinação

É importante reconhecer o fato de que, no caso de carga inclinada, a Eq. (16.31) fornece a componente vertical.

As relações aproximadas para os fatores de forma, de profundidade e de inclinação são descritas abaixo.

Fatores das formas As equações para os fatores de forma λ_{cs}, λ_{qs} e $\lambda_{\gamma s}$ foram recomendadas por De Beer (1970) e são

$$\lambda_{cs} = 1 + \left(\frac{B}{L}\right)\left(\frac{N_q}{N_c}\right) \tag{16.32}$$

$$\lambda_{qs} = 1 + \left(\frac{B}{L}\right) \text{tg}\,\phi' \tag{16.33}$$

e

$$\lambda_{\gamma s} = 1 - 0{,}4\left(\frac{B}{L}\right) \tag{16.34}$$

onde L = comprimento da fundação ($L > B$).

Os fatores de forma são relações empíricas com base nos ensaios laboratoriais abrangentes.

Fatores de profundidade Hansen (1970) propôs as seguintes equações para os fatores de profundidade:

$$\lambda_{cd} = 1 + 0{,}4\left(\frac{D_f}{B}\right) \tag{16.35}$$

$$\lambda_{qd} = 1 + 2\,\text{tg}\,\phi'(1 - \text{sen}\,\phi')^2\,\frac{D_f}{B} \tag{16.36}$$

$$\lambda_{\gamma d} = 1 \tag{16.37}$$

As Eqs. (16.35) e (16.36) são válidas para $D_f/B \leq 1$. Para um índice de profundidade de aterro para a largura da fundação maior que a unidade ($D_f/B > 1$), as equações precisam ser modificadas para

$$\lambda_{cd} = 1 + (0{,}4)\,\text{tg}^{-1}\left(\frac{D_f}{B}\right) \tag{16.38}$$

$$\lambda_{qd} = 1 + 2\,\text{tg}\,\phi'(1 - \text{sen}\,\phi')^2\,\text{tg}^{-1}\left(\frac{D_f}{B}\right) \tag{16.39}$$

e

$$\lambda_{\gamma d} = 1 \tag{16.40}$$

respectivamente. O fator tg^{-1} (D_f/B) está em radianos nas Eqs. (16.38) e (16.39).

Fatores de inclinação Meyerhof (1963) sugeriu os seguintes fatores de inclinação para utilizar na Eq. (16.31):

$$\lambda_{ci} = \lambda_{qi} = \left(1 - \frac{\alpha°}{90°}\right)^2 \tag{16.41}$$

$$\lambda_{\gamma i} = \left(1 - \frac{\alpha}{\phi'}\right)^2 \tag{16.42}$$

Aqui, α = inclinação da carga na fundação com relação à vertical.

Para uma condição não drenada, caso a sapata seja submetida a uma carga vertical (isto é, $\alpha = 0°$), então

$$\phi = 0$$
$$c = c_u$$
$$N_\gamma = 0$$
$$N_q = 1$$
$$N_c = 5{,}14$$
$$\lambda_{ci} = \lambda_{qi} = \lambda_{\gamma i} = 1$$

Então, a Eq. (16.31) se transforma em

$$q_u = 5{,}14c_u\left[1 + 0{,}2\left(\frac{B}{L}\right)\right]\left[1 + 0{,}4\left(\frac{D_f}{B}\right)\right] + q \tag{16.43}$$

Exemplo 16.4

A Figura 16.10 mostra uma fundação quadrada. Determine a carga inclinada bruta segura (fator de segurança 3) que a fundação consegue suportar. Utilize a Eq. (16.31).

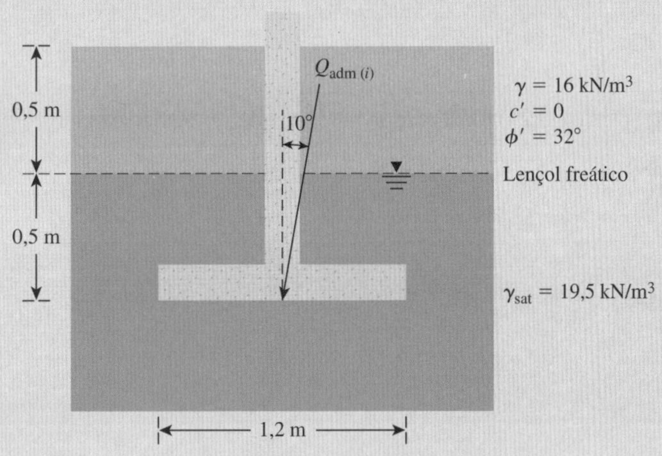

Figura 16.10

Solução

A partir da Eq. (16.31),

$$q_u = c'\lambda_{cs}\lambda_{cd}\lambda_{ci}N_c + q\lambda_{qs}\lambda_{qd}\lambda_{qi}N_q + \frac{1}{2}\gamma'\lambda_{\gamma s}\lambda_{\gamma d}\lambda_{\gamma i}BN_\gamma$$

Porque $c' = 0$,

$$q_u = q\lambda_{qs}\lambda_{qd}\lambda_{qi}N_q + \frac{1}{2}\gamma'\lambda_{\gamma s}\lambda_{\gamma d}\lambda_{\gamma i}BN_\gamma$$

Segundo a Tabela 16.2 para $\phi' = 32°$, $N_q = 23{,}18$ e $N_\gamma = 30{,}22$.

$$\lambda_{qs} = 1 + \frac{B}{L}\,\text{tg}\,\phi' = 1 + \frac{1{,}2}{1{,}2}\,\text{tg}\,32 = 1{,}625$$

$$\lambda_{\gamma s} = 1 - 0{,}4\frac{B}{L} = 1 - 0{,}4\left(\frac{1{,}2}{1{,}2}\right) = 0{,}6$$

$$\lambda_{qd} = 1 + 2\,\text{tg}\,\phi'(1 - \text{sen}\,\phi')^2\left(\frac{D_f}{B}\right)$$

$$= 1 + 2\,\text{tg}\,32(1 - \text{sen}\,32)^2\left(\frac{1}{1{,}2}\right)$$

$$= 1{,}23$$

$$\lambda_{\gamma d} = 1$$

$$\lambda_{qi} = \left(1 - \frac{\alpha^\circ}{90^\circ}\right)^2 = \left(1 - \frac{10}{90}\right)^2 = 0{,}79$$

$$\lambda_{\gamma i} = \left(1 - \frac{\alpha}{\phi'}\right)^2 = \left(1 - \frac{10}{32}\right)^2 = 0{,}473$$

O lençol freático está localizado acima da base da fundação, por isso, segundo a Eq. (16.16),

$$q = (0{,}5)\,(16) + (0{,}5)\,(19{,}5 - 9{,}81) = 12{,}845 \text{ kN/m}^2$$

Assim,

$$q_u = (12{,}845)\,(1{,}625)\,(1{,}23)\,(0{,}79)\,(23{,}18) + \left(\frac{1}{2}\right)(19{,}5 - 9{,}81)(0{,}6)(1)(0{,}473)(1{,}2)(30{,}22)$$

$$= 520 \text{ kN/m}^2$$

$$q_{adm} = \frac{q_u}{3} = \frac{520}{3} = 170{,}33 \text{ kN/m}^2$$

Portanto, a carga vertical bruta é a seguinte

$$Q = q_{adm}(B^2) = 170{,}33(1{,}2)^2 = 245{,}88 \text{ kN}$$

Deste modo,

$$Q_{adm(i)} = \frac{245{,}28}{\cos 10} = \mathbf{249\ kN}$$

■

16.7 Carga última para fundações rasas sob cargas excêntricas

Para calcular a capacidade de carga de fundações rasas com carga excêntrica, Meyerhof (1953) introduziu o conceito de *área efetiva.* Esse conceito pode ser explicado consultando a Figura 16.11, na qual uma sapata de comprimento L e largura B está submetida a uma carga excêntrica denominada Q_u. Quando Q_u é a carga última aplicada à sapata, seu valor aproximado pode ser calculado como descrito a seguir:

1. Com base nas Figuras 16.11b e 16.11c, calcule as dimensões efetivas da fundação. Se a excentricidade (e) estiver na direção x (Figura 16.11b), as *dimensões efetivas* serão

$$X = B - 2e$$

e

$$Y = L$$

No entanto, se a excentricidade estiver na direção y (Figura 16.11c), as dimensões efetivas serão

$$Y = L - 2e$$

e

$$X = B$$

2. A menor das duas dimensões efetivas calculadas na etapa 1 é a *profundidade efetiva* (B') e a outra é o *comprimento efetivo* (L'). Assim,

$$B' = X \text{ ou } Y, \text{ aquele que for menor}$$

$$L' = X \text{ ou } Y, \text{ aquele que for maior}$$

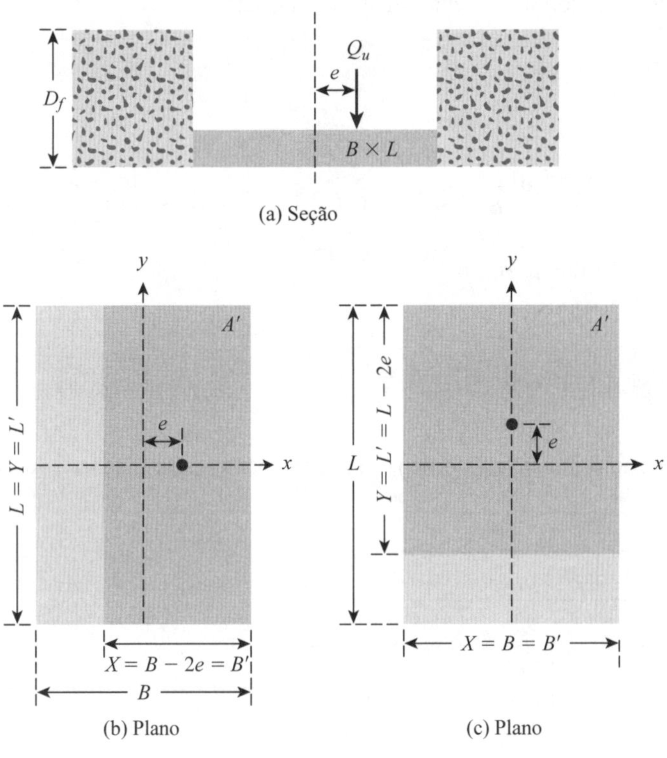

Figura 16.11 Carga última para fundações rasas sob cargas excêntricas.

3. Portanto, a largura efetiva é igual a B' multiplicada por L'. Agora, utilizando a profundidade efetiva, podemos reescrever a Eq. (16.31) como

$$q'_u = c'\lambda_{cs}\lambda_{cd}N_c + q\lambda_{qs}\lambda_{qd}N_q + \frac{1}{2}\lambda_{\gamma s}\lambda_{\gamma d}\gamma B'N_\gamma \tag{16.44}$$

Observe que a equação anterior é obtida pela substituição de B' por B na Eq. (16.31). No cálculo dos fatores de forma e profundidade, deve-se substituir B' por B e L' por L.

4. Uma vez que o valor de q_u é calculado da Eq. (16.44), podemos obter a carga última bruta total conforme segue:

$$Q_u = q_u(B' L') = q_u A' \tag{16.45}$$

onde A' = área efetiva.

Fator de redução para solo granular

Purkayastha e Char (1977) realizaram a análise de estabilidade de *fundações contínuas em solo granular* excentricamente carregado (ou seja, $c' = 0$) utilizando o método das fatias. Com base nessa análise, eles propuseram que

$$R_k = 1 - \frac{q_{u(\text{excêntrico})}}{q_{u(\text{cêntrico})}} \tag{16.46}$$

onde R_k = fator de redução

$q_{u(\text{excêntrico})}$ = average de carga última de fundação contínua excentricamente carregada

$$= \frac{Q_{u(\text{excêntrico})}}{B}$$

$q_{u(\text{cêntrico})}$ = capacidade de carga última de fundações contínuas centralmente carregadas

$$= \frac{Q_{u(\text{centro})}}{B}$$

A magnitude de R_k pode ser expressa como

$$R_k = a\left(\frac{e}{B}\right)^k \tag{16.47}$$

onde a e k são funções de índice de cravamento D_f/B (Tabela 16.3).

Portanto, ao combinar as Eqs. (16.46) e (16.47), temos

$$Q_{u(\text{excêntrico})} = Q_{u(\text{cêntrico})}\left[1 - a\left(\frac{e}{B}\right)^k\right] \tag{16.48}$$

onde $Q_{u(\text{excêntrico})}$ e $Q_{u(\text{cêntrico})}$ = carga última por comprimento específico, respectivamente, para fundações excêntrica e centralmente carregadas.

Tabela 16.3 Variações de a e k [Eq. (16.47)]

D_f/B	a	K
0	1,862	0,73
0,25	1,811	0,785
0,5	1,754	0,80
1,0	1,820	0,888

Patra, Sivakugan, Das e Sethy (2015) conduziram vários ensaios de modelo para *fundações retangulares excentricamente carregadas* em areia. Com base nos resultados dos ensaios, foi sugerido que o fator de redução R_k [Eq. (16.47)] para fundações retangulares pode ser expresso como (para todos os valores de D_f/B)

$$R_k = a\left(\frac{e}{B}\right)^k$$

Onde

$$a = \left(\frac{B}{L}\right)^2 - 1{,}6\left(\frac{B}{L}\right) + 2{,}13 \tag{16.49}$$

$$k = 0{,}3\left(\frac{B}{L}\right)^2 - 0{,}56\left(\frac{B}{L}\right) + 0{,}9 \tag{16.50}$$

Exemplo 16.5

Uma sapata retangular de 1,5 m × 1 m é mostrada na Figura 16.12. Determine o valor da carga última bruta aplicada de forma excêntrica que cause a ruptura de capacidade de carga no solo.

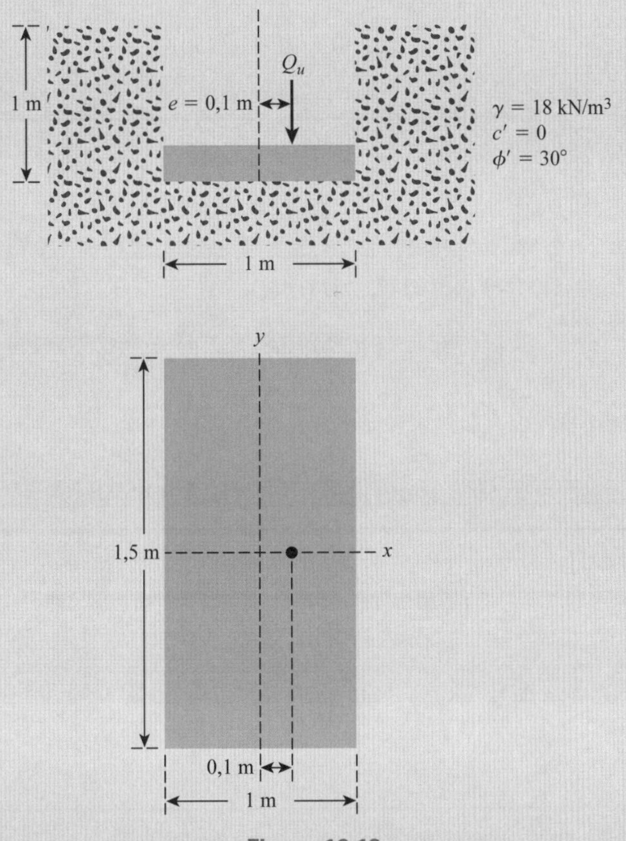

Figura 16.12

Solução

Das Figuras 16.11b e 16.12,

$$X = B - 2e = 1 - 2e = 1 - (2)(0{,}1) = 0{,}8 \text{ m}$$
$$Y = L = 1{,}5 \text{ m}$$

Então, a largura efetiva (B') = 0,8 m e comprimento efetivo (L') = 1,5 m. Da Eq. (16.44),

$$q_u = q\lambda_{qs}\lambda_{qd}N_q + \frac{1}{2}\lambda_{\gamma s}\lambda_{\gamma d}\gamma B'N_\gamma$$

A partir da Tabela 16.2 para $\phi = 30°$, $N_q = 18{,}4$ e $N_\gamma = 22{,}4$. Além disso,

$$\lambda_{qs} = 1 + \frac{B'}{L'} \text{tg}\,\phi' = 1 + \left(\frac{0,8}{1,5}\right) \text{tg } 30 = 1,308$$

$$\lambda_{\gamma s} = 1 - 0,4\left(\frac{0,8}{1,5}\right) = 0,787$$

$$\lambda_{qd} = 1 + 2\ \text{tg}\,\phi' = (1 - \text{sen}\,\phi')^2 \left(\frac{D_f}{B'}\right)$$

$$= 1 + 2\ \text{tg}\ 30 = (1 - \text{sen}\,30)^2 \left(\frac{1}{0,8}\right)$$

$$= 1,361$$

$$\lambda_{\gamma d} = 1$$

Então

$$q_u = (1 \times 18)\ (1,308)\ (1,361)\ (18,4) + \left(\frac{1}{2}\right)(0,787)\ (1,0)\ (18)\ (0,8)\ (22,4) = 716,53\,\text{kN/m}^2$$

Portanto, a partir da Eq. (16.45),

$$Q_u = q'_u(B'L') = (716,53)(0,8)(1,5) = \mathbf{859,8\ kN}$$

■

Exemplo 16.6

Volte ao Exemplo 16.5. Determine a carga última bruta que a fundação pode suportar usando as Eqs. (16.48), (16.49) e (16.50).

Solução

$$Q_{u(\text{excêntrico})} = Q_{u(\text{cêntrico})}\left[1 - a\left(\frac{e}{B}\right)^k\right]$$

$$Q_{u(\text{cêntrico})} = (B \times L)(q_u)$$

$$= (B \times L)\left(q\lambda_{qs}\lambda_{qd}N_q + \frac{1}{2}\lambda_{\gamma s}\lambda_{\gamma d}\,\gamma B N_\gamma\right)$$

$$\lambda_{qs} = 1 + \frac{B}{L}\text{tg}\,\phi' = 1 + \left(\frac{1}{1,5}\right)\text{tg } 30 = 1,385$$

$$\lambda_{\gamma s} = 1 - 0,4\left(\frac{B}{L}\right) = 1 - 0,4\left(\frac{1}{1,5}\right) = 0,733$$

$$\lambda_{qd} = 1 + 2\ \text{tg}\,\phi'(1 - \text{sen}\,\phi')^2\left(\frac{D_f}{B}\right)$$

$$= 1 + 2\ \text{tg}\,30(1 - \text{sen}\,30)^2\left(\frac{1}{1}\right) = 1,289$$

$$\lambda_{\gamma d} = 1,0$$

Segundo o Exemplo 16.5, $N_q = 18.4$ e $N\gamma = 22,4$

$$q_u = (1 \times 18)(1,385)(1,289)(18,4) + \left(\frac{1}{2}\right)(0,733)(1,0)(18)(1)(22,4)$$

$$= 739,05 \text{ kN/m}^2$$

$$Q_{u(\text{cêntrico})} = (1 \times 1,5)(739,05) = 1108,58 \text{ kN/m}^2$$

A partir da Eq. (16.49),

$$a = \left(\frac{B}{L}\right)^2 - 1,6\left(\frac{B}{L}\right) + 2,13 = \left(\frac{1}{1,5}\right)^2 - 1,6\left(\frac{1}{1,5}\right) + 2,13 \approx 1,51$$

A partir da Eq. (16.50),

$$k = 0,3\left(\frac{B}{L}\right)^2 - 0,56\left(\frac{B}{L}\right) + 0,9 = 0,3\left(\frac{1}{1,5}\right)^2 - 0,56\left(\frac{1}{1,5}\right) + 0,9 \approx 0,66$$

$$R_k = a\left(\frac{e}{B}\right)^k = 1,51\left(\frac{0,1}{1,5}\right)^{0,66} = 0,253$$

Portanto,

$$Q_{u(\text{excêntrico})} = Q_{u(\text{cêntrico})}(1 - R_k) = 1108,58\,(1 - 0,253) = \mathbf{822,57\ kN}$$

■

16.8 Fundação contínua sob carga excentricamente inclinada

A Figura 16.13 mostra uma sapata corrida rasa sujeita a uma carga última excentricamente inclinada $Q_{u(ei)}$ por comprimento específico. A carga é inclinada em um ângulo α com a vertical e tem uma excentricidade *e*. Para determinar $Q_{(u(ei)}$, um dos métodos a seguir pode ser adotado.

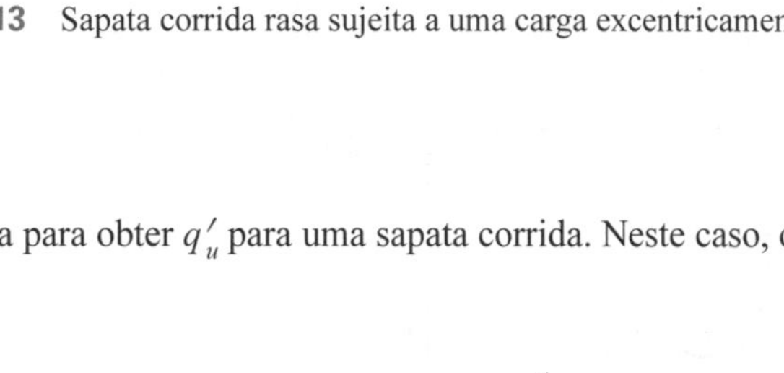

Figura 16.13 Sapata corrida rasa sujeita a uma carga excentricamente inclinada.

Método de Meyerhof

A Eq. (16.31) pode ser modificada para obter q'_u para uma sapata corrida. Neste caso, os fatores de formato λ_{cs}, λ_{qs} e $\lambda_{\gamma s}$ são iguais a um. Assim,

$$q'_u = c'N_c\lambda_{cd}\lambda_{ci} + qN_q\lambda_{qd}\lambda_{qi} + \frac{1}{2}\gamma B'N_\gamma\lambda_{\gamma d}\lambda_{\gamma i} \tag{16.51}$$

onde B'= largura efetiva = $B - 2e$

O *componente vertical da carga última* por comprimento específico da fundação pode ser expresso como $Q_{u(ei)} \cos\alpha = q'_u B'$. Portanto,

$$Q_{u(ei)} = \frac{B'}{\cos\alpha}\left[c'N_c\lambda_{cd}\lambda_{ci} + qN_q\lambda_{qd}\lambda_{qi} + \frac{1}{2}\gamma(B - 2e)N_\gamma\lambda_{\gamma d}\lambda_{\gamma i}\right] \tag{16.52}$$

Método de Saran e Agarwal

Saran e Agarwal (1991) conduziram uma análise de equilíbrio limite para obter a carga última, que pode ser expressa como

$$Q_{u(ei)} = B\left[c'N_{c(ei)} + qN_{q(ei)} + \frac{1}{2}\gamma BN_{\gamma(ei)}\right] \tag{16.53}$$

Onde $N_{c(ei)}$, $N_{q(ei)}$ e $N_{\gamma(ei)}$ = fatores de capacidade de carga (Figuras 16.14, 16.15 e 16.16). É importante observar que a Eq. (16.53) não contém os fatores de profundidade.

Método de fator de redução – solo granular

Com base em cerca de 120 resultados de ensaios de modelos em areia densa e média, Patra et al. (2012) forneceram a relação empírica para obter $Q_{u(ei)}$ como

$$Q_{u(ei)} = Bq_u\left[1 - 2\left(\frac{e}{B}\right)\right]\left(1 - \frac{\alpha}{\phi'}\right)^{2-(D_f/B)} \tag{16.54}$$

Onde q_u = capacidade de carga última com *carga vertical cêntrica para um determinado* D_f/B.

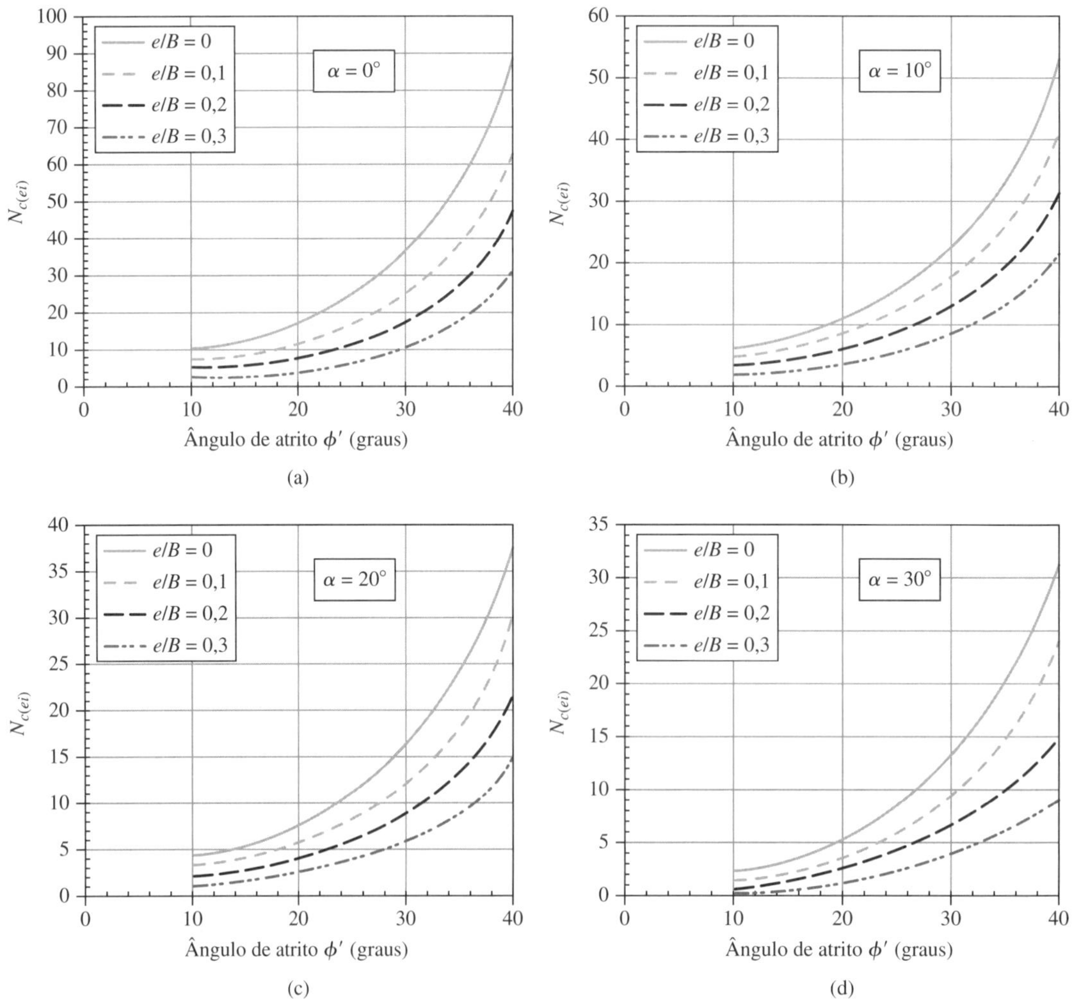

Figura 16.14 Variação de $N_{c(ei)}$: (a) $\alpha = 0°$; (b) $\alpha = 10°$; (c) $\alpha = 20°$; (d) $\alpha = 30°$.

Exemplo 16.7

Consulte a Figura 16.13. Uma fundação contínua é suportada por um solo granular. A fundação está sujeita a uma carga excentricamente inclinada. Dados para a fundação: $B = 2$ m, $e = 0{,}2$ m, $D_f = 1{,}5$ m e $\alpha = 10°$. Dados para o solo: $\phi' = 40°$, $c' = 0$ e $\gamma = 16{,}5$ kN/m^2.

Determine $Q_{u(ei)}$

a. Usando a Eq. (16.52)
b. Usando a Eq. (16.53)
c. Usando a Eq. (16.54)

Solução

Parte a

Para $\phi' = 40°$, segundo a Tabela 16.2, $N_q = 64{,}2$ e $N_\gamma = 109{,}41$. Consequentemente,

$$B' = B - 2e = 2 - (2)(0{,}2) = 1{,}6 \text{ m}$$

$$\lambda_{qd} = 1 + 2\,\text{tg}\,\phi'(1 - \text{sen}\,\phi')^2 \frac{D_f}{B'} = 1 + 0{,}214\left(\frac{1{,}5}{1{,}6}\right) = 1{,}2$$

$$\lambda_{\gamma d} = 1$$

$$\lambda_{qi} = \left(1 - \frac{\alpha}{90}\right)^2 = \left(1 - \frac{10}{90}\right)^2 = 0{,}79$$

$$\lambda_{\gamma i} = \left(1 - \frac{\alpha}{\phi'}\right)^2 = \left(1 - \frac{10}{40}\right)^2 = 0{,}56$$

A partir da Eq. (16.51),

$$\begin{aligned} q'_u B' &= B'\left[qN_q\lambda_{qd}\lambda_{qi} + \frac{1}{2}\gamma B' N_\gamma \lambda_{\gamma d}\lambda_{\gamma i}\right] \\ &= 1{,}6\left[(1{,}5 \times 16{,}5)(64{,}2)(1{,}2)(0{,}79) + \left(\frac{1}{2}\right)(16{,}5)(1{,}6)(109{,}41)(1)(0{,}56)\right] \\ &= 3704 \text{ kN/m} \end{aligned}$$

A partir da Eq. (16.52),

$$Q_{u(ei)} = \frac{q'_u B'}{\cos\alpha} = \frac{q'_u B'}{\cos 10} = \frac{3704}{\cos 10} \approx \mathbf{3761\ kN/m}$$

Parte b

Com $c' = 0$, a Eq. (16.53) se torna

$$Q_{u(ei)} = B\left[qN_{q(ei)} + \frac{1}{2}\gamma B N_{\gamma(ei)}\right]$$

Onde $q = 1{,}5 \times 16{,}5 = 24{,}75$ kN/m^2, $B = 2$ m, $\gamma = 16{,}5$ kN/m^3.

Para esse problema, $\phi' = 40°$, $e/B = 0{,}2/2 = 0{,}1$ e $\alpha = 10°$. A partir das Figuras 16.15(b) e 16.16(b), $N_{q(ei)} = 33{,}16$ e $N_{\gamma(ei)} = 47{,}48$. Assim,

$$Q_{u(ei)} = (2)\left[(24{,}75)(33{,}16) + \left(\frac{1}{2}\right)(16{,}5)(2)(47{,}48)\right] = \mathbf{3208{,}26\ kN/m}$$

Parte c

Segundo a Eq. (16.54),

$$Q_{u(ei)} = Bq_u\left[1 - 2\left(\frac{e}{B}\right)\right]\left[1 - \left(\frac{\alpha}{\phi'}\right)\right]^{2-\frac{D_f}{B}}$$

$$q_u = qN_qF_{qd} + \frac{1}{2}\gamma BN_\gamma F_{\gamma d}$$

Onde $q = 16{,}5 \times 1{,}5 = 24{,}75$ kN/m², $\lambda_{qd} = 1 + 0{,}214\,(D_f/B) = 1 + 0{,}214(1{,}5/2) = 1{,}161$ (ver Parte a), $\lambda_{\gamma d} = 1$ (ver Parte a), $N_q = 64{,}2$, $N_\gamma = 109{,}41$, $e/B = 0{,}1$ e $D_f/B = 0{,}75$. Consequentemente,

$$q_u = (24{,}75)(64{,}2)(1{,}161) + \left(\frac{1}{2}\right)(16{,}5)(2)(109{,}41)(1) = 3650 \text{ kN/m}^2$$

$$Q_{u(ei)} = (2)(3650)[1 - 2(0{,}1)]\left[1 - \left(\frac{10}{40}\right)\right]^{2-0{,}75} = \mathbf{4076\ kN/m}$$

Comentários: Os métodos de Meyerhof e de Patra et al. geram resultados muito próximos. ■

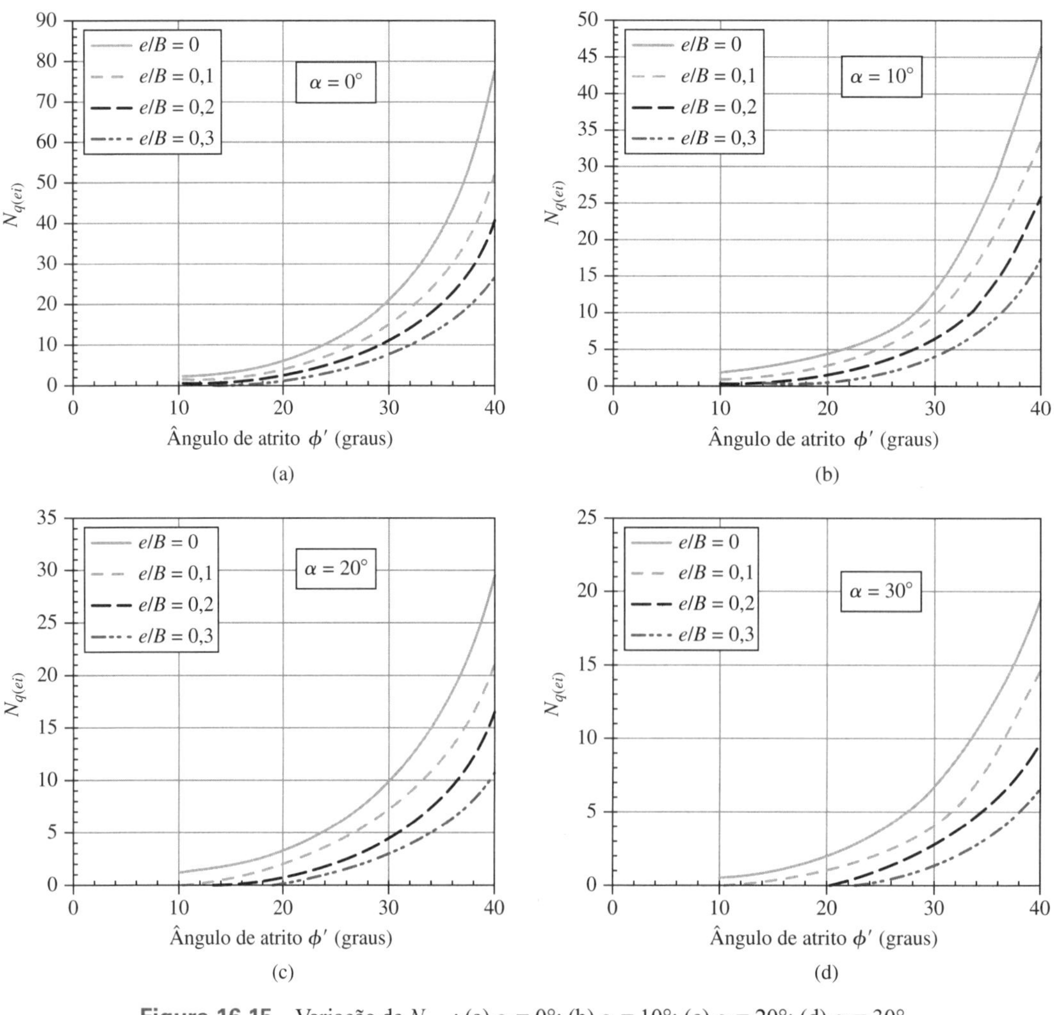

Figura 16.15 Variação de $N_{q(ei)}$: (a) $\alpha = 0°$; (b) $\alpha = 10°$; (c) $\alpha = 20°$; (d) $\alpha = 30°$.

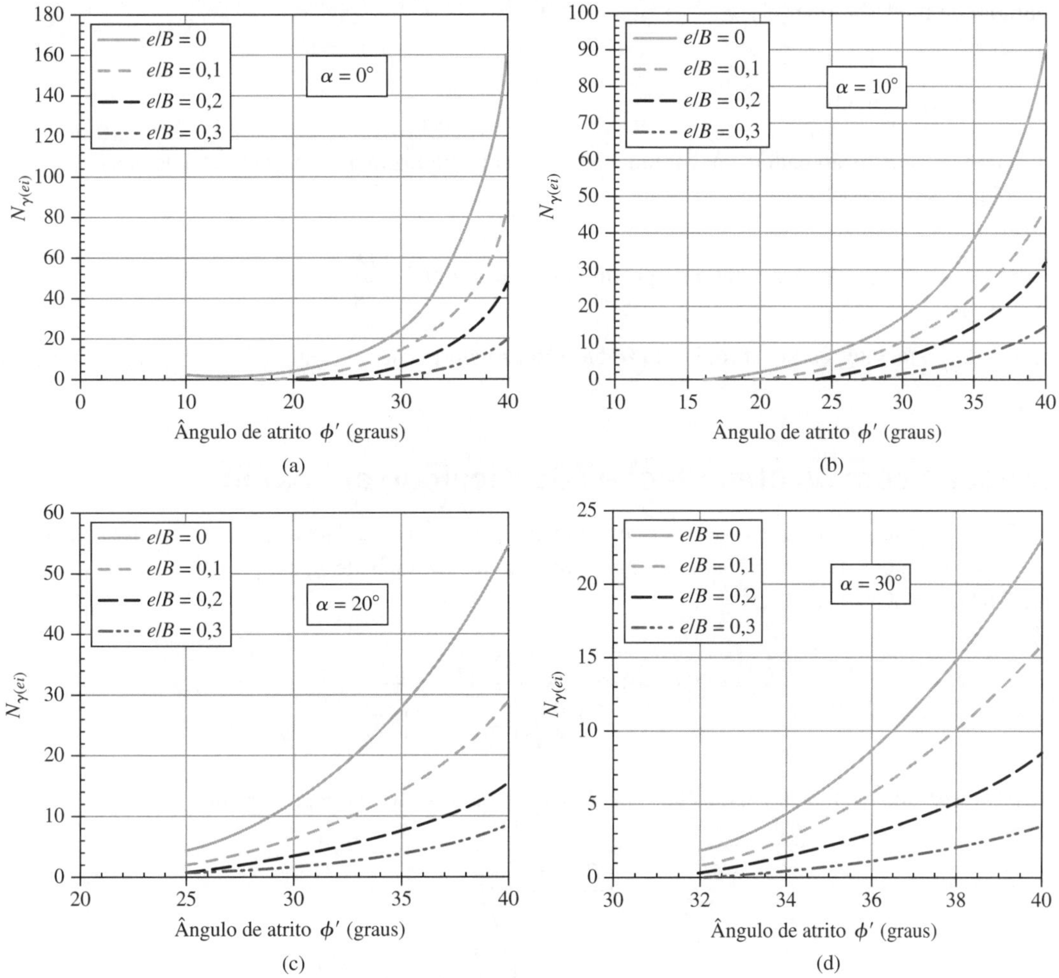

Figura 16.16 Variação de $N_{\gamma(ei)}$: (a) $\alpha = 0°$; (b) $\alpha = 10°$; (c) $\alpha = 20°$; (d) $\alpha = 30°$.

16.9 Capacidade de carga da areia com base no recalque

Em geral, a obtenção de corpos de prova indeformados de areia sem coesão em um programa de reconhecimento do solo é um processo difícil. Por essa razão, os resultados dos ensaios de penetração padrão (SPTs), executados durante o reconhecimento das camadas subterrâneas, geralmente são utilizados para o cálculo da capacidade de carga admissível do solo, no caso das fundações construídas sobre a areia. (O Capítulo 17 detalha o procedimento de execução dos SPTs.)

Meyerhof (1956) propôs as correlações para a *capacidade de carga líquida admissível* ($q_{\text{líquida}}$) com base no recalque (elástico). Isso foi posteriormente revisto por Meyerhof (1965), com base no desempenho das fundações em campo. Estas correlações podem ser expressas como mostrado a seguir.

Unidades SI

$$q_{\text{líquida}}(\text{kN/m}^2) = \frac{N_{60}}{0,05} F_d \left[\frac{S_e(\text{mm})}{25}\right] \quad (\text{para } B \leq 1,22 \text{ m}) \tag{16.55}$$

$$q_{\text{líquida}}(\text{kN/m}^2) = \frac{N_{60}}{0,08} \left(\frac{B + 0,3}{B}\right)^2 F_d \left[\frac{S_e(\text{mm})}{25}\right] \quad (\text{para } B > 1,22 \text{ m}) \tag{16.56}$$

onde B = largura da fundação (m)
S_e = recalque

Nas Eqs. (16.55) a (16.58),

N_{60} = número de penetração padrão em campo, com base em uma razão de energia média de 60%
S_e = recalque admissível (elástico)

$$F_d = \text{fator de profundidade} = 1 + 0{,}33\left(\frac{D_f}{B}\right) \leq 1{,}33 \tag{16.57}$$

Os valores N_{60} referentes às Eqs. (16.55) a (16.58) são os valores médios entre a base da fundação e $2B$ abaixo da base.

Comparações com as observações de recalque em campo

Meyerhof (1965) compilou o recalque observado máximo (S_e) para várias fundações em radier sobre areia e pedregulho. Esses valores são mostrados na Tabela 16.4 (Coluna 5) junto com os valores de B, $q_{\text{líquida}}$ e N_{60}.

Da Eq. (16.58), podemos escrever

$$S_e(\text{mm}) = \frac{25\,q_{\text{líquida}}}{\left(\frac{N_{60}}{0{,}08}\right)\left(\frac{B+0{,}3}{B}\right)^2 F_d} \tag{16.58}$$

Como pode ser observado na Tabela 16.4, as larguras B para os radiers são maiores. Portanto,

$$\left(\frac{B+0{,}3}{B}\right)^2 \approx 1$$

$$F_d = 1 + 0{,}33\frac{D_f}{B} \approx 1$$

Então

$$S_e(\text{mm}) \approx \frac{2\,q_{\text{líquida}}(\text{kN/m}^2)}{N_{60}} \tag{16.59}$$

Tabela 16.4 Recalque observado e máximo calculado de radier em areia e pedregulhos

Estrutura (1)	B (m) (2)[a]	N_{60} (3)[a]	$q_{\text{líquida}}$ (kN/m²) (4)[a]	$S_{e(\text{observado})}$ (mm) (5)[a]	$S_{e(\text{previsto})}$ (mm) (6)[b]	$\frac{S_{e(\text{previsto})}}{S_{e(\text{observado})}}$ (7)
T. Edison São Paulo, Brasil	18,3	15	229,8	15,2	30,6	2,0
Banco do Brasil São Paulo, Brasil	22,9	18	239,4	27,9	26,6	0,95
Iparanga São Paulo, Brasil	9,1	9	306,4	35,6	68,1	1,91
C.B.I., Esplanada São Paulo, Brasil	14,6	22	383,0	27,9	34,8	1,25
Riscala São Paulo, Brasil	4,0	20	229,8	12,7	23	1,81
Thyssen Dusseldorf, Alemanha	22,6	25	239,4	24,1	19,2	0,8

(*Continua*.)

Tabela 16.4 Recalque observado e máximo calculado de radier em areia e pedregulhos (*Continuação.*)

Estrutura (1)	B (m) (2)[a]	N_{60} (3)[a]	$q_{\text{líquida}}$ (kN/m²) (4)[a]	$S_{e(\text{observado})}$ (mm) (5)[a]	$S_{e(\text{previsto})}$ (mm) (6)[b]	$\frac{S_{e(\text{previsto})}}{S_{e(\text{observado})}}$ (7)
Ministério Dusseldorf, Alemanha	15,9	20	220,2	21,6	22,0	1,02
Chimney Colônia, Alemanha	20,4	10	172,4	10,2	34,5	3,38

[a] Colunas 2, 3, 4, 5 – *Compilada a partir de Meyerhof (1965)*
[b] Coluna 6 – a partir da Eq. (16.61)

Utilizando os valores reais de $q_{\text{líquida}}$ e N_{60} dados na Tabela 16.4, as magnitudes de S_e foram calculadas pela Eq. (16.61). Elas são indicadas na Coluna 6 da Tabela 16.4 como $S_{e(\text{previsto})}$. A relação de $S_{e(\text{previsto})}/S_{e(\text{observado})}$ é mostrada na Coluna 7. Esta relação varia entre 0,84 e 3,6. Portanto, é possível concluir que a capacidade de carga líquida aceitável para dado recalque admissível, calculada usando a relação empírica, é segura e conservadora.

16.10 Resumo

Neste capítulo, foram apresentadas as teorias para o cálculo das capacidades de carga última e admissível de fundações rasas. Os procedimentos para a estimativa da capacidade de carga admissível, para solos granulares com base em critérios de recalque limitado, foram brevemente discutidos.

Abaixo segue um resumo dos assuntos importantes apresentados neste capítulo.

- As equações de capacidade de carga última de Terzaghi [Eqs. (16.11), (16.12) e (16.13)]
- Equação geral de capacidade de carga última [Eq. (16.31)]
- Capacidade de carga última das fundações sujeitas à carga excêntrica vertical (Seção 16.7)
- Capacidade de carga última de fundações contínuas sob cargas excentricamente inclinadas (Seção 16.8).
- Capacidade de carga de fundações rasas com base no recalque (Seção 16.9)

Vários códigos de construção atualmente adotados nos Estados Unidos e em outros países fornecem valores prováveis de capacidade de carga para vários tipos de solo. É de extrema importância entender que tais dados são *apenas valores aproximados*. A capacidade de carga das fundações depende de diversos fatores:

1. Estratificação do subsolo
2. Parâmetros de resistência ao cisalhamento do subsolo
3. Localização do lençol freático
4. Fatores ambientais
5. Tamanho e peso da edificação
6. Profundidade da escavação
7. Tipo de estrutura

Portanto, é importante que a capacidade de carga admissível em um local específico seja determinada com base nas conclusões do reconhecimento do solo no local, na experiência em construção de fundações e nos conceitos fundamentais das teorias de engenharia geotécnica referentes à capacidade de carga.

Problemas

16.1 A Figura 16.17 mostra uma sapata contínua. Usando os fatores de capacidade de carga de Terzaghi, determine a carga bruta admissível por área específica (q_{adm}) que a sapata pode suportar. Considere uma ruptura geral por cisalhamento. Dados: $\gamma = 19$ kN/m³, $c' = 31$ kN/m², $\phi' = 28°$, $D_f = 1{,}5$ m, $B = 2$ m e o fator de segurança $= 3{,}5$.

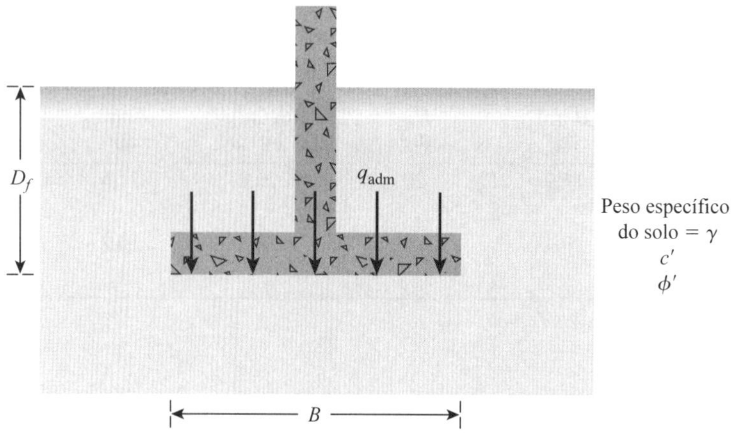

Figura 16.17

16.2 Consulte o Problema 16.1. Se uma fundação quadrada com dimensões 2 m × 2 m for usada em vez de uma sapata de muro, qual será a capacidade de carga admissível?

16.3 Repita o Problema 16.1 com os dados: $\gamma = 18{,}1$ kN/m³, $c' = 53$ kN/m², $\phi' = 35°$, $D_f = 1{,}1$ m, $B = 1{,}52$ m e o fator de segurança = 4.

16.4 Repita o Problema 16.1 com os dados: $\gamma = 16{,}5$ kN/m³, $c_u = 41$ kN/m², $\phi' = 0$, $D_f = 1{,}5$ m e o fator de segurança = 5.

16.5 Repita o Problema 16.1 utilizando a capacidade geral de carga última modificada na Eq. (16.31).

16.6 Repita o Problema 16.2 utilizando a capacidade geral de carga última modificada na Eq. (16.31).

16.7 Repita o Problema 16.3 utilizando a capacidade geral de carga última modificada na Eq. (16.31).

16.8 Repita o Problema 16.4 utilizando a capacidade geral de carga última modificada na Eq. (16.31).

16.9 A Figura 16.18 mostra uma sapata quadrada. Determine a carga bruta admissível, Q_{adm}, que a sapata pode suportar. Utilize a equação de Terzaghi para a ruptura geral por cisalhamento ($F_s = 4$). Dados: $\gamma = 17$ kN/m³, $\gamma_{sat} = 19{,}2$ kN/m³, $c' = 32$ kN/m³, $\phi' = 26°$, $D_f = 1$ m, $h = 0{,}5$ m e $B = 1{,}5$ m.

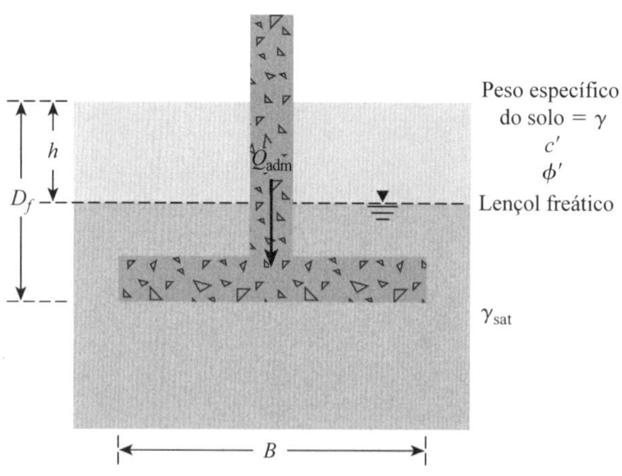

Figura 16.18

16.10 Se o nível de água no Problema 16.9 cair para 0,25 m abaixo do nível da fundação, qual seria a modificação no fator de segurança para a mesma carga bruta permitida?

16.11 Repita o Problema 16.9 com os seguintes dados: massa específica de solo acima do lençol freático, $\rho = 1800$ kg/m³; massa específica de solo saturado abaixo do lençol freático, $\rho_{sat} = 2050$ kg/m³; $c' = 36$ kN/m³, $\phi' = 29°$, $D_f = 1{,}5$ m, $h = 1{,}5$ m e $B = 2$ m.

16.12 Uma fundação quadrada é sujeita a uma carga inclinada conforme mostra a Figura 16.19. Para uma fundação de $B = 2{,}25$ m, determine a carga inclinada bruta admissível, Q, que a fundação consegue suportar com segurança. Dados: $\alpha = 12°$ e $F_s = 3{,}5$.

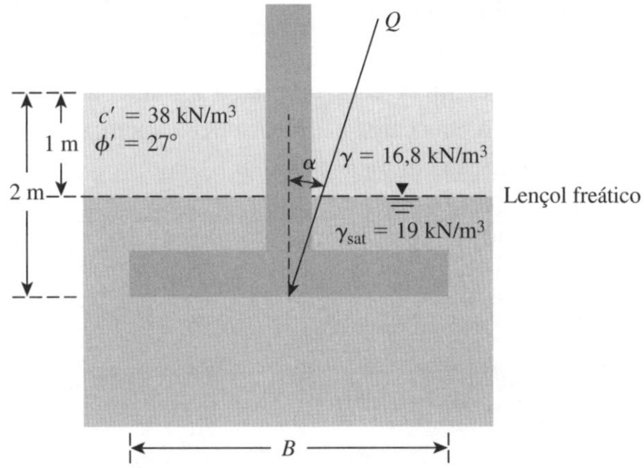

Figura 16.19

16.13 Uma sapata quadrada ($B \times B$) deve suportar uma carga bruta permitida de 1160 kN. A base da sapata deve estar localizada a 2 m abaixo da superfície do solo. Se o fator de segurança necessário for 4,5, determine o tamanho da sapata. Utilize os fatores de capacidade de carga de Terzaghi e presuma a ruptura de cisalhamento geral de solo. Dados: $\gamma = 17$ kN/m^3, $c' = 48$ kN/m^2, $\phi' = 31°$.

16.14 Repita o Problema 16.13 com os seguintes dados: carga bruta permitida $= 818$ kN, $\gamma = 19$ kN/m^3, $c' = 0$, $\phi' = 26°$, $D_f = 2$ m e o fator de segurança necessário $= 2{,}5$.

16.15 Consulte o Problema 16.13. Projete o tamanho da sapata usando a forma modificada da equação geral da capacidade de carga última [Eq. (16.31)].

16.16 Uma fundação quadrada em areia está sujeita a uma carga excêntrica conforme mostra a Figura 16.20. Usando o conceito de *área efetiva* de Meyerhof, determine a carga bruta admissível que a fundação consegue suportar com $F_s = 4$. Dados: $\gamma = 16$ kN/m^3, $c' = 0$, $\phi' = 29°$, $D_f = 1{,}3$ m, $B = 1{,}75$ m e $x = 0{,}25$ m. Use as Eqs. (16.32) a (16.42) para os fatores de formato, profundidade e inclinação.

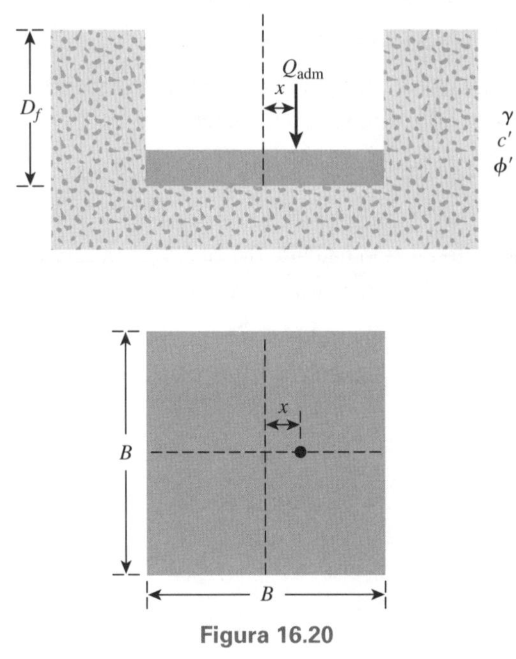

Figura 16.20

16.17 Repita o Problema 16.16 com os dados a seguir: $\gamma = 18{,}52$ kN/m^3, $c' = 35$ kN/m^2, $\phi' = 33°$, $D_f = 1{,}37$ m, $B = 1{,}9$ m e $x = 0{,}23$ m.

16.18 Consulte a fundação do Problema 16.16. Determine a carga última bruta que a fundação consegue suportar usando o método do fator de redução de Patra et al. (2015) para fundações retangulares apresentado nas Eqs. (16.47), (16.49) e (16.50).

16.19 A Figura 16.21 mostra uma fundação contínua com largura de 1,8 m, construída em uma profundidade de 1,2 m em solo granular. A sapata está sujeita a uma carga excentricamente inclinada com $e = 0{,}3$ m e $\alpha = 10°$. Determine a carga última bruta, $Q_{u(ei)}$, que a fundação consegue suportar usando:

a. O método de Meyerhof (1963) [Eq. (16.52)]

b. O método de Saran e Agarwal (1991) [Eq. (16.53)]

c. O método do fator de redução de Patra et al. (2012) [Eq. (16.54)]

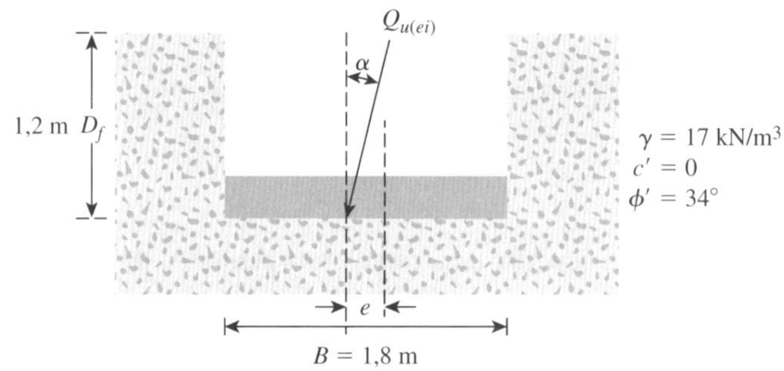

Figura 16.21

Problema de pensamento crítico

C.16.1 A seguinte tabela exibe o registro de perfuração em um local onde um shopping center de vários andares seria construído. A classificação de solo e o número de penetração padrão, N_{60}, são fornecidos no registro de perfuração. Todas as colunas da construção são suportadas por sapatas quadradas que devem ser colocadas a uma profundidade de 1,5 m. Adicionalmente, o recalque (elástico) de cada sapata deve estar restrito a 20 mm. Uma vez que as cargas da coluna em diferentes locais podem variar, um gráfico é útil para uma rápida estimativa de tamanho de sapata necessário para suportar determinada carga.

a. Prepare um gráfico representando a variação de cargas máximas permitida de coluna com tamanhos de sapata $B = 1$ m, 1,5 m, 2 m e 3 m. Utilize um fator de segurança 3.

b. Se a carga de coluna bruta da estrutura for 250 kN, como você utilizaria este gráfico para selecionar o tamanho da sapata?

c. Para o tamanho da sapata determinado na Parte (b), qual seria a carga de coluna líquida permitida se for utilizada a equação de capacidade de carga de Terzaghi? Para uma areia bem graduada, presuma que $\phi' = 33°$. Use $F_s = 3$.

d. Compare e discuta as diferenças nos tamanhos das sapatas obtidas nas partes (b) e (c).

Tipo de solo (m)	Profundidade (m)	N_{60}
Areia bem graduada (SW)	1	
	2	12
	3	
Silte arenoso (ML)	4	7
	5	
	6	8
	7	
Areia pedregulhosa (SP)	8	19
	9	
	10	

Referências bibliográficas

BALLA, A. Bearing Capacity of Foundations, *Journal of the Soil Mechanics and Foundations Division*, ASCE, v. 89, n. SM5, p. 12-34, 1962.

DE BEER, E. E. Experimental Determination of the Shape Factors and Bearing Capacity Factors of Sand, *Geotechnique*, v. 20, n. 4, p. 387-411, 1970.

______; VESIĆ, A. Etude expérimentale de la capacité portante du sable sous des fondations directes établies en surface, *Annales des Travaux Publics de Belqique*, v. 59, n. 3, p. 5-58, 1958.

HANSEN, J. B. A Revised and Extended Formula for Bearing Capacity, Danish Geotechnical Institute, *Bulletin n. 28*, Copenhague, 1970.

KUMBHOJKAR, A. S. Numerical Evaluation of Terzaghi's N_γ, *Journal of Geotechnical Engineering*, ASCE, v. 119, n. GT3, p. 598-607, 1993.

LUNDGREN, H.; MORTENSEN, K. Determination by the Theory of Elasticity of the Bearing Capacity of Continuous Footing on Sand, *Proceedings*, 3rd International Conference on Soil Mechanics and Foundation Engineering, v. I, p. 409-412, 1953.

MEYERHOF, G. G. The Ultimate Bearing Capacity of Foundations, *Geotechnique*, v. 2, n. 4, p. 301-331, 1951.

______ The Bearing Capacity of Foundations Under Eccentric and Inclined Loads, *Proceedings*, 3rd International Conference on Soil Mechanics and Foundation Engineering, v. 1, p. 440-445, 1953.

______ Penetration Tests and Bearing Capacity of Cohesionless Soils, *Journal of the Soil Mechanics and Foundations Division*, American Society of Civil Engineers, v. 82, n. SM1, p. 1-19, 1956.

______ Some Recent Research on the Bearing Capacity of Foundations, *Canadian Geotechnical Journal*, v. 1, p. 16-26, 1963.

______ Shallow Foundations, *Journal of the Soil Mechanics and Foundations Division*, ASCE, v. 91, n. SM2, p. 21-31, 1965.

PATRA, C. R. et al. Ultimate Bearing Capacity of Shallow Strip Foundation under Eccentrically Inclined Load: Part I, *International Journal of Geotechnical Engineering*, v. 6, n. 3, p. 342-352, 2012.

______ et al. Ultimate Bearing Capacity of Rectangular Foundation on Sand under Eccentric Loading, *Proceedings*, XVI European Conference on Soil Mechanics and Geotechnical Engineering, Edimburgo, Reino Unido, p. 3153-3158, 2015.

PRANDTL, L. Über die Eindringungsfestigkeit (Harte) plasticher Baustoffe und die Festigkeit von Schneiden, *Zeitschrift für Angewandte Mathematik und Mechanik*, Basel, Suíça, v. 1, n. 1, 15-20, 1921.

PURKAYASTHA, R. D.; CHAR, R. A. N. Stability Analysis for Eccentrically Loaded Footings, *Journal of the Geotechnical Engineering Division*, ASCE, v. 103, n. 6, p. 647-651, 1977.

REISSNER, H. Zum Erddruckproblem, *Proceedings*, 1st International Congress of Applied Mechanics, p. 295-311, 1924.

SARAN, S.; AHARWAL, R. K. Bearing Capacity of Eccentrically Obliquely Loaded Footing, *Journal of Geotechnical Engineering*, ASCE, v. 117, n. 11, p. 1669-1690, 1991.

TERZAGHI, K. *Theoretical Soil Mechanics*, Nova York: Wiley, 1943.

VESIĆ, A. S. Analysis of Ultimate Loads of Shallow Foundations, *Journal of the Soil Mechanics and Foundations Division*, ASCE, v. 99, n. SM1, p. 45-73, 1973.

CAPÍTULO 17

Exploração do subsolo

17.1 Introdução

Os capítulos anteriores abordaram as propriedades fundamentais e o comportamento dos solos sob tensões e esforços em condições ideais. Na prática, os depósitos de solo naturais não são homogêneos, elásticos nem isotrópicos. Em alguns lugares, a estratificação de depósitos de solo pode até modificar muito dentro de uma distância horizontal de 15 a 30 m. Para o projeto de fundação e obras de construção, deve-se conhecer o perfil do terreno em determinado local, os resultados de ensaio laboratorial das amostras de solo obtidos de diversas profundidades e as observações feitas durante a construção de outras estruturas em condições semelhantes. Para a maioria das grandes estruturas, deve ser feita uma exploração adequada do subsolo no local de construção. Este capítulo aborda, resumidamente, as técnicas de exploração do subsolo. Os objetivos da exploração do subsolo incluem:

1. Determinar a natureza do solo local e sua estratificação.
2. Obter amostras amolgadas e indeformadas do solo para identificação visual e ensaios de laboratório apropriados.
3. Determinar a profundidade e a natureza do leito rochoso, se e quando encontrado.
4. Realizar alguns ensaios *in situ*, tais como ensaios de permeabilidade (Capítulo 7), ensaio de palheta (Capítulo 12) e ensaio de penetração dinâmica.
5. Observar as condições de drenagem do e para o local.
6. Avaliar qualquer problema especial de construção em relação às estruturas próximas existentes.
7. Determinar a posição do nível do lençol freático.

17.2 Planejamento da exploração do solo

Um programa de exploração do solo para dada estrutura pode ser dividido, de modo geral, em quatro fases:

1. *Compilação das informações existentes relacionadas à estrutura:* Esta fase engloba a coleta de informações sobre o tipo de estrutura a ser construída e seu uso futuro, os requisitos dos códigos de construção locais e as cargas dos pilares e paredes estruturais. Se a exploração for para a construção da fundação de uma ponte, deve-se ter uma ideia do comprimento do vão e da previsão das cargas às quais os pilares e encontros serão submetidos.
2. *Coleta das informações já existentes das condições do subsolo:* É possível economizar quantias consideráveis no programa de exploração se o engenheiro geotécnico encarregado do projeto analisar detalhadamente as informações já existentes relacionadas às condições do subsolo no local da construção. As informações úteis podem ser obtidas a partir das seguintes fontes[1]:
   a. Mapas de pesquisa geológica
   b. Levantamento municipal de solo, elaborado pelo órgão responsável pelas informações de uso e conservação do solo.

[1] No Brasil, as informações podem ser obtidas em: a) Companhia de Pesquisa de Recursos Minerais – CPRM; b) Secretarias Estaduais do Meio Ambiente; c) Institutos de Terras e Cartografia Estaduais; e d) Associação Brasileira de Geologia de Engenharia. (N.R.T.)

c. Manuais de solos publicados pelos departamentos de estradas estaduais
d. Relatórios existentes de exploração de solo preparados para a construção de estruturas vizinhas

As informações coletadas das fontes anteriores fornecem a primeira impressão sobre o tipo de solo e os problemas que podem ser encontrados durante as operações de perfuração.

3. *Reconhecimento do local de construção proposto:* O engenheiro deve inspecionar visualmente o local e a área ao redor. Em muitos casos, as informações coletadas em tal inspeção são inestimáveis para planejamento futuro. O tipo de vegetação no local, em alguns casos, pode indicar o tipo de subsolo que será encontrado. A acessibilidade do local e a natureza da drenagem, do local e para o local, também podem ser determinadas. Cortes abertos próximos ao local fornecem indicações sobre a estratificação do subsolo. Rachaduras nas paredes de estruturas próximas podem indicar recalque em virtude da possível existência de camadas de argila mole ou presença de solos de argila expansiva.
4. *Investigação detalhada do local:* Esta fase consiste em fazer várias sondagens no local e coletar amostras amolgadas e indeformadas de solo em várias profundidades, para observação visual e ensaios em laboratório. Não existe regra definida para determinar o número de sondagens ou a profundidade até a qual as sondagens devem atingir. Para a maioria dos edifícios, pelo menos uma perfuração em cada canto e uma no centro devem servir como ponto de partida. Dependendo da uniformidade do subsolo, podem ser feitas sondagens adicionais. A Tabela 17.1 fornece as orientações para o planejamento inicial do espaçamento dos furos de sondagem.

As sondagens devem abranger desde materiais de fundação inadequados até camadas de solo firmes. Sowers e Sowers (1970) forneceram uma estimativa grosseira da profundidade mínima da perfuração (a menos que o leito rochoso seja encontrado) para construções com diversos pavimentos. Ela pode ser dada pelas seguintes equações, aplicáveis a edificações leves de aço ou concreto:

$$z_b(\text{m}) = 3S^{0,7} \tag{17.1}$$

ou para edificações pesadas ou de concreto:

$$z_b(\text{m}) = 6S^{0,7} \tag{17.2}$$

Nas Eqs. (17.1) e (17.2), z_b é a profundidade aproximada de perfuração e S é a quantidade de andares.

A American Society of Civil Engineers (Sociedade Americana de Engenheiros Civis) (1972)[2] recomendou as seguintes regras práticas para a estimativa da profundidade de sondagens para edifícios.

1. Determine a variação do aumento da tensão efetiva líquida $\Delta\sigma'$ que resultará da construção da estrutura proposta em função da profundidade. Essa variação pode ser determinada pelos princípios descritos no Capítulo 10. Determine a profundidade D_1 na qual o valor de $\Delta\sigma'$ é igual a 10% da carga média por unidade de área da estrutura.
2. Trace o gráfico da variação da tensão vertical efetiva σ'_o na camada de solo em função da profundidade. Compare esta com a variação líquida de aumento de tensão, $\Delta\sigma'$, com profundidade conforme determinada na etapa 1. Determine a profundidade D_2 na qual $\Delta\sigma' = 0{,}05\sigma'_o$.
3. A menor das duas profundidades, D_1 e D_2, é a profundidade mínima aproximada da sondagem.

Quando a exploração do solo tiver como finalidade a construção de barragens e aterros, a profundidade da sondagem pode variar de metade a duas vezes a altura do aterro.

As técnicas gerais usadas para a realização de sondagens no campo e o procedimento para coleta de amostras de solo serão descritos nas próximas seções.

Tabela 17.1 Espaçamento das perfurações

Projeto	Espaçamento das perfurações (m)
Construção com um andar	25-30
Construção com diversos andares	15-25
Rodovia	250-300
Barragens de terra	25-50
Loteamento residencial	60-100

[2] No Brasil, a NBR 8036 – Programação de sondagens de simples reconhecimento dos solos para fundações de edifícios – recomenda quantidade e locação das sondagens. (N.R.T.)

17.3 Métodos de perfuração

Os furos de sondagem podem ser executados no campo utilizando vários métodos. O mais simples é com o uso de *trados*. A Figura 17.1 mostra dois tipos de trados manuais que podem ser usados para perfurações de sondagem com profundidade de 3 a 5 m, em média, e também em trabalhos de exploração do solo para rodovias e estruturas pequenas. Informações relativas aos tipos de solo presentes em várias profundidades são obtidas por meio da análise do solo que fica preso no trado. As amostras de solo coletadas dessa maneira são deformadas, mas podem ser utilizadas para conduzir ensaios laboratoriais, como determinação granulométrica e limites de Atterberg.

Quando os furos tiverem que alcançar profundidades maiores, o método mais comum é o uso de trados helicoidais contínuos, que têm acionamento mecânico. A potência de perfuração é exercida por sondas montadas em caminhões ou tratores. Os trados helicoidais contínuos estão disponíveis comercialmente nas seções de 1 a 1,5 m. Durante a operação de perfuração, seção após seção de trado pode ser acionada e o buraco, prolongado para baixo. Os trados helicoidais contínuos podem ter haste sólida ou oca. Alguns dos trados de haste sólida comumente utilizados têm diâmetros externos de 67 mm, 83 mm, 102 mm e 114 mm. Os diâmetros interno e externo de alguns trados ocos são fornecidos na Tabela 17.2.

As estacas hélices trazem o solo solto do fundo da perfuração à superfície. O operador pode detectar a mudança no tipo de solo encontrado pela mudança de velocidade e o som de perfuração. A Figura 17.2 mostra uma operação de perfuração com trados helicoidais. Quando são usados os trados de hastes sólidas, esse deve ser retirado em intervalos regulares para coletar as amostras de solo e para realizar outras operações, como o ensaio de penetração padrão. Os trados de haste

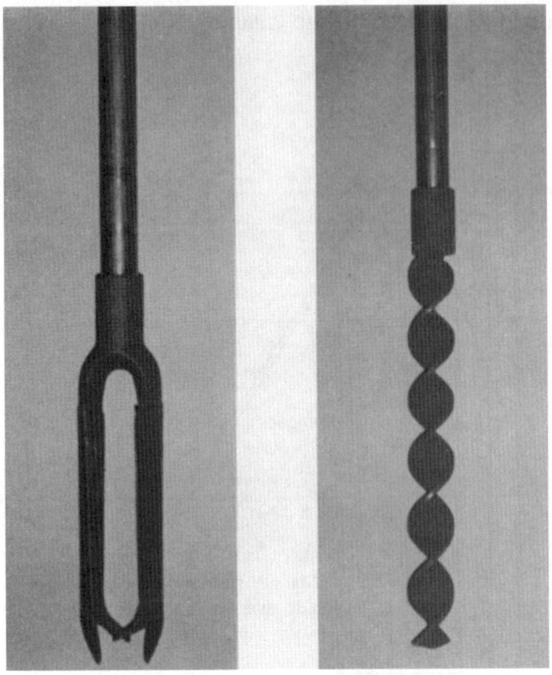

Figura 17.1 Trados manuais: (a) Trado Iwan; (b) Trado helicoidal (*Cortesia de Braja Das, Henderson, Nevada.*)

Figura 17.2 Perfuração com estaca hélice (*Cortesia de Danny R. Anderson, PE, of Professional Service Industries, Inc., El Paso, Texas.*)

Tabela 17.2 Dimensões de trados de haste oca comumente utilizados

Diâmetro interno (mm)	Diâmetro externo (mm)
63,5	158,75
69,85	187,8
76,2	203,2
88,9	228,6
101,6	254,0

oca têm uma vantagem nesse caso – eles não precisam ser removidos em intervalos frequentes para amostragem ou outros ensaios. Como mostra a Figura 17.3, a parte externa do trado atua como camisa. Uma tampa removível é afixada à parte inferior do trado por meio da haste central.

Durante a perfuração, a tampa pode ser puxada para fora enquanto o trado fica no lugar, possibilitando a realização da amostragem do solo e dos ensaios de penetração. Quando os trados de haste oca são usados em solos arenosos abaixo do nível do lençol freático, a areia pode ser empurrada vários metros para dentro da haste em razão do empuxo hidrostático excessivo, imediatamente depois da remoção da tampa. Nestas condições, a tampa não deve ser utilizada. Em vez disso, a água dentro da haste oca deve ser mantida a um nível mais alto que o nível do lençol freático.

A *perfuração rotativa* é um procedimento no qual brocas em rotação rápida, fixadas à parte inferior de hastes de perfuração, cortam e trituram o solo, aprofundando o furo. Vários tipos de brocas estão disponíveis para esses trabalhos. A perfuração rotativa pode ser usada em areias, argilas e rochas (a menos que estejam severamente fissuradas). Água ou lama de perfuração é forçada para baixo pelas hastes de perfuração até as brocas, e o fluxo de retorno força o material triturado para a superfície. A lama de perfuração é preparada por meio da mistura de bentonita e água (bentonita é uma argila de montmorilonita formada pela intemperização de cinzas vulcânicas). As perfurações com diâmetros variando de 50 a 200 mm podem ser feitas facilmente utilizando essa técnica.

Perfuração por lavagem é outra alternativa para executar perfurações. Nesse método, uma camisa de aproximadamente 2 a 3 m de comprimento é cravada no solo. Em seguida, o solo dentro da camisa é removido por uma *broca de corte* ou *trépano*, afixada à haste de perfuração. A água é forçada pela haste de perfuração e sai a uma velocidade muito alta pelos furos na parte inferior da broca de corte (Figura 17.4). A água e as partículas de solo cortadas sobem pelo furo e transbordam pela parte superior da camisa pela conexão em T. A água de lavagem é então coletada em um recipiente. A camisa pode ser estendida com peças adicionais à medida que a perfuração progride; no entanto, tal extensão não é necessária se a perfuração permanecer aberta sem desmoronar.

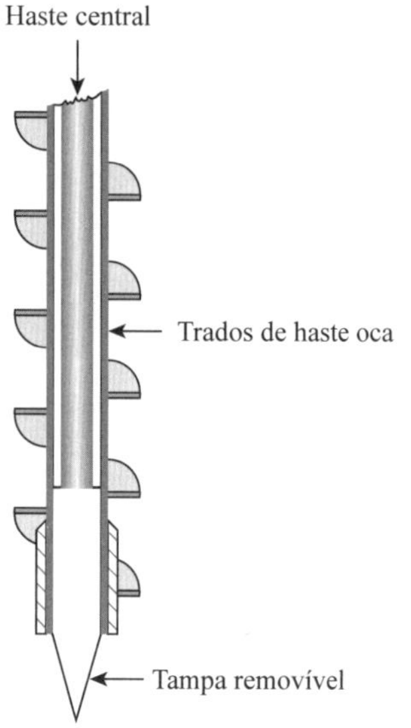

Figura 17.3 Diagrama esquemático de trados de haste oca com tampa removível.

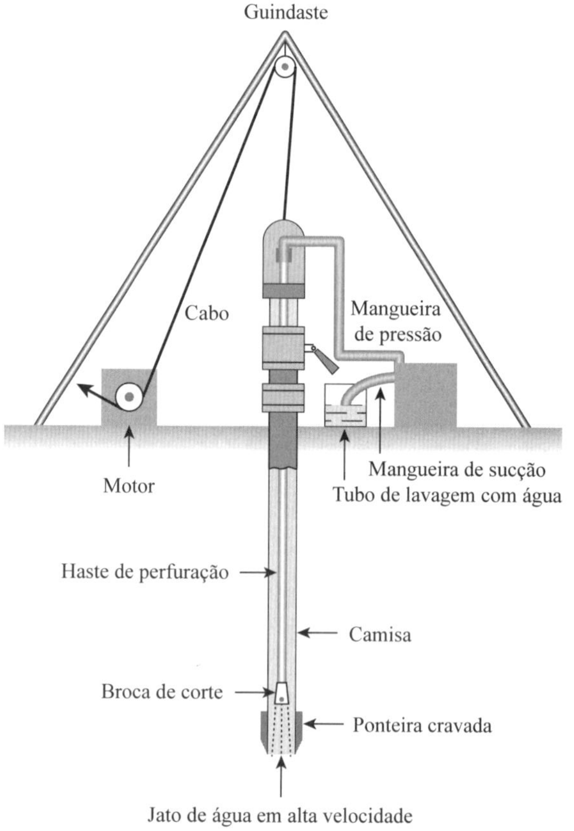

Figura 17.4 Perfuração por lavagem.

Perfuração por percussão é um método alternativo para aprofundar determinada perfuração, particularmente em solos rígidos e rochas. Nessa técnica, uma broca pesada é levantada e abaixada para cortar o solo duro. A camisa para esse tipo de perfuração pode ser necessária. As partículas de solo cortadas são trazidas pela circulação de água.

17.4 Métodos comuns de amostragem

Durante as perfurações, as amostras de solo são coletadas em várias profundidades para análise detalhada. Esta seção descreve resumidamente alguns dos métodos de coleta de amostras.

Amostragem com amostrador bipartido padrão[3]

A Figura 17.5 mostra um diagrama de um amostrador bipartido padrão.[4] Consiste em uma ponteira de ferro biselada na ponta, seguida por um tubo de aço (dividido longitudinalmente em dois) e o acoplamento na parte superior. O tubo de aço na parte central tem diâmetros interno e externo de 34,9 mm e 50,8 mm, respectivamente. A Figura 17.6 mostra a foto de um amostrador bipartido padrão desmontado.

Quando a perfuração atinge a profundidade desejada, as ferramentas de perfuração são removidas. O amostrador bipartido é fixado à haste de perfuração e, então, baixado até o fundo do furo (Figura 17.7). O amostrador é conduzido ao solo na parte inferior da perfuração pelo golpe do martelete. Os golpes do martelete ocorrem na parte superior da haste de perfuração. O martelete pesa 623 N (no Brasil, 65 kg). Para cada golpe, o martelete cai a uma distância de 0,762 m (no Brasil, 0,75 m). A quantidade de golpes necessários para conduzir a amostra por três intervalos de 152,4 mm (no Brasil,150 mm) é registrada. A soma da quantidade de golpes necessária para conduzir os dois últimos intervalos de 152,4 mm (no Brasil,150 mm) é referida como *número de penetração padrão, N.* Também é comumente chamada *número de golpes.* A interpretação do número de penetração padrão é dada na Seção 17.6. Depois que a perfuração é finalizada, o amostrador é retirado, a ponteira e o acoplamento são removidos. A amostra de solo coletada no tubo bipartido é então removida e enviada para o laboratório em pequenos frascos de vidro. A determinação do número de penetração padrão e a coleta de amostra bipartida normalmente são feitas em intervalos de 1,5 m (no Brasil, 1,0 m).

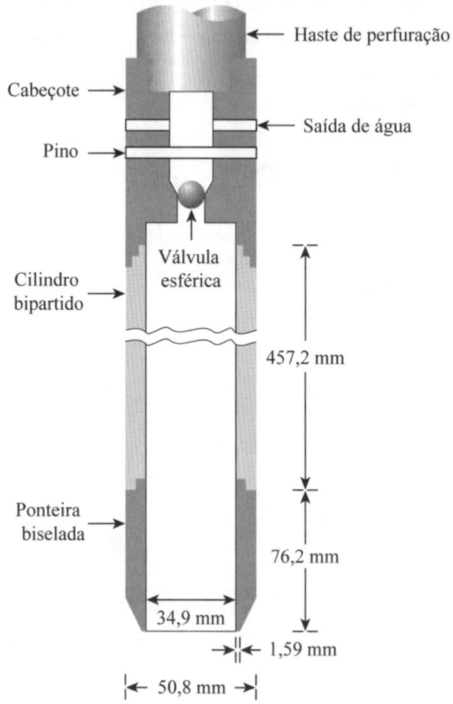

Figura 17.5 Diagrama de amostrador bipartido padrão.

Figura 17.6 Amostrador bipartido, desmontado (*Cortesia de ELE International.*)

[3] De acordo com o norma brasileira, o amostrador-padrão, de diâmetro externo de 50,8 mm ± 2 mm e diâmetro interno de 34,9 mm ± 2 mm, é composto pelas seguintes partes:

a) Cabeça, devendo ter dois orifícios laterais para saída da água e do ar, bem como interiormente uma válvula constituída por esfera de aço recoberta de material inoxidável;

b) Corpo; e

c) Sapata ou bico, devendo ser de aço temperado. (N.R.T.)

[4] No Brasil, o ensaio é normatizado pela NBR 6484 – Sondagens de Simples Reconhecimento com SPT – Método de Ensaio. Existem pequenas variações de material, medidas e procedimento em relação ao mencionado no texto. (N.R.T.)

Figura 17.7 Haste de perfuração com amostrador bipartido abaixado para a base da perfuração (*Cortesia de Braja M. Das, Henderson, Nevada.*)

Nesse ponto, é importante destacar que há vários fatores que contribuirão para a variação do número de penetração padrão N a determinada profundidade em perfis de solo similares. Esses fatores incluem eficiência do martelete do SPT, diâmetro do furo, método de amostragem e fator do comprimento da haste (Seed et al., 1985; Skempton, 1986). Os dois tipos mais comuns de marteletes SPT usados em campo são *martelete de segurança* e *martelete vazado*. Eles são soltos normalmente por um cabo enrolado *duas voltas ao redor de uma polia*.

A eficiência energética do martelete SPT pode ser expressa na forma

$$E_r(\%) = \frac{\text{energia real do martelete para o amostrador}}{\text{energia de entrada}} \times 100 \tag{17.3}$$

$$\text{Energia teórica de entrada} = Wh \tag{17.4}$$

onde W = peso do martelete ≈ 0,623 kN
h = altura da queda ≈ 0,76 m

Portanto,

$$Wh = (0{,}623)(0{,}76) = 0{,}474 \text{ kN-m}$$

No campo, a magnitude de E_r pode variar de 30% a 90%. Atualmente, a prática padrão nos EUA é expressar o valor de N em função de uma relação de energia média de 60% ($\approx N_{60}$). Assim, corrigindo os procedimentos de campo e com base nas observações, parece razoável padronizar o número de penetração padrão como função da energia motora de entrada e sua dissipação ao redor do amostrador no solo em volta, ou

$$N_{60} = \frac{N\eta_H\eta_B\eta_S\eta_R}{60} \tag{17.5}$$

onde N_{60} = número padrão de penetração correta para condições de campo
N = número de penetração medida
η_H = eficiência do martelete (%)
η_B = correção para o diâmetro de perfuração
η_S = correção do amostrador
η_R = correção para o comprimento da haste

Com base nas recomendações de Seed et al. (1985) e Skempton (1986), as variações de η_H, η_B, η_S e η_R são apresentadas resumidamente na Tabela 17.3.

Tabela 17.3 Variações de η_H, η_B, η_S e η_R [Eq. (17.5)]

1. Variação de η_H

País	Tipo de martelete	Liberação de martelete	η_H (%)
Japão	Vazado	Queda livre	78
	Vazado	Cabo e polia	67
Estados Unidos	De segurança	Cabo e polia	60
	Vazado	Cabo e polia	45
Argentina	Vazado	Cabo e polia	45
China	Vazado	Queda livre	60
	Vazado	Cabo e polia	50

2. Variação de η_B

Diâmetro (mm)	η_B
60-120	1
150	1,05
200	1,15

3. Variação de η_S

Variável	η_S
Amostrador padrão	1,0
Com revestimento para areia e argila compactas	0,8
Com revestimento para areia fofa	0,9

4. Variação de η_R

Comprimento da haste (m)	η_R
>10	1,0
6-10	0,95
4-6	0,85
0-4	0,75

Amostragem por tubo de parede fina

A amostragem com tubo de parede fina é usada para obter amostras de solo razoavelmente indeformadas. Os tubos de parede fina são feitos de tubos finos e sem costura comumente chamados *tubos Shelby* (Figura 17.8). Para coletar amostras a determinada profundidade em um furo, deve-se primeiro remover as ferramentas de perfuração. O amostrador é fixado na haste de perfuração e, em seguida, é baixado até o fundo do furo. Depois, é empurrado hidraulicamente no solo. Então, é girado contra a base e puxado para fora. O amostrador contendo a amostra de solo é selado e levado ao laboratório para ensaios. Os amostradores de tubo de parede fina mais comumente utilizados tiveram os diâmetros externos de 76,2 mm.

Amostragem com amostrador de pistão

Os amostradores de pistão são particularmente úteis quando amostras altamente indeformadas são necessárias. Obviamente, o custo para coletar tais amostras é maior. Diversos tipos de amostradores de pistão podem ser utilizados; no entanto, o amostrador proposto por Osterberg (1952) é mais vantajoso (Figura 17.9). Ele é formado por um tubo de parede fina com um pistão. Primeiro, o pistão fecha a extremidade do tubo. O amostrador é inicialmente baixado até o fundo do furo (Figura 17.9a) e, em seguida, é pressionado hidraulicamente para dentro do solo e além do pistão. Depois disso, o empuxo é liberado por um orifício na haste do pistão (Figura 17.9b). A presença desse pistão impede a distorção da amostra, não permitindo que o solo seja comprimido rapidamente no tubo de amostragem nem admitindo solo em excesso. Consequentemente, as amostras obtidas dessa forma sofrem menos distorção que as obtidas com tubos Shelby.

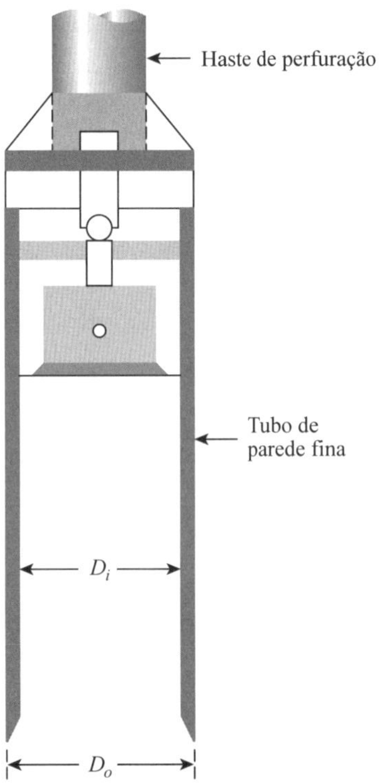

Figura 17.8 Amostrador de tubo de parede fina.

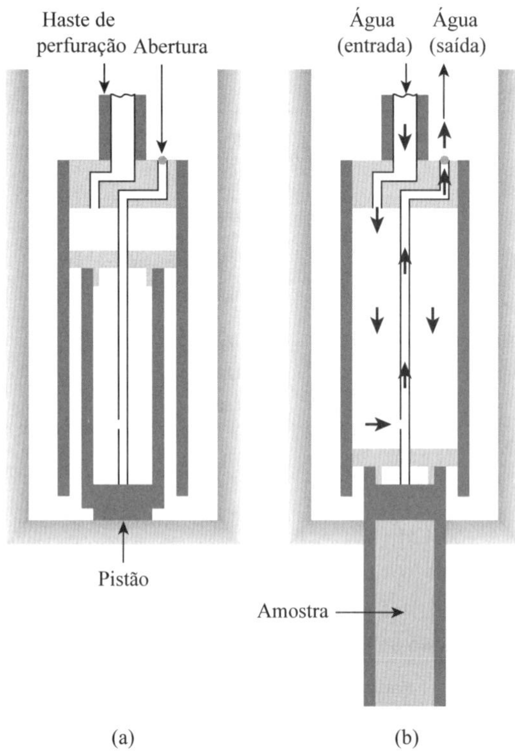

Figura 17.9 Amostrador de pistão: (a) amostrador baixado até o fundo da perfuração; (b) empuxo liberado pelo furo da haste do pistão.

17.5 Amolgamento da amostra

O grau de amolgamento da amostra coletada pelos diversos métodos pode ser expresso por um termo denominado *índice de área*, o qual é dado por

$$A_r(\%) = \frac{D_o^2 - D_i^2}{D_i^2} \times 100 \tag{17.6}$$

onde D_o = diâmetro externo do amostrador
D_i = diâmetro interno do amostrador

Uma amostra de solo geralmente pode ser considerada indeformada se o índice de área for menor ou igual a 10%. A seguir, é apresentado o cálculo de A_r para um amostrador bipartido padrão e um tubo Shelby de 50,8 mm:

Para o amostrador bipartido padrão, D_i = 35,05 mm e D_o = 50,8 mm. Portanto,

$$A_r(\%) = \frac{(50{,}8)^2 - (35{,}05)^2}{(35{,}05)^2} \times 100 = 110\%$$

Para o amostrador de tubo de Shelby (50,8 mm de diâmetro), D_i = 47,63 mm e D_o = 50,8 mm. Portanto,

$$A_r(\%) = \frac{(50,8)^2 - (47,63)^2}{(47,63)^2} \times 100 = 13,8\%$$

O cálculo anterior indica que a amostra coletada por amostrador bipartido é altamente amolgado. O índice de área (A_r) das amostras do tubo Shelby de 50,8 mm de diâmetro está um pouco acima do limite de 10% estabelecido anteriormente. Na prática, entretanto, essas amostras podem ser tratadas como indeformadas.

As amostras de solo amolgadas, porém representativas, coletadas por meio de amostradores bipartidos, podem ser usadas para alguns ensaios de laboratório como distribuição granulométrica, limite de liquidez, limite de plasticidade e limite de contração. No entanto, as amostras de solo indeformadas são necessárias para realizar os ensaios como adensamento, compressão triaxial e compressão não confinada.

17.6 Correlações para N_{60} no solo coesivo

A consistência de solos argilosos pode ser estimada a partir do número de penetração padrão N_{60}. Para alcançar isso, Szechy e Vargi (1978) calcularam o *índice de consistência* (*IC*) como

$$IC = \frac{LL - w}{LL - LP} \tag{17.7}$$

onde w = teor de umidade natural
LL = limite de liquidez
LP = limite de plasticidade

A correlação aproximada entre *IC*, N_{60} e a resistência de compressão não confinada (q_u) é dada na Tabela 17.4.

É importante apontar que a correlação entre N_{60} e q_u dada na Tabela 17.4 é aproximada. A sensibilidade, S_t, do solo de argila também desempenha um papel importante no valor real N_{60} obtido no campo. Com base nos diversos resultados de campo, Kulhawy e Mayne (1990) sugeriram a seguinte correlação:

$$\frac{q_u}{p_a} = 0,58\,N_{60}^{0,72} \tag{17.8}$$

onde p_a = pressão atmosférica.

17.7 Correlações para o número de penetração padrão em solo granular

Em solos granulares, o número de penetração padrão é altamente dependente da pressão geostática efetiva σ'_o.

Várias relações empíricas foram propostas para converter o número de penetração em campo N_{60} para uma *pressão geostática efetiva padrão*, σ'_o, de aproximadamente 100 kN/m². A forma geral é

$$(N_1)_{60} = C_N N_{60} \tag{17.9}$$

Várias correlações foram desenvolvidas ao longo dos anos para o fator de correção, C_N. São proporcionadas abaixo.

Nas seguintes relações para C_N, observe que σ'_o é a pressão de sobrecarga efetiva e p_a = pressão atmosférica ($\approx$ 100 kN/m²).

Tabela 17.4 Correlação aproximada entre IC, N_{60} e q_u

Número de penetração padrão, N_{60}	Consistência	IC	Resistência de compressão não confinada, q_u (kN/m²)
<2	Muito fofa	<0,5	<25
2 a 8	Mole a média	0,5 a 0,75	25 a 80
8 a 15	Firme	0,75 a 1,0	80 a 150
15 a 30	Muito dura	1,0 a 1,5	150 a 400
>30	Rígida	>1,5	>400

Relação de Liao e Whitman (1986):

$$C_N = \left[\frac{1}{\left(\frac{\sigma'_o}{p_a}\right)}\right]^{0,5} \tag{17.10}$$

Relação de Skempton (1986):

$$C_N = \frac{2}{1 + \left(\frac{\sigma'_o}{p_a}\right)} \text{ (para areia fina normalmente adensada)} \tag{17.11}$$

$$C_N = \frac{3}{2 + \left(\frac{\sigma'_o}{p_a}\right)} \text{ (para areia grossa normalmente adensada)} \tag{17.12}$$

$$C_N = \frac{1,7}{0,7 + \left(\frac{\sigma'_o}{p_a}\right)} \text{ (para areia sobreadensada)} \tag{17.13}$$

Relação de Seed et al. (1975):

$$C_N = 1 - 1,25 \log\left(\frac{\sigma'_o}{p_a}\right) \tag{17.14}$$

Relação Peck et al. (1974):

$$C_N = 0,77 \log\left[\frac{20}{\left(\frac{\sigma'_o}{p_a}\right)}\right] \left(\text{para } \frac{\sigma'_o}{p_a} \geq 0,25\right) \tag{17.15}$$

Relação de Bazaraa (1967):

$$C_N = \frac{4}{1 + 4\left(\dfrac{\sigma'_o}{p_a}\right)} \quad \left(\text{para } \frac{\sigma'_o}{p_a} \leq 0{,}75\right) \tag{17.16}$$

$$C_N = \frac{4}{3{,}25 + \left(\dfrac{\sigma'_o}{p_a}\right)} \quad \left(\text{para } \frac{\sigma'_o}{p_a} > 0{,}75\right) \tag{17.17}$$

A Tabela 17.5 mostra a comparação de C_N derivada utilizando diversas relações citadas acima. Pode ser visto que a magnitude do fator de correção estimado que utiliza qualquer uma das relações é aproximadamente a mesma, considerando as incertezas envolvidas para conduzir os ensaios de penetração padrão. Portanto, é recomendado que a Eq. (17.10) seja utilizada para todos os cálculos.

Correlações para densidade relativa

A Tabela 17.6 mostra as correlações aproximadas para o número de penetração padrão, $(N_1)_{60}$, e a densidade relativa, D_r.

Tabela 17.5 Variação de C_N

	C_N						
$\dfrac{\sigma'_o}{p_a}$	Eq. (17.10)	Eq. (17.11)	Eq. (17.12)	Eq. (17.13)	Eq. (17.14)	Eq. (17.15)	Eqs. (17.16) e (17.17)
0,25	2,00	1,60	1,33	1,78	1,75	1,47	2,00
0,50	1,41	1,33	1,20	1,17	1,38	1,23	1,33
0,75	1,15	1,14	1,09	1,17	1,15	1,10	1,00
1,00	1,00	1,00	1,00	1,00	1,00	1,00	0,94
1,50	0,82	0,80	0,86	0,77	0,78	0,87	0,84
2,00	0,71	0,67	0,75	0,63	0,62	0,77	0,76
3,00	0,58	0,50	0,60	0,46	0,40	0,63	0,65
4,00	0,50	0,40	0,60	0,36	0,25	0,54	0,55

Tabela 17.6 Relação aproximada entre o número de penetração padrão corrigido e a densidade relativa da areia

Número de penetração padrão corrigido, $(N_1)_{60}$	Densidade relativa, D_r (%)
0-5	0-5
5-10	5-30
10-30	30-60
30-50	60-95

Cubrinovski e Ishihara (1999) propuseram uma correlação entre N_{60} e a densidade relativa de solos granulares, D_r, na forma

$$D_r(\%) = \left[\frac{N_{60}\left(0{,}23 + \dfrac{0{,}06}{D_{50}}\right)^{1{,}7}}{9}\left(\frac{p_a}{\sigma'_o}\right)\right]^{0{,}5} (100) \tag{17.18}$$

onde σ'_o = pressão de sobrecarga efetiva em kN/m^2
D_{50} = diâmetro pelo qual passa 50% do solo (mm)
p_a = pressão atmosférica

Meyerhof (1957) desenvolveu uma correlação entre D_r e N_{60} como

$$N_{60} = \left[17 + 24\left(\frac{\sigma'_o}{p_a}\right)\right]D_r^2$$

ou

$$D_r(\%) = \left\{\frac{N_{60}}{\left[17 + 24\left(\frac{\sigma'_o}{p_a}\right)\right]}\right\}^{0,5}(100) \tag{17.19}$$

A Eq. (17.19) fornece uma estimativa razoável somente para a areia fina, limpa e média.

Kulhawy e Mayne (1990) correlacionaram o número de penetração padrão e a densidade relativa de areia na forma

$$D_r(\%) = \left[\frac{(N_1)_{60}}{C_p C_A C_{OCR}}\right]^{0,5}(100) \tag{17.20}$$

onde

C_P = fatores de correlações granulométricas = $60 + 25 \log D_{50}$ (17.21)
C_A = fator de correlação para envelhecimento = $1{,}2 + 0{,}05 \log\left(\frac{t}{100}\right)$ (17.22)
C_{OCR} = fator de correlação para sobreadensamento = $OCR^{0,18}$ (17.23)
D_{50} = diâmetro pelo qual 50% de solo passará (mm)
t = idade de solo a partir de deposição (anos)
OCR = razão de sobreadensamento

Correlações para o ângulo de atrito drenado

O ângulo de atrito drenado de *solos granulares*, ϕ', também foi correlacionado ao número de penetração padrão. Schmertmann (1975) também forneceu uma correlação para N_{60} *versus* σ'_o. Segundo Kulhawy e Mayne (1990), essa correlação pode ser aproximada como

$$\phi' = \text{tg}^{-1}\left[\frac{N_{60}}{12{,}2 + 20{,}3\left(\frac{\sigma'_o}{p_a}\right)}\right]^{0,34} \tag{17.24}$$

onde p_a = pressão atmosférica (mesma unidade que σ'_o).

O número de penetração padrão é uma diretriz útil para a exploração do solo e a avaliação das condições do subsolo, desde que os resultados sejam interpretados corretamente. Observe que todas as equações relacionadas aos números de penetração padrão são aproximadas. Como o solo não é homogêneo, é possível que se obtenha grande variação nos valores de N_{60} em campo. Também nos depósitos de solo que contêm rochas grandes e pedregulho, os números de penetração padrão podem variar muito.

Exemplo 17.1

A seguir, são mostrados os resultados de um ensaio de penetração padrão em areia. Determine os números de penetração padrão corrigidos, $(N_1)_{60}$, em várias profundidades. Note que o nível do lençol freático não foi observado em uma profundidade de até 10,5 m abaixo do nível da superfície. Presuma que o peso específico seco médio da areia seja de 17,3 kN/m³. Use a Eq. (17.10).

Profundidade, z (m)	N_{60}
1,5	8
3,0	7
4,5	12
6,0	14
7,5	13

Solução

Da Eq. (17.10),

$$C_N = \left[\frac{1}{\left(\frac{\sigma'_o}{p_a}\right)}\right]^{0,5}$$

$$p_a \approx 100 \text{ kN/m}^2$$

Assim, a tabela a seguir pode ser preparada.

Profundidade, z (m)	σ'_o (kN/m²)	C_N	N_{60}	$(N_1)_{60}$
1,5	25,95	1,96	8	**≈ 16**
3,0	51,90	1,39	7	**≈ 10**
4,5	77,85	1,13	12	**≈ 14**
6,0	103,80	0,98	14	**≈ 14**
7,5	129,75	0,88	13	**≈ 11**

■

Exemplo 17.2

Consulte o Exemplo 17.1. Usando a Eq. (17.24), estime o ângulo médio de atrito de solo, ϕ', de $z = 0$ a $z = 7,5$ m.

Solução

Da Eq. (17.24),

$$\phi' = \text{tg}^{-1}\left[\frac{N_{60}}{12,2 + 20,3\left(\frac{\sigma'_o}{p_a}\right)}\right]^{0,34}$$

$$p_a = 100 \text{ kN/m}^2$$

Assim, a tabela a seguir pode ser preparada.

Profundidade, z (m)	σ'_o (kN/m²)	N_{60}	ϕ' (graus) [Eq. (17.24)]
1,5	25,95	8	37,5
3,0	51,9	7	33,8
4,5	77,85	12	36,9
6,0	103,8	14	36,7
7,5	129,75	13	34,6

Média $\phi' \approx$ **36°**

■

Exemplo 17.3

A tabela abaixo apresenta a variação do número de penetração padrão de campo (N_{60}) em um depósito de areia:

Profundidade (m)	N_{60}
1,5	5
3,0	11
4,5	14
6,0	18
7,5	16
9,0	21

O lençol freático está localizado a uma profundidade de 12 m. O peso específico seco da areia de 0 até a profundidade de 12 m é 17,6 kN/m³. Suponha que o tamanho de grão médio (D_{50}) do depósito de areia seja cerca de 0,8 mm. Estime a variação da densidade relativa com profundidade para a areia. Utilize a Eq. (17.18).

Solução

Dados: Peso específico $\gamma = 17{,}6$ kN/m³; $D_{50} = 0{,}8$ mm. Portanto, $\sigma'_o = (\gamma)$ (profundidade). Segundo a Eq. (17.18),

$$D_r(\%) = \left[\frac{N_{60}\left(0{,}23 + \dfrac{0{,}06}{D_{50}}\right)^{1{,}7}}{9} \left(\frac{p_a}{\sigma'_o}\right) \right]^{0{,}5} (100)$$

Agora, a tabela abaixo pode ser preparada.

Profundidade, (m)	σ'_o (kN/m²)	P_a (kN/m²)	$\left(0{,}23 + \dfrac{0{,}06}{D_{50}}\right)^{1{,}7}$	N_{60}	D_r (%) [Eq. (17.18)]
1,5	26,4	100	0,133	5	**52,9**
3,0	52,8	100	0,133	11	**55,5**
4,5	79,2	100	0,133	14	**51,1**
6,0	105,6	100	0,133	18	**50,2**
7,5	132,0	100	0,133	16	**42,3**
9,0	158,4	100	0,133	21	**44,3**

■

Exemplo 17.4

Solucione o Exemplo 17.3 usando a Eq. (17.19).

Solução

$$D_r(\%) = \left\{ \frac{N_{60}}{\left[17 + 24\left(\frac{\sigma'_o}{p_a}\right)\right]} \right\}^{0,5}$$

Agora, a tabela abaixo pode ser preparada.

Profundidade, (m)	σ'_o (kN/m²)	P_a (kN/m²)	N_{60}	D_r (%) [Eq. (17.19)]
1,5	26,4	100	5	**46,3**
3,0	52,8	100	11	**60,9**
4,5	79,2	100	14	**62,4**
6,0	105,6	100	18	**65,2**
7,5	132,0	100	16	**57,3**
9,0	158,4	100	21	**61,8**

■

17.8 Outros ensaios *in situ*

Dependendo do tipo de projeto e da complexidade do subsolo, vários tipos de ensaios *in situ* podem ser realizados durante o período de exploração. Em muitos casos, as propriedades do solo avaliadas a partir de ensaios *in situ* produzem resultados mais representativos. Essa maior precisão é obtida, principalmente, porque a perturbação da amostra durante a exploração do solo é eliminada. Nas seções a seguir, são apresentados alguns dos ensaios mais comuns que podem ser realizados em campo (Seções 17.9 a 17.11).

17.9 Ensaio de cisalhamento de palheta

Os princípios e a aplicação do ensaio de cisalhamento de palheta foram discutidos no Capítulo 12. Quando argila mole é encontrada durante a sondagem, a resistência ao cisalhamento não drenada da argila, c_u, pode ser determinada por meio de um ensaio de cisalhamento de palheta no furo. Esse ensaio fornece informações valiosas sobre a resistência da argila indeformada.

17.10 Ensaio de pressiômetro

O pressiômetro é um dispositivo que foi desenvolvido originalmente por Menard, em 1965, para medição *in situ* do módulo tensão-deformação. Esse dispositivo consiste basicamente em uma célula de empuxo e duas células de proteção (Figura 17.10). O ensaio envolve a expansão da célula de empuxo dentro de um furo e a medição da expansão de seu volume. Os dados do ensaio são interpretados com base na teoria de expansão de um cilindro de solo de espessura infinita. A Figura 17.11 mostra a variação do volume da célula de pressão em função das mudanças de pressão na célula. Nessa figura, a Zona I representa a porção de recarga, durante a qual o solo ao redor da perfuração é empurrado para trás no estado inicial – ou seja, o estado em que estava antes da perfuração. A Zona II representa uma zona pseudoelástica, na qual o volume celular *versus* pressão celular é praticamente linear. A zona marcada III é a zona plástica. Para a zona pseudoelástica,

$$E_s = 2(1 + \mu_s)V_o \frac{\Delta p}{\Delta V} \tag{17.25}$$

onde E_s = módulo de elasticidade do solo
μ_s = coeficiente de Poisson do solo
V_o = volume da célula correspondente à pressão p_o (isto é, a pressão celular correspondente ao início da Zona II)
$\Delta p/\Delta V$ = Inclinação de gráfico de linha reta da Zona II

Menard recomendou o valor de $\mu_s = 0{,}33$ para uso na Eq. (17.25), mas outros valores podem ser utilizados. Com $\mu_s = 0{,}33$,

$$E_s = 2{,}66 V_o \frac{\Delta p}{\Delta V} \tag{17.26}$$

Da teoria da elasticidade, a relação entre o módulo de elasticidade e o módulo de cisalhamento pode ser dada por

$$E_s = 2(1 + \mu_s) G_s \tag{17.27}$$

onde G_s = módulo de cisalhamento de solo. Portanto, ao combinar as Eqs. (17.25) e (17.27) temos

$$G_s = V_o \frac{\Delta p}{\Delta V} \tag{17.28}$$

Os resultados dos ensaios de pressiômetro podem ser usados para determinar o coeficiente de empuxo de terra em repouso, K_o (Capítulo 13). Esse coeficiente pode ser obtido da relação entre p_o e σ'_o (σ'_o = tensão vertical efetiva à profundidade de ensaio), ou

$$K_o = \frac{p_o}{\sigma'_o} \tag{17.29}$$

Observe que p_o (consulte a Figura 17.11) representa a tensão lateral *in situ*.

Os ensaios com pressiômetro são muito sensíveis às condições do furo antes do ensaio.

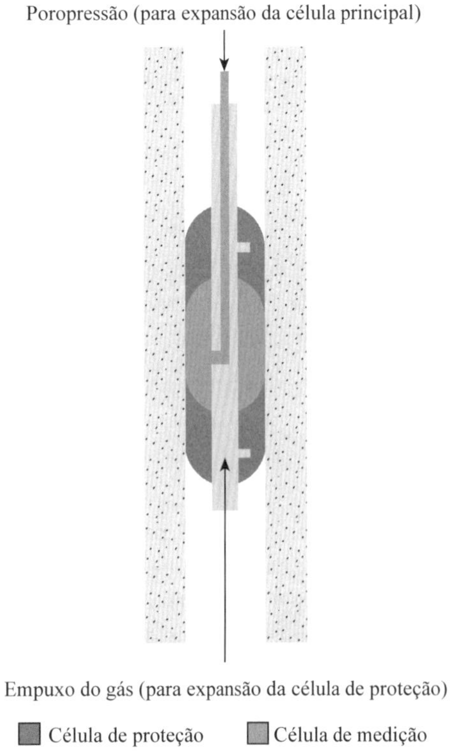

Figura 17.10 Diagrama esquemático para ensaio de pressiômetro.

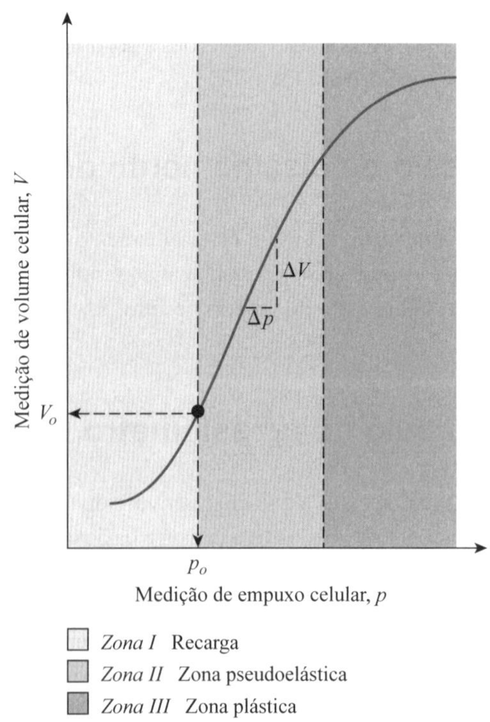

Figura 17.11 Relação entre as medições de empuxo e de volume para o pressiômetro de Menard.

17.11 Ensaio de penetração de cone

O penetrômetro de cone holandês é um dispositivo pelo qual um cone de 60°, com área de base de 10 cm² (Figura 17.12), é empurrado para dentro do solo, e a resistência final do cone à penetração q_c é medida. A maioria dos penetrômetros de cone comumente usados tem luvas de atrito acima da ponta. Isso permite determinações independentes da resistência do cone (q_c) e da resistência ao atrito (f_c) do solo. As luvas de atrito têm uma área exposta de aproximadamente 150 cm².

O modelo mostrado na Figura 17.12 é um *penetrômetro de cone de atrito mecânico*. Atualmente, os *penetrômetros de cone de atrito elétricos* também são utilizados para investigação em campo.

Uma das maiores vantagens do ensaio de penetração do cone é que a perfuração não é necessária para realizar o ensaio. Ao contrário do ensaio de penetração padrão, porém, as amostras de solo não podem ser recuperadas para observação visual e ensaios em laboratório.

Correlações para o ângulo de atrito do solo

Robertson e Campanella (1983) forneceram as correlações ao longo da tensão efetiva vertical (σ'_o), para o ângulo de atrito de solo drenado (ϕ') em função de q_c para areia. A relação entre σ'_o, ϕ' e q'_c pode ser aproximada (segundo Kulhawy e Mayne, 1990) como

$$\phi' = \text{tg}^{-1}\left[0,1 + 0,38\log\left(\frac{q_c}{\sigma'_o}\right)\right] \quad (17.30)$$

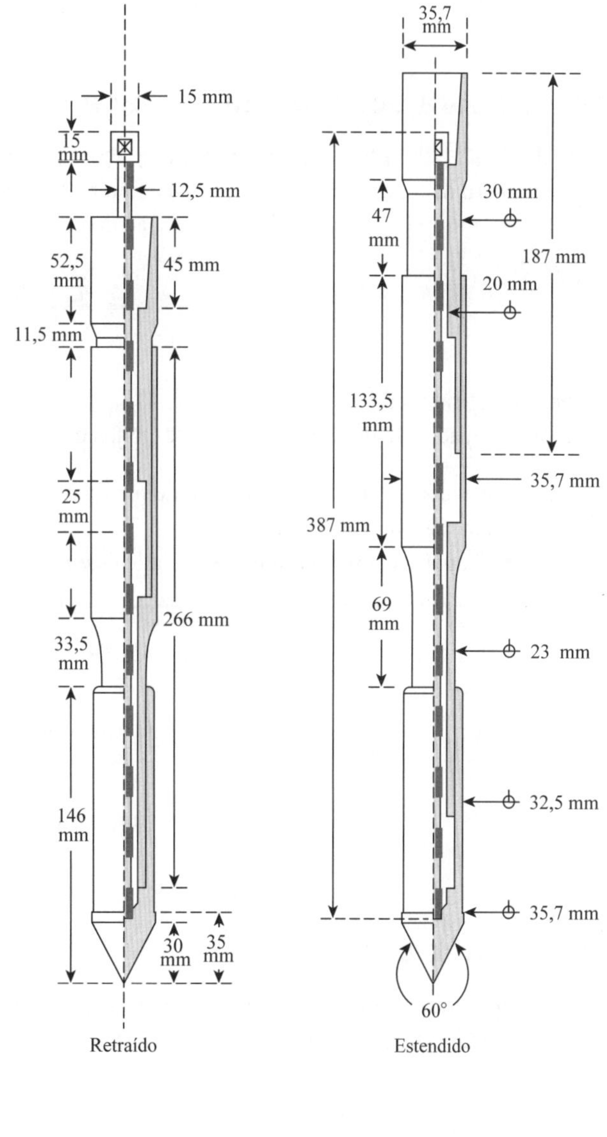

Figura 17.12 Penetrômetro de cone holandês com luvas de atrito (Do *Annual Book of ASTM Standards*, 04.08, 1991, Direitos autorais ASTM INTERNATIONAL. Reimpresso com permissão.)

Correlações para o módulo de elasticidade do solo

A resistência à penetração do cone também foi relacionada com o módulo equivalente da elasticidade dos solos, E_s, por vários pesquisadores. Schmertmann (1978) forneceu uma correlação simples para areia para ser usada nos cálculos de recalque elástico de fundações rasas:

$$E_s = 2{,}5q_c \text{ (para fundações quadradas e circulares)} \tag{17.31}$$

$$E_s = 3{,}5q_c \text{ (para fundações com } L/B \geq 10\text{)} \tag{17.32}$$

Onde L = comprimento da fundação
B = largura da fundação

Terzaghi, Peck e Mesri (1996) sugeriram as fórmulas abaixo para cálculos de recalque elástico em areia:

$$E_{s(L/B=1)} = 3{,}5q_c \tag{17.33}$$

e

$$\frac{E_{s(L/B)}}{E_{s(L/B=1)}} = 1 + 0{,}4\log\left(\frac{L}{B}\right) \leq 1{,}4 \tag{17.34}$$

Correlações para coesão não drenada da argila

Anagnostopoulos et al. (2003) forneceram várias correlações para a coesão não drenada (c_u) de solos de argila com base em um grande número de resultados de ensaios de campo realizados em uma ampla variedade de solos.

As correlações entre c_u e a resistência à penetração do cone (q_c) podem ser expressas como

$$c_u = \frac{q_c - \sigma_o}{N_k} \tag{17.35}$$

onde σ_o = tensão vertical total
N_K = fator de capacidade de carga ($\approx$ 18,3 para todos os cones)

Devem ser utilizadas unidades no mesmo sistema de medidas na Eq. (17.35). Os valores de c_u nos ensaios de campo devem ser iguais ou menores que 250 kN/m².

De modo semelhante, as correlações entre c_u e a resistência da luva ao atrito (f_c) são

$$c_u = \frac{f_c}{1{,}26} \text{ (para cones mecânicos)} \tag{17.36}$$

$$c_u = f_c \text{ (para cones elétricos)} \tag{17.37}$$

$$c_u = \frac{f_c}{1{,}21} \text{ (média de todos os cones)} \tag{17.38}$$

Correlação entre q_c e N_{60}

Para solos granulares, várias correlações foram propostas para ligar q_c e N_{60} (N_{60} = resistência padrão à penetração) ao tamanho médio do grão (D_{50} em mm). Essas correlações adotam a forma

$$\frac{\left(\frac{q_c}{p_a}\right)}{N_{60}} = cD_{50}^a \tag{17.39}$$

Onde p_a = pressão atmosférica ($\approx$ 100 kN/m^2).

A Tabela 17.7 mostra os valores de c e a originados a partir de vários estudos.

Tabela 17.7 Valores de c e a [Eq. (17.39)]

Pesquisador		c	a
Burland e Burbidge (1985)	Limite superior	15,49	0,33
	Limite inferior	4,9	0,32
Robertson e Campanella (1983)	Limite superior	10	0,26
	Limite inferior	5,75	0,31
Kulhawy e Mayne (1990)		5,44	0,26
Anagnostopoulos et al. (2003)		7,64	0,26

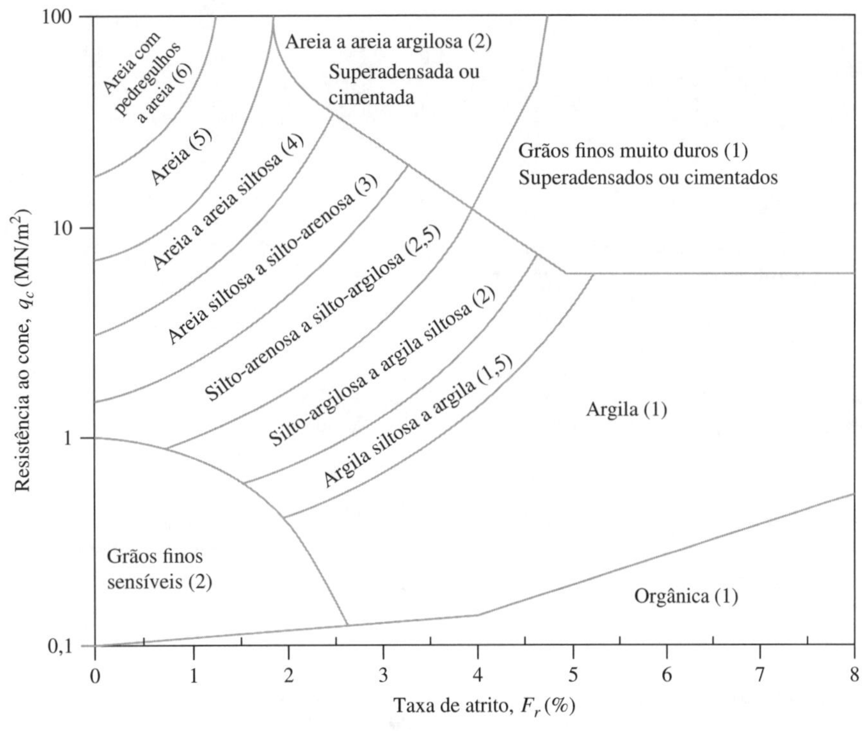

Figura 17.13 Correlação de Robertson et al. (1986) entre q_c, F_r e o tipo de solo (*baseada em Robertson et al., 1986*)

Correlações de tipos de solo

Robertson et al. (1986) desenvolveram as correlações mostradas na Figura 17.13 entre q_c e o índice de atrito [Eq. (17.40)] para identificar os vários tipos de solo encontrados no campo.

O índice de atrito F_r é definido como

$$F_r = \frac{f_c}{q_c} \tag{17.40}$$

Exemplo 17.5

Em um depósito de areia seca normalmente consolidada, um ensaio de penetração de cone foi conduzido. Os resultados são apresentados abaixo:

Profundidade (m)	Resistência de ponta do cone, q_c (MN/m²)
1,5	2,06
3,0	4,23
4,5	6,01
6,0	8,18
7,5	9,97
9,0	12,42

Supondo que o peso específico da areia seja 16 kN/m³, estime o ângulo de pico de atrito médio, ϕ', da areia. Use a Eq. (17.30).

Solução

A partir da Eq. (17.30),

$$\phi' = \text{tg}^{-1}\left[0{,}1 + 0{,}38\log\left(\frac{q_c}{\sigma'_o}\right)\right]$$

Agora, a tabela abaixo pode ser preparada.

Profundidade (m)	σ'_o (MN/m²)	q_c (MN/m²)	ϕ'(graus)
1,5	0,024	2,06	39,85
3,0	0,048	4,23	40,00
4,5	0,072	6,01	39,70
6,0	0,096	8,18	39,81
7,5	0,120	9,97	39,67
9,0	0,144	12,42	39,88

Média $\phi' \approx$ **39,80°**

■

Exemplo 17.6

Consulte o Exemplo 17.5. Use a Eq. (17.39) e os fatores de Kulhawy e Mayne para a e c (Tabela 17.7) para prever a variação de N_{60} com a profundidade, dado o tamanho de grão médio D_{50} = 0,2 mm.

Solução

Segundo a Eq. (17.39),

$$\frac{\left(q_c/p_a\right)}{N_{60}} = cD_{50}^a$$

A partir da Tabela 17.7, c = 5,44 e a = 0,26. Além disso, $p_a \approx$ 100 kN/m². Agora, a tabela a seguir pode ser preparada.

Profundidade, (m)	q_c (MN/m²)	N_{60}
1,5	2,06	5,75 ≈ **6**
3,0	4,23	11,8 ≈ **12**
4,5	6,01	16,78 ≈ **17**
6,0	8,18	22,85 ≈ **23**
7,5	9,97	27,85 ≈ **28**
9,0	12,42	34,69 ≈ **35**

■

17.12 Testemunhagem de rocha

Pode ser necessário realizar a testemunhagem de rocha se o leito rochoso for encontrado a determinada profundidade durante a perfuração. É sempre desejável que a testemunhagem seja feita por pelo menos 3 m. Se o leito rochoso estiver intemperizado ou irregular, a testemunhagem precisa ser estendida a uma profundidade maior. Para a testemunhagem, um barrilete é fixado na haste de perfuração. Uma broca de testemunhagem é fixada na parte inferior do barrilete. O elemento cortante na broca pode ser de diamante, tungstênio ou carbeto. A testemunhagem é avançada por perfuração rotativa. A água é circulada pela haste de perfuração durante a testemunhagem, e os resíduos são lavados. A Figura 17.14a mostra um diagrama de testemunhagem de rocha com o uso de barrilete de tubo simples. Testemunhos de rocha obtidos por meio de tais cilindros podem ser fraturados por torção. Para evitar esse problema, pode-se usar barriletes de tubo duplo (Figura 17.14b). A Tabela 17.8 fornece os detalhes de vários tipos de camisas, barriletes, diâmetros de brocas de barriletes e diâmetros de amostras de testemunho obtidas. As amostras de testemunho menores que o tamanho BX tendem a se quebrar durante a testemunhagem.

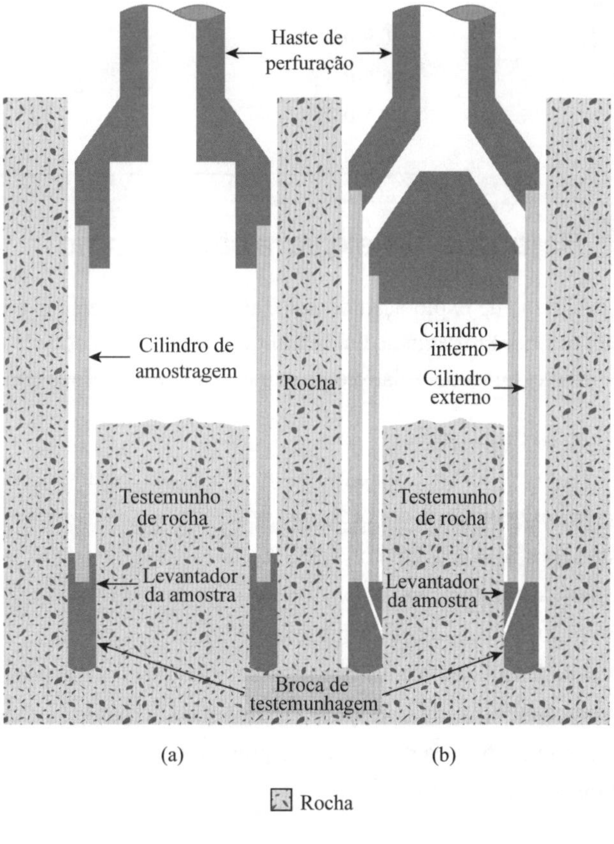

Figura 17.14 Testemunhagem de rocha: (a) barrilete de tubo simples; (b) barrilete de tubo duplo.

Com base no comprimento do testemunho de rocha obtido em cada operação, os seguintes índices podem ser obtidos para avaliação da qualidade da rocha.

$$\text{Índice de recuperação} = \frac{\text{Comprimento das rochas recuperadas}}{\text{Comprimento da testemunhagem}} \tag{17.41}$$

$$\text{Designação da qualidade da rocha } (RQD) = \frac{\begin{array}{c}\Sigma \text{ Comprimento dos testemunhos de} \\ \text{rocha recuperados} \\ \text{com pelo menos 101,6 mm}\end{array}}{\text{Comprimento de testemunhagem}} \tag{17.42}$$

Um índice de recuperação igual a 1 indica rocha intacta. Entretanto, rochas muito fraturadas têm índice de recuperação 0,5 ou menor. Deere (1963) propôs o sistema de classificação na Tabela 17.9 para rochas *in situ* com base no *RQD*.

Tabela 17.8 Detalhes de designações de barrilete, broca e amostras de testemunho

Designação de camisas e barrilete	Diâmetro externo de broca do barrilete, mm	Diâmetro de amostra de testemunho, mm
EX	36,5	22,2
AX	47,6	28,6
BX	58,7	41,3
NX	74,6	54,0

Tabela 17.9 Descrição qualitativa de rochas com base em *RQD*

RQD	Qualidade da rocha
1-0,9	Excelente
0,9-0,75	Bom
0,75-0,5	Regular
0,5-0,25	Ruim
0,25-0	Muito ruim

17.13 Relatório de exploração do solo

Ao final do programa de exploração do solo, as amostras coletadas em campo são submetidas à observação visual e a ensaios de laboratório. Em seguida, um relatório de exploração do solo é preparado para ser usado pelo escritório de planejamento e projeto. Qualquer relatório de exploração do solo deve conter as seguintes informações:

1. Escopo da investigação.
2. Descrição geral da estrutura proposta para a qual a exploração foi realizada.
3. Condições geológicas do local.
4. Instalações de drenagem no local.
5. Detalhes da perfuração.
6. Descrição das condições do subsolo, determinadas a partir das amostras de solo e de rochas coletadas.
7. Nível do lençol freático, conforme observado a partir das perfurações.
8. Recomendações detalhadas para fundações e alternativas propostas.
9. Quaisquer problemas de construção previstos.
10. Limitações da investigação.

As seguintes representações gráficas também precisam ser anexadas ao relatório de exploração do solo:

1. Mapa de localização.
2. Localização dos furos, em relação à estrutura proposta.
3. Registro das sondagens (Figura 17.15).
4. Resultados dos ensaios em laboratório.
5. Outras apresentações especiais.

O registro de sondagem é a representação gráfica dos detalhes coletados em cada furo.

RELATÓRIO DE PERFURAÇÃO

NOME DO PROJETO Shopping center

LOCALIZAÇÃO Cruzamento entre as ruas Hill e Miner DATA 7 de junho de 1997

NÚMERO DA PERFURAÇÃO 4 TIPO DE PERFURAÇÃO Trado de haste oca ELEVAÇÃO DO SOLO 40,3 m

DESCRIÇÃO DO SOLO	PROFUNDIDADE (m) E NÚMERO DE AMOSTRA	NÚMERO DE PENETRAÇÃO PADRÃO, N_{60}	TEOR DE UMIDADE, w (%)	COMENTÁRIOS
Silte arenoso escuro	0,3			
Argila siltosa marrom-claro (CL)	0,6			
	0,9			
	1,2			
	SS-1 1,5 – 1,8	13	11	Limite de liquidez = 32 $IP = 9$
	2,1			
	2,4	6,6		
	2,7	5	24	
Lençol freático 14 de junho de 1997 ▼	SS-2 3,0 – 3,3			
Argila mole (CL)	3,6			
	3,9			
	4,2			
	ST-1 4,5 – 4,8	6	28	Limite de liquidez = 44 $IP = 26$ q_u = resistência à compressão não confinada = 40,7 kN/m^2
	5,1			
	5,4			
	5,7			
Areia compacta e pedregulhos Fim da perfuração @ 6,4 m	SS-3 6,0 – 6,3	32		
	6,6			

Figura 17.15 Registro típico de perfuração (*Observação:* SS = amostra bipartida; ST = amostra do tubo Shelby).

17.14 Resumo

Este capítulo fornece um ponto de vista breve sobre a exploração de subsolo. Discutimos:

- O planejamento de exploração de solo envolve a compilação de informação, o reconhecimento existente e a investigação detalhada do local.
- Os furos podem ser feitos com estaca hélice contínua. A perfuração rotatória, a perfuração por lavagem e perfuração por percussão são outros métodos de avanço da perfuração.
- As amostras de solo durante a perfuração podem ser obtidas com amostrador bipartido padrão, tubo com parede fina e amostrador de pistão.
- A resistência à penetração padrão pode ser correlacionada com resistência à compressão não confinada de solos coesivos (Seção 17.6). Em solo granular, pode ser correlacionada à densidade relativa e ângulo de atrito (Seção 17.7).
- Outros ensaios *in situ* são ensaio de cisalhamento de palheta, ensaio pressiométrico e ensaio de cone (Seções 17.9, 17.10 e 17.11).
- A testemunhagem de rocha é feita anexando o barrilete à haste de perfuração. Uma broca de testemunhagem é fixada na parte inferior do barrilete. Um índice de recuperação e designação de qualidade da rocha são os parâmetros para avaliar a qualidade da rocha (Seção 17.12).

Problemas

17.1 A ASTM D 1587-08 (2014) recomenda as dimensões abaixo para amostragem de solos com tubo de parede fina para fins geotécnicos:

Diâmetro externo, D_o (mm)	Espessura da parede, t (mm)
50,8	1,24
76,2	1,65
127	3,05

Calcule o índice de área para cada caso e determine qual amostrador seria adequado para os seguintes ensaios de caracterização do solo: distribuição granulométrica, limites de Atterberg, consolidação e compressão não confinada.

17.2 Durante o programa de exploração de solo, as seguintes escolhas estariam disponíveis para amostragem de solo:

- Tubo Shelby *A*: diâmetro externo, $D_o = 101{,}6$ mm; diâmetro interno, $D_i = 98{,}4$ mm
- Tubo Shelby *B*: diâmetro externo, $D_o = 89$ mm; diâmetro interno, $D_i = 85{,}7$ mm
- Amostrador bipartido: diâmetro externo, $D_o = 50{,}8$ mm; diâmetro interno, $D_i = 34{,}9$ mm

Calcule a relação de área para cada caso e determine qual amostrador seria apropriado para a caracterização de solo nos ensaios especificados no Problema 17.1.

17.3 A seguir estão os resultados de um ensaio de penetração padrão em areia. Determine os números de penetração padrão corrigidos, $(N_1)_{60}$, nas várias profundidades fornecidas. Note que o nível do lençol freático não foi observado durante a operação de perfuração. Presuma que o peso específico médio da areia seja de 18,7 kN/m^3. Utilize a relação de Liao e Whitman [Eq. (17.10)]. Suponha que $p_a \approx 100$ kN/m^2.

Profundidade, (m)	N_{60}
1,0	10
2,5	12
4,0	14
5,5	15
7,0	17

17.4 Para perfil de solo dado no Problema 17.3, faça a estimativa de ângulo médio de atrito de solo, ϕ', utilizando a correlação de Kulhawy e Mayne [Eq. (17.24)]. Suponha que $p_a \approx 100$ kN/m^2.

17.5 A seguir, são mostrados os resultados de um ensaio de penetração padrão em areia seca.

Profundidade, (m)	N_{60}
0,5	6
2,0	9
3,5	12
5,0	14
6,5	17

Para um depósito de areia, adote a granulometria média, D_{50}, de 1 mm e o peso específico da areia de 18,5 kN/m^3. Calcule a estimativa da variação da densidade relativa com profundidade utilizando a correlação desenvolvida por Cubrinovski e Ishihara [Eq. (17.18)]. Suponha que $p_a \approx 100$ kN/m^2.

17.6 Supondo que o solo do Problema 17.5 seja formado por areia fina média e limpa, use o método de Meyerhof (1957), [Eq. (17.19)], para estimar a variação da densidade relativa com a profundidade.

17.7 Consulte o registro de sondagem mostrado na Figura 17.16. Estime o ângulo médio de atrito drenado, ϕ', usando a correlação de Kulhawy e Mayne [Eq. (17.24)]. Considere que $p_a \approx 100$ kN/m^2.

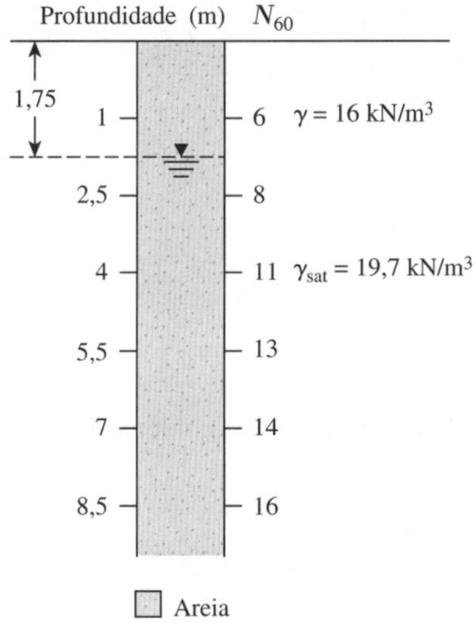

Figura 17.16

17.8 Consulte o Problema 17.7 e a Figura 17.16. Suponha que a sapata (1,5 m × 1,5 m) seja construída a uma profundidade de 1 m.

a. Calcule a estimativa dos valores de projeto para N_{60} e ϕ'.

b. Qual é a carga líquida permitida que a sapata pode suportar? O recalque máximo admissível é de 25 mm. Use as Eqs. (16.56) e (16.61).

17.9 Consulte a Figura 17.16. Calcule a estimativa da variação de resistência à penetração do cone, q_c, com profundidade utilizando a Eq. (17.39) e os valores de c e a fornecidos por Kulhawy e Mayne (Tabela 17.7). Suponha que D_{50} = 0,46 mm.

17.10 Consulte a sapata no Problema 17.8. Para calcular o recalque elástico sob a sapata, é necessário estimar os módulos elásticos de solo de fundação. Utilizando q_c do Problema 17.9 e a Eq. (17.33), calcule a estimativa da variação de módulo elástico com profundidade para o perfil de solo indicado na Figura 17.16.

17.11 Um ensaio de penetração de cone foi conduzido em uma camada de argila saturada. A resistência da ponta do frasco, q_c, a 5,5 m abaixo da superfície do solo foi obtida igual a 1.150 kN/m^2. Se o peso específico da argila saturada for 17,8 kN/m^3, calcule a estimativa da resistência ao cisalhamento não drenado da argila. Use a Eq. (17.35).

17.12 A resistência de ponta do cone (q_c) e ao atrito lateral (f_c) obtidas durante um programa de exploração do subsolo são retratadas na Figura 17.17. Uma sapata quadrada (B = 1,5 m) deve ser construída a uma profundidade de 1 m. Estime o tipo de solo dentro de uma distância de $2B$ abaixo da sapata. Use o gráfico de correlação de Robertson et al. (Figura 17.13).

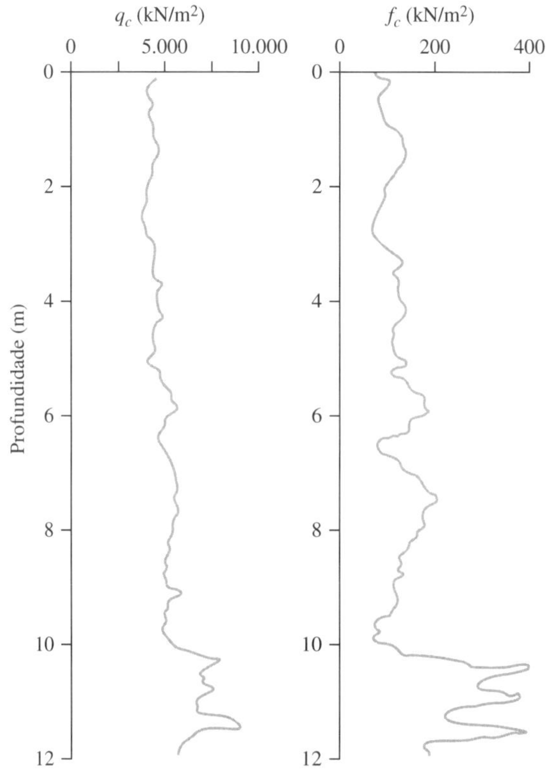

Figura 17.17

17.13 Com base no tipo de solo da zona $2B$ determinada no Problema 17.12, qual seria o N_{60} médio para este solo? Use a Figura 17.13.

17.14 Consulte a sapata do Problema 17.12 e da Figura 17.17.

a. Estime o ângulo de atrito médio, ϕ', dentro da zona $2B$. Considere que o peso específico médio do solo dentro dessa zona é 17 kN/m³.

b. Estime o módulo de elasticidade médio da zona $2B$ para cálculo do recalque. Use a Eq. (17.33).

17.15 Durante um programa de exploração de campo, a rocha foi testemunhada em uma extensão de 4,5 m. O comprimento do testemunho de rocha recuperado era 2,5 m. Todos os pedaços de rocha recuperados com comprimento de 101,6 mm ou mais tinham um comprimento combinado de 2,1 m. Determine o índice de recuperação e a designação de qualidade da rocha. Use a Tabela 17.9 para comentar sobre a qualidade da rocha.

Referências bibliográficas

AMERICAN ASSOCIATION OF STATE HIGHWAY AND TRANSPORTATION OFFICIALS. *Manual of Foundation Investigations*, National Press Building, Washington, D.C., 1967.

AMERICAN SOCIETY OF CIVIL ENGINEERS. Subsurface Investigation for Design and Construction of Foundations of Buildings, Part I, *Journal of the Soil Mechanics and Foundations Division*, ASCE, v. 98, n. SM5, p. 481-490, 1972.

AMERICAN SOCIETY FOR TESTING AND MATERIALS. *Annual Book of ASTM Standards*, v. 04.08. Philadelphia, Pa., 1991.

ANAGNOSTOPOULOS, A. et al. Empirical Correlation of Soil Parameters Based on Cone Penetration Tests (CPT) for Greek Soils, *Geotechnical and Geological Engineering*, v. 21, n. 4, p. 377-387, 2003.

BAZARAA, A. R. *Use of the Standard Penetration Test for Estimating Settlements of Shallow Foundations on Sand*, Ph.D. Dissertation, Civil Engineering Department, University of Illinois, Champaign-Urbana, Illinois, 1967.

BURLAND, J. B.; BURBIDGE, M. C. Settlement of Foundation on Sand and Gravel, *Proceedings*, *Institute of Civil Engineers*, Part I, v. 7, p. 1325-1381, 1985.

CUBRINOVSKI, M.; ISHIHARA, K. Empirical Correlation Between SPT *N*-Value and Relative Density for Sandy Soils, *Soils and Foundations,* v. 39, n. 5, p. 61-92, 1999.

DEERE, D. U. Technical Description of Rock Cores for Engineering Purposes, *Felsmechanik und Ingenieurgeologie,* v. 1, n. 1, p. 16-22, 1963.

KULHAWY, F. H.; MAYNE, P. W. *Manual on Estimating Soil Properties for Foundation Design,* Final Report (EL-6800) submitted to Electric Power Research Institute (EPRI), Palo Alto, Calif, 1990.

LIAO, S.; WHITMAN, R. V. Overburden Correction Factor for SPT in Sand, *Journal of Geotechnical Engineering,* ASCE, v. 112, n. 3, p. 373-377, 1986.

MENARD, L. Rules for Calculation of Bearing Capacity and Foundation Settlement Based on Pressuremeter Tests, *Proceedings,* 6th International Conference on Soil Mechanics and Foundation Engineering, Montreal, Canadá, v. 2, p. 295-299, 1965.

MEYERHOF, G. G. Discussion on Research on Determining the Density of Sands by Spoon Penetration Testing, *Proceedings,* Fourth International Conference on Soil Mechanics and Foundation Engineering, v. 3, p. 110, 1957.

OSTERBERG, J. O. New Piston-Type Sampler, *Engineering News Record,* 24 abr. PECK, 1952.

PECK, R. B.; HANSON, W. E.; THORNBURN, T. H. *Foundation Engineering*, 2. ed., Nova York: Wiley, 1974.

ROBERTSON, P. K.; CAMPANELLA, R. G. Interpretation of Cone Penetration Tests. Part I: Sand, *Canadian Geotechnical Journal,* v. 20, n. 4, p. 718-733, 1983.

_____ et.al. Use of Piezometer Cone Data, in *Use of In Situ Tests in Geotechnical Engineering, Geotechnical Special Publication*, n.6, American Society of Civil Engineers, p.1236–1280, 1986.

SCHMERTMANN, J. H. Measurement of *in situ* Shear Strength, *Proceedings,* Specialty Conference on *in situ* Measurement of Soil Properties, ASCE, v. 2, p. 57-138, 1975.

_____; HARTMAN, J. P; BROWN, P. R. Improved Strain Influence Diagrams, *Journal of the Geotechnical Engineering Division*, American Society of Civil Engineers, v.104, n. GT8, p. 1131–1135, 1978.

SEED, H. B.; ARANGO, I.; CHAN, C. K. *Evaluation of Soil Liquefaction Potential during Earthquakes*, Report n. EERC 75-28, Earthquake Engineering Research Center, University of California, Berkeley, 1975.

______ et al. Influence of SPT Procedures in Soil Liquefaction Resistance Evaluations, *Journal of Geotechnical Engineering,* ASCE, v. 111, n. 12, p. 1426-1445, 1985.

SKEMPTON, A. W. Standard Penetration Test Procedures and the Effect in Sands of Overburden Pressure, Relative Density, Particle Size, Aging and Overconsolidation, *Geotechnique,* v. 36, n. 3, p. 425-447, 1986.

SOWERS, G. B.; SOWERS, G. F. *Introductory Soil Mechanics and Foundations,* Nova York: Macmillan, 1970.

SZECHY, K.; VARGA, L., *Foundation Engineering – Soil Exploration and Spread Foundtion,* Hungria: Akademiai Kiado, 1978.

TERZAGHI, K.; PECK, R. B.; MESRI, G. *Soil Mechanics in Engineering Practice*, 3. ed., Nova York: Wiley, 1996.

TROFIMENKOV, J. G. General Reports: Eastern Europe, *Proceedings,* European Symposium of Penetration Testing, Estocolmo, Suécia, v. 2.1, p. 24-39, 1974.

WOLFF, T. F. Pile Capacity Prediction Using Parameter Functions, in *Predicted and Observed Axial Behavior of Piles, Results of a Pile Prediction Symposium,* sponsored by Geotechnical Engineering Division, ASCE, Evanston, III., jun. 1989, ASCE Geotechnical Special Publication n. 23, p. 96-106, 1989.

CAPÍTULO 18

Introdução aos geossintéticos

18.1 Introdução

Ao longo das últimas quatro décadas, vários tipos de geossintéticos foram usados em diversos projetos de engenharia geotécnica em todo o mundo. O uso de geossintéticos continua crescendo rapidamente e talvez seja um dos avanços mais importantes da profissão de engenharia civil no século XX. De acordo com a norma ASTM D-4439 (ASTM, 2015), um geossintético pode ser definido como um "produto planar, oriundo de materiais poliméricos e usado em combinação com solos, rochas, ou outros materiais relacionados com engenharia geotécnica como parte integrante de projetos, estruturas ou sistemas produzidos por humanos". Produtos geossintéticos, que não são biodegradáveis, são fabricados com polímeros como polipropileno (PP), poliéster (PET), polietileno (PE) e poliamida (náilon). A maioria dos principais produtos geossintéticos disponíveis comercialmente pode ser classificada nas categorias a seguir:

a. Geotêxtil
b. Geogrelha
c. Geomembrana
d. Georrede
e. Geocompostos argilosos (GCL)

Existem outros produtos geossintéticos, como geotubos, geocélulas e geocompostos, disponíveis no mercado. Entretanto, eles não serão discutidos neste capítulo. Cada tipo de geossintético executa uma das cinco grandes funções listadas abaixo (ou mais):

- Separação
- Reforço
- Filtragem
- Drenagem
- Barreira de fluxo

O objetivo deste capítulo é dar uma breve introdução aos leitores sobre os principais tipos de produtos geossintéticos listados e detalhar algumas de suas aplicações práticas na área.

18.2 Geotêxtil

Os geotêxteis são têxteis no sentido tradicional. No entanto, os tecidos com que eles são fabricados são derivados de petróleo, como poliéster, polietileno e polipropileno, em vez de tecidos naturais que se decompõem ou desintegram rapidamente. Eles também podem ser feitos de fibra de vidro. Eles podem ser tricotados, *tecidos* ou *não tecidos*. *Geotêxteis* tricotados são formados pelo entrelaçamento de uma série de anéis de um ou mais filamentos ou fios para formar uma estrutura planar, mas eles raramente são utilizados. *Geotêxteis tecidos* (Figura 18.1) são feitos com dois conjuntos de filamentos paralelos, ou fios, entrelaçados sistematicamente para formar uma estrutura planar. *Geotêxteis não tecidos*

(Figura 18.2) são formados a partir de filamentos de fibras curtas organizadas em um padrão orientado ou aleatório em uma estrutura planar. A princípio, esses filamentos, ou fibras curtas, são organizados em uma teia solta. Depois, eles são unidos com uma combinação dos processos a seguir.

Figura 18.1 Geotêxtil tecido (*Cortesia de Reinaldo Vega-Meyer, Beaumont, Texas.*)

Figura 18.2 Geotêxtil não tecido (*Cortesia de Reinaldo Vega-Meyer, Beaumont, Texas.*)

1. *Ligação química*: com cola, borracha, látex, derivados de celulose, etc.
2. *Ligação térmica*: aquecimento para fusão parcial dos filamentos.
3. *Ligação mecânica*: por agulhamento.

Os *geotêxteis não tecidos agulhados* (Figura 18.3) são grossos e têm elevada condutividade hidráulica dentro do plano.

Os geotêxteis apresentam quatro usos principais:

1. *Drenagem:* Os tecidos conseguem canalizar rapidamente a água do solo para várias saídas.
2. *Filtragem:* Quando colocado entre duas camadas do solo, um granular grosso e um granular fino, o tecido permite a percolação livre de água de uma camada para a outra. Ao mesmo tempo, ele protege o solo granular fino de ser lavado no solo granular grosso.
3. *Separação:* Os geotêxteis ajudam a manter várias camadas de solo separadas depois da construção. Por exemplo, na construção de rodovias, um subleito argiloso pode ser mantido separado de um curso de base granular.
4. *Reforço:* A resistência à tração dos geotêxteis aumenta a capacidade de carga do solo.

Os geotêxteis disponíveis atualmente no mercado têm espessuras que variam de cerca de 0,25 a 7,5 mm. A massa por unidade de área desses geotêxteis varia de aproximadamente 150 a 700 g/cm^2.

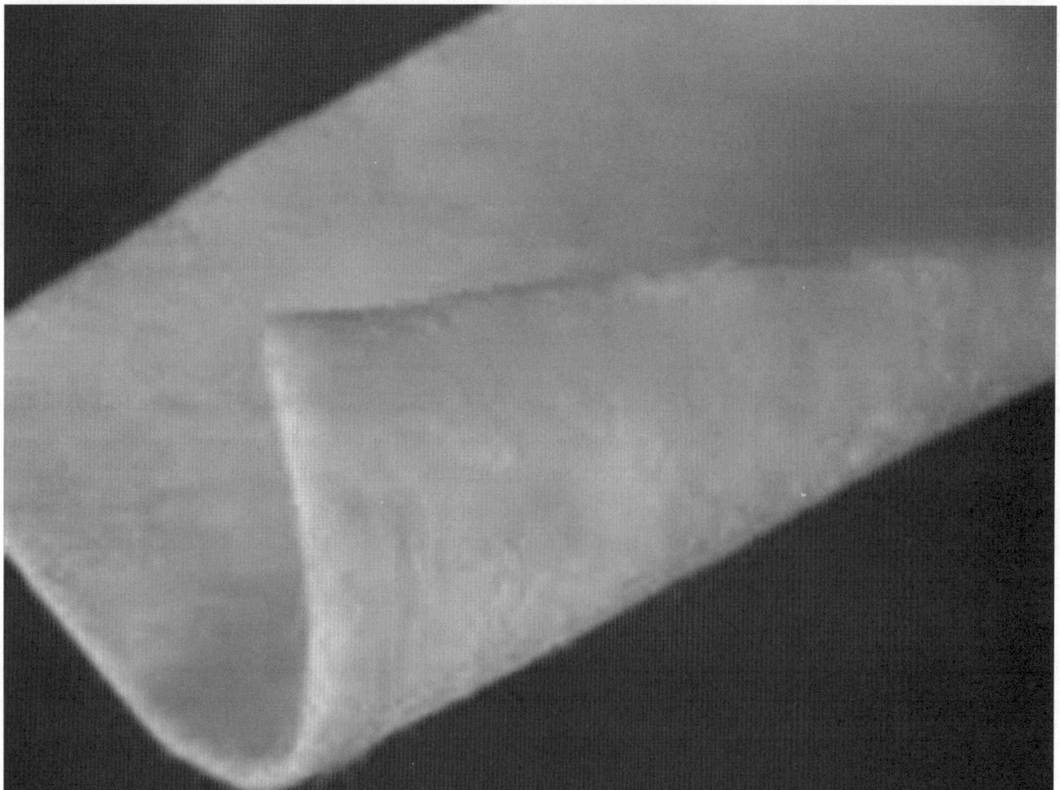

Figura 18.3 Geotêxtil não tecido agulhado (*Cortesia de Reinaldo Vega-Meyer, Beaumont, Texas.*)

Resistência à tração

A resistência à tração dos geotêxteis é um parâmetro importante para a consideração de projeto e normalmente é expressa em termos de força por unidade de largura. A resistência à tração depende de inúmeros parâmetros, como tipo de fabricação, massa por unidade de área, espessura e tipo de ensaio. A Tabela 18.1 apresenta os resultados experimentais de alguns ensaios de laboratório registrados por Koerner (2005) e ilustram a variedade de parâmetros encontrados em vários geotêxteis. A Tabela 18.2 traz alguns valores típicos das propriedades de tração dos geotêxteis.

Tabela 18.1 Resistência à tração e deformação durante a até a ruptura de alguns geotêxteis [Valores interpolados a partir dos resultados de Koerner (2005)]

Tipo de fabricação	Massa/unidade de área (g/m²)	Espessura (mm)	Resistência à tração (kN/m)	Deformação na ruptura (%)
Tecido monofilamentar	200	0,38	37,7	21,9
Tecido laminetes	170	0,25	28,2	26,3
Tecido multifilamentar	270	0,71	60,0	30,0
Não tecido termoligado	135	0,33	24,1	68,8
Não tecido agulhado	200	0,63	27,3	72,5

Tabela 18.2 Valores típicos de propriedades de tração para algumas geogrelhas

Tipo de geotêxtil	Resistência à tração (kN/m)	Extensão sob a carga máxima (%)	Massa por unidade de área (g/cm²)
Não tecido			
Termoligado	3-30	20-60	60-360
Agulhado	7-90	30-80	100-3000
Ligação por resina	5-30	25-50	125-800
Tecido			
Monofilamentar	20-80	20-35	150-300
Multifilamentar	40-1200	10-30	250-1500
Plano	10-90	15-25	90-250

Baseado em Shukla (2015)

Permeabilidade

Uma das principais funções dos geotêxteis é a filtragem. Para esse fim, a água deve ser capaz de fluir livremente ao longo do tecido do geotêxtil (Figura 18.4a). Portanto, a *condutividade hidráulica cortando o plano* é um parâmetro importante para projetos. Deve-se perceber que tecidos geotêxteis são compressíveis. Portanto, a espessura deles pode mudar dependendo da tensão normal efetiva à qual estão sujeitos. A mudança de espessura sob tensão normal também muda a condutividade hidráulica cortando o plano de um geotêxtil. Deste modo, a condutividade hidráulica transversal ao plano é expressa em termos da permissividade, ou

$$P = \frac{k_n}{t} \tag{18.1}$$

Onde P = permissividade (s^{-1})
k_n = condutividade hidráulica para fluxo transversal (cm/s)
t = espessura do geotêxtil

A magnitude de k_n pode variar de cerca de 1×10^{-3} a aproximadamente $2{,}5 \times 10^{-1}$ cm/s. De modo semelhante, a magnitude de P pode estar em uma faixa de 2×10^{-2} a $2{,}0\ s^{-1}$.

Da mesma forma, para realizar a função de drenagem de modo satisfatório, os geotêxteis devem possuir uma excelente permeabilidade dentro do plano (Figura 18.4b). Pelos motivos expressos anteriormente, a condutividade hidráulica dentro do plano também depende da compressibilidade e, consequentemente, da espessura do geotêxtil. Assim, a capacidade de drenagem dentro do plano pode ser expressa em termos de uma quantidade chamada *transmissibilidade* ou

$$T = k_p t \tag{18.2}$$

Onde T = transmissibilidade ($m^3/s{\cdot}m$)
k_p = condutividade hidráulica para fluxo dentro do plano (cm/s, m/s).

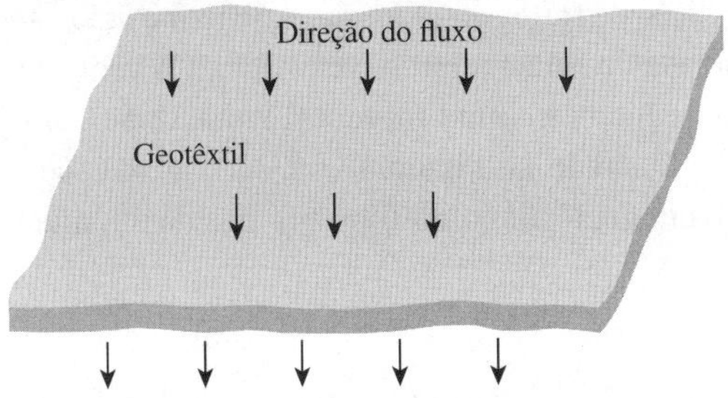

(a)

(b)

Figura 18.4 (a) Fluxo transversal ao plano ao longo do geotêxtil; (b) fluxo ao longo do plano em um geotêxtil.

Os intervalos de T e k_p são os seguintes (Gerry e Raymond, 1963):

- *Transmissibilidade T*
  Não tecido: 2×10^{-6} a 3×10^{-9} $m^3/s{\cdot}m$
  Tecido: $1{,}2 \times 10^{-8}$ a 3×10^{-8} $m^3/s{\cdot}m$
- *Condutividade hidráulica* k_p
  Não tecido: 1×10^{-3} a 5×10^{-2} cm/s
  Tecido: 2×10^{-3} a 4×10^{-3} cm/s

Propriedades que devem ser consideradas para projetos

Quando a utilização de um geotêxtil está sendo considerada para o uso em projetos e construções, determinadas propriedades devem ser avaliadas com base em ensaios para determinar a aplicabilidade do geotêxtil. Uma lista parcial desses ensaios é mostrada abaixo:

1. Massa por unidade de área
2. Abertura aparente
3. Abertura de filtração
4. Espessura
5. Exposição à radiação UV
6. Permissividade
7. Transmissibilidade
8. Resistência ao puncionamento estática e dinâmica
9. Dano por abrasão
10. Compressibilidade
11. Resistência à tração e propriedades de fluência
12. Resistência química

Alguns exemplos de uso de geotêxteis

Existem muitas aplicações de geotêxteis na indústria de construção atual. Descrever todas elas está além do escopo deste capítulo. Entretanto, a Figura 18.5 traz algumas aplicações práticas de geotêxteis na área. A Figura 18.5a mostra o uso de geotêxtil entre o subleito e uma camada de agregados em uma estrada não pavimentada. As funções do geotêxtil neste caso são tanto reforço quanto separação entre o subleito macio e a camada granular. Ele ajuda a reduzir a espessura de agregados para uma determinada condição de tráfego. A Figura 18.5b exibe uma camada de geotêxtil colocada para reforço abaixo de um dique sobre uma camada de solo compressível macio. Os geotêxteis podem ser usados para reforçar um talude a fim de aumentar seu fator de segurança contra ruptura (Figura 18.5c). Um muro de arrimo com aterro granular reforçado com camadas de geotêxtil é ilustrado na Figura 18.5d. As camadas de geotêxtil aumentam a estabilidade do muro. A Figura 18.5e mostra o uso de um geotêxtil como filtro por trás de um muro de arrimo.

18.3 Geogrelha

Uma geogrelha é definida como um material polimérico (isto é, geossintético) composto por conjuntos paralelos de arestas elásticas conectadas com aberturas com tamanho suficiente para permitir a penetração do solo, pedras ou outros materiais geotécnicos do entorno. As geogrelhas normalmente são feitas com polietileno de alta densidade (HDPE) e polipropileno (PP). A principal função de uma geogrelha é o *reforço*. A Netlon Limited, do Reino Unido, foi a primeira fabricante de geogrelhas (chamadas de *geogrelhas extrudadas*). Em 1982, a Tensar Corporation, atualmente Tensar International Corporation, introduziu as geogrelhas extrudadas nos Estados Unidos.

As geogrelhas extrudadas são formadas usando uma folha grossa de polietileno ou polipropileno, que é perfurada e deformada para criar aberturas e para melhorar as propriedades de engenharia das arestas e nós resultantes. As geogrelhas extrudadas normalmente são uniaxiais ou biaxiais. Uma geogrelha uniaxial (Figura 18.6a) é fabricada alongando uma folha perfurada de polietileno de alta densidade extrudado em uma direção sob condições cuidadosamente controladas. Esse processo alinha as moléculas de cadeia longa do polímero na direção do deslocamento e resulta em um produto com alta resistência à tração unidirecional e módulo elevado. Uma geogrelha biaxial (Figura 18.6b) é fabricada alongando a folha perfurada de polipropileno em duas direções ortogonais. Esse processo resulta em um produto com alta resistência à tração e módulo elevado em duas direções perpendiculares. As aberturas da grelha resultantes podem ser quadradas ou retangulares.

Mais recentemente, a geogrelha extrudada com aberturas triangulares (triaxial) foi introduzida para fins de construção (Figura 18.6c). A geogrelha com aberturas triangulares é fabricada a partir de uma folha perfurada de polipropileno que é orientada em três direções substancialmente equilaterais, de modo que as arestas resultantes tenham um alto grau de orientação molecular.

Outros tipos de geogrelha disponíveis atualmente são as *tecidas* e *soldadas*. Uma geogrelha tecida é fabricada através do agrupamento de tiras poliméricas – normalmente poliéster ou polipropileno –, entrelaçando-as em um padrão de trama posteriormente revestido com um verniz polimérico. Uma geogrelha soldada é fabricada pela fusão de junções de tiras poliméricas. A Figura 18.7 mostra um exemplo de geogrelha soldada.

As geogrelhas comerciais disponíveis atualmente para reforço do solo têm espessura nominal da aresta de cerca de 0,5 a 1,5 mm e junções de aproximadamente 2,5 a 5 mm. A dimensão das aberturas varia de 25 a 150 mm. As geogrelhas são fabricadas para que as áreas abertas das grelhas sejam maiores que 50% da área total. Elas desenvolvem resistência de reforço em baixos níveis de deformação (como 2%). As geogrelhas extrudadas em geral têm massa por unidade de área de 200 a 1100 g/m² com uma resistência à tração de 10 a 200 kN/m.

Mecanismo de reforço

Conforme expresso anteriormente, a principal função de uma geogrelha é o *reforço*. Elas são relativamente rígidas. As aberturas são grandes o bastante para permitir o entrelaçamento com o solo ou as rochas do entorno (Figura 18.8) e executar a função de reforço ou separação (ou ambas). Sarsby (1985) investigou a influência do tamanho da abertura sobre o tamanho das partículas do solo para a eficiência de atrito máxima (ou eficiência contra saída). De acordo com esse estudo, a maior eficiência ocorre quando

$$B_{GG} > 3{,}5D_{50} \tag{18.3}$$

Onde B_{GG} = largura mínima da abertura da geogrelha
D_{50} = o tamanho da partícula através do qual 50% do solo passa (isto é, o tamanho médio da partícula)

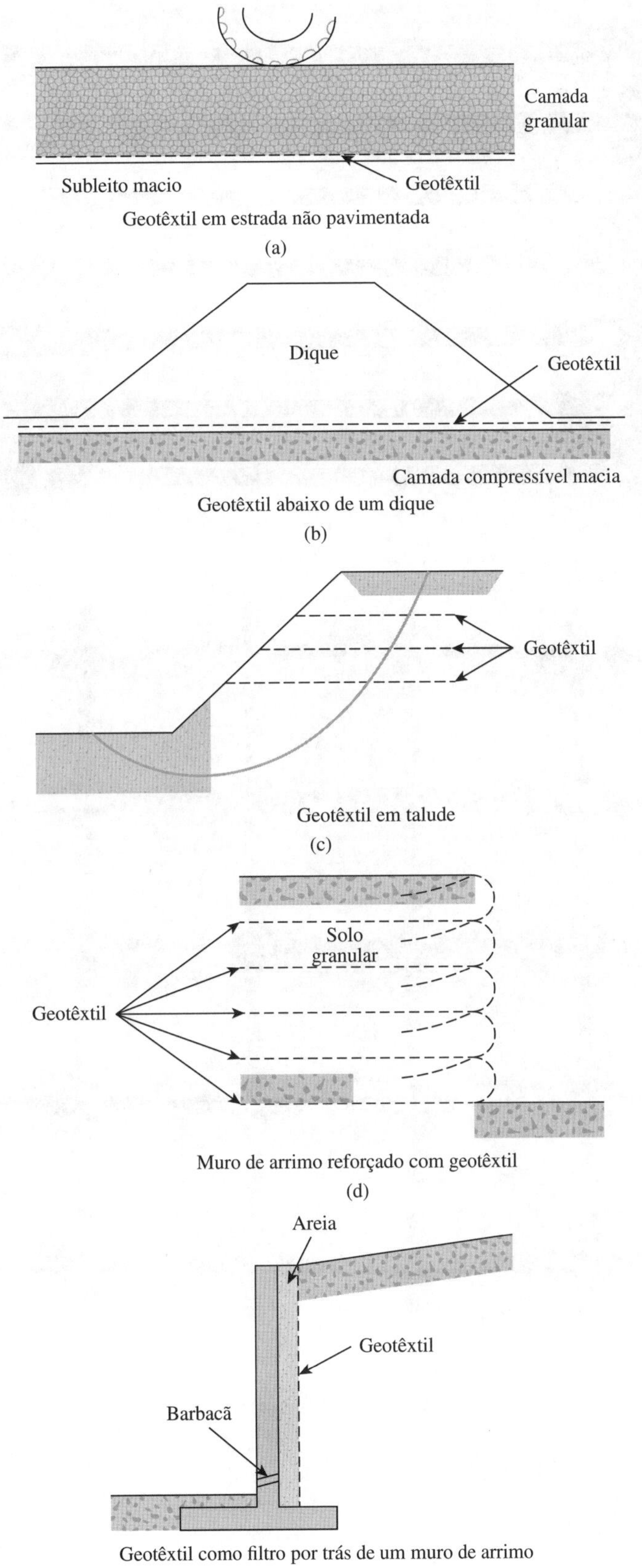

Figura 18.5 Exemplos de uso de geotêxteis.

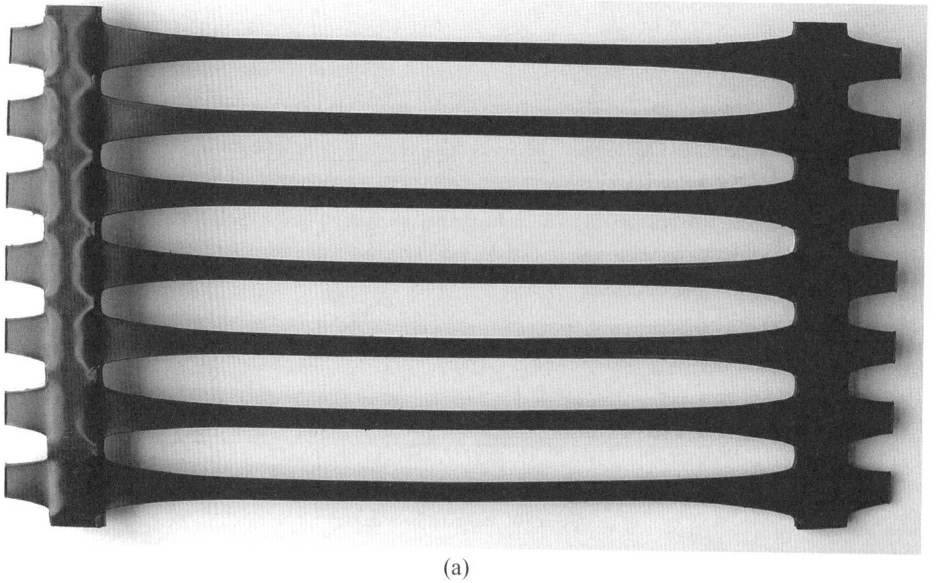

(a)

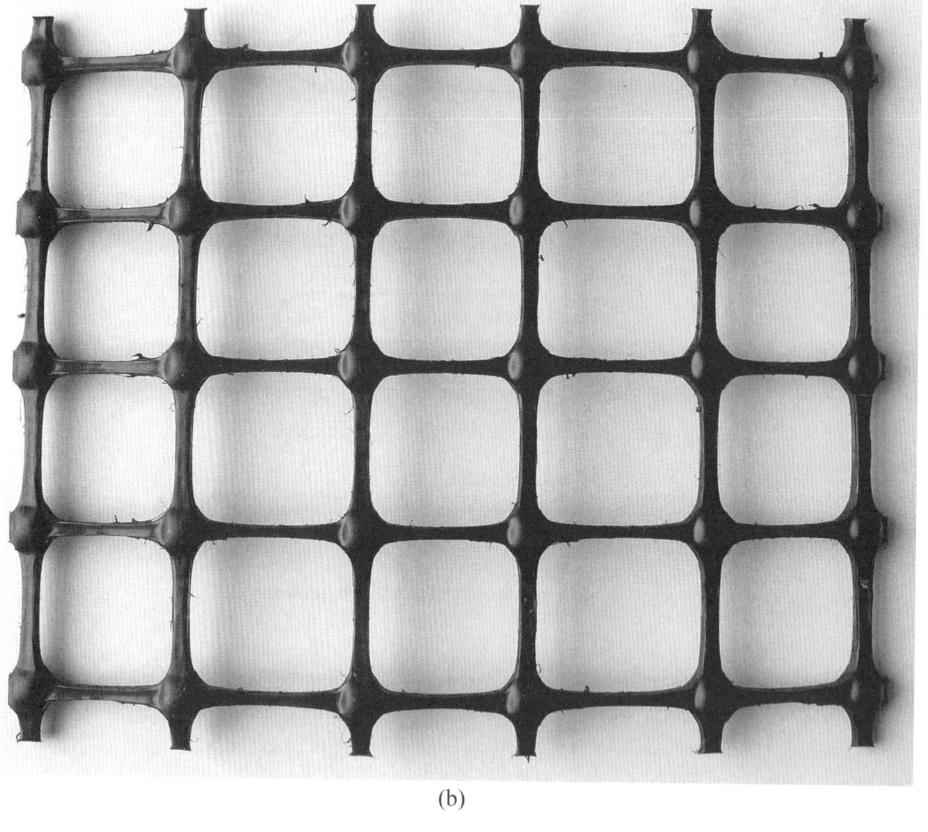

(b)

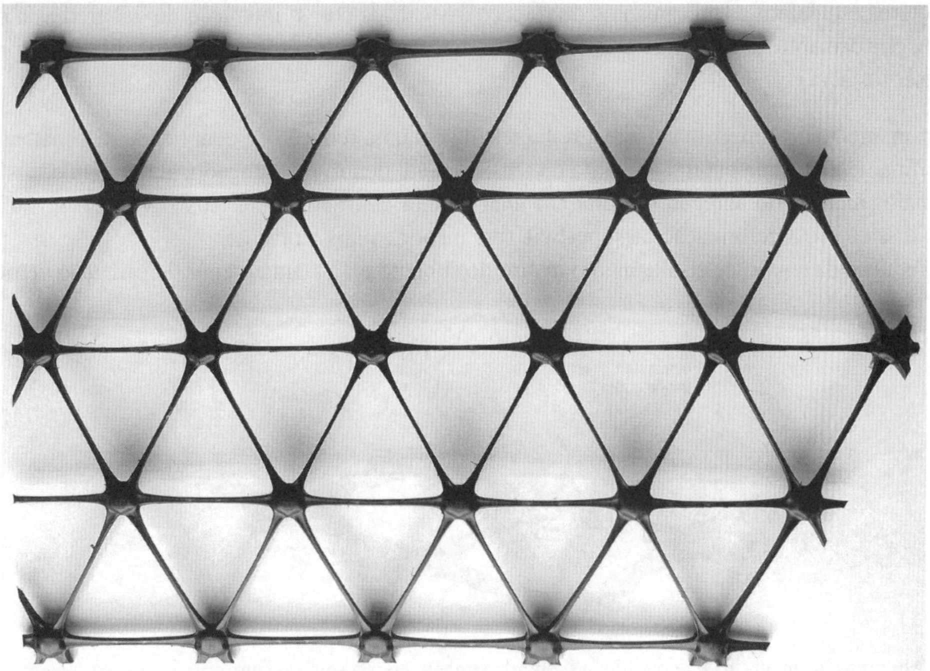

(c)

Figura 18.6 Geogrelha extrudada: (a) uniaxial; (b) biaxial; (c) triaxial (*Cortesia de Tensar International, Shadsworth, Blackburn, Reino Unido.*)

Figura 18.7 Geogrelha termossoldada (*Cortesia de Reinaldo Vega-Meyer, Beaumont, Texas.*)

Vários autores estudaram os mecanismos de reforço associados com a interação de geogrelhas e o agregado solto. Perkins (1999), por exemplo, sugeriu que existem quatro mecanismos de reforço distintos. Eles são apresentados na Figura 18.9 e descritos aqui.

a. O confinamento do agregado pela geogrelha resulta em uma redução da quantidade de espalhamento lateral.
b. O confinamento resulta em um aumento da tensão lateral dentro do agregado, aumentando, assim, sua rigidez.
c. Um maior módulo do agregado resulta em uma melhor distribuição de tensão vertical no subleito de base. O efeito disso é que a deformação da superfície será menor e mais uniforme.
d. Uma redução da tensão de cisalhamento dentro do subleito leva a uma menor deformação vertical.

Figura 18.8 Aberturas da geogrelha que permitem o entrelaçamento com o solo do entorno.

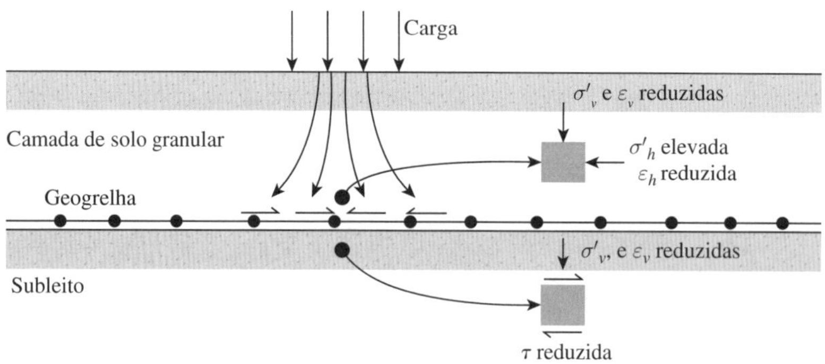

Figura 18.9 Mecanismo de reforço de uma geogrelha em solo granular sobre um subleito. (*Observação*: σ'_v = tensão efetiva vertical, σ'_h = tensão efetiva horizontal, ε_v = deformação normal na direção vertical, ε_h = deformação normal na direção horizontal, τ = tensão de cisalhamento.)

Propriedades mecânicas que devem ser consideradas para projetos

A lista abaixo apresenta propriedades mecânicas de geogrelhas que devem ser levadas em consideração para fins de projetos.

- Resistência da aresta e da junção
- Resistência à tração em faixa larga
- Resistência ao cisalhamento
- Resistência de ancoragem para retirada do solo

Exemplos de aplicação na área

Existem vários tipos de aplicações de geogrelhas no campo. Contudo, apenas algumas delas são exibidas na Figura 18.10. As geogrelhas podem ser usadas para construir muros de contenção de terra mecanicamente estabilizados, como mostra a Figura 18.10a. As camadas reforçadoras de geogrelha são colocadas em um aterro granular. As geogrelhas são usadas como reforço no lastro sob trilhos de trens (Figura 18.10b) para reduzir a frequência da manutenção. Elas também podem ser colocadas diretamente no subleito mais fraco debaixo dos trilhos para melhorar a capacidade de sustentação (Figura 18.10c). Existem vários casos em que as camadas de geogrelha podem ser usadas para reforçar e estabilizar taludes (Figura 18.10d). A capacidade de sustentação final e admissível de uma fundação rasa em solos granulares pode ser melhorada usando um reforço de geogrelhas com várias camadas (Figura 18.10e).

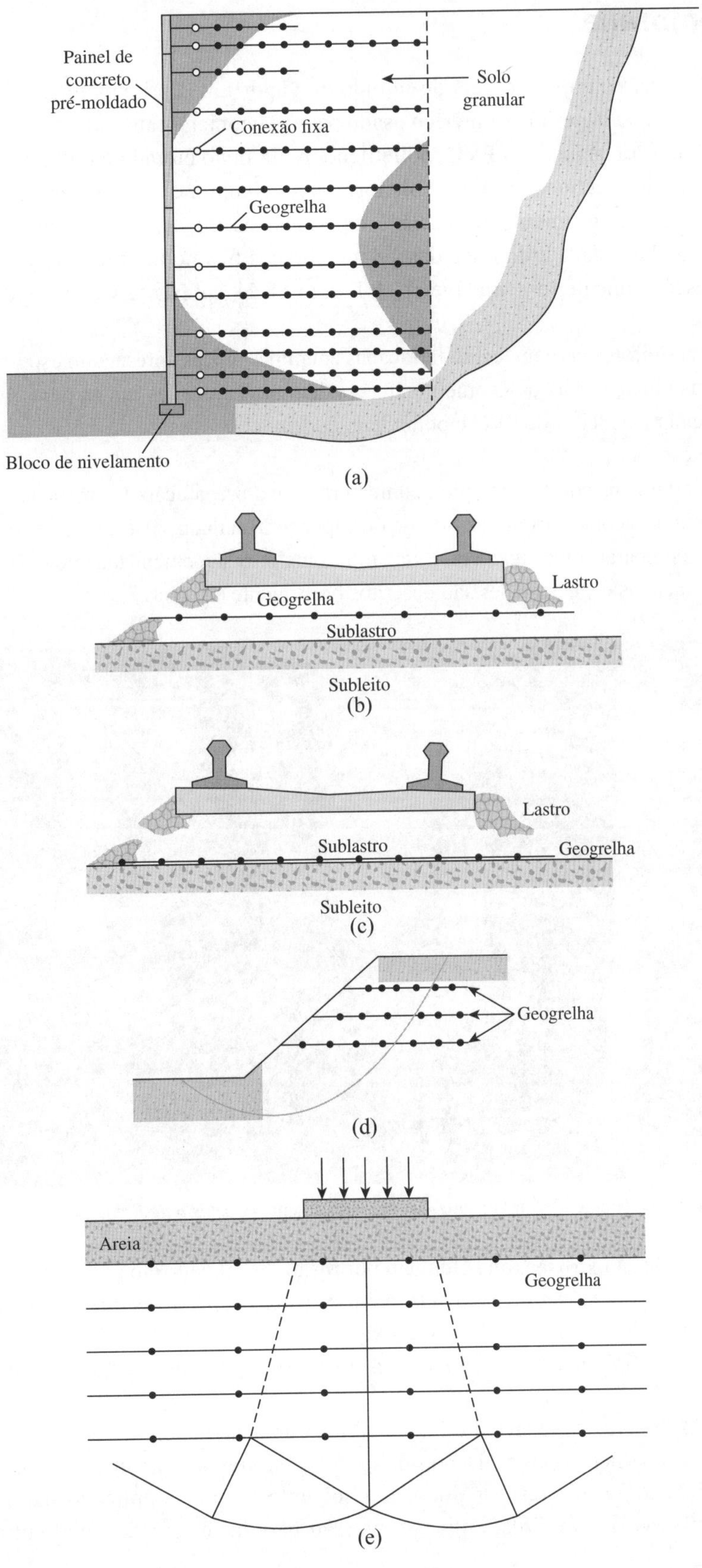

Figura 18.10 (a) Muro de contenção de terra mecanicamente estabilizado com aterro granular reforçado com geogrelha; (b) reforço de geogrelha na camada de lastro sob trilhos de trem para redução da manutenção; (c) melhoria da capacidade de sustentação por meio da colocação de geogrelhas diretamente no subleito mais fraco abaixo dos trilhos; (d) uso de geogrelhas para estabilidade de taludes; (e) uso de geogrelhas em solo granular debaixo de uma fundação rasa para melhoria da capacidade de sustentação.

18.4 Geomembrana

As geomembranas são barreiras impermeáveis de líquido ou vapor feitas principalmente com folhas poliméricas contínuas e flexíveis. O tipo de material polimérico usado para as geomembranas pode ser *termoplástico* ou *termofixo*. Os polímeros termoplásticos incluem PVC, polietileno, polietileno clorado e poliamida. Os polímeros termofixos incluem espuma vinílica acetinada (EVA), policloropreno (Neoprene) e isobutileno isopreno (borracha butílica). Embora acredite-se que as geomembranas sejam impermeáveis, elas não são. Testes de transmissão de vapor d'água mostram que a condutividade hidráulica das geomembranas fica no intervalo de 10^{-10} a 10^{-13} cm/s. Portanto, elas são apenas "essencialmente impermeáveis". A Figura 18.11 apresenta várias espécies de geomembranas disponíveis no mercado.

Muitas geomembranas reforçadas com tecido fabricadas em pilhas únicas apresentam espessuras que variam de 0,25 a cerca de 0,4 mm. Essas pilhas únicas de geomembranas podem ser laminadas juntas para criar geomembranas mais grossas. Algumas geomembranas feitas de PVC e polietileno podem ter a grossura de 4,5 a 5 mm. A principal função da geomembrana é a contenção.

O aspecto mais importante da construção com geomembranas é a preparação de emendas, caso contrário, o motivo básico para usar geomembranas como barreira de líquido ou vapor será anulado. As folhas de geomembrana normalmente são unidas na fábrica para preparar folhas maiores. Essas folhas maiores são emendadas no campo em sua posição final. Existem vários tipos de emendas e alguns deles são descritos brevemente a seguir.

Figura 18.11 Várias espécies de geomembranas produzidas comercialmente (*Cortesia de Reinaldo Vega-Meyer, Beaumont, Texas.*)

- *Emenda por extrusão*: A extrusão, ou soldagem por fusão, é realizada em geomembranas feitas de polietileno. Uma tira de polímero derretido é extrudada entre as duas superfícies que serão unidas. A Figura 18.12a mostra uma emenda do tipo *filete*, em que o extrudado é colocado sobre a margem da emenda. A Figura 18.12b apresenta um tipo de emenda *plana*. Neste caso, o extrudado é colocado entre duas folhas que serão unidas.
- *Emenda por fusão térmica*: Neste método (Figura 18.12c), ar quente é soprado entre duas folhas de geomembrana para derreter as superfícies opostas. Depois disso, aplica-se pressão para ligar as duas folhas.
- *Emenda por fusão química*: Neste método, um solvente líquido é aplicado nas margens das duas folhas de geomembrana. Em seguida, aplica-se pressão para haver contato total entre as duas bordas (Figura 18.12d).
- *Emenda adesiva*: Para esse método, os agentes de ligação são aplicados nas superfícies de contato das duas folhas que serão unidas. As duas margens são colocadas uma sobre a outra, aplicando pressão para contato total (Figura 18.12e). Esse processo é aplicável às geomembranas termofixas.

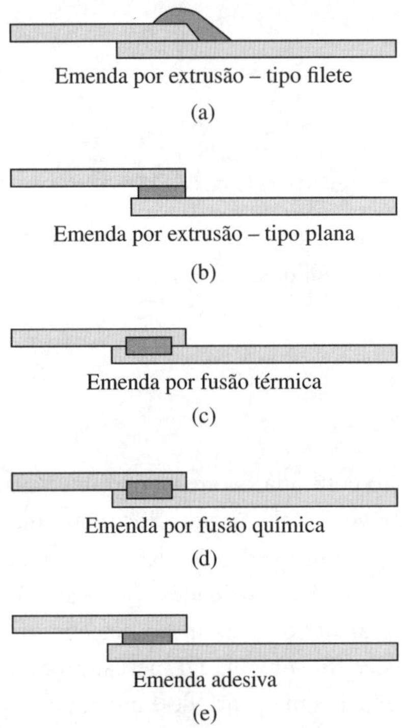

Figura 18.12 Emendas de geomembranas.

Resistência à tração

A Tabela 18.3 apresenta os valores típicos de resistência à tração de vários tipos de geomembranas utilizadas.

Tabela 18.3 Valores típicos de propriedades de tração de geomembranas

Tipo de geomembrana	Resistência à tração (kN/m)	Extensão sob a carga máxima (%)	Massa por unidade de área (g/m²)
Reforçada (feita de betume e geotêxtil não tecido)	20-60	30-60	1000-3000
Plastomérica (feita de HDPE, LDPE, PP ou PVC)			
Não reforçada	10-50	50-200	500-3500
Reforçada	30-60	15-30	600-1200

Baseado em Shukla (2015)

Propriedades que devem ser consideradas para projetos

Abaixo, apresentamos uma lista parcial de testes que devem ser conduzidos nas geomembranas quando elas estão sendo avaliadas para projetos:

1. Densidade
2. Massa por unidade de área
3. Capacidade de transmissão de vapor d'água
4. Comportamento de tração
5. Resistência ao rasgo
6. Resistência ao estouro
7. Resistência ao puncionamento
8. Fissuramento sob tensão
9. Resistência química

10. Resistência à luz ultravioleta
11. Propriedades térmicas
12. Desempenho das emendas

Alguns exemplos do uso de geomembranas

As geomembranas têm sido usadas em projetos de construção como revestimento para controle de infiltração em trincheiras de corte, lagoas solares, aterros de resíduos sólidos, impermeabilização de canais de transporte de túneis, controle de infiltração em barragens de rejeitos e outros.

18.5 Georredes

As georredes são formadas pela extrusão contínua de arestas poliméricas em ângulos agudos em relação às outras. Elas têm grandes aberturas em uma configuração parecida com uma rede. A principal função das georredes é a drenagem. A Figura 18.13 é uma foto de um pedaço típico de georrede. A maioria das georredes disponíveis atualmente é feita de polietileno de média e alta densidades. Elas estão disponíveis em rolos com largura de 1,8 a 2,1 m e comprimento de 30 a 90 m. O tamanho aproximado das aberturas varia de 30 mm × 30 mm a cerca de 6 mm × 6 mm. A espessura das georredes disponíveis no mercado pode variar de 3,8 m a 7,6 mm. A principal função da georrede é a drenagem. A junção de uma georrede é um pouco mais difícil que a das geomembranas. Por esse motivo, grampos, laços com rosca e fios são utilizados algumas vezes.

Como a principal função de uma georrede é a drenagem, a vazão dentro do plano [*transmissibilidade*, T – ver definição da Eq. (18.2)] é um importante parâmetro de projeto. O teste de transmissibilidade pode ser conduzido usando a designação de teste D-4716 da ASTM (ASTM, 2015). É importante destacar que o fluxo ao longo de uma georrede tem, em geral, natureza turbulenta e é uma função da tensão normal efetiva (σ') e do gradiente hidráulico (i). A natureza da variação da vazão (q) com σ' e i é exibida na Figura 18.14. Portanto, para uma determinada georrede com uma determinada σ',

Figura 18.13 Um pedaço típico de georrede (*Cortesia de Braja M. Das, Henderson, Nevada.*)

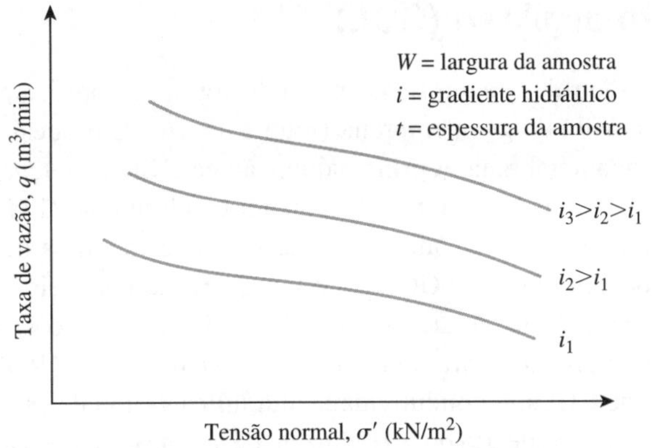

Figura 18.14 Taxa de vazão dentro do plano em uma georrede – natureza da variação com σ' e i.

$$q = k_p iA = k_p i(Wt) \tag{18.4}$$

onde q = vazão (m^3/m)
A = área transversal de fluxo (m^2)
k_p = condutividade hidráulica dentro do plano (m/min)
W = largura da amostra (m)
i = gradiente hidráulico
t = espessura da amostra (m)
Assim,

$$\text{Transmissibilidade, } T\ (\text{m}^3/\text{min} \cdot \text{m}) = \frac{q}{Wi} = k_p t \tag{18.5}$$

Exemplos de uso de georredes

A Figura 18.15a apresenta um corte transversal de uma rodovia. Para fins de drenagem, uma camada de georrede foi colocada debaixo da rodovia, entre camadas de geotêxtil (uma por cima e outra por baixo da camada de georrede). Neste caso, a georrede servia como um substituto da camada de material granular. De modo semelhante, a Figura 18.15b mostra como uma camada de georrede pode ser usada por trás de um muro de arrimo para drenagem longe do aterro. Aplicações parecidas podem ser encontradas em outros projetos de construção.

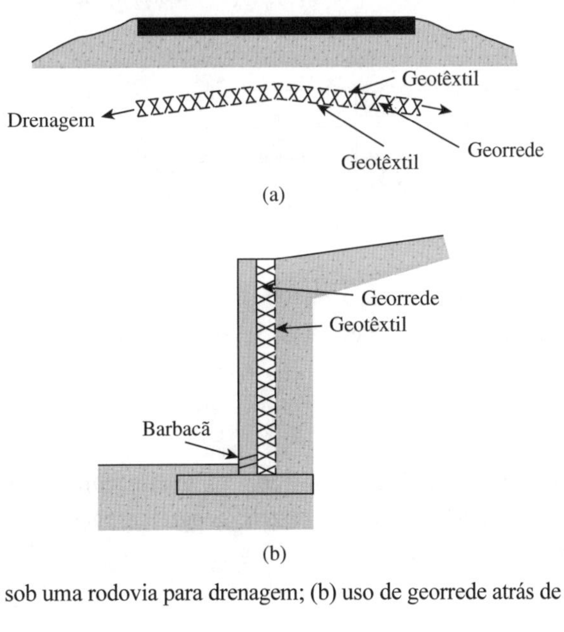

Figura 18.15 (a) Uso de georrede sob uma rodovia para drenagem; (b) uso de georrede atrás de um muro de arrimo para drenagem.

18.6 Geocomposto argiloso (GCL)

Geocompostos argilosos (GCL) são rolos de um fina camada de argila bentonítica posicionada entre duas camadas de geotêxtil ou ligada a uma camada de geomembrana (Figura 18.16). Um adesivo é adicionado à argila para a união dela com o geotêxtil ou a geomembrana. A principal função do GCL é *contenção* (barreira hidráulica). A bentonita sódica é preferível ao GCL manufaturado, pois tem menor condutividade hidráulica. No entanto, a bentonita cálcica pode ser misturada com hidróxido de sódio para preparar revestimentos de argila. A espessura da maioria dos GCLs é cerca de 5 mm (Koerner, 2005). O GCL pode ser reforçado por meio do agulhamento das duas camadas de geotêxteis não tecidos e da camada de argila entre elas. A ligação por costura pode ser usada para reforço quando um geotêxtil tecido for empregado para fabricar o GCL. Daniel et al. (1997) registraram os resultados de vários testes de permeabilidade de GCLs. A condutividade hidráulica variou de cerca de 2×10^{-9} a 2×10^{-10} cm/s.

A Figura 18.17 traz alguns exemplos de uso do revestimento de argila geossintética. A Figura 18.17a é um diagrama usando o GCL para um canal e a Figura 18.17b mostra o GCL debaixo de um tanque de armazenamento.

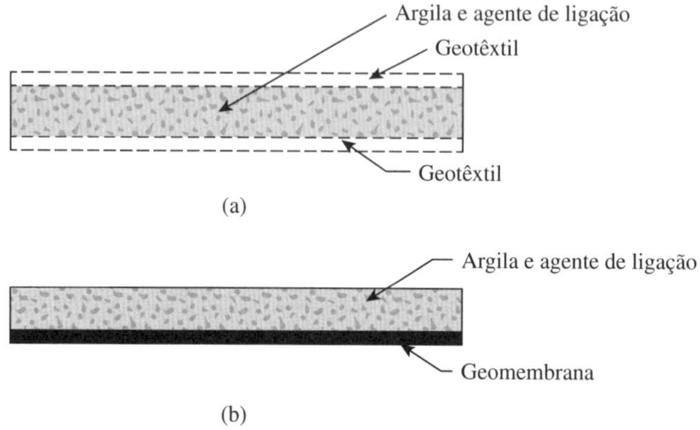

Figura 18.16 Revestimento de argila geossintética (GCL): (a) argila entre duas camadas de geotêxtil; (b) argila em uma camada de geomembrana.

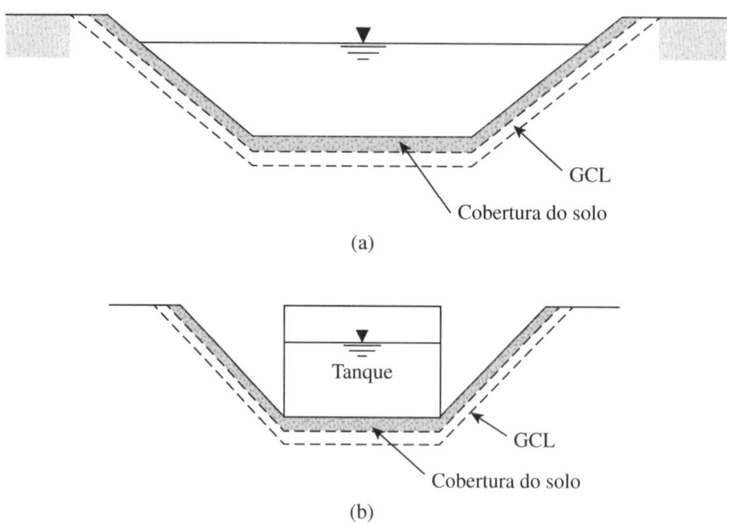

Figura 18.17 Uso de revestimento de argila geossintética (GCL): (a) em um canal; (b) debaixo de um tanque de armazenamento.

18.7 Resumo

Os geossintéticos são materiais não biodegradáveis feitos com polímeros como polipropileno, poliéster, polietileno e poliamida. Os principais produtos geossintéticos são geotêxteis, geogrelhas, geomembranas, georredes e geocompostos argilosos (GCL). As funções desses produtos são:

- *Geotêxtil*: Separação, reforço, filtragem e drenagem.
- *Geogrelha*: Reforço.
- *Geomembrana*: Barreira hidráulica (contenção).
- *Georrede*: Drenagem.
- *Geocomposto argiloso*: Barreira hidráulica (contenção).

As propriedades físicas gerais importantes desses produtos geossintéticos foram discutidas brevemente neste capítulo. Alguns exemplos de aplicações no campo também foram apresentados.

Geodutos, geocélulas e *geocompostos* são outros produtos geossintéticos usados no setor de construção. Porém, eles não foram explicados neste capítulo.

Referências bibliográficas

AMERICAN SOCIETY FOR TESTING AND MATERIALS. *Annual Book of ASTM Standards*, v. 04.13, West Conshoken, PA, 2015.

DANIEL, D.E.; BOWDERS, J.J.; GILBERT, R.B. Laboratory Hydraulic Conductivity of GCLs in Flexible-Wall Permeameters, In *Testing and Acceptance Criteria for Geosynthetic Clay Liners*, ASTM STP 1308, ed. L.W. Well, ASTM, p. 208-228, 1997.

GERRY, G.S.; RAYMOND, G.P. The In-Plane Permeability of Geotextiles, *Geotechnical Testing Journal*, ASTM, v. 6, n. 4, p. 181-189, 1963.

KOERNER, R.M. *Designing with Geosynthetics*, 5. ed., Englewood Cliffs, NJ : Prentice-Hall, 2005.

PERKINS, S.W. *Geosynthetic Reinforcement of Flexible Pavements: Laboratory-Based Pavement Test Sections*. Federal Highway Administration Report No. FHWA/MT-99-001/81838, 1999.

SARSBY, R.W. The Influence of Aperture Size/Particle Size on the Efficiency of Grid Reinforcement, *Proceedings,* 2nd *Canadian Symposium on Geotextiles and Geomembranes*, Edmonton, p. 7-12, 1985.

SHUKLA, S.K. Comunicação pessoal, 2015.

Respostas de problemas selecionados

Capítulo 2

2.1 $C_u = 4{,}36$; $C_c = 1{,}18$; bem graduado

2.3 Solo A: $C_u = 17{,}5$; $C_c = 5{,}43$; malgraduado

Solo B: $C_u = 8{,}82$; $C_c = 2{,}2$; bem graduado

Solo C: $C_u = 17{,}2$; $C_c = 2{,}75$; bem graduado

2.5 **a.**

Nº da peneira	Porcentagem passante
4	100
6	94
10	84,26
20	58,80
40	39,44
60	24,12
100	13,08
200	4,40
fundo	0

b. $D_{10} = 0{,}13$ mm; $D_{30} = 0{,}3$ mm; $D_{60} = 0{,}9$ mm

c. 6,92

d. 0,77

2.7 **a.**

Nº da peneira	Porcentagem passante
4	100
6	100
10	100
20	98,18
40	48,3
60	12,34
100	7,8
200	4,7
fundo	0

b. $D_{10} = 0{,}21$ mm; $D_{30} = 0{,}39$ mm; $D_{60} = 0{,}45$ mm

c. 2,14

d. 1,61

2.9 **b.** Pedregulho = 0%; Areia = 27%; Silte = 64%; Argila = 9%

c. Pedregulho = 0%; Areia = 32%; Silte = 59%; Argila = 9%

d. Pedregulho = 0%; Areia = 20%; Silte = 71%; Argila = 9%

2.11 b. Pedregulho = 0%; Areia = 35%; Silte = 30%; Argila = 35%
c. Pedregulho = 0%; Areia = 38%; Silte = 27%; Argila = 35%
d. Pedregulho = 0%; Areia = 30%; Silte = 35%; Argila = 35%

2.13 b. Pedregulho = 0%; Areia = 16%; Silte = 56%; Argila = 28%
c. Pedregulho = 0%; Areia = 17%; Silte = 55%; Argila = 28%
d. Pedregulho = 0%; Areia = 10%; Silte = 62%; Argila = 28%

2.15 0,0047

Capítulo 3

3.3 W_s = 15,6 kN; W_w = 2,18 kN; W = 17,78 kN; V_s = 0,591 m^3; V_v = 0,408 m^3; V_w = 0,222 m^3

3.5 a. 0,657
b. 36,7%
c. 24,5%
d. 0,056 kN

3.7 a. 19,65 kN/m^3
b. 17,24 kN/m^3
c. 0,54
d. 0,35
e. 70,2%
f. 6,95 × 10^{-4} m^3

3.9 a. 1,41 kN/m^3
b. 1,84 kN/m^3

3.11 a. 18,95 kN/m^3
b. 23,5%
c. 15,26 kN/m^3
d. 0,76
e. 84,7%

3.13 a. 2,72
b. 0,98
c. 18,33 kN/m^3

3.15 a. 0,1 kN/m^3
b. 0,44 kN/m^3

3.17 a. 17,6 kN/m^3
b. 0,48
c. 1,25 × 10^{-3} m^3

3.19 87,6%

3.21 a. 2,71
b. 0,89

3.23 a. 14 kN/m^3
b. 27%
c. 16,3 kN/m^3

3.25 e = 0,6; γ_d = 16,37 kN/m^3

3.27 39,6%

3.29 17,88 kN/m^3

Capítulo 4

4.1 a. 29,0
b. 11,5

4.3 a. 37,86
b. 0,304

4.5 a. 37,05
b. Argila inorgânica de baixa plasticidade

4.7 $LL = 33{,}8$; $I_{FC} = 43{,}2$

4.9 35,76

4.11 $LC = 17{,}63$
$RC = 2{,}5$

Capítulo 5

5.1

Solo	Classificação
A	Argila
B	Argila arenosa
C	Lemo
D	Argila arenosa e argila lemo arenosa (linha divisória)
E	Lemo arenoso
F	Lemo siltoso
G	Argila lemosa
H	Argila
I	Argila siltosa
J	Lemo

5.3

Solo	Classificação
A	A-2-4(0)
B	A-3(0)
C	A-2-6(0)
D	A-2-7(1)
E	A-1-b(0)

5.5

Solo	Símbolo do grupo
1	ML
2	CH
3	CL
5	ML
8	CL
10	MH

5.7

Solo	Símbolo do grupo	Nome do grupo
A	SP	Areia malgraduada
B	SW-SM	Areia bem graduada com silte
C	MH	Silte elástico com areia
D	CH	Argila de alta plasticidade
E	SC	Areia argilosa

5.9

Solo	Símbolo do grupo	Nome do grupo
1	SC	Areia argilosa com pedregulho
2	GC	Pedregulho argiloso com areia
3	CH	Argila arenosa de alta plasticidade
4	CL	Argila de baixa plasticidade com areia
5	CL	Argila de baixa plasticidade com areia
6	SC	Areia argilosa
7	CH	Argila de alta plasticidade com pedregulho
8	CH	Argila arenosa de alta plasticidade
9	SP-SC	Areia malgraduada com argila e pedregulho
10	SW	Areia bem graduada
11	CL	Argila arenosa de baixa plastici-dade
12	SP-SC	Areia malgraduada com argila

Capítulo 6

6.1 78,1%

6.3

w (%)	γ_{sat}(kN/m³)
7	22
11	20,18
15	18,65
19	17,33
23	16,18

6.5 86,8%

6.7 **a.** $\gamma_{d(\text{máx})} \approx 19$ kN/m³ @ $w_{\text{ótima}} = 10{,}8\%$
b. 21,05 kN/m³
c. 74,4%
d. 97,3%
e. 9% a 11,9%
f. 77,2%

6.9 **a.** 14,97 kN/m³
b. 94%
c. Não

6.11 **a.**

Área de empréstimo	Volume do solo (m³)
I	8,165
II	8,473
III	9,749
IV	8,338

b. Área de empréstimo II

6.13 $\gamma_{d(\text{campo})} = 15{,}98$ kN/m³; $D_r = 72{,}4\%$

6.15 1,44 m

6.17 $S_N = 16{,}35$; Classificação: Bom

Capítulo 7

7.1 $14{,}1 \times 10\text{-}2\ m^3/h/m$

7.3 a. $7{,}4 \times 10\text{-}2\ m^3/h/m$
b. 0,0061 cm/s
c. $621{,}6\ m^3$

7.5 $8{,}22 \times 10^{-5}\ m^3/s/m$

7.7 26,28 cm

7.9 a. $8{,}4 \times 10^{-13}\ m^2$
b. 30 cm

7.11 $1{,}0 \times 10^{-2}$ cm/s

7.13 0,05 cm/s

7.15 0,415 cm/s

7.17 0,035 cm/s

7.19 $6{,}89 \times 10^{-7}$ cm/s

7.21 278,64

7.23 $3{,}56 \times 10^{-5}$ cm/s

Capítulo 8

8.1 $77{,}76 \times 10^{-6}\ m^3/m/dia$

8.3 $0{,}38\ m^3/m/dia$

8.5 1717,5 kN/m

8.7 $2{,}07\ m^3/m/dia$

8.9 $0{,}291\ m^3/m/dia$

8.11 $11{,}4 \times 10^{-4}\ m^3/min/dia$

Capítulo 9

9.1

	kN/m^2		
Ponto	σ	u	σ'
A	0	0	0
B	36,18	0	36,18
C	105,57	35,9	69,67
D	139,42	53,85	85,57

9.3

	kN/m^2		
Ponto	σ	u	σ'
A	0	0	0
B	48	0	48
C	156	58,86	97,14
D	198,5	83,38	115,12

9.5 a.

	kN/m^2		
Ponto	σ	u	σ'
A	0	0	0
B	64,8	0	64,8
C	169,2	49,05	120,15

b. 1,5 m

9.7 6,91 m

9.9 6,88 m

9.11 a. 781,2 cm^3/s
b. Sem ebulição
c. 2,77 m

9.13

Profundidade (m)	σ (kN/m²)	u (kN/m²)	σ' (kN/m²)
0	0	0	0
3,05	54,75	0	54,75
		–9,53	64,28
5,48	97,34	0	97,34
10,36	188,26	47,87	140,38

9.15 2,33

Capítulo 10

10.1 a. $\sigma_1 = 202{,}72$ kN/m²
$\sigma_3 = 117{,}28$ kN/m²
b. $\sigma_n = 177$ kN/m²
$\tau_n = -39{,}2$ kN/m²

10.3 a. $\sigma_1 = 97{,}2$ kN/m²
$\sigma_3 = 28{,}8$ kN/m²
b. $\sigma_n = 42$ kN/m²
$\tau_n = 27$ kN/m²

10.5 a. $\sigma_1 = 178$ kN/m²
$\sigma_3 = 62$ kN/m²
b. $\sigma_n = 176$ kN/m²
$\tau_n = -8$ kN/m²

10.7 0,885 kN/m²

10.9 71,68 kN/m²

10.11 9402 kN/m

10.13 572,6 kN/m²

10.15 @ A → 395,55 kN/m²
@ B → 348 kN/m²
@ C → 28,68 kN/m²

10.17 @ A → 75,2 kN/m²
@ B → 16,5 kN/m²
@ C → 218,72 kN/m²

10.19

z(m)	$\Delta\sigma_z$ (kN/m²)
0	39,24
2	29,53
4	15,54
8	5,18
10	3,41

10.21

r(m)	$\Delta\sigma_z$ (kN/m²)
0	44,66
2	40,85
4	20,48
6	2,964
8	0,51

Capítulo 11

11.1 12,1 mm

11.3 $C_c = 0{,}163$; $\sigma'_c = 0{,}7$ kg/cm²

11.5 **b.** 125 kN/m²
c. 5,88

11.7 0,244 m

11.9 0,065 m

11.11 7,6 cm

11.13 0,33 m

11.15 **a.** 0,43
b. 59,85 kN/m²

11.17 1,768 dias

11.19 $5{,}37 \times 10^{-8}$ m/min

11.21 **a.** 18,63 kN/m²
b. 184 mm
c. 25%
d. 0,075 m²/ano
e. 104 mm

Capítulo 12

12.1 **a.** 24,9°
b. 367,6 N

12.3 666 N

12.5 **a.** 27,5°
b. 27 kN/m²

12.7 –96,9 kN/m²

12.9 1376,8 kN/m²

12.11 145,08 kN/m²

12.13 0,548

12.15 **a.** 22°
b. 56°
c. $\sigma'_f = 331{,}27$ kN/m²; $\tau_f = 133{,}83$ kN/m²

12.17 **a.** $\sigma' = 179$ kN/m²; $\tau = 70{,}8$ kN/m²
b. $\sigma'_f = 214{,}25$ kN/m²; $\tau_f = 119$ kN/m²

12.19 **a.** 11,46°
b. 124,7 kN/m²

12.21 $(\Delta\sigma_d)_f = 229{,}64$ kN/m²; $(\Delta u_d)_f = -42{,}1$ kN/m²

12.23 **a.** 24 kN/m²
b. 24,21 kN/m²
c. 57,8 kN/m²

Capítulo 13

13.1 $P_o = 393{,}1$ kN/m; $\bar{z} = 2{,}5$ m

13.3 $P_o = 649{,}8$ kN/m; $\bar{z} = 3{,}67$ m

13.5

z(m)	σ'_h (kN/m²)
0	0
1	5,32
2	5,19
3	2,72
4	1,33
5	0,68

13.7 91,52 kN/m

13.9 $P_a = 206{,}5$ kN/m; $\bar{z} = 2{,}95$ m

13.11 $P_a = 244{,}16$ kN/m; $\bar{z} = 3$ m

13.13 $P_p = 535$ kN/m; $\bar{z} = 1{,}83$ m

13.15 $P_p = 3847{,}9$ kN/m; $\bar{z} = 3{,}2$ m

13.17 $P_a = 227{,}5$ kN/m; $\bar{z} = 1{,}97$ m

13.19 $P_a = 587{,}34$ kN/m; $\bar{z} = 3{,}72$ m

13.21 **a.** 50,72 kN/m^2
b. 177,54 kN/m^3; resultando em uma distância de 2,33 m da base do muro inclinado a um ângulo $\alpha = 12°$ em relação à horizontal.

13.23 **b.** 2,24 m
c. 334,05 kN/m
d. 434,3 kN/m; = 2,086 m

13.25 2,92 kN/m

13.27 $P_{ae} = 415{,}33$ kN/m; = 3,45 m

Capítulo 14

14.1 2997 kN/m

14.3 3210 kN/m

14.5 3223 kN/m

14.7 1588 kN/m

14.9 692 kN/m

14.11 $P_{pe} = 9823$ kN/m; $\bar{z} = 3{,}12$ m

14.13 41,5 kN/m

14.15 **a.** Semelhante à Figura 14.15c; $\sigma_a = 64{,}5$ kN/m^2
b. @ $A \rightarrow 451{,}5$ kN
@ $B \rightarrow 838{,}5$ kN
@ $C \rightarrow 451{,}5$ kN

Capítulo 15

15.1 6,28 m

15.3 1,84

15.5 1,54

15.7 3,05

15.9 4,76

15.11 9,29 m

15.13 10,7 m

15.15 10,25 m; círculo de pé

15.17 2,09

15.19 19,76 m; círculo de ponto intermediário

15.21 **a.** 45,9 m
b. 41,5 m

15.23 1,35

15.25 1,27

15.27 1,18

15.29 1,1

15.31 **b.** 25,74 m

Capítulo 16

16.1 499,4 kN/m^2

16.3 1128 kN/m^2

16.5 534,5 kN/m^2

16.7 1150 kN/m^2

16.9 771 kN

16.11 2087 kN

16.13 $B = 1{,}21$ m

16.15 $B = 1$ m

16.17 3000 kN

16.19 **a.** 984 kN/m
b. 1237 kN/m
c. 1006 kN/m

Capítulo 17

17.1

Tubo	A_R (%)
1	5,06
2	4,47
3	4,98

As três amostras são apropriadas para todos os testes.

17.3

Profundidade (m)	$(N_1)_{60}$
1	23
2,5	18
4	16
5,5	15
7	15

17.5

Profundidade (m)	(D_r)(%)
0,5	94
2,0	57
3,5	50
5,0	45
6,5	44

17.7 37,6°

17.9

Profundidade (m)	q_c (kN/m²)
1,0	2,667
2,5	3,556
4,0	4,890
5,5	5,779
7,0	6,224
8,5	7,113

17.11 57,5 kN/m²

17.13 14

17.15 Índice de recuperação = 55,5%; *RQD* = 0,467; Qualidade da rocha: baixa.

Índice remissivo

A

Adensamento
- Cálculo do recalque, 353-355
- Coeficiente de, 367-368
- Efeito do amolgamento de amostra, 352-353
- Ensaio em laboratório, 345-346
- Gráfico de índice de vazios-pressão, 346-347
- Grau de, 369-371
- Método da raiz quadrada do tempo, 378
- Método do logaritmo do tempo, 377-378
- Modelo do cilindro com mola, 341-343
- Pressão pré-adensamento, 350
- Razão de sobreadensamento, 350
- Recalque, rampa de carregamento, 374-375
- Secundário, 363-361
- Taxa temporal de, 365-371

Adesão, 404
Agente dispersante, 37
Aglomerado, estrutura, 102
Agregados, 102
Água adsorvente, 31
Água de dupla camada, 31
Amolgamento, efeito sobre o adensamento, 352-353
Amostrador bipartido padrão, 633-635
Amostrador de pistão, 635-636
Angularidade, 46

Ângulo de atrito
- Adensado não drenado, 418
- Definição, 396
- Drenado, 396
- Drenado, argila, 402-403
- Material de fundação e solo, 404-406
- Residual, argila, 402-403
- Valores típicos, 396, 402

Ângulo de atrito drenado, 396
Ângulo de atrito residual, 403
Anisotropia, argila, 431-433
Área circular uniformemente carregada, tensão, 302-304
Área retangular carregada, tensão, 305-309
Areia, 24
Argila normalmente adensada, 349-351
Argila sobreadensada, 350
Argila, 24-25
Argila-mica, 26
Argilominerais, 25-31
Ascensão capilar, 265-267
Atividade, 95-97
Atrito de muros, empuxo passivo, 509-511

B

Barragem de terra, percolação, 230-232, 232-235
Bowen, princípio da reação de, 11
Broca de corte (trépano), 632

C

Cálculo do recalque, adensamento, 353-355, 374-375
Canal de fluxo, 220

Capacidade de carga, fundação rasa
- Área efetiva, 613-614
- Bruta permitida, 604
- Carga excêntrica, 612-615
- Carga excentricamente inclinada, 617-621
- Com base no recalque, 621-622
- Comprimento efetivo, 613
- Efeito do lençol freático, 603
- Equação de Terzaghi, 601
- Equação geral, 609
- Fator de forma, 610
- Fator de inclinação, 610-611
- Fator de profundidade, 610
- Fator de segurança, 603-605
- Fatores, geral, 609
- Fatores, Terzaghi, 601
- Líquida admissível, 604

Carga
- Altimétrica, 177
- Cinética, 177
- Piezométrica, 177

Carga altimétrica, 177
Carga piezométrica, 177
Carga pontual, tensão, 281
Caulinita, 26, 29
Ciclo das rochas, 11-12
Círculo de atrito, 560
Círculo de Mohr, 277278
Círculo de ponto intermediário, 548
Classificação AASHTO, 110-113
Classificação granulométrica, 25
Classificação textural, 107-108

Coeficiente
- Adensamento, 367-368
- Compressibilidade volumétrica, 368
- Compressibilidade, 367-368
- Curvatura, 39-40
- Empuxo ativo com forças sísmicas, 490-491
- Empuxo ativo de Coulomb, 485
- Empuxo ativo de Rankine, 462
- Empuxo de terra em repouso, 451-452
- Empuxo passivo de Coulomb, 486
- Empuxo passivo de Rankine, 463

Coeficiente de compressibilidade volumétrico, 368
Coeficiente de Poisson, 335
Coeficiente de uniformidade, 39
Coesão, definição, 395

Compactação
- Detonação, 167-168
- Dinâmica, 165-167
- Efeito do tipo de solo, 135-136

Efeito sobre a condutividade hidráulica, 149
Ensaio Proctor normal, 132-135
Esforço de compactação, 136
Especificações para, 139
Peso específico saturado, 135
Peso específico seco máximo, 132
Princípios gerais, 131-132
Relativa, 154-155
Teor de umidade ótimo, 134
Ensaio Proctor modificado, 138
Compactação dinâmica, 165-167
Compactação relativa, 154-155
Condição movediça, 251
Condutividade hidráulica
Definição, 179
Efeito da temperatura, 180-181
Equivalente, 197-200
Relações empíricas, 187-190, 192-195
Valores típicos, 181
Variação direcional, 197
Condutividade hidráulica equivalente, 197-200
Consistência, 79
Consolidação secundária, 363-364
Corte escorado
Empuxo ativo, solo coeso, 528-529, 530
Empuxo ativo, solo granular, 526-528, 530
Geral, 525-526
Critério, filtro, 237-238
Critério de ruptura de Mohr-Coulomb, 395-397
Critério de ruptura de Mohr-Coulomb, 395-397
Curva de compressão virgem, 353
Curva de distribuição granulométrica, 39-41
Curvatura, coeficiente, 39-40

D
Densidade relativa, 66-67
Densidade relativa dos grãos
Definição, 31
Valores típicos, 33
Designação de qualidade das rochas, 650
Detonação, compactação, 167
Diâmetro efetivo, 39
Dipolo, 28
Domínio, estrutura, 102
Dupla camada difusa, 28

E
Ebulição, 251
Edômetro, 345
Empuxo ativo
Corte escorado, 526-528
De Coulomb, 483-485
De Rankine, 461-463
Empuxo ativo, corte escorado, 526-528
Empuxo de terra de Coulomb
Ativo, 483-485
Passivo, 486
Empuxo de terra dinâmico
Solo c' – φ', 451-452, 493-498
Empuxo de terra em repouso
Argila normalmente adensada, 452
Argila sobreadensada, 452
Coeficiente de, 451-452
Empuxo lateral, muro estático, 456-458
Empuxo passivo
Atrito de muros, 509-511
De Coulomb, 486
De Rankine, 463-464
Superfície de ruptura curva, 512-520
Ensaio com carga constante, 182-183
Ensaio com carga variável, 183-184
Ensaio de cisalhamento de palheta
Correlação, 428
Procedimentos, 433-437
Ensaio de cisalhamento direto, 398-404
Ensaio de compressão não confinada, 428, 429
Ensaio de peneiramento, 33-35
Ensaio de penetração de cone, 645-647
Ensaio de permeabilidade
Bombeamento a partir de poços, 203-205
Carga constante, 182-183
Carga variável, 183-184
Furo de trados, 206
Ensaio de pressiômetro, 643-645
Ensaio de sedimentação, 35-39
Ensaio em laboratório, adensamento, 345-346
Ensaio não adensado e não drenado, 424-426
Ensaio Proctor modificado, 138
Ensaio Proctor normal, 132-135
Ensaio triaxial
Adensado drenado, 410-414
Adensado não drenado, 418-422
Geral, 408-410
Não adensado e não drenado, 424-426
Ensaio triaxial adensado drenado, 410-414
Ensaio triaxial adensado não drenado, 418-422
Equação de Calding, 435
Equação de continuidade de Laplace, 217-218
Equação de Hazen, 187
Equação de Kozeny-Carman, 188
Estabilidade do talude
Círculo de atrito, 560
Método comum de fatias, 564, 567-569
Método de Culmann, 545-547
Método simplificado de Bishop, 571-573
Número de estabilidade, talude, 550-551
Ruptura de base, 548
Ruptura de face, 548
Solução de Michalowski, 562, 564, 583, 585-586
Solução de Spencer, 581-583
Talude infinito com percolação, 541-543
Talude infinito sem percolação, 539-541
Erupção fissural, 11
Erupção vulcânica, 11
Espiral logarítmica, 511-512
Espiral logarítmica, 511-512
Estaca hélice, 631-632
Estacas, 598
Estado ativo de Rankine, 461
Estrutura em favos, 99, 101
Estrutura granular simples, 99-100
Estrutura, argila compactada, 147-148
Evaporito, 19

F
Fator de segurança, talude
Aterro de argila, 589-590
Coesão, 539
Atrito, 539
Resistência, 539
Fator tempo, 368
Fendas de tração, 475
Filtro
Critério, 237-238
Definição, 237
Floculação, 101
Fluxo laminar, 178
Fluxo turbulento, 178
Forma da partícula, 45-46
Formato das partículas, 45-46
Fórmula de Hazen, ascensão capilar, 266

Fundação radier, 598
Fundação rasa
  Ruptura geral por cisalhamento, 599
  Ruptura local por cisalhamento, 599
Fundação sobre tubulões, 598

G
Geossintéticos
  Função, 657
  Geocomposto argiloso, 672
  Geogrelha, 662-667
  Geomembrana, 668-670
  Georrede, 670-671
  Geotêxtil, 657-662
Gradiente hidráulico, 178
Gradiente hidráulico crítico, 251
Gráfico de índice de vazios-pressão, 346-348
Gráfico de influência, 311-312
Gráfico de plasticidade, 97-98
Grau de adensamento, 368-370
Grau de saturação, 54
Grau médio de adensamento, 369-370

I
Ilita, 26
Índice
  De compressão, 355-356
  De consistência, 94-95
  De expansão, 356
  De liquidez, 94-95
  De plasticidade, 89
Índice de área, 636
Índice de compressão secundária, 363
Índice de compressão, 355-356
Índice de expansão, 356
Índice de fluidez, 80
Índice de grupo, classificação, 111
Índice de liquidez, 94-95
Índice de plasticidade, 89
Índice de vazios, 53
Intemperismo físico, 14
Intemperismo químico, 14
Intemperismo, 14-17

L
Lâmina de brucita, 26
Lâmina de gibbsita, 26
Lâmina octaédrica, 26
Laplace, equação de continuidade, 217-218
Lei de Darcy, 179-180
Lei de Stoke, 35
Levantamento, fator de segurança, 256-259
Limite de contração, 89-90
Limite de liquidez
  Definição, 79
  Método de um ponto, 80
  Valores típicos, 88
Limite de plasticidade, 87-88
Limites de Atterberg, 79
Linha A, 97-98
Linha de carga, tensão, 283-284
Linha de fluxo, 219
Linha equipotencial, 219
Linha U, 98

M
Magma, 11-12
Massa específica
  Definição, 55
  Relativa, 66-67
Massa específica seca, 55
Material de fundação, ângulo de atrito, 404-405
Método comum de fatias, talude, 564, 568-569
Método da raiz quadrada do tempo, 378
Método de um ponto, limite de liquidez, 80
Método do balão de borracha, ensaio unitário de campo, 157
Método do frasco de areia, 156-157
Método do logaritmo do tempo, adensamento, 377-378
Método nuclear, compactação, 157
Modelo de cilindro com mola, adensamento, 341-343
Módulo de elasticidade, 335
Montmorilonita, 26
Movimento Browniano, 101
Movimento de muros, empuxo de terra, 449-451
Muro de arrimo
  De contraforte, 500
  De flexão, 500
  De gravidade, 498
  Muro de terra mecanicamente estabilizado, 503-504

N
Número de penetração padrão, 633-635, 637-640

O
Octaedro de alumina, 25, 27

P
Palhetas de campo, 435-437
Parâmetro A, 421
Parâmetro B
  Definição, 410
  Valores típicos, 410
Parâmetro de poropressão
  A, 418, 421-422
  B, 410-412
Pedregulho, 24
Penetrômetro de bolso, 440
Percolação
  Força de, 253-255
  Pela barragem de terra, 230-235
  Velocidade, 179
Perfuração por lavagem, 632
Perfuração por percussão, 633
Perfuração rotativa, 632
Permeabilidade absoluta, 180
Peso específico
  Definição, 54
  Natural, 55
  Relação do, 57
  Seco, 55
Peso específico seco, 55
Peso específico natural, 55
Peso específico no campo
  Método do balão de borracha, 157
  Método do frasco de areia, 156-157
  Método nuclear, 157
Peso específico saturado, 135
Peso específico seco máximo, compactação, 132
Piezômetro, 178
Plano de deslizamento, 463
Plano de tensão normal, 275-278
Plano principal, 277
Plano principal, 277
Pontes de hidrogênio, 26
Porcentagem passante, 35
Poropressão
  Definição, 246
  Em zona de ascensão capilar, 267
Porosidade, 54
Pressão constante, 328-329
Pressão pré-adensamento
  Construção gráfica, 350
  Definição, 350
Princípio da reação de Bowen, 11-13
Profundidade das fendas de tração, 475

Q

Quartzito, 19
Queda de potencial, 220

R

Razão de contração, 92
Razão de sobreadensamento
  Definição, 350
  Variação de Af, 421, 422
Recalque elástico, 329-335, 337-338
Recalque imediato, 327
Rede de fluxo, 219-220
Relação de anisotropia, 197
Relações empíricas, condutividade hidráulica, 187-190, 192-195
Resistência à compressão não confinada, 428
Resistência ao cisalhamento de pico, 400
Resistência ao cisalhamento não drenado
  Definição, 424-425
  Relações empíricas, 428
Resistência final, 400
Rocha ígnea, 11-14
Rocha metamórfica, 19
Rocha sedimentar química, 18
Rochas plutônicas, 11
Rochas sedimentares detríticas, 18
Rochas sedimentares, 18-19
Rolo compactador de pneus, 150, 152
Rolo compactador liso, 150
Rolo compactador pé de carneiro, 151, 152
Rolo compactador vibratório, 152
Rolos compactadores
  De pneus, 151, 152
  Lisos, 150, 151
  Pé de carneiro, 151, 152
  Vibratórios, 152

S

Saturação, grau de, 54
Sensibilidade, 430-431
Série contínua de reação de plagioclásios, 12
Série descontínua de reação ferromagnesiana, 12
Silte, 24
Sistema de classificação unificado, 113-118
Solo anisotrópico, redes de fluxo, 225-227
Solo bem graduado, 41
Solo granulometricamente descontínuo, 41
Solo malgraduado, 41
Solo parcialmente saturado, tensão efetiva, 264-265
Solo varvítico, 199
Solos aluviais, 18
Solos coluviais, 18
Solos eólicos, 18
Solos glaciais, 18
Solos lacustres, 18
Solos marinhos, 18
Solos residuais, 17
Solução de Boussinesq, 281-282
Solução de Mononobe-Okabe
  Coeficiente de empuxo ativo, 490-491
  Equação, 490-491
  Linha de ação, força ativa, 492-493
Subpressão, 229-230
Substituição isomórfica, 26
Superfície específica, 26

T

Talude finito, 545
Tamanho da peneira, 33-35
Taxa temporal de adensamento, 365-371
Tensão
  Área circular uniformemente carregada, 302-304
  Área retangular carregada, 305-309
  Carga pontual, 281-282
  Círculo de Mohr para, 277-278
  Faixa de carga, 287-290, 291-292
  Gráfico de influência de, 311-312
  Linha de carga, 283-284, 285-286
  Principal, 277
Tensão de cisalhamento, plano, 275-277
Tensão efetiva
  Definição, 246
Tensão neutra, 246
Tensão principal maior, 277
Tensão principal menor, 277
Tensão principal, 277
Tensão superficial, 265
Tensão total, 245
Teor de umidade ótimo, 132
Teor de umidade, 54
Teoria de Rankine
  Coeficiente de empuxo ativo, 462
  Coeficiente de empuxo passivo, 463
  Empuxo ativo, 461-463
  Empuxo passivo, 463-464
  Profundidade das fendas de tração, 474-475
Testemunhagem de rocha, 649-650
Tetraedro de sílica, 25-26
Tixotropia, definição, 431
Torvane, 440
Trados, 631-632
Tubo Shelby, 635
Turfa, 113

V

Velocidade
  Carga, 177
  Descarga, 179
  Percolação, 179
Velocidade de descarga, 179
Vibroflot, 131
Vibroflutuação, 162-165

FATORES DE CONVERSÃO DE UNIDADES INGLESAS PARA UNIDADES SI

Comprimento:	1 ft	= 0,3048 m
	1 ft	= 30,48 cm
	1 ft	= 304,8 mm
	1 in.	= 0,0254 m
	1 in.	= 2,54 cm
	1 in.	= 25,4 mm
Área:	1 ft^2	= $929,03 \times 10^{-4}$ m^2
	1 ft^2	= 929,03 cm^2
	1 ft^2	= $929,03 \times 10^{2}$ mm^2
	1 $in.^2$	= $6,452 \times 10^{-4}$ m^2
	1 $in.^2$	= 6,452 cm^2
	1 $in.^2$	= 645,16 mm^2
Volume:	1 ft^3	= $28,317 \times 10^{-3}$ m^3
	1 ft^3	= $28,317 \times 10^{-3}$ cm^3
	1 $in.^3$	= $16,387 \times 10^{-6}$ m^3
	1 $in.^3$	= 16,387 cm^3
Módulo da seção:	1 $in.^3$	= $0,16387 \times 10^{-5}$ mm^3
	1 $in.^3$	= $0,16387 \times 10^{-4}$ m^3
Condutividade hidráulica	1 ft/min	= 0,3048 m/min
	1 ft/min	= 30,48 cm/min
	1 ft/min	= 304,8 mm/min
	1 ft/s	= 0,3048 m/s
	1 ft/s	= 304,8 mm/s
	1 in./min	= 0,0254 m/min
	1 in./s	= 2,54 cm/s
	1 in./s	= 25,4 mm/s
Coeficiente de adensamento:	1 $in.^2$/s	= 6,452 cm^2/s
	1 $in.^2$/s	= $20,346 \times 10^{3}$ m^2/ano
	1 ft^2/s	= 929,03 cm^2/s
Força:	1 lb	= 4,448 N
	1 lb	= $4,448 \times 10^{-3}$kN
	1 lb	= 0,4536 kgf
	1 kip	= 4,448 kN
	1 t americana	= 8,896 kN
	1 lb	= $0,4536 \times 10^{-3}$t métrica
	1 lb/ft	= 14,593 N/m
Tensão:	1 lb/ft^2	= 47,88 N/m^2
	1 lb/ft^2	= 0,04788 kN/m^2
	1 t americana/ft^2	= 95,76 kN/m^2
	1 kip/ft^2	= 47,88 kN/m^2
	1 lb/$in.^2$	= 6,895 kN/m^2
Peso específico:	1 lb/ft^3	= 0,1572 kN/m^3
	1 lb/$in.^3$	= 271,43 kN/m^3
Momento:	1 lb-ft	= 1,3558 N · m
	1 lb-in.	= 0,11298 N · m
Energia:	1 ft-lb	= 1,3558 J
Momento de inércia:	1 $in.^4$	= $0,4162 \times 10^{-6}$ mm^4
	1 $in.^4$	= $0,4162 \times 10^{-6}$ m^4

FATORES DE CONVERSÃO DO SI PARA UNIDADES INGLESAS

Comprimento:	1 m	= 3,281 pés
	1 cm	= $3,281 \times 10^{-2}$ pés
	1 mm	= $3,281 \times 10^{-3}$ pés
	1 m	= 39,37 pol.
	1 cm	= 0,3937 pol.
	1 mm	= 0,03937 pol.
Área:	1 m^2	= 10,764 $pés^2$
	1 cm^2	= $10,764 \times 10^{-4}$ $pés^2$
	1 mm^2	= $10,764 \times 10^{-6}$ $pés^2$
	1 m^2	= 1550 $pol.^2$
	1 cm^2	= 0,155 $pol.^2$
	1 mm^2	= $0,155 \times 10^{-2}$ $pol.^2$
Volume:	1 m^3	= 35,32 $pés^3$
	1 cm^3	= $35,32 \times 10^{-4}$ $pés^3$
	1 m^3	= 61.023,4 $pol.^3$
	1 cm^3	= 0,061023 $pol.^3$
Força:	1 N	= 0,2248 lib.
	1 kN	= 224,8 lib.
	1 kgf	= 2,2046 lib.
	1 kN	= 0,2248 kip
	1 kN	= 0,1124 t americana
	1 t métrica	= 2204,6 lib.
	1 N/m	= 0,0685 lib/pés
Tensão:	1 N/m^2	= $20,885 \times 10^{-3}$ lib./$pés^2$
	1 kN/m^2	= 20,885 lib/$pés^2$
	1 kN/m^2	= 0,01044 t americana/$pé^2$
	1 kN/m^2	= $20,885 \times 10^{-3}$ kip/$pé^2$
	1 kN/m^2	= 0,145 lib./$pol.^2$
Peso específico:	1 kN/m^3	= 6.361 lib./$pés^3$
	1 kN/m^3	= 0,003682 lib/$pol.^3$
Momento:	1 N · m	= 0,7375 lib.pés
	1 N · m	= 8,851 lib.pol.
Energia:	1 J	= 0,7375 pés-lib.
Momento de inércia:	1 mm^4	= $2,402 \times 10^{-6}$ $pol.^4$
	1 m^4	= $2,402 \times 10^{6}$ $pol.^4$
	1 mm^3	= $6,102 \times 10^{-5}$ $pol.^3$
Módulo da seção:	1 m^3	= $6,102 \times 10^{4}$ $pol.^3$
Condutividade hidráulica:	1 m/min	= 3,281 pés/min
	1 cm/min	= 0,03281 pés/min
	1 mm/min	= 0,003281 pés/min
	1 m/s	= 3,281 pés/s
	1 mm/s	= 0,03281 pés/s
	1 m/min	= 39,37 pol./min
	1 cm/s	= 0,3937 pol./s
	1 mm/s	= 0,03937 pol./s
Coeficiente de adensamento:	1 cm^2/s	= 0,155 $pol.^2/s$
	1 m^2/jd	= $4,915 \times 10^{-5}$ $pol.^2/s$
	1 cm^2/s	= $1,0764 \times 10^{-3}$ $pés^2/s$